Herbert Amann
Joachim Escher

Analysis III

Zweite Auflage

Birkhäuser
Basel · Boston · Berlin

Autoren:

Herbert Amann
Institut für Mathematik
Universität Zürich
Winterthurerstr. 190
8057 Zürich
Switzerland
e-mail: herbert.amann@math.uzh.ch

Joachim Escher
Institut für Angewandte Mathematik
Universität Hannover
Welfengarten 1
30167 Hannover
Germany
e-mail: escher@ifam.uni-hannover.de

Erste Auflage 2001

Bibliografische Information der Deutschen Bibliothek
Die Deutsche Bibliothek verzeichnet diese Publikation in der Deutschen Nationalbibliografie;
detaillierte bibliografische Daten sind im Internet über <http://dnb.ddb.de> abrufbar.

ISBN 978-3-7643-8883-6 Birkhäuser Verlag, Basel – Boston – Berlin

© 2008 Birkhäuser Verlag, Postfach 133, CH-4010 Basel, Schweiz
Ein Unternehmen von Springer Science+Business Media
Satz und Layout mit L^{A}T$_E$X: Gisela Amann, Zürich
Gedruckt auf säurefreiem Papier, hergestellt aus chlorfrei gebleichtem Zellstoff. TCF ∞

ISBN 978-3-7643-8883-6   ISBN 978-3-7643-8884-3 (eBook)

9 8 7 6 5 4 3 2 1   www.birkhauser.ch

Vorwort

Der vorliegende dritte Band beschließt unsere Einführung in die Analysis, mit der wir ein Fundament für den weiteren Aufbau des Mathematikstudiums gelegt haben.

Wie schon in den ersten beiden Teilen haben wir auch hier wesentlich mehr Stoff behandelt, als dies in einem Kurs geschehen kann. Bei der Vorbereitung von Vorlesungen ist deshalb eine geeignete Stoffauswahl zu treffen, auch wenn die Lehrveranstaltungen durch Seminare ergänzt und vertieft werden. Anhand der ausführlichen Inhaltsangabe und der Einleitungen zu den einzelnen Kapiteln kann ein rascher Überblick über den dargebotenen Stoff gewonnen werden.

Das Buch ist insbesondere auch als Begleitlektüre zu Vorlesungen und für das Selbststudium geeignet. Die zahlreichen Ausblicke auf weiterführende Theorien sollen Neugierde wecken und dazu animieren, im Verlaufe des weiteren Studiums tiefer einzudringen und mehr von der Schönheit und Größe des mathematischen Gebäudes zu erfahren.

Beim Verfassen dieses Bandes konnten wir wieder auf die unschätzbare Hilfe von Freunden, Kollegen, Mitarbeitern und Studenten zählen. Ganz besonders danken wir Georg Prokert, Pavol Quittner, Olivier Steiger und Christoph Walker, die den gesamten Text kritisch durchgearbeitet und uns so geholfen haben, Fehler zu eliminieren und substantielle Verbesserungen anzubringen. Unser Dank gilt auch Carlheinz Kneisel und Bea Wollenmann, die ebenfalls größere Teile des Manuskripts gelesen und uns auf Ungereimtheiten hingewiesen haben.

Ohne den nicht zu überschätzenden großen Einsatz unseres „Satzperfektionisten", der unermüdlich und mit viel Geduld nicht nur das Endprodukt, sondern auch zahlreiche Vorläuferversionen mittels TeX und anderer Datenverarbeitungssysteme in eine makellose und ansprechende Erscheinungsform gebracht hat, wäre dieser Band nie in der vorliegenden Form entstanden. Für dieses Mitwirken gilt ihm unser allergrößter Dank.

Schließlich ist es uns eine Freude, Thomas Hintermann und dem Birkhäuser Verlag für die gewohnte Flexibilität und gute Zusammenarbeit zu danken.

Zürich und Hannover, im Juli 2001 H. Amann und J. Escher

Inhaltsverzeichnis

Kapitel X   Integrationstheorie

Kapitel XI   Mannigfaltigkeiten und Differentialformen

Kapitel IX

Elemente der Maßtheorie

In diesem Kapitel befassen wir uns mit der allgemeinen Theorie des Messens von Inhalten von Strecken, Flächen, Körpern und Mengen in höherdimensionalen Räumen. Dabei lassen wir uns von elementargeometrischen Tatsachen leiten. Insbesondere wollen wir Intervallen ihre Länge, Rechtecken ihren durch „Länge mal Breite" bestimmten Flächeninhalt und Quadern ihr durch „Länge mal Breite mal Höhe" berechnetes Volumen zuordnen.

Natürlich wollen wir nicht nur die Volumina der Elementarbereiche Intervall, Rechteck und Quader messen, sondern auch diejenigen wesentlich allgemeinerer Mengen. Um dies zu erreichen, ist es naheliegend, eine gegebene Menge durch eine disjunkte Vereinigung von Elementarbereichen „auszuschöpfen" und die Summe der Volumina der verwendeten Elementarbereiche als Inhalt der betrachteten Menge festzulegen. Hier wird es von grundlegender Bedeutung sein, daß wir nicht nur endliche, sondern abzählbare Ausschöpfungen zulassen. Wir werden sehen, daß wir auf diese Weise jeder offenen Teilmenge des $\mathbb{R}^n$ ein Volumen oder „Maß" zuordnen können und daß dieses Maß natürliche Eigenschaften besitzt wie z.B. die, von der Lage der Menge im Raum unabhängig zu sein. Außerdem werden wir nicht nur offene Mengen messen können, sondern beispielsweise auch abgeschlossene oder solche, die sich durch offene Mengen geeignet approximieren lassen. Allerdings ist es nicht möglich, auf diese Weise jede Teilmenge des $\mathbb{R}^n$ „zu messen".

Zur praktischen Einführung eines Maßes werden wir jedoch einen anderen Weg beschreiten, der wesentlich allgemeiner und technisch einfacher ist. Erst an seinem Ende werden wir dann die beschriebene Charakterisierung meßbarer Mengen in $\mathbb{R}^n$ finden. Unser allgemeiner Zugang, der über die abstrakte Maßtheorie führt, hat neben seiner relativen Einfachheit den Vorteil, auch andere Maße zu liefern, die nichts mit der unmittelbaren elementargeometrischen Anschauung zu tun haben. Solche allgemeineren Theorien werden wir im letzten Kapitel dieses Bandes benötigen. Darüber hinaus sind sie in der Wahrscheinlichkeitstheorie, der Physik und in vielen innermathematischen Anwendungen von Bedeutung.

Der erste Paragraph dieses Kapitels ist den σ-Algebren gewidmet. Hierbei handelt es sich um diejenigen Mengensysteme, welche als Definitionsbereiche von Maßen auftreten. Ist die zugrunde liegende Menge mit einer Topologie versehen, so besitzt die Borelsche σ-Algebra, welche durch die offenen Mengen bestimmt ist, eine herausragende Bedeutung. Unter anderem zeigen wir, daß die Borelsche σ-Algebra eines topologischen Produktes in allen praktisch relevanten Fällen bereits durch die Produkte offener Mengen bestimmt ist.

Im Zentrum des zweiten Paragraphen stehen die grundlegenden Eigenschaften von allgemeinen Maßen. Ferner beweisen wir, daß jeder Maßraum eine Vervollständigung, d.h. eine gewisse natürliche minimale Erweiterung, besitzt.

In den folgenden zwei Paragraphen konstruieren wir die für die Anwendungen wichtigsten Maße, nämlich die auf Lebesgue, Stieltjes und Hausdorff zurückgehenden. Hierbei verwenden wir den von Carathéodory vorgeschlagenen Zugang, der auf dem Begriff des äußeren Maßes aufbaut.

Der letzte Paragraph dieses Kapitels ist dem ausführlichen Studium des Lebesgueschen Maßes gewidmet. Zuerst charakterisieren wir die σ-Algebra der Lebesgue meßbaren Mengen als Vervollständigung der Borelschen σ-Algebra. Danach studieren wir das Abbildungsverhalten des Lebesgueschen Maßes, was uns zur Bewegungs- und insbesondere Translationsinvarianz dieses Maßes führt. Letztere zeichnet das Lebesguesche Maß unter allen lokal endlichen Borelschen Maßen aus und ist auch bei der Konstruktion von nicht Lebesgue meßbaren Mengen von fundamentaler Bedeutung.

1 Meßbare Räume

In Kapitel VI haben wir mit Hilfe des Cauchy-Riemannschen Integrals Gebieten, die zwischen dem Graphen einer genügend regulären Funktion und der entsprechenden Abszisse liegen, einen Flächeninhalt zugeschrieben. Ziel der folgenden Überlegungen ist es, eine möglichst große Klasse von Bereichen in $\mathbb{R}^n$ anzugeben, denen „sinnvollerweise" ein Inhalt zugeordnet werden kann. Wir suchen also eine Teilmenge $\mathcal{A}$ von $\mathfrak{P}(\mathbb{R}^n)$ und eine Abbildung $\mu : \mathcal{A} \to [0, \infty)$, so daß für $A \in \mathcal{A}$ die Zahl $\mu(A)$ als Inhalt von A interpretiert werden kann. Dabei muß diese Inhaltsfunktion gewissen Regeln genügen, die man vernünftigerweise erwartet, wenn man an den Fall von Flächeninhalten ebener Bereiche denkt. Beispielsweise soll der Inhalt der Vereinigung zweier disjunkter Bereiche gleich der Summe der Inhalte der einzelnen Mengen sein. Außerdem soll der Inhalt eines Bereiches unabhängig sein von der Lage der Menge im Raum. Nach einer Klärung des Begriffes „Inhalt" wird sich (in Paragraph 5) herausstellen, daß es nicht möglich ist, auf nichttriviale Weise einen solchen Wert, ein „Maß", für alle Teilmengen von $\mathbb{R}^n$ zu definieren, d.h., $\mathcal{A} = \mathfrak{P}(\mathbb{R}^n)$ ist nicht möglich.

In diesem Paragraphen sind

- X, X_1 und X_2 nichtleere Mengen.

σ-Algebren

Die axiomatische Einführung derjenigen Mengensysteme, auf denen später „Maße" erklärt werden, geschieht durch die folgende Definition: Eine Teilmenge $\mathcal{A}$ von $\mathfrak{P}(X)$ heißt σ-**Algebra über** X, falls die Eigenschaften

(i) $X \in \mathcal{A}$;

(ii) $A \in \mathcal{A} \Rightarrow A^c \in \mathcal{A}$;

(iii) $(A_j) \in \mathcal{A}^{\mathbb{N}} \Rightarrow \bigcup_{j \in \mathbb{N}} A_j \in \mathcal{A}$

erfüllt sind. Ist $\mathcal{A}$ eine σ-Algebra über X, so nennt man $(X, \mathcal{A})$ **meßbaren Raum**, und jedes $A \in \mathcal{A}$ heißt $\mathcal{A}$-**meßbar**.

1.1 Bemerkung Es seien $\mathcal{A}$ eine σ-Algebra, $(A_j) \in \mathcal{A}^{\mathbb{N}}$ und $m \in \mathbb{N}$. Dann gehört jede der Mengen

$$\emptyset \ , \quad A_0 \setminus A_1 \ , \quad \bigcup_{j=0}^{m} A_j \ , \quad \bigcap_{j=0}^{m} A_j \ , \quad \bigcap_{j \in \mathbb{N}} A_j$$

ebenfalls zu $\mathcal{A}$.

Beweis Setzt man

$$B_k := \begin{cases} A_k \ , & k \leq m \ , \\ A_m \ , & k > m \ , \end{cases}$$

so gilt $(B_k) \in \mathcal{A}^{\mathbb{N}}$ und deshalb $\bigcup_{k \in \mathbb{N}} B_k = \bigcup_{j=0}^{m} A_j \in \mathcal{A}$. Die restlichen Aussagen folgen aus den Regeln von De Morgan (Satz I.2.7(iii)). $\blacksquare$

Das Mengensystem $\mathcal{S} \subset \mathfrak{P}(X)$ heißt **abgeschlossen unter allen endlichen Mengenoperationen**, wenn

$$A \in \mathcal{S} \Rightarrow A^c \in \mathcal{S} \tag{1.1}$$

gilt und mit jeder endlichen Familie $A_0, \ldots, A_m$ auch $\bigcup_{j=0}^{m} A_j$ zu $\mathcal{S}$ gehört. Erfüllt $\mathcal{S}$ die Bedingung (1.1) und gehört für jede Folge (A_j) in $\mathcal{S}$ auch $\bigcup_{j=0}^{\infty} A_j$ zu $\mathcal{S}$, so heißt $\mathcal{S}$ **abgeschlossen unter allen abzählbaren Mengenoperationen**. Diese Definitionen sind gerechtfertigt, denn aufgrund der Regeln von De Morgan gehört auch $\bigcap_{j=0}^{m} A_j$ bzw. $\bigcap_{j=0}^{\infty} A_j$ zu $\mathcal{S}$.

Man nennt $\mathcal{S}$ **Algebra über** X, falls die folgenden Eigenschaften erfüllt sind:

(i) $X \in \mathcal{S}$;

(ii) $A \in \mathcal{S} \Rightarrow A^c \in \mathcal{S}$;

(iii) $A, B \in \mathcal{S} \Rightarrow A \cup B \in \mathcal{S}$.

1.2 Bemerkungen Für $\mathcal{S} \subset \mathfrak{P}(X)$ mit $X \in \mathcal{S}$ gelten die folgenden Aussagen:

(a) $\mathcal{S}$ ist genau dann eine Algebra, wenn $\mathcal{S}$ unter allen endlichen Mengenoperationen abgeschlossen ist.

(b) $\mathcal{S}$ ist genau dann eine σ-Algebra, wenn $\mathcal{S}$ unter allen abzählbaren Mengenoperationen abgeschlossen ist. In diesem Fall ist $\mathcal{S}$ auch eine Algebra.

(c) Es sei $\mathcal{S}$ eine Algebra, und für jede disjunkte Folge[1] $(B_j) \in \mathcal{S}^{\mathbb{N}}$ gelte $\bigcup_{j \in \mathbb{N}} B_j \in \mathcal{S}$. Dann ist $\mathcal{S}$ eine σ-Algebra.

Beweis Es sei $(A_k) \in \mathcal{S}^{\mathbb{N}}$. Wir setzen rekursiv

$$B_0 := A_0 , \qquad B_{j+1} := A_{j+1} \setminus \bigcup_{k=0}^{j} A_k , \quad j \in \mathbb{N} .$$

Dann ist (B_j) eine disjunkte Folge mit $\bigcup_k A_k = \bigcup_j B_j$. Nach Voraussetzung gilt $\bigcup_j B_j \in \mathcal{S}$, woraus die Behauptung folgt. ∎

1.3 Beispiele **(a)** $\{\emptyset, X\}$ und $\mathfrak{P}(X)$ sind σ-Algebren.

(b) $\{ A \subset X \ ; \ A \text{ oder } A^c \text{ ist abzählbar} \}$ ist eine σ-Algebra.

(c) $\{ A \subset X \ ; \ A \text{ oder } A^c \text{ ist endlich} \}$ ist eine Algebra, und eine σ-Algebra genau dann, wenn X endlich ist.

(d) Es sei A eine nichtleere Menge, und für jedes $\alpha \in \mathsf{A}$ sei $\mathcal{A}_\alpha$ eine σ-Algebra über X. Dann ist $\bigcap_{\alpha \in \mathsf{A}} \mathcal{A}_\alpha$ eine σ-Algebra über X.

(e) Es seien Y eine nichtleere Menge und $f \in Y^X$. Ferner sei $\mathcal{A}$ bzw. $\mathcal{B}$ eine σ-Algebra über X bzw. Y. Dann ist

$$f^{-1}(\mathcal{B}) := \{ f^{-1}(B) \ ; \ B \in \mathcal{B} \} \quad \text{bzw.} \quad f_*(\mathcal{A}) := \{ B \subset Y \ ; \ f^{-1}(B) \in \mathcal{A} \}$$

---

[1] Wir vereinbaren die folgende vereinfachende Sprechweise: Eine Folge $(A_j) \in \mathcal{S}^{\mathbb{N}}$ ist **disjunkt**, falls $A_j \cap A_k = \emptyset$ für alle $j, k \in \mathbb{N}$ mit $j \neq k$ gilt.

eine σ-Algebra über X bzw. Y. Man nennt $f^{-1}(\mathcal{B})$ **Urbild von** $\mathcal{B}$ bzw. $f_*(\mathcal{A})$ **direktes Bild von** $\mathcal{A}$ **unter** f.

Beweis Wir verifizieren nur die letzte Aussage und überlassen den Nachweis der übrigen Behauptungen dem Leser.

Offensichtlich gehört Y zu $f_*(\mathcal{A})$. Für $B \in f_*(\mathcal{A})$ gehört $f^{-1}(B)$ zu $\mathcal{A}$. Aufgrund von Satz I.3.8 (ii') und (iv')gelten

$$f^{-1}(B^c) = \left[f^{-1}(B)\right]^c \quad \text{und} \quad f^{-1}\left(\bigcup_j B_j\right) = \bigcup_j f^{-1}(B_j) \, .$$

Also liegt mit B auch B^c in $f_*(\mathcal{A})$, und aus $B_j \in f_*(\mathcal{A})$ für $j \in \mathbb{N}$ folgt $\bigcup_{j \in \mathbb{N}} B_j \in f_*(\mathcal{A})$. ∎

Die Borelsche σ-Algebra

Es sei $\mathcal{S}$ eine nichtleere Teilmenge von $\mathfrak{P}(X)$. Dann heißt

$$\mathcal{A}_\sigma(\mathcal{S}) := \bigcap \left\{ \mathcal{A} \subset \mathfrak{P}(X) \, ; \ \mathcal{A} \supset \mathcal{S}, \ \mathcal{A} \text{ ist } \sigma\text{-Algebra über } X \right\}$$

von $\mathcal{S}$ erzeugte σ-Algebra, und $\mathcal{S}$ ist ein **Erzeugendensystem** für $\mathcal{A}_\sigma(\mathcal{S})$.

1.4 Bemerkungen **(a)** $\mathcal{A}_\sigma(\mathcal{S})$ ist wohldefiniert und die kleinste σ-Algebra, die $\mathcal{S}$ enthält.

Beweis Dies folgt aus den Beispielen 1.3(a) und (d). ∎

(b) Ist $\mathcal{S}$ eine σ-Algebra, so gilt $\mathcal{A}_\sigma(\mathcal{S}) = \mathcal{S}$.

(c) Aus $\mathcal{S} \subset \mathcal{T}$ folgt $\mathcal{A}(\mathcal{S}) \subset \mathcal{A}(\mathcal{T})$.

(d) Für $\mathcal{S} = \{A\}$ gilt $\mathcal{A}_\sigma(\mathcal{S}) = \{\emptyset, A, A^c, X\}$. ∎

Es sei $X := (X, \mathcal{T})$ ein topologischer Raum. Dann ist $\mathcal{T}$ nicht leer, und folglich ist die von $\mathcal{T}$ erzeugte σ-Algebra wohldefiniert. Man nennt sie **Borelsche σ-Algebra von** X, und wir bezeichnen sie mit $\mathcal{B}(X)$. Die Elemente von $\mathcal{B}(X)$ sind die **Borelschen Teilmengen** von X. Zur Abkürzung schreiben wir $\mathcal{B}^n := \mathcal{B}(\mathbb{R}^n)$.

Eine Teilmenge A von X heißt G_δ-**Menge**, wenn es offene Mengen O_j gibt mit $A = \bigcap_{j \in \mathbb{N}} O_j$, d.h., falls A ein Durchschnitt abzählbar vieler offener Mengen in X ist. Die Menge A heißt F_σ-**Menge**[2], wenn sie eine abzählbare Vereinigung abgeschlossener Teilmengen von X ist. Somit ist A genau dann eine F_σ-Menge, wenn A^c eine G_δ-Menge ist.

---

[2]Die Definition einer F_σ- bzw. G_δ-Menge kann man sich folgendermaßen merken: F steht für (franz.) fermé und σ für Summe (manchmal wird die Vereinigung von Mengen auch als deren Summe bezeichnet). Ferner stehen G für Gebiet und δ für Durchschnitt. Offene Mengen werden in der älteren Literatur gelegentlich als Gebiete bezeichnet.

1.5 Beispiele (a) Für $\mathcal{F} := \{\, A \subset X \;;\; A \text{ ist abgeschlossen}\,\}$ gilt $\mathcal{B}(X) = \mathcal{A}_\sigma(\mathcal{F})$.

(b) Jede G_δ-Menge und jede F_σ-Menge ist eine Borelsche Menge.

(c) Jedes abgeschlossene Intervall I ist sowohl eine F_σ- als auch eine G_δ-Menge.

Beweis Es sei $I = [a, b]$ mit $-\infty < a \leq b < \infty$. Es ist klar, daß I eine F_σ-Menge ist. Wegen $[a, b] = \bigcap_{k \in \mathbb{N}^\times} (a - 1/k, b + 1/k)$ ist I auch eine G_δ-Menge. Die Fälle $I = [a, \infty)$ und $I = (-\infty, a]$ mit $a \in \mathbb{R}$ werden analog behandelt. Der Fall $I = \mathbb{R}$ ist klar. ∎

(d) Es sei $Y \subset X$ mit $Y \neq \emptyset$ und $Y \neq X$. Ferner sei $\mathcal{T} := \{\emptyset, X\}$ die **indiskrete Topologie** auf X. Dann ist Y weder eine F_σ- noch eine G_δ-Menge in $(X, \mathcal{T})$.

(e) $\mathbb{Q}$ ist eine F_σ-, aber keine G_δ-Menge in $\mathbb{R}$.

Beweis $\mathbb{Q}$ ist als abzählbare Menge offensichtlich eine F_σ-Menge in $\mathbb{R}$ (vgl. Korollar III.2.18).

Nehmen wir an, $\mathbb{Q}$ sei eine G_δ-Menge in $\mathbb{R}$. Dann gibt es offene Mengen Q_j, $j \in \mathbb{N}$, mit $\mathbb{Q} = \bigcap_j Q_j$. Wegen $\mathbb{Q} \subset Q_j$ für $j \in \mathbb{N}$ und Satz I.10.8 ist jedes Q_j offen und dicht in $\mathbb{R}$. Nun folgt aus Aufgabe V.4.4, daß $\mathbb{Q}$ überabzählbar ist, was nicht richtig ist. ∎

Das zweite Abzählbarkeitsaxiom

Es sei $(X, \mathcal{T})$ ein topologischer Raum. Man nennt $\mathcal{M} \subset \mathcal{T}$ **Basis** von $\mathcal{T}$, falls es zu jedem $O \in \mathcal{T}$ ein $\mathcal{M}' \subset \mathcal{M}$ gibt mit $O = \bigcup \{\, M \subset X \;;\; M \in \mathcal{M}'\,\}$, d.h., falls sich jede offene Menge als Vereinigung von Mengen aus $\mathcal{M}$ darstellen läßt. Der topologische Raum $(X, \mathcal{T})$ erfüllt das **zweite Abzählbarkeitsaxiom**, wenn $\mathcal{T}$ eine abzählbare Basis besitzt. Schließlich heißt $(X, \mathcal{T})$ **Lindelöfscher Raum**, wenn jede offene Überdeckung von X eine abzählbare Teilüberdeckung besitzt. Offensichtlich ist jeder kompakte Raum Lindelöfsch.

1.6 Bemerkungen (a) $\mathcal{M} \subset \mathcal{T}$ ist genau dann eine Basis von $\mathcal{T}$, wenn es zu jedem Punkt $x \in X$ und zu jeder Umgebung U von x ein $M \in \mathcal{M}$ gibt mit $x \in M \subset U$.

Beweis (i) „$\Rightarrow$" Es seien $\mathcal{M}$ eine Basis von $\mathcal{T}$, $x \in X$ und $U \in \mathcal{U}(x)$. Dann gibt es ein $O \in \mathcal{T}$ mit $x \in O \subset U$. Ferner gibt es ein $\mathcal{M}' \subset \mathcal{M}$ mit $O = \bigcup \{\, M \subset X \;;\; M \in \mathcal{M}'\,\}$. Also finden wir ein $M \in \mathcal{M}' \subset \mathcal{M}$ mit $x \in M \subset O \subset U$.

(ii) „$\Leftarrow$" Es sei $O \in \mathcal{T}$. Für jedes $x \in O$ ist O eine Umgebung von x. Also gibt es nach Voraussetzung ein $M_x \in \mathcal{M}$ mit $x \in M_x \subset O$, und wir finden

$$ O = \bigcup_{x \in O} \{x\} \subset \bigcup_{x \in O} M_x \subset O \,, $$

d.h., es gilt $O = \bigcup_{x \in O} M_x$. ∎

(b) Erfüllt ein topologischer Raum das zweite Abzählbarkeitsaxiom, dann erfüllt er auch das erste (vgl. Bemerkung III.2.29(c)).

Beweis Dies folgt unmittelbar aus (a). ∎

(c) Die Umkehrung von (b) ist falsch.

Beweis Es sei X überabzählbar. Dann erfüllt $(X, \mathfrak{P}(X))$ das erste Abzählbarkeitsaxiom, denn für jedes $x \in X$ ist $\{\{x\}\}$ eine Umgebungsbasis von x. Hingegen kann in $(X, \mathfrak{P}(X))$ das zweite Abzählbarkeitsaxiom nicht gelten, denn jede Basis von $\mathfrak{P}(X)$ muß die Menge $\{\{x\} \; ; \; x \in X\}$ enthalten, kann also nicht abzählbar sein. $\blacksquare$

1.7 Lemma *Es sei X ein metrischer Raum, und $A \subset X$ sei dicht in X. Ferner sei $\mathcal{M} := \{\mathbb{B}(a, r) \; ; \; a \in A, \; r \in \mathbb{Q}^+\}$. Dann läßt sich jede offene Menge in X als Vereinigung von Mengen aus $\mathcal{M}$ darstellen.*

Beweis Es seien O offen in X und $x \in O$. Dann gibt es ein $\varepsilon_x > 0$ mit $\mathbb{B}(x, \varepsilon_x) \subset O$. Weil A dicht ist in X und $\mathbb{Q}$ dicht ist in $\mathbb{R}$, gibt es ein $a_x \in A$ mit $d(x, a_x) < \varepsilon_x/4$ und ein $r_x \in \mathbb{Q}^+$ mit $r_x \in (\varepsilon_x/4, \varepsilon_x/2)$. Dann ergibt sich

$$x \in \mathbb{B}(a_x, r_x) \subset \mathbb{B}(x, \varepsilon_x) \subset O$$

aus der Dreiecksungleichung, und es folgt $O = \bigcup_{x \in O} \mathbb{B}(a_x, r_x)$. $\blacksquare$

1.8 Satz *Es sei X ein metrischer Raum. Dann sind die folgenden Aussagen äquivalent:*

(i) *X erfüllt das zweite Abzählbarkeitsaxiom.*

(ii) *X ist ein Lindelöfscher Raum.*

(iii) *X ist separabel.*

Beweis „(i)$\Rightarrow$(ii)" Es seien $\mathcal{M}$ eine abzählbare Basis und $\{O_\alpha \; ; \; \alpha \in \mathsf{A}\}$ eine offene Überdeckung von X. Nach Voraussetzung gibt es zu jedem $\alpha \in \mathsf{A}$ eine Folge $(U_{\alpha,j})_{j \in \mathbb{N}}$ in $\mathcal{M}$ mit $O_\alpha = \bigcup_{j \in \mathbb{N}} U_{\alpha,j}$. Wir setzen $\mathcal{M}' := \{U_{\alpha,j} \; ; \; \alpha \in \mathsf{A}, \; j \in \mathbb{N}\}$. Wegen $\mathcal{M}' \subset \mathcal{M}$ ist $\mathcal{M}'$ eine abzählbare Überdeckung von X. Es sei $\{M_j \; ; \; j \in \mathbb{N}\}$ eine Abzählung von $\mathcal{M}'$. Nach Konstruktion von $\mathcal{M}'$ gibt es zu jedem $j \in \mathbb{N}$ ein $\alpha_j \in \mathsf{A}$ mit $M_j \subset O_{\alpha_j}$. Also ist $\{O_{\alpha_j} \; ; \; j \in \mathbb{N}\}$ eine abzählbare Teilüberdeckung von $\{O_\alpha \; ; \; \alpha \in \mathsf{A}\}$.

„(ii)$\Rightarrow$(iii)" Für jedes $n \in \mathbb{N}^\times$ ist $\mathcal{U}_n := \{\mathbb{B}(x, 1/n) \; ; \; x \in X\}$ eine offene Überdeckung von X. Nach Voraussetzung gibt es zu jedem $n \in \mathbb{N}^\times$ Punkte $x_{n,k} \in X$, $k \in \mathbb{N}$, so daß $\mathcal{V}_n := \{\mathbb{B}(x_{n,k}, 1/n) \; ; \; k \in \mathbb{N}\}$ eine Teilüberdeckung von $\mathcal{U}_n$ ist. Gemäß Satz I.6.8 ist $D := \{x_{n,k} \; ; \; n \in \mathbb{N}^\times, \; k \in \mathbb{N}\}$ abzählbar. Es seien nun $x \in X$, $\varepsilon > 0$ und $n > 1/\varepsilon$. Aufgrund der Überdeckungseigenschaft von $\mathcal{V}_n$ gibt es ein $x_{n,k} \in D$ mit $x \in \mathbb{B}(x_{n,k}, 1/n)$. Also ist D dicht in X.

„(iii)$\Rightarrow$(i)" Ist X separabel, so folgt aus Lemma 1.7, daß X das zweite Abzählbarkeitsaxiom erfüllt. $\blacksquare$

1.9 Korollar

(i) *Es sei X ein separabler metrischer Raum, und A sei abzählbar und dicht in X. Dann gilt*

$$\mathcal{B}(X) = \mathcal{A}_\sigma\big(\{\mathbb{B}(a, r) \; ; \; a \in A, \; r \in \mathbb{Q}^+\}\big) \;.$$

(ii) *Es sei $X \subset \mathbb{R}^n$ nicht leer. Dann besitzt der metrische Raum X eine abzählbare Basis.*

Beweis (i) Es sei $\mathcal{S} := \big\{ \mathbb{B}(a,r) \; ; \; a \in A, \; r \in \mathbb{Q}^+ \big\}$ und $\mathcal{T}$ bezeichne die Topologie von X. Aufgrund von Lemma 1.7 gilt $\mathcal{T} \subset \mathcal{A}_\sigma(\mathcal{S})$, und wir finden mit den
Bemerkungen 1.4(b) und (c):

$$\mathcal{B}(X) = \mathcal{A}_\sigma(\mathcal{T}) \subset \mathcal{A}_\sigma\big(\mathcal{A}_\sigma(\mathcal{S})\big) = \mathcal{A}_\sigma(\mathcal{S}) \; .$$

Die Inklusion $\mathcal{A}_\sigma(\mathcal{S}) \subset \mathcal{B}(X)$ folgt aus $\mathcal{S} \subset \mathcal{T}$ und Bemerkung 1.4(a).

   (ii) Dies ergibt sich aus Aufgabe V.4.13 und Satz 1.8. ∎

Für allgemeine topologische Räume gilt das folgende Resultat.

1.10 Korollar *Es sei X ein topologischer Raum mit abzählbarer Basis. Dann ist X
separabel und Lindelöfsch.*

Beweis (i) Es sei $\{ B_j \; ; \; j \in \mathbb{N} \}$ eine Basis für X. Zu jedem $j \in \mathbb{N}$ wähle man $b_j \in B_j$
und setze $D := \{ b_j \; ; \; j \in \mathbb{N} \}$. Offenbar ist D abzählbar. Es seien nun $x \in X$ und U eine
offene Umgebung von x. Dann gibt es $I \subset \mathbb{N}$ mit $U = \bigcup_{i \in I} B_i$. Also gilt $U \cap D \neq \emptyset$, d.h.,
D ist dicht in X.

   (ii) Der Beweis der Implikation „(i)$\Rightarrow$(ii)" von Satz 1.8 zeigt, daß X ein Lindelöfscher Raum ist. ∎

Erzeugung der Borelschen σ-Algebra durch Intervalle

Auf $\mathbb{R}^n$ verwenden wir die **natürliche** (Produkt-)**Ordnung**, d.h., für $a, b \in \mathbb{R}^n$ gilt
$a \leq b$ genau dann, wenn $a_k \leq b_k$ für $1 \leq k \leq n$ richtig ist.

   Eine Teilmenge J von $\mathbb{R}^n$ heißt **Intervall** in $\mathbb{R}^n$, wenn es („gewöhnliche")
Intervalle $J_k \subset \mathbb{R}$, $1 \leq k \leq n$, gibt mit $J = \prod_{k=1}^n J_k$. Für $a, b \in \mathbb{R}^n$ mit $a \leq b$ verwenden wir die Bezeichnungen

$$(a,b) := \prod_{k=1}^n (a_k, b_k) \; , \qquad [a,b] := \prod_{k=1}^n [a_k, b_k] \; ,$$

$$(a,b] := \prod_{k=1}^n (a_k, b_k] \; , \qquad [a,b) := \prod_{k=1}^n [a_k, b_k) \; .$$

Ist $a \leq b$ nicht erfüllt, so setzen wir

$$(a,b) := [a,b] := (a,b] := [a,b) := \emptyset \; .$$

In Analogie zum eindimensionalen Fall nennen wir (a,b) bzw. $[a,b]$ **offenes** bzw.
abgeschlossenes Intervall in $\mathbb{R}^n$. Offensichtlich sind offene bzw. abgeschlossene Intervalle in $\mathbb{R}^n$ offene bzw. abgeschlossene Teilmengen von $\mathbb{R}^n$. Die Menge aller
offenen Intervalle in $\mathbb{R}^n$ bezeichnen wir mit $\mathbb{J}(n)$.

Es seien Y eine Menge und E eine Eigenschaft, welche für $y \in Y$ entweder wahr oder falsch ist. Wenn aus dem Zusammenhang klar ist, um welche Menge es sich handelt, verwenden wir die Abkürzung

$$[E] := [E(y)] := \{\, y \in Y \; ; \; E(y) \text{ ist wahr} \,\} \ .$$

Beispielsweise ist $[x_k \geq \alpha]$ für $k \in \{1, \dots, n\}$ und $\alpha \in \mathbb{R}$ der abgeschlossene Halbraum

$$H_k(\alpha) := \{\, x \in \mathbb{R}^n \; ; \; x_k \geq \alpha \,\}$$

in $\mathbb{R}^n$. Ist $f \in Y^X$, so setzen wir

$$[E(f)] := \{\, x \in X \; ; \; E\big(f(x)\big) \text{ ist wahr} \,\} \ .$$

Für $f \in \mathbb{R}^X$ gilt dann zum Beispiel $[f > 0] = \{\, x \in X \; ; \; f(x) > 0 \,\}$.

Das folgende Theorem zeigt insbesondere, daß die Borelsche σ-Algebra über $\mathbb{R}^n$ bereits von der Menge der „Halbräume mit rationalen Koordinaten" erzeugt wird.

1.11 Theorem *Es seien*

$$\mathcal{A}_\mathbb{Q} := \mathcal{A}_\sigma\big(\{\, (a,b) \; ; \; a,b \in \mathbb{Q}^n \,\}\big)$$

und

$$\mathcal{A}_0 := \mathcal{A}_\sigma\big(\{\, H_k(\alpha) \; ; \; 1 \leq k \leq n, \ \alpha \in \mathbb{Q} \,\}\big)$$

sowie

$$\mathcal{A}_1 := \mathcal{A}_\sigma\big(\{\, H_k(\alpha) \; ; \; 1 \leq k \leq n, \ \alpha \in \mathbb{R} \,\}\big) \ .$$

Dann gilt

$$\mathcal{B}^n = \mathcal{A}_\sigma\big(\mathbb{J}(n)\big) = \mathcal{A}_\mathbb{Q} = \mathcal{A}_0 = \mathcal{A}_1 \ .$$

Beweis Da jeder abgeschlossene Halbraum zu $\mathcal{B}^n$ gehört, folgt

$$\mathcal{A}_0 \subset \mathcal{A}_1 \subset \mathcal{B}^n \ . \tag{1.2}$$

Es seien nun $a, b \in \mathbb{R}^n$ mit $a \leq b$. Für $k \in \{1, \dots, n\}$ gelten

$$[x_k < b_k] = [x_k \geq b_k]^c = H_k(b_k)^c \in \mathcal{A}_1$$

sowie

$$[x_k > a_k] = \bigcup_{j=1}^\infty [x_k \geq a_k + 1/j] \in \mathcal{A}_1 \ ,$$

da $\mathcal{A}_1$ eine σ-Algebra ist. Hieraus ergibt sich

$$(a,b) = \prod_{k=1}^n (a_k, b_k) = \bigcap_{k=1}^n \big([x_k < b_k] \cap [x_k > a_k]\big) \in \mathcal{A}_1 \ .$$

Für $a, b \in \mathbb{Q}^n$ zeigen diese Überlegungen, daß (a, b) zu $\mathcal{A}_0$ gehört. Wegen (1.2) und $\{ (a, b) \; ; \; a, b \in \mathbb{Q}^n \} \subset \mathbb{J}(n)$ folgen nun

$$\mathcal{A}_{\mathbb{Q}} \subset \mathcal{A}_{\sigma}\big(\mathbb{J}(n)\big) \subset \mathcal{A}_1 \subset \mathcal{B}^n \; , \quad \mathcal{A}_{\mathbb{Q}} \subset \mathcal{A}_0 \subset \mathcal{B}^n \; . \tag{1.3}$$

Schließlich gehört $\mathbb{B}^n_{\infty}(c, r) = \prod_{k=1}^n (c_k - r, c_k + r)$ für jedes $c \in \mathbb{Q}^n$ und $r \in \mathbb{Q}^+$ zu $\mathcal{A}_{\mathbb{Q}}$. Somit liefert Korollar 1.9(i), daß

$$\mathcal{B}^n = \mathcal{A}_{\sigma}\big(\{ \mathbb{B}^n_{\infty}(c, r) \; ; \; c \in \mathbb{Q}^n, \; r \in \mathbb{Q}^+ \}\big) \subset \mathcal{A}_{\mathbb{Q}} \; ,$$

was zusammen mit (1.3) die Behauptung impliziert. ∎

Basen topologischer Räume

Eine Topologie auf einer Menge X ist durch die Angabe einer Basis eindeutig bestimmt. Es ist leicht zu sehen, daß nicht jedes nichttriviale Mengensystem $\mathcal{M} \subset \mathfrak{P}(X)$ Basis einer Topologie sein kann. Der folgende Satz gibt eine Charakterisierung von Mengensystemen, die Topologien erzeugen.

1.12 Theorem *Ein Mengensystem $\mathcal{M} = \{ M_{\alpha} \subset X \; ; \; \alpha \in \mathsf{A} \}$ mit $\bigcup_{\alpha \in \mathsf{A}} M_{\alpha} = X$ ist genau dann Basis einer Topologie $\mathcal{T}(\mathcal{M})$ auf X, der* **von $\mathcal{M}$ erzeugten Topologie**, *wenn es zu jedem $(\alpha, \beta) \in \mathsf{A} \times \mathsf{A}$ und zu jedem $x \in M_{\alpha} \cap M_{\beta}$ ein $\gamma \in \mathsf{A}$ gibt mit $x \in M_{\gamma} \subset M_{\alpha} \cap M_{\beta}$.*

Beweis „⇒" Es sei $\mathcal{T}$ eine Topologie auf X, und $\mathcal{M} = \{ M_{\alpha} \subset X \; ; \; \alpha \in \mathsf{A} \}$ sei eine Basis von $\mathcal{T}$. Ferner seien $\alpha, \beta \in \mathsf{A}$ und $x \in M_{\alpha} \cap M_{\beta}$. Dann ist $M_{\alpha} \cap M_{\beta}$ eine offene Umgebung von x. Da $\mathcal{M}$ eine Basis von $\mathcal{T}$ ist, kann $M_{\alpha} \cap M_{\beta}$ als Vereinigung von Mengen aus $\mathcal{M}$ dargestellt werden. Insbesondere gibt es ein $\gamma \in \mathsf{A}$ mit $x \in M_{\gamma} \subset M_{\alpha} \cap M_{\beta}$.

„⇐" Es sei $\mathcal{M}$ ein Mengensystem mit den oben angegebenen Eigenschaften, und $\mathcal{T}(\mathcal{M}) := \{ \bigcup_{\alpha \in \mathsf{A}'} M_{\alpha} \; ; \; \mathsf{A}' \subset \mathsf{A} \}$. Offensichtlich gehören $\emptyset$, X und beliebige Vereinigungen von Mengen aus $\mathcal{T}(\mathcal{M})$ zu $\mathcal{T}(\mathcal{M})$.

Es seien $O_1, \ldots, O_n \in \mathcal{T}(\mathcal{M})$, $n \geq 2$, und $O := O_1 \cap O_2$. Wir wollen nachweisen, daß O zu $\mathcal{T}(\mathcal{M})$ gehört. Dazu genügt es, den Fall $O \neq \emptyset$ zu betrachten. Aufgrund der Definition von $\mathcal{T}(\mathcal{M})$ gibt es $\mathsf{A}_j \subset \mathsf{A}$ mit $O_j = \bigcup_{\alpha \in \mathsf{A}_j} M_{\alpha}$ für $j = 1, 2$. Zu jedem $x \in O$ finden wir also $\alpha_j(x) \in \mathsf{A}$, $j = 1, 2$, mit $x \in M_{\alpha_1(x)} \cap M_{\alpha_2(x)}$. Ferner gibt es nach Voraussetzung ein $\alpha(x) \in \mathsf{A}$, so daß

$$x \in M_{\alpha(x)} \subset M_{\alpha_1(x)} \cap M_{\alpha_2(x)} \subset O \; .$$

Also folgt $O = \bigcup_{x \in O} M_{\alpha(x)}$, d.h., O gehört zu $\mathcal{T}(\mathcal{M})$. Ein einfaches Induktionsargument zeigt nun, daß auch $O_1 \cap \cdots \cap O_n$ zu $\mathcal{T}(\mathcal{M})$ gehört. ∎

Die Produkttopologie

Es seien $\mathcal{T}_1$ und $\mathcal{T}_2$ Topologien auf X. Gilt $\mathcal{T}_1 \subset \mathcal{T}_2$, so heißt $\mathcal{T}_1$ **gröber** als $\mathcal{T}_2$ (bzw. $\mathcal{T}_2$ **feiner** als $\mathcal{T}_1$).

1.13 Bemerkungen **(a)** $\{\emptyset, X\}$ ist die gröbste und $\mathfrak{P}(X)$ ist die feinste Topologie auf X, d.h., für jede Topologie auf X gilt $\{\emptyset, X\} \subset \mathcal{T} \subset \mathfrak{P}(X)$.

(b) Es sei $\mathcal{M} \subset \mathfrak{P}(X)$ eine Basis einer Topologie $\mathcal{T}(\mathcal{M})$. Dann ist $\mathcal{T}(\mathcal{M})$ die gröbste Topologie auf X, die $\mathcal{M}$ enthält. Mit anderen Worten: Ist $\mathcal{T}$ eine Topologie auf X mit $\mathcal{M} \subset \mathcal{T}$, so gilt $\mathcal{T} \supset \mathcal{T}(\mathcal{M})$.

(c) Ist $\mathcal{T}_0$ eine Topologie auf X, so ist $\mathcal{T}_0$ eine Basis von sich selbst, d.h. $\mathcal{T}(\mathcal{T}_0) = \mathcal{T}_0$.

(d) Es sei $\mathcal{M}_j \subset \mathfrak{P}(X)$ eine Basis von $\mathcal{T}_j$ für $j = 1, 2$ mit $\mathcal{M}_1 \subset \mathcal{M}_2$. Dann gilt $\mathcal{T}_1 \subset \mathcal{T}_2$. ∎

Es seien $(X_1, \mathcal{T}_1)$ und $(X_2, \mathcal{T}_2)$ topologische Räume und $(O_j, U_j) \in \mathcal{T}_1 \times \mathcal{T}_2$ für $j = 1, 2$. Dann gilt offensichtlich

$$(O_1 \times U_1) \cap (O_2 \times U_2) = (O_1 \cap O_2) \times (U_1 \cap U_2) \,.$$

Somit zeigt Theorem 1.12, daß

$$\mathcal{T}_1 \boxtimes \mathcal{T}_2 := \left\{ O_1 \times O_2 \subset X_1 \times X_2 \;;\; (O_1, O_2) \in \mathcal{T}_1 \times \mathcal{T}_2 \right\}$$

eine Basis einer Topologie $\mathcal{T} := \mathcal{T}(\mathcal{T}_1 \boxtimes \mathcal{T}_2)$ auf (oder: von) $X_1 \times X_2$ ist. Sie heißt **von $\mathcal{T}_1$ und $\mathcal{T}_2$ erzeugte Produkttopologie** auf $X_1 \times X_2$. Der topologische Raum $(X_1 \times X_2, \mathcal{T})$ ist das **topologische Produkt** von $(X_1, \mathcal{T}_1)$ und $(X_2, \mathcal{T}_2)$. Falls nicht ausdrücklich etwas anderes vereinbart wird, versehen wir $X_1 \times X_2$ stets mit der Produkttopologie.

1.14 Bemerkungen **(a)** Die Produkttopologie ist die gröbste Topologie auf $X_1 \times X_2$, die $\mathcal{T}_1 \boxtimes \mathcal{T}_2$ enthält.

(b) Die Produkttopologie ist die gröbste Topologie auf $X_1 \times X_2$, für welche die Projektionen $\mathrm{pr}_j : X_1 \times X_2 \to X_j$, $j = 1, 2$, stetig sind.
Beweis (i) Für $O_1 \in \mathcal{T}_1$ und $O_2 \in \mathcal{T}_2$ gelten

$$\mathrm{pr}_1^{-1}(O_1) = O_1 \times X_2 \,, \quad \mathrm{pr}_2^{-1}(O_2) = X_1 \times O_2 \,.$$

Also sind die Projektionen pr_1 und pr_2 stetig bezüglich $\mathcal{T} := \mathcal{T}(\mathcal{T}_1 \boxtimes \mathcal{T}_2)$.

(ii) Es bezeichne $\widetilde{\mathcal{T}}$ eine Topologie auf $X_1 \times X_2$, für die pr_1 und pr_2 stetig sind. Zu jedem $V \in \mathcal{T}$ gibt es eine Indexmenge A und $(O_\alpha, U_\alpha) \in \mathcal{T}_1 \times \mathcal{T}_2$ für $\alpha \in \mathsf{A}$ mit $V = \bigcup_{\alpha \in \mathsf{A}} O_\alpha \times U_\alpha$. Wegen Theorem III.2.20 und Bemerkung III.2.29(e) gehören die Mengen $\mathrm{pr}_1^{-1}(O_\alpha)$ und $\mathrm{pr}_2^{-1}(U_\alpha)$ zu $\widetilde{\mathcal{T}}$. Da außerdem $O_\alpha \times U_\alpha = \mathrm{pr}_1^{-1}(O_\alpha) \cap \mathrm{pr}_2^{-1}(U_\alpha)$ gilt, liegt V in $\widetilde{\mathcal{T}}$, d.h., wir haben $\mathcal{T} \subset \widetilde{\mathcal{T}}$. ∎

(c) Es sei $\mathcal{M}_j \subset \mathfrak{P}(X_j)$ eine Basis von $\mathcal{T}_j$ für $j = 1, 2$. Dann ist $\mathcal{M}_1 \boxtimes \mathcal{M}_2$ eine Basis der Produkttopologie von $X_1 \times X_2$.

(d) Es seien (X_j, d_j) metrische Räume für $j = 1, 2$, und $\mathcal{T}_j$ bezeichne die von d_j auf X_j induzierte Topologie. Ferner sei $\mathcal{T}(d_1 \vee d_2)$ die von der Produktmetrik $d_1 \vee d_2$ auf $X_1 \times X_2$ induzierte Topologie (vgl. Beispiel II.1.2(e)). Dann gilt

$$\mathcal{T}(\mathcal{T}_1 \boxtimes \mathcal{T}_2) = \mathcal{T}(d_1 \vee d_2) \, ,$$

d.h., die Produkttopologie der von d_1 und d_2 induzierten Topologien stimmt mit der von der Produktmetrik $d_1 \vee d_2$ induzierten Topologie überein.

Beweis $\mathcal{T}(d_1 \vee d_2)$ ist eine Topologie auf $X_1 \times X_2$ mit

$$\mathcal{T}_1 \boxtimes \mathcal{T}_2 \subset \mathcal{T}(d_1 \vee d_2) \subset \mathcal{T}(\mathcal{T}_1 \boxtimes \mathcal{T}_2) \, ,$$

wie aus Aufgabe III.2.6 und Theorem 1.12 folgt. Die Behauptung ergibt sich nun aus (a). ∎

(e) Die obigen Definitionen und Resultate besitzen offensichtliche Verallgemeinerungen auf den Fall von mehr als zwei, aber endlich vielen, topologischen Räumen, deren Formulierungen und Beweise wir dem Leser überlassen. ∎

Produkte Borelscher σ-Algebren

Es seien $(X_j, \mathcal{A}_j)$, $j = 1, 2$, meßbare Räume. Dann zeigen bereits einfache Beispiele (vgl. Aufgabe 15), daß $\mathcal{A}_1 \boxtimes \mathcal{A}_2$ i. allg. keine σ-Algebra über $X_1 \times X_2$ ist. Deshalb erklärt man die **Produkt-σ-Algebra** $\mathcal{A}_1 \otimes \mathcal{A}_2$ von $\mathcal{A}_1$ und $\mathcal{A}_2$ als die kleinste σ-Algebra über $X_1 \times X_2$, welche $\mathcal{A}_1 \boxtimes \mathcal{A}_2$ enthält, d.h., man setzt

$$\mathcal{A}_1 \otimes \mathcal{A}_2 := \mathcal{A}_\sigma(\mathcal{A}_1 \boxtimes \mathcal{A}_2) \, .$$

Der nächste Satz zeigt, wie aus Erzeugendensystemen für $\mathcal{A}_1$ und $\mathcal{A}_2$ ein Erzeugendensystem für $\mathcal{A}_1 \otimes \mathcal{A}_2$ gewonnen werden kann.

1.15 Satz   Für $\mathcal{S}_j \subset \mathfrak{P}(X_j)$ mit $X_j \in \mathcal{S}_j$, $j = 1, 2$, gilt

$$\mathcal{A}_\sigma(\mathcal{S}_1) \otimes \mathcal{A}_\sigma(\mathcal{S}_2) = \mathcal{A}_\sigma(\mathcal{S}_1 \boxtimes \mathcal{S}_2) \, .$$

Beweis   Mit $\mathcal{A}_j := \mathcal{A}_\sigma(\mathcal{S}_j)$ gilt offensichtlich $\mathcal{A}_\sigma(\mathcal{S}_1 \boxtimes \mathcal{S}_2) \subset \mathcal{A}_1 \otimes \mathcal{A}_2$. Um die umgekehrte Inklusion zu zeigen, setzen wir

$$\widetilde{\mathcal{A}}_j := (\mathrm{pr}_j)_* \big(\mathcal{A}_\sigma(\mathcal{S}_1 \boxtimes \mathcal{S}_2) \big) \, , \qquad j = 1, 2 \, .$$

Wegen $X_2 \in \mathcal{S}_2$ [bzw. $X_1 \in \mathcal{S}_1$] ist $\mathcal{S}_1$ [bzw. $\mathcal{S}_2$] eine Teilmenge von $\widetilde{\mathcal{A}}_1$ [bzw. $\widetilde{\mathcal{A}}_2$]. Somit zeigt Beispiel 1.3(e), daß $\widetilde{\mathcal{A}}_j \supset \mathcal{A}_j$ für $j = 1, 2$ gilt. Hieraus leiten wir für die Menge $A_1 \times A_2 \in \mathcal{A}_1 \boxtimes \mathcal{A}_2$ die Beziehungen

$$A_1 \times X_2 = (\mathrm{pr}_1)^{-1}(A_1) \in \mathcal{A}_\sigma(\mathcal{S}_1 \boxtimes \mathcal{S}_2) \,,$$

$$X_1 \times A_2 = (\mathrm{pr}_2)^{-1}(A_2) \in \mathcal{A}_\sigma(\mathcal{S}_1 \boxtimes \mathcal{S}_2) \,,$$

und folglich $A_1 \times A_2 = (A_1 \times X_2) \cap (X_1 \times A_2) \in \mathcal{A}_\sigma(\mathcal{S}_1 \boxtimes \mathcal{S}_2)$, ab. Dies impliziert, daß $\mathcal{A}_1 \otimes \mathcal{A}_2 = \mathcal{A}_\sigma(\mathcal{A}_1 \boxtimes \mathcal{A}_2)$ in $\mathcal{A}_\sigma(\mathcal{S}_1 \boxtimes \mathcal{S}_2)$ enthalten ist. ∎

Auch dieser Satz ist offensichtlich im Falle von mehr als zwei, aber endlich vielen, meßbaren Räumen richtig, wobei die Produkt-σ-Algebra in natürlicher Verallgemeinerung der obigen Definition eingeführt wird.

Es seien $(X_j, \mathcal{T}_j)$, $j = 1, 2$, topologische Räume. Dann sind auf $X_1 \times X_2$ zwei σ-Algebren erklärt: die Produkt-σ-Algebra $\mathcal{B}(X_1) \otimes \mathcal{B}(X_2)$ der Borelschen σ-Algebren $\mathcal{B}(X_1)$ und $\mathcal{B}(X_2)$, und die Borelsche σ-Algebra $\mathcal{B}(X_1 \times X_2)$ des topologischen Produktes $X_1 \times X_2$. Im folgenden untersuchen wir, inwieweit diese zwei σ-Algebren miteinander vergleichbar sind.

1.16 Satz *Es seien X_1 und X_2 topologische Räume. Dann gilt*

$$\mathcal{B}(X_1) \otimes \mathcal{B}(X_2) \subset \mathcal{B}(X_1 \times X_2) \,.$$

Beweis Es sei $\mathcal{T}_j$ die Topologie von X_j. Die Produkttopologie $\mathcal{T}$ auf $X_1 \times X_2$ enthält $\mathcal{T}_1 \boxtimes \mathcal{T}_2$. Somit gilt

$$\mathcal{A}_\sigma(\mathcal{T}_1 \boxtimes \mathcal{T}_2) \subset \mathcal{A}_\sigma(\mathcal{T}) = \mathcal{B}(X_1 \times X_2) \,.$$

Außerdem zeigt Satz 1.15, daß $\mathcal{B}(X_1) \otimes \mathcal{B}(X_2) = \mathcal{A}_\sigma(\mathcal{T}_1 \boxtimes \mathcal{T}_2)$ gilt, woraus die Behauptung folgt. ∎

In Aufgabe 19 wird ein Beispiel vorgestellt, welches belegt, daß die Inklusion in der Aussage von Satz 1.16 nicht verschärft werden kann, d.h., i. allg. gilt $\mathcal{B}(X_1 \times X_2) \neq \mathcal{B}(X_1) \otimes \mathcal{B}(X_2)$. Von besonderer Bedeutung ist deshalb das folgende Resultat.

1.17 Theorem *Es seien X_1 und X_2 topologische Räume, die beide das zweite Abzählbarkeitsaxiom erfüllen. Dann gilt*

$$\mathcal{B}(X_1 \times X_2) = \mathcal{B}(X_1) \otimes \mathcal{B}(X_2) \,.$$

Beweis Es sei $\mathcal{M}_j$ eine abzählbare Basis der Topologie $\mathcal{T}_j$ von X_j. Dann ist $\mathcal{M}_1 \boxtimes \mathcal{M}_2$ gemäß Bemerkung 1.14(c) und Satz I.6.9 eine abzählbare Basis der Produkttopologie $\mathcal{T} := \mathcal{T}(\mathcal{T}_1 \boxtimes \mathcal{T}_2)$. Folglich läßt sich jedes $O \in \mathcal{T}$ als abzählbare Vereinigung von Mengen aus $\mathcal{M}_1 \boxtimes \mathcal{M}_2$ darstellen. Also gilt $\mathcal{T} \subset \mathcal{B}(X_1) \otimes \mathcal{B}(X_2)$, was $\mathcal{B}(X_1 \times X_2) \subset \mathcal{B}(X_1) \otimes \mathcal{B}(X_2)$ impliziert. Nun erhalten wir die Behauptung aus Satz 1.16. ∎

1.18 Korollar $\mathcal{B}^m \otimes \mathcal{B}^n = \mathcal{B}^{m+n}$ und $\mathcal{B}^m = \underbrace{\mathcal{B}^1 \otimes \cdots \otimes \mathcal{B}^1}_{m}$ für $m, n \in \mathbb{N}^\times$.

Beweis   Dies folgt aus Bemerkung 1.14(e), Korollar 1.9(ii), Theorem 1.17 und den entsprechenden Verallgemeinerungen auf den Fall von m Faktoren. ∎

Die Meßbarkeit von Schnitten

Für $C \subset X \times Y$ und $(a,b) \in X \times Y$ heißt

$$C_{[a]} := \{ y \in Y \ ; \ (a,y) \in C \}$$

bzw.

$$C^{[b]} := \{ x \in X \ ; \ (x,b) \in C \}$$

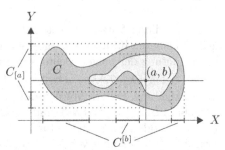

Schnitt von C bezüglich $a \in X$ bzw. $b \in Y$.

Der nächste Satz zeigt, daß Schnitte meßbarer Mengen wieder meßbar sind.

1.19 Satz   *Es seien $(X, \mathcal{A})$ und $(Y, \mathcal{B})$ meßbare Räume und $C \in \mathcal{A} \otimes \mathcal{B}$. Ferner sei $(x,y) \in X \times Y$. Dann gelten $C_{[x]} \in \mathcal{B}$ und $C^{[y]} \in \mathcal{A}$.*

Beweis   (i) Wir setzen

$$\mathcal{C} := \{ C \in \mathcal{A} \otimes \mathcal{B} \ ; \ C_{[x]} \in \mathcal{B}, \ C^{[y]} \in \mathcal{A}, \ (x,y) \in X \times Y \}$$

und zeigen, daß $\mathcal{C}$ eine σ-Algebra über $X \times Y$ ist.

Offensichtlich gehört $X \times Y$ zu $\mathcal{C}$. Für $C \in \mathcal{C}$ und $(x,y) \in X \times Y$ gelten

$$(C^c)_{[x]} = (C_{[x]})^c \in \mathcal{B} \ , \quad (C^c)^{[y]} = (C^{[y]})^c \in \mathcal{A} \ ,$$

d.h., C^c gehört zu $\mathcal{C}$. Schließlich erfüllt jede Folge (C_j) in $\mathcal{C}$

$$\left(\bigcup_j C_j \right)_{[x]} = \bigcup_j (C_j)_{[x]} \ , \quad \left(\bigcup_j C_j \right)^{[y]} = \bigcup_j (C_j)^{[y]} \ ,$$

so daß auch $\bigcup_j C_j$ zu $\mathcal{C}$ gehört.

(ii) Für $A \times B \in \mathcal{A} \boxtimes \mathcal{B}$ und $(x,y) \in X \times Y$ gelten

$$(A \times B)_{[x]} = \begin{cases} B \ , & x \in A \ , \\ \emptyset \ , & x \in A^c \ , \end{cases} \qquad (A \times B)^{[y]} = \begin{cases} A \ , & y \in B \ , \\ \emptyset \ , & y \in B^c \ . \end{cases}$$

Also ist $\mathcal{A} \boxtimes \mathcal{B}$ in $\mathcal{C}$ enthalten, und wir finden $\mathcal{A} \otimes \mathcal{B} \subset \mathcal{C}$. Weil offenbar auch $\mathcal{C} \subset \mathcal{A} \otimes \mathcal{B}$ gilt, ist alles bewiesen. ∎

Aufgaben

1 Man beweise die Aussagen der Beispiele 1.3(a)–(d).

2 Es seien $\mathcal{S}, \mathcal{S}' \subset \mathfrak{P}(X)$ nicht leer. Man beweise oder widerlege: Aus $\mathcal{A}_\sigma(\mathcal{S}) = \mathcal{A}_\sigma(\mathcal{S}')$ folgt $\mathcal{S} = \mathcal{S}'$.

3 Es seien $(X_j, \mathcal{A}_j)$, $j = 1, 2$, meßbare Räume. Eine Teilmenge $F \subset X_1 \times X_2$ heißt **Figur** in $X_1 \times X_2$, wenn es ein $m \in \mathbb{N}$ und $R_0, \dots, R_m \in \mathcal{A}_1 \boxtimes \mathcal{A}_2$ gibt mit $R_j \cap R_k = \emptyset$ für $j \neq k$ und $F = \bigcup_{j=0}^m R_j$.

Man zeige:

(a) $\mathcal{F} := \{ F \subset X_1 \times X_2 \,; F \text{ ist Figur in } X_1 \times X_2 \}$ ist eine Algebra auf $X_1 \times X_2$.

(b) $\mathcal{A}_\sigma(\mathcal{F}) = \mathcal{A}_1 \otimes \mathcal{A}_2$.

4 Es seien (A_j) eine Folge in $\mathfrak{P}(X)$ und

$$\overline{\lim_j} A_j := \bigcap_{j=0}^\infty \bigcup_{k=j}^\infty A_k \ , \quad \underline{\lim_j} A_j := \bigcup_{j=0}^\infty \bigcap_{k=j}^\infty A_k \ .$$

Dann heißt $\overline{\lim\limits_j} A_j$ **Limes superior** und $\underline{\lim\limits_j} A_j$ **Limes inferior** von (A_j).

(a) Man beschreibe die Mengen $\overline{\lim\limits_j} A_j$ und $\underline{\lim\limits_j} A_j$.

(b) Man beweise oder widerlege: $\underline{\lim}_j A_j \subset \overline{\lim}_j A_j$, $\overline{\lim}_j A_j \subset \underline{\lim}_j A_j$.

5 Die Folge $(A_j) \in \mathfrak{P}(X)^{\mathbb{N}}$ heißt **konvergent**, wenn $\underline{\lim\limits_j} A_j = \overline{\lim\limits_j} A_j$. In diesem Fall nennt man $\lim\limits_j A_j := \underline{\lim\limits_j} A_j$ **Grenzwert** von (A_j). Man verifiziere:

(a) Ist (A_j) wachsend [bzw. fallend], so konvergiert (A_j) und es gilt $\lim_j A_j = \bigcup_j A_j$ [bzw. $\lim_j A_j = \bigcap_j A_j$].

(b) (A_j) konvergiert genau dann gegen A, wenn (χ_{A_j}) punktweise gegen χ_A konvergiert.

6 Es seien $(X, \mathcal{A})$ und $(Y, \mathcal{B})$ meßbare Räume. Die Abbildung $f : X \to Y$ heißt $\mathcal{A}$-$\mathcal{B}$-**meßbar**[3], wenn $f^{-1}(\mathcal{B}) \subset \mathcal{A}$ gilt. Sind X und Y topologische Räume, so nennt man eine $\mathcal{B}(X)$-$\mathcal{B}(Y)$-meßbare Funktion **Borel meßbar**. Folgende Aussagen sind zu zeigen:

(a) Es sei $\mathcal{S} \subset \mathfrak{P}(Y)$ mit $\mathcal{A}_\sigma(\mathcal{S}) = \mathcal{B}$. Dann ist $f \in Y^X$ genau dann $\mathcal{A}$-$\mathcal{B}$-meßbar, wenn gilt $f^{-1}(\mathcal{S}) \subset \mathcal{A}$.

(b) Es seien X und Y topologische Räume. Dann ist jede stetige Abbildung von X in Y Borel meßbar.

7 Es seien $(X, \mathcal{A})$ ein meßbarer Raum, $Y \subset X$ und $\mathcal{A} | Y := \{ A \cap Y \,; A \in \mathcal{A} \}$. Dann ist $\mathcal{A} | Y$ eine σ-Algebra über Y, **die von $\mathcal{A}$ auf Y induzierte σ-Algebra**.

8 Es seien $(X, \mathcal{A})$, $(Y, \mathcal{B})$ und $(Z, \mathcal{C})$ meßbare Räume. Man verifiziere:

(a) Sind $f \in Y^X$ und $g \in Z^Y$ meßbar, so ist auch $g \circ f \in Z^X$ meßbar.

(b) Sind $f \in Y^X$ meßbar und $A \subset X$, so ist $f | A \in Y^A$ $(\mathcal{A} | A)$-$\mathcal{B}$-meßbar.

---

[3]Sind keine Unklarheiten über die Bedeutung von $\mathcal{A}$ und $\mathcal{B}$ zu befürchten, so nennen wir $\mathcal{A}$-$\mathcal{B}$-meßbare Funktionen kurz **meßbar**.

9   Es sei Y ein topologischer Raum, und $X \subset Y$. Dann gilt $\mathcal{B}(X) = \mathcal{B}(Y) \,|\, X$.

10   Es seien d_1 und d_2 äquivalente Metriken auf X und $X_j := (X, d_j)$ für $j = 1, 2$. Man zeige: $\mathcal{B}(X_1) = \mathcal{B}(X_2)$.

11   Besitzt ein topologischer Raum X eine abzählbare Basis $\mathcal{M}$, so gilt $\mathcal{B}(X) = \mathcal{A}_\sigma(\mathcal{M})$.

12   Es sei $(X, \mathcal{T})$ ein Hausdorffraum, und es gebe eine Folge $(K_j) \in X^{\mathbb{N}}$ kompakter Mengen mit $X = \bigcup_j K_j$. Man verifiziere $\mathcal{B}(X) = \mathcal{A}_\sigma(\mathcal{K})$, wobei $\mathcal{K}$ die Menge aller kompakten Teilmengen von X ist.

13   Für die topologischen Räume X und Y gelte $\mathcal{B}(X \times Y) = \mathcal{B}(X) \otimes \mathcal{B}(Y)$. Man zeige, daß für jedes nichtleere $Z \subset Y$ gilt: $\mathcal{B}(X \times Z) = \mathcal{B}(X) \otimes \mathcal{B}(Z)$. (Hinweis: Man verifiziere, daß $\mathcal{A} := \{\, M \subset X \times Y \; ; \; (X \times Z) \cap M \in \mathcal{B}(X) \otimes \mathcal{B}(Z) \,\}$ eine σ-Algebra über $X \times Y$ ist, die $\mathcal{B}(X) \otimes \mathcal{B}(Y)$ enthält. Ferner beachte man Bemerkung III.2.29(h).)

14   Es seien X_j und Y_j topologische Räume, und $f_j : X_j \to Y_j$ sei Borel meßbar für $j = 1, 2$. Ferner sei

$$f_1 \times f_2 : X_1 \times X_2 \to Y_1 \times Y_2 , \quad (x_1, x_2) \mapsto \big(f_1(x_1), f_2(x_2)\big) .$$

Man verifiziere: $(f_1 \times f_2)^{-1}\big(\mathcal{B}(Y_1) \otimes \mathcal{B}(Y_2)\big) \subset \mathcal{B}(X_1) \otimes \mathcal{B}(X_2)$.

15   Es seien $A \subset X$ und $\mathcal{A} := \{\emptyset, A, A^c, X\}$. Unter welchen Voraussetzungen an A ist $\mathcal{A} \boxtimes \mathcal{A}$ eine σ-Algebra über $X \times X$?

16   Es sei $\mathcal{S} \subset \mathfrak{P}(X)$. Dann gilt

$$\mathcal{A}_\sigma(\mathcal{S}) = \bigcup \big\{\, \mathcal{A}_\sigma(\mathcal{C}) \; ; \; \mathcal{C} \subset \mathcal{S} \text{ ist abzählbar} \,\big\} .$$

(Hinweis: Man zeige, daß das rechts stehende Mengensystem eine σ-Algebra über X ist, die $\mathcal{S}$ enthält.)

17   Für $A \subset X$ sei $\mathcal{A}_A := \{\, B \subset X \; ; \; A \subset B \text{ oder } A \subset B^c \,\}$. Man beweise:

  (i) $\mathcal{A}_A$ ist eine σ-Algebra über X.

  (ii) Aus $\mathcal{S} \subset \mathcal{A}_A$ folgt $\mathcal{A}_\sigma(\mathcal{S}) \subset \mathcal{A}_A$.

18   Es sei $X = (X, \mathcal{T})$ ein topologischer Raum. Man zeige: Gehört die Diagonale

$$\Delta_X = \big\{\, (x, y) \in X \times X \; ; \; x = y \,\big\}$$

zu $\mathcal{B}(X) \otimes \mathcal{B}(X)$, so gibt es eine Injektion von X in $\mathbb{R}$.
(Hinweise: (i) Es sei $\mathcal{S}_j = \{\, A_{k,j} \; ; \; k \in \mathbb{N} \,\} \subset \mathcal{T}$ für $j = 1, 2$ mit $\Delta_X \in \mathcal{A}_\sigma(\mathcal{S}_1 \boxtimes \mathcal{S}_2)$ (vgl. Aufgabe 16). Ferner sei $\mathcal{A}_j := \mathcal{A}_\sigma(\mathcal{S}_j)$ für $j = 1, 2$. Dann gilt $\mathcal{A}_1 \otimes \mathcal{A}_2 \supset \mathcal{A}_\sigma(\mathcal{S}_1 \boxtimes \mathcal{S}_2)$, und folglich implizieren $\Delta_X \in \mathcal{A}_\sigma(\mathcal{S}_1 \boxtimes \mathcal{S}_2)$ und Satz 1.19, daß $\{x\} \in \mathcal{A}_1$ für jedes $x \in X$. (ii) Es seien $\varphi := \sum_{k=0}^{\infty} 3^{-k} \chi_{A_{k,1}} \in B(X, \mathbb{R})$ und $x, y \in X$ mit $\varphi(x) = \varphi(y)$. Aufgrund von Theorem II.7.11 gilt dann für jedes $k \in \mathbb{N}$ entweder $\{x, y\} \subset A_{k,1}$ oder $\{x, y\} \subset A_{k,1}^c$. Folglich zeigt Aufgabe 17, daß für jedes $A \in \mathcal{A}_1$ entweder $\{x, y\} \subset A$ oder $\{x, y\} \subset A^c$ gilt. Nach (i) ist dies nur für $x = y$ möglich.)

19   Es sei $X := \mathfrak{P}(\mathbb{R})$, und $\mathcal{T}$ bezeichne eine Hausdorffsche Topologie auf X. Dann gilt $\mathcal{B}(X) \otimes \mathcal{B}(X) \neq \mathcal{B}(X \times X)$.
(Hinweise: Aufgrund der Hausdorffschen Trennungseigenschaft von $\mathcal{T}$ ist die Diagonale Δ_X abgeschlossen in $X \times X$. Gilt $\mathcal{B}(X) \otimes \mathcal{B}(X) = \mathcal{B}(X \times X)$, so folgt aus Aufgabe 18, daß es eine Injektion von $\mathfrak{P}(\mathbb{R})$ in $\mathbb{R}$ gibt. Dies widerspricht Theorem I.6.5.)

2 Maße

In diesem Paragraphen führen wir den Begriff des Maßes ein und studieren dessen allgemeine Eigenschaften, die sich mehr oder weniger unmittelbar aus der Definition ergeben. Die gewonnenen Rechenregeln stellen die Grundlage dar für das tiefere Eindringen in die Maß- und Integrationstheorie.

Im folgenden seien

- X eine nichtleere Menge und $[0, \infty] := \mathbb{R}^+ \cup \{\infty\}$.

Wir erinnern an die in den Paragraphen I.10 und II.5 vereinbarten Festlegungen über die Arithmetik und Topologie in $\bar{\mathbb{R}}$.

Mengenfunktionen

Es sei $\mathcal{C}$ ein System von Teilmengen von X mit $\emptyset \in \mathcal{C}$. Ferner sei φ eine Abbildung von $\mathcal{C}$ in $[0, \infty]$ mit $\varphi(\emptyset) = 0$. Dann heißt φ σ-**subadditiv**(**e Mengenfunktion**), wenn für jede Folge (A_j) in $\mathcal{C}$ mit $\bigcup_j A_j \in \mathcal{C}$ gilt[1]

$$\varphi\Big(\bigcup_j A_j\Big) \leq \sum_j \varphi(A_j) \,. \tag{2.1}$$

Eine Abbildung φ von $\mathcal{C}$ in $[0, \infty]$ oder $\mathbb{K}$ mit $\varphi(\emptyset) = 0$ heißt σ-**additiv**, wenn

$$\varphi\Big(\bigcup_j A_j\Big) = \sum_j \varphi(A_j) \tag{2.2}$$

für jede *disjunkte* Folge (A_j) in $\mathcal{C}$ mit $\bigcup_j A_j \in \mathcal{C}$ gilt. Ist (2.1) für jedes endliche System $A_0, \ldots, A_m$ von [bzw. (2.2) für jedes endliche System $A_0, \ldots, A_m$ von paarweise disjunkten] Teilmengen von $\mathcal{C}$ mit $\bigcup_j A_j \in \mathcal{C}$ richtig, so heißt φ **subadditiv** [bzw. **additiv**]. Schließlich sagt man, $\varphi : \mathcal{C} \to [0, \infty]$ sei σ-**endlich**, wenn X zu $\mathcal{C}$ gehört und es eine Folge (A_j) in $\mathcal{C}$ gibt mit $\bigcup_j A_j = X$ und $\varphi(A_j) < \infty$ für $j \in \mathbb{N}$. Gilt sogar $\varphi(X) < \infty$, so heißt φ **endlich**.

2.1 Bemerkungen (a) Jede σ-additive bzw. σ-subadditive Mengenfunktion ist auch additiv bzw. subadditiv.

(b) Es sei φ eine σ-additive Abbildung von $\mathcal{C}$ in $[0, \infty]$ bzw. $\mathbb{K}$. Ist $(A_j) \in \mathcal{C}^{\mathbb{N}}$ disjunkt mit $\bigcup_j A_j \in \mathcal{C}$, so konvergiert die Reihe $\sum_j \varphi(A_j)$ **unbedingt** in $[0, \infty]$ bzw. $\mathbb{K}$, d.h., sie kann beliebig umgeordnet werden, ohne daß sich ihr Wert ändert.

Beweis Dies folgt aus (2.2), da $\varphi(\bigcup_j A_j)$ nicht von der Anordnung der A_j abhängt. ∎

(c) Die Abbildung

$$\mathfrak{P}(X) \to [0, \infty] \,, \quad A \mapsto \begin{cases} 1 \,, & A \neq \emptyset \,, \\ 0 \,, & A = \emptyset \,, \end{cases}$$

---

[1]Hier und im folgenden ist unter $\bigcup_j A_j$ natürlich $\bigcup_{j=0}^{\infty} A_j$ zu verstehen, etc.

ist σ-subadditiv, und genau dann σ-additiv, wenn X aus nur einem Element besteht. ∎

Maßräume

Es sei $\mathcal{A}$ eine σ-Algebra über X, und $\mu : \mathcal{A} \to [0, \infty]$ sei σ-additiv. Dann heißt μ (positives) **Maß** auf X (genauer:[2] auf $\mathcal{A}$), und $(X, \mathcal{A}, \mu)$ nennt man **Maßraum**. Gilt $\mu(X) = 1$, so heißt μ auch **Wahrscheinlichkeitsmaß**, und $(X, \mathcal{A}, \mu)$ ist ein **Wahrscheinlichkeitsraum**.

2.2 Beispiele (a) Es seien $a \in X$ und

$$\delta_a(A) := \begin{cases} 1, & a \in A, \\ 0, & a \notin A, \end{cases}$$

für $A \subset X$. Dann ist $\delta_a : \mathfrak{P}(X) \to [0, \infty]$ ein Wahrscheinlichkeitsmaß, das **Dirac-maß** auf X (mit Träger in a).

(b) Für $A \subset X$ sei $\mathcal{H}^0(A) := \text{Anz}(A)$. Dann ist $\mathcal{H}^0 : \mathfrak{P}(X) \to [0, \infty]$ ein Maß, das **Zählmaß** auf X. Es ist genau dann endlich [bzw. σ-endlich], wenn X endlich [bzw. abzählbar] ist.

(c) Für $A \subset X$ sei $\mu(A) := 0$ für $A = \emptyset$ und $\mu(A) := \infty$ sonst. Dann ist $\big(X, \mathfrak{P}(X), \mu\big)$ ein Maßraum.

(d) Es seien $(X, \mathcal{A}, \mu)$ ein Maßraum und $A \in \mathcal{A}$. Dann ist $(A, \mathcal{A} \,|\, A, \mu \,|\, A)$ ebenfalls ein Maßraum. ∎

Eigenschaften von Maßen

Wir stellen einige wichtige Rechenregeln für den Umgang mit Maßen zusammen.

2.3 Satz *Es sei $(X, \mathcal{A}, \mu)$ ein Maßraum. Für $A, B \in \mathcal{A}$ und $(A_j) \in \mathcal{A}^{\mathbb{N}}$ gelten die Aussagen:*

(i) $\mu(A \cup B) + \mu(A \cap B) = \mu(A) + \mu(B)$.

(ii) $\mu(B \setminus A) = \mu(B) - \mu(A)$, falls $A \subset B$ und $\mu(A) < \infty$.

(iii) $A \subset B \Rightarrow \mu(A) \leq \mu(B)$, d.h., μ ist wachsend.[3]

(iv) $\mu(A_k) \uparrow \mu\big(\bigcup_j A_j\big)$, falls $A_0 \subset A_1 \subset A_2 \subset \cdots$.

(v) $\mu(A_k) \downarrow \mu\big(\bigcap_j A_j\big)$, falls $A_0 \supset A_1 \supset A_2 \supset \cdots$ mit $\mu(A_0) < \infty$.

(vi) $\mu\big(\bigcup_j A_j\big) \leq \sum_j \mu(A_j)$, d.h., μ ist σ-subadditiv.

---

[2] Die Angabe von $\mathcal{A}$ ist eigentlich überflüssig, da $\mathcal{A}$ als Definitionsbereich von μ bestimmt ist.

[3] Dies bezieht sich auf die von $(\mathfrak{P}(X), \subset)$ induzierte natürliche Ordnung von $\mathcal{A}$ (vgl. die Beispiele I.44(a) und (b)). Statt wachsend sagt man auch **monoton**.

Beweis (i) Aus $A \cup B = A \cup (B \setminus A)$ und $A \cap (B \setminus A) = \emptyset$ sowie Bemerkung 2.1(a) folgt

$$\mu(A \cup B) = \mu(A) + \mu(B \setminus A) \ . \tag{2.3}$$

Analog erhalten wir aus $B = (A \cap B) \cup (B \setminus A)$ und $(A \cap B) \cap (B \setminus A) = \emptyset$, daß

$$\mu(A \cap B) + \mu(B \setminus A) = \mu(B) \tag{2.4}$$

gilt. Durch Addition von (2.3) und (2.4) finden wir

$$\mu(A \cup B) + \mu(A \cap B) + \mu(B \setminus A) = \mu(A) + \mu(B) + \mu(B \setminus A) \ .$$

Ist $\mu(B \setminus A)$ endlich, folgt die Behauptung. Gilt $\mu(B \setminus A) = \infty$, so erhalten wir $\mu(A \cup B) = \mu(B) = \infty$ aus (2.3) und (2.4). Also ist die Behauptung auch in diesem Fall richtig.

(ii) Aus $A \subset B$ folgt $B = A \cup (B \setminus A)$. Da außerdem A und $B \setminus A$ disjunkt sind, gilt $\mu(B) = \mu(A) + \mu(B \setminus A)$. Nach Voraussetzung ist $\mu(A) < \infty$, und wir finden $\mu(B) - \mu(A) = \mu(B \setminus A)$.

(iii) Wie in (ii) gilt $\mu(B) = \mu(A) + \mu(B \setminus A)$, und somit $\mu(B) \geq \mu(A)$.

(iv) Wir setzen $A_{-1} := \emptyset$ und $B_k := A_k \setminus A_{k-1}$ für $k \in \mathbb{N}$. Dann ist aufgrund der Voraussetzung (B_k) eine disjunkte Folge in $\mathcal{A}$ mit $\bigcup_{k=0}^{\infty} B_k = \bigcup_{j=0}^{\infty} A_j$ und $\bigcup_{k=0}^{m} B_k = A_m$. Also folgt aus der σ-Additivität von μ

$$\mu\Big(\bigcup_j A_j\Big) = \mu\Big(\bigcup_k B_k\Big) = \lim_{m \to \infty} \sum_{k=0}^{m} \mu(B_k) = \lim_{m \to \infty} \mu\Big(\bigcup_{k=0}^{m} B_k\Big)$$
$$= \lim_{m \to \infty} \mu(A_m) \ .$$

(v) Ist (A_k) eine fallende Folge in $\mathcal{A}$, so ist $(A_0 \setminus A_k)$ wachsend. Ferner gilt

$$A_0 \setminus \Big(\bigcap_k A_k\Big) = A_0 \cap \Big(\bigcap_k A_k\Big)^c = \bigcup_k \Big(A_0 \cap A_k^c\Big) = \bigcup_k (A_0 \setminus A_k) \ .$$

Unter Verwendung von (ii) und (iv) folgt deshalb

$$\mu(A_0) - \mu\Big(\bigcap_k A_k\Big) = \mu\Big(A_0 \setminus \Big(\bigcap_k A_k\Big)\Big) = \mu\Big(\bigcup_k (A_0 \setminus A_k)\Big)$$
$$= \lim_{m \to \infty} \mu(A_0 \setminus A_m) = \mu(A_0) - \lim_{m \to \infty} \mu(A_m) \ ,$$

woraus sich die Behauptung ergibt.

(vi) Wir setzen $B_0 := A_0$ und $B_k := A_k \setminus \big(\bigcup_{j=0}^{k-1} A_j\big)$ für $k \in \mathbb{N}^{\times}$. Dann ist (B_k) eine disjunkte Folge in $\mathcal{A}$ mit $\bigcup_k B_k = \bigcup_k A_k$ und $B_k \subset A_k$ für $k \in \mathbb{N}$. Somit folgt aus der σ-Additivität von μ und aus (iii):

$$\mu\Big(\bigcup_k A_k\Big) = \mu\Big(\bigcup_k B_k\Big) = \sum_k \mu(B_k) \leq \sum_k \mu(A_k) \ .$$

Damit ist alles bewiesen. ∎

2.4 Bemerkungen   **(a)** Die Aussage (iv) [bzw. (v)] von Satz 2.3 heißt **Stetigkeit des Maßes von unten** [bzw. **oben**].

(b) Die Aussagen (i)–(iii) bleiben offensichtlich richtig, wenn $\mathcal{A}$ eine Algebra und $\mu : \mathcal{A} \to [0, \infty]$ additiv sind.

(c) Sind $\mathcal{S}$ eine Algebra über X und $\mu : \mathcal{S} \to [0, \infty]$ additiv, monoton und σ-endlich, so gibt es eine disjunkte Folge (B_k) in $\mathcal{S}$ mit $\bigcup_k B_k = X$ und $\mu(B_k) < \infty$ für $k \in \mathbb{N}$.

Beweis Wegen der σ-Endlichkeit von μ gibt es eine Folge (A_j) in $\mathcal{S}$ mit $\bigcup_j A_j = X$ und $\mu(A_j) < \infty$. Setzen wir $B_0 := A_0$ und $B_k := A_k \setminus \bigcup_{j=0}^{k-1} A_j$ für $k \in \mathbb{N}^\times$, so folgt leicht, daß (B_k) die angegebenen Eigenschaften besitzt. ∎

Nullmengen

Es sei $(X, \mathcal{A}, \mu)$ ein Maßraum. Jedes $N \in \mathcal{A}$ mit $\mu(N) = 0$ heißt μ-**Nullmenge**. Die Menge aller μ-Nullmengen bezeichnen wir mit $\mathcal{N}_\mu$. Das Maß μ bzw. der Maßraum $(X, \mathcal{A}, \mu)$ heißt **vollständig**, wenn aus $N \in \mathcal{N}_\mu$ und $M \subset N$ stets $M \in \mathcal{A}$ folgt.

2.5 Bemerkungen   **(a)** Für $M \in \mathcal{A}$ und $N \in \mathcal{N}_\mu$ mit $M \subset N$ gilt $M \in \mathcal{N}_\mu$.

Beweis Dies folgt aus der Monotonie von μ. ∎

(b) Abzählbare Vereinigungen von μ-Nullmengen sind μ-Nullmengen.

Beweis Dies folgt aus der σ-Subadditivität von μ. ∎

(c) Das Maß μ ist genau dann vollständig, wenn *jede* Teilmenge einer μ-Nullmenge eine μ-Nullmenge ist.

Beweis Dies ist eine Konsequenz von (a). ∎

(d) Gilt $\mathcal{A} = \mathfrak{P}(X)$, so ist μ vollständig. Insbesondere sind das Diracmaß und das Zählmaß vollständig. ∎

Wir bezeichnen mit

$$\mathcal{M}_\mu := \{\, M \subset X \; ; \; \exists \, N \in \mathcal{N}_\mu \text{ mit } M \subset N \,\}$$

die Menge aller Teilmengen von μ-Nullmengen. Offensichtlich ist μ genau dann vollständig, wenn $\mathcal{M}_\mu$ in $\mathcal{A}$ enthalten ist. Für einen nichtvollständigen Maßraum[4] stellt folglich

$$\overline{\mathcal{A}}_\mu := \{\, A \cup M \; ; \; A \in \mathcal{A}, \; M \in \mathcal{M}_\mu \,\}$$

eine echte Erweiterung von $\mathcal{A}$ dar. Der nächste Satz zeigt, daß $\overline{\mathcal{A}}_\mu$ eine σ-Algebra ist, auf der ein vollständiges Maß definiert ist, welches μ erweitert.

---

[4]In Korollar 5.29 wird gezeigt, daß es nichtvollständige Maßräume gibt.

2.6 Satz   Es sei $(X, \mathcal{A}, \mu)$ ein Maßraum.

(a) Für $A \in \mathcal{A}$ und $M \in \mathcal{M}_\mu$ sei $\overline{\mu}(A \cup M) := \mu(A)$. Dann ist $(X, \overline{\mathcal{A}}_\mu, \overline{\mu})$ ein vollständiger Maßraum mit $\overline{\mu} \supset \mu$.

(b) Ist $(X, \mathcal{B}, \nu)$ ein vollständiger Maßraum mit $\nu \supset \mu$, so gilt $\nu \supset \overline{\mu}$.

Beweis   (i) Wir weisen zuerst nach, daß $\overline{\mathcal{A}}_\mu$ eine σ-Algebra ist. Offenbar gehört X zu $\overline{\mathcal{A}}_\mu$. Es sei $A_0 \in \overline{\mathcal{A}}_\mu$. Dann gibt es $A \in \mathcal{A}$, $N \in \mathcal{N}_\mu$ und $M \subset N$ mit $A_0 = A \cup M$. Aus $M \subset N$ folgt $M^c = N^c \cup (N \cap M^c)$, und wir finden

$$A_0^c = A^c \cap M^c = (A^c \cap N^c) \cup (A^c \cap N \cap M^c) \ .$$

Weil A und N zu $\mathcal{A}$ gehören, gilt dies auch für $A^c \cap N^c$. Ferner liegt $A^c \cap N \cap M^c$ in $\mathcal{M}_\mu$, denn N ist eine μ-Nullmenge mit $A^c \cap N \cap M^c \subset N$. Also gilt $A_0^c \in \overline{\mathcal{A}}_\mu$. Schließlich sei (B_j) eine Folge in $\overline{\mathcal{A}}_\mu$. Dann gibt es Folgen (A_j) in $\mathcal{A}$, (N_j) in $\mathcal{N}_\mu$ und (M_j) in $\mathfrak{P}(X)$ mit $M_j \subset N_j$ und $B_j = A_j \cup M_j$ für $j \in \mathbb{N}$. Da $\bigcup N_j$ eine μ-Nullmenge ist, die $\bigcup M_j$ enthält, und weil $\mathcal{A}$ eine σ-Algebra ist, gilt

$$\bigcup B_j = \left(\bigcup A_j \right) \cup \left(\bigcup M_j \right) \in \overline{\mathcal{A}}_\mu \ .$$

(ii) Wir zeigen, daß die Mengenabbildung $\overline{\mu} : \overline{\mathcal{A}}_\mu \to [0, \infty]$ wohldefiniert ist. Dazu seien $A_j \in \mathcal{A}$ und $M_j \in \mathcal{M}_\mu$ für $j = 1, 2$ mit $A_1 \cup M_1 = A_2 \cup M_2$. Ferner sei N eine μ-Nullmenge mit $M_2 \subset N$. Dann gilt $A_1 \subset A_1 \cup M_1 \subset A_2 \cup N$, und aus Satz 2.3 folgt:

$$\mu(A_1) \leq \mu(A_2 \cup N) = \mu(A_2) + \mu(N) - \mu(A_2 \cap N) = \mu(A_2) \ .$$

Analog zeigt man $\mu(A_2) \leq \mu(A_1)$. Also ist $\overline{\mu}$ wohldefiniert.

(iii) Es seien A_0 eine $\overline{\mu}$-Nullmenge und $B \subset A_0$. Dann gibt es $A, N \in \mathcal{N}_\mu$ und $M \subset N$ mit $A_0 = A \cup M$. Also gilt $B \subset A_0 \subset A \cup N$, und folglich gehört B zu $\mathcal{M}_\mu \subset \overline{\mathcal{A}}_\mu$, d.h., $\overline{\mu}$ ist vollständig.

(iv) Nach Konstruktion ist $\overline{\mu}$ eine Erweiterung von μ, und es ist leicht zu sehen, daß $\overline{\mu}$ auch σ-additiv ist. Damit ist (a) bewiesen.

(v) Es sei $(X, \mathcal{B}, \nu)$ ein vollständiger Maßraum mit $\mathcal{B} \supset \mathcal{A}$ und $\nu | \mathcal{A} = \mu$. Insbesondere gilt dann $\mathcal{N}_\mu \subset \mathcal{N}_\nu$, und somit $\mathcal{M}_\mu \subset \mathcal{M}_\nu$. Die Vollständigkeit von ν impliziert ferner $\mathcal{M}_\nu \subset \mathcal{B}$. Also gilt $\mathcal{M}_\mu \subset \mathcal{B}$, und deshalb auch $\overline{\mathcal{A}}_\mu \subset \mathcal{B}$. Dies beweist (b). ∎

Die Aussage (b) von Satz 2.6 bedeutet, daß $(X, \overline{\mathcal{A}}_\mu, \overline{\mu})$ die kleinste vollständige Erweiterung von $(X, \mathcal{A}, \mu)$ darstellt. Man nennt $(X, \overline{\mathcal{A}}_\mu, \overline{\mu})$ bzw. $\overline{\mu}$ **Vervollständigung** von $(X, \mathcal{A}, \mu)$ bzw. μ. Ein wichtiges Beispiel einer Vervollständigung werden wir in Theorem 5.8 kennenlernen.

Aufgaben

1   Für $A \subset X$ seien $\mathcal{A} := \mathcal{A}_\sigma(\{A\})$ und $\mu(\emptyset) := 0$ sowie $\mu(B) := \infty$ sonst. Man zeige, daß $(X, \mathcal{A}, \mu)$ ein vollständiger Maßraum ist.

2 Es seien $(X, \mathcal{A}, \mu)$ ein Maßraum und $A_1, \ldots, A_n \in \mathcal{A}$ für $n \in \mathbb{N}^\times$. Dann gilt

$$\mu\Big(\bigcup_{j=1}^{n} A_j\Big) = \sum_{k=1}^{n}(-1)^{k+1} \sum_{1 \le j_1 < \cdots < j_k \le n} \mu\Big(\bigcap_{\ell=1}^{k} A_{j_\ell}\Big).$$

3 Man finde im Maßraum $\big(\mathbb{N}, \mathfrak{P}(\mathbb{N}), \mathcal{H}^0\big)$ eine fallende Folge $(A_j) \in \mathfrak{P}(\mathbb{N})^\mathbb{N}$, für die $\lim_j \mathcal{H}^0(A_j)$ existiert und die $\mathcal{H}^0\big(\bigcap_j A_j\big) \ne \lim_j \mathcal{H}^0(A_j)$ erfüllt.

4 Es sei $(X, \mathcal{A})$ ein meßbarer Raum, und $\mu : \mathcal{A} \to [0, \infty]$ sei additiv und stetig von unten. Man beweise, daß $(X, \mathcal{A}, \mu)$ ein Maßraum ist.

5 Es seien $(X, \mathcal{A}, \mu)$ ein Maßraum und $B \in \mathcal{A}$. Für $A \in \mathcal{A}$ setze man $\mu_B(A) := \mu(A \cap B)$. Man zeige, daß $(X, \mathcal{A}, \mu_B)$ ein Maßraum ist.

6 Es seien $(X, \mathcal{A}, \mu)$ ein Maßraum und $(A_j) \in \mathcal{A}^\mathbb{N}$. Man zeige:

(a) $\mu\big(\underline{\lim}_j A_j\big) \le \underline{\lim}_j \mu(A_j)$.

(b) $\mu\big(\overline{\lim}_j A_j\big) \ge \overline{\lim}_j \mu(A_j)$, falls es ein $k \in \mathbb{N}$ gibt mit $\mu\big(\bigcup_{j=k}^{\infty} A_j\big) < \infty$.

(c) Gibt es ein $k \in \mathbb{N}$ mit $\mu\big(\bigcup_{j=k}^{\infty} A_j\big) < \infty$ und konvergiert die Folge (A_j), so gilt $\mu(\lim_j A_j) = \lim_j \mu(A_j)$.

7 Es ist zu zeigen, daß für jeden Maßraum $(X, \mathcal{A}, \mu)$ gilt: $\big(X, \overline{\mathcal{A}}_\mu, \overline{\mu}\big) = \Big(X, \overline{[\overline{\mathcal{A}}_\mu]}_{\overline{\mu}}, \overline{\overline{\mu}}\Big)$.

8 Es seien $(X, \mathcal{A}, \mu)$ und $(X, \mathcal{A}, \nu)$ endliche Maßräume. Man beweise oder widerlege

$$\big(X, \overline{\mathcal{A}}, \overline{\mu}\big) = \big(X, \overline{\mathcal{A}}, \overline{\nu}\big) \Longleftrightarrow \mathcal{N}_\mu = \mathcal{N}_\nu.$$

9 Es sei $(X, \mathcal{A})$ ein meßbarer Raum, und $\mathcal{N} \subset \mathcal{A}$ erfülle

 (i) $\emptyset \in \mathcal{N}$;

 (ii) $(A_j) \in \mathcal{N}^\mathbb{N} \Rightarrow \bigcup_j A_j \in \mathcal{N}$;

 (iii) $(A \in \mathcal{A},\ B \in \mathcal{N},\ A \subset B) \Rightarrow A \in \mathcal{N}$.

Man konstruiere ein Maß μ auf $(X, \mathcal{A})$ mit $\mathcal{N}_\mu = \mathcal{N}$.

10 Es seien X überabzählbar und $\mathcal{A} := \{\, A \subset X \;;\; A$ oder A^c ist abzählbar $\}$. Für $A \in \mathcal{A}$ setze man $\mu(A) := 0$, falls A abzählbar ist, und $\mu(A) := \infty$ sonst. Man zeige, daß $(X, \mathcal{A}, \mu)$ ein vollständiger Maßraum ist.

11 Es sei $(X, \mathcal{A}, \mu)$ ein Maßraum. Man nennt $A \in \mathcal{A}$ μ-**Atom**, wenn $\mu(A) > 0$ und wenn für jedes $B \in \mathcal{A}$ mit $B \subset A$ gilt $\mu(B) = 0$ oder $\mu(A \setminus B) = 0$.

(a) Man zeige:

 (i) Es sei A ein μ-Atom mit $B \in \mathcal{A}$ und $B \subset A$. Dann gilt entweder $\mu(B) = \mu(A)$ oder $\mu(B) = 0$.

 (ii) Es sei $A \in \mathcal{A}$ mit $0 < \mu(A) < \infty$. Ferner gelte für jedes $B \in \mathcal{A}$ mit $B \subset A$ entweder $\mu(B) = \mu(A)$ oder $\mu(B) = 0$. Dann ist A ein μ-Atom.

 (iii) Es seien μ σ-endlich und $A \in \mathcal{A}$ ein μ-Atom. Dann gilt $\mu(A) < \infty$.

(b) Man bestimme alle Atome des Zählmaßes $\mathcal{H}^0$ und der Maße aus den Aufgaben 1 und 10.

12 Es sei $(X, \mathcal{A}, \mu)$ ein vollständiger Maßraum. Ferner seien $A \in \mathcal{A}$ ein μ-Atom und $B \subset A$. Man beweise oder widerlege: B ist meßbar.

13 Es sei $(X, \mathcal{A}, \mu)$ ein vollständiger Maßraum. Außerdem seien $A, N \in \mathcal{A}$ mit $\mu(A) > 0$ und $\mu(N) = 0$. Man zeige, daß $\mu(A \cap N^c) > 0$.

3 Äußere Maße

Bis jetzt haben wir nur triviale Beispiele von Maßen kennengelernt. Insbesondere können sie nicht zur Berechnung von Inhalten von Flächen und Körpern verwendet werden, wenn diese Inhalte in einfachen Fällen, wie z.B. bei Rechtecken und Quadern, mit den aus der Elementargeometrie bekannten Flächen- oder Rauminhalten übereinstimmen sollen. In diesem Paragraphen legen wir die Grundlage für die Erzeugung von allgemeinen Klassen von Maßen. Dazu konstruieren wir zuerst Mengenfunktionen, sog. „äußere Maße", die auf allen Teilmengen einer gegebenen Menge definiert sind und einige, aber nicht alle Eigenschaften eines Maßes besitzen. Außerdem betrachten wir wichtige Beispiele. Im nächsten Paragraphen werden wir durch geeignete Einschränkungen aus diesen äußeren Maßen dann „richtige" Maße gewinnen.

Wie stets sei

- X eine nichtleere Menge.

Die Konstruktion äußerer Maße

Eine Abbildung $\mu^* : \mathfrak{P}(X) \to [0, \infty]$ mit $\mu^*(\emptyset) = 0$ heißt **äußeres Maß** auf X, wenn sie wachsend und σ-subadditiv ist. Eine Teilmenge $\mathcal{K}$ von $\mathfrak{P}(X)$ nennen wir **Überdeckungsklasse** für X, wenn sie die leere Menge und eine Folge (K_j) enthält mit $X = \bigcup_j K_j$.

3.1 Bemerkungen (a) Ein äußeres Maß auf X ist stets auf ganz $\mathfrak{P}(X)$ definiert.

(b) Jedes Maß auf $\mathfrak{P}(X)$ ist ein äußeres Maß.

Beweis Dies folgt aus Satz 2.3(vi). ∎

(c) Für $A \subset X$ sei
$$\mu^*(A) := \begin{cases} 0 , & A = \emptyset , \\ 1 , & A \neq \emptyset . \end{cases}$$
Dann ist μ^* ein äußeres Maß auf X, und μ^* ist genau dann ein Maß, wenn X einpunktig ist.

(d) $\{\emptyset, X\}$ ist eine Überdeckungsklasse für X.

(e) Für $a, b \in \mathbb{R}^n$ sei $A(a, b)$ eine Teilmenge von $\mathbb{R}^n$ mit $(a, b) \subset A(a, b) \subset [a, b]$. Dann ist $\{ A(a, b) \; ; \; a, b \in \mathbb{R}^n \}$, also insbesondere $\mathbb{J}(n)$, eine Überdeckungsklasse für $\mathbb{R}^n$.

(f) Für einen topologischen Raum $(X, \mathcal{T})$ ist $\mathcal{T}$ eine Überdeckungsklasse für X.

(g) Es seien X ein separabler metrischer Raum und $\mathcal{T}$ die von der Metrik erzeugte Topologie. Dann ist $\{ O \in \mathcal{T} \; ; \; \operatorname{diam}(O) < \varepsilon \}$ für jedes $\varepsilon > 0$ eine Überdeckungsklasse für X.

Beweis Nach Satz 1.8 ist X Lindelöfsch, woraus die Behauptung folgt. ∎

Der folgende Satz erlaubt eine systematische Konstruktion von äußeren Maßen.

3.2 Theorem *Es sei $\mathcal{K}$ eine Überdeckungsklasse für X, und $\nu : \mathcal{K} \to [0, \infty]$ erfülle $\nu(\emptyset) = 0$. Für $A \subset X$ sei*

$$\mu^*(A) := \inf\Big\{ \sum\nolimits_{j=0}^{\infty} \nu(K_j) \; ; \; (K_j) \in \mathcal{K}^{\mathbb{N}}, \; A \subset \bigcup\nolimits_j K_j \Big\} \, .$$

Dann ist μ^* ein äußeres Maß auf X, das von $(\mathcal{K}, \nu)$ **induzierte äußere Maß auf X**.

Beweis Es ist klar, daß $\mu^* : \mathfrak{P}(X) \to [0, \infty]$ wachsend ist mit $\mu^*(\emptyset) = 0$. Um die σ-Subadditivität von μ^* nachzuweisen, sei (A_j) eine Folge in $\mathfrak{P}(X)$. Zu jedem $\varepsilon > 0$ und jedem $j \in \mathbb{N}$ gibt es eine Folge $(K_{j,k})_{k \in \mathbb{N}}$ in $\mathcal{K}$ mit

$$A_j \subset \bigcup\nolimits_k K_{j,k} \quad \text{und} \quad \sum\nolimits_k \nu(K_{j,k}) \le \mu^*(A_j) + \varepsilon/2^{j+1} \, .$$

Aus $\bigcup_j A_j \subset \bigcup_j \bigcup_k K_{j,k}$ ergibt sich

$$\mu^*\Big(\bigcup\nolimits_j A_j\Big) \le \sum\nolimits_j \sum\nolimits_k \nu(K_{j,k})$$
$$\le \sum\nolimits_j \big(\mu^*(A_j) + \varepsilon/2^{j+1}\big) = \Big(\sum\nolimits_j \mu^*(A_j)\Big) + \varepsilon \, .$$

Weil dies für jedes $\varepsilon > 0$ gilt, folgt die Behauptung. ∎

Das Lebesguesche äußere Maß

Für $a, b \in \mathbb{R}^n$ heißt

$$\mathrm{vol}_n(a,b) := \begin{cases} \prod_{j=1}^{n} (b_j - a_j) \, , & a \le b \, , \\ 0 & \text{sonst} \, , \end{cases}$$

n-dimensionales Volumen des Intervalls (a,b) in $\mathbb{R}^n$. Ist (a,b) nicht leer, so ist das n-dimensionale Volumen des n-dimensionalen „Quaders" (a,b) nichts anderes als das Produkt seiner Kantenlängen, was im Fall $n = 1$ bzw. 2 bzw. 3 mit dem aus dem Alltag vertrauten Begriff der Länge bzw. des Flächeninhaltes bzw. des Volumens übereinstimmt.

3.3 Satz *Für $A \subset \mathbb{R}^n$ sei*

$$\lambda_n^*(A) := \inf\Big\{ \sum\nolimits_{j=0}^{\infty} \mathrm{vol}_n(I_j) \; ; \; I_j \in \mathbb{J}(n), \; j \in \mathbb{N}, \; \bigcup\nolimits_{j=0}^{\infty} I_j \supset A \Big\} \, .$$

Dann ist λ_n^* ein äußeres Maß auf $\mathbb{R}^n$, das n-dimensionale **Lebesguesche äußere Maß**. *Für $a, b \in \mathbb{R}^n$ und $(a,b) \subset A \subset [a,b]$ gilt $\lambda^*(A) = \mathrm{vol}_n(a,b)$.*

Beweis (i) Die erste Behauptung folgt aus Bemerkung 3.1(e) und Theorem 3.2.

(ii) Es seien $a, b \in \mathbb{R}^n$. Offensichtlich ist durch $I_0 := (a, b)$ und $I_j := \emptyset$ für $j \in \mathbb{N}^\times$ eine Folge von Intervallen in $\mathbb{R}^n$ gegeben mit $(a, b) \subset \bigcup_j I_j$. Also gilt

$$\lambda_n^*\big((a, b)\big) \leq \sum_j \mathrm{vol}_n(I_j) = \mathrm{vol}_n(a, b) \; . \tag{3.1}$$

(iii) Es sei $\mathcal{A}_0$ die Menge aller Teilmengen A von $\mathbb{R}^n$, so daß es $a, b \in \mathbb{R}^n$ gibt mit $a_k = b_k$ für ein $k \in \{1, \ldots, n\}$ und[1] $(a, b) \subset A \subset [a, b]$. Offensichtlich gibt es zu jedem $A \in \mathcal{A}_0$ und $\varepsilon > 0$ ein $I_\varepsilon \in \mathbb{J}(n)$ mit $A \subset I_\varepsilon$ und $\mathrm{vol}_n(I_\varepsilon) < \varepsilon$. Folglich gilt $\lambda_n^*(A) = 0$ für $A \in \mathcal{A}_0$. Zu $a, b \in \mathbb{R}^n$ gibt es $2n$ „Seiten" $J_j \in \mathcal{A}_0$ mit

$$[a, b] = (a, b) \cup \bigcup_{j=1}^{2n} J_j \; .$$

Hieraus und aus Bemerkung 2.1(a) folgt

$$\lambda_n^*\big([a, b]\big) \leq \lambda_n^*\big((a, b)\big) + \sum_{j=1}^{2n} \lambda_n^*(J_j) = \lambda_n^*\big((a, b)\big) \; .$$

Für $(a, b) \subset A \subset [a, b]$ erhalten wir deshalb aus der Monotonie von λ_n^*

$$\lambda_n^*\big((a, b)\big) = \lambda_n^*(A) = \lambda_n^*\big([a, b]\big) \; . \tag{3.2}$$

(iv) Es sei (I_j) eine Folge in $\mathbb{J}(n)$ mit $[a, b] \subset \bigcup_j I_j$. Die Kompaktheit von $[a, b]$ sichert die Existenz von $N \in \mathbb{N}$ mit $[a, b] \subset \bigcup_{j=0}^N I_j$. Somit gilt (vgl. Aufgabe 1)

$$\mathrm{vol}_n(a, b) \leq \sum_{j=0}^N \mathrm{vol}_n(I_j) \leq \sum_{j=0}^\infty \mathrm{vol}_n(I_j) \; ,$$

und wir finden nach Infimumsbildung $\mathrm{vol}_n(a, b) \leq \lambda_n^*\big([a, b]\big)$. Zusammen mit (3.1) und (3.2) folgt nun die Behauptung. ∎

Für $a, b \in \mathbb{R}^n$ sei $J(a, b)$ ein Intervall in $\mathbb{R}^n$ mit $(a, b) \subset J(a, b) \subset [a, b]$. Dann zeigt Satz 3.3, daß

$$\lambda_n^*\big(J(a, b)\big) = \mathrm{vol}_n(a, b) \tag{3.3}$$

gilt. Aus diesem Grund setzen wir

$$\mathrm{vol}_n J(a, b) := \lambda_n^*\big(J(a, b)\big)$$

und nennen $\mathrm{vol}_n J(a, b)$ wieder n-**dimensionales Volumen** des Intervalls $J(a, b)$. Die Formel (3.3) besagt anschaulich, daß die Seitenflächen keinen Beitrag zum Volumen eines n-dimensionalen Quaders leisten.

---

[1] $A \in \mathcal{A}_0$ ist i. allg. kein Intervall in $\mathbb{R}^n$.

Wir nennen das Intervall J in $\mathbb{R}^n$ **linksseitig** bzw. **rechtsseitig abgeschlossen**, wenn es $a, b \in \mathbb{R}^n$ gibt mit $J = [a, b)$ bzw. $J = (a, b]$. Die Menge aller linksseitig bzw. rechtsseitig abgeschlossenen Intervalle in $\mathbb{R}^n$ bezeichnen wir mit $\mathbb{J}_\ell(n)$ bzw. $\mathbb{J}_r(n)$. Außerdem sei $\bar{\mathbb{J}}(n)$ die Menge aller („beidseitig") abgeschlossenen beschränkten Intervalle in $\mathbb{R}^n$.

Der folgende Satz zeigt, daß wir in der Definition des Lebesgueschen äußeren Maßes statt der offenen auch die linksseitig oder rechtsseitig oder beidseitig abgeschlossenen Intervalle hätten verwenden können.

3.4 Satz *Es seien* $A \subset \mathbb{R}^n$ *und* $\mathbb{J} \in \{\mathbb{J}_\ell(n), \mathbb{J}_r(n), \bar{\mathbb{J}}(n)\}$. *Dann gilt*

$$\lambda_n^*(A) = \inf\Big\{ \sum\nolimits_{j=0}^\infty \mathrm{vol}_n(J_j) \ ; \ J_j \in \mathbb{J}, \ j \in \mathbb{N}, \ \bigcup\nolimits_{j=0}^\infty J_j \supset A \Big\} \ .$$

Beweis Wir betrachten den Fall $\mathbb{J} = \mathbb{J}_\ell(n)$. Für $J = (a, b) \in \mathbb{J}(n)$ sei $\ell J := [a, b)$.

Es sei (J_j) eine Folge in $\mathbb{J}(n)$ mit $\bigcup J_j \supset A$. Dann ist (ℓJ_j) eine Folge in $\mathbb{J}$, welche A überdeckt. Also gibt es in $\mathbb{J}$ nicht weniger Folgen, die A überdecken, als in $\mathbb{J}(n)$. Somit folgt aus (3.3) und der Definition von $\lambda_n^*(A)$

$$\inf\Big\{ \sum\nolimits_{j=0}^\infty \mathrm{vol}_n(J_j) \ ; \ J_j \in \mathbb{J}, \ j \in \mathbb{N}, \ \bigcup\nolimits_j J_j \supset A \Big\}$$
$$\leq \inf\Big\{ \sum\nolimits_{j=0}^\infty \mathrm{vol}_n(\ell J_j) \ ; \ J_j \in \mathbb{J}(n), \ j \in \mathbb{N}, \ \bigcup\nolimits_j J_j \supset A \Big\} = \lambda_n^*(A) \ . \tag{3.4}$$

Es seien (J_j) eine Folge in $\mathbb{J}$, welche A überdeckt, und $\varepsilon > 0$. Mit $a_j, b_j \in \mathbb{R}^n$ und $J_j = [a_j, b_j)$ setzen wir

$$J_j^\varepsilon := \big(a_j - \varepsilon(b_j - a_j), b_j\big) \ , \qquad j \in \mathbb{N} \ .$$

Dann ist (J_j^ε) eine Folge in $\mathbb{J}(n)$, welche A überdeckt, und

$$\sum_{j=0}^\infty \mathrm{vol}_n(J_j^\varepsilon) = \sum_{j=0}^\infty (1+\varepsilon)^n \, \mathrm{vol}_n(J_j) = \Big(\sum_{j=0}^\infty \mathrm{vol}_n(J_j) \Big)(1+\varepsilon)^n \ .$$

Hieraus folgt

$$\lambda_n^*(A) = \inf\Big\{ \sum\nolimits_{j=0}^\infty \mathrm{vol}_n(I_j) \ ; \ I_j \in \mathbb{J}(n), \ j \in \mathbb{N}, \ \bigcup\nolimits_j I_j \supset A \Big\}$$
$$\leq \inf\Big\{ \sum\nolimits_{j=0}^\infty \mathrm{vol}_n(J_j^\varepsilon) \ ; \ J_j \in \mathbb{J}, \ j \in \mathbb{N}, \ \bigcup\nolimits_j J_j \supset A \Big\}$$
$$= \inf\Big\{ \sum\nolimits_{j=0}^\infty \mathrm{vol}_n(J_j) \ ; \ J_j \in \mathbb{J}, \ j \in \mathbb{N}, \ \bigcup\nolimits_j J_j \supset A \Big\}(1+\varepsilon)^n \ .$$

Da dies für jedes $\varepsilon > 0$ richtig ist, sehen wir, daß

$$\lambda_n^*(A) \leq \inf\Big\{ \sum\nolimits_{j=0}^\infty \mathrm{vol}_n(J_j) \ ; \ J_j \in \mathbb{J}, \ j \in \mathbb{N}, \ \bigcup\nolimits_j J_j \supset A \Big\} \ .$$

Nun folgt die Behauptung aus (3.4). Offensichtliche Modifikationen dieses Beweises ergeben die Behauptung in den Fällen $\mathbb{J} = \mathbb{J}_r(n)$ und $\mathbb{J} = \bar{\mathbb{J}}(n)$. ∎

Lebesgue-Stieltjessche äußere Maße

Es sei $F: \mathbb{R} \to \mathbb{R}$ wachsend und linksseitig stetig. Dann heißt F **maßerzeugende Funktion**. Gelten außerdem $\lim_{x \to -\infty} F(x) = 0$ und $\lim_{x \to \infty} F(x) = 1$, so nennt man F **Verteilungsfunktion**. Ist F eine maßerzeugende Funktion, so setzen wir

$$\nu_F\big([a,b)\big) := \begin{cases} F(b) - F(a), & a < b, \\ 0, & a \geq b, \end{cases}$$

für $a, b \in \mathbb{R}$. Da F wachsend ist, bildet ν_F die Menge aller Intervalle der Form $[a, b)$ mit $a, b \in \mathbb{R}$ wachsend in $\mathbb{R}$ ab.

3.5 Satz *Es sei F eine maßerzeugende Funktion, und für $A \subset \mathbb{R}$ sei*

$$\mu_F^*(A) := \inf\Big\{ \sum_{j=0}^{\infty} \nu_F(I_j) \ ; \ I_j = [a_j, b_j), \ a_j, b_j \in \mathbb{R} \text{ mit } A \subset \bigcup_{j=0}^{\infty} I_j \Big\}.$$

Dann ist μ_F^* ein äußeres Maß auf $\mathbb{R}$, das **von F erzeugte Lebesgue-Stieltjessche äußere Maß.** *Für $-\infty < a < b < \infty$ gilt $\mu_F^*\big([a,b)\big) = F(b) - F(a)$.*

Beweis (i) Die erste Behauptung folgt aus Bemerkung 3.1(e) und Theorem 3.2.

(ii) Es seien $a, b \in \mathbb{R}$ mit $a < b$. Wir setzen $I_0 := [a, b)$ und $I_j := \emptyset$ für $j \in \mathbb{N}^\times$. Dann gelten $[a, b) \subset \bigcup_j I_j$ und

$$\mu_F^*\big([a,b)\big) \leq \sum_{j=0}^{\infty} \nu_F(I_j) = \nu_F(I_0) = F(b) - F(a). \tag{3.5}$$

(iii) Es seien nun $I_j := [a_j, b_j)$ für $j \in \mathbb{N}$ mit $[a, b) \subset \bigcup_j I_j$ und $\varepsilon > 0$. Wegen der linksseitigen Stetigkeit von F gibt es positive Zahlen c und c_j mit

$$F(b) - F(b - c) < \varepsilon/2, \quad F(a_j) - F(a_j - c_j) < \varepsilon 2^{-(j+2)}, \qquad j \in \mathbb{N}, \tag{3.6}$$

sowie $[a, b - c] \subset \bigcup_j (a_j - c_j, b_j)$. Da $[a, b - c]$ kompakt ist, gibt es ein N mit $[a, b - c] \subset \bigcup_{j=0}^{N} (a_j - c_j, b_j)$. Nun impliziert die Monotonie von F, daß

$$F(b - c) - F(a) \leq \sum_{j=0}^{N} \big(F(b_j) - F(a_j - c_j)\big) \leq \sum_{j=0}^{\infty} \big(F(b_j) - F(a_j - c_j)\big)$$

gilt. Zusammen mit (3.6) erhalten wir somit

$$F(b) - F(a) = F(b) - F(b - c) + F(b - c) - F(a)$$
$$\leq \sum_{j=0}^{\infty} \big[F(b_j) - F(a_j) + \varepsilon 2^{-(j+2)}\big] + \varepsilon/2$$
$$\leq \sum_{j=0}^{\infty} \big[F(b_j) - F(a_j)\big] + \varepsilon.$$

Da dies für jedes $\varepsilon > 0$ richtig ist, finden wir schließlich

$$F(b) - F(a) \leq \sum_{j=0}^{\infty} \nu_F(I_j) .$$

Wegen (3.5) folgt die zweite Behauptung. ∎

3.6 Bemerkungen (a) Im Fall $F(x) := x$ für $x \in \mathbb{R}$ gilt $\mu_F^* = \lambda_1^*$.

Beweis Dies folgt aus Satz 3.4. ∎

(b) Ersetzt man „linksseitig stetig" in der Definition einer maßerzeugenden Funktion durch „rechtsseitig stetig", so bleibt Satz 3.5 richtig, wenn man alle linksseitig abgeschlossenen Intervalle durch rechtsseitig abgeschlossene substituiert. ∎

Hausdorffsche äußere Maße

Es sei X ein separabler metrischer Raum, und $\mathcal{T}$ bezeichne die von der Metrik induzierte Topologie. Für $s > 0$, $\varepsilon > 0$ und $A \subset X$ setzen wir

$$\mathcal{H}_\varepsilon^s(A) := \inf\left\{ \sum_{j=0}^{\infty} [\operatorname{diam} O_j]^s \; ; \; O_j \in \mathcal{T}, \; \operatorname{diam}(O_j) < \varepsilon, \; A \subset \bigcup_{j=0}^{\infty} O_j \right\} .$$

Gemäß Bemerkung 3.1(g) und Theorem 3.2 ist $\mathcal{H}_\varepsilon^s$ ein äußeres Maß auf X. Ferner gilt $\mathcal{H}_{\varepsilon_1}^s \leq \mathcal{H}_{\varepsilon_2}^s$ für $\varepsilon_1 > \varepsilon_2$, da für ε_1 mehr Mengen zur Überdeckung zur Verfügung stehen als für ε_2. Deshalb existiert

$$\mathcal{H}_*^s(A) := \lim_{\varepsilon \to 0+} \mathcal{H}_\varepsilon^s(A) = \sup_{\varepsilon > 0} \mathcal{H}_\varepsilon^s(A)$$

für jedes $s > 0$ und $A \subset X$ (vgl. Satz II.5.3). Man nennt $\mathcal{H}_*^s$ s**-dimensionales Hausdorffsches äußeres Maß** auf X. Der Vollständigkeit halber definieren wir das 0-dimensionale Hausdorffsche (äußere) Maß durch $\mathcal{H}_*^0 := \mathcal{H}^0$, wobei $\mathcal{H}^0$ das Zählmaß auf X bezeichnet.

3.7 Satz *Für jedes $s \geq 0$ ist $\mathcal{H}_*^s$ ein äußeres Maß auf X.*

Beweis Im Fall $s = 0$ ist $\mathcal{H}^0$ gemäß Beispiel 2.2(b) ein Maß. Also folgt die Behauptung aus Bemerkung 3.1(b).

Es sei $s > 0$. Offensichtlich ist $\mathcal{H}_*^s$ eine wachsende Abbildung von $\mathfrak{P}(X)$ in $[0, \infty]$ mit $\mathcal{H}_*^s(\emptyset) = 0$. Um die σ-Subadditivität zu zeigen, bezeichne (A_j) eine Folge in $\mathfrak{P}(X)$. Weil $\mathcal{H}_\varepsilon^s(A)$ für jedes $\varepsilon > 0$ ein äußeres Maß auf X ist, gilt

$$\mathcal{H}_\varepsilon^s\left(\bigcup_j A_j\right) \leq \sum_j \mathcal{H}_\varepsilon^s(A_j) \leq \sum_j \mathcal{H}_*^s(A_j) .$$

Der Grenzübergang $\varepsilon \to 0$ liefert nun die Behauptung. ∎

Aufgaben

1 Man zeige:

(a) $I, J \in \mathbb{J}(n) \Rightarrow I \cap J \in \mathbb{J}(n)$.

(b) Es seien $I_0, \ldots, I_k \in \mathbb{J}(n)$, und I sei ein Intervall mit $I \subset \bigcup_{j=0}^{n} I_j$.
Dann gilt $\mathrm{vol}_n(I) \leq \sum_{j=0}^{k} \mathrm{vol}_n(I_j)$. (Man beweise dies ohne Verwendung von Satz 3.3.)

2 (a) Es sei μ ein Maß auf der Borelschen σ-Algebra $\mathcal{B}^1$, und $\mu\big((-\infty, x)\big)$ sei endlich
für $x \in \mathbb{R}$. Ferner sei

$$F_\mu(x) := \mu\big((-\infty, x)\big) \,, \qquad x \in \mathbb{R} \,.$$

Man zeige, daß F_μ eine maßerzeugende Funktion ist mit $\lim_{x \to -\infty} F_\mu(x) = 0$.

(b) Man bestimme F_{δ_0}, wenn δ_0 das Diracmaß auf $(\mathbb{R}, \mathcal{B}^1)$ mit Träger in 0 bezeichnet.

3 Es seien $f \colon \mathbb{R} \to [0, \infty)$ uneigentlich integrierbar und

$$F_f(x) := \int_{-\infty}^{x} f(\xi) \, d\xi \,, \qquad x \in \mathbb{R} \,.$$

Man weise nach, daß F_f eine maßerzeugende Funktion ist, für die $\mu^*_{F_f}\big([a,b)\big) = \int_a^b f(\xi) \, d\xi$
mit $-\infty < a < b < \infty$ gilt.

4 Es sei $A \subset \mathbb{R}^n$. Folgende Aussagen sind zu beweisen:

(a) $\mathcal{H}^s_*(A) = \lim_{\varepsilon \to 0+} \inf\big\{ \sum_{k=0}^{\infty} [\mathrm{diam}(A_k)]^s \; ; \; A_k \subset \mathbb{R}^n,$
$$\mathrm{diam}(A_k) \leq \varepsilon, \; k \in \mathbb{N}, \; A \subset \textstyle\bigcup_k A_k \big\}.$$

(b) Ist $f \colon A \to \mathbb{R}^m$ Lipschitz stetig mit der Lipschitz Konstanten λ, so gilt

$$\mathcal{H}^s_*\big(f(A)\big) \leq \lambda^s \mathcal{H}^s_*(A) \,.$$

(c) Für jede Isometrie $\varphi \colon \mathbb{R}^n \to \mathbb{R}^n$ gilt $\mathcal{H}^s_*\big(\varphi(A)\big) = \mathcal{H}^s_*(A)$, d.h., das Hausdorffsche
äußere Maß auf $\mathbb{R}^n$ ist invariant unter Isometrien, also bewegungsinvariant.[2]

(d) Es sei $\bar{n} > n$, und $\overline{\mathcal{H}}^s_*$ sei das äußere Hausdorffmaß auf $\mathbb{R}^{\bar{n}}$. Dann gilt $\overline{\mathcal{H}}^s_*(A) = \mathcal{H}^s_*(A)$,
d.h., das äußere Hausdorffmaß ist unabhängig von der Dimension des „umgebenden" $\mathbb{R}^n$.

5 Es seien $A \subset \mathbb{R}^n$ und $0 \leq s < t < \infty$. Man zeige:

(a) $\mathcal{H}^s_*(A) < \infty \Rightarrow \mathcal{H}^t_*(A) = 0$.

(b) $\mathcal{H}^t_*(A) > 0 \Rightarrow \mathcal{H}^s_*(A) = \infty$.

(c) $\inf\big\{ s > 0 \; ; \; \mathcal{H}^s_*(A) = 0 \big\} = \sup\big\{ s \geq 0 \; ; \; \mathcal{H}^s_*(A) = \infty \big\}$. Die eindeutig bestimmte Zahl

$$\dim_H(A) := \inf\big\{ s > 0 \; ; \; \mathcal{H}^s_*(A) = 0 \big\}$$

heißt **Hausdorffdimension** von A.

6 Es seien $A, B, A_j \subset \mathbb{R}^n$ für $j \in \mathbb{N}$. Folgende Aussagen sind zu zeigen:

(a) $0 \leq \dim_H(A) \leq n$.

(b) Ist A offen und nicht leer, so gilt $\dim_H(A) = n$.

---

[2]Gemäß den Aufgaben VII.9.1 und VII.9.2 ist jede Isometrie φ des $\mathbb{R}^n$ eine **Bewegung** in $\mathbb{R}^n$,
d.h. von der Form $\varphi(x) = Tx + a$ mit $T \in O(n)$ und $a \in \mathbb{R}^n$.

(c) $A \subset B \Rightarrow \dim_H(A) \leq \dim_H(B)$.

(d) $\dim_H\left(\bigcup_j A_j\right) = \sup_j\left\{\dim_H(A_j)\right\}$.

(e) Ist A abzählbar, so gilt $\dim_H(A) = 0$.

(f) Für jede Lipschitz stetige Funktion $f : A \to \mathbb{R}^n$ gilt $\dim_H\left(f(A)\right) \leq \dim_H(A)$.

(g) Die Hausdorffdimension von A ist unabhängig von der Dimension des umgebenden $\mathbb{R}^n$.

7   Es seien $A \subset \mathbb{R}^n$ und $B \subset \mathbb{R}^m$. Dann gilt $\dim_H(A \times B) = \dim_H(A) + \dim_H(B)$.

8   Es sei $I \subset \mathbb{R}$ ein perfektes kompaktes Intervall, und $\gamma \in C(I, \mathbb{R}^n)$ sei ein injektiver rektifizierbarer Weg mit Spur Γ. Dann gilt $\dim_H(\Gamma) = 1$.

9   Man verifiziere, daß durch $\mu^*(A) := \lambda_1^*(\mathrm{pr}_1(A))$ für $A \subset \mathbb{R}^2$ ein äußeres Maß auf $\mathbb{R}^2$ erklärt ist.

10   Es sei $\left\{\mu_j^* \;;\; j \in \mathbb{N}\right\}$ eine Familie von äußeren Maßen auf X. Dann ist

$$\mu^* : \mathfrak{P}(X) \to [0, \infty] \,, \quad A \mapsto \sum\nolimits_{j=0}^{\infty} \mu_j^*(A)$$

ein äußeres Maß auf X.

11   Man zeige: Zu jedem $A \subset \mathbb{R}^n$ gibt es eine G_δ-Menge G mit $A \subset G$ und $\lambda_n^*(A) = \lambda_n^*(G)$.

4 Meßbare Mengen

In diesem Paragraphen vollenden wir den Konstruktionsprozess für Maße. Dazu gehen wir von einem äußeren Maß aus und schränken es auf eine geeignete Teilmenge der Potenzmenge ein. Durch geschickte Auswahl dieser Teilmenge gewinnen wir so einen vollständigen Maßraum. Diesen, auf Carathéodory zurückgehenden, Prozeß wenden wir speziell auf die Beispiele des letzten Paragraphen an und erhalten die für die Anwendungen wichtigsten Maße, insbesondere das Lebesguesche.

Motivation

Der zentrale Punkt der Carathéodoryschen Konstruktion ist die Definition von „meßbaren Mengen". Sie ist für den Beweis des zentralen Theorems handlich und bequem, aber nicht ohne weiteres intuitiv verständlich. Deshalb geben wir zuerst eine heuristische Motivation.

Es sei A eine beschränkte Teilmenge von $\mathbb{R}^n$. Ist (I_j) eine Folge offener Intervalle mit $\bigcup I_j \supset A$, so stellt $\sum_{j=0}^{\infty} \mathrm{vol}_n(I_j)$ eine Näherungswert für $\lambda_n^*(A)$ dar, der um so näher bei $\lambda_n^*(A)$ liegt, je besser $\bigcup_j I_j$ die Menge A „approximiert". Gemäß Satz 3.4 können wir die offenen Intervalle durch Intervalle der Form $[a,b)$ ersetzen. Insbesondere können wir endlich viele paarweise disjunkte Intervalle wählen, deren Vereinigung A enthält. Dann wird A „von außen" durch eine „Figur" approximiert, deren Rand stückweise parallel zu den Koordinatenhyperflächen ist. In diesem Sinne kann man

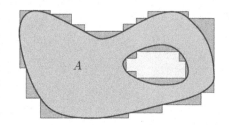

$$\lambda_n^*(A) := \inf\left\{ \sum_{j=0}^{\infty} \mathrm{vol}_n(I_j) \; ; \; I_j \in \mathbb{J}(n), \; j \in \mathbb{N}, \; A \subset \bigcup_{j=0}^{\infty} I_j \right\}$$

als eine „Approximation von außen" des Inhaltes von A verstehen.

Anstelle von A betrachten wir nun die Menge $D \setminus A$, wo D eine beschränkte Obermenge von A in $\mathbb{R}^n$ ist. Approximieren wir $D \setminus A$ wie oben durch derartige „Figuren" von außen, bedeutet dies eine Approximation von A „von innen". Es ist deshalb naheliegend, das „innere Maß von A relativ zu D" durch

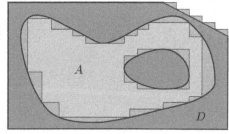

$$\lambda_{n,*}^D(A) := \lambda_n^*(D) - \lambda_n^*(D \setminus A)$$

zu definieren.

Nun ist zu erwarten, daß diejenigen Teilmengen A von $\mathbb{R}^n$ eine ausgezeichnete Rolle spielen, deren äußeres Maß mit ihrem inneren bezüglich jeder beschränkten Obermenge D übereinstimmt, d.h. für die gilt

$$\lambda_n^*(A) = \lambda_{n,*}^D(A) \ , \qquad D \subset \mathbb{R}^n \ , \quad D \supset A \ ,$$

wobei D beschränkt gewählt wird. Dies bedeutet

$$\lambda_n^*(D) = \lambda_n^*(A) + \lambda_n^*(D\backslash A) \ , \qquad D \subset \mathbb{R}^n \ , \quad D \supset A \ , \qquad (4.1)$$

wo wir nun die Annahme, daß A und D beschränkt seien, fallenlassen. Somit werden durch (4.1) genau die Mengen A erfaßt, für die das Lebesguesche äußere Maß auf der disjunkten Zerlegung $A \cup (D\backslash A)$ von D für jedes $D \subset \mathbb{R}^n$ mit $D \supset A$ additiv ist.

Die σ-Algebra der μ^*-meßbaren Mengen

Es sei μ^* ein äußeres Maß auf X. Ersetzen wir $\mathbb{R}^n$ durch X und λ_n^* durch μ^*, so ist (4.1) für jedes $A \subset X$ sinnvoll. Wegen der Subadditivität äußerer Maße können wir auch das Gleichheitszeichen in (4.1) durch $\geq$ ersetzen. Dann kommen wir zu folgender Definition: Die Teilmenge A von X heißt μ^*-**meßbar**, wenn für jedes $D \subset X$ gilt

$$\mu^*(D) \geq \mu^*(A \cap D) + \mu^*(A^c \cap D) \ .$$

Die Menge aller μ^*-meßbaren Teilmengen von X bezeichnen wir mit $\mathcal{A}(\mu^*)$. Gilt $\mu^*(N) = 0$ für ein $N \subset X$, so ist N eine μ^*-**Nullmenge**.

4.1 Bemerkungen (a) Jede μ^*-Nullmenge ist μ^*-meßbar.

Beweis Es seien $N \subset X$ mit $\mu^*(N) = 0$ und $D \subset X$. Aufgrund der Monotonie von μ^* gilt $0 \leq \mu^*(N \cap D) \leq \mu^*(N) = 0$. Somit ist $N \cap D$ eine μ^*-Nullmenge, und es folgt

$$\mu^*(N \cap D) + \mu^*(N^c \cap D) = \mu^*(N^c \cap D) \leq \mu^*(D) \ .$$

Also ist N μ^*-meßbar. ∎

(b) Für $A \subset X$ sind die folgenden Aussagen äquivalent:

  (i) $A \in \mathcal{A}(\mu^*)$.

  (ii) $\mu^*(D) \geq \mu^*(A \cap D) + \mu^*(A^c \cap D)$ für alle $D \subset X$ mit $\mu^*(D) < \infty$.

  (iii) $\mu^*(D) = \mu^*(A \cap D) + \mu^*(A^c \cap D)$ für alle $D \subset X$.

Beweis Die Implikationen „(i)$\Rightarrow$(ii)" und „(iii)$\Rightarrow$(i)" sind klar.

„(ii)$\Rightarrow$(iii)" Es sei $D \subset X$. Die Subadditivität von μ^* ergibt

$$\mu^*(D) = \mu^*\big((A \cap D) \cup (A^c \cap D)\big) \leq \mu^*(A \cap D) + \mu^*(A^c \cap D) \ . \qquad (4.2)$$

Gilt $\mu^*(D) < \infty$, so folgt (iii) aus (4.2) und (ii). Im Fall $\mu^*(D) = \infty$ ist die Aussage wegen (4.2) ebenfalls richtig. ∎

Das nächste Theorem zeigt, daß die Gesamtheit aller μ^*-meßbaren Mengen eine σ-Algebra bildet und daß die Einschränkung des äußeren Maßes μ^* auf diese σ-Algebra ein vollständiges Maß ist. Es ist der zentrale Erweiterungs- oder Fortsetzungssatz von CARATHÉODORY zur Konstruktion nichttrivialer Maße.

4.2 Theorem *Es sei μ^* ein äußeres Maß auf X. Dann ist $\mathcal{A}(\mu^*)$ eine σ-Algebra auf X, und $\mu := \mu^* | \mathcal{A}(\mu^*)$ ist ein vollständiges Maß auf $\mathcal{A}(\mu^*)$, das von μ^* indu-*zierte Maß *auf X.*

Beweis (i) Offenbar gehört $\emptyset$ zu $\mathcal{A}(\mu^*)$. Weil die Definition der μ^*-Meßbarkeit symmetrisch ist in A und A^c, folgt $A^c \in \mathcal{A}(\mu^*)$ aus $A \in \mathcal{A}(\mu^*)$.

(ii) Es seien $A, B \in \mathcal{A}(\mu^*)$ und $D \subset X$. Dann gilt

$$\mu^*(D) \geq \mu^*(A \cap D) + \mu^*(A^c \cap D) . \tag{4.3}$$

Weil B μ^*-meßbar ist, folgt

$$\mu^*(A^c \cap D) \geq \mu^*(B \cap A^c \cap D) + \mu^*(B^c \cap A^c \cap D) .$$

Somit liefern (4.3) und die Subadditivität von μ^*

$$\mu^*(D) \geq \mu^*\big((A \cap D) \cup (B \cap A^c \cap D)\big) + \mu^*(B^c \cap A^c \cap D) .$$

Beachten wir

$$(A \cap D) \cup (B \cap A^c \cap D) = \big[A \cup (B \cap A^c)\big] \cap D = (A \cup B) \cap D$$

und $(A \cup B)^c = A^c \cap B^c$, so ergibt sich

$$\mu^*(D) \geq \mu^*\big((A \cup B) \cap D\big) + \mu^*\big((A \cup B)^c \cap D\big) .$$

Also ist $A \cup B$ μ^*-meßbar, und $\mathcal{A}(\mu^*)$ ist eine Algebra über X.

(iii) Es sei (A_j) eine disjunkte Folge in $\mathcal{A}(\mu^*)$. Weil A_0 μ^*-meßbar ist, gilt mit Bemerkung 4.1(b)

$$\mu^*\big((A_0 \cup A_1) \cap D\big) = \mu^*\big(((A_0 \cup A_1) \cap D) \cap A_0\big) + \mu^*\big(((A_0 \cup A_1) \cap D) \cap A_0^c\big) ,$$

und aus $A_0 \cap A_1 = \emptyset$ folgt

$$\mu^*\big((A_0 \cup A_1) \cap D\big) = \mu^*(A_0 \cap D) + \mu^*(A_1 \cap D) .$$

Durch vollständige Induktion erhalten wir

$$\mu^*\Big(\Big(\bigcup_{j=0}^{m} A_j\Big) \cap D\Big) = \sum_{j=0}^{m} \mu^*(A_j \cap D) , \qquad m \in \mathbb{N} . \tag{4.4}$$

Setzen wir zur Abkürzung $A := \bigcup_j A_j$, so zeigt die Monotonie von μ^*, daß

$$\mu^*(A \cap D) \geq \sum_{j=0}^{m} \mu^*(A_j \cap D) \,, \qquad m \in \mathbb{N} \,.$$

Für $m \to \infty$ erhalten wir die Ungleichung $\mu^*(A \cap D) \geq \sum_{j=0}^{\infty} \mu^*(A_j \cap D)$. Zusammen mit der σ-Subadditivität von μ^* ergibt sich also

$$\mu^*(A \cap D) = \sum_{j=0}^{\infty} \mu^*(A_j \cap D) \,. \tag{4.5}$$

Weil $\mathcal{A}(\mu^*)$ nach (ii) eine Algebra über X ist, gilt für jedes $m \in \mathbb{N}$

$$\mu^*(D) = \mu^*\Big(\Big(\bigcup_{j=0}^{m} A_j\Big)^c \cap D\Big) + \mu^*\Big(\Big(\bigcup_{j=0}^{m} A_j\Big) \cap D\Big) \,.$$

Die Monotonie von μ^* und (4.4) liefern dann

$$\mu^*(D) \geq \mu^*(A^c \cap D) + \sum_{j=0}^{m} \mu^*(A_j \cap D) \,,$$

so daß wir für $m \to \infty$ mit (4.5) die Beziehung

$$\mu^*(D) \geq \mu^*(A^c \cap D) + \sum_{j=0}^{\infty} \mu^*(A_j \cap D) = \mu^*(A^c \cap D) + \mu^*(A \cap D)$$

finden. Also ist A μ^*-meßbar, und Bemerkung 1.2(c) impliziert, daß $\mathcal{A}(\mu^*)$ eine σ-Algebra ist.

(iv) Um einzusehen, daß $\mu^* \,|\, \mathcal{A}(\mu^*)$ ein Maß auf $\mathcal{A}(\mu^*)$ ist, genügt es, in (4.5) $D = X$ zu setzen. Schließlich zeigen die Monotonie von μ^* und Bemerkung 4.1(a), daß dieses Maß vollständig ist. ∎

Ist μ das von μ^* induzierte Maß auf X, so nennt man die Mengen in $\mathcal{A}(\mu^*)$ in der Regel μ-**meßbar** und die μ^*-Nullmengen einfach μ-**Nullmengen**.

Lebesguesche und Hausdorffsche Maße

Wir wenden nun Theorem 4.2 auf die in den Sätzen 3.3, 3.5 und 3.7 besprochenen äußeren Maße an.

• Das von λ_n^* auf $\mathbb{R}^n$ induzierte Maß heißt n-**dimensionales Lebesguesches Maß** auf $\mathbb{R}^n$ und wird im folgenden mit λ_n bezeichnet. Die λ_n-meßbaren Mengen heißen **Lebesgue meßbar**.

• Ist $F \colon \mathbb{R} \to \mathbb{R}$ eine maßerzeugende Funktion, so wird das von μ_F^* auf $\mathbb{R}$ erzeugte Maß als von F induziertes **Lebesgue-Stieltjessches Maß** auf $\mathbb{R}$ bezeichnet. Wir schreiben dafür μ_F.

• Es seien X ein separabler metrischer Raum und $s > 0$. Das von $\mathcal{H}_*^s$ auf X erzeugte Maß ist das s-**dimensionale Hausdorffsche Maß** auf X und wird mit $\mathcal{H}^s$ bezeichnet.

Metrische Maße

Theorem 4.2 garantiert zwar, daß die Einschränkung μ von μ^* auf $\mathcal{A}(\mu^*)$ ein Maß ist, sagt aber nichts aus über die Reichhaltigkeit von $\mathcal{A}(\mu^*)$. Im Falle metrischer Räume wollen wir nun eine hinreichende Bedingung dafür angeben, daß zumindest alle Borelmengen μ-meßbar sind.

Es sei $X = (X, d)$ ein metrischer Raum, und μ^* sei ein äußeres Maß auf X. Gilt

$$\mu^*(A \cup B) = \mu^*(A) + \mu^*(B)$$

für alle $A, B \subset X$, die einen positiven Abstand voneinander haben, d.h., für die gilt[1] $d(A, B) > 0$, so heißen μ^* und das von μ^* auf $\mathcal{A}(\mu^*)$ induzierte Maß **metrisch**.

Das nächste Theorem zeigt, daß die von einem metrischen äußeren Maß induzierte σ-Algebra die Borelsche σ-Algebra enthält. Umgekehrt kann man zeigen, daß ein äußeres Maß μ^*, dessen σ-Algebra der μ^*-meßbaren Mengen die Borelsche σ-Algebra enthält, metrisch ist (vgl. Aufgabe 1).

4.3 Theorem *Es sei μ^* ein metrisches äußeres Maß auf X. Dann gilt $\mathcal{A}(\mu^*) \supset \mathcal{B}(X)$.*

Beweis (i) Da $\mathcal{A}(\mu^*)$ eine σ-Algebra ist und da die Borelsche σ-Algebra von den offenen Mengen erzeugt wird, genügt es nachzuweisen, daß jede offene Menge μ^*-meßbar ist.

(ii) Es seien O offen in X und $D \subset X$ mit $\mu^*(D) < \infty$. Wir zeigen

$$\mu^*(D) \geq \mu^*(O \cap D) + \mu^*(O^c \cap D) \,.$$

Aus Bemerkung 4.1(b) folgt dann $O \in \mathcal{A}(\mu^*)$.

Wir setzen

$$O_n := \left\{ \, x \in X \; ; \; d(x, O^c) > 1/n \, \right\}$$

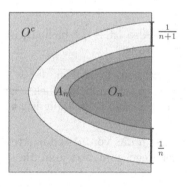

und

$$A_n := \left\{ \, x \in X \ ; \ 1/(n+1) < d(x, O^c) \le 1/n \, \right\}$$

für $n \in \mathbb{N}^\times$. Offensichtlich ist $d(O_n, O^c) \ge 1/n > 0$. Für $x \in A_k$ gilt

$$1/(k+1) < d(x, O^c) \le d(x, z) \le d(x, y) + d(y, z) \,, \qquad z \in O^c \,, \quad y \in X \,.$$

Da dies für jedes $z \in O^c$ gilt, folgt

$$1/(k+1) \le d(x, y) + d(y, O^c) \le d(x, y) + 1/(k+2) \,, \qquad y \in A_{k+2} \,,$$

und somit

$$d(A_k, A_{k+2}) \ge \frac{1}{k+1} - \frac{1}{k+2} > 0 \,, \qquad k \in \mathbb{N}^\times \,. \tag{4.6}$$

(iii) Weil μ^* ein metrisches äußeres Maß ist, folgt aus (4.6) durch vollständige Induktion

$$\sum_{j=1}^{n} \mu^*(A_{2j-i} \cap D) = \mu^*\left(\left(\bigcup_{j=1}^{n} A_{2j-i}\right) \cap D\right) \le \mu^*(D) \,, \qquad n \in \mathbb{N}^\times \,, \quad i = 0, 1 \,.$$

Hieraus erhalten wir

$$\sum_{k=1}^{\infty} \mu^*(A_k \cap D) \le 2\mu^*(D) < \infty \,.$$

Insbesondere finden wir, daß die Reihenreste $r_n := \sum_{k=n}^{\infty} \mu^*(A_k \cap D)$ eine Nullfolge bilden. Ferner gilt offenbar $O \backslash O_n = \bigcup_{j=n}^{\infty} A_j$. Die σ-Subadditivität von μ^* liefert daher

$$0 \le \mu^*\big((O \backslash O_n) \cap D\big) \le \sum_{j=n}^{\infty} \mu^*(A_j \cap D) = r_n \,.$$

Also ist $\big(\mu^*((O \backslash O_n) \cap D)\big)_{n \in \mathbb{N}^\times}$ ebenfalls eine Nullfolge.

(iv) Offensichtlich gilt

$$\mu^*(O \cap D) \le \mu^*(O_n \cap D) + \mu^*\big((O \backslash O_n) \cap D\big) \,. \tag{4.7}$$

Wegen $d(O_n \cap D, O^c \cap D) \ge d(O_n, O^c) \ge 1/n$ und da μ^* ein äußeres Maß ist, folgt

$$\mu^*(O_n \cap D) + \mu^*(O^c \cap D) = \mu^*\big((O_n \cup O^c) \cap D\big) \le \mu^*(D) \,.$$

Zusammen mit (4.7) schließen wir auf

$$\mu^*(O \cap D) + \mu^*(O^c \cap D) \le \mu^*(D) + \mu^*\big((O \backslash O_n) \cap D\big) \,, \qquad n \in \mathbb{N}^\times \,.$$

Für $n \to \infty$ finden wir die gewünschte Ungleichung. $\blacksquare$

4.4 Beispiele   **(a)** λ_n^* ist ein metrisches äußeres Maß auf $\mathbb{R}^n$. Also ist jede Borel-menge Lebesgue meßbar.

Beweis Es seien $A, B \subset \mathbb{R}^n$ mit $d(A, B) > 0$, und $\delta := d(A, B)/2$. Gemäß Satz 3.4 gibt es zu $\varepsilon > 0$ eine Folge (I_j) in $\mathbb{J}_\ell(n)$ mit $\bigcup_j I_j \supset A \cup B$ und $\sum_j \mathrm{vol}_n(I_j) \leq \lambda_n^*(A \cup B) + \varepsilon$. Jedes I_j können wir durch „achsenparallele Unterteilung" als eine endliche disjunkte Vereinigung von linksseitig abgeschlossenen Intervallen schreiben, die alle einen Durchmesser kleiner als δ haben. Folglich können wir ohne Beschränkung der Allgemeinheit annehmen, daß $\mathrm{diam}(I_j) < \delta$ für jedes $j \in \mathbb{N}$. Wegen $d(A, B) = 2\delta$ gilt deshalb für jedes $j \in \mathbb{N}$ entweder $I_j \cap A = \emptyset$ oder $I_j \cap B = \emptyset$. Also finden wir zwei Teilfolgen (I_k') und (I_ℓ'') von (I_j) mit $I_k' \cap I_\ell'' = \emptyset$ für $k, \ell \in \mathbb{N}$, sowie $\bigcup_k I_k' \supset A$ und $\bigcup_\ell I_\ell'' \supset B$. Somit gelten

$$\lambda_n^*(A) \leq \sum_k \mathrm{vol}_n(I_k') \ , \quad \lambda_n^*(B) \leq \sum_\ell \mathrm{vol}_n(I_\ell'') \ ,$$

und wir erhalten

$$\lambda_n^*(A) + \lambda_n^*(B) \leq \sum_k \mathrm{vol}_n(I_k') + \sum_\ell \mathrm{vol}_n(I_\ell'') \leq \sum_j \mathrm{vol}_n(I_j)$$
$$\leq \lambda_n^*(A \cup B) + \varepsilon \ .$$

Da $\varepsilon > 0$ beliebig war, folgt die Behauptung wegen der Subadditivität von λ_n^*. ∎

(b) Für die maßerzeugende Funktion $F \colon \mathbb{R} \to \mathbb{R}$ ist das Lebesgue-Stieltjessche äußere Maß μ_F^* auf $\mathbb{R}$ metrisch.

Beweis Dies folgt durch einfache Modifikationen des Beweises von (a). ∎

(c) Das Hausdorffsche äußere Maß $\mathcal{H}_*^s$ auf $\mathbb{R}^n$ ist für jedes $s > 0$ metrisch. Jedes $A \in \mathcal{B}^n$ ist $\mathcal{H}^n$-meßbar.

Beweis Dies folgt ebenfalls analog zum Beweis von (a). ∎

Aufgaben

1   Es sei X ein metrischer Raum, und μ^* sei ein äußeres Maß auf X. Man beweise: Gilt $\mathcal{B}(X) \subset \mathcal{A}(\mu^*)$, so ist μ^* ein metrisches äußeres Maß auf X.

2   Es sei $(X, \mathcal{A}, \nu)$ ein Maßraum. Ferner bezeichnen μ^* das von $(\mathcal{A}, \nu)$ induzierte äußere Maß auf X und μ das von μ^* auf X induzierte Maß. Man zeige, daß μ eine Erweiterung von ν ist. Gilt $\mu = \nu$?

3   Man beweise die Aussagen der Beispiele 4.4(b) und (c).

4   Es sei μ^* ein äußeres Maß auf X, und für $A \subset X$ sei

$$\mu_*(A) := \sup\{\mu^*(D) - \mu^*(D \setminus A) \ ; \ D \subset X, \ \mu^*(D \setminus A) < \infty\} \ .$$

Dann heißt $\mu_* \colon \mathfrak{P}(X) \to [0, \infty]$ **von μ^* induziertes inneres Maß** auf X. Man zeige, daß für $A \in \mathcal{A}(\mu^*)$ gilt $\mu_*(A) = \mu^*(A)$.

5   Es sei $I \subset \mathbb{R}$ ein kompaktes perfektes Intervall, und $\gamma \in C(I, \mathbb{R}^n)$ sei ein injektiver rektifizierbarer Weg in $\mathbb{R}^n$ mit Spur Γ. Es ist zu zeigen, daß $\mathcal{H}^1(\Gamma) = L(\gamma)$ gilt.

6 Es sei $A_0 := [0,1]^2 \subset \mathbb{R}^2$. Man unterteile A_0 in sechzehn achsenparallele Quadrate gleicher Seitenlänge und entferne gemäß untenstehender Skizze zwölf dieser Quadrate, so daß „in jeder Zeile und jeder Spalte" genau ein abgeschlossenes Quadrat übrigbleibt. Diese bilden die Menge A_1. Dieser Vorgang wird für jedes der übriggebliebenen Quadrate wiederholt, was A_2 ergibt (welches aus sechzehn Quadraten besteht). Allgemein entsteht A_{k+1} aus A_k durch Anwenden des beschriebenen Unterteilens und anschließenden Entfernens auf die einzelnen Teilquadrate von A_k. Die so entstehende Menge $A := \bigcap_{k=0}^{\infty} A_k$ heißt **Cantorstaub**.

Man zeige: $1 \leq \mathcal{H}^1(A) \leq \sqrt{2}$ und $\dim_H(A) = 1$.

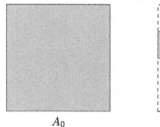
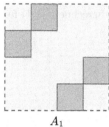
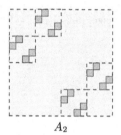

$$A_0 \qquad\qquad A_1 \qquad\qquad A_2$$

(Hinweis: Für die Abschätzung von $\mathcal{H}^1(A)$ nach oben verwende man die durch die Konstruktion von A nahegelegten Überdeckungen. Für die Abschätzung von $\mathcal{H}^1(A)$ nach unten betrachte man $\mathrm{pr}_1 : A \to \mathbb{R}$ und verwende die Aufgaben 5 und 3.6(f).)

7 Man zeige, daß für das Cantorsche Diskontinuum[2] C von Aufgabe III.3.8 gilt:

(i) $\dim_H(C) = \log 2/\log 3 =: s$ und $1/2 \leq \mathcal{H}^s(C) \leq 1$.

(ii) $\lambda_1(C) = 0$.

(Hinweise zu (i): Die Abschätzung von $\mathcal{H}^s(C)$ nach oben ergibt sich analog zur Abschätzung von $\mathcal{H}^1(A)$ von Aufgabe 6. Zur Abschätzung von $\mathcal{H}^s(C)$ nach unten: Ein Kompaktheitsschluß zeigt, daß man nur Überdeckungen mit endlich vielen offenen Intervallen zu betrachten hat. Ist $\{ I_i \ ; \ 0 \leq i \leq N \}$ eine solche Überdeckung, so wähle man für jedes i die natürliche Zahl k so, daß $3^{-(k+1)} \leq \mathrm{diam}(I_i) < 3^{-k}$ gilt. Dann kann I_i höchstens ein Intervall von C_k schneiden (vgl. Aufgabe III.3.8). Für $j \geq k$ schneidet I_i höchstens $2^{j-k} = 2^j 3^{-sk} \leq 2^j 3^s \big[\mathrm{diam}(I_i)\big]^s$ Intervalle von C_j. Nun wähle man j so groß, daß die Ungleichung $3^{-(j+1)} \leq \mathrm{diam}(I_i)$ für alle i gilt und zähle die Intervalle.)

8 Es sei $F : \mathbb{R} \to \mathbb{R}$ eine maßerzeugende Funktion, und μ_F bezeichne das von F induzierte Lebesgue-Stieltjessche Maß. Für $a \in \mathbb{R}$ berechne man $\mu_F(\{a\})$.

9 Es sei $(\mathbb{R}, \mathcal{B}^1, \mu)$ ein lokal endlicher[3] Maßraum. Man beweise:

(i) Es gibt eine maßerzeugende Funktion F mit $\mu = \mu_F \,|\, \mathcal{B}^1$, d.h., μ ist das von F induzierte **Borel-Stieltjessche Maß**. F ist bis auf eine additive Konstante eindeutig bestimmt.

---

[2]Das Cantorsche Diskontinuum und der Cantorstaub sind Beispiele für **Fraktale** (vgl. z.B. [Fal90]).

[3]Es seien X ein topologischer Raum und $\mu : \mathcal{A} \to [0, \infty]$ ein Maß mit $\mathcal{A} \supset \mathcal{B}(X)$. Man nennt μ **lokal endlich**, wenn es zu jedem $x \in X$ eine offene Umgebung U von x gibt mit $\mu(U) < \infty$.

(ii) Es sei
$$\mathcal{F}_0 := \big\{\, F : \mathbb{R} \to \mathbb{R} \; ; \; F \text{ ist maßerzeugend mit } F(0) = 0 \,\big\} \,.$$

Dann ist $F \mapsto \mu_F | \mathcal{B}^1$ eine Bijektion von $\mathcal{F}_0$ auf die Menge aller lokal endlichen Maße auf $\mathcal{B}^1$.

(Hinweis zu (i): Man betrachte $F(t) := \mu\big([0, t)\big)$ für $t \geq 0$ und $F(t) := -\mu\big([t, 0)\big)$ für $t < 0$.)

10 Es sei $F : \mathbb{R} \to \mathbb{R}$ eine maßerzeugende Funktion mit folgenden Eigenschaften: Für $k \in \mathbb{Z}$ gibt es $a_k < a_{k+1}$ mit $\lim_{k \to \pm\infty} a_k = \pm\infty$, und F besitze in a_k einen Sprung der Höhe $p_k \geq 0$. Ferner sei F auf (a_k, a_{k+1}) für jedes $k \in \mathbb{Z}$ konstant.

Man zeige, daß $\mathcal{A}(\mu_F) = \mathfrak{P}(\mathbb{R})$ und berechne $\mu_F(A)$ für $A \subset \mathbb{R}$.

5 Das Lebesguesche Maß

Nachdem wir bis jetzt allgemeine Maße betrachtet haben, wenden wir uns nun dem wichtigsten Spezialfall, dem Lebesgueschen Maß, zu. Dieses Maß hat die fundamentale Eigenschaft, daß es den Elementarbereichen Intervall, Rechteck und Quader ihre „natürlichen" Inhalte zuordnet und deshalb zur Berechnung von Volumina allgemeinerer Flächen und Körper verwendet werden kann. Außerdem bildet es die Grundlage für die Berechnung von Inhalten „gekrümmter Flächen" bzw. allgemeinerer Mannigfaltigkeiten, wie wir in den späteren Kapiteln sehen werden.

Der Lebesguesche Maßraum

Die vom n-dimensionalen äußeren Lebesgueschen Maß erzeugte σ-Algebra $\mathcal{A}(\lambda_n^*)$ heißt σ-**Algebra der Lebesgue meßbaren Teilmengen** des $\mathbb{R}^n$ und wird mit $\mathcal{L}(n)$ bezeichnet. Dementsprechend werden λ_n^*-Nullmengen **Lebesguesche Nullmengen** genannt.

Im folgenden Satz stellen wir erste Eigenschaften des **Lebesgueschen Maßraumes** $\big(\mathbb{R}^n, \mathcal{L}(n), \lambda_n\big)$ zusammen.

5.1 Theorem

(i) $\big(\mathbb{R}^n, \mathcal{L}(n), \lambda_n\big)$ ist ein σ-endlicher vollständiger Maßraum.

(ii) $\mathcal{B}^n \subset \mathcal{L}(n)$, d.h., jede Borelsche Teilmenge des $\mathbb{R}^n$ ist Lebesgue meßbar.

(iii) Für $a, b \in \mathbb{R}^n$ und $(a, b) \subset A \subset [a, b]$ gehört A zu $\mathcal{L}(n)$, und

$$\lambda_n(A) = \mathrm{vol}_n(a, b) = \prod_{j=1}^n (b_j - a_j) \, .$$

(iv) Jede kompakte Teilmenge von $\mathbb{R}^n$ ist Lebesgue meßbar und hat endliches Maß.

(v) Die Menge $N \subset \mathbb{R}^n$ ist genau dann eine Lebesguesche Nullmenge, wenn es zu jedem $\varepsilon > 0$ eine Folge (I_j) in $\mathbb{J}(n)$ gibt mit $\bigcup_j I_j \supset N$ und $\sum_j \lambda_n(I_j) < \varepsilon$.

(vi) Jede abzählbare Teilmenge des $\mathbb{R}^n$ ist eine Lebesguesche Nullmenge.

Beweis (i) Theorem 4.2 und Satz 3.3 zeigen, daß $\big(\mathbb{R}^n, \mathcal{L}(n), \lambda_n\big)$ ein vollständiger Maßraum ist. Wegen $\mathbb{R}^n = \bigcup_{j=1}^\infty (j\mathbb{B}_\infty)$ und $\lambda_n(j\mathbb{B}_\infty) = (2j)^n$ ist er σ-endlich.

(ii) Dies folgt aus Theorem 4.3 und Beispiel 4.4(a).

(iii) Für $M := A \backslash (a, b)$ gilt $M \subset N := [a, b] \backslash (a, b) \in \mathcal{B}^n$. Also folgt aus Satz 2.3 und (ii), wegen $\lambda_n(N) = \lambda_n\big([a, b]\big) - \lambda_n\big((a, b)\big) = 0$, daß N eine Lebesguesche Nullmenge ist. Da λ_n gemäß (i) vollständig ist, ist auch M eine Lebesguesche Nullmenge. Also gehört $A = (a, b) \cup M$ zu $\mathcal{L}(n)$, und da (a, b) und M disjunkt sind, folgt $\lambda_n(A) = \lambda_n\big((a, b)\big) = \mathrm{vol}_n(a, b)$.

(iv) folgt aus (ii) und (iii). Aussage (v) ergibt sich unmittelbar aus der Definition des äußeren Lebesgueschen Maßes. Schließlich folgt (vi) aus der Tatsache, daß jede einpunktige Menge offensichtlich eine Lebesguesche Nullmenge ist. ∎

5.2 Beispiel Jede Teilmenge von $\mathbb{R}^n$, die in einer Koordinatenhyperebene enthalten ist, ist eine λ_n-Nullmenge.

Beweis Aufgrund der Vollständigkeit von λ_n genügt es zu zeigen, daß jede Koordinatenhyperebene eine λ_n-Nullmenge ist. Wir betrachten den Fall $H := \mathbb{R}^{n-1} \times \{0\}$.

Es sei $\varepsilon > 0$, und für $k \in \mathbb{N}^\times$ seien $\varepsilon_k := \varepsilon(2k)^{-n+1}2^{-(k+2)}$ und

$$J_k(\varepsilon) := (-k,k)^{n-1} \times (-\varepsilon_k, \varepsilon_k) \in \mathbb{J} \ .$$

Dann gilt $\mathrm{vol}_n\big(J_k(\varepsilon)\big) = \varepsilon 2^{-(k+1)}$, und somit $\sum_{k=1}^\infty \mathrm{vol}_n\big(J_k(\varepsilon)\big) = \varepsilon/2 < \varepsilon$. Da die Folge $\big(J_k(\varepsilon)\big)$ die Menge H überdeckt, folgt $\lambda_n(H) = 0$ aus Theorem 5.1(v).

Eine offensichtliche Modifikation dieser Überlegungen ergibt die Behauptung für die anderen Koordinatenhyperebenen. ∎

Aus Korollar 5.23 wird folgen, daß jede Teilmenge von $\mathbb{R}^n$, die in einem affinen echten Unterraum enthalten ist, eine Lebesguesche Nullmenge ist.

Die Regularität des Lebesgueschen Maßes

Wir beweisen nun einige grundlegende Approximationsaussagen und stellen dazu zuerst einige Bezeichnungen für Maße auf topologischen Räumen zusammen.

Es seien X ein topologischer Raum und $(X, \mathcal{A}, \mu)$ ein Maßraum mit $\mathcal{B}(X) \subset \mathcal{A}$. Man nennt $(X, \mathcal{A}, \mu)$ und μ **regulär**, wenn für jedes $A \in \mathcal{A}$ gilt:

$$\mu(A) = \inf\big\{ \mu(O) \ ; \ O \subset X \text{ ist offen mit } O \supset A \big\}$$
$$= \sup\big\{ \mu(K) \ ; \ K \subset X \text{ ist kompakt mit } K \subset A \big\} \ .$$

Gibt es zu jedem $x \in X$ eine offene Umgebung U von x mit $\mu(U) < \infty$, so heißen $(X, \mathcal{A}, \mu)$ und μ **lokal endlich**. Gilt schließlich $\mathcal{B}(X) = \mathcal{A}$, so nennt man μ **Borelsches Maß** auf X. Insbesondere heißt $\beta_n := \lambda_n \,|\, \mathcal{B}^n$ **Borel-Lebesguesches Maß** auf $\mathbb{R}^n$.

5.3 Bemerkungen **(a)** Ist μ lokal endlich, so gibt es zu jeder kompakten Menge $K \subset X$ eine offene Umgebung U von K mit $\mu(U) < \infty$.

Beweis Weil μ lokal endlich ist, finden wir zu jedem $x \in K$ eine offene Umgebung U_x von x mit $\mu(U_x) < \infty$. Aufgrund der Kompaktheit von K gibt es $x_0, \dots, x_m \in K$ mit $K \subset U := \bigcup_{j=0}^m U_{x_j}$, und $\mu(U) \leq \sum_{j=0}^m \mu(U_{x_j}) < \infty$. ∎

(b) Es sei X lokal kompakt.[1] Dann ist μ genau dann lokal endlich, wenn für jede kompakte Menge $K \subset X$ gilt $\mu(K) < \infty$.

Beweis Dies folgt unmittelbar aus (a). ∎

---

[1]Ein topologischer Raum heißt **lokal kompakt**, wenn er Hausdorffsch ist und jeder Punkt eine kompakte Umgebung besitzt.

5.4 Theorem *Das Lebesguesche Maß ist regulär.*

Beweis Es sei $A \in \mathcal{L}(n)$.

(i) Zu jedem $\varepsilon > 0$ gibt es eine Folge (I_j) in $\mathbb{J}(n)$ mit

$$A \subset \bigcup_j I_j \quad \text{und} \quad \sum_j \text{vol}_n(I_j) < \lambda_n(A) + \varepsilon \ .$$

Für die offene Menge $O := \bigcup_j I_j$ gilt somit

$$\lambda_n(A) \leq \lambda_n(O) \leq \sum_j \lambda_n(I_j) = \sum_j \text{vol}_n(I_j) < \lambda_n(A) + \varepsilon \ . \tag{5.1}$$

Da dies für jedes $\varepsilon > 0$ gilt, folgt

$$\lambda_n(A) = \inf\big\{ \lambda_n(O) \ ; \ O \subset \mathbb{R}^n \text{ ist offen mit } O \supset A \big\} \ .$$

(ii) Um die Gültigkeit von

$$\lambda_n(A) = \sup\big\{ \lambda_n(K) \ ; \ K \subset \mathbb{R}^n \text{ ist kompakt mit } K \subset A \big\}$$

nachzuweisen, betrachten wir zuerst den Fall einer Lebesgue meßbaren Menge B, die beschränkt ist. Dann gibt es eine kompakte Menge $C \subset \mathbb{R}^n$ mit $B \subset C$. Nach (i) finden wir zu jedem $\varepsilon > 0$ eine offene Menge $O \subset \mathbb{R}^n$, die $C \setminus B$ enthält und für die $\lambda_n(O) < \lambda_n(C \setminus B) + \varepsilon$ gilt. Wegen $\lambda_n(B) < \infty$ folgt aus Satz 2.3(ii):

$$\lambda_n(O) < \lambda_n(C) - \lambda_n(B) + \varepsilon \ . \tag{5.2}$$

Die kompakte Menge $K := C \setminus O$ erfüllt $K \subset B$ und $C \subset K \cup O$. Somit zeigt (5.2)

$$\lambda_n(C) \leq \lambda_n(K \cup O) \leq \lambda_n(K) + \lambda_n(O) < \lambda_n(K) + \lambda_n(C) - \lambda_n(B) + \varepsilon \ ,$$

woraus sich die Ungleichung $\lambda_n(B) - \varepsilon < \lambda_n(K)$ ergibt. Also gilt

$$\lambda_n(B) = \sup\big\{ \lambda_n(K) \ ; \ K \subset \mathbb{R}^n \text{ ist kompakt mit } K \subset B \big\}$$

für jede beschränkte Lebesguesche Menge B.

(iii) Wir können annehmen, daß $\lambda_n(A)$ positiv sei. Dann gibt es ein $\alpha > 0$ mit $\alpha < \lambda_n(A)$. Setzen wir $B_j := A \cap \mathbb{B}^n(0, j)$, so zeigt die Stetigkeit des Lebesgueschen Maßes von unten, daß $\lambda_n(A) = \lim_j \lambda_n(B_j)$. Also gibt es ein $k \in \mathbb{N}$ mit $\lambda_n(B_k) > \alpha$. Weil B_k beschränkt ist, finden wir aufgrund von (ii) eine kompakte Menge K mit $K \subset B_k \subset A$ und $\lambda_n(K) > \alpha$. Somit gilt

$$\sup\big\{ \lambda_n(K) \ ; \ K \subset \mathbb{R}^n \text{ ist kompakt mit } K \subset A \big\} > \alpha \ .$$

Weil $\alpha < \lambda_n(A)$ beliebig gewählt war, folgt die Behauptung. $\blacksquare$

5.5 Korollar *Es sei $A \in \mathcal{L}(n)$. Dann gibt es eine F_σ-Menge F und eine G_δ-Menge G mit $F \subset A \subset G$ und $\lambda_n(F) = \lambda_n(A) = \lambda_n(G)$. Ist A beschränkt, so kann auch G beschränkt gewählt werden.*

Beweis (i) Wir betrachten zuerst den Fall $\lambda_n(A) < \infty$. Gemäß Theorem 5.4 gibt es zu jedem $k \in \mathbb{N}^\times$ eine kompakte Menge K_k und eine offene Menge O_k mit $K_k \subset A \subset O_k$ und

$$\lambda_n(A) - 1/k \leq \lambda_n(K_k) \leq \lambda_n(A) \leq \lambda_n(O_k) \leq \lambda_n(A) + 1/k \ . \tag{5.3}$$

Setzen wir $F := \bigcup_k K_k$ und $G := \bigcap_k O_k$, so sind die Inklusionen $F \subset A \subset G$ richtig, und Satz 2.3(ii) zeigt, aufgrund von (5.3),

$$\lambda_n(A \setminus F) \leq \lambda_n(A \setminus K_k) \leq 1/k \ , \quad \lambda_n(G \setminus A) \leq \lambda_n(O_k \setminus A) \leq 1/k$$

für jedes $k \in \mathbb{N}^\times$. Also gilt $\lambda_n(A \setminus F) = \lambda_n(G \setminus A) = 0$, und die erste Behauptung folgt aus Satz 2.3(ii).

(ii) Gilt $\lambda_n(A) = \infty$, so gibt es wegen Theorem 5.4 zu jedem $k \in \mathbb{N}$ eine kompakte Menge K_k mit $K_k \subset A$ und $k \leq \lambda_n(K_k)$. Die F_σ-Menge $F := \bigcup_k K_k$ und die G_δ-Menge $G := \mathbb{R}^n$ erfüllen die angegebenen Gleichungen.

(iii) Die zweite Aussage ist klar. ∎

Theorem 5.4 besagt insbesondere, daß wir das Maß einer Lebesgue meßbaren Teilmenge des $\mathbb{R}^n$ beliebig genau durch die Maße geeigneter offener Obermengen approximieren können. Der folgende Satz zeigt, daß wir das Lebesguesche Maß einer offenen Menge dadurch beliebig genau annähern können, daß wir sie durch endliche Vereinigungen disjunkter Intervalle der Form $[a, b)$ approximieren und die Summe der Volumina dieser Intervalle berechnen. Dies ist die in der Einleitung zu diesem Kapitel beschriebene Methode zur Berechnung von Inhalten.

5.6 Satz *Jede offene Teilmenge O in $\mathbb{R}^n$ kann als Vereinigung einer disjunkten Folge (I_j) von Intervallen der Form $[a, b)$ mit $a, b \in \mathbb{Q}^n$ dargestellt werden. Dann gilt*

$$\lambda_n(O) = \sum_{j=0}^{\infty} \operatorname{vol}_n(I_j) \ .$$

Beweis Für $k \in \mathbb{N}$ sei

$$\mathcal{W}_k := \left\{ a + [0, 2^{-k}\mathbf{1}_n) \ ; \ a \in 2^{-k}\mathbb{Z}^n \right\}$$

mit $\mathbf{1}_n := (1, \ldots, 1) \in \mathbb{R}^n$. Mit anderen Worten: Jedes $W \in \mathcal{W}_k$ ist ein achsenparalleler Würfel der Kantenlänge 2^{-k}, dessen „linke untere Ecke" in einem Punkt

des Gitters $2^{-k}\mathbb{Z}^n$ liegt. Offensichtlich ist $\mathcal{W}_k$ eine abzählbare
disjunkte Überdeckung von $\mathbb{R}^n$.
Ferner sei O_k die Vereinigung derjenigen Würfel in $\mathcal{W}_k$, die ganz
in O liegen. Wegen

$$O = O_0 \cup (O_1 \setminus O_0)$$
$$\cup \left(O_2 \setminus (O_0 \cup O_1)\right) \cup \cdots$$

und Satz I.6.8 ist die Behauptung
nun klar. ∎

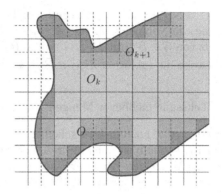

Eine Charakterisierung Lebesgue meßbarer Mengen

Es sei X ein topologischer Raum. Eine Teilmenge M von X heißt σ-**kompakt**, falls
es eine Folge (K_j) kompakter Teilmengen gibt mit $M = \bigcup_j K_j$.

5.7 Theorem *Für $A \subset \mathbb{R}^n$ sind die folgenden Aussagen äquivalent:*

(i) *A ist Lebesgue meßbar.*

(ii) *Es gibt eine σ-kompakte Teilmenge S des $\mathbb{R}^n$ und eine Lebesguesche Nullmenge N mit $A = S \cup N$.*

Beweis „(i)$\Rightarrow$(ii)" Weil der Maßraum $\left(\mathbb{R}^n, \mathcal{L}(n), \lambda_n\right)$ σ-endlich ist, gibt es eine
Folge (A_j) in $\mathcal{L}(n)$ mit $A = \bigcup_j A_j$ und $\lambda_n(A_j) < \infty$ für $j \in \mathbb{N}$. Der Beweis von
Korollar 5.5 zeigt, daß es zu jedem $j \in \mathbb{N}$ eine σ-kompakte Teilmenge S_j von $\mathbb{R}^n$
gibt mit $S_j \subset A_j$ und $\lambda_n(S_j) = \lambda_n(A_j)$. Also ist $N_j := A_j \setminus S_j$ eine Lebesguesche
Nullmenge mit $A_j = S_j \cup N_j$. Somit sind $S := \bigcup_j S_j$ σ-kompakt und $N := \bigcup_j N_j$
eine Lebesguesche Nullmenge, und es gilt $A = S \cup N$.

„(ii)$\Rightarrow$(i)" Aufgrund der Inklusion $\mathcal{B}^n \subset \mathcal{L}(n)$ ist jede σ-kompakte Teilmenge
des $\mathbb{R}^n$ Lebesgue meßbar. Da jede Lebesguesche Nullmenge zu $\mathcal{L}(n)$ gehört, ist auch
$A = S \cup N$ Lebesgue meßbar. ∎

In Korollar 5.29 wird gezeigt, daß das Borel-Lebesguesche Maß β_n nicht
vollständig ist. Mit Hilfe von Theorem 5.7 gelingt es, die Vervollständigung von
$(\mathbb{R}^n, \mathcal{B}^n, \beta_n)$ zu bestimmen.

5.8 Theorem *Das Lebesguesche Maß λ_n ist die Vervollständigung des Borel-
Lebesgueschen Maßes β_n.*

Beweis (i) Es sei $A \in \overline{\mathcal{B}^n}_{\beta_n}$. Dann gibt es $B, N \in \mathcal{B}^n$ und $M \subset \mathbb{R}^n$ mit $A = B \cup M$,
$M \subset N$ und $\lambda_n(N) = 0$. Die Vollständigkeit von λ_n zeigt, daß M eine Lebesgue-
sche Nullmenge ist. Wegen $\mathcal{B}^n \subset \mathcal{L}(n)$ gilt also $A = B \cup M \in \mathcal{L}(n)$, d.h., wir haben $\overline{\mathcal{B}^n}_{\beta_n} \subset \mathcal{L}(n)$.

(ii) Es sei $A \in \mathcal{L}(n)$. Aufgrund von Theorem 5.7 gibt es ein $B \in \mathcal{B}^n$ und eine Lebesguesche Nullmenge M mit $A = B \cup M$. Außerdem folgt aus Korollar 5.5 die Existenz von $G \in \mathcal{B}^n$ mit $M \subset G$ und $\lambda_n(G) = \lambda_n(M) = 0$. Also gehört A zu $\overline{\mathcal{B}^n_{\beta_n}}$. Dies beweist die Inklusion $\mathcal{L}(n) \subset \overline{\mathcal{B}^n_{\beta_n}}$. ∎

Bilder Lebesgue meßbarer Mengen

Wir werden in Theorem 5.28 sehen, daß nicht jede Teilmenge des $\mathbb{R}^n$ Lebesgue meßbar ist. Deshalb ist auch nicht zu erwarten, daß die Bilder meßbarer[2] Mengen unter einer beliebigen Abbildung wieder meßbar sind. Für lokal Lipschitz stetige Funktionen kann jedoch die Meßbarkeit der Bilder meßbarer Mengen garantiert werden. Um dies zu zeigen, betrachten wir zuerst Nullmengen.

5.9 Theorem   *Es seien $N \subset \mathbb{R}^n$ eine λ_n-Nullmenge und $f \in C^{1-}(N, \mathbb{R}^m)$ mit $m \geq n$. Dann ist $f(N)$ eine λ_m-Nullmenge.*

Beweis (i) Wir nehmen zuerst an, daß $f : N \to \mathbb{R}^m$ (global) Lipschitz stetig sei. Dann gibt es ein $L > 0$ mit

$$|f(x) - f(y)|_\infty \leq L\,|x - y|_\infty \,, \qquad x, y \in N \,. \tag{5.4}$$

Es sei $0 < \varepsilon < L^m$. Weil N eine λ_n-Nullmenge ist, gibt es gemäß Satz 3.4 eine Folge (I_k) in $\mathbb{J}_\ell(n)$, die N überdeckt und $\sum_{k=0}^\infty \lambda_n(I_k) < \varepsilon/L^m$ erfüllt. Wir können annehmen, daß die Kantenlängen rational sind. Durch Unterteilen können wir auch ohne Beschränkung der Allgemeinheit annehmen, daß jedes I_k ein Würfel ist, dessen Kantenlänge wir mit a_k bezeichnen. Dann ist $f(N \cap I_k)$ wegen (5.4) in einem Würfel $J_k \subset \bar{\mathbb{J}}(m)$ der Kantenlänge La_k enthalten. Für dessen Volumen gilt

$$\lambda_m(J_k) = (La_k)^m = L^m \lambda_n(I_k)^{m/n} \,, \qquad k \in \mathbb{N} \,.$$

Somit finden wir

$$f(N) = \bigcup_k f(N \cap I_k) \subset \bigcup_k J_k \tag{5.5}$$

und

$$\sum_{k=0}^\infty \lambda_m(J_k) = L^m \sum_{k=0}^\infty \lambda_n(I_k)^{m/n} \leq L^m \sum_{k=0}^\infty \lambda_n(I_k) < \varepsilon \,, \tag{5.6}$$

da wegen $m \geq n$ die Abschätzung

$$\lambda_n(I_k) \leq \sum_{j=0}^\infty \lambda_n(I_j) < \varepsilon/L^m < 1 \,,$$

und folglich $\lambda_n(I_k)^{m/n} \leq \lambda_n(I_k)$, gilt. Weil diese Überlegungen für jedes $\varepsilon \in (0, L^m)$ richtig sind, zeigen (5.5) und (5.6), daß $f(N)$ eine λ_m-Nullmenge ist.

---

[2]Da wir uns im folgenden fast ausschließlich mit dem Lebesgueschen Maß befassen, sagen wir einfach meßbar und Maß statt Lebesgue meßbar und Lebesguesches Maß, etc., falls keine Unklarheiten zu befürchten sind.

(ii) Es sei nun $f \in C^{1-}(N, \mathbb{R}^m)$. Dann gibt es zu jedem $x \in N$ eine offene Umgebung U_x von x, so daß $f \,|\, (N \cap U_x)$ Lipschitz stetig ist. Aus Korollar 1.9(ii) und Satz 1.8 folgt, daß N ein Lindelöfscher Raum ist. Somit gibt es eine abzählbare Teilüberdeckung $\{ V_j \;;\; j \in \mathbb{N} \}$ der offenen Überdeckung $\{ U_x \cap N \;;\; x \in N \}$ von N. Aus der Vollständigkeit des Lebesgueschen Maßes folgt, daß jedes V_j eine λ_n-Nullmenge ist. Somit zeigt (i), daß $f(V_j)$ eine λ_m-Nullmenge ist, und die Behauptung ergibt sich aus $f(N) = \bigcup_j f(V_j)$ und Bemerkung 2.5(b). ∎

5.10 Korollar Es seien U offen in $\mathbb{R}^n$ und $f \in C^1(U, \mathbb{R}^m)$ mit $m \geq n$. Ist $N \subset U$ eine λ_n-Nullmenge, dann ist $f(N)$ eine λ_m-Nullmenge.

Beweis Dies folgt aus Theorem 5.9 und Bemerkung VII.8.12(b). ∎

5.11 Bemerkungen **(a)** Es sei N eine λ_n-Nullmenge, und es gelte $f \in C(N, \mathbb{R}^m)$ mit $m \geq n$. Dann ist $f(N)$ i. allg. keine λ_m-Nullmenge. Folglich kann in Theorem 5.9 nicht auf die lokale Lipschitz Stetigkeit verzichtet werden.

Beweis Für $N := [0,1] \times \{0\} \subset \mathbb{R}^2$ gilt $\lambda_2(N) = 0$. Bezeichnet γ die Parametrisierung der „Peano-Kurve" von Aufgabe VIII.1.8, so sind $\gamma \in C(N, \mathbb{R}^2)$ und $\gamma(N) = \bar{\mathbb{B}}^2$ sowie $\lambda_2\big(\gamma(N)\big) > 2$, da $\bar{\mathbb{B}}^2$ ein achsenparalleles Quadrat der Seitenlänge $\sqrt{2}$ enthält. ∎

(b) Es sei N eine λ_n-Nullmenge, und es gelte $f \in C^{1-}(N, \mathbb{R}^m)$ mit $m < n$. Dann ist $f(N)$ i. allg. keine λ_m-Nullmenge.

Beweis Für $N := (0,1) \times \{0\} \subset \mathbb{R}^2$ und $f := \mathrm{pr}_1 \in C^\infty(N, \mathbb{R})$ gelten $\lambda_2(N) = 0$ und $\lambda_1\big(f(N)\big) = \lambda_1\big((0,1)\big) = 1$. ∎

Weil das stetige Bild einer σ-kompakten Menge wieder σ-kompakt ist, erhalten wir aus Theorem 5.9 und der Charakterisierung Lebesguescher Mengen von Theorem 5.7 nun leicht die nachstehende Invarianzaussage.

5.12 Theorem Es seien $A \in \mathcal{L}(n)$ und $f \in C^{1-}(A, \mathbb{R}^m)$ mit $m \geq n$. Dann gehört $f(A)$ zu $\mathcal{L}(m)$.

Beweis Nach Theorem 5.7 gibt es eine σ-kompakte Teilmenge S des $\mathbb{R}^n$ und eine λ_n-Nullmenge N mit $A = S \cup N$. Dann ist $f(S)$ eine σ-kompakte Teilmenge des $\mathbb{R}^m$. Gemäß Theorem 5.9 ist $f(N)$ eine λ_m-Nullmenge. Aufgrund von Theorem 5.7 gehört $f(A) = f(S) \cup f(N)$ folglich zu $\mathcal{L}(m)$. ∎

5.13 Korollar Es seien U offen in $\mathbb{R}^n$ und $f \in C^1(U, \mathbb{R}^m)$ mit $m \geq n$. Ferner sei $A \in \mathcal{L}(n)$ mit $A \subset U$. Dann gehört $f(A)$ zu $\mathcal{L}(m)$.

Beweis Dies folgt aus Theorem 5.12 und Bemerkung VII.8.12(b). ∎

5.14 Bemerkungen **(a)** Es seien $A \in \mathcal{L}(n)$ und $f \in C(A, \mathbb{R}^m)$ mit $m \geq n$. Dann ist $f(A)$ i. allg. nicht meßbar.

Beweis Es bezeichne C das Cantorsche Diskontinuum (vgl. Aufgabe III.3.8). Gemäß Aufgabe 17 gibt es eine topologische Abbildung $g : [0,1] \to [0,2]$ mit $\lambda_1\big(g(C)\big) = 1$. Somit sichert Theorem 5.28 die Existenz einer nicht λ_1-meßbaren Menge $B \subset g(C)$. Setzen wir $A := g^{-1}(B)$, so gelten $A \subset C$ und $g(A) = B \notin \mathcal{L}(1)$. Weil C nach Aufgabe 4.7 eine λ_1-Nullmenge ist, folgt aus der Vollständigkeit von λ_1, daß A zu $\mathcal{L}(1)$ gehört. Also leistet $f := g\,|\,A$ das Gewünschte. ∎

(b) Es seien $A \in \mathcal{L}(n)$ und $f \in C^{1-}(A, \mathbb{R}^m)$ mit $m < n$. Dann ist $f(A)$ i. allg. nicht meßbar.

Beweis Für $V \in \mathbb{R} \backslash \mathcal{L}(1)$ sei $A := V \times \{0\}$. Dann implizieren Beispiel 5.2 und die Vollständigkeit des Lebesgueschen Maßes, daß A zu $\mathcal{L}(2)$ gehört. Ferner ist $f := \mathrm{pr}_1\,|\,A$ Lipschitz stetig, aber $f(A) = V$ ist nicht λ_1-meßbar. ∎

(c) Die Teilmenge A von $\mathbb{R}^n$ ist genau dann Lebesgue meßbar, wenn es zu jedem $x \in A$ eine offene Umgebung U_x in $\mathbb{R}^n$ gibt mit $A \cap U_x \in \mathcal{L}(n)$. D.h., die Meßbarkeit ist eine *lokale Eigenschaft*.

Beweis Die Implikation „⇒" ist klar.

„⇐" Nach Voraussetzung gibt es zu jedem $x \in A$ eine offene Umgebung U_x von x mit $A \cap U_x \in \mathcal{L}(n)$. Insbesondere gilt $A \subset \bigcup_{x \in A} U_x$. Weil A nach Korollar 1.9(ii) und Satz 1.8 ein Lindelöfscher Raum ist, gibt es eine abzählbare Menge $\{\, x_j \in A \; ; \; j \in \mathbb{N} \,\}$ mit $A \subset \bigcup_j U_{x_j}$. Also gehört $A = \bigcup_j (A \cap U_{x_j})$ zu $\mathcal{L}(n)$. ∎

Die Translationsinvarianz des Lebesgueschen Maßes

Wir wenden uns nun der Aufgabe zu nachzuweisen, daß das Lebesguesche Maß einer Menge unabhängig von deren Lage im Raum ist. In einem ersten Schritt zeigen wir, daß es invariant ist unter Translationen. Dabei heißt die Abbildung

$$\tau_a : \mathbb{R}^n \to \mathbb{R}^n\,, \quad x \mapsto x + a \tag{5.7}$$

Translation um den Vektor $a \in \mathbb{R}^n$.

5.15 Bemerkung Mit der Komposition zweier Abbildungen als Multiplikation ist $\mathfrak{T} := \{\, \tau_a \; ; \; a \in \mathbb{R}^n \,\}$ eine kommutative Gruppe, die **Translationsgruppe** auf $\mathbb{R}^n$. Die Abbildung $a \mapsto \tau_a$ ist ein Isomorphismus von der additiven Gruppe $(\mathbb{R}^n, +)$ auf die Translationsgruppe $\mathfrak{T}$. ∎

5.16 Lemma *Die Borelsche und die Lebesguesche σ-Algebra über $\mathbb{R}^n$ sind translationsinvariant, d.h., für $a \in \mathbb{R}^n$ gelten $\tau_a(\mathcal{B}^n) = \mathcal{B}^n$ und $\tau_a\big(\mathcal{L}(n)\big) = \mathcal{L}(n)$.*

Beweis (i) Für $a \in \mathbb{R}^n$ ist τ_{-a} eine stetige Abbildung von $\mathbb{R}^n$ in sich. Also ist τ_{-a} gemäß Aufgabe 1.6 Borel meßbar. Folglich gilt

$$\tau_a(\mathcal{B}) = (\tau_{-a})^{-1}(\mathcal{B}) \subset \mathcal{B}\,. \tag{5.8}$$

Ersetzen wir a durch $-a$, so folgt $\tau_{-a}(\mathcal{B}) \subset \mathcal{B}$. Also erhalten wir mit (5.8)

$$\mathcal{B} = \tau_a \circ \tau_{-a}(\mathcal{B}) = \tau_a\big(\tau_{-a}(\mathcal{B})\big) \subset \tau_a(\mathcal{B}) \subset \mathcal{B} \,, \tag{5.9}$$

was $\tau_a(\mathcal{B}) = \mathcal{B}$ beweist.

(ii) Da τ_a eine glatte Abbildung des $\mathbb{R}^n$ auf sich ist, folgt $\tau_a\big(\mathcal{L}(n)\big) = \mathcal{L}(n)$ für $a \in \mathbb{R}^n$ aus Theorem 5.12 und der Gruppeneigenschaft. $\blacksquare$

5.17 Theorem *Das Lebesguesche und das Borel-Lebesguesche Maß sind translationsinvariant: Für $a \in \mathbb{R}^n$ gelten $\lambda_n = \lambda_n \circ \tau_a$ und $\beta_n = \beta_n \circ \tau_a$.*

Beweis Offensichtlich sind $\mathbb{J}(n)$ und $\mathrm{vol}_n : \mathbb{J}(n) \to \mathbb{R}$ translationsinvariant. Deshalb ist auch das Lebesguesche äußere Maß translationsinvariant, und die Behauptung folgt aus Lemma 5.16 und den Definitionen von λ_n und β_n. $\blacksquare$

Es sei O offen in $\mathbb{R}^n$ und nicht leer. Dann überprüft man leicht, daß $O - O$ eine Nullumgebung ist. Der nächste Satz zeigt, daß dies sogar für jede Lebesgue meßbare Menge mit positivem Maß richtig ist. Anschaulich bedeutet dies, daß solche Mengen nicht „zu dünn" sein können (vgl. dazu auch Aufgabe 12).

5.18 Theorem (Satz von Steinhaus) *Für jedes $A \in \mathcal{L}(n)$ mit $\lambda_n(A) > 0$ ist $A - A$ eine Nullumgebung.*

Beweis Es sei $A \in \mathcal{L}(n)$ mit $\lambda_n(A) > 0$. Indem wir A durch $A \cap k\mathbb{B}^n$ mit einem geeigneten $k \in \mathbb{N}^\times$ ersetzen, können wir $\lambda_n(A) < \infty$ annehmen.

Die Regularität von λ_n sichert die Existenz einer kompakten Menge K und einer offenen Menge O mit $K \subset A \subset O$ und

$$0 < \lambda_n(K) < \lambda_n(O) < 2\lambda_n(K) \,. \tag{5.10}$$

Weil $K \subset O$ kompakt ist, gilt $\delta := d(K, O^c) > 0$ (vgl. Beispiel III.3.9(c)).

Angenommen, für $x \in \delta\mathbb{B}^n$ gälte $K \cap (x + K) = \emptyset$. Dann folgte aus der Additivität und der Translationsinvarianz von λ_n:

$$\lambda_n\big(K \cup (x + K)\big) = \lambda_n(K) + \lambda_n(x + K) = 2\lambda_n(K) \,. \tag{5.11}$$

Aufgrund der Definition von δ wäre $x + K \subset O$, und folglich $K \cup (x + K) \subset O$. Also gälte wegen (5.11) $\lambda_n(O) \geq 2\lambda_n(K)$, was wegen (5.10) nicht möglich ist. Folglich ist für jedes $x \in \delta\mathbb{B}^n$ die Menge $K \cap (x + K)$ nicht leer, d.h., es gibt $y, z \in K$ mit $y = x + z$. Dies zeigt $\delta\mathbb{B}^n \subset K - K \subset A - A$. $\blacksquare$

Eine Charakterisierung des Lebesgueschen Maßes

Das nächste Theorem zeigt insbesondere, daß das Lebesguesche Maß durch die Translationsinvarianz bis auf Normierung bestimmt ist.

5.19 Theorem   Es sei μ ein translationsinvariantes lokal endliches Maß auf $\mathcal{B}^n$
bzw. $\mathcal{L}(n)$. Dann gilt $\mu = \alpha_n \beta_n$ bzw. $\mu = \alpha_n \lambda_n$ mit $\alpha_n := \mu\big([0,1)^n\big)$.

Beweis   (i) In einem ersten Schritt zeigen wir

$$\mu\big([a,b)\big) = \alpha_n \operatorname{vol}_n\big([a,b)\big) \,, \qquad a,b \in \mathbb{R}^n \,.$$

Dazu betrachten wir zuerst den Fall $n = 1$ und setzen $g(s) := \mu\big([0,s)\big)$ für $s > 0$.
Dann ist $g \colon (0,\infty) \to (0,\infty)$ wachsend, und aus der Translationsinvarianz von μ
folgt

$$\begin{aligned}
g(s+t) &= \mu\big([0,s+t)\big) = \mu\big([0,s) \cup [s,s+t)\big) \\
&= \mu\big([0,s)\big) + \mu\big([s,s+t)\big) = \mu\big([0,s)\big) + \mu\big([0,t)\big) \\
&= g(s) + g(t)
\end{aligned}$$

für $s,t \in (0,\infty)$. Folglich zeigt Aufgabe 5, daß g die Form $g(s) = sg(1)$ für $s > 0$
besitzt. Wegen $s = \operatorname{vol}_1\big([0,s)\big)$ und $\alpha_1 = \mu\big([0,1)\big)$ ergibt sich deshalb

$$\mu\big([0,s)\big) = g(s) = sg(1) = \operatorname{vol}_1\big([0,s)\big)\alpha_1 \,, \qquad s > 0 \,,$$

und wir finden

$$\mu\big([\alpha,\beta)\big) = \mu\big([0,\beta-\alpha)\big) = \alpha_1 \operatorname{vol}_1\big([0,\beta-\alpha)\big) = \alpha_1 \operatorname{vol}_1\big([\alpha,\beta)\big) \qquad (5.12)$$

für $\alpha,\beta \in \mathbb{R}$.

Um den Fall $n \geq 2$ zu behandeln, fixieren wir $a',b' \in \mathbb{R}^{n-1}$ und setzen

$$\mu_1\big([\alpha,\beta)\big) := \mu\big([\alpha,\beta) \times [a',b')\big) \,, \qquad \alpha,\beta \in \mathbb{R} \,.$$

Aufgabe 7 und (5.12) implizieren

$$\mu_1\big([\alpha,\beta)\big) = \mu_1\big([0,1)\big) \operatorname{vol}_1\big([\alpha,\beta)\big) \,, \qquad \alpha,\beta \in \mathbb{R} \,.$$

Es seien nun $a = (a_1,\dots,a_n) \in \mathbb{R}^n$, $b = (b_1,\dots,b_n) \in \mathbb{R}^n$ und $a' = (a_2,\dots,a_n)$,
$b' = (b_2,\dots,b_n)$. Dann gilt

$$\begin{aligned}
\mu\big([a,b)\big) &= \mu\big([a_1,b_1) \times [a',b')\big) = \mu_1\big([a_1,b_1)\big) \\
&= \operatorname{vol}_1\big([a_1,b_1)\big)\mu_1\big([0,1)\big) \\
&= \operatorname{vol}_1\big([a_1,b_1)\big)\mu\big([0,1) \times [a',b')\big) \,.
\end{aligned}$$

Ein einfaches Induktionsargument liefert nun

$$\mu\big([a,b)\big) = \mu\big([0,1)^n\big) \prod_{j=1}^{n} \operatorname{vol}_1\big([a_j,b_j)\big) = \alpha_n \operatorname{vol}_n\big([a,b)\big) \,.$$

(ii) Es sei $A \in \mathcal{B}^n$ [bzw. $A \in \mathcal{L}(n)$], und (I_k) sei eine Folge in $\mathbb{J}_\ell(n)$, welche A
überdeckt. Dann folgt aus (i)

$$\mu(A) \leq \sum_k \mu(I_k) = \alpha_n \sum_k \lambda_n(I_k) \,.$$

Somit erhalten wir aus Satz 3.4

$$\mu(A) \leq \alpha_n \lambda_n^*(A) = \alpha_n \lambda_n(A) .$$

(iii) Es sei nun $B \in \mathcal{B}^n$ [bzw. $B \in \mathcal{L}(n)$] beschränkt. Dann gibt es ein $I \in \mathbb{J}_\ell(n)$ mit $B \subset I \subset \overline{I}$. Da $\overline{I}$ kompakt und μ lokal endlich sind, folgt aus Bemerkung 5.3(a), daß $\mu(B) < \infty$. Beachten wir $\mu(B) < \infty$ und $\lambda_n(B) < \infty$ (vgl. Theorem 5.1(iv)), so zeigt Satz 2.3(ii)

$$\mu(I \setminus B) = \mu(I) - \mu(B) \quad \text{und} \quad \lambda_n(I \setminus B) = \lambda_n(I) - \lambda_n(B) ,$$

und wir finden mit (ii)

$$\mu(I) - \mu(B) = \mu(I \setminus B) \leq \alpha_n \lambda_n(I \setminus B) = \alpha_n \lambda_n(I) - \alpha_n \lambda_n(B) .$$

Nach (i) gilt $\mu(I) = \alpha_n \lambda_n(I)$, so daß die Ungleichung $\mu(B) \geq \alpha_n \lambda_n(B)$ folgt. Zusammen mit (ii) erhalten wir also $\mu(B) = \alpha_n \lambda_n(B)$ für jedes beschränkte $B \in \mathcal{B}^n$ [bzw. $B \in \mathcal{L}(n)$].

(iv) Schließlich seien $A \in \mathcal{B}^n$ [bzw. $A \in \mathcal{L}(n)$] beliebig und $B_j := A \cap \mathbb{B}^n(0, j)$ für $j \in \mathbb{N}$. Dann ist die Folge (B_j) wachsend mit $\bigcup_j B_j = A$, und jedes B_j ist eine beschränkte Borelsche [bzw. Lebesguesche] Menge in $\mathbb{R}^n$. Unter Verwendung von (iii) und Satz 2.3(iv) folgt nun

$$\mu(A) = \lim_j \mu(B_j) = \alpha_n \lim_j \lambda_n(B_j) = \alpha_n \lambda_n(A) ,$$

womit alles bewiesen ist. ∎

5.20 Bemerkung Im eben bewiesenen Theorem kann auf die Voraussetzung, daß μ lokal endlich sei, nicht verzichtet werden.

Beweis Offensichtlich ist das Zählmaß $\mathcal{H}^0$ auf $\mathcal{B}^n$ [bzw. $\mathcal{L}(n)$] translationsinvariant. Es gibt aber kein $\alpha \in (0, \infty)$ mit $\mathcal{H}^0 = \alpha \beta_n$ [bzw. $\mathcal{H}^0 = \alpha \lambda_n$]. ∎

Die Bewegungsinvarianz des Lebesgueschen Maßes

Theorem 5.19 ermöglicht einen Vergleich des n-dimensionalen Lebesgueschen Maßes mit dem n-dimensionalen Hausdorffschen Maß. Dazu benötigen wir das folgende Hilfsresultat:

5.21 Lemma Das n-dimensionale Hausdorffsche Maß $\mathcal{H}^n$ auf $\mathbb{R}^n$ ist lokal endlich. Außerdem gilt $\mathcal{H}^n([0, 1)^n) > 0$.

Beweis (i) Aus Theorem 4.3 und Beispiel 4.4(c) wissen wir, daß jede Borelsche Menge $\mathcal{H}^n$-meßbar ist. Es seien $K \subset \mathbb{R}^n$ kompakt und $\varepsilon > 0$. Dann gibt es ein $a > 0$ mit $K \subset [-a, a]^n$ und ein $m \in \mathbb{N}$ mit $m \geq 2a\sqrt{n}/\varepsilon$. Wir unterteilen $[-a, a]^n$

in m^n Teilwürfel W_j der Kantenlänge $2a/m$. Dann gilt $\operatorname{diam}(W_j) = 2a\sqrt{n}/m \leq \varepsilon$, und folglich

$$\sum_{j=1}^{m^n} \left[\operatorname{diam}(W_j)\right]^n = (2a)^n n^{n/2} \ .$$

Aufgabe 3.4 zeigt, daß $\mathcal{H}_*^n(K) \leq \mathcal{H}_*^n\big([-a,a]^n\big) \leq (2a)^n n^{n/2}$. Nun erhalten wir aus Bemerkung 5.3(b), daß $\mathcal{H}^n$ lokal endlich ist.

(ii) Es bleibt, $\mathcal{H}^n\big([0,1)^n\big) > 0$ nachzuweisen. Dazu sei $\varepsilon > 0$, und (U_j) sei eine Folge offener Mengen in $\mathbb{R}^n$, die $[0,1)^n$ überdeckt und $\operatorname{diam}(U_j) < \varepsilon$ erfüllt. Zu jedem $j \in \mathbb{N}$ gibt es $I_j \in \mathbb{J}(n)$, so daß jede Kantenlänge von I_j durch $2\operatorname{diam}(U_j)$ beschränkt ist und $U_j \subset I_j$ gilt. Also folgt

$$1 = \lambda_n\big([0,1)^n\big) \leq \sum_j \operatorname{vol}_n(I_j) \leq 2^n \sum_j \left[\operatorname{diam}(U_j)\right]^n \ ,$$

und deshalb $2^{-n} \leq \mathcal{H}_\varepsilon^n\big([0,1)^n\big)$. Dies impliziert $\mathcal{H}^n\big([0,1)^n\big) \geq 2^{-n} > 0$. ∎

5.22 Korollar *Das n-dimensionale Hausdorffsche Maß $\mathcal{H}^n$ auf $\mathbb{R}^n$ ist eine Erweiterung von $\alpha_n \lambda_n$ mit $\alpha_n := \mathcal{H}^n\big([0,1)^n\big)$, d.h., jedes $A \in \mathcal{L}(n)$ ist $\mathcal{H}^n$-meßbar, und es gilt $\mathcal{H}^n(A) = \alpha_n \lambda_n(A)$.*

Beweis (i) Lemma 5.21 und Aufgabe 3.4 sowie die $\mathcal{H}^n$-Meßbarkeit der Borelschen Mengen zeigen, daß $\mathcal{H}^n$ ein lokal endliches translationsinvariantes Maß auf $\mathcal{B}^n$ ist. Nach Theorem 5.19 gilt deshalb $\mathcal{H}^n \,|\, \mathcal{B}^n = \alpha_n \beta_n$.

(ii) Es seien N eine Lebesguesche Nullmenge und $\varepsilon > 0$. Dann gibt es eine Folge (I_j) in $\mathbb{J}(n)$ mit $\sum_j \operatorname{vol}_n(I_j) < \varepsilon$ und $N \subset \bigcup_j I_j$. Aus (i) folgt

$$\mathcal{H}_*^n(I_j) = \mathcal{H}^n(I_j) = \alpha_n \lambda_n(I_j) \ ,$$

und wir finden

$$\mathcal{H}_*^n(N) \leq \mathcal{H}_*^n\Big(\bigcup_j I_j\Big) \leq \sum_j \mathcal{H}_*^n(I_j) = \alpha_n \sum_j \operatorname{vol}_n(I_j) < \alpha_n \varepsilon \ .$$

Also ist N eine $\mathcal{H}^n$-Nullmenge.

(iii) Es sei $A \in \mathcal{L}(n)$. Gemäß Theorem 5.7 gilt $A = S \cup N$ mit $S \in \mathcal{B}^n$ und einer λ_n-Nullmenge N. Deshalb ist A $\mathcal{H}^n$-meßbar. Ferner folgen aus (i) und (ii)

$$\mathcal{H}^n(A) \leq \mathcal{H}^n(S) + \mathcal{H}^n(N) = \mathcal{H}^n(S) = \alpha_n \lambda_n(S) \leq \alpha_n \lambda_n(A)$$

sowie

$$\alpha_n \lambda_n(A) = \alpha_n \lambda_n(S) = \mathcal{H}^n(S) \leq \mathcal{H}^n(A) \ .$$

Damit ist $\mathcal{H}^n(A) = \alpha_n \lambda_n(A)$ nachgewiesen. ∎

5.23 Korollar *Sowohl das Lebesguesche als auch das Borel-Lebesguesche Maß sind bewegungsinvariant, d.h., für jede Bewegung φ des $\mathbb{R}^n$ gelten $\lambda_n = \lambda_n \circ \varphi$ und $\beta_n = \beta_n \circ \varphi$.*

Beweis Es seien φ eine Bewegung des $\mathbb{R}^n$ und $A \in \mathcal{L}(n)$ [bzw. $A \in \mathcal{B}^n$]. Da φ und φ^{-1} wegen Folgerung VI.2.4(b) Lipschitz stetig sind, gehört $\varphi(A)$ gemäß Theorem 5.12 [bzw. Aufgabe 1.6(b)] zu $\mathcal{L}(n)$ [bzw. $\mathcal{B}^n$]. Ferner folgt aus der Bewegungsinvarianz von $\mathcal{H}_*^n$ (vgl. Aufgabe 3.4(c)), Lemma 5.21 und Korollar 5.22

$$\alpha_n \lambda_n \big(\varphi(A)\big) = \mathcal{H}^n\big(\varphi(A)\big) = \mathcal{H}^n(A) = \alpha_n \lambda_n(A) \ .$$

Damit ist alles bewiesen. ∎

5.24 Bemerkungen **(a)** In Korollar 5.22 haben wir gezeigt, daß $(1/\alpha_n)\mathcal{H}^n$ mit $\alpha_n = \mathcal{H}^n\big([0,1)^n\big)$ eine Erweiterung von λ_n ist. Tatsächlich stimmt $(1/\alpha_n)\mathcal{H}^n$ mit λ_n überein, und es gilt $\alpha_n = 2^n/\omega_n$ mit $\omega_n = \pi^{n/2}/\Gamma\big((n/2)+1\big)$. Für den Beweis dieser Aussagen verweisen wir auf [Rog70, Theorem 30 und die darauffolgende Bemerkung].

(b) Man kann zeigen, daß es echte Erweiterungen des Lebesgueschen Maßes auf $\mathbb{R}^n$ gibt, die bewegungsinvariant sind (vgl. [Els99]). ∎

Der spezielle Transformationssatz

Es sei φ eine Bewegung des $\mathbb{R}^n$ mit $\varphi(0) = 0$. Dann zeigen die Aufgaben VII.9.1 und VII.9.2, daß φ ein Automorphismus ist und $|\det \varphi| = 1$ gilt. Also folgt aus Korollar 5.23

$$\lambda_n\big(\varphi(A)\big) = |\det \varphi|\,\lambda_n(A) \ , \qquad A \in \mathcal{L}(n) \ .$$

Unser Ziel ist es nun, diese Formel für beliebige $T \in \mathcal{L}(\mathbb{R}^n)$ herzuleiten, d.h., den speziellen Transformationssatz zu beweisen. Im nächsten Kapitel werden wir eine weitgehende Verallgemeinerung dieses Satzes erhalten, in welchem φ durch einen C^1-Diffeomorphismus und λ_n durch das Lebesguesche Integral ersetzt werden.

5.25 Theorem *Es sei $T \in \mathcal{L}(\mathbb{R}^n)$. Dann gilt*

$$\lambda_n\big(T(A)\big) = |\det T|\,\lambda_n(A) \ , \qquad A \in \mathcal{L}(n) \ . \tag{5.13}$$

Beweis Da T gemäß Folgerung VI.2.4(b) Lipschitz stetig ist, folgt aus Theorem 5.12, daß $T(A)$ für jedes $A \in \mathcal{L}(n)$ Lebesgue meßbar ist.

(i) Ist T kein Automorphismus des $\mathbb{R}^n$, so gilt $\det T = 0$, und $T(A)$ liegt für jedes $A \in \mathcal{L}(n)$ in einer $(n-1)$-dimensionalen Hyperebene von $\mathbb{R}^n$. Dann folgt aus der Bewegungsinvarianz von λ_n, daß wir annehmen können, $T(A)$ liege in einer Koordinatenhyperebene. Somit zeigt Beispiel 5.2, daß $T(A)$ eine λ_n-Nullmenge ist. Also gilt (5.13) in diesem Fall.

(ii) Es sei $T \in \mathcal{L}\mathrm{aut}(\mathbb{R}^n)$. Dann ist $\mu(A) := \lambda_n(T(A))$ für $A \in \mathcal{L}(n)$ definiert. Es ist nicht schwer nachzuprüfen, daß μ ein lokal endliches translationsinvariantes Maß auf $\mathcal{L}(n)$ ist. Aufgrund von Theorem 5.19 gilt folglich $\mu = \mu([0,1)^n)\lambda_n$. Somit folgt (5.13), wenn wir

$$\lambda_n(T([0,1)^n)) = |\det T| \qquad (5.14)$$

zeigen.

(iii) Das geordnete n-Tupel $[Te_1, \ldots, Te_n]$ sei eine Permutation der Standardbasis $[e_1, \ldots, e_n]$ des $\mathbb{R}^n$. Dann gelten $T([0,1)^n) = [0,1)^n$ und $|\det T| = 1$. Also gilt (5.14) und somit (5.13).

(iv) Es sei $\alpha \in \mathbb{R}^\times$, und T erfülle

$$Te_j = \begin{cases} \alpha e_1, & j = 1, \\ e_j, & j \in \{2, \ldots, n\}. \end{cases}$$

Dann gelten $|\det T| = |\alpha|$ und

$$T([0,1)^n) = \begin{cases} [0,\alpha) \times [0,1)^{n-1}, & \alpha > 0, \\ (\alpha,0] \times [0,1)^{n-1}, & \alpha < 0. \end{cases}$$

Also ist (5.14), und somit (5.13), wieder erfüllt.

(v) Schließlich seien $n \geq 2$ und

$$Te_j = \begin{cases} e_1 + e_2, & j = 1, \\ e_j, & j \in \{2, \ldots, n\}. \end{cases}$$

Dann gilt $\det T = 1$, und

$$T([0,1)^n) = \{ (y_1, \ldots, y_n) \in \mathbb{R}^n \; ; \; 0 \leq y_1 \leq y_2 < y_1 + 1, \; y_j \in [0,1) \text{ für } j \neq 2 \}.$$

Setzen wir $B_1 := \{ y \in T([0,1)^n) \; ; \; y_2 < 1 \}$ und $B_2 := T([0,1)^n) \setminus B_1$, so sehen wir, daß $B_1 \cup (B_2 - e_2) = [0,1)^n$ und $B_1 \cap (B_2 - e_2) = \emptyset$ gelten.

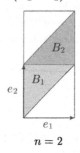 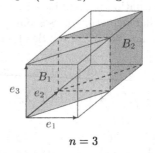

$$n = 2 \qquad\qquad\qquad n = 3$$

Also erhalten wir aus der Translationsinvarianz von λ_n

$$\lambda_n(T([0,1)^n)) = \lambda_n(B_1 \cup B_2) = \lambda_n(B_1) + \lambda_n(B_2)$$
$$= \lambda_n(B_1) + \lambda_n(B_2 - e_2) = \lambda_n(B_1 \cup (B_2 - e_2)) = \lambda_n([0,1)^n).$$

Folglich ist (5.14), und somit (5.13), auch in diesem Fall richtig.

(vi) Nun betrachten wir einen beliebigen Automorphismus T des $\mathbb{R}^n$. Dann besagt der Normalformensatz der Linearen Algebra (vgl. § 2.6 in [Koe83]), daß es $T_1, \ldots, T_k \in \mathcal{L}\mathrm{aut}(\mathbb{R}^n)$ gibt mit $T = T_1 \circ \cdots \circ T_k$, wobei jedes T_j von der Form einer der in (iii)–(v) behandelten linearen Abbildungen ist. Also folgt

$$\lambda_n\big(T(A)\big) = \lambda_n\big((T_1 \circ T_2 \circ \cdots \circ T_k)(A)\big)$$
$$= |\det T_1|\,\lambda_n\big((T_2 \circ \cdots \circ T_k)(A)\big) = \cdots$$
$$= |\det T_1| \cdot \cdots \cdot |\det T_k|\,\lambda_n(A) = |\det T|\,\lambda_n(A)$$

für $A \in \mathcal{L}(n)$. ∎

5.26 Bemerkungen (a) Es sei $[t_1, \ldots, t_n] \in \mathbb{R}^{n \times n}$ die Spaltendarstellung der Darstellungsmatrix $[T]$ von $T \in \mathcal{L}(\mathbb{R}^n)$ bezüglich der kanonischen Basis. Dann ist

$$T\big([0,1)^n\big) = \{\, x_1 t_1 + \cdots + x_n t_n \;;\; 0 \le x_j < 1,\ 1 \le j \le n \,\} = P(t_1, \ldots, t_n)$$

das von den Vektoren $t_1, \ldots, t_n$ aufgespannte Parallelflach (oder Parallelepiped). Also besagt Theorem 5.25, daß $|\det T|$ das Volumen, d.h. das n-dimensionale Lebesguesche Maß, des Parallelepipeds $P(t_1, \ldots, t_n)$ ist.

(b) Für $r \ge 0$ gilt

$$\lambda_n(r\mathbb{B}^n) = r^n \lambda_n(\mathbb{B}^n)\,.$$

Beweis Mit $T := r1_n$ gelten $\det T = r^n$ und $T(\mathbb{B}^n) = r\mathbb{B}^n$. Die Behauptung folgt also aus Theorem 5.25. ∎

Nicht Lebesgue meßbare Mengen

Wir wollen uns nun der Frage zuwenden, ob die σ-Algebra $\mathcal{L}(n)$ mit der Potenzmenge von $\mathbb{R}^n$ übereinstimmt, oder ob es nicht Lebesgue meßbare Mengen gibt. Zu ihrer Beantwortung werden wir auf das Auswahlaxiom der Mengenlehre (vgl. Bemerkung I.6.10 und Bemerkung 5.31(d)) zurückgreifen müssen. In diesem Zusammenhang wird sich der Satz von Steinhaus (Theorem 5.18) als sehr nützlich erweisen.

Wir betrachten zuerst die Quotientengruppe $\mathbb{R}^n/\mathbb{Q}^n$ der Abelschen Gruppe $(\mathbb{R}^n, +)$ modulo der Untergruppe $(\mathbb{Q}^n, +)$. Aufgrund des Auswahlaxioms können wir aus jeder Restklasse $[x]$ einen Repräsentanten auswählen. Diese Repräsentanten fassen wir zu einer Teilmenge R von $\mathbb{R}^n$ zusammen. Genauer sichert das Auswahlaxiom die Existenz einer Abbildung $\varphi \colon \mathbb{R}^n/\mathbb{Q}^n \to \mathbb{R}^n$ mit $\varphi([x]) \in [x]$. Wir setzen

$$R := \mathrm{im}(\varphi) = \{\, y \in \mathbb{R}^n \;;\; \exists\,[x] \in \mathbb{R}^n/\mathbb{Q}^n \text{ mit } y = \varphi([x]) \,\}\,. \tag{5.15}$$

5.27 Bemerkungen   **(a)** Es seien $x, y \in R$ mit $x - y \in \mathbb{Q}^n$. Dann gilt $x = y$.

Beweis   Nehmen wir an, es gelte $x \neq y$. Die Abbildungseigenschaft von φ sichert dann die Existenz von $[u], [v] \in \mathbb{R}^n / \mathbb{Q}^n$ mit $[u] \neq [v]$ und $x \in [u]$ und $y \in [v]$. Wegen $x - y \in \mathbb{Q}^n$ gilt aber auch $[x] = [y]$, und somit $[u] = [v]$, was wir ausgeschlossen hatten. ∎

(b) Für jedes $B \subset R$ gilt: $(B - B) \cap \mathbb{Q}^n = \{0\}$.

Beweis   Dies folgt aus (a). ∎

5.28 Theorem   *Zu jedem $A \in \mathcal{L}(n)$ mit $\lambda_n(A) > 0$ gibt es ein $B \subset A$ mit $B \notin \mathcal{L}(n)$.*

Beweis   Es seien $A \in \mathcal{L}(n)$ mit $\lambda_n(A) > 0$ und $B := \{\, b \in R \; ; \; [b] \cap A \neq \emptyset \,\}$. Hierbei können wir annehmen, daß b in A gewählt wird, wenn $[b] \cap A \neq \emptyset$. Dann ist B eine Teilmenge von A. Nehmen wir an, es gelte $B \in \mathcal{L}(n)$. Dann ist B eine Lebesguesche Nullmenge, denn im Fall $\lambda_n(B) > 0$ folgt aus Theorem 5.18, daß $B - B$ eine Nullumgebung in $\mathbb{R}^n$ ist, was Bemerkung 5.27(b) widerspricht. Wegen der Translationsinvarianz von λ_n ist jede der Mengen $B + r$ mit $r \in \mathbb{Q}^n$ eine λ_n-Nullmenge. Schließlich sei $a \in A$, und $b := \varphi([a]) \in R$. Dann gehört b zu $[a]$, also a zu $[b]$. Folglich gilt $a \in [b] \cap A$, d.h., wir haben $b \in B$ und

$$A \subset \bigcup_{b \in B} [b] = \bigcup_{r \in \mathbb{Q}^n} (B + r)$$

Wegen der Vollständigkeit von λ_n ist auch A eine Nullmenge, was der Voraussetzung widerspricht. ∎

5.29 Korollar   *Der Borel-Lebesguesche Maßraum $(\mathbb{R}^n, \mathcal{B}^n, \beta_n)$ ist nicht vollständig.*

Beweis   (i) Wir betrachten zuerst den Fall $n = 1$. Es bezeichne C das Cantorsche Diskontinuum, und $f \colon [0, 1] \to [0, 1]$ sei die Cantorfunktion von C (vgl. Aufgabe III.3.8). Weil C kompakt ist, gehört C zu $\mathcal{B}^1$, und Aufgabe 4.7 lehrt, daß $\beta_1(C) = 0$. Ferner zeigt Aufgabe 17, daß $g \colon [0, 1] \to [0, 2], \quad x \mapsto x + f(x)$ topologisch ist mit $\lambda_1(g(C)) = 1$. Aufgrund von Theorem 5.28 gibt es folglich ein $B \in \mathfrak{P}(\mathbb{R}) \backslash \mathcal{L}(1)$ mit $B \subset g(C)$. Wir setzen $N_1 := g^{-1}(B) \subset C$ und nehmen an, daß N_1 zu $\mathcal{B}^1$ gehöre. Weil g topologisch und g^{-1} somit Borel meßbar ist, folgt

$$B = g(N_1) = (g^{-1})^{-1}(N_1) \in \mathcal{B}^1 \;,$$

was der Wahl von B widerspricht. Also ist $(\mathbb{R}^n, \mathcal{B}^n, \beta_n)$ nicht vollständig.

(ii) Im Fall $n \geq 2$ seien $A := C \times \mathbb{R}^{n-1}$ und $N_n := N_1 \times \mathbb{R}^{n-1}$. Dann zeigen Korollar 1.18 und Aufgabe 1, daß A eine β_n-Nullmenge ist. Nehmen wir an, es gälte $N_n \in \mathcal{B}^n$. Aufgrund von Korollar 1.18 und Satz 1.19 folgte dann, daß N_1 zu $\mathcal{B}^1$ gehörte, was wegen (i) falsch ist. Damit ist alles bewiesen. ∎

5.30 Korollar   *Die Borelsche σ-Algebra ist eine echte Unter-σ-Algebra der Lebesgueschen σ-Algebra.*

Beweis Es seien A und N_n wie im Beweis von Korollar 5.29. Wegen $\lambda_n(A) = 0$ und der Vollständigkeit von λ_n gehört N_n zu $\mathcal{L}(n)$, d.h., es gilt $N_n \in \mathcal{L}(n) \setminus \mathcal{B}^n$. ∎

5.31 Bemerkungen **(a)** Es sei $(X, \leq)$ eine geordnete Menge. Eine nichtleere Teilmenge Y von X heißt **total geordnet**, wenn je zwei Elemente von Y miteinander vergleichbar sind, d.h., wenn aus $(x, y) \in Y \times Y$ stets $(x \leq y) \vee (y \leq x)$ folgt. Ein Element m von X heißt **maximal**, wenn $x \geq m$ stets $x \leq m$ nach sich zieht, d.h., wenn es in X kein Element gibt, daß echt größer ist als[3] m. Das **Zornsche Lemma** besagt: *Ist X eine geordnete Menge und besitzt jede total geordnete Teilmenge von X eine obere Schranke, so besitzt X ein maximales Element.* Man kann zeigen (vgl. Theorem II.2.1 in [Dug66]), daß das Zornsche Lemma und das Auswahlaxiom äquivalent sind.

(b) Es sei $\mathcal{V}$ ein nichttrivialer Vektorraum über einem Körper. Dann besitzt $\mathcal{V}$ eine Basis.

Beweis Für einen Beweis (mittels des Zornschen Lemmas) verweisen wir auf Satz (1.10) im Anhang von [Art93]. ∎

(c) Es sei $B \subset \mathbb{R}$ eine Basis des $\mathbb{Q}$-Vektorraumes $\mathbb{R}$. Ferner seien $b_0 \in B$ und $M := \operatorname{span}(B \setminus \{b_0\})$. Dann ist M nicht Lebesgue meßbar.

Beweis Nehmen wir an, daß M zu $\mathcal{L}(1)$ gehöre. Dann gilt $\lambda_1(M) > 0$, denn andernfalls folgte aus der Translationsinvarianz von λ_1, daß $M + rb_0$ für jedes $r \in \mathbb{Q}$ eine λ_1-Nullmenge ist. Dies ist aber wegen

$$\bigcup_{r \in \mathbb{Q}} (M + rb_0) = \operatorname{span}(B) = \mathbb{R}$$

nicht möglich. Somit zeigt Theorem 5.18, daß $M - M$ eine Nullumgebung in $\mathbb{R}$ ist. Folglich gibt es ein $r_0 \in \mathbb{Q}$ mit $r_0 \neq 0$ und $r_0 b_0 \in M - M$. Wegen $M = M - M$ gibt es $k \in \mathbb{N}^\times$ und $r_j \in \mathbb{Q}$ sowie $b_j \in B$ für $j = 1, \ldots, k$ mit $r_0 b_0 = \sum_{j=1}^k r_j b_j$, was der linearen Unabhängigkeit von B über $\mathbb{Q}$ widerspricht. ∎

(d) Im Beweis von Theorem 5.28 haben wir das Auswahlaxiom explizit verwendet. Ferner zeigen (a) und (b), daß auch der Beweis von (c) auf dem Auswahlaxiom fußt. In der Tat kann man zeigen (vgl. [BS79], [Sol70]), daß es prinzipiell nicht möglich ist, eine nicht Lebesgue meßbare Menge anzugeben, wenn man ein Axiomensystem der Mengenlehre zugrunde legt, das auf das Auswahlaxiom verzichtet. ∎

Aufgaben

1   Man zeige

$$\mathcal{L}(m) \boxtimes \mathcal{L}(n) \subset \mathcal{L}(m + n) \quad \text{und} \quad \lambda_m(A) \lambda_n(B) = \lambda_{m+n}(A \times B)$$

für $A \times B \in \mathcal{L}(m) \boxtimes \mathcal{L}(n)$.

---

[3]Man beachte, daß es i. allg. mehrere maximale Elemente geben kann.

(Hinweis: Man betrachte zuerst den Fall offener Mengen A in $\mathbb{R}^m$ und B in $\mathbb{R}^n$ und verwende Satz 5.6 und Theorem II.8.10. Für $A \times B \in \mathcal{L}(m) \boxtimes \mathcal{L}(n)$ beachte man Korollar 5.5.)

2 Man zeige $\mathcal{B}^m \otimes \mathcal{B}^n \subset \mathcal{L}(m) \otimes \mathcal{L}(n) \subset \mathcal{L}(m+n)$ und belege, daß diese Inklusionen echt sind.

3 Es sei M eine m-dimensionale C^1-Untermannigfaltigkeit des $\mathbb{R}^n$. Es ist nachzuweisen, daß M im Fall $m < n$ eine λ_n-Nullmenge ist.

4 Man verifiziere, daß für $A \in \mathcal{L}(n)$ gilt:

$$\lambda_n(A) = \sup\{ \lambda_n(B) \ ; \ B \subset \mathbb{R}^n \text{ ist abgeschlossen mit } B \subset A \} \ .$$

5 Es sei $g : (0,\infty) \to \mathbb{R}$ mit $g(s+t) = g(s) + g(t)$ für $s,t \in (0,\infty)$. Man beweise: Ist g wachsend oder beschränkt auf beschränkten Mengen, so gilt $g(s) = sg(1)$ für $s > 0$.

6 Es sei

$$S := \left\{ g \in \mathbb{R}^{\mathbb{R}} \ ; \ g(s+t) = g(s) + g(t), \ s,t \in \mathbb{R}, \ \exists s_0 \in \mathbb{R} : g(s_0) \neq s_0 g(1) \right\} \ .$$

Man zeige:

(a) Für jedes $g \in S$ ist $\operatorname{graph}(g)$ dicht in $\mathbb{R}^2$.

(b) $S \neq \emptyset$.

(Hinweis zu (b): Man erkläre g mit Hilfe einer Basis des $\mathbb{Q}$-Vektorraumes $\mathbb{R}$.)

7 Für $n \geq 2$ sei μ ein translationsinvariantes lokal endliches Maß auf $\mathcal{B}^n$ [bzw. $\mathcal{L}(n)$]. Mit $A \in \mathcal{B}^1$ [bzw. $A \in \mathcal{L}(1)$] und $a',b' \in \mathbb{R}^{n-1}$ sei

$$\mu_1(A) := \mu\big(A \times [a',b')\big) \ .$$

Dann ist μ_1 ein translationsinvariantes lokal endliches Maß auf $\mathcal{B}^1$ [bzw. $\mathcal{L}(1)$].

8 Es sei B eine Basis des $\mathbb{Q}$-Vektorraumes $\mathbb{R}$. Man beweise oder widerlege: $\operatorname{Anz}(B) < \infty$.

9 Es sei $M := \{ \log p \ ; \ p \in \mathbb{N} \text{ ist Primzahl} \}$. Man zeige:

(a) M ist über $\mathbb{Q}$ linear unabhängig.

(b) M ist keine Basis von $\mathbb{R}$.

10 Es sei B eine Lebesgue meßbare Basis von $\mathbb{R}$ über $\mathbb{Q}$. Dann ist B eine λ_1-Nullmenge.

11 Man verifiziere, daß für das Cantorsche Diskontinuum gilt $C + C = [0,2]$.

12 Man zeige, daß es eine Lebesguesche Nullmenge A gibt, so daß $A - A$ eine Nullumgebung ist.[4]

13 Man zeige, daß es eine Lebesgue meßbare Basis des $\mathbb{Q}$-Vektorraumes $\mathbb{R}$ gibt.
(Hinweis: Es seien C das Cantorsche Diskontinuum und

$$\mathcal{A} := \{ M \subset C \ ; \ M \text{ ist linear unabhängig über } \mathbb{Q} \} \ .$$

Dann besitzt $\mathcal{A}$ ein maximales Element B. Wegen Aufgabe 11 gilt $\operatorname{span}(B) = \mathbb{R}$.)

---

[4]Man vergleiche hierzu Theorem 5.18.

14 Es sei R wie in (5.15). Man verifiziere, daß R nicht zu $\mathcal{L}(n)$ gehört.

15 Es seien $G := \mathbb{Q} + \sqrt{2}\,\mathbb{Z}$, $G_1 := \mathbb{Q} + 2\sqrt{2}\,\mathbb{Z}$ und $G_2 := G \backslash G_1$. Man zeige:

(a) G und G_1 sind Untergruppen der abelschen Gruppe $(\mathbb{R}, +)$.

(b) Es sei $\varphi : \mathbb{R}/G \to \mathbb{R}$ mit $\varphi([x]) \in [x]$ und $R := \operatorname{im}(\varphi)$. Ferner sei $A := R + G_1$. Dann gilt $(A - A) \cap G_2 = \emptyset$.

16 Man beweise, daß es eine Teilmenge A von $\mathbb{R}$ gibt mit der Eigenschaft, daß jede Lebesguesche Menge, die in A oder A^c enthalten ist, eine λ_1-Nullmenge ist.
(Hinweis: Man zeige mit Hilfe von Theorem 5.18, daß die Menge A von Aufgabe 15 die gewünschte Eigenschaft besitzt.)

17 Es bezeichne f die Cantorfunktion für das Cantorsche Diskontinuum C. Man zeige:

(a) Es gibt eine λ_1-Nullmenge N, so daß f in jedem Punkt von $[0,1] \backslash N$ differenzierbar ist und die Ableitung dort verschwindet.

(b) Die Abbildung $g : [0,1] \to [0,2]$, $x \mapsto x + f(x)$ ist topologisch.

(c) $\lambda_1\big(g(C)\big) = 1$.

18 Man verifiziere:

(a) Jeder endlichdimensionale normierte Vektorraum ist lokal kompakt.

(b) Jede offene und jede abgeschlossene Teilmenge eines lokal kompakten Raumes ist lokal kompakt.

(c) Ein lokal kompakter Raum ist genau dann σ-kompakt, wenn er separabel ist.

(d) Jede offene und jede abgeschlossene Teilmenge eines σ-kompakten lokal kompakten metrischen Raumes ist σ-kompakt.

19 Es sei $F : \mathbb{R} \to \mathbb{R}$ maßerzeugend. Man verifiziere, daß das von F induzierte Lebesgue-Stieltjessche Maß auf $\mathbb{R}$ regulär ist.

20 Es sei X ein metrischer Raum. Man verifiziere,[5] daß

$$\mathcal{B}(X) = \mathcal{A}_\sigma\big(\big\{\, f^{-1}(0) \;;\; f \in C(X, \mathbb{R}) \,\big\}\big)\ .$$

21 Es sei X ein topologischer Raum, und $(X, \mathcal{A}, \mu)$ bezeichne einen regulären Maßraum mit $\mathcal{A} \supset \mathcal{B}(X)$. Ferner seien $A \in \mathcal{A}$, $\mathcal{C} := \mathcal{A}|A$ und $\nu := \mu|\mathcal{C}$. Man verifiziere, daß $(A, \mathcal{C}, \nu)$ regulär ist.

---

[5] Man kann zeigen, daß es nichtmetrisierbare topologische Räume gibt, für welche die Inklusion

$$\mathcal{A}_\sigma\big(\big\{\, f^{-1}(0) \;;\; f \in C(X, \mathbb{R}) \,\big\}\big) \subset \mathcal{B}(X)$$

i. allg. echt ist (vgl. 11.1.2 in [Flo81]).

Kapitel X

Integrationstheorie

Nachdem wir im letzten Kapitel die Grundlagen der Maßtheorie kennengelernt haben, wenden wir uns nun der Integrationstheorie zu. Im ersten Teil studieren wir Integrale über allgemeinen Maßräumen, während wir in der zweiten Hälfte die speziellen Eigenschaften des Lebesgueschen Maßes ausnutzen.

Integrale bezüglich beliebiger Maße sind nicht nur in vielen Anwendungen von Bedeutung, sie werden uns auch im letzten Kapitel, wenn die zugrunde liegende Menge nicht mehr „flach" sondern eine Mannigfaltigkeit ist, wieder begegnen. Aus diesem Grund ist es zwingend, bereits im Rahmen einer Einführung Integrale auf beliebigen Maßräumen zu studieren.

Im ersten Paragraphen führen wir μ-meßbare Funktionen ein und untersuchen ihre wichtigsten Eigenschaften. Von herausragendem Interesse für die Analysis sind natürliche Maße, bezüglich derer jede stetige Funktion meßbar ist. Dies gilt insbesondere für die Klasse der Radonmaße, die wir in diesem Paragraphen ebenfalls einführen und die wir in Kapitel XII wieder antreffen werden.

Im Rahmen der Analysis, aber nicht nur dort, wird es zunehmend wichtig, vektorwertige Funktionen, d.h. Abbildungen mit Werten in Banachräumen, mit in die Betrachtungen einzubeziehen. Dieser Anforderung haben wir bereits in den ersten beiden Bänden Rechnung getragen, wobei der Kenner sicher festgestellt hat, daß dadurch die Darstellung nicht nur an Eleganz, sondern an vielen Stellen auch an Einfachheit gewonnen hat. Ähnliches gilt für die Integrationstheorie. Deshalb haben wir uns entschlossen, diese Theorie von Anfang an für vektorwertige Funktionen zu entwickeln, also das Bochner-Lebesguesche Integral zu behandeln. Dies ist ohne wesentlichen Mehraufwand möglich. Eine der wenigen Ausnahmen stellt der Nachweis dar, daß eine vektorwertige Funktion genau dann μ-meßbar ist, wenn sie im üblichen Sinne meßbar und μ-fast separabelwertig ist. Natürlich kann man dieses Resultat auslassen und nur skalarwertige Funktionen betrachten, was wir aber nicht empfehlen, da sich der Leser dann um den Besitz eines sehr wichtigen und effizienten „Handwerkszeugs" bringt.

Neben vektorwertigen Abbildungen untersuchen wir auch eingehend „numerische" Funktionen, also Abbildungen mit Werten in der erweiterten Halbgeraden $[0, \infty]$. Dies ist vor allem von technischer Bedeutung und erlaubt in späteren Paragraphen den Verzicht auf andernfalls notwendige Fallunterscheidungen.

Im zweiten Paragraphen führen wir das allgemeine Bochner-Lebesguesche Integral ein , und zwar durch $\mathcal{L}_1$-Vervollständigung des Raumes der einfachen Funktionen. Dieser Zugang ist nicht nur direkt auf vektorwertige Funktionen anwendbar, sondern liefert auch die Grundlage zum Beweis des Lebesgueschen Konvergenzsatzes. Letzteren behandeln wir, ebenso wie die anderen wichtigen Konvergenzsätze, in Paragraph 3.

Der nächste Paragraph ist der elementaren Theorie der Lebesgueschen Räume gewidmet. Wir beweisen deren Vollständigkeit und zeigen, daß sie Banachräume bilden, wenn wir Funktionen, die fast überall übereinstimmen, miteinander identifizieren. Da diese Identifizierung dem Anfänger erfahrungsgemäß Schwierigkeiten bereitet, unterscheiden wir im gesamten Kapitel scharf zwischen Äquivalenzklassen von Funktionen und den entsprechenden Repräsentanten.

Während wir bis zu dieser Stelle Integrale bezüglich beliebiger Maße betrachtet haben, behandeln wir in Paragraph 5 den Spezialfall des Lebesgueschen Maßes in $\mathbb{R}^n$. Insbesondere zeigen wir, daß das eindimensionale Lebesguesche Integral eine Erweiterung des Cauchy-Riemannschen Integrals für absolut integrierbare Funktionen ist. Dieses Resultat versetzt uns in die Lage, die Kenntnisse über Integrale, die wir im zweiten Band erworben haben, auch im Rahmen der allgemeinen Theorie einzusetzen. Dies ist von besonderer Bedeutung im Zusammenhang mit dem Satz von Fubini, der ein Reduktionsverfahren liefert zur Auswertung höherdimensionaler Integrale.

Wir haben uns entschlossen, den Satz von Fubini nicht für beliebige Produktmaßräume zu beweisen, sondern nur für das Lebesguesche Maß. Dies vereinfacht die Darstellung erheblich und ist praktisch, zusammen mit einer geeigneten Erweiterung auf Produktmannigfaltigkeiten, die wir in Kapitel XII behandeln, für alle Zwecke der Analysis ausreichend.

Der Beweis des Satzes von Fubini im vektorwertigen Fall erfordert einige diffizilere Meßbarkeitsbetrachtungen. Aus diesem Grund studieren wir zuerst den skalaren Fall. Die vektorwertige Version beweisen wir am Ende dieses Paragraphen und zeigen einige wichtige Anwendungen auf. Bei einer ersten Lektüre kann dieser Teil übergangen werden, da von diesen Resultaten im weiteren kein wesentlicher Gebrauch gemacht wird. Außerdem wird der Leser im Rahmen einer späteren Funktionalanalysisvorlesung den Satz von Hahn-Banach kennenlernen, mit dessen Hilfe die vektorwertige Version einfach aus dem „skalaren" Fubinitheorem hergeleitet werden kann.

Paragraph 7 ist dem Studium der Faltung gewidmet. Diese erlaubt uns, in äußerst effizienter Weise fundamentale Approximationssätze zu beweisen, insbesondere den Satz über glatte Zerlegungen der Eins, der im letzten Kapitel eine wichtige Rolle spielen wird. Die Bedeutung der Faltung und der Approximations-sätze im Rahmen der Analysis und der Mathematischen Physik sprechen wir im zweiten Teil dieses Paragraphen an, wenn wir einen ersten Ausblick auf eine funda-mentale Verallgemeinerung der klassischen Differentialrechnung, nämlich die Theo-rie der Distributionen, geben.

Neben den Konvergenzsätzen, insbesondere dem Satz von Lebesgue und dem Satz von Fubini, bildet der Transformationssatz den dritten Grundpfeiler der ge-samten Integralrechnung. Er wird in Paragraph 8 bewiesen, wo wir auch erste Anwendungen aufzeigen.

Im letzten Paragraphen illustrieren wir die Schlagkraft der entwickelten Theo-rie, indem wir einige Grundtatsachen über die Fouriertransformation beweisen. Wie auch der letzte Teil von Paragraph 7 gibt dieser Teil einen Ausblick auf tiefer-liegende Teilgebiete der Analysis, denen der Studierende bei einem vertieften Ein-dringen in die Mathematik begegnen wird.

1 Meßbare Funktionen

Es seien $(X, \mathcal{A}, \mu)$ ein Maßraum und $A \in \mathcal{A}$. Elementargeometrische Überlegungen legen es nahe, das Integral von χ_A über X bezüglich des Maßes μ durch $\int_X \chi_A \, d\mu := \mu(A)$ festzulegen. Offensichtlich ist diese Definition nur dann sinnvoll, wenn A zu $\mathcal{A}$ gehört. Die Funktion $f = \chi_A$ muß also in diesem Sinne mit dem zugrunde liegenden meßbaren Raum $(\mathcal{A}, \mu)$ „verträglich" sein. Für kompliziertere Funktionen $f \in \mathbb{R}^X$ ermöglicht ein geeignetes Approximationsargument eine sinngemäße Verallgemeinerung dieser „Verträglichkeit" von f mit $(\mathcal{A}, \mu)$, was uns zum Begriff der Meßbarkeit von Funktionen führen wird.

In diesem Paragraphen bezeichnen

- $(X, \mathcal{A}, \mu)$ einen σ-endlichen vollständigen Maßraum; $E = (E, |\cdot|)$ einen Banachraum.

Einfache und meßbare Funktionen

Es sei E eine Eigenschaft, die für die Punkte aus X entweder richtig oder falsch ist. Man sagt, daß E μ-**fast überall** gelte,[1] falls es eine μ-Nullmenge N gibt, so daß $E(x)$ für jedes $x \in N^c$ richtig ist. Abkürzend schreiben wir für diesen Sachverhalt: E gilt μ-**f.ü.**

1.1 Beispiele (a) Für $f, g \in \mathbb{R}^X$ gilt genau dann $f \geq g$ μ-f.ü., wenn es eine μ-Nullmenge N gibt mit $f(x) \geq g(x)$ für jedes $x \in N^c$.

(b) Es seien $f_j, f \in E^X$ für $j \in \mathbb{N}$. Dann konvergiert (f_j) genau dann μ-f.ü. gegen f, wenn es eine μ-Nullmenge N gibt mit $f_j(x) \to f(x)$ für $x \in N^c$.

(c) $f \in E^X$ ist genau dann μ-f.ü. beschränkt, wenn es eine μ-Nullmenge N und ein $M \geq 0$ gibt mit $|f(x)| \leq M$ für jedes $x \in N^c$.

(d) Es sei E eine Eigenschaft, die μ-f.ü. gilt. Dann ist $\big\{ x \in X \;;\; E(x) \text{ gilt nicht} \big\}$ eine μ-Nullmenge.

Beweis Dies folgt aus der Vollständigkeit von $(X, \mathcal{A}, \mu)$. ∎

(e) Es sei $(X, \mathcal{B}, \nu)$ ein nichtvollständiger Maßraum. Dann gibt es Eigenschaften E auf X, die ν-f.ü. gelten, für die $\big\{ x \in X \;;\; E(x) \text{ gilt nicht} \big\}$ jedoch keine ν-Nullmenge ist.

Beweis Weil $(X, \mathcal{B}, \nu)$ nicht vollständig ist, gibt es eine ν-Nullmenge N und ein $M \subset N$ mit $M \notin \mathcal{B}$. Setzen wir $f := \chi_M$, so gilt $f = 0$ ν-f.ü., aber $\big\{ x \in X \;;\; f(x) \neq 0 \big\} = M$ ist keine ν-Nullmenge. ∎

---

[1] Gilt E μ-f.ü., so sagt man auch, daß E für μ-**fast alle** $x \in X$ richtig sei. Als abkürzende Schreibweise verwenden wir hier: E gilt für μ-**f.a.** $x \in X$.

Man nennt $f \in E^X$ μ-**einfach**,[2] falls die folgenden Eigenschaften gelten:

(i) $f(X)$ ist endlich;

(ii) $f^{-1}(e) \in \mathcal{A}$ für jedes $e \in E$;

(iii) $\mu\big(f^{-1}(E \backslash \{0\})\big) < \infty$.

Die Gesamtheit aller μ-einfachen Funktionen von X nach E bezeichnen wir mit $\mathcal{E}\mathcal{F}(X, \mu, E)$.

Die Funktion $f \in E^X$ heißt μ-**meßbar**,[2] falls es eine Folge (f_j) in $\mathcal{E}\mathcal{F}(X, \mu, E)$ gibt mit $f_j \to f$ μ-f.ü. für $j \to \infty$. Wir setzen

$$\mathcal{L}_0(X, \mu, E) := \{\, f \in E^X \;;\; f \text{ ist } \mu\text{-meßbar} \,\} \,.$$

1.2 Bemerkungen (a) Im Sinne von Untervektorräumen gelten die Inklusionen

$$\mathcal{E}\mathcal{F}(X, \mu, E) \subset \mathcal{L}_0(X, \mu, E) \subset E^X \,.$$

(b) Es seien $m \in \mathbb{N}$ und $(e_j, A_j) \in E \times \mathcal{A}$ mit $\mu(A_j) < \infty$ für $j = 0, \ldots, m$. Dann gehört $f := \sum_{j=0}^{m} e_j \chi_{A_j}$ zu $\mathcal{E}\mathcal{F}(X, \mu, E)$. Gelten außerdem

$$e_j \neq 0 \text{ für } j = 0, \ldots, m \quad \text{sowie} \quad e_j \neq e_k \text{ und } A_j \cap A_k = \emptyset \text{ für } j \neq k \,,$$

so heißt $\sum_{j=0}^{m} e_j \chi_{A_j}$ **Normalform** der einfachen Funktion f.

(c) Jede einfache Funktion besitzt eine eindeutig bestimmte Normalform, und[4]

$$\mathcal{E}\mathcal{F}(X, \mu, E) = \Big\{ \sum_{j=1}^{m} e_j \chi_{A_j} \;;\; m \in \mathbb{N},\ e_j \in E \backslash \{0\},\ A_j \in \mathcal{A}, $$

$$\mu(A_j) < \infty,\ A_j \cap A_k = \emptyset \text{ für } j \neq k \Big\} \,.$$

Beweis Es sei $f \in \mathcal{E}\mathcal{F}(X, \mu, E)$. Dann gibt es ein $m \in \mathbb{N}$ und paarweise verschiedene Elemente $e_0, \ldots, e_m$ in E mit $f(X) \backslash \{0\} = \{e_0, \ldots, e_m\}$. Setzen wir $A_j := f^{-1}(e_j)$, so gilt $A_j \in \mathcal{A}$ mit $\mu(A_j) < \infty$ und $A_j \cap A_k = \emptyset$ für $j \neq k$. Man überprüft sofort, daß $\sum_{j=0}^{m} e_j \chi_{A_j}$ die eindeutig bestimmte Normalform von f ist. Die zweite Aussage folgt nun aus (b). ∎

(d) Es seien $f \in E^X$ und $g \in \mathbb{K}^X$ μ-einfach [bzw. μ-meßbar]. Dann sind auch $|f| \in \mathbb{R}^X$ und $gf \in E^X$ μ-einfach [bzw. μ-meßbar]. Insbesondere sind $\mathcal{E}\mathcal{F}(X, \mu, \mathbb{K})$ und $\mathcal{L}_0(X, \mu, \mathbb{K})$ Unteralgebren von $\mathbb{K}^X$.

(e) Es seien $A \in \mathcal{A}$ und $f \in E^X$. Ferner sei $\nu := \mu\big|(\mathcal{A}\,|\,A)$ (vgl. Aufgabe IX.1.7). Dann sind die folgenden Aussagen äquivalent:

---

[2]Ist die Bedeutung von $(\mathcal{A}, \mu)$ aus dem Zusammenhang klar, so nennen wir μ-einfache [bzw. μ-meßbare] Funktionen gelegentlich kurz **einfach** [bzw. **meßbar**]. Offensichtlich ist die Definition der meßbaren Funktionen auch für nichtvollständige Maßräume sinnvoll.

[4]Vgl. die Fußnote zu Aufgabe VI.6.8.

(i) $f \mid A \in \mathcal{EF}(A, \nu, E)$ [bzw. $\mathcal{L}_0(A, \nu, E)$].

(ii) $\chi_A f \in \mathcal{EF}(X, \mu, E)$ [bzw. $\mathcal{L}_0(X, \mu, E)$].

Beweis Wir überlassen dem Leser die einfache Verifikation dieser Aussage. ∎

(f) Es seien $f \in \mathcal{L}_0(X, \mu, \mathbb{K})$ und $A := [f \neq 0]$. Ferner sei $g \in \mathbb{K}^X$ durch

$$g(x) := \begin{cases} 1/f(x) , & x \in A , \\ 0 , & x \notin A , \end{cases}$$

erklärt. Dann ist g μ-meßbar.

Beweis Die Meßbarkeit von f impliziert die Existenz einer μ-Nullmenge N und einer Folge (φ_j) in $\mathcal{EF}(X, \mu, \mathbb{K})$ mit $\varphi_j(x) \to f(x)$ für $x \in N^c$. Wir setzen

$$\psi_j(x) := \begin{cases} 1/\varphi_j(x) , & \varphi_j(x) \neq 0 , \\ 0 , & \varphi_j(x) = 0 , \end{cases}$$

für $x \in X$ und $j \in \mathbb{N}$. Aufgrund von (c) und (d) ist $(\chi_A \psi_j)$ eine Folge in $\mathcal{EF}(X, \mu, \mathbb{K})$, und man überprüft sofort, daß $(\chi_A \psi_j)(x) \to g(x)$ für jedes $x \in N^c$ (vgl. Satz II.2.6). ∎

(g) Es sei $e \in E \setminus \{0\}$, und es gelte $\mu(X) = \infty$. Dann gehört $e\chi_X$ zu $\mathcal{L}_0(X, \mu, E)$, aber nicht zu $\mathcal{EF}(X, \mu, E)$.

Beweis Es ist klar, daß $e\chi_X$ nicht μ-einfach ist. Weil X σ-endlich ist, gibt es eine Folge (A_j) in $\mathcal{A}$ mit $\bigcup_j A_j = X$ und $\mu(A_j) < \infty$ für $j \in \mathbb{N}$. Wir setzen $X_j := \bigcup_{k=0}^{j} A_k$ und $\varphi_j := e\chi_{X_j}$ für $j \in \mathbb{N}$. Dann ist (φ_j) eine Folge in $\mathcal{EF}(X, \mu, E)$, die punktweise gegen $e\chi_X$ konvergiert. ∎

Ein Meßbarkeitskriterium

Die Funktion $f \in E^X$ heißt $\mathcal{A}$**-meßbar**, falls die Urbilder offener Mengen von E unter f meßbar sind, d.h., falls gilt: $f^{-1}(\mathcal{T}_E) \subset \mathcal{A}$, wobei $\mathcal{T}_E$ für die Normtopologie auf E steht. Gibt es eine μ-Nullmenge N, so daß $f(N^c)$ separabel ist, so bezeichnet man f als μ**-fast separabelwertig**.

1.3 Bemerkungen **(a)** Aufgabe IX.1.6 zeigt, daß die Menge der $\mathcal{A}$-meßbaren Funktionen mit der Menge der $\mathcal{A}$-$\mathcal{B}(E)$-meßbaren Funktionen übereinstimmt.

(b) Jeder Unterraum eines separablen metrischen Raumes ist separabel.

Beweis Es seien M ein separabler metrischer Raum und U ein Unterraum von M. Nach Satz IX.1.8 besitzt M eine abzählbare Basis. Also trifft dies auch auf U zu (vgl. Satz III.2.26), und die Behauptung folgt aus Satz IX.1.8. ∎

(c) Es seien E separabel und $f \in E^X$. Dann ist f μ-fast separabelwertig.

Beweis Dies folgt aus (b). ∎

(d) Jeder endlichdimensionale normierte Vektorraum ist separabel.[5] ∎

---

[5] Vgl. Beispiel V.4.3(e).

Das nächste Resultat gibt eine Charakterisierung von μ-meßbaren Funktionen, die neben ihrer theoretischen Bedeutung auch bei konkreten Meßbarkeitsuntersuchungen sehr nützlich ist.

1.4 Theorem *Eine Funktion aus E^X ist genau dann μ-meßbar, wenn sie $\mathcal{A}$-meßbar und μ-fast separabelwertig ist.*

Beweis „$\Rightarrow$" Es sei $f \in \mathcal{L}_0(X, \mu, E)$.

(i) Dann gibt es eine μ-Nullmenge N und eine Folge (φ_j) in $\mathcal{EF}(X, \mu, E)$ mit

$$\varphi_j(x) \to f(x) \ (j \to \infty) \ , \qquad x \in N^c \ . \tag{1.1}$$

Nach Satz I.6.8 ist $F := \bigcup_{j=0}^{\infty} \varphi_j(X)$ abzählbar und folglich $\overline{F}$ separabel. Außerdem gilt wegen (1.1) die Inklusion $f(N^c) \subset \overline{F}$. Bemerkung 1.3(b) zeigt nun, daß f μ-fast separabelwertig ist.

(ii) Es seien O offen in E und $O_n := \{ y \in O \ ; \ \mathrm{dist}(y, O^c) > 1/n \}$ für $n \in \mathbb{N}^\times$. Dann ist O_n offen, und $\overline{O}_n \subset O$. Ferner sei $x \in N^c$. Wegen (1.1) gehört $f(x)$ genau dann zu O, wenn es ein $n \in \mathbb{N}^\times$ und ein $m = m(n) \in \mathbb{N}^\times$ gibt mit $\varphi_j(x) \in O_n$ für $j \geq m$. Also gilt

$$f^{-1}(O) \cap N^c = \bigcup_{m,n \in \mathbb{N}^\times} \bigcap_{j \geq m} \varphi_j^{-1}(O_n) \cap N^c \ . \tag{1.2}$$

Da φ_j μ-einfach ist, folgt $\varphi_j^{-1}(O_n) \in \mathcal{A}$ für $n \in \mathbb{N}^\times$ und $j \in \mathbb{N}$. Somit gehört auch $f^{-1}(O) \cap N^c$ zu $\mathcal{A}$ (vgl. (1.2)).

Weiterhin zeigt die Vollständigkeit von μ, daß $f^{-1}(O) \cap N$ eine μ-Nullmenge ist, und wir erhalten insgesamt

$$f^{-1}(O) = \left(f^{-1}(O) \cap N \right) \cup \left(f^{-1}(O) \cap N^c \right) \in \mathcal{A} \ .$$

„$\Leftarrow$" Es sei nun f μ-fast separabelwertig und $\mathcal{A}$-meßbar.

(iii) Wir betrachten zuerst den Fall $\mu(X) < \infty$. Dazu sei $n \in \mathbb{N}$. Nach Voraussetzung gibt es eine μ-Nullmenge N, so daß $f(N^c)$ separabel ist. Bezeichnet $\{ e_j \ ; \ j \in \mathbb{N} \}$ eine abzählbare dichte Teilmenge von $f(N^c)$, so überdeckt das Mengensystem $\{ \mathbb{B}(e_j, 1/(n+1)) \ ; \ j \in \mathbb{N} \}$ die Menge $f(N^c)$, und folglich gilt

$$X = N \cup \bigcup_{j \in \mathbb{N}} f^{-1}\left(\mathbb{B}(e_j, 1/(n+1)) \right) \ .$$

Aufgrund der $\mathcal{A}$-Meßbarkeit von f gehört $X_{j,n} := f^{-1}\left(\mathbb{B}(e_j, 1/(n+1)) \right)$ für jedes $(j,n) \in \mathbb{N}^2$ zu $\mathcal{A}$. Somit implizieren die Stetigkeit von μ von unten und die Voraussetzung $\mu(X) < \infty$, daß es ein $m_n \in \mathbb{N}^\times$ und ein $Y_n \in \mathcal{A}$ gibt mit

$$\bigcup_{j=0}^{m_n} X_{j,n} = Y_n^c \quad \text{und} \quad \mu(Y_n) < \frac{1}{2^{n+1}} \ .$$

Wir erklären nun $\varphi_n \in E^X$ durch

$$\varphi_n(x) := \begin{cases} e_0 , & x \in X_{0,n} , \\ e_j , & x \in X_{j,n} \setminus \bigcup_{k=0}^{j-1} X_{k,n} , \quad 1 \le j \le m_n , \\ 0 & \text{sonst} . \end{cases}$$

Offensichtlich gilt $\varphi_n \in \mathcal{EF}(X, \mu, E)$ für $n \in \mathbb{N}$, und

$$|\varphi_n(x) - f(x)| < 1/(n+1) , \qquad x \in Y_n^c .$$

Die absteigende Folge $Z_n := \bigcup_{k=0}^{\infty} Y_{n+k}$ erfüllt

$$\mu(Z_n) \le \sum_{k=0}^{\infty} \mu(Y_{n+k}) \le \frac{1}{2^n} , \qquad n \in \mathbb{N} .$$

Also folgt aus der Stetigkeit von μ von oben, daß $Z := \bigcap_{n \in \mathbb{N}} Z_n$ eine μ-Nullmenge ist. Wir setzen nun

$$\psi_n(x) := \begin{cases} \varphi_n(x) , & x \in Z_n^c , \\ 0 , & x \in Z_n . \end{cases}$$

Dann ist (ψ_n) eine Folge in $\mathcal{EF}(X, \mu, E)$. Ferner gibt es zu jedem $x \in Z^c = \bigcup_n Z_n^c$ ein $m \in \mathbb{N}$ mit $x \in Z_m^c$. Somit folgt aus $Z_m^c \subset Z_n^c$ für $n \ge m$, daß

$$|\psi_n(x) - f(x)| = |\varphi_n(x) - f(x)| < 1/(n+1) .$$

Insgesamt gilt $\lim \psi_n(x) = f(x)$ für jedes $x \in Z^c$. Also ist f μ-meßbar.

(iv) Schließlich betrachten wir den Fall $\mu(X) = \infty$. Aus Bemerkung IX.2.4(c) folgt die Existenz einer disjunkten Folge (X_j) in $\mathcal{A}$ mit $\bigcup_j X_j = X$ und $\mu(X_j) < \infty$. Also zeigt (iii), daß es zu jedem $j \in \mathbb{N}$ eine Folge $(\varphi_{j,k})_{k \in \mathbb{N}}$ in $\mathcal{EF}(X, \mu, E)$ und eine μ-Nullmenge N_j gibt mit $\lim_k \varphi_{j,k}(x) = f(x)$ für jedes $x \in X_j \cap N_j^c$. Setzen wir $N := \bigcup_j N_j$ und

$$\varphi_k(x) := \begin{cases} \varphi_{j,k}(x) , & x \in X_j , \quad j \in \{0, \ldots, k\} , \\ 0 , & x \notin \bigcup_{j=0}^{k} X_j , \end{cases}$$

für $k \in \mathbb{N}$, so gilt $\varphi_k \in \mathcal{EF}(X, \mu, E)$, und $\lim_k \varphi_k(x) = f(x)$ für $x \in N^c$. Weil N eine μ-Nullmenge ist, folgt die Behauptung. ∎

1.5 Korollar *Es seien E separabel und $f \in E^X$. Dann sind die folgenden Aussagen äquivalent:*

   (i) *f ist μ-meßbar;*

   (ii) *f ist $\mathcal{A}$-meßbar;*

   (iii) *$f^{-1}(\mathcal{S}) \subset \mathcal{A}$ für ein $\mathcal{S} \subset \mathfrak{P}(E)$ mit $\mathcal{A}_\sigma(\mathcal{S}) = \mathcal{B}(E)$.*

Beweis Dies folgt aus Theorem 1.4, Bemerkung 1.3(c) und Aufgabe IX.1.6. ∎

1.6 Bemerkung   Der Beweis von Theorem 1.4 und Bemerkung 1.3(c) zeigen, daß Korollar 1.5 auch für nichtvollständige Maßräume richtig bleibt. ∎

Ohne großen Aufwand erhalten wir aus Korollar 1.5 die folgenden Eigenschaften μ-meßbarer Funktionen.

1.7 Theorem

(i) Sind E und F separable Banachräume, $f \in \mathcal{L}_0(X, \mu, E)$ und $g \in C\big(f(X), F\big)$, so gehört $g \circ f$ zu $\mathcal{L}_0(X, \mu, F)$. Insbesondere gilt $|f| \in \mathcal{L}_0(X, \mu, \mathbb{R})$.

(ii) Die Abbildung $f = (f_1, \ldots, f_n) \colon X \to \mathbb{K}^n$ ist genau dann μ-meßbar, wenn dies für jede Koordinatenfunktion f_j richtig ist.

(iii) Es seien $g, h \in \mathbb{R}^X$. Dann ist $f = g + i\,h$ genau dann μ-meßbar, wenn g und h μ-meßbar sind.

(iv) Für $f \in \mathcal{L}_0(X, \mu, E)$ und $g \in \mathcal{L}_0(X, \mu, F)$ gilt $(f, g) \in \mathcal{L}_0(X, \mu, E \times F)$.

Beweis   (i) Es sei O offen in F. Dann ist $g^{-1}(O)$ aufgrund der Stetigkeit von g offen in $f(X)$. Also gibt es eine offene Teilmenge U von E mit $g^{-1}(O) = f(X) \cap U$ (vgl. Satz III.2.26). Ferner zeigt Korollar 1.5, daß $f^{-1}(U)$ zu $\mathcal{A}$ gehört. Wegen

$$(g \circ f)^{-1}(O) = f^{-1}\big(g^{-1}(O)\big) = f^{-1}\big(f(X) \cap U\big) = f^{-1}(U)$$

folgt die Behauptung wiederum aus Korollar 1.5.

(ii) Die Implikation „$\Rightarrow$" folgt aus (i), weil $f_j = \mathrm{pr}_j \circ f$ für $1 \le j \le n$ gilt.

„$\Leftarrow$" Wir betrachten zuerst den Fall $\mathbb{K} = \mathbb{R}$. Dazu sei $I \in \mathbb{J}(n)$. Dann gibt es $I_j \in \mathbb{J}(1)$, $1 \le j \le n$, mit $I = \prod_{j=1}^{n} I_j$. Weil jedes $f_j^{-1}(I_j)$ zu $\mathcal{A}$ gehört, gilt dies auch für $f^{-1}(I) = \bigcap_{j=1}^{n} f_j^{-1}(I_j)$, d.h., wir haben $f^{-1}\big(\mathbb{J}(n)\big) \subset \mathcal{A}$. Ferner wissen wir aus Theorem IX.1.11, daß $\mathcal{A}_\sigma\big(\mathbb{J}(n)\big) = \mathcal{B}^n$. Somit impliziert Korollar 1.5 die Behauptung.

Vermöge der Identifikation $\mathbb{C}^n = \mathbb{R}^{2n}$ folgt der Fall $\mathbb{K} = \mathbb{C}$ aus dem eben Bewiesenen.

(iii) ist ein Spezialfall von (ii), und (iv) bleibt dem Leser als Übungsaufgabe überlassen. ∎

Meßbare numerische Funktionen

In der Integrationstheorie ist es nützlich, neben reellwertigen Funktionen auch Abbildungen in die erweiterte Zahlengerade $\bar{\mathbb{R}}$ zu betrachten. Solche Funktionen heißen **numerisch**. Eine numerische Funktion $f \colon X \to \bar{\mathbb{R}}$ heißt μ-**meßbar**, falls $f^{-1}(-\infty)$, $f^{-1}(\infty)$ und $f^{-1}(O)$ für jede offene Teilmenge O von $\mathbb{R}$ zu $\mathcal{A}$ gehören. Die Menge aller μ-meßbaren numerischen Funktionen auf X bezeichnen wir mit $\mathcal{L}_0(X, \mu, \bar{\mathbb{R}})$.

1.8 Bemerkungen   (a) Wir können jede reellwertige Funktion $f : X \to \mathbb{R}$ als numerische Funktion auffassen. Somit sind für f zwei Meßbarkeitsbegriffe erklärt. Wegen $f^{-1}(\{-\infty, \infty\}) = \emptyset$ folgt jedoch aus Korollar 1.5, daß f genau dann als reellwertige Funktion μ-meßbar ist, wenn f als numerische Funktion μ-meßbar ist.

(b) Man beachte, daß $\mathcal{L}_0(X, \mu, \bar{\mathbb{R}})$ *kein* Vektorraum ist. ∎

Im nächsten Satz stellen wir einfache Meßbarkeitskriterien für numerische Funktionen zusammen.

1.9 Satz   *Für die numerische Funktion $f : X \to \bar{\mathbb{R}}$ sind die folgenden Aussagen äquivalent:*

  (i) *$f \in \mathcal{L}_0(X, \mu, \bar{\mathbb{R}})$;*

 (ii) *$[f < \alpha] \in \mathcal{A}$ für jedes $\alpha \in \mathbb{Q}$ [bzw. $\mathbb{R}$];*

(iii) *$[f \leq \alpha] \in \mathcal{A}$ für jedes $\alpha \in \mathbb{Q}$ [bzw. $\mathbb{R}$];*

(iv) *$[f > \alpha] \in \mathcal{A}$ für jedes $\alpha \in \mathbb{Q}$ [bzw. $\mathbb{R}$];*

 (v) *$[f \geq \alpha] \in \mathcal{A}$ für jedes $\alpha \in \mathbb{Q}$ [bzw. $\mathbb{R}$].*

Beweis   „(i)⇒(ii)" Die Mengen $f^{-1}(-\infty)$ und $f^{-1}((-\infty, \alpha))$ mit $\alpha \in \mathbb{Q}$ [bzw. $\mathbb{R}$] gehören zu $\mathcal{A}$. Wegen

$$[f < \alpha] = f^{-1}([-\infty, \alpha)) = f^{-1}(-\infty) \cup f^{-1}((-\infty, \alpha))$$

gilt dies auch für $[f < \alpha]$.

Die Implikationen „(ii)⇒(iii)⇒(iv)⇒(v)" folgen aus den Identitäten

$$[f \leq \alpha] = \bigcap_{j=1}^{\infty} [f < \alpha + 1/j] , \quad [f > \alpha] = [f \leq \alpha]^c , \quad [f \geq \alpha] = \bigcap_{j=1}^{\infty} [f > \alpha - 1/j] .$$

„(v)⇒(i)" Es sei O offen in $\mathbb{R}$. Nach Satz IX.5.6 gibt es $(\alpha_j), (\beta_j) \in \mathbb{Q}^{\mathbb{N}}$ mit $O = \bigcup_j [\alpha_j, \beta_j)$. Also gilt

$$f^{-1}(O) = \bigcup_{j \in \mathbb{N}} f^{-1}([\alpha_j, \beta_j)) = \bigcup_{j \in \mathbb{N}} ([f \geq \alpha_j] \cap [f < \beta_j]) ,$$

und wir erkennen wegen $[f < \alpha] = [f \geq \alpha]^c$, daß $f^{-1}(O)$ zu $\mathcal{A}$ gehört. Ferner gelten

$$f^{-1}(-\infty) = \bigcap_{j \in \mathbb{N}} [f < -j] , \quad f^{-1}(\infty) = \bigcap_{j \in \mathbb{N}} [f > j] ,$$

so daß auch $f^{-1}(\pm\infty)$ in $\mathcal{A}$ liegen. ∎

Der Verband der meßbaren numerischen Funktionen

Eine geordnete Menge $V = (V, \leq)$ heißt **Verband**, falls für jedes Paar $(a, b) \in V \times V$ das Infimum $a \wedge b$ und das Supremum $a \vee b$ in V existieren. Man nennt $U \subset V$ **Unterverband** von V, falls U mit der von V induzierten Ordnung ein Verband ist. Ein geordneter Vektorraum, der zudem ein Verband ist, heißt **Vektorverband**. Jeden Untervektorraum eines Vektorverbandes, der zudem ein Unterverband ist, nennt man **Untervektorverband**.

1.10 Beispiele (a) Es sei V ein Verband [bzw. Vektorverband]. Dann ist V^X bezüglich der punktweisen Ordnung ein Verband [bzw. Vektorverband].

(b) $\overline{\mathbb{R}}$ ist ein Verband, und $\mathbb{R}$ ist ein Vektorverband.

(c) Im Vektorverband $\mathbb{R}^X$ gelten

$$f \vee g = (f + g + |f - g|)/2 , \quad f \wedge g = (f + g - |f - g|)/2 .$$

(d) $B(X, \mathbb{R})$ ist ein Untervektorverband von $\mathbb{R}^X$.

(e) Es sei X ein topologischer Raum. Dann ist $C(X, \mathbb{R})$ ein Untervektorverband von $\mathbb{R}^X$.

Beweis Dies folgt aus (c) und der Tatsache, daß $|f|$ stetig ist, falls dies für f zutrifft. ∎

(f) $\mathcal{EF}(X, \mu, \mathbb{R})$ und $\mathcal{L}_0(X, \mu, \mathbb{R})$ sind Untervektorverbände von $\mathbb{R}^X$.

Beweis Die erste Aussage ist klar. Die zweite folgt aus (c) und Theorem 1.7 oder Bemerkung 1.2(d). ∎

(g) Es seien V ein Vektorverband und $x, y, z \in V$. Dann gelten:

$$(x \vee y) + z = (x + z) \vee (y + z) , \quad (-x) \vee (-y) = -(x \wedge y)$$

und

$$x + y = (x \vee y) + (x \wedge y) .$$

Beweis Für $u \in V$ mit $u \geq x$ und $u \geq y$ gilt offensichtlich $u + z \geq (x + z) \vee (y + z)$. Hieraus folgt

$$(x \vee y) + z \geq (x + z) \vee (y + z) .$$

Es sei $v \geq (x + z) \vee (y + z)$. Dann gelten $v - z \geq x$ und $v - z \geq y$, also $v \geq (x \vee y) + z$. Da dies für jede obere Schranke v von $\{x + z, y + z\}$ richtig ist, folgt

$$(x + z) \vee (y + z) \geq (x \vee y) + z .$$

Dies beweist die erste Aussage. Die zweite ist nichts anderes als die triviale Relation

$$\sup\{-x, -y\} = \sup(-\{x, y\}) = -\inf\{x, y\} .$$

Hiermit finden wir nun

$$x \vee y = \big(-y + (x+y)\big) \vee \big(-x + (x+y)\big) = \big((-y) \vee (-x)\big) + (x+y)$$
$$= -(x \wedge y) + (x+y) \,,$$

also die letzte Behauptung. ∎

(h) Es sei V ein Vektorverband. Für $x \in V$ setzen wir

$$x^+ := x \vee 0 \,, \quad x^- := (-x) \vee 0 \,, \quad |x| := x \vee (-x) \,.$$

Dann gelten:[6]

$$x = x^+ - x^- \,, \quad |x| = x^+ + x^- \,, \quad x^+ \wedge x^- = 0 \,.$$

Beweis Die erste Behauptung folgt sofort aus (g). Hiermit und mit (g) finden wir

$$x^+ + x^- = x + 2x^- = x + \big((-2x) \vee 0\big) = (-x) \vee x = |x| \,.$$

Analog ergibt sich

$$(x^+ \wedge x^-) - x^- = (x^+ - x^-) \wedge (x^- - x^-) = x \wedge 0 = -x^- \,,$$

also $x^+ \wedge x^- = 0$. ∎

Sind V ein Vektorverband und $x \in V$, so heißen x^+ **Positiv-** und x^- **Negativteil** von x, und $|x|$ ist der **(Absolut-)Betrag**[7] von x. Offensichtlich gelten $x^+ \geq 0$, $x^- \geq 0$ und $|x| \geq 0$.

In den folgenden Abbildungen sind der Positiv- und der Negativteil eines Elementes f des Vektorverbandes $\mathbb{R}^X$ schematisch dargestellt.

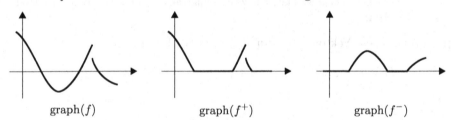

graph(f)   graph(f^+)   graph(f^-)

Es sei $f \in \bar{\mathbb{R}}^X$. Dann heißt $f^+ := f \vee 0$ bzw. $f^- := 0 \vee (-f)$ **Positiv-** bzw. **Negativteil** von f. Diese Namensgebung ist selbstverständlich in Analogie zum Fall des Vektorverbandes $\mathbb{R}^X$ gewählt.[8] Auch hier gelten

$$f^+ \geq 0 \,, \quad f^- \geq 0 \,, \quad f = f^+ - f^- \,, \quad |f| = f^+ + f^- \,.$$

Der nächste Satz zeigt, daß $\mathcal{L}_0(X, \mu, \bar{\mathbb{R}})$ ein Unterverband von $\bar{\mathbb{R}}^X$ ist, der zudem „stabil" ist unter abzählbaren Verbandsoperationen.

---

[6]Vgl. Fußnote 8 in Paragraph II.8.

[7]Er ist nicht mit der Norm des Vektors x zu verwechseln, falls V auch ein normierter Vektorraum ist. Der Betrag von $x \in V$ ist stets ein Vektor in V, die Norm eine nichtnegative Zahl.

[8]Man denke daran, daß $\bar{\mathbb{R}}^X$ ein Verband, aber kein Vektorverband ist.

1.11 Satz *Es seien $f \in \mathcal{L}_0(X, \mu, \bar{\mathbb{R}})$, (f_j) eine Folge in $\mathcal{L}_0(X, \mu, \bar{\mathbb{R}})$ und $k \in \mathbb{N}$. Dann gehört jede der numerischen Funktionen*

$$f^+ , \quad f^- , \quad |f| , \quad \max_{0 \le j \le k} f_j , \quad \min_{0 \le j \le k} f_j , \quad \sup_j f_j , \quad \inf_j f_j , \quad \overline{\lim_j} f_j , \quad \underline{\lim_j} f_j$$

zu $\mathcal{L}_0(X, \mu, \bar{\mathbb{R}})$.

Beweis (i) Es sei $\alpha \in \mathbb{R}$. Aus Satz 1.9 wissen wir, daß $[f_j > \alpha]$ für $j \in \mathbb{N}$ zu $\mathcal{A}$ gehört. Also gilt dies auch für

$$[\sup_j f_j > \alpha] = \bigcup_j [f_j > \alpha] \ ,$$

und Satz 1.9 impliziert, daß $\sup_j f_j$ μ-meßbar ist.

(ii) Mit f_j gehört auch $-f_j$ zu $\mathcal{L}_0(X, \mu, \bar{\mathbb{R}})$. Also folgt aus (i), daß die Funktion $\inf_j f_j = -\sup_j(-f_j)$ μ-meßbar ist.

(iii) Wir setzen

$$g_j := \left\{ \begin{array}{ll} f_j , & 0 \le j \le k , \\ f_k , & j > k , \end{array} \right.$$

für $j \in \mathbb{N}$. Wegen (i) gehört dann $\sup_j g_j = \max_{0 \le j \le k} f_j$ zu $\mathcal{L}_0(X, \mu, \bar{\mathbb{R}})$. Analog zeigt man, daß $\min_{0 \le j \le k} f_j$ μ-meßbar ist.

(iv) Aus (iii) folgt, daß f^+, f^- und $|f|$ zu $\mathcal{L}_0(X, \mu, \bar{\mathbb{R}})$ gehören.

(v) Es gelten

$$\overline{\lim_j} f_j = \inf_j \sup_{k \ge j} f_k \quad \text{und} \quad \underline{\lim_j} f_j = \sup_j \inf_{k \ge j} f_k \ .$$

Also gehören nach (i) und (ii) auch $\overline{\lim}_j f_j$ und $\underline{\lim}_j f_j$ zu $\mathcal{L}_0(X, \mu, \bar{\mathbb{R}})$. ∎

Wir bezeichnen mit $\mathcal{EF}(X, \mu, \mathbb{R}^+)$ den positiven Kegel von $\mathcal{EF}(X, \mu, \mathbb{R})$ (vgl. Bemerkung VI.4.7(b)). Ferner ist $\bar{\mathbb{R}}^+ := [0, \infty]$ der nichtnegative Teil der erweiterten Zahlengeraden $\bar{\mathbb{R}}$, und $\mathcal{L}_0(X, \mu, \bar{\mathbb{R}}^+)$ steht für die Menge aller nichtnegativen μ-meßbaren numerischen Funktionen auf X.

Mit diesen Bezeichnungen können wir die folgende Charakterisierung von $\mathcal{L}_0(X, \mu, \bar{\mathbb{R}}^+)$ beweisen.

1.12 Theorem *Für $f \colon X \to \bar{\mathbb{R}}^+$ sind die folgenden Aussagen äquivalent:*

  (i) *$f \in \mathcal{L}_0(X, \mu, \bar{\mathbb{R}}^+)$;*

  (ii) *Es gibt eine wachsende Folge (f_j) in $\mathcal{EF}(X, \mu, \mathbb{R}^+)$ mit $f_j \to f$ für $j \to \infty$.*

Beweis „(i)⇒(ii)" Aufgrund der σ-Endlichkeit von $(\mathcal{A}, \mu)$ genügt es, den Fall $\mu(X) < \infty$ zu betrachten (vgl. Schritt (iv) im Beweis von Theorem 1.4). Dazu seien $j \in \mathbb{N}$ und

$$A_{j,k} := \begin{cases} [k2^{-j} \le f < (k+1)2^{-j}] \,, & k = 0, \dots, j2^j - 1 \,, \\ [f \ge j] \,, & k = j2^j \,. \end{cases}$$

Die Mengen $A_{j,k}$ sind für $k = 0, \dots, j2^j$ offensichtlich disjunkt und gehören wegen Satz 1.9 zu $\mathcal{A}$. Außerdem folgt aus $\mu(X) < \infty$, daß jedes $A_{j,k}$ endliches Maß hat. Somit zeigt Bemerkung 1.2(b), daß

$$f_j := \sum_{k=0}^{j2^j} k2^{-j} \chi_{A_{j,k}} \,, \qquad j \in \mathbb{N} \,,$$

zu $\mathcal{EF}(X, \mu, \mathbb{R})$ gehört. Ferner überprüft man, daß $0 \le f_j \le f_{j+1}$ für $j \in \mathbb{N}$.

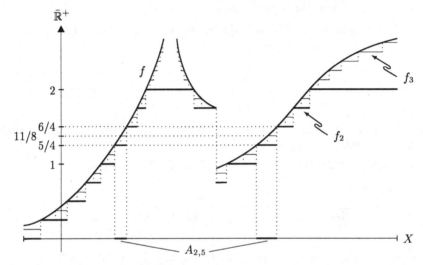

Es sei nun $x \in X$. Im Fall $f(x) = \infty$ gilt $f_j(x) = j$, und somit $\lim_j f_j(x) = f(x)$. Ist hingegen $f(x) < \infty$, so gilt $f_j(x) \le f(x) < f_j(x) + 2^{-j}$ für $j > f(x)$, so daß auch in diesem Fall $\lim_j f_j(x) = f(x)$ gilt. Insgesamt haben wir gezeigt, daß (f_j) punktweise gegen f konvergiert.

„(ii)$\Rightarrow$(i)" Dies folgt aus Satz 1.11. ∎

1.13 Korollar

(i) *Zu jedem $f \in \mathcal{L}_0(X, \mu, \bar{\mathbb{R}})$ gibt es eine Folge (f_j) in $\mathcal{EF}(X, \mu, \mathbb{R})$ mit $f_j \to f$.*

(ii) *Es sei $f \in \mathcal{L}_0(X, \mu, \mathbb{R}^+)$ beschränkt. Dann gibt es eine wachsende Folge (f_j) in $\mathcal{EF}(X, \mu, \mathbb{R}^+)$, die gleichmäßig gegen f konvergiert.*

(iii) *Es sei (f_j) eine Folge in $\mathcal{L}_0(X, \mu, \bar{\mathbb{R}}^+)$. Dann gehört $\sum_j f_j$ zu $\mathcal{L}_0(X, \mu, \bar{\mathbb{R}}^+)$.*

Beweis (i) Dies folgt aus Theorem 1.12, der Zerlegung $f = f^+ - f^-$ und Bemerkung 1.2(a).

(ii) Es sei $f \in \mathcal{L}_0(X, \mu, \mathbb{R}^+)$ beschränkt. Für die im Beweis von Theorem 1.12 konstruierte Folge (f_j) gilt dann

$$f_j(x) \leq f(x) < f_j(x) + 2^{-j}, \qquad j > \|f\|_\infty.$$

Also konvergiert (f_j) gleichmäßig gegen f.

(iii) Gemäß Theorem 1.12 gibt es zu jedem $j \in \mathbb{N}$ eine wachsende Folge $(\varphi_{j,k})_{k \in \mathbb{N}}$ in $\mathcal{EF}(X, \mu, \mathbb{R}^+)$ mit $\varphi_{j,k} \uparrow f_j$ für $k \to \infty$. Es sei $s_{k,n} := \sum_{j=0}^{k} \varphi_{j,n}$ für $k, n \in \mathbb{N}$. Dann ist $(s_{k,n})_{n \in \mathbb{N}}$ eine wachsende Folge in $\mathcal{EF}(X, \mu, \mathbb{R}^+)$, die für $n \to \infty$ gegen $s_k := \sum_{j=0}^{k} f_j$ konvergiert. Also ist (s_k) nach Theorem 1.12 eine Folge in $\mathcal{L}_0(X, \mu, \bar{\mathbb{R}}^+)$ mit $\lim_k s_k = \sup_k s_k = \sum_{j=0}^{\infty} f_j$. Die Behauptung folgt nun aus Satz 1.11. ∎

Punktweise Grenzwerte meßbarer Funktionen

Es sei (f_j) eine Folge in $\mathcal{L}_0(X, \mu, \mathbb{R})$, die punktweise konvergiert. Nach Satz 1.11 gehört dann $f := \lim_j f_j$ ebenfalls zu $\mathcal{L}_0(X, \mu, \mathbb{R})$. Wir wollen nun eine analoge Aussage für vektorwertige Funktionenfolgen herleiten.

1.14 Theorem *Es seien (f_j) eine Folge in $\mathcal{L}_0(X, \mu, E)$ und $f \in E^X$. Konvergiert (f_j) μ-fast überall gegen f, so ist f μ-meßbar.*

Beweis (i) Wir zeigen zuerst, daß f μ-fast separabelwertig ist. Nach Voraussetzung gibt es eine μ-Nullmenge M mit $f_j(x) \to f(x)$ $(j \to \infty)$ für $x \in M^c$. Ferner sichert Theorem 1.4 für jedes $j \in \mathbb{N}$ die Existenz einer μ-Nullmenge N_j, so daß $f_j(N_j^c)$ separabel ist. Somit gibt es zu jedem $j \in \mathbb{N}$ eine abzählbare Menge B_j, die in $f_j(N_j^c)$ dicht ist, d.h.

$$B_j \subset f_j(N_j^c) \subset \overline{B}_j, \qquad j \in \mathbb{N}.$$

Setzen wir $B := \bigcup_j B_j$, so folgt aus Korollar III.2.13(i), daß $\bigcup_j \overline{B}_j \subset \overline{B}$, und wir finden

$$\bigcup_{j \in \mathbb{N}} f_j(N_j^c) \subset \bigcup_{j \in \mathbb{N}} \overline{B}_j \subset \overline{B}.$$

Schließlich sei $N := M \cup \bigcup_j N_j$. Dann ist N eine μ-Nullmenge, für welche die Inklusionen $N^c = M^c \cap \bigcap_j N_j^c \subset N_k^c$ für $k \in \mathbb{N}$ bestehen. Wegen $\lim_j f_j(x) = f(x)$ für $x \in M^c$ gilt somit

$$f(N^c) \subset \overline{\bigcup_{j \in \mathbb{N}} f_j(N_j^c)} \subset \overline{\overline{B}} = \overline{B}.$$

Weil B abzählbar ist, zeigt Bemerkung 1.3(b), daß $f(N^c)$ separabel ist.

(ii) Nun zeigen wir, daß f $\mathcal{A}$-meßbar ist. Es sei O offen in E, und O_n bezeichne die Menge $\{\, x \in O \;;\; \mathrm{dist}(x, O^c) > 1/n \,\}$ für $n \in \mathbb{N}^\times$. Wie in (1.2) folgt dann

$$f^{-1}(O) \cap M^c = \bigcup_{m,n \in \mathbb{N}^\times} \bigcap_{j \geq m} f_j^{-1}(O_n) \cap M^c .$$

Nach Theorem 1.4 gehört $f_j^{-1}(O_n)$ für jedes $j, n \in \mathbb{N}^\times$ zu $\mathcal{A}$. Also trifft dies auch auf $f^{-1}(O) \cap M^c$ zu. Außerdem impliziert die Vollständigkeit von μ, daß $f^{-1}(O) \cap M$ eine μ-Nullmenge ist, und wir finden insgesamt

$$f^{-1}(O) = \big(f^{-1}(O) \cap M^c\big) \cup \big(f^{-1}(O) \cap M\big) \in \mathcal{A} .$$

Die Behauptung folgt nun aus Theorem 1.4. ∎

1.15 Bemerkung Die Aussage von Theorem 1.14 ist für nichtvollständige Maßräume i. allg. falsch.

Beweis Es bezeichne C das Cantorsche Diskontinuum. Im Beweis von Korollar IX.5.29 wurde gezeigt, daß es ein $N \subset C$ gibt mit $N \notin \mathcal{B}^1$. Wir setzen $f_j := \chi_C$ für $j \in \mathbb{N}$ und $f := \chi_N$. Die Kompaktheit von C und Bemerkung 1.2(b) implizieren $\chi_C \in \mathcal{EF}(\mathbb{R}, \beta_1, \mathbb{R})$. Ferner gilt $f_j(x) = f(x)$ für $x \in C^c \subset N^c$ und $j \in \mathbb{N}$. Weil C eine β_1-Nullmenge ist, konvergiert (f_j) somit β_1-f.ü. gegen f. Wegen $[f > 0] = N \notin \mathcal{B}^1$ kann f aufgrund von Satz 1.9 aber nicht zu $\mathcal{L}_0(\mathbb{R}, \beta_1, \mathbb{R})$ gehören. ∎

Radonmaße

Zum Schluß dieses Paragraphen untersuchen wir die Beziehung zwischen der Meßbarkeit und der Stetigkeit vektorwertiger Funktionen. Neben einem einfachen Meßbarkeitskriterium beweisen wir den Satz von Lusin, der eine überraschend enge Verbindung zwischen stetigen und Borel meßbaren Funktionen aufdeckt.

Ein metrischer Raum $X = (X, d)$ heißt σ-**kompakt**, wenn X lokal kompakt ist und es eine Folge $(X_j)_{j \in \mathbb{N}}$ kompakter Teilmengen von X gibt mit $X = \bigcup_j X_j$.

Es sei X ein σ-kompakter metrischer Raum. Ein **Radonmaß** auf X ist ein reguläres lokal endliches Maß auf einer σ-Algebra $\mathcal{A}$ über X mit $\mathcal{A} \supset \mathcal{B}(X)$. Man nennt ein Radonmaß μ **regelmäßig**, falls μ vollständig ist und für jede nichtleere offene Teilmenge O von X gilt $\mu(O) > 0$.

1.16 Bemerkungen (a) Jeder σ-kompakte metrische Raum ist eine σ-kompakte Menge im Sinne der Definition von Paragraph IX.5, jedoch ist nicht jede abzählbare Vereinigung von kompakten Mengen eines metrischen Raumes ein σ-kompakter metrischer Raum.

Beweis Die erste Aussage ist klar. Da $\mathbb{Q}$ eine σ-kompakte Teilmenge von $\mathbb{R}$, aber kein lokal kompakter metrischer Raum ist, folgt die zweite Aussage. ∎

(b) Jedes Radonmaß ist σ-endlich.

Beweis Dies folgt aus Bemerkung IX.5.3(b). ∎

(c) Es sei X ein lokal kompakter metrischer Raum. Dann gibt es zu jeder kompakten Teilmenge K von X eine relativ kompakte[9] offene Obermenge von K.

Beweis Zu jedem $x \in X$ finden wir eine relativ kompakte offene Umgebung $O(x)$ von x. Weil K kompakt ist, gibt es $x_0, \ldots, x_m \in K$, so daß $O := \bigcup_{j=0}^m O(x_j)$ eine offene Obermenge von K ist. Korollar III.2.13(iii) impliziert $\overline{O} = \bigcup_{j=0}^m \overline{O(x_j)}$. Also ist $\overline{O}$ kompakt. ∎

(d) Jede offene Teilmenge des $\mathbb{R}^n$ ist ein σ-kompakter metrischer Raum.

Beweis Es sei X eine nichtleere offene Teilmenge von $\mathbb{R}^n$. Dann gibt es zu jedem $x \in X$ ein $r > 0$ mit $\overline{\mathbb{B}}(x, r) \subset X$. Da $\overline{\mathbb{B}}(x, r)$ kompakt ist, sehen wir, daß X ein lokal kompakter metrischer Raum ist. Für $j \in \mathbb{N}^\times$ sei[10]

$$U_j := \left\{ x \in X \; ; \; \operatorname{dist}(x, U^c) > 1/j \right\} \cap \mathbb{B}(0, j) . \tag{1.3}$$

Aufgrund der Beispiele III.1.3(l) und III.2.22(c) ist U_j offen. Ferner gilt $U_j \subset \overline{U}_j \subset U_{j+1}$, und $\bigcup_j \overline{U}_j \subset \bigcup_j U_j = X$. Insbesondere gibt es ein $j_0 \in \mathbb{N}^\times$ mit $U_j \neq \emptyset$ für $j \geq j_0$. Da $\overline{U}_j$ nach dem Satz von Heine-Borel kompakt ist, folgt die Behauptung. ∎

(e) Für einen lokal kompakten metrischen Raum X sind die folgenden Aussagen äquivalent:

(i) X ist σ-kompakt.

(ii) X ist Vereinigung einer Folge $(U_j)_{j \in \mathbb{N}}$ von relativ kompakten offenen Teilmengen mit $\overline{U}_j \subset U_{j+1}$ für $j \in \mathbb{N}$.

(iii) X ist ein Lindelöfscher Raum.

(iv) X erfüllt das zweite Abzählbarkeitsaxiom.

(v) X ist separabel.

Beweis „(i)⇒(ii)" Es sei $(X_j)_{j \in \mathbb{N}}$ eine Folge kompakter Mengen in X mit $X = \bigcup_j X_j$. Nach (c) gibt es eine relativ kompakte offene Obermenge U_0 von X_0. Wir wählen nun induktiv relativ kompakte offene Teilmengen U_j mit $U_j \supset \overline{U}_{j-1} \cup X_j$ für $j \geq 1$. Offensichtlich gilt $X = \bigcup_j U_j$.

„(ii)⇒(iii)" Es sei $\mathcal{O} := \left\{ O_\alpha \; ; \; \alpha \in \mathsf{A} \right\}$ eine offene Überdeckung von X. Dann findet man induktiv zu jedem $j \in \mathbb{N}$ ein $m(j) \in \mathbb{N}$ und $\alpha_0, \ldots, \alpha_{m(j)} \in \mathsf{A}$ mit $\overline{U}_j \subset \bigcup_{k=0}^{m(j)} O_{\alpha_k}$. Folglich ist $\left\{ O_{\alpha_k} \; ; \; k = 0, \ldots, m(j), \, j \in \mathbb{N} \right\}$ eine abzählbare Teilüberdeckung von $\mathcal{O}$ von X.

„(iii)⇒(i)" Nach Voraussetzung gibt es eine Folge (x_j) in X und relativ kompakte offene Umgebungen $O(x_j)$ von x_j für $j \in \mathbb{N}$ mit $X = \bigcup_{j \in \mathbb{N}} O(x_j)$. Hieraus folgt $X = \bigcup_{j \in \mathbb{N}} \overline{O(x_j)}$. Also ist X σ-kompakt.

Die verbleibenden Äquivalenzen folgen aus Satz IX.1.8. ∎

---

[9]Die Teilmenge A eines topologischen Raumes heißt **relativ kompakt**, wenn $\overline{A}$ kompakt ist.
[10]$\operatorname{dist}(x, \emptyset) := \infty$.

(f) Jedes lokal endliche Borelmaß auf einem σ-kompakten metrischen Raum ist regulär, somit ein Radonmaß.

Beweis Dies folgt aus Korollar VIII.1.12 in [Els99] und (e). ∎

(g) Endliche Borelmaße auf kompakten topologischen (nicht metrisierbaren) Räumen sind i. allg. nicht regulär.

Beweis [Flo81, Beispiel A4.5, S. 350]. ∎

(h) Das n-dimensionale Lebesguesche Maß λ_n ist ein regelmäßiges Radonmaß auf $\mathbb{R}^n$.

Beweis Dies folgt aus den Theoremen IX.5.1 und IX.5.4. ∎

(i) Das s-dimensionale Hausdorffsche Maß $\mathcal{H}^s$ ist genau für $s \geq n$ ein Radonmaß auf $\mathbb{R}^n$. Es ist genau dann regelmäßig, wenn $s = n$.

Beweis Beispiel IX.4.4(c) und Theorem IX.4.3 zeigen, daß jede Borelmenge $\mathcal{H}^s$-meßbar ist. Die Regularität von $\mathcal{H}^s$ für $s > 0$ folgt aus Korollar IX.5.22 und Theorem IX.5.4.

Es sei O offen in $\mathbb{R}^n$ und nicht leer. Weil O die Hausdorffdimension n besitzt (vgl. Aufgabe IX.3.6), folgt

$$\mathcal{H}^s(O) = \begin{cases} 0 \, , & s > n \, , \\ \infty \, , & s < n \, . \end{cases}$$

Also kann $\mathcal{H}^s$ im Fall $s < n$ kein Radonmaß auf $\mathbb{R}^n$ sein. Für $s > n$ ist $\mathcal{H}^s$ ein nicht regelmäßiges Radonmaß.

Lemma IX.5.21 zeigt, daß $\mathcal{H}^n$ lokal endlich, also ein Radonmaß auf $\mathbb{R}^n$, ist. Korollar IX.5.22 impliziert schließlich $\mathcal{H}^n(O) > 0$. Damit ist alles bewiesen. ∎

(j) Es sei $F : \mathbb{R} \to \mathbb{R}$ maßerzeugend, und μ_F bezeichne das von F induzierte Lebesgue-Stieltjessche Maß auf $\mathbb{R}$. Dann ist μ_F ein Radonmaß auf $\mathbb{R}$, das genau dann regelmäßig ist, wenn F strikt wächst.

Beweis Diese Aussage folgt aus Beispiel IX.4.4(b), Theorem IX.4.3, Aufgabe IX.5.19 und Satz IX.3.5. ∎

1.17 Theorem *Es sei μ ein vollständiges Radonmaß auf X. Dann ist $C(X, E)$ ein Untervektorraum von $\mathcal{L}_0(X, \mu, E)$.*

Beweis Es sei $f \in C(X, E)$, und (X_j) bezeichne eine Folge kompakter Mengen in X mit $X = \bigcup_j X_j$. Gemäß Aufgabe IX.1.6(b) ist f Borel meßbar und somit $\mathcal{A}$-meßbar mit $\mathcal{A} := \mathrm{dom}(\mu)$. Weiterhin ist $f(X_j)$ als kompakte Teilmenge von E gemäß Bemerkung 1.16(e) separabel. Deshalb ist auch $f(X) = \bigcup_j f(X_j)$ separabel, und die Behauptung folgt aus Theorem 1.4. ∎

1.18 Theorem (Satz von Lusin) *Es seien X ein σ-kompakter metrischer Raum, μ ein vollständiges Radonmaß auf X und $f \in \mathcal{L}_0(X, \mu, E)$. Dann gibt es zu jeder μ-meßbaren Menge A endlichen Maßes und zu jedem $\varepsilon > 0$ eine kompakte Teilmenge K von X mit $\mu(A \setminus K) < \varepsilon$ und $f \,|\, K \in C(K, E)$.*

Beweis (i) Wegen der σ-Kompaktheit von X finden wir eine kompakte Menge $\widetilde{X}$ mit $\mu(A \setminus \widetilde{X}) < \varepsilon/2$. Wir setzen $\widetilde{f} := f \,|\, \widetilde{X}$ und $\widetilde{A} := A \cap \widetilde{X}$. Dann gilt $\mu(\widetilde{X}) < \infty$.

(ii) Nach Theorem 1.4 gibt es eine μ-Nullmenge N von $\widetilde{X}$, so daß $\widetilde{f}(N^c)$ separabel ist. Somit gibt es nach Satz IX.1.8 eine abzählbare Basis $\{ \widetilde{V}_j \; ; \; j \in \mathbb{N} \}$ von $\widetilde{f}(N^c)$, und wegen Satz III.2.26 existieren offene Teilmengen V_j in E mit $\widetilde{V}_j = V_j \cap \widetilde{f}(N^c)$.

(iii) Gemäß Theorem 1.4 ist $\widetilde{f}^{-1}(V_j)$ für jedes $j \in \mathbb{N}$ μ-meßbar. Also folgt aus der Regularität von μ und da $\mu(\widetilde{X}) < \infty$, daß es zu jedem $j \in \mathbb{N}$ ein kompaktes K_j und ein offenes U_j gibt mit $K_j \subset \widetilde{f}^{-1}(V_j) \subset U_j$ und $\mu(U_j \setminus K_j) < \varepsilon 2^{-(j+3)}$. Für $U := \bigcup_j (U_j \setminus K_j)$ gilt dann $\mu(U) < \varepsilon/4$.

(iv) Wir setzen $Y := (U \cup N)^c$ und zeigen, daß $\widetilde{f} \,|\, Y$ stetig ist. Um dies nachzuweisen, sei V offen in E. Dann gibt es eine Teilmenge $\{ V_{j_k} \; ; \; k \in \mathbb{N} \}$ von $\{ V_j \; ; \; j \in \mathbb{N} \}$ mit $V \cap \widetilde{f}(N^c) = \bigcup_k V_{j_k} \cap \widetilde{f}(N^c)$. Dies impliziert

$$\widetilde{f}^{-1}(V) \cap N^c = \bigcup_k \widetilde{f}^{-1}(V_{j_k}) \cap N^c \;.$$

Offensichtlich gilt $\widetilde{f}^{-1}(V_\ell) \cap Y \subset U_\ell \cap Y$ für $\ell \in \mathbb{N}$. Wegen

$$Y = U^c \cap N^c = \bigcap_j (U_j^c \cup K_j) \cap N^c \subset \bigcap_j \big(U_j^c \cup \widetilde{f}^{-1}(V_j)\big) \subset U_\ell^c \cup \widetilde{f}^{-1}(V_\ell)$$

folgt deshalb $\widetilde{f}^{-1}(V_\ell) \cap Y = U_\ell \cap Y$, und wir finden

$$(\widetilde{f} \,|\, Y)^{-1}(V) = \widetilde{f}^{-1}(V) \cap N^c \cap U^c = \bigcup_k U_{j_k} \cap Y \;.$$

Weil $\bigcup_k U_{j_k}$ in X, also $\bigcup_k U_{j_k} \cap Y$ in Y, offen ist, folgt die Stetigkeit von $\widetilde{f} \,|\, Y$.

(v) Wir verwenden noch einmal die Regularität von μ, um auf die Existenz einer kompakten Teilmenge K der μ-meßbaren Menge Y zu schließen mit $\mu(Y \setminus K) < \varepsilon/4$. Dann gehört $\widetilde{f} \,|\, K$ zu $C(K, E)$, und es gilt

$$\mu\big(\widetilde{A} \setminus K\big) \leq \mu(Y \setminus K) + \mu(Y^c \setminus K) \leq \mu(Y \setminus K) + \mu(U) < \varepsilon/2 \;.$$

Wegen $\mu(A \setminus K) \leq \mu\big(\widetilde{A} \setminus K\big) + \mu(A \setminus \widetilde{X}) < \varepsilon$ ist alles bewiesen. ∎

Aufgaben

1 Es sei H ein separabler Hilbertraum. Man nennt $f \in H^X$ **schwach μ-meßbar**, wenn $(f \,|\, e)$ für jedes $e \in H$ zu $\mathcal{L}_0(X, \mu, \mathbb{K})$ gehört. Man beweise:

(a) Ist f schwach μ-meßbar, so ist $|f|$ μ-meßbar.

(b) f ist genau dann μ-meßbar, wenn f schwach μ-meßbar ist.

(Hinweise: (a) Es sei $\{e_j \; ; \; j \in \mathbb{N}\}$ eine dichte Teilmenge von $\bar{\mathbb{B}}_H$. Dann gilt

$$[\,|f| \leq \alpha\,] = \bigcap_j [\,|(f\,|\,e_j)| \leq \alpha\,] \,, \qquad \alpha \in \mathbb{R} \,.$$

(b) „$\Leftarrow$" Mit Hilfe von (a) läßt sich, wie im Beweis von Theorem 1.4, eine Folge μ-einfacher Funktionen konstruieren, die μ-f.ü. gegen f konvergiert.)

2   Es bezeichne $\mathcal{S}(\mathbb{R}, E)$ den Vektorraum aller E-wertigen zulässigen Funktionen auf $\mathbb{R}$ (vgl. Paragraph VI.8). Man beweise oder widerlege:

(a) $\mathcal{S}(\mathbb{R}, E) \subset \mathcal{L}_0(\mathbb{R}, \beta_1, E)$;

(b) $\mathcal{S}(\mathbb{R}, E) \supset \mathcal{L}_0(\mathbb{R}, \beta_1, E)$.

3   Man beweise die Aussage von Bemerkung 1.2(e).

4   Man zeige, daß jede monotone numerische Funktion Borel meßbar ist.

5   Es seien $f, g \in \mathcal{L}_0(X, \mu, \bar{\mathbb{R}})$. Dann gehören die Mengen $[f < g]$, $[f \leq g]$, $[f = g]$ und $[f \neq g]$ zu $\mathcal{A}$.

6   Es sei (f_j) eine Folge in $\mathcal{L}_0(X, \mu, \bar{\mathbb{R}})$. Man zeige, daß

$$K := \big\{ x \in X \; ; \; \lim_j f_j(x) \text{ existiert in } \bar{\mathbb{R}} \big\}$$

μ-meßbar ist.

7   Es sei $f : X \to \bar{\mathbb{R}}$. Man beweise oder widerlege:

(a) $f \in \mathcal{L}_0(X, \mu, \bar{\mathbb{R}}) \Leftrightarrow f^+, f^- \in \mathcal{L}_0(X, \mu, \bar{\mathbb{R}}^+)$;

(b) $f \in \mathcal{L}_0(X, \mu, \bar{\mathbb{R}}) \Leftrightarrow |f| \in \mathcal{L}_0(X, \mu, \bar{\mathbb{R}}^+)$.

8   Eine nichtleere Teilmenge B von $\bar{\mathbb{R}}^X$ heißt **Bairescher Funktionenraum**, wenn die folgenden Aussagen gelten:

  (i) Aus $\alpha \in \mathbb{R}$ und $f \in B$ folgt $\alpha f \in B$.

  (ii) Existiert $f + g$ in $\bar{\mathbb{R}}^X$ für $f, g \in B$, so gilt $f + g \in B$.

  (iii) Für jede Folge (f_j) in B gehört $\sup_j f_j$ zu B.

Man beweise:

(a) $\bar{\mathbb{R}}^X$ und $\mathcal{L}_0(X, \mu, \bar{\mathbb{R}})$ sind Bairesche Funktionenräume.

(b) Ist $\{ B_\alpha \subset \bar{\mathbb{R}}^X \; ; \; \alpha \in \mathsf{A} \}$ eine Familie von Baireschen Funktionenräumen, so ist auch $\bigcap_{\alpha \in \mathsf{A}} B_\alpha$ ein Bairescher Funktionenraum.

9   Für $C \subset \bar{\mathbb{R}}^X$ heißt

$$\sigma(C) := \bigcap \{ B \subset \bar{\mathbb{R}}^X \; ; \; B \supset C, \; B \text{ ist Bairescher Funktionenraum} \}$$

von C erzeugter Bairescher Funktionenraum. Nach Aufgabe 8(b) ist $\sigma(C)$ ein wohldefinierter Bairescher Funktionenraum. Man zeige:

$$\sigma\big(\mathcal{EF}(X, \mu, \mathbb{R})\big) = \mathcal{L}_0(X, \mu, \bar{\mathbb{R}}) \,.$$

10   Man beweise: $\sigma\big(C(\mathbb{R}^n, \mathbb{R})\big) = \mathcal{L}_0(\mathbb{R}^n, \beta_n, \mathbb{R})$.

11 Es ist zu zeigen, daß das Supremum einer überabzählbaren Familie meßbarer reellwertiger Funktionen i. allg. nicht meßbar ist.

12 Eine Folge (f_j) in E^X heißt μ-**fast gleichmäßig konvergent**, wenn es zu jedem $\delta > 0$ ein $A \in \mathcal{A}$ mit $\mu(A^c) < \delta$ gibt, so daß die Folge $(f_j \mid A)$ gleichmäßig konvergiert.

(a) Es sei (f_j) eine μ-fast gleichmäßig konvergente Folge in $\mathcal{L}_0(X, \mu, E)$. Dann gibt es ein $f \in \mathcal{L}_0(X, \mu, E)$, so daß $f_j \to f$ μ-f.ü.

(b) Es sei $f_j(x) := x^j$ für $j \in \mathbb{N}$ und $x \in [0, 1]$. Man verifiziere, daß (f_j) λ_1-fast gleichmäßig konvergiert, daß es aber keine λ_1-Nullmenge $N \subset [0, 1]$ gibt, so daß $(f_j \mid N^c)$ gleichmäßig konvergiert.

13 Es seien $(X, \mathcal{A}, \mu)$ ein endlicher Maßraum und $f_j, f \in \mathcal{L}_0(X, \mu, E)$ mit $f_j \to f$ μ-f.ü. Man beweise:

(a) Zu $\varepsilon > 0$ und $\delta > 0$ gibt es ein $k \in \mathbb{N}$ und ein $A \in \mathcal{A}$ mit $\mu(A^c) < \delta$, so daß gilt $|f_j(x) - f(x)| < \varepsilon$ für $x \in A$ und $j \geq k$.

(b) Die Folge (f_j) konvergiert μ-fast gleichmäßig gegen f (**Satz von Egoroff**).

(c) Die Aussage (b) ist für $\mu(X) = \infty$ i. allg. falsch.

(Hinweise: (a) Man betrachte $K := [f_j \to f]$ und $K_k := [\,|f_j - f| < \varepsilon \; ; \; j \geq k\,]$ und verwende die Stetigkeit des Maßes von oben.   (b) Man wähle $\varepsilon := 1/j$ und $\delta := \delta 2^{-j}$ in (a), um A_j zu erhalten, und verwende dann $A := \bigcup_j A_j$.   (c) Man betrachte den Maßraum $(X, \mathcal{A}, \mu) = \big(\mathbb{R}, \lambda_1, \mathcal{L}(1)\big)$ und setze $f_j := \chi_{[j,j+1]}$.)

14 Es seien $(X, \mathcal{A}, \mu)$ ein Maßraum und $f_j, f \in \mathcal{L}_0(X, \mu, E)$. Dann heißt (f_j) **im Maß gegen f konvergent**, wenn für jedes $\varepsilon > 0$ gilt $\lim_{j \to \infty} \mu\big([\,|f_j - f| \geq \varepsilon]\big) = 0$.

Man beweise:

(a) $f_j \to f$ μ-fast gleichmäßig $\Rightarrow$ $f_j \to f$ im Maß.

(b) Konvergiert (f_j) im Maß gegen f und gegen g, so gilt $f = g$ μ-f.ü.

(c) Es gibt eine Folge λ_1-meßbarer Funktionen auf $[0, 1]$, die im Maß, aber nirgends punktweise, konvergiert.

(d) Es gibt eine Folge λ_1-meßbarer Funktionen auf $\mathbb{R}$, die punktweise, aber nicht im Maß konvergiert.

(Hinweise: (c) Man setze $f_j := \chi_{I_j}$, wobei die Intervalle $I_j \subset [0, 1]$ so zu wählen sind, daß $\lambda_1(I_j) \to 0$ und die Folge $\big(f_j(x)\big)$ für jedes $x \in [0, 1]$ zwei Häufungspunkte besitzt. (d) Man betrachte $f_j := \chi_{[j,j+1]}$.)

15 Es sei (f_j) eine Folge in $\mathcal{L}_0(X, \mu, E)$, die im Maß gegen $f \in \mathcal{L}_0(X, \mu, E)$ konvergiert. Man zeige, daß (f_j) eine Teilfolge besitzt, die μ-f.ü. gegen f konvergiert. (Hinweis: Es gibt eine wachsende Folge $(j_k)_{k \in \mathbb{N}}$ mit

$$\mu\big([\,|f_m - f_n| \geq 2^{-k}]\big) \leq 2^{-k} \,, \qquad m, n \geq j_k \,.$$

Mit Hilfe von $B_\ell := \bigcup_{k=\ell}^{\infty} [\,|f_{n_{k+1}} - f_{n_k}| \geq 2^{-k}]$ schließe man, daß $(f_{j_k})_{k \in \mathbb{N}}$ μ-fast gleichmäßig konvergiert. Ferner beachte man die Aufgaben 12 sowie 14(a) und (b).)

16 Für $x = (x_j) \in \mathbb{K}^{\mathbb{N}}$ und $p \in [1, \infty]$ seien[11]

$$\|x\|_p := \begin{cases} \left(\sum_{j=0}^{\infty} |x_j|^p \right)^{1/p} , & p \in [1, \infty) , \\ \sup_j |x_j| , & p = \infty , \end{cases}$$

und

$$\ell_p := \ell_p(\mathbb{K}) := \left(\{ x \in \mathbb{K}^{\mathbb{N}} ; \|x\|_p < \infty \}, \|\cdot\|_p \right) .$$

Man beweise:

(a) Für $p \in [1, \infty)$ ist ℓ_p ein separabler normierter Vektorraum.

(b) ℓ_{∞} ist nicht separabel.

17 Es sei $x \in \bar{\mathbb{R}}$. Ist $x \in \mathbb{R}$, so heißt $U \subset \bar{\mathbb{R}}$ **Umgebung in** $\bar{\mathbb{R}}$ von x, wenn U eine Umgebung *in* $\mathbb{R}$ von x enthält. Für $x \in \bar{\mathbb{R}} \backslash \mathbb{R}$ wurden Umgebungen in Paragraph II.5 definiert. Es sei $O \subset \bar{\mathbb{R}}$. Man nennt O **offen in** $\bar{\mathbb{R}}$, wenn es zu jedem $x \in O$ eine Umgebung U in $\bar{\mathbb{R}}$ von x gibt mit $U \subset O$. Ferner sei $\overline{\mathcal{T}} := \{ O \subset \bar{\mathbb{R}} ; O \text{ ist offen in } \bar{\mathbb{R}} \}$. Man verifiziere:

(a) O ist genau dann offen in $\bar{\mathbb{R}}$, wenn $O \cap \mathbb{R}$ offen in $\mathbb{R}$ ist und wenn es, im Fall $\infty \in O$ [bzw. $-\infty \in O$], ein $a \in \mathbb{R}$ gibt mit $(a, \infty] \subset O$ [bzw. $[-\infty, a) \subset O$].

(b) $(\bar{\mathbb{R}}, \overline{\mathcal{T}})$ ist ein kompakter topologischer Raum.

(c) $\mathcal{B}(\bar{\mathbb{R}}) = \{ B \cup F ; B \in \mathcal{B}^1, F \subset \{-\infty, \infty\} \}$.

(d) $\mathcal{B}(\bar{\mathbb{R}}) | \mathbb{R} = \mathcal{B}^1$.

(e) Für $f \in \bar{\mathbb{R}}^X$ gilt: $f \in \mathcal{L}_0(X, \mu, \bar{\mathbb{R}}) \Longleftrightarrow f$ ist $\mathcal{A}$-$\mathcal{B}(\bar{\mathbb{R}})$-meßbar.

18 Es sei S eine separable Teilmenge von E. Man verifiziere, daß $F := \overline{\text{span}(S)}$ ein separabler Banachraum ist.

19 Für $f \in \mathbb{K}^X$ setze man

$$(\text{sign } f)(x) := \begin{cases} f(x)/|f(x)| , & f(x) \neq 0 , \\ 0 , & f(x) = 0 , \end{cases}$$

und weise nach, daß aus $f \in \mathcal{L}_0(X, \mu, \mathbb{K})$ stets sign $f \in \mathcal{L}_0(X, \mu, \mathbb{K})$ folgt.

---

[11]Siehe auch Folgerung IV.2.17.

2 Integrierbare Funktionen

In diesem Paragraphen erklären wir das allgemeine Bochner-Lebesguesche Integral und beschreiben seine elementaren Eigenschaften. Außerdem beweisen wir, daß der Vektorraum der integrierbaren Funktionen bezüglich der durch das Integral induzierten Seminorm vollständig ist.

Wie im vorhergehenden Paragraphen bezeichnen

- $(X, \mathcal{A}, \mu)$ einen σ-endlichen vollständigen Maßraum;
  $E = (E, |\cdot|)$ einen Banachraum.

Das Integral für einfache Funktionen

In Bemerkung 1.2(c) haben wir festgehalten, daß jede einfache Funktion eine eindeutig bestimmte Normalform besitzt. Diese erweist sich für das Weitere als sehr nützlich, weshalb wir vorzugsweise mit ihr arbeiten werden.

Vereinbarung Im folgenden werden μ-einfache Funktionen stets durch ihre Normalformen dargestellt, es sei denn, es wird ausdrücklich etwas Anderes gesagt. Ferner setzen wir[1]

$$\infty \cdot 0_E := -\infty \cdot 0_E := 0_E \qquad (2.1)$$

mit dem Nullvektor 0_E von E.

Für $\varphi \in \sum_{j=0}^{m} e_j \chi_{A_j} \in \mathcal{EF}(X, \mu, E)$ heißt

$$\int_X \varphi \, d\mu := \int \varphi \, d\mu := \sum_{j=0}^{m} e_j \mu(A_j)$$

Integral von φ über X bezüglich des Maßes μ. Ist A eine μ-meßbare Menge, so heißt

$$\int_A \varphi \, d\mu := \int_X \chi_A \varphi \, d\mu$$

Integral von φ über A bezüglich des Maßes μ.

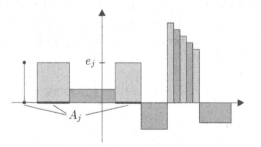

---

[1]Die Vereinbarung (2.1) ist in der Integrationstheorie gebräuchlich und dient z.B. dazu, einfache Funktionen über ihren ganzen Definitionsbereich integrieren zu können. Sie ist im Fall $E = \mathbb{R}$ *nicht* als (weitere) Rechenregel in $\bar{\mathbb{R}}$, sondern als „äußere" Multiplikation der Elemente ∞ und $-\infty$ aus $\bar{\mathbb{R}}$ mit dem Nullvektor aus $\mathbb{R}$ zu verstehen.

2.1 Bemerkungen (a) Für $\varphi \in \mathcal{EF}(X, \mu, E)$ und $A \in \mathcal{A}$ ist $\int_A \varphi \, d\mu$ wohldefiniert.

Beweis Dies folgt aus den Bemerkungen 1.2(c) und (d). ∎

(b) Es bezeichne $\varphi = \sum_{k=0}^{n} f_k \chi_{B_k}$, mit $f_0, \ldots, f_n \in E \setminus \{0\}$ und $B_0, \ldots, B_n \in \mathcal{A}$ mit $B_j \cap B_k = \emptyset$ für $j \neq k$, eine (nicht notwendigerweise in Normalform dargestellte) μ-einfache Funktion. Dann gilt

$$\int_X \varphi \, d\mu = \sum_{k=0}^{n} f_k \mu(B_k) \ .$$

Beweis Wir schreiben $\sum_{j=0}^{m} e_j \chi_{A_j}$ für die Normalform von φ. Ferner sei

$$A_{m+1} := \bigcap_{j=0}^{m} A_j^c \ , \quad B_{n+1} := \bigcap_{k=0}^{n} B_k^c \ , \quad e_{m+1} := 0 \ , \quad f_{n+1} := 0 \ . \qquad (2.2)$$

Dann gilt $X = \bigcup_{j=0}^{m+1} A_j = \bigcup_{k=0}^{n+1} B_k$, und somit

$$A_j = \bigcup_{k=0}^{n+1} (A_j \cap B_k) \ , \quad B_k = \bigcup_{j=0}^{m+1} (A_j \cap B_k) \ , \qquad j = 0, \ldots, m+1 \ , \quad k = 0, \ldots, n+1 \ .$$

Da die Mengen $A_j \cap B_k$ paarweise disjunkt sind, folgen

$$\mu(A_j) = \sum_{k=0}^{n+1} \mu(A_j \cap B_k) \quad \text{und} \quad \mu(B_k) = \sum_{j=0}^{m+1} \mu(A_j \cap B_k) \ .$$

Ist $A_j \cap B_k \neq \emptyset$, so gilt $e_j = f_k$, und wir finden

$$\int_X \varphi \, d\mu = \sum_{j=0}^{m} e_j \mu(A_j) = \sum_{j=0}^{m+1} e_j \sum_{k=0}^{n+1} \mu(A_j \cap B_k) = \sum_{k=0}^{n+1} f_k \sum_{j=0}^{m+1} \mu(A_j \cap B_k)$$

$$= \sum_{k=0}^{n} f_k \mu(B_k) \ ,$$

also die Behauptung. ∎

(c) Das Integral $\int_X \cdot \, d\mu : \mathcal{EF}(X, \mu, E) \to E$ ist linear.

Beweis Es seien $\varphi = \sum_{j=0}^{m} e_j \chi_{A_j}$ und $\psi = \sum_{k=0}^{n} f_k \chi_{B_k}$ μ-einfache Funktionen und $\alpha \in \mathbb{K}$. Man überprüft sofort, daß $\int_X \alpha \varphi \, d\mu = \alpha \int_X \varphi \, d\mu$ gilt. Mit den Beziehungen (2.2) folgt, analog wie in (b),

$$\chi_{A_j} = \sum_{k=0}^{n+1} \chi_{A_j \cap B_k} \ , \quad \chi_{B_k} = \sum_{j=0}^{m+1} \chi_{A_j \cap B_k} \ ,$$

und somit[2]

$$\varphi + \psi = \sum_{j=0}^{m+1} \sum_{k=0}^{n+1} (e_j + f_k) \chi_{A_j \cap B_k} \ . \qquad (2.3)$$

Die Behauptung ergibt sich nun aus (b). ∎

---

[2]Im allgemeinen ist $\varphi + \psi$ durch (2.3) *nicht* in Normalform dargestellt.

(d) Für $A, B \in \mathcal{A}$ und $A \cap B = \emptyset$ gilt

$$\int_{A \cup B} \varphi \, d\mu = \int_A \varphi \, d\mu + \int_B \varphi \, d\mu \,, \qquad \varphi \in \mathcal{EF}(X, \mu, E) \,.$$

Beweis Dies folgt aus (c) und $\chi_{A \cup B}\varphi = \chi_A \varphi + \chi_B \varphi$. $\blacksquare$

(e) Für $\varphi \in \mathcal{EF}(X, \mu, E)$ und $A \in \mathcal{A}$ gilt

$$\left| \int_A \varphi \, d\mu \right| \leq \int_A |\varphi| \, d\mu \leq \|\varphi\|_\infty \, \mu(A) \,.$$

Beweis Dies folgt aus Bemerkung 1.2(d) und der Dreiecksungleichung. $\blacksquare$

(f) Für $\varphi, \psi \in \mathcal{EF}(X, \mu, \mathbb{R})$ mit $\varphi \leq \psi$ gilt $\int_A \varphi \, d\mu \leq \int_A \psi \, d\mu$.

Beweis Man überprüft sofort, daß $\int_A \eta \, d\mu \geq 0$ für $\eta \in \mathcal{EF}(X, \mu, \mathbb{R}^+)$. Die Behauptung folgt nun aus (c). $\blacksquare$

Die $\mathcal{L}_1$-Seminorm

Es sei V ein Vektorraum über $\mathbb{K}$. Eine Abbildung $p \colon V \to \mathbb{R}$ heißt **Seminorm** auf V, wenn folgende Eigenschaften erfüllt sind:

  (i) $p(v) \geq 0$, $v \in V$;
 (ii) $p(\lambda v) = |\lambda| \, p(v)$, $v \in V$, $\lambda \in \mathbb{K}$;
(iii) $p(v + w) \leq p(v) + p(w)$, $v, w \in V$.

Für $v \in V$ und $r > 0$ bezeichnen wir mit

$$\mathbb{B}_p(v, r) := \left\{ w \in V \,;\, p(v - w) < r \right\}$$

den **offenen Semiball** in (V, p) **um** v **mit Radius** r. Eine Teilmenge O von V heißt p-**offen**, falls es zu jedem $v \in O$ ein $r > 0$ gibt mit $\mathbb{B}_p(v, r) \subset O$.

2.2 Bemerkungen Es seien V ein Vektorraum und p eine Seminorm auf V.

(a) Die Seminorm p ist genau dann eine Norm, wenn $p^{-1}(0) = \{0\}$ gilt.

(b) Es seien $K \subset \mathbb{R}^n$ kompakt, $k \in \mathbb{N} \cup \{\infty\}$ und

$$p_K(f) := \max_{x \in K} |f(x)| \,, \qquad f \in C^k(\mathbb{R}^n, E) \,.$$

Dann ist p_K eine Seminorm auf $C^k(\mathbb{R}^n, E)$, aber keine Norm.

Beweis Man überprüft sofort, daß p_K eine Seminorm auf $C^k(\mathbb{R}^n, E)$ ist. Es sei U eine offene Umgebung von K. Dann zeigt Aufgabe VII.6.7, daß es ein $f \in C^\infty(\mathbb{R}^n, \mathbb{R})$ gibt mit $f(x) = 1$ für $x \in K$ und $f(x) = 0$ für $x \in U^c$. Für $e \in E \setminus \{0\}$ setzen wir $g := (\chi_{\mathbb{R}^n} - f)e$.

Dann gehört g zu $C^\infty(\mathbb{R}^n, E)$, und es gilt $p_K(g) = 0$, aber $g \neq 0$. Also ist p_K keine Norm auf $C^k(\mathbb{R}^n, E)$. ∎

(c) Es sei

$$\|\varphi\|_1 := \int_X |\varphi| \, d\mu \,, \qquad \varphi \in \mathcal{EF}(X, \mu, E) \,.$$

Dann ist $\|\cdot\|_1$ eine Seminorm auf $\mathcal{EF}(X, \mu, E)$. Gibt es eine nichtleere μ-Nullmenge in $\mathcal{A}$, so ist $\|\cdot\|_1$ keine Norm auf $\mathcal{EF}(X, \mu, E)$.

Beweis Es ist klar, daß $\|\cdot\|_1$ eine Seminorm auf $\mathcal{EF}(X, \mu, E)$ ist. Bezeichnet N eine nichtleere μ-Nullmenge, so gilt $\|\chi_N\|_1 = 0$, aber $\chi_N \neq 0$. ∎

(d) $\mathcal{T}_p := \{ O \subset V \;;\; O \text{ ist } p\text{-offen} \}$ ist eine Topologie auf V, die **von** p **erzeugte Topologie**.

Beweis Man überprüft sofort, daß sich die Argumente des Beweises von Satz III.2.4 auf die vorliegende Situation übertragen lassen. ∎

(e) Die Topologie $\mathcal{T}_p$ erfüllt das Hausdorffsche Trennungsaxiom i. allg. nicht. In einem solchen Fall gibt es keine Metrik auf V, die $\mathcal{T}_p$ erzeugt.

Beweis Wir verwenden die Bezeichnungen von (b) und setzen $K := \{0\}$. Ferner sei $f \in C^k(\mathbb{R}^n, E)$ mit $f(0) = 0$ und $f \neq 0$. Dann gilt $\mathbb{B}_{p_K}(f, \varepsilon) = \mathbb{B}_{p_K}(0, \varepsilon)$ für jedes $\varepsilon > 0$. Also ist $\mathcal{T}_{p_K}$ nicht hausdorffsch. Die zweite Aussage folgt aus Satz III.2.17. ∎

(f) Die lineare Abbildung $A : V \to E$ heißt (p)-**beschränkt**, wenn es ein $M \geq 0$ gibt mit $|Av| \leq M p(v)$ für $v \in V$. Für eine lineare Abbildung $A : V \to E$ sind die folgenden Aussagen äquivalent:

  (i) A ist stetig;

  (ii) A ist stetig in 0;

  (iii) A ist beschränkt.

Beweis Dies folgt aus dem Beweis von Theorem VI.2.5, da dort nur die Eigenschaften einer Seminorm verwendet wurden. ∎

(g) $\int \cdot \, d\mu : \mathcal{EF}(X, \mu, E) \to E$ ist stetig.

Beweis Dies folgt aus (c), (f) und Bemerkung 2.1(c). ∎

Es sei p eine Seminorm auf V. Wir wissen aus Bemerkung 2.2(e), daß es i. allg. keine Metrik auf V gibt, welche die Topologie von (V, p) erzeugt. In einem solchen Fall stehen die in metrischen Räumen eingeführten Begriffe „Cauchyfolge" und „Vollständigkeit" nicht zur Verfügung. Wir erklären deshalb: Eine Folge $(v_j) \in V^\mathbb{N}$ heißt **Cauchyfolge in** (V, p), wenn es zu jedem $\varepsilon > 0$ ein $N \in \mathbb{N}$ gibt mit $p(v_j - v_k) < \varepsilon$ für $j, k \geq N$. Wir nennen (V, p) **vollständig**, falls jede Cauchyfolge in (V, p) konvergiert.

2.3 Bemerkungen (a) Ist (V,p) ein normierter Vektorraum, so stimmen diese Begriffe mit denen von Paragraph II.6 überein.

(b) Es seien $(v_j) \in V^{\mathbb{N}}$ und $v \in V$. Es gilt $v_j \to v$ genau dann, wenn $p(v - v_j) \to 0$. Im allgemeinen ist der Grenzwert einer konvergenten Folge jedoch nicht eindeutig bestimmt. Ist nämlich p keine Norm, so folgt aus $v_j \to v$ auch $v_j \to w$ für jedes $w \in V$ mit $p(v - w) = 0$.

(c) Die Menge aller Cauchyfolgen in (V,p) bildet einen Untervektorraum von $V^{\mathbb{N}}$. ∎

Im folgenden versehen wir den Raum $\mathcal{EF}(X, \mu, E)$ stets mit der von $\|\cdot\|_1$ erzeugten Topologie. Dann nennen wir eine Cauchyfolge in $\mathcal{EF}(X, \mu, E)$ auch $\mathcal{L}_1$-**Cauchyfolge**.

Eine Funktion $f \in E^X$ heißt μ-**integrierbar** oder **integrierbar bezüglich des Maßes** μ, wenn es eine $\mathcal{L}_1$-Cauchyfolge (φ_j) in $\mathcal{EF}(X, \mu, E)$ gibt mit $\varphi_j \to f$ μ-f.ü. Die Gesamtheit aller μ-integrierbaren Funktionen von X nach E bezeichnen wir mit $\mathcal{L}_1(X, \mu, E)$.

2.4 Satz *Im Sinne von Untervektorräumen gelten die Inklusionen*

$$\mathcal{EF}(X, \mu, E) \subset \mathcal{L}_1(X, \mu, E) \subset \mathcal{L}_0(X, \mu, E) \ .$$

Beweis Offensichtlich ist jede μ-einfache Funktion μ-integrierbar. Ferner folgt aus Bemerkung 1.2(a) und Theorem 1.14, daß die Inklusion $\mathcal{L}_1(X, \mu, E) \subset \mathcal{L}_0(X, \mu, E)$ richtig ist. Es seien $f, g \in \mathcal{L}_1(X, \mu, E)$ und $\alpha \in \mathbb{K}$. Dann gibt es $\mathcal{L}_1$-Cauchyfolgen (φ_j) und (ψ_j) in $\mathcal{EF}(X, \mu, E)$ mit $\varphi_j \to f$ und $\psi_j \to g$ μ-f.ü. für $j \to \infty$. Aus der Dreiecksungleichung folgt, daß $(\alpha\varphi_j + \psi_j)_{j \in \mathbb{N}}$ eine $\mathcal{L}_1$-Cauchyfolge in $\mathcal{EF}(X, \mu, E)$ ist, die μ-f.ü. gegen $\alpha f + g$ konvergiert. Also ist $\alpha f + g$ μ-integrierbar. Folglich ist $\mathcal{L}_1(X, \mu, E)$ ein Untervektorraum von $\mathcal{L}_0(X, \mu, E)$. ∎

Das Bochner-Lebesguesche Integral

Es sei $f \in \mathcal{L}_1(X, \mu, E)$. Dann gibt es eine $\mathcal{L}_1$-Cauchyfolge (φ_j) in $\mathcal{EF}(X, \mu, E)$ mit $\varphi_j \to f$ μ-f.ü. Wir werden sehen, daß die Folge $\left(\int_X \varphi_j \, d\mu\right)_{j \in \mathbb{N}}$ in E konvergiert. Es ist naheliegend, das Integral von f bezüglich μ durch den Grenzwert dieser Folge von Integralen zu erklären. Damit diese Festsetzung sinnvoll ist, müssen wir sicherstellen, daß $\lim_j \int \varphi_j \, d\mu$ von der Folge (φ_j), die f approximiert, unabhängig ist. Wir müssen somit zeigen, daß $\lim_j \int \varphi_j \, d\mu = \lim_j \int \psi_j \, d\mu$ gilt, falls (ψ_j) eine weitere Cauchyfolge in $\mathcal{EF}(X, \mu, E)$ ist mit $\psi_j \to f$ μ-f.ü.

2.5 Lemma *Es sei (φ_j) eine Cauchyfolge in $\mathcal{EF}(X, \mu, E)$. Dann gibt es eine Teilfolge $(\varphi_{j_k})_{k \in \mathbb{N}}$ von (φ_j) und ein $f \in \mathcal{L}_1(X, \mu, E)$ mit*

(i) $\varphi_{j_k} \to f$ μ-f.ü. für $k \to \infty$.

(ii) *Zu jedem $\varepsilon > 0$ gibt es ein $A_\varepsilon \in \mathcal{A}$ mit $\mu(A_\varepsilon) < \varepsilon$, so daß $(\varphi_{j_k})_{k\in\mathbb{N}}$ auf A_ε^c gleichmäßig gegen f konvergiert.*

Beweis (α) Zu $k \in \mathbb{N}$ gibt es nach Voraussetzung ein $j_k \in \mathbb{N}$ mit $\|\varphi_\ell - \varphi_m\|_1 < 2^{-2k}$ für $\ell, m \geq j_k$. Wir können die Folge $(j_k)_{k\in\mathbb{N}}$ ohne Beschränkung der Allgemeinheit wachsend wählen und erhalten dann mit $\psi_k := \varphi_{j_k}$:

$$\|\psi_\ell - \psi_m\|_1 < 2^{-2\ell}, \qquad m \geq \ell \geq 0 .$$

(β) Es sei $B_\ell := \big[\, |\psi_{\ell+1} - \psi_\ell| \geq 2^{-\ell} \,\big]$ für $\ell \in \mathbb{N}$. Dann gehört B_ℓ zu $\mathcal{A}$, und es gilt $\mu(B_\ell) < \infty$ für $\ell \in \mathbb{N}$, weil jedes ψ_m μ-einfach ist. Somit ist auch χ_{B_ℓ} μ-einfach, und Bemerkung 2.1(f) impliziert

$$2^{-\ell}\mu(B_\ell) = 2^{-\ell}\int_X \chi_{B_\ell}\, d\mu \leq \int_X |\psi_{\ell+1} - \psi_\ell|\, d\mu = \|\psi_{\ell+1} - \psi_\ell\|_1 < 2^{-2\ell} .$$

Hieraus folgt $\mu(B_\ell) < 2^{-\ell}$ für $\ell \in \mathbb{N}$.

Mit $A_n := \bigcup_{k=0}^\infty B_{n+k}$ gilt $\mu(A_n) \leq 2^{-n+1}$ für $n \in \mathbb{N}$, und wir erkennen, daß $A := \bigcap_{n=0}^\infty A_n$ eine μ-Nullmenge ist.

(γ) Liegt x in $A_n^c = \bigcap_{k=0}^\infty B_{n+k}^c$, so gilt

$$|\psi_{\ell+1}(x) - \psi_\ell(x)| < 2^{-\ell}, \qquad \ell \geq n .$$

Nach dem Weierstraßschen Majorantenkriterium konvergiert somit die Reihe

$$\psi_0 + \sum(\psi_{\ell+1} - \psi_\ell)$$

auf A_n^c gleichmäßig in E. Nun setzen wir

$$f(x) := \begin{cases} \lim_k \psi_k(x), & x \in A^c , \\ 0, & x \in A . \end{cases}$$

Dann gilt $\varphi_{j_k} \to f$ μ-f.ü. für $k \to \infty$. Ferner gibt es zu jedem $\varepsilon > 0$ ein $n \in \mathbb{N}$ mit $\mu(A_n) \leq 2^{-n+1} < \varepsilon$, und $(\varphi_{j_k})_{k\in\mathbb{N}}$ konvergiert auf A_n^c für $k \to \infty$ gleichmäßig gegen f. $\blacksquare$

2.6 Lemma *Es seien (φ_j) und (ψ_j) $\mathcal{L}_1$-Cauchyfolgen in $\mathcal{EF}(X, \mu, E)$, die μ-f.ü. gegen dieselbe Funktion konvergieren. Dann gilt $\lim \|\varphi_j - \psi_j\|_1 = 0$.*

Beweis (i) Es seien $\varepsilon > 0$ und $\eta_j := \varphi_j - \psi_j$ für $j \in \mathbb{N}$. Nach Bemerkung 2.3(c) ist (η_j) eine $\mathcal{L}_1$-Cauchyfolge in $\mathcal{EF}(X, \mu, E)$. Folglich gibt es eine natürliche Zahl N mit $\|\eta_j - \eta_k\| < \varepsilon/8$ für $j, k \geq N$.

(ii) Weil η_N μ-einfach ist, gehört $A := [\eta_N \neq 0]$ zu $\mathcal{A}$ und es gilt $\mu(A) < \infty$. Ferner konvergiert (η_j) μ-f.ü. gegen Null. Somit zeigt Lemma 2.5, daß es ein $B \in \mathcal{A}$

mit $\mu(B) < \varepsilon/8(1 + \|\eta_N\|_\infty)$ und eine Teilfolge $(\eta_{j_k})_{k \in \mathbb{N}}$ von (η_j) gibt, die auf B^c gleichmäßig gegen 0 konvergiert. Also existiert ein $K \geq N$ mit

$$|\eta_{j_K}(x)| \leq \varepsilon/8(1 + \mu(A)) \,, \qquad x \in A \setminus B \,.$$

Hieraus folgt $\int_{A \setminus B} |\eta_{j_K}| \, d\mu \leq \varepsilon/8$.

(iii) Aus den Eigenschaften von B und K folgt

$$\int_B |\eta_{j_K}| \, d\mu \leq \int_B |\eta_{j_K} - \eta_N| \, d\mu + \int_B |\eta_N| \, d\mu$$
$$\leq \|\eta_{j_K} - \eta_N\|_1 + \|\eta_N\|_\infty \, \mu(B) < \varepsilon/4 \,.$$

Aufgrund der Definition von A gilt

$$\int_{A^c} |\eta_{j_K}| \, d\mu = \int_{A^c} |\eta_{j_K} - \eta_N| \, d\mu \leq \|\eta_{j_K} - \eta_N\|_1 < \varepsilon/8 \,.$$

Zusammenfassend erhalten wir wegen Bemerkung 2.1(d)

$$\|\eta_{j_K}\|_1 \leq \int_{A^c \cup (A \setminus B) \cup B} |\eta_{j_K}| \, d\mu < \varepsilon/2 \,,$$

und folglich $\|\eta_j\|_1 \leq \|\eta_{j_K}\|_1 + \|\eta_j - \eta_{j_K}\|_1 < \varepsilon$ für $j \geq N$. Weil $\varepsilon > 0$ beliebig war, ist alles bewiesen. ∎

2.7 Korollar *Es seien (φ_j) und (ψ_j) Cauchyfolgen in $\mathcal{EF}(X, \mu, E)$, die μ-f.ü. gegen dieselbe Funktion konvergieren. Dann konvergieren die Folgen $(\int_X \varphi_j \, d\mu)$ und $(\int_X \psi_j \, d\mu)$ in E, und es gilt*

$$\lim_j \int_X \varphi_j \, d\mu = \lim_j \int_X \psi_j \, d\mu \,.$$

Beweis Wegen

$$\left| \int_X \varphi_j \, d\mu - \int_X \varphi_k \, d\mu \right| \leq \|\varphi_j - \varphi_k\|_1 \,, \qquad j, k \in \mathbb{N} \,,$$

ist $(\int \varphi_j \, d\mu)_{j \in \mathbb{N}}$ eine Cauchyfolge in E. Folglich gibt es ein $e \in E$ mit $\int \varphi_j \, d\mu \to e$ für $j \to \infty$. In analoger Weise ergibt sich die Existenz eines $e' \in E$ mit $\int \psi_j \, d\mu \to e'$ für $j \to \infty$. Unter Verwendung von Lemma 2.6 und der Stetigkeit der Norm von E folgt nun

$$|e - e'| = \lim_j \left| \int_X \varphi_j \, d\mu - \int_X \psi_j \, d\mu \right| \leq \lim_j \int_X |\varphi_j - \psi_j| \, d\mu$$
$$= \lim_j \|\varphi_j - \psi_j\|_1 = 0 \,,$$

also die Behauptung. ∎

Nach diesen Vorbereitungen definieren wir das Integral für integrierbare Funktionen in natürlicher Weise als Erweiterung des Integrals für einfache Funktionen. Es sei $f \in \mathcal{L}_1(X, \mu, E)$. Dann gibt es eine $\mathcal{L}_1$-Cauchyfolge (φ_j) in $\mathcal{EF}(X, \mu, E)$ mit $\varphi_j \to f$ μ-f.ü. Gemäß Korollar 2.7 existiert

$$\int_X f \, d\mu := \lim_j \int_X \varphi_j \, d\mu \qquad \text{in } E \ ,$$

und dieser Grenzwert ist unabhängig von der speziellen Folge (φ_j). Er heißt (**allgemeines**) **Bochner-Lebesguesches Integral** von f **über** X **bezüglich des Maßes** μ. Neben dem Symbol $\int_X f \, d\mu$ sind noch weitere Bezeichnungen gebräuchlich, nämlich

$$\int f \, d\mu \ , \qquad \int_X f(x) \, d\mu(x) \ , \qquad \int_X f(x) \, \mu(dx) \ .$$

Offensichtlich stimmt im Fall einfacher Funktionen das Bochner-Lebesguesche Integral mit dem Integral über einfache Funktionen überein.

Die Vollständigkeit von $\mathcal{L}_1$

Mit Hilfe des Integrals definieren wir eine Seminorm auf $\mathcal{L}_1(X, \mu, E)$ und zeigen, daß $\mathcal{L}_1(X, \mu, E)$ bezüglich dieser Seminorm vollständig ist.

2.8 Lemma Für $f \in \mathcal{L}_1(X, \mu, E)$ gehört $|f|$ zu $\mathcal{L}_1(X, \mu, \mathbb{R})$. Bezeichnet (φ_j) eine $\mathcal{L}_1$-Cauchyfolge in $\mathcal{EF}(X, \mu, E)$ mit $\varphi_j \to f$ μ-f.ü., so gilt $\int |f| \, d\mu = \lim_j \int |\varphi_j| \, d\mu$.

Beweis Die umgekehrte Dreiecksungleichung (die natürlich auch für Seminormen richtig ist) impliziert

$$\big\| \, |\varphi_j| - |\varphi_k| \, \big\|_1 \leq \| \varphi_j - \varphi_k \|_1 \quad \text{und} \quad \big| \, |\varphi_j| - |\varphi_k| \, \big| \leq |\varphi_j - \varphi_k| \ , \qquad j, k \in \mathbb{N} \ .$$

Folglich ist $(|\varphi_j|)_{j \in \mathbb{N}}$ eine $\mathcal{L}_1$-Cauchyfolge in $\mathcal{EF}(X, \mu, \mathbb{R})$, die μ-f.ü. gegen $|f|$ konvergiert. Also gehört $|f|$ zu $\mathcal{L}_1(X, \mu, \mathbb{R})$, und es gilt $\int |f| \, d\mu = \lim_j \int |\varphi_j| \, d\mu$. ∎

2.9 Korollar Für $f \in \mathcal{L}_1(X, \mu, E)$ sei $\|f\|_1 := \int_X |f| \, d\mu$. Dann ist $\| \cdot \|_1$ eine Seminorm auf $\mathcal{L}_1(X, \mu, E)$, die $\mathcal{L}_1$-**Seminorm**.

Beweis Es seien $f, g \in \mathcal{L}_1(X, \mu, E)$, und (φ_j) sowie (ψ_j) seien $\mathcal{L}_1$-Cauchyfolgen in $\mathcal{EF}(X, \mu, E)$ mit $\varphi_j \to f$ und $\psi_j \to g$ μ-f.ü. Nach Lemma 2.8 und den Bemerkungen 2.2(c) und 2.3(c) gelten

$$\|f\|_1 = \int_X |f| \, d\mu = \lim_j \int_X |\varphi_j| \, d\mu = \lim_j \|\varphi_j\|_1 \geq 0$$

und

$$\|f + g\|_1 = \lim_j \|\varphi_j + \psi_j\|_1 \leq \lim_j \big(\|\varphi_j\|_1 + \|\psi_j\|_1 \big) = \|f\|_1 + \|g\|_1$$

sowie

$$\|\alpha f\|_1 = \lim_j \|\alpha \varphi_j\| = |\alpha| \lim_j \|\varphi_j\| = |\alpha| \, \|f\|_1$$

für jedes $\alpha \in \mathbb{K}$. ∎

Im folgenden versehen wir den Raum $\mathcal{L}_1(X, \mu, E)$ stets mit der von der Seminorm $\|\cdot\|_1$ induzierten Topologie.

2.10 Theorem

(i) $\mathcal{EF}(X, \mu, E)$ ist dicht in $\mathcal{L}_1(X, \mu, E)$.

(ii) Der Raum $\mathcal{L}_1(X, \mu, E)$ ist vollständig.

Beweis (i) Es sei $f \in \mathcal{L}_1(X, \mu, E)$, und (φ_j) bezeichne eine $\mathcal{L}_1$-Cauchyfolge einfacher Funktionen mit $\varphi_j \to f$ μ-f.ü. für $j \to \infty$. Außerdem sei $k \in \mathbb{N}$. Dann ist $(\varphi_j - \varphi_k)_{j \in \mathbb{N}}$ eine $\mathcal{L}_1$-Cauchyfolge in $\mathcal{EF}(X, \mu, E)$ mit $(\varphi_j - \varphi_k) \to (f - \varphi_k)$ μ-f.ü. für $j \to \infty$. Wegen Lemma 2.8 gilt deshalb

$$\|f - \varphi_k\|_1 = \lim_j \|\varphi_j - \varphi_k\|_1 \,, \qquad k \in \mathbb{N} \,.$$

Es sei $\varepsilon > 0$. Dann gibt es ein $N \in \mathbb{N}$ mit $\|\varphi_j - \varphi_k\|_1 < \varepsilon$ für $j, k \geq N$, und der Grenzübergang $j \to \infty$ liefert $\|f - \varphi_N\|_1 \leq \varepsilon$. Dies zeigt, daß $\mathcal{EF}(X, \mu, E)$ im Raum $\mathcal{L}_1(X, \mu, E)$ dicht ist.

(ii) Es seien (f_j) eine Cauchyfolge in $\mathcal{L}_1(X, \mu, E)$ und $\varepsilon > 0$. Wir wählen $M \in \mathbb{N}$ mit $\|f_j - f_k\|_1 < \varepsilon/2$ für $j, k \geq M$. Ferner gibt es nach (i) zu jedem $j \in \mathbb{N}$ ein $\varphi_j \in \mathcal{EF}(X, \mu, E)$ mit $\|f_j - \varphi_j\|_1 < 2^{-j}$. Nun folgt aus

$$\|\varphi_j - \varphi_k\|_1 \leq \|\varphi_j - f_j\|_1 + \|f_j - f_k\|_1 + \|f_k - \varphi_k\|_1 < 2^{-j} + 2^{-k} + \varepsilon/2$$

für $j, k \geq M$. Dies zeigt, daß (φ_j) eine $\mathcal{L}_1$-Cauchyfolge in $\mathcal{EF}(X, \mu, E)$ ist. Aufgrund von Lemma 2.5 gibt es deshalb eine Teilfolge $(\varphi_{j_k})_{k \in \mathbb{N}}$ von (φ_j) und ein $f \in \mathcal{L}_1(X, \mu, E)$ mit $\varphi_{j_k} \to f$ μ-f.ü. für $k \to \infty$. Der Beweis von (i) zeigt, daß ein $N \geq M$ mit $\|f - \varphi_{j_N}\|_1 < \varepsilon/4$ existiert, und wir erhalten

$$\|f - f_j\|_1 \leq \|f - \varphi_{j_N}\|_1 + \|\varphi_{j_N} - f_{j_N}\|_1 + \|f_{j_N} - f_j\|_1 < \varepsilon \,, \qquad j \geq N \,,$$

d.h., (f_j) konvergiert in $\mathcal{L}_1(X, \mu, E)$ gegen f. ∎

Elementare Eigenschaften des Integrals

Wir haben gesehen, daß das Integral auf dem Raum der einfachen Funktionen stetig, linear und — im Fall $E = \mathbb{R}$ — monoton ist (vgl. Bemerkung 2.2(g) und die Bemerkungen 2.1(c) und (f)). Wir zeigen nun, daß diese Eigenschaften bei der Ausdehnung des Integrals vom Raum der einfachen Funktionen auf den Raum der integrierbaren Funktionen erhalten bleiben.

2.11 Theorem

(i) $\int_X \cdot \, d\mu : \mathcal{L}_1(X, \mu, E) \to E$ ist linear und stetig, und es gilt

$$\left| \int_X f \, d\mu \right| \leq \int_X |f| \, d\mu = \|f\|_1 \ .$$

(ii) $\int_X \cdot \, d\mu : \mathcal{L}_1(X, \mu, \mathbb{R}) \to \mathbb{R}$ ist eine stetige positive Linearform.

(iii) *Es seien* F *ein Banachraum und* $T \in \mathcal{L}(E, F)$. *Dann gelten*

$$Tf \in \mathcal{L}_1(X, \mu, F) \quad \text{und} \quad T \int_X f \, d\mu = \int_X Tf \, d\mu$$

für $f \in \mathcal{L}_1(X, \mu, E)$.

Beweis (i) Wir haben in Satz 2.4 gezeigt, daß die μ-integrierbaren Funktionen einen Vektorraum bilden. Es seien $f, g \in \mathcal{L}_1(X, \mu, E)$ und $\alpha \in \mathbb{K}$. Dann gibt es $\mathcal{L}_1$-Cauchyfolgen (φ_j) und (ψ_j) in $\mathcal{EF}(X, \mu, E)$ mit $\varphi_j \to f$ und $\psi_j \to g$ μ-f.ü. Wegen Bemerkung 2.1(c) gilt

$$\int_X (\alpha \varphi_j + \psi_j) \, d\mu = \alpha \int_X \varphi_j \, d\mu + \int_X \psi_j \, d\mu \ , \qquad j \in \mathbb{N} \ .$$

Nun folgt die Linearität des Integrals auf $\mathcal{L}_1(X, \mu, E)$ durch den Grenzübergang $j \to \infty$. Nach Korollar 2.9 ist $\|\cdot\|_1$ eine Seminorm auf $\mathcal{L}_1(X, \mu, E)$, und Bemerkung 2.1(e) zeigt

$$\left| \int_X \varphi_j \, d\mu \right| \leq \int_X |\varphi_j| \, d\mu = \|\varphi_j\|_1 \ , \qquad j \in \mathbb{N} \ .$$

Wegen Lemma 2.8 können wir den Grenzübergang $j \to \infty$ durchführen, und wir finden

$$\left| \int_X f \, d\mu \right| \leq \int_X |f| \, d\mu = \|f\|_1 \ .$$

Die Stetigkeit folgt jetzt aus Bemerkung 2.2(f).

Das Prinzip des eben geführten Beweises läßt sich ohne Schwierigkeiten sinngemäß auf die Aussagen (ii) und (iii) übertragen. Dies bleibt dem Leser zur Übung überlassen. ∎

2.12 Korollar

(i) *Die Abbildung* $f = (f_1, \ldots, f_n) : X \to \mathbb{K}^n$ *ist genau dann* μ-*integrierbar, wenn dies für jede Koordinatenfunktion* f_j *der Fall ist. Dann gilt*

$$\int_X f \, d\mu = \left(\int_X f_1 \, d\mu, \ldots, \int_X f_n \, d\mu \right) \ .$$

(ii) *Es seien $g, h \in \mathbb{R}^X$ und $f := g + i h$. Dann liegt f genau dann in $\mathcal{L}_1(X, \mu, \mathbb{C})$, wenn g und h zu $\mathcal{L}_1(X, \mu, \mathbb{R})$ gehören. In diesem Fall gilt*

$$\int_X f \, d\mu = \int_X g \, d\mu + i \int_X h \, d\mu \ .$$

(iii) *Die Funktion $f \in \mathbb{R}^X$ ist genau dann μ-integrierbar, wenn dies für f^+ und f^- richtig ist. Dann gelten*

$$\int_X f \, d\mu = \int_X f^+ \, d\mu - \int_X f^- \, d\mu \ , \quad \int_X |f| \, d\mu = \int_X f^+ \, d\mu + \int_X f^- \, d\mu \ .$$

Beweis (i) „$\Rightarrow$" Es sei $f \in \mathcal{L}_1(X, \mu, \mathbb{K}^n)$. Wegen $\mathrm{pr}_j \in \mathcal{L}(\mathbb{K}^n, \mathbb{K})$ für $j = 1, \ldots, n$ folgt aus Theorem 2.11(iii), daß $f_j = \mathrm{pr}_j \circ f$ zu $\mathcal{L}_1(X, \mu, \mathbb{K})$ gehört. Ferner gilt $\int f_j \, d\mu = \mathrm{pr}_j \int f \, d\mu$, und somit

$$\int_X f \, d\mu = \left(\int_X f_1 \, d\mu, \ldots, \int_X f_n \, d\mu \right) \ .$$

„$\Leftarrow$" Für $j = 1, \ldots, n$ betrachten wir die Abbildung

$$b_j : \mathbb{K} \to \mathbb{K}^n \ , \quad y \mapsto (0, \ldots, 0, y, 0, \ldots, 0) \ ,$$

wobei rechts y an der j-ten Stelle steht. Dann gelten

$$b_j \in \mathcal{L}(\mathbb{K}, \mathbb{K}^n) \quad \text{und} \quad f := \sum_{j=1}^n b_j \circ f_j \ .$$

Die Behauptung folgt nun aus Theorem 2.11(i) und (iii).

(ii) Dies ergibt sich aus (i) und der Identifikation von $\mathbb{C}$ mit $\mathbb{R}^2$.

(iii) Für $f \in \mathbb{R}^X$ gelten

$$f^+ = (f + |f|)/2 \ , \quad f^- = (|f| - f)/2 \ , \quad f = f^+ - f^- \ , \quad |f| = f^+ + f^- \ .$$

Also implizieren Theorem 2.11(i) und Lemma 2.8 die Behauptungen. ■

2.13 Lemma *Für $f \in \mathcal{L}_1(X, \mu, E)$ und $A \in \mathcal{A}$ gilt $\chi_A f \in \mathcal{L}_1(X, \mu, E)$.*

Beweis Es sei (φ_j) eine $\mathcal{L}_1$-Cauchyfolge in $\mathcal{EF}(X, \mu, E)$, die μ-f.ü. gegen f konvergiert. Dann ist $\chi_A \varphi_j$ μ-einfach (vgl. Bemerkung 1.2(d)), und $(\chi_A \varphi_j)_{j \in \mathbb{N}}$ konvergiert offensichtlich μ-f.ü. gegen $\chi_A f$. Ferner gilt wegen Bemerkung 2.1(f)

$$\int_X |\chi_A \varphi_j - \chi_A \varphi_k| \, d\mu = \int_X \chi_A |\varphi_j - \varphi_k| \, d\mu \le \int_X |\varphi_j - \varphi_k| \, d\mu \ , \qquad j, k \in \mathbb{N} \ .$$

Also ist $(\chi_A \varphi_j)_{j \in \mathbb{N}}$ eine $\mathcal{L}_1$-Cauchyfolge in $\mathcal{EF}(X, \mu, E)$. Dies zeigt, daß $\chi_A f$ μ-integrierbar ist. ■

Es seien $f \in \mathcal{L}_1(X, \mu, E)$ und $A \in \mathcal{A}$. Wir erklären das **Integral von f über A bezüglich des Maßes μ** durch

$$\int_A f \, d\mu := \int_X \chi_A f \, d\mu \; .$$

Aufgrund von Lemma 2.13 ist diese Definition sinnvoll.

2.14 Bemerkungen   Es seien $f \in \mathcal{L}_1(X, \mu, E)$ und $A \in \mathcal{A}$.

(a) $\int_A \cdot \, d\mu \colon \mathcal{L}_1(X, \mu, E) \to E$ ist linear und stetig, und es gilt

$$\left| \int_A f \, d\mu \right| \leq \int_A |f| \, d\mu = \|\chi_A f\|_1 \; .$$

(b) Es seien $\mathcal{B} := \mathcal{A} \,|\, A$ und $\nu := \mu \,|\, \mathcal{B}$. Dann gilt $\int_A f \, d\mu = \int_A f \,|\, A \, d\nu$.

Beweis   Die einfache Verifikation bleibt dem Leser überlassen (vgl. Aufgabe 1). ∎

(c) Im Fall $E = \mathbb{R}$ und $f \geq 0$ ist

$$\mathcal{A} \to [0, \infty) \; , \quad A \mapsto \int_A f \, d\mu$$

ein endliches Maß (vgl. Aufgabe 11). ∎

2.15 Lemma   *Es seien $f \in \mathcal{L}_1(X, \mu, E)$ und $g \in E^X$ mit $f = g$ μ-f.ü. Dann gehört auch g zu $\mathcal{L}_1(X, \mu, E)$, und es gilt $\int_X f \, d\mu = \int_X g \, d\mu$.*

Beweis   Es sei (φ_j) eine $\mathcal{L}_1$-Cauchyfolge in $\mathcal{EF}(X, \mu, E)$ mit $\varphi_j \to f$ μ-f.ü. Ferner seien M und N μ-Nullmengen mit $\varphi_j \to f$ auf M^c und $f = g$ auf N^c. Dann konvergiert (φ_j) μ-f.ü. gegen g, denn es gilt $\varphi_j(x) \to g(x)$ für $x \in (M \cup N)^c$. Folglich gehört g zu $\mathcal{L}_1(X, \mu, E)$, und es gilt $\int g \, d\mu = \lim_j \int \varphi_j \, d\mu = \int f \, d\mu$. ∎

2.16 Korollar

(i) *Für $f \in E^X$ gelte $f = 0$ μ-f.ü. Dann ist f μ-integrierbar mit $\int_X f \, d\mu = 0$.*

(ii) *Es seien $f, g \in \mathcal{L}_1(X, \mu, \mathbb{R})$ mit $f \leq g$ μ-f.ü. Dann gilt $\int_X f \, d\mu \leq \int_X g \, d\mu$.*

Beweis   (i) Dies folgt unmittelbar aus Lemma 2.15.

(ii) Theorem 2.11(ii) und Lemma 2.15 implizieren $0 \leq \int_X (g - f) \, d\mu$, und folglich $\int_X f \, d\mu \leq \int_X g \, d\mu$. ∎

2.17 Satz   *Für $f \in \mathcal{L}_1(X, \mu, E)$ und $\alpha > 0$ gilt $\mu\big([\,|f| \geq \alpha]\big) < \infty$.*

Beweis   Lemma 2.5 sichert die Existenz einer $\mathcal{L}_1$-Cauchyfolge (φ_j) in $\mathcal{EF}(X, \mu, E)$ und einer μ-meßbaren Menge A mit $\mu(A) \leq 1$, so daß (φ_j) auf A^c gleichmäßig gegen f konvergiert. Weil $|f|$ μ-meßbar ist, gehört $B := A^c \cap [\,|f| \geq \alpha]$ zu $\mathcal{A}$. Ferner gibt es ein $N \in \mathbb{N}$ mit $|\varphi_N(x) - f(x)| \leq \alpha/2$ für $x \in A^c$. Also folgt

$$|\varphi_N(x)| \geq |f(x)| - |\varphi_N(x) - f(x)| \geq \alpha/2 \,, \qquad x \in B \,.$$

Insbesondere ist B in $[\varphi_N \neq 0]$ enthalten. Somit gilt $\mu(B) \leq \mu([\varphi_N \neq 0]) < \infty$, da φ_N μ-einfach ist. Wegen

$$[\,|f| \geq \alpha\,] = B \cup \big(A \cap [\,|f| \geq \alpha\,]\big) \subset B \cup A$$

folgt $\mu([\,|f| \geq \alpha\,]) \leq \mu(B) + 1 < \infty$. ∎

Konvergenz in $\mathcal{L}_1$

Zu jeder integrierbaren Funktion f gibt es eine $\mathcal{L}_1$-Cauchyfolge einfacher Funktionen, die fast überall gegen f konvergiert. Wir zeigen im folgenden, daß *jede* Cauchyfolge in $\mathcal{L}_1(X, \mu, E)$ sogar eine Teilfolge besitzt, die fast überall gegen ihren $\mathcal{L}_1$-Grenzwert konvergiert.

2.18 Theorem *Es sei (f_j) eine Folge in $\mathcal{L}_1(X, \mu, E)$, die in $\mathcal{L}_1(X, \mu, E)$ gegen f konvergiert. Dann gelten:*

(i) *Es gibt eine Teilfolge $(f_{j_k})_{k \in \mathbb{N}}$ von (f_j) mit folgenden Eigenschaften:*

   (α) *$f_{j_k} \to f$ μ-f.ü. für $k \to \infty$.*

   (β) *Zu jedem $\varepsilon > 0$ gibt es ein $A_\varepsilon \in \mathcal{A}$ mit $\mu(A_\varepsilon) < \varepsilon$, so daß $(f_{j_k})_{k \in \mathbb{N}}$ auf A_ε^c gleichmäßig gegen f konvergiert.*

(ii) *$\int_X f_j \, d\mu \to \int_X f \, d\mu$ für $j \to \infty$.*

Beweis (i) Es genügt, den Fall $f = 0$ zu behandeln. Ist nämlich $f \neq 0$, so betrachte man die Folge $(f_j - f)_{j \in \mathbb{N}}$.

Wie im Beweis von Lemma 2.5 gibt es eine Teilfolge (g_k) von (f_j) mit $\|g_\ell - g_m\|_1 < 2^{-2\ell}$ für $m \geq \ell \geq 0$. Der Grenzübergang $m \to \infty$ liefert $\|g_\ell\|_1 \leq 2^{-2\ell}$ für $\ell \in \mathbb{N}$. Wir setzen $B_\ell := [\,|g_\ell| \geq 2^{-\ell}\,]$. Wegen Lemma 2.8, Satz 2.4 und Satz 1.9 gehört B_ℓ zu $\mathcal{A}$, und wir finden

$$2^{-\ell} \mu(B_\ell) \leq \int_{B_\ell} |g_\ell| \, d\mu \leq \int_X |g_\ell| \, d\mu = \|g_\ell\|_1 \leq 2^{-2\ell} \,, \qquad \ell \in \mathbb{N} \,,$$

(vgl. Theorem 2.11(ii)). Folglich gilt $\mu(B_\ell) \leq 2^{-\ell}$ für $\ell \in \mathbb{N}$. Mit $A_n := \bigcup_{k=0}^{\infty} B_{n+k}$ gilt $\mu(A_n) \leq 2^{-n+1}$, und wir erkennen, daß $A := \bigcap_{n=0}^{\infty} A_n$ eine μ-Nullmenge ist. Man überprüft leicht, daß (g_k) auf A_n^c gleichmäßig und auf A^c punktweise gegen 0 konvergiert (vgl. dazu den Beweis von Lemma 2.5).

(ii) Aus Theorem 2.11(i) folgt

$$\left| \int_X f_j \, d\mu - \int_X f \, d\mu \right| \leq \int_X |f_j - f| \, d\mu = \|f_j - f\|_1 \,, \qquad j \in \mathbb{N} \,,$$

und wir erhalten die Behauptung durch den Grenzübergang $j \to \infty$. ∎

2.19 Korollar   Für $f \in \mathcal{L}_1(X, \mu, E)$ gilt

$$\|f\|_1 = 0 \Longleftrightarrow f = 0 \ \mu\text{-f.ü.}$$

Beweis „$\Rightarrow$" Wegen $\|f\|_1 = 0$ konvergiert die Folge (f_j), mit $f_j := 0$ für $j \in \mathbb{N}$, in $\mathcal{L}_1(X, \mu, E)$ gegen f. Nach Theorem 2.18 gibt es deshalb eine Teilfolge $(f_{j_k})_{k \in \mathbb{N}}$ von (f_j) mit $f_{j_k} \to f$ μ-f.ü. für $k \to \infty$. Also gilt $f = 0$ μ-f.ü.

„$\Leftarrow$" Nach Voraussetzung ist $|f| = 0$ μ-f.ü., und die Behauptung folgt aus Korollar 2.16(i). ∎

Zum Abschluß dieses Paragraphen illustrieren wir die vorangehenden Begriffe und Resultate in einer besonders einfachen Situation.

2.20 Beispiel (Der Raum der summierbaren Folgen)   Es bezeichne X entweder $\mathbb{N}$ oder $\mathbb{Z}$, und $\mathcal{H}^0$ sei das 0-dimensionale Hausdorffmaß, also das Zählmaß, auf X. Offensichtlich ist X (mit der von $\mathbb{R}$ induzierten Topologie) ein σ-kompakter metrischer Raum, in dem jede einpunktige Menge offen ist. Also stimmt die Topologie von X mit $\mathfrak{P}(X)$ überein, d.h., jede Teilmenge von X ist offen. Folglich ist jede Abbildung von X in E stetig: $C(X, E) = E^X$.

Es folgt ebenfalls $\mathcal{B}(X) = \mathcal{P}(X)$, und es ist klar, daß $\mathcal{H}^0$ ein regelmäßiges Radonmaß auf X ist. Somit folgt aus Theorem 1.17, daß auch

$$\mathcal{L}_0(X, \mathcal{H}^0, E) = C(X, E) = E^X$$

gilt. Außerdem besitzt $\mathcal{H}^0$ keine nichtleeren Nullmengen. Also stimmt die Konvergenz $\mathcal{H}^0$-f.ü. mit der punktweisen Konvergenz überein.

Für $\varphi \in E^X$ setzen wir

$$\operatorname{supp}(\varphi) := \big\{\, x \in X \ ; \ \varphi(x) \neq 0 \,\big\}$$

und nennen $\operatorname{supp}(\varphi)$ **Träger** (support) von φ. Ferner bezeichne

$$C_c(X, E) := \big\{\, \varphi \in C(X, E) \ ; \ \operatorname{supp}(\varphi) \text{ ist kompakt} \,\big\}$$

die Menge der stetigen E-wertigen Funktionen auf X mit kompaktem Träger. Offensichtlich gehört $\varphi \in C(X, E)$ genau dann zu $C_c(X, E)$, wenn $\operatorname{supp}(\varphi)$ eine endliche Menge ist. Außerdem ist $C_c(X, E)$ ein Untervektorraum von $C(X, E)$, und man verifiziert sofort, daß $C_c(X, E) = \mathcal{EF}(X, \mathcal{H}^0, E)$ gilt.

Für $\varphi \in C_c(X)$ folgt aus Bemerkung 2.1(b)

$$\int_X \varphi \, d\mathcal{H}^0 = \sum_{x \in \operatorname{supp}(\varphi)} \varphi(x) \,. \tag{2.4}$$

Wir setzen nun

$$\ell_1(X, E) := \big\{\, f \in E^X \ ; \ \textstyle\sum_{x \in X} |f(x)| < \infty \,\big\} \,.$$

Für $f \in \ell_1(X, E)$ und $n \in \mathbb{N}$ sei

$$\varphi_n(x) := \begin{cases} f(x) , & |x| \leq n , \\ 0 , & |x| > n . \end{cases}$$

Dann gehört φ_n zu $C_c(X, E)$, und es gilt $\varphi_n \to f$ für $n \to \infty$. Für $m > n$ erhalten wir aus (2.4), daß

$$\|\varphi_n - \varphi_m\|_1 = \sum_{n < |x| \leq m} |f(x)|$$

gilt. Folglich ist (φ_n) eine $\mathcal{L}_1$-Cauchyfolge in $\mathcal{EF}(X, \mathcal{H}^0, E)$, was zeigt, daß f zu $\mathcal{L}_1(X, \mathcal{H}^0, E)$ gehört. Also gilt $\ell_1(X, E) \subset \mathcal{L}_1(X, \mathcal{H}^0, E)$, und

$$\int_X f \, d\mathcal{H}^0 = \sum_{x \in X} f(x) , \qquad f \in \ell_1(X, E) . \tag{2.5}$$

Es sei nun $f \in \mathcal{L}_1(X, \mathcal{H}^0, E)$. Dann existiert eine $\mathcal{L}_1$-Cauchyfolge (ψ_j) in $\mathcal{EF}(X, \mu, E)$, also in $C_c(X, E)$, die punktweise gegen f konvergiert. Wegen Lemma 2.8 gehört $|f|$ zu $\mathcal{L}_1(X, \mathcal{H}^0, \mathbb{R})$, und

$$\|f\|_1 = \int_X |f| \, d\mathcal{H}^0 = \lim_{j \to \infty} \int_X |\psi_j| \, d\mathcal{H}^0 = \lim_{j \to \infty} \sum_{x \in X} |\psi_j(x)| .$$

Somit gibt es ein $k \in \mathbb{N}$ mit

$$\left| \int_X |f| \, d\mathcal{H}^0 - \sum_{x \in X} |\psi_j(x)| \right| \leq 1 , \qquad j \geq k .$$

Dies impliziert

$$\sum_{x \in X} |\psi_j(x)| \leq 1 + \int_X |f| \, d\mathcal{H}^0 =: K < \infty , \qquad j \geq k .$$

Folglich gilt für jedes $m \in \mathbb{N}$

$$\sum_{|x| \leq m} |\psi_j(x)| \leq K , \qquad j \geq k ,$$

woraus wir für $j \to \infty$ wegen $\psi_j \to f$

$$\sum_{|x| \leq m} |f(x)| \leq K , \qquad m \in \mathbb{N} ,$$

erhalten. Nun folgt aus Theorem II.7.7, daß f zu $\ell_1(X, E)$ gehört (und $\|f\|_1 \leq K$ erfüllt). Somit haben wir gezeigt, daß gilt

$$\mathcal{L}_1(X, \mathcal{H}^0, E) = \ell_1(X, E) ,$$

wobei aus (2.5) die Beziehung

$$\|f\|_1 = \sum_{x \in X} |f(x)|$$

folgt.[3]

Schließlich erhalten wir aus Theorem 2.10 und Bemerkung 2.2(a), daß

$$\ell_1(X, E) := \big(\ell_1(X, E), \|\cdot\|_1\big)$$

ein Banachraum ist, der **Raum der summierbaren** (E-wertigen) **Folgen**.

Ist $E = \mathbb{K}$, so sind die Notationen $\ell_1(\mathbb{Z})$ und $\ell_1(\mathbb{N})$ für $\ell_1(X, \mathbb{K})$ gebräuchlich, wobei üblicherweise $\ell_1 := \ell_1(\mathbb{N})$ gesetzt wird.[4] ∎

Aufgaben

1 Es seien $A \in \mathcal{A}$, $\mathcal{B} := \mathcal{A} \,|\, A$ und $\nu := \mu \,|\, \mathcal{B}$. Man verifiziere für $f \in E^X$:

$$\chi_A f \in \mathcal{L}_1(X, \mu, E) \Longleftrightarrow f \,|\, A \in \mathcal{L}_1(A, \nu, E) \ .$$

In diesem Fall gilt

$$\int_X \chi_A f \, d\mu = \int_A f \,|\, A \, d\nu \ .$$

2 Es sei (f_j) eine Folge in $\mathcal{L}_1(X, \mu, E)$, die gleichmäßig gegen $f \in E^X$ konvergiert. Ferner sei $\mu(X) < \infty$. Dann gehört f zu $\mathcal{L}_1(X, \mu, E)$, $f_j \to f$ in $\mathcal{L}_1(X, \mu, E)$, und es gilt $\lim_j \int_X f_j \, d\mu = \int_X f \, d\mu$.

3 Man verifiziere, daß für $f \in \mathcal{L}_1(X, \mu, \mathbb{R}^+)$ gilt:

$$\int_X f \, d\mu = \sup\Big\{ \int_X \varphi \, d\mu \ ; \ \varphi \in \mathcal{EF}(X, \mu, \mathbb{R}^+), \ \varphi \le f \ \mu\text{-f.ü.} \Big\} \ .$$

4 Es seien X eine beliebige nichtleere Menge, $a \in X$ und δ_a das Diracmaß mit Träger in a. Man zeige, daß $\mathcal{L}_1(X, \delta_a, \mathbb{R}) = \mathbb{R}^X$, und man berechne $\int f \, d\delta_a$ für $\mathbb{R}^X$.

5 Es bezeichne μ_F das Lebesgue-Stieltjessche Maß von Aufgabe IX.4.10. Man bestimme $\mathcal{L}_1(\mathbb{R}, \mu_F, \mathbb{K})$, und man berechne $\int f \, d\mu_F$ für $f \in \mathcal{L}_1(\mathbb{R}, \mu_F, \mathbb{K})$.

6 Man beweise die Aussagen (ii) und (iii) von Theorem 2.11.

7 Es sei $f \in \mathcal{L}_0(X, \mu, E)$ μ-f.ü. beschränkt, und es gelte $\mu(X) < \infty$. Man beweise oder widerlege: f ist μ-integrierbar.

8 Es seien (f_j) eine wachsende Folge in $\mathcal{L}_1(X, \mu, \mathbb{R})$ mit $f_j \ge 0$ und $f \in \mathcal{L}_1(X, \mu, \mathbb{R})$ mit $f_j \uparrow f$ μ-f.ü. Dann gilt $\int_X f_j \, d\mu \uparrow \int_X f \, d\mu$ (**Satz über die monotone Konvergenz in $\mathcal{L}_1$**). (Hinweis: Man zeige, daß (f_j) eine Cauchyfolge in $\mathcal{L}_1(X, \mu, \mathbb{R})$ ist und identifiziere ihren Grenzwert.)

---

[3]Man beachte Theorem II.8.9.
[4]Vgl. Aufgabe II.8.6.

9 Es sei (f_j) eine Folge in $\mathcal{L}_1(X, \mu, \mathbb{R})$ mit $f_j \geq 0$ μ-f.ü. und $\sum_{j=0}^{\infty} f_j \in \mathcal{L}_1(X, \mu, \mathbb{R})$. Dann gilt $\sum_{j=0}^{\infty} \int f_j \, d\mu = \int \left(\sum_{j=0}^{\infty} f_j \right) d\mu$. (Hinweis: Aufgabe 8.)

10 Es sei $f \in \mathcal{L}_1(X, \mu, \mathbb{R})$, und es gelte $f > 0$ μ-f.ü. Dann gilt $\int_A f \, d\mu > 0$ für jedes $A \in \mathcal{A}$ mit $\mu(A) > 0$.

11 Es seien $f \in \mathcal{L}_1(X, \mu, \mathbb{R})$ mit $f \geq 0$ und $\varphi_f(A) := \int_A f \, d\mu$ für $A \in \mathcal{A}$. Man zeige:

(a) $(X, \varphi_f, \mathcal{A})$ ist ein endlicher Maßraum;

(b) $\mathcal{N}_\mu \subset \mathcal{N}_{\varphi_f}$;

(c) $\mathcal{N}_\mu = \mathcal{N}_{\varphi_f}$, falls $f > 0$ μ-f.ü.

Insbesondere ist $(X, \mathcal{A}, \varphi_f)$ im Fall $f > 0$ μ-f.ü. ein vollständiger endlicher Maßraum. (Hinweise: (a) Aufgabe 9.   (b) Aufgabe 10.)

12 Es seien $f \in \mathcal{L}_1(X, \mu, \mathbb{R})$ mit $f > 0$ μ-f.ü. und $g \in \mathcal{L}_0(X, \mu, \mathbb{R})$. Man zeige, daß g genau dann φ_f-integrierbar ist, wenn gf μ-integrierbar ist. In diesem Fall gilt

$$\int_X g \, d\varphi_f = \int_X fg \, d\mu \ .$$

13 Für $f \in \mathcal{L}_1(X, \mu, \bar{\mathbb{R}}^+)$ beweise man die **Tschebyscheffsche Ungleichung**

$$\mu([f \geq \alpha]) \leq \frac{1}{\alpha} \int_X f \, d\mu \ , \qquad \alpha > 0 \ .$$

14 Es seien $\mu(X) < \infty$ und I ein perfektes Intervall in $\mathbb{R}$. Ferner sei $\varphi \in C^1(I, \mathbb{R})$ konvex. Man zeige, daß für $f \in \mathcal{L}_1(X, \mu, \mathbb{R})$ mit $f(X) \subset I$ und $\varphi \circ f \in \mathcal{L}_1(X, \mu, \mathbb{R})$ die **Jensensche Ungleichung**

$$\varphi\left(\fint_X f \, d\mu \right) \leq \fint_X \varphi \circ f \, d\mu \qquad \text{mit} \qquad \fint_X f \, d\mu := \frac{1}{\mu(X)} \int_X f \, d\mu \ .$$

gilt. (Hinweise: Man setze $\alpha := \fint f \, d\mu \in I$ und verwende $\varphi(y) \geq \varphi(\alpha) + \varphi'(\alpha)(y - \alpha)$ für $\alpha \in I$).

15 Es sei $f \in \mathcal{L}_1(X, \mu, E)$. Man zeige: Zu jedem $\varepsilon > 0$ gibt es ein $\delta > 0$ mit $\left| \int_A f \, d\mu \right| < \varepsilon$ für alle $A \in \mathcal{A}$ mit $\mu(A) < \delta$. (Hinweis: Man beachte Theorem 2.10.)

3 Konvergenzsätze

Die Lebesguesche Integrationstheorie zeichnet sich gegenüber der in Kapitel VI behandelten Riemannschen Theorie dadurch aus, daß sehr allgemeine und flexible Kriterien für die Vertauschbarkeit von Grenzwerten mit Integralen zur Verfügung stehen. Das Bochner-Lebesguesche Integral ist deshalb den Bedürfnissen der Analysis besser angepaßt als das (einfachere) Riemannsche Integral.

Wie üblich bezeichnen im ganzen Paragraphen

- $(X, \mathcal{A}, \mu)$ einen σ-endlichen vollständigen Maßraum;
  $E = (E, |\cdot|)$ einen Banachraum.

Integration nichtnegativer numerischer Funktionen

In vielen Anwendungen der Integrationstheorie auf Probleme der Mathematik, wie auch der Natur- und anderer Wissenschaften, spielen reellwertige Funktionen eine herausragende Rolle. In der Regel ist man in solchen Fällen an integrierbaren Funktionen, also an endlichen Integralen, interessiert. Es hat sich jedoch gezeigt, daß die Integrationstheorie wesentlich an Einfachheit und Eleganz gewinnt, wenn man auch Integrale über numerische Funktionen betrachtet und dabei unendliche Werte weder für Funktionen noch für Integrale ausschließt. Als Beispiele seien der Satz über monotone Konvergenz und — später — der Satz von Fubini-Tonelli über die Vertauschbarkeit von Integralen angeführt.

Aus diesem Grund entwickeln wir nun neben dem Bochner-Lebesgueschen Integral auch eine Integrationstheorie für numerische — also insbesondere: reellwertige — Funktionen. Hierbei machen wir wesentlich von der Ordungsvollständigkeit von $\mathbb{R}$ und $\bar{\mathbb{R}}$ Gebrauch.[1]

Gemäß Theorem 1.12 gibt es zu jedem $f \in \mathcal{L}_0(X, \mu, \bar{\mathbb{R}}^+)$ eine wachsende Folge (f_j) in $\mathcal{EF}(X, \mu, \mathbb{R}^+)$, die punktweise gegen f konvergiert. Es ist naheliegend, das Integral von f als Grenzwert in $\bar{\mathbb{R}}^+$ der wachsenden Folge $\left(\int_X f_j \, d\mu \right)_{j \in \mathbb{N}}$ zu erklären. Damit diese Festsetzung sinnvoll ist, müssen wir sicherstellen, daß dieser Grenzwert nicht von der Wahl der approximierenden Folge (f_j) abhängt.

3.1 Lemma *Es seien* $\varphi_j, \psi \in \mathcal{EF}(X, \mu, \mathbb{R}^+)$ *für* $j \in \mathbb{N}$. *Ferner seien* (φ_j) *wachsend und* $\psi \le \lim_j \varphi_j$. *Dann gilt*

$$\int_X \psi \, d\mu \le \lim_j \int_X \varphi_j \, d\mu \,.$$

---

[1] Falls man nur an reell- und komplexwertigen Funktionen interessiert ist, kann man sich völlig auf die einfachere Integrationstheorie numerischer Funktionen beschränken. Dies ist der Zugang, der in praktisch allen Lehrbüchern über Integrationstheorie zu finden ist. Für die Bedürfnisse der modernen Höheren Analysis ist diese Theorie jedoch nicht ausreichend, weswegen wir uns dafür entschieden haben, die Bochner-Lebesguesche Theorie darzustellen.

Beweis Es bezeichne $\sum_{j=0}^{m} \alpha_j \chi_{A_j}$ die Normalform von ψ. Ferner seien $\lambda > 1$ und $B_k := [\lambda\varphi_k \geq \psi]$ für $k \in \mathbb{N}$. Weil (φ_k) wachsend und $\lambda > 1$ sind, gilt $B_k \subset B_{k+1}$ für $k \in \mathbb{N}$ und $\bigcup_{k \in \mathbb{N}} B_k = X$. Somit folgt aus der Stetigkeit des Maßes von unten

$$\int_X \psi \, d\mu = \sum_{j=0}^{m} \alpha_j \mu(A_j) = \lim_k \sum_{j=0}^{m} \alpha_j \mu(A_j \cap B_k) = \lim_k \int_X \psi\chi_{B_k} \, d\mu \ .$$

Aufgrund der Definition von B_k gilt $\lambda\varphi_k \geq \psi\chi_{B_k}$, und wir erhalten

$$\int_X \psi \, d\mu = \lim_k \int_X \psi\chi_{B_k} \, d\mu \leq \lambda \lim_k \int_X \varphi_k \, d\mu \ .$$

Der Grenzübergang $\lambda \downarrow 1$ ergibt nun die Behauptung. ∎

3.2 Korollar *Es seien (φ_j) und (ψ_j) wachsende Folgen in $\mathcal{EF}(X, \mu, \mathbb{R}^+)$ mit $\lim_j \varphi_j = \lim_j \psi_j$. Dann gilt*

$$\lim_j \int_X \varphi_j \, d\mu = \lim_j \int_X \psi_j \, d\mu \qquad \text{in } \bar{\mathbb{R}}^+ \ .$$

Beweis Nach Voraussetzung gilt $\psi_k \leq \lim_j \psi_j = \lim_j \varphi_j$ für $k \in \mathbb{N}$. Somit zeigt Lemma 3.1

$$\int_X \psi_k \, d\mu \leq \lim_j \int_X \varphi_j \, d\mu \ , \qquad k \in \mathbb{N} \ ,$$

und wir erhalten für $k \to \infty$

$$\lim_k \int_X \psi_k \, d\mu \leq \lim_j \int_X \varphi_j \, d\mu \ .$$

Durch Vertauschen von (φ_j) mit (ψ_j) folgt $\lim_j \int_X \varphi_j \, d\mu \leq \lim_j \int_X \psi_j \, d\mu$. ∎

Es sei $f \in \mathcal{L}_0(X, \mu, \bar{\mathbb{R}}^+)$, und (φ_j) sei eine wachsende Folge in $\mathcal{EF}(X, \mu, \mathbb{R}^+)$, die punktweise gegen f konvergiert. Dann heißt

$$\int_X f \, d\mu := \lim_j \int_X \varphi_j \, d\mu$$

(Lebesguesches) Integral von f **über** X **bezüglich des Maßes** μ. Für $A \in \mathcal{A}$ ist

$$\int_A f \, d\mu := \int_X \chi_A f \, d\mu$$

das **(Lebesguesche) Integral** von f **über die meßbare Menge** A.

3.3 Bemerkungen   (a) $\int_A f \, d\mu$ ist für jedes $f \in \mathcal{L}_0(X, \mu, \bar{\mathbb{R}}^+)$ und jedes $A \in \mathcal{A}$ wohldefiniert.

Beweis   Dies folgt aus Theorem 1.12 und Korollar 3.2. ∎

(b) Für $f, g \in \mathcal{L}_0(X, \mu, \bar{\mathbb{R}}^+)$ mit $f \le g$ μ-f.ü. gilt $\int_X f \, d\mu \le \int_X g \, d\mu$.

(c) Für $f \in \mathcal{L}_0(X, \mu, \bar{\mathbb{R}}^+)$ sind die folgenden Aussagen äquivalent:

  (i) $\int_X f \, d\mu = 0$;

  (ii) $[f > 0]$ ist eine μ-Nullmenge;

  (iii) $f = 0$ μ-f.ü.

Beweis   „(i)⇒(ii)" Wir setzen $A := [f > 0]$ und $A_j := [f > 1/j]$ für $j \in \mathbb{N}^\times$. Dann ist (A_j) eine wachsende Folge in $\mathcal{A}$ mit $A = \bigcup_j A_j$. Ferner gilt $\chi_{A_j} \le jf$. Also folgt

$$0 \le \mu(A_j) = \int_X \chi_{A_j} \, d\mu \le j \int_X f \, d\mu = 0 \,, \qquad j \in \mathbb{N}^\times \,,$$

und die Stetigkeit des Maßes von unten impliziert $\mu(A) = \lim_j \mu(A_j) = 0$.

   „(ii)⇒(iii)" ist klar.

   „(iii)⇒(i)" Es sei N eine μ-Nullmenge mit $f(x) = 0$ für $x \in N^c$. Dann gelten[2] $f\chi_{N^c} = 0$ und $f\chi_N \le \infty\chi_N$. Dies und die Definition des Integrals (vgl. auch (d)) ziehen

$$0 \le \int_X f \, d\mu = \int_X f\chi_N \, d\mu + \int_X f\chi_{N^c} \, d\mu \le \infty\mu(N) = 0$$

nach sich. Damit ist alles bewiesen. ∎

(d) Es seien $f, g \in \mathcal{L}_0(X, \mu, \bar{\mathbb{R}}^+)$ und $\alpha \in [0, \infty]$. Dann gilt

$$\int_X (\alpha f + g) \, d\mu = \alpha \int_X f \, d\mu + \int_X g \, d\mu \,.$$

Beweis   Wir betrachten den Fall $\alpha = \infty$ und $g = 0$. Mit $\varphi_j := j\chi_{[f>0]}$ für $j \in \mathbb{N}$ gilt $f_j \uparrow \infty f$, und daher

$$\int_X (\infty f) \, d\mu = \begin{cases} 0 \,, & \mu([f > 0]) = 0 \,, \\ \infty \,, & \mu([f > 0]) > 0 \,. \end{cases}$$

Aus (c) folgt nun $\int_X (\infty f) \, d\mu = \infty \int_X f \, d\mu$. Die restlichen Aussagen ergeben sich leicht aus der Definition des Integrals und bleiben dem Leser als Übung überlassen. ∎

(e) (i) Es sei $f \in \mathcal{L}_0(X, \mu, \mathbb{R}^+)$, und das Lebesguesche Integral $\int_X f \, d\mu$ sei endlich. Dann gehört f zu $\mathcal{L}_1(X, \mu, \mathbb{R}^+)$, und das Lebesguesche Integral von f über X stimmt mit dem Bochner-Lebesgueschen überein.

   (ii) Für $f \in \mathcal{L}_1(X, \mu, \mathbb{R}^+)$ ist das Lebesguesche Integral $\int_X f \, d\mu$ endlich und stimmt mit dem Bochner-Lebesgueschen überein.

---

[2] Wir erinnern an die Vereinbarung (2.1).

Beweis (i) Theorem 1.12 garantiert die Existenz einer Folge (φ_j) in $\mathcal{EF}(X, \mu, \mathbb{R}^+)$ mit $\varphi_j \uparrow f$. Nach Voraussetzung gibt es zu jedem $\varepsilon > 0$ ein $N \in \mathbb{N}$ mit $\int_X f \, d\mu - \int_X \varphi_j \, d\mu < \varepsilon$ für $j \geq N$. Für $k \geq j \geq N$ gilt wegen $\int_X f \, d\mu < \infty$ somit

$$\int_X |\varphi_k - \varphi_j| \, d\mu = \int_X (\varphi_k - \varphi_j) \, d\mu \leq \int_X (f - \varphi_j) \, d\mu = \int_X f \, d\mu - \int_X \varphi_j \, d\mu < \varepsilon \ .$$

Also ist (φ_j) eine $\mathcal{L}_1$-Cauchyfolge in $\mathcal{EF}(X, \mu, \mathbb{R}^+)$. Dies zeigt, daß f zu $\mathcal{L}_1(X, \mu, \mathbb{R}^+)$ gehört. Die zweite Aussage ist eine Konsequenz von Aufgabe 2.8.

(ii) Dies folgt aus Theorem 1.12 und Aufgabe 2.8. ∎

(f) Es ist

$$\int_X f \, d\mu = \sup\left\{ \int_X \varphi \, d\mu \ ; \ \varphi \in \mathcal{EF}(X, \mu, \mathbb{R}^+) \text{ mit } \varphi \leq f \ \mu\text{-f.ü.} \right\}$$

für jedes $f \in \mathcal{L}_0(X, \mu, \bar{\mathbb{R}}^+)$. ∎

Der Satz über die monotone Konvergenz

Wir beweisen nun eine wesentliche Erweiterung des Satzes über die monotone Konvergenz in $\mathcal{L}_1(X, \mu, \mathbb{R})$ von Aufgabe 2.8, indem wir nachweisen, daß bei wachsenden Folgen in $\mathcal{L}_0(X, \mu, \bar{\mathbb{R}}^+)$ das Lebesguesche Integral mit Grenzwerten vertauscht werden darf.

3.4 Theorem (über die monotone Konvergenz) *Es sei (f_j) eine wachsende Folge in $\mathcal{L}_0(X, \mu, \bar{\mathbb{R}}^+)$. Dann gilt*

$$\int_X \lim_j f_j \, d\mu = \lim_j \int_X f_j \, d\mu \quad \text{in } \bar{\mathbb{R}}^+ \ .$$

Beweis (i) Wir setzen $f := \lim_j f_j$. Nach Satz 1.11 gehört f zu $\mathcal{L}_0(X, \mu, \bar{\mathbb{R}}^+)$, und es gilt $f_j \leq f$ für $j \in \mathbb{N}$. Also folgt $\int f_j \, d\mu \leq \int f \, d\mu$ für $j \in \mathbb{N}$ aus Bemerkung 3.3(b), und wir finden $\lim_j \int f_j \, d\mu \leq \int f \, d\mu$.

(ii) Es sei $\varphi \in \mathcal{EF}(X, \mu, \mathbb{R}^+)$ mit $\varphi \leq f$. Ferner seien $\lambda > 1$ und $A_j := [\lambda f_j \geq \varphi]$ für $j \in \mathbb{N}$. Dann ist (A_j) eine wachsende Folge in $\mathcal{A}$ mit $\bigcup_j A_j = X$ und $\lambda f_j \geq \varphi \chi_{A_j}$. Weiter gilt $\varphi \chi_{A_j} \uparrow \varphi$, und folglich

$$\int_X \varphi \, d\mu = \lim_j \int_X \varphi \chi_{A_j} \, d\mu \leq \lambda \lim_j \int_X f_j \, d\mu \ .$$

Der Grenzübergang $\lambda \downarrow 1$ liefert also $\int_X \varphi \, d\mu \leq \lim_j \int_X f_j \, d\mu$ für jede μ-einfache Funktion φ mit $\varphi \leq f$. Aus Bemerkung 3.3(f) folgt deshalb $\int_X f \, d\mu \leq \lim_j \int_X f_j \, d\mu$. Damit ist alles bewiesen. ∎

3.5 Korollar   Es sei (f_j) eine Folge in $\mathcal{L}_0(X, \mu, \bar{\mathbb{R}}^+)$. Dann gilt

$$\sum_{j=0}^{\infty} \int_X f_j \, d\mu = \int_X \left(\sum_{j=0}^{\infty} f_j \right) d\mu \quad in \ \bar{\mathbb{R}}^+ \ .$$

Beweis   Die Behauptung folgt aus Korollar 1.13(iii) und Theorem 3.4. ∎

3.6 Bemerkungen   **(a)** Die Aussage des Satzes über die monotone Konvergenz ist für nichtwachsende Folgen i. allg. falsch.

Beweis   Wir betrachten $f_j := (1/j)\chi_{[0,j]}$ für $j \in \mathbb{N}^\times$. Dann ist (f_j) eine (nichtwachsende) Folge in $\mathcal{EF}(\mathbb{R}, \lambda_1, \mathbb{R}^+)$, die gleichmäßig gegen 0 konvergiert. Aber wegen $\int f_j \, d\lambda_1 = 1$ für $j \in \mathbb{N}^\times$ konvergiert $\int f_j \, d\lambda_1$ nicht gegen 0. ∎

(b) Es seien $a_{j,k} \in \mathbb{R}^+$ für $j, k \in \mathbb{N}$. Dann gilt

$$\sum_{j=0}^{\infty} \sum_{k=0}^{\infty} a_{jk} = \sum_{k=0}^{\infty} \sum_{j=0}^{\infty} a_{jk} \ .$$

Beweis   Wir setzen $(X, \mu) := (\mathbb{N}, \mathcal{H}^0)$ und definieren $f_j : X \to \mathbb{R}^+$ durch $f_j(k) := a_{jk}$ für $j, k \in \mathbb{N}$. Dann ist (f_j) eine Folge in $\mathcal{L}_0(X, \mathcal{H}^0, \bar{\mathbb{R}}^+)$ (vgl. Beispiel 2.20), und die Behauptung folgt aus Korollar 3.5. ∎

Für nichtnegative Doppelreihen ist die letzte Bemerkung eine Erweiterung von Theorem II.8.10, da nicht gefordert wird, daß $\sum_{jk} a_{jk}$ summierbar sei.

Das Lemma von Fatou

Wir beweisen nun eine Verallgemeinerung des Satzes über die monotone Konvergenz für beliebige (nicht notwendigerweise wachsende) Folgen in $\mathcal{L}_0(X, \mu, \bar{\mathbb{R}}^+)$.

3.7 Theorem   (Lemma von Fatou)   Für jede Folge (f_j) in $\mathcal{L}_0(X, \mu, \bar{\mathbb{R}}^+)$ gilt

$$\int_X \left(\varliminf_j f_j \right) d\mu \leq \varliminf_j \int_X f_j \, d\mu \quad in \ \bar{\mathbb{R}}^+ \ .$$

Beweis   Wir setzen $g_j := \inf_{k \geq j} f_k$ Wegen Satz 1.11 gehört g_j zu $\mathcal{L}_0(X, \mu, \bar{\mathbb{R}}^+)$, und die Folge (g_j) konvergiert wachsend gegen $\varliminf_j f_j$. Folglich erhalten wir mit Theorem 3.4 die Beziehung $\lim_j \int g_j \, d\mu = \int \left(\varliminf_j f_j \right) d\mu$. Ferner gilt $g_j \leq f_k$, und somit $\int g_j \, d\mu \leq \int f_k \, d\mu$, für $k \geq j$. Nun folgt $\int g_j \, d\mu \leq \inf_{k \geq j} \int f_k \, d\mu$, und der Grenzübergang $j \to \infty$ liefert die Behauptung. ∎

3.8 Korollar *Es sei (f_j) eine Folge in $\mathcal{L}_0(X, \mu, \bar{\mathbb{R}}^+)$, und $g \in \mathcal{L}_0(X, \mu, \bar{\mathbb{R}}^+)$ erfülle $\int_X g \, d\mu < \infty$ und $f_j \leq g$ μ-f.ü. für $j \in \mathbb{N}$. Dann gilt[3]*

$$\varlimsup_j \int_X f_j \, d\mu \leq \int_X \left(\varlimsup_j f_j \right) d\mu \quad \text{in } \bar{\mathbb{R}}^+ \,.$$

Beweis Es sei N eine μ-Nullmenge mit $f_j(x) \leq g(x)$ für $x \in N^c$ und $j \in \mathbb{N}$. Dann gilt $f_j \leq g + \infty\chi_N$ auf X, und $\int_X (g + \infty\chi_N) \, d\mu = \int_X g \, d\mu$ (vgl. die Bemerkungen 3.3(c) und (d)). Also können wir ohne Beschränkung der Allgemeinheit annehmen, es gelte $f_j \leq g$ für $j \in \mathbb{N}$. Wir setzen $g_j := g - f_j$ und erhalten aus dem Lemma von Fatou:

$$\int_X \left(\varliminf_j g_j \right) d\mu = \int_X g \, d\mu - \int_X \left(\varlimsup_j f_j \right) d\mu \leq \varliminf_j \int_X g_j \, d\mu$$

$$= \int_X g \, d\mu - \varlimsup_j \int_X f_j \, d\mu \,.$$

Wegen $\int_X g \, d\mu < \infty$ folgt die Behauptung. ∎

Als eine erste Anwendung beweisen wir eine fundamentale Charakterisierung integrierbarer Funktionen.

3.9 Theorem *Für $f \in \mathcal{L}_0(X, \mu, E)$ sind die folgenden Aussagen äquivalent:*

(i) $f \in \mathcal{L}_1(X, \mu, E)$;

(ii) $|f| \in \mathcal{L}_1(X, \mu, \mathbb{R})$;

(iii) $\int_X |f| \, d\mu < \infty$.

Ist eine dieser Bedingungen erfüllt, so gilt $\left| \int_X f \, d\mu \right| \leq \|f\|_1 < \infty$.

Beweis „(i)⇒(ii)" folgt aus Lemma 2.8, und „(ii)⇒(iii)" ist klar. „(iii)⇒(ii)" wurde in Bemerkung 3.3(e) bewiesen.

„(ii)⇒(i)" Es sei (φ_j) eine Folge in $\mathcal{EF}(X, \mu, E)$, die μ-f.ü. gegen f konvergiert. Wir setzen $A_j := [\, |\varphi_j| \leq 2\,|f| \,]$ und $f_j := \varphi_j \chi_{A_j}$ für $j \in \mathbb{N}$. Theorem 1.7 und Satz 1.9 zeigen, daß A_j zu $\mathcal{A}$ gehört. Somit ist (f_j) eine Folge in $\mathcal{EF}(X, \mu, E)$.

Es sei $N \in \mathcal{A}$ mit $\mu(N) = 0$ und $\varphi_j(x) \to f(x)$ für $x \in N^c$. Gilt $f(x) \neq 0$ für ein $x \in N^c$, so gibt es ein $k := k(x) \in \mathbb{N}$ mit $|\varphi_j(x) - f(x)| \leq 3\,|f(x)|$ für $j \geq k$. Also gehört $x \in N^c \cap [\, |f| > 0\,]$ zu A_j für $j \geq k(x)$. Hieraus folgt $f_j(x) = \varphi_j(x)$ für $j \geq k(x)$, und somit $f_j(x) \to f(x)$ für $x \in N^c \cap [\, |f| > 0\,]$. Ist $f(x) = 0$ für ein $x \in N^c$, so gilt ebenfalls $f_j(x) \to f(x)$ für $j \to \infty$. Denn gehört x zu A_k für ein $k \in \mathbb{N}$, so finden wir $f_k(x) = \varphi_k(x) = 0$ wegen $|\varphi_k(x)| \leq 2\,|f(x)| = 0$. Für $x \notin A_k$ gilt aber ebenfalls $f_k(x) = \chi_{A_k}(x)\varphi_k(x) = 0$. Hieraus folgt $|f - f_j| \to 0$ μ-f.ü. Da

---

[3]Auf die Voraussetzung $\int_X g \, d\mu < \infty$ kann nicht verzichtet werden (vgl. Aufgabe 1).

offensichtlich die Abschätzungen $|f - f_j| \le 3\,|f|$ für $j \in \mathbb{N}$ richtig sind, impliziert Korollar 3.8

$$\overline{\lim_j} \int_X |f - f_j|\, d\mu \le \int_X \overline{\lim_j} |f - f_j|\, d\mu = 0 \ .$$

Also finden wir zu jedem $\varepsilon > 0$ ein $m \in \mathbb{N}$ mit $\int |f - f_j|\, d\mu < \varepsilon/2$ für $j \ge m$. Nun folgt für $j, k \in \mathbb{N}$ mit $j, k \ge m$

$$\|f_j - f_k\|_1 = \int_X |f_j - f_k|\, d\mu \le \int_X |f_j - f|\, d\mu + \int_X |f - f_k|\, d\mu < \varepsilon \ .$$

Also ist (f_j) eine $\mathcal{L}_1$-Cauchyfolge in $\mathcal{EF}(X, \mu, E)$, und f ist μ-integrierbar.

Die letzte Aussage folgt aus Theorem 2.11(i). ∎

3.10 Folgerungen **(a)** Es seien (f_j) eine Folge in $\mathcal{L}_1(X, \mu, E)$ und $f \in \mathcal{L}_0(X, \mu, E)$ mit $f_j \to f$ μ-f.ü. und $\underline{\lim}_j \|f_j\|_1 < \infty$. Dann gehört f zu $\mathcal{L}_1(X, \mu, E)$, und es gilt $\|f\|_1 \le \underline{\lim}_j \|f_j\|_1$.

Beweis Aufgrund von Lemma 2.15 können wir annehmen, daß (f_j) auf ganz X gegen f konvergiert. Mit dem Lemma von Fatou folgt dann

$$\int_X |f|\, d\mu = \int_X \underline{\lim_j} |f_j|\, d\mu \le \underline{\lim_j} \int_X |f_j|\, d\mu < \infty \ ,$$

und die Behauptung ergibt sich aus Theorem 3.9. ∎

(b) Es sei (f_j) eine Folge in $\mathcal{L}_1(X, \mu, \mathbb{R}^+)$, und es gebe ein $f \in \mathcal{L}_1(X, \mu, \mathbb{R})$ mit

$$f_j \to f \ \mu\text{-f.ü.} \quad \text{und} \quad \int_X f_j\, d\mu \to \int_X f\, d\mu \quad (j \to \infty) \ .$$

Dann[4] konvergiert (f_j) in $\mathcal{L}_1(X, \mu, \mathbb{R})$ gegen f.

Beweis Wir können auch hier annehmen, daß (f_j) auf ganz X gegen f konvergiert. Dann gelten $f \ge 0$ und $|f_j - f| \le f_j + f$. Aus Theorem 3.7 folgt deshalb

$$2 \int_X f\, d\mu = \int_X \underline{\lim_j} (f_j + f - |f_j - f|)\, d\mu \le \underline{\lim_j} \int_X (f_j + f - |f_j - f|)\, d\mu$$

$$= 2 \int_X f\, d\mu - \overline{\lim_j} \int_X |f_j - f|\, d\mu \ .$$

Gemäß Theorem 3.9 ist $\int_X f\, d\mu$ endlich, und wir finden $\lim_j \int_X |f_j - f|\, d\mu = 0$. ∎

---

[4]Man vergleiche dazu die Aussage von Theorem 2.18.

Integration numerischer Funktionen

Die Zerlegung einer numerischen Funktion in ihren Positiv- und ihren Negativteil ermöglicht es, das Lebesguesche Integral auch für meßbare numerische Funktionen, die negative Werte besitzen, zu erklären. Man nennt $f \in \mathcal{L}_0(X, \mu, \bar{\mathbb{R}})$ **Lebesgue integrierbar bezüglich** μ, wenn $\int_X f^+ \, d\mu < \infty$ und $\int_X f^- \, d\mu < \infty$. In diesem Fall heißt

$$\int_X f \, d\mu := \int_X f^+ \, d\mu - \int_X f^- \, d\mu$$

(Lebesguesches) Integral von f über X bezüglich des Maßes μ.

3.11 Bemerkungen (a) Für $f \in \mathcal{L}_0(X, \mu, \bar{\mathbb{R}})$ sind die Aussagen (i)–(iii) äquivalent

(i) f ist Lebesgue integrierbar bezüglich μ;

(ii) $\int_X |f| \, d\mu < \infty$;

(iii) Es gibt ein $g \in \mathcal{L}_1(X, \mu, \mathbb{R})$ mit $|f| \leq g$ μ-f.ü.

Beweis „(i)$\Rightarrow$(ii)" Dies ist eine Konsequenz von $|f| = f^+ + f^-$.

„(ii)$\Rightarrow$(iii)" Gemäß Theorem 3.9 gehört $|f|$ zu $\mathcal{L}_1(X, \mu, \mathbb{R})$. Also gilt (iii) mit $g = |f|$.

„(iii)$\Rightarrow$(i)" Dies folgt aus $f^+ \vee f^- \leq |f| \leq g$ und Bemerkung 3.3(b). ∎

(b) Es sei $f \in \mathcal{L}_0(X, \mu, \mathbb{R})$. Dann ist f genau dann Lebesgue integrierbar bezüglich μ, wenn f μ-integrierbar ist. In diesem Fall stimmt das Lebesguesche Integral von f über X mit dem Bochner-Lebesgueschen überein. Mit anderen Worten: Wenn reellwertige Abbildungen betrachtet werden, dann ist die Definition der Lebesgue Integrierbarkeit numerischer Funktionen konsistent mit der von Paragraph 2.[5]

Beweis Dies folgt aus (a), Theorem 3.9 und Bemerkung 3.3(e). ∎

(c) Es sei $f \in \mathcal{L}_0(X, \mu, \bar{\mathbb{R}})$ Lebesgue integrierbar bezüglich μ. Dann ist $[\, |f| = \infty \,]$ eine μ-Nullmenge.

Beweis Die Voraussetzung impliziert, daß $A := [\, |f| = \infty \,]$ μ-meßbar ist und $\int_X |f| \, d\mu < \infty$ gilt. Ferner ist $\infty \chi_A \leq |f|$, und wir finden mit den Bemerkungen 3.3(b) und (d):

$$\infty \mu(A) = \int_X (\infty \chi_A) \, d\mu \leq \int_X |f| \, d\mu < \infty \, .$$

Also gilt $\mu(A) = 0$. ∎

Der Satz von Lebesgue

Wir beweisen nun einen äußerst flexiblen und praktischen Vertauschungssatz für Integrale und Grenzwerte, den Satz von H. LEBESGUE über die majorisierte Konvergenz. Er stellt einen der Eckpfeiler der Lebesgueschen Integrationstheorie dar und besitzt zahllose Anwendungen.

---

[5]Vgl. auch Korollar 2.12(iii).

3.12 Theorem (Lebesgue[6]) *Es seien* (f_j) *eine Folge in* $\mathcal{L}_1(X, \mu, E)$, $g \in \mathcal{L}_1(X, \mu, \mathbb{R})$ *und* $f \in E^X$ *mit*

(a) $|f_j| \leq g$ μ-*f.ü. für* $j \in \mathbb{N}$;

(b) $f_j \to f$ μ-*f.ü. für* $j \to \infty$.

Dann ist f μ-*integrierbar, und es gelten*

$$f_j \to f \text{ in } \mathcal{L}_1(X, \mu, E) \quad \text{und} \quad \int_X f_j \, d\mu \to \int_X f \, d\mu \text{ in } E \ .$$

Beweis Wir setzen $g_j := \sup_{k,\ell \geq j} |f_k - f_\ell|$ für $j \in \mathbb{N}$. Dann ist (g_j) gemäß Satz 1.11 eine Folge in $\mathcal{L}_0(X, \mu, \bar{\mathbb{R}}^+)$, die μ-f.ü. gegen 0 konvergiert. Ferner gilt $|f_k - f_\ell| \leq 2g$ μ-f.ü. für $k, \ell \in \mathbb{N}$, und somit $|g_j| \leq 2g$ μ-f.ü. für $j \in \mathbb{N}$. Aus Korollar 3.8 folgt

$$0 \leq \varliminf_j \int_X g_j \, d\mu \leq \int_X \varliminf_j g_j \, d\mu = 0 \ .$$

Also ist $\left(\int_X g_j \, d\mu \right)_{j \in \mathbb{N}}$ eine (fallende) Nullfolge. Somit gibt es zu jedem $\varepsilon > 0$ ein $N \in \mathbb{N}$ mit

$$\int_X |f_k - f_\ell| \, d\mu \leq \int_X \sup_{k,\ell \geq j} |f_k - f_\ell| \, d\mu < \varepsilon \ , \qquad k, \ell \geq j \geq N \ .$$

Dies zeigt, daß (f_j) eine Cauchyfolge in $\mathcal{L}_1(X, \mu, E)$ ist, und die Behauptung folgt aus der Vollständigkeit von $\mathcal{L}_1(X, \mu, E)$ und Theorem 2.18. ∎

3.13 Bemerkung Das Beispiel von Bemerkung 3.6(a) zeigt, daß die Existenz einer integrierbaren Majorante in Theorem 3.12 wesentlich ist. ∎

Als eine erste Anwendung des Satzes von Lebesgue beweisen wir ein einfaches Kriterium für die Integrierbarkeit einer meßbaren Funktion.

3.14 Theorem (Integrabilitätskriterium) *Es sei* $f \in \mathcal{L}_0(X, \mu, E)$, *und es existiere ein* $g \in \mathcal{L}_1(X, \mu, \mathbb{R})$ *mit* $|f| \leq g$ μ-*f.ü. Dann gehört* f *zu* $\mathcal{L}_1(X, \mu, E)$.

Beweis Es sei (φ_j) eine Folge in $\mathcal{EF}(X, \mu, E)$ mit $\varphi_j \to f$ μ-f.ü. für $j \to \infty$. Wir setzen $A_j := [\, |\varphi_j| \leq 2g \,]$ und $f_j := \chi_{A_j} \varphi_j$ für $j \in \mathbb{N}$. Dann ist (f_j) eine Folge in $\mathcal{EF}(X, \mu, E)$, die μ-f.ü. gegen f konvergiert (vgl. den Beweis von Theorem 3.9). Da $|f_j| \leq 2g$ für $j \in \mathbb{N}$ gilt, folgt die Behauptung aus dem Satz über die majorisierte Konvergenz. ∎

---

[6]Auch „Satz über die majorisierte Konvergenz" genannt.

3.15 Korollar

(i) Es seien $f \in \mathcal{L}_1(X, \mu, E)$, $g \in \mathcal{L}_0(X, \mu, \mathbb{K})$ und $\alpha \in [0, \infty)$ mit $|g| \leq \alpha$ μ-f.ü. Dann ist gf μ-integrierbar, und es gilt

$$\left| \int_X gf \, d\mu \right| \leq \alpha \, \|f\|_1 \; .$$

(ii) Es seien $f \in \mathcal{L}_0(X, \mu, E)$ und $\alpha \in [0, \infty)$. Gelten $|f| \leq \alpha$ μ-f.ü. und $\mu(X) < \infty$, so ist f μ-integrierbar mit

$$\left| \int_X f \, d\mu \right| \leq \|f\|_1 \leq \alpha \mu(X) \; .$$

(iii) Es bezeichnen X einen σ-kompakten metrischen Raum und μ ein vollständiges Radonmaß auf X. Ferner seien $f \in C(X, E)$ und $K \subset X$ kompakt. Dann gehört $\chi_K f$ zu $\mathcal{L}_1(X, \mu, E)$, und es gilt

$$\left| \int_K f \, d\mu \right| \leq \|\chi_K f\|_\infty \, \mu(K) \; .$$

Beweis (i) Nach Bemerkung 1.2(d) ist gf μ-meßbar. Weiterhin gilt $|gf| \leq \alpha \, |f|$ μ-f.ü., und $\alpha \, |f|$ ist μ-integrierbar. Also zeigt Theorem 3.14, daß gf μ-integrierbar ist, und Theorem 2.11(i) und Korollar 2.16(ii) implizieren

$$\left| \int_X gf \, d\mu \right| \leq \int_X |gf| \, d\mu \leq \int_X \alpha \, |f| \, d\mu = \alpha \, \|f\|_1 \; .$$

(ii) Wegen $\mu(X) < \infty$ gehört χ_X zu $\mathcal{L}_1(X, \mu, \mathbb{R})$. Aufgrund von Theorem 1.7(i) ist $|f|$ μ-meßbar. Also zeigt (i) (mit $g := |f|$ und $f := \chi_X$), daß $|f|$ μ-integrierbar ist und daß

$$\int_X |f| \, d\mu \leq \alpha \, \|\chi_X\|_1 = \alpha \mu(X) < \infty \; .$$

Die Behauptung folgt nun aus Theorem 3.9.

(iii) Gemäß Theorem 1.17 ist f μ-meßbar. Ferner ist χ_K μ-einfach, denn nach Bemerkung IX.5.3(a) ist $\mu(K)$ endlich. Also ist $\chi_K f$ μ-meßbar, und die Behauptung folgt aus (ii) mit $\alpha := \max_{x \in K} |f(x)|$. ∎

In der Integrationstheorie ist es gelegentlich nützlich, Funktionen, die nicht auf ganz X definiert sind, außerhalb ihrer Definitionsmenge durch 0 fortzusetzen. Meßbarkeits- und Integrabilitätsfragen können dann bezüglich des Maßraumes $(X, \mathcal{A}, \mu)$ untersucht werden. Dazu treffen wir die folgenden Vereinbarungen.

Für $f : \mathrm{dom}(f) \subset X \to E$ sei

$$\tilde{f}(x) := \begin{cases} f(x) , & x \in \mathrm{dom}(f) , \\ 0 , & x \notin \mathrm{dom}(f) . \end{cases}$$

Dann heißt $\tilde{f} \in E^X$ **triviale Fortsetzung** von f. Man nennt f μ-**meßbar** [bzw. μ-**integrierbar**], wenn $\tilde{f}$ zu $\mathcal{L}_0(X, \mu, E)$ [bzw. $\mathcal{L}_1(X, \mu, E)$] gehört. Ist die Funktion μ-integrierbar, so setzen wir $\int_X f \, d\mu := \int_X \tilde{f} \, d\mu$.

3.16 Theorem (über die gliedweise Integration von Reihen) *Es sei* (f_j) *eine Folge in* $\mathcal{L}_1(X, \mu, E)$ *mit* $\sum_{j=0}^{\infty} \int_X |f_j| \, d\mu < \infty$. *Dann konvergiert* $\sum_j f_j$ μ-*f.ü absolut, und* $\sum_j f_j$ *ist* μ-*integrierbar mit*

$$\int_X \Big(\sum_{j=0}^{\infty} f_j\Big) \, d\mu = \sum_{j=0}^{\infty} \int_X f_j \, d\mu \ .$$

Beweis (i) Nach Theorem 1.7(i) und Korollar 1.13(iii) ist die numerische Funktion $g := \sum_{j=0}^{\infty} |f_j|$ μ-meßbar. Korollar 3.5 impliziert

$$\int_X g \, d\mu = \sum_{j=0}^{\infty} \int_X |f_j| \, d\mu < \infty \ .$$

Also folgt aus den Bemerkungen 3.11(a) und (c), daß $[g = \infty]$ eine μ-Nullmenge ist, was die absolute Konvergenz von $\sum_j f_j$ für fast alle $x \in X$ beweist.

(ii) Wir setzen $g_k := \sum_{j=0}^{k} f_j$ und $f(x) := \sum_{j=0}^{\infty} f_j(x)$ für $x \in [g < \infty]$. Dann konvergiert (g_k) μ-f.ü. gegen $\tilde{f}$ und es gilt die Abschätzung $|g_k| \leq \sum_{j=0}^{k} |f_j| \leq g$. Also folgt aus dem Lebesgueschen Satz über die majorisierte Konvergenz, daß $\tilde{f}$ zu $\mathcal{L}_1(X, \mu, E)$ gehört und daß

$$\sum_{j=0}^{\infty} \int_X f_j \, d\mu = \lim_{k \to \infty} \int_X g_k \, d\mu = \int_X \lim_{k \to \infty} g_k \, d\mu = \int_X \Big(\sum_{j=0}^{\infty} f_j\Big) \, d\mu \ .$$

Damit ist alles bewiesen. ∎

Parameterintegrale

Als eine weitere Anwendung des Satzes von Lebesgue untersuchen wir Stetigkeits- und Differenzierbarkeitseigenschaften von parameterabhängigen Integralen.

3.17 Theorem (über die Stetigkeit von Parameterintegralen) *Es sei* M *ein metrischer Raum, und für* $f : X \times M \to E$ *gelten*

(a) $f(\cdot, m) \in \mathcal{L}_1(X, \mu, E)$ *für jedes* $m \in M$;

(b) $f(x, \cdot) \in C(M, E)$ *für* μ-*f.a.* $x \in X$;

(c) *Es gibt ein* $g \in \mathcal{L}_1(X, \mu, E)$ *mit* $|f(x, m)| \leq g(x)$ *für* $(x, m) \in X \times M$.

Dann ist

$$F : M \to E , \quad m \mapsto \int_X f(x,m) \, \mu(dx)$$

wohldefiniert und stetig.

Beweis Die erste Aussage folgt unmittelbar aus (a). Es sei $m \in M$, und (m_j) sei eine gegen m konvergente Folge in M. Wir setzen $f_j := f(\cdot, m_j)$ für $j \in \mathbb{N}$. Aus (b) folgt $f_j \to f$ μ-f.ü. Also können wir wegen (a) und (c) den Satz von Lebesgue auf die Folge (f_j) anwenden und finden

$$\lim_{j \to \infty} F(m_j) = \lim_{j \to \infty} \int_X f_j \, d\mu = \int_X \lim_{j \to \infty} f_j \, d\mu = \int_X f(x,m) \, \mu(dx) = F(m) \,.$$

Die Behauptung folgt nun aus Theorem III.1.4. ∎

3.18 Theorem (über die Differenzierbarkeit von Parameterintegralen) *Es sei U offen in $\mathbb{R}^n$, oder $U \subset \mathbb{K}$ sei perfekt und konvex, und $f : X \times U \to E$ erfülle*
- (a) $f(\cdot, y) \in \mathcal{L}_1(X, \mu, E)$ *für jedes $y \in U$;*
- (b) $f(x, \cdot) \in C^1(U, E)$ *für μ-f.a. $x \in X$;*
- (c) *Es gibt ein $g \in \mathcal{L}_1(X, \mu, \mathbb{R})$ mit*

$$\left| \frac{\partial}{\partial y^j} f(x,y) \right| \leq g(x) \,, \qquad (x,y) \in X \times U \,, \quad 1 \leq j \leq n \,.$$

Dann ist

$$F : U \to E , \quad y \mapsto \int_X f(x,y) \, \mu(dx)$$

stetig differenzierbar mit

$$\partial_j F(y) = \int_X \frac{\partial}{\partial y^j} f(x,y) \, \mu(dx) \,, \qquad y \in U \,, \quad 1 \leq j \leq n \,.$$

Beweis Es seien $y \in U$ und $j \in \{1, \dots, n\}$. Ferner bezeichne (h_k) eine Nullfolge in $\mathbb{K}$ mit $h_k \neq 0$ und $y + h_k e_j \in U$ für $k \in \mathbb{N}$. Wir setzen

$$f_k(x) := \frac{f(x, y + h_k e_j) - f(x, y)}{h_k} \,, \qquad x \in X \,, \quad k \in \mathbb{N} \,,$$

und erhalten aus dem Mittelwertsatz (vgl. Theorem VII.3.9)

$$|f_k(x)| \leq \sup_{z \in U} \left| \frac{\partial}{\partial y^j} f(x,z) \right| \leq g(x) \quad \mu\text{-f.ü.}$$

Weil (f_k) μ-f.ü. gegen $\partial f(\cdot, y)/\partial y^j$ konvergiert, folgt aus Theorem 3.12

$$\lim_{k \to \infty} \frac{F(y + h_k e_j) - F(y)}{h_k} = \lim_{k \to \infty} \int_X f_k \, d\mu = \int_X \frac{\partial}{\partial y^j} f(x,y) \, \mu(dx) \,.$$

Also ist F partiell differenzierbar, und es gilt $\partial_j F(y) = \int_X (\partial/\partial y^j) f(x,y) \, \mu(dx)$. Nun erhalten wir die Behauptung aus den Theoremen 3.17 und VII.2.10. ∎

3.19 Korollar   *Es sei U offen in $\mathbb{C}$, und für $f : X \times U \to \mathbb{C}$ gelten*

(a) $f(\cdot, z) \in \mathcal{L}_1(X, \mu, \mathbb{C})$ *für jedes $z \in U$;*

(b) $f(x, \cdot) \in C^\omega(U, \mathbb{C})$ *für μ-f.a. $x \in X$;*

(c) *Es gibt ein $g \in \mathcal{L}_1(X, \mu, \mathbb{R})$ mit $|f(x, z)| \le g(x)$ für $(x, z) \in X \times U$.*

Dann ist

$$F : U \to \mathbb{C}, \quad z \mapsto \int_X f(x, z)\, \mu(dx)$$

holomorph, und es gilt

$$F^{(n)}(z) = \int_X \frac{\partial^n}{\partial z^n} f(x, z)\, \mu(dx) \tag{3.1}$$

für jedes $n \in \mathbb{N}$.

Beweis   Es seien $z_0 \in U$ und $r > 0$ mit $\bar{\mathbb{D}}(z_0, r) \subset U$. Dann folgt aus den Cauchyschen Ableitungsformeln (vgl. Korollar VIII.5.12):

$$\frac{\partial}{\partial z} f(x, z) = \frac{1}{2\pi i} \int_{\partial \mathbb{D}(z, r)} \frac{f(x, \zeta)}{(\zeta - z)^2}\, d\zeta, \qquad \mu\text{-f.a. } x \in X, \quad z \in \mathbb{D}(z_0, r),$$

und wir finden wegen (c) und Satz VIII.4.3(iv)

$$\left| \frac{\partial}{\partial z} f(x, z) \right| \le \frac{g(x)}{r}, \qquad \mu\text{-f.a. } x \in X, \quad z \in \mathbb{D}(z_0, r).$$

Somit zeigt Theorem 3.18, daß $F \,|\, \mathbb{D}(z_0, r)$ zu $C^1\big(\mathbb{D}(z_0, r), \mathbb{C}\big)$ gehört und

$$F'(z) = \int_X \frac{\partial}{\partial z} f(x, z)\, \mu(dx), \qquad z \in \mathbb{D}(z_0, r),$$

erfüllt. Weil die Holomorphie eine lokale Eigenschaft ist, zeigt Theorem VIII.5.11, daß F zu $C^\omega(U, \mathbb{C})$ gehört. Die Gültigkeit von (3.1) ergibt sich aus einem einfachen Induktionsargument. ∎

Aufgaben

1   Man finde einen Maßraum $(X, \mathcal{A}, \mu)$, eine Folge (f_j) in $\mathcal{L}_0(X, \mu, \mathbb{R}^+)$ und eine Funktion g in $\mathcal{L}_0(X, \mu, \bar{\mathbb{R}}^+)$ mit

$$f_j \le g \text{ für } j \in \mathbb{N} \quad \text{und} \quad \overline{\lim_j} \int_X f_j\, d\mu > \int_X \big(\overline{\lim_j} f_j \big)\, d\mu.$$

2   Es seien $f \in \mathcal{L}_1(X, \mu, E)$ und $\varepsilon > 0$. Man zeige, daß es ein $A \in \mathcal{A}$ gibt mit

$$\mu(A) < \infty \quad \text{und} \quad \left| \int_X f\, d\mu - \int_B f\, d\mu \right| < \varepsilon$$

für jedes $B \in \mathcal{A}$ mit $B \supset A$.

3 Es sei (f_j) eine Folge in $\mathcal{L}_1(X, \mu, E)$, die im Maß gegen $f \in \mathcal{L}_0(X, \mu, E)$ konvergiert. Ferner gebe es ein $g \in \mathcal{L}_1(X, \mu, \mathbb{R})$ mit $|f_j| \leq g$ μ-f.ü. für alle $j \in \mathbb{N}$. Dann gehört f zu $\mathcal{L}_1(X, \mu, E)$, und es gilt

$$f_j \to f \text{ in } \mathcal{L}_1(X, \mu, E) \quad \text{und} \quad \int_X f_j \, d\mu \to \int_X f \, d\mu \text{ in } E .$$

(Hinweis: Konvergiert $\left(\int_X f_j \, d\mu\right)$ nicht gegen $\int_X f \, d\mu$, so gibt es eine Teilfolge $(f_{j_k})_{k \in \mathbb{N}}$ und ein $\delta > 0$ mit

$$\|f_{j_k} - f\|_1 \geq \delta , \qquad k \in \mathbb{N} . \tag{3.2}$$

Man führe (3.2) mit Hilfe von Aufgabe 1.15 und Theorem 3.12 zum Widerspruch.

4 Es seien $f, g \in \mathcal{L}_0(X, \mu, \bar{\mathbb{R}})$ Lebesgue integrierbar. Man beweise:

(i) Aus $f \leq g$ μ-f.ü. folgt $\int_X f \, d\mu \leq \int_X g \, d\mu$.

(ii) Es gilt

$$\left| \int_X f \, d\mu \right| \leq \int_X |f| \, d\mu .$$

(iii) $f \wedge g$ und $f \vee g$ sind Lebesgue integrierbar und

$$- \int_X (|f| + |g|) \, d\mu \leq \int_X (f \wedge g) \, d\mu \leq \int_X (f \vee g) \, d\mu \leq \int_X (|f| + |g|) \, d\mu .$$

5 Die Folge (f_j) in $\mathcal{L}_0(X, \mu, \bar{\mathbb{R}}^+)$ konvergiere im Maß gegen $f \in \mathcal{L}_0(X, \mu, \bar{\mathbb{R}}^+)$. Man beweise

$$\int_X f \, d\mu \leq \varliminf_j \int_X f_j \, d\mu .$$

6 Für $x \in \mathbb{R}^n \setminus \{0\}$ sei

$$k_n(x) := \begin{cases} x^+ , & n = 1 , \\ \log|x| , & n = 2 , \\ |x|^{2-n} , & n \geq 3 . \end{cases}$$

Ferner seien U offen in $\mathbb{R}^n$ und nicht leer, $A \in \mathcal{L}(n)$ mit $A \subset U^c$, und $f \in C_c(\mathbb{R}^n)$. Man zeige:

(a) $A \to \mathbb{R}$, $x \mapsto f(x) k_n(|y - x|)$ ist für jedes $y \in U$ λ_n-integrierbar.

(b) $U \to \mathbb{R}$, $y \mapsto \int_A f(x) k_n(|y - x|) \, \lambda_n(dx)$ ist glatt und harmonisch.

7 Man verifiziere:

(i) $\mathcal{L}_1(\mathbb{R}^n, \lambda_n, E) \cap BC(\mathbb{R}^n, E) \subsetneqq C_0(\mathbb{R}^n, E)$;

(ii) $\mathcal{L}_1(\mathbb{R}^n, \lambda_n, E) \cap BUC(\mathbb{R}^n, E) \subseteq C_0(\mathbb{R}^n, E)$.

4 Die Lebesgueschen Räume

Wir haben in Paragraph VI.7 gesehen, daß der Raum der stetigen $\mathbb{K}$-wertigen Funktionen über einem kompakten Intervall I bezüglich der L_2-Norm nicht vollständig ist (vgl. Korollar VI.7.4). Im Rahmen der Lebesgueschen Integrationstheorie stehen uns nun Mittel zur Verfügung, um „die Vervollständigung" des Innenproduktraumes $\big(C(I,\mathbb{K}),(\cdot\,|\,\cdot)_2\big)$ anzugeben; d.h., wir werden einen Vektorraum L_2 und eine Erweiterung von $(\cdot\,|\,\cdot)_2$ auf $L_2 \times L_2$, die wir wieder mit $(\cdot\,|\,\cdot)_2$ bezeichnen, konstruieren, so daß $\big(L_2,(\cdot\,|\,\cdot)_2\big)$ ein Hilbertraum ist, der $C(I,\mathbb{K})$ als dichten Unterraum enthält.

Diese Konstruktion kann in natürlicher Weise verallgemeinert werden, was uns zu einer Familie von Banachräumen, den Lebesgueschen L_p-Räumen, führt, die für viele Gebiete der Mathematik von großer Bedeutung sind.

Im folgenden seien

- $(X,\mathcal{A},\mu)$ ein vollständiger σ-endlicher Maßraum;
  $E = (E,|\cdot|)$ ein Banachraum.

Wesentlich beschränkte Funktionen

Es sei $f \in \mathcal{L}_0(X,\mu,E)$. Man nennt f μ-**wesentlich beschränkt**, wenn es ein $\alpha \geq 0$ gibt mit $\mu\big([\,|f| > \alpha]\big) = 0$. In diesem Fall heißt[1]

$$\|f\|_\infty := \operatorname*{ess\,sup}_{x\in X} |f(x)| := \inf\big\{ \alpha \geq 0 \,;\, \mu\big([\,|f| > \alpha]\big) = 0 \big\}$$

μ-**wesentliches Supremum** von f.

4.1 Bemerkungen (a) Es sei $f \in \mathcal{L}_0(X,\mu,E)$. Dann sind die folgenden Aussagen äquivalent:

(i) f ist μ-wesentlich beschränkt;

(ii) $\|f\|_\infty < \infty$;

(iii) f ist μ-f.ü. beschränkt.

Beweis „(i)$\Rightarrow$(ii)$\Rightarrow$(iii)" ist klar.

„(iii)$\Rightarrow$(i)" Es seien N eine μ-Nullmenge und $\alpha \geq 0$ mit $|f(x)| \leq \alpha$ für $x \in N^c$. Dann gilt $[\,|f| > \alpha] \subset N$, und die Vollständigkeit von μ impliziert, daß $\mu\big([\,|f| > \alpha]\big) = 0$. $\blacksquare$

---

[1]Mit dieser Notation besitzt das Symbol $\|f\|_\infty$ zwei Bedeutungen, nämlich die des wesentlichen Supremums einer meßbaren Funktion und die der Supremumsnorm einer beschränkten Funktion. Im allgemeinen stimmen diese Begriffe für eine beschränkte meßbare Funktion *nicht* überein, und wir bezeichnen — falls eine Unterscheidung nötig ist — im folgenden die Supremumsnorm mit $\|\cdot\|_{B(X,E)}$ (vgl. jedoch Bemerkung 4.1(e)).

(b) Es sei $f \in \mathcal{L}_0(X, \mu, E)$. Dann gilt $|f| \leq \|f\|_\infty$ μ-f.ü.

Beweis Der Fall $\|f\|_\infty = \infty$ ist klar. Gilt $\|f\|_\infty < \infty$, so ist $[\,|f| > \|f\|_\infty + 2^{-j}\,]$ für jedes $j \in \mathbb{N}$ eine μ-Nullmenge, also auch $[\,|f| > \|f\|_\infty\,] = \bigcup_{j \in \mathbb{N}} [\,|f| > \|f\|_\infty + 2^{-j}\,]$. ∎

(c) Es seien f und g μ-wesentlich beschränkt und $\alpha \in \mathbb{K}$. Dann ist auch $\alpha f + g$ μ-wesentlich beschränkt, und es gilt

$$\|\alpha f + g\|_\infty \leq |\alpha| \, \|f\|_\infty + \|g\|_\infty \; .$$

Beweis Gemäß (a) und (b) gibt es μ-Nullmengen M und N mit $|f(x)| \leq \|f\|_\infty$ für $x \in M^c$ und $|g(x)| \leq \|g\|_\infty$ für $x \in N^c$. Also gilt

$$|\alpha f(x) + g(x)| \leq |\alpha| \, \|f\|_\infty + \|g\|_\infty \; , \qquad x \in (M \cup N)^c = M^c \cap N^c \; .$$

Folglich ist $\alpha f + g$ μ-wesentlich beschränkt mit $\|\alpha f + g\|_\infty \leq |\alpha| \, \|f\|_\infty + \|g\|_\infty$. ∎

(d) Es sei $f \in \mathcal{L}_0(X, \mu, E)$ beschränkt. Dann gilt $\|f\|_\infty \leq \|f\|_{B(X,E)}$. Ist N eine nichtleere μ-Nullmenge, so gelten $\|\chi_N\|_\infty = 0$ und $\|\chi_N\|_{B(X,E)} = 1$.

(e) Es sei X ein σ-kompakter metrischer Raum, und μ bezeichne ein regelmäßiges Radonmaß auf X. Dann gilt

$$\|f\|_\infty = \|f\|_{B(X,E)} \; , \qquad f \in BC(X, E) \; .$$

Beweis Es sei $f \in BC(X, E)$. Dann ist f gemäß Theorem 1.17 μ-meßbar, und nach (d) genügt es, $\|f\|_{B(X,E)} \leq \|f\|_\infty$ zu zeigen. Nehmen wir an, diese Ungleichung sei falsch. Dann gibt es ein $x \in X$ mit $\|f\|_\infty < |f(x)| \leq \|f\|_{B(X,E)}$, und die Stetigkeit von f sichert die Existenz einer offenen Umgebung O von x in X mit $\|f\|_\infty < |f(y)|$ für $y \in O$. Aus (b) folgt $\mu(O) = 0$, was der Regelmäßigkeit von μ widerspricht. ∎

Die Höldersche und die Minkowskische Ungleichung

Es sei $f \in \mathcal{L}_0(X, \mu, E)$. Für $p \in (0, \infty)$ setzen wir

$$\|f\|_p := \left(\int_X |f|^p \, d\mu \right)^{1/p} \; ,$$

mit der Vereinbarung $\infty^{1/p} := \infty$. Dann heißt[2]

$$\mathcal{L}_p(X, \mu, E) := \left\{ f \in \mathcal{L}_0(X, \mu, E) \; ; \; \|f\|_p < \infty \right\} \; , \qquad p \in (0, \infty] \; ,$$

Lebesguescher Raum über X bezüglich des Maßes μ. Ferner erklären wir für $p \in [1, \infty]$ den zu p **dualen Exponenten** durch

$$p' := \begin{cases} \infty \, , & p = 1 \, , \\ p/(p-1) \, , & p \in (1, \infty) \, , \\ 1 \, , & p = \infty \, . \end{cases}$$

---

[2]Theorem 3.9 zeigt, daß diese Bezeichnung im Fall $p = 1$ mit der von Paragraph 2 konsistent ist. Ferner beschränken wir uns im folgenden auf die Untersuchung der Lebesgueschen Räume $\mathcal{L}_p$ mit $p \in [1, \infty]$. Der Fall $p \in (0, 1)$ wird in Aufgabe 13 behandelt.

Mit dieser Festsetzung gilt dann offensichtlich

$$\frac{1}{p} + \frac{1}{p'} = 1 \ , \qquad p \in [1, \infty] \ .$$

Nach diesen Vorbereitungen können wir die folgenden, auf HÖLDER und MINKOW-SKI zurückgehenden Ungleichungen beweisen.

4.2 Theorem *Es sei* $p \in [1, \infty]$.

(i) *Für* $f \in \mathcal{L}_p(X, \mu, \mathbb{K})$ *und* $g \in \mathcal{L}_{p'}(X, \mu, \mathbb{K})$ *gehört* fg *zu* $\mathcal{L}_1(X, \mu, \mathbb{K})$, *und es gilt*

$$\left| \int_X fg \, d\mu \right| \leq \int_X |fg| \, d\mu \leq \|f\|_p \|g\|_{p'} \ . \qquad \textbf{(Höldersche}[3] \textbf{ Ungleichung)}$$

(ii) *Es seien* $f, g \in \mathcal{L}_p(X, \mu, E)$. *Dann gehört* $f + g$ *zu* $\mathcal{L}_p(X, \mu, E)$, *und es gilt*

$$\|f + g\|_p \leq \|f\|_p + \|g\|_p \ . \qquad \textbf{(Minkowskische Ungleichung)}$$

Beweis (i) Wir betrachten zuerst den Fall $p = 1$. Nach Bemerkung 4.1(b) gibt es eine μ-Nullmenge N mit $|g(x)| \leq \|g\|_\infty$ für $x \in N^c$. Also folgt aus den Bemerkungen 1.2(d) und 3.3(b) sowie Lemma 2.15

$$\int_{N^c} |fg| \, d\mu \leq \|g\|_\infty \int_{N^c} |f| \, d\mu = \|f\|_1 \|g\|_\infty < \infty \ .$$

Somit ergeben Bemerkung 3.11(a), Theorem 3.9 und Lemma 2.15, daß fg integrierbar ist, und Theorem 2.11(i) impliziert

$$\left| \int_X fg \, d\mu \right| \leq \int_X |fg| \, d\mu = \int_{N^c} |fg| \, d\mu \leq \|f\|_1 \|g\|_\infty \ .$$

Es sei nun $p \in (1, \infty)$. Gilt

$$f = 0 \ \mu\text{-f.ü.} \quad \text{oder} \quad g = 0 \ \mu\text{-f.ü.} \ , \qquad\qquad (4.1)$$

so verschwindet auch fg μ-f.ü., und die Behauptung folgt aus Korollar 2.16.

Trifft (4.1) nicht zu, so gelten $\|f\|_p > 0$ und $\|g\|_{p'} > 0$ (vgl. Korollar 2.19). Setzen wir $\xi := |f|/\|f\|_p$ und $\eta := |g|/\|g\|_{p'}$, so erhalten wir aus der Youngschen Ungleichung von Theorem IV.2.15

$$\frac{|fg|}{\|f\|_p \|g\|_{p'}} \leq \frac{1}{p} \frac{|f|^p}{\|f\|_p^p} + \frac{1}{p'} \frac{|g|^{p'}}{\|g\|_{p'}^{p'}} \ .$$

---

[3]Für $p = 2$ ist dies die **Cauchy-Schwarzsche Ungleichung**.

Es folgt

$$\int_X |fg|\,d\mu \le \frac{1}{p} \|f\|_p^{1-p} \|g\|_{p'} \int_X |f|^p\,d\mu + \frac{1}{p'} \|f\|_p \|g\|_{p'}^{1-p'} \int_X |g|^{p'}\,d\mu$$
$$= \|f\|_p \|g\|_{p'} \ ,$$

und wir schließen mit Theorem 3.9, daß fg zu $\mathcal{L}_1(X,\mu,E)$ gehört. Also gilt

$$\left| \int_X fg\,d\mu \right| \le \|fg\|_1 \le \|f\|_p \|g\|_{p'} \ .$$

Der Fall $p = \infty$ wird analog zum Fall $p = 1$ behandelt.

(ii) Wegen Korollar 2.9 und Bemerkung 4.1(c) genügt es, den Fall $p \in (1,\infty)$ zu betrachten. Außerdem können wir ohne Beschränkung der Allgemeinheit annehmen, es gelte $\|f+g\|_p > 0$. Wir weisen zuerst nach, daß $f+g$ zu $\mathcal{L}_p(X,\mu,E)$ gehört. Dazu beachten wir die Ungleichungen

$$|a+b|^p \le \big(2(|a| \vee |b|)\big)^p \le 2^p(|a|^p + |b|^p) \ , \qquad a,b \in E \ , \tag{4.2}$$

und erhalten, wegen $f,g \in \mathcal{L}_p(X,\mu,E)$,

$$\int_X |f+g|^p\,d\mu \le 2^p \Big(\int_X |f|^p\,d\mu + \int_X |g|^p\,d\mu \Big) < \infty \ ,$$

also $\|f+g\|_p < \infty$. Aufgrund der Äquivalenz

$$|f+g|^{p-1} \in \mathcal{L}_{p'}(X,\mu,\mathbb{R}) \Longleftrightarrow |f+g| \in \mathcal{L}_p(X,\mu,\mathbb{R})$$

folgt aus der Hölderschen Ungleichung

$$\int_X |h|\,|f+g|^{p-1}\,d\mu \le \|h\|_p \big\||f+g|^{p-1}\big\|_{p'} = \|h\|_p \|f+g\|_p^{p/p'}$$

für $h \in \mathcal{L}_p(X,\mu,E)$, und wir finden

$$\int_X |f+g|^p\,d\mu \le \int_X |f|\,|f+g|^{p-1}\,d\mu + \int_X |g|\,|f+g|^{p-1}\,d\mu$$
$$\le \big(\|f\|_p + \|g\|_p \big) \|f+g\|_p^{p/p'} \ . \tag{4.3}$$

Die Behauptung folgt nun wegen $\|f+g\|_p < \infty$ und $p/p' = p-1$ aus (4.3). ∎

4.3 Korollar *Es sei $p \in [1,\infty]$. Dann ist $\mathcal{L}_p(X,\mu,E)$ ein Untervektorraum von $\mathcal{L}_0(X,\mu,E)$, und $\|\cdot\|_p$ ist eine Seminorm auf $\mathcal{L}_p(X,\mu,E)$.*

4.4 Bemerkungen (a) Wir setzen $\mathcal{N} := \{\, f \in \mathcal{L}_0(X, \mu, E) \;;\; f = 0 \text{ } \mu\text{-f.ü.} \,\}$. Dann sind für $f \in \mathcal{L}_0(X, \mu, E)$ die folgenden Aussagen äquivalent:

  (i) $\|f\|_p = 0$ für alle $p \in [1, \infty]$;

  (ii) $\|f\|_p = 0$ für ein $p \in [1, \infty]$;

(iii) $f \in \mathcal{N}$.

Beweis „(i)$\Rightarrow$(ii)" ist klar. „(ii)$\Rightarrow$(iii)" folgt aus Korollar 2.19 und Bemerkung 4.1(b).

„(iii)$\Rightarrow$(i)" Für $p \in [1, \infty)$ ergibt sich die Behauptung aus Lemma 2.15. Der Fall $p = \infty$ ist klar. ∎

(b) Für jedes $p \in [1, \infty] \cup \{0\}$ ist $\mathcal{N}$ ein Untervektorraum von $\mathcal{L}_p(X, \mu, E)$.

Beweis Der Fall $p = 0$ ist klar. Also ist $\mathcal{N}$ ein Vektorraum. Für $p \in [1, \infty]$ folgt die Behauptung nun aus (a) („(iii)$\Rightarrow$(i)"). ∎

(c) Für $p \in [1, \infty]$ gelten im Sinne von Untervektorräumen die Inklusionen

$$\mathcal{EF}(X, \mu, E) \subset \mathcal{L}_p(X, \mu, E) \subset \mathcal{L}_0(X, \mu, E) \ .$$

Beweis Es ist klar, daß jede μ-einfache Funktion μ-wesentlich beschränkt ist. Es sei $p \in [1, \infty)$, und $\sum_{j=0}^{m} e_j \chi_{A_j}$ sei die Normalform von $\varphi \in \mathcal{EF}(X, \mu, E)$. Dann gilt die Abschätzung $|\varphi|^p \leq \sum_{j=0}^{m} |e_j|^p \chi_{A_j}$, und folglich $\|\varphi\|_p < \infty$. Die Behauptung ergibt sich nun aus Bemerkung 1.2(a) und Korollar 4.3. ∎

Die Vollständigkeit der Lebesgueschen Räume

Wir verallgemeinern nun Theorem 2.10(ii), indem wir nachweisen, daß jeder der Lebesgueschen Räume $\mathcal{L}_p(X, \mu, E)$ mit $p \in [1, \infty]$ vollständig ist. Dabei stützen wir uns im Fall $p \in (1, \infty)$ auf das folgende Hilfsresultat.

4.5 Lemma *Es sei V ein Vektorraum, und q sei eine Seminorm auf V. Dann sind die folgenden Aussagen äquivalent:*

  (i) *(V, q) ist vollständig;*

  (ii) *Für jede Folge $(v_j) \in V^{\mathbb{N}}$ mit $\sum_{j=0}^{\infty} q(v_j) < \infty$ konvergiert die Reihe $\sum_j v_j$ in V.*

Beweis „(i)$\Rightarrow$(ii)" Es sei $(v_j) \in V^{\mathbb{N}}$ mit $\sum_{j=0}^{\infty} q(v_j) < \infty$. Dann gibt es zu jedem $\varepsilon > 0$ ein $K \in \mathbb{N}$ mit $\sum_{j=\ell+1}^{\infty} q(v_j) < \varepsilon$ für $\ell \geq K$ (vgl. Aufgabe II.7.4). Wir setzen $w_k := \sum_{j=0}^{k} v_j$ für $k \in \mathbb{N}$ und erhalten

$$q(w_m - w_\ell) = q\Big(\sum_{j=\ell+1}^{m} v_j \Big) \leq \sum_{j=\ell+1}^{m} q(v_j) \leq \sum_{j=\ell+1}^{\infty} q(v_j) < \varepsilon \ , \qquad m > \ell \geq K \ .$$

Also ist (w_k) eine Cauchyfolge in V. Da V vollständig ist, gibt es ein v mit $w_k \to v$. Folglich konvergiert die Reihe $\sum_j v_j$.

„(ii)⇒(i)" Es sei (v_j) eine Cauchyfolge in V. Dann finden wir zu jedem $k \in \mathbb{N}$ ein $j_k \in \mathbb{N}$ mit $q(v_{j_{k+1}} - v_{j_k}) < 2^{-(k+1)}$. Mit $w_k := v_{j_{k+1}} - v_{j_k}$ gilt $\sum_{k=0}^{\infty} q(w_k) \leq 1$, und wir finden nach Voraussetzung ein $v \in V$ mit $q(v - \sum_{k=0}^{\ell} w_k) \to 0$ für $\ell \to \infty$. Es seien $\varepsilon > 0$ und $L \in \mathbb{N}$ mit $q(v - \sum_{k=0}^{\ell} w_k) < \varepsilon/2$ für $\ell \geq L$. Da (v_j) eine Cauchyfolge in V ist, gibt es ein $K \geq L$ mit $q(v_{j_{\ell+1}} - v_k) < \varepsilon/2$ für $k, \ell \geq K$. Setzen wir schließlich $\widetilde{v} := v + v_{j_0}$, so gilt für $k \geq K$

$$q(\widetilde{v} - v_k) = q(v + v_{j_0} - v_{j_{K+1}} + v_{j_{K+1}} - v_k)$$

$$\leq q\Big(v - \sum_{k=0}^{K} w_k\Big) + q(v_{j_{K+1}} - v_k) < \varepsilon \ .$$

Dies zeigt, daß (v_k) gegen $\widetilde{v}$ konvergiert. ∎

4.6 Theorem *Für $p \in [1, \infty]$ ist $\mathcal{L}_p(X, \mu, E)$ vollständig.*

Beweis (i) Wir betrachten zuerst den Fall $p \in (1, \infty)$. Es sei (f_j) eine Folge in $\mathcal{L}_p(X, \mu, E)$ mit $\sum_{j=0}^{\infty} \|f_j\|_p < \infty$. Wir setzen $g_k := \sum_{j=0}^{k} |f_j|$ für $k \in \mathbb{N}$ und $g := \sum_{k=0}^{\infty} |f_j|$. Gemäß Korollar 1.13(iii) gehört g zu $\mathcal{L}_0(X, \mu, \bar{\mathbb{R}}^+)$, und es gilt $|g_k|^p \to |g|^p$. Wegen

$$\|g_k\|_p \leq \sum_{j=0}^{k} \|f_j\|_p \leq \sum_{j=0}^{\infty} \|f_j\|_p < \infty$$

lehrt Folgerung 3.10(a), daß $g \in \mathcal{L}_p(X, \mu, \mathbb{R})$. Somit sichert Bemerkung 3.11(c) die Existenz einer μ-Nullmenge N mit $g(x) < \infty$ für $x \in N^c$. Nach dem Weierstraßschen Majorantenkriterium ist deshalb $f(x) := \sum_{j=0}^{\infty} f_j(x)$ für jedes $x \in N^c$ wohldefiniert. Ferner folgt aus $|f|^p \leq g^p$ μ-f.ü. und $g \in \mathcal{L}_p(X, \mu, \mathbb{R})$, daß $\widetilde{f}$ zu $\mathcal{L}_p(X, \mu, E)$ gehört (vgl. Theorem 3.14). Schließlich zeigt das Lemma von Fatou

$$\Big\|\widetilde{f} - \sum_{j=0}^{k} f_j\Big\|_p^p = \int_X \Big|\lim_{\ell \to \infty} \sum_{j=k+1}^{\ell} f_j\Big|^p \, d\mu \leq \varliminf_{\ell \to \infty} \int_X \Big|\sum_{j=k+1}^{\ell} f_j\Big|^p \, d\mu$$

$$= \varliminf_{\ell \to \infty} \Big\|\sum_{j=k+1}^{\ell} f_j\Big\|_p^p \ ,$$

und wir finden

$$\Big\|\widetilde{f} - \sum_{j=0}^{k} f_j\Big\|_p \leq \varliminf_{\ell \to \infty} \sum_{j=k+1}^{\ell} \|f_j\|_p = \sum_{j=k+1}^{\infty} \|f_j\|_p \ , \qquad k \in \mathbb{N} \ .$$

Wegen $\sum_{j=0}^{\infty} \|f_j\|_p < \infty$ ist $\big(\sum_{j=k+1}^{\infty} \|f_j\|_p\big)_{k \in \mathbb{N}}$ eine Nullfolge. Also trifft dies auch auf $\big(\|\widetilde{f} - \sum_{j=0}^{k} f_j\|_p\big)_{k \in \mathbb{N}}$ zu. Nun folgt aus Lemma 4.5, daß $\mathcal{L}_p(X, \mu, E)$ vollständig ist.

(ii) Es sei nun (f_j) eine Cauchyfolge in $\mathcal{L}_\infty(X, \mu, E)$. Wir setzen

$$A_j := [\,|f_j| > \|f_j\|_\infty\,] \, , \quad B_{k,\ell} := [\,|f_k - f_\ell| > \|f_k - f_\ell\|_\infty\,] \, , \qquad j, k, \ell \in \mathbb{N} \, ,$$

und $N := \bigcup_j A_j \cup \bigcup_{k,\ell} B_{k,\ell}$. Aufgrund der Bemerkungen 4.1(b) und IX.2.5(b) ist N eine Nullmenge mit

$$|f_j(x)| \leq \|f_j\|_\infty \, , \quad |f_k(x) - f_\ell(x)| \leq \|f_k - f_\ell\|_\infty \, , \qquad j, k, \ell \in \mathbb{N} \, , \quad x \in N^c \, .$$

Also ist $(f_j\,|\,N^c)$ eine Cauchyfolge im Banachraum $B(N^c, E)$, und wir finden ein $f \in B(N^c, E)$, so daß $(f_j\,|\,N^c)$ gleichmäßig gegen f konvergiert. Somit konvergiert (f_j) μ-f.ü. gegen $\widetilde{f}$. Die Funktion $\widetilde{f}$ ist wegen $[\,|\widetilde{f}| > \|f\|_{B(N^c,E)}\,] = \emptyset$ μ-wesentlich beschränkt, und es gilt

$$|\widetilde{f}(x) - f_j(x)| \leq \|f - f_j\,|\,N^c\|_{B(N^c,E)} \, , \qquad x \in N^c \, , \quad j \in \mathbb{N} \, .$$

Folglich konvergiert (f_j) in $\mathcal{L}_\infty(X, \mu, E)$ gegen $\widetilde{f}$.

(iii) Der Fall $p = 1$ wurde in Theorem 2.10(ii) behandelt. ∎

4.7 Korollar Es seien $p \in [1, \infty]$ und $f_j, f \in \mathcal{L}_p(X, \mu, E)$ mit $f_j \to f$ in $\mathcal{L}_p(X, \mu, E)$.

(i) Gilt $p = \infty$, so konvergiert (f_j) μ-f.ü. gegen f.

(ii) Im Fall $p \in [1, \infty)$ gibt es eine Teilfolge $(f_{j_k})_{k\in\mathbb{N}}$ von (f_j), die μ-f.ü. gegen f konvergiert.

Beweis Weil (f_j) in $\mathcal{L}_p(X, \mu, E)$ gegen f konvergiert, ist (f_j) eine Cauchyfolge in $\mathcal{L}_p(X, \mu, E)$. Die erste Aussage folgt nun unmittelbar aus dem Beweis von Theorem 4.6. Im Fall $p \in (1, \infty)$ wählen wir eine Teilfolge $(f_{j_k})_{k\in\mathbb{N}}$ von (f_j) mit $\|f_{j_{k+1}} - f_{j_k}\|_p < 2^{-(k+1)}$. Dann zeigt der Beweis von Theorem 4.6, daß es ein $g \in \mathcal{L}_p(X, \mu, E)$ gibt mit $(f_{j_k} - f_{j_0}) \to g$ in $\mathcal{L}_p(X, \mu, E)$ und $(f_{j_k} - f_{j_0}) \to g$ μ-f.ü. für $k \to \infty$. Da (f_j) in $\mathcal{L}_p(X, \mu, E)$ gegen f konvergiert, gilt $\|f - (g + f_{j_0})\|_p = 0$. Bemerkung 4.4(a) impliziert $f = g + f_{j_0}$ μ-f.ü., woraus sich die Behauptung ergibt.

Der Fall $p = 1$ wurde in Theorem 2.18 behandelt. ∎

4.8 Satz Für[4] $p \in [1, \infty)$ ist $\mathcal{EF}(X, \mu, E)$ dicht in $\mathcal{L}_p(X, \mu, E)$.

Beweis Es sei $f \in \mathcal{L}_p(X, \mu, E)$. Dann ist f nach Bemerkung 4.4(c) μ-meßbar. Also gibt es eine Folge (φ_j) in $\mathcal{EF}(X, \mu, E)$ mit $\varphi_j \to f$ μ-f.ü. für $j \to \infty$. Wir setzen $A_j := [\,|\varphi_j| \leq 2\,|f|\,]$ und $\psi_j := \chi_{A_j}\varphi_j$. Dann ist (ψ_j) eine Folge in $\mathcal{EF}(X, \mu, E)$, die μ-f.ü. gegen f konvergiert. Ferner gilt

$$|\psi_j - f|^p \leq (|\psi_j| + |f|)^p \leq 3^p\,|f|^p \, , \qquad j \in \mathbb{N} \, .$$

---

[4]Die Aussage ist im Fall $p = \infty$ i. allg. falsch, wie Aufgabe 8 zeigt. Man vergleiche jedoch Aufgabe 9.

Weil $3^p |f|^p$ zu $\mathcal{L}_1(X, \mu, \mathbb{R})$ gehört, können wir den Lebesgueschen Satz über die majorisierte Konvergenz anwenden, und wir finden

$$\|\psi_j - f\|_p^p = \int_X |\psi_j - f|^p \, d\mu \to 0 \quad (j \to \infty) \,,$$

woraus die Behauptung folgt. ∎

L_p-Räume

Wir haben in Bemerkung 4.4(b) bewiesen, daß

$$\mathcal{N} := \left\{ f \in \mathcal{L}_0(X, \mu, E) \; ; \; f = 0 \; \mu\text{-f.ü.} \right\}$$

für jedes $p \in \{0\} \cup [1, \infty]$ ein Untervektorraum von $\mathcal{L}_p(X, \mu, E)$ ist. Also sind die Quotientenräume

$$L_p(X, \mu, E) := \mathcal{L}_p(X, \mu, E)/\mathcal{N} \,, \qquad p \in \{0\} \cup [1, \infty] \,,$$

wohldefinierte Vektorräume über $\mathbb{K}$ (vgl. Beispiel I.12.3(i)). Aufgrund von Bemerkung 4.4(c) gilt ferner

$$L_p(X, \mu, E) \subset L_0(X, \mu, E) \,, \qquad p \in [1, \infty] \,,$$

im Sinne von Untervektorräumen. Es sei $[f] \in L_0(X, \mu, E)$, und g bezeichne einen Repräsentanten von $[f]$. Dann gilt $f - g \in \mathcal{N}$, d.h., f und g stimmen μ-f.ü. überein. Wegen Bemerkung 4.4(a) ist die Abbildung

$$\||\cdot\|| : L_0(X, \mu, E) \to \bar{\mathbb{R}}^+ \,, \quad [f] \mapsto \|f\|_p$$

für jedes $p \in [1, \infty]$ wohldefiniert, und für $[f] \in L_p(X, \mu, E)$ gilt

$$\|| \, [f] \, \||_p = \|f\|_p = 0 \Leftrightarrow f = 0 \; \mu\text{-f.ü.} \Leftrightarrow [f] = 0 \,. \tag{4.4}$$

Weil sich die Eigenschaften der Seminorm $\|\cdot\|_p$ offensichtlich auf $\||\cdot\||_p$ übertragen, zeigt (4.4), daß $\||\cdot\||_p$ eine Norm auf $L_p(X, \mu, E)$ ist. Also ist $L_p(X, \mu, E)$ ein normierter Vektorraum, während $\mathcal{L}_p(X, \mu, E)$ nur seminormiert ist, so daß Grenzwerte i. allg. nicht eindeutig sind.[5] Der Preis, den wir für diese „Verbesserung" der topologischen Struktur bezahlen, ist die Tatsache, daß die Elemente von $L_p(X, \mu, E)$ keine Funktionen über X, sondern Nebenklassen bezüglich des Untervektorraumes $\mathcal{N}$ von $\mathcal{L}_p(X, \mu, E)$ sind. Mit anderen Worten: Funktionen, die μ-f.ü. übereinstimmen, werden miteinander identifiziert. Die Erfahrung zeigt, daß die folgende Vereinfachung der Notation zu keinen Mißverständnissen führt.

---

[5]Vgl. Bemerkung 2.3(b).

Vereinbarung Es sei $p \in \{0\} \cup [1, \infty]$. Dann schreiben wir für die Nebenklasse $[f] = f + \mathcal{N}$ aus $L_p(X, \mu, E)$ wieder f und identifizieren Funktionen, die μ-f.ü. übereinstimmen, miteinander. Ferner bezeichnen wir im Fall $p \in [1, \infty]$ die Norm in $L_p(X, \mu, E)$ mit $\| \cdot \|_p$ und setzen

$$L_p(X, \mu, E) := \big(L_p(X, \mu, E), \| \cdot \|_p \big) , \qquad p \in [1, \infty] .$$

4.9 Bemerkungen (a) Für $f \in L_0(X, \mu, E)$ und $x \in X$ ist $f(x)$ *nicht* erklärt, falls μ nichtleere Nullmengen hat. Also können die Elemente von $L_0(X, \mu, E)$ i. allg. nicht „punktweise ausgewertet" werden. Wählt man hingegen einen Repräsentanten $\overset{*}{f}$ von f, so ist $\overset{*}{f}(x)$ selbstverständlich wohldefiniert.

(b) Für $p \in [1, \infty]$ gilt

$$L_p(X, \mu, E) = \big\{ f \in L_0(X, \mu, E) \; ; \; \|f\|_p < \infty \big\} .$$

Beweis „$\subseteq$" Es sei $f \in L_p(X, \mu, E)$, und $\overset{*}{f}$ bezeichne einen Repräsentanten von f. Dann gehört $\overset{*}{f}$ zu $\mathcal{L}_p(X, \mu, E)$, d.h., $\overset{*}{f}$ ist μ-meßbar mit $\|\overset{*}{f}\|_p < \infty$. Folglich gehört f zu $L_0(X, \mu, E)$, und es gilt $\|f\|_p < \infty$.

„$\supseteq$" Es sei $f \in L_0(X, \mu, E)$ mit $\|f\|_p < \infty$. Dann ist jeder Repräsentant $\overset{*}{f}$ von f μ-meßbar mit $\|f\|_p = \|\overset{*}{f}\|_p < \infty$. Somit gehört $\overset{*}{f}$ zu $\mathcal{L}_p(X, \mu, E)$, also f zu $L_p(X, \mu, E)$. ∎

(c) Es seien $f, g \in L_0(X, \mu, \mathbb{R})$, und $\overset{*}{f}$ bzw. $\overset{*}{g}$ bezeichne einen Repräsentanten von f bzw. g. Wir setzen

$$f \leq g :\Longleftrightarrow \overset{*}{f} \leq \overset{*}{g} \ \mu\text{-f.ü.}$$

Dann ist $\leq$ eine wohldefinierte Ordnung auf $L_0(X, \mu, \mathbb{R})$, und $\big(L_0(X, \mu, \mathbb{R}), \leq \big)$ ist ein Vektorverband.

Beweis Die einfache Verifikation dieser Aussage ist dem Leser als Übungsaufgabe überlassen. ∎

(d) Es seien $(F, \leq)$ ein Vektorverband und $(F, \| \cdot \|)$ ein Banachraum. Folgt aus $|x| \leq |y|$ stets $\|x\| \leq \|y\|$, so heißt $(F, \leq, \| \cdot \|)$ **Banachverband**.

(e) $\big(L_p(X, \mu, \mathbb{R}), \leq, \| \cdot \|_p \big)$ ist für jedes $p \in [1, \infty]$ ein Banachverband.

Beweis Es ist klar, daß $L_p(X, \mu, \mathbb{R})$ ein Untervektorverband von $L_0(X, \mu, \mathbb{R})$ ist. Ferner folgt aus der Monotonie des Integrals und von $t \mapsto t^p$ unmittelbar, daß $L_p(X, \mu, \mathbb{R})$ im Fall $p \in [1, \infty)$ ein Banachverband ist.

Es seien $f, g \in L_\infty(X, \mu, \mathbb{R})$ mit $|f| \leq |g|$. Ferner sei $\overset{*}{f}$ bzw. $\overset{*}{g}$ ein Repräsentant von f bzw. g. Dann gilt $|\overset{*}{f}| \leq |\overset{*}{g}|$ μ-f.ü. Außerdem zeigt Bemerkung 4.1(b), daß $|\overset{*}{g}| \leq \|g\|_\infty$ μ-f.ü. Also gilt $|\overset{*}{f}| \leq \|g\|_\infty$ μ-f.ü., und folglich $\|f\|_\infty \leq \|g\|_\infty$. ∎

4.10 Theorem

(i) $L_p(X, \mu, E)$ ist für jedes $p \in [1, \infty]$ ein Banachraum.

(ii) Ist H ein Hilbertraum, so ist $L_2(X, \mu, H)$ bezüglich des Skalarproduktes

$$(\cdot \,|\, \cdot)_2 : L_2(X, \mu, H) \times L_2(X, \mu, H) \to \mathbb{K} \,, \quad (f, g) \mapsto \int_X (f \,|\, g)_H \, d\mu$$

ebenfalls ein Hilbertraum.

Beweis (i) Es sei $p \in [1, \infty]$. Wir wissen bereits, daß $L_p(X, \mu, E)$ ein normierter Vektorraum ist. Es sei (f_j) eine Cauchyfolge in $L_p(X, \mu, E)$, und $\overset{*}{f}_j$ sei für jedes $j \in \mathbb{N}$ ein Repräsentant von f_j. Dann ist $\big(\overset{*}{f}_j\big)$ eine Cauchyfolge in $\mathcal{L}_p(X, \mu, E)$. Gemäß Theorem 4.6 gibt es ein $\overset{*}{f} \in \mathcal{L}_p(X, \mu, E)$ mit $\|\overset{*}{f}_j - \overset{*}{f}\|_p \to 0$ für $j \to \infty$. Für $f := \overset{*}{f} + \mathcal{N}$ gelten $f \in L_p(X, \mu, E)$ und $\|f_j - f\|_p = \|\overset{*}{f}_j - \overset{*}{f}\|_p \to 0$. Also ist $L_p(X, \mu, E)$ vollständig.

(ii) Mittels der Aussagen (i) und (iv) von Theorem 1.7 und der Hölderschen Ungleichung überprüft man leicht, daß $(\cdot \,|\, \cdot)_2$ ein Skalarprodukt auf $L_2(X, \mu, H)$ ist mit $|(f \,|\, f)_2| = \|f\|_2^2$ für $f \in L_2(X, \mu, H)$. Die Behauptung folgt somit aus (i). ∎

4.11 Korollar $L_2(X, \mu, \mathbb{K})$ ist bezüglich des Skalarproduktes

$$(f \,|\, g)_2 = \int_X f \overline{g} \, d\mu \,, \qquad f, g \in L_2(X, \mu, \mathbb{K}) \,,$$

ein Hilbertraum.

Stetige Funktionen mit kompaktem Träger

Es sei Y ein topologischer Raum. Für $f \in E^Y$ heißt

$$\mathrm{supp}(f) := \overline{\big\{ x \in Y \;;\; f(x) \neq 0 \big\}}$$

Träger von f. Dabei bezeichnet $\overline{A}$ die abgeschlossene Hülle von $A \subset Y$ in Y. Von besonderer Bedeutung sind stetige Funktionen mit kompaktem Träger. Wir setzen deshalb

$$C_c(Y, E) := \big\{ f \in C(Y, E) \;;\; \mathrm{supp}(f) \text{ ist kompakt} \big\} \,.$$

4.12 Beispiele (a) Für die Dirichletfunktion $\chi_{\mathbb{Q}} \in \mathbb{R}^{\mathbb{R}}$ (vgl. Beispiel III.1.3(c)) gilt

$$\mathrm{supp}(\chi_{\mathbb{Q}}) = \mathrm{supp}(\chi_{\mathbb{R}-\mathbb{Q}}) = \mathbb{R} \,.$$

Beweis Dies folgt aus den Sätzen I.10.8 und I.10.11. ∎

(b) Es sei $X = \mathbb{Z}$ oder $X = \mathbb{N}$, versehen mit der natürlichen, von $\mathbb{R}$ induzierten Metrik, und $\mathcal{H}^0$ sei das Zählmaß auf $\mathfrak{P}(X)$. Dann gilt[6]

$$C_c(X, E) = \mathcal{EF}(X, \mathcal{H}^0, E) = \left\{ \varphi \in E^X \; ; \; \mathrm{Anz}[\varphi \neq 0] < \infty \right\} .$$

(c) Es sei X ein metrischer Raum. Dann ist $C_c(X, E)$ ein Untervektorraum von $BC(X, E)$. Ist X kompakt, so gilt $C_c(X, E) = C(X, E) = BC(X, E)$.

Beweis Die erste Aussage folgt aus Korollar III.3.7. Die zweite Aussage ist eine Konsequenz von Aufgabe III.3.2 und Korollar III.3.7. ∎

4.13 Satz *Es sei X ein metrischer Raum, und A und B seien abgeschlossene nichtleere disjunkte Teilmengen von X. Dann gibt es ein $\varphi \in C(X)$ mit $0 \leq \varphi \leq 1$, $\varphi | A = 1$ und $\varphi | B = 0$, eine* **Urysohnfunktion**.

Beweis Es sei $D \subset X$ nicht leer. Dann zeigt Beispiel III.1.3(1), daß die Abstandsfunktion $d(\cdot, D)$ zu $C(X)$ gehört. Ist D abgeschlossen, so gilt $d(x, D) = 0$ genau dann, wenn x zu D gehört. Aufgrund dieser Eigenschaften überprüft man leicht, daß die durch

$$\varphi(x) := \frac{d(x, B)}{d(x, A) + d(x, B)} , \qquad x \in X ,$$

erklärte Funktion das Gewünschte leistet. ∎

Mit Hilfe von Urysohnfunktionen können wir nun einen wichtigen Approximationssatz beweisen.

4.14 Theorem *Es sei X ein σ-kompakter metrischer Raum, und μ sei ein Radonmaß auf X. Dann ist $C_c(X, E)$ für $p \in [1, \infty)$ ein dichter Untervektorraum von $\mathcal{L}_p(X, \mu, E)$.*

Beweis Es sei $\varepsilon > 0$. Da $\mathcal{EF}(X, \mu, E)$ gemäß Satz 4.8 dicht ist in $\mathcal{L}_p(X, \mu, E)$, wegen Theorem 1.17 und wegen der Minkowskischen (d.h. der Dreiecks-) Ungleichung, genügt es nachzuweisen, daß es zu jeder μ-meßbaren Menge A endlichen Maßes und zu jedem $e \in E \backslash \{0\}$ ein $f \in C_c(X, E)$ gibt mit $\| f - \chi_A e \|_p < \varepsilon$.

Es sei also $A \in \mathcal{A}$ mit $\mu(A) < \infty$. Weil μ regulär ist, finden wir eine kompakte Teilmenge K und eine offene Teilmenge U von X mit $K \subset A \subset U$ und

$$\mu(U \backslash K) = \mu(U) - \mu(K) < (\varepsilon / |e|)^p .$$

Satz 4.13 sichert die Existenz einer Urysohnfunktion φ auf X mit $\varphi | K = 1$ und $\varphi | U^c = 0$. Setzen wir $f := \varphi e$, so gilt

$$\| \chi_A e - f \|_p^p \leq |e|^p \int_X \chi_{U \backslash K} \, d\mu \leq |e|^p \, \mu(U \backslash K) < \varepsilon^p ,$$

woraus die Behauptung folgt. ∎

---

[6]Vgl. Beispiel 2.20.

Einbettungen

Es seien X und Y topologische Räume, und X sei eine Teilmenge von Y. Bezeichnet $j : X \to Y$, $x \mapsto x$ die Inklusion[7] von X in Y, so sagen wir, X sei **stetig in Y eingebettet**, wenn j stetig ist.[8] In diesem Fall schreiben wir $X \hookrightarrow Y$. Ist X außerdem eine dichte Teilmenge von Y, so bringen wir dies durch $X \overset{d}{\hookrightarrow} Y$ zum Ausdruck. Sind X und Y Vektorräume, so soll $X \hookrightarrow Y$ immer zusätzlich bedeuten, daß X ein Untervektorraum von Y (und nicht „irgendwie" in Y enthalten) ist.

4.15 Bemerkungen **(a)** Es seien V und W normierte Vektorräume. V ist genau dann stetig in W eingebettet, wenn V ein Untervektorraum von W ist und wenn es ein $\alpha > 0$ gibt mit $\|v\|_W \le \alpha \, \|v\|_V$ für $v \in V$, d.h., wenn die Norm auf V stärker ist als die von W auf V induzierte.

Trägt V die von W induzierte Norm, so gilt stets $V \hookrightarrow W$.

(b) Es sei X offen in $\mathbb{R}^n$. Dann gilt

$$BUC^k(X, E) \hookrightarrow BUC^\ell(X, E) \,, \qquad k \ge \ell \,.$$

Ist X zusätzlich beschränkt, so gilt

$$BUC^k(X, \mathbb{K}) \overset{d}{\hookrightarrow} BUC(X, \mathbb{K}) \,, \qquad k \in \mathbb{N} \,.$$

Beweis Die erste Aussage ist klar. Die zweite folgt aus dem Approximationssatz von Stone-Weierstraß (Korollar V.4.8) und der Anwendung VI.2.2. ∎

Einfache Beispiele belegen (vgl. Aufgabe 5.1), daß die Lebesgueschen Räume i. allg. nicht ineinander enthalten sind. Unter geeigneten zusätzlichen Voraussetzungen an den Maßraum $(X, \mathcal{A}, \mu)$ bestehen stetige Einbettungen für Lebesguesche Räume. Bezeichnet z.B. $\mathcal{H}^0$ das Zählmaß auf $\mathfrak{P}(\mathbb{N})$, so stimmen die in Aufgabe 1.16 eingeführten Räume ℓ_p für $1 \le p \le \infty$ mit $\mathcal{L}_p(\mathbb{N}, \mathcal{H}^0, \mathbb{K})$ überein, und es gelten die Einbettungen

$$\ell_1 \hookrightarrow \ell_p \hookrightarrow \ell_q \hookrightarrow \ell_\infty \,, \qquad 1 \le p \le q \le \infty \,,$$

(vgl. Aufgabe 11).

Für endliche Maßräume liegt eine völlig andere Situation vor.

4.16 Theorem *Es sei* $(X, \mathcal{A}, \mu)$ *ein endlicher vollständiger Maßraum. Dann gelten*

$$L_q(X, \mu, E) \overset{d}{\hookrightarrow} L_p(X, \mu, E) \,, \qquad 1 \le p < q \le \infty \,,$$

---

[7]Vgl. Beispiel I.3.2(b).

[8]Diese Begriffsbildung ist insbesondere dann von Bedeutung, wenn X *nicht* mit der von Y induzierten Topologie versehen ist (vgl. Bemerkung 4.15(a)).

und

$$\|f\|_p \le \mu(X)^{1/p-1/q} \|f\|_q \ , \qquad f \in L_q(X, \mu, E) \ . \tag{4.5}$$

Beweis (i) Es seien $f \in L_q(X, \mu, E)$ und $r := q/p$. Ferner sei $g \in \mathcal{L}_q(X, \mu, E)$ ein Repräsentant von f. Dann gehört $|g|^p$ zu $\mathcal{L}_r(X, \mu, \mathbb{R})$, und $1/r' = (q-p)/q$. Des Weiteren gehört χ_X zu $\mathcal{L}_{r'}(X, \mu, \mathbb{R})$, weil μ ein endliches Maß ist. Somit liefert die Höldersche Ungleichung im Fall $q < \infty$

$$\|g\|_p^p = \int_X \chi_X \, |g|^p \, d\mu \le \left(\int_X \chi_X^{r'} \, d\mu \right)^{1/r'} \left(\int_X |g|^{pr} \, d\mu \right)^{1/r} = \mu(X)^{(q-p)/q} \|g\|_q^p \ ,$$

und wir finden $\|g\|_p \le \mu(X)^{1/p-1/q} \|g\|_q$, was offensichtlich auch im Fall $q = \infty$ gilt. Da dies für jeden Repräsentanten von f richtig ist, sehen wir, daß f zu $L_p(X, \mu, E)$ gehört und daß (4.5) gilt. Mit Bemerkung 4.15(a) folgt $L_q(X, \mu, E) \hookrightarrow L_p(X, \mu, E)$.

(ii) Für $M := \big\{ [\varphi] \in L_0(X, \mu, E) \ ; \ \varphi \in \mathcal{EF}(X, \mu, E) \big\}$ gilt $M \subset L_q(X, \mu, E)$, und Satz 4.8 impliziert, wegen $p < \infty$, daß M dicht ist in $L_p(X, \mu, E)$. Also ist auch $L_q(X, \mu, E)$ dicht in $L_p(X, \mu, E)$. ∎

Der nächste Satz zeigt, daß, im Falle eines regelmäßigen Radonmaßes μ, ein Element von $L_0(X, \mu, E)$ höchstens einen stetigen Repräsentanten besitzt. Deshalb können wir in diesem Fall die Funktionen aus $C(X, E)$ mit den Äquivalenzklassen von $L_0(X, \mu, E)$, in denen sie enthalten sind, identifizieren und $C(X, E)$ als Untervektorraum von $L_0(X, \mu, E)$ auffassen.

4.17 Satz *Es sei μ ein regelmäßiges Radonmaß auf dem σ-kompakten Raum X. Dann ist die Abbildung*

$$C(X, E) \to L_0(X, \mu, E) \ , \qquad f \mapsto [f] \tag{4.6}$$

linear und injektiv.

Beweis Theorem 1.17 zeigt, daß die Abbildung (4.6) wohldefiniert und linear ist.

Es seien $f, g \in C(X, E)$ mit $[f] = [g]$. Dann gibt es ein $h \in \mathcal{N}$ mit $f - g = h$, d.h., $f - g = 0$ μ-f.ü. Wäre $f \ne g$, so gäbe es ein $x \in X$ mit $f(x) \ne g(x)$. Die Stetigkeit von $f - g$ würde dann die Existenz einer offenen Umgebung U von x implizieren mit $(f-g)(y) \ne 0$ für $y \in U$. Wegen $\mu(U) > 0$ widerspräche dies $f - g = 0$ μ-f.ü. Folglich gilt $f = g$, was die behauptete Injektivität beweist. ∎

Vereinbarung Es sei μ ein regelmäßiges Radonmaß auf dem σ-kompakten Raum X. Wir identifizieren $C(X, E)$ mit seinem Bild in $L_0(X, \mu, E)$ unter der Injektion (4.6), fassen also $C(X, E)$ als Untervektorraum von $L_0(X, \mu, E)$ auf. Dann gilt

$$\|f\|_{B(X,E)} = \|f\|_\infty \ , \qquad f \in BC(X, E) \ .$$

Das folgende Resultat ist eine einfache Konsequenz dieser Vereinbarung.

4.18 Theorem *Ist μ ein regelmäßiges Radonmaß auf dem σ-kompakten metrischen Raum X, so gelten:*

  (i) *$C_c(X, E)$ ist für jedes $p \in [1, \infty)$ ein dichter Untervektorraum von $L_p(X, \mu, E)$.*

  (ii) *$BC(X, E)$ ist ein abgeschlossener Untervektorraum von $L_\infty(X, \mu, E)$.*

Beweis Die erste Aussage folgt aus Theorem 4.14. Die zweite ist klar. ∎

Stetige Linearformen auf L_p

Für den Rest dieses Paragraphen verwenden wir die abkürzenden Bezeichnungen

$$L_p(X) := L_p(X, \mu, \mathbb{K}) \quad \text{und} \quad L'_p(X) := \big(L_p(X)\big)'$$

für $p \in [1, \infty]$, wobei wir mit dem Strich den Dualraum bezeichnen (vgl. Bemerkung VII.2.13(a)). Aus der Hölderschen Ungleichung folgt, daß für jedes $f \in L_{p'}(X)$ die Abbildung

$$T_f : L_p(X) \to \mathbb{K} , \quad g \mapsto \int_X fg \, d\mu$$

eine stetige Linearform auf $L_p(X)$, also ein Element von $L'_p(X)$, ist, für die gilt

$$\|T_f\|_{L'_p(X)} \leq \|f\|_{p'} . \tag{4.7}$$

Der folgende Satz zeigt, daß in (4.7) sogar Gleichheit besteht.

4.19 Satz *Die Abbildung*

$$T : L_{p'}(X) \to L'_p(X) , \quad f \mapsto T_f$$

ist für jedes $p \in [1, \infty]$ eine lineare Isometrie.

Beweis (i) Es ist klar, daß T linear ist. Ferner genügt es wegen (4.7) nachzuweisen, daß es zu jedem $f \in L_{p'}(X)$ mit $f \neq 0$ und jedem $\varepsilon > 0$ ein $g \in L_p(X)$ gibt mit

$$\|g\|_p = 1 \quad \text{und} \quad \|f\|_{p'} < \left| \int_X fg \, d\mu \right| + \varepsilon .$$

(ii) Es sei zunächst $p \in (1, \infty)$. Dann gehört p' zu $(1, \infty)$. Somit ist

$$g := \overline{\operatorname{sign} f} \, \|f\|_{p'}^{1-p'} \, |f|^{p'-1}$$

wohldefiniert und μ-meßbar (vgl. Aufgabe 1.19 und Theorem 1.7(i)). Ferner gelten

$$\int_X |g|^p \, d\mu = \|f\|_{p'}^{p(1-p')} \int_X |f|^{p(p'-1)} \, d\mu = \|f\|_{p'}^{-p'} \|f\|_{p'}^{p'} = 1$$

und $fg = \|f\|_{p'}^{1-p'} |f|^{p'}$, also $\|f\|_{p'} = \int_X fg \, d\mu$.

Für $p = \infty$ setzen wir $g := \overline{\operatorname{sign} f}$. Dann folgen

$$\|g\|_\infty = 1 \ , \quad \|f\|_1 = \int_X fg \, d\mu \ .$$

(iii) Es seien $p = 1$ und $0 < \varepsilon < \|f\|_\infty$ sowie $\alpha := \|f\|_\infty - \varepsilon$. Weil $[\,|f| > \alpha\,]$ positives Maß hat und weil μ σ-endlich ist, finden wir ein $A \in \mathcal{A}$ mit $A \subset [\,|f| > \alpha\,]$ und $\mu(A) \in (0, \infty)$. Somit ist $g := \overline{\operatorname{sign} f}\,(1/\mu(A))\chi_A$ wohldefiniert und μ-meßbar. Offensichtlich gelten $\|g\|_1 = 1$ und

$$\int_X fg \, d\mu = \frac{1}{\mu(A)} \int_A |f| \, d\mu \geq \alpha = \|f\|_\infty - \varepsilon \ .$$

Damit ist alles bewiesen. ∎

4.20 Bemerkungen (a) Man kann zeigen, daß die Abbildung T von Satz 4.19 für jedes $p \in [1, \infty)$ surjektiv ist, d.h., jede stetige Linearform auf $L_p(X)$ kann mit einem geeigneten $f \in L_{p'}(X)$ durch T_f dargestellt werden (vgl. z.B. [Rud83, Theorem 6.1.6]). Somit ist $T : L_{p'}(X) \to L_p'(X)$ für jedes $p \in [1, \infty)$ ein isometrischer Isomorphismus. *Vermöge dieses Isomorphismus identifiziert man $L_{p'}(X)$ mit $L_p'(X)$ für $p \in [1, \infty)$.* Für die Dualitätspaarung $\langle \cdot, \cdot \rangle_{L_p} : L_p'(X) \times L_p(X) \to \mathbb{K}$ gilt dann

$$\langle g, f \rangle_{L_p} = \int_X fg \, d\mu \ , \qquad (g, f) \in L_{p'}(X) \times L_p(X) \ .$$

(b) Im Fall $p = \infty$ ist die Abbildung $T : L_1(X) \to L_\infty'(X)$ i. allg. nicht surjektiv (vgl. [Fol99, S. 191]).

(c) Es bezeichne $\langle \cdot, \cdot \rangle_E : E' \times E \to \mathbb{K}$ die Dualitätspaarung zwischen E und E'. Dann ist die Abbildung

$$\kappa : E \to [E']' \ , \quad e \mapsto \langle \cdot, e \rangle_E$$

linear und beschränkt. Ihre Norm ist nach oben durch 1 beschränkt.

Beweis Offensichtlich ist κ linear. Es sei $e \in E$ mit $\|e\|_E \leq 1$. Dann gilt

$$\left| \langle \kappa(e), e' \rangle_{E'} \right| = |\langle e', e \rangle_E| \leq \|e'\|_{E'} \ , \qquad e' \in E' \ ,$$

und wir finden $\|\kappa(e)\|_{(E')'} \leq 1$, woraus die Behauptung folgt. ∎

(d) Mit Hilfsmitteln aus der Funktionalanalysis kann man zeigen, daß κ eine Isometrie, also insbesondere injektiv, ist. Man nennt κ **kanonische Injektion** von E in den **Bidualraum** $E'' := (E')'$ von E. Ist κ zusätzlich surjektiv, also ein isometrischer Isomorphismus, so heißt E **reflexiv**. In diesem Fall identifiziert man E vermöge des kanonischen Isomorphismus κ mit seinem Bidualraum E''.

(e) Für $p \in (1, \infty)$ ist $L_p(X)$ reflexiv.

Beweis Dies folgt aus (a). ∎

(f) Die Räume $L_1(X)$ und $L_\infty(X)$ sind i. allg. nicht reflexiv (vgl. [Ada75, Theorem 2.35]). ∎

Aufgaben

1 Es sei $EF(X,\mu,E) := \{\, [f] \in L_0(X,\mu,E) \,;\, [f] \cap \mathcal{EF}(X,\mu,E) \neq \emptyset \,\}$. Man beweise: Für $1 \leq p < \infty$ ist $EF(X,\mu,E)$ ein dichter Untervektorraum von $L_p(X,\mu,E)$.

2 Für $a \in \mathbb{R}^n$ wird $\tau_a : E^{(\mathbb{R}^n)} \to E^{(\mathbb{R}^n)}$, die **Rechtstranslation von Funktionen**, durch

$$(\tau_a \varphi)(x) := \varphi(x - a) \,, \qquad x \in \mathbb{R}^n \,, \quad \varphi \in E^{(\mathbb{R}^n)} \,,$$

erklärt. Ferner setzt man $\tau_a[f] := [\tau_a f]$ für $[f] \in L_p$. Dann gelten die folgenden Aussagen:

  (i) $(\mathbb{R}^n, +) \to (\mathcal{L}\mathrm{aut}(L_p(\mathbb{R}^n, \lambda_n, E)), \circ)$, $a \mapsto \tau_a$ ist für jedes $p \in [1, \infty]$ ein Gruppenhomomorphismus mit $\|\tau_a\|_{\mathcal{L}(L_p)} = 1$.

  (ii) Für $p \in [1, \infty)$ und $f \in L_p(\mathbb{R}^n, \lambda_n, E)$ gilt $\lim_{a \to 0} \|\tau_a f - f\|_p = 0$.

  (iii) Gilt $\lim_{a \to 0} \|\tau_a f - f\|_\infty = 0$, so gibt es ein $g \in BUC(\mathbb{R}^n, E)$ mit $f = g$ μ-f.ü.

3 Es seien μ ein vollständiges Radonmaß auf dem σ-kompakten Raum X und $p \in [1, \infty]$. Ferner sei $(X_j)_{j \in \mathbb{N}}$ eine Folge offener relativ kompakter Teilmengen von X mit $X = \bigcup_j X_j$. Wir setzen

$$q_{j,p}(f) := \|\chi_{X_j} f\|_p \,, \qquad j \in \mathbb{N} \,, \quad f \in L_0(X,\mu,E) \,,$$

und

$$L_{p,\mathrm{loc}}(X,\mu,E) := \{\, f \in L_0(X,\mu,E) \,;\, q_{j,p}(f) < \infty, \ j \in \mathbb{N} \,\} \,.$$

Schließlich sei

$$d_p(f,g) := \sum_{j=0}^{\infty} \frac{2^{-j} q_{j,p}(f - g)}{1 + q_{j,p}(f - g)} \,, \qquad f, g \in L_{p,\mathrm{loc}}(X,\mu,E) \,.$$

Man zeige:

  (i) $L_{p,\mathrm{loc}}(X,\mu,E)$ ist wohldefiniert, d.h. unabhängig von der speziellen Folge (X_j).

  (ii) $(L_{p,\mathrm{loc}}(X,\mu,E), d_p)$ ist ein vollständiger metrischer Raum.

  (iii) $L_p(X,\mu,E) \overset{d}{\hookrightarrow} L_{p,\mathrm{loc}}(X,\mu,E) \overset{d}{\hookrightarrow} L_{1,\mathrm{loc}}(X,\mu,E)$.

  (iv) Die von d_p erzeugte Topologie ist unabhängig von der Folge (X_j).

4 Es seien $p, q \in [1, \infty]$ und

$$L_p \cap L_q := (L_p \cap L_q)(X,\mu,E) := L_p(X,\mu,E) \cap L_q(X,\mu,E) \,,$$
$$L_p + L_q := (L_p + L_q)(X,\mu,E) := L_p(X,\mu,E) + L_q(X,\mu,E) \,.$$

Weiterhin setze man $\|f\|_{L_p \cap L_q} := \|f\|_p + \|f\|_q$ für $f \in L_p \cap L_q$ sowie

$$\|f\|_{L_p + L_q} := \inf\{\, \|g\|_p + \|h\|_q \,;\, g \in L_p(X,\mu,E), \ h \in L_q(X,\mu,E) \text{ mit } f = g + h \,\}$$

für $f \in L_p + L_q$ und verifiziere:

  (i) Für $f \in L_p \cap L_q$ und $\theta \in [0, 1]$ gilt die **Interpolationsungleichung**

$$\|f\|_r \leq \|f\|_p^{1-\theta} \|f\|_q^{\theta} \qquad \text{mit } \frac{1}{r} := \frac{1-\theta}{p} + \frac{\theta}{q} \,.$$

(ii) $(L_p \cap L_q, \|\cdot\|_{L_p \cap L_q})$ und $(L_p + L_q, \|\cdot\|_{L_p + L_q})$ sind Banachräume mit

$$(L_p \cap L_q)(X, \mu, E) \hookrightarrow L_r(X, \mu, E) \hookrightarrow (L_p + L_q)(X, \mu, E) \hookrightarrow L_{1,\mathrm{loc}}(X, \mu, E)$$

für $1 \le p \le r \le q \le \infty$.

(Hinweise: (i) Höldersche Ungleichung. (ii) Es sei $f \in L_p + L_q$ mit $\|f\|_{L_p + L_q} = 0$. Um auf $f = 0$ schließen zu können, beachte man $L_r \hookrightarrow L_{1,\mathrm{loc}}$ für $r \in [1, \infty]$ (vgl. Aufgabe 3). Zum Nachweis der Vollständigkeit von $L_p + L_q$ verwende man Lemma 4.5. Die Einbettung $L_p \cap L_q \hookrightarrow L_r$ folgt aus (a).)

5 Es seien $p \in [1, \infty)$ und $f \in (L_p \cap L_\infty)(X, \mu, E)$. Dann gilt $\lim_{q \to \infty} \|f\|_q = \|f\|_\infty$.

6 Man beweise, daß die Abbildung

$$L_\infty(X, \mu, \mathbb{K}) \times L_p(X, \mu, E) \to L_p(X, \mu, E) , \quad ([\varphi], [f]) \mapsto [\varphi f]$$

bilinear und stetig und daß ihre Norm nach oben durch 1 beschränkt ist.

7 Es gelte $\mu(X) < \infty$, und für $f, g \in L_0(X, \mu, E)$ sei

$$d_0(f, g) := \int_X \frac{|f - g|}{1 + |f - g|} \, d\mu$$

gesetzt. Man zeige:

(i) $\big(L_0(X, \mu, E), d_0\big)$ ist ein metrischer Raum.

(ii) (f_j) ist genau dann eine Nullfolge in $\big(L_0(X, \mu, E), d_0\big)$, wenn (f_j) im Maß gegen 0 konvergiert.

8 Es sei μ ein Radonmaß auf dem σ-kompakten Raum X, und E sei separabel. Man beweise:

(i) $C_c(X, \mathbb{K})$ ist separabel;

(ii) $C_c(X, E)$ ist separabel;

(iii) $L_p(X, \mu, E)$ ist für $p \in [1, \infty)$ separabel;

(iv) $L_\infty(X, \mu, E)$ ist i. allg. nicht separabel;

(v) $\mathcal{EF}(X, \mu, E)$ ist i. allg. nicht dicht in $\mathcal{L}_\infty(X, \mu, E)$.

(Hinweise: (i) Korollar V.4.8 und Bemerkung 1.16(e). (ii) Es sei $A \subset C_c(X, \mathbb{K})$, und B sei abzählbar und dicht in E. Für $a \in A$ und $b \in B$ setze man $(a \otimes b)(x) := a(x)b$ für $x \in X$ und betrachte

$$\left\{ \textstyle\sum_{j=0}^m a_j \otimes b_j \; ; \; m \in \mathbb{N}, \ (a_j, b_j) \in A \times B, \ j = 0, \ldots, m \right\} .$$

(iii) Theorem 4.14. (iv) Man finde eine überabzählbare Teilmenge A von L_∞ mit $\|f - g\|_\infty \ge 1$ für $f, g \in A$ mit $f \ne g$.)

9 Sind μ endlich und E endlichdimensional, so ist $\mathcal{EF}(X, \mu, E)$ dicht in $\mathcal{L}_\infty(X, \mu, E)$.

10 Man beweise die Aussage von Bemerkung 4.9(c).

11 Es ist zu zeigen, daß gilt:

(i) $\ell_p = \mathcal{L}_p(\mathbb{N}, \mathcal{H}^0, \mathbb{K})$ für $1 \le p \le \infty$.

(ii) $\ell_p \hookrightarrow \ell_q$ mit $\|\cdot\|_q \leq \|\cdot\|_p$, falls $1 \leq p \leq q \leq \infty$.

(iii) $\ell_p \overset{d}{\hookrightarrow} \ell_q \overset{d}{\hookrightarrow} c_0 \hookrightarrow \ell_\infty$, falls $1 \leq p \leq q < \infty$ (vgl. § II.2).

12 Es seien $p, q \in [1, \infty]$ mit $1 \leq p \leq q \leq \infty$. Man zeige:

(i) $L_\infty(X, \mu, E) \subset L_1(X, \mu, E) \Rightarrow L_q(X, \mu, E) \hookrightarrow L_p(X, \mu, E)$.

(ii) $L_1(X, \mu, E) \subset L_\infty(X, \mu, E) \Rightarrow L_p(X, \mu, E) \hookrightarrow L_q(X, \mu, E)$.

(iii) Es gibt einen vollständigen σ-endlichen Maßraum $(X, \mathcal{A}, \mu)$ bzw. $(Y, \mathcal{B}, \nu)$, für welchen die Einbettung $L_\infty(X, \mu, \mathbb{R}) \hookrightarrow L_1(X, \mu, \mathbb{R})$ bzw. $L_1(Y, \nu, \mathbb{R}) \hookrightarrow L_\infty(Y, \nu, \mathbb{R})$ richtig ist.

(Hinweise: (i) Höldersche Ungleichung. (ii) Man zeige $L_p \hookrightarrow L_\infty$ und verwende Aufgabe 4(i).)

13 Für $p \in (0, 1)$ verifiziere man

(i) $\|f + g\|_p^p \leq \|f\|_p^p + \|g\|_p^p$, $f, g \in \mathcal{L}_0(X, \mu, E)$.

(ii) $\|f + g\|_p \leq 2^{1/p-1}(\|f\|_p + \|g\|_p)$, $f, g \in \mathcal{L}_0(X, \mu, E)$.

(iii) $\mathcal{L}_p(X, \mu, E)$ ist ein Untervektorraum von $\mathcal{L}_0(X, \mu, E)$.

(iv) $\mathcal{N} := \{\, f \in \mathcal{L}_0(X, \mu, E) \;;\; f = 0 \ \mu\text{-f.ü.}\, \}$ ist ein Untervektorraum von $\mathcal{L}_p(X, \mu, E)$, und es gilt
$$\mathcal{N} = \{\, f \in \mathcal{L}_p(X, \mu, E) \;;\; \|f\|_p = 0 \,\} \ .$$

(v) Durch $\rho(f, g) := \|f - g\|_p^p$ wird auf
$$L_p(X, \mu, E) := \mathcal{L}_p(X, \mu, E)/\mathcal{N}$$

eine Metrik induziert.

(vi) $\bigl(L_p(X, \mu, E), \rho\bigr)$ ist vollständig.

(vii) Für $f, g \in \mathcal{L}_p(X, \mu, \mathbb{R})$ mit $f \geq 0$ und $g \geq 0$ gilt $\|f + g\|_p \geq \|f\|_p + \|g\|_p$.

(viii) Die Abbildung
$$L_p(X, \mu, \mathbb{R}) \to \mathbb{R}^+ , \quad [f] \mapsto \|f\|_p$$

ist *keine* Norm.

(Hinweise: (i) Für $a > 0$ ist $\bigl[t \mapsto a^p + t^p - (a+t)^p\bigr]$ auf $\mathbb{R}^+$ wachsend. (ii) Für $a > 0$ untersuche man $\bigl[t \mapsto (a^{1/p} + t^{1/p})/(a+t)^{1/p}\bigr]$. (vi) Man übertrage die Beweise von Lemma 4.5 und Theorem 4.6. (vii) Theorem 4.2.)

14 Es seien $p_j \in [1, \infty]$, $j = 1, \ldots, m$, und $1/r := \sum_{j=1}^m 1/p_j$. Für $f_j \in L_{p_j}(X, \mu, \mathbb{K})$ gehört $\prod_{j=1}^m f_j$ zu $L_r(X, \mu, \mathbb{K})$, und es gilt
$$\Bigl\| \prod_{j=1}^m f_j \Bigr\|_r \leq \prod_{j=1}^m \|f_j\|_{p_j} \ .$$

(Hinweis: Höldersche Ungleichung.)

15 Es sei X ein metrischer Raum. Die Funktion $f \in E^X$ **verschwindet im Unendlichen**, wenn es zu jedem $\varepsilon > 0$ eine kompakte Teilmenge K von X gibt mit $|f(x)| < \varepsilon$ für alle $x \in K^c$. Man verifiziere, daß
$$C_0(X, E) := \{\, f \in C(X, E) \;;\; f \text{ verschwindet im Unendlichen}\, \}$$

der Abschluß von $C_c(X, E)$ in $BUC(X, E)$ ist.

16   Für $f \in \mathcal{L}_0(X, \mu, E)$ setze man

$$\lambda_f(t) := \mu([\,|f| > t]) \quad \text{und} \quad f^*(t) := \inf\{\, s \geq 0 \,;\, \lambda_f(s) \leq t \,\}\,, \qquad t \in [0, \infty)\,.$$

Die Funktion $f^* : [0, \infty) \to [0, \infty]$ heißt **fallende Umordnung** von f. Man zeige:

(i) λ_f und f^* sind fallend, rechtsseitig stetig und Lebesgue meßbar.

(ii) Gilt $|f| \leq |g|$ für $g \in \mathcal{L}_0(X, \mu, E)$, so folgen $\lambda_f \leq \lambda_g$ und $f^* \leq g^*$.

(iii) Ist (f_j) eine wachsende Folge mit $|f_j| \uparrow |f|$, so gelten $\lambda_{f_j} \uparrow \lambda_f$ und $f_j^* \uparrow f^*$.

(iv) Für $p \in (0, \infty)$ gilt

$$\int_X |f|^p \, d\mu = p \int_{\mathbb{R}^+} t^{p-1} \lambda_f(t) \, \lambda_1(dt) = \int_{\mathbb{R}^+} (f^*)^p \, d\lambda_1\,.$$

(v) $\|f\|_\infty = f^*(0)$.

(vi) $\lambda_f = \lambda_{f^*}$.

(Hinweis zu (iv): Man betrachte zuerst einfache Funktionen und verwende dann (iii) sowie die Theoreme 1.12 und 3.4.)

17   Für $j \in \mathbb{N}$ sei $I_{j,k} := [k2^{-j}, (k+1)2^{-j}]$, $k = 0, \ldots, 2^{j-1}$. Ferner seien $\{\, J_n \,;\, n \in \mathbb{N} \,\}$ eine Abzählung von $\{\, I_{j,k} \,;\, j \in \mathbb{N},\, k = 0, \ldots, 2^{j-1} \,\}$ und $f_n := \chi_{J_n}$ für $j \in \mathbb{N}$. Man beweise, daß (f_n) für jedes $p \in [1, \infty)$ eine Nullfolge in $\mathcal{L}_p([0,1])$ ist, $(f_n(x))$ aber für jedes $x \in [0, 1]$ divergiert.

18   Es seien (f_k) eine Folge in $L_p(X)$ und $f \in L_p(X)$ für $1 \leq p < \infty$. Man nennt (f_k) in $L_p(X)$ **schwach gegen f konvergent**, wenn gilt

$$\int_X f_k \varphi \, dx \to \int_X f \varphi \, dx\,, \qquad \varphi \in L_{p'}(X)\,.$$

In diesem Fall heißt f **schwacher Grenzwert** von (f_k) in $L_p(X)$.

Man zeige:

(i) Schwache Grenzwerte in $L_p(X)$ sind eindeutig bestimmt.

(ii) Jede in $L_p(X)$ konvergente Folge konvergiert schwach in $L_p(X)$.

(iii) Konvergiert (f_k) in $L_p(X)$ schwach gegen f und konvergiert (f_k) μ-f.ü. gegen $g \in L_p(X)$, so gilt $f = g$.

(iv) Konvergiert (f_k) in $L_2(X)$ schwach gegen f und gilt $\|f_k\|_2 \to \|f\|_2$, so konvergiert (f_k) in $L_2(X)$ gegen f.

(v) Es sei $e_k(t) := (2\pi)^{-1/2} e^{ikt}$ für $0 < t < 2\pi$ und $k \in \mathbb{N}$. Dann konvergiert die Folge (e_k) in $L_2((0, 2\pi))$ schwach gegen 0, aber sie divergiert in $L_2((0, 2\pi))$.

(Hinweise: (i) Für $f \in L_p(X)$ betrachte man $\varphi(x) := \overline{f(x)} |f(x)|^{p/p'-1}$.   (ii) Höldersche Ungleichung.   (iii) Man zeige zunächst, daß $g \in L_p(X)$. Folglich ist $[\,|g| = \infty]$ eine μ-Nullmenge. Mit $X_n := [\sup_{k \geq n} |f_k(x)| \geq n]$ ist auch $\bigcap X_n$ eine μ-Nullmenge. Für $\varphi \in L_{p'}(X)$ betrachte man nun $\lim \int_{X_n^c} f_n \varphi \, dx$.   (iv) Man verwende die Parallelogramm-identität in $L_2(X)$.   (v) Die erste Aussage folgt aus der Besselschen Ungleichung; die zweite aus (ii).)

5 Das n-dimensionale Bochner-Lebesguesche Integral

In diesem kurzen Paragraphen erörtern wir den Zusammenhang zwischen dem Bochner-Lebesgueschen und dem in Kapitel VI erklärten Cauchy-Riemannschen Integral. Wir zeigen, daß jede Regelfunktion Lebesgue meßbar ist und daß die entsprechenden Integrale übereinstimmen. Damit stehen uns auch im Rahmen der Lebesgueschen Integrationstheorie die Methoden zur Verfügung, die wir für das Cauchy-Riemannsche Integral entwickelt haben.

Ferner zeigen wir, daß eine beschränkte skalarwertige Funktion auf einem kompakten Intervall genau dann Riemann integrierbar ist, wenn die Menge ihrer Unstetigkeitsstellen eine λ_1-Nullmenge ist. Hieraus folgt, daß es Lebesgue integrierbare Funktionen gibt, die nicht Riemann integrierbar sind. Folglich stellt das Lebesguesche Integral eine echte Erweiterung des Riemannschen, und deshalb auch des Cauchy-Riemannschen, Integrals dar.

Im ganzen Paragraphen bezeichnen

- $X \subset \mathbb{R}^n$ eine λ_n-meßbare Menge von positivem Maß;
  $E = (E, |\cdot|)$ einen Banachraum.

Lebesguesche Maßräume

Aus Aufgabe IX.1.7 wissen wir, daß $\mathcal{L}_X := \mathcal{L}(n)\,|\,X$ eine σ-Algebra über X ist. Folglich ist $\lambda_n\,|\,X := \lambda_n\,|\,\mathcal{L}_X$ ein Maß auf X, das n-dimensionale **Lebesguesche Maß** auf X. Wie bei Restriktionen üblich, bezeichnen wir es wieder mit λ_n. Man prüft leicht nach, daß $(X, \mathcal{L}_X, \lambda_n)$ ein vollständiger σ-endlicher Maßraum ist. Sind keine Mißverständnisse zu befürchten, so sagen wir kurz **meßbar** bzw. **integrierbar** für Lebesgue meßbar bzw. Lebesgue integrierbar, d.h. für λ_n-meßbar bzw. λ_n-integrierbar. Ist $f \in E^X$ integrierbar, so ist

$$\int_X f\, d\lambda_n := \int_X f\, d(\lambda_n\,|\,X) = \int_{\mathbb{R}^n} \widetilde{f}\chi_X\, d\lambda_n$$

das n-**dimensionale (Bochner-Lebesguesche) Integral** von f über X, für welches auch die Bezeichnungen

$$\int_X f(x)\, d\lambda_n(x) \quad \text{und} \quad \int_X f(x)\, \lambda_n(dx)$$

gebräuchlich sind.

Zur Abkürzung setzen wir

$$\mathcal{L}_p(X, E) := \mathcal{L}_p(X, \lambda_n, E)\ , \quad L_p(X, E) := L_p(X, \lambda_n, E)$$

und $\mathcal{L}_p(X) := \mathcal{L}_p(X, \mathbb{K})$ sowie $L_p(X) := L_p(X, \mathbb{K})$ für $p \in [1, \infty] \cup \{0\}$.

Im folgenden Satz stellen wir wichtige Eigenschaften des n-dimensionalen Integrals zusammen.

5.1 Theorem   *Es sei X offen in $\mathbb{R}^n$ oder, im Fall $n = 1$, ein perfektes Intervall. Dann gelten die folgenden Aussagen:*

(i) *λ_n ist ein regelmäßiges Radonmaß auf X.*

(ii) *$C(X, E)$ ist ein Untervektorraum von $L_0(X, E)$.*

(iii) *$BC(X, E)$ ist ein abgeschlossener Untervektorraum von $L_\infty(X, E)$.*

(iv) *Für $p \in [1, \infty)$ ist $C_c(X, E)$ ein dichter Untervektorraum von $L_p(X, E)$. Ist K eine kompakte Teilmenge von X, so gilt*

$$\|f\|_p \leq \lambda_n(K)^{1/p} \|f\|_\infty \,, \qquad f \in C_c(X, E) \,, \quad \operatorname{supp}(f) \subset K \,.$$

(v) *Es habe X endliches Maß, und $1 \leq p < q \leq \infty$. Dann gilt*

$$L_q(X, E) \overset{d}{\hookrightarrow} L_p(X, E) \,,$$

und

$$\|f\|_p \leq \lambda_n(X)^{1/p - 1/q} \|f\|_q \,, \qquad f \in L_q(X, E) \,.$$

Beweis   (i) Ist X offen in $\mathbb{R}^n$, so wissen wir aus Bemerkung 1.16(e), daß X ein σ-kompakter metrischer Raum ist. Ist X ein Intervall in $\mathbb{R}$, so ist dies offensichtlich. Nun folgt die Behauptung aus Bemerkung 1.16(h) und Aufgabe IX.5.21.

(ii) bzw. (iii) ist in Satz 4.17 bzw. Theorem 4.18(ii) enthalten.

(iv) Die erste Aussage ist eine Konsequenz aus Theorem 4.18(i), die zweite ist offensichtlich.

(v) ist ein Spezialfall von Theorem 4.16. ∎

5.2 Bemerkung   Es sei X meßbar, und der Rand ∂X sei eine λ_n-Nullmenge. Dann gehört die Borelmenge $\mathring{X}$ zu $\mathcal{L}(n)$, und es gilt $\lambda_n(\mathring{X}) = \lambda_n(X)$. Ferner überprüft man leicht, daß die Abbildung

$$L_p(X, E) \to L_p(\mathring{X}, E) \,, \quad [f] \mapsto [f \,|\, \mathring{X}]$$

für $p \in [1, \infty] \cup \{0\}$ ein Vektorraumisomorphismus ist, der im Fall $p \in [1, \infty]$ isometrisch ist. Folglich können wir für $p \in [1, \infty] \cup \{0\}$ die Räume $L_p(X, E)$ und $L_p(\mathring{X}, E)$ miteinander identifizieren. Insbesondere gilt für ein Intervall X in $\mathbb{R}$ mit den Randpunkten $a := \inf X$ und $b := \sup X$

$$L_p(X, E) = L_p([a, b], E) = L_p([a, b), E) = L_p((a, b], E) = L_p((a, b), E)$$

für $p \in [1, \infty] \cup \{0\}$.

Das Lebesguesche Integral für absolut integrierbare Funktionen

Wir zeigen nun, daß jede im Sinne von Paragraph VI.8 absolut integrierbare Funktion bezüglich des Lebesgueschen Maßes integrierbar ist und daß die entsprechenden Integrale übereinstimmen.

5.3 Theorem *Es seien $-\infty \le a < b \le \infty$, und $f : (a,b) \to E$ sei absolut integrierbar. Dann gehört f zu $\mathcal{L}_1\big((a,b),E\big)$, und*

$$\int_{(a,b)} f \, d\lambda_1 = \int_a^b f \ .$$

Beweis (i) Es seien $a < \alpha < \beta < b$. Ist $g : [\alpha,\beta] \to E$ eine Treppenfunktion, so ist g offensichtlich λ_1-einfach, und es gilt

$$\int_{(\alpha,\beta)} g \, d\lambda_1 = \int_\alpha^\beta g \ . \tag{5.1}$$

Es sei nun $g : [\alpha,\beta] \to E$ eine Regelfunktion. Dann gibt es eine Folge (g_j) von Treppenfunktionen, die gleichmäßig gegen g konvergiert. Also ist g meßbar, und Bemerkung VI.1.1(d) und Korollar 3.15(ii) zeigen, daß g zu $\mathcal{L}_1\big((\alpha,\beta),E\big)$ gehört. Da g beschränkt ist und die Folge (g_j) gleichmäßig konvergiert, gibt es ein $M \ge 0$ mit $|g_j| \le M$ für alle $j \in \mathbb{N}$. Also folgt aus dem Satz von Lebesgue

$$\lim_{j \to \infty} \int_{(\alpha,\beta)} g_j \, d\lambda_1 = \int_{(\alpha,\beta)} g \, d\lambda_1$$

in E, und wir schließen mit (5.1) und der Definition des Cauchy-Riemannschen Integrals auf

$$\int_\alpha^\beta g = \lim_{j \to \infty} \int_\alpha^\beta g_j = \lim_{j \to \infty} \int_{(\alpha,\beta)} g_j \, d\lambda_1 = \int_{(\alpha,\beta)} g \, d\lambda_1 \ .$$

(ii) Wir fixieren $c \in (a,b)$ und wählen eine Folge (β_j) in (c,b) mit $\beta_j \uparrow b$. Ferner setzen wir[1]

$$g := \chi_{[c,b)} f \ , \qquad g_j := \chi_{[c,\beta_j]} f \ , \quad j \in \mathbb{N} \ .$$

Nach (i) ist (g_j) eine Folge in $\mathcal{L}_1(\mathbb{R},E)$. Offensichtlich konvergiert (g_j) punktweise gegen g und $(|g_j|)$ wachsend gegen $|g|$. Also ist g meßbar. Aus (i) folgt

$$\int_{\mathbb{R}} |g_j| \, d\lambda_1 = \int_{(c,\beta_j)} |f| \, d\lambda_1 = \int_c^{\beta_j} |f| \ ,$$

---

[1]Hier und in ähnlichen Situationen fassen wir $\chi_{[c,b)} f$ als Funktion auf $\mathbb{R}$ auf. Eine präzisere, aber schwerfälligere Bezeichnung wäre $\chi_{[c,b)} \widetilde{f}$.

und die absolute Konvergenz von $\int_c^b f$ impliziert

$$\lim_{j \to \infty} \int_{\mathbb{R}} |g_j| \, d\lambda_1 = \lim_{j \to \infty} \int_c^{\beta_j} |f| = \int_c^b |f| \; . \tag{5.2}$$

Andererseits zeigt der Satz über die monotone Konvergenz

$$\int_{\mathbb{R}} |g| \, d\lambda_1 = \lim_{j \to \infty} \int_{\mathbb{R}} |g_j| \, d\lambda_1 \; ,$$

und wir erkennen aufgrund von (5.2), daß g zu $\mathcal{L}_1(\mathbb{R}, E)$ gehört. Also können wir den Satz über die majorisierte Konvergenz auf die Folge (g_j) anwenden, und wir finden

$$\lim_{j \to \infty} \int_{\mathbb{R}} g_j \, d\lambda_1 = \int_{\mathbb{R}} g \, d\lambda_1 = \int_{[c,b)} f \, d\lambda_1$$

in E. Ferner folgt aus (i)

$$\int_{\mathbb{R}} g_j \, d\lambda_1 = \int_{[c,\beta_j)} f \, d\lambda_1 = \int_c^{\beta_j} f \; ,$$

und somit aufgrund von Satz VI.8.7

$$\lim_{j \to \infty} \int_{\mathbb{R}} g_j \, d\lambda_1 = \lim_{j \to \infty} \int_c^{\beta_j} f = \int_c^b f$$

in E. Also stimmen die Grenzwerte $\int_{[c,b)} f \, d\lambda_1$ und $\int_c^b f$ überein. In analoger Weise zeigt man, daß $\chi_{(a,c]} f$ zu $\mathcal{L}_1(\mathbb{R}, E)$ gehört und daß $\int_{(a,c]} f \, d\lambda = \int_a^c f$ gilt. Folglich ist f λ_1-integrierbar mit $\int_{(a,b)} f \, d\lambda_1 = \int_a^b f$. Damit ist alles bewiesen. ∎

5.4 Korollar Für $-\infty < a < b < \infty$ gelten $\mathcal{S}([a,b], E) \hookrightarrow \mathcal{L}_1([a,b], E)$ und

$$\int_{[a,b]} f \, d\lambda_1 = \int_a^b f \; , \qquad f \in \mathcal{S}([a,b], E) \; .$$

Beweis Dies folgt aus Theorem 5.3 und Satz VI.8.3. ∎

5.5 Bemerkungen Es gelte $-\infty \leq a < b \leq \infty$.

(a) Es sei $f : (a,b) \to E$ zulässig, und $\int_a^b f$ existiere als uneigentliches Integral. Dann braucht f nicht zu $\mathcal{L}_1((a,b), E)$ zu gehören.

Beweis Wir erklären $f : \mathbb{R} \to \mathbb{R}$ durch

$$f(x) := \begin{cases} 0 \; , & x \in (-\infty, 0) \; , \\ (-1)^j/j \; , & x \in [j-1, j), \; j \in \mathbb{N}^\times \; . \end{cases}$$

Offensichtlich ist f zulässig, und $\int_{-\infty}^{\infty} f$ existiert in $\mathbb{R}$, denn es gilt

$$\int_{-\infty}^{\infty} f = \sum_{j=1}^{\infty} (-1)^j / j \ .$$

Nehmen wir an, $f \in \mathcal{L}_1(\mathbb{R})$. Dann gilt $\int_{\mathbb{R}} |f| \, d\lambda_1 < \infty$. Andererseits folgt aus dem Satz über die monotone Konvergenz

$$\int_{\mathbb{R}} |f| \, d\lambda_1 = \lim_{k \to \infty} \int_{\mathbb{R}} \chi_{[0,k]} |f| \, d\lambda_1 = \lim_{k \to \infty} \sum_{j=1}^{k} 1/j = \infty \ ,$$

was ein Widerspruch ist. $\blacksquare$

(b) Es sei $f : (a,b) \to E$ zulässig, und f gehöre zu $\mathcal{L}_1\big((a,b), E\big)$. Dann ist f absolut integrierbar, und

$$\int_{(a,b)} f \, d\lambda_1 = \int_a^b f \quad \text{in } E \ .$$

Beweis Es sei $c \in (a,b)$, und (α_j) bezeichne eine Folge in (a,c) mit $\alpha_j \to a$. Ferner sei $f_j := \chi_{[\alpha_j,c]} f$. Dann konvergiert (f_j) punktweise gegen $\chi_{(a,c]} f$, und es gilt $|f_j| \leq |f|$ für $j \in \mathbb{N}$. Weil f zulässig ist, zeigt Satz VI.4.3, daß $|f| \, \big| \, [\alpha_j, c]$ zu $\mathcal{S}\big([\alpha_j, c], \mathbb{R}\big)$ gehört. Somit folgt aus Korollar 5.4 und dem Satz von Lebesgue

$$\int_{\alpha_j}^{c} |f| = \int_{[\alpha_j, c]} |f| \, d\lambda_1 \to \int_{(a,c]} |f| \, d\lambda_1 \ .$$

Also existiert $\int_a^c |f|$. Analog zeigt man die Existenz von $\int_c^b |f|$, und somit die absolute Konvergenz von $\int_a^b f$. Die zweite Aussage folgt nun aus Theorem 5.3. $\blacksquare$

Es sei $f \in \mathcal{L}_1\big((a,b), E\big)$. Bemerkung 5.5(b) zeigt, daß keine Mißverständnisse zu befürchten sind, wenn wir in diesem Fall für $\int_{(a,b)} f \, d\lambda_1$ auch die Bezeichnung $\int_a^b f$ oder $\int_a^b f(x) \, dx$ benutzen. Von nun an schreiben wir im n-dimensionalen Fall in der Regel ebenfalls

$$\int_X f \, dx := \int_X f \, d\lambda_n \ .$$

Theorem 5.3 und sein Korollar erlauben uns, die im zweiten Band entwickelten Integrationsmethoden auch im Rahmen der allgemeinen Lebesgueschen Theorie einzusetzen. In Kombination mit dem Integrabilitätskriterium von Theorem 3.14 und dem Satz von Lebesgue liefern sie sehr effiziente Methoden zum Nachweis der Existenz von Integralen. Dies wird in den restlichen Paragraphen dieses Kapitels deutlich werden, wenn wir Verfahren zur konkreten Berechnung „mehrdimensionaler" Integrale entwickeln.

Eine Charakterisierung Riemann integrierbarer Funktionen

Theorem 5.3 zeigt, daß das Lebesguesche Integral eine Erweiterung des Cauchy-Riemannschen Integrals ist. Wir charakterisieren nun die Riemann integrierbaren Funktionen und zeigen, daß diese Erweiterung echt ist.

5.6 Theorem   *Es bezeichne I ein kompaktes Intervall, und $f : I \to \mathbb{K}$ sei beschränkt. Genau dann ist f Riemann integrierbar, wenn f λ_1-f.ü. stetig ist. In diesem Fall ist f Lebesgue integrierbar, und das Riemannsche Integral stimmt mit dem Lebesgueschen überein.*

Beweis   (i) Wir können ohne Beschränkung der Allgemeinheit den Fall $\mathbb{K} = \mathbb{R}$ und $I := [0,1]$ betrachten. Für $k \in \mathbb{N}$ bezeichne $\mathfrak{z}_k := (\xi_{0,k}, \dots, \xi_{2^k,k})$ die Zerlegung von $[0,1]$ mit $\xi_{j,k} := j2^{-k}$ für $j = 0, \dots, 2^k$. Ferner seien

$$I_{0,k} := [\xi_{0,k}, \xi_{1,k}] , \quad I_{j,k} := (\xi_{j,k}, \xi_{j+1,k}] , \qquad j = 1, \dots, 2^k - 1 .$$

Schließlich setzen wir $\alpha_{j,k} := \inf_{x \in \overline{I}_{j,k}} f(x)$ und $\beta_{j,k} := \sup_{x \in \overline{I}_{j,k}} f(x)$ sowie

$$g_k := \sum_{j=0}^{2^k-1} \alpha_{j,k} \chi_{I_{j,k}} , \quad h_k := \sum_{j=0}^{2^k-1} \beta_{j,k} \chi_{I_{j,k}} , \qquad k \in \mathbb{N} .$$

Dann sind (g_k) eine wachsende und (h_k) eine fallende Folge von λ_1-einfachen Funktionen. Also sind ihre punktweisen Grenzwerte $g := \lim_k g_k$ und $h := \lim_k h_k$ erklärt und λ_1-meßbar, und es gilt $g \le f \le h$. Weiterhin haben wir

$$\int_{[0,1]} g_k \, d\lambda_1 = \underline{S}(f,k) , \quad \int_{[0,1]} h_k \, d\lambda_1 = \overline{S}(f,k) ,$$

wobei $\underline{S}(f,k)$ bzw. $\overline{S}(f,k)$ für die Unter- bzw. Obersumme von f über $[0,1]$ bezüglich der Zerlegung $\mathfrak{z}_k$ steht (vgl. Aufgabe VI.3.7). Bezeichnen wir mit $\overline{\int} f$ bzw. $\underline{\int} f$ das untere bzw. obere Riemannsche Integral von f über $[0,1]$, so folgt aus dem Satz über die monotone Konvergenz

$$\int_{[0,1]} (h-g) \, d\lambda_1 = \overline{\int} f - \underline{\int} f . \tag{5.3}$$

(ii) Es sei $R := \bigcup_{k \in \mathbb{N}} \{\xi_{0,k}, \dots, \xi_{2^k,k}\}$, d.h., R ist die Menge der Randpunkte der Intervalle $I_{j,k}$, und C sei die Menge der Stetigkeitspunkte von f. Dann gelten die Inklusionen

$$[g = h] \cap R^c \subset C \subset [g = h] . \tag{5.4}$$

Um dies einzusehen, seien zuerst $\varepsilon > 0$ und $x_0 \in R^c$ mit $g(x_0) = h(x_0)$. Dann finden wir ein $k \in \mathbb{N}$ mit $h_k(x_0) - g_k(x_0) < \varepsilon$ und ein $j \in \{0, \dots, 2^k - 1\}$, so daß x_0

im Intervall mit $(\xi_{j,k}, \xi_{j+1,k})$ liegt. Für $x \in I_{j,k}$ gilt somit

$$|f(x) - f(x_0)| \le \sup_{y \in \overline{I}_{j,k}} f(y) - \inf_{y \in \overline{I}_{j,k}} f(y) = h_k(x_0) - g_k(x_0) < \varepsilon ,$$

was die Stetigkeit von f in x_0 beweist.

Es seien nun $x_0 \in C$ und $\varepsilon > 0$. Dann gibt es ein $\delta > 0$ mit $|f(x) - f(x_0)| < \varepsilon/2$ für $x \in [x_0 - \delta, x_0 + \delta] \cap [0, 1]$. Wir wählen $k_0 \in \mathbb{N}$ mit $2^{-k_0} \le \delta$ und finden für jedes $k \ge k_0$ ein $j \in \{0, \dots, 2^k - 1\}$ mit $x_0 \in I_{j,k} \subset [x_0 - \delta, x_0 + \delta]$. Also gilt

$$0 \le h_k(x_0) - g_k(x_0) = \sup_{x \in \overline{I}_{j,k}} \big(f(x) - f(x_0)\big) - \inf_{x \in \overline{I}_{j,k}} \big(f(x) - f(x_0)\big) < \varepsilon .$$

Somit folgt $h(x_0) - g(x_0) = \lim_k \big(h_k(x_0) - g_k(x_0)\big) = 0$. Damit ist (5.4) bewiesen.

(iii) Ist f eine Riemann integrierbare Funktion, so gilt $\underline{\int} f = \overline{\int} f = \int f$ (vgl. Aufgabe VI.3.10). Also zeigt (5.3)

$$h = g = f \qquad \lambda_1\text{-f.ü.} , \tag{5.5}$$

was die λ_1-Meßbarkeit von f impliziert. Weil f beschränkt ist, folgt $f \in \mathcal{L}_1\big([0,1]\big)$. Außerdem gilt $|g_k| \le \|f\|_\infty$ λ_1-f.ü. für $k \in \mathbb{N}$. Somit ergibt der Satz von Lebesgue

$$\int_{[0,1]} g \, d\lambda_1 = \lim_k \int_{[0,1]} g_k \, d\lambda_1 = \lim_k \underline{S}(f, k) = \int_0^1 f ,$$

wobei wir für die letzte Gleichung nochmals Aufgabe VI.3.10 verwendet haben. Aus (5.5) und Lemma 2.15 folgt $\int_{[0,1]} f \, d\lambda_1 = \int_0^1 f$. Schließlich zeigen (5.4), (5.5) und die Abzählbarkeit von R, daß die Unstetigkeitsstellen von f eine λ_1-Nullmenge bilden.

(iv) Es sei umgekehrt C^c eine λ_1-Nullmenge. Nach (5.4) ist dann auch $[g \ne h]$ eine λ_1-Nullmenge, und die Riemann Integrierbarkeit von f folgt aus (5.3). Hiermit ist alles bewiesen. ∎

5.7 Korollar *Es gibt Lebesgue integrierbare Funktionen, die nicht Riemann integrierbar sind, d.h., das Lebesguesche Integral ist eine echte Erweiterung des Riemannschen Integrals.*

Beweis Wir betrachten die Dirichletfunktion

$$f: [0, 1] \to \mathbb{R} , \quad f(x) := \begin{cases} 1 , & x \in \mathbb{Q} , \\ 0 , & x \notin \mathbb{Q} , \end{cases}$$

auf $[0, 1]$. Nach Lemma 2.15 gehört f zu $\mathcal{L}_1\big([0,1]\big)$, denn es gilt $f = 0$ λ_1-f.ü. Andererseits wissen wir aus Beispiel III.1.3(c), daß f in keinem Punkt stetig ist. Also ist gemäß Theorem 5.6 die Funktion f nicht Riemann integrierbar. ∎

Die Äquivalenzklasse der f.ü. mit der Dirichletfunktion übereinstimmenden Abbildungen enthält Riemann integrierbare Funktionen, z.B. die Nullfunktion. Folglich ist dieses Beispiel im Rahmen der Theorie des L_1-Raumes „uninteressant". In Aufgabe 13 wird jedoch gezeigt, daß es $f \in \mathcal{L}_1([0,1], \mathbb{R})$ gibt, so daß kein $g \in [f]$ Riemann integrierbar ist. Dies impliziert, daß das Riemannsche Integral für die Theorie der L_p-Räume unzulänglich ist.

Aufgaben

1   Für $p, q \in [1, \infty]$ mit $p \neq q$ gilt $L_p(\mathbb{R}, E) \not\subset L_q(\mathbb{R}, E)$.

2   Es sei J ein offenes Intervall, und $f \in C^1(J, E)$ habe einen kompakten Träger. Man zeige, daß $\int_J f' = 0$.

3   Es sei $f \in \mathcal{L}_0([0,1], \mathbb{R}^+)$ beschränkt. Dann gilt

$$\underline{\int} f \leq \int_{[0,1]} f \, d\lambda_1 \leq \overline{\int} f \ .$$

4   Es sei I ein kompaktes Intervall, und

$$BV(I, E) := \big\{ f : I \to E \ ; \ \mathrm{Var}(f, I) < \infty \big\}$$

bezeichne den **Raum der Funktionen mit beschränkter Variation**. Man beweise:

(a) Im Sinne von Untervektorräumen gelten die Inklusionen

$$C^{1^-}(I, E) \subset BV(I, E) \subset B(I, E) \ .$$

(b) Es seien $\alpha := \inf I$ und $f \in \mathcal{L}_1(I, E)$. Dann gehört $F : I \to E$, $x \mapsto \int_\alpha^x f(t) \, dt$ zu $BV(I, E)$, und es gilt $\mathrm{Var}(F, I) \leq \|f\|_1$.

(c) Zu jedem $f \in BV(I, \mathbb{R})$ gibt es wachsende Funktionen $s^\pm : I \to \mathbb{R}$ mit $f = s^+ - s^-$.

(d) $BV(I, \mathbb{R})$ ist ein Untervektorraum von $\mathcal{S}(I, \mathbb{R})$.

(e) Jede monotone Funktion gehört zu $BV(I, \mathbb{R})$.

(Hinweis zu (c): Für $\alpha := \inf I$ betrachte man die Funktionen $s^+ := \big(x \mapsto \mathrm{Var}(f^+, [\alpha, x])\big)$ und $s^- := s - f$.)

5   Es sei H ein separabler Hilbertraum. Dann[2] ist $BV([a, b], H)$ ein Untervektorraum von $\mathcal{L}_\infty([a, b], H)$, und es gilt

$$\int_a^{b-h} \|f(t+h) - f(t)\| \, dt \leq h \, \mathrm{Var}(f, [a, b]) \ , \qquad 0 < h < b - a \ .$$

(Hinweise: Man beachte die Aufgaben 1.1 und 4(d). Für $0 < h < b - a$ und $t \in [a, b - h]$ gilt $\|f(t+h) - f(t)\| \leq \mathrm{Var}(f, [a, t+h]) - \mathrm{Var}(f, [a, t])$.)

---

[2]Man kann zeigen, daß die Aussagen von Aufgabe 5 richtig bleiben, wenn H durch einen beliebigen Banachraum ersetzt wird.

6 Es sei $J \subset \mathbb{R}$ ein perfektes Intervall. Man nennt $f : J \to E$ **absolut stetig**, wenn es zu jedem $\varepsilon > 0$ ein $\delta > 0$ gibt mit

$$\sum_{k=0}^{m} |f(\beta_k) - f(\alpha_k)| < \varepsilon$$

für jede endliche Familie $\{ (\alpha_k, \beta_k) \; ; \; k = 0, \ldots, m \}$ von paarweise disjunkten Teilintervallen von J mit $\sum_{k=0}^{m}(\beta_k - \alpha_k) < \delta$. Die Gesamtheit aller absolut stetigen Funktionen in E^J bezeichnen wir mit $W_1^1(J, E)$.

(a) Im Sinne von Untervektorräumen gelten die Inklusionen

$$BC^1(J, E) \subset W_1^1(J, E) \subset C(J, E) \;.$$

(b) Ist J kompakt, so gilt $W_1^1(J, E) \subset BV(J, E)$.

(c) Die Cantorfunktion ist stetig, aber nicht absolut stetig.

(d) Es seien $\alpha := \inf J$ und $f \in \mathcal{L}_1(J, E)$. Dann ist $F : J \to E, \ x \mapsto \int_\alpha^x f(t)\, dt$ absolut stetig.

7 Für $j = 1, 2$ sei $f_j : [0, 1] \to \mathbb{R}$ durch

$$f_j(x) := \left\{ \begin{array}{ll} x^2 \sin(1/x^j) \,, & x \in (0, 1] \,, \\ 0 \,, & x = 0 \,, \end{array} \right.$$

erklärt (vgl. Aufgabe IV.1.2). Man zeige:

(a) $f_1 \in BV\big([0, 1], \mathbb{R}\big)$.

(b) $f_2 \notin BV\big([0, 1], \mathbb{R}\big)$.

8 Es seien μ und ν Maße auf dem meßbaren Raum $(X, \mathcal{A})$. Man nennt ν **absolut stetig bezüglich** μ, wenn jede μ-Nullmenge auch eine ν-Nullmenge ist. In diesem Fall schreibt man $\nu \ll \mu$.

(a) Es seien $(X, \mathcal{A}, \mu)$ ein σ-endlicher vollständiger Maßraum und $f \in \mathcal{L}_0(X, \mu, \bar{\mathbb{R}}^+)$. Ferner sei

$$f \cdot \mu : \mathcal{A} \to [0, \infty] \,, \quad A \mapsto \int_A f\, d\mu \,.$$

Dann ist $f \cdot \mu$ ein vollständiges Maß auf $(X, \mathcal{A})$ mit $f \cdot \mu \ll \mu$.

(b) Es seien $\mathcal{A} := \mathcal{L}_{[0,1]}$, $\nu := \lambda_1$ und $\mu := \mathcal{H}^0$. Man verifiziere:

(i) $\nu \ll \mu$.

(ii) Es gibt kein $f \in \mathcal{L}_0\big([0, 1], \mathcal{A}, \mu\big)$ mit $\nu = f \cdot \mu$.

9 Es seien $(X, \mathcal{A}, \nu)$ ein endlicher Maßraum und μ ein Maß auf $(X, \mathcal{A})$. Dann sind die folgenden Aussagen äquivalent:

(i) $\nu \ll \mu$.

(ii) Zu jedem $\varepsilon > 0$ gibt es ein $\delta > 0$, so daß $\nu(A) < \varepsilon$ für alle $A \in \mathcal{A}$ mit $\mu(A) < \delta$.

10 Für $f \in \mathcal{L}_0(\mathbb{R}, \lambda_1, \bar{\mathbb{R}}^+)$ sei $F(x) := \int_{-\infty}^x f(t)\, dt$ für $x \in \mathbb{R}$, und μ_F bezeichne das von F erzeugte Lebesgue-Stieltjessche Maß auf $\mathbb{R}$. Man beweise:

(a) Aus $F \in W_1^1(\mathbb{R}, \mathbb{R})$ folgt $\mu_F \ll \lambda_1$.

(b) Aus $\mu_F \ll \beta_1$ folgt $F \in W_1^1(\mathbb{R}, \mathbb{R})$, falls μ_F endlich ist.

11 Es seien I ein Intervall und $f \in \mathcal{L}_1(I, \mathbb{R}^n)$. Ferner sei $a \in I$, und es gelte $\int_a^x f(t) \, dt = 0$ für $x \in I$. Dann ist $f(x) = 0$ für f.a. $x \in I$.

12 Es seien $0 \le a < b < \infty$ und $I := (-b, -a) \cup (a, b)$ sowie $f \in \mathcal{L}_1(I, E)$. Man zeige: Ist f ungerade bzw. gerade, so gilt $\int_I f \, dx = 0$ bzw. $\int_I f \, dx = 2 \int_a^b f \, dx$.

13 Es seien
$$K_0 := [0, 1] \, ,$$
$$K_1 := K_0 \setminus (3/8, 5/8) \, ,$$
$$K_2 := K_1 \setminus \big((3/16, 5/16) \cup (11/16, 13/16) \big) \, , \; \ldots$$

Allgemein entsteht K_{n+1} aus K_n in Analogie zur Konstruktion des Cantorschen Diskontinuums von Aufgabe III.3.8 durch Weglassen der offenen „mittleren Intervalle" der Länge 2^{n+2}. Schließlich seien $K := \bigcap K_n$ und $f := \chi_K$. Man zeige, daß f zu $\mathcal{L}_1([0,1])$ gehört und kein $g \in [f]$ Riemann integrierbar ist.

6 Der Satz von Fubini

Im Zentrum dieses Paragraphen steht der Nachweis, daß das Lebesguesche Integral einer Funktion von mehreren Variablen iterativ berechnet und die Integrationsreihenfolge beliebig gewählt werden kann. Somit wird die Integrationsaufgabe mit mehreren Veränderlichen auf das Auswerten von Integralen von Funktionen einer Variabler reduziert. Mit den Resultaten des vorangehenden Paragraphen und den im zweiten Band entwickelten Verfahren können in vielen Fällen mehrdimensionale Integrale explizit berechnet werden.

Die Methode der iterativen Auswertung von Integralen hat auch weitreichende theoretische Anwendungen, von denen wir im folgenden einige vorstellen werden.

Im ganzen Paragraphen sind

- $m, n \in \mathbb{N}^{\times}$ und E ein Banachraum.

Außerdem identifizieren wir in der Regel $\mathbb{R}^{m+n}$ mit $\mathbb{R}^m \times \mathbb{R}^n$.

Fast-überall definierte Abbildungen

Es sei $(X, \mathcal{A}, \mu)$ ein Maßraum. Im folgenden betrachten wir oft nichtnegative numerische Funktionen, die nur μ-f.ü. definiert sind. Hierfür schreiben wir einfach $x \mapsto f(x)$, ohne den genauen Definitionsbereich zu spezifizieren. Dann heißt $x \mapsto f(x)$ **meßbar**, wenn es eine μ-Nullmenge N gibt, derart daß $f \mid N^c : N^c \to \bar{\mathbb{R}}^+$ definiert und μ-meßbar ist. Folglich ist $\int_{N^c} f \, d\mu$ definiert. Ist M eine andere μ-Nullmenge, so daß $f \mid M^c : M^c \to \bar{\mathbb{R}}^+$ definiert und μ-meßbar ist, so folgt aus $\mu(N) = \mu(M) = \mu(M \cup N) = 0$ und den Bemerkungen 3.3(a) und (b)

$$\int_{N^c} f \, d\mu = \int_{M^c \cap N^c} f \, d\mu = \int_{M^c} f \, d\mu .$$

Also ist

$$\int_X f \, d\mu := \int_{N^c} f \, d\mu \tag{6.1}$$

wohldefiniert, unabhängig von der speziell gewählten Nullmenge N.

Ist $x \mapsto f(x)$ eine μ-f.ü. definierte E-wertige Funktion, so wird die Meßbarkeit wie oben festgelegt. Dann heißt f **integrierbar**, wenn $f \mid N^c$ zu $\mathcal{L}_1(N^c, \mu, E)$ gehört. In diesem Fall wird $\int_X f \, d\mu$ ebenfalls durch (6.1) definiert, und aus Lemma 2.15 folgt, daß diese Definition sinnvoll ist.

Betrachten wir z.B. $A \in \mathcal{L}(m+n)$ und nehmen an, die Schnittmenge $A_{[x]}$ sei für λ_m-f.a. $x \in \mathbb{R}^m$ λ_n-meßbar. Dann ist $x \mapsto \lambda_n(A_{[x]})$ eine λ_m-f.ü. definierte nichtnegative numerische Funktion. Ist $x \mapsto \lambda_n(A_{[x]})$ meßbar, so ist $\int_{\mathbb{R}^m} \lambda_n(A_{[x]}) \, dx$ wohldefiniert.

Das Cavalierische Prinzip

Wir bezeichnen mit $\mathcal{C}(m,n)$ die Menge aller $A \in \mathcal{L}(m+n)$, für die gilt:

(i) $A_{[x]} \in \mathcal{L}(n)$ für λ_m-f.a. $x \in \mathbb{R}^m$;

(ii) $x \mapsto \lambda_n(A_{[x]})$ ist λ_m-meßbar;

(iii) $\lambda_{m+n}(A) = \int_{\mathbb{R}^m} \lambda_n(A_{[x]})\,dx$.

Wir wollen nun zeigen, daß $\mathcal{C}(m,n)$ mit $\mathcal{L}(m+n)$ übereinstimmt. Dazu stellen wir zuerst einige Vorbetrachtungen an.

6.1 Bemerkungen (a) Es sei $A \in \mathcal{C}(1,n)$ beschränkt, und $\mathrm{pr}_1(A)$ sei ein Intervall mit den Endpunkten a und b. Dann gilt

$$\lambda_{n+1}(A) = \int_a^b \lambda_n(A_{[x]})\,dx \ .$$

Diese Aussage heißt **Cavalierisches Prinzip** und präzisiert die geometrische Vorstellung, daß das Maß (Volumen) von A durch „Zerlegen von A in dünne parallele Scheiben und kontinuierliches Aufsummieren" (Integrieren) der Volumina dieser Scheiben bestimmt werden kann.

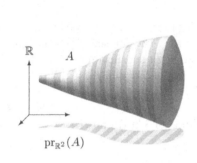 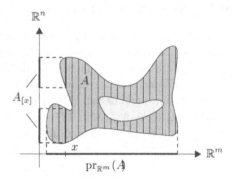

(b) $\mathcal{L}(m) \boxtimes \mathcal{L}(n) \subset \mathcal{C}(m,n)$.

(c) Für jede aufsteigende Folge (A_j) in $\mathcal{C}(m,n)$ gehört $\bigcup_j A_j$ zu $\mathcal{C}(m,n)$.

Beweis (i) Für $j \in \mathbb{N}$ sei M_j eine λ_m-Nullmenge mit $A_{j,[x]} := (A_j)_{[x]} \in \mathcal{L}(n)$ für $x \in M_j^c$. Mit $A := \bigcup_j A_j$ und $M := \bigcup_j M_j$ gilt dann $A_{[x]} = \bigcup_j A_{j,[x]} \in \mathcal{L}(n)$ für $x \in M^c$. Die Stetigkeit von λ_n von unten impliziert $\lambda_n(A_{[x]}) = \lim_j \lambda_n(A_{j,[x]})$ für $x \in M^c$, und wir schließen mit Hilfe von Satz 1.11, daß $x \mapsto \lambda_n(A_{[x]})$ λ_m-meßbar ist.

(ii) Wegen $A_j \in \mathcal{C}(m,n)$ gilt

$$\int_{\mathbb{R}^m} \lambda_n(A_{j,[x]})\,dx = \lambda_{m+n}(A_j) \ , \qquad j \in \mathbb{N} \ ,$$

und aus dem Satz über die monotone Konvergenz folgt

$$\lim_j \int_{\mathbb{R}^m} \lambda_n(A_{j,[x]})\,dx = \int_{\mathbb{R}^m} \lambda_n(A_{[x]})\,dx \ . \tag{6.2}$$

Die Stetigkeit von λ_{m+n} von unten zeigt deshalb

$$\lambda_{m+n}(A) = \lim_j \lambda_{m+n}(A_j) = \lim_j \int_{\mathbb{R}^m} \lambda_n(A_{j,[x]})\, dx = \int_{\mathbb{R}^m} \lambda_n(A_{[x]})\, dx \ .$$

Folglich gehört A zu $\mathcal{C}(m,n)$. ∎

(d) Es sei (A_j) eine absteigende Folge in $\mathcal{C}(m,n)$ und es gebe ein $k \in \mathbb{N}$ mit $\lambda_{m+n}(A_k) < \infty$. Dann gehört $\bigcap_j A_j$ zu $\mathcal{C}(m,n)$.

Beweis Wir setzen $A := \bigcap_j A_j$. Wie in (c) folgen die Meßbarkeit λ_m-fast aller Schnitte $A_{[x]}$ und die Meßbarkeit von $x \mapsto \lambda_n(A_{[x]})$. Ferner zeigt der Satz von Lebesgue, daß (6.2) auch im vorliegenden Fall richtig ist. Die Behauptung folgt nun wie in (c). ∎

(e) Es sei (A_j) eine disjunkte Folge in $\mathcal{C}(m,n)$. Dann gehört auch $\bigcup_j A_j$ zu $\mathcal{C}(m,n)$.

Beweis Wegen (c) genügt es, die Aussage für endliche disjunkte Folgen zu beweisen, was dem Leser als Übung überlassen bleibt. ∎

(f) Jede offene Menge in $\mathbb{R}^{m+n}$ gehört zu $\mathcal{C}(m,n)$.

Beweis Dies folgt aus Satz IX.5.6, (e) und (b). ∎

(g) Jede beschränkte G_δ-Menge in $\mathbb{R}^{m+n}$ gehört zu $\mathcal{C}(m,n)$.

Beweis Dies folgt aus (f) und (d). ∎

(h) Es sei A eine λ_{m+n}-Nullmenge. Dann gehört A zu $\mathcal{C}(m,n)$, und es gibt eine λ_m-Nullmenge M, so daß $A_{[x]}$ für jedes $x \in M^c$ eine λ_n-Nullmenge ist.

Beweis Es genügt, die Existenz einer λ_m-Nullmenge M nachzuweisen mit $\lambda_n(A_{[x]}) = 0$ für $x \in M^c$. Dazu sei $A_j := A \cap (j\mathbb{B}^{m+n})$ für $j \in \mathbb{N}$. Dann ist (A_j) eine aufsteigende Folge beschränkter λ_{m+n}-Nullmengen mit $\bigcup_j A_j = A$. Aufgrund von Korollar IX.5.5 gibt es eine Folge (G_j) beschränkter G_δ-Mengen mit $G_j \supset A_j$ und $\lambda_{m+n}(G_j) = 0$ für $j \in \mathbb{N}$. Aus (g) folgt deshalb

$$0 = \lambda_{m+n}(G_j) = \int_{\mathbb{R}^m} \lambda_n(G_{j,[x]})\, dx \ .$$

Also gibt es zu jedem $j \in \mathbb{N}$ eine λ_m-Nullmenge M_j mit $\lambda_n(G_{j,[x]}) = 0$ für $x \in M_j^c$ (vgl. Bemerkung 3.3(c)). Wegen

$$\bigcup_j G_{j,[x]} \supset \bigcup_j A_{j,[x]} = \left(\bigcup_j A_j \right)_{[x]} = A_{[x]} \ , \qquad x \in \mathbb{R}^m \ ,$$

hat $M := \bigcup_j M_j$ die gewünschte Eigenschaft. ∎

Nach diesen Vorbereitungen können wir nun die Gleichheit von $\mathcal{C}(m,n)$ und $\mathcal{L}(m+n)$ zeigen.

6.2 Satz $\mathcal{C}(m,n) = \mathcal{L}(m+n)$.

Beweis Es ist die Inklusion $\mathcal{L}(m+n) \subset \mathcal{C}(m,n)$ nachzuweisen.

(i) Es sei $A \in \mathcal{L}(m+n)$ beschränkt. Nach Korollar IX.5.5 gibt es eine beschränkte G_δ-Menge G mit $G \supset A$ und $\lambda_{m+n}(G) = \lambda_{m+n}(A)$. Weil A endliches

Maß hat, ist $G \setminus A$ eine beschränkte λ_{m+n}-Nullmenge (vgl. Satz IX.2.3(ii)), und wir schließen mit Bemerkung 6.1(h), daß $(G \setminus A)_{[x]} = G_{[x]} \setminus A_{[x]}$ für λ_m-f.a. $x \in \mathbb{R}^m$ eine λ_n-Nullmenge ist. Nach Bemerkung 6.1(g) gehört $G_{[x]}$ für λ_m-f.a. $x \in \mathbb{R}^m$ zu $\mathcal{L}(n)$. Wegen

$$A_{[x]} = G_{[x]} \cap (G_{[x]} \setminus A_{[x]})^c , \qquad x \in \mathbb{R}^m ,$$

trifft dies auch für λ_m-f.a. Schnitte $A_{[x]}$ zu. Außerdem gilt $\lambda_n(A_{[x]}) = \lambda_n(G_{[x]})$ für λ_m-f.a. $x \in \mathbb{R}^m$. Wir wissen aufgrund von Bemerkung 6.1(g), daß G zu $\mathcal{C}(m,n)$ gehört. Deshalb ist $x \mapsto \lambda_n(A_{[x]})$ meßbar, und

$$\lambda_{m+n}(G) = \int_{\mathbb{R}^m} \lambda_n(G_{[x]}) \, dx = \int_{\mathbb{R}^m} \lambda_n(A_{[x]}) \, dx .$$

Also gehört A zu $\mathcal{C}(m,n)$.

(ii) Ist A nicht beschränkt, so setzen wir $A_j := A \cap (j \mathbb{B}^{m+n})$ für $j \in \mathbb{N}$. Dann ist (A_j) eine aufsteigende Folge in $\mathcal{L}(m+n)$ mit $\bigcup_j A_j = A$. Die Behauptung folgt nun aus (i) und Bemerkung 6.1(c). ∎

6.3 Korollar *Hat $A \in \mathcal{L}(m+n)$ endliches Maß, so gilt $\lambda_n(A_{[x]}) < \infty$ für λ_m-f.a. $x \in \mathbb{R}^m$.*

Beweis Da Satz 6.2

$$\int_{\mathbb{R}^m} \lambda_n(A_{[x]}) \, dx = \lambda_{m+n}(A) < \infty$$

impliziert, folgt die Behauptung aus Bemerkung 3.11(c). ∎

Für $A \in \mathcal{L}(m+n)$ und $x \in \mathbb{R}^m$ gilt $\chi_A(x, \cdot) = \chi_{A_{[x]}}$. Also kann Satz 6.2 auch mittels charakteristischer Funktionen formuliert werden. Es ist dann leicht, die Aussage auf Linearkombinationen charakteristischer Funktionen, also auf einfache Funktionen, anzuwenden.

6.4 Lemma *Es sei $f \in \mathcal{EF}(\mathbb{R}^{m+n}, E)$. Dann gilt:*
(i) *$f(x, \cdot) \in \mathcal{EF}(\mathbb{R}^n, E)$ für λ_m-f.a. $x \in \mathbb{R}^m$;*
(ii) *Die E-wertige Funktion $x \mapsto \int_{\mathbb{R}^n} f(x,y) \, dy$ ist λ_m-integrierbar;*
(iii) *$\int_{\mathbb{R}^{m+n}} f \, d(x,y) = \int_{\mathbb{R}^m} \left[\int_{\mathbb{R}^n} f(x,y) \, dy \right] dx$.*

Beweis (i) Mit $f = \sum_{j=0}^k e_j \chi_{A_j}$ gilt $f(x, \cdot) = \sum_{j=0}^k e_j \chi_{A_{j,[x]}}$ für $x \in \mathbb{R}^m$. Aus Satz 6.2 und Korollar 6.3 folgt deshalb leicht, daß es eine λ_m-Nullmenge M gibt, so daß $f(x, \cdot)$ für jedes $x \in M^c$ zu $\mathcal{EF}(\mathbb{R}^n, E)$ gehört.

(ii) Wir setzen

$$g(x) := \int_{\mathbb{R}^n} f(x,y) \, dy = \sum_{j=0}^k e_j \lambda_n(A_{j,[x]}) , \qquad x \in M^c . \tag{6.3}$$

Dann zeigen Satz 6.2 und Bemerkung 1.2(d), daß $x \mapsto g(x)$ λ_m-meßbar ist. Außerdem gilt

$$\int_{\mathbb{R}^m} |g| \, dx \leq \sum_{j=0}^{k} |e_j| \int_{\mathbb{R}^m} \lambda_n(A_{j,[x]}) \, dx = \sum_{j=0}^{k} |e_j| \, \lambda_{m+n}(A_j) < \infty \; .$$

Also ist $x \mapsto g(x)$ λ_m-integrierbar.

(iii) Schließlich folgt aus Satz 6.2 und (6.3)

$$\int_{\mathbb{R}^{m+n}} f \, d(x,y) = \sum_{j=0}^{k} e_j \lambda_{m+n}(A_j) = \sum_{j=0}^{k} e_j \int_{\mathbb{R}^m} \lambda_n(A_{j,[x]}) \, dx = \int_{\mathbb{R}^m} g \, dx$$
$$= \int_{\mathbb{R}^m} \left[\int_{\mathbb{R}^n} f(x,y) \, dy \right] dx \; ,$$

was die Behauptung beweist. ∎

6.5 Bemerkung In der Definition der Menge $\mathcal{C}(m,n)$ haben wir die ersten m Koordinaten von $\mathbb{R}^{m+n}$ willkürlich ausgezeichnet. Genausogut hätten wir die letzten n Koordinaten auswählen und statt mit $\lambda_n(A_{[x]})$ mit $\lambda_m(A^{[y]})$ für λ_n-f.a. $y \in \mathbb{R}^n$ argumentieren können. Mit dieser Definition von $\mathcal{C}(m,n)$ hätten wir offensichtlich ebenfalls gefunden, daß $\mathcal{C}(m,n) = \mathcal{L}(m+n)$ gilt. Dies bedeutet, daß wir in Lemma 6.4 die Rollen von x und y vertauschen dürfen. Also gilt für $f \in \mathcal{EF}(\mathbb{R}^{m+n}, E)$:

(i) $f(\cdot, y) \in \mathcal{EF}(\mathbb{R}^m, E)$ für λ_n-f.a. $y \in \mathbb{R}^n$;

(ii) Die E-wertige Funktion $y \mapsto \int_{\mathbb{R}^m} f(x,y) \, dx$ ist λ_n-integrierbar;

(iii) $\int_{\mathbb{R}^{m+n}} f \, d(x,y) = \int_{\mathbb{R}^n} \left[\int_{\mathbb{R}^m} f(x,y) \, dx \right] dy$.

Insbesondere finden wir

$$\int_{\mathbb{R}^m} \left[\int_{\mathbb{R}^n} f(x,y) \, dy \right] dx = \int_{\mathbb{R}^n} \left[\int_{\mathbb{R}^m} f(x,y) \, dx \right] dy$$

für $f \in \mathcal{EF}(\mathbb{R}^{m+n}, E)$. Mit anderen Worten: Das Integral $\int_{\mathbb{R}^{m+n}} f \, d(x,y)$ kann im Falle einfacher Funktionen iterativ berechnet werden, wobei die Integrationsreihenfolge irrelevant ist. ∎

Anwendungen des Cavalierischen Prinzips

Es ist das Hauptresultat dieses Paragraphen, daß die Aussage von Bemerkung 6.5 über die iterative Berechnung von Integralen für beliebige integrierbare Funktionen f richtig ist. Bevor wir diesen Satz beweisen, geben wir zuerst einige Anwendungen des Cavalierischen Prinzips, also des Falles $f = \chi_A$.

6.6 Beispiele   **(a)** (Geometrische Interpretation des Integrals)   Für $M \in \mathcal{L}(m)$ und $f \in \mathcal{L}_0(M, \mathbb{R}^+)$ gehört

$$S_f := S_{f,M} := \left\{ (x,y) \in \mathbb{R}^m \times \mathbb{R} \; ; \; 0 \le y \le f(x), \; x \in M \right\}$$

zu $\mathcal{L}(m+1)$, und es gilt

$$\int_M f \, dx = \lambda_{m+1}(S_f) \,,$$

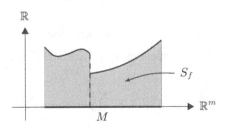

d.h., das Integral $\int_M f \, dx$ stimmt mit dem $(m+1)$-dimensionalen Lebesgueschen Maß der Punktmenge unter dem Graphen von f überein.[1]

Beweis Mit $f_1 := \mathrm{pr}_{\mathbb{R}}$ und $f_2 := f \circ \mathrm{pr}_{\mathbb{R}^m}$ gehören f_1 und f_2 zu $\mathcal{L}_0(M \times \mathbb{R}, \bar{\mathbb{R}}^+)$, und es gilt $S_f = [0 \le f_1 \le f_2]$. Also impliziert Satz 1.9 die λ_{m+1}-Meßbarkeit von S_f. Wegen $(S_f)_{[x]} = [0, f(x)]$ für $x \in M$ folgt $\lambda_1\big((S_f)_{[x]}\big) = f(x)$, und somit

$$\lambda_{m+1}(S_f) = \int_{\mathbb{R}^m} \lambda_1\big((S_f)_{[x]}\big) \, dx = \int_M f \, dx \,,$$

aufgrund von Satz 6.2. ∎

(b) (Spezieller Transformationssatz) Es seien $T \in \mathcal{L}(\mathbb{R}^m)$, $a \in \mathbb{R}^m$ und $M \in \mathcal{L}(m)$. Ferner seien $\varphi(x) := a + Tx$ für $x \in \mathbb{R}^m$ und $f \in \mathcal{L}_1\big(\varphi(M)\big)$. Dann gehört $f \circ \varphi$ zu $\mathcal{L}_1(M)$, und

$$\int_{\varphi(M)} f \, dy = |\det T| \int_M (f \circ \varphi) \, dx \,. \tag{6.4}$$

Insbesondere ist das Lebesguesche Integral **bewegungsinvariant**, d.h., für jede Bewegung φ des $\mathbb{R}^m$ gilt

$$\int_{\mathbb{R}^m} f = \int_{\mathbb{R}^m} f \circ \varphi \,, \qquad f \in \mathcal{L}_1(\mathbb{R}^m) \,.$$

Beweis (i) Nach Theorem IX.5.12 bildet φ die σ-Algebra $\mathcal{L}(m)$ in sich ab. Also gehört $\varphi(M)$ zu $\mathcal{L}(m)$, und Theorem 1.4 impliziert, daß $f \circ \varphi$ in $\mathcal{L}_0(M)$ liegt. Die Zerlegung $f = f_1 - f_2 + i(f_3 - f_4)$ mit $f_j \in \mathcal{L}_1\big(\varphi(M), \mathbb{R}^+\big)$ zeigt, daß wir ohne Beschränkung der Allgemeinheit den Fall $f \in \mathcal{L}_1\big(\varphi(M), \mathbb{R}^+\big)$ betrachten können. Aus (a) folgt dann

$$\int_{\varphi(M)} f = \lambda_{m+1}(S_{f,\varphi(M)}) \,, \qquad \int_M f \circ \varphi = \lambda_{m+1}(S_{f \circ \varphi, M}) \,. \tag{6.5}$$

(ii) Wir setzen $\widehat{a} := (a, 0) \in \mathbb{R}^m \times \mathbb{R}$ und $\widehat{T}(x,t) := (Tx, t)$ für $(x,t) \in \mathbb{R}^m \times \mathbb{R}$. Dann gelten $\widehat{a} + \widehat{T}(S_{f \circ \varphi}) = S_f$ und $\det T = \det \widehat{T}$, denn die Darstellungsmatrix von $\widehat{T}$ besitzt

---

[1]Man vergleiche die einführenden Bemerkungen zu Paragraph VI.3.

die Blockstruktur

$$[\widehat{T}] = \left[\begin{array}{cc} [T] & 0 \\ 0 & 1 \end{array} \right] .$$

Korollar IX.5.23 und Theorem IX.5.25 implizieren deshalb

$$\lambda_{m+1}(S_f) = \lambda_{m+1}\big(\widehat{T}(S_{f\circ\varphi})\big) = |\det T|\,\lambda_{m+1}(S_{f\circ\varphi}) \,,$$

was wegen (6.5) die Formel (6.4) beweist. Die Integrierbarkeit von $f \circ \varphi$ ist nun eine Konsequenz aus Bemerkung 3.11(a). ∎

(c) (Das Volumen des Einheitsballes in $\mathbb{R}^m$) Für $m \in \mathbb{N}^\times$ gilt

$$\lambda_m(\mathbb{B}^m) = \frac{\pi^{m/2}}{\Gamma(1 + m/2)} \,,$$

insbesondere: $\lambda_1(\mathbb{B}^1) = 2$, $\lambda_2(\mathbb{B}^2) = \pi$, $\lambda_3(\mathbb{B}^3) = 4\pi/3$.

Beweis Mit $\omega_m := \lambda_m(\mathbb{B}^m)$ erhalten wir aus dem Cavalierischen Prinzip und den Bemerkungen IX.5.26(b) und 6.5

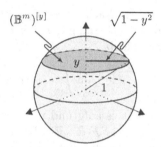

$$\omega_m = \int_{-1}^{1} \lambda_{m-1}\big((\mathbb{B}^m)^{[y]}\big)\,dy$$

$$= \int_{-1}^{1} \lambda_{m-1}\big(\sqrt{1-y^2}\,\mathbb{B}^{m-1}\big)\,dy$$

$$= \omega_{m-1} \int_{-1}^{1} \big(\sqrt{1-y^2}\big)^{m-1}\,dy \,.$$

Um das Integral

$$B_m := \int_{-1}^{1} (1-y^2)^{(m-1)/2}\,dy = 2\int_{0}^{1} (1-y^2)^{(m-1)/2}\,dy \,, \qquad m \in \mathbb{N}^\times \,,$$

zu berechnen, führen wir die Substitution $y = -\cos x$ mit $dy = \sin x\,dx$ durch und erhalten $B_m = 2\int_0^{\pi/2} \sin^m x\,dx$. Aus dem Beweis von Beispiel VI.5.5(d) folgt

$$B_{2m} = \frac{(2m-1)(2m-3)\cdots\cdots 1}{2m(2m-2)\cdots\cdots 2}\cdot\pi \,, \qquad B_{2m+1} = \frac{2m(2m-2)\cdots\cdots 2}{(2m+1)(2m-1)\cdots\cdots 1}\cdot 2 \,.$$

Somit finden wir $B_m B_{m-1} = 2\pi/m$ und, weiter,

$$\omega_m = B_m \omega_{m-1} = B_m B_{m-1} \omega_{m-2} = \frac{2\pi}{m}\,\omega_{m-2} \,. \tag{6.6}$$

Aus $\omega_1 = 2$ folgt $\omega_2 = B_2\omega_1 = 2B_2 = \pi$, also mit (6.6),

$$\omega_{2m} = \frac{\pi^m}{m!} \,, \qquad \omega_{2m+1} = \frac{(2\pi)^m}{1\cdot 3\cdot 5\cdot\cdots\cdot(2m+1)}\cdot 2 \,.$$

Diese beiden Ausdrücke können mit Hilfe der Gammafunktion einheitlich dargestellt werden, denn

$$\Gamma(m+1) = m! \,, \qquad \Gamma\Big(m + \frac{3}{2}\Big) = \frac{\sqrt{\pi}}{2^{m+1}}\cdot 1\cdot 3\cdot\cdots\cdot(2m+1)$$

(vgl. Theorem VI.9.2 und Aufgabe VI.9.1). ∎

Der Satz von Tonelli

Wir beweisen nun den angekündigten Satz über die iterative Berechnung von Integralen für den Fall nichtnegativer numerischer Funktionen. Diese Version, der Satz von Tonelli, wird uns im Falle E-wertiger Funktionen ein wichtiges Integrierbarkeitskriterium liefern.

6.7 Theorem (Tonelli) *Für $f \in \mathcal{L}_0(\mathbb{R}^{m+n}, \bar{\mathbb{R}}^+)$ gilt:*

(i) $f(x, \cdot) \in \mathcal{L}_0(\mathbb{R}^n, \bar{\mathbb{R}}^+)$ *für λ_m-f.a. $x \in \mathbb{R}^m$,*
$f(\cdot, y) \in \mathcal{L}_0(\mathbb{R}^m, \bar{\mathbb{R}}^+)$ *für λ_n-f.a. $y \in \mathbb{R}^n$;*

(ii) $x \mapsto \int_{\mathbb{R}^n} f(x, y) \, dy$ *ist λ_m-meßbar,*
$y \mapsto \int_{\mathbb{R}^m} f(x, y) \, dx$ *ist λ_n-meßbar;*

(iii) $\int_{\mathbb{R}^{m+n}} f \, d(x, y) = \int_{\mathbb{R}^m} \left[\int_{\mathbb{R}^n} f(x, y) \, dy \right] dx = \int_{\mathbb{R}^n} \left[\int_{\mathbb{R}^m} f(x, y) \, dx \right] dy.$

Beweis (i) Nach Theorem 1.12 gibt es eine Folge (f_j) in $\mathcal{EF}(\mathbb{R}^{m+n}, \mathbb{R}^+)$, die monoton wachsend gegen f konvergiert. Der Satz über die monotone Konvergenz liefert deshalb

$$\lim_j \int_{\mathbb{R}^{m+n}} f_j \, d(x, y) = \int_{\mathbb{R}^{m+n}} f \, d(x, y) \quad \text{in } \bar{\mathbb{R}}^+. \tag{6.7}$$

Ferner gibt es aufgrund von Lemma 6.4 zu jedem $j \in \mathbb{N}$ eine λ_m-Nullmenge M_j mit $f_j(x, \cdot) \in \mathcal{EF}(\mathbb{R}^n, \mathbb{R}^+)$ für $x \in M_j^c$. Setzen wir $M := \bigcup_j M_j$, so folgt, wiederum aus dem Satz über die monotone Konvergenz,

$$\int_{\mathbb{R}^n} f_j(x, y) \, dy \uparrow \int_{\mathbb{R}^n} f(x, y) \, dy, \quad x \in M^c. \tag{6.8}$$

Lemma 6.4(ii), Satz 1.11, die Tatsache, daß M eine λ_m-Nullmenge ist und (6.8) implizieren, daß die numerische Funktion $x \mapsto \int_{\mathbb{R}^n} f(x, y) \, dy$ λ_m-meßbar ist. Außerdem folgt aus (6.7), Lemma 6.4(iii), (6.8) und dem Satz über die monotone Konvergenz

$$\int_{\mathbb{R}^{m+n}} f \, d(x, y) = \lim_j \int_{\mathbb{R}^{m+n}} f_j \, d(x, y) = \lim_j \int_{\mathbb{R}^m} \left[\int_{\mathbb{R}^n} f_j(x, y) \, dy \right] dx$$
$$= \int_{\mathbb{R}^m} \left[\int_{\mathbb{R}^n} f(x, y) \, dy \right] dx.$$

Die verbleibenden Aussagen werden, unter Beachtung von Bemerkung 6.5, analog bewiesen. ∎

6.8 Korollar *Für $f \in \mathcal{L}_0(\mathbb{R}^{m+n}, E)$ gelte $f = 0$ λ_{m+n}-f.ü. Dann gibt es eine λ_m-Nullmenge M, so daß $f(x, \cdot)$ für jedes $x \in M^c$ λ_n-f.ü. verschwindet.*[2]

---

[2]Analog gibt es eine λ_n-Nullmenge N, so daß für jedes $y \in N^c$ gilt: $f(\cdot, y) = 0$ λ_m-f.ü.

Beweis Der Satz von Tonelli liefert

$$\int_{\mathbb{R}^m} \left[\int_{\mathbb{R}^n} |f(x,y)| \, dy \right] dx = \int_{\mathbb{R}^{m+n}} |f| \, d(x,y) = 0 .$$

Somit gibt es gemäß Bemerkung 3.3(c) eine λ_m-Nullmenge M mit

$$\int_{\mathbb{R}^n} |f(x,y)| \, dy = 0 , \qquad x \in M^c ,$$

woraus, wiederum nach Bemerkung 3.3(c), die Behauptung folgt. ∎

Der Satz von Fubini für skalare Funktionen

Es ist nun leicht, den Satz von Tonelli auf den für die Anwendungen besonders wichtigen Fall skalarer integrierbarer Funktionen auszudehnen.

6.9 Theorem (Fubini) *Für $f \in \mathcal{L}_1(\mathbb{R}^{m+n})$ gilt:*

(i) $f(x,\cdot) \in \mathcal{L}_1(\mathbb{R}^n)$ *für λ_m-f.a. $x \in \mathbb{R}^m$,*
   $f(\cdot,y) \in \mathcal{L}_1(\mathbb{R}^m)$ *für λ_n-f.a. $y \in \mathbb{R}^n$;*

(ii) $x \mapsto \int_{\mathbb{R}^n} f(x,y) \, dy$ *ist λ_m-integrierbar,*
   $y \mapsto \int_{\mathbb{R}^m} f(x,y) \, dx$ *ist λ_n-integrierbar;*

(iii) $\int_{\mathbb{R}^{m+n}} f \, d(x,y) = \int_{\mathbb{R}^m} \left[\int_{\mathbb{R}^n} f(x,y) \, dy \right] dx = \int_{\mathbb{R}^n} \left[\int_{\mathbb{R}^m} f(x,y) \, dx \right] dy.$

Beweis (a) Für $f \in \mathcal{L}_1(\mathbb{R}^{m+n}, \mathbb{R}^+)$ folgt die Behauptung aus dem Satz von Tonelli und Bemerkung 3.3(e).

(b) Im allgemeinen Fall verwenden wir die nach Korollar 2.12 gültige Darstellung $f = f_1 - f_2 + i(f_3 - f_4)$ mit $f_j \in \mathcal{L}_1(\mathbb{R}^{m+n}, \mathbb{R}^+)$. Damit erhalten wir die Behauptung aus (a) und der Linearität des Integrals. ∎

6.10 Korollar *Es seien $A \in \mathcal{L}(m)$ und $f \in \mathcal{L}_1(A)$. Ferner bezeichne $(j_1, \ldots, j_m)$ eine Permutation von $(1, \ldots, m)$. Dann gilt*

$$\int_A f \, dx = \int_{\mathbb{R}} \left(\int_{\mathbb{R}} \cdots \left(\int_{\mathbb{R}} \tilde{f}(x_1 \ldots, x_m) \, dx_{j_1} \right) \cdots dx_{j_{m-1}} \right) dx_{j_m} .$$

Der Satz von Fubini garantiert die Vertauschbarkeit der Integrationsreihenfolge für *integrierbare* Funktionen. In Kombination mit dem Satz von Tonelli ergibt sich ein einfaches, flexibles und äußerst wichtiges Kriterium für die Integrierbarkeit von Funktionen mehrerer Variabler und gleichzeitig ein Verfahren zur expliziten Berechnung von Integralen.

6.11 Theorem (Fubini-Tonelli)   *Es seien $A \in \mathcal{L}(m + n)$ und $f \in \mathcal{L}_0(A)$.*

(i) *Ist eines der Integrale*

$$\int_{\mathbb{R}^m} \left[\int_{\mathbb{R}^n} |\widetilde{f}(x,y)| \, dy \right] dx \ , \quad \int_{\mathbb{R}^n} \left[\int_{\mathbb{R}^m} |\widetilde{f}(x,y)| \, dx \right] dy \ , \quad \int_A |f| \, d(x,y)$$

endlich, so ist es jedes von ihnen, und sie sind alle einander gleich. In diesem Fall ist f integrierbar, und es gelten die Aussagen von Theorem 6.9 für $\widetilde{f}$.

(ii) *Sind $\mathrm{pr}_{\mathbb{R}^m}(A)$ meßbar[3] und f integrierbar, so gilt*

$$\int_A f \, d(x,y) = \int_{\mathrm{pr}_{\mathbb{R}^m}(A)} \left[\int_{A_{[x]}} f(x,y) \, dy \right] dx \ .$$

Beweis   Wegen $\widetilde{f} \in \mathcal{L}_0(\mathbb{R}^{m+n})$ folgt die erste Aussage unmittelbar aus dem Satz von Tonelli. Gemäß Theorem 3.9 ist dann $\widetilde{f}$, und somit f, integrierbar, und die Behauptung ist offensichtlich. ∎

6.12 Bemerkungen   **(a)** Die Auszeichnung der ersten m Koordinaten stellt keine Einschränkung der Allgemeinheit dar, da aufgrund von Korollar 6.10 diese Anordnung stets durch eine Permutation hergestellt werden kann.

(b) In der Regel läßt man bei $\int_{\mathbb{R}^n} \left[\int_{\mathbb{R}^m} f(x,y) \, dx \right] dy$ die Klammern weg und schreibt

$$\int_{\mathbb{R}^n} \int_{\mathbb{R}^m} f(x,y) \, dx \, dy \tag{6.9}$$

etc. Diese Notation ist immer so zu verstehen, daß die Integrale „von innen heraus" ausgewertet werden, d.h., es wird zuerst bei festem y das Integral $\int_{\mathbb{R}^m} f(x,y) \, dx$ berechnet und das Resultat anschließend bezüglich y über $\mathbb{R}^n$ integriert. Das **iterierte Integral** (6.9) ist zu unterscheiden von dem $(m + n)$-dimensionalen Integral

$$\int_{\mathbb{R}^{m+n}} f \, d(x,y) = \int_{\mathbb{R}^{m+n}} f \, d\lambda_{m+n} \ .$$

(c) Es gibt $f \in \mathcal{L}_0(\mathbb{R}^2) \setminus \mathcal{L}_1(\mathbb{R}^2)$ mit

$$\int_{\mathbb{R}} \int_{\mathbb{R}} f(x,y) \, dx \, dy = \int_{\mathbb{R}} \int_{\mathbb{R}} f(x,y) \, dy \, dx = 0 \ .$$

Also kann aus der Existenz und Gleichheit der iterierten Integrale nicht auf die Integrierbarkeit von f geschlossen werden.

---

[3]Wie Bemerkung IX.5.14(b) zeigt, ist dies i. allg. nicht der Fall.

Beweis Es sei $f: \mathbb{R}^2 \to \mathbb{R}$ durch

$$f(x,y) := \begin{cases} \dfrac{xy}{(x^2+y^2)^2}\,, & (x,y) \neq (0,0)\,, \\[2mm] 0\,, & (x,y) = (0,0)\,, \end{cases} \tag{6.10}$$

erklärt. Dann ist f λ_2-meßbar. Für jedes $y \in \mathbb{R}$ konvergiert das uneigentliche Riemannsche Integral $\int_{\mathbb{R}} f(x,y)\,dx$ absolut. Außerdem ist $f(\cdot,y)$ ungerade. Für jedes[4] $y \in \mathbb{R}$ gilt also $\int_{\mathbb{R}} f(x,y)\,dx = 0$, und folglich, wegen $f(x,y) = f(y,x)$,

$$\int_{\mathbb{R}} \int_{\mathbb{R}} f(x,y)\,dx\,dy = \int_{\mathbb{R}} \int_{\mathbb{R}} f(x,y)\,dy\,dx = 0\,.$$

Nehmen wir an, f wäre integrierbar. Dann wäre $x \mapsto \int_{\mathbb{R}} |f(x,y)|\,dy$ nach dem Satz von Fubini ebenfalls integrierbar, was wegen

$$\int_{\mathbb{R}} \frac{|xy|}{(x^2+y^2)^2}\,dy = \frac{1}{|x|}\,, \qquad x \neq 0\,,$$

nicht richtig ist. ∎

(d) Es gibt $g \in \mathcal{L}_0(\mathbb{R}^2) \setminus \mathcal{L}_1(\mathbb{R}^2)$ mit

$$0 < \left| \int_{\mathbb{R}} \int_{\mathbb{R}} g(x,y)\,dx\,dy \right| = \left| \int_{\mathbb{R}} \int_{\mathbb{R}} g(x,y)\,dy\,dx \right| < \infty\,.$$

Beweis Es seien f die Funktion aus (6.10) und $h \in \mathcal{L}_1(\mathbb{R}^2)$ mit $\int h\,d(x,y) > 0$. Dann hat $g := f + h$ die behaupteten Eigenschaften. ∎

6.13 Beispiele **(a)** (Mehrdimensionale Gaußsche Integrale) Für $n \in \mathbb{N}^\times$ gilt

$$\int_{\mathbb{R}^n} e^{-|x|^2}\,dx = \pi^{n/2}\,.$$

Beweis Mit $|x|^2 = x_1^2 + \cdots + x_n^2$ und der Funktionalgleichung der Exponentialfunktion folgt aus dem Satz von Tonelli

$$\int_{\mathbb{R}^n} e^{-|x|^2}\,dx = \int_{\mathbb{R}} \cdots \int_{\mathbb{R}} e^{-x_1^2} e^{-x_2^2} \cdots e^{-x_n^2}\,dx_1 \cdots dx_n$$

$$= \prod_{j=1}^{n} \int_{\mathbb{R}} e^{-x_j^2}\,dx_j = \left(\int_{\mathbb{R}} e^{-t^2}\,dt \right)^n\,.$$

Nun erhalten wir die Behauptung aus Anwendung VI.9.7. ∎

---

[4]Der Fall $y = 0$ ist in der angegebenen Argumentation enthalten, folgt aber einfacher aus der Tatsache, daß $f(\cdot,0) = 0$.

(b) (Eine Darstellung der Betafunktion) Für $v, w \in [\operatorname{Re} z > 0]$ gilt[5]

$$\mathsf{B}(v, w) = \frac{\Gamma(v)\Gamma(w)}{\Gamma(v + w)} \ .$$

Beweis Wir setzen $A := \big\{ (s, t) \in \mathbb{R}^2 \ ; \ 0 < t < s \big\}$ und definieren $\gamma_{v,w} : A \to \mathbb{C}$ durch $\gamma_{v,w}(s, t) := t^{v-1}(s - t)^{w-1} e^{-s}$ für $v, w \in [\operatorname{Re} z > 0]$. Mit $\gamma_v(t) := t^{v-1} e^{-t}$ für $t > 0$ erhalten wir aus dem Satz von Tonelli

$$\int_A |\gamma_{v,w}(s, t)|\, d(s, t) = \int_0^\infty \int_t^\infty |\gamma_{v,w}(s, t)|\, ds\, dt$$

$$= \Big(\int_0^\infty \gamma_{\operatorname{Re} v}(t)\, dt \Big) \Big(\int_0^\infty \gamma_{\operatorname{Re} w}(s)\, ds \Big) = \Gamma(\operatorname{Re} v)\Gamma(\operatorname{Re} w) < \infty \ .$$

Also ist $\gamma_{v,w}$ integrierbar, und der Satz von Fubini liefert in analoger Weise

$$\int_A \gamma_{v,w}(s, t)\, d(s, t) = \int_0^\infty \int_t^\infty \gamma_{v,w}(s, t)\, ds\, dt = \Gamma(v)\Gamma(w) \ . \tag{6.11}$$

Wegen $A_{[s]} = [0, s]$ für $s > 0$ und $\operatorname{pr}_1(A) = \mathbb{R}^+$ erhalten wir aus (6.11) und Theorem 6.11(ii)

$$\Gamma(v)\Gamma(w) = \int_0^\infty \Big(\int_0^s t^{v-1}(s - t)^{w-1}\, dt \Big) e^{-s}\, ds \ .$$

Die Substitution $r = t/s$ im inneren Integral und die Definition der Betafunktion liefern

$$\Gamma(v)\Gamma(w) = \int_0^\infty \Big(\int_0^1 r^{v-1}(1 - r)^{w-1}\, dr \Big) s^{v+w-1} e^{-s}\, ds = \mathsf{B}(v, w)\Gamma(v + w) \ , \tag{6.12}$$

also die Behauptung. ∎

An Beispiel (b) sieht man deutlich, wie komplizierte Integrale durch geschickte Wahl der Integrationsreihenfolge gegebenenfalls einfach ausgewertet werden können.

Der Satz von Fubini für vektorwertige Funktionen[6]

Wir wollen nun beweisen, daß der Satz von Fubini auch für E-wertige Funktionen richtig ist, und einige Anwendungen aufzeigen. Dazu benötigen wir die folgenden Hilfsbetrachtungen.

---

[5]Vgl. Bemerkung VI.9.12(a).
[6]Die nachfolgenden Ausführungen dieses Paragraphen können bei der ersten Lektüre überschlagen werden.

Es sei $A \in \mathcal{L}(m+n)$ von endlichem Maß. Nach Satz 6.2 und Korollar 6.3 gibt es eine λ_m-Nullmenge M mit $A_{[x]} \in \mathcal{L}(n)$ und $\lambda_n(A_{[x]}) < \infty$ für $x \in M^c$. Wir fixieren $q \in [1, \infty)$. Wegen $|\chi_{A_{[x]}}|^q = \chi_{A_{[x]}}$ gilt

$$\int_{\mathbb{R}^n} |\chi_{A_{[x]}}(y)|^q \, dy = \int_{\mathbb{R}^n} \chi_{A_{[x]}}(y) \, dy = \lambda_n(A_{[x]}) < \infty \ .$$

Wenn wir, wie in Paragraph 4 vereinbart, $\chi_{A_{[x]}}$ mit der Äquivalenzklasse aller Funktionen, die λ_n-f.ü. mit $y \mapsto \chi_{A_{[x]}}(y)$ übereinstimmen, identifizieren, erhalten wir die Abbildung

$$M^c \to F := L_q(\mathbb{R}^n) \ , \quad x \mapsto \chi_{A_{[x]}} \ .$$

Da F ein Banachraum ist, können wir ihre Meß- und Integrierbarkeitseigenschaften untersuchen.

6.14 Lemma *Es habe $A \in \mathcal{L}(m+n)$ endliches Maß. Dann ist die λ_m-f.ü. definierte F-wertige Abbildung $x \mapsto \chi_{A_{[x]}}$ λ_m-meßbar.*

Beweis Wir bezeichnen mit $\psi_A : \mathbb{R}^m \to F$ die triviale Fortsetzung von $x \mapsto \chi_{A_{[x]}}$.

(i) Es sei A eine λ_{m+n}-Nullmenge. Gemäß Bemerkung 6.1(h) gibt es eine λ_m-Nullmenge M, so daß $A_{[x]}$ für $x \in M^c$ eine λ_n-Nullmenge ist. Deshalb gilt $\psi_A(x) = 0$ in F für $x \in M^c$, woraus die Behauptung folgt.

(ii) Es sei nun A ein Intervall der Form $[a, b)$ mit $a, b \in \mathbb{R}^{m+n}$. Dann setzen wir $J_1 := \prod_{j=1}^{m} [a_j, b_j)$ und $J_2 := \prod_{j=m+1}^{m+n} [a_j, b_j)$. Wegen $A = J_1 \times J_2$ gilt

$$\chi_{A_{[x]}} = \chi_{J_1}(x) \chi_{J_2} \ , \quad x \in \mathbb{R}^m \ ,$$

und wir erkennen, daß ψ_A in diesem Fall zu $\mathcal{EF}(\mathbb{R}^m, F)$ gehört.

(iii) Es seien $A \subset \mathbb{R}^{m+n}$ offen und (I_j) eine disjunkte Folge von Intervallen der Form $[a, b)$ mit $A = \bigcup_j I_j$ (vgl. Satz IX.5.6). Wir setzen

$$f_k := \sum_{j=0}^{k} \psi_{I_j} \ , \quad k \in \mathbb{N} \ .$$

Nach (ii) und Bemerkung 1.2(a) ist (f_k) eine Folge in $\mathcal{EF}(\mathbb{R}^m, F)$. Ferner gibt es eine λ_m-Nullmenge M mit

$$\|\psi_A(x) - f_k(x)\|_F^q = \int_{\mathbb{R}^n} \left| \chi_{A_{[x]}}(y) - \left(\sum_{j=0}^{k} \chi_{(I_j)_{[x]}}(y) \right) \right|^q dy$$

$$= \lambda_n \left(\bigcup_{j=k+1}^{\infty} (I_j)_{[x]} \right) = \sum_{j=k+1}^{\infty} \lambda_n \left((I_j)_{[x]} \right)$$

für $x \in M^c$. Außerdem hat $A_{[x]}$ nach Korollar 6.3 endliches Maß, und es gilt $\lambda_n(A_{[x]}) = \sum_{j=0}^{\infty} \lambda_n \left((I_j)_{[x]} \right)$ für $x \in M^c$. Also konvergiert (f_k) in F λ_m-f.ü. gegen ψ_A, und wir erkennen, daß ψ_A zu $\mathcal{L}_0(\mathbb{R}^m, F)$ gehört.

(iv) Es sei A eine G_δ-Menge. Der Beweis von Korollar IX.5.5 zeigt, daß es eine Folge (O_j) offener Mengen gibt mit $\lambda_{m+n}(O_j) < \infty$ und $A = \bigcap O_j$. Wir setzen $f_k := \psi_{\bigcap_{j=0}^k O_j}$ und $R_k := \bigcap_{j=0}^k O_j \setminus A$ für $k \in \mathbb{N}$. Dann ist (f_k) eine Folge in $\mathcal{L}_0(\mathbb{R}^m, F)$ (vgl. (iii)), und (R_k) ist eine absteigende Folge mit $\bigcap_{k=0}^\infty R_k = \emptyset$ und $\lambda_{m+n}(R_0) < \infty$. Ferner gilt

$$\| f_k(x) - \psi_A(x) \|_F^q = \int_{\mathbb{R}^n} \left| \chi_{(\bigcap_{j=0}^k O_j)_{[x]}}(y) - \chi_{A_{[x]}}(y) \right|^q dy = \lambda_n\big((R_k)_{[x]}\big)$$

für λ_m-f.a. $x \in \mathbb{R}^m$. Die Stetigkeit von λ_n von oben impliziert somit, daß (f_k) λ_m-f.ü. gegen ψ_A konvergiert. Aus Theorem 1.14 folgt nun, daß ψ_A zu $\mathcal{L}_0(\mathbb{R}^m, F)$ gehört.

(v) Schließlich sei $A \in \mathcal{L}(m+n)$ mit $\lambda_{m+n}(A) < \infty$. Aufgrund von Korollar IX.5.5 gibt es eine G_δ-Menge G mit $G \supset A$ und $\lambda_{m+n}(G) = \lambda_{m+n}(A)$. Nach Satz IX.2.3(ii) ist $N := G \setminus A$ eine λ_{m+n}-Nullmenge mit $\psi_A = \psi_G - \psi_N$ λ_m-f.ü. Nun folgt die Behauptung aus (i) und (iv). ∎

6.15 Korollar *Es seien $p, q \in [1, \infty)$, und $\varphi \in \mathcal{EF}(\mathbb{R}^{m+n}, E)$ habe einen kompakten Träger. Dann ist die $L_q(\mathbb{R}^n, E)$-wertige Funktion $x \mapsto [\varphi(x, \cdot)]$ λ_m-f.ü. definiert und zur p-ten Potenz integrierbar, d.h.,*

$$\int_{\mathbb{R}^m} \| \varphi(x, \cdot) \|_{L_q(\mathbb{R}^n, E)}^p \, dx < \infty \ .$$

Im Fall $p = q$ gilt dies für jedes $\varphi \in \mathcal{EF}(\mathbb{R}^{m+n}, E)$.

Beweis Aufgrund der Minkowskischen Ungleichung genügt es, dies für $\varphi := e\chi_A$ zu beweisen, mit $e \in E$ und $A \in \mathcal{L}(m+n)$, wobei A endliches Maß hat, falls $p = q$, und A beschränkt ist, falls $p \neq q$.

Nach Lemma 6.14 gibt es eine λ_m-Nullmenge M, so daß die Funktion

$$M^c \to L_q(\mathbb{R}^n) \ , \quad x \mapsto \chi_{A_{[x]}}$$

λ_m-meßbar ist. Wegen $\varphi(x, \cdot) = e\chi_{A_{[x]}}$ folgt $\big(x \mapsto \varphi(x, \cdot)\big) \in \mathcal{L}_0\big(M^c, L_q(\mathbb{R}^n, E)\big)$. Aufgrund von

$$\| \varphi(x, \cdot) \|_{L_q(\mathbb{R}^n, E)} = \left(\int_{\mathbb{R}^n} |e|^q \chi_{A_{[x]}}(y) \, dy \right)^{1/q} = |e| \left[\lambda_n(A_{[x]}) \right]^{1/q} , \quad x \in M^c \ ,$$

erhalten wir

$$\int_{\mathbb{R}^m} \| \varphi(x, \cdot) \|_{L_q(\mathbb{R}^n, E)}^p \, dx = |e|^p \int_{\mathbb{R}^m} \lambda_n(A_{[x]})^{p/q} \, dx \ .$$

Im Fall $p = q$ ergibt Satz 6.2

$$\int_{\mathbb{R}^n} \lambda_n(A_{[x]}) \, dx = \lambda_{m+n}(A) < \infty \ .$$

Es sei also $p \neq q$. Da φ einen kompakten Träger hat, gibt es kompakte Teilmengen $K \subset \mathbb{R}^m$ und $L \subset \mathbb{R}^n$ mit $A \subset K \times L$. Somit gilt $A_{[x]} \subset L$, was $\lambda_n(A_{[x]}) \leq \lambda_n(L)$ für λ_m-f.a. $x \in \mathbb{R}^m$ impliziert. Hieraus leiten wir

$$\int_{\mathbb{R}^m} \lambda_n(A_{[x]})^{p/q}\, dx = \int_K \lambda_n(A_{[x]})^{p/q}\, dx \leq \lambda_n(L)^{p/q}\, \lambda_m(K) < \infty$$

ab, also die Behauptung. ∎

Nach diesen Vorbereitungen, die wir, für weitere Anwendungen, allgemeiner als augenblicklich benötigt abgefaßt haben, können wir den Satz von Fubini im E-wertigen Fall beweisen.

6.16 Theorem (Fubini) *Für $f \in \mathcal{L}_1(\mathbb{R}^{m+n}, E)$ gelten die folgenden Aussagen:*

(i) $f(x, \cdot) \in \mathcal{L}_1(\mathbb{R}^n, E)$ *für* λ_m-*f.a.* $x \in \mathbb{R}^m$,
   $f(\cdot, y) \in \mathcal{L}_1(\mathbb{R}^m, E)$ *für* λ_n-*f.a.* $y \in \mathbb{R}^n$;

(ii) $x \mapsto \int_{\mathbb{R}^n} f(x, y)\, dy$ *ist* λ_m-*integrierbar,*
   $y \mapsto \int_{\mathbb{R}^m} f(x, y)\, dx$ *ist* λ_n-*integrierbar;*

(iii) $\int_{\mathbb{R}^{m+n}} f\, d(x, y) = \int_{\mathbb{R}^m} \left[\int_{\mathbb{R}^n} f(x, y)\, dy \right] dx = \int_{\mathbb{R}^n} \left[\int_{\mathbb{R}^m} f(x, y)\, dx \right] dy.$

Beweis (a) Es sei $f \in \mathcal{L}_1(\mathbb{R}^{m+n}, E)$. Dann gibt es eine $\mathcal{L}_1$-Cauchyfolge (f_j) in $\mathcal{EF}(\mathbb{R}^{m+n}, E)$ und eine λ_{m+n}-Nullmenge L mit $f_j(x, y) \to f(x, y)$ für $(x, y) \in L^c$. Vermöge Bemerkung 6.1(h) finden wir eine λ_m-Nullmenge M_1 mit

$$f_j(x, \cdot) \to f(x, \cdot)\ , \qquad \lambda_n\text{-f.ü.}\ , \tag{6.13}$$

für $x \in M_1^c$. Wir setzen $F := L_1(\mathbb{R}^n, E)$ und bezeichnen mit φ_j die triviale Fortsetzung von $x \mapsto f_j(x, \cdot)$. Gemäß Korollar 6.15 ist (φ_j) eine Folge in $\mathcal{L}_1(\mathbb{R}^m, F)$, für die gilt

$$\|\varphi_j - \varphi_k\|_1 = \int_{\mathbb{R}^m} \|\varphi_j(x) - \varphi_k(x)\|_F\, dx$$

$$= \int_{\mathbb{R}^m} \int_{\mathbb{R}^n} |f_j(x, y) - f_k(x, y)|\, dy\, dx\ .$$

Ferner zeigt Lemma 6.4

$$\int_{\mathbb{R}^m} \int_{\mathbb{R}^n} |f_j(x, y) - f_k(x, y)|\, dy\, dx = \int_{\mathbb{R}^{m+n}} |f_j - f_k|\, d(x, y) = \|f_j - f_k\|_1\ ,$$

und wir erkennen, daß (φ_j) eine Cauchyfolge in $\mathcal{L}_1(\mathbb{R}^m, F)$ ist. Nach den Theoremen 2.10 und 2.18 gibt es deshalb ein $\widehat{g} \in \mathcal{L}_1(\mathbb{R}^m, F)$, eine λ_m-Nullmenge M_2 und eine Teilfolge von (φ_j), die wir der Einfachheit halber wieder mit (φ_j) bezeichnen, mit

$$\lim_{j \to \infty} \varphi_j(x) = \widehat{g}(x)\ , \qquad x \in M_2^c\ , \tag{6.14}$$

in F und $\varphi_j \to \widehat{g}$ in $\mathcal{L}_1(\mathbb{R}^m, F)$. Für $x \in M_2^c$ sei $g(x) \in \mathcal{L}_1(\mathbb{R}^n, E)$ ein Repräsentant von $\widehat{g}(x)$. Dann gibt es eine λ_n-Nullmenge $N(x)$ und eine Teilfolge von $(\varphi_j(x))$, für die wir wieder $(\varphi_j(x))$ schreiben, mit

$$\lim_{j \to \infty} f_j(x, y) = \lim_{j \to \infty} \varphi_j(x)(y) = g(x)(y) , \qquad x \in M_2^c , \quad y \in (N(x))^c ,$$

in E. Somit impliziert (6.13), daß die Abbildungen $f(x, \cdot), g(x) : \mathbb{R}^n \to E$ für jedes $x \in M_1^c \cap M_2^c$ λ_n-f.ü. übereinstimmen. Lemma 2.15 zeigt nun, daß $f(x, \cdot)$ zu $\mathcal{L}_1(\mathbb{R}^n, E)$ gehört und daß

$$\int_{\mathbb{R}^n} g(x)(y)\,dy = \int_{\mathbb{R}^n} f(x, y)\,dy , \qquad x \in M_1^c \cap M_2^c , \tag{6.15}$$

gilt. Weiterhin folgt aus (6.13), (6.14) und Theorem 2.18(ii)

$$\int_{\mathbb{R}^n} f_j(x, y)\,dy = \int_{\mathbb{R}^n} \varphi_j(x)(y)\,dy \to \int_{\mathbb{R}^n} g(x)(y)\,dy = \int_{\mathbb{R}^n} f(x, y)\,dy \tag{6.16}$$

für $x \in M_1^c \cap M_2^c$.

(b) Für $\varphi \in F = L_1(\mathbb{R}^n, E)$ sei $A\varphi := \int_{\mathbb{R}^n} \varphi\,dy$. Dann gilt $A \in \mathcal{L}(F, E)$, wie aus Theorem 2.11(i) folgt, und die Aussage (iii) desselben Theorems impliziert, daß durch $g_j := A\varphi_j$ eine Folge in $\mathcal{L}_1(\mathbb{R}^m, E)$ erklärt ist.

Aus Theorem 2.11(i) wissen wir, wegen

$$g_j(x) = \int_{\mathbb{R}^n} \varphi_j(x)(y)\,dy = \int_{\mathbb{R}^n} f_j(x, y)\,dy , \tag{6.17}$$

daß

$$|g_j(x) - g_k(x)| = \left| \int_{\mathbb{R}^n} \big(f_j(x, y) - f_k(x, y)\big)\,dy \right| \le \int_{\mathbb{R}^n} |f_j(x, y) - f_k(x, y)|\,dy$$

gilt. Also liefert Theorem 2.11(ii)

$$\int_{\mathbb{R}^m} |g_j - g_k|\,dx \le \int_{\mathbb{R}^m} \int_{\mathbb{R}^n} \big| \big(f_j(x, y) - f_k(x, y)\big) \big|\,dy\,dx = \|f_j - f_k\|_1 ,$$

wo die letzte Gleichheit aus dem Satz von Tonelli folgt. Also ist (g_j) eine Cauchy-folge in $\mathcal{L}_1(\mathbb{R}^m, E)$, und die Vollständigkeit dieses Raumes sichert die Existenz von $h \in \mathcal{L}_1(\mathbb{R}^m, E)$ mit $g_j \to h$ in $\mathcal{L}_1(\mathbb{R}^m, E)$. Folglich finden wir eine λ_m-Nullmenge M_3 und eine Teilfolge von (g_j), die wir wieder mit (g_j) bezeichnen, so daß $g_j(x) \to h(x)$ für $x \in M_3^c$ und $j \to \infty$. Wegen (6.17) folgt aus (6.16)

$$h(x) = \int_{\mathbb{R}^n} f(x, y)\,dy , \qquad x \in M_1^c \cap M_2^c \cap M_3^c , \tag{6.18}$$

was die erste Aussage von (ii) beweist.

(c) Wegen $g_j \to h$ in $\mathcal{L}_1(\mathbb{R}^m, E)$ und (6.17), (6.18) impliziert Theorem 2.18(ii)

$$\int_{\mathbb{R}^m} \int_{\mathbb{R}^n} f_j(x,y)\, dy\, dx \to \int_{\mathbb{R}^m} \int_{\mathbb{R}^n} f(x,y)\, dy\, dx \ .$$

Schließlich folgt aus Lemma 6.4

$$\int_{\mathbb{R}^m} \int_{\mathbb{R}^n} f_j(x,y)\, dy\, dx = \int_{\mathbb{R}^{m+n}} f_j\, d(x,y) \ ,$$

und mit $\int_{\mathbb{R}^{m+n}} f\, d(x,y) = \lim_j \int_{\mathbb{R}^{m+n}} f_j\, d(x,y)$ ergibt sich

$$\int_{\mathbb{R}^m} \int_{\mathbb{R}^n} f(x,y)\, dy\, dx = \int_{\mathbb{R}^{m+n}} f\, d(x,y) \ .$$

Damit haben wir den jeweils ersten Teil der Aussagen (i) und (ii) sowie die erste Gleichheit von (iii) bewiesen. Es ist klar, daß man die verbleibenden Behauptungen durch Vertauschen der Rollen von x und y erhält. ∎

6.17 Bemerkung Es ist offensichtlich, daß die Analoga zum Satz von Fubini-Tonelli und zu Korollar 6.10 auch im E-wertigen Fall richtig sind. ∎

Die Minkowskische Ungleichung für Integrale

Als eine Anwendung der vorstehenden Betrachtungen beweisen wir nun eine kontinuierliche Version der Minkowskischen Ungleichung für Integrale.

Im folgenden seien $p, q \in [1, \infty)$. Für $f \in \mathcal{L}_0(\mathbb{R}^{m+n}, E)$ zeigt Theorem 1.7(i), daß $|f|^q$ zu $\mathcal{L}_0(\mathbb{R}^{m+n}, \mathbb{R}^+)$ gehört. Also impliziert der Satz von Tonelli daß $|f(x, \cdot)|^q$ für λ_m-f.a. $x \in \mathbb{R}^m$ in $\mathcal{L}_0(\mathbb{R}^n, \mathbb{R}^+)$ liegt und daß die λ_m-f.ü. definierte $\bar{\mathbb{R}}^+$-wertige Funktion

$$x \mapsto \int_{\mathbb{R}^n} |f(x,y)|^q\, dy$$

λ_m-meßbar ist. Also ist

$$\|f\|_{(p,q)} := \left(\int_{\mathbb{R}^m} \left[\int_{\mathbb{R}^n} |f(x,y)|^q\, dy \right]^{p/q} dx \right)^{1/p}$$

in $\bar{\mathbb{R}}^+$ definiert. Man überprüft leicht, daß

$$\mathcal{L}_{(p,q)}(\mathbb{R}^{m+n}, E) := \left\{ f \in \mathcal{L}_0(\mathbb{R}^{m+n}, E) \ ; \ \|f\|_{(p,q)} < \infty \right\}$$

ein Untervektorraum von $\mathcal{L}_0(\mathbb{R}^{m+n}, E)$ ist und daß durch $\|\cdot\|_{(p,q)}$ eine Seminorm auf $\mathcal{L}_{(p,q)}(\mathbb{R}^{m+n}, E)$ erklärt wird. Schließlich setzen wir

$$\mathcal{EF}_c(\mathbb{R}^{m+n}, E) := \left\{ f \in \mathcal{EF}(\mathbb{R}^{m+n}, E) \ ; \ \text{supp}(f) \text{ ist kompakt} \right\} \ .$$

6.18 Lemma $\mathcal{E}\mathcal{F}_c(\mathbb{R}^{m+n}, E)$ *ist ein dichter Untervektorraum von* $\mathcal{L}_{(p,q)}(\mathbb{R}^{m+n}, E)$.

Beweis (i) Es seien $f \in \mathcal{L}_{(p,q)}(\mathbb{R}^{m+n}, E)$ und (g_k) eine Folge in $\mathcal{E}\mathcal{F}(\mathbb{R}^{m+n}, E)$ mit $g_k \to f$ f.ü. Wir setzen $A_k := [\, |g_k| \leq 2\,|f|\,] \cap k\mathbb{B}^{m+n}$ und $f_k := \chi_{A_k} g_k$. Dann ist (f_k) eine Folge in $\mathcal{E}\mathcal{F}_c(\mathbb{R}^{m+n}, E)$, und es gibt eine λ_{m+n}-Nullmenge L mit

$$f_k(x,y) \to f(x,y)\,, \qquad (x,y) \in L^c\,. \tag{6.19}$$

Ferner gilt

$$|f_k - f| \leq |f_k| + |f| \leq 3\,|f|\,, \qquad k \in \mathbb{N}\,. \tag{6.20}$$

(ii) Wegen (6.20) folgt aus dem Satz von Tonelli und Theorem 3.9, daß es eine λ_m-Nullmenge M_0 gibt mit

$$|f(x,\cdot) - f_k(x,\cdot)|^q, |f(x,\cdot)|^q \in \mathcal{L}_1(\mathbb{R}^n)\,, \qquad x \in M_0^c\,, \quad k \in \mathbb{N}\,. \tag{6.21}$$

Weiterhin impliziert Bemerkung 6.1(h), daß es eine λ_m-Nullmenge M_1 gibt, so daß $L_{[x]}$ für jedes $x \in M_1^c$ eine λ_n-Nullmenge ist. Wir setzen $M := M_0 \cup M_1$ und wählen $x \in M^c$. Aus (6.19) lesen wir $f_k(x,y) \to f(x,y)$ für $y \in (L_{[x]})^c$ ab. Wegen (6.20) und (6.21) können wir auf die Folge $\big(|f(x,\cdot) - f_k(x,\cdot)|^p\big)_{k \in \mathbb{N}}$ den Satz von Lebesgue anwenden, und wir finden

$$\lim_{k \to \infty} \int_{\mathbb{R}^n} |f(x,y) - f_k(x,y)|^q \, dy = 0\,, \qquad x \in M^c\,.$$

Wir setzen

$$\varphi_k := \Big(x \mapsto \Big(\int_{\mathbb{R}^n} |f(x,y) - f_k(x,y)|^q \, dy\Big)^{p/q}\Big)^{\sim}\,, \qquad k \in \mathbb{N}\,.$$

Dann konvergiert die Folge (φ_k) λ_m-f.ü. gegen 0.

(iii) Schließlich sei

$$\varphi := \Big(x \mapsto 3^p \Big(\int_{\mathbb{R}^n} |f(x,y)|^q \, dy\Big)^{p/q}\Big)^{\sim}\,.$$

Wegen $f \in \mathcal{L}_{(p,q)}(\mathbb{R}^{m+n}, E)$ gehört φ zu $\mathcal{L}_1(\mathbb{R}^m)$, und (6.20) impliziert $0 \leq \varphi_k \leq \varphi$ λ_m-f.ü. für $k \in \mathbb{N}$. Somit können wir den Satz von Lebesgue auf (φ_k) anwenden und erkennen, daß $(\int_{\mathbb{R}^m} \varphi_k)_{k \in \mathbb{N}}$ eine Nullfolge in $\mathbb{R}^+$ ist. Wegen

$$\int_{\mathbb{R}^m} \varphi_k = \int_{\mathbb{R}^m} \Big[\int_{\mathbb{R}^n} |f(x,y) - f_k(x,y)|^q \, dy\Big]^{p/q} dx = \|f - f_k\|_{(p,q)}^p$$

folgt nun die Behauptung. ∎

Man überprüft leicht, daß $\mathcal{N} := \big\{\, f \in \mathcal{L}_0(\mathbb{R}^{m+n}, E)\;;\; f = 0 \text{ f.ü.}\,\big\}$ ein Untervektorraum von $\mathcal{L}_{(p,q)}(\mathbb{R}^{m+n}, E)$ ist und daß f genau dann zu $\mathcal{N}$ gehört, wenn

$\|f\|_{(p,q)} = 0$. Somit ist

$$L_{(p,q)}(\mathbb{R}^{m+n}, E) := \mathcal{L}_{(p,q)}(\mathbb{R}^{m+n}, E)/\mathcal{N}$$

ein wohldefinierter Vektorraum, und durch $[f] \mapsto \|f\|_{(p,q)}$ wird eine Norm auf $L_{(p,q)}(\mathbb{R}^{m+n}, E)$ definiert, die wir wieder mit $\|\cdot\|_{(p,q)}$ bezeichnen. Im folgenden versehen wir den Raum $L_{(p,q)}(\mathbb{R}^{m+n}, E)$ stets mit der von $\|\cdot\|_{(p,q)}$ induzierten Topologie.

Wir setzen

$$EF_c(\mathbb{R}^{m+n}, E) := \left\{ [f] \in L_0(\mathbb{R}^{m+n}, E) \; ; \; [f] \cap \mathcal{EF}_c(\mathbb{R}^{m+n}, E) \neq \emptyset \right\} .$$

6.19 Bemerkungen (a) $EF_c(\mathbb{R}^{m+n}, E)$ ist ein dichter Untervektorraum von $L_{(p,q)}(\mathbb{R}^{m+n}, E)$.

Beweis Dies folgt aus Lemma 6.18. ∎

(b) Es sei $f \in \mathcal{L}_0(\mathbb{R}^{m+n}, E)$. Gehört $f(x, \cdot)$ für f.a. $x \in \mathbb{R}^m$ zu $\mathcal{L}_q(\mathbb{R}^n, E)$ und gilt

$$\left[x \mapsto \left(\int_{\mathbb{R}^n} |f(x,y)|^q \, dx \right)^{1/q} \right]^{\sim} \in \mathcal{L}_p(\mathbb{R}^n) ,$$

so gehört $[f]$ zu $L_{(p,q)}(\mathbb{R}^{m+n}, E)$.

(c) $L_{(p,p)}(\mathbb{R}^{m+n}, E) = L_p(\mathbb{R}^{m+n}, E)$.

Beweis Dies folgt aus Bemerkung 4.9(b) und dem Satz von Fubini-Tonelli. ∎

(d) $EF_c(\mathbb{R}^n, E)$ ist ein dichter Untervektorraum von $L_p(\mathbb{R}^n, E)$.

Beweis Dies ist eine Konsequenz aus (a) und (c). ∎

Es sei $g \in \mathcal{EF}_c(\mathbb{R}^{m+n}, E)$. Nach Korollar 6.15 gehört $T_0 g := \left(x \mapsto [g(x, \cdot)] \right)^{\sim}$ zu $\mathcal{L}_p\left(\mathbb{R}^m, L_q(\mathbb{R}^n, E) \right)$. Bezeichnen wir die Äquivalenzklasse von $T_0 g$ bezüglich des Untervektorraumes aller Elemente aus $\mathcal{L}_0\left(\mathbb{R}^m, L_q(\mathbb{R}^n, E) \right)$, die λ_m-f.ü. verschwinden, mit $[T_0 g]$, so gilt $[T_0 g] \in L_p\left(\mathbb{R}^m, L_q(\mathbb{R}^n, E) \right)$. Ferner folgt aus Korollar 6.8, daß $[T_0 g] = [T_0 h]$, falls $g, h \in \mathcal{EF}_c(\mathbb{R}^{m+n}, E)$ λ_{m+n}-f.ü. übereinstimmen. Somit ist

$$T : EF_c(\mathbb{R}^{m+n}, E) \to L_p\left(\mathbb{R}^m, L_q(\mathbb{R}^n, E) \right) , \quad [g] \mapsto [T_0 g]$$

eine wohldefinierte lineare Abbildung.

6.20 Lemma *Es gibt eine eindeutig bestimmte Erweiterung*

$$\overline{T} \in \mathcal{L}\left(L_{(p,q)}(\mathbb{R}^{m+n}, E), L_p\left(\mathbb{R}^m, L_q(\mathbb{R}^n, E) \right) \right)$$

von T, und $\overline{T}$ ist eine Isometrie mit dichtem Bild.

Beweis (i) Für $f \in EF_c(\mathbb{R}^{m+n}, E)$ sei $g \in f \cap \mathcal{E}\mathcal{F}_c(\mathbb{R}^{m+n}, E)$. Dann gilt

$$\int_{\mathbb{R}^m} \|Tf\|^p_{L_q(\mathbb{R}^n, E)} \, dx = \int_{\mathbb{R}^m} \left(\int_{\mathbb{R}^n} |g(x,y)|^q \, dy \right)^{p/q} dx = \|g\|^p_{(p,q)} = \|f\|^p_{(p,q)} \; .$$

Also ist $T \in \mathcal{L}\big(EF_c(\mathbb{R}^{m+n}, E), L_p(\mathbb{R}^m, L_q(\mathbb{R}^n, E))\big)$ eine Isometrie. Nun folgt aus Theorem VI.2.6 und Bemerkung 6.19(a) die Existenz einer eindeutig bestimmten isometrischen Erweiterung $\overline{T}$ von T.

(ii) Wir setzen $F := L_q(\mathbb{R}^n, E)$ und wählen $w \in \mathcal{L}_p(\mathbb{R}^m, F)$ und $\varepsilon > 0$. Aus Bemerkung 6.19(d) folgt, daß es ein $\varphi \in \mathcal{E}\mathcal{F}_c(\mathbb{R}^m, F)$ gibt mit $\|w - \varphi\|_p < \varepsilon/2$. Es sei $\sum_{j=0}^r \chi_{A_j} \widehat{f}_j$ die Normalform von φ. Dann ist $\bigcup_{j=0}^r A_j$ beschränkt in $\mathbb{R}^m$, und $\alpha := \sum_{j=0}^r \lambda_m(A_j)$ ist endlich. Im Fall $\alpha = 0$ gilt

$$\|w\|_p = \|w - T0\|_p < \varepsilon/2 \; .$$

Im Fall $\alpha > 0$ wählen wir für jedes $j \in \{0, \ldots, r\}$ einen Repräsentanten f_j von $\widehat{f}_j$ und $\psi_j \in \mathcal{E}\mathcal{F}_c(\mathbb{R}^n, E)$ mit

$$\|\psi_j - f_j\|_q < \alpha^{-1/p} (r+1)^{-1/q'} \varepsilon \; .$$

Ferner sei

$$h(x,y) := \sum_{j=0}^r \chi_{A_j}(x) \psi_j(y) \; , \qquad (x,y) \in \mathbb{R}^{m+n} \; .$$

Mit $\psi_j = \sum_{k_j=0}^{s_j} \chi_{B_{k_j}} e_{k_j}$ für $j \in \{0, \ldots, r\}$ gilt dann

$$h = \sum_{j=0}^r \sum_{k_j=0}^{s_j} \chi_{A_j} \chi_{B_{k_j}} e_{k_j} = \sum_{j=0}^r \sum_{k_j=0}^{s_j} \chi_{A_j \times B_{k_j}} e_{k_j} \; ,$$

und wir erkennen, daß h zu $\mathcal{E}\mathcal{F}_c(\mathbb{R}^{m+n}, E)$ gehört. Schließlich bezeichne g die Äquivalenzklasse von h in $L_0(\mathbb{R}^{m+n}, E)$. Dann gehört g zu $EF_c(\mathbb{R}^{m+n}, E)$, und $Tg = \sum_{j=0}^r [\chi_{A_j} \psi_j]$. Aus der Hölderschen Ungleichung (für Summen) und aus $\chi_A^2 = \chi_A$ folgt

$$\int_{\mathbb{R}^m} \|Tg - \varphi\|^p_F = \int_{\mathbb{R}^m} \left[\int_{\mathbb{R}^n} \left| \sum_{j=0}^r \chi_{A_j}(x) \big(\psi_j(y) - f_j(y)\big) \right|^q dy \right]^{p/q} dx$$

$$\leq (r+1)^{p/q'} \int_{\mathbb{R}^m} \left[\int_{\mathbb{R}^n} \sum_{j=0}^r \chi_{A_j}(x) \, |\psi_j(y) - f_j(y)|^q \, dy \right]^{p/q} dx$$

$$= (r+1)^{p/q'} \int_{\mathbb{R}^m} \left[\sum_{j=0}^r \chi_{A_j}(x) \, \|\psi_j - f_j\|^q_F \right]^{p/q} dx$$

$$\leq (r+1)^{p/q'} \sum_{j=0}^r \lambda_m(A_j) \, \|\psi_j - f_j\|^p_F \; .$$

Also gilt
$$\|Tg - \varphi\|_p \leq \alpha^{1/p} (r + 1)^{1/q'} \max_j \|\psi_j - f_j\|_F < \varepsilon/2 \ ,$$

und folglich $\|Tg - w\|_p < \varepsilon$. Da dies für jede Wahl von w und ε gilt, sehen wir, daß das Bild von T, also insbesondere das von $\overline{T}$, dicht ist. ∎

Wie üblich schreiben wir wieder T für $\overline{T}$. Außerdem unterscheiden wir, wie in Paragraph 4 festgelegt, für Elemente aus Lebesgueräumen in der Schreibweise nicht zwischen den Restklassen und ihren Repräsentanten. Dies bedeutet, daß wir $Tf(x)$ für $f \in L_{(p,q)}(\mathbb{R}^{m+n}, E)$ einfach mit $f(x, \cdot)$ bezeichnen. Mit diesen Vereinbarungen besagt Lemma 6.20, daß

$$T: L_{(p,q)}(\mathbb{R}^{m+n}, E) \to L_p\big(\mathbb{R}^m, L_q(\mathbb{R}^n, E)\big) \ , \quad f \mapsto \big(x \mapsto f(x, \cdot)\big) \qquad (6.22)$$

eine lineare Isometrie mit dichtem Bild ist.

Nun ist es leicht, die folgende kontinuierliche Version der Minkowskischen Ungleichung zu beweisen.

6.21 Satz (Minkowskische Ungleichung für Integrale) *Für $1 \leq q < \infty$ gelten die folgenden Abschätzungen:*

(i)
$$\left(\int_{\mathbb{R}^n} \left[\int_{\mathbb{R}^m} |f(x,y)| \, dx \right]^q dy \right)^{1/q} \leq \int_{\mathbb{R}^m} \left[\int_{\mathbb{R}^n} |f(x,y)|^q \, dy \right]^{1/q} dx$$

für $f \in \mathcal{L}_0(\mathbb{R}^{m+n}, E)$.

(ii)
$$\left(\int_{\mathbb{R}^n} \left| \int_{\mathbb{R}^m} f(x,y) \, dx \right|^q dy \right)^{1/q} \leq \int_{\mathbb{R}^m} \left[\int_{\mathbb{R}^n} |f(x,y)|^q \, dy \right]^{1/q} dx < \infty$$

für $f \in \mathcal{L}_{(1,q)}(\mathbb{R}^{m+n}, E)$.

Beweis Im Fall (i) können wir ohne Beschränkung der Allgemeinheit annehmen, daß

$$\int_{\mathbb{R}^m} \left[\int_{\mathbb{R}^n} |f(x,y)|^q \, dy \right]^{1/q} dx < \infty \ .$$

Dann gehört $|f|$ zu $\mathcal{L}_{(1,q)}(\mathbb{R}^{m+n}, \mathbb{R})$, und die Behauptung ist ein Spezialfall von (ii) (mit f ersetzt durch $|f|$ und E durch $\mathbb{R}$). Es sei also $f \in \mathcal{L}_{(1,q)}(\mathbb{R}^{m+n}, E)$. Dann folgt aus Lemma 6.20 und Theorem 2.11(i) (mit E ersetzt durch $L_q(\mathbb{R}^n, E)$), daß

$$\int_{\mathbb{R}^m} Tf \, dx = \int_{\mathbb{R}^m} f(x, \cdot) \, dx \in L_q(\mathbb{R}^n, E)$$

und

$$\left(\int_{\mathbb{R}^n} \left| \int_{\mathbb{R}^m} f(x,y) \, dx \right|^q dy \right)^{1/q} = \left\| \int_{\mathbb{R}^m} Tf \, dx \right\|_{L_q(\mathbb{R}^n, E)} \leq \int_{\mathbb{R}^m} \|Tf\|_{L_q(\mathbb{R}^n, E)} \, dx$$

$$= \int_{\mathbb{R}^m} \left(\int_{\mathbb{R}^n} |f(x,y)|^q \, dy \right)^{1/q} dx$$

gilt. ∎

Eine Charakterisierung von $L_p(\mathbb{R}^{m+n}, E)$

Als eine weitere Konsequenz von Lemma 6.20 erhalten wir die folgende oft benutzte Verallgemeinerung und Verschärfung des Satzes von Fubini.

6.22 Theorem   *Für $1 \leq p < \infty$ ist*
$$L_p(\mathbb{R}^{m+n}, E) \to L_p\big(\mathbb{R}^m, L_p(\mathbb{R}^n, E)\big) , \quad f \mapsto \big(x \mapsto f(x, \cdot)\big)$$
ein isometrischer Isomorphismus.

Beweis   Es sei $v \in L_p\big(\mathbb{R}^m, L_p(\mathbb{R}^n, E)\big)$. Nach Lemma 6.20 gibt es eine Folge (f_j) in $L_p(\mathbb{R}^{m+n}, E)$ mit $\lim_j Tf_j = v$ in $L_p\big(\mathbb{R}^m, L_p(\mathbb{R}^n, E)\big)$. Weil T eine lineare Isometrie ist, folgt leicht, daß (f_j) eine Cauchyfolge in $L_p(\mathbb{R}^{m+n}, E)$ ist. Bezeichnen wir ihren Grenzwert in $L_p(\mathbb{R}^{m+n}, E)$ mit f, so gilt $Tf = v$. Also ist T surjektiv. Dies beweist die Behauptung. ∎

Vermöge dieses isometrischen Isomorphismus können wir die Banachräume $L_p(\mathbb{R}^{m+n}, E)$ und $L_p\big(\mathbb{R}^m, L_p(\mathbb{R}^n, E)\big)$ miteinander identifizieren:
$$L_p(\mathbb{R}^{m+n}, E) = L_p\big(\mathbb{R}^m, L_p(\mathbb{R}^n, E)\big) .$$

6.23 Bemerkungen   **(a)** Die Aussage von Theorem 6.22 ist falsch für $p = \infty$, d.h.
$$L_\infty(\mathbb{R}^{m+n}, E) \neq L_\infty\big(\mathbb{R}^m, L_\infty(\mathbb{R}^n, E)\big) .$$

Beweis   Es seien $A := \big\{ (x,y) \in \mathbb{R}^2 \; ; \; 0 \leq y \leq x \leq 1 \big\}$ und $f := \chi_A$. Da A λ_2-meßbar ist, gehört f zu $L_\infty(\mathbb{R}^2)$. Wegen
$$g(x) := f(x, \cdot) = \begin{cases} \chi_{[0,x]} , & 0 \leq x \leq 1 , \\ 0 & \text{sonst} , \end{cases}$$
gehört $g(x)$ zu $L_\infty(\mathbb{R})$, und $\|g(x)\|_\infty \leq 1$ für $x \in \mathbb{R}$. Aber g gehört dennoch nicht zu $L_\infty\big(\mathbb{R}, L_\infty(\mathbb{R})\big)$, denn die Abbildung $g : \mathbb{R} \to L_\infty(\mathbb{R})$ ist nicht λ_1-meßbar. Um dies zu sehen, genügt es nach Theorem 1.4 zu zeigen, daß g nicht λ_1-fast separabelwertig ist. Dazu beachten wir, daß für $x \in (0, 1]$ gilt
$$\|g(x) - g(r)\|_{L_\infty(\mathbb{R})} = 1 , \quad r \in \mathbb{R} \backslash \{x\} . \tag{6.23}$$
Wäre g λ_1-fast separabelwertig, so gäbe es eine λ_1-Nullmenge $N \subset \mathbb{R}$ und eine Folge (r_j) in $\mathbb{R}$ mit
$$\inf_{j \in \mathbb{N}} \|g(x) - g(r_j)\|_\infty < 1/2 , \quad x \in N^c . \tag{6.24}$$
Wegen $\lambda_1\big((0, 1] \backslash N\big) = 1$ ist $(0, 1] \backslash N$ überabzählbar. Somit folgt aus (6.23), daß (6.24) nicht gelten kann. Folglich ist g nicht λ_1-fast separabelwertig. ∎

(b) In Verallgemeinerung von Theorem 6.22 kann man zeigen, daß für beliebige $p, q \in [1, \infty)$ die Abbildung
$$L_{(p,q)}(\mathbb{R}^{m+n}, E) \to L_p\big(\mathbb{R}^m, L_q(\mathbb{R}^n, E)\big) , \quad f \mapsto \big(x \mapsto f(x, \cdot)\big)$$
ein isometrischer Isomorphismus ist. Also ist $L_{(p,q)}(\mathbb{R}^{m+n}, E)$ vollständig. ∎

Ein Spursatz

Aus Beispiel IX.5.2 und der Bewegungsinvarianz des Lebesgueschen Maßes folgt, daß jede Hyperebene Γ des $\mathbb{R}^n$ eine λ_n-Nullmenge ist. Also ist für $u \in L_p(\mathbb{R}^n)$ die Einschränkung $u\,|\,\Gamma$, die „Spur" von u auf Γ, nicht definiert, da u auf Γ „beliebig abgeändert" werden kann. Als eine weitere Anwendung des Satzes von Fubini-Tonelli zeigen wir nun, daß man dennoch für Elemente gewisser Untervektorräume von $L_p(\mathbb{R}^n)$ eine Spur auf Γ definieren kann. Dies ist natürlich trivialerweise für den Untervektorraum $C_c^1(\mathbb{R}^n)$ der Fall. Die Bedeutung der nachfolgenden Überlegung liegt darin, daß dieser Raum nicht mit der Supremumsnorm, sondern mit der L_p-Norm versehen wird, wobei allerdings Ableitungen herangezogen werden. Im nächsten Paragraphen werden wir die Bedeutung dieser Unterräume von $L_p(\mathbb{R}^n)$ besser verstehen.

Im folgenden betrachten wir die Koordinatenhyperebene $\Gamma := \mathbb{R}^{n-1} \times \{0\}$, die wir auch mit $\mathbb{R}^{n-1}$ identifizieren. Für $u \in C(\mathbb{R}^n)$ definieren wir die **Spur** γu von u auf Γ durch $\gamma u := u\,|\,\Gamma$, d.h.

$$(\gamma u)(x) := u(x, 0) , \qquad x \in \mathbb{R}^{n-1} .$$

Dann ist $\gamma \colon C_c^1(\mathbb{R}^n) \to C_c(\mathbb{R}^{n-1})$, $u \mapsto \gamma u$ eine wohldefinierte lineare Abbildung.

Es sei nun $1 \leq p < \infty$. Wir versehen $C_c^1(\mathbb{R}^n)$ mit der Norm

$$\|u\|_{1,p} := \left(\|u\|_p^p + \sum_{j=1}^{n} \|\partial_j u\|_p^p \right)^{1/p}$$

und setzen

$$\widehat{H}_p^1(\mathbb{R}^n) := \left(C_c^1(\mathbb{R}^n), \|\cdot\|_{1,p} \right) .$$

Da $C_c(\mathbb{R}^{n-1})$ ein Untervektorraum von $L_p(\mathbb{R}^{n-1})$ ist, ist

$$\gamma \colon \widehat{H}_p^1(\mathbb{R}^n) \to L_p(\mathbb{R}^{n-1}) , \qquad u \mapsto \gamma u$$

eine wohldefinierte lineare Abbildung, der **Spuroperator** bezüglich $\Gamma = \mathbb{R}^{n-1}$. Der folgende SPURSATZ zeigt, daß γ stetig ist.

6.24 Satz $\gamma \in \mathcal{L}\big(\widehat{H}_p^1(\mathbb{R}^n), L_p(\mathbb{R}^{n-1})\big)$ für $1 \leq p < \infty$.

Beweis   Wir definieren $h \in C^1(\mathbb{R})$ durch $h(t) := |t|^{p-1} t$. Für $v \in C_c^1(\mathbb{R}^n)$ folgt aus der Kettenregel $\partial_n h(v) = h'(v)\partial_n v$. Somit ergibt der Fundamentalsatz der Differential- und Integralrechnung, unter Berücksichtigung des kompakten Trägers von v,

$$-h\big(v(x,0)\big) = \int_0^\infty \partial_n h(v)(x,y)\, dy = \int_0^\infty h'\big(v(x,y)\big)\partial_n v(x,y)\, dy , \qquad x \in \mathbb{R}^{n-1} .$$

Wegen $h'(t) = p\,|t|^{p-1}$ finden wir

$$|v(x,0)|^p = |h(v(x,0))| \leq \int_0^\infty |h'(v(x,y))|\,|\partial_n v(x,y)|\,dy$$

$$= p \int_0^\infty |v(x,y)|^{p-1}\,|\partial_n v(x,y)|\,dy \ .$$

Ferner zeigt die Youngsche Ungleichung

$$\xi^{p-1}\eta \leq \frac{p-1}{p}\xi^p + \frac{1}{p}\eta^p \ , \qquad \xi,\eta \in [0,\infty) \ .$$

Hiermit erhalten wir

$$|v(x,0)|^p \leq (p-1) \int_0^\infty |v(x,y)|^p\,dy + \int_0^\infty |\partial_n v(x,y)|^p\,dy \ .$$

Mit $c_p := \max\{p-1,1\}$ folgt nun aus dem Satz von Fubini-Tonelli

$$\begin{aligned}
&\int_{\mathbb{R}^{n-1}} |v(x,0)|^p\,dx \\
&\leq c_p \Big(\int_{\mathbb{R}^{n-1}\times\mathbb{R}} |v(x,y)|^p\,d(x,y) + \int_{\mathbb{R}^{n-1}\times\mathbb{R}} |\partial_n v(x,y)|^p\,d(x,y) \Big) \ .
\end{aligned} \tag{6.25}$$

Also ergibt sich

$$\|\gamma v\|_{L_p(\mathbb{R}^{n-1})} \leq c\,\|v\|_{\widehat{H}_p^1(\mathbb{R}^n)} \ , \qquad v \in \widehat{H}_p^1(\mathbb{R}^n) \ ,$$

mit $c := c_p^{1/p}$, was die Behauptung beweist. $\blacksquare$

6.25 Bemerkung Es bezeichne $\mathbb{H}^n$ den oberen Halbraum des $\mathbb{R}^n$,

$$\mathbb{H}^n := \mathbb{R}^{n-1} \times (0,\infty) = \left\{ (x,y) \in \mathbb{R}^{n-1}\times\mathbb{R} \ ; \ y > 0 \right\} \ .$$

Dann gilt $\Gamma = \mathbb{R}^{n-1} \times \{0\} = \partial\mathbb{H}^n$. Setzen wir

$$\widehat{H}_p^1(\mathbb{H}^n) := \left(\left\{ u\,|\,\mathbb{H}^n \ ; \ u \in C_c^1(\mathbb{R}^n) \right\}, \ \|\cdot\|_{1,p} \right) \ ,$$

so ist $\widehat{H}_p^1(\mathbb{H}^n)$ ein Untervektorraum von $L_p(\mathbb{H}^n)$, und aus der zu (6.25) analogen Aussage folgt

$$\gamma \in \mathcal{L}\big(\widehat{H}_p^1(\mathbb{H}^n), L_p(\mathbb{R}^{n-1}) \big) \ .$$

In diesem Fall ist γu für $u \in \widehat{H}_p^1(\mathbb{R}^n)$ die **Spur** von u auf **dem Rand** $\partial\mathbb{H}^n$, $\blacksquare$

Aufgaben

1 Es seien $B \in \mathcal{L}(n)$ und $a \in \mathbb{R}^{n+1}$. Ferner bezeichne

$$Z_a(B) := \left\{ (x,0) + ta \in \mathbb{R}^{n+1} \ ; \ x \in B, \ t \in [0,1] \right\}$$

den „Zylinder mit der Basis B und der Kante a", und

$$K_a(B) := \left\{ (1-t)(x,0) + ta \in \mathbb{R}^{n+1} \; ; \; x \in B, \; t \in [0,1] \right\}$$

sei der „Kegel mit der Basis B und der Spitze a".

Man beweise, daß mit $h := |a_{n+1}|$ gilt:

(a) $\lambda_{n+1}\big(Z_a(B)\big) = h\lambda_n(B)$.

(b) $\lambda_{n+1}\big(K_a(B)\big) = h\lambda_n(B)/(n+1)$.

Interpretiert man h als „Höhe" des Zylinders $Z_a(B)$ bzw. des Kegels $K_a(B)$, so ist nach (b) das Volumen eines n-dimensionalen Kegels gleich dem n-ten Teil des Volumens eines Zylinders gleicher Basis und Höhe.

2 Es gelte $0 < r < a$, und $V_{a,r}$ bezeichne das von der 2-Torusfläche $\mathsf{T}^2_{a,r}$ eingeschlossene Gebiet in $\mathbb{R}^3$. Man zeige, daß $V_{a,r} = 2\pi^2 a r^2$.

3 Es sei $J \subset \mathbb{R}$ ein Intervall mit $a := \inf J$ und $b := \sup J$. Ferner sei $f \in \mathcal{L}_0(J, \mathbb{R}^+)$, und

$$R_f := \left\{ (x,t) \in \mathbb{R}^n \times J \; ; \; |x| \le f(t) \right\}$$

bezeichne den **Rotationskörper**, der durch „Drehung des Graphen von f um die t-Achse" entsteht. Man beweise, daß

$$\lambda_{n+1}(R_f) = \omega_n \int_a^b \big(f(t)\big)^n dt \;,$$

wobei ω_n das Volumen von $\mathbb{B}^n$ bezeichnet, und man interpretiere diese Formel (im Fall $n = 2$) geometrisch.

4 Es sei K kompakt in $\mathbb{R}^n$, und für $\rho \in \mathcal{L}_1(K, \mathbb{R}^+)$ gelte $\rho_K := \int_K \rho(x)\, dx > 0$. Dann ist

$$S(K,\rho) := \frac{1}{\rho_K} \int_K x\rho(x)\, dx \in \mathbb{R}^n$$

der **Schwerpunkt von K bezüglich der Dichte** ρ, und $S(K) := S(K,\mathbf{1})$. Im folgenden seien $J := [a,b]$ ein kompaktes perfektes Intervall in $\mathbb{R}$ sowie $f \in \mathcal{L}_0(J, \mathbb{R}^+)$. Ferner sei

$$A_f := \left\{ (x,y) \in \mathbb{R}^2 \; ; \; 0 \le y \le f(x), \; x \in J \right\} ,$$

und R_f bezeichne den von f in $\mathbb{R}^3$ erzeugten Rotationskörper (Drehung um die x-Achse). Man beweise:

(a) Für $f \in \mathcal{L}_1(J, \mathbb{R}^+)$ gilt

$$S(A_f) = (S_1(A_f), S_2(A_f)) = \frac{1}{\|f\|_1} \left(\int_a^b x f(x)\, dx, \frac{1}{2} \int_a^b \big(f(x)\big)^2 dx \right) .$$

(b) Für $f \in \mathcal{L}_2(J, \mathbb{R}^+)$ gilt

$$S(R_f) = \left(\frac{1}{\|f\|_2^2} \int_a^b t\big(f(t)\big)^2 dt, 0, 0 \right) .$$

(c) Für $f \in \mathcal{L}_1(J, \mathbb{R}^+)$ gilt die **erste Guldinsche Regel**

$$\lambda_3(R_f) = \pi \int_a^b \big(f(x)\big)^2 \, dx = 2\pi S_2(A_f)\lambda_2(A_f) \ ,$$

d.h., *das Volumen eines Rotationskörpers ist gleich dem Produkt aus dem Flächeninhalt eines Meridianschnittes und der Länge des Weges, den der Schwerpunkt des Meridianschnittes[7] bei einer vollen Umdrehung durchläuft.[8]*

5 (a) Für $\alpha \in [0, \pi/2)$ sei $a := (\cos\alpha, 0, \sin\alpha)$. Man bestimme den Schwerpunkt des Zylinders $Z_a(\mathbb{B}_2)$ und des Kegels $K_a(\mathbb{B}_2)$ bezüglich der Dichte **1**.

(b) Es sei $A_\lambda := \big\{ (x,y) \in \mathbb{R}^2 \ ; \ 0 \le y \le e^{-\lambda x}, \ x \ge 0 \big\}$ für $\lambda > 0$. Dann gilt $S(A_\lambda) \in A_\lambda$.

(c) Man gebe ein Beispiel mit $S(A_f) \notin A_f$.

6 Es sei $K \subset \mathbb{R}^n$ konvex und kompakt. Man verifiziere: $S(K, \rho) \in K$ für $\rho \in \mathcal{L}_1(K, \mathbb{R}^+)$.

7 Es bezeichne $\Delta_n := \big\{ x \in \mathbb{R}^n \ ; \ x_j \ge 0, \ \sum_{j=1}^n x_j \le 1 \big\}$ das **Standardsimplex** in $\mathbb{R}^n$. Man zeige:

(a) $\lambda_n(\Delta_n) = 1/n!$.

(b) $S(\Delta_n) = \big(1/(n+1), 1/(n+1), \dots, 1/(n+1)\big)$.

8 Es seien $f \in \mathcal{L}_1(\mathbb{R}^m, \mathbb{K})$, $g \in \mathcal{L}_1(\mathbb{R}^n, E)$ und $F(x,y) := f(x)g(y)$ für $(x,y) \in \mathbb{R}^m \times \mathbb{R}^n$. Dann gehört F zu $\mathcal{L}_1(\mathbb{R}^{m+n}, E)$, und es gilt

$$\int_{\mathbb{R}^{m+n}} F(x,y) \, d(x,y) = \int_{\mathbb{R}^m} f(x) \, dx \int_{\mathbb{R}^n} g(y) \, dy \ .$$

9 Für $D := \big\{ (x,y) \in \mathbb{R}^2 \ ; \ x, y \ge 0, \ x + y \le 1 \big\}$ gilt

$$\int_D x^m y^n \, d(x,y) = \frac{1}{n+1}\, \mathsf{B}(m+1, n+2) \ , \qquad m, n \in \mathbb{N} \ .$$

10 Es ist zu zeigen, daß $\int_{[0,1] \times [0,1]} y/\sqrt{x} \, d(x,y) = 1$.

11 Man zeige, daß für $\varphi \in C_c^1(\mathbb{R}^n, E)$ und $j \in \{1, \dots, n\}$ gilt: $\int_{\mathbb{R}^n} \partial_j \varphi \, dx = 0$.

12 Es sei $f : (0,1) \times (0,1) \to \mathbb{R}$ erklärt durch

(a) $f(x,y) := (x-y)/(x^2 + y^2)^{3/2}$.

(b) $f(x,y) := 1/(1-xy)^\alpha$, $\alpha > 0$.

Man berechne

$$\int_0^1 \int_0^1 f(x,y) \, dx \, dy \ , \qquad \int_0^1 \int_0^1 f(x,y) \, dy \, dx \ ,$$

$$\int_0^1 \int_0^1 |f(x,y)| \, dx \, dy \ , \qquad \int_0^1 \int_0^1 |f(x,y)| \, dy \, dx \ .$$

13 Es seien $p, q \in [1, \infty]$. Man zeige:

(a) $L_p(\mathbb{R}^n) \not\subset L_q(\mathbb{R}^n)$, falls $p \ne q$.

(b) Ist $X \subset \mathbb{R}^n$ offen und beschränkt, so gilt $L_p(X) \subsetneq L_q(X)$, falls $p > q$.

---

[7]Also eines Schnittes mit einer Ebene, welche die Drehachse enthält.

[8]Die erste Guldinsche Regel gilt auch für Rotationskörper, die nicht durch Drehung eines Graphen entstehen (Aufgabe XII.1.11).

7 Die Faltung

In diesem Paragraphen nutzen wir die Translationsinvarianz des Lebesgueschen Maßes aus, um mittels des Lebesgueschen Integrals ein Produkt auf $L_1(\mathbb{R}^n)$, das Faltungsprodukt, einzuführen. Wir zeigen, daß diese Operation nicht nur auf $L_1(\mathbb{R}^n)$, sondern auch auf anderen Funktionenräumen definiert ist und wichtige Glättungseigenschaften besitzt. Wir verwenden diesen Sachverhalt unter anderem dazu, Approximationssätze zu beweisen, die für die nachfolgenden Untersuchungen von großer Bedeutung sind.

Im folgenden betrachten wir vorwiegend Räume von $\mathbb{K}$-wertigen Funktionen, die auf ganz $\mathbb{R}^n$ definiert sind. In diesem Fall führen wir in der Notation weder den Definitions- noch den Bildbereich auf. Mit anderen Worten: Ist $\mathfrak{F}(\mathbb{R}^n) = \mathfrak{F}(\mathbb{R}^n, \mathbb{K})$ ein Vektorraum $\mathbb{K}$-wertiger Funktionen auf $\mathbb{R}^n$, so schreiben wir einfach $\mathfrak{F}$, falls keine Mißverständnisse zu befürchten sind. Zum Beispiel steht L_p für $L_p(\mathbb{R}^n) = L_p(\mathbb{R}^n, \mathbb{K})$, etc. Ferner bedeutet $\int f\, dx$ stets $\int_{\mathbb{R}^n} f\, dx$.

Die Definition der Faltung

Es sei F ein $\mathbb{K}$-Vektorraum. Für $f \in \mathrm{Abb}(\mathbb{R}^n, F)$ definieren wir $\widecheck{f} \in \mathrm{Abb}(\mathbb{R}^n, F)$, die **Gespiegelte** von f, durch $\widecheck{f}(x) := f(-x)$ für $x \in \mathbb{R}^n$. Die Abbildung $f \mapsto \widecheck{f}$ heißt **Spiegelung** am Ursprung oder **Zentralspiegelung**.

Wir erinnern an die Definition der Translationsgruppe $\mathfrak{T} := \{\, \tau_a \; ; \; a \in \mathbb{R}^n \,\}$ in (IX.5.7). Nun definieren wir eine Operation[1] dieser Gruppe auf $\mathrm{Abb}(\mathbb{R}^n, F)$,

$$\mathfrak{T} \times \mathrm{Abb}(\mathbb{R}^n, F) \to \mathrm{Abb}(\mathbb{R}^n, F) \;, \qquad (\tau_a, f) \mapsto \tau_a f \;, \tag{7.1}$$

durch

$$\tau_a f(x) := f(x - a) \;, \qquad a, x \in \mathbb{R}^n \;. \tag{7.2}$$

Also gilt

$$\tau_a f = f \circ \tau_{-a} = (\tau_{-a})^* f \;,$$

wobei $(\tau_{-a})^*$ die in Paragraph VIII.3 definierte Rücktransformation bezeichnet.

7.1 Bemerkungen (a) Für $f \in \mathrm{Abb} := \mathrm{Abb}(\mathbb{R}^n, \mathbb{K})$ gilt $\widecheck{f} = (-\mathrm{id}_{\mathbb{R}^n})^* f$.

(b) Die Spiegelung ist auf Abb und auf $\mathcal{L}_p$ für $p \in [1, \infty] \cup \{0\}$ ein involutiver[2] Vektorraumautomorphismus.

(c) Es sei $E \in \{\, BC^k, BUC^k, C_0 \; ; \; k \in \mathbb{N} \,\}$. Dann gehört die Spiegelung zu $\mathcal{L}\mathrm{aut}(E)$.

(d) Für $f \in \mathrm{Abb}$ und $x \in \mathbb{R}^n$ gilt

$$(\tau_{-x} f)^\vee(y) = \tau_x \widecheck{f}(y) = f(x - y) \;, \qquad y \in \mathbb{R}^n \;.$$

---

[1] Vgl. Aufgabe I.7.6.

[2] Eine Abbildung $f \in X^X$ heißt **involutiv**, wenn $f \circ f = \mathrm{id}_X$.

(e) Es gelte $n = 1$ und $a > 0$. Dann ist $\tau_a : \mathbb{R} \to \mathbb{R}$, $x \mapsto x + a$ die Translation auf $\mathbb{R}$ um a **nach rechts**. Die Definition (7.2) bewirkt, daß der Graph von f ebenfalls „um a nach rechts verschoben wird".

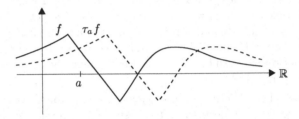

Also operiert $\mathfrak{T}$ als **Rechtstranslation** auf $\mathrm{Abb}(\mathbb{R}, F)$, was eine Erklärung dafür ist, daß $\tau_a f$ als Rücktransformation der Linkstranslation τ_{-a} auf $\mathbb{R}$ definiert ist. ∎

Es seien $f, g \in \mathcal{L}_0$, und O sei offen in $\mathbb{K}$. Dann gilt

$$(\tau_{-x} f)^{-1}(O) = (f \circ \tau_x)^{-1}(O) = \tau_{-x}\big(f^{-1}(O)\big) , \qquad x \in \mathbb{R}^n .$$

Also folgt aus Korollar 1.5 und Lemma IX.5.16, daß $(\tau_{-x} f)^{-1}(O)$ meßbar ist. Folglich gehört $\tau_{-x} f$ für $x \in \mathbb{R}^n$, wiederum wegen Korollar 1.5, zu $\mathcal{L}_0$. Nun leiten wir aus den Bemerkungen 1.2(d) und 7.1(b) und (d) ab, daß $y \mapsto f(x - y)g(y)$ für jedes $x \in \mathbb{R}^n$ zu $\mathcal{L}_0$ gehört. Falls diese Funktion für $x \in \mathbb{R}^n$ integrierbar ist, definieren wir die **Faltung von f mit g im Punkt** x durch

$$f * g(x) := \int f(x - y)g(y) \, dy .$$

Ferner sagen wir, f und g seien **faltbar**, falls $f * g(x)$ für f.a. $x \in \mathbb{R}^n$ definiert ist. In diesem Fall heißt die f.ü.-definierte Funktion

$$f * g := \big(x \mapsto f * g(x)\big)$$

Faltung von f mit g. Sind f und g faltbar und ist $f * g$ zur p-ten Potenz integrierbar (bzw. wesentlich beschränkt für $p = \infty$), so schreiben wir (leicht unpräzis[3]) $f * g \in \mathcal{L}_p$.

Wir zeigen nun, daß jedes Paar $(f, g) \in \mathcal{L}_p \times \mathcal{L}_1$ mit $p \in [1, \infty]$ faltbar ist. Dazu benötigen wir die folgende Hilfsbetrachtung.

7.2 Lemma   Für $f \in \mathcal{L}_0$ und $(x, y) \in \mathbb{R}^n \times \mathbb{R}^n = \mathbb{R}^{2n}$ seien

$$F_1(x, y) := f(x) \quad \text{und} \quad F_2(x, y) := f(x - y) .$$

Dann gehören F_1 und F_2 zu $\mathcal{L}_0(\mathbb{R}^{2n})$.

---

[3]Genauer bedeutet dies, daß die triviale Fortsetzung von $f * g$ zu $\mathcal{L}_p$ gehört.

Beweis (i) Es seien O offen in $\mathbb{K}$ und $A := f^{-1}(O)$. Dann gehört A zu $\mathcal{L}(n)$. Also zeigen Bemerkung 6.1(b) und Satz 6.2, daß $F_1^{-1}(O) = A \times \mathbb{R}^n$ λ_{2n}-meßbar ist. Nun folgt die Behauptung für F_1 aus Korollar 1.5.

(ii) Wir setzen $\varphi(x, y) := (x - y, y)$ für $(x, y) \in \mathbb{R}^n \times \mathbb{R}^n$. Dann gehört φ zu $\mathcal{L}\mathrm{aut}(\mathbb{R}^{2n})$, und es gilt $F_2 = F_1 \circ \varphi$. Somit folgt die Behauptung aus (i) und Theorem IX.5.12. ∎

7.3 Theorem *Es seien $p \in [1, \infty]$ und $(f, g) \in \mathcal{L}_p \times \mathcal{L}_1$. Dann gelten die folgenden Aussagen:*

(i) *f und g sind faltbar.*

(ii) *(Youngsche Ungleichung) $f * g \in \mathcal{L}_p$ und $\|f * g\|_p \leq \|f\|_p \|g\|_1$.*

Beweis (a) Es sei zuerst $p \in [1, \infty)$. Dann folgt aus Lemma 7.2 und Bemerkung 1.2(d), daß $(x, y) \mapsto f(x - y)g(y)$ zu $\mathcal{L}_0(\mathbb{R}^{2n})$ gehört. Aus der Hölderschen Ungleichung leiten wir

$$\int |f(x - y)g(y)| \, dy = \int |f(x - y)| \, |g(y)|^{1/p} \, |g(y)|^{1/p'} \, dy$$
$$\leq \left(\int |f(x - y)|^p \, |g(y)| \, dy \right)^{1/p} \left(\int |g(y)| \, dy \right)^{1/p'}$$

ab. Hieraus und aus dem Satz von Tonelli erhalten wir

$$\int \left(\int |f(x - y)g(y)| \, dy \right)^p dx \leq \|g\|_1^{p/p'} \int \int |f(x - y)|^p \, |g(y)| \, dy \, dx$$
$$= \|g\|_1^{p/p'} \int \int |f(x - y)|^p \, dx \, |g(y)| \, dy$$
$$= \|g\|_1^{1 + p/p'} \|f\|_p^p < \infty \,,$$

wobei wir beim letzten Schritt wieder von der Tanslationsinvarianz des Lebesgueschen Integrals Gebrauch gemacht haben. Somit finden wir[4]

$$\left(\int \left[\int |f(x - y)g(y)| \, dy \right]^p dx \right)^{1/p} \leq \|f\|_p \|g\|_1 < \infty \,. \tag{7.3}$$

Aus Bemerkung 3.11(c) ergibt sich nun $\int |f(x - y)g(y)| \, dy < \infty$ für f.a. $x \in \mathbb{R}^n$, was, wegen Bemerkung 3.11(a), beweist, daß f mit g faltbar ist. Nun folgt die zweite Aussage aus (7.3).

(b) Im Fall $p = \infty$ gilt

$$\int |f(x - y)g(y)| \, dy \leq \|f\|_\infty \|g\|_1 < \infty \,, \qquad \text{f.a. } x \in \mathbb{R}^n \,,$$

woraus (i) und (ii) unmittelbar folgen. ∎

---

[4]Diejenigen Leser, welche auch den letzten Teil des vorangehenden Paragraphen durchgearbeitet haben, können diese Abschätzung auch sofort aus der Minkowskischen Ungleichung für Integrale ableiten.

7.4 Korollar *Es sei* $([f], [g]) \in L_p \times L_1$ *mit* $p \in [1, \infty]$. *Dann gilt*

$$f * g = \overset{*}{f} * \overset{*}{g} \qquad \text{f.ü. in } \mathbb{R}^n$$

für $(\overset{*}{f}, \overset{*}{g}) \in ([f], [g])$.

Beweis Aufgrund von Theorem 7.3 sind $f * g$, $\overset{*}{f} * \overset{*}{g}$ und $f * \overset{*}{g}$ f.ü. definiert und gehören zu $\mathcal{L}_p$. Wegen

$$f * g - \overset{*}{f} * \overset{*}{g} = f * (g - \overset{*}{g}) + (f - \overset{*}{f}) * \overset{*}{g}$$

erhalten wir aus der Youngschen Ungleichung

$$\left\| f * g - \overset{*}{f} * \overset{*}{g} \right\|_p \leq \|f\|_p \left\| g - \overset{*}{g} \right\|_1 + \left\| f - \overset{*}{f} \right\|_p \left\| \overset{*}{g} \right\|_1 = 0 \ ,$$

woraus die Behauptung folgt. ∎

Wir können nun das Faltungsprodukt für Elemente aus $L_p \times L_1$ mit $p \in [1, \infty]$ erklären. Aus Korollar 7.4 folgt nämlich, daß die Abbildung

$$* : L_p \times L_1 \to L_p \ , \quad ([f], [g]) \mapsto [f * g]$$

wohldefiniert ist. Man nennt $*$ **Faltung** auf $L_p \times L_1$ und $[f] * [g] := [f * g]$ **Faltungsprodukt** von $[f]$ mit $[g]$. Es ist klar, daß die Faltung auch auf $L_1 \times L_p$ erklärt werden kann. Wir verwenden für diese Abbildung ebenfalls das Symbol $*$.

Translationsgruppen

Um weitere Eigenschaften der Faltung effizient untersuchen zu können, stellen wir zuerst einige grundlegende Definitionen und Tatsachen über Darstellungen der Translationsgruppe $(\mathbb{R}^n, +)$ auf Funktionenräumen zusammen.

Es seien F ein $\mathbb{K}$-Vektorraum und V ein Untervektorraum von $\mathrm{Abb}(\mathbb{R}^n, F)$, der unter der Operation (7.1) der Translationsgruppe $\mathfrak{T}$ **invariant** ist: $\tau_a(V) \subset V$ für $a \in \mathbb{R}^n$. Dann **induziert** (7.1) **durch Restriktion** die Operation

$$\mathfrak{T} \times V \to V \ , \qquad (\tau_a, v) \mapsto \tau_a v$$

der Translationsgruppe $\mathfrak{T}$ auf V. Für jedes $a \in \mathbb{R}^n$ ist $T_a := (v \mapsto \tau_a v)$ eine lineare Abbildung von V in sich, und aus

$$\tau_a \tau_b v = \tau_{a+b} v \ , \quad \tau_0 v = v$$

folgt, daß T_a ein Vektorraumautomorphismus von V ist mit $(T_a)^{-1} = T_{-a}$. Folglich ist[5]

$$(\mathbb{R}^n, +) \to \mathrm{Aut}(V) \ , \quad a \mapsto T_a$$

---

[5]Vgl. die Bemerkungen I.12.2(d) und I.7.6(e).

ein Gruppenhomomorphismus, eine **lineare Darstellung** der Gruppe $(\mathbb{R}^n, +)$ auf V. Insbesondere ist

$$\mathfrak{T}_V := \left\{ T_a \in \text{Aut}(V) \; ; \; a \in \mathbb{R}^n \right\}$$

eine Untergruppe von $\text{Aut}(V)$, die **Translationsgruppe auf** V. Statt T_a schreiben wir meist wieder τ_a, falls keine Mißverständnisse zu befürchten sind. Die Tatsache, daß V unter der Operation (7.1) invariant ist, bringt man auch dadurch zum Ausdruck, daß man sagt, $(\mathbb{R}^n, +)$ sei auf V **linear darstellbar**.

Ist V ein (semi-)normierter Vektorraum, so heißt die Translationsgruppe $\mathfrak{T}_V$ **stark stetig**, wenn $\lim_{a \to 0} \tau_a v = v$ für jedes $v \in V$ gilt.

7.5 Bemerkungen (a) $(\mathbb{R}^n, +)$ ist auf Abb und auf $B := B(\mathbb{R}^n)$ linear darstellbar.

(b) $(\mathbb{R}^n, +)$ ist auf $\mathcal{L}_\infty$ linear darstellbar, und es gilt $\|\tau_a f\|_\infty = \|f\|_\infty$ für $f \in \mathcal{L}_\infty$.

Beweis Es sei $f \in \mathcal{L}_\infty$. Dann gibt es zu jedem $\alpha > \|f\|_\infty$ eine λ_n-Nullmenge N mit $|f(x)| \leq \alpha$ für $x \in N^c$. Wegen der Translationsinvarianz des Lebesgueschen Maßes (Theorem IX.5.17) ist $N_a := \tau_a(N)$ eine λ_n-Nullmenge mit

$$|\tau_a f(x)| = |f(x - a)| \leq \alpha \,, \qquad x \in N_a^c \,.$$

Also ist $\tau_a f$ wesentlich beschränkt, und $\|\tau_a f\|_\infty \leq \|f\|_\infty$. Wegen

$$\|f\|_\infty = \|\tau_{-a}(\tau_a f)\|_\infty \leq \|\tau_a f\|_\infty$$

folgt die Behauptung. ∎

(c) Die Translationsgruppen $\mathfrak{T}_B$ und $\mathfrak{T}_{\mathcal{L}_\infty}$ sind nicht stark stetig.

Beweis Für $a \in \mathbb{R}^n \backslash \{0\}$ gilt $\|\tau_a \chi_{\mathbb{B}^n} - \chi_{\mathbb{B}^n}\|_\infty = 1$. ∎

(d) Ist $\mathfrak{T}_V$ stark stetig, so gilt

$$(a \mapsto \tau_a f) \in C(\mathbb{R}^n, V) \,, \qquad f \in V \,.$$

Beweis Dies folgt aus $\tau_a f - \tau_b f = \tau_{a-b}(\tau_b f) - \tau_b f$ für $f \in V$ und $a, b \in \mathbb{R}^n$. ∎

7.6 Theorem *Es sei $V = \mathcal{L}_p$ mit $p \in [1, \infty)$ oder $V = BUC^k$ mit $k \in \mathbb{N}$. Dann ist $(\mathbb{R}^n, +)$ auf V linear darstellbar, und die Translationsgruppe $\mathfrak{T}_V$ ist stark stetig. Ferner gilt $\|\tau_a f\|_V = \|f\|_V$ für $a \in \mathbb{R}^n$ und $f \in V$.*

Beweis (i) Wir betrachten zuerst den Fall $V = BUC^k$. Dazu seien $f \in BUC^k$, $a \in \mathbb{R}^n$ und $\varepsilon > 0$. Dann gibt es ein $\delta > 0$ mit $|f(x) - f(y)| < \varepsilon$ für alle $x, y \in \mathbb{R}^n$ mit $|x - y| < \delta$. Es folgt

$$|\tau_a f(x) - \tau_a f(y)| = |f(x - a) - f(y - a)| < \varepsilon \tag{7.4}$$

für $x, y \in \mathbb{R}^n$ mit $|x - y| < \delta$. Also gehört $\tau_a f$ zu BUC, und wegen

$$\partial^\alpha \tau_a f = \tau_a \partial^\alpha f \,, \qquad \alpha \in \mathbb{N}^n \,, \quad |\alpha| \leq k \,, \tag{7.5}$$

folgt $\tau_a f \in BUC^k$. Somit ist $(\mathbb{R}^n, +)$ auf BUC^k linear darstellbar. Aus Bemerkung 7.5(b) und (7.5) leiten wir $\|\tau_a f\|_{BC^k} = \|f\|_{BC^k}$ ab.

Es sei $x \in \mathbb{R}^n$. Gilt $|a| < \delta$, so können wir in (7.4) $y = x + a$ setzen, und wir erhalten

$$|\tau_a f(x) - f(x)| < \varepsilon \, , \qquad x \in \mathbb{R}^n \, ,$$

d.h., es gilt $\|\tau_a f - f\|_\infty < \varepsilon$ für $a \in \delta\mathbb{B}^n$. Analog zeigt man mit (7.5), daß es ein $\delta_1 > 0$ gibt mit $\|\tau_a f - f\|_{BC^k} < \varepsilon$ für $a \in \delta_1 \mathbb{B}^n$. Also ist $\mathfrak{T}_{BUC^k}$ stark stetig.

(ii) Es seien $p \in [1, \infty)$ und $f \in \mathcal{L}_p$. Dann folgt $\|\tau_a f\|_p = \|f\|_p$ aus der Translationsinvarianz des Lebesgueschen Integrals.

Es sei nun $\varepsilon > 0$. Nach Theorem 4.14 gibt es ein $g \in C_c$ mit $\|f - g\|_p < \varepsilon/3$. Weil der Träger von g kompakt ist, finden wir eine kompakte Teilmenge K von $\mathbb{R}^n$ mit $\mathrm{supp}(\tau_a g) \subset K$ für $|a| \le 1$. Ferner folgt aus der gleichmäßigen Stetigkeit von g, daß es ein $\delta \in (0, 1]$ gibt mit

$$\|\tau_a g - g\|_\infty < \varepsilon/3\lambda_n(K)^{1/p} \, , \qquad a \in \delta\mathbb{B}^n \, .$$

Es sei $a \in \delta\mathbb{B}^n$. Wegen $\mathrm{supp}(\tau_a g - g) \subset K$ impliziert Theorem 5.1(iv)

$$\|\tau_a g - g\|_p < \varepsilon/3 \, , \qquad a \in \delta\mathbb{B}^n \, .$$

Da

$$\|\tau_a f - f\|_p \le \|\tau_a f - \tau_a g\|_p + \|\tau_a g - g\|_p + \|g - f\|_p$$

und $\|\tau_a f - \tau_a g\|_p = \|\tau_a(f - g)\|_p = \|f - g\|_p$ gelten, erhalten wir $\|\tau_a f - f\|_p < \varepsilon$ für $a \in \delta\mathbb{B}^n$. Damit ist alles bewiesen. ∎

Wir wollen nun eine Operation von $\mathfrak{T}$ auf L_p mit $p \in [1, \infty]$ erklären. Nach Bemerkung 7.5(b) und Theorem 7.6 ist τ_a für jedes $a \in \mathbb{R}^n$ eine Isometrie auf $\mathcal{L}_p$. Folglich ist die Abbildung

$$L_p \to L_p \, , \qquad [f] \mapsto [\tau_a f]$$

für jedes $a \in \mathbb{R}^n$ wohldefiniert. Wir bezeichnen sie wieder mit τ_a, d.h., wir setzen

$$\tau_a[f] := [\tau_a f] \, , \qquad f \in L_p \, , \quad a \in \mathbb{R}^n \, .$$

Dann gilt

$$\|\tau_a[f]\|_p = \|[\tau_a f]\|_p = \|\tau_a f\|_p = \|f\|_p = \|[f]\|_p \, . \tag{7.6}$$

Offensichtlich ist

$$\mathfrak{T} \times L_p \to L_p \, , \qquad (\tau_a, f) \mapsto \tau_a f$$

eine Operation der Translationsgruppe $\mathfrak{T}$ von $\mathbb{R}^n$ auf L_p. Wegen Bemerkung 7.5(b) und Theorem 7.6 ist $T_a := (f \mapsto \tau_a f)$ für jedes $a \in \mathbb{R}^n$ eine lineare Isometrie auf L_p. Also ist, wenn wir wieder τ_a für T_a schreiben,

$$(\mathbb{R}^n, +) \to \mathcal{L}\mathrm{aut}(L_p) \, , \qquad a \mapsto \tau_a$$

eine Darstellung der additiven Gruppe des $\mathbb{R}^n$ durch lineare Isometrien auf L_p. Insbesondere ist

$$\mathfrak{T}_{L_p} := \left\{ \tau_a \in \mathcal{L}\mathrm{aut}(L_p) \, ; \, a \in \mathbb{R}^n \right\} \, ,$$

die **Translationsgruppe auf** L_p, eine Untergruppe von $\mathcal{L}\mathrm{aut}(L_p)$, bestehend aus Isometrien.

7.7 Korollar *Für $1 \leq p < \infty$ ist die Translationsgruppe stark stetig auf L_p.*

Beweis Dies ist eine unmittelbare Konsequenz aus Theorem 7.6 und (7.6). ∎

Elementare Eigenschaften der Faltung

Nach diesen Zwischenbetrachtungen über Translationsgruppen kehren wir wieder zu Faltungen zurück und leiten deren wichtigste Eigenschaften her.

7.8 Theorem *Es sei $(f,g) \in L_p \times L_1$ mit $p \in [1,\infty]$. Dann gelten die folgenden Aussagen:*

(i) *$f * g \in L_p$, und es gilt die* **Youngsche Ungleichung** *$\|f * g\|_p \leq \|f\|_p \|g\|_1$.*

(ii) *$f * g = g * f$.*

(iii) *Im Fall $p = \infty$ gehört $f * g$ zu[6] BUC.*

(iv) *Für $\varphi \in BC^k$ gehört $\varphi * g$ zu BUC^k und es gelten*

$$\partial^\alpha(\varphi * g) = \partial^\alpha \varphi * g , \qquad \alpha \in \mathbb{N}^n , \quad |\alpha| \leq k ,$$

und $\|\varphi * g\|_{BC^k} \leq \|\varphi\|_{BC^k} \|g\|_1$.

Beweis (i) folgt aus Theorem 7.3(ii) und Korollar 7.4.

(ii) Es sei $x \in \mathbb{R}$, und $\overset{*}{f}$ bzw. $\overset{*}{g}$ bezeichne einen Repräsentanten von f bzw. g. Ferner sei $\psi(y) := x - y$ für $y \in \mathbb{R}^n$. Dann ist ψ eine involutive Bewegung des $\mathbb{R}^n$. Somit folgt aus Theorem 7.3(i) und Beispiel 6.6(b)

$$\overset{*}{f} * \overset{*}{g}(x) = \int \overset{*}{f}(x-y)\overset{*}{g}(y)\,dy = \int \left(\overset{*}{f} \circ \psi\right)\left((\overset{*}{g} \circ \psi) \circ \psi\right) dy$$

$$= \int (\overset{*}{g} \circ \psi)\overset{*}{f}\,dy = \int \overset{*}{g}(x-y)\overset{*}{f}(y)\,dy = \overset{*}{g} * \overset{*}{f}(x) .$$

Also erhalten wir $f * g = g * f$ aus Korollar 7.4.

(iii) Die Bewegungsinvarianz des Lebesgueschen Integrals ergibt $\|\breve{g}\|_1 = \|g\|_1$. Somit erhalten wir aus (ii) und der Isometrie der Elemente von $\mathfrak{T}_{L_1}$

$$\left|\overset{*}{f} * \overset{*}{g}(x) - \overset{*}{f} * \overset{*}{g}(y)\right| \leq \int \left|\overset{*}{f}(z)\big(\overset{*}{g}(x-z) - \overset{*}{g}(y-z)\big)\right| dz$$

$$\leq \left\|\overset{*}{f}\right\|_\infty \|\tau_x \breve{g} - \tau_y \breve{g}\|_1 = \|f\|_\infty \|\tau_y(\tau_{x-y} \breve{g} - \breve{g})\|_1$$

$$= \|f\|_\infty \|\tau_{x-y} \breve{g} - \breve{g}\|_1$$

für $x, y \in \mathbb{R}^n$. Wegen $\breve{g} \in L_1$ implizieren deshalb die starke Stetigkeit von $\mathfrak{T}_{L_1}$ und (i), daß $\overset{*}{f} * \overset{*}{g}$ zu BUC gehört. Hieraus folgt die Behauptung.

---

[6]Vgl. Theorem 4.18.

(iv) Wegen (iii) genügt es, den Fall $k \geq 1$ zu betrachten. Dazu setzen wir $h(x, y) := \varphi(x - y)g(y)$ für $(x, y) \in \mathbb{R}^n \times \mathbb{R}^n$. Dann erfüllt h die Voraussetzungen von Theorem 3.18, und es folgt $\partial_j(\varphi * g) = \partial_j\varphi * g$ für $j \in \{1, \ldots, n\}$. Aufgrund von (iii) und Theorem VII.2.10 gilt deshalb $\varphi * g \in BUC^1$. Induktiv erkennen wir nun, daß $\varphi * g$ zu BUC^k gehört und $\partial^\alpha(\varphi * g) = \partial^\alpha\varphi * g$ für jedes $\alpha \in \mathbb{N}^n$ mit $|\alpha| \leq k$ erfüllt. Schließlich gilt wegen (i)

$$\|\varphi * g\|_{BC^k} = \max_{|\alpha| \leq k} \|\partial^\alpha(\varphi * g)\|_\infty = \max_{|\alpha| \leq k} \|(\partial^\alpha\varphi) * g\|_\infty \leq \left(\max_{|\alpha| \leq k} \|\partial^\alpha\varphi\|_\infty\right) \|g\|_1$$

$$= \|\varphi\|_{BC^k} \|g\|_1 .$$

Damit ist alles bewiesen. ∎

7.9 Korollar

(i) *Es seien $p \in (1, \infty)$ und $k \in \mathbb{N}$. Dann gilt für die Faltung*

$$* \in \begin{cases} \mathcal{L}^2_{\mathrm{sym}}(L_1, L_1) , \\ \mathcal{L}(L_p, L_1; L_p) , \\ \mathcal{L}(L_\infty, L_1; BUC) , \\ \mathcal{L}(BC^k, L_1; BUC^k) , \end{cases}$$

und die Norm jeder dieser Abbildungen ist nach oben durch 1 beschränkt.

(ii) *$(L_1, +, *)$ ist eine kommutative Banachalgebra ohne Einselement.*

Beweis (i) und die erste Aussage von (ii) folgen unmittelbar aus Theorem 7.8. Nehmen wir an, es gäbe ein $e \in L_1$ mit $e * f = f$ für jedes $f \in L_1$. Wir wählen einen Repräsentanten $\overset{*}{e}$ von e und finden dann gemäß Aufgabe 2.15 ein $\delta > 0$ mit

$$\left|\int_{\delta\mathbb{B}^n} \overset{*}{e}(x - y)\, dy\right| = \left|\int_{\mathbb{B}^n(x,\delta)} \overset{*}{e}(z)\, dz\right| < 1 , \qquad x \in \mathbb{R}^n .$$

Weiterhin gibt es eine λ_n-Nullmenge N mit $\chi_{\delta\mathbb{B}^n}(x) = \overset{*}{e} * \chi_{\delta\mathbb{B}^n}(x)$ für $x \in N^c$. Für $x \in \delta\mathbb{B}^n \cap N^c$ gilt aber

$$1 = \chi_{\delta\mathbb{B}^n}(x) = \overset{*}{e} * \chi_{\delta\mathbb{B}^n}(x) = \int_{\mathbb{R}^n} \overset{*}{e}(x - y)\chi_{\delta\mathbb{B}^n}(y)\, dy = \int_{\delta\mathbb{B}^n} \overset{*}{e}(x - y)\, dy < 1 ,$$

was nicht möglich ist. ∎

7.10 Theorem (Trägereigenschaft der Faltung)   *Die Funktionen $f, g \in \mathcal{L}_0$ seien faltbar, und f habe einen kompakten Träger. Dann gilt*

$$\mathrm{supp}(f * g) \subset \mathrm{supp}(f) + \mathrm{supp}(g) .$$

Beweis (i) Wir können $f * g \neq 0$ annehmen. Zu $x \in [f * g \neq 0]$ gibt es ein $y \in \mathbb{R}^n$ mit $f(x - y)g(y) \neq 0$. Es folgen $y \in \mathrm{supp}(g)$ und $x \in y + \mathrm{supp}(f)$, also gehört x zu $\mathrm{supp}(f) + \mathrm{supp}(g)$. Somit ist die Inklusion $[f * g \neq 0] \subset \mathrm{supp}(f) + \mathrm{supp}(g)$ richtig.

(ii) Wir zeigen, daß $\operatorname{supp}(f) + \operatorname{supp}(g)$ abgeschlossen ist. Dazu sei (x_k) eine Folge in $\operatorname{supp}(f) + \operatorname{supp}(g)$ mit $x_k \to x$ für ein $x \in \mathbb{R}^n$. Dann gibt es eine Folge (a_k) bzw. (b_k) in $\operatorname{supp}(f)$ bzw. $\operatorname{supp}(g)$ mit $x_k = a_k + b_k$ für $k \in \mathbb{N}$. Weil $\operatorname{supp}(f)$ nach Voraussetzung kompakt ist, finden wir eine Teilfolge $(a_{k_\ell})_{\ell \in \mathbb{N}}$ von (a_k) und ein $a \in \operatorname{supp}(f)$ mit $a_{k_\ell} \to a$ für $\ell \to \infty$. Somit gilt $b_{k_\ell} = x_{k_\ell} - a_{k_\ell} \to x - a$ für $k \to \infty$. Weil $\operatorname{supp}(g)$ abgeschlossen ist, gehört $x - a$ zu $\operatorname{supp}(g)$. Also gibt es ein $b \in \operatorname{supp}(g)$ mit $x = a + b$. Dies zeigt die Abgeschlossenheit von $\operatorname{supp}(f) + \operatorname{supp}(g)$. Die Behauptung ergibt sich nun aus Korollar III.2.13. ∎

Approximative Einheiten

Wir haben in Korollar 7.9 gesehen, daß die Faltungsalgebra L_1 kein Einselement besitzt. Der nächste Satz sichert jedoch die Existenz einer „approximativen Eins": Zu jedem $\varepsilon > 0$ und jedem $f \in L_1$ gibt es ein $\varphi \in L_1$ mit $\|\varphi * f - f\|_1 < \varepsilon$.

7.11 Theorem (Approximationssatz) *Es sei* $E \in \{ L_p, BUC^k \; ; \; 1 \leq p < \infty, \; k \in \mathbb{N} \}$. *Ferner seien* $\varphi \in \mathcal{L}_1$ *und*

$$a := \int \varphi \, dx \;, \quad \varphi_\varepsilon(x) := \varepsilon^{-n} \varphi(x/\varepsilon) \;, \qquad x \in \mathbb{R}^n \;, \quad \varepsilon > 0 \;.$$

Dann gilt $\lim_{\varepsilon \to 0} \varphi_\varepsilon * f = af$ *in* E *für* $f \in E$.

Beweis (i) Aufgrund des speziellen Transformationssatzes (Beispiel 6.6(b)) gelten $\varphi_\varepsilon \in L_1$ und $\int \varphi_\varepsilon \, dx = a$ für $\varepsilon > 0$. Somit zeigt Theorem 7.8, daß $\varphi_\varepsilon * f \in E$ für $f \in E$ und $\varepsilon > 0$.

(ii) Wir betrachten zuerst den Fall $E = L_p$. Dazu seien $f \in \mathcal{L}_p$ und $\varepsilon > 0$. Mit Theorem 7.3(i), (dem Beweis von) Theorem 7.8(ii) und der Transformation $y \mapsto y/\varepsilon$ folgt aus Beispiel 6.6(b)

$$\begin{aligned}
\varphi_\varepsilon * f(x) - af(x) &= f * \varphi_\varepsilon(x) - af(x) = \int \big[f(x-y) - f(x) \big] \varphi_\varepsilon(y) \, dy \\
&= \int \big[f(x - \varepsilon z) - f(x) \big] \varphi(z) \, dz = \int \big[\tau_{\varepsilon z} f(x) - f(x) \big] \varphi(z) \, dz
\end{aligned} \tag{7.7}$$

für f.a. $x \in \mathbb{R}^n$. Korollar 7.7 und Bemerkung 7.5(d) implizieren

$$\big(z \mapsto (\tau_{\varepsilon z} f - f) \big) \in C(\mathbb{R}^n, E) \;, \qquad \varepsilon > 0 \;, \tag{7.8}$$

und

$$\lim_{\varepsilon \to 0} \|\tau_{\varepsilon z} f - f\|_E = 0 \;, \qquad z \in \mathbb{R}^n \;. \tag{7.9}$$

Wir setzen

$$g^\varepsilon(z) := (\tau_{\varepsilon z} f - f) \varphi(z) \;, \qquad z \in \mathbb{R}^n \;, \quad \varepsilon > 0 \;.$$

Dann folgt aus (7.8), Theorem 1.17 und Bemerkung 1.2(d), daß g^ε für jedes $\varepsilon > 0$ zu $\mathcal{L}_0(\mathbb{R}^n, E)$ gehört. Wegen $\|\tau_{\varepsilon z} f\|_E = \|f\|_E$ leiten wir aus der Dreiecks-ungleichung außerdem

$$\|g^\varepsilon(z)\|_E \leq 2 \, \|f\|_E \, |\varphi(z)| \, , \qquad z \in \mathbb{R}^n \, , \quad \varepsilon > 0 \, ,$$

ab. Wegen $\varphi \in \mathcal{L}_1(\mathbb{R}^n)$ folgt somit $g^\varepsilon \in \mathcal{L}_1(\mathbb{R}^n, E)$. Aus (7.7) und Theorem 2.11(i) ergibt sich die Abschätzung[7]

$$\|\varphi_\varepsilon * f - af\|_E = \left\| \int g^\varepsilon(z) \, dz \right\|_E \leq \int \|g^\varepsilon(z)\|_E \, dz \, .$$

Da (7.9) impliziert, daß $\lim_{\varepsilon \to 0} \|g^\varepsilon(z)\|_E = 0$ für fast alle $z \in \mathbb{R}^n$ gilt, zeigt der Satz über die majorisierte Konvergenz, daß $\varphi_\varepsilon * f$ für $\varepsilon \to 0$ in E gegen af konvergiert.

(iii) Es sei nun $f \in BUC^k$. Gilt $\varphi = 0$ λ_n-f.ü., so ist die Aussage offensichtlich richtig. Es sei also $m := \int |\varphi| \, dx > 0$. Aus Theorem 7.8(ii) und (iv) folgt

$$\partial^\alpha (\varphi_\varepsilon * f - af) = \varphi_\varepsilon * \partial^\alpha f - a \partial^\alpha f \, , \qquad \alpha \in \mathbb{N}^n \, , \quad |\alpha| \leq k \, .$$

Also genügt es, den Fall $k = 0$ zu betrachten.

Es sei $\eta > 0$. Dann gibt es ein $\delta > 0$ mit

$$|f(x - y) - f(x)| \leq \eta/2m \, , \qquad x, y \in \mathbb{R}^n \, , \quad |y| < \delta \, ,$$

und wir erhalten

$$\begin{aligned}
|\varphi_\varepsilon * f(x) - af(x)| &\leq \int |f(x - y) - f(x)| \, |\varphi_\varepsilon(y)| \, dy \\
&\leq \frac{\eta}{2m} \int_{[\,|y| < \delta\,]} |\varphi_\varepsilon(y)| \, dy + 2 \, \|f\|_\infty \int_{[\,|y| \geq \delta\,]} |\varphi_\varepsilon(y)| \, dy \quad (7.10) \\
&\leq \frac{\eta}{2} + 2 \, \|f\|_\infty \int_{[\,|y| \geq \delta\,]} |\varphi_\varepsilon(y)| \, dy
\end{aligned}$$

für $x \in \mathbb{R}^n$. Der spezielle Transformationssatz zeigt

$$\int_{[\,|y| \geq \delta\,]} |\varphi_\varepsilon(y)| \, dy = \varepsilon^{-n} \int_{[\,|y| \geq \delta\,]} |\varphi(y/\varepsilon)| \, dy = \int_{[\,|z| \geq \delta/\varepsilon\,]} |\varphi(z)| \, dz \, .$$

Somit folgt aus dem Satz von Lebesgue, daß es ein $\varepsilon_0 > 0$ gibt mit

$$\int_{[\,|y| \geq \delta\,]} |\varphi_\varepsilon(y)| \, dy \leq \frac{\eta}{4 \, \|f\|_\infty} \, , \qquad \varepsilon \in (0, \varepsilon_0] \, .$$

Nun erhalten wir die Behauptung aus (7.10). ∎

---

[7] Dies folgt auch aus der Minkowskischen Ungleichung für Integrale.

Es seien $\varphi \in \mathcal{L}_1$ mit $\int \varphi \, dx = 1$ und

$$\varphi_\varepsilon(x) := \varepsilon^{-n} \varphi(x/\varepsilon) \,, \qquad x \in \mathbb{R}^n \,, \quad \varepsilon > 0 \,. \tag{7.11}$$

Dann heißt $\{\, \varphi_\varepsilon \,;\, \varepsilon > 0 \,\}$ **approximative Einheit** oder **approximativer Kern**. Gelten

$$\varphi \in C^\infty(\mathbb{R}^n, \mathbb{R}) \,, \quad \check{\varphi} = \varphi \,, \quad \varphi \geq 0 \,, \quad \mathrm{supp}(\varphi) \subset \bar{\mathbb{B}}^n \,, \quad \int \varphi \, dx = 1 \,,$$

so heißt $\{\, \varphi_\varepsilon \,;\, \varepsilon > 0 \,\}$ **glättender Kern** (**mollifier**). Für jeden glättenden Kern gilt offensichtlich

$$\mathrm{supp}(\varphi_\varepsilon) \subset \varepsilon \bar{\mathbb{B}}^n \,, \qquad \|\varphi_\varepsilon\|_1 = 1 \,, \quad \varepsilon > 0 \,.$$

7.12 Beispiele[8]   **(a)** Es sei

$$k(x) := (4\pi)^{-n/2} e^{-|x|^2/4} \,, \qquad x \in \mathbb{R}^n \,,$$

der **Gaußsche Kern**. Dann ist $\{\, k_\varepsilon \,;\, \varepsilon > 0 \,\}$ eine approximative Einheit.

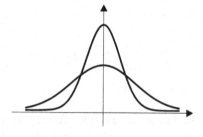

Beweis Aus Beispiel 6.13(a) wissen wir, daß $\int g(x) \, dx = 1$ für $g(x) := \pi^{-n/2} e^{-|x|^2}$ gilt. Wegen $k(x) = 2^{-n} g(x/2)$ für $x \in \mathbb{R}^n$ folgt somit $\int k(x) \, dx = 1$ aus dem speziellen Transformationssatz. ∎

(b) Es sei

$$\varphi(x) := \begin{cases} c\, e^{1/(|x|^2-1)} \,, & |x| < 1 \,, \\ 0 \,, & |x| \geq 1 \,, \end{cases}$$

wo wir $c := \left(\int_{\mathbb{B}^n} e^{1/(|x|^2-1)} \, dx \right)^{-1}$ gesetzt haben. Dann ist $\{\, \varphi_\varepsilon \,;\, \varepsilon > 0 \,\}$ ein glättender Kern.

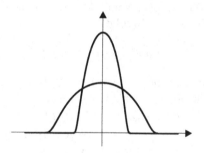

Beweis Weil $x \mapsto |x|^2 - 1$ auf $\mathbb{R}^n$ glatt ist, zeigt Beispiel IV.1.17, daß φ zu $C^\infty(\mathbb{R}^n, \mathbb{R})$ gehört (vgl. Aufgabe VII.5.16). Hieraus folgt leicht die Behauptung. ∎

Testfunktionen

Es bezeichne X einen metrischen Raum, und A sowie B seien Teilmengen von X. Wir sagen, A sei **kompakt in B enthalten** (in Zeichen: $A \subset\subset B$), wenn $\bar{A}$ kompakt ist und $\bar{A} \subset \mathring{B}$ gilt.

---

[8] In den beiden Abbildungen ist die Fläche unter den Graphen immer gleich 1, und kleinere Werte von ε entsprechen höheren Maxima.

Es seien X offen in $\mathbb{R}^n$ und E ein normierter Vektorraum. Dann heißt

$$\mathcal{D}(X, E) := \{ \, \varphi \in C^\infty(X, E) \; ; \; \operatorname{supp}(\varphi) \subset\subset X \, \}$$

Raum der (E-wertigen) Testfunktionen auf X. Im Fall $E = \mathbb{K}$ setzen wir wie üblich $\mathcal{D}(X) := \mathcal{D}(X, \mathbb{K})$. Offensichtlich ist $\mathcal{D}(X, E)$ ein Untervektorraum von $C^\infty(X, E)$ und von $C_c(X, E)$, und es gilt $\mathcal{D}(X, E) = C^\infty(X, E) \cap C_c(X, E)$. Aufgrund der Linearität und Injektivität der Abbildung

$$j : C_c(X, E) \to C_c(\mathbb{R}^n, E) \, , \quad g \mapsto \widetilde{g}$$

können wir $C_c(X, E)$ mit einem Untervektorraum von $C_c(\mathbb{R}^n, E)$ identifizieren, d.h., wir fassen (bei Bedarf) jedes Element aus $C_c(X, E)$ auch als Element von $C_c(\mathbb{R}^n, E)$ auf. In analoger Weise identifizieren wir $\mathcal{D}(X, E)$ mit einem Untervektorraum von $\mathcal{D}(\mathbb{R}^n, E)$. Mit diesen Bezeichnungen gilt im Sinne von Untervektorräumen

$$\mathcal{D}(X, E) \subset \mathcal{D}(\mathbb{R}^n, E) \subset C_c(\mathbb{R}^n, E) \subset L_p(\mathbb{R}^n, E)$$

für jedes $p \in [1, \infty]$.

7.13 Theorem *Es seien X offen in $\mathbb{R}^n$ und $p \in [1, \infty)$. Dann ist $\mathcal{D}(X)$ ein dichter Untervektorraum von $L_p(X)$ und von $C_0(X)$.*

Beweis (i) Es seien $g \in C_c(X)$ und $\eta > 0$. Ferner sei $\{ \, \varphi_\varepsilon \; ; \; \varepsilon > 0 \, \}$ ein glättender Kern. Gemäß Theorem 7.8 gehört $\varphi_\varepsilon * g$ für jedes $k \in \mathbb{N}$ zu BUC^k, also zu BUC^∞. Weil $\operatorname{supp}(g)$ kompakt ist, gibt es ein $\varepsilon_0 > 0$ mit[9] $\operatorname{dist}\big(\operatorname{supp}(g), X^c\big) \geq \varepsilon_0$. Aus Theorem 7.10 folgt

$$\operatorname{supp}(\varphi_\varepsilon * g) \subset \operatorname{supp}(\varphi_\varepsilon) + \operatorname{supp}(g) \subset \operatorname{supp}(g) + \varepsilon \bar{\mathbb{B}}^n \, , \qquad \varepsilon > 0 \, .$$

Somit gehört $\varphi_\varepsilon * g$ für $\varepsilon \in (0, \varepsilon_0)$ zu $\mathcal{D}(X)$. Schließlich finden wir aufgrund von Theorem 7.11 für jedes $q \in [1, \infty]$ ein $\varepsilon_1 \in (0, \varepsilon_0)$ mit $\|\varphi_{\varepsilon_1} * g - g\|_q < \eta/2$.

(ii) Es sei nun $f \in L_p(X)$. Vermöge Theorem 5.1 finden wir ein $g \in C_c(X)$ mit $\|f - g\|_p < \eta/2$. Wegen (i) gibt es folglich ein $h \in \mathcal{D}(X)$ mit $\|f - h\|_p < \eta$.

(iii) Für $f \in C_0(X)$ sei K eine kompakte Teilmenge von X mit $|f(x)| < \eta/2$ für $x \in X \backslash K$. Aufgrund von Satz 4.13 können wir $\varphi \in C_c(X)$ mit $0 \leq \varphi \leq 1$ und $\varphi | K = 1$ wählen. Wir setzen $g := \varphi f$. Wegen $f(x) = g(x)$ für $x \in K$ folgt

$$|f(x) - g(x)| = |f(x)| \, |1 - \varphi(x)| < \eta/2 \, , \qquad x \in X \, .$$

Also gilt $\|f - g\|_\infty \leq \eta/2$. Die Behauptung ergibt sich nun aus (i). ∎

---

[9] $\operatorname{dist}\big(\operatorname{supp}(g), \emptyset\big) := \infty$.

Glatte Zerlegungen der Eins

In Paragraph 4 haben wir die Existenz einer stetigen Urysohnfunktion in allgemeinen metrischen Räumen bewiesen. Dieses Resultat läßt sich in der speziellen Situation des $\mathbb{R}^n$ deutlich verbessern. Mit Hilfe der Approximationseigenschaft der Faltung können wir nämlich die Existenz glatter Abschneidefunktionen nachweisen.

7.14 Satz (Glatte Abschneidefunktionen) *Es sei $K \subset \mathbb{R}^n$ kompakt, und*

$$K_\rho := \left\{ x \in \mathbb{R}^n \; ; \; \operatorname{dist}(x, K) < \rho \right\}, \qquad \rho > 0 .$$

Dann existieren zu jedem $\alpha \in \mathbb{N}^n$ eine positive Konstante $c(\alpha)$ und zu jedem $\rho > 0$ ein $\varphi \in \mathcal{D}(K_\rho)$ mit $0 \leq \varphi \leq 1$ und $\varphi|K = 1$ sowie $\|\partial^\alpha \varphi\|_\infty \leq c(\alpha)\rho^{-|\alpha|}$.

Beweis Es bezeichne $\{\psi_\varepsilon \; ; \; \varepsilon > 0\}$ einen glättenden Kern, und es sei $\delta := \rho/3$. Ferner sei $\varphi := \psi_\delta * \chi_{K_\delta}$. Dann gehört φ zu BUC^∞, und aus Theorem 7.10 folgt

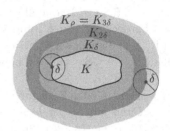

$$\operatorname{supp}(\varphi) \subset \operatorname{supp}(\psi_\delta) + \overline{K}_\delta \subset \delta \overline{\mathbb{B}}^n + \overline{K}_\delta$$
$$\subset \overline{K}_{2\delta} \subset K_{3\delta} = K_\rho .$$

Also gehört φ zu $\mathcal{D}(K_\rho)$. Ferner gilt für $x \in \mathbb{R}^n$

$$\varphi(x) = \int \psi_\delta(x - y)\chi_{K_\delta}(y)\, dy \leq \int \psi_\delta(x - y)\, dy = 1 ,$$

folglich $0 \leq \varphi \leq 1$. Liegt x in K, so gilt

$$\varphi(x) = \int \psi_\delta(y)\chi_{K_\delta}(x - y)\, dy = \int \psi_\delta(y)\, dy = 1 ,$$

und somit $\varphi|K = 1$. Beachten wir schließlich $\partial^\alpha \psi_\delta = \delta^{-|\alpha|}(\partial^\alpha \psi_1)_\delta$ für $\alpha \in \mathbb{N}^n$, so zeigt Theorem 7.8(iv)

$$\partial^\alpha \varphi = \partial^\alpha(\psi_\delta * \chi_{K_\delta}) = \partial^\alpha \psi_\delta * \chi_{K_\delta} = \delta^{-|\alpha|}(\partial^\alpha \psi_1)_\delta * \chi_{K_\delta} .$$

Mit der von $\delta > 0$ unabhängigen Konstanten $c(\alpha) := 3^{|\alpha|} \|\partial^\alpha \psi_1\|_1$ folgt aus der Youngschen Ungleichung also $\|\partial^\alpha \varphi\|_\infty \leq c(\alpha)\rho^{-|\alpha|}$. ∎

Es sei $K \subset \mathbb{R}^n$ kompakt, und $\{X_j \; ; \; 0 \leq j \leq m\}$ bezeichne eine endliche offene Überdeckung von K. Gibt es zu jedem $j \in \{0, \dots, m\}$ ein $\varphi_j \in C^\infty(\mathbb{R}^n)$ mit

(i) $0 \leq \varphi_j \leq 1$,

(ii) $\operatorname{supp}(\varphi_j) \subset X_j$,

(iii) $\sum_{j=0}^m \varphi_j(x) = 1$ für $x \in K$,

so ist $\{\varphi_j \; ; \; 0 \le j \le m\}$ eine der Überdeckung $\{X_j \; ; \; 0 \le j \le m\}$ **untergeordnete glatte Zerlegung der Eins auf** K.

Ist X_0 offen in $\mathbb{R}^n$ mit $K \subset X_0$, so ist $\mathrm{dist}(K, X_0^c)$ positiv, und Satz 7.14 (mit $\rho := \mathrm{dist}(K, X_0^c)$) sichert die Existenz einer glatten Zerlegung der Eins auf K, welche der Überdeckung $\{X_0\}$ von K untergeordnet ist. Um den allgemeinen Fall einer endlichen Überdeckung behandeln zu können, benötigen wir das folgende technische Hilfsresultat.

7.15 Lemma (Schrumpfungslemma)   *Es sei* $\{X_j \; ; \; 0 \le j \le m\}$ *eine endliche offene Überdeckung der kompakten Teilmenge* K *von* $\mathbb{R}^n$. *Dann gibt es eine offene Überdeckung* $\{U_j \; ; \; 0 \le j \le m\}$ *von* K *mit* $U_j \subset\subset X_j$ *für* $j \in \{0, \dots, m\}$.

Beweis   Zu jedem $x \in K$ gibt es ein $j \in \{0, \dots, m\}$ mit $x \in X_j$ und ein $r_x > 0$, so daß $V_x := \mathbb{B}^n(x, r_x)$ kompakt in X_j enthalten ist. Dann ist $\{V_x \; ; \; x \in K\}$ eine offene Überdeckung von K, und wir finden ein $k \in \mathbb{N}$ und $\{x_0, \dots, x_k\} \subset K$ mit $K \subset \bigcup_{i=0}^{k} V_{x_i}$. Setzen wir $U_j := \bigcup\{V_{x_i} \; ; \; V_{x_i} \subset X_j\}$ für $j \in \{0, \dots, m\}$, so hat die Familie $\{U_j \; ; \; 0 \le j \le m\}$ die behauptete Eigenschaft. ∎

7.16 Theorem (Glatte Zerlegungen der Eins)   *Es sei* K *eine kompakte Teilmenge von* $\mathbb{R}^n$. *Dann gibt es zu jeder endlichen offenen Überdeckung von* K *eine ihr untergeordnete glatte Zerlegung der Eins.*

Beweis   Es sei $\{X_j \; ; \; 0 \le j \le m\}$ eine endliche offene Überdeckung von K. Nach Lemma 7.15 gibt es eine offene Überdeckung $\{U_j \; ; \; 0 \le j \le m\}$ mit $U_j \subset\subset X_j$ für $j \in \{0, \dots, m\}$. Wir setzen $K_j := \overline{U_j}$. Dann ist K_j kompakt, und $\mathrm{dist}(K_j, X_j^c)$ ist für jedes $j \in \{0, \dots, m\}$ positiv. Nach Satz 7.14 gibt es deshalb $\psi_j \in \mathcal{D}(X_j)$ mit $0 \le \psi_j \le 1$ und $\psi_j | K_j = 1$. Wir setzen nun

$$\varphi_0 := \psi_0 \, , \quad \varphi_k := \psi_k \prod_{j=0}^{k-1}(1 - \psi_j) \, , \qquad 1 \le k \le m \, ,$$

und erhalten durch Induktion $\sum_{j=0}^{m} \varphi_j = 1 - \prod_{j=0}^{m}(1 - \psi_j)$. Wegen $K \subset \bigcup_{j=0}^{m} K_j$ folgt die Behauptung. ∎

Im folgenden stellen wir einige einfache Anwendungen von Theorem 7.16 vor. Weitere und kompliziertere Situationen beschreiben wir in den nächsten Kapiteln.

7.17 Anwendungen   (a) Es sei X offen in $\mathbb{R}^n$. Dann sind für $f \in L_0(X)$ die folgenden Aussagen äquivalent:

   (i) $f \in L_{1,\mathrm{loc}}(X)$;

   (ii) $\varphi f \in L_1(X)$ für jedes $\varphi \in \mathcal{D}(X)$;

   (iii) $\widetilde{f | K} \in L_1(X)$ für jedes $K = \overline{K} \subset\subset X$.

Beweis Es bezeichne $(U_j)_{j\in\mathbb{N}}$ eine aufsteigende Folge relativ kompakter offener Teilmengen von X mit $X = \bigcup_j U_j$ (siehe die Bemerkungen 1.16(d) und (e)). Dann gilt

$$L_{1,\text{loc}}(X) = \{ f \in L_0(X) \; ; \; \chi_{U_j} f \in L_1(X), \; j \in \mathbb{N} \}$$

(vgl. Aufgabe 4.3).

„(i)$\Rightarrow$(ii)" Es sei $\varphi \in \mathcal{D}(X)$. Weil $K := \text{supp}(\varphi)$ kompakt ist und $(U_j)_{j\in\mathbb{N}}$ aufsteigend, gibt es ein $k \in \mathbb{N}$ mit $K \subset U_k$. Vermöge Satz 7.14 finden wir ein $\psi \in \mathcal{D}(U_k)$ mit $0 \le \psi \le 1$ und $\psi \,|\, K = 1$. Dann gilt

$$\int_X |\varphi f| \, dx = \int_X |\varphi\psi f| \, dx \le \|\varphi\|_\infty \int_X |\psi f| \, dx \le \|\varphi\|_\infty \, \|\chi_{U_k} f\|_1 < \infty \; .$$

Folglich gehört φf zu $L_1(X)$.

„(ii)$\Rightarrow$(iii)" Es seien $K = \overline{K} \subset\subset X$ und $\varphi \in \mathcal{D}(X)$ mit $\varphi \,|\, K = 1$. Dann gilt

$$\int_K |f| = \int_K |\varphi f| \le \|\varphi f\|_1 < \infty \; ,$$

also $\widetilde{f \,|\, K} \in L_1(X)$.

„(iii)$\Rightarrow$(i)" Diese Implikation ist klar, weil jedes $\overline{U_j}$ kompakt ist. ∎

(b) Es sei X offen in $\mathbb{R}^n$. Dann gilt $C(X) \subset L_{1,\text{loc}}(X)$.

Beweis Es seien $f \in C(X)$ und $\varphi \in \mathcal{D}(X)$. Dann gehört φf zu $C_c(X)$. Wegen Theorem 5.1 gilt $\varphi f \in L_1(X)$, und die Behauptung folgt aus (a). ∎

(c) Die lineare Darstellung der Gruppe $(\mathbb{R}^n, +)$ in BUC^k ist ein Gruppenisomorphismus auf $\mathfrak{T}_{BUC^k}$.

Beweis Für $a \in \mathbb{R}^n$ gelte $\tau_a = \text{id}_{BUC^k}$. Wir wählen $r > |a|$ und eine Abschneidefunktion $\varphi \in \mathcal{D}(\mathbb{R}^n)$ für $r\overline{\mathbb{B}}^n$. Dann gehört $f_j := \varphi \, \text{pr}_j$ zu BUC^k, und wir finden

$$-a_j = \tau_a f_j(0) = f_j(0) = 0 \; , \qquad j \in \{1, \dots, n\} \; .$$

Also gilt $a = 0$. Hieraus folgt die Injektivität der Darstellung $a \mapsto \tau_a$. ∎

(d) Es sei X offen in $\mathbb{R}^n$ und beschränkt. Ferner bezeichne $\{ X_j \; ; \; 0 \le j \le m \}$ eine endliche offene Überdeckung von $\overline{X}$, und $\{ \varphi_j \; ; \; 0 \le j \le m \}$ sei eine ihr untergeordnete glatte Zerlegung der Eins. Schließlich seien $k \in \mathbb{N}$ und

$$\|\|u\|\|_{BC^k} := \sum_{j=0}^m \|\varphi_j u\|_{BC^k} \; , \qquad u \in BC^k(X) \; .$$

Dann ist $\|\|\cdot\|\|_{BC^k}$ eine äquivalente Norm auf $BC^k(X)$.

Beweis Es sei $u \in BC^k(X)$. Offensichtlich gilt

$$\|u\|_{BC^k} = \left\| \sum_{j=0}^m \varphi_j u \right\|_{BC^k} \le \sum_{j=0}^m \|\varphi_j u\|_{BC^k} = \|\|u\|\|_{BC^k} \; .$$

Aus der Leibnizschen Regel (vgl. Aufgabe VII.5.21) erhalten wir

$$\|u\|_{BC^k} = \sum_{j=0}^{m} \max_{|\alpha| \leq k} \|\partial^\alpha (\varphi_j u)\|_\infty = \sum_{j=0}^{m} \max_{|\alpha| \leq k} \left\| \sum_{\beta \leq \alpha} \binom{\alpha}{\beta} \partial^\beta \varphi_j \, \partial^{\alpha-\beta} u \right\|_\infty$$

$$\leq \sum_{j=0}^{m} c_k \, \|\varphi_j\|_{BC^k} \, \|u\|_{BC^k} \leq C \, \|u\|_{BC^k} \; ,$$

wobei wir $c_k := \max_{|\alpha| \leq k} \sum_{\beta \leq \alpha} \binom{\alpha}{\beta}$ und $C := c_k \sum_{j=0}^{m} \|\varphi_j\|_{BC^k}$ gesetzt haben. ∎

Faltungen E-wertiger Funktionen

Eine Analyse der vorangehenden Beweise zeigt, daß die Faltung $f * g$ auch definiert werden kann, wenn eine der beiden Funktionen Werte in einem Banachraum F annimmt und die andere skalarwertig ist. Dann bleiben alle Beweise gültig,[10] falls auch für F-wertige Funktionen der spezielle Transformationssatz richtig ist. Dies ist in der Tat der Fall, wie im nächsten Paragraphen gezeigt wird. Insbesondere bleibt die fundamentale Approximationsaussage von Theorem 7.11 für die Räume $L_p(\mathbb{R}^n, F)$ und $BUC^k(\mathbb{R}^n, F)$ mit $1 \leq p < \infty$ und $k \in \mathbb{N}$ richtig. Als eine Konsequenz dieser Tatsache ergibt sich z.B. das Analogon zu Theorem 7.13, das besagt, daß $\mathcal{D}(X, F)$ ein dichter Untervektorraum von $L_p(X, F)$ für $1 \leq p < \infty$ und von $C_0(X, F)$ ist.

Distributionen[11]

Es sei X eine nichtleere offene Teilmenge von $\mathbb{R}^n$. Eine skalare Funktion auf X ist bekanntlich eine Vorschrift, die jedem Punkt von X eine reelle oder komplexe Zahl zuordnet. Natürlich handelt es sich bei dieser Definition um eine Abstraktion, da wir ja die einzelnen Punkte von X „gar nicht sehen können". Wenn wir beispielsweise Eigenschaften, die den Punkten von X zukommen — wie z.B. die Temperaturverteilung in einem die Menge X ausfüllenden Medium —, bestimmen wollen, so sind wir auf „Testgeräte" angewiesen. Solche „Meßgeräte" werden jedoch nie den Wert der betrachteten Größe, d.h. der Funktion f, in einem mathematisch idealisierten Punkt x_0 von X bestimmen, sondern lediglich Mittelwerte, wobei die Werteverteilung in einer ganzen Umgebung von x_0 berücksichtigt wird. Dies bedeutet (wiederum mathematisch idealisiert), daß nicht $f(x_0)$ gemessen wird, sondern ein (Mittel-)Wert der Form $\int_X \varphi f \, dx$, wobei φ eine „Testfunktion" ist, welche durch das Meßgerät bestimmt ist. Natürlich wird die Messung des exakten Wertes $f(x_0)$ umso genauer sein, je „näher bei x_0 die Testfunktion φ konzentriert" ist, d.h., „je weniger die Meßapparatur die Daten verschmiert". Um den exakten Wert $f(x_0)$ zu erhalten, müßte man idealerweise alle denkbar möglichen

---

[10]Die Kommutativitätsformel $f * g = g * f$ muß natürlich richtig interpretiert werden.

[11]Die weiteren Ausführungen dieses Paragraphen geben Einblicke in Anwendungen und weiterführende Theorien und können bei einer ersten Lektüre überschlagen werden.

Meßgeräte zu Hilfe nehmen, d.h. alle Mittelungen $\int_X \varphi f\,dx$ mit allen möglichen Testfunktionen φ ausführen. Mathematisch präzisiert bedeutet dies, daß wir die punktweise Funktion $f : X \to \mathbb{K}$ durch ein Funktional auf dem Raum aller Testfunktionen, nämlich durch die Abbildung

$$T_f : \mathcal{D}(X) \to \mathbb{K}\,, \quad \varphi \mapsto \int_X \varphi f\,dx \tag{7.12}$$

ersetzen. Hierbei ist die Wahl des Testraums, nämlich $\mathcal{D}(X)$, weitgehend willkürlich. Beim ersten Hinsehen würde sich eher der Raum $C_c(X)$ statt $\mathcal{D}(X)$ aufdrängen. Andererseits wird man bestrebt sein, einen „möglichst kleinen Raum" zu wählen, um möglichst wenige „Messungen" ausführen zu müssen, was für $\mathcal{D}(X)$ spricht. Jedoch muß der Testraum „groß genug" sein, um aus den „Mittelwerten" $\int_X \varphi f\,dx$ eindeutig auf f schließen zu können. Mit anderen Worten: Gilt $\int_X \varphi f\,dx = \int_X \varphi g\,dx$ für alle Testfunktionen φ, so muß $f = g$ folgen.

Das folgende Theorem zeigt, daß letzteres der Fall ist, wenn als Testraum $\mathcal{D}(X)$ gewählt wird und wenn wir „Funktionen" f in $L_{1,\text{loc}}(X)$ betrachten. Aus Anwendung 7.17(a) folgt, daß $L_{1,\text{loc}}(X)$ der größte Untervektorraum E von $L_0(X)$ ist, so daß $\int_X \varphi f\,dx$ für alle $f \in E$ und alle $\varphi \in \mathcal{D}(X)$ wohldefiniert ist.

7.18 Theorem Es sei $f \in L_{1,\text{loc}}(X)$. Gilt

$$\int_X \varphi f\,dx = 0\,, \quad \varphi \in \mathcal{D}(X)\,, \tag{7.13}$$

so folgt $f = 0$.

Beweis Es sei $f \neq 0$, und $\overset{*}{f} \in \mathcal{L}_{1,\text{loc}}(X)$ sei ein Repräsentant von f. Weil das Lebesguesche Maß regulär ist, gibt es eine kompakte Teilmenge K von X positiven Maßes mit $\overset{*}{f}(x) \neq 0$ für $x \in K$. Es seien $\eta \in \mathcal{D}(X)$ mit $\eta\,|\,K = 1$ und $g := \eta\overset{*}{f}$. Nach Anwendung 7.17(a) gehört g zu $\mathcal{L}_1$. Ferner ist $g(x) \neq 0$ für $x \in K$. Es sei $\{\varphi_\varepsilon\ ;\ \varepsilon > 0\}$ ein glättender Kern. Dann gilt $\lim_{\varepsilon \to 0} \varphi_\varepsilon * g = g$ in $\mathcal{L}_1$. Also gibt es nach Korollar 4.7 eine Nullfolge (ε_j) und eine λ_n-Nullmenge N mit

$$\lim_{j \to \infty} \varphi_{\varepsilon_j} * g(x) = g(x)\,, \quad x \in N^c\,. \tag{7.14}$$

Es sei $x_0 \in K \cap N^c$, und wir setzen $\psi_j := \eta \tau_{x_0} \varphi_{\varepsilon_j} \in \mathcal{D}(X)$ für $j \in \mathbb{N}$. Dann gilt wegen $\breve{\varphi}_\varepsilon = \varphi_\varepsilon$ (vgl. Bemerkung 7.1(d))

$$\varphi_{\varepsilon_j} * g(x_0) = \int g(y)\,\varphi_{\varepsilon_j}(x_0 - y)\,dy = \int_X (\eta\overset{*}{f})(y)\,\varphi_{\varepsilon_j}(x_0 - y)\,dy$$

$$= \int_X \overset{*}{f}(y)\,\psi_j(y)\,dy = 0$$

aufgrund von (7.13). Dies steht aber wegen (7.14) im Widerspruch zu $g(x_0) \neq 0$. Da dies für jeden Repräsentanten $\overset{*}{f}$ von f gilt, folgt die Behauptung. ∎

Offensichtlich ist die Abbildung T_f eine Linearform auf $\mathcal{D}(X)$. Wenn die Interpretation von $T_f\varphi = \int_X \varphi f\, dx$ als „Meßwert" sinnvoll sein soll, muß $T_f\varphi$ „stetig von der Meßapparatur abhängen", d.h., kleine Störungen des Gerätes, also der Testfunktion φ, dürfen nur kleine Veränderungen der Meßwerte bewirken. Mathematisch ausgedrückt bedeutet dies, daß T_f eine stetige Linearform auf $\mathcal{D}(X)$ sein muß. Dazu müssen wir auf $\mathcal{D}(X)$ eine Topologie einführen.

Wir wollen uns im Rahmen dieser einführenden Betrachtungen mit weniger zufrieden geben und nur erklären, was unter der Konvergenz einer Folge in $\mathcal{D}(X)$ zu verstehen ist. Da $\mathcal{D}(X)$ ein Vektorraum ist und die Konvergenz mit den Vektorraumoperationen verträglich sein soll, genügt es zu erklären, was eine Nullfolge in $\mathcal{D}(X)$ ist.

Man sagt, die Folge (φ_j) **konvergiert in $\mathcal{D}(X)$ gegen** 0, wenn folgende Bedingungen erfüllt sind:

($\mathcal{D}_1$) Es gibt ein $K \subset\subset X$ mit $\operatorname{supp}(\varphi_j) \subset K$ für $j \in \mathbb{N}$.

($\mathcal{D}_2$) $\varphi_j \to 0$ in $BC^k(X)$ für jedes $k \in \mathbb{N}$.

Offensichtlich ist ($\mathcal{D}_2$) äquivalent zu:

$$\left.\begin{array}{l} \text{Für jedes } \alpha \in \mathbb{N}^n \text{ konvergiert} \\[4pt] \text{die Folge } (\partial^\alpha \varphi_j)_{j\in\mathbb{N}} \text{ gleichmäßig gegen } 0\ . \end{array}\right\} \tag{7.15}$$

Für die Konvergenz von φ_j gegen 0 in $\mathcal{D}(X)$ muß zusätzlich zu (7.15) gelten, daß alle Träger der Funktion φ_j in einer festen kompakten Teilmenge von X enthalten sind.

Eine Linearform $T : \mathcal{D}(X) \to \mathbb{K}$ ist **stetig**, wenn $T\varphi_j \to 0$ für jede Folge (φ_j) in $\mathcal{D}(X)$ gilt, die in $\mathcal{D}(X)$ gegen Null konvergiert. Die Menge aller stetigen Linearformen auf $\mathcal{D}(X)$ bezeichnet man mit $\mathcal{D}'(X)$, und die Elemente von $\mathcal{D}'(X)$ sind die (**Schwartzschen**) **Distributionen** auf X. Offensichtlich ist $\mathcal{D}'(X)$ ein Untervektorraum von $\operatorname{Hom}\big(\mathcal{D}(X), \mathbb{K}\big)$, der **Raum der Schwartzschen Distributionen**[12] auf X.

7.19 Beispiele (a) Für jedes $f \in L_{1,\mathrm{loc}}(X)$ ist die durch (7.12) definierte Linearform T_f eine Distribution auf X.

Beweis Es sei (φ_j) eine Folge in $\mathcal{D}(X)$ mit $\varphi_j \to 0$ in $\mathcal{D}(X)$. Dann gibt es eine kompakte Teilmenge K von X mit $\operatorname{supp}(\varphi_j) \subset X$ für $j \in \mathbb{N}$. Also folgt

$$|T_f\varphi_j| = \left| \int_X \varphi_j f\, dx \right| \le \int_K |\varphi_j|\,|f|\, dx \le \|f\|_{L_1(K)}\, \|\varphi_j\|_\infty$$

---

[12]In der FUNKTIONALANALYSIS, genauer: in der THEORIE DER TOPOLOGISCHEN VEKTORRÄUME, zeigt man, daß es genau eine Hausdorffsche Topologie auf $\mathcal{D}(X)$ gibt, die mit den Vektorraumoperationen verträglich (und in einem zu definierenden Sinn „lokal konvex") ist, derart daß die Konvergenz von (φ_j) in $\mathcal{D}(X)$ gegen Null mit der Konvergenz der Folge (φ_j) gegen 0 in dieser Topologie übereinstimmt. Bezüglich dieser Topologie ist $\mathcal{D}'(X)$ der „Dualraum" von $\mathcal{D}(X)$, d.h. der Raum aller stetigen Linearformen auf X (vgl. z.B. [Sch66], [Yos65]).

für $j \in \mathbb{N}$. Wegen $\|f\|_{L_1(K)} < \infty$ erhalten wir somit $T_f \varphi_j \to 0$ in $\mathbb{K}$, da $(\mathcal{D}_2)$ impliziert, daß $\|\varphi_j\|_\infty \to 0$ gilt. ∎

(b) Es sei μ ein Radonmaß auf X. Dann wird durch

$$\mathcal{D}(X) \to \mathbb{K}, \quad \varphi \mapsto \int_X \varphi \, d\mu$$

eine Distribution auf X definiert.

Beweis Es sei (φ_j) eine Folge in $\mathcal{D}(X)$ mit $\varphi_j \to 0$ in $\mathcal{D}(X)$. Ferner sei $K = \overline{K} \subset\subset X$ mit $\mathrm{supp}(\varphi_j) \subset K$ für $j \in \mathbb{N}$. Dann folgt

$$\left| \int_X \varphi_j \, d\mu \right| \leq \int_K |\varphi_j| \, d\mu \leq \mu(K) \|\varphi_j\|_\infty, \quad j \in \mathbb{N},$$

was, wie im Beweis von (a), die Behauptung impliziert. ∎

(c) Es sei δ das Diracmaß auf $\mathbb{R}^n$ mit Träger in 0. Dann ist

$$\varphi \mapsto \langle \delta, \varphi \rangle := \int_X \varphi \, d\delta = \varphi(0), \quad \varphi \in \mathcal{D}(\mathbb{R}^n),$$

eine Distribution auf $\mathbb{R}^n$, die **Diracdistribution**

$$\delta : \mathcal{D}(\mathbb{R}^n) \to \mathbb{K}, \quad \varphi \mapsto \varphi(0).$$

Es gibt kein $u \in L_{1,\mathrm{loc}}(\mathbb{R}^n)$ mit $T_u = \delta$.

Beweis Die erste Aussage ist ein Spezialfall von (b).

Es sei nun $u \in L_{1,\mathrm{loc}}(\mathbb{R}^n)$ mit $T_u = \delta$, d.h.

$$\int_{\mathbb{R}^n} \varphi u \, dx = \varphi(0), \quad \varphi \in \mathcal{D}(\mathbb{R}^n). \tag{7.16}$$

Wählen wir nur solche $\varphi \in \mathcal{D}(\mathbb{R}^n)$ mit $\mathrm{supp}(\varphi) \subset\subset X := \mathbb{R}^n \setminus \{0\}$, so gilt $\varphi(0) = 0$, und aus Theorem 7.18 folgt $u \,|\, X = 0$ in $L_{1,\mathrm{loc}}(X)$. Da sich X und $\mathbb{R}^n$ nur durch einen Punkt, also eine Nullmenge, unterscheiden, folgt auch $u = 0$ in $L_{1,\mathrm{loc}}(\mathbb{R}^n)$, was (7.16) widerspricht. ∎

(d) Es sei $\alpha \in \mathbb{N}^n$. Dann wird durch

$$S_\alpha : \mathcal{D}(\mathbb{R}^n) \to \mathbb{K}, \quad \varphi \mapsto \partial^\alpha \varphi(0)$$

eine Distribution definiert. Es gibt kein $u \in L_{1,\mathrm{loc}}(\mathbb{R}^n)$ mit $T_u = S_\alpha$.

Beweis Es seien (φ_j) eine Folge in $\mathcal{D}(\mathbb{R}^n)$ mit $\varphi_j \to 0$ in $\mathcal{D}(\mathbb{R}^n)$ und $K = \overline{K} \subset\subset \mathbb{R}^n$ mit $\mathrm{supp}(\varphi_j) \subset K$ für $j \in \mathbb{N}$. Wir können annehmen, daß 0 in K liegt. Dann besteht die Abschätzung

$$|\partial^\alpha \varphi_j(0)| \leq \max_{x \in K} |\partial^\alpha \varphi_j(x)| \leq \|\varphi_j\|_{BC^{|\alpha|}}, \quad j \in \mathbb{N}.$$

Also folgt $\partial^\alpha \varphi_j(0) \to 0$ in $\mathbb{K}$ aus $(\mathcal{D}_2)$, was zeigt, daß S_α eine Distribution ist. Die zweite Aussage wird analog zum Beweis von (c) gezeigt. ∎

Das folgende fundamentale Theorem ist nun eine einfache Konsequenz aus Theorem 7.18.

7.20 Theorem *Die Abbildung*

$$L_{1,\mathrm{loc}}(X) \to \mathcal{D}'(X) \;, \quad f \mapsto T_f$$

ist linear und injektiv.

Beweis Beispiel 7.19(a) zeigt, daß diese Abbildung wohldefiniert ist. Ihre Linearität folgt unmittelbar aus der entsprechenden Eigenschaft des Integrals. Die Injektivität ist nun eine Konsequenz aus Theorem 7.18. ∎

Aufgrund von Theorem 7.20 können wir $L_{1,\mathrm{loc}}(X)$ mit seinem Bild in $\mathcal{D}'(X)$ identifizieren. Mit anderen Worten: Wir können $L_{1,\mathrm{loc}}(X)$ als einen Untervektorraum des Raumes aller Schwartzschen Distributionen auffassen, indem wir die Funktion $f \in L_{1,\mathrm{loc}}(X)$ mit der Distribution T_f, d.h. mit

$$\left(\varphi \mapsto \int_X \varphi f \, dx \right) \in \mathcal{D}'(X) \;,$$

identifizieren. In diesem Sinne ist jedes $f \in L_{1,\mathrm{loc}}(X)$ eine Distribution. Die Elemente von $L_{1,\mathrm{loc}}(X)$ sind dann die **regulären Distributionen**. Alle anderen Distributionen heißen **singulär**. Insbesondere sind in den Beispielen 7.19(c) und (d) singuläre Distributionen angegeben.

Die Theorie der Distributionen spielt in der Höheren Analysis, insbesondere in der Theorie der Partiellen Differentialgleichungen, und in der Theoretischen Physik eine wichtige Rolle. Darauf können wir hier jedoch nicht näher eingehen (vgl. z.B. [Sch65], [RS72]).

Lineare Differentialoperatoren

Es seien X offen in $\mathbb{R}^n$ und $m \in \mathbb{N}$. Mit $a_\alpha \in C^\infty(X)$ für $\alpha \in \mathbb{N}^n$ mit $|\alpha| \leq m$ setzen wir

$$\mathcal{A}(\partial) u := \sum_{|\alpha| \leq m} a_\alpha \partial^\alpha u \;, \qquad u \in \mathcal{D}(X) \;.$$

Dann ist $\mathcal{A}(\partial)$ offensichtlich eine lineare Abbildung von $\mathcal{D}(X)$ in sich selbst, ein **linearer Differentialoperator auf X der Ordnung $\leq m$** (mit glatten Koeffizienten). Er besitzt die **Ordnung** m, wenn

$$\sum_{|\alpha| = m} \|a_\alpha\|_\infty \neq 0 \;,$$

d.h., wenn mindestens ein Koeffizient a_α des **Hauptteils** $\sum_{|\alpha|=m} a_\alpha \partial^\alpha$ nicht identisch verschwindet. Die Menge aller linearen Differentialoperatoren auf X bezeichnen wir mit $\mathcal{D}\mathrm{iffop}(X)$, und die der Ordnung $\leq m$ mit $\mathcal{D}\mathrm{iffop}_m(X)$.

Eine lineare Abbildung $T: \mathcal{D}(X) \to \mathcal{D}(X)$ heißt **stetig**,[13] wenn für jede Folge (φ_j) in $\mathcal{D}(X)$ mit $\varphi_j \to 0$ in $\mathcal{D}(X)$ gilt: $T\varphi_j \to 0$ in $\mathcal{D}(X)$. Die Menge aller stetigen Endomorphismen von $\mathcal{D}(X)$ ist ein Untervektorraum von $\mathrm{End}(\mathcal{D}(X))$, den wir mit $\mathcal{L}(\mathcal{D}(X))$ bezeichnen.[13]

7.21 Satz $\mathrm{Diffop}(X)$ *ist ein Untervektorraum von* $\mathcal{L}(\mathcal{D}(X))$, *und* $\mathrm{Diffop}_m(X)$ *ist ein Untervektorraum von* $\mathrm{Diffop}(X)$.

Beweis Es seien $m \in \mathbb{N}$ und $\mathcal{A}(\partial) := \sum_{|\alpha| \leq m} a_\alpha \partial^\alpha \in \mathrm{Diffop}_m(X)$, und (φ_j) sei eine Folge in $\mathcal{D}(X)$ mit $\varphi_j \to 0$ in $\mathcal{D}(X)$. Ferner sei $K = \overline{K} \subset\subset X$ mit $\mathrm{supp}(\varphi_j) \subset K$ für $j \in \mathbb{N}$. Dann gilt $\mathrm{supp}(\mathcal{A}(\partial)\varphi_j) \subset K$ für $j \in \mathbb{N}$. Für $\beta \in \mathbb{N}^n$ folgt aus der Leibnizschen Regel

$$\|\partial^\beta(a_\alpha \partial^\alpha \varphi_j)\|_{C(K)} = \left\|\sum_{\gamma \leq \beta} \binom{\beta}{\gamma} \partial^\gamma a_\alpha \partial^{\beta-\gamma+\alpha}\varphi_j\right\|_{C(K)}$$
$$\leq c(\alpha,\beta) \max_{\gamma \leq \beta} \|\partial^\gamma a_\alpha\|_{C(K)} \|\partial^{\beta-\gamma+\alpha}\varphi_j\|_\infty \;.$$

Hieraus leiten wir für $k \in \mathbb{N}$ leicht die Ungleichung

$$\|\mathcal{A}(\partial)\varphi_j\|_{BC^k(X)} \leq c(k) \sum_{|\alpha| \leq m} \|a_\alpha\|_{BC^k(K)} \|\varphi_j\|_{BC^{k+m}(X)} \;, \qquad j \in \mathbb{N} \;,$$

ab, wobei die Konstante $c(k)$ von j unabhängig ist. Nun folgt $\mathcal{A}(\partial)\varphi_j \to 0$ in $BC^k(X)$ aus $(\mathcal{D}_2)$. Da dies für jedes $k \in \mathbb{N}$ richtig ist, sehen wir, daß $\mathcal{A}(\partial)\varphi_j \to 0$ in $\mathcal{D}(X)$ gilt. Dies beweist $\mathrm{Diffop}_m(X) \subset \mathcal{L}(\mathcal{D}(X))$. Die weiteren Aussagen sind klar. ∎

Es sei $(\cdot\,|\,\cdot)$ das innere Produkt in $L_2(X)$, und $\mathcal{A}(\partial)$ gehöre zu $\mathrm{Diffop}(X)$. Gibt es ein $\mathcal{A}^\sharp(\partial) \in \mathrm{Diffop}(X)$ mit

$$\big(\mathcal{A}(\partial)u\,\big|\,v\big) = \big(u\,\big|\,\mathcal{A}^\sharp(\partial)v\big) \;, \qquad u,v \in \mathcal{D}(X) \;,$$

so heißt $\mathcal{A}^\sharp(\partial)$ zu $\mathcal{A}(\partial)$ **formal adjungierter (Differential-)Operator**.
Wegen

$$\big(u\,\big|\,\mathcal{A}^\sharp(\partial)v\big) = \int_X u\,\overline{\mathcal{A}^\sharp(\partial)v}\,dx$$

und $\overline{\mathcal{A}^\sharp(\partial)v} \in \mathcal{D}(X) \subset L_{1,\mathrm{loc}}(X)$ für $v \in \mathcal{D}(X)$ folgt aus Theorem 7.18 sofort, daß es zu $\mathcal{A}(\partial)$ höchstens einen formal adjungierten Operator geben kann. Besitzt $\mathcal{A}(\partial)$ einen formal adjungierten Operator $\mathcal{A}^\sharp(\partial)$ und gilt $\mathcal{A}^\sharp(\partial) = \mathcal{A}(\partial)$, so heißt $\mathcal{A}(\partial)$ **formal selbstadjungiert**.

Wir zeigen nun, daß es zu jedem $\mathcal{A}(\partial) \in \mathrm{Diffop}(X)$ einen formal adjungierten Differentialoperator gibt und leiten eine explizite Darstellung für $\mathcal{A}^\sharp(\partial)$ her. Dazu benötigen wir den folgenden „Satz über die partielle Integration".

---

[13]Daß diese Definitionen mit unseren bisherigen Definitionen von „stetig" und $\mathcal{L}(E)$ konsistent sind, wird in der Funktionalanalysis gezeigt.

7.22 Satz (Partielle Integration) *Für $f \in C^1(X)$ und $g \in C_c^1(X)$ gilt*

$$\int_X (\partial_j f) g\, dx = -\int_X f \partial_j g\, dx \,, \qquad j \in \{1, \dots, n\} \,.$$

Beweis Wir betrachten zuerst den Fall $j = 1$ und setzen $x = (x_1, x') \in \mathbb{R} \times \mathbb{R}^{n-1}$. Weil fg einen kompakten Träger hat, folgt durch partielle Integration:

$$\int_{-\infty}^{\infty} \big[\partial_1 f(x_1, x')\big] g(x_1, x')\, dx_1 = -\int_{-\infty}^{\infty} f(x_1, x') \partial_1 g(x_1, x')\, dx_1$$

für jedes $x' \in \mathbb{R}^{n-1}$. Aus dem Satz von Fubini erhalten wir nun

$$
\begin{aligned}
\int_X (\partial_1 f) g\, dx &= \int_{\mathbb{R}^n} (\partial_1 f) g\, dx \\
&= \int_{\mathbb{R}^{n-1}} \Big(\int_{-\infty}^{\infty} \partial_1 f(x_1, x') g(x_1, x')\, dx_1 \Big)\, dx' \\
&= -\int_{\mathbb{R}^{n-1}} \Big(\int_{-\infty}^{\infty} f(x_1, x') \partial_1 g(x_1, x')\, dx_1 \Big)\, dx' \\
&= -\int_{\mathbb{R}^n} f \partial_1 g\, dx = -\int_X f \partial_1 g\, dx \,,
\end{aligned}
$$

also die Behauptung. Der Fall $j \in \{2, \dots, n\}$ wird mittels Korollar 6.10 durch eine Permutation auf den eben behandelten zurückgeführt. ∎

7.23 Korollar *Es seien $f \in C^k(X)$ und $g \in C_c^k(X)$. Dann gilt*

$$\int_X (\partial^\alpha f) g\, dx = (-1)^{|\alpha|} \int_X f \partial^\alpha g\, dx$$

für $\alpha \in \mathbb{N}^n$ mit $|\alpha| \le k$.

Nun sind wir in der Lage, wie angekündigt zu beweisen, daß es zu jedem linearen Differentialoperator einen formal adjungierten gibt.

7.24 Satz *Zu jedem*

$$\mathcal{A}(\partial) = \sum_{|\alpha| \le m} a_\alpha \partial^\alpha \in \mathcal{D}\mathrm{iffop}(X)$$

gibt es einen eindeutig bestimmten formal adjungierten Operator. Er wird durch

$$\mathcal{A}^\sharp(\partial) v = \sum_{|\alpha| \le m} (-1)^{|\alpha|} \partial^\alpha (\overline{a}_\alpha v) \,, \qquad v \in \mathcal{D}(X) \,, \tag{7.17}$$

gegeben. Hat $\mathcal{A}(\partial)$ die Ordnung m, so ist auch $\mathcal{A}^\sharp(\partial)$ ein Differentialoperator m-ter Ordnung.

Beweis Da wir bereits wissen, daß es höchstens einen formal adjungierten Operator gibt, genügt es, die Existenz von $\mathcal{A}^\sharp(\partial)$ und (7.17) nachzuweisen.

Es seien $u, v \in \mathcal{D}(X)$. Durch partielle Integration folgt

$$\left(\mathcal{A}(\partial)u \,\middle|\, v\right) = \int_X \left(\mathcal{A}(\partial)u\right)\overline{v}\,dx = \sum_{|\alpha|\leq m} \int_X (a_\alpha \partial^\alpha u)\overline{v}\,dx$$

$$= \sum_{|\alpha|\leq m} (-1)^{|\alpha|} \int_X u\partial^\alpha(a_\alpha \overline{v})\,dx = \int_X u \,\overline{\sum_{|\alpha|\leq m} (-1)^{|\alpha|} \partial^\alpha(\overline{a}_\alpha v)}\,dx \ .$$

Also gilt

$$\left(\mathcal{A}(\partial)u \,\middle|\, v\right) = \left(u \,\middle|\, \mathcal{A}^\sharp(\partial)v\right) \ , \qquad u, v \in \mathcal{D}(X) \ ,$$

falls $\mathcal{A}^\sharp(\partial)v$ durch (7.17) definiert ist. Aus der Leibnizschen Regel folgt, daß es $b_\alpha \in C^\infty(X)$ für $\alpha \in \mathbb{N}^n$ mit $|\alpha| \leq m - 1$ gibt, so daß

$$\mathcal{A}^\sharp(\partial) = (-1)^m \sum_{|\alpha|=m} \overline{a}_\alpha \partial^\alpha + \sum_{|\alpha|\leq m-1} b_\alpha \partial^\alpha \ .$$

Somit gehört $\mathcal{A}^\sharp(\partial)$ zu $\mathcal{D}\mathrm{iffop}(X)$. Nun ist die Behauptung klar. $\blacksquare$

Für Differentialoperatoren, die eine zeitliche Entwicklung eines Systems beschreiben, ist es sinnvoll (und üblich), die Zeit als eine spezielle Variable zu behandeln. Wir erinnern in diesem Zusammenhang an den Wellenoperator $\partial_t^2 - \Delta_x$ und an den Wärmeleitungsoperator $\partial_t - \Delta_x$ in den Variablen $(t, x) \in \mathbb{R} \times \mathbb{R}^n$ (vgl. Aufgabe VII.5.10). Als ein weiteres Beispiel führen wir den **Schrödingeroperator** $(1/i)\partial_t - \Delta_x$ an. Der Wellenoperator, der Wärmeleitungsoperator und der Schrödingeroperator sind Differentialoperatoren zweiter Ordnung.

7.25 Beispiele **(a)** Der Wellenoperator und der Schrödingeroperator sind formal selbstadjungiert.[15]

(b) Für den Wärmeleitungsoperator gilt $(\partial_t - \Delta_x)^\sharp = -\partial_t - \Delta_x$. Also ist er *nicht* formal selbstadjungiert.

(c) Für $\mathcal{A}(\partial) := \partial_t - \sum_{j=1}^n \partial_j$ gilt $\mathcal{A}^\sharp(\partial) = -\mathcal{A}(\partial)$.

(d) Es seien $a_{jk}, a_j, a_0 \in C^\infty(X, \mathbb{R})$ mit

$$\sum_{j,k=1}^n \|a_{jk}\|_\infty \neq 0 \ , \quad a_{jk} = a_{kj} \ , \qquad j, k \in \{1, \ldots, n\} \ .$$

Ferner sei $\mathcal{A}(\partial) \in \mathcal{D}\mathrm{iffop}_2(X)$ durch

$$\mathcal{A}(\partial)u := \sum_{j,k=1}^n \partial_j(a_{jk}\partial_k u) + \sum_{j=1}^n a_j \partial_j u + a_0 u \ , \qquad u \in \mathcal{D}(X) \ ,$$

---

[15]Diese Tatsache ist insbesondere in der Mathematischen Physik von großer Bedeutung.

erklärt. Dann sagt man, $\mathcal{A}(\partial)$ besitze **Divergenzform**.[16] In diesem Fall gilt

$$\mathcal{A}^{\sharp}(\partial)v = \sum_{j,k=1}^{n} \partial_j(a_{jk}\partial_k v) - \sum_{j=1}^{n} a_j \partial_j v + \Big(a_0 - \sum_{j=1}^{n} \partial_j a_j\Big)v \;, \qquad v \in \mathcal{D}(X) \;.$$

Also hat auch der formal adjungierte Operator Divergenzform. $\mathcal{A}(\partial)$ ist genau dann formal selbstadjungiert, wenn $a_j = 0$ für $j = 1, \ldots, n$.

Beweis Dies folgt leicht aus Satz 7.22. ∎

(e) Der Laplaceoperator Δ ist ein formal selbstadjungierter Differentialoperator zweiter Ordnung, der Divergenzform besitzt.

Beweis Dies folgt mit $a_{jk} = \delta_{jk}$ (Kroneckersymbol) aus (d). ∎

Schwache Ableitungen

Wir wollen nun kurz erläutern, wie der Begriff der Ableitung so verallgemeinert werden kann, daß auch Funktionen, die im „klassischen Sinn" nicht differenzierbar sind, eine „verallgemeinerte Ableitung" zugeordnet werden kann.

Es sei X offen in $\mathbb{R}^n$. Dann heißt $u \in L_{1,\mathrm{loc}}(X)$ **schwach differenzierbar**, wenn es $u_j \in L_{1,\mathrm{loc}}(X)$ gibt mit

$$\int_X (\partial_j\varphi)u\,dx = -\int_X \varphi u_j\,dx \;, \qquad \varphi \in \mathcal{D}(X) \;, \quad 1 \le j \le n \;. \tag{7.18}$$

Allgemeiner sei $m \in \mathbb{N}$ mit $m \ge 2$. Dann sagt man, $u \in L_{1,\mathrm{loc}}(X)$ sei m-**mal schwach differenzierbar auf** X, wenn es $u_\alpha \in L_{1,\mathrm{loc}}(X)$ gibt mit

$$\int_X (\partial^\alpha\varphi)u\,dx = (-1)^{|\alpha|} \int_X \varphi u_\alpha\,dx \;, \qquad \varphi \in \mathcal{D}(X) \;, \tag{7.19}$$

für $\alpha \in \mathbb{N}^n$ mit $|\alpha| \le m$. Ist dies der Fall, so folgt aus Theorem 7.18 unmittelbar, daß die $u_\alpha \in L_{1,\mathrm{loc}}(X)$ durch u (und α) eindeutig bestimmt sind. Man nennt u_α **schwache α-te partielle Ableitung** und setzt $\partial^\alpha u := u_\alpha$, also insbesondere $\partial_j u := u_j$ im Fall $m = 1$. Diese Notationen sind gerechtfertigt, wie die nachfolgende erste Bemerkung zeigt.

7.26 Bemerkungen **(a)** Es sei $m \in \mathbb{N}^\times$. Dann ist jedes $u \in C^m(X)$ m-mal schwach differenzierbar, und die schwachen Ableitungen stimmen mit den klassischen (d.h. den üblichen) partiellen Ableitungen überein.

Beweis Dies folgt aus Korollar 7.23. ∎

(b) Es bezeichne $W_{1,\mathrm{loc}}^m(X)$ die Menge aller m-mal schwach differenzierbaren Funktionen auf X. Dann ist $W_{1,\mathrm{loc}}^m(X)$ ein Untervektorraum von $L_{1,\mathrm{loc}}(X)$, und für jedes

---

[16]Die Bedeutung dieser Bezeichnung wird in Paragraph XI.6 klar werden.

$\alpha \in \mathbb{N}^n$ mit $|\alpha| \leq m$ ist die Abbildung

$$W^m_{1,\mathrm{loc}}(X) \to W^{m-|\alpha|}_{1,\mathrm{loc}}(X) , \quad u \mapsto \partial^\alpha u$$

wohldefiniert und linear.

Beweis Der einfache Beweis bleibt dem Leser als Übung überlassen. ∎

(c) Für $u \in W^m_{1,\mathrm{loc}}(X)$ und $\alpha, \beta \in \mathbb{N}^n$ mit $|\alpha| + |\beta| \leq m$ gilt $\partial^\alpha \partial^\beta u = \partial^\beta \partial^\alpha u$.

Beweis Dies folgt unmittelbar aus den definierenden Gleichungen (7.19) und den entsprechenden Eigenschaften glatter Funktionen. ∎

(d) Es sei $u \in L_{1,\mathrm{loc}}(\mathbb{R})$ durch $u(x) := |x|$ für $x \in \mathbb{R}$ definiert. Dann ist u schwach differenzierbar, und $\partial u = \mathrm{sign}$.

Beweis Zuerst beachten wir, daß die Betragsfunktion $|\cdot|$ auf $\mathbb{R}^\times$ glatt ist und dort die Ableitung $\mathrm{sign}\,|\mathbb{R}^\times$ besitzt. Es sei also $\varphi \in \mathcal{D}(\mathbb{R})$. Dann erhalten wir durch partielle Integration

$$\int_{\mathbb{R}} \varphi' u \, dx = \int_0^\infty \varphi' u \, dx + \int_{-\infty}^0 \varphi' u \, dx$$

$$= \varphi(x) x \Big|_0^\infty - \int_0^\infty \varphi(x) \, dx - \varphi(x) x \Big|_{-\infty}^0 + \int_{-\infty}^0 \varphi(x) \, dx$$

$$= -\int_{\mathbb{R}} \varphi(x) \, \mathrm{sign}(x) \, dx .$$

Wegen $\mathrm{sign} \in L_{1,\mathrm{loc}}(\mathbb{R})$ folgt die Behauptung. ∎

(e) Die Funktion sign gehört zu $L_{1,\mathrm{loc}}(\mathbb{R})$ und ist auf $\mathbb{R}^\times$ glatt. Dennoch ist sign nicht schwach differenzierbar. Folglich ist die Betragsfunktion von (d) nicht zweimal schwach differenzierbar.

Beweis Für $\varphi \in \mathcal{D}(\mathbb{R})$ gilt

$$\int_{\mathbb{R}} \varphi' \, \mathrm{sign} \, dx = \int_0^\infty \varphi'(x) \, dx - \int_{-\infty}^0 \varphi'(x) \, dx = -2\varphi(0) . \tag{7.20}$$

Wäre sign schwach differenzierbar, so gäbe es folglich $v \in L_{1,\mathrm{loc}}(\mathbb{R})$ mit

$$\int_{\mathbb{R}} \varphi v \, dx = 2\varphi(0) , \qquad \varphi \in \mathcal{D}(\mathbb{R}) ,$$

was wegen Beispiel 7.19(c) nicht richtig ist. ∎

Mit der Diracdistribution δ nimmt (7.20) die Form

$$\int_{\mathbb{R}} \varphi' \, \mathrm{sign} \, dx = -2\delta(\varphi) , \qquad \varphi \in \mathcal{D}(X) ,$$

an. Bezeichnen wir mit

$$\langle \cdot, \cdot \rangle : \mathcal{D}'(X) \times \mathcal{D}(X) \to \mathbb{K}$$

wie üblich die Dualitätspaarung, d.h., $\langle T, \varphi \rangle$ ist der Wert der stetigen Linearform T auf dem Element φ, so gilt

$$\langle \text{sign}, \varphi' \rangle = -2 \langle \delta, \varphi \rangle , \qquad \varphi \in \mathcal{D}(\mathbb{R}) , \tag{7.21}$$

wobei wir, wie im Anschluß an Theorem 7.20 beschrieben, $\text{sign} \in L_{1,\text{loc}}(\mathbb{R})$ mit der regulären Distribution $T_{\text{sign}} \in \mathcal{D}'(X)$ identifizieren. Ein Vergleich von (7.19) und (7.21) legt die folgende Definition nahe: Es seien $S, T \in \mathcal{D}'(X)$ und $\alpha \in \mathbb{N}^n$. Dann heißt S α-te **Distributionsableitung** von T, wenn gilt

$$\langle T, \partial^\alpha \varphi \rangle = (-1)^{|\alpha|} \langle S, \varphi \rangle , \qquad \varphi \in \mathcal{D}(X) .$$

Offensichtlich ist S in diesem Fall durch T (und α) eindeutig bestimmt, so daß wir $\partial^\alpha T := S$ setzen können. Man sieht leicht, daß jede Distribution Distributionsableitungen jeder Ordnung besitzt und daß für jedes $\alpha \in \mathbb{N}^n$ die Distributionsableitung

$$\partial^\alpha : \mathcal{D}'(X) \to \mathcal{D}'(X) , \quad T \mapsto \partial^\alpha T$$

eine lineare Abbildung ist.[17] Insbesondere zeigt (7.21), daß, im Sinne von Distributionen,

$$\partial(\text{sign}) = 2\delta$$

gilt.

Wir können hier nicht näher auf die Theorie der Distributionen eingehen, wollen aber noch kurz Sobolevräume einführen. Es seien $m \in \mathbb{N}$ und $1 \leq p \leq \infty$. Wegen $L_p(X) \subset L_{1,\text{loc}}(X)$ besitzt jedes $u \in L_p(X)$ Distributionsableitungen jeder Ordnung. Wir setzen[18]

$$W_p^m(X) := \left\{ u \in L_p(X) ; \ \partial^\alpha u \in L_p(X), \ |\alpha| \leq m \right\} ,$$

wobei ∂^α Distributionsableitungen bedeuten. Ferner sei

$$\|u\|_{m,p} := \begin{cases} \left(\displaystyle\sum_{|\alpha| \leq m} \|\partial^\alpha u\|_p^p \right)^{1/p} , & 1 \leq p < \infty , \\[2ex] \displaystyle\max_{|\alpha| \leq m} \|\partial^\alpha u\|_\infty , & p = \infty . \end{cases} \tag{7.22}$$

Man prüft leicht nach, daß

$$W_p^m(X) := \left(W_p^m(X), \|\cdot\|_{m,p} \right)$$

ein normierter Vektorraum ist, ein **Sobolevraum der Ordnung** m. Insbesondere gilt $W_p^0(X) = L_p(X)$.

---

[17]Vgl. Aufgabe 13.

[18]Ist X ein Intervall in $\mathbb{R}$, so kann man zeigen, daß $W_1^1(X)$ mit dem in Aufgabe 5.6 eingeführten Raum übereinstimmt.

7.27 Theorem

(i) $W_p^m(X) \hookrightarrow L_p(X)$, und $u \in L_p(X)$ gehört genau dann zu $W_p^m(X)$, wenn u m-mal schwach differenzierbar ist und alle schwachen Ableitungen der Ordnung $\leq m$ zu $L_p(X)$ gehören.

(ii) $W_p^m(X)$ ist ein Banachraum.

Beweis (i) Diese Aussagen sind klar.

(ii) Es sei (u_j) eine Cauchyfolge in $W_p^m(X)$. Dann folgt aus (7.22) sofort, daß $(\partial^\alpha u_j)_{j \in \mathbb{N}}$ für jedes $\alpha \in \mathbb{N}^n$ mit $|\alpha| \leq m$ eine Cauchyfolge in $L_p(X)$ ist. Da $L_p(X)$ vollständig ist, existieren eindeutig bestimmte $u_\alpha \in L_p(X)$ mit $\partial^\alpha u_j \to u_\alpha$ in $L_p(X)$ für $j \to \infty$ und $|\alpha| \leq m$. Wir setzen $u := u_0$. Dann folgt aus (7.19)

$$\int_X (\partial^\alpha \varphi) u_j \, dx = (-1)^{|\alpha|} \int_X \varphi \partial^\alpha u_j \, dx \, , \qquad \varphi \in \mathcal{D}(X) \, , \quad |\alpha| \leq m \, , \qquad (7.23)$$

für $j \in \mathbb{N}$. Aus der Hölderschen Ungleichung leiten wir

$$\left| \int_X (\partial^\alpha \varphi) u_j \, dx - \int_X (\partial^\alpha \varphi) u \, dx \right| = \left| \int_X \partial^\alpha \varphi (u_j - u) \, dx \right| \leq \|\partial^\alpha \varphi\|_{p'} \|u_j - u\|_p$$

ab, was zeigt, daß gilt

$$\int_X (\partial^\alpha \varphi) u_j \, dx \to \int_X (\partial^\alpha \varphi) u \, dx \, , \qquad \varphi \in \mathcal{D}(X) \, .$$

Analog findet man

$$\int_X \varphi \partial^\alpha u_j \, dx \to \int_X \varphi u_\alpha \, dx \, , \qquad \varphi \in \mathcal{D}(X) \, .$$

Also folgt aus (7.23)

$$\int_X (\partial^\alpha \varphi) u \, dx = (-1)^{|\alpha|} \int_X \varphi u_\alpha \, dx \, , \qquad \varphi \in \mathcal{D}(X) \, .$$

Somit ist u_α die schwache α-te Ableitung von u, und wir sehen, daß u m-mal schwach differenzierbar ist. Wegen $u_\alpha \in L_p(X)$ für $|\alpha| \leq m$ gehört u zu $W_p^m(X)$, und es ist klar, daß $u_j \to u$ in $W_p^m(X)$. Also ist $W_p^m(X)$ vollständig. ∎

7.28 Korollar $W_2^m(X)$ ist ein Hilbertraum mit dem inneren Produkt

$$(u \,|\, v)_m := \sum_{|\alpha| \leq m} (\partial^\alpha u \,|\, \partial^\alpha v) \, , \qquad u, v \in W_2^m(X) \, .$$

Für $m \in \mathbb{N}$ und $1 \le p < \infty$ sei

$$\widehat{H}_p^m(X) := \left(\left\{ u \,|\, X \;;\; u \in C_c^m(\mathbb{R}^n) \right\}, \; \|\cdot\|_{m,p} \right) .$$

Offensichtlich ist $\widehat{H}_p^m(X)$ ein Untervektorraum von $W_p^m(X)$. Falls der Rand ∂X von X hinreichend „schön" ist (z.B., wenn $\overline{X}$ eine n-dimensionale berandete Untermannigfaltigkeit des $\mathbb{R}^n$ ist[19]), kann man zeigen, daß $\widehat{H}_p^m(X)$ dicht ist in $W_p^m(X)$. Insbesondere ist dies der Fall für $X := \mathbb{R}^n$ oder $X := \mathbb{H}^n$. Unter Verwendung dieses Resultats können wir nun den folgenden Spursatz für Sobolevräume beweisen.

7.29 Theorem (Spursatz) *Es seien $1 \le p < \infty$ und $X = \mathbb{R}^n$ oder $X = \mathbb{H}^n$. Dann gibt es einen eindeutig bestimmten **Spuroperator** $\gamma \in \mathcal{L}\bigl(W_p^1(X), L_p(\mathbb{R}^{n-1})\bigr)$ mit $\gamma u = u|\mathbb{R}^{n-1}$ für $u \in \mathcal{D}(\mathbb{R}^n)$ (genauer: für $u \in \widehat{H}_p^1(X)$). Hierbei wird $\mathbb{R}^{n-1}$ mit $\mathbb{R}^{n-1} \times \{0\} \subset \mathbb{R}^n$ identifiziert.*

Beweis Da $\widehat{H}_p^1(X)$ dicht ist in $W_p^1(X)$, folgt die Behauptung aus Satz 6.24, Bemerkung 6.25 und Theorem VI.2.6. ∎

Dieses Theorem besagt insbesondere, daß jedes Element $u \in W_p^1(\mathbb{H}^n)$ Randwerte $\gamma u \in L_p(\partial \mathbb{H}^n)$ besitzt. Da u im allgemeinen auf $\bar{\mathbb{H}}^n$ nicht stetig ist, kann γu nicht einfach durch Restriktion bestimmt werden.

Die Existenz einer „Spur" ist die Grundlage für die Behandlung von Randwertproblemen bei partiellen Differentialgleichungen mit funktionalanalytischen Methoden.

Aufgaben

1 Für $a > 0$ berechne man $\chi_{[-a,a]} * \chi_{[-a,a]}$ und $\chi_{[-a,a]} * \chi_{[-a,a]} * \chi_{[-a,a]}$.

2 Es seien $p, p' \in (1, \infty)$ mit $1/p + 1/p' = 1$. Man zeige:
(a) Für $(f, g) \in \mathcal{L}_p \times \mathcal{L}_{p'}$ gehört $f * g$ zu C_0, und es gilt $\|f * g\|_\infty \le \|f\|_p \|g\|_{p'}$.
(b) Die Faltung ist eine wohldefinierte, bilineare und stetige Abbildung von $L_p \times L_{p'}$ in C_0.

3 Es seien $p, q, r \in [1, \infty]$ mit $1/p + 1/q = 1 + 1/r$. Man verifiziere, daß

$$* : \mathcal{L}_p \times \mathcal{L}_q \to \mathcal{L}_r , \quad (f, g) \mapsto f * g$$

wohldefiniert, bilinear und stetig ist und daß die **verallgemeinerte Youngsche Ungleichung**

$$\|f * g\|_r \le \|f\|_p \|g\|_q , \qquad (f, g) \in \mathcal{L}_p \times \mathcal{L}_q ,$$

gilt. (Hinweis: Der Fall $r = 1$ bzw. $r = \infty$ ist in Theorem 7.3 bzw. Aufgabe 2 enthalten. Für $r \in (1, \infty)$ betrachte man

$$|f(x - y) g(y)| = |f(x - y)|^{1 - p/r} \left(|f(x - y)|^p \, |g(y)|^q \right)^{1/r} |g(y)|^{1 - q/r}$$

und wende die Höldersche Ungleichung an.)

---

[19]Vgl. Paragraph XI.1.

4 Es ist zu zeigen, daß $f * g$ für $(f,g) \in C_c^k \times L_{1,\text{loc}}$ zu C^k gehört.

5 Es sei $f \in \mathcal{L}_{1,\text{loc}}$, und es gelte $\partial^\alpha f \in \mathcal{L}_{1,\text{loc}}$ für ein $\alpha \in \mathbb{N}^n$. Man verifiziere

$$\partial^\alpha(f * \varphi) = (\partial^\alpha f) * \varphi = f * \partial^\alpha \varphi\,, \qquad \varphi \in BC^\infty\,.$$

6 Man gebe einen Untervektorraum von Abb an, in dem $(\mathbb{R}, +)$ nicht darstellbar ist.

7 Es sei $p \in [1, \infty)$, und $K \subset L_p$ sei kompakt. Man beweise, daß es zu jedem $\varepsilon > 0$ ein $\delta > 0$ gibt mit $\|\tau_a f - f\|_p < \varepsilon$ für alle $f \in K$ und alle $a \in \mathbb{R}^n$ mit $|a| < \delta$. (Hinweis: Man beachte Theorem III.3.10 und Theorem 5.1(iv).)

8 Es ist zu zeigen, daß jedes nichttriviale Ideal von $(L_1, *)$ in L_1 dicht ist.

9 Es sei $p \in [1, \infty]$, und k bezeichne den Gaußschen Kern. Man zeige:

(a) $\partial^\alpha k \in \mathcal{L}_p$, $\alpha \in \mathbb{N}^n$.

(b) $k * u \in BUC^\infty$, $u \in L_p$.

10 Es sei $f \in \mathcal{L}_1$, und es gelte $\partial^\alpha f \in \mathcal{L}_1$ für ein $\alpha \in \mathbb{N}^n$. Man zeige

$$\int (\partial^\alpha f)\varphi\,dx = (-1)^{|\alpha|} \int f \partial^\alpha \varphi\,dx\,, \qquad \varphi \in BC^\infty\,.$$

11 Es sei $V \in \{\, \text{Abb}, B, L_p\,;\, 1 \le p \le \infty \,\}$. Man zeige, daß die lineare Darstellung von $(\mathbb{R}^n, +)$ auf V durch die Translationen ein Gruppenisomorphismus ist.

12 Für $f, g, h \in \mathcal{L}_0$ seien f mit g und g mit h faltbar. Sind auch $f * g$ mit h und f mit $g * h$ faltbar, so gilt $(f * g) * h = f * (g * h)$. Insbesondere ist die Faltung auf L_1 assoziativ.

13 Man zeige, daß für jedes $\alpha \in \mathbb{N}^n$ die Distributionsableitung

$$\partial^\alpha : \mathcal{D}'(X) \to \mathcal{D}'(X)\,, \quad T \mapsto \partial^\alpha T$$

eine wohldefinierte lineare Abbildung ist.

14 Für $u \in W_p^m(X)$ mit $1 \le p \le \infty$ und $m \in \mathbb{N}$ gilt $(f \mapsto fu) \in \mathcal{L}\big(BC^m(X), W_p^m(X)\big)$.

15 Es seien (T_j) eine Folge in $\mathcal{D}'(X)$ und $T \in \mathcal{D}'(X)$. Man sagt, (T_j) **konvergiert in $\mathcal{D}'(X)$** gegen T, falls gilt:
$$\lim_j \langle T_j, \varphi \rangle = \langle T, \varphi \rangle\,, \qquad \varphi \in \mathcal{D}(X)\,.$$

Es sei $\{\, \varphi_\varepsilon\,;\, \varepsilon > 0 \,\}$ eine approximative Einheit, und (ε_j) bezeichne eine Nullfolge. Man zeige, daß $(\varphi_{\varepsilon_j})$ in $\mathcal{D}'(\mathbb{R}^n)$ gegen δ konvergiert.

8 Der Transformationssatz

Im Rahmen der Theorie des Cauchy-Riemannschen Integrals haben wir gesehen, daß die Substitutionsregel von Theorem VI.5.1 eines der wesentlichsten Hilfsmittel zur konkreten Berechnung von Integralen darstellt. Dem „Einführen neuer Variabler", d.h. der Wahl geeigneter Koordinaten, kommt auch in der Integrationstheorie in höherdimensionalen Räumen eine herausragende Bedeutung zu. Naturgemäß ist der Beweis der „Substitutionsregel" für mehrdimensionale Integrale schwieriger als im eindimensionalen Fall. Allerdings haben wir mit der Herleitung des speziellen Transformationssatzes von Theorem IX.5.25 schon wichtige Vorarbeit geleistet, auf der wir hier aufbauen können.

Neben dem Beweis des allgemeinen Transformationssatzes für n-dimensionale Lebesguesche Integrale erläutern wir in diesem Paragraphen seine Bedeutung anhand von einigen wichtigen Beispielen. Darüber hinaus stellt dieses Theorem die Grundlage dar für die Integralrechnung auf Mannigfaltigkeiten, die wir im letzten Kapitel behandeln.

Im folgenden sind

- X und Y offene Teilmengen von $\mathbb{R}^n$;
  E ein Banachraum.

Inverse Bilder des Lebesgueschen Maßes

Es seien $(X, \mathcal{A})$ ein meßbarer Raum und $(Y, \mathcal{B}, \nu)$ ein Maßraum. Ist $f: X \to Y$ eine *bijektive* Abbildung, die $f(\mathcal{A}) \subset \mathcal{B}$ erfüllt, d.h. deren Umkehrabbildung $\mathcal{B}$-$\mathcal{A}$-meßbar ist, so überprüft man leicht, daß durch

$$f^*\nu: \mathcal{A} \to [0, \infty] , \quad A \mapsto \nu\bigl(f(A)\bigr)$$

ein Maß auf $\mathcal{A}$ definiert wird, die **Rücktransformation** (oder das **inverse Bild**) des Maßes ν mit f. Im Spezialfall $(X, \mathcal{A}) = \bigl(\mathbb{R}^n, \mathcal{L}(n)\bigr)$ und $(Y, \mathcal{B}, \nu) = \bigl(\mathbb{R}^n, \mathcal{L}(n), \lambda_n\bigr)$ beschreibt der spezielle Transformationssatz von Theorem IX.5.25 insbesondere die Rücktransformation von λ_n mit Automorphismen des $\mathbb{R}^n$:

$$\Phi^*\lambda_n = |\det \Phi| \lambda_n , \quad \Phi \in \mathcal{L}\mathrm{aut}(\mathbb{R}^n) .$$

Ausgehend von diesem Resultat bestimmen wir nun die Rücktransformation des Lebesgueschen Maßes mit beliebigen C^1-Diffeomorphismen. Das nächste Resultat ist hierfür das wesentliche technische Hilfsmittel.

8.1 Lemma *Es sei $\Phi \in \mathrm{Diff}^1(X, Y)$. Dann gilt*

$$\lambda_n\bigl(\Phi(J)\bigr) \leq \int_J |\det \partial\Phi| \, dx$$

für jedes Intervall $J \subset\subset X$ der Form $[a, b)$ mit $a, b \in \mathbb{Q}^n$.

Beweis (i) Zuerst betrachten wir einen Würfel $J = \left[x_0 - (r/2)\mathbf{1}, x_0 + (r/2)\mathbf{1} \right]$ mit Mittelpunkt $x_0 \in X$ und Kantenlänge $r > 0$. Wir setzen $\mathbb{R}^n_\infty := (\mathbb{R}^n, |\cdot|_\infty)$ und $K := \max_{x \in \overline{J}} \|\partial \Phi(x)\|_{\mathcal{L}(\mathbb{R}^n_\infty)}$. Dann folgt aus dem Mittelwertsatz

$$|\Phi(x) - \Phi(x_0)|_\infty \le K |x - x_0|_\infty , \qquad x \in J .$$

Also ist $\Phi(J)$ in $\bar{\mathbb{B}}^n_\infty \big(\Phi(x_0), Kr/2 \big)$ enthalten, und wir finden

$$\lambda_n \big(\Phi(J) \big) \le (Kr)^n = K^n \lambda_n(J) . \tag{8.1}$$

(ii) Es sei nun $J \subset\subset X$ ein Intervall der Form $[a, b)$ mit $a, b \in \mathbb{Q}^n$. Ferner seien $\varepsilon > 0$ und $M := \max_{x \in \overline{J}} \big\| \big[\partial \Phi(x) \big]^{-1} \big\|_{\mathcal{L}(\mathbb{R}^n_\infty)}$. Die gleichmäßige Stetigkeit von $\partial \Phi$ auf $\overline{J}$ sichert die Existenz von $\delta > 0$ mit

$$\|\partial \Phi(x) - \partial \Phi(y)\|_{\mathcal{L}(\mathbb{R}^n_\infty)} \le \varepsilon/M \tag{8.2}$$

für $x, y \in \overline{J}$ mit $|x - y| < \delta$. Wegen $a, b \in \mathbb{Q}^n$ können wir J durch Unterteilen seiner Kanten in N disjunkte Würfel J_k der Form $[\alpha, \beta)^n$ mit $0 < \beta - \alpha < \delta$ zerlegen. Dann wählen wir $x_k \in \overline{J}_k$ mit

$$|\det \partial \Phi(x_k)| = \min_{y \in \overline{J}_k} |\det \partial \Phi(y)|$$

und setzen $T_k := \partial \Phi(x_k)$ sowie $\Phi_k := T_k^{-1} \circ \Phi$. Wegen

$$\partial \Phi_k(y) = T_k^{-1} \partial \Phi(y) = 1_n + \big[\partial \Phi(x_k) \big]^{-1} \big[\partial \Phi(y) - \partial \Phi(x_k) \big]$$

folgt aus (8.2) und der Definition von M

$$\max_{y \in \overline{J}_k} \|\partial \Phi_k(y)\|_{\mathcal{L}(\mathbb{R}^n_\infty)} \le 1 + \varepsilon , \qquad k \in \{1, \dots, N\} . \tag{8.3}$$

Aufgrund des speziellen Transformationssatzes (Theorem IX.5.25) gilt

$$\lambda_n \big(\Phi(J_k) \big) = \lambda_n \big(T_k T_k^{-1} \Phi(J_k) \big) = |\det T_k| \, \lambda_n \big(\Phi_k(J_k) \big) .$$

Folglich ergeben (8.1) und (8.3)

$$\lambda_n \big(\Phi(J_k) \big) \le (1 + \varepsilon)^n |\det T_k| \, \lambda_n(J_k) , \qquad k \in \{1, \dots, N\} .$$

Beachten wir schließlich die Bijektivität von Φ und die Wahl der x_k, so finden wir

$$\lambda_n \big(\Phi(J) \big) = \lambda_n \Big(\bigcup_{k=1}^{N} \Phi(J_k) \Big) = \sum_{k=1}^{N} \lambda_n \big(\Phi(J_k) \big)$$

$$\le (1 + \varepsilon)^n \sum_{k=1}^{N} |\det T_k| \, \lambda_n(J_k) \le (1 + \varepsilon)^n \sum_{k=1}^{N} \int_{J_k} |\det \partial \Phi| \, dx$$

$$= (1 + \varepsilon)^n \int_{J} |\det \partial \Phi| \, dx .$$

Nun liefert der Grenzübergang $\varepsilon \to 0$ die Behauptung. ∎

8.2 Satz *Es sei $\Phi \in \mathrm{Diff}^1(X, Y)$. Dann gilt*

$$\Phi^* \lambda_n(A) = \lambda_n\big(\Phi(A)\big) = \int_A |\det \partial \Phi| \, dx \, , \qquad A \in \mathcal{L}(n) \,|\, X \, .$$

Beweis (i) Aus dem Satz über die monotone Konvergenz folgt leicht, daß

$$\mu_\Phi : \mathcal{L}(n) \,|\, X \to [0, \infty] \, , \qquad A \mapsto \int_A |\det \partial \Phi| \, dx$$

ein vollständiges Maß ist (vgl. Aufgabe 2.11).

(ii) Es sei U offen und kompakt in X enthalten. Dann gibt es nach Satz IX.5.6 eine Folge (J_k) disjunkter Intervalle der Form $[a, b)$ mit $a, b \in \mathbb{Q}^n$, so daß $U = \bigcup_k J_k$. Aus (i) und Lemma 8.1 folgt deshalb

$$\lambda_n\big(\Phi(U)\big) = \lambda_n\Big(\bigcup_k \Phi(J_k)\Big) = \sum_k \lambda_n\big(\Phi(J_k)\big) \leq \sum_k \int_{J_k} |\det \partial \Phi| \, dx$$

$$= \sum_k \mu_\Phi(J_k) = \mu_\Phi\Big(\bigcup_k J_k\Big) = \mu_\Phi(U) = \int_U |\det \partial \Phi| \, dx \, .$$

(iii) Es sei U offen in X. Nach den Bemerkungen 1.16(d) und (e) gibt es eine Folge (U_k) offener Teilmengen von X mit $U_k \subset\subset U_{k+1}$ und $U = \bigcup_k U_k$. Mit (ii) und der Stetigkeit von unten der Maße λ_n und μ_Φ folgt

$$\lambda_n\big(\Phi(U)\big) = \lim_k \lambda_n\big(\Phi(U_k)\big) \leq \lim_k \mu_\Phi(U_k) = \mu_\Phi(U) = \int_U |\det \partial \Phi| \, dx \, .$$

(iv) Es sei $A \in \mathcal{L}(n) \,|\, X$ beschränkt. Vermöge Korollar IX.5.5 finden wir eine Folge (U_k) beschränkter offener Teilmengen von X mit $G := \bigcap_k U_k \supset A$ und $\lambda_n(G) = \lambda_n(A)$. Die Stetigkeit von oben der Maße λ_n und μ_Φ und (iii) implizieren

$$\lambda_n\big(\Phi(G)\big) = \lim_k \lambda_n\Big(\Phi\Big(\bigcap_{j=0}^k U_j\Big)\Big) \leq \lim_k \mu_\Phi\Big(\bigcap_{j=0}^k U_j\Big)$$

$$= \mu_\Phi(G) = \int_G |\det \partial \Phi| \, dx \, .$$

Beachten wir $A \subset G$ und $\lambda_n(A) = \lambda_n(G)$, so folgt

$$\lambda_n\big(\Phi(A)\big) \leq \lambda_n\big(\Phi(G)\big) \leq \int_G |\det \partial \Phi| \, dx = \int_A |\det \partial \Phi| \, dx \, .$$

(v) Es sei $A \in \mathcal{L}(n) \,|\, X$ beliebig. Wir setzen $A_k := A \cap k\mathbb{B}^n$ für $k \in \mathbb{N}$ und erhalten dann aus (iv) und der Stetigkeit der Maße von unten

$$\lambda_n\big(\Phi(A)\big) = \lim_k \lambda_n\big(\Phi(A_k)\big) \leq \lim_k \mu_\Phi(A_k) = \mu_\Phi(A) = \int_A |\det \partial \Phi| \, dx \, .$$

(vi) Es sei $f \in \mathcal{EF}(Y, \mathbb{R}^+)$ mit der Normalform $f = \sum_{j=0}^{k} \alpha_j \chi_{A_j}$. Mit (v) folgt

$$\int_Y f \, dy = \sum_{j=0}^{k} \alpha_j \lambda_n(A_j) = \sum_{j=0}^{k} \alpha_j \lambda_n\big(\Phi(\Phi^{-1}(A_j))\big)$$

$$\leq \sum_{j=0}^{k} \alpha_j \int_{\Phi^{-1}(A_j)} |\det \partial\Phi| \, dx = \int_X (f \circ \Phi) \, |\det \partial\Phi| \, dx \ .$$

(vii) Es seien X beschränkt, $f \in \mathcal{L}_0(Y, \mathbb{R}^+)$, und (f_k) bezeichne eine Folge in $\mathcal{EF}(Y, \mathbb{R}^+)$ mit $f_k \uparrow f$ (vgl. Theorem 1.12). Dann gehört $f_k \circ \Phi$ zu $\mathcal{EF}(X, \mathbb{R}^+)$. Weil die Folge $(f_k \circ \Phi)_k$ wachsend gegen $f \circ \Phi$ konvergiert, liegt $(f \circ \Phi) \, |\det \partial\Phi|$ in $\mathcal{L}_0(X, \mathbb{R}^+)$. Nun implizieren (vi) und der Satz über die monotone Konvergenz

$$\int_Y f \, dy = \lim_k \int_Y f_k \, dy \leq \lim_k \int_X (f_k \circ \Phi) \, |\det \partial\Phi| \, dx = \int_X (f \circ \Phi) \, |\det \partial\Phi| \, dx \ .$$

(viii) Es seien X beliebig und $f \in \mathcal{L}_0(Y, \mathbb{R}^+)$. Wegen der Bemerkungen 1.16(d) und (e) finden wir eine aufsteigende Folge relativ kompakter offener Teilmengen X_k von X mit $X = \bigcup_{k=0}^{\infty} X_k$. Gemäß (vii) gehört $g_k := \chi_{X_k} f \, |\det \Phi|$ zu $\mathcal{L}_0(X, \mathbb{R}^+)$, und es gilt $g_k \uparrow g := f \, |\det \Phi|$. Also folgt $g \in \mathcal{L}_0(X, \mathbb{R}^+)$. Mit $Y_k := \Phi(X_k)$ ergibt sich aus (vii)

$$\int_{Y_k} f \, dy \leq \int_{X_k} (f \circ \Phi) \, |\det \partial\Phi| \, dx \ .$$

Aus $Y = \bigcup_{k=0}^{\infty} Y_k$ und dem Satz über monotone Konvergenz erhalten wir somit

$$\int_Y f \, dy \leq \int_X (f \circ \Phi) \, |\det \partial\Phi| \, dx \ . \tag{8.4}$$

(ix) Es sei $A \in \mathcal{L}(n) \, | \, X$. Wir vertauschen in (viii) die Rollen von X und Y und wenden (8.4) auf den C^1-Diffeomorphismus Φ^{-1} von Y auf X und die Funktion $(\chi_{\Phi(A)} \circ \Phi) \, |\det \partial\Phi| \in \mathcal{L}_0(X, \mathbb{R}^+)$ an. Dann folgt

$$\int_X (\chi_{\Phi(A)} \circ \Phi) \, |\det \partial\Phi| \, dx \leq \int_Y \Big[\big((\chi_{\Phi(A)} \circ \Phi) \, |\det \partial\Phi|\big) \circ \Phi^{-1} \Big] \, |\det \partial\Phi^{-1}| \, dy$$

$$= \int_Y \chi_{\Phi(A)} \, \big|\det \big[(\partial\Phi \circ \Phi^{-1})\partial\Phi^{-1}\big]\big| \, dy \ .$$

Beachten wir ferner

$$1_n = \partial(\mathrm{id}_Y) = \partial(\Phi \circ \Phi^{-1}) = (\partial\Phi \circ \Phi^{-1})\partial\Phi^{-1} \tag{8.5}$$

und $\chi_{\Phi(A)} \circ \Phi = \chi_A$, so erhalten wir

$$\int_A |\det \partial\Phi| \, dx \leq \int_Y \chi_{\Phi(A)} \, dy = \lambda_n\big(\Phi(A)\big) \ .$$

Wegen (v) folgt nun die Behauptung. ∎

8.3 Beispiel Es seien $X := \big\{ (r, \varphi) \in \mathbb{R} \times (0, 2\pi) \; ; \; 0 < r < \varphi/2\pi \big\}$ und

$$\Phi : X \to \mathbb{R}^2 , \quad (r, \varphi) \mapsto (r \cos \varphi, r \sin \varphi) .$$

Dann ist $Y := \Phi(X)$ offen in $\mathbb{R}^2$, und $\Phi \in \mathrm{Diff}^\infty(X, Y)$ mit

$$\big[\partial \Phi(r, \varphi) \big] = \begin{bmatrix} \cos \varphi & -r \sin \varphi \\ \sin \varphi & r \cos \varphi \end{bmatrix} .$$

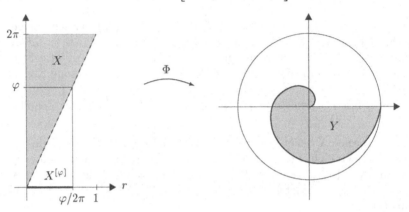

Also gilt $\det \partial \Phi(r, \varphi) = r$. Ferner ist $\mathrm{pr}_2(X) = (0, 2\pi)$, und $X^{[\varphi]} = (0, \varphi/2\pi)$ für $\varphi \in (0, 2\pi)$. Somit folgt aus Satz 8.2 und dem Satz von Tonelli

$$\lambda_2(Y) = \int_X r \, d(r, \varphi) = \int_0^{2\pi} \int_0^{\varphi/2\pi} r \, dr \, d\varphi = \pi/3 .$$

Der allgemeine Transformationssatz

Nach diesen Vorbereitungen ist es nicht mehr schwer, den allgemeinen Transformationssatz zu beweisen. Wir betrachten zuerst den skalaren Fall, damit der Beweis auch von denjenigen Lesern, welche die Ausführungen zum Satz von Fubini für vektorwertige Funktionen überschlagen haben, nachvollzogen werden kann. Den allgemeinen Fall behandeln wir am Ende dieses Paragraphen.

8.4 Theorem (Transformationssatz) *Es sei $\Phi \in \mathrm{Diff}^1(X, Y)$.*

(i) *Für $f \in \mathcal{L}_0(Y, \mathbb{R}^+)$ gilt*

$$\int_Y f \, dy = \int_X (f \circ \Phi) \, |\det \partial \Phi| \, dx . \tag{8.6}$$

(ii) *Die Funktion $f : Y \to \mathbb{K}$ ist genau dann integrierbar, wenn $(f \circ \Phi) \, |\det \partial \Phi|$ zu $\mathcal{L}_1(X)$ gehört. In diesem Fall gilt (8.6).*

Beweis (i) Aus Theorem IX.5.12 folgt $\Phi(\mathcal{L}_X) \subset \mathcal{L}_Y$. Somit impliziert Korollar 1.5, daß $f \circ \Phi$ meßbar ist. Da $|\det \partial \Phi|$ stetig, folglich meßbar, ist, erhalten wir nun aus Bemerkung 1.2(d), daß auch die Funktion $g := (f \circ \Phi) |\det \partial \Phi|$ meßbar ist. Aus (8.5) folgt $f = (g \circ \Phi^{-1}) |\det \partial \Phi^{-1}|$. Also zeigt (8.4) (mit (X, Φ, f) ersetzt durch (Y, Φ^{-1}, g)), daß

$$\int_X (f \circ \Phi) |\det \partial \Phi| \, dx \leq \int_Y f \, dy \ .$$

Wegen (8.4) ergibt dies (8.6).   (ii) folgt aus (i) und Korollar 2.12(ii) und (iii) sowie Theorem 3.14. $\blacksquare$

Mit der in Paragraph VIII.3 definierten Rücktransformation von Funktionen nimmt die Transformationsformel (8.6) die einprägsame Gestalt

$$\int_Y f \, d\lambda_n = \int_{\Phi^{-1}(Y)} (\Phi^* f) \, d(\Phi^* \lambda_n)$$

an, wie aus Satz 8.2 und Aufgabe 2.12 folgt.

Für manche Anwendungen ist die Voraussetzung, daß Φ ein Diffeomorphismus sei, zu restriktiv. Das folgende Korollar stellt eine einfache, aber wichtige Verallgemeinerung von Theorem 8.4 dar, in welcher diese Voraussetzung abgeschwächt ist.[1]

8.5 Korollar *Es sei $\Phi \in C^1(X, \mathbb{R}^n)$, und M sei eine meßbare Teilmenge von X. Ferner sei $M \setminus \overset{\circ}{M}$ eine λ_n-Nullmenge, und $\Phi | \overset{\circ}{M}$ sei ein Diffeomorphismus von $\overset{\circ}{M}$ auf $\Phi(\overset{\circ}{M})$. Dann sind die folgenden Aussagen richtig:*

(i) *Für jedes $f \in \mathcal{L}_0(M, \mathbb{R}^+)$ gilt*

$$\int_{\Phi(M)} f \, dy = \int_M (f \circ \Phi) |\det \partial \Phi| \, dx \ . \tag{8.7}$$

(ii) *Genau dann gehört $f : \Phi(M) \to \mathbb{K}$ zu $\mathcal{L}_1(\Phi(M))$, wenn $(f \circ \Phi) |\det \partial \Phi|$ zu $\mathcal{L}_1(M)$ gehört. In diesem Fall gilt (8.7).*

Beweis Wegen $\lambda_n(M \setminus \overset{\circ}{M}) = 0$ ist $\Phi(M) \setminus \Phi(\overset{\circ}{M}) \subset \Phi(M \setminus \overset{\circ}{M})$ ebenfalls eine Nullmenge, wie Korollar IX.5.10 zeigt. Die Behauptungen folgen nun aus Lemma 2.15 und Theorem 8.4. $\blacksquare$

Es ist klar, daß dieses Korollar eine (partielle) Verallgemeinerung der Substitutionsregel von Theorem VI.5.1 darstellt. Allerdings müssen wir uns hier auf den Fall von Diffeomorphismen beschränken. Außerdem steht uns im eindimensionalen Fall das orientierte Integral zur Verfügung, weswegen in der eindimensionalen Substitutionsregel der Betrag der Ableitung (d.h. der Funktionaldeterminante) nicht auftritt.

---

[1]Für eine weitere Verallgemeinerung verweisen wir auf Aufgabe 7.

Ebene Polarkoordinaten

Von besonderer Bedeutung in den Anwendungen sind die durch Polarkoordinaten induzierten Diffeomorphismen, die wir im folgenden vorstellen. Wir beginnen mit dem zweidimensionalen Fall.

Es seien

$$f_2 : \mathbb{R}^2 \to \mathbb{R}^2 , \quad (r, \varphi) \mapsto (x, y) := (r \cos \varphi, r \sin \varphi)$$

die (ebene) **Polarkoordinatenabbildung**[2] und $V_2 := (0, \infty) \times (0, 2\pi)$.

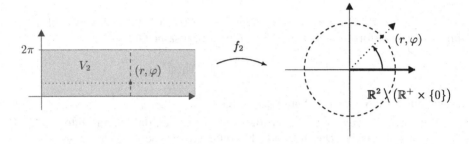

Dann ist f_2 glatt, und $\det \partial f_2(r, \varphi) = r$, wie bereits in Beispiel 8.3 gezeigt wurde. Offensichtlich ist $\overline{V}_2 \setminus V_2$ eine λ_2-Nullmenge, und es gelten

$$f_2(\overline{V}_2) = \mathbb{R}^2 , \quad f_2(V_2) = \mathbb{R}^2 \setminus (\mathbb{R}^+ \times \{0\}) \tag{8.8}$$

sowie

$$f_2 | V_2 \in \mathrm{Diff}^\infty (V_2, f_2(V_2)) . \tag{8.9}$$

Also ist Korollar 8.5 mit $M := \overline{V}_2$ anwendbar:

8.6 Satz (Integration mittels Polarkoordinaten)
 (i) *Für* $g \in \mathcal{L}_0(\mathbb{R}^2, \mathbb{R}^+)$ *gilt*

$$\int_{\mathbb{R}^2} g(x, y) \, d(x, y) = \int_0^{2\pi} \int_0^\infty g(r \cos \varphi, r \sin \varphi) r \, dr \, d\varphi$$
$$= \int_0^\infty r \int_0^{2\pi} g(r \cos \varphi, r \sin \varphi) \, d\varphi \, dr . \tag{8.10}$$

 (ii) *Die Funktion* $g : \mathbb{R}^2 \to \mathbb{K}$ *ist genau dann integrierbar, wenn dies für*

$$(0, \infty) \times (0, 2\pi) \to \mathbb{K} , \quad (r, \varphi) \mapsto g(r \cos \varphi, r \sin \varphi) r$$

richtig ist. Dann gilt (8.10).

---

[2]Vgl. Folgerung III.6.21(d).

Beweis Dies folgt aus (8.8), (8.9), Korollar 8.5 und dem Satz von Fubini-Tonelli. ∎

Besonders einfach wird die Integralberechnung natürlich dann, wenn f nur von $|x|$, d.h. von r, abhängt. Zur Illustration führen wir eine elegante Berechnung des Gaußschen Fehlerintegrals vor, für welche Kenntnisse über die Γ-Funktion nicht benötigt werden (vgl. Anwendung VI.9.7).

8.7 Beispiel $\int_{-\infty}^{\infty} e^{-x^2}\, dx = \sqrt{\pi}$.

Beweis Der Satz von Tonelli impliziert

$$\left(\int_{-\infty}^{\infty} e^{-x^2}\, dx\right)^2 = \int_{-\infty}^{\infty} e^{-x^2}\, dx \int_{-\infty}^{\infty} e^{-y^2}\, dy = \int_{\mathbb{R}} \left(\int_{\mathbb{R}} e^{-(x^2+y^2)}\, dx\right) dy$$

$$= \int_{\mathbb{R}^2} e^{-(x^2+y^2)}\, d(x,y) \ .$$

Somit zeigt Satz 8.6(i)

$$\left(\int_{-\infty}^{\infty} e^{-x^2}\, dx\right)^2 = \int_0^{2\pi} \int_0^{\infty} r e^{-r^2}\, dr\, d\varphi = 2\pi \int_0^{\infty} \frac{d}{dr}\left[-e^{-r^2}/2\right] dr = \pi \ ,$$

woraus die Behauptung folgt. ∎

n-dimensionale Polarkoordinaten

Für $n \geq 1$ definieren wir $h_n : \mathbb{R}^n \to \mathbb{R}^{n+1}$ rekursiv durch

$$h_1(z) := (\cos z, \sin z) \ , \qquad z \in \mathbb{R} \ , \tag{8.11}$$

und

$$h_{n+1}(z) := \big(h_n(z')\sin z_{n+1}, \cos z_{n+1}\big) \ , \qquad z = (z', z_{n+1}) \in \mathbb{R}^n \times \mathbb{R} \ . \tag{8.12}$$

Offensichtlich ist h_n glatt, und durch Induktion verifiziert man

$$|h_n(z)| = 1 \ , \qquad z \in \mathbb{R}^n \ . \tag{8.13}$$

Nun erklären wir $f_n : \mathbb{R}^n \to \mathbb{R}^n$ für $n \geq 2$ durch

$$f_n(y) := y_1 h_{n-1}(z) \ , \qquad y = (y_1, z) \in \mathbb{R} \times \mathbb{R}^{n-1} \ . \tag{8.14}$$

Dann ist auch f_n glatt, und es gelten

$$h_{n-1}(z) = f_n(1, z) \ , \qquad |f_n(y)| = |y_1| \ . \tag{8.15}$$

Im folgenden verwenden wir in der Regel für die y-Koordinaten die übliche Bezeichnung

$$(r, \varphi, \vartheta_1, \ldots, \vartheta_{n-2}) := (y_1, y_2, y_3, \ldots, y_n) \ .$$

Durch Induktion verifiziert man leicht, daß

$$f_n : \mathbb{R}^n \to \mathbb{R}^n , \quad (r, \varphi, \vartheta_1, \ldots, \vartheta_{n-2}) \mapsto (x_1, x_2, x_3, \ldots, x_n) \tag{8.16}$$

durch

$$\left.
\begin{aligned}
x_1 &= r \cos\varphi \sin\vartheta_1 \sin\vartheta_2 \cdots \sin\vartheta_{n-2} , \\
x_2 &= r \sin\varphi \sin\vartheta_1 \sin\vartheta_2 \cdots \sin\vartheta_{n-2} , \\
x_3 &= r \cos\vartheta_1 \sin\vartheta_2 \cdots \sin\vartheta_{n-2} , \\
&\vdots \\
x_{n-1} &= r \cos\vartheta_{n-3} \sin\vartheta_{n-2} , \\
x_n &= r \cos\vartheta_{n-2}
\end{aligned}
\right\} \tag{8.17}$$

gegeben ist. Somit stimmt f_2 mit der ebenen Polarkoordinatenabbildung überein, und f_3 ist die **Kugelkoordinatenabbildung** von Beispiel VII.9.11(a). Im allgemeinen Fall ist f_n die **n-dimensionale Polarkoordinatenabbildung**. Aus (8.12) und (8.14) folgt für $n \geq 3$ die rekursive Relation

$$f_n(y) = \big(f_{n-1}(y') \sin y_n, y_1 \cos y_n\big) , \qquad y = (y', y_n) \in \mathbb{R}^{n-1} \times \mathbb{R} . \tag{8.18}$$

Für $n \geq 2$ setzen wir

$$W_{n-1} := (0, 2\pi) \times (0, \pi)^{n-2} , \quad V_n := (0, \infty) \times W_{n-1} \tag{8.19}$$

sowie

$$V_n(r) := (0, r) \times W_{n-1} , \qquad r > 0 . \tag{8.20}$$

Mit dem abgeschlossenen $(n-1)$-dimensionalen Halbraum

$$H_{n-1} := \mathbb{R}^+ \times \{0\} \times \mathbb{R}^{n-2} \subset \mathbb{R}^n \tag{8.21}$$

gelten dann

$$h_{n-1}(W_{n-1}) = S^{n-1} \backslash H_{n-1} , \quad f_n\big(V_n(r)\big) = r\mathbb{B}^n \backslash H_{n-1} \tag{8.22}$$

sowie

$$h_{n-1}\big(\overline{W_{n-1}}\big) = S^{n-1} , \quad f_n\big(\overline{V_n(r)}\big) = r\bar{\mathbb{B}}^n \tag{8.23}$$

und

$$f_n(V_n) = \mathbb{R}^n \backslash H_{n-1} , \quad f_n\big(\overline{V_n}\big) = \mathbb{R}^n . \tag{8.24}$$

Außerdem sind die Abbildungen $h_{n-1}|W_{n-1}$ und $f_n|V_n$ bijektiv auf ihre Bilder.

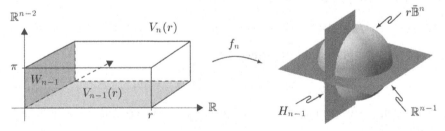

Diese Aussagen folgen leicht durch Induktion.

8.8 Lemma Für $n \geq 3$ und $r > 0$ ist f_n ein C^∞-Diffeomorphismus von $V_n(r)$ auf $r\mathbb{B}^n \setminus H_{n-1}$ und von V_n auf $\mathbb{R}^n \setminus H_{n-1}$. Ferner gilt

$$\det \partial f_n(r, \varphi, \vartheta_1, \ldots, \vartheta_{n-2}) = (-1)^n r^{n-1} \sin \vartheta_1 \sin^2 \vartheta_2 \cdots \sin^{n-2} \vartheta_{n-2}$$

für $(r, \varphi, \vartheta_1, \ldots, \vartheta_{n-2}) \in \overline{V}_n$.

Beweis Aufgrund der vorstehenden Betrachtungen ist nur noch der Wert der Funktionaldeterminante zu berechnen. Dazu leiten wir eine Rekursionsformel für $\det \partial f_n(y)$ her. Aus (8.12) und (8.14) folgt nämlich mit $y = (r, z) = (y', z_n)$ und $z = (z', z_n) \in \mathbb{R}^n$

$$[\partial f_{n+1}(y)] = \left[\begin{array}{ccccc} h_{n-1}(z') \sin z_n & \vdots & & [r\partial_z(h_{n-1}(z') \sin z_n)] & \\ \cdots & \cdots & \cdots & \cdots & \cdots \\ \cos z_n & \vdots & 0 & \cdots & 0 \quad -r \sin z_n \end{array} \right]$$

$$= \left[\begin{array}{ccccc} & & \vdots & & * \\ [\partial f_n(y') \sin z_n] & & \vdots & & \vdots \\ & & \vdots & & * \\ \cdots & \cdots & \cdots & \cdots & \cdots \\ * & \cdots & & * & \vdots \quad -r \sin z_n \end{array} \right]$$

Durch Entwickeln nach der letzten Zeile finden wir somit

$$\det \partial f_{n+1}(y) = (-1)^n \cos z_n \det S - r \sin^{n+1} z_n \det \partial f_n(y') \qquad (8.25)$$

mit $S := [r\partial_z(h_{n-1}(z') \sin z_n)]$. Wir können annehmen, daß $\sin z_n \neq 0$, da sonst die Behauptung trivial ist. In der letzten Spalte von S steht $rh_{n-1}(z') \cos z_n$. Dieser Vektor unterscheidet sich nur durch den Faktor $r \cot z_n$ vom ersten Spaltenvektor, nämlich $h_{n-1}(z') \sin z_n$, der Matrix $T := [\partial f_n(y') \sin z_n]$. Die ersten $n - 1$ Spalten von S stimmen mit den letzten $n - 1$ Spalten von T (in derselben Reihenfolge) überein. Also gilt

$$\det S = (-1)^{n-1} r \cot z_n \det T = (-1)^{n-1} r \cos z_n \sin^{n-1} z_n \det \partial_n f(y') \, .$$

Somit folgt aus (8.25)

$$\det \partial f_{n+1}(y) = -r \sin^{n-1} z_n \det \partial f_n(y') \, .$$

Wegen $\det \partial f_2(r, \varphi) = r$ ergibt sich nun die Behauptung. ∎

Zur Abkürzung setzen wir

$$w_n(\vartheta) := \sin \vartheta_1 \sin^2 \vartheta_2 \cdots \sin^{n-2} \vartheta_{n-2} \, , \qquad \vartheta := (\vartheta_1, \ldots, \vartheta_{n-2}) \in [0, \pi]^{n-2} \, .$$

8.9 Satz (Integration mittels Polarkoordinaten) *Es sei $n \geq 3$.*

(i) *Für $g \in \mathcal{L}_0(\mathbb{R}^n, \mathbb{R}^+)$ gilt*

$$\int_{\mathbb{R}^n} g \, dx = \int_{V_n} (g \circ f_n)(r, \varphi, \vartheta) r^{n-1} w_n(\vartheta) \, d(r, \varphi, \vartheta) . \qquad (8.26)$$

(ii) *Die Abbildung $g : \mathbb{R}^n \to \mathbb{K}$ ist genau dann integrierbar, wenn dies für*

$$V_n \to \mathbb{K} , \quad (r, \varphi, \vartheta) \mapsto (g \circ f_n)(r, \varphi, \vartheta) r^{n-1} w_n(\vartheta)$$

der Fall ist. Dann gilt (8.26).

Beweis Wegen $\lambda_n(\overline{V}_n \setminus V_n) = 0$ erhalten wir die Behauptung aus (8.24), Korollar 8.5 und Lemma 8.8. ∎

8.10 Beispiele (a) Für $g \in \mathcal{L}_0(\mathbb{R}^3, \mathbb{R}^+)$ gilt

$$\int_{\mathbb{R}^3} g(x, y, z) \, d(x, y, z)$$
$$= \int_0^\infty \int_0^{2\pi} \int_0^\pi g(r \cos \varphi \sin \vartheta, r \sin \varphi \sin \vartheta, r \cos \vartheta) r^2 \sin \vartheta \, d\vartheta \, d\varphi \, dr . \qquad (8.27)$$

Ferner kann auf der rechten Seite die Integrationsreihenfolge umgestellt werden.

Beweis Dies folgt aus Satz 8.9(i) und dem Satz von Tonelli. ∎

(b) Die Abbildung $g : \mathbb{R}^3 \to \mathbb{K}$ ist genau dann integrierbar, wenn dies für

$$V_3 \to \mathbb{K} , \quad (r, \varphi, \vartheta) \mapsto g(r \cos \varphi \sin \vartheta, r \sin \varphi \sin \vartheta, r \cos \vartheta) r^2 \sin \vartheta$$

der Fall ist. In diesem Fall gelten (8.27) und dessen Zusatz.

Beweis Dies ist eine Konsequenz aus Satz 8.9(ii) und dem Satz von Fubini-Tonelli. ∎

(c) Für $n \geq 3$ gilt

$$2\pi \int_{[0,\pi]^{n-2}} w_n(\vartheta) \, d\vartheta = n \omega_n$$

mit $\omega_n = \pi^{n/2} / \Gamma(1 + n/2)$, dem Volumen von $\mathbb{B}^n$.

Beweis Aus (8.22), (8.23), Satz 8.9 und dem Satz von Tonelli folgt

$$\omega_n = \int_{\mathbb{B}^n} dx = \int_{\mathbb{B}^n} \mathbf{1} \, dx = \int_{V_n(1)} (\mathbf{1} \circ f_n)(r, \varphi, \vartheta) r^{n-1} w_n(\vartheta) \, d(r, \varphi, \vartheta)$$
$$= \int_0^1 r^{n-1} \, dr \int_0^{2\pi} d\varphi \int_{[0,\pi]^{n-2}} w_n(\vartheta) \, d\vartheta = \frac{2\pi}{n} \int_{[0,\pi]^{n-2}} w_n(\vartheta) \, d\vartheta ,$$

also die Behauptung. ∎

Integration rotationssymmetrischer Funktionen

Es seien $0 \leq r_0 < r_1 \leq \infty$ und $\mathsf{R}(r_0, r_1) := \{ x \in \mathbb{R}^n \; ; \; r_0 < |x| < r_1 \}$. Dann heißt $g : \mathsf{R}(r_0, r_1) \to E$ **rotationssymmetrisch**, wenn es eine Abbildung $\overset{\bullet}{g} : (r_0, r_1) \to E$ gibt mit

$$g(x) = \overset{\bullet}{g}(|x|) \, , \qquad x \in \mathsf{R}(r_0, r_1) \, .$$

Dies ist genau dann der Fall, wenn g auf jeder der Sphären rS^{n-1} mit $r_0 < r < r_1$ konstant ist. Dann ist $\overset{\bullet}{g}$ durch g eindeutig bestimmt (und umgekehrt).

Wie wir bereits in Beispiel 8.7 gesehen haben, vereinfacht sich die Integrationsaufgabe für rotationssymmetrische Funktionen erheblich.

8.11 Theorem *Es sei $0 \leq r_0 < r_1 \leq \infty$.*

(i) *Ist $g \in \mathcal{L}_0\big(\mathsf{R}(r_0, r_1), \mathbb{R}^+\big)$ rotationssymmetrisch, so gilt*

$$\int_{\mathsf{R}(r_0, r_1)} g \, dx = n\omega_n \int_{r_0}^{r_1} \overset{\bullet}{g}(r) r^{n-1} \, dr \tag{8.28}$$

mit $\omega_n := \lambda_n(\mathbb{B}^n) = \pi^{n/2}/\Gamma(1 + n/2)$.

(ii) *Die rotationssymmetrische Funktion $g : \mathsf{R}(r_0, r_1) \to \mathbb{K}$ ist genau dann integrierbar, wenn dies für*

$$(r_0, r_1) \to \mathbb{K} \, , \quad r \mapsto \overset{\bullet}{g}(r) r^{n-1}$$

richtig ist. Dann gilt (8.28).

Beweis Der Fall $n = 1$ ist klar (vgl. Aufgabe 5.12). Für $n \geq 2$ folgt aus (8.15) und der Rotationssymmetrie von g

$$g \circ f_n(r, \varphi, \vartheta) = \overset{\bullet}{g}(r) \, , \qquad r_0 < r < r_1 \, , \quad (\varphi, \vartheta) \in W_{n-1} \, .$$

Nun ergibt sich die Behauptung aus den Sätzen 8.6 und 8.9 (angewendet auf die triviale Fortsetzung von g) sowie aus Beispiel 8.10(c). ∎

8.12 Beispiele **(a)** Es sei $f : \mathbb{R}^n \to \mathbb{K}$ meßbar, und es gebe $c \geq 0$, $\rho > 0$ und $\varepsilon > 0$ mit

$$|f(x)| \leq \begin{cases} c\,|x|^{-n+\varepsilon} \, , & 0 < |x| \leq \rho \, , \\ c\,|x|^{-n-\varepsilon} \, , & |x| \geq \rho \, . \end{cases}$$

Dann ist f integrierbar .

Beweis Wir setzen

$$g(x) := c\big(|x|^{-n+\varepsilon} \chi_{\rho\bar{\mathbb{B}}^n}(x) + |x|^{-n-\varepsilon} \chi_{(\rho\mathbb{B}^n)^c}(x)\big) \, , \qquad x \in \mathbb{R}^n \backslash \{0\} = \mathsf{R}(0, \infty) \, .$$

Dann ist g rotationssymmetrisch, und es gilt $|f(x)| \leq g(x)$ für $x \in \mathsf{R}(0, \infty)$. Aufgrund der Beispiele VI.8.4(a) und (b) gehört $r \mapsto \overset{\bullet}{g}(r) r^{n-1}$ zu $\mathcal{L}_1(\mathbb{R}^+)$. Somit impliziert Theorem 8.11, daß auch g zu $\mathcal{L}_1\big(\mathsf{R}(0, \infty)\big) = \mathcal{L}_1(\mathbb{R}^n)$ gehört. Nun folgt die Behauptung aus Theorem 3.14. ∎

(b) Es sei $\mu \in \mathcal{L}_\infty(\mathbb{R}^n)$, und μ habe einen kompakten Träger. Ferner sei

$$\frac{1}{r} : \mathbb{R}^n \setminus \{0\} \to \mathbb{R}^+ \, , \qquad x \mapsto \frac{1}{|x|} \, .$$

Dann existiert $(1/r)^\alpha * \mu$ für $\alpha < n$, und es gilt

$$\left(\frac{1}{r}\right)^\alpha * \mu(x) = \int_{\mathbb{R}^n} \frac{\mu(y)}{|x-y|^\alpha} \, dy \, , \qquad x \in \mathbb{R}^n \, .$$

Beweis Es seien $x \in \mathbb{R}^n$ und $K := \operatorname{supp}(\mu)$ sowie $g_x(y) := \|\mu\|_\infty \, |y|^{-\alpha} \, \chi_{x-K}(y)$ für $y \neq 0$. Dann gehört $\widetilde{g}_x$ zu $\mathcal{L}_0(\mathbb{R}^n)$, und es gilt

$$|\mu(x-y)| \, |y|^{-\alpha} \leq g_x(y) \, , \qquad y \neq 0 \, .$$

Wegen $\alpha < n$ zeigt (a), daß $\widetilde{g}_x$ integrierbar ist. Die Behauptung folgt nun aus Theorem 7.8(ii). ∎

Mit den Bezeichnungen von (b) heißt $u_n := (1/r)^{n-2} * \mu$ für $n \geq 3$ **Newtonsches** oder **Coulombsches Potential der Belegungsdichte** μ. Aus Aufgabe 3.6 wissen wir, daß u_n in K^c glatt und harmonisch ist, und (b) zeigt, daß u_n auf ganz $\mathbb{R}^n$ erklärt ist.

Der Transformationssatz für vektorwertige Funktionen

Wir beweisen nun die Transformationsformel von Theorem 8.4 für vektorwertige Funktionen.

8.13 Lemma Es seien $f \in \mathcal{E}\mathcal{F}_c(Y, E)$ und $\Phi \in \operatorname{Diff}^1(X, Y)$. Dann gehört die Abbildung $(f \circ \Phi) \, |\det \partial \Phi|$ zu $\mathcal{L}_1(X, E)$, und es gilt

$$\int_Y f \, dy = \int_X (f \circ \Phi) \, |\det \partial \Phi| \, dx \, .$$

Beweis Wegen $\operatorname{supp}(f \circ \Phi) = \Phi^{-1}\big(\operatorname{supp}(f)\big)$ ist der Träger von $f \circ \Phi$ kompakt. Insbesondere gehört $f \circ \Phi$ zu $\mathcal{E}\mathcal{F}_c(X, E)$. Hieraus folgt leicht die Integrierbarkeit von $(f \circ \Phi) \, |\det \partial \Phi|$. Ferner zeigt Theorem 2.11(iii), daß für $e \in E$ und $g \in \mathcal{L}_1(X, \mathbb{K})$ die Funktion eg zu $\mathcal{L}_1(X, E)$ gehört und daß $e \int_X g \, dx = \int_X eg \, dx$ gilt. Bezeichnet $\sum_{j=0}^m e_j \chi_{A_j}$ die Normalform von f, so folgt aus Satz 8.2

$$\int_Y f \, dy = \sum_{j=0}^m e_j \lambda_n(A_j) = \sum_{j=0}^m e_j \int_{\Phi^{-1}(A_j)} |\det \partial \Phi| \, dx$$

$$= \sum_{j=0}^m \int_{\Phi^{-1}(A_j)} e_j \, |\det \partial \Phi| \, dx = \int_X (f \circ \Phi) \, |\det \partial \Phi| \, dx \, ,$$

also die Behauptung. ∎

8.14 Theorem (Transformationssatz)   *Es seien* $\Phi \in \mathrm{Diff}^1(X, Y)$ *und* $f \in E^Y$. *Genau dann gehört* f *zu* $\mathcal{L}_1(Y, E)$, *wenn* $(f \circ \Phi) |\det \partial \Phi|$ *zu* $\mathcal{L}_1(X, E)$ *gehört. In diesem Fall gilt*

$$\int_Y f \, dy = \int_X (f \circ \Phi) |\det \partial \Phi| \, dx \; .$$

Beweis   (i) Es sei $f \in \mathcal{L}_1(Y, E)$. Dann gibt es eine Folge (f_j) in $\mathcal{EF}_c(Y, E)$, die in $\mathcal{L}_1(Y, E)$ und f.ü. gegen f konvergiert und $\lim \int_Y f_j = \int_Y f$ erfüllt (vgl. Lemma 6.18, die Bemerkungen 6.19(a) und (c) und Theorem 2.18). Für $j \in \mathbb{N}$ setzen wir $g_j := (f_j \circ \Phi) |\det \partial \Phi|$. Mit Hilfe von Lemma 8.13 erkennen wir, daß (g_j) eine Cauchyfolge in $\mathcal{L}_1(X, E)$ ist und daß $\int_Y f_j \, dy = \int_X g_j \, dx$ gilt. Weil $\mathcal{L}_1(X, E)$ vollständig ist, finden wir ein $g \in \mathcal{L}_1(X, E)$ mit $g_j \to g$ in $\mathcal{L}_1(X, E)$. Ferner folgt aus Theorem 2.18, daß $\lim \int_X g_j \, dx = \int_X g \, dx$ und daß es eine Teilfolge $(g_{j_k})_{k \in \mathbb{N}}$ von (g_j) gibt, die in X f.ü. gegen g konvergiert. Also stimmen g und $(f \circ \Phi) |\det \partial \Phi|$ in X f.ü. überein. Nach Lemma 2.15 gehört deshalb $(f \circ \Phi) |\det \partial \Phi|$ zu $\mathcal{L}_1(X, E)$, und es gilt $\int_X g = \int_X (f \circ \Phi) |\det \partial \Phi|$. Nun folgt

$$\int_Y f \, dy = \lim_j \int_Y f_j \, dy = \lim_j \int_X g_j \, dx = \int_X g \, dx = \int_X (f \circ \Phi) |\det \partial \Phi| \, dx \; .$$

(ii) Nun gehöre $(f \circ \Phi) |\det \partial \Phi|$ zu $\mathcal{L}_1(X, E)$. Da aus (8.5)

$$f = \big((f \circ \Phi) |\det \partial \Phi| \big) \circ \Phi^{-1} |\det \partial (\Phi^{-1})|$$

folgt, zeigt (i), daß f zu $\mathcal{L}_1(Y, E)$ gehört. Damit ist alles bewiesen. ∎

Es ist klar, daß Korollar 8.5 auch für E-wertige Abbildungen gültig ist. Hieraus folgt, daß die Sätze 8.6(ii) und 8.9(ii) und Theorem 8.11(ii) auch für E-wertige Funktionen gelten.

Aufgaben

1   Es sei $G \in \mathbb{R}^{n \times n}$ symmetrisch und positiv definit. Man beweise:

$$\int_{\mathbb{R}^n} e^{-(Gx \,|\, x)} \, dx = \pi^{n/2} / \sqrt{\det G} \; .$$

(Hinweis: Hauptachsentransformation.)

2   Man zeige, daß für $p \in \mathbb{C}$ mit $\mathrm{Re}\, p > n/2$ gilt

$$\int_{\mathbb{R}^n} (1 + |x|^2)^{-p} \, dx = \pi^{n/2} \Gamma(p - n/2) / \Gamma(p) \; .$$

(Hinweis: Man beachte Beispiel 6.13(b).)

3 Es seien $D := \{ (x,y) \in \mathbb{R}^2 \; ; \; x,y \geq 0, \; x+y \leq 1 \}$ und $p,q \in (0,\infty)$. Für $f : (0,1) \to \mathbb{R}$ ist die Funktion

$$D \to \mathbb{R} , \quad (x,y) \mapsto x^{p-1} y^{q-1} f(x+y)$$

genau dann integrierbar, wenn $s \mapsto s^{p+q-1} f(s)$ zu $\mathcal{L}_1\big((0,1)\big)$ gehört. In diesem Fall gilt

$$\int_D x^{p-1} y^{q-1} f(x+y) \, d(x,y) = \mathsf{B}(p,q) \int_0^1 s^{p+q-1} f(s) \, ds .$$

(Hinweis: Man betrachte $(s,t) \mapsto \big(s(1-t), st\big)$.)

4 Es seien $0 \leq \alpha < \beta \leq 2\pi$, und $f : [\alpha, \beta] \to (0, \infty)$ sei meßbar. Man zeige, daß

$$S(\alpha, \beta, f) := \{ z \in \mathbb{C} \; ; \; \arg_N(z) \in [\alpha, \beta], \; |z| \leq f\big(\arg_N(z)\big) \}$$

λ_2-meßbar ist und daß gilt

$$\lambda_2\big(S(\alpha, \beta, f)\big) = \frac{1}{2} \int_\alpha^\beta \big[f(\varphi)\big]^2 \, d\varphi .$$

5 Es sei $g \in \mathcal{L}^2_{\mathrm{sym}}(\mathbb{R}^n)$ positiv definit. Man berechne das von der Ellipsoidfläche $g^{-1}(1)$ „eingeschlossene" Volumen des Ellipsoids $g^{-1}\big([0,1]\big)$ (vgl. Bemerkung VII.10.18).

6 (Sardsches Lemma) Es sei $\Phi \in C^1(X, \mathbb{R}^n)$, und $C := \{ x \in X \; ; \; \partial\Phi(x) \notin \mathcal{L}\mathrm{aut}(\mathbb{R}^n) \}$ sei die Menge der kritischen Punkte von Φ. Man zeige, daß $\Phi(C)$ eine λ_n-Nullmenge ist. (Hinweise: Weil C σ-kompakt ist, genügt es nachzuweisen, daß $\Phi(C \cap J)$ für jeden kompakten n-dimensionalen Würfel J eine λ_n-Nullmenge ist. Dazu seien $x_0 \in C$ und $r > 0$, so daß $J_0 := \big[x_0 - (r/2)\mathbf{1}, x_0 + (r/2)\mathbf{1}\big] \subset\subset X$. Ferner sei

$$\rho(r) := \max_{x \in J_0} \int_0^1 \big\| \partial\Phi\big(x_0 + t(x - x_0)\big) \big\| \, dt .$$

Man zeige, daß es ein $c_n > 0$ gibt mit $\lambda_n\big(\Phi(J_0)\big) \leq c_n r^n \rho(r)$. Wegen $\lim_{r \to 0} \rho(r) = 0$ folgt die Behauptung durch Unterteilen der Kanten von J_0.)

7 Es seien $\Phi \in C^1(X, \mathbb{R}^n)$ und $C := \{ x \in X \; ; \; \partial\Phi(x) \notin \mathcal{L}\mathrm{aut}(\mathbb{R}^n) \}$. Ferner sei $\Phi \,|\, (X \setminus C)$ injektiv. Man beweise die folgenden Aussagen:

(i) Für $f \in \mathcal{L}_0(X, \mathbb{R}^+)$ gilt

$$\int_{\Phi(X)} f \, dy = \int_X (f \circ \Phi) \, |\det \partial\Phi| \, dx . \tag{8.29}$$

(ii) Die Funktion $f : \Phi(X) \to E$ gehört genau dann zu $\mathcal{L}_1\big(\Phi(X), E\big)$, wenn die Abbildung $(f \circ \Phi) \, |\det \partial\Phi|$ in $\mathcal{L}_1(X, E)$ liegt. In diesem Fall gilt (8.29).

9 Die Fouriertransformation

Im Finale dieses Kapitels stellen wir die wichtigste Integraltransformation, die Fouriertransformation, vor.[1] Das Studium ihrer grundlegenden Eigenschaften ist eine Reprise der Lebesgueschen Integrationstheorie, bei deren Durchführung uns die Eckpfeiler dieser Theorie, wie die Vollständigkeit der Lebesgueschen Räume, der Satz über die majorisierte Konvergenz und der Satz von Fubini-Tonelli, auf Schritt und Tritt begegnen.

Besonders reizvoll ist das Zusammenspiel der Fouriertransformation mit der Faltung und mit der Hilbertraumstruktur von L_2. Ersteres erläutern wir anhand von Fouriermultiplikationsoperatoren; das zweite durch den Satz von Plancherel und Anwendungen auf die Impuls- und Ortsoperatoren der Quantenmechanik.

In diesem Paragraphen betrachten wir ausschließlich Räume komplexwertiger auf ganz $\mathbb{R}^n$ definierter Funktionen. Wie in Paragraph 7 lassen wir deshalb die Spezifikation $(\mathbb{R}^n, \mathbb{C})$ meistens weg und schreiben $\mathfrak{F}$ für $\mathfrak{F}(\mathbb{R}^n, \mathbb{C})$, also z.B. $\mathcal{L}_1$ für $\mathcal{L}_1(\mathbb{R}^n, \mathbb{C})$. Außerdem bedeutet $\int f \, dx$ stets $\int_{\mathbb{R}^n} f \, dx$, und wir identifizieren $\mathbb{R}^n$ kanonisch mit seinem Dualraum, so daß $\langle \cdot, \cdot \rangle$ formal mit dem euklidischen inneren Produkt übereinstimmt.

Definition und elementare Eigenschaften

Es sei $f \in \mathcal{L}_1$. Dann gehört die Abbildung $\mathbb{R}^n \to \mathbb{C}$, $x \mapsto e^{-i\langle x, \xi \rangle} f(x)$ für jedes $\xi \in \mathbb{R}^n$ zu $\mathcal{L}_1$. Die durch

$$\widehat{f}(\xi) := (2\pi)^{-n/2} \int_{\mathbb{R}^n} e^{-i\langle x, \xi \rangle} f(x) \, dx \, , \qquad \xi \in \mathbb{R}^n \, , \tag{9.1}$$

erklärte Abbildung $\widehat{f} : \mathbb{R}^n \to \mathbb{C}$ heißt **Fouriertransformierte** von f, und die Funktion $\mathcal{F} := \left(f \mapsto \widehat{f} \right)$ ist die **Fouriertransformation**.

Statt durch die Formel (9.1) wird in der Literatur die Fouriertransformierte von f auch durch[2]

$$\xi \mapsto \int e^{-i\langle x, \xi \rangle} f(x) \, dx \quad \text{oder} \quad \xi \mapsto \int e^{-2\pi i \langle x, \xi \rangle} f(x) \, dx$$

definiert. Diese verschiedenen Normierungen sind natürlich für die Theorie unwesentlich, bewirken aber, daß bei einigen der nachfolgenden Ausdrücke Potenzen von 2π als Faktoren auftauchen. Hierauf ist beim Vergleich verschiedener Bücher und Arbeiten zu achten. Die hier gewählte Normierung hat den Vorteil, daß solche Faktoren nur an wenigen Stellen auftauchen und daß der Satz von Plancherel besonders einfach formuliert werden kann.

---

[1] Vom Inhalt dieses Paragraphen wird im restlichen Teil dieses Buches kein Gebrauch gemacht.
[2] Vgl. Paragraph VIII.6.

9.1 Bemerkungen (a) Für $f \in L_1$ setzen wir $\mathcal{F}f := \widehat{f} := \mathcal{F}\overset{*}{f}$, wobei $\overset{*}{f}$ ein beliebiger Repräsentant von f ist. Dann ist $\mathcal{F}f$ wohldefiniert, und $\mathcal{F} \in \mathcal{L}(L_1, BC)$.

Beweis Die erste Aussage ist offensichtlich. Wegen

$$\left| \widehat{f}(\xi) \right| \le (2\pi)^{-n/2} \|f\|_1 , \qquad \xi \in \mathbb{R}^n ,$$

folgt die zweite leicht aus dem Satz über die Stetigkeit von Parameterintegralen und aus Theorem VI.2.5. ∎

(b) Für $f \in L_1$ gilt $\overset{\smile}{\widehat{f}} = \overset{\frown}{\widehat{f}}$. Die Funktion

$$\mathbb{R}^n \to \mathbb{C} , \quad \xi \mapsto \overset{\smile}{\widehat{f}}(\xi) = (2\pi)^{-n/2} \int e^{i\langle x, \xi \rangle} f(x) \, dx$$

wird auch als **Fourierkotransformierte** von f bezeichnet, und $\overline{\mathcal{F}} := \left(f \mapsto \overset{\smile}{\widehat{f}} \right)$ ist die **Fourierkotransformation**. Da die Spiegelung $f \mapsto \overset{\smile}{f}$ ein stetiger Automorphismus auf $\mathcal{L}_1$, L_1 und BC ist, besitzt die Fourierkotransformation dieselben Stetigkeitseigenschaften wie die Fouriertransformation.

Beweis Dies folgt unmittelbar aus dem Transformationssatz. ∎

(c) Wir bezeichnen für $\lambda > 0$ mit $\sigma_\lambda : \mathbb{R}^n \to \mathbb{R}^n$, $x \mapsto \lambda x$ die **Streckung** mit dem Faktor λ. Dann definieren wir eine Operation der Gruppe $\big((0, \infty), \cdot \big)$ auf Abb $:=$ Abb$(\mathbb{R}^n, \mathbb{C})$,

$$\big((0, \infty), \cdot \big) \times \text{Abb} \to \text{Abb} , \quad (\lambda, f) \mapsto \sigma_\lambda f , \tag{9.2}$$

durch

$$\sigma_\lambda f := f \circ \sigma_{1/\lambda} = (\sigma_{1/\lambda})^* f .$$

Ist V ein Untervektorraum von Abb, der invariant ist unter dieser Aktion, also $\sigma_\lambda(V) \subset V$ für $\lambda > 0$ erfüllt, so ist die Abbildung

$$\sigma_\lambda : V \to V , \quad v \mapsto \sigma_\lambda v$$

linear und erfüllt $\sigma_\lambda \sigma_\mu = \sigma_{\lambda\mu}$ und $\sigma_1 = \text{id}_V$ für $\lambda, \mu > 0$. Folglich ist σ_λ für $\lambda > 0$ ein Vektorraumautomorphismus mit $(\sigma_\lambda)^{-1} = \sigma_{1/\lambda}$. Dies zeigt, daß

$$\big((0, \infty), \cdot \big) \to \text{Aut}(V) , \quad \lambda \mapsto \sigma_\lambda$$

eine lineare Darstellung der multiplikativen Gruppe $\big((0, \infty), \cdot \big)$ auf V ist. Insbesondere ist $\{ \sigma_\lambda \; ; \; \lambda > 0 \}$ eine Untergruppe von Aut(V), die **Dilatationsgruppe** von V. Dementsprechend ist $\sigma_\lambda v$ die **Dilatation** (Streckung) **von** v mit dem Faktor λ. Wie im Fall der Translationsgruppe sagt man auch hier, $\big((0, \infty), \cdot \big)$ sei auf V **linear darstellbar**, wenn V unter (9.2) invariant ist.

Es sei $1 \le p \le \infty$. Dann ist $\big((0, \infty), \cdot \big)$ auf L_p linear darstellbar, und es gilt

$$\|\sigma_\lambda f\|_p = \lambda^{n/p} \|f\|_p .$$

Beweis Dies folgt aus dem Transformationssatz. ∎

(d) $\mathcal{F}\sigma_\lambda = \lambda^n \sigma_{1/\lambda} \mathcal{F}$ für $\lambda > 0$.

Beweis Es seien $f \in \mathcal{L}_1$ und $\lambda > 0$. Dann gilt

$$\mathcal{F}\sigma_\lambda f(\xi) = (2\pi)^{-n/2} \int e^{-i\langle x, \xi \rangle} f(x/\lambda) \, dx = \lambda^n (2\pi)^{-n/2} \int e^{-\langle x/\lambda, \lambda\xi \rangle} f(x/\lambda) \lambda^{-n} \, dx$$

für $\xi \in \mathbb{R}^n$. Nun zeigt der Transformationssatz, daß der letzte Ausdruck mit $\lambda^n \widehat{f}(\lambda\xi)$ übereinstimmt. ∎

(e) Es sei $a \in \mathbb{R}^n$. Dann gilt $\left(e^{i\langle a, \cdot \rangle} f \right)^{\widehat{}} = \tau_a \widehat{f}$ für $f \in \mathcal{L}_1$. ∎

Der Raum der schnell fallenden Funktionen

Wir führen nun einen Untervektorraum von $\mathcal{L}_1$ ein, auf dem die Fouriertransformation besonders einfach zu handhaben ist. Durch Dichtheitsschlüsse können wir dann die erhaltenen Resultate auf größere Funktionenräume ausdehnen.

Man nennt $f \in C^\infty$ **schnell fallend**, wenn es zu jedem $(k, m) \in \mathbb{N}^2$ ein $c_{k,m} > 0$ gibt mit

$$(1 + |x|^2)^k |\partial^\alpha f(x)| \leq c_{k,m} \,, \qquad x \in \mathbb{R}^n \,, \quad \alpha \in \mathbb{N}^n \,, \quad |\alpha| \leq m \,.$$

Mit anderen Worten: $f \in C^\infty$ ist schnell fallend, wenn jede Ableitung $\partial^\alpha f$ für $|x| \to \infty$ schneller als jede Potenz von $1/|x|$ gegen Null geht.

Wir setzen

$$q_{k,m}(f) := \max_{|\alpha| \leq m} \sup_{x \in \mathbb{R}^n} (1 + |x|^2)^{k/2} |\partial^\alpha f(x)| \,, \qquad f \in C^\infty \,, \quad k, m \in \mathbb{N} \,,$$

und nennen

$$\mathcal{S} := \left\{ f \in C^\infty \,; \, q_{k,m}(f) < \infty, \, k, m \in \mathbb{N} \right\}$$

Schwartzschen Raum oder **Raum der schnell fallenden Funktionen**.

9.2 Bemerkungen **(a)** $\mathcal{S}$ ist ein Untervektorraum von BUC^∞. Jedes $q_{k,m}$ ist eine Norm auf $\mathcal{S}$.

Beweis Es sei $m \in \mathbb{N}$. Dann ist $\mathcal{S}$ ein Untervektorraum von BC^m, denn $q_{0,m}$ stimmt mit der Norm von BC^m überein. Es sei $\alpha \in \mathbb{N}^n$ mit $|\alpha| \leq m$. Dann folgt aus dem Mittelwertsatz leicht, daß $\partial^\alpha f$ gleichmäßig stetig ist. Dies beweist die erste Aussage. Die zweite ist klar. ∎

(b) Für $(f, g) \in \mathcal{S} \times \mathcal{S}$ sei

$$d(f, g) := \sum_{k,m=0}^\infty 2^{-(k+m)} \frac{q_{k,m}(f-g)}{1 + q_{k,m}(f-g)} \,.$$

Dann ist $(\mathcal{S}, d)$ ein metrischer Raum.

Beweis (i) Offensichtlich konvergiert die Doppelreihe $\sum 2^{-(k+m)} q_{k,m}(f)/\big(1 + q_{k,m}(f)\big)$ für jedes $f \in \mathcal{S}$. Somit ist $d : \mathcal{S} \times \mathcal{S} \to \mathbb{R}^+$ wohldefiniert. Ferner ist d symmetrisch und verschwindet genau auf der Diagonalen von $\mathcal{S} \times \mathcal{S}$.

(ii) Weil $t \mapsto t/(1+t)$ auf $\mathbb{R}^+$ wachsend ist, gilt für $r, s, t \in \mathbb{R}^+$ mit $r \le s + t$:

$$\frac{r}{1+r} \le \frac{s+t}{1+s+t} = \frac{s}{1+s+t} + \frac{t}{1+s+t} \le \frac{s}{1+s} + \frac{t}{1+t} \ .$$

Nun folgt leicht, daß d die Dreiecksungleichung erfüllt. ∎

(c) Es seien (f_j) eine Folge in $\mathcal{S}$ und $f \in \mathcal{S}$. Dann sind äquivalent:

(i) $\lim f_j = f$ in $(\mathcal{S}, d)$.

(ii) $\lim(f - f_j) = 0$ in $(\mathcal{S}, d)$.

(iii) $\lim_j q_{k,m}(f - f_j) = 0$ für $k, m \in \mathbb{N}$.

Dies bedeutet, daß die Folge (f_j) genau dann in $\mathcal{S}$ gegen f konvergiert, wenn $(f_j - f)$ bezüglich jeder Seminorm $q_{k,m}$ gegen Null strebt.

Beweis „(i)$\Rightarrow$(ii)" Diese Implikation ist klar.

„(ii)$\Rightarrow$(iii)" Es seien $\varepsilon \in (0, 1]$ und $k, m \in \mathbb{N}$. Dann gibt es ein $N \in \mathbb{N}$, so daß für $j \ge N$ die Ungleichung $d(f, f_j) < \varepsilon/2^{k+m+1}$ erfüllt ist. Hieraus folgt

$$\frac{2^{-(k+m)} q_{k,m}(f - f_j)}{1 + q_{k,m}(f - f_j)} < \frac{\varepsilon}{2^{k+m+1}} \ ,$$

und somit $q_{k,m}(f - f_j) < \varepsilon$ für $j \ge N$.

„(iii)$\Rightarrow$(i)" Es sei $\varepsilon > 0$. Dann gibt es ein $N \in \mathbb{N}$ mit

$$\sum_{k+m=N+1}^{\infty} \frac{2^{-(k+m)} q_{k,m}(f - f_j)}{1 + q_{k,m}(f - f_j)} \le \sum_{\ell=N+1}^{\infty} 2^{-\ell} < \frac{\varepsilon}{2} \ .$$

Nach Voraussetzung finden wir ein $M \in \mathbb{N}$ mit

$$q_{k,m}(f - f_j) \le \varepsilon/4 \ , \qquad j \ge M \ , \quad k + m \le N \ .$$

Also gilt

$$d(f, f_j) \le \sum_{k,m=0}^{N} \frac{2^{-(k+m)} q_{k,m}(f - f_j)}{1 + q_{k,m}(f - f_j)} + \frac{\varepsilon}{2} \le \varepsilon$$

für $j \ge M$. ∎

(d) $\mathcal{D}$ ist ein dichter Untervektorraum von $\mathcal{S}$. Die Funktion $\mathbb{R}^n \to \mathbb{R}$, $x \mapsto e^{-|x|^2}$ gehört zu $\mathcal{S}$, aber nicht zu $\mathcal{D}$.

Beweis Es ist klar, daß $\mathcal{D}$ ein Untervektorraum von $\mathcal{S}$ ist. Es sei $f \in \mathcal{S}$. Wir wählen $\varphi \in \mathcal{D}$ mit $\varphi|\bar{\mathbb{B}}^n = 1$ und setzen

$$f_j(x) := f(x)\varphi(x/j) \ , \qquad x \in \mathbb{R}^n \ , \quad j \in \mathbb{N}^\times \ .$$

Dann gehört f_j zu $\mathcal{D}$, und es gilt

$$f(x) - f_j(x) = f(x)\big(1 - \varphi(x/j)\big) \ , \qquad x \in \mathbb{R}^n \ ,$$

also $\partial^\alpha (f - f_j)(x) = 0$ für $x \in j\bar{\mathbb{B}}^n$ und $\alpha \in \mathbb{N}^n$. Ferner zeigt die Leibnizsche Regel, daß es ein $c = c(\varphi, m) > 0$ gibt mit

$$|\partial^\alpha (f - f_j)(x)| = \left| \sum_{\beta \leq \alpha} \binom{\alpha}{\beta} \partial^\beta f(x) \partial^{\alpha-\beta}(1-\varphi)(x/j) j^{-|\alpha-\beta|} \right| \leq c \max_{\beta \leq \alpha} |\partial^\beta f(x)|$$

$$\leq c\, q_{k+1,m}(f)(1 + |x|^2)^{-(k+1)/2}$$

für $x \in \mathbb{R}^n$, $j \in \mathbb{N}^\times$, $k \in \mathbb{N}$ und $|\alpha| \leq m$. Mit $C := c\, q_{k+1,m}(f)$ ergibt sich

$$q_{k,m}(f - f_j) = \max_{|\alpha| \leq m} \sup_{|x| \geq j} (1 + |x|^2)^{k/2} |\partial^\alpha (f - f_j)(x)|$$

$$\leq c\, q_{k+1,m}(f) \sup_{|x| \geq j} (1 + |x|^2)^{-1/2} \leq C/j ,$$

und die erste Behauptung folgt für $j \to \infty$ aus (c). Die zweite ist klar. ∎

(e) Für $m \in \mathbb{N}$ gilt $\mathcal{S} \hookrightarrow BUC^m$.

Beweis Dies folgt aus (a) und (c). ∎

(f) $\mathcal{S}$ ist ein dichter Untervektorraum von C_0.

Beweis Es sei $f \in \mathcal{S}$. Dann folgt aus (a) und wegen $|f(x)| \leq q_{1,0}(f)(1 + |x|^2)^{-1/2}$ für $x \in \mathbb{R}^n$, daß f zu C_0 gehört. Also ist $\mathcal{S}$ ein Untervektorraum von C_0. Weil $\mathcal{D}$ nach Theorem 7.13 ein dichter Untervektorraum von C_0 ist, folgt die Behauptung aus den Inklusionen $\mathcal{D} \subset \mathcal{S} \subset C_0$. ∎

(g) Zu $k, m \in \mathbb{N}$ gibt es positive Konstanten c und C mit

$$c \max_{\substack{|\alpha| \leq m \\ |\beta| \leq k}} \sup_{x \in \mathbb{R}^n} |\partial^\alpha (x^\beta f(x))| \leq q_{k,m}(f) \leq C \max_{\substack{|\alpha| \leq m \\ |\beta| \leq k}} \sup_{x \in \mathbb{R}^n} |x^\beta \partial^\alpha f(x)| , \qquad f \in \mathcal{S} .$$

Beweis Dies folgt leicht aus der Leibnizschen Regel. ∎

(h) Es seien $f \in \mathcal{S}$ und $\alpha, \beta \in \mathbb{N}^n$. Dann gehört $x \mapsto x^\alpha \partial^\beta f(x)$ zu $\mathcal{S}$.

Beweis Dies ist eine Konsequenz aus (g). ∎

(i) Die Spiegelung $f \mapsto \check{f}$ ist ein stetiger Automorphismus von $\mathcal{S}$.

Beweis Dies ist offensichtlich. ∎

9.3 Theorem *Es sei $p \in [1, \infty)$. Dann ist $\mathcal{S}$ ein dichter Untervektorraum von L_p, und es gibt ein $c = c(n, p) > 0$ mit*

$$\|f\|_p \leq c\, q_{n+1,0}(f) , \qquad f \in \mathcal{S} . \tag{9.3}$$

Beweis Für $f \in \mathcal{S}$ gilt

$$\int |f|^p \, dx = \int |f(x)|^p (1 + |x|^2)^{(n+1)p/2} (1 + |x|^2)^{-(n+1)p/2} \, dx$$

$$\leq \left(q_{n+1,0}(f) \right)^p \int (1 + |x|^2)^{-(n+1)p/2} \, dx . \tag{9.4}$$

Ferner gilt aufgrund von Theorem 8.11(i) und wegen $(n + 1)p > n$

$$\int_{[|x| \geq 1]} |x|^{-(n+1)p} \, dx = n\omega_n \int_1^{\infty} r^{-((n+1)p-n+1)} \, dr < \infty \ .$$

Also ist auch $\int (1 + |x|^2)^{-(n+1)p/2} \, dx$ endlich, und (9.3) folgt aus (9.4). Insbesondere gehört f zu L_p, und wir erkennen, daß $\mathcal{S}$ ein Untervektorraum von L_p ist. Weil $\mathcal{D}$ nach Theorem 7.13 ein dichter Untervektorraum von L_p und nach Bemerkung 9.2(d) in $\mathcal{S}$ enthalten ist, folgt die Behauptung. ∎

Die Faltungsalgebra $\mathcal{S}$

Nach Bemerkung 9.2(a) und Theorem 9.3 ist $\mathcal{S} \times \mathcal{S}$ in $BUC^{\infty} \times L_1$ enthalten. Folglich ist die Faltung auf $\mathcal{S} \times \mathcal{S}$ erklärt, und aufgrund von Korollar 7.9 gilt

$$* : \mathcal{S} \times \mathcal{S} \to BUC^{\infty} \ . \tag{9.5}$$

Der nächste Satz zeigt, daß $f * g$ für $(f, g) \in \mathcal{S} \times \mathcal{S}$ sogar schnell fallend ist.

9.4 Satz *Die Faltung bildet $\mathcal{S} \times \mathcal{S}$ stetig und bilinear in $\mathcal{S}$ ab.*

Beweis (i) Wir verifizieren zunächst, daß die Faltung $\mathcal{S} \times \mathcal{S}$ in $\mathcal{S}$ abbildet. Dazu seien $(f, g) \in \mathcal{S} \times \mathcal{S}$ und $k, m \in \mathbb{N}$. Aufgrund von (9.5) genügt es nachzuweisen, daß $q_{k,m}(f * g)$ endlich ist. Wegen

$$|x|^k \leq (|x - y| + |y|)^k = \sum_{j=0}^{k} \binom{k}{j} |x - y|^j \, |y|^{k-j} \ , \qquad x, y \in \mathbb{R}^n \ ,$$

gibt es ein $c_k > 0$ mit

$$|x|^k \, |f * g(x)| \leq \int \sum_{j=0}^{k} \binom{k}{j} |x - y|^j \, |f(x - y)| \, |y|^{k-j} \, |g(y)| \, dy$$

$$\leq c_k q_{k,0}(f) \int (1 + |y|^2)^{k/2} \, |g(y)| \, dy \ .$$

Beachten wir, daß $\widetilde{c}_n := \int (1 + |y|^2)^{-(n+1)/2} \, dy$ endlich ist, so folgt

$$|x|^k \, |f * g(x)| \leq c_k \widetilde{c}_n \, q_{k,0}(f) q_{k+n+1,0}(g) \ .$$

Somit gibt es nach Bemerkung 9.2(g) ein $c = c(k, n) \geq 1$ mit

$$q_{k,0}(f * g) \leq c \, q_{k,0}(f) q_{k+n+1,0}(g) \ . \tag{9.6}$$

Schließlich gilt nach Theorem 7.8(iv)

$$q_{k,m}(f * g) = \max_{|\alpha| \leq m} q_{k,0}(\partial^{\alpha}(f * g)) = \max_{|\alpha| \leq m} q_{k,0}((\partial^{\alpha} f) * g) \ ,$$

und (9.6) impliziert

$$q_{k,m}(f * g) \leq c \max_{|\alpha| \leq m} q_{k,0}(\partial^{\alpha} f) q_{k+n+1,0}(g) = c \, q_{k,m}(f) q_{k+n+1,0}(g) \ . \qquad (9.7)$$

(ii) Es ist klar, daß die Faltung bilinear ist. Es seien $(f,g) \in \mathcal{S} \times \mathcal{S}$ und $((f_j, g_j))_{j \in \mathbb{N}}$ eine Folge in $\mathcal{S} \times \mathcal{S}$ mit $(f_j, g_j) \to (f,g)$ in $\mathcal{S} \times \mathcal{S}$ für $j \to \infty$. Ferner sei

$$\alpha := c\big(q_{k,m}(f) + q_{k+n+1,0}(g) + 1\big)$$

mit der Konstanten c von (9.7), und $\varepsilon \in (0,1]$. Nach Bemerkung 9.2(c) gibt es ein $N \in \mathbb{N}$ mit

$$q_{k,m}(f - f_j) < \varepsilon/\alpha \ , \quad q_{k+n+1,0}(g - g_j) < \varepsilon/\alpha \ , \qquad j \geq N \ .$$

Wegen

$$f * g - f_j * g_j = (f - f_j) * g + (f_j - f) * (g - g_j) + f * (g - g_j)$$

folgt aus (9.7)

$$q_{k,m}(f * g - f_j * g_j) \leq c\big(q_{k,m}(f - f_j) q_{k+n+1,0}(g) + q_{k,m}(f - f_j) q_{k+n+1,0}(g - g_j)$$
$$+ \, q_{k,m}(f) q_{k+n+1,0}(g - g_j)\big) < \varepsilon$$

für $j \geq N$. Damit ist alles bewiesen. ∎

9.5 Korollar $(\mathcal{S}, +, *)$ *ist eine Unteralgebra der kommutativen Algebra* $(L_1, +, *)$.

Beweis Dies folgt aus Satz 9.4 und Theorem 9.3. ∎

Rechenregeln

Wir leiten nun Rechenregeln für die Fouriertransformation von Ableitungen und die Differentiation von Fouriertransformierten her. Um diese Formeln einfach darstellen zu können, setzen wir $\Lambda(x) := (1 + |x|^2)^{1/2}$ für $x \in \mathbb{R}^n$ und

$$D_j := -i \partial_j \ , \quad j \in \{1, \ldots, n\} \ , \qquad D^{\alpha} := D_1^{\alpha_1} \cdots D_n^{\alpha_n} \ , \quad \alpha \in \mathbb{N}^n \ ,$$

mit der imaginären Einheit i. Außerdem bezeichnen wir, wie üblich, die polynomiale Funktion, die von dem Polynom $p \in \mathbb{C}[X_1, \ldots, X_n]$ induziert wird, wieder mit p.

9.6 Satz *Es sei* $f \in \mathcal{L}_1$.

(i) *Für* $\alpha \in \mathbb{N}^n$ *existiere* $D^{\alpha} f$ *und gehöre zu* $\mathcal{L}_1$. *Dann gilt* $X^{\alpha} \widehat{f} = \widehat{D^{\alpha} f}$.

(ii) Für $m \in \mathbb{N}$ gehöre $\Lambda^m f$ zu $\mathcal{L}_1$. Dann gehört $\widehat{f}$ zu BC^m, und es gilt

$$D^\alpha \widehat{f} = (-1)^{|\alpha|} \widehat{X^\alpha f} , \qquad \alpha \in \mathbb{N}^n , \quad |\alpha| \leq m .$$

Beweis (i) Es sei $\{ \varphi_\varepsilon ; \; \varepsilon > 0 \}$ ein glättender Kern. Durch partielle Integration (siehe Aufgabe 7.10) folgt

$$\int \xi^\alpha e^{-i\langle x,\xi \rangle} (f * \varphi_\varepsilon)(x) \, dx = (-1)^{|\alpha|} \int D_x^\alpha (e^{-i\langle x,\xi \rangle})(f * \varphi_\varepsilon)(x) \, dx$$
$$= \int e^{-i\langle x,\xi \rangle} \big((D^\alpha f) * \varphi_\varepsilon \big)(x) \, dx . \tag{9.8}$$

Theorem 7.11 und Theorem 2.18(ii) implizieren, daß

$$\lim_{\varepsilon \to 0} (2\pi)^{-n/2} \int \xi^\alpha e^{-i\langle x,\xi \rangle} (f * \varphi_\varepsilon)(x) \, dx = \xi^\alpha \widehat{f}(\xi)$$

und

$$\lim_{\varepsilon \to 0} (2\pi)^{-n/2} \int e^{-i\langle x,\xi \rangle} \big((D^\alpha f) * \varphi_\varepsilon \big)(x) \, dx = \widehat{D^\alpha f}(\xi)$$

für $\xi \in \mathbb{R}^n$. Mit (9.8) folgt hieraus die Behauptung.

(ii) Wir setzen $h(x,\xi) := e^{-i\langle x,\xi \rangle} f(x)$ für $(x,\xi) \in \mathbb{R}^n \times \mathbb{R}^n$. Dann gehört $h(\cdot,\xi)$ für jedes $\xi \in \mathbb{R}^n$ zu $\mathcal{L}_1$, und $h(x,\cdot)$ für jedes $x \in \mathbb{R}^n$ zu C^∞. Ferner gilt

$$D_\xi^\alpha h(x,\xi) = (-1)^{|\alpha|} x^\alpha h(x,\xi) , \qquad (x,\xi) \in \mathbb{R}^{2n} , \quad \alpha \in \mathbb{N}^n ,$$

und somit

$$|D_\xi^\alpha h(x,\xi)| \leq (1 + |x|^2)^{|\alpha|/2} \, |h(x,\xi)| = \Lambda^{|\alpha|}(x) \, |f(x)| . \tag{9.9}$$

Also folgt aus dem Satz über die Differentiation von Parameterintegralen, daß $\widehat{f}$ zu C^m gehört und daß

$$D^\alpha \widehat{f}(\xi) = (2\pi)^{-n/2} \int D_\xi^\alpha h(x,\xi) \, dx = (2\pi)^{-n/2} (-1)^{|\alpha|} \int x^\alpha h(x,\xi) \, dx$$
$$= (-1)^{|\alpha|} \widehat{X^\alpha f}(\xi)$$

für $\xi \in \mathbb{R}^n$ und $\alpha \in \mathbb{N}^n$ mit $|\alpha| \leq m$. Schließlich zeigt (9.9)

$$|D^\alpha \widehat{f}(\xi)| \leq (2\pi)^{-n/2} \int |D_\xi^\alpha h(x,\xi)| \, dx \leq (2\pi)^{-n/2} \|\Lambda^{|m|} f\|_1 < \infty , \qquad \xi \in \mathbb{R}^n .$$

Folglich gehört $\widehat{f}$ zu BC^m. ∎

9.7 Satz *Die Fouriertransformation bildet $\mathcal{S}$ stetig und linear in sich ab.*

Beweis (i) Es seien $f \in \mathcal{S}$ und $m \in \mathbb{N}$. Dann gilt

$$\int \Lambda^m(x) \, |f(x)| \, dx = \int (1 + |x|^2)^{(m+n+1)/2} \, |f(x)| \, (1 + |x|^2)^{-(n+1)/2} \, dx$$

$$\leq q_{m+n+1,0}(f) \int (1 + |x|^2)^{-(n+1)/2} \, dx < \infty ,$$

und wir finden mit Satz 9.6(ii), daß $\widehat{f}$ zu BC^m, und somit zu BC^∞, gehört.

(ii) Es seien $k, m \in \mathbb{N}$ und $\alpha, \beta \in \mathbb{N}^n$ mit $|\alpha| \leq m$ und $|\beta| \leq k$. Ferner sei $f \in \mathcal{S}$. Dann folgt aus Bemerkung 9.2(h) und Theorem 9.3, daß $\Lambda^m f$ und $D^\beta(X^\alpha f)$ zu $\mathcal{L}_1$ gehören. Somit impliziert Satz 9.6

$$\xi^\beta D^\alpha \widehat{f}(\xi) = (-1)^{|\alpha|} \xi^\beta \widehat{X^\alpha f}(\xi) = (-1)^{|\alpha|} \big(D^\beta(X^\alpha f)\big)^{\widehat{}}(\xi) , \qquad \xi \in \mathbb{R}^n . \quad (9.10)$$

Vermöge Bemerkung 9.2(g) finden wir ein $c > 0$, so daß

$$\big|\xi^\beta D^\alpha \widehat{f}(\xi)\big| \leq (2\pi)^{-n/2} \int |D^\beta(X^\alpha f)(x)| \, (1 + |x|^2)^{(n+1)/2}(1 + |x|^2)^{-(n+1)/2} \, dx$$

$$\leq c \, q_{m+n+1,k}(f)$$

für $|\alpha| \leq m$ und $|\beta| \leq k$ gilt. Somit gibt es ein $C > 0$ mit

$$q_{k,m}\big(\widehat{f}\big) \leq C q_{m+n+1,k}(f) . \tag{9.11}$$

Also gehört $\widehat{f}$ zu $\mathcal{S}$. Die Stetigkeit der Fouriertransformation folgt nun leicht aus (9.11) und Bemerkung 9.2(c). Damit ist alles bewiesen. ∎

9.8 Korollar *Für $f \in \mathcal{S}$ und $\alpha \in \mathbb{N}^n$ gelten*

$$\widehat{D^\alpha f} = X^\alpha \widehat{f} \quad und \quad \widehat{X^\alpha f} = (-1)^{|\alpha|} D^\alpha \widehat{f} .$$

Beweis Dies sind Spezialfälle von (9.10). ∎

Satz 9.6 und Korollar 9.8 zeigen, daß die Fouriertransformation Ableitungen in Multiplikationen mit Funktionen überführt, und umgekehrt. Diese Tatsache ist eine der wesentlichsten Grundlagen für ihre große praktische Bedeutung.

Es ist nun leicht, die Aussage von Bemerkung 9.1(a) zu verbessern, nämlich zu zeigen, daß das Bild von L_1 unter $\mathcal{F}$ bereits in C_0 liegt.

9.9 Satz[3] (Riemann-Lebesgue) $\mathcal{F} \in \mathcal{L}(L_1, C_0)$.

Beweis Satz 9.7 und $\mathcal{S} \subset C_0$ implizieren $\mathcal{F}(\mathcal{S}) \subset C_0$. Aus Theorem 9.3 wissen wir, daß $\mathcal{S}$ ein dichter Untervektorraum von L_1 ist, und Bemerkung 9.1(a) garantiert, daß $\mathcal{F}$ den Raum L_1 stetig nach BC abbildet. Nun folgt die Behauptung, da C_0 ein abgeschlossener Untervektorraum von BC ist. ∎

9.10 Beispiele   **(a)** Für $g := g_n : \mathbb{R}^n \to \mathbb{R}$, $x \mapsto e^{-|x|^2/2}$ gilt $\widehat{g} = g$.

Beweis (i) Die Funktionalgleichung der Exponentialfunktion impliziert

$$g_n(x) = g_1(x_1) \cdot \cdots \cdot g_1(x_n) \ , \qquad x = (x_1, \ldots, x_n) \in \mathbb{R}^n \ .$$

Bezeichnen wir, der Deutlichkeit halber, die Fouriertransformation auf $\mathbb{R}^n$ mit $\mathcal{F}_n$, so folgt aus dem Satz von Fubini-Tonelli

$$\mathcal{F}_n(g_n)(\xi) = (2\pi)^{-n/2} \int_{\mathbb{R}^n} e^{-i\langle x, \xi \rangle} e^{-|x|^2/2} \, dx = (2\pi)^{-n/2} \int_{\mathbb{R}^n} \prod_{j=1}^n e^{-ix_j\xi_j} e^{-x_j^2/2} \, dx$$

$$= \prod_{j=1}^n (2\pi)^{-1/2} \int_{\mathbb{R}} e^{-ix_j\xi_j} e^{-x_j^2/2} \, dx_j = \prod_{j=1}^n \mathcal{F}_1(g_1)(\xi_j) \ .$$

Dies zeigt, daß es genügt, den eindimensionalen Fall zu behandeln.

(ii) Es sei also $n = 1$. Für $f := \widehat{g}$ gilt

$$f(0) = \widehat{g}(0) = \frac{1}{\sqrt{2\pi}} \int_{-\infty}^{\infty} e^{-x^2/2} \, dx = 1 \ ,$$

wie aus Beispiel 8.7 folgt. Wegen $xe^{-x^2/2} = -\partial(e^{-x^2/2})$, d.h. wegen $Xg = -\partial g = -i\,Dg$, impliziert Korollar 9.8

$$\partial f = \partial \widehat{g} = i\,D\widehat{g} = -i\,\widehat{Xg} = -\widehat{Dg} = -X\widehat{g} = -Xf \ .$$

Also löst f das lineare Anfangswertproblem $y'(t) = -t\,y(t)$, $y(0) = 1$, auf $\mathbb{R}$, dessen eindeutig bestimmte Lösung g ist. ∎

(b) Mit den Notationen von (a) und (7.11) gilt

$$\widehat{g(\varepsilon \cdot)}(\xi) = g_\varepsilon(\xi) \ , \ ' \quad \xi \in \mathbb{R}^n \ , \quad \varepsilon > 0 \ .$$

Beweis Wegen $g(\varepsilon \cdot) = \sigma_{1/\varepsilon} g$ folgt dies aus (a) und Bemerkung 9.1(d). ∎

(c) Es seien

$$\varphi(x) := (2\pi)^{-n/2} e^{-|x|^2} \ , \qquad x \in \mathbb{R}^n \ ,$$

und $\varepsilon > 0$. Dann gilt $\widehat{\varphi(\varepsilon \cdot)} = k_\varepsilon$ mit dem **Gaußschen Kern** $k_1 = k$.

---

[3]Auch Riemann-Lebesguesches **Lemma** genannt.

Beweis Aus $\varphi = (2\pi)^{-n/2}\sigma_{1/\sqrt{2}}\, g$ und Bemerkung 9.1(c) folgt

$$\varphi(\varepsilon\,\cdot\,) = \sigma_{1/\varepsilon}\varphi = (2\pi)^{-n/2}\sigma_{1/\sqrt{2}\,\varepsilon}\, g = (2\pi)^{-n/2}g\bigl(\sqrt{2}\,\varepsilon\,\cdot\,\bigr)\ .$$

Somit erhalten wir aus (b)

$$\widehat{\varphi(\varepsilon\,\cdot\,)}(x) = (2\pi)^{-n/2}g_{\sqrt{2}\,\varepsilon}(x) = \varepsilon^{-n}(4\pi)^{-n/2}e^{-|x|^2/4\varepsilon^2} = k_\varepsilon(x)$$

für $x \in \mathbb{R}^n$. ∎

Der Fouriersche Integralsatz

Um die Fouriertransformation auf L_1 eingehender untersuchen zu können, stellen wir das folgende Resultat bereit.

9.11 Satz   Es seien $f, g \in L_1$. Dann gehören $\widehat{f}g$ und $f\widehat{g}$ zu L_1, und es gilt

$$\int \widehat{f}g\, dx = \int f\widehat{g}\, dx\ .$$

Beweis   Aus Satz 9.9 folgt leicht, daß $\widehat{f}g$ und $f\widehat{g}$ zu L_1 gehören. Es sei $\overset{*}{f}$ bzw. $\overset{*}{g}$ ein Repräsentant von f bzw. g. Dann zeigt Lemma 7.2, daß

$$h : \mathbb{R}^{2n} \to \mathbb{C}\ ,\quad (x,y) \mapsto e^{-i\langle x,y\rangle}\overset{*}{f}(x)\overset{*}{g}(y) \tag{9.12}$$

meßbar ist. Wegen

$$\int\int |h(x,y)|\, dx\, dy = \|f\|_1\|g\|_1 \tag{9.13}$$

können wir den Satz von Fubini-Tonelli auf h anwenden und finden

$$\int \widehat{\overset{*}{f}}(y)\overset{*}{g}(y)\, dy = \int (2\pi)^{-n/2}\int e^{-i\langle x,y\rangle}\overset{*}{f}(x)\, dx\, \overset{*}{g}(y)\, dy$$

$$= \int (2\pi)^{-n/2}\int e^{-i\langle x,y\rangle}\overset{*}{g}(y)\, dy\, \overset{*}{f}(x)\, dx = \int \widehat{\overset{*}{g}}(x)\overset{*}{f}(x)\, dx\ .$$

Beachten wir $\widehat{f} = \widehat{\overset{*}{f}}$ und $\widehat{g} = \widehat{\overset{*}{g}}$, so erhalten wir die Behauptung. ∎

Wir beweisen nun unter verschiedenen Voraussetzungen an die zu transformierende Funktion und ihre Transformierte Umkehrsätze für die Fouriertransformation.

9.12 Theorem   *Für $f \in L_1$ sind die folgenden Aussagen richtig:*

(i) $$\lim_{\varepsilon \to 0} (2\pi)^{-n/2} \int e^{i \langle \cdot, \xi \rangle} \widehat{f}(\xi) e^{-\varepsilon^2 |\xi|^2} \, d\xi = f \qquad \text{in } L_1 \ .$$

(ii) *(Fourierscher Integralsatz für L_1) Gehört $\widehat{f}$ zu L_1, so gilt $f = \overline{\mathcal{F}}(\widehat{f})$ mit der Fourierkotransformation $\overline{\mathcal{F}}$.*

Beweis   (i) Wir verwenden die Bezeichnungen der Beispiele 9.10 und setzen

$$\varphi^{\varepsilon}(\xi, y) := e^{i \langle \xi, y \rangle} \varphi(\varepsilon \xi) = (2\pi)^{-n/2} e^{i \langle y, \xi \rangle} e^{-\varepsilon^2 |\xi|^2}$$

für $\xi, y \in \mathbb{R}^n$ und $\varepsilon > 0$. Ferner bezeichne $\widehat{\varphi^{\varepsilon}}(\cdot, y)$ die Fouriertransformierte von $\xi \mapsto \varphi^{\varepsilon}(\xi, y)$ für $y \in \mathbb{R}^n$. Aus Beispiel 9.10(c) und Bemerkung 9.1(e) folgt

$$\widehat{\varphi^{\varepsilon}}(x, y) = k_{\varepsilon}(y - x) \ , \qquad x, y \in \mathbb{R}^n \ .$$

Also impliziert Satz 9.11

$$(2\pi)^{-n/2} \int \widehat{f}(\xi) e^{i \langle y, \xi \rangle} e^{-\varepsilon^2 |\xi|^2} \, d\xi = \int \widehat{f}(\xi) \varphi^{\varepsilon}(\xi, y) \, d\xi$$

$$= \int f(x) \widehat{\varphi^{\varepsilon}}(x, y) \, dx = k_{\varepsilon} * f(y)$$

für $y \in \mathbb{R}^n$. Die Behauptung folgt nun aus Theorem 7.11 und Beispiel 7.12(a).

(ii) Gehört $\widehat{f}$ zu L_1, so zeigt der Satz von Lebesgue, daß

$$\lim_{\varepsilon \to 0} \int e^{i \langle y, \xi \rangle} \widehat{f}(\xi) e^{-\varepsilon^2 |\xi|^2} \, d\xi = \int e^{i \langle y, \xi \rangle} \widehat{f}(\xi) \, d\xi = (2\pi)^{n/2} \mathcal{F}(\widehat{f})^{\vee}(y)$$

für $y \in \mathbb{R}^n$. Somit implizieren (i), Bemerkung 9.1(b) und Theorem 2.18(i) die Behauptung. ∎

9.13 Korollar

(i) *(Fourierscher Integralsatz für $\mathcal{S}$) Die Fouriertransformation ist ein stetiger Automorphismus von $\mathcal{S}$. Ihre Inverse ist die Fourierkotransformation.*

(ii) *Die Fouriertransformation bildet L_1 stetig und injektiv in C_0 ab und hat ein dichtes Bild.*

(iii) *Für $f \in L_1 \cap BUC$ gilt[4]*

$$f(x) = \lim_{\varepsilon \to 0} (2\pi)^{-n/2} \int e^{i \langle x, \xi \rangle} \widehat{f}(\xi) e^{-\varepsilon^2 |\xi|^2} \, d\xi$$

gleichmäßig bezüglich $x \in \mathbb{R}^n$.

---

[4]Man kann zeigen, daß (iii) und (iv) für $f \in L_1 \cap C$ richtig bleiben.

(iv) *Für $f \in L_1 \cap BUC$ gehöre $\widehat{f}$ zu L_1. Dann gilt*

$$f(x) = (2\pi)^{-n/2} \int e^{i\langle x,\xi\rangle} \widehat{f}(\xi)\, d\xi , \qquad x \in \mathbb{R}^n .$$

Beweis (i) Wie im Fall von normierten Vektorräumen bezeichnen wir mit $\mathcal{L}(\mathcal{S})$ bzw. $\mathcal{L}\mathrm{aut}(\mathcal{S})$ den Vektorraum aller stetigen Endo- bzw. Automorphismen von $\mathcal{S}$. Dann folgt aus Bemerkung 9.2(i) und Satz 9.7, daß $\mathcal{F}$ und $\overline{\mathcal{F}}$ zu $\mathcal{L}(\mathcal{S})$ gehören. Wegen $\mathcal{S} \subset L_1$ zeigt somit Theorem 9.12(ii), daß $\overline{\mathcal{F}}$ eine Linksinverse von $\mathcal{F}$ in $\mathcal{L}(\mathcal{S})$ ist. Hieraus folgt wegen $\widetilde{\widehat{u}} = \widehat{\widetilde{u}}$, daß $\mathcal{F}\overline{\mathcal{F}}f = \mathcal{F}(\mathcal{F}f)^\vee = \widetilde{\mathcal{F}}\mathcal{F}f = \overline{\mathcal{F}}\mathcal{F}f = f$ für $f \in \mathcal{S}$ gilt. Also ist $\overline{\mathcal{F}}$ auch eine Rechtsinverse von $\mathcal{F}$ in $\mathcal{L}(\mathcal{S})$, was $\mathcal{F} \in \mathcal{L}\mathrm{aut}(\mathcal{S})$ beweist.

(ii) Gilt $\widehat{f} = 0$ für $f \in L_1$, so folgt $f = 0$ aus Theorem 9.12(ii). Also ist $\mathcal{F}$ auf L_1 injektiv, und aus dem Lemma von Riemann und Lebesgue wissen wir, daß $\mathcal{F}$ zu $\mathcal{L}(L_1, C_0)$ gehört. Wegen (i) und $\mathcal{S} \subset L_1$ gilt $\mathcal{S} = \mathcal{F}(\mathcal{S}) \subset \mathcal{F}(L_1)$. Also folgt aus Bemerkung 9.2(f), daß $\mathcal{F}(L_1)$ in C_0 dicht ist.

(iii) folgt aus dem Beweis von Theorem 9.12(i) und Theorem 7.11.

(iv) ist nun klar. ∎

9.14 Bemerkungen (a) Für $f \in \mathcal{S}$ gilt $\widehat{\widehat{f}} = \widetilde{f}$.

(b) Man kann zeigen, daß das Bild von L_1 unter der Fouriertransformation in C_0 nicht abgeschlossen ist (vgl. [Rud83]). Folglich ist $\mathcal{F} \in \mathcal{L}(L_1, C_0)$ nicht surjektiv. ∎

Faltungen und Fouriertransformationen

Wir studieren nun das Verhalten von Faltungen bei Fouriertransformationen. Dazu führen wir zuerst einen weiteren Raum von glatten Funktionen ein, der insbesondere auch im nächsten Unterabschnitt von Bedeutung sein wird.

Es sei $\varphi \in C^\infty$. Gibt es zu jedem $\alpha \in \mathbb{N}^n$ Konstanten $c_\alpha > 0$ und $k_\alpha \in \mathbb{N}$ mit

$$|\partial^\alpha \varphi(x)| \le c_\alpha (1 + |x|^2)^{k_\alpha} , \qquad x \in \mathbb{R}^n ,$$

so heißt φ **langsam wachsend**. Die Menge aller Funktionen mit dieser Eigenschaft, den **Raum der langsam wachsenden Funktionen**, bezeichnen wir mit $\mathcal{O}_M$.

9.15 Bemerkungen (a) Im Sinne von Untervektorräumen gelten die Inklusionen $\mathcal{S} \subset \mathcal{O}_M \subset C^\infty$ und $\mathbb{C}[X_1, \ldots, X_n] \subset \mathcal{O}_M$.

(b) $(\mathcal{O}_M, +, \cdot)$ ist eine kommutative Algebra mit Eins.

(c) Es sei $(\varphi, f) \in \mathcal{O}_M \times \mathcal{S}$. Dann gehört φf zu $\mathcal{S}$, und zu jedem $m \in \mathbb{N}$ gibt es $c = c(\varphi, m) > 0$ und $k' = k'(\varphi, m) \in \mathbb{N}$ mit $q_{k,m}(\varphi f) \le c\, q_{k+k',m}(f)$ für $k \in \mathbb{N}$.

Beweis Es sei $m \in \mathbb{N}$. Dann gibt es $c = c(\varphi, m) > 0$ und $k' = k'(\varphi, m) \in \mathbb{N}$ mit

$$|\partial^\alpha \varphi(x)| \leq c(1 + |x|^2)^{k'/2} , \qquad x \in \mathbb{R}^n , \quad \alpha \in \mathbb{N}^n , \quad |\alpha| \leq m .$$

Nun folgt aus der Leibnizschen Regel

$$q_{k,m}(\varphi f) = \max_{|\alpha| \leq m} \sup_{x \in \mathbb{R}^n} (1 + |x|^2)^{k/2} \left| \sum_{\beta \leq \alpha} \binom{\alpha}{\beta} \partial^\beta \varphi(x) \partial^{\alpha - \beta} f(x) \right|$$

$$\leq c \max_{|\alpha| \leq m} \sup_{x \in \mathbb{R}^n} (1 + |x|^2)^{(k+k')/2} |\partial^\alpha f(x)| = c \, q_{k+k',m}(f)$$

für $f \in \mathcal{S}$ und $k \in \mathbb{N}$. ∎

(d) Es sei $\varphi \in \mathcal{O}_M$. Dann bildet $f \mapsto \varphi f$ den Raum $\mathcal{S}$ linear und stetig in sich ab.

Beweis Dies folgt aus (c) und Bemerkung 9.2(c). ∎

(e) Für jedes $s \in \mathbb{R}$ gehört Λ^s zu $\mathcal{O}_M$. ∎

Nach diesen Vorüberlegungen beweisen wir eine weitere wichtige Rechenregel für die Fouriertransformation.

9.16 Theorem (Faltungssatz)

(i) $(f * g)^\wedge = (2\pi)^{n/2} \widehat{f} \widehat{g}$ für $(f, g) \in \mathcal{L}_1 \times \mathcal{L}_1$.

(ii) $\widehat{\varphi} * \widehat{f} = (2\pi)^{n/2} \widehat{\varphi f}$ für $(\varphi, f) \in \mathcal{S} \times \mathcal{L}_1$.

Beweis (i) Mit (9.12) und (9.13) sehen wir, daß der Satz von Fubini-Tonelli anwendbar ist. Also folgt aus Korollar 7.9

$$(f * g)^\wedge(\xi) = (2\pi)^{-n/2} \int e^{-i \langle x, \xi \rangle} \int f(x - y) g(y) \, dy \, dx$$

$$= (2\pi)^{-n/2} \int g(y) \int e^{-i \langle x, \xi \rangle} f(x - y) \, dx \, dy .$$

Wegen

$$\int e^{-i \langle x, \xi \rangle} f(x - y) \, dx = e^{-i \langle y, \xi \rangle} \int e^{-i \langle z, \xi \rangle} f(z) \, dz = e^{-i \langle y, \xi \rangle} (2\pi)^{n/2} \widehat{f}(\xi)$$

erhalten wir somit

$$(f * g)^\wedge(\xi) = (2\pi)^{-n/2} \int (2\pi)^{n/2} \widehat{f}(\xi) e^{-i \langle y, \xi \rangle} g(y) \, dy = (2\pi)^{n/2} \widehat{f}(\xi) \widehat{g}(\xi) .$$

(ii) Es sei $(\varphi, f) \in \mathcal{S} \times \mathcal{L}_1$. Wegen Theorem 9.3 finden wir eine Folge (f_j) in $\mathcal{S}$ mit $f_j \to f$ in $\mathcal{L}_1$. Die Sätze 9.4 und 9.7 implizieren, daß $\widehat{\varphi} * \widehat{f_j}$ zu $\mathcal{S}$ gehört.

Da φf_j wegen Bemerkung 9.15(c) ebenfalls zu $\mathcal{S}$ gehört, folgt aus (i) und Bemerkung 9.14(a)

$$\left(\widehat{\varphi} * \widehat{f_j}\right)^{\wedge} = (2\pi)^{n/2} \widehat{\widehat{\varphi}} \widehat{f_j} = (2\pi)^{n/2} (\varphi f_j)^{\vee}, \qquad j \in \mathbb{N}.$$

Aufgrund von Theorem 9.12(ii) erhalten wir deshalb

$$\widehat{\varphi} * \widehat{f_j} = (2\pi)^{n/2} \widehat{\varphi f_j}, \qquad j \in \mathbb{N}. \tag{9.14}$$

Wegen $f_j \to f$ in L_1 folgt aus Bemerkung 9.1(a) $\widehat{f_j} \to \widehat{f}$ in BC. Also impliziert Korollar 7.9, wegen $\widehat{\varphi} \in \mathcal{S} \subset L_1$, daß die Folge $\left(\widehat{\varphi} * \widehat{f_j}\right)$ in BC gegen $\widehat{\varphi} * \widehat{f}$ konvergiert. Da offensichtlich $\varphi f_j \to \varphi f$ in L_1 gilt, leiten wir aus Satz 9.9 ab, daß die Folge $\left(\widehat{\varphi f_j}\right)$ in BC gegen $\widehat{\varphi f}$ konvergiert. Somit folgt die Behauptung aus Bemerkung 9.1(a). ∎

Als eine erste Anwendung des Faltungssatzes beweisen wir einen Hilfssatz, der die Grundlage der L_2-Theorie der Fouriertransformation darstellt.

9.17 Lemma Für $f \in \mathcal{L}_1 \cap \mathcal{L}_2$ gehört $\widehat{f}$ zu $C_0 \cap \mathcal{L}_2$, und es gilt $\|f\|_2 = \left\|\widehat{f}\right\|_2$.

Beweis Es sei $f \in \mathcal{L}_1 \cap \mathcal{L}_2$. Weil $\widehat{f}$ nach dem Lemma von Riemann-Lebesgue zu C_0 gehört, genügt es, $\|f\|_2 = \left\|\widehat{f}\right\|_2$ nachzuweisen. Dazu setzen wir $g := f * \overline{\widetilde{f}}$. Aufgrund von Theorem 7.3(ii) und Aufgabe 7.2 gehört g zu $\mathcal{L}_1 \cap C_0$, und es gilt

$$g(0) = \int f(y) \overline{\widetilde{f}}(0 - y) \, dy = \int f \overline{f} = \|f\|_2^2.$$

Aus Korollar 9.13(iii) folgt deshalb

$$\|f\|_2^2 = g(0) = \lim_{\varepsilon \to 0} (2\pi)^{-n/2} \int \widehat{g}(\xi) e^{-\varepsilon^2 |\xi|^2} \, d\xi. \tag{9.15}$$

Nun beachten wir

$$\overline{\widehat{\widetilde{f}}} = (2\pi)^{-n/2} \int e^{-i\langle x,\xi\rangle} \overline{f(-x)} \, dx = (2\pi)^{-n/2} \overline{\int e^{-i\langle -x,\xi\rangle} f(-x) \, dx} = \overline{\widetilde{\widehat{f}}},$$

wie wiederum aus der Bewegungsinvarianz des Integrals folgt. Dann zeigt Theorem 9.16(i)

$$\widehat{g} = \left(f * \overline{\widetilde{f}}\right)^{\wedge} = (2\pi)^{n/2} \widehat{f} \overline{\widehat{f}} = (2\pi)^{n/2} \left|\widehat{f}\right|^2.$$

Insbesondere ist $\widehat{g}$ nicht negativ. Somit implizieren (9.15) und der Satz über die monotone Konvergenz $\|f\|_2 = \left\|\widehat{f}\right\|_2$. ∎

Fouriermultiplikationsoperatoren

Um die Bedeutung der Abbildungseigenschaften der Fouriertransformation zu illustrieren, betrachten wir nun lineare Differentialoperatoren mit konstanten Koeffizienten und stellen sie „im Fourierbild" durch Multiplikationsoperatoren dar.

Für $m \in \mathbb{N}$ bezeichnen wir mit $\mathbb{C}_m[X_1, \ldots, X_n]$ den Untervektorraum von $\mathbb{C}[X_1, \ldots, X_n]$ aller Polynome vom Grad $\leq m$. Für

$$p = \sum_{|\alpha| \leq m} a_\alpha X^\alpha \in \mathbb{C}_m[X_1, \ldots, X_n]$$

ist dann

$$p(D) := \sum_{|\alpha| \leq m} a_\alpha D^\alpha$$

ein linearer Differentialoperator der Ordnung $\leq m$ mit *konstanten Koeffizienten*, und p ist das **Symbol** von $p(D)$. Im folgenden setzen wir

$$\mathcal{D}\text{iffop}^0 := \left\{ p(D) \ ; \ p \in \mathbb{C}[X_1, \ldots, X_n] \right\} ,$$

und $\mathcal{D}\text{iffop}^0_m$ ist die Teilmenge aller linearen Differentialoperatoren der Ordnung nicht höher als m mit konstanten Koeffizienten.

9.18 Bemerkungen (a) $p(D) \in \mathcal{D}\text{iffop}^0$ bildet den Raum $\mathcal{S}$ linear und stetig in sich ab, d.h., $p(D) \in \mathcal{L}(\mathcal{S})$.

Beweis Dies folgt aus den Bemerkungen 9.2(c) und (h). ∎

(b) Die Abbildung

$$\mathbb{C}[X_1, \ldots, X_n] \to \mathcal{L}(\mathcal{S}) , \quad p \mapsto p(D) \tag{9.16}$$

ist linear und injektiv.

Beweis Die Linearität ist offensichtlich. Es sei $p = \sum_{|\alpha| \leq m} a_\alpha X^\alpha \in \mathbb{C}[X_1, \ldots, X_n]$, und es gelte $p(D)f = 0$ für alle $f \in \mathcal{S}$. Wir wählen ein $\varphi \in \mathcal{D}$ mit $\varphi | \mathbb{B}^n = 1$. Für $\beta \in \mathbb{N}^n$ folgt aus der Leibnizschen Regel

$$D^\alpha(\varphi X^\beta) = \varphi D^\alpha X^\beta + \sum_{\gamma < \alpha} \binom{\alpha}{\gamma} D^{\alpha-\gamma} \varphi D^\gamma X^\beta .$$

Wegen $\varphi(x) = 1$ für $|x| < 1$ leiten wir hieraus

$$D^\alpha(\varphi X^\beta)(0) = D^\alpha X^\beta(0) = \begin{cases} \beta! , & \alpha = \beta , \\ 0 & \text{sonst} , \end{cases}$$

für $\alpha \in \mathbb{N}^n$ ab. Wegen $\varphi X^\beta \in \mathcal{D} \subset \mathcal{S}$ finden wir somit $0 = p(D)(\varphi X^\beta) = \beta! \, a_\beta$ für $\beta \in \mathbb{N}^n$ mit $|\beta| \leq m$, also $p = 0$. Dies beweist die behauptete Injektivität. ∎

(c) $p(D)$ ist genau dann formal selbstadjungiert, wenn p reelle Koeffizienten hat.

Beweis Für

$$\mathcal{A}(\partial) := p(D) = \sum_{|\alpha| \leq m} a_\alpha (-i)^{|\alpha|} \partial^\alpha$$

folgt aus Satz 7.24

$$\mathcal{A}^\sharp(\partial) = \sum_{|\alpha| \leq m} (-1)^{|\alpha|} \overline{a_\alpha(-i)^{|\alpha|}} \partial^\alpha = \sum_{|\alpha| \leq m} (-i)^{|\alpha|} \overline{a}_\alpha \partial^\alpha ,$$

also die Behauptung. ■

Aufgrund von Bemerkung 9.18(b) können wir $\mathcal{D}\mathrm{iffop}^0$ bzw. $\mathcal{D}\mathrm{iffop}^0_m$ mit dem Bild von $\mathbb{C}[X_1, \ldots, X_n]$ bzw. $\mathbb{C}_m[X_1, \ldots, X_n]$ unter der Abbildung (9.16) identifizieren. Mit anderen Worten: Im Sinne von Untervektorräumen gilt

$$\mathcal{D}\mathrm{iffop}^0_m \subset \mathcal{D}\mathrm{iffop}^0 \subset \mathcal{L}(\mathcal{S}) , \qquad m \in \mathbb{N} .$$

Für $a \in \mathcal{O}_M$ und $f \in \mathcal{S}$ folgt aus Korollar 9.13(i) und Bemerkung 9.15(d), daß $\big(f \mapsto a\widehat{f}\big) \in \mathcal{L}(\mathcal{S})$ gilt. Also folgt, wiederum wegen Korollar 9.13(i), daß

$$a(D) := \mathcal{F}^{-1} a \mathcal{F} : \mathcal{S} \to \mathcal{S} , \quad f \mapsto \mathcal{F}^{-1}\big(a\widehat{f}\big)$$

ein wohldefiniertes Element von $\mathcal{L}(\mathcal{S})$ ist, ein **Fouriermultiplikationsoperator** mit **Symbol** a. Wir setzen

$$\mathrm{Op} := \big\{ a(D) \in \mathcal{L}(\mathcal{S}) ; a \in \mathcal{O}_M \big\} .$$

9.19 Satz Op *ist ein kommutative Unteralgebra mit Eins von* $\mathcal{L}(\mathcal{S})$, *und die Abbildung*

$$ev : (\mathcal{O}_M, +, \cdot) \to \mathrm{Op} , \quad a \mapsto a(D)$$

ist ein Algebrenisomorphismus.

Beweis Es ist klar, daß $\mathcal{O}_M := (\mathcal{O}_M, +, \cdot)$ eine kommutative Unteralgebra mit Eins der Algebra $\mathbb{C}^{(\mathbb{R}^n)}$ ist. Es ist auch leicht zu verifizieren, daß ev den Vektorraum $\mathcal{O}_M$ linear in $\mathcal{L}(\mathcal{S})$ abbildet.

Für $a, b \in \mathcal{O}_M$ und $f \in \mathcal{S}$ gilt

$$(ab)(D)f = \mathcal{F}^{-1}\big(ab\widehat{f}\big) = \mathcal{F}^{-1}\big(a\mathcal{F}\mathcal{F}^{-1}\big(b\widehat{f}\big)\big) = \mathcal{F}^{-1}\big(a\widehat{b(D)f}\big) = a(D) \circ b(D)f .$$

Folglich ist ev ein surjektiver Algebrenhomomorphismus.

Schließlich seien $a, b \in \mathcal{O}_M$ mit $a(D) = b(D)$. Ferner sei $\xi \in \mathbb{R}^n$, und $\varphi \in \mathcal{D}$ bezeichne eine Abschneidefunktion für $\mathbb{\bar{B}}^n(\xi, 1)$. Dann gehört $f := \mathcal{F}^{-1}\varphi$ zu $\mathcal{S}$ mit $\widehat{f}(\xi) = 1$. Also folgt aus Korollar 9.13(i)

$$a(\xi) = \big(a\widehat{f}\big)(\xi) = \mathcal{F}\big(a(D)f\big)(\xi) = \mathcal{F}\big(b(D)f\big)(\xi) = \big(b\widehat{f}\big)(\xi) = b(\xi) .$$

Da dies für jedes $\xi \in \mathbb{R}^n$ richtig ist, gilt $a = b$. Somit ist ev injektiv. ■

9.20 Korollar

(i) *Für $a, b \in \mathcal{O}_M$ gilt $ab(D) = a(D)b(D) = b(D)a(D)$.*

(ii) *$\mathbf{1}(D) = 1_{\mathcal{L}(\mathcal{S})}$.*

(iii) *$\mathcal{D}\mathrm{iffop}^0$ ist das Bild von $\mathbb{C}[X_1, \ldots, X_n]$ unter ev. Insbesondere ist $\mathcal{D}\mathrm{iffop}^0$ eine kommutative Unteralgebra mit Eins von Op.*

Beweis (i) und (ii) sind Spezialfälle von Satz 9.19.

(iii) Für $p \in \mathbb{C}[X_1, \ldots, X_n] \subset \mathcal{O}_M$ mit $p = \sum_{|\alpha| \leq m} a_\alpha X^\alpha$ erhalten wir aus Satz 9.6(i)

$$ev(p)f = \mathcal{F}^{-1}p\mathcal{F}f = \mathcal{F}^{-1}(p\widehat{f}) = \sum_{|\alpha| \leq m} a_\alpha \mathcal{F}^{-1}(X^\alpha \widehat{f})$$

$$= \sum_{|\alpha| \leq m} a_\alpha \mathcal{F}^{-1}(\widehat{D^\alpha f}) = \sum_{|\alpha| \leq m} a_\alpha D^\alpha f$$

für $f \in \mathcal{S}$. Also gilt $ev(p) = \sum_{|\alpha| \leq m} a_\alpha D^\alpha$, woraus die Behauptung folgt. ∎

Dieses Korollar impliziert insbesondere, daß mittels der Fouriertransformation die Bestimmung von Lösungen linearer Differentialoperatoren mit konstanten Koeffizienten auf algebraische Berechnungen zurückgeführt werden kann. Hierauf ist ein Teil der fundamentalen Bedeutung der Fouriertransformation gegründet. Die folgenden Beispiele geben einen ersten Einblick in diese Methode.

9.21 Beispiele **(a)** Das Polynom $p \in \mathbb{C}[X_1, \ldots, X_n]$ besitze keine reellen Nullstellen. Dann ist $p(D) \in \mathcal{L}(\mathcal{S})$ ein Automorphismus von $\mathcal{S}$, und $[p(D)]^{-1} = (1/p)(D)$.

Beweis Man sieht leicht, daß $1/p$ zu $\mathcal{O}_M$ gehört. Nun leiten wir aus Korollar 9.20

$$1_{\mathcal{L}(\mathcal{S})} = \mathbf{1}(D) = (p \cdot 1/p)(D) = p(D)(1/p)(D) = (1/p)(D)p(D)$$

ab. Wegen $a(D) \in \mathcal{L}(\mathcal{S})$ für $a \in \mathcal{O}_M$ beweist dies die Behauptung. ∎

(b) $1 - \Delta \in \mathcal{L}\mathrm{aut}(\mathcal{S})$, und $(1 - \Delta)^{-1} = \Lambda^{-2}(D)$.

Beweis Wegen $1 - \Delta = \Lambda^2(D)$ folgt dies aus (a). ∎

Beispiel 9.21(b) besagt, daß die partielle Differentialgleichung

$$-\Delta u + u = f \tag{9.17}$$

für jedes $f \in \mathcal{S}$ eine eindeutig bestimmte Lösung $u \in \mathcal{S}$ besitzt und daß u in der Topologie von $\mathcal{S}$ stetig von f abhängt. Außerdem erhält man die Lösung $u \in \mathcal{S}$ von (9.17), indem man diese Gleichung „fouriertransformiert", was gemäß Satz 9.6 die Gleichung $(|\xi|^2 + 1)\widehat{u}(\xi) = \Lambda^2(\xi)\widehat{u}(\xi) = \widehat{f}(\xi)$ für $\xi \in \mathbb{R}^n$ ergibt, diese Gleichung nach $\widehat{u}$ auflöst: $\widehat{u} = \Lambda^{-2}\widehat{f}$, und anschließend die Fouriertransformation „wieder rückgängig macht": $u = \mathcal{F}^{-1}\big(\Lambda^{-2}\widehat{f}\big) = \Lambda^{-2}(D)f$. Diese „Methode der Fouriertransformation" spielt in der Theorie der partiellen Differentialgleichungen eine herausragende Rolle. Man beachte, daß $\Lambda^{-2}(D)$, allgemeiner: $(1/p)(D)$, kein Differentialoperator ist.

Der Satz von Plancherel

Zum Abschluß zeigen wir die wichtige Tatsache, daß die Fouriertransformation auch auf L_2 definiert werden kann und erläutern einige Konsequenzen.

Es sei H ein Hilbertraum. Man nennt $T \colon H \to H$ **unitär**, falls T ein isometrischer Isomorphismus ist.

9.22 Bemerkungen Es sei H ein (reeller oder komplexer) Hilbertraum, und $T \colon H \to H$ sei linear.

(a) Ist T unitär, so gehört T zu $\mathcal{L}\mathrm{aut}(H)$, und es gilt
$$(Tx\,|\,Ty) = (x\,|\,y)\ , \qquad x,y \in H\ .$$

Beweis Die erste Aussage ist klar. Weil T eine Isometrie ist, gilt
$$4\,\mathrm{Re}(Tx\,|\,Ty) = \|T(x+y)\|^2 - \|T(x-y)\|^2 = \|x+y\|^2 - \|x-y\|^2 = 4\,\mathrm{Re}(x\,|\,y)\ ,$$
also $\mathrm{Re}(Tx\,|\,Ty) = \mathrm{Re}(x\,|\,y)$, für $x,y \in H$. Ersetzen wir in dieser Identität y durch iy, so erhalten wir
$$\mathrm{Im}(Tx\,|\,Ty) = \mathrm{Re}(Tx\,|\,Tiy) = \mathrm{Re}(x\,|\,iy) = \mathrm{Im}(x\,|\,y)\ ,$$
und folglich $(Tx\,|\,Ty) = (x\,|\,y)$ für $x,y \in H$. $\blacksquare$

(b) Ist H endlichdimensional, so sind die folgenden Aussagen äquivalent:
 (i) T ist unitär.
 (ii) $(Tx\,|\,Ty) = (x\,|\,y)$ für $x,y \in H$.
 (iii) $T^*T = \mathrm{id}_H$.

Beweis „(i)$\Rightarrow$(ii)" ist eine Konsequenz aus (a).

„(ii)$\Rightarrow$(iii)" Es bezeichne $\{b_1,\dots,b_m\}$ eine Orthonormalbasis von H. Dann gilt $y = \sum_{j=1}^m (y\,|\,b_j)b_j$ für jedes $y \in H$ (vgl. Aufgabe II.3.12 und Theorem VI.7.14). Aus Aufgabe VII.1.5 und (ii) folgt daher
$$T^*Tx = \sum_{j=1}^m (T^*Tx\,|\,b_j)b_j = \sum_{j=1}^m (Tx\,|\,Tb_j)b_j = \sum_{j=1}^m (x\,|\,b_j)b_j = x$$
für jedes $x \in H$.

„(iii)$\Rightarrow$(i)" Wegen $T^*T = \mathrm{id}_H$ ist T injektiv und aufgrund der Rangformel der Linearen Algebra somit auch surjektiv. Für $x \in H$ gilt ferner
$$\|Tx\|^2 = (Tx\,|\,Tx) = (T^*Tx\,|\,x) = (x\,|\,x) = \|x\|^2\ .$$

Also ist T eine Isometrie. $\blacksquare$

9.23 Theorem (Plancherel)   *Die Fouriertransformation besitzt eine eindeutig bestimmte Fortsetzung von $L_1 \cap L_2$ zu einem unitären Operator auf L_2.*

Beweis Es bezeichne X_2 den Untervektorraum $L_1 \cap L_2$ des Hilbertraumes L_2. Dann folgt aus Lemma 9.17, daß $\mathcal{F}$ zu $\mathcal{L}(X_2, L_2)$ gehört und eine Isometrie ist. Weil X_2 den Raum $\mathcal{S}$ enthält, implizieren die Theorem 9.3 und VI.2.6 die Existenz einer eindeutig bestimmten isometrischen Erweiterung $\mathfrak{F} \in \mathcal{L}(L_2)$. Als Isometrie besitzt $\mathfrak{F}$ ein abgeschlossenes Bild, das wegen Korollar 9.13(i) den Raum $\mathcal{S}$ enthält. Also impliziert Satz V.4.4, daß $\mathfrak{F}$ surjektiv, und folglich unitär, ist. ∎

Wie üblich bezeichnen wir die eindeutig bestimmte stetige Erweiterung $\mathfrak{F}$ wieder mit $\mathcal{F}$ und nennen sie ebenfalls **Fouriertransformation**.[5]

Der nächste Satz beschreibt die Fouriertransformierte $\mathcal{F}f$ für ein beliebiges $f \in L_2$.

9.24 Satz Für $f \in L_2$ gilt

$$\mathcal{F}f = \lim_{R \to \infty} \mathcal{F}(\chi_{R\bar{\mathbb{B}}^n} f) = \lim_{R \to \infty} (2\pi)^{-n/2} \int_{[|x| \le R]} e^{-i\langle x, \cdot \rangle} f(x)\, dx \qquad \text{in } L_2 \ .$$

Beweis Für $R > 0$ gehört $f_R := \chi_{R\bar{\mathbb{B}}^n} f$ zu $L_1 \cap L_2$, und der Satz von Lebesgue impliziert

$$\int |f - f_R|^2\, dx = \int |f|^2 (1 - \chi_{R\bar{\mathbb{B}}^n})^2\, dx \to 0 \quad (R \to \infty) \ .$$

Also gilt $\lim_{R\to\infty} f_R = f$ in L_2. Nach dem Satz von Plancherel konvergiert deshalb $\mathcal{F}f_R$ in L_2 gegen $\mathcal{F}f$. Wegen

$$\mathcal{F}(f_R)(\xi) = (2\pi)^{-n/2} \int_{[|x| \le R]} e^{-i\langle x, \xi \rangle} f(x)\, dx \ , \qquad \xi \in \mathbb{R}^n \ ,$$

folgt die Behauptung. ∎

9.25 Beispiel Es seien $n = 1$ und $a > 0$. Ferner sei $f := \chi_{[-a,a]} \in \mathcal{L}_1(\mathbb{R})$. Dann gilt

$$\widehat{f}(\xi) = \frac{1}{\sqrt{2\pi}} \int_{-a}^{a} e^{-ix\xi}\, dx = \frac{-1}{\sqrt{2\pi}\, i\xi} \left(e^{-i\xi a} - e^{i\xi a} \right) = \sqrt{\frac{2}{\pi}}\, a\, \frac{\sin(a\xi)}{a\xi}$$

für $\xi \in \mathbb{R}$. Wegen $\int |f|^2\, dx = 2a$ folgt somit

$$\int_{-\infty}^{\infty} \left[\frac{\sin(ax)}{ax} \right]^2 dx = \frac{\pi}{a} \ , \qquad a > 0 \ ,$$

aus dem Satz von Plancherel. Man beachte, daß $x \mapsto \sin(x)/x$ nicht zu $\mathcal{L}_1(\mathbb{R})$ gehört. ∎

---

[5]Die Fouriertransformation auf L_2 wird manchmal auch Fourier-Plancherel- oder Plancherel-transformation genannt.

Symmetrische Operatoren

Es sei E ein Banachraum über $\mathbb{K}$. Unter einem **linearen Operator A in E** versteht man eine Abbildung $A: \operatorname{dom}(A) \subset E \to E$, so daß $\operatorname{dom}(A)$ ein Untervektorraum von E und A linear sind. Für lineare Operatoren $A_j: \operatorname{dom}(A_j) \subset E \to E$ und $\lambda \in \mathbb{K}^{\times}$ erklärt man $A_0 + \lambda A_1$ durch

$$\operatorname{dom}(A_0 + \lambda A_1) := \operatorname{dom}(A_0) \cap \operatorname{dom}(A_1) , \quad (A_0 + \lambda A_1)x := A_0 x + \lambda A_1 x .$$

Das **Produkt** $A_0 A_1$ wird durch

$$\operatorname{dom}(A_0 A_1) := \big\{ x \in \operatorname{dom}(A_1) \, ; \, A_1 x \in \operatorname{dom}(A_0) \big\} , \quad (A_0 A_1)x := A_0(A_1 x)$$

definiert. Schließlich heißt der durch

$$\operatorname{dom}([A_0, A_1]) := \operatorname{dom}(A_0 A_1 - A_1 A_0) , \quad [A_0, A_1]x := (A_0 A_1 - A_1 A_0)x$$

erklärte Operator **Kommutator** von A_0 und A_1. Offensichtlich sind $A_0 + \lambda A_1$, $A_0 A_1$ und $[A_0, A_1]$ lineare Operatoren in E, für die gilt

$$A_0 + \lambda A_1 = \lambda A_1 + A_0 , \quad \lambda A_0 = A_0(\lambda \operatorname{id}_E) , \quad [A_0, A_1] = -[A_1, A_0] .$$

Es sei nun H ein Hilbertraum, und $A: \operatorname{dom}(A) \subset H \to H$ sei ein linearer Operator in H. Gilt

$$(Au \,|\, v) = (u \,|\, Av) , \qquad u, v \in \operatorname{dom}(A) ,$$

so heißt A **symmetrisch**.

9.26 Bemerkungen (a) Es sei H ein komplexer Hilbertraum, und A sei ein linearer Operator in H. Dann sind folgende Aussagen äquivalent:

(i) A ist symmetrisch.

(ii) $(Au \,|\, u) \in \mathbb{R}$ für $u \in \operatorname{dom}(A)$.

Beweis „(i)$\Rightarrow$(ii)" Aus der Symmetrie von A folgt

$$(Au \,|\, u) = (u \,|\, Au) = \overline{(Au \,|\, u)} , \qquad u \in \operatorname{dom}(A) ,$$

also $\operatorname{Im}(Au \,|\, u) = 0$.

„(ii)$\Rightarrow$(i)" Für $u, v \in \operatorname{dom}(A)$ gilt

$$\big(A(u + v) \,\big|\, u + v \big) = (Au \,|\, u) + (Av \,|\, u) + (Au \,|\, v) + (Av \,|\, v) . \tag{9.18}$$

Wegen (ii) folgt $\operatorname{Im}(Au \,|\, v) = -\operatorname{Im}(Av \,|\, u)$, und deshalb

$$\operatorname{Im}(Au \,|\, v) = -\operatorname{Im}(Av \,|\, u) = -\operatorname{Im} \overline{(u \,|\, Av)} = \operatorname{Im}(u \,|\, Av) .$$

Ersetzt man in (9.18) u durch iu, so ergibt sich

$$\operatorname{Re}(Au \,|\, v) = \operatorname{Im}\big(A(iu) \,|\, v \big) = \operatorname{Im}(iu \,|\, Av) = \operatorname{Re}(u \,|\, Av) .$$

Somit gilt $(Au \,|\, v) = (v \,|\, Au)$. ∎

(b) Es sei $p \in \mathbb{C}[X_1, \ldots, X_n]$, und P sei der lineare Operator in L_2 mit $\mathrm{dom}(P) = \mathcal{S}$ und $Pu := p(D)u$ für $u \in \mathcal{S}$. Dann sind die folgenden Aussagen äquivalent:

  (i) P ist symmetrisch.

  (ii) $p(D)$ ist formal selbstadjungiert.

  (iii) p hat reelle Koeffizienten.

Beweis „(i)$\Rightarrow$(ii)" Aus der Symmetrie von P folgt

$$\big(p(D)u \,\big|\, v\big) = (Pu \,|\, v) = (u \,|\, Pv) = \big(u \,\big|\, p(D)v\big) , \qquad u, v \in \mathcal{D} ,$$

also (ii), aufgrund der Eindeutigkeit des formal adjungierten Operators.

  „(ii)$\Rightarrow$(iii)" Bemerkung 9.18(c).

  „(iii)$\Rightarrow$(i)" Es sei $p = \sum_{|\alpha| \leq m} a_\alpha X^\alpha$. Dann ergibt sich aus Korollar 9.20(iii) und dem Satz von Plancherel

$$(Pu \,|\, u) = \big(p(D)u \,\big|\, u\big) = (\widehat{pu} \,|\, \widehat{u}) = \sum_{|\alpha| \leq m} a_\alpha \int \xi^\alpha \, |\widehat{u}(\xi)|^2 \, d\xi , \qquad u \in \mathcal{S} .$$

Also ist $(Pu \,|\, u)$ reell, und die Behauptung folgt aus (a). ∎

(c) Mit $\mathcal{S}$ als Definitionsbereich sind der Laplace-, der Wellen- und der Schrödingeroperator symmetrisch in L_2.

Beweis Dies folgt aus (b) und den Beispielen 7.25(a) und (e). ∎

Die Heisenbergsche Unschärferelation

Als eine weitere Anwendung des Satzes von Plancherel besprechen wir am Schluß dieses Paragraphen einige fundamentale Eigenschaften der Impuls- und Ortsoperatoren der Quantenmechanik. Dazu fixieren wir $j \in \{1, \ldots, n\}$ und setzen

$$\mathrm{dom}(A_j) := \{\, u \in L_2 \,;\, X_j \widehat{u} \in L_2 \,\} , \quad \mathrm{dom}(B_j) := \{\, u \in L_2 \,;\, X_j u \in L_2 \,\} .$$

Dann definieren wir lineare Operatoren in L_2, den **Impulsoperator** A_j und den **Ortsoperator** B_j (der j-ten Koordinate), durch

$$A_j u := \mathcal{F}^{-1}(X_j \widehat{u}) \quad \text{und} \quad B_j v := X_j v , \qquad u \in \mathrm{dom}(A_j) , \quad v \in \mathrm{dom}(B_j) .$$

9.27 Bemerkungen **(a)** Es gilt $\mathcal{S} \subset \mathrm{dom}(A_j)$, und

$$A_j u = X_j(D)u = D_j u = -i \partial_j u , \qquad u \in \mathcal{S} .$$

Beweis Dies folgt aus Satz 9.7 und Korollar 9.8. ∎

(b) Es gilt $\mathcal{F}\big(\mathrm{dom}(A_j)\big) = \mathrm{dom}(B_j)$, und das Diagramm

$$
\begin{array}{ccc}
\mathrm{dom}(A_j) & \xrightarrow{\;A_j\;} & L_2 \\[4pt]
\mathcal{F}\Big\downarrow & & \Big\downarrow\mathcal{F} \\[4pt]
\mathrm{dom}(B_j) & \xrightarrow{\;B_j\;} & L_2
\end{array}
$$

ist kommutativ. Insbesondere folgt

$$
A_j u = \mathcal{F}^{-1} B_j \mathcal{F} u \;,\quad u \in \mathrm{dom}(A_j) \;,\qquad B_j u = \mathcal{F} A_j \mathcal{F}^{-1} u \;,\quad u \in \mathrm{dom}(B_j) \;.
$$

Beweis   Dies ergibt sich aus dem Satz von Plancherel. ∎

(c) Die Impuls- und Ortsoperatoren der Quantenmechanik sind symmetrisch.

Beweis   Es sei $u \in \mathrm{dom}(A_j)$. Dann implizieren (b) und der Satz von Plancherel

$$
(A_j u\,|\,u) = (\mathcal{F}^{-1} B_j \mathcal{F} u\,|\,u) = (B_j \widehat{u}\,|\,\widehat{u}) = \int \xi_j \,|\widehat{u}(\xi)|^2 \, d\xi \;,
$$

Nun folgt die Behauptung aus Bemerkung 9.26(a). ∎

(d) Für $u \in \mathrm{dom}\big([A_j, B_j]\big)$ gilt $\big([A_j, B_j]u\,|\,u\big) = 2i\,\mathrm{Im}(A_j B_j u\,|\,u)$.

Beweis   Mit (b), (c) und dem Satz von Plancherel erhalten wir

$$
\begin{aligned}
\big([A_j, B_j]u\,|\,u\big) &= (A_j B_j u - B_j A_j u\,|\,u) \\
&= (\mathcal{F}^{-1} B_j \mathcal{F} B_j u - B_j \mathcal{F}^{-1} B_j \mathcal{F} u\,|\,u) \\
&= (\mathcal{F} B_j u\,|\,B_j \mathcal{F} u) - (B_j \mathcal{F} u\,|\,\mathcal{F} B_j u) \\
&= 2i\,\mathrm{Im}(\mathcal{F} B_j u\,|\,B_j \mathcal{F} u) = 2i\,\mathrm{Im}(\mathcal{F}^{-1} B_j \mathcal{F} B_j u\,|\,u) \\
&= 2i\,\mathrm{Im}(A_j B_j u\,|\,u)
\end{aligned}
$$

für $u \in \mathrm{dom}\big([A_j, B_j]\big)$. ∎

(e) Der Operator $i\,[A_j, B_j]$ ist symmetrisch in L_2.

Beweis   Dies folgt aus (d). ∎

(f) Es gilt $\mathcal{S} \subset \mathrm{dom}\big([A_j, B_j]\big)$, und $[A_j, B_j]u = -iu$ für $u \in \mathcal{S}$.

Beweis   Die erste Aussage folgt leicht aus Satz 9.7 und Bemerkung 9.2(h). Ferner zeigt (a)

$$
[A_j, B_j]u = D_j(X_j u) - X_j D_j u = (D_j X_j)u = -i\,u
$$

für $u \in \mathcal{S}$. ∎

(g) (Heisenbergsche Unschärferelation für $\mathcal{S}$)   Für $j \in \{1, \ldots, n\}$ gilt

$$
\|u\|_2^2 \le 2\,\|\partial_j u\|_2 \,\|X_j u\|_2 \;,\qquad u \in \mathcal{S} \;.
$$

Beweis Es sei $u \in \mathcal{S}$. Aufgrund von (d) und (f) gilt

$$-i \|u\|_2^2 = -i(u\,|\,u) = \big([A_j, B_j]u\,|\,u\big) = 2i \operatorname{Im}(A_j B_j u\,|\,u) \ .$$

Die Cauchy-Schwarzsche Ungleichung liefert somit

$$\|u\|_2^2 = 2\,\big|\operatorname{Im}(A_j B_j u\,|\,u)\big| \leq 2\,\big|(A_j B_j u\,|\,u)\big| = 2\,\big|(B_j u\,|\,A_j u)\big| \leq 2\,\|A_j u\|_2\,\|B_j u\|_2 \ ,$$

also wegen (a) die Behauptung. ∎

Wir beschließen diesen Paragraphen, indem wir die Gültigkeit der Heisenbergschen Unschärferelation von $\mathcal{S}$ auf $\operatorname{dom}(A_j) \cap \operatorname{dom}(B_j)$ ausdehnen. Dazu benötigen wir das folgende Hilfsresultat.

9.28 Lemma *Zu jedem $u \in \operatorname{dom}(A_j) \cap \operatorname{dom}(B_j)$ gibt es eine Folge (u_m) in $\mathcal{S}$ mit*

$$\lim_{m \to \infty} (u_m, A_j u_m, B_j u_m) = (u, A_j u, B_j u) \qquad \text{in } L_2^3 \ .$$

Beweis (i) Es sei $u \in \operatorname{dom}(A_j) \cap \operatorname{dom}(B_j)$, und $\{\,k_\varepsilon \ ; \ \varepsilon > 0\,\}$ bezeichne die zum Gaußschen Kern k gehörende approximative Einheit. Wir setzen $u^\varepsilon := k_\varepsilon * u$. Nach Aufgabe 8(iv) gehört u^ε zu $\mathcal{S}$, und Theorem 7.11 zeigt $\lim_{\varepsilon \to 0} u^\varepsilon = u$ in L_2.

(ii) Wegen $\check{k} = k$ folgt aus Beispiel 9.10(c), daß

$$\widehat{k_\varepsilon}(\xi) := \widecheck{k_\varepsilon}(\xi) = \mathcal{F}^{-1} k_\varepsilon(\xi) = \varphi(\varepsilon \xi) = (2\pi)^{-n/2} e^{-\varepsilon^2 |\xi|^2} \ , \qquad \xi \in \mathbb{R}^n \ ,$$

gilt. Gemäß Theorem 9.3 finden wir eine Folge (v_m) in $\mathcal{S}$ mit $\lim_m v_m = u$ in L_2. Der Faltungssatz zeigt somit

$$(k_\varepsilon * v_m)^{\widehat{\ }}(\xi) = (2\pi)^{n/2} \widehat{k_\varepsilon}(\xi) \widehat{v}_m(\xi) = e^{-\varepsilon^2 |\xi|^2} \widehat{v}_m(\xi) \ , \qquad \xi \in \mathbb{R}^n \ .$$

Der Grenzübergang $m \to \infty$ liefert deshalb $\widehat{u^\varepsilon} = e^{-\varepsilon^2 |\cdot|^2} \widehat{u}$ (vgl. Korollar 7.9 und Theorem 9.23). Wegen

$$\|A_j u - A_j u^\varepsilon\|_2^2 = \|X_j \widehat{u} - X_j \widehat{u^\varepsilon}\|_2^2 = \int \big|\xi_j \widehat{u}(\xi)\big|^2 \big(1 - e^{-\varepsilon^2 |\xi|^2}\big)^2 \, d\xi$$

folgt aus dem Satz von Lebesgue $\lim_{\varepsilon \to 0} A_j u^\varepsilon = A_j u$ in L_2.

(iii) Es bezeichne $\overset{*}{u}$ einen Repräsentanten von u. Wir setzen

$$d_\varepsilon(x, z) := x_j \big(\overset{*}{u}(x) - \overset{*}{u}(x - \varepsilon z)\big) \ , \qquad g_\varepsilon(x, z) := d_\varepsilon(x, z) k(z)$$

für $\varepsilon > 0$ und $(x, z) \in \mathbb{R}^n \times \mathbb{R}^n$. Dann folgt, wie in (7.7) (oder aus der Minkowskischen Ungleichung für Integrale),

$$\|X_j u - X_j u^\varepsilon\|_2 \leq \left(\int \Big[\int |g_\varepsilon(x, z)| \, dz \Big]^2 dx \right)^{1/2} \leq \int \|d_\varepsilon(\cdot, z)\|_2 \, k(z) \, dz \ , \qquad (9.19)$$

wobei wir die letzte Ungleichung wegen $g_\varepsilon = \left(d_\varepsilon \sqrt{k}\right)\sqrt{k}$ und $\int k\, dx = 1$ aus der Cauchy-Schwarzschen Ungleichung erhalten. Beachten wir ferner

$$d_\varepsilon(\cdot, z) = X_j\overset{*}{u} - \tau_{\varepsilon z}(X_j\overset{*}{u}) - \varepsilon z_j \tau_{\varepsilon z}\overset{*}{u} \ ,$$

so folgt aus der starken Stetigkeit der Translationsgruppe auf L_2 und der Translationsinvarianz des Integrals

$$\lim_{\varepsilon \to 0} \|d_\varepsilon(\cdot, z)\|_2\, k(z) = 0 \ , \qquad z \in \mathbb{R}^n \ ,$$

und

$$\|d_\varepsilon(\cdot, z)\|_2\, k(z) \le 2\max\{\|X_ju\|_2, \|u\|_2\}(1 + |z_j|)k(z) \ , \qquad \varepsilon \in (0, 2] \ , \quad z \in \mathbb{R}^n \ .$$

Weil $z \mapsto (1 + |z_j|)k(z)$ zu $\mathcal{L}_1$ gehört, ergibt sich die Behauptung aus (9.19) und dem Satz von Lebesgue. ∎

9.29 Korollar (Heisenbergsche Unschärferelation) *Für* $1 \le j \le n$ *gilt*

$$\|u\|_2^2 \le 2\, \|A_ju\|_2\, \|B_ju\|_2 \ , \qquad u \in \mathrm{dom}(A_j) \cap \mathrm{dom}(B_j) \ .$$

Beweis Dies folgt aus den Bemerkungen 9.27(a) und (g) und Lemma 9.28. ∎

Aus Bemerkung 9.27(a) und Lemma 9.28 folgt, wie im Beweis von Theorem 7.27, leicht, daß für $u \in \mathrm{dom}(A_j)$ die Distributionsableitung $\partial_j u$ zu L_2 gehört, also eine schwache L_2-Ableitung ist, und daß $A_ju = -i\,\partial_j u$ gilt. Folglich kann man die Heisenbergsche Unschärferelation auch für $u \in \mathrm{dom}(A_j) \cap \mathrm{dom}(B_j)$ in der Form

$$\left(\frac{1}{2}\int |u|^2\, dx\right)^2 \le \int |\partial_j u|^2\, dx \int |X_j u|^2\, dx$$

schreiben, falls man $\partial_j u$ im schwachen Sinne interpretiert. Die Bedeutung dieser erweiterten Interpretation, d.h. der Operatoren A_j und B_j, wird im Rahmen der Theorie der unbeschränkten selbstadjungierten linearen Operatoren in Hilberträumen, wie sie in der Funktionalanalysis entwickelt wird, klarwerden. Selbstadjungierte Operatoren, neben den Impuls- und Ortsoperatoren insbesondere Schrödingeroperatoren, bilden die mathematische Grundlage der Quantenmechanik (z.B. [RS72]). Für eine Interpretation der Heisenbergschen Unschärferelation verweisen wir auf Bücher und Vorlesungen der Physik.

Aufgaben

1 Es sei $a > 0$. Man bestimme die Fouriertransformierten von

(i) $\sin(ax)/x$,   (ii) $1/(a^2 + x^2)$,   (iii) $e^{-a\,|x|}$,

(iv) $(1 - |x|/a)\chi_{[-a,a]}(x)$,   (v) $\left(\sin(ax)/x\right)^2$.

(Hinweis: Vgl. Paragraph VIII.6.)

2 Es seien $f(x) := \left(\sin(x)/x\right)^2$ und $g(x) := e^{2ix}f(x)$ für $x \in \mathbb{R}^\times$. Dann gilt $f * g = 0$. (Hinweis: Man verwende Aufgabe 1 und Theorem 9.16.)

3 Man zeige: Erfüllt $f \in \mathcal{L}_1$ entweder $f * f = f$ oder $f * f = 0$, so gilt $f = 0$.

4 Es bezeichne $\{\, \varphi_\varepsilon \;;\; \varepsilon > 0 \,\}$ eine approximative Einheit, und (ε_j) sei eine Nullfolge. Man zeige, daß $\left(\mathcal{F}(\varphi_{\varepsilon_j})\right)$ in $\mathcal{D}'(\mathbb{R}^n)$ gegen $(2\pi)^{-n/2}\mathbf{1}$ konvergiert.

5 Für $a, f \in \mathcal{S}$ gilt $a(D)f = \widehat{a} * f$.

6 Für $s \geq 0$ seien $H^s := \{\, u \in L_2 \;;\; \Lambda^s \widehat{u} \in L_2 \,\}$ und $(u\,|\,v)_{H^s} := (\Lambda^s \widehat{u}\,|\,\widehat{v})_{L_2}$, $u, v \in H^s$. Man zeige:

(i) $H^s := \left(H^s \;;\; (\cdot\,|\,\cdot)_{H^s}\right)$ ist ein Hilbertraum mit $H^0 = L_2$ und

$$ \mathcal{S} \overset{d}{\hookrightarrow} H^s \overset{d}{\hookrightarrow} H^t \overset{d}{\hookrightarrow} L_2 \,, \qquad s > t > 0 \,. $$

(ii) $H^m = W_2^m$ für $m \in \mathbb{N}$.

7 Für $s > n/2$ gilt:

(i) $\mathcal{F}(H^s) \subset L_1$;

(ii) $H^2 \overset{d}{\hookrightarrow} C_0$ (**Sobolevscher Einbettungssatz**).

(Hinweise: (i) Man wende auf $\Lambda^s\,|\widehat{u}|\,\Lambda^{-s}$ die Cauchy-Schwarzsche Ungleichung an. (ii) Satz von Riemann-Lebesgue.)

8 Es sei $\sigma \geq 0$, und $\{\, k_\varepsilon \;;\; \varepsilon > 0 \,\}$ bezeichne die zum Gaußschen Kern gehörende approximative Einheit. Man beweise die folgenden Aussagen:

(i) $T(t) := [f \mapsto k_{\sqrt{t}} * f]$ gehört für jedes $t > 0$ zu $\mathcal{L}(H^\sigma)$.

(ii) $T(t + s) = T(t)T(s)$, $s, t > 0$.

(iii) $\lim_{t \to 0} T(t)f = f$ für $f \in H^\sigma$.

(iv) $T(t)(L_2) \subset \mathcal{S}$, $t > 0$.

(v) Für $f \in L_2 \cap C$ sei $u(t,x) := \left(T(t)f\right)(x)$, $(t,x) \in [0,\infty) \times \mathbb{R}^n$. Dann ist u eine Lösung des Anfangswertproblems der Wärmeleitungsgleichung in $\mathbb{R}^n$

$$ \partial_t u - \Delta u = 0 \text{ in } (0,\infty) \times \mathbb{R}^n \,, \quad u(0,\cdot) = f \text{ auf } \mathbb{R}^n \,, \tag{9.20} $$

in dem Sinne, daß gilt: $u \in C^\infty\left((0,\infty) \times \mathbb{R}^n\right) \cap C(\mathbb{R}^+ \times \mathbb{R}^n)$, und u erfüllt (9.20) punktweise.

Bemerkung Es sei $T(0) := \mathrm{id}_{H^\sigma}$. Dann heißt $\{\, T(t) \;;\; t \geq 0 \,\}$ **Gauß-Weierstraßsche Halbgruppe** (auf H^σ).

(Hinweis: (v) Man wende auf (9.20) die Fouriertransformation bezüglich $x \in \mathbb{R}^n$ an, um ein Anfangswertproblem für eine gewöhnliche Differentialgleichung zu erhalten.)

9 Es seien $n = 1$ und $p_y(x) := \sqrt{2/\pi}\, y/(x^2 + y^2)$ für $(x,y) \in \mathbb{H}^2$. Ferner sei $\sigma \geq 0$. Man beweise die folgenden Aussagen:

(i) $P(y) := [f \mapsto p_y * f]$ gehört für jedes $t > 0$ zu $\mathcal{L}(H^\sigma)$.

(ii) $P(y + z) = P(y)P(z)$, $y, z > 0$.

(iii) $\lim_{y \to 0} P(y)f = f$ für $f \in H^\sigma$.

(iv) $P(y)(L_2) \subset \mathcal{S}$.

(v) Für $f \in L_2 \cap C$ sei

$$u(x,y) := \big(P(y)f\big)(x) \ , \qquad (x,y) \in \mathbb{H}^2 \ .$$

Dann gehört u zu $C^2(\mathbb{H}^2) \cap C(\bar{\mathbb{H}}^2)$ und löst das Dirichletsche Randwertproblem für die Halbebene:

$$\Delta u = 0 \text{ in } \mathbb{H}^2 \ , \quad u(\cdot,0) = f \text{ auf } \mathbb{R} \ .$$

Bemerkung Mit $P(0) := \mathrm{id}_{H^\sigma}$ heißt $\big\{ P(y) \ ; \ y \geq 0 \big\}$ **Poissonsche Halbgruppe** (auf H^σ).
(Hinweise: (ii) Aufgabe 1. (v) Beispiel 9.21(b).)

10 Es sei X offen in $\mathbb{R}^n$, und (X_k) bezeichne eine aufsteigende Folge relativ kompakter offener Teilmengen von X mit $X = \bigcup_k X_k$ (vgl. die Bemerkungen 1.16(d) und (e)). Ferner seien

$$q_k(f) := \max_{|\alpha| \leq k} \|\partial^\alpha f\|_{\infty,\overline{X_k}} \ , \qquad f \in C^\infty(X) \ , \quad k \in \mathbb{N} \ ,$$

und

$$d(f,g) := \sum_{k=0}^\infty 2^{-k} \frac{q_k(f-g)}{1+q_k(f-g)} \ , \qquad f,g \in C^\infty(X) \ .$$

Man zeige, daß $\big(C^\infty(X),d\big)$ ein vollständiger metrischer Raum ist. (Hinweis: Zum Beweis der Vollständigkeit verwende man das Diagonalfolgenprinzip (Bemerkung III.3.11(a)).)

11 Es ist zu zeigen: $\mathcal{D} \overset{d}{\hookrightarrow} C^\infty$ und $\mathcal{S} \overset{d}{\hookrightarrow} C^\infty$.
(Hinweis: Man betrachte $\varphi(\varepsilon\cdot)$ mit einer Abschneidefunktion φ für $\bar{\mathbb{B}}^n$.)

12 Für $f \in \mathcal{D}$ sei

$$F(z) := \int e^{-i(z|x)_{\mathbb{C}^n}} f(x)\, dx \ , \qquad z \in \mathbb{C} \ .$$

Dann gehört F zu $C^\omega(\mathbb{C},\mathbb{C})$.
(Hinweis: Unter Beachtung von Bemerkung V.3.4(c) verwende man Korollar 3.19.)

13 Es ist zu zeigen, daß $\widehat{f}$ für $f \in \mathcal{D} \backslash \{0\}$ nicht zu $\mathcal{D}$ gehört. (Hinweis: Man beachte Aufgabe 12 und den Identitätssatz für analytische Funktionen (Theorem V.3.13).)

Kapitel XI

Mannigfaltigkeiten und Differentialformen

In Kapitel VIII haben wir Pfaffsche Formen kennengelernt und gesehen, daß diese Differentialformen ersten Grades eng mit der Theorie der Kurvenintegrale verbunden sind. Im nächsten Kapitel werden wir höherdimensionale Analoga von Kurvenintegralen behandeln, wobei Differentialformen höheren Grades über geeignete Untermannigfaltigkeiten des $\mathbb{R}^n$ integriert werden. Aus diesem Grund befassen wir uns im vorliegenden Kapitel mit der Theorie der Differentialformen.

Im ersten Paragraphen erweitern wir unsere Kenntnisse über Mannigfaltigkeiten. Insbesondere untersuchen wir den Begriff der Untermannigfaltigkeit einer gegebenen Mannigfaltigkeit und führen berandete Mannigfaltigkeiten ein.

Im nächsten Paragraphen stellen wir die benötigten Resultate der Multilinearen Algebra zusammen. Sie bilden die algebraische Grundlage für die Theorie der Differentialformen, die in den Paragraphen 3 und 4 entwickelt wird. Im ersten dieser Paragraphen behandeln wir Differentialformen auf offenen Teilmengen von Zahlenräumen. Dann globalisieren wir diese Theorie und diskutieren ausführlich die Orientierbarkeit von Mannigfaltigkeiten.

Da wir stets Untermannigfaltigkeiten euklidischer Räume betrachten, sind sie in natürlicher Weise mit einer Riemannschen Metrik versehen. In Paragraph 5 gehen wir näher auf diese zusätzliche Struktur ein und erläutern einige Grundtatsachen der Riemannschen Geometrie. Um den Bedürfnissen der Physik Rechnung zu tragen, behandeln wir auch semi-Riemannsche Metriken, wobei wir uns in den Beispielen stets auf den Minkowskiraum beschränken.

Im letzten Paragraphen dieses Kapitels stellen wir die Beziehung zwischen der Theorie der Differentialformen und der klassischen Vektoranalysis her. Insbesondere studieren wir die Operatoren Gradient, Divergenz und Rotation und leiten die wichtigsten Rechenregeln her. Wir geben lokale Koordinatendarstellungen an und rechnen einige wichtige Beispiele explizit vor.

In dem Paragraphen über die Multilineare Algebra führen wir auch den Hodgeschen Sternoperator ein, den wir in den späteren Paragraphen brauchen, um die Koableitung zu definieren. Damit sind wir in der Lage, die Operatoren der Vektoranalysis auch im Hodgekalkül darzustellen und zu verwenden. Diese Überlegungen können bei einer ersten Lektüre übergangen werden. Die entsprechenden Betrachtungen befinden sich stets am Ende der Paragraphen. Alle wichtigen Formeln und Tatsachen werden im vorderen Teil der entsprechenden Abschnitte ohne diese Theorie entwickelt.

Im ganzen Buch beschränken wir uns auf Untermannigfaltigkeiten des $\mathbb{R}^n$. Abgesehen von der Definition des Tangentialraumes führen wir jedoch alle Beweise so, daß sie auch für abstrakte Mannigfaltigkeiten gültig sind oder leicht angepaßt werden können. Dieses und das folgende Kapitel stellen somit eine erste Einführung in die Differentialtopologie und die Differentialgeometrie dar, wobei, manchmal auf Kosten der Eleganz, viel Wert auf Beispiele und eine solide und ausführliche Fundierung gelegt wird.

1 Untermannigfaltigkeiten

In diesem Paragraphen bezeichnen

- M eine m-dimensionale und N eine n-dimensionale Mannigfaltigkeit.

Genauer bedeutet dies: M bzw. N ist eine m- bzw. n-dimensionale C^∞-Untermannigfaltigkeit des $\mathbb{R}^{\bar{m}}$ bzw. $\mathbb{R}^{\bar{n}}$ für ein $\bar{m} \geq m$ bzw. $\bar{n} \geq n$.

Der Einfachheit halber und um die wesentlichen Aspekte herauszuarbeiten, beschränken wir uns auf das Studium glatter Abbildungen. Insbesondere verstehen wir unter einem **Diffeomorphismus** immer einen C^∞-Diffeomorphismus, und wir setzen

$$\mathrm{Diff}(M, N) := \mathrm{Diff}^\infty(M, N) .$$

Alles, was im folgenden bewiesen wird, gilt sinngemäß für C^k-Mannigfaltigkeiten und C^k-Abbildungen, wobei gegebenenfalls $k \in \mathbb{N}^\times$ geeigneten Einschränkungen unterworfen werden muß. Wir stellen die entsprechenden Aussagen in der Regel in Bemerkungen[1] zusammen und überlassen dem Leser die Verifikation der entsprechenden Feststellungen.

Definitionen und elementare Eigenschaften

Es sei $0 \leq \ell \leq m$. Eine Teilmenge L von M heißt (ℓ-**dimensionale**) **Untermannigfaltigkeit von** M, wenn es zu jedem $p \in L$ eine Karte (φ, U) von M um p gibt mit[2]

$$\varphi(U \cap L) = \varphi(U) \cap \left(\mathbb{R}^\ell \times \{0\} \right) .$$

Jede solche Karte ist eine **Untermannigfaltigkeitenkarte von** M **für** L. Die Zahl $m - \ell$ heißt **Kodimension von** L **in** M.

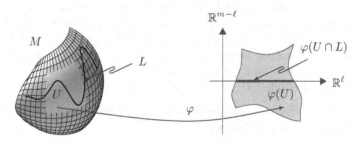

Offensichtlich stellt diese Definition die direkte Verallgemeinerung des Begriffes der Untermannigfaltigkeit eines $\mathbb{R}^m$ dar.

---

[1] In Kleindruck und mit (Regularität) bezeichnet.

[2] Um lästige Fallunterscheidungen zu vermeiden, interpretieren wir die leere Menge als Untermannigfaltigkeit der Dimension ℓ für jedes $\ell \in \{0, \ldots, m\}$ (vgl. Paragraph VII.9).

Im Zusammenhang mit Untermannigfaltigkeiten spielen Immersionen eine wichtige Rolle. Sie werden in Analogie zu der in Paragraph VII.9 gegebenen Definition eingeführt.

Es sei $k \in \mathbb{N}^{\times} \cup \{\infty\}$. Dann ist $f \in C^k(M,N)$ eine C^k-**Immersion**, wenn $T_p f : T_p M \to T_{f(p)} N$ für jedes $p \in M$ injektiv ist. Eine C^k-Immersion f nennt man C^k-**Einbettung** von M in N, wenn f ein Homöomorphismus von M auf $f(M)$ ist (wobei $f(M)$ natürlich mit der Relativtopologie von N versehen ist). Statt C^∞-Immersion bzw. C^∞-Einbettung sagen wir kurz **Immersion** bzw. **Einbettung**.

1.1 Bemerkungen (a) Sind L eine ℓ-dimensionale Untermannigfaltigkeit von M und M eine Untermannigfaltigkeit von N, so ist L eine ℓ-dimensionale Untermannigfaltigkeit von N.

Beweis Es seien $p \in L$ und (φ, U) eine Untermannigfaltigkeitenkarte von M für L um p. Ferner sei (ψ, V) eine Untermannigfaltigkeitenkarte von N für M um p. Wir können auch $U = V \cap M$ annehmen. Mit $X := \varphi(U) \subset \mathbb{R}^m$ und $Y := \mathrm{pr} \circ \psi(V) \subset \mathbb{R}^m$, wobei $\mathrm{pr} : \mathbb{R}^m \times \mathbb{R}^{n-m} \to \mathbb{R}^m$ die kanonische Projektion bezeichnet, gilt

$$\chi := \mathrm{pr} \circ \psi \circ \varphi^{-1} \in \mathrm{Diff}(X, Y) \ .$$

Nun definieren wir $\Phi \in \mathrm{Diff}(Y \times \mathbb{R}^{n-m}, X \times \mathbb{R}^{n-m})$ durch

$$\Phi(y, z) := \left(\chi^{-1}(y), z \right) , \qquad (y, z) \in Y \times \mathbb{R}^{n-m} \ ,$$

und setzen $\Psi := \Phi \circ \psi$. Dann ist $\Psi(V)$ offen in $\mathbb{R}^n$, und $\Psi \in \mathrm{Diff}\left(V, \Psi(V) \right)$ mit

$$\Psi(V \cap L) = \left(\varphi(U \cap L) \times \{0\} \right) \cap \left(\mathbb{R}^\ell \times \{0\} \right) = \Psi(V) \cap \left(\mathbb{R}^\ell \times \{0\} \right) \subset \mathbb{R}^n \ ,$$

wie man leicht verifiziert. Also ist (Ψ, V) eine Untermannigfaltigkeitenkarte von N für L um p. ∎

(b) Da für $n \geq \bar{m}$ die Menge $\mathbb{R}^{\bar{m}} = \mathbb{R}^{\bar{m}} \times \{0\} \subset \mathbb{R}^n$ eine Untermannigfaltigkeit von $\mathbb{R}^n$ ist, folgt aus (a), daß M eine m-dimensionale Untermannigfaltigkeit von $\mathbb{R}^n$ für jedes $n \geq \bar{m}$ ist. Dies zeigt, daß der „umgebende Raum" $\mathbb{R}^{\bar{m}}$ von M keine wesentliche Rolle spielt, solange wir nur an „inneren Eigenschaften" von M interessiert sind, d.h. an Eigenschaften, die allein mit Hilfe von Karten und Tangentialräumen von M beschrieben werden und nicht die „Lage" von M im umgebenden Raum berücksichtigen.[3] Die Lage von M in $\mathbb{R}^{\bar{m}}$ kommt z.B. immer dann ins Spiel, wenn das Normalenbündel $T^\perp M$ verwendet wird.

(c) Es sei L eine Untermannigfaltigkeit von M. Für die Untermannigfaltigkeitenkarte (φ, U) von M für L setzen wir

$$(\varphi_L, U_L) := (\varphi | U \cap L, U \cap L) \ .$$

Dann ist (φ_L, U_L) eine Karte für L, wobei $\varphi(U_L)$ als offene Teilmenge von $\mathbb{R}^\ell$ interpretiert, d.h. $\mathbb{R}^\ell \times \{0\} \subset \mathbb{R}^m$ mit $\mathbb{R}^\ell$ identifiziert wird.

---

[3]In Paragraph 4 wird klar werden, daß auch Tangentialräume eine „innere" Charakterisierung besitzen.

Ist $\mathcal{A} := \{ (\varphi_\lambda, U_\lambda) \; ; \; \lambda \in \Lambda \}$ eine Menge von Untermannigfaltigkeitenkarten von M für L, derart daß L von den Kartengebieten $\{ U_\lambda \; ; \; \lambda \in \Lambda \}$ überdeckt wird, so ist $\{ (\varphi_{\lambda,L}, U_{\lambda,L}) \; ; \; \lambda \in \Lambda \}$ ein Atlas für L, ein **von $\mathcal{A}$ induzierter Atlas**.

Beweis   Die einfachen Verifikationen bleiben dem Leser überlassen. ∎

(d) Es sei L bzw. K eine ℓ- bzw. k-dimensionale Untermannigfaltigkeit von M bzw. N. Dann ist $L \times K$ eine $(\ell + k)$-dimensionale Untermannigfaltigkeit der Mannigfaltigkeit $M \times N$, welche $(m + n)$-dimensional ist.

Beweis   Dies ist eine einfache Folgerung aus den Definitionen. Den Beweis überlassen wir wieder dem Leser.[4] ∎

(e) Es sei L eine Untermannigfaltigkeit von M. Dann ist

$$i : L \to M , \quad p \mapsto p$$

eine Einbettung, die **natürliche Einbettung** von L in M, wofür wir $i : L \hookrightarrow M$ schreiben. Wir identifizieren $T_p L$ für $p \in L$ mit seinem Bild in $T_p M$ unter der Injektion $T_p i$, d.h., wir fassen $T_p L$ als Untervektorraum von $T_p M$ auf: $T_p L \subset T_p M$.

Beweis   Es sei (φ, U) eine Untermannigfaltigkeitenkarte von M für L. Dann besitzt i die lokale Darstellung

$$\varphi \circ i \circ \varphi_L^{-1} : \varphi_L(U_L) \to \varphi(U) , \quad x \mapsto (x, 0) .$$

Nun ist die Behauptung klar. ∎

(f) Ist $f : M \to N$ eine Immersion, so gilt $m \leq n$.

(g) Es sei L eine Untermannigfaltigkeit von M der Dimension ℓ, und f gehöre zu $\mathrm{Diff}(M, N)$. Dann ist $f(L)$ eine ℓ-dimensionale Untermannigfaltigkeit von N.

Beweis   Der einfache Nachweis bleibt dem Leser überlassen. ∎

(h) Jede offene Teilmenge von M ist eine m-dimensionale Untermannigfaltigkeit von M.

(i) Ist (φ, U) eine Karte von M, so ist $\varphi : U \to \mathbb{R}^m$ eine Einbettung, und φ ist ein Diffeomorphismus von U auf $\varphi(U)$.

(j) Es sei L bzw. K eine Untermannigfaltigkeit von M bzw. N, und $i_L : L \hookrightarrow M$ bzw. $i_K : K \hookrightarrow N$ sei die natürliche Einbettung. Ferner seien $k \in \mathbb{N} \cup \{\infty\}$ und $f \in C^k(M, N)$ mit $f(L) \subset K$. Dann gilt für die Restriktion von f auf L

$$f \,|\, L := f \circ i_L \in C^k(L, K) ,$$

----

[4]Vgl. Aufgabe VII.9.4.

und die Diagramme

$$
\begin{array}{ccc}
L & \xrightarrow{\ i_L\ } & M \\
{\scriptstyle f\,|\,L}\downarrow & & \downarrow{\scriptstyle f} \\
K & \xrightarrow{\ i_K\ } & N
\end{array}
\qquad\qquad
\begin{array}{ccc}
T_pL & \xrightarrow{\ T_p i_L\ } & T_pM \\
{\scriptstyle T_p(f\,|\,L)}\downarrow & & \downarrow{\scriptstyle T_p f} \\
T_{f(p)}K & \xrightarrow{\ T_{f(p)}i_K\ } & T_{f(p)}N
\end{array}
$$

sind kommutativ. Identifizieren wir T_pL mit seinem Bild in T_pM unter $T_p i_L$, d.h., fassen wir T_pL in kanonischer Weise als Untervektorraum von T_pM auf, so gilt insbesondere $T_p(f\,|\,L) = (T_p f)\,|\,T_pL$.

Beweis Offensichtliches Modifizieren des Beweises von Beispiel VII.10.10(b), welches durch diese Aussagen verallgemeinert wird, ergibt die Behauptung. ∎

(k) (Regularität) Die obigen Definitionen und Aussagen bleiben sinngemäß richtig, falls M eine C^k-Mannigfaltigkeit für ein $k \in \mathbb{N}^\times$ ist. In diesem Fall ist auch L eine C^k-Mannigfaltigkeit, und die natürliche Inklusion $i: L \hookrightarrow M$ gehört zur Klasse C^k. ∎

Das nächste Theorem, eine Verallgemeinerung von Satz VII.9.10, zeigt, daß wir Untermannigfaltigkeiten mittels Einbettungen erzeugen können.

1.2 Theorem

(i) Es sei $f: M \to N$ eine Immersion. Dann ist f lokal eine Einbettung, d.h., zu jedem p in M gibt es eine Umgebung U, so daß $f\,|\,U$ eine Einbettung ist.

(ii) Ist $f: M \to N$ eine Einbettung, so ist $f(M)$ eine m-dimensionale Untermannigfaltigkeit von N, und f ist ein Diffeomorphismus von M auf $f(M)$.

Beweis (i) Es seien $p \in M$ und (φ, U_0) bzw. (ψ, V) eine Karte von M um p bzw. von N um $f(p)$ mit $f(U_0) \subset V$. Dann ist

$$
f_{\varphi,\psi} := \psi \circ f \circ \varphi^{-1} : \varphi(U_0) \to \psi(V)
$$

wegen Bemerkung 1.1(i) eine Immersion. Somit gibt es nach dem Immersionssatz VII.9.7 eine offene Umgebung X von $\varphi(p)$ in $\varphi(U_0)$, so daß $f_{\varphi,\psi}(X)$ eine m-dimensionale Untermannigfaltigkeit von $\mathbb{R}^n$ ist. Wegen $\psi \in \mathrm{Diff}\big(V, \psi(V)\big)$ und Bemerkung 1.1(g) ist $f(U)$ mit $U := \varphi^{-1}(X)$ eine m-dimensionale Untermannigfaltigkeit von N.

Nach geeignetem Verkleinern von X zeigt Bemerkung VII.9.9(d), daß $f_{\varphi,\psi}$ ein Diffeomorphismus von $X = \varphi(U)$ auf $f_{\varphi,\psi}(X) = \psi \circ f(U)$ ist. Also ist f ein Diffeomorphismus von U auf $f(U)$, wobei $f(U)$ mit der von N induzierten Topologie versehen ist. Folglich ist $f\,|\,U$ eine Einbettung.

(ii) Es sei f eine Einbettung. Für $q \in f(M)$ seien (ψ, V) eine Karte von N um q und (φ, U) eine Karte von M um $p := f^{-1}(q)$ mit $f(U) \subset V$. Da f topologisch ist von M auf $f(M)$, ist $f(U)$ offen in $f(M)$. Somit können wir annehmen, daß

$f(U) = f(M) \cap V$ gilt. Nun folgt aus dem Beweis von (i), daß $f(M) \cap V$ eine m-dimensionale Untermannigfaltigkeit von N ist. Da dies für jedes $q \in f(M)$ gilt, ist $f(M)$ eine m-dimensionale Untermannigfaltigkeit von N.

Gemäß (i) ist f ein lokaler Diffeomorphismus von M in $f(M)$. Da f topologisch ist, folgt $f \in \mathrm{Diff}\big(M, f(M)\big)$. ∎

Aus Bemerkung VII.9.9(c) wissen wir, daß Bilder injektiver Immersionen i. allg. keine Untermannigfaltigkeiten sind. Das folgende Theorem gibt eine einfache hinreichende Bedingung dafür, daß aus der Injektivität einer Immersion bereits folgt, daß es sich um eine Einbettung handelt.

1.3 Theorem *Es seien M kompakt und $f : M \to N$ eine injektive Immersion. Dann ist f eine Einbettung, $f(M)$ ist eine m-dimensionale Untermannigfaltigkeit von N, und $f \in \mathrm{Diff}\big(M, f(M)\big)$.*

Beweis Da M kompakt und $f(M)$ ein metrischer Raum ist, ist die bijektive stetige Abbildung $f : M \to f(M)$ topologisch (vgl. Aufgabe III.3.3). Nun folgt die Behauptung aus Theorem 1.2. ∎

1.4 Bemerkung (Regularität) Es sei $k \in \mathbb{N}^{\times}$. Dann bleiben die Theoreme 1.2 und 1.3 sinngemäß richtig, wenn M und N C^k-Mannigfaltigkeiten sind und f zur Klasse C^k gehört. ∎

1.5 Beispiele (a) Es sei $1 \leq \ell < m$, und (x, y) bezeichne den allgemeinen Punkt von $\mathbb{R}^{\ell+1} \times \mathbb{R}^{m-\ell} = \mathbb{R}^{m+1}$. Dann ist

$$L_y := \sqrt{1 - |y|^2}\, S^\ell \times \{y\}$$

für jedes $y \in \mathbb{B}^{m-\ell}$ eine ℓ-dimensionale Untermannigfaltigkeit der m-Sphäre S^m. Sie ist diffeomorph zu S^ℓ. Für den Tangentialraum im Punkt $p \in L_y$ gilt

$$T_p L_y = T_p S^m \cap \big(p, \mathbb{R}^{\ell+1} \times \{0\}\big) \subset T_p \mathbb{R}^{m+1} . \tag{1.1}$$

Beweis Für $y \in \mathbb{B}^{m-\ell}$ ist die Abbildung

$$F_y : \mathbb{R}^{\ell+1} \to \mathbb{R}^{m+1} , \quad x \mapsto \big(\sqrt{1 - |y|^2}\, x, y\big) \tag{1.2}$$

eine glatte Immersion. Da S^ℓ bzw. S^m eine Untermannigfaltigkeit von $\mathbb{R}^{\ell+1}$ bzw. $\mathbb{R}^{m+1}$ ist und da $F_y(S^\ell) \subset S^m$ gilt, folgt mit $i_\ell : S^\ell \hookrightarrow \mathbb{R}^{\ell+1}$ aus Bemerkung 1.1(j)

$$f_y := F_y \,|\, S^\ell = F_y \circ i_\ell \in C^\infty(S^\ell, S^m) . \tag{1.3}$$

Offensichtlich ist f_y injektiv, und die Kettenregel von Bemerkung VII.10.9(b) impliziert

$$T_p f_y = T_p F_y \circ T_p i_\ell , \qquad p \in S^\ell .$$

Also ist $T_p f_y$ injektiv (vgl. Aufgabe I.3.3), d.h., f_y ist eine Immersion. Da S^ℓ kompakt ist, zeigt Theorem 1.3, daß $L_y = f_y(S^\ell)$ eine ℓ-dimensionale Untermannigfaltigkeit von S^m ist, welche zu S^ℓ diffeomorph ist. Die Aussage (1.1) ist eine einfache Konsequenz von (1.2) und (1.3). ∎

(b) (Rotationshyperflächen vom Torustyp) Es sei

$$\gamma \colon S^1 \to (0,\infty) \times \mathbb{R}\ , \quad t \mapsto \big(\rho(t), \sigma(t)\big)$$

eine injektive Immersion, also wegen Theorem 1.3 eine Einbettung. Ferner seien $i \colon S^m \hookrightarrow \mathbb{R}^{m+1}$ und

$$f \colon S^m \times S^1 \to \mathbb{R}^{m+1} \times \mathbb{R}\ , \quad (q,t) \mapsto \big(\rho(t)i(q), \sigma(t)\big)\ .$$

Dann ist f eine Einbettung, und

$$T^{m+1} := f(S^m \times S^1)$$

ist eine Hyperfläche in $\mathbb{R}^{m+2}$, die diffeomorph zu $S^m \times S^1$ ist.

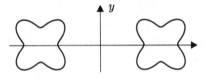

Im Fall $m = 0$ besteht T^1 aus zwei Kopien der geschlossenen glatten, doppelpunktfreien Kurve[5] $\gamma(S^1)$, die symmetrisch zur y-Achse liegen.

Für $m = 1$ ist T^2 eine Rotationsfläche in $\mathbb{R}^3$, die durch Drehung der Meridiankurve

$$\Gamma := \big\{\, \big(\rho(t), 0, \sigma(t)\big)\ ;\ t \in S^1 \,\big\}$$

um die z-Achse entsteht (vgl. Beispiel VII.9.11(e)). T^2 „ist ein 2-Torus", d.h. diffeomorph zu $\mathsf{T}^2 := S^1 \times S^1$. Insbesondere ist $\mathsf{T}^2_{a,r}$, die Torusfläche von Beispiel VII.9.11(f), zu T^2 diffeomorph.

Im allgemeinen Fall nennen wir T^{m+1} **Rotationshyperfläche vom Torustyp.**

Beweis Gemäß Beispiel VII.9.5(b) ist S^m bzw. S^1 eine m- bzw. 1-dimensionale Mannigfaltigkeit. Also ist $S^m \times S^1$ eine $(m+1)$-dimensionale Mannigfaltigkeit.

Es sei $(\varphi \times \psi, U \times V)$ eine Produktkarte[6] von $S^m \times S^1$. Da γ eine Immersion ist, gilt für ihre lokale Darstellung bezüglich ψ (und der trivialen Karte $\mathrm{id}_{\mathbb{R}^2}$ von $\mathbb{R}^2$) $\gamma_\psi = (r, s)$ mit $r := \rho \circ \psi^{-1}$ und $s := \sigma \circ \psi^{-1}$ die Beziehung

$$\big(\dot{r}(y), \dot{s}(y)\big) \neq (0,0)\ , \qquad y \in \psi(V)\ . \tag{1.4}$$

---

[5]Hier und im folgenden bedeutet „Kurve" eindimensionale Mannigfaltigkeit (vgl. Bemerkung 1.19(a)).

[6]D.h., (φ, U) bzw. (ψ, V) ist eine Karte von S^m bzw. S^1, und $\varphi \times \psi(q,t) := (\varphi(q), \psi(t))$.

Ferner hat die lokale Darstellung von f bezüglich $\varphi \times \psi$ die Gestalt

$$f_{\varphi \times \psi}(x,y) = \bigl(r(y)g(x), s(y)\bigr) , \qquad (x,y) \in \varphi(U) \times \psi(V) ,$$

wobei $g := i \circ \varphi^{-1}$ die zu φ gehörige Parametrisierung von S^m ist. Hieraus folgt

$$\bigl[\partial f_{\varphi \times \psi}(x,y)\bigr] = \left[\begin{array}{ccc} r(y)\partial g(x) & \vdots & \dot{r}(y)g(x) \\ \cdots\cdots\cdots\cdots & \vdots & \cdots\cdots\cdots \\ 0 & \vdots & \dot{s}(y) \end{array}\right] \in \mathbb{R}^{(m+2)\times(m+1)} .$$

Wegen $r(y) > 0$ und da $\partial g(x)$ injektiv ist, sind die ersten m Spalten dieser Matrix linear unabhängig. Ist $\dot{s}(y) \neq 0$, so hat die Matrix den Rang $m+1$. Ist $\dot{s}(y) = 0$, so gilt $\dot{r}(y) \neq 0$ wegen (1.4). Aus $|g(x)|^2 = \bigl(g(x)\,\big|\,g(x)\bigr) = 1$ für $x \in \varphi(U)$ folgt $\bigl(g(x)\,\big|\,\partial_j g(x)\bigr) = 0$ für $1 \leq j \leq m$ und $x \in \varphi(U)$. Dies zeigt, daß auch in diesem Fall der Rang der Matrix $m+1$ ist. Folglich ist f eine Immersion.

   Wir betrachten nun die Gleichung $f(q,t) = (y,s)$ für ein $(y,s) \in T^{m+1}$. Aus den Beziehungen $\rho(t)i(q) = y$ und $|i(q)| = 1$ folgt $\rho(t) = |y|$. Da γ injektiv ist, gibt es genau ein $t \in S^1$ mit $\bigl(\rho(t), \sigma(t)\bigr) = (|y|, s)$. Ebenso gibt es genau ein $q \in S^m$ mit $i(q) = y/|y|$. Also ist die Gleichung $\bigl(\rho(t)i(q), \sigma(t)\bigr) = (y,s)$ für $(y,s) \in T^{m+1}$ wegen $y = |y|\,\bigl(y/|y|\bigr)$ eindeutig lösbar. Folglich ist f eine injektive Immersion von $S^m \times S^1$ in $\mathbb{R}^{m+2}$. Nun folgen alle Behauptungen aus Theorem 1.3, da $S^m \times S^1$ kompakt ist. ∎

(c) Es seien L und M Untermannigfaltigkeiten von N mit $L \subset M$. Dann ist L eine Untermannigfaltigkeit von M.

Beweis   Wegen $\mathrm{id}_N \in \mathrm{Diff}(N,N)$ ist $i := \mathrm{id}_N \,|\, L$ eine Immersion von L in N mit $i(L) \subset M$. Also folgt aus Bemerkung 1.1(j), daß i eine bijektive Immersion von L in M ist. Da L und M die von N induzierte Topologie tragen und da M dieselbe Topologie auf L induziert, ist i als Einschränkung eines Diffeomorphismus topologisch. Also ist i eine Einbettung, und die Behauptung folgt aus Theorem 1.2. ∎

(d) Es seien die Voraussetzungen von (b) mit $m = 1$ erfüllt. Dann sind für jedes $(q_0, t_0) \in S^1 \times S^1$ die Bilder von

$$f(\cdot, t_0)\colon S^1 \to \mathbb{R}^3$$

und

$$f(q_0, \cdot)\colon S^1 \to \mathbb{R}^3$$

eindimensionale Untermannigfaltigkeiten von T^2, die diffeomorph zu S^1, also „Kreise", sind.

Beweis   Da $f(\cdot, t_0)$ und $f(q_0, \cdot)$ als Restriktionen einer Einbettung selbst Einbettungen sind, sind $f(S^1, t_0)$ und $f(q_0, S^1)$ zu S^1 diffeomorphe Untermannigfaltigkeiten von $\mathbb{R}^3$, die in T^2 liegen. Nun folgt die Behauptung aus (c). ∎

Submersionen

Es sei $f \in C^1(M, N)$. Dann heißt $p \in M$ **regulärer Punkt** von f, wenn $T_p f$ surjektiv ist. Anderenfalls ist p ein **singulärer Punkt**. Der Punkt $q \in N$ heißt **regulärer Wert** von f, wenn jedes $p \in f^{-1}(q)$ ein regulärer Punkt ist. Ist jeder Punkt von M regulär, so heißt f **reguläre Abbildung** oder **Submersion**.

Diese Definitionen sind Verallgemeinerungen der entsprechenden Begriffe, die in Paragraph VII.8 eingeführt wurden.

1.6 Bemerkungen   (a) Ist p ein regulärer Punkt von f, so gilt $m \geq n$. Jedes $q \in N \setminus f(M)$ ist ein regulärer Wert von f.

(b) Der Punkt $p \in M$ ist genau dann regulär für $f = (f^1, \ldots, f^n) \in C^1(M, \mathbb{R}^n)$, wenn die Kotangentialvektoren[7]

$$df^j(p) := d_p f^j = \mathrm{pr}_2 \circ T_p f^j \in T_p^* M , \qquad 1 \leq j \leq n ,$$

linear unabhängig sind.

(c) Ein singulärer Punkt von $f \in C^1(M, \mathbb{R})$ heißt auch **kritischer Punkt**. Also ist $p \in M$ genau dann ein kritischer Punkt von f, wenn $df(p) = 0$ gilt.[8] ∎

Das folgende Theorem verallgemeinert den Satz vom regulären Wert auf den Fall von Abbildungen zwischen Mannigfaltigkeiten.

1.7 Theorem (vom regulären Wert) *Es sei $q \in N$ ein regulärer Wert der Abbildung $f \in C^\infty(M, N)$. Dann ist $L := f^{-1}(q)$ eine Untermannigfaltigkeit von M der Kodimension n. Für $p \in L$ ist $T_p L$ der Kern von $T_p f$.*

Beweis Es seien $p_0 \in f^{-1}(q)$ und (φ, U) bzw. (ψ, V) eine Karte von M um p_0 bzw. von N um q mit $f(U) \subset V$. Dann folgt aus der Kettenregel, daß $\varphi(p)$ für jedes $p \in U \cap f^{-1}(q)$ ein regulärer Punkt der lokalen Darstellung

$$f_{\varphi,\psi} := \psi \circ f \circ \varphi^{-1} \in C^\infty\big(\varphi(U), \mathbb{R}^n\big)$$

ist. Mit anderen Worten: $y := \psi(q)$ ist ein regulärer Wert von $f_{\varphi,\psi}$. Folglich garantiert Theorem VII.9.3, daß $(f_{\varphi,\psi})^{-1}(y)$ eine $(m - n)$-dimensionale Untermannigfaltigkeit von $\mathbb{R}^m$ ist. Somit gibt es offene Mengen X und Y von $\mathbb{R}^m$ und ein $\Phi \in \mathrm{Diff}(X, Y)$ mit $\Phi\big(X \cap (f_{\varphi,\psi})^{-1}(y)\big) = Y \cap \big(\mathbb{R}^{m-n} \times \{0\}\big)$. Indem wir $\varphi(U)$ und X durch ihren Durchschnitt ersetzen, können wir annehmen, daß $\varphi(U) = X$ gilt. Dann ist aber $\varphi_1 := \Phi \circ \varphi$ eine Karte von M um p mit

$$\varphi_1\big(f^{-1}(q) \cap U\big) = \Phi \circ \varphi\big(f^{-1} \circ \psi^{-1}(y) \cap U\big)$$
$$= \Phi\big((f_{\varphi,\psi})^{-1}(y) \cap X\big) = Y \cap \big(\mathbb{R}^{m-n} \times \{0\}\big) ,$$

---

[7]Vgl. Paragraph VIII.3.
[8]Siehe Bemerkung VII.3.14(a).

also eine Untermannigfaltigkeitenkarte von M für $f^{-1}(q)$. Die zweite Behauptung ergibt sich durch eine offensichtliche Modifikation des Beweises von Theorem VII.10.7. ∎

1.8 Bemerkungen (a) Theorem 1.7 besitzt eine Umkehrung, die besagt, daß jede Untermannigfaltigkeit von M lokal als Faser einer regulären Abbildung dargestellt werden kann. Genauer besagt sie: Ist L eine ℓ-dimensionale Untermannigfaltigkeit von M, so gibt es zu jedem $p \in L$ eine Umgebung U in M und ein $f \in C^\infty(U, \mathbb{R}^{m-\ell})$ mit $f^{-1}(0) = U \cap L$, und 0 ist regulärer Wert von f.

Beweis Es sei (φ, U) eine Untermannigfaltigkeitenkarte von M um p für L. Dann gehört die durch $f(q) := \left(\varphi^{\ell+1}(q), \ldots, \varphi^m(q) \right)$ für $q \in U$ definierte Funktion zu $C^\infty(U, \mathbb{R}^{m-\ell})$ und erfüllt $f^{-1}(0) = U \cap L$. Da φ ein Diffeomorphismus ist, ist 0 ein regulärer Wert von f. ∎

(b) (Regularität) Ist q ein regulärer Wert von $f \in C^k(M, N)$ für ein $k \in \mathbb{N}^\times$, so ist $f^{-1}(q)$ eine C^k-Untermannigfaltigkeit von M. In diesem Fall genügt es vorauszusetzen, daß M selbst eine C^k-Mannigfaltigkeit ist. ∎

1.9 Beispiele (a) Es sei X offen in $\mathbb{R}^m \times \mathbb{R}^n$, und $q \in \mathbb{R}^n$ sei ein regulärer Wert von $f \in C^\infty(X, \mathbb{R}^n)$ mit $M := f^{-1}(q) \neq \emptyset$. Dann ist M eine m-dimensionale Untermannigfaltigkeit von X. Für

$$\pi := \operatorname{pr} | M : M \to \mathbb{R}^m$$

mit

$$\operatorname{pr} : \mathbb{R}^m \times \mathbb{R}^n \to \mathbb{R}^m , \quad (x, y) \mapsto x$$

gilt $\pi \in C^\infty(M, \mathbb{R}^m)$. Schließlich sei $p \in M$, und $D_1 f(p) \in \mathcal{L}(\mathbb{R}^m, \mathbb{R}^n)$ sei surjektiv.[9] Dann ist p genau dann ein regulärer Punkt von π, wenn $D_2 f(p)$ bijektiv ist.

Beweis Der Satz vom regulären Wert garantiert, daß M eine m-dimensionale Untermannigfaltigkeit von X ist mit $T_p M = \ker(T_p f)$ für $p \in M$. Da π die Restriktion einer linearen, also glatten, Abbildung ist, folgt aus Bemerkung 1.1(j), daß $\pi \in C^\infty(M, \mathbb{R}^m)$ und $T_p \pi = T_p \operatorname{pr} | T_p M$ gelten.

Wegen $T_p \operatorname{pr} = (p, \partial \operatorname{pr}(p))$ und $\partial \operatorname{pr}(p)(h, k) = h$ für $(h, k) \in \mathbb{R}^m \times \mathbb{R}^n$ ist $T_p \pi$ genau dann surjektiv, wenn es zu jedem $y \in \mathbb{R}^m$ ein $(h, k) \in \mathbb{R}^m \times \mathbb{R}^n$ gibt mit

$$\partial f(p)(h, k) = D_1 f(p) h + D_2 f(p) k = 0$$

und $h = y$. Dies ist wegen der Surjektivität von $D_1 f(p)$ genau dann der Fall, wenn es zu jedem $z \in \mathbb{R}^n$ ein $k \in \mathbb{R}^n$ gibt mit $D_2 f(p) k = z$, wenn also $D_2 f(p)$ surjektiv ist. Wegen $D_2 f(p) \in \mathcal{L}(\mathbb{R}^n)$ impliziert dies die Behauptung. ∎

(b) („Spitzenkatastrophe") Für

$$f : \mathbb{R}^2 \times \mathbb{R} \to \mathbb{R} , \quad \left((u, v), x \right) \mapsto u + vx + x^3$$

---

[9]Wir verwenden die Bezeichnungen von Paragraph VII.8.

gilt

$$[D_1 f(w,x)] = [1, x] \in \mathbb{R}^{1 \times 2} , \qquad w := (u,v) .$$

Also ist 0 ein regulärer Wert von f, und $M := f^{-1}(0)$ ist eine Fläche in $\mathbb{R}^3$. Wegen $D_2 f(w,x) = v + 3x^2$ ist gemäß (a)

$$K := \left\{ \, ((u,v),x) \in M \; ; \; v + 3x^2 = 0 \, \right\}$$

die Menge der singulären Punkte der Projektion $\pi : M \to \mathbb{R}^2$. Hierfür gilt

$$K = \gamma(\mathbb{R}) \qquad \text{mit} \quad \gamma : \mathbb{R} \to \mathbb{R}^3 , \quad t \mapsto (2t^3, -3t^2, t) . \tag{1.5}$$

Insbesondere ist K eine 1-dimensionale Untermannigfaltigkeit von M, eine glatte eingebettete Kurve. Ihre Projektion

$$B := \pi(K)$$

ist das Bild von

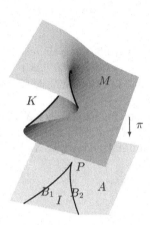

$$\sigma : \mathbb{R} \to \mathbb{R}^2 , \quad t \mapsto (2t^3, -3t^2) ,$$

eine Neilsche Parabel.[10] Sie ist die Vereinigung der 0-dimensionalen Mannigfaltigkeit
$P := \left\{ (0,0) \right\} \in \mathbb{R}^2$, der „Spitze", und der
beiden eindimensionalen Mannigfaltigkeiten
$B_1 := \sigma\big((-\infty,0)\big)$ und $B_2 := \sigma\big((0,\infty)\big)$.

Beweis Der Punkt $(u,v,x) \in \mathbb{R}^3$ gehört genau dann zu K, wenn er den Gleichungen

$$u + vx + x^3 = 0 , \quad v + 3x^2 = 0 \tag{1.6}$$

genügt. Durch Elimination von v aus der ersten Gleichung sehen wir, daß (1.6) zu

$$2x^3 = u , \quad 3x^2 = -v$$

äquivalent ist. Dies beweist (1.5). Für die Ableitung der Abbildung

$$g : \mathbb{R}^3 \to \mathbb{R}^2 , \quad (u,v,x) \mapsto (u - 2x^3, v + 3x^2)$$

finden wir

$$[\partial g(u,v,x)] = \begin{bmatrix} 1 & 0 & -6x^2 \\ 0 & 1 & 6x \end{bmatrix} \in \mathbb{R}^{2 \times 3} .$$

Diese Matrix hat den Rang 2, was zeigt, daß 0 ein regulärer Wert von g ist. Folglich ist $K = g^{-1}(0)$ aufgrund des Satzes vom regulären Wert eine 1-dimensionale Untermannigfaltigkeit von $\mathbb{R}^3$. Wegen $K \subset M$ folgt aus Bemerkung 1.5(c), daß K eine Untermannig-
faltigkeit von M ist. Der Rest ist klar. ∎

---

[10] Vgl. Bemerkung VII.9.9(a).

1.10 Bemerkung (Katastrophentheorie) Wir betrachten auf der reellen Achse die Bewegung eines Massenpunktes der Masse 1 mit der potentiellen Energie U und der Gesamtenergie

$$E(\dot{x}, x) = \frac{\dot{x}^2}{2} + U(x) \ , \qquad x \in \mathbb{R} \ .$$

Gemäß Beispiel VII.6.14(a) gilt das Newtonsche Bewegungsgesetz

$$\ddot{x} = -U'(x) \ .$$

Aus den Beispielen VII.8.17(b) und (c) wissen wir, daß die kritischen Punkte der Energie E genau die Punkte $(0, x_0)$ mit $U'(x_0) = 0$ sind. Da die Hessesche Matrix von E in $(0, x_0)$ die Form

$$\begin{bmatrix} 1 & 0 \\ 0 & U''(x_0) \end{bmatrix}$$

hat, ist sie genau dann positiv definit, wenn $U''(x_0) > 0$ gilt. Somit folgt aus Theorem VII.5.14, daß $(0, x_0)$ genau dann ein isoliertes Minimum der Gesamtenergie ist, wenn x_0 ein isoliertes Minimum der potentiellen Energie ist.[11] Es ist anschaulich klar, daß ein isoliertes Minimum der Gesamtenergie „stabil" ist in dem Sinne, daß die Bewegung so verläuft, daß $\big(\dot{x}(t), x(t)\big)$ für alle $t \in \mathbb{R}^+$ in „der Nähe" von $(0, x_0)$ bleibt, wenn dies zu Beginn der Bewegung, d.h. für $t = 0$, richtig ist.

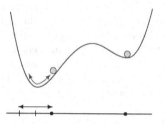

Die Bewegung von x auf der „Achse" $\mathbb{R}$ kann man sich dadurch veranschaulichen, daß man sich vorstellt, eine kleine Kugel rolle reibungsfrei auf dem Graphen von U unter dem Einfluß der Schwerkraft. Liegt sie auf dem „Boden eines Potentialtopfes", d.h. in einem lokalen Minimum, so bewegt sie sich nicht: $\dot{x}(t) = U'(x_0) = 0$. Hat sie zur Zeit $t = 0$ eine Lage in der Nähe einer lokalen Minimalstelle, so wird sie über die Minimalstelle hinaus auf der anderen „Seite des Tals den Hang hinaufrollen", bis sie ihre ursprüngliche Höhe wieder erreicht hat und dann zurückrollen. Sie wird also auf der Achse eine periodische „Schwingung" um die Ruhelage ausführen.[12]

Nun nehmen wir an, U hänge stetig von zusätzlichen „Kontrollparametern" $u, v, \dots$ ab. Bei Änderung dieser Parameter wird sich der Graph von U stetig ändern. Dabei kann es vorkommen, daß ein lokales Minimum zuerst in einen Sattelpunkt übergeht und dann die Eigenschaft, kritischer Punkt zu sein, verliert. Eine Kugel, die anfänglich kleine Schwingungen um eine Ruhelage ausführt oder bewegungslos in einem Punkt liegt, wird dann die Umgebung dieser Lage verlassen und Schwingungen um eine andere Ruhelage ausführen.

---

[11]Wir betrachten nur den „generischen" Fall, in dem $U''(x_0) \neq 0$ erfüllt ist, falls $U'(x_0) = 0$ gilt.
[12]Diese anschaulich plausiblen Aussagen können mittels der Theorie der Gewöhnlichen Differentialgleichungen bewiesen werden, was z.B. in [Ama95] durchgeführt ist.

Ein Beobachter, der nur die Bewegung der Kugel auf der Achse wahrnehmen kann und den Mechanismus, der hinter dem Vorgang steht, nicht kennt oder versteht, wird sehen, daß die Kugel, die immer ruhig an derselben Stelle lag, plötzlich „ohne ersichtlichen Grund" wegrollt und periodische Schwingungen um ein anderes (fiktives) Zentrum ausführt. Es tritt also eine plötzliche drastische Veränderung der Situation, eine „Katastrophe", ein.

Um derartige Katastrophen zu verstehen (und gegebenenfalls zu vermeiden), muß man den Mechanismus verstehen, der sie auslöst. In der oben beschriebenen Situation läuft dies darauf hinaus zu verstehen, wie sich die kritischen Punkte des Potentials (also insbesondere die relativen Minima) in Abhängigkeit von den Kontrollparametern verhalten. Zur Illustration betrachten wir das Potential

$$U_{(u,v)} : \mathbb{R} \to \mathbb{R} , \quad x \mapsto ux + vx^2/2 + x^4/4$$

für $(u, v) \in \mathbb{R}^2$. Die kritischen Punkte von $U_{(u,v)}$ sind gerade die Nullstellen der Funktion f von Beispiel 1.9(b). Also beschreibt die Mannigfaltigkeit M, die *Katastrophenmannigfaltigkeit*, alle kritischen Punkte der zweiparametrigen Schar $\{ U_{(u,v)} ; (u, v) \in \mathbb{R}^2 \}$ von Potentialen. Von besonderem Interesse ist diejenige Teilmenge von M, die *Katastrophenmenge* K, welche aus allen singulären Punkten der Projektion π von M in den Parameterraum besteht. In unserem Beispiel ist K eine glatte in M eingebettete Kurve, die *Faltungskurve*, da längs K die Katastrophenmannigfaltigkeit „gefaltet" ist. Das Bild von K unter π, d.h. die Projektion der Faltungskurve in die Parameterebene, ist die *Bifurkationsmenge* B. Jeder Punkt von $\mathbb{R}^2 \backslash B$ ist ein regulärer Punkt von π. Die Faser $\pi^{-1}(u, v)$ besteht aus genau einem Punkt für $(u, v) \in A \cup P$, aus genau zwei Punkten für $(u, v) \in B_1 \cup B_2$, und aus genau drei Punkten für $(u, v) \in I$, wobei A und I in der obigen Abbildung angegeben sind. In der folgenden Abbildung ist die qualitative Gestalt des Potentials $U_{(u,v)}$ gezeigt, wenn (u, v) diesen Mengen angehört.

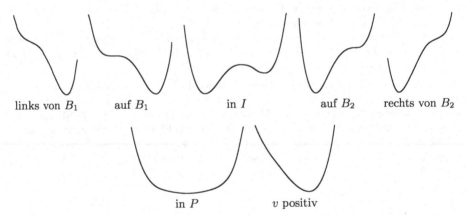

links von B_1 auf B_1 in I auf B_2 rechts von B_2

in P v positiv

Bewegt man sich auf einer Kurve C im Parameterraum stetig von A nach I (oder umgekehrt), indem man durch $B_1 \cup B_2$ läuft, ändert sich die Anzahl der Urbildpunkte von π plötzlich von 1 auf 3 (oder von 3 auf 1). Eine solche Kurve C erhält man durch die Projektion einer Kurve Γ auf der Katastrophenmannigfaltigkeit M, die beim Überqueren der Faltungskurve „springt". Mit anderen Worten: Die durch x beschriebene Größe erlebt eine „Katastrophe".

Dieser Sachverhalt hat zu mannigfachen Interpretationen Anlaß gegeben, welche der „Katastrophentheorie" — nicht zuletzt auch wegen ihres Namens — zu großer Popularität verholfen und, vor allem in der populärwissenschaftlichen Literatur, übertriebene Hoffnungen geweckt haben. Wir verweisen auf [Arn84] für eine kritische nichttechnische Einführung in die Katastrophentheorie und auf [PS78] für eine ausführliche Darstellung der mathematischen Theorie der Singularitäten, um die es sich bei der Katastrophentheorie handelt, sowie einiger Anwendungen. ∎

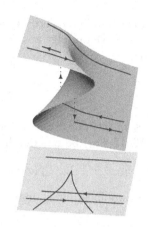

Berandete Untermannigfaltigkeiten

Wir wissen, daß der offene Einheitsball $\mathbb{B}^m$ eine m-dimensionale, und sein Rand, die $(m-1)$-Sphäre S^{m-1}, eine $(m-1)$-dimensionale Untermannigfaltigkeit von $\mathbb{R}^m$ ist. Der abgeschlossene Ball $\bar{\mathbb{B}}^m = \mathbb{B}^m \cup S^{m-1}$ ist jedoch keine Mannigfaltigkeit, da ein Punkt $p \in \partial\mathbb{B}^m = S^{m-1}$ keine Umgebung U in $\bar{\mathbb{B}}^m$ besitzt, die topologisch auf eine offene Menge V von $\mathbb{R}^m$ abgebildet wird, denn eine solche Umgebung U müßte ja als homöomorphes Bild der offenen Menge V ebenfalls in $\mathbb{R}^m$ offen sein, was nicht richtig ist. In der Nähe von p, d.h. „mit einem sehr starken Mikroskop betrachtet, sieht $\bar{\mathbb{B}}^m$ nicht wie $\mathbb{R}^m$ aus, sondern wie ein Halbraum". Um solche Situationen ebenfalls zu erfassen, müssen wir den Begriff der Mannigfaltigkeit erweitern und auch offene Teilmengen von Halbräumen als Parameterbereich zulassen.

Im folgenden ist $m \in \mathbb{N}^\times$, und

$$\mathbb{H}^m := \mathbb{R}^{m-1} \times (0, \infty)$$

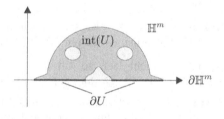

bezeichnet den **offenen oberen Halbraum** von $\mathbb{R}^m$. Wir identifizieren seinen Rand $\partial\mathbb{H}^m = \mathbb{R}^{m-1} \times \{0\}$ mit $\mathbb{R}^{m-1}$, falls keine Mißverständnisse zu befürchten sind. Ist U eine offene Teilmenge von $\bar{\mathbb{H}}^m := \overline{\mathbb{H}^m} = \mathbb{R}^{m-1} \times \mathbb{R}^+$, so heißen $\text{int}(U) := U \cap \mathbb{H}^m$ **Inneres** und $\partial U := U \cap \partial\mathbb{H}^m$ **Berandung** von U. Man beachte, daß die Berandung ∂U mit dem topologischen Rand[13] von U weder in $\bar{\mathbb{H}}^m$ noch in $\mathbb{R}^m$ übereinstimmt (es sei denn, $U = \mathbb{H}^m$ im letzten Fall).

Es seien X offen in $\bar{\mathbb{H}}^m$ und E ein Banachraum. Dann heißt $f : X \to E$ im Berandungspunkt $x_0 \in \partial X$ **differenzierbar**, wenn es eine Umgebung U von x_0

---

[13]Von dieser Stelle an verwenden wir das Symbol ∂M ausschließlich für Berandungen. Für den topologischen Rand einer Teilmenge M eines topologischen Raumes schreiben wir von nun an $\text{Rd}(M)$, um Mißverständnisse zu vermeiden, d.h. $\text{Rd}(M) := \overline{M} \setminus \mathring{M}$.

in $\mathbb{R}^m$ und eine differenzierbare Funktion $f_U : U \to E$ gibt, die in $U \cap X$ mit f übereinstimmt. Dann folgt aus Satz VII.2.5

$$\partial_j f_U(x_0) = \lim_{t \to 0+} \big(f_U(x_0 + te_j) - f_U(x_0)\big)/t$$
$$= \lim_{t \to 0+} \big(f(x_0 + te_j) - f(x_0)\big)/t$$

für $1 \leq j \leq m$ mit der Standardbasis $(e_1, \dots, e_m)$ von $\mathbb{R}^m$. Dies und Satz VII.2.8 zeigen, daß $\partial f_U(x_0)$ bereits durch f bestimmt ist. Deshalb ist die **Ableitung**

$$\partial f(x_0) := \partial f_U(x_0) \in \mathcal{L}(\mathbb{R}^m, E)$$

von f in x_0 wohlbestimmt, unabhängig von der speziellen lokalen Fortsetzung f_U von f.

Die Abbildung $f : X \to E$ heißt **stetig differenzierbar**, wenn f in jedem Punkt von X differenzierbar und die Abbildung

$$\partial f : X \to \mathcal{L}(\mathbb{R}^m, E) , \quad x \mapsto \partial f(x)$$

stetig ist.[14]

Analog werden die höheren Ableitungen von f definiert. Auch sie sind unabhängig von den speziellen lokalen Fortsetzungen. Für $k \in \mathbb{N}^\times \cup \{\infty\}$ bilden die C^k-Abbildungen von X nach E einen Vektorraum, den wir, wie im Fall offener Teilmengen von $\mathbb{R}^m$, mit $C^k(X, E)$ bezeichnen.

Es sei Y offen in $\bar{\mathbb{H}}^m$. Dann heißt $f : X \to Y$ wieder C^k-**Diffeomorphismus**, und wir schreiben $f \in \mathrm{Diff}^k(X, Y)$, wenn f bijektiv ist und f sowie f^{-1} zur Klasse C^k gehören. Insbesondere ist $\mathrm{Diff}(X, Y) := \mathrm{Diff}^\infty(X, Y)$ die Menge aller glatten, d.h. C^∞-Diffeomorphismen, von X auf Y.

1.11 Bemerkungen   Es seien X und Y offen in $\bar{\mathbb{H}}^m$, und $f : X \to Y$ sei ein C^k-Diffeomorphismus für ein $k \in \mathbb{N}^\times \cup \{\infty\}$.

(a) Ist ∂X nicht leer, so gilt $\partial Y \neq \emptyset$, und $f \,|\, \partial X$ ist ein C^k-Diffeomorphismus von ∂X auf ∂Y. Außerdem gehört $f \,|\, \mathrm{int}(X)$ zu $\mathrm{Diff}^k\big(\mathrm{int}(X), \mathrm{int}(Y)\big)$.

Beweis Es sei $p \in \partial X$, und $q := f(p)$ gehöre zu $\mathrm{int}(Y)$. Dann folgt aus Theorem VII.7.3 über die Umkehrabbildung (angewendet auf eine lokale Erweiterung von f), daß $\partial f^{-1}(q)$ ein Automorphismus von $\mathbb{R}^m$ ist. Also folgt, wieder aus Theorem VII.7.3, daß f^{-1} eine geeignete Umgebung V von q in $\mathrm{int}(Y)$ auf eine offene Umgebung U von p in $\mathbb{R}^m$ abbildet. Wegen $f^{-1}(V) \subset X \subset \bar{\mathbb{H}}^m$ und $p = f^{-1}(q) \in \partial X$ ist dies aber unmöglich. Folglich gilt $f(\partial X) \subset \partial Y$. Analog finden wir $f^{-1}(\partial Y) \subset \partial X$. Dies zeigt $f(\partial X) = \partial Y$.

Da X und Y in $\bar{\mathbb{H}}^m$ offen sind, sind ∂X und ∂Y offen in $\partial \mathbb{H}^m = \mathbb{R}^{m-1}$, und $f \,|\, \partial X$ ist eine Bijektion von ∂X auf ∂Y. Da $f \,|\, \partial X$ und $f^{-1} \,|\, \partial Y$ offensichtlich zur Klasse C^k gehören, ist $f \,|\, \partial X$ ein C^k-Diffeomorphismus von ∂X auf ∂Y. Die letzte Behauptung ist nun klar. ∎

---

[14]Natürlich heißt f in $x_0 \in \mathrm{int}(X)$ differenzierbar, wenn $f \,|\, \mathrm{int}(X)$ in x_0 differenzierbar ist.

(b) Für $p \in \partial X$ gelten $\partial f(p)(\partial \mathbb{H}^m) \subset \partial \mathbb{H}^m$ und $\partial f(p)(\pm \mathbb{H}^m) \subset \pm \mathbb{H}^m$.

Beweis Aus $f(\partial X) = \partial Y$ folgt $f^m \,|\, \partial X = 0$ für die m-te Koordinatenfunktion f^m von f. Hieraus erhalten wir $\partial_j f^m(p) = 0$ für $1 \leq j \leq m-1$. Folglich hat die Jacobimatrix von f in p die Gestalt

$$
[\partial f(p)] = \left[
\begin{array}{ccc:c}
 & & & \partial_m f^1(p) \\
 & \partial(f \,|\, \partial \mathbb{H}^m)(p) & & \vdots \\
 & & & \partial_m f^{m-1}(p) \\
\hdashline
0 & \cdots & 0 & \partial_m f^m(p)
\end{array}
\right] . \tag{1.7}
$$

Wegen $f(X) \subset Y \subset \bar{\mathbb{H}}^m$ gilt die Ungleichung $f^m(q) \geq 0$ für $q \in X$. Somit finden wir

$$
\partial_m f^m(p) = \lim_{t \to 0+} t^{-1} \big(f^m(p + te_m) - f^m(p) \big) = \lim_{t \to 0+} t^{-1} f^m(p + te_m) \geq 0 .
$$

Aufgrund von $\partial f(p) \in \mathcal{L}\mathrm{aut}(\mathbb{R}^m)$ (vgl. Bemerkung VII.7.4(d)) und $\partial_m f^m(p) \geq 0$ sehen wir, daß $\partial_m f^m(p) > 0$ gilt. Aus (1.7) lesen wir

$$
\big(\partial f(p) x \big)^m = \partial_m f^m(p) t , \qquad x := (y,t) \in \mathbb{R}^{m-1} \times \mathbb{R} ,
$$

ab. Also stimmt das Vorzeichen der m-ten Koordinate von $\partial f(p) x$ mit $\mathrm{sign}(t)$ überein, was alles beweist. ∎

Nach diesen Vorbereitungen können wir den Begriff der berandeten Untermannigfaltigkeit definieren. Eine Teilmenge B der n-dimensionalen Mannigfaltigkeit N heißt **b-dimensionale berandete Untermannigfaltigkeit** von N, wenn es zu jedem $p \in B$ eine Karte (ψ, V) von N um p gibt, eine **Untermannigfaltigkeitenkarte** von N um p für B, mit

$$
\psi(V \cap B) = \psi(V) \cap \big(\bar{\mathbb{H}}^b \times \{0\} \big) \subset \mathbb{R}^n . \tag{1.8}
$$

Hierbei heißt p **Berandungspunkt** von B, wenn $\psi(p)$ in $\partial \mathbb{H}^b := \partial \mathbb{H}^b \times \{0\}$ liegt.

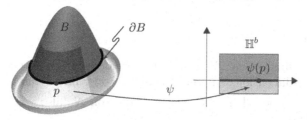

Die Gesamtheit aller Berandungspunkte bildet die **Berandung** (oder den **Rand**[15]) ∂B von B. Die Menge $\mathrm{int}(B) := B \backslash \partial B$ heißt **Inneres** der berandeten Untermannigfaltigkeit B. Schließlich ist B eine **berandete Hyperfläche** in N, wenn $b = n-1$ gilt.

---

[15]Man beachte, daß der Rand ∂B und das Innere $\mathrm{int}(B)$ i. allg. verschieden sind von dem topologischen Rand $\mathrm{Rd}(B)$ und dem topologischen Inneren $\overset{\circ}{B}$ von B. Im folgenden verstehen wir im Zusammenhang mit Aussagen über Mannigfaltigkeiten unter dem Rand bzw. Inneren immer die Berandung bzw. das Innere im Sinne der obigen Definition.

1.12 Bemerkungen

(a) Jede Untermannigfaltigkeit M von N im Sinne der zu Beginn dieses Paragraphen gegebenen Definition ist eine berandete Untermannigfaltigkeit mit leerem Rand, eine **unberandete (Unter-)Mannigfaltigkeit**.

(b) Die Berandung ∂B und das Innere $\operatorname{int}(B)$ sind wohldefiniert, d.h. kartenunabhängig.

Beweis Es sei (χ, W) eine weitere Untermannigfaltigkeitenkarte von N um p für B. Ferner sei f die Restriktion des Kartenwechsels $\chi \circ \psi^{-1}$ auf $\psi(V \cap W) \cap (\bar{\mathbb{H}}^b \times \{0\})$, aufgefaßt als offene Teilmenge von $\bar{\mathbb{H}}^b$. Dann folgt aus Bemerkung 1.11(a), daß $\chi(p)$ genau dann zu $\partial \mathbb{H}^b$ gehört, wenn dies für $\psi(p)$ gilt. ∎

(c) Es sei $p \in \operatorname{int}(B)$. Dann folgt aus (1.8)

$$\psi\big(V \cap \operatorname{int}(B)\big) = \psi(V) \cap \big(\mathbb{H}^b \times \{0\}\big) \ .$$

Da $\mathbb{H}^b$ diffeomorph zu $\mathbb{R}^b$ ist, zeigt dies, daß $\operatorname{int}(B)$ eine unberandete Untermannigfaltigkeit von N der Dimension b ist.

(d) Im Fall $p \in \partial B$ impliziert (1.8)

$$\psi(V \cap \partial B) = \psi(V) \cap \big(\mathbb{R}^{b-1} \times \{0\}\big) \ .$$

Also ist ∂B eine $(b-1)$-dimensionale unberandete Untermannigfaltigkeit von N.

(e) Jede b-dimensionale berandete Untermannigfaltigkeit von N ist eine berandete Untermannigfaltigkeit von $\mathbb{R}^{\bar{n}}$ der Dimension b.

Beweis Dies folgt analog zum Beweis von Bemerkung 1.1(a). ∎

(f) (Regularität) Es ist klar, wie berandete C^k-Untermannigfaltigkeiten für $k \in \mathbb{N}^{\times}$ zu definieren sind, und daß dann (a)–(c) sinngemäß richtig bleiben. ∎

Lokale Karten

Es sei B eine b-dimensionale berandete Untermannigfaltigkeit von N. Die Abbildung φ heißt (b-dimensionale lokale) **Karte** von (oder für) B um p, wenn gilt

- $U := \operatorname{dom}(\varphi)$ ist offen in B, wobei B die von N (also von $\mathbb{R}^{\bar{n}}$) induzierte Topologie trägt.
- φ ist ein Homöomorphismus von U auf eine offene Teilmenge X von $\bar{\mathbb{H}}^b$.
- $i_B \circ \varphi^{-1} : X \to N$ ist eine Immersion, wobei $i_B : B \to N$, $p \mapsto p$ die Injektion bezeichnet.

Man beachte, daß diese Definition bis auf die Tatsache, daß $\varphi(U)$ offen *in* $\bar{\mathbb{H}}^b$ ist und $\mathbb{R}^n$ durch N ersetzt wird, wörtlich mit der Definition einer C^∞-Karte einer Untermannigfaltigkeit von $\mathbb{R}^n$ übereinstimmt (vgl. Paragraph VII.9).

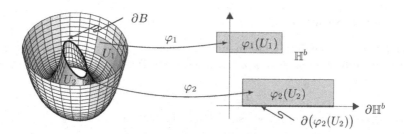

1.13 Bemerkungen (a) Ist (ψ, V) eine Untermannigfaltigkeitenkarte von N für B, so ist $(\varphi, U) := (\psi \,|\, V \cap B, V \cap B)$ eine b-dimensionale Karte für B.

(b) Sind (φ_1, U_1) und (φ_2, U_2) Karten von B um $p \in B$, so ist $\varphi_j(U_1 \cap U_2)$ offen in $\bar{\mathbb{H}}^b$ für $j = 1, 2$, und für den **Kartenwechsel** $\varphi_2 \circ \varphi_1^{-1}$ gilt

$$\varphi_2 \circ \varphi_1^{-1} \in \operatorname{Diff}\big(\varphi_1(U_1 \cap U_2), \varphi_2(U_1 \cap U_2)\big) .$$

(c) Es sei (φ, U) eine Karte für B um $p \in \partial B$. Dann ist

$$(\varphi_{\partial B}, U_{\partial B}) := (\varphi \,|\, U \cap \partial B, U \cap \partial B)$$

eine Karte für die unberandete $(b-1)$-dimensionale Untermannigfaltigkeit ∂B von N.

(d) Alle Begriffe und Definitionen wie z.B. Differenzierbarkeit von Abbildungen, lokale Darstellungen etc., die mittels Karten von Mannigfaltigkeiten beschrieben werden können, lassen sich sinngemäß auf den Fall berandeter Untermannigfaltigkeiten übertragen. Insbesondere ist $i_B : B \hookrightarrow N$, d.h. die natürliche Einbettung $p \mapsto p$ von B in N, eine glatte Abbildung.

(e) Sind C eine berandete Untermannigfaltigkeit von M und $f \in \operatorname{Diff}(B, C)$, so gilt $f(\partial B) = \partial C$, und $f \,|\, \partial B$ ist ein Diffeomorphismus von ∂B auf ∂C.

Beweis Dies folgt aus Bemerkung 1.11(a). ∎

(f) Es sei B eine b-dimensionale berandete Untermannigfaltigkeit von N, und $f \in C^\infty(B, M)$ sei eine **Einbettung**, d.h., f sei eine bijektive Immersion und ein Homöomorphismus von B auf $f(B)$. Dann ist $f(B)$ eine b-dimensionale berandete Untermannigfaltigkeit von M mit $\partial f(B) = f(\partial B)$, und f ist ein Diffeomorphismus von B auf $f(B)$.

Beweis Der Beweis von Theorem 1.2(ii) gilt auch hier. ∎

(g) (Regularität) Alle vorstehenden Aussagen gelten sinngemäß für berandete C^k-Untermannigfaltigkeiten. ∎

Eine Familie $\big\{ (\varphi_\alpha, U_\alpha) \,;\, \alpha \in \mathsf{A} \big\}$ von Karten von B mit $B = \bigcup_\alpha U_\alpha$ heißt natürlich wieder **Atlas** von B.

Tangenten und Normalen

Es seien B eine berandete Untermannigfaltigkeit von N und $p \in \partial B$. Außerdem sei (φ, U) eine Karte von B um p. Dann wird der **Tangentialraum** $T_p B$ von B im Punkt p durch

$$T_p B := T_{\varphi(p)}(i_B \circ \varphi^{-1})(T_{\varphi(p)} \mathbb{R}^b)$$

mit $b := \dim(B)$ definiert. Also ist $T_p B$ ein („voller")
Untervektorraum des Tangentialraumes $T_p N$ von N
in p der Dimension b (und nicht etwa ein Halbraum).
Eine offensichtliche Modifikation des Beweises von Bemerkung VII.10.3(a) zeigt, daß $T_p B$ wohldefiniert ist,
d.h. unabhängig von der verwendeten Karte. Natürlich definieren wir das **Tangen-tialbündel** TB von B wieder durch $TB := \bigcup_{p \in B} T_p B$.

1.14 Bemerkungen   **(a)** Für $p \in \partial B$ ist $T_p \partial B$ ein $(b-1)$-dimensionaler Unter-vektorraum von $T_p B$.

Beweis   Dies ist eine einfache Konsequenz aus den Bemerkungen 1.12(d) und 1.13(c). ∎

(b) Es seien $p \in \partial B$ und (φ, U) eine Karte von B um p. Mit

$$T_p^{\pm} B := T_{\varphi(p)}(i_B \circ \varphi^{-1})\big(\varphi(p), \pm \bar{\mathbb{H}}^b\big)$$

gelten $T_p B = T_p^+ B \cup T_p^- B$ und $T_p^+ B \cap T_p^- B = T_p(\partial B)$. Der Vektor v ist genau dann ein **nach innen** bzw. **außen weisender** Tangentialvektor, wenn v zur Menge $T_p^+ B \backslash T_p(\partial B)$ bzw. $T_p^- B \backslash T_p(\partial B)$ gehört. Dies ist genau dann der Fall, wenn die b-te Komponente von $(T_p \varphi)v$ positiv bzw. negativ ist.

Beweis   Aus Bemerkung 1.11(b) und Bemerkung 1.13(b) folgt leicht, daß $T_p^{\pm} B$ koordi-natenunabhängig definiert sind. ∎

(c) Es sei C eine berandete oder unberandete Untermannigfaltigkeit von M. Für $f \in C^1(C, N)$ wird das **Tangential** $T_p f$ von f in $p \in C$ wie im Falle unberandeter Mannigfaltigkeiten definiert. Dann bleiben die Bemerkungen VII.10.9 sinngemäß richtig. ∎

Es sei $p \in \partial B$. Dann ist $T_p(\partial B)$ ein $(b-1)$-dimensionaler Untervektorraum des b-dimensionalen Vektorraumes $T_p B$. Als Untervektorraum von $T_p N$ (und somit von $T_p \mathbb{R}^{\bar{n}}$) ist $T_p B$ ein Innenproduktraum mit dem vom euklidischen Skalarprodukt des $\mathbb{R}^{\bar{n}}$ in-duzierten inneren Produkt $(\cdot | \cdot)_p$. Also gibt es genau einen Einheitsvektor $\nu(p)$ in $T_p^- B$, der auf $T_p(\partial B)$ senkrecht steht, den **äußeren (Einheits-)Normalen-vektor** von ∂B in p. Offensichtlich ist $-\nu(p) \in T_p^+ B$

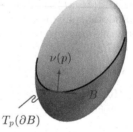

der eindeutig bestimmte nach innen weisende Vektor von $T_p B$, der auf $T_p(\partial B)$ senkrecht steht, der **innere (Einheits-)Normalenvektor** von ∂B in p.

Der Satz vom regulären Wert

Wir haben bereits gesehen, daß unberandete Untermannigfaltigkeiten in vielen Fällen (lokal sogar immer) als Fasern regulärer Abbildungen dargestellt werden können. Wir wollen nun dieses wichtige und einfache Kriterium auf den Fall berandeter Untermannigfaltigkeiten ausdehnen.

1.15 Theorem (vom regulären Wert) *Es sei c ein regulärer Wert von $f \in C^\infty(N, \mathbb{R})$. Dann ist*

$$B := f^{-1}\big((-\infty, c]\big) = \big\{\, p \in N \; ; \; f(p) \leq c \,\big\}$$

eine berandete Untermannigfaltigkeit von N der Dimension n mit $\partial B = f^{-1}(c)$ und $\operatorname{int}(B) = f^{-1}\big((-\infty, c)\big)$. Für $p \in \partial B$ gilt $T_p(\partial B) = \ker(d_p f)$, und die äußere Einheitsnormale $\nu(p)$ an ∂B ist durch $\nabla_p f(p)/|\nabla_p f|_p$ gegeben.

Beweis Da $f^{-1}\big((-\infty, c)\big)$ offen in N, also eine n-dimensionale Untermannigfaltigkeit von N ist, genügt es, $p \in f^{-1}(c)$ zu betrachten.

Folglich sei $p \in f^{-1}(c)$, und (ψ, V) sei eine Karte von N um p mit $\psi(p) = 0$. Dann gehört $g := c - f \circ \psi^{-1}$ zu $C^\infty\big(\psi(V), \mathbb{R}\big)$ und erfüllt $g(0) = 0$ sowie $g(x) \geq 0$ genau dann, wenn x in $\psi(V \cap B)$ liegt. Außerdem ist 0 ein regulärer Punkt von g. Durch Umbenennen der Koordinaten (d.h. durch Komposition von ψ mit einer Permutation) können wir annehmen, daß $\partial_n g(0) \neq 0$, also $\partial_n g(0) > 0$, gilt.

Nun betrachten wir die durch $\varphi(x) := \big(x^1, \dots, x^{n-1}, g(x)\big)$ definierte Abbildung $\varphi \in C^\infty\big(\psi(V), \mathbb{R}^n\big)$. Sie erfüllt $\varphi(0) = 0$ sowie

$$\partial\varphi = \begin{bmatrix} & & & \vdots & 0 \\ & 1_{n-1} & & \vdots & \vdots \\ & & & \vdots & 0 \\ \hdotsfor{5} \\ \partial_1 g & \cdots & \partial_{n-1} g & \vdots & \partial_n g \end{bmatrix} .$$

Folglich ist $\partial\varphi(0)$ ein Automorphismus von $\mathbb{R}^n$. Also garantiert Theorem VII.7.3 über die Umkehrabbildung die Existenz offener Umgebungen U und W von 0 in $\psi(V)$, so daß $\varphi | U$ ein Diffeomorphismus von U auf W ist.

Mit $V_0 := \psi^{-1}(U)$ und $\chi := \varphi \circ \psi \,|\, V_0$ sehen wir, daß (χ, V_0) eine Karte von N um p ist mit $\chi(p) = 0$ und $\chi(B \cap V_0) = \chi(V_0) \cap \bar{\mathbb{H}}^n$. Dies zeigt, daß B eine berandete Untermannigfaltigkeit von N ist mit $\partial B = f^{-1}(c)$ und $\operatorname{int}(B) = f^{-1}\big((-\infty, c)\big)$. Somit erhalten wir aus Theorem 1.7

$$T_p(\partial B) = \ker(T_p f) = \ker(d_p f) \,, \qquad p \in \partial B \,. \tag{1.9}$$

Wegen $\langle d_p f, v \rangle_p = (\nabla_p f \,|\, v)_p$ für $v \in T_p N$ folgt aus (1.9), daß $\nabla_p f$ senkrecht auf $T_p(\partial B)$ steht.

Schließlich sei $\lambda \colon (-\varepsilon, \varepsilon) \to N$ ein C^1-Weg in N mit $\lambda(0) = p$ und $\dot{\lambda}(0) = \nabla_p f$ (vgl. Theorem VII.10.6). Dann gilt

$$(f \circ \lambda)^{\cdot}(0) = \langle d_p f, \nabla_p f \rangle = |\nabla_p f|_p^2 > 0 \ .$$

Also leiten wir aus der Taylorschen Formel von Korollar IV.3.3

$$f\big(\lambda(t)\big) = c + t\, |\nabla_p f|_p^2 + o(t) \quad (t \to 0)$$

ab. Folglich gilt $f\big(\lambda(t)\big) > c$, d.h. $f\big(\lambda(t)\big) \notin B$, für genügend kleine positive t. Dies impliziert, daß $\nabla_p f$ ein nach außen weisender Tangentialvektor von B in p ist. Nun ist auch die letzte Behauptung klar. ∎

1.16 Bemerkungen **(a)** So wie wir Untermannigfaltigkeiten lokal als Fasern regulärer Abbildungen darstellen können (vgl. Bemerkung 1.8(a)), können wir auch durch Hyperflächen berandete Untermannigfaltigkeiten lokal als Urbilder halboffener Intervalle darstellen. Genauer gilt: Es sei B eine n-dimensionale berandete Untermannigfaltigkeit von N. Dann gibt es zu jedem Punkt $p \in B$ eine Umgebung U in N und eine Funktion $f \in C^\infty(U, \mathbb{R})$ mit $B \cap U = f^{-1}\big((-\infty, 1)\big)$, falls $p \in \mathrm{int}(B)$, bzw. $f(p) = 0$ und $B \cap U = f^{-1}\big((-\infty, 0]\big)$, falls $p \in \partial B$, derart daß 0 ein regulärer Wert von f ist.

Beweis Es sei (φ, U) eine Untermannigfaltigkeitenkarte von N um p für B mit $\varphi(p) = 0$. Wir können annehmen, daß $\varphi(U)$ in $\mathbb{B}_\infty^n$ enthalten sei. Ist p ein innerer Punkt von B, so setzen wir $f(q) := \varphi^n(q)$ für $q \in U$. Dann gehört f zu $C^\infty(U, \mathbb{R})$, und $f^{-1}\big((-\infty, 1)\big) = U$. Gehört p zu ∂B, so setzen wir $f(q) := -\varphi^n(q)$ für $q \in U$. Dann gilt $f(p) = 0$, und $f^{-1}\big((-\infty, 0]\big) = U \cap B$. Wegen $\varphi \in \mathrm{Diff}\big(U, \varphi(U)\big)$ ist f eine Submersion. Also ist 0 ein regulärer Wert von f. ∎

(b) (Regularität) Es sei c ein regulärer Wert von $f \in C^k(N, \mathbb{R})$ für ein $k \in \mathbb{N}^\times$. Dann ist $f^{-1}\big((-\infty, c]\big)$ eine berandete Untermannigfaltigkeit in N der Dimension n. In diesem Fall braucht man nur vorauszusetzen, daß N eine C^k-Mannigfaltigkeit sei. ∎

1.17 Beispiele **(a)** Für jedes $r > 0$ ist $\bar{\mathbb{B}}_r^n := r\bar{\mathbb{B}}^n = \{ x \in \mathbb{R}^n \ ; \ |x| \leq r \}$ eine berandete n-dimensionale Untermannigfaltigkeit von $\mathbb{R}^n$. Ihre Berandung stimmt mit dem topologischen Rand, also der $(n-1)$-Sphäre mit Radius r, überein, d.h., es gilt $\partial \bar{\mathbb{B}}_r^n = rS^{n-1}$. Die äußere Normale $\nu(p)$ in $p \in \partial \bar{\mathbb{B}}_r^n$ wird durch $(p, p/|p|)$ gegeben.

Im Fall $n = 1$ ist somit $\bar{\mathbb{B}}_r^1$ das abgeschlossene Intervall $[-r, r]$ in $\mathbb{R}$, und die 0-Sphäre mit Radius r wird durch $S_r^0 = \{-r\} \cup \{r\}$ gegeben. Für die äußere Normale gilt: $\nu(-r) = (-r, -1)$, $\nu(r) = (r, 1)$.

Beweis Dies folgt aus Theorem 1.15 mit $N := \mathbb{R}^n$ und $f(x) := |x|^2$ für $x \in \mathbb{R}^n$. ∎

(b) Es seien $A \in \mathbb{R}^{(n+1)\times(n+1)}_{\mathrm{sym}}$ und $c \in \mathbb{R}^{\times}$. Ferner sei

$$V_c := \left\{ x \in \mathbb{R}^{n+1} \; ; \; (Ax \,|\, x) \leq c \right\}$$

nicht leer. Sind A positiv definit und $c > 0$, so ist V_c ein $(n+1)$-dimensionales **Vollellipsoid**, und seine Berandung ist das n-dimensionale Ellipsoid

$$K_c := \left\{ x \in \mathbb{R}^{n+1} \; ; \; (Ax \,|\, x) = c \right\} .$$

Sind A negativ definit und $c < 0$, so ist V_c das Komplement des Inneren des Vollellipsoids V_{-c}, und die Berandung von V_{-c} ist das n-dimensionale Ellipsoid K_{-c}. Ist A indefinit, aber invertierbar, so ist V_c das „Innere" oder „Äußere" eines geeigneten n-dimensionalen Hyperboloids K_c, welches V_c berandet. In jedem Fall ist $Ax/|Ax|$ die äußere Normale an V_c in K_c. (Man vergleiche dazu Bemerkung VII.10.18 und interpretiere die dortigen Abbildungen entsprechend.)

(c) Es seien $A \in \mathbb{R}^{(n+1)\times(n+1)}$ symmetrisch und $c \in \mathbb{R}^{\times}$ mit $K_c \neq \emptyset$. Ferner seien $v \in \mathbb{R}^{n+1} \backslash \{0\}$ und $\alpha, \beta \in \mathbb{R}$ mit $\alpha < \beta$. Dann ist

$$B := \left\{ x \in K_c \; ; \; \alpha \leq (v \,|\, x) \leq \beta \right\}$$

der Teil von K_c, der zwischen den beiden parallelen Hyperebenen

$$H_\gamma := \left\{ x \in \mathbb{R}^{n+1} \; ; \; (v \,|\, x) = \gamma \right\} , \qquad \gamma \in \{\alpha, \beta\} ,$$

liegt.

Sind H_α und H_β in keinem Punkt Tangentialhyperebenen an K_c, so ist B eine n-dimensionale berandete Untermannigfaltigkeit von K_c mit

$$\partial B = \left\{ x \in K_c \; ; \; (v \,|\, x) \in \{\alpha, \beta\} \right\} .$$

Beweis Da die Abbildung $g := (v \,|\, \cdot) \,|\, K_c : K_c \to \mathbb{R}$ wegen Bemerkung 1.1(j) glatt ist, ist $g^{-1}((\alpha, \beta))$ offen in K_c. Folglich ist $g^{-1}((\alpha, \beta))$ eine n-dimensionale Untermannigfaltigkeit von K_c. Also genügt es zu zeigen, daß jedes $p \in g^{-1}(\{\alpha, \beta\})$ ein Berandungspunkt von B ist. Dazu sei V eine in K_c offene Umgebung von $p \in g^{-1}(\beta)$ mit $g^{-1}(\alpha) \cap V = \emptyset$. Die Voraussetzung, daß H_β keine Tangentialhyperebene sei, impliziert, daß β ein regulärer Wert von $f := g \,|\, V$ ist (Beweis!). Nun liefert Theorem 1.15, angewendet auf die Mannigfaltigkeit V und die Funktion f, die gewünschte Aussage. Ein analoger Schluß zeigt, daß jedes $p \in g^{-1}(\alpha)$ ein Berandungspunkt von B ist. ∎

(d) (Rotationshyperflächen vom Zylindertyp) Es sei

$$\gamma \colon [0,1] \to (0,\infty) \times \mathbb{R} , \quad t \mapsto \big(\rho(t),\sigma(t)\big)$$

eine glatte Einbettung. Ferner seien $i \colon S^m \hookrightarrow \mathbb{R}^{m+1}$ und

$$f \colon S^m \times [0,1] \to \mathbb{R}^{m+1} \times \mathbb{R} , \quad (q,t) \mapsto \big(\rho(t)i(q),\sigma(t)\big) .$$

Dann ist f eine glatte Einbettung, und

$$Z^{m+1} := f\big(S^m \times [0,1]\big)$$

ist eine berandete Hyperfläche in $\mathbb{R}^{m+2}$, die diffeomorph zum „sphärischen Zylinder" $S^m \times [0,1]$ ist.

Im Fall $m = 0$ besteht Z^1 aus zwei Kopien der glatten, doppelpunktfreien kompakten Kurve[16] $\gamma\big([0,1]\big)$, die symmetrisch zur y-Achse liegen.

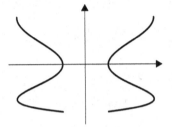

Für $m = 1$ ist Z^2 eine Rotationsfläche in $\mathbb{R}^3$, die durch Drehung der **Meridiankurve**

$$\Gamma := \big\{ \big(\rho(t),0,\sigma(t)\big) \,;\, t \in [0,1] \big\}$$

um die z-Achse entsteht.

Im allgemeinen Fall nennen wir Z^{m+1} **berandete Rotationshyperfläche vom Zylindertyp**. Für ihre Berandung gilt

$$\partial Z^{m+1} = f\big(S^m \times \{0\}\big) \cup f\big(S^m \times \{1\}\big) ,$$

und für ihr Inneres

$$\operatorname{int}(Z^{m+1}) = f\big(S^m \times (0,1)\big) .$$

Insbesondere ist $\operatorname{int}(Z^{m+1})$ eine unberandete Rotationshyperfläche vom Zylindertyp. Im Fall $m = 1$ entsteht sie durch Drehung der Meridiankurve

$$\operatorname{int}(\Gamma) := \big\{ \big(\rho(t),0,\sigma(t)\big) \,;\, 0 < t < 1 \big\}$$

um die z-Achse.

Beweis Es ist leicht zu sehen,[17] daß $S^m \times [0,1]$ eine berandete Untermannigfaltigkeit von $\mathbb{R}^{m+2}$ ist mit der Berandung $\big(S^m \times \{0\}\big) \cup \big(S^m \times \{1\}\big)$. Eine offensichtliche Modifikation des Beweises von Beispiel 1.5(b) zeigt, daß f eine Einbettung ist. Nun folgen die Behauptungen aus Bemerkung 1.13(f). ∎

---

[16]D.h. eindimensionalen berandeten Mannigfaltigkeit.

[17]Vgl. Aufgabe 4.

Eindimensionale Mannigfaltigkeiten

Offensichtlich ist jedes perfekte Intervall J in $\mathbb{R}$ eine eindimensionale unberandete oder berandete Untermannigfaltigkeit von $\mathbb{R}^n$, je nachdem, ob J offen ist oder nicht. Außerdem wissen wir bereits, daß die 1-Sphäre S^1 eine eindimensionale Untermannigfaltigkeit von $\mathbb{R}^n$ mit $n \geq 2$ ist. Es ist leicht zu sehen,[18] daß ein nichtleeres perfektes Intervall diffeomorph ist zu $(0,1)$, wenn es offen ist, zu $[0,1)$, wenn es einseitig abgeschlossen ist, und zu $[0,1]$, wenn es kompakt ist. Das folgende wichtige Klassifikationstheorem zeigt, daß diese Intervalle und S^1 bis auf Diffeomorphie die einzigen eindimensionalen zusammenhängenden Mannigfaltigkeiten sind.

1.18 Theorem   *Es sei C eine zusammenhängende eindimensionale berandete bzw. unberandete Untermannigfaltigkeit von N. Dann ist C diffeomorph zu $[0,1]$ oder $[0,1)$ bzw. zu $(0,1)$ oder S^1.*

Beweis   Für einen Beweis verweisen wir auf Paragraph 3.4 von [BG88], wo unberandete Mannigfaltigkeiten behandelt werden. Eine offensichtliche Modifikation jener Argumentation deckt auch den Fall berandeter Mannigfaltigkeiten ab (vgl. den Appendix in [Mil65]). ∎

1.19 Bemerkungen   (a) Unter einer in N **eingebetteten** (glatten) **Kurve** C verstehen wir das Bild eines perfekten Intervalls oder von S^1 unter einer (glatten) Einbettung. Im letzten Fall nennen wir C auch in N **eingebettete 1-Sphäre**. Dann besagt Theorem 1.18, daß jede zusammenhängende eindimensionale berandete oder unberandete Untermannigfaltigkeit von N eine eingebettete Kurve ist, und umgekehrt.

(b) (Regularität)   Theorem 1.18 bleibt für C^1-Mannigfaltigkeiten richtig. ∎

Zerlegungen der Eins

Wir beschließen diesen Paragraphen mit dem Beweis eines technischen Resultates, das sich als ein wichtiges Hilfsmittel beim Übergang vom Lokalen zum Globalen (und umgekehrt) erweisen wird.

Es sei X eine n-dimensionale berandete oder unberandete Untermannigfaltigkeit von $\mathbb{R}^{\bar n}$ für ein $\bar n \in \mathbb{N}^\times$. Ferner sei $\{\, U_\alpha \,;\, \alpha \in \mathsf{A} \,\}$ eine offene Überdeckung von X. Dann sagt man, die Familie $\{\, \pi_\alpha \,;\, \alpha \in \mathsf{A} \,\}$ sei eine dieser Überdeckung **untergeordnete glatte Zerlegung der Eins**, wenn die folgenden Eigenschaften erfüllt sind:

(i) $\pi_\alpha \in C^\infty\big(X,[0,1]\big)$ mit $\mathrm{supp}(\pi_\alpha) \subset\subset U_\alpha$ für $\alpha \in \mathsf{A}$;

(ii)   Die Familie $\{\, \pi_\alpha \,;\, \alpha \in \mathsf{A} \,\}$ ist **lokal endlich**, d.h., zu jedem $p \in X$ gibt es eine offene Umgebung V mit $\mathrm{supp}(\pi_\alpha) \cap V = \emptyset$ für alle bis auf endlich viele $\alpha \in \mathsf{A}$;

(iii)   Für jedes $p \in X$ gilt: $\sum_{\alpha \in \mathsf{A}} \pi_\alpha(p) = 1$.

---

[18]Siehe Aufgabe 7.

1.20 Satz   *Zu jeder offenen Überdeckung von X gibt es eine ihr untergeordnete glatte Zerlegung der Eins.*

Beweis   (i) Es sei (φ, U) eine Karte um $p \in X$. Dann ist $\varphi(U)$ offen in $\bar{\mathbb{H}}^n$. Also gibt es eine kompakte Umgebung K' von $\varphi(p)$ in $\bar{\mathbb{H}}^n$ mit $K' \subset \varphi(U)$. Da φ topologisch ist, ist $K := \varphi^{-1}(K')$ eine kompakte Umgebung von p in X mit $K \subset U$, und $(\varphi \,|\, \mathring{K}, \mathring{K})$ ist eine Karte um p. Insbesondere ist X lokal kompakt.

Aus Satz X.7.14 folgt die Existenz von $\chi' \in C^\infty\big(\varphi(U), [0, 1]\big)$ mit $\chi' \,|\, K' = 1$ und $\operatorname{supp}(\chi') \subset\subset \varphi(U)$. Wir setzen $\chi(q) := \varphi^* \chi'(q)$ für $q \in U$, und $\chi(q) := 0$, falls q zu $X \setminus U$ gehört. Dann liegt χ in $C^\infty\big(X, [0, 1]\big)$ und hat einen kompakten Träger, der in U enthalten ist.

(ii) Aufgrund von Korollar IX.1.9(ii) und Bemerkung X.1.16(e) gibt es eine abzählbare Überdeckung $\{\, V_j \;;\; j \in \mathbb{N} \,\}$ von X aus relativ kompakten offenen Mengen. Wir setzen $K_0 := \overline{V}_0$. Dann gibt es $i_0, \dots, i_m \in \mathbb{N}$, derart daß K_0 durch $\{V_{i_0}, \dots, V_{i_m}\}$ überdeckt wird. Außerdem setzen wir $j_1 := \max\{i_0, \dots, i_m\} + 1$ und $K_1 := \bigcup_{i=0}^{j_1} \overline{V}_i$. Die Menge K_1 ist kompakt und erfüllt $K_0 \subset\subset K_1$. Induktiv erhalten wir so eine Folge (K_j) kompakter Mengen mit $K_j \subset\subset K_{j+1}$, und $\bigcup_{j=0}^\infty K_j = \bigcup_{j=0}^\infty V_j = X$.

(iii) Wir nehmen zuerst an, $K_j \neq K_{j+1}$ für $j \in \mathbb{N}$ und setzen $W_j := K_j \setminus \mathring{K}_{j-1}$ für $j \in \mathbb{N}$ mit $K_{-1} := \emptyset$. Dann ist W_j kompakt, und $W_j \cap W_k = \emptyset$ für $|j - k| \geq 2$. Außerdem gilt $\bigcup_{j=0}^\infty W_j = X$.

Es sei $\mathcal{U} := \{\, U_\alpha \;;\; \alpha \in \mathsf{A} \,\}$ eine offene Überdeckung von X. Aus (i) und der Kompaktheit von W_j folgt, daß es zu jedem $j \in \mathbb{N}$ eine endliche Überdeckung $\big\{\, \widetilde{U}_{j,i} \in \mathcal{U} \;;\; 0 \leq i \leq m(j) \,\big\}$ von W_j gibt. Wir setzen

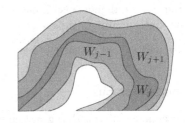

$$U_{j,i} := \widetilde{U}_{j,i} \cap (\mathring{W}_{j-1} \cup W_j \cup \mathring{W}_{j+1})$$

und wählen Funktionen $\chi_{j,i} \in C^\infty\big(U_{j,i}, [0, 1]\big)$, derart daß gilt

$$\operatorname{supp}(\chi_{j,i}) \subset\subset U_{j,i} \subset \mathring{W}_{j-1} \cup W_j \cup \mathring{W}_{j+1} \,, \qquad 0 \leq i \leq m(j) \,,$$

mit $W_{-1} := \emptyset$, und

$$\bigcup_{i=0}^{m(j)} [\chi_{j,i} > 0] \supset W_j$$

für $j \in \mathbb{N}$. Dann ist $\big\{\, \chi_{j,i} \;;\; 0 \leq i \leq m(j), \; j \in \mathbb{N} \,\big\}$ eine lokal endliche Familie. Folglich ist

$$\chi := \sum_{j=0}^\infty \sum_{i=0}^{m(j)} \chi_{j,i}$$

definiert, gehört zu $C^\infty(X, [0,1])$ und erfüllt $\chi(p) > 0$ für $p \in X$. Nun setzen wir

$$\pi_\alpha := \sum_\alpha \chi_{j,i}/\chi \,, \qquad \alpha \in \mathsf{A} \,,$$

wobei $\sum_\alpha$ bedeutet, daß über alle Indizespaare (j,i) summiert wird, für die $U_{j,i}$ in U_α enthalten ist. Dann ist $\{ \pi_\alpha \,;\, \alpha \in \mathsf{A} \}$ eine glatte Zerlegung der Eins, die der Überdeckung $\{ U_\alpha \,;\, \alpha \in \mathsf{A} \}$ untergeordnet ist.

(iv) Gibt es ein $j \in \mathbb{N}$ mit $K_j = K_{j+1}$, so gilt $X = K_j$. Also ist X kompakt. In diesem Fall folgt die Behauptung durch eine einfache Modifikation von (iii) (da nur eine einzige kompakte Menge, nämlich X, betrachtet werden muß). ∎

Die nachfolgende Bemerkung (a) zeigt, daß Satz 1.20 eine weitreichende Verallgemeinerung von Theorem X.7.16 darstellt.

1.21 Bemerkungen (a) Es sei K eine kompakte Teilmenge der Mannigfaltigkeit X, und $\{ U_j \,;\, 1 \le j \le m \}$ sei eine offene Überdeckung von K. Dann gibt es Funktionen $\pi_j \in C^\infty(X, [0,1])$ mit $\operatorname{supp}(\pi_j) \subset\subset U_j$ für $1 \le j \le m$, und $\sum_{j=1}^m \pi_j(p) = 1$ für $p \in K$.

Beweis Es sei $U_0 := X \setminus K$. Dann ist $\{ U_j \,;\, 0 \le j \le m \}$ eine offene Überdeckung von X. Nun folgt die Behauptung sofort aus Satz 1.20. ∎

(b) Der Beweis von Satz 1.20 zeigt, daß jede berandete oder unberandete Untermannigfaltigkeit von $\mathbb{R}^{\bar{m}}$ lokal kompakt ist, eine abzählbare Basis besitzt und σ-kompakt ist.

(c) (Regularität) Es sei $k \in \mathbb{N}^\times$. Ersetzt man $\pi_\alpha \in C^\infty(X, [0,1])$ in (i) der obigen Definition durch $\pi_\alpha \in C^k(X, [0,1])$, so erhält man eine C^k-Zerlegung der Eins, die der Überdeckung $\{ U_\alpha \,;\, \alpha \in \mathsf{A} \}$ untergeordnet ist. Dann bleibt Satz 1.20 richtig, wenn man „glatte Zerlegung" durch „C^k-Zerlegung" ersetzt. In diesem Fall genügt es anzunehmen, daß X zur Klasse C^k gehört. ∎

Vereinbarung Im restlichen Teil dieses Buches verstehen wir unter einer Mannigfaltigkeit stets eine glatte berandete Untermannigfaltigkeit eines geeigneten „Umgebungsraumes" $\mathbb{R}^{\bar{m}}$.

Aufgaben

1 Es sei $f : M \to N$ eine Submersion. Man zeige, daß f „lokal wie eine Projektion aussieht", d.h., zu jedem $p \in M$ gibt es Karten (φ, U) von M um p und (ψ, V) von N um $f(p)$ mit $f(U) \subset V$, derart daß gilt

$$f_{\varphi,\psi} : \mathbb{R}^n \times \mathbb{R}^{m-n} \to \mathbb{R}^n \,, \quad (x,y) \mapsto x \,.$$

2 Es sei $f : M \to N$ eine Immersion. Man beweise, daß f „lokal wie die kanonische Injektion $\mathbb{R}^m \to \mathbb{R}^m \times \mathbb{R}^{n-m}$, $x \mapsto (x,0)$ aussieht".

3   Jeder Diffeomorphismus von M auf N „sieht lokal wie die Identität in $\mathbb{R}^m$ aus".

4   Es sei B eine berandete Untermannigfaltigkeit von N. Man zeige, daß $M \times B$ eine berandete Untermannigfaltigkeit von $M \times N$ ist mit $\partial(M \times B) = M \times \partial B$.

5   Man zeige, daß der Zylinder $[0,1] \times M$ mit „Querschnitt" M sowie der Volltorus $S^1 \times \bar{\mathbb{B}}^2$ berandete Mannigfaltigkeiten sind. Ferner bestimme man ihre Dimension und Berandung.

6   Man zeige, daß der abgeschlossene r-Ball $r\bar{\mathbb{B}}^n$ in $\mathbb{R}^n$ diffeomorph zum abgeschlossenen Einheitsball $\bar{\mathbb{B}}^n$ ist.

7   Es ist zu zeigen, daß ein perfektes Intervall in $\mathbb{R}$ zu $(0,1)$, $[0,1)$ oder $[0,1]$ diffeomorph ist.

8   Es sei B eine nichtleere (berandete oder unberandete) k-dimensionale Untermannigfaltigkeit von M. Man zeige, daß die Hausdorffdimension von B gleich k ist.
(Hinweise: Aufgaben 4–6 von IX.3 und Bemerkung 1.21(b).)

9   Es seien B eine berandete Untermannigfaltigkeit von M und $f \in C^\infty(B, N)$.
Man zeige, daß graph(f) eine berandete Untermannigfaltigkeit von $M \times N$ ist und bestimme ihre Berandung.

10   Es sei X eine n-dimensionale berandete oder unberandete Untermannigfaltigkeit von $\mathbb{R}^{\bar{n}}$, und $U := \{U_\alpha \; ; \; \alpha \in \mathsf{A}\}$ sowie $V := \{V_\beta \; ; \; \beta \in \mathsf{B}\}$ bezeichnen offene Überdeckungen von X. Man nennt $\mathcal{V}$ **Verfeinerung** von U, falls es ein $j : \mathsf{B} \to \mathsf{A}$ gibt mit $V_\beta \subset U_{j(\beta)}$ für $\beta \in \mathsf{B}$. Man zeige, daß jede glatte Zerlegung der Eins, die $\mathcal{V}$ untergeordnet ist, eine glatte Zerlegung der Eins induziert, die U untergeordnet ist.

2 Multilineare Algebra

Zum Aufbau und Verständnis eines Kalküls von Differentialformen höheren Grades benötigen wir einige Resultate aus der Linearen (genauer: Multilinearen) Algebra, die wir in diesem Paragraphen bereitstellen.

2.1 Bemerkungen Es sei V ein endlichdimensionaler Vektorraum.

(a) V kann mit einem inneren Produkt $(\cdot\,|\,\cdot)_V$ versehen werden, so daß $\big(V,(\cdot\,|\,\cdot)_V\big)$ ein Hilbertraum ist. Alle Normen auf V sind äquivalent.

Beweis Gemäß Bemerkung I.12.5 gibt es einen Vektorraumisomorphismus $T: \mathbb{K}^m \to V$ mit $m := \dim(V)$. Dann wird durch

$$(v\,|\,w)_V := (T^{-1}v\,|\,T^{-1}w)\,, \qquad v,w \in V\,,$$

ein Skalarprodukt auf V definiert, wobei $(\cdot\,|\,\cdot)$ das euklidische innere Produkt in $\mathbb{K}^m$ bezeichnet. Also ist $\big(V,(\cdot\,|\,\cdot)_V\big)$ ein endlichdimensionaler Innenproduktraum, somit ein Hilbertraum, wie wir aus Bemerkung VII.1.7(b) wissen. Die zweite Behauptung folgt aus Korollar VII.1.5. ∎

(b) Wie (in der Funktionalanalysis) üblich, bezeichnen wir mit V^* den Raum aller (stetigen) konjugiert linearen Abbildungen von V nach $\mathbb{C}$, während V' der Dualraum von V ist, der Raum aller (stetigen) Linearformen auf V. Dann folgt aus (a) und dem Rieszschen Darstellungssatz (Theorem VII.2.14), daß die Abbildung

$$V \to V^*\,, \quad v \mapsto (v\,|\,\cdot)_V \tag{2.1}$$

ein isometrischer Isomorphismus,

$$V \to V'\,, \quad v \mapsto (\cdot\,|\,v)_V \tag{2.2}$$

aber konjugiert linear ist. Ist $\mathbb{K} = \mathbb{R}$, so gilt $V^* = V'$, und die Abbildungen (2.1) und (2.2) stimmen überein, da jedes reelle Skalarprodukt symmetrisch ist. Deswegen und aus historischen Gründen werden wir im reellen Fall, den wir im folgenden ausschließlich behandeln, ebenfalls V^* statt V' schreiben. ∎

In diesem Paragraphen bezeichnen
- V und W endlichdimensionale reelle Vektorräume.

Äußere Produkte

Wir bezeichnen für $r \in \mathbb{N}$ mit $\mathcal{L}^r(V,\mathbb{R})$ den Vektorraum aller r-linearen Abbildungen $V^r \to \mathbb{R}$. Aufgrund der Bemerkung 2.1(b) und wegen Theorem VII.4.2(iii) ist diese Notation konsistent mit der in Paragraph VII.4 eingeführten. Insbesondere gelten:

$$\mathcal{L}^0(V,\mathbb{R}) = \mathbb{R}\,, \quad \mathcal{L}^1(V,\mathbb{R}) = V^*\,.$$

Eine r-lineare Abbildung $\alpha \colon V^r \to W$ heißt **alternierend**, falls gilt: $r \geq 2$ und

$$\alpha(v_{\sigma(1)}, \ldots, v_{\sigma(r)}) = \mathrm{sign}(\sigma)\,\alpha(v_1, \ldots, v_r)\ , \qquad v_1, \ldots, v_r \in V\ ,$$

für jede Permutation $\sigma \in \mathsf{S}_r$ (vgl. Aufgabe I.9.6). Wir setzen

$$\textstyle\bigwedge^0 V^* := \mathcal{L}^0(V, \mathbb{R}) = \mathbb{R}\ , \quad \bigwedge^1 V^* := \mathcal{L}^1(V, \mathbb{R}) = V^*$$

und

$$\textstyle\bigwedge^r V^* := \big\{\, \alpha \in \mathcal{L}^r(V, \mathbb{R}) \ ;\ \alpha \text{ ist alternierend} \,\big\}\ , \qquad r \geq 2\ .$$

Dabei heißt $\bigwedge^r V^*$ r-**faches äußeres Produkt von** V^* für $r \in \mathbb{N}$, und $\alpha \in \bigwedge^r V^*$ ist eine **alternierende** r-**Form auf** V (kurz: eine r-**Form**).

2.2 Bemerkungen   (a) $\bigwedge^r V^*$ ist ein Untervektorraum von $\mathcal{L}^r(V, \mathbb{R})$, der **Vektorraum der alternierenden** r-**Formen** auf V.

(b) Es seien $r \geq 2$ und $\alpha \in \mathcal{L}^r(V, \mathbb{R})$. Die folgenden Aussagen sind äquivalent:

   (i) $\alpha \in \bigwedge^r V^*$.

   (ii) $\alpha(v_1, \ldots, v_r) = 0$, falls $v_j = v_k$ für ein Paar (j, k) mit $j \neq k$ gilt.

   (iii) $\alpha(\ldots, v_j, \ldots, v_k, \ldots) = -\alpha(\ldots, v_k, \ldots, v_j, \ldots)$, $j \neq k$, d.h., werden zwei Einträge in $\alpha(v_1, \ldots, v_r)$ miteinander vertauscht, so ändert sich das Vorzeichen.

   (iv) Sind $v_1, \ldots, v_r \in V$ linear abhängig, so gilt $\alpha(v_1, \ldots, v_r) = 0$.

Beweis   Die Implikationen „(i)$\Rightarrow$(iii)$\Rightarrow$(ii)" sind offensichtlich.

„(ii)$\Rightarrow$(iv)" Es seien $v_1, \ldots, v_r \in V$ linear abhängig. Dann gibt es ein $k \in \{1, \ldots, r\}$ und $\lambda_1, \ldots, \lambda_r \in \mathbb{R}$ mit $\lambda_k = 0$ und $v_k = \sum_{j=1}^r \lambda_j v_j$. Nun folgt aus der Linearität bezüglich der k-ten Variablen und aus (ii)

$$\alpha(v_1, \ldots, v_r) = \sum_{j=1}^r \lambda_j \alpha(v_1, \ldots, \underset{(k)}{v_j}, \ldots, v_r) = 0\ .$$

„(iv)$\Rightarrow$(iii)" Aus (iv) und der Multilinearität erhalten wir

$$
\begin{aligned}
0 &= \alpha(\ldots, v_j + v_k, \ldots, v_j + v_k, \ldots) \\
&= \alpha(\ldots, v_j, \ldots, v_j, \ldots) + \alpha(\ldots, v_j, \ldots, v_k, \ldots) \\
&\qquad + \alpha(\ldots, v_k, \ldots, v_j, \ldots) + \alpha(\ldots, v_k, \ldots, v_k, \ldots) \\
&= \alpha(\ldots, v_j, \ldots, v_k, \ldots) + \alpha(\ldots, v_k, \ldots, v_j, \ldots)\ ,
\end{aligned}
$$

und somit die Behauptung.

„(iii)$\Rightarrow$(i)" Dies folgt aus der Tatsache, daß sich jede Permutation als Produkt von Transpositionen schreiben läßt (vgl. Aufgabe I.9.6). ∎

(c) $\bigwedge^r V^* = \{0\}$ für $r > \dim(V)$.

Beweis   Dies folgt aus (iv) von (b). ∎

Für $r \in \mathbb{N}^{\times}$ und $\varphi^1, \ldots, \varphi^r \in V^*$ wird das **äußere Produkt**[1]

$$\varphi^1 \wedge \cdots \wedge \varphi^r$$

durch

$$\varphi^1 \wedge \cdots \wedge \varphi^r(v_1, \ldots, v_r) := \det\left[\langle \varphi^j, v_k \rangle\right] = \det \begin{bmatrix} \langle \varphi^1, v_1 \rangle & \cdots & \langle \varphi^1, v_r \rangle \\ \vdots & & \vdots \\ \langle \varphi^r, v_1 \rangle & \cdots & \langle \varphi^r, v_r \rangle \end{bmatrix} \quad (2.3)$$

für $v_1, \ldots, v_r \in V$ definiert. Aus der Linearen Algebra ist bekannt, daß die Determinante einer $(r \times r)$-Matrix eine alternierende r-Form der Spaltenvektoren ist. Hieraus und aus der Linearität der $\varphi^1, \ldots, \varphi^r$ folgt unmittelbar, daß $\varphi^1 \wedge \cdots \wedge \varphi^r$ zu $\bigwedge^r V^*$ gehört: Das äußere Produkt $\varphi^1 \wedge \cdots \wedge \varphi^r$ ist eine alternierende r-Form auf V.

2.3 Satz

(i) *Es sei* $m := \dim(V) > 0$. *Sind* $(e_1, \ldots, e_m)$ *eine Basis*[2] *von* V *und* $(\varepsilon^1, \ldots, \varepsilon^m)$ *die zugehörige Dualbasis von* V^*, *so ist*

$$\left\{ \varepsilon^{j_1} \wedge \cdots \wedge \varepsilon^{j_r} \; ; \; 1 \leq j_1 < j_2 < \cdots < j_r \leq m \right\}$$

für $1 \leq r \leq m$ *eine Basis von* $\bigwedge^r V^*$.

(ii) $\dim(\bigwedge^r V^*) = \binom{m}{r}$ *für* $r \in \mathbb{N}$.

Beweis Zur Abkürzung setzen wir

$$\mathbb{J}_r := \mathbb{J}_r^m := \left\{ (j) := (j_1, \ldots, j_r) \in \mathbb{N}^r \; ; \; 1 \leq j_1 < j_2 < \cdots < j_r \leq m \right\} .$$

Für einen geordneten Multiindex $(j) \in \mathbb{J}_r$ sei außerdem

$$\varepsilon^{(j)} := \varepsilon^{j_1} \wedge \cdots \wedge \varepsilon^{j_r} .$$

(i) Es sei α eine alternierende r-Form. Weil jeder Vektor $v \in V$ die Basisdarstellung $v = \sum_{k=1}^{m} \langle \varepsilon^k, v \rangle e_k$ besitzt, folgt mit Bemerkung 2.2(b)

$$\alpha(v_1, \ldots, v_r) = \sum_{k_1=1}^{m} \cdots \cdot \sum_{k_r=1}^{m} \langle \varepsilon^{k_1}, v_1 \rangle \cdots \cdot \langle \varepsilon^{k_r}, v_r \rangle \alpha(e_{k_1}, \ldots, e_{k_r})$$

$$= \sum_{(j) \in \mathbb{J}_r} a_{(j)} \sum_{\sigma \in \mathsf{S}_r} \text{sign}(\sigma) \langle \varepsilon^{\sigma(j_1)}, v_1 \rangle \cdots \cdot \langle \varepsilon^{\sigma(j_r)}, v_r \rangle$$

---

[1]Statt äußeres Produkt sagt man auch **Dach-** oder **Keilprodukt**.

[2]Ist $\{e_1, \ldots, e_m\}$ eine geordnete Basis, d.h., kommt es auf die Reihenfolge an, so schreiben wir $(e_1, \ldots, e_m)$.

mit

$$a_{(j)} := \alpha(e_{j_1}, \ldots, e_{j_r}) \ . \tag{2.4}$$

Gemäß Bemerkung VII.1.19(a), und da sich der Wert der Determinante einer quadratischen Matrix beim Transponieren dieser Matrix nicht ändert, erhalten wir für die innere Summe des letzten Ausdrucks

$$\det\left(\left[\langle \varepsilon^{j_\mu}, v_\nu \rangle\right]_{1 \le \mu, \nu \le r}\right) = \varepsilon^{(j)}(v_1, \ldots, v_r) \ .$$

Also gilt

$$\alpha(v_1, \ldots, v_r) = \sum_{(j) \in \mathbb{J}_r} a_{(j)} \varepsilon^{(j)}(v_1, \ldots, v_r) \ , \qquad v_1, \ldots, v_r \in V \ ,$$

und somit

$$\alpha = \sum_{(j) \in \mathbb{J}_r} a_{(j)} \varepsilon^{(j)} \ . \tag{2.5}$$

Dies zeigt, daß die Menge $\{ \varepsilon^{(j)} \ ; \ (j) \in \mathbb{J}_r \}$ den Vektorraum $\bigwedge^r V^*$ aufspannt.

Es sei nun

$$\alpha = \sum_{(j) \in \mathbb{J}_r} b_{(j)} \varepsilon^{(j)}$$

mit $b_{(j)} \in \mathbb{R}$ eine zweite Darstellung von α. Dann gilt insbesondere

$$\alpha(e_{k_1}, \ldots, e_{k_r}) = \sum_{(j) \in \mathbb{J}_r} b_{(j)} \varepsilon^{(j)}(e_{k_1}, \ldots, e_{k_r}) \ , \qquad (k) \in \mathbb{J}_r \ .$$

Wegen

$$\varepsilon^{(j)}(e_{k_1}, \ldots, e_{k_r}) = \det\left([\delta_{k_\nu}^{j_\mu}]_{1 \le \mu, \nu \le r}\right) = \begin{cases} 1 & \text{für } (j) = (k) \ , \\ 0 & \text{sonst} \ , \end{cases}$$

folgt $b_{(j)} = a_{(j)}$ für $(j) \in \mathbb{J}_r$. Also ist die Darstellung (2.5) eindeutig.

(ii) Diese Aussage ist nun klar, da eine m-elementige Menge genau $\binom{m}{r}$ Teilmengen mit r Elementen enthält (vgl. Aufgabe I.6.3). ∎

Im folgenden bezeichnet

$$\alpha^1 \wedge \cdots \wedge \widehat{\alpha^j} \wedge \cdots \wedge \alpha^r$$

für $1 \le j \le r$ stets die $(r-1)$-Form, die aus $\alpha^1 \wedge \cdots \wedge \alpha^r$ durch Weglassen der Linearform α^j entsteht. Entsprechendes gilt für

$$\alpha^1 \wedge \cdots \wedge \widehat{\alpha^j} \wedge \cdots \wedge \widehat{\alpha^k} \wedge \cdots \wedge \alpha^r$$

und ähnliche Fälle.

2.4 Beispiele **(a)** Für die eindimensionalen Vektorräume $\bigwedge^0 V^* = \mathbb{R}$ bzw. $\bigwedge^m V^*$ sind 1 bzw. $\varepsilon^1 \wedge \cdots \wedge \varepsilon^m$ Basen.

(b) $\bigwedge^1 V^* = V^*$ besitzt die Basis $\{\varepsilon^1, \ldots, \varepsilon^m\}$.

(c) $\left\{ \varepsilon^1 \wedge \cdots \wedge \widehat{\varepsilon^j} \wedge \cdots \wedge \varepsilon^m \; ; \; 1 \le j \le m \right\}$ ist eine Basis von $\bigwedge^{m-1} V^*$.

(d) Für die Basisdarstellungen

$$\alpha^j = \sum_{k=1}^m a_k^j \varepsilon^k \in V^* , \qquad 1 \le j \le r ,$$

und

$$\alpha^1 \wedge \cdots \wedge \alpha^r = \sum_{(j) \in \mathbb{J}_r} a_{(j)} \varepsilon^{(j)} \in \bigwedge^r V^*$$

gelten $a_k^i = \langle \alpha^i, e_k \rangle$ für $1 \le i \le r$ und $1 \le k \le m$ sowie

$$a_{(j)} = \det\left([a_{j_k}^i]_{1 \le i, k \le r} \right) , \qquad (j) = (j_1, \ldots, j_r) \in \mathbb{J}_r .$$

Beweis Dies folgt aus (2.3) und (2.4). ∎

(e) Für $r \ge 1$ gilt

$$\bigwedge^r V^* = \mathrm{span}\{ \varphi^1 \wedge \cdots \wedge \varphi^r \; ; \; \varphi^j \in V^*, \, 1 \le j \le r \} .$$

(f) Für $r \ge 2$ gilt $\varphi^1 \wedge \cdots \wedge \varphi^r = 0$ genau dann, wenn $\varphi^1, \ldots, \varphi^r$ linear abhängig sind.

Beweis Dies folgt aus (2.3). ∎

Wie der nächste Satz zeigt, können wir mittels der Basisdarstellung eine bilineare Abbildung von $\bigwedge^r V^* \times \bigwedge^s V^*$ nach $\bigwedge^{r+s} V^*$ definieren.

2.5 Satz *Es seien $r, s \in \mathbb{N}^\times$.*

(i) *Es gibt genau eine Abbildung*

$$\wedge : \bigwedge^r V^* \times \bigwedge^s V^* \to \bigwedge^{r+s} V^* , \qquad (\alpha, \beta) \mapsto \alpha \wedge \beta , \tag{2.6}$$

*das **äußere Produkt**, mit den Eigenschaften:*

(α) *$\wedge$ ist bilinear.*

(β) *Für $\varphi^1, \ldots, \varphi^r, \psi^1, \ldots, \psi^s \in V^*$ gilt:*

$$(\varphi^1 \wedge \cdots \wedge \varphi^r) \wedge (\psi^1 \wedge \cdots \wedge \psi^s) = \varphi^1 \wedge \cdots \wedge \varphi^r \wedge \psi^1 \wedge \cdots \wedge \psi^s . \tag{2.7}$$

(ii) *Für die Basisdarstellungen*

$$\alpha = \sum_{(j) \in \mathbb{J}_r} a_{(j)} \varepsilon^{(j)} , \qquad \beta = \sum_{(k) \in \mathbb{J}_s} b_{(k)} \varepsilon^{(k)} \tag{2.8}$$

gilt

$$\alpha \wedge \beta = \sum_{\substack{(j) \in \mathbb{J}_r \\ (k) \in \mathbb{J}_s}} a_{(j)} b_{(k)} \varepsilon^{(j)} \wedge \varepsilon^{(k)} \ . \tag{2.9}$$

(iii) *Das äußere Produkt ist assoziativ und* **graduiert antikommutativ**, *d.h.*

$$\alpha \wedge \beta = (-1)^{rs} \beta \wedge \alpha \ , \qquad \alpha \in \textstyle\bigwedge^r V^* \ , \quad \beta \in \textstyle\bigwedge^s V^* \ .$$

Beweis Ist $\wedge$ irgendeine bilineare Abbildung von $\bigwedge^r V^* \times \bigwedge^s V^*$ nach $\bigwedge^{r+s} V^*$, die (2.7) erfüllt, so folgt aus (2.8) unmittelbar, daß (2.9) richtig ist. Folglich können wir durch (2.9) (d.h. durch bilineare Fortsetzung von den Basiselementen auf den ganzen Raum) bei gegebener Basis in eindeutiger Weise die bilineare Abbildung (2.6) mit den Eigenschaften (α) und (β) definieren. Wegen (2.3), (2.7) und Beispiel 2.4(e) ist $\wedge$ auch unabhängig von der gewählten Basis. (iii) ist nun eine unmittelbare Konsequenz der Determinanteneigenschaften. ∎

2.6 Bemerkungen Es seien E_k, $k \in \mathbb{N}$, Vektorräume über demselben Körper K.

(a) Die **direkte Summe**

$$E := \bigoplus_{k=0}^{\infty} E_k =: \bigoplus_{k \geq 0} E_k$$

wird wie folgt erklärt:

E ist die Menge aller Folgen (x_k) in $\bigcup_{k=0}^{\infty} E_k$ mit $x_k \in E_k$ für $k \in \mathbb{N}$, wobei für fast alle $k \in \mathbb{N}$ gilt: $x_k = 0$. Auf E werden die Addition $+$ und eine Multiplikation mit Skalaren definiert durch

$$(x_k) + \lambda(y_k) := (x_k + \lambda y_k) \ , \qquad (x_k), (y_k) \in E \ , \quad \lambda \in \mathbb{K} \ .$$

Dann ist E ein K-Vektorraum.[3] Außerdem wird E_k mittels der linearen Abbildung

$$E_k \to E \ , \quad x_k \mapsto (0, \ldots, 0, x_k, 0, \ldots) \ ,$$

wobei x_k an die k-te Stelle der rechts stehenden Folge gesetzt wird, mit einem Untervektorraum identifiziert. Offensichtlich gelten

$$E = \mathrm{span}\{ E_k \ ; \ k \in \mathbb{N} \} \ , \qquad E_k \cap E_j = \{0\} \ , \quad k \neq j \ ,$$

was die Bezeichnung „direkte Summe" rechtfertigt (vgl. Beispiel I.12.3(l)).

(b) Auf $E := \bigoplus_{k \geq 0} E_k$ sei eine Multiplikation

$$E \times E \to E \ , \quad (v, w) \mapsto v \odot w$$

---

[3]E ist der Vektorraum aller Abbildungen $f : \mathbb{N} \to \bigcup_{k=0}^{\infty} E_k$ mit kompakten Trägern und $f(k) \in E_k$ für $k \in \mathbb{N}$, versehen mit den punktweisen Verknüpfungen (vgl. Beispiel I.12.3(e)).

erklärt, derart daß $(E, +, \odot)$ eine Algebra ist (vgl. Paragraph I.12). Man nennt E **graduierte Algebra** (über K) und die Multiplikation **graduiert**, wenn gilt

$$E_k \odot E_\ell \subset E_{k+\ell} , \qquad k, \ell \in \mathbb{N} .$$

Sind außerdem die Relationen

$$v_k \odot v_\ell = (-1)^{k\ell} v_\ell \odot v_k , \qquad k, \ell \in \mathbb{N} ,$$

erfüllt, so heißen die Multiplikation sowie die Algebra **graduiert antikommutativ.** ∎

Wir setzen

$$\bigwedge V^* := \bigoplus_{r \geq 0} \bigwedge^r V^*$$

und erweitern die Definition des äußeren Produktes durch

$$\alpha \wedge \beta := \beta \wedge \alpha := \alpha\beta , \qquad \alpha \in \bigwedge\nolimits^0 V^* = \mathbb{R} , \quad \beta \in \bigwedge V^* . \qquad (2.10)$$

Außerdem sei $\mathbb{J}_0 := \{0\}$.

2.7 Theorem

(i) *Es gibt genau eine bilineare, assoziative und graduiert antikommutative Abbildung*

$$\bigwedge V^* \times \bigwedge V^* \to \bigwedge V^* ,$$

welche das äußere Produkt (2.6) bzw. (2.10) auf ganz $\bigwedge V^* \times \bigwedge V^*$ erweitert. Sie wird wieder mit $\wedge$ bezeichnet und heißt **äußere Multiplikation** *(oder* **äußeres Produkt**) *auf $\bigwedge V^*$.*

(ii) $\dim(\bigwedge V^*) = 2^{\dim(V)}$.

Beweis (i) Dies folgt unmittelbar aus Satz 2.5 und der Definition (2.10) durch natürliche bilineare Erweiterung.

(ii) Wegen $\bigwedge^r V^* = \{0\}$ für $r > \dim(V)$ und da $\bigwedge V^*$ eine direkte Summe der Untervektorräume $\bigwedge^r V^*$ ist, folgt aus Satz 2.3(ii) und dem binomischen Satz

$$\dim(\bigwedge V^*) = \sum_{r=0}^{m} \binom{m}{r} = 2^m$$

mit $m := \dim(V)$. ∎

Dieses Theorem zeigt, daß $\bigwedge V^*$, versehen mit der natürlichen Vektorraumstruktur und der äußeren Multiplikation, eine assoziative, graduiert antikommutative reelle Algebra der Dimension $2^{\dim(V)}$ ist, die **Graßmannalgebra** (oder **äußere Algebra**) von V^*.

2.8 Bemerkung Da V endlichdimensional ist, kann V mittels des **kanonischen Isomorphismus**

$$\kappa : V \to V^{**} := (V^*)^* \ ,$$

definiert durch

$$\langle \kappa(v), v^* \rangle_{V^*} := \langle v^*, v \rangle \ , \qquad v \in V \ , \quad v^* \in V^* \ ,$$

mit V^{**} identifiziert werden. Folglich ist auch die Graßmannalgebra

$$\bigwedge V := \bigoplus_{r \geq 0} \bigwedge{}^r V$$

von V wohldefiniert.

Beweis Offensichtlich ist $\kappa : V \to V^{**}$ linear. Es seien $\{e_1, \ldots, e_m\}$ eine Basis von V und $\{\varepsilon_1, \ldots, \varepsilon_m\}$ die zugehörige Dualbasis von V^*. Für $v \in \ker(\kappa)$ gilt

$$\langle \varepsilon_j, v \rangle = \langle \kappa(v), \varepsilon_j \rangle_{V^*} = 0 \ , \qquad j = 1, \ldots, m \ .$$

Aus $v = \sum_{j=1}^m \langle \varepsilon_j, v \rangle e_j$ folgt somit $v = 0$. Also ist κ injektiv. Wegen $\dim(V^{**}) = m$ (vgl. Theorem VII.2.14) sehen wir nun, daß κ ein Isomorphismus ist. ∎

Rücktransformationen

Für $A \in \mathcal{L}(V, W)$ und $\alpha \in \bigwedge^r W^*$ definieren wir $A^*\alpha$ durch

$$A^*\alpha(v_1, \ldots, v_r) := \alpha(Av_1, \ldots, Av_r) \ , \qquad v_1, \ldots, v_r \in V \ ,$$

für $r \geq 1$, und durch

$$A^*\alpha := \alpha \ , \qquad \alpha \in \bigwedge{}^0 W^* = \mathbb{R} \ ,$$

für $r = 0$. Dann heißt $A^*\alpha$ **mit A auf V zurückgeholte Form** oder **pull back** von α **mit A**.

2.9 Bemerkungen (a) Für $\alpha \in \bigwedge^r W^*$ gehört $A^*\alpha$ zu $\bigwedge^r V^*$, und die Abbildung A^* ist linear:

$$A^* \in \mathcal{L}(\bigwedge W^*, \bigwedge V^*) \qquad \text{mit} \quad A(\bigwedge{}^r W^*) \subset \bigwedge{}^r V^* \ , \quad r \in \mathbb{N} \ .$$

Man nennt A^* **Rücktransformation** (oder **pull back**) mit A.

Im Fall $r = 1$ ist A^* die zu A duale lineare Abbildung (die in Paragraph VIII.3 mit $A^\top$ bezeichnet wurde). Man beachte auch, daß A den Vektorraum V nach W

abbildet, während A^* den Raum $\bigwedge W^*$ nach $\bigwedge V^*$ abbildet, also „die Richtung umkehrt":

$$V \xrightarrow{\ A\ } W$$

$$\bigwedge V^* \xleftarrow{\ A^*\ } \bigwedge W^*$$

(b) Sind X ein weiterer endlichdimensionaler reeller Vektorraum und $B \in \mathcal{L}(W, X)$, so gilt

$$(BA)^* = A^* B^* , \qquad (\mathrm{id}_V)^* = \mathrm{id}_{\bigwedge V^*} .$$

Mit anderen Worten: Die Abbildung $A \mapsto A^*$ ist **kontravariant**.

(c) Es gilt

$$A^*(\alpha \wedge \beta) = A^*\alpha \wedge A^*\beta , \qquad \alpha, \beta \in \bigwedge W^* .$$

Also ist A^* ein Algebrahomomorphismus von $\bigwedge W^*$ nach $\bigwedge V^*$.

Beweis Diese Aussagen sind offensichtliche Folgerungen aus den Definitionen der Rücktransformation und des äußeren Produktes. ∎

Es seien $m := \dim(V)$ und $W := V$. Gemäß Satz 2.3(ii) ist $\bigwedge^m V^*$ eindimensional. Also muß $A^*\alpha$ für $\alpha \in \bigwedge^m V^*$ ein Vielfaches von α sein. Der folgende Satz präzisiert diese Feststellung.

2.10 Satz *Für* $m := \dim(V)$ *und* $A \in \mathcal{L}(V)$ *gilt*

$$A^*\alpha = \det(A)\alpha , \qquad \alpha \in \bigwedge^m V^* .$$

Beweis Es sei $\{e_1, \dots, e_m\}$ eine Basis von V, und $[a_k^j] \in \mathbb{R}^{m \times m}$ sei die Matrixdarstellung von A bezüglich dieser Basis (vgl. Paragraph VII.1). Dann gilt

$$Ae_k = \sum_{j=1}^m a_k^j e_j , \qquad 1 \le k \le m .$$

Hieraus und aus den Eigenschaften von $\alpha \in \bigwedge^m V^*$ folgt

$$
\begin{aligned}
A^*\alpha(e_1, \dots, e_m) &= \alpha(Ae_1, \dots, Ae_m) \\
&= \sum_{j_1=1}^m \cdots \sum_{j_m=1}^m a_1^{j_1} \cdots a_m^{j_m}\, \alpha(e_{j_1}, \dots, e_{j_m}) \\
&= \sum_{\sigma \in \mathsf{S}_m} \mathrm{sign}(\sigma)\, a_1^{\sigma(1)} \cdots a_m^{\sigma(m)}\, \alpha(e_1, \dots, e_m) \\
&= \det(A)\, \alpha(e_1, \dots, e_m) ,
\end{aligned}
$$

wobei wir im letzten Schritt die Signaturformel von Bemerkung VII.1.19 sowie die Tatsache, daß $\det(A^\top) = \det(A)$ gilt, verwendet haben. Nun folgt die Behauptung aus der Multilinearität von α. ∎

Das Volumenelement

Es sei nun $\mathcal{O}r$ eine Orientierung für V, d.h. $V := (V, \mathcal{O}r)$ sei ein orientierter Vektorraum. Eine positiv orientierte geordnete Basis von V, also ein Element von $\mathcal{O}r$, nennen wir kurz **positive Basis** (vgl. Bemerkungen VIII.2.4). Ferner sei $m := \dim(V)$.

Jedes $\alpha \in \bigwedge^m V^* \setminus \{0\}$ heißt **Volumenform** auf V. Zwei Volumenformen α und β sind **äquivalent**, wenn ein $\lambda > 0$ existiert mit $\alpha = \lambda\beta$. Man prüft leicht nach, daß durch diese Definition eine Äquivalenzrelation $\sim$ auf der Menge aller Volumenformen auf V induziert wird. Wegen $\dim(\bigwedge^m V^*) = 1$ gibt es genau zwei Äquivalenzklassen.

2.11 Bemerkungen   **(a)** Es seien $(e_1, \ldots, e_m)$ eine positive Basis von V und $(\varepsilon^1, \ldots, \varepsilon^m)$ die zugehörige Dualbasis. Sind $(\tilde{e}_1, \ldots, \tilde{e}_m)$ eine Basis von V und $\alpha \in \bigwedge^m V^* \setminus \{0\}$ mit $\alpha \sim \varepsilon^1 \wedge \cdots \wedge \varepsilon^m$, so ist $(\tilde{e}_1, \ldots, \tilde{e}_m)$ genau dann positiv orientiert, wenn $\alpha(\tilde{e}_1, \ldots, \tilde{e}_m) > 0$ gilt. Dies bedeutet, daß die beiden Äquivalenzklassen von $\bigwedge^m V^* \setminus \{0\}$ mit den beiden Orientierungen von V identifiziert werden können. Mit anderen Worten: Die Volumenform α **bestimmt die Orientierung** $\mathcal{O}r$ **von** V durch die Festsetzung

$$\alpha(e_1, \ldots, e_m) > 0 \Longleftrightarrow (e_1, \ldots, e_m) \in \mathcal{O}r \ .$$

Beweis Es sei $B \in \mathcal{L}(V)$ die Übergangsabbildung von der Basis $(e_1, \ldots, e_m)$ zur Basis $(\tilde{e}_1, \ldots, \tilde{e}_m)$, d.h., $\tilde{e}_j = Be_j$ für $1 \leq j \leq m$. Dann folgt aus Satz 2.10

$$\alpha(\tilde{e}_1, \ldots, \tilde{e}_m) = \det(B)\,\alpha(e_1, \ldots, e_m) = \det(B)\lambda$$

mit $\alpha = \lambda\varepsilon^1 \wedge \cdots \wedge \varepsilon^m$ und $\lambda > 0$. ∎

(b) Der Automorphismus A von V heißt **orientierungserhaltend** [**-umkehrend**], wenn $\det(A) > 0$ $[\det(A) < 0]$ gilt. Wir setzen

$$\mathcal{L}\mathrm{aut}^+(V) := GL^+(V) := \big\{\, A \in \mathcal{L}\mathrm{aut}(V) \ ; \ \det(A) > 0 \,\big\} \ .$$

(i) Die folgenden Aussagen sind äquivalent für $A \in \mathcal{L}\mathrm{aut}(V)$:

    (α) $A \in \mathcal{L}\mathrm{aut}^+(V)$.

    (β) Für jede Basis $(b_1, \ldots, b_m)$ gilt: $(b_1, \ldots, b_m)$ und $(Ab_1, \ldots, Ab_m)$ sind gleich orientiert.

    (γ) Für jedes $\alpha \in \bigwedge^m V^* \setminus \{0\}$ bestimmen α und $A^*\alpha$ dieselbe Orientierung von V.

(ii) $\mathcal{L}\mathrm{aut}^+(V)$ ist eine Untergruppe von $\mathcal{L}\mathrm{aut}(V) =: GL(V)$.

Beweis (i) folgt aus $A^*\alpha = \det(A)\alpha$ und der Definition der Orientierung.

    (ii) Die Abbildung

$$\mathcal{L}\mathrm{aut}(V) \to (\mathbb{R}^\times, \cdot) \ , \quad A \mapsto \det(A)$$

ist ein Homomorphismus. Gemäß Aufgabe I.7.5 ist $\mathcal{L}\mathrm{aut}^+(V)$ als Urbild der Untergruppe $((0, \infty), \cdot)$ von $(\mathbb{R}^\times, \cdot)$ eine Untergruppe von $\mathcal{L}\mathrm{aut}(V)$. ∎

Es sei nun $(V, (\cdot | \cdot), \mathcal{O}r)$ ein orientierter Innenproduktraum. Ferner seien $(e_1, \ldots, e_m)$ eine positive Orthonormalbasis (ONB) und $(\varepsilon^1, \ldots, \varepsilon^m)$ die zugehörige Dualbasis von V^*. Dann heißt

$$\omega := \omega_V := \varepsilon^1 \wedge \cdots \wedge \varepsilon^m$$

Volumenelement von V.

2.12 Bemerkungen (a) Für jede positive ONB $(\widetilde{e}_1, \ldots, \widetilde{e}_m)$ von V gilt

$$\omega(\widetilde{e}_1, \ldots, \widetilde{e}_m) = 1 \ .$$

Beweis Es sei B die durch $\widetilde{e}_j = Be_j$, $1 \leq j \leq m$, bestimmte Übergangsabbildung. Dann gehört B zu $\mathcal{L}\mathrm{aut}^+(V) \cap O(m)$, also gilt $\det(B) = 1$ (vgl. Aufgabe VII.9.2). Somit folgt aus Satz 2.10

$$\omega(\widetilde{e}_1, \ldots, \widetilde{e}_m) = B^*\omega(e_1, \ldots, e_m) = \det(B)\varepsilon^1 \wedge \cdots \wedge \varepsilon^m(e_1, \ldots, e_m) = 1 \ ,$$

also die Behauptung. ∎

(b) Das Volumenelement von V ist die eindeutig bestimmte Volumenform, welche einer — und damit jeder — positiven ONB den Wert 1 zuordnet.

Beweis Dies folgt aus (a). ∎

(c) Für $v_1, \ldots, v_m \in \mathbb{R}^m$ sei

$$P(v_1, \ldots, v_m) := \Big\{ \sum\nolimits_{j=1}^m t^j v_j \ ; \ 0 \leq t^j \leq 1 \Big\} \ ,$$

d.h., $P(v_1, \ldots, v_m)$ ist das von $v_1, \ldots, v_m$ aufgespannte Parallelepiped. Dann gilt

$$\big|\omega_{\mathbb{R}^m}(v_1, \ldots, v_m)\big| = \mathrm{vol}_m\big(P(v_1, \ldots, v_m)\big) := \lambda_m\big(P(v_1, \ldots, v_m)\big) \ .$$

Mit anderen Worten: Das Volumenelement ordnet jedem m-tupel von Vektoren das **orientierte Volumen**[4] des von ihm aufgespannten Parallelepipeds zu.

Beweis Wir definieren $B \in \mathcal{L}(\mathbb{R}^m)$ durch $v_j = Be_j$, $1 \leq j \leq m$. Dann gilt

$$P(v_1, \ldots, v_m) = B\big([0,1]^m\big) \ .$$

Somit folgt aus Satz 2.10 und (a)

$$\omega_{\mathbb{R}^m}(v_1, \ldots, v_m) = B^*\omega_{\mathbb{R}^m}(e_1, \ldots, e_m) = \det(B) \ .$$

Aus Theorem IX.5.25 wissen wir, daß $\lambda_m\big(B([0,1]^m)\big) = |\det(B)|$ gilt, was die Behauptung beweist. ∎

Im folgenden Satz stellen wir das Volumenelement ω mittels einer beliebigen positiven Basis von V dar.

---

[4]Das orientierte Volumen ist positiv, wenn $(v_1, \ldots, v_m)$ eine positive Basis ist und negativ, wenn $(v_1, \ldots, v_m)$ zu $-\mathcal{O}r$ gehört.

2.13 Satz   Es seien $(b_1, \ldots, b_m)$ eine positive Basis von V und $(\beta^1, \ldots, \beta^m)$ die zugehörige Dualbasis. Dann gilt

$$\omega = \sqrt{G}\, \beta^1 \wedge \cdots \wedge \beta^m$$

mit der **Gramschen Determinante** $G := \det\bigl[(b_j \,|\, b_k)\bigr]$. Insbesondere gilt

$$\omega(b_1, \ldots, b_m) = \sqrt{G}\ .$$

Beweis   Es sei $(e_1, \ldots, e_m)$ eine positive ONB von V, und $B \in \mathcal{L}(V)$ sei durch $b_j = Be_j$, $1 \le j \le m$, definiert. Gemäß (i) von Bemerkung 2.11(b) gilt $\det(B) > 0$. Aus Bemerkung 2.12(a) und (2.3) erhalten wir

$$\omega(e_1, \ldots, e_m) = 1 = \beta^1 \wedge \cdots \wedge \beta^m (b_1, \ldots, b_m)$$
$$= B^*(\beta^1 \wedge \cdots \wedge \beta^m)(e_1, \ldots, e_m)\ ,$$

also

$$\omega = \det(B)\beta^1 \wedge \cdots \wedge \beta^m\ ,$$

da eine m-Form durch ihren Wert auf einer Basis von V bestimmt ist, und wegen Satz 2.10. Ferner gilt

$$(b_j \,|\, b_k) = (Be_j \,|\, Be_k) = (B^*Be_j \,|\, e_k)\ , \qquad 1 \le j, k \le m\ , \qquad (2.11)$$

(vgl. Aufgabe VII.1.5). Da $(e_1, \ldots, e_m)$ eine ONB ist, besitzt $v \in V$ die Darstellung $v = \sum_{k=1}^m (v \,|\, e_k)e_k$. Hieraus folgt

$$Te_j = \sum_{k=1}^m (Te_j \,|\, e_k)e_k\ , \qquad 1 \le j \le m\ , \quad T \in \mathcal{L}(V)\ .$$

Somit zeigt (2.11), daß $\bigl[(b_j \,|\, b_k)\bigr] \in \mathbb{R}^{m \times m}$ die Matrixdarstellung von B^*B bezüglich der Basis $(e_1, \ldots, e_m)$ ist. Folglich gilt

$$G = \det\bigl[(b_j \,|\, b_k)\bigr] = \det(B^*B) = \bigl(\det(B)\bigr)^2$$

wegen $\det(B^*) = \det(B)$, woraus die Behauptung folgt. ∎

Der Rieszsche Isomorphismus

Es seien $\bigl(V, (\cdot \,|\, \cdot)\bigr)$ ein Innenproduktraum und $m := \dim(V)$. Wir bezeichnen mit

$$\Theta := \Theta_V : V \to V^*\ , \quad v \mapsto (\cdot \,|\, v)$$

den Rieszschen Isomorphismus (2.2), d.h., es gilt

$$\langle \Theta v, w \rangle = (w \,|\, v)\ , \qquad v, w \in V\ . \qquad (2.12)$$

Dann wird durch

$$(\alpha\,|\,\beta)_* := (\Theta^{-1}\alpha\,|\,\Theta^{-1}\beta)\ ,\qquad \alpha,\beta\in V^*\ ,\qquad (2.13)$$

ein inneres Produkt auf V^* definiert, das zu $(\cdot\,|\,\cdot)$ **duale Skalarprodukt**. Im folgenden versehen wir V^* stets mit diesem inneren Produkt, so daß $V^* := \big(V^*,(\cdot\,|\,\cdot)_*\big)$ ein Innenproduktraum ist.

2.14 Bemerkungen   Es seien $\{e_1,\dots,e_m\}$ eine Basis in V und $\{\varepsilon^1,\dots,\varepsilon^m\}$ die zugehörige Dualbasis in V^*.

(a) Wir setzen

$$g_{jk} := (e_j\,|\,e_k)\ ,\quad 1\le j,k\le m\ ,\qquad [g^{jk}] := [g_{jk}]^{-1}\in\mathbb{R}^{m\times m}\ .$$

Dann gilt

$$\Theta e_j = \sum_{k=1}^{m} g_{jk}\varepsilon^k\ ,\quad \Theta^{-1}\varepsilon^j = \sum_{k=1}^{m} g^{jk}e_k\ ,\qquad 1\le j\le m\ .$$

Beweis   Aus den Basisdarstellungen $\Theta e_j = \sum_{k=1}^m a_{jk}\varepsilon^k$ für $1\le j\le m$ und (2.12) erhalten wir

$$(e_j\,|\,v) = \langle\Theta e_j,v\rangle = \sum_{k=1}^{m} a_{jk}\langle\varepsilon^k,v\rangle\ ,\qquad v\in V\ ,\quad 1\le j\le m\ .$$

Setzen wir hier für v der Reihe nach $e_1,\dots,e_m$ ein, so folgt $a_{jk} = (e_j\,|\,e_k)$, also die erste Aussage. Die Darstellung für $\Theta^{-1}\varepsilon^j$ ist nun offensichtlich. ∎

(b) Für $v = \sum_{j=1}^m \xi^j e_j\in V$ und $w = \sum_{j=1}^m \eta^j e_j\in V$ gilt

$$(v\,|\,w) = \sum_{j,k=1}^{m} g_{jk}\xi^j\eta^k\ .$$

Für $\alpha = \sum_{j=1}^m a_j\varepsilon^j\in V^*$ und $\beta = \sum_{j=1}^m b_j\varepsilon^j\in V^*$ ist die Beziehung

$$(\alpha\,|\,\beta)_* = \sum_{j,k=1}^{m} g^{jk}a_j b_k$$

richtig.

Beweis   Die erste Aussage ist klar. Aus (a) und (2.13) leiten wir für $1\le i,\ell\le m$

$$(\varepsilon^i\,|\,\varepsilon^\ell)_* = (\Theta^{-1}\varepsilon^i\,|\,\Theta^{-1}\varepsilon^\ell) = \sum_{j,k=1}^{m} g^{ij}g^{\ell k}(e_j\,|\,e_k) = \sum_{j,k=1}^{m} g^{ij}g^{\ell k}g_{jk} = g^{i\ell}$$

ab. Nun folgt die zweite Behauptung aus der Bilinearität von $(\cdot\,|\,\cdot)_*$. ∎

(c) Ist $\{e_1, \ldots, e_m\}$ eine ONB, so folgt $\Theta e_j = \varepsilon^j$ für $1 \le j \le m$, und $\{\varepsilon^1, \ldots, \varepsilon^m\}$ ist ebenfalls eine ONB.

(d) Dem aufmerksamen Leser wird nicht entgangen sein, daß wir die Komponenten eines Vektors in einer Basisdarstellung stets mit oberen Indizes numerieren, diejenigen einer Linearform in der zugehörigen Dualbasis aber mit unteren Indizes:

$$v = \sum_{j=1}^{m} \xi^j e_j \in V \;, \quad \alpha = \sum_{j=1}^{m} a_j \varepsilon^j \in V^* \;.$$

Aus (a) und der Symmetrie von $[g_{jk}]$ folgt

$$\Theta v = \sum_{j=1}^{m} b_j \varepsilon^j \in V^* \;, \quad \Theta^{-1}\alpha = \sum_{j=1}^{m} \eta^j e_j \in V$$

mit

$$b_j := \sum_{k=1}^{m} g_{jk}\xi^k \;, \quad \eta^j := \sum_{k=1}^{m} g^{jk} a_k \;, \qquad 1 \le j \le m \;.$$

Die Anwendung von Θ bzw. Θ^{-1} bewirkt somit formal ein **Absenken** bzw. **Anheben der Indizes**. Aus diesem Grund werden oft die der Notenschrift entlehnten Bezeichnungen

$$g^\flat := \Theta \;, \quad g^\sharp := \Theta^{-1} \;,$$

oder einfach $v^\flat := \Theta v$ bzw. $\alpha^\sharp := \Theta^{-1}\alpha$ für $v \in V$ bzw. $\alpha \in V^*$ verwendet. ∎

Der Hodgesche Sternoperator[5]

Es seien $(V, (\cdot\,|\,\cdot), Or)$ ein orientierter Innenproduktraum, $m := \dim(V)$ und ω das Volumenelement von V. Ferner sei $\{e_1, \ldots, e_m\}$ eine ONB von V, und $\{\varepsilon^1, \ldots, \varepsilon^m\}$ sei die zugehörige Dualbasis.

Wir definieren nun auf $\bigwedge^r V^*$ ein Skalarprodukt $(\cdot\,|\,\cdot)_r$ wie folgt:
Für $r = 0$ sei

$$(\alpha\,|\,\beta)_0 := \alpha\beta \;, \qquad \alpha, \beta \in \bigwedge^0 V^* = \mathbb{R} \;. \tag{2.14}$$

Für $1 \le r \le m$ seien

$$\alpha = \sum_{(j)\in\mathbb{J}_r} a_{(j)} \varepsilon^{(j)} \;, \quad \beta = \sum_{(j)\in\mathbb{J}_r} b_{(j)} \varepsilon^{(j)}$$

die gemäß Satz 2.3 gültigen Basisdarstellungen von $\alpha, \beta \in \bigwedge^r V^*$. Dann setzen wir

$$(\alpha\,|\,\beta)_r := \sum_{(j)\in\mathbb{J}_r} a_{(j)} b_{(j)} \;. \tag{2.15}$$

Es ist offensichtlich, daß $(\cdot\,|\,\cdot)_r$ ein Skalarprodukt auf $\bigwedge^r V^*$ ist für $0 \le r \le m$. Aufgrund der Bemerkungen 2.14(b) und (c) gilt $(\cdot\,|\,\cdot)_1 = (\cdot\,|\,\cdot)_*$.

---

[5]Dieser und der nächste Abschnitt können bei einer ersten Lektüre überschlagen werden.

2.15 Bemerkungen (a) Die Basis $\{\, \varepsilon^{(j)} \; ; \; (j) \in \mathbb{J}_r \,\}$ ist eine ONB von $\left(\bigwedge^r V^*, (\cdot\,|\,\cdot)_r \right)$ für $1 \leq r \leq m$.

(b) Für $\alpha^1, \ldots, \alpha^r, \beta^1, \ldots, \beta^r \in V^*$ gilt

$$\left(\alpha^1 \wedge \cdots \wedge \alpha^r \,|\, \beta^1 \wedge \cdots \wedge \beta^r \right)_r = \det \left[(\alpha^j \,|\, \beta^k)_* \right] \,.$$

Beweis Es seien

$$\alpha^j = \sum_{i=1}^m a_i^j \varepsilon^i \,, \qquad \beta^k = \sum_{i=1}^m b_i^k \varepsilon^i \,, \qquad 1 \leq j, k \leq r \,,$$

sowie

$$\alpha^1 \wedge \cdots \wedge \alpha^r = \sum_{(j) \in \mathbb{J}_r} a_{(j)} \varepsilon^{(j)} \,, \qquad \beta^1 \wedge \cdots \wedge \beta^r = \sum_{(k) \in \mathbb{J}_r} b_{(k)} \varepsilon^{(k)}$$

Basisdarstellungen. Dann gelten gemäß Beispiel 2.4(d)

$$a_{(j)} = \det \left([a_{j_k}^i]_{1 \leq i, k \leq r} \right) \,, \qquad b_{(k)} = \det \left([b_{k_\ell}^i]_{1 \leq i, \ell \leq r} \right)$$

für $(j) = (j_1, \ldots, j_r) \in \mathbb{J}_r$ und $(k) = (k_1, \ldots, k_r) \in \mathbb{J}_r$.

Aufgrund der Bilinearität und Symmetrie von $(\cdot\,|\,\cdot)_*$ und der Tatsache, daß die Determinante eine alternierende r-Form ihrer Zeilenvektoren ist, finden wir (vgl. den Beweis von Satz 2.3(i))

$$
\begin{aligned}
\det \left[(\alpha^j \,|\, \beta^k)_* \right] &= \sum_{(j) \in \mathbb{J}_r} \sum_{\sigma \in \mathsf{S}_r} \operatorname{sign}(\sigma) \, a_{j_{\sigma(1)}}^1 \cdot \cdots \cdot a_{j_{\sigma(r)}}^r \det \left([(\varepsilon^{j_k} \,|\, \beta^\ell)_*]_{1 \leq k, \ell \leq r} \right) \\
&= \sum_{(j) \in \mathbb{J}_r} \det \left([a_{j_k}^i]_{1 \leq i, k \leq r} \right) \det \left([(\varepsilon^{j_k} \,|\, \beta^\ell)_*]_{1 \leq k, \ell \leq r} \right) \\
&= \sum_{(j) \in \mathbb{J}_r} a_{(j)} \det \left([(\varepsilon^{j_k} \,|\, \beta^\ell)_*]_{1 \leq k, \ell \leq r} \right) \\
&= \sum_{(j) \in \mathbb{J}_r} \sum_{(k) \in \mathbb{J}_r} a_{(j)} b_{(k)} \det \left([(\varepsilon^{j_i} \,|\, \varepsilon^{k_\ell})_*]_{1 \leq i, \ell \leq r} \right) \,.
\end{aligned}
$$

Wegen (a) gilt

$$\det \left[(\varepsilon^{j_i} \,|\, \varepsilon^{k_\ell})_* \right] = \det \left([\delta^{j_i, k_\ell}]_{1 \leq i, \ell \leq r} \right) = \begin{cases} 1 \,, & (j) = (k) \,, \\ 0 & \text{sonst} \,. \end{cases}$$

Somit erhalten wir

$$\det \left[(\alpha^j \,|\, \beta^k)_* \right] = \sum_{(j) \in \mathbb{J}_r} a_{(j)} b_{(j)} \,,$$

was wegen (2.15) die Behauptung beweist. ∎

(c) Das Skalarprodukt $(\cdot\,|\,\cdot)_r$ auf $\bigwedge^r V^*$ hängt nicht von der speziellen ONB oder der Orientierung ab, sondern nur vom inneren Produkt $(\cdot\,|\,\cdot)$ von V.

Beweis Dies folgt aus (b), Beispiel 2.4(e) und der Bilinearität. ∎

Wegen

$$\dim({\textstyle\bigwedge}^r V^*) = \binom{m}{r} = \binom{m}{m-r} = \dim({\textstyle\bigwedge}^{m-r} V^*) \tag{2.16}$$

sind $\bigwedge^r V^*$ und $\bigwedge^{m-r} V^*$ isomorphe Vektorräume für $0 \le r \le m$. Wir betrachten nun einen speziellen (natürlichen) Isomorphismus von $\bigwedge^r V^*$ auf $\bigwedge^{m-r} V^*$, den Hodgeschen Sternoperator. Dazu beachten wir, daß für jedes $\alpha \in \bigwedge^r V^*$ gemäß Satz 2.5 gilt:

$$(\beta \mapsto \alpha \wedge \beta) \in \mathcal{L}({\textstyle\bigwedge}^{m-r} V^*, {\textstyle\bigwedge}^m V^*) . \tag{2.17}$$

Da $\bigwedge^m V^*$ eindimensional ist, existiert genau ein $f_\alpha(\beta) \in \mathbb{R}$ mit

$$\alpha \wedge \beta = f_\alpha(\beta)\omega_V , \qquad \beta \in {\textstyle\bigwedge}^{m-r} V^* .$$

Wegen (2.17) gehört f_α zu $\mathcal{L}(\bigwedge^{m-r} V^*, \mathbb{R})$. Somit gibt es gemäß dem Rieszschen Darstellungssatz genau ein $*\alpha \in \bigwedge^{m-r} V^*$ mit $f_\alpha(\beta) = (*\alpha\,|\,\beta)_{m-r}$ für $\beta \in \bigwedge^{m-r} V^*$. Mit anderen Worten: Für jedes $\alpha \in \bigwedge^r V^*$ ist $*\alpha \in \bigwedge^{m-r} V^*$ das eindeutig bestimmte Element mit

$$\alpha \wedge \beta = (*\alpha\,|\,\beta)_{m-r}\,\omega_V , \qquad \beta \in {\textstyle\bigwedge}^{m-r} V^* . \tag{2.18}$$

Also gilt $*\alpha = \Theta^{-1}f_\alpha$, wobei Θ den Rieszschen Isomorphismus Θ des Raumes $\bigwedge^{m-r} V^*$ bezeichnet. Somit folgt

$$(\alpha \mapsto *\alpha) \in \mathcal{L}({\textstyle\bigwedge}^r V^*, {\textstyle\bigwedge}^{m-r} V^*) . \tag{2.19}$$

Diese Abbildung heißt **Hodgescher Sternoperator.**

2.16 Bemerkungen   **(a)** Der Hodgesche Sternoperator ist ein Isomorphismus.

Beweis   Aus $*\alpha = 0$ und (2.18) folgt $\alpha \wedge \beta = 0$ für jedes $\beta \in \bigwedge^{m-r} V^*$. Setzen wir speziell $\beta := \varepsilon^{r+1} \wedge \cdots \wedge \varepsilon^m$, so folgt aus $\alpha = \sum_{(j) \in \mathbb{J}_r} a_{(j)}\varepsilon^{(j)}$ mit $(j_0) := (1, \ldots, r)$ die Relation $0 = \alpha \wedge \beta = a_{(j_0)}\omega_V$, also $a_{(j_0)} = 0$. Analog finden wir, daß $a_{(j)} = 0$ für alle $(j) \in \mathbb{J}_r$ gilt. Folglich ist (2.19) injektiv. Nun ergibt sich die Behauptung aus (2.16). ∎

(b) Der Sternoperator hängt vom Skalarprodukt und der Orientierung von V ab. ∎

2.17 Beispiele   **(a)** Für $1 \le j \le m$ gilt: $*\varepsilon^j = (-1)^{j-1}\varepsilon^1 \wedge \cdots \wedge \widehat{\varepsilon^j} \wedge \cdots \wedge \varepsilon^m$.

Beweis   Aus der Alternierungseigenschaft, dem Assoziativitätsgesetz des äußeren Produktes und aus Beispiel 2.4(f) folgt

$$\varepsilon^j \wedge (\varepsilon^1 \wedge \cdots \wedge \widehat{\varepsilon^k} \wedge \cdots \wedge \varepsilon^m) = (-1)^{j-1}\delta^{jk}\varepsilon^1 \wedge \cdots \wedge \varepsilon^m = (-1)^{j-1}\delta^{jk}\omega$$

für $1 \le k \le m$. Nun ergibt sich die Behauptung aus (2.18) und der Tatsache, daß

$$\{\,\varepsilon^1 \wedge \cdots \wedge \widehat{\varepsilon^k} \wedge \cdots \wedge \varepsilon^m \;;\; 1 \le k \le m\,\}$$

gemäß Bemerkung 2.15(a) eine ONB von $\bigwedge^{m-1} V^*$ ist. ∎

(b) Für $1 \leq j \leq m$ gilt

$$*(\varepsilon^1 \wedge \cdots \wedge \widehat{\varepsilon^j} \wedge \cdots \wedge \varepsilon^r) = (-1)^{m-j}\varepsilon^j \ .$$

Beweis Wegen

$$(\varepsilon^1 \wedge \cdots \wedge \widehat{\varepsilon^j} \wedge \cdots \wedge \varepsilon^m) \wedge \varepsilon^k = (-1)^{m-j}\delta^{jk}\omega$$

folgt die Aussage wie im voranstehenden Beweis. ∎

(c) $*1 = \omega$ und $*\omega = 1$.

(d) Wir betrachten nun den allgemeinen, (a) und (b) umfassenden Fall. Es seien also $1 \leq r \leq m-1$ und $(j) \in \mathbb{J}_r$. Dann gibt es genau ein $(j^c) \in \mathbb{J}_{m-r}$, derart daß $(j) \vee (j^c) := (j_1, \ldots, j_r, j_1^c, \ldots, j_{m-r}^c)$ eine Permutation von $\{1, \ldots, m\}$ ist. Mit $s(j) := \operatorname{sign}\bigl((j) \vee (j^c)\bigr)$ gilt dann

$$*\varepsilon^{(j)} = s(j)\varepsilon^{(j^c)} \ . \tag{2.20}$$

Somit folgt für $\alpha = \sum_{(j)\in\mathbb{J}_r} a_{(j)}\varepsilon^{(j)} \in \bigwedge^r V^*$

$$*\alpha = \sum_{(j)\in\mathbb{J}_r} s(j)a_{(j)}\varepsilon^{(j^c)} \ .$$

Beweis Für $(k) \in \mathbb{J}_{m-r}$ mit $(k) \neq (j^c)$ gilt $\varepsilon^{(j)} \wedge \varepsilon^{(k)} = 0$, da mindestens ein ε^{j_i} in diesem Produkt zweimal vorkommt. Für $(k) = (j^c)$ leiten wir aus (2.3)

$$\varepsilon^{(j)} \wedge \varepsilon^{(j^c)} = s(j)\omega \tag{2.21}$$

ab. Nun folgt (2.20) aus (2.18) und Bemerkung 2.15(a). ∎

(e) Für $\alpha \in \bigwedge^r V^*$ mit $0 \leq r \leq m$ gilt $**\alpha := *(*\alpha) = (-1)^{r(m-r)}\alpha$.

Beweis Für $(j),(k) \in \mathbb{J}_r$ folgt aus (2.18), (d) und Satz 2.5(iii)

$$\bigl(**\varepsilon^{(j)} \,\big|\, \varepsilon^{(k)}\bigr)_r \omega = (*\varepsilon^{(j)}) \wedge \varepsilon^{(k)} = s(j)\varepsilon^{(j^c)} \wedge \varepsilon^{(k)} = (-1)^{r(m-r)}s(j)\varepsilon^{(k)} \wedge \varepsilon^{(j^c)} \ .$$

Wegen $\varepsilon^{(k)} \wedge \varepsilon^{(j^c)} = 0$ für $(k) \neq (j)$ und (2.21) finden wir somit

$$\bigl(**\varepsilon^{(j)} \,\big|\, \beta\bigr)_r = (-1)^{r(m-r)}\bigl(\varepsilon^{(j)} \,\big|\, \beta\bigr)_r \ , \qquad \beta \in \bigwedge^r V^* \ .$$

Also gilt $**\varepsilon^{(j)} = (-1)^{r(m-r)}\varepsilon^{(j)}$ für $(j) \in \mathbb{J}_r$, was wegen Satz 2.3(i) die Behauptung impliziert. ∎

(f) Für $\alpha, \beta \in \bigwedge^r V^*$ sind die Beziehungen

$$\alpha \wedge *\beta = \beta \wedge *\alpha = (\alpha \,|\, \beta)_r \omega \tag{2.22}$$

richtig.

Beweis Es sei $\alpha := \beta := \varepsilon^{(j)}$. Dann gilt wegen (d) und (2.21)

$$\alpha \wedge *\beta = \alpha \wedge *\alpha = \beta \wedge *\alpha = s(j)\varepsilon^{(j)} \wedge \varepsilon^{(j^c)} = \omega = (\varepsilon^{(j)}\,|\,\varepsilon^{(j)})_r\omega = (\alpha\,|\,\beta)_r\omega \ .$$

Für $\alpha := \varepsilon^{(j)}$ und $\beta := \varepsilon^{(k)}$ mit $(j) \neq (k)$ erhalten wir aus (d)

$$\alpha \wedge *\beta = s(k)\varepsilon^{(j)} \wedge \varepsilon^{(k^c)} = 0 = s(j)\varepsilon^{(k)} \wedge \varepsilon^{(j^c)} = \beta \wedge *\alpha \ .$$

Aus Bemerkung 2.15(a) folgt außerdem $(\alpha\,|\,\beta)_r = 0$. Also gilt (2.22) auch in diesem Fall. Nun ergibt sich die Behauptung wiederum aus Satz 2.3(i). ∎

Indefinite innere Produkte

Für einige Anwendungen, insbesondere in der Physik, muß die Annahme, daß das Skalarprodukt positiv definit sei, fallengelassen werden. Wir werden deshalb hier kurz auf die Modifikationen eingehen, die in diesem Fall vorzunehmen sind.

Eine Bilinearform $\mathfrak{b} : V \times V \to \mathbb{R}$ heißt **nicht ausgeartet**, wenn es zu jedem $y \in V \setminus \{0\}$ ein $x \in V$ gibt mit $\mathfrak{b}(x,y) \neq 0$. Sie ist **symmetrisch**, wenn

$$\mathfrak{b}(x,y) = \mathfrak{b}(y,x) \ , \qquad x,y \in V \ ,$$

erfüllt ist.

Es sei $\mathfrak{b} : V \times V \to \mathbb{R}$ eine nicht ausgeartete symmetrische Bilinearform auf $V := \big(V, (\cdot\,|\,\cdot)\big)$. In den folgenden Bemerkungen stellen wir einige wichtige Eigenschaften von $\mathfrak{b}$ zusammen.

2.18 Bemerkungen (a) Es gibt eine $\mathfrak{b}$-**Orthonormalbasis** ($\mathfrak{b}$-ONB) von V, d.h., es gibt eine Basis $\{b_1, \ldots, b_m\}$ von V mit $\mathfrak{b}(b_j, b_k) = \pm\delta_{jk}$ für $1 \leq j, k \leq m$. Falls r bzw. s die Anzahl der Plus- bzw. Minuszeichen bezeichnet, so gilt $r + s = m$. Die Zahl $t := r - s$ heißt **Signatur** von $\mathfrak{b}$. Sie ist, ebenso wie r und s, unabhängig von der Wahl der $\mathfrak{b}$-ONB. Insbesondere gilt[6]

$$(-1)^s = \mathrm{sign}(\mathfrak{b}) := \mathrm{sign}\big(\det\big[\mathfrak{b}(b_j, b_k)\big]\big) \ .$$

Beweis Aus Theorem VII.4.2(iii) folgt leicht, daß $\mathfrak{b}$ stetig ist. Dann ist $\mathfrak{b}(x, \cdot) : V \to \mathbb{R}$ eine stetige Linearform auf V. Also garantiert der Rieszsche Darstellungssatz, d.h. Theorem VII.2.14, die Existenz eines eindeutig bestimmten $\mathfrak{B}x \in V$ mit

$$\mathfrak{b}(x,y) = \big(\mathfrak{B}x\,|\,y\big) \ , \qquad y \in V \ .$$

Aus der Linearität von $\mathfrak{b}(\cdot, y)$ folgt, daß $x \mapsto \mathfrak{B}x$ linear ist. Also gehört $\mathfrak{B}$ gemäß Theorem VII.1.6 zu $\mathcal{L}(V)$, und es gilt

$$\mathfrak{b}(x,y) = \big(\mathfrak{B}x\,|\,y\big) \ , \qquad x,y \in V \ .$$

Die Abbildung $\mathfrak{B}$ heißt **Darstellungsoperator** von $\mathfrak{b}$ bezüglich $(\cdot\,|\,\cdot)$. Da $\mathfrak{b}$ nicht ausgeartet ist, ist $\mathfrak{B}$ ein Automorphismus von V (und umgekehrt), und da $\mathfrak{b}$ symmetrisch ist, trifft dies auch auf $\mathfrak{B}$ zu.

---

[6] $\mathrm{sign}(\mathfrak{b})$ darf nicht mit der Signatur t verwechselt werden. Offensichtlich gilt $2\,\mathrm{sign}(\mathfrak{b}) = m - t$.

Weil wir V wegen Bemerkung 2.1(a) mit $\mathbb{R}^m$ identifizieren können, garantiert der Satz über die Hauptachsentransformation[7] die Existenz einer ONB $\{v_1, \ldots, v_m\}$ von V und von Eigenwerten $\lambda_1 \geq \cdots \geq \lambda_m$ von $\mathfrak{B}$ mit

$$\mathfrak{B}v_j = \lambda_j v_j \,, \qquad 1 \leq j \leq m \,. \tag{2.23}$$

Da $\mathfrak{b}$ nicht ausgeartet ist, gilt $\lambda_j \neq 0$ für $1 \leq j \leq m$. Wir setzen $b_j := v_j / \sqrt{|\lambda_j|}$. Dann ist $\{b_1, \ldots, b_m\}$ eine Basis von V, und aus (2.23) folgt

$$\mathfrak{b}(b_j, b_k) = (\mathfrak{B}b_j \,|\, b_k) = (\mathfrak{B}v_j \,|\, v_k) / \sqrt{|\lambda_j \lambda_k|} = \lambda_j (v_j \,|\, v_k) / \sqrt{|\lambda_j \lambda_k|} = \mathrm{sign}(\lambda_j) \delta_{jk}$$

für $1 \leq j, k \leq m$.

Um die Unabhängigkeit von $t = r - s$ von der Wahl der $\mathfrak{b}$-ONB zu zeigen, genügt es wegen $r + s = m$, diejenige von r zu beweisen. Es sei also $\{c_1, \ldots, c_m\}$ eine $\mathfrak{b}$-ONB von V mit $\mathfrak{b}(c_j, c_j) = 1$ für $1 \leq j \leq \rho$ und $\mathfrak{b}(c_j, c_j) = -1$ für $\rho + 1 \leq j \leq m$. Wir zeigen, daß die Vektoren $b_1, \ldots, b_r, c_{\rho+1}, \ldots, c_m$ linear unabhängig sind. Dann folgt $r + (m - \rho) \leq m$, also $r \leq \rho$. Durch Vertauschen der beiden $\mathfrak{b}$-ONB erhalten wir analog $\rho \leq r$, somit die Behauptung.

Es gelte also

$$\beta_1 b_1 + \cdots + \beta_r b_r = \gamma_{\rho+1} c_{\rho+1} + \cdots + \gamma_m c_m$$

mit reellen Zahlen $\beta_1, \ldots, \beta_r, \gamma_{\rho+1}, \ldots, \gamma_m$. Jede lineare Abhängigkeitsrelation für die Menge $\{b_1, \ldots, b_r, c_{\rho+1}, \ldots, c_m\}$ läßt sich so schreiben. Dann gilt für $v := \beta_1 b_1 + \cdots + \beta_r b_r$

$$\mathfrak{b}(v, v) = \sum_{j=1}^{r} \beta_r^2 = - \sum_{j=\rho+1}^{m} \gamma_j^2 \,,$$

was $\beta_1 = \cdots = \beta_r = \gamma_{\rho+1} = \cdots = \gamma_m = 0$ impliziert. Die letzte Behauptung ist nun klar. ∎

(b) (Rieszscher Darstellungssatz) Zu jedem $v^* \in V^*$ gibt es genau ein $v \in V$ mit $\mathfrak{b}(v, w) = \langle v^*, w \rangle$ für $w \in W$. Die Abbildung

$$\Theta_{\mathfrak{b}} : V \to V^* \,, \qquad v \mapsto \mathfrak{b}(v, \cdot)$$

ist ein Vektorraumisomorphismus, der **Rieszsche Isomorphismus** bezüglich $\mathfrak{b}$. Die Aussagen von Bemerkung 2.14(a) gelten auch in diesem Fall.

Beweis Mit dem Darstellungsoperator $\mathfrak{B}$ von $\mathfrak{b}$ und dem Rieszschen Isomorphismus Θ von V folgt aus Theorem VII.2.14

$$\mathfrak{b}(v, w) = (\mathfrak{B}v \,|\, w) = \langle \Theta \mathfrak{B}v, w \rangle \,, \qquad v, w \in V \,.$$

Also erhalten wir mit $\Theta_{\mathfrak{b}} := \Theta \mathfrak{B}$ die Behauptung. ∎

(c) Für jede Basis $\{v_1, \ldots, v_m\}$ von V ist die **Gramsche Determinante** bezüglich $\mathfrak{b}$,

$$G_{\mathfrak{b}} := \det\big([\mathfrak{b}(v_j, v_k)]\big) \,,$$

von Null verschieden.

---

[7]Vgl. Beispiel VII.10.17(b).

Beweis Die Determinante $G_\mathfrak{b}$ ist genau dann Null, wenn das lineare Gleichungssystem

$$\sum_{k=1}^{m} \mathfrak{b}(v_j, v_k)\xi^k = 0 , \qquad 1 \leq j \leq m , \tag{2.24}$$

eine nichttriviale Lösung besitzt. Mit $v := \sum_{k=1}^{m} \xi^k v_k$ ist (2.24) äquivalent zu $\mathfrak{b}(v_j, v) = 0$ für $1 \leq j \leq m$. Da $\{v_1, \ldots, v_m\}$ eine Basis von V und $\mathfrak{b}$ nicht ausgeartet ist, folgt $v = 0$, also die Behauptung. ∎

(d) Es seien $(b_1, \ldots, b_m)$ eine positive Basis von V, $(\beta^1, \ldots, \beta^m)$ die zugehörige Dualbasis und $\mathfrak{B}$ sei unitär. Dann gilt

$$\varepsilon^1 \wedge \cdots \wedge \varepsilon^m = \sqrt{|G_\mathfrak{b}|}\, \beta^1 \wedge \cdots \wedge \beta^m .$$

Beweis Der erste Teil des Beweises von Satz 2.13 zeigt, daß

$$\varepsilon^1 \wedge \cdots \wedge \varepsilon^m = \det(B)\beta^1 \wedge \cdots \wedge \beta^m$$

gilt, wobei $B \in \mathcal{L}(V)$ die Übergangsabbildung von $(e_1, \ldots, e_m)$ zu $(b_1, \ldots, b_m)$ ist. Mit dem Darstellungsoperator $\mathfrak{B}$ von $\mathfrak{b}$ finden wir

$$\mathfrak{b}(b_j, b_k) = (\mathfrak{B}b_j \,|\, b_k) = (\mathfrak{B}Be_j \,|\, Be_k) = (B^*\mathfrak{B}Be_j \,|\, e_k) , \qquad 1 \leq j, k \leq m .$$

Wie im Beweis von Satz 2.13 impliziert dies

$$G_\mathfrak{b} = \det\big[\mathfrak{b}(b_j, b_k)\big] = \det(B^*\mathfrak{B}B) = \det(\mathfrak{B})\big(\det(B)\big)^2 .$$

Wegen $|\det(\mathfrak{B})| = 1$ folgt $\big(\det(B)\big)^2 = |G_\mathfrak{b}|$, was die Behauptung impliziert. ∎

Es sei nun $\mathcal{O}r$ eine Orientierung von V, und $\mathfrak{b}$ sei eine nicht ausgeartete symmetrische Bilinearform auf V. Ferner seien $(e_1, \ldots, e_m)$ eine positive $\mathfrak{b}$-ONB von V und $(\varepsilon^1, \ldots, \varepsilon^m)$ ihre Dualbasis.

Auf V^* definieren wir durch

$$\mathfrak{b}_*(v^*, w^*) := \mathfrak{b}(\Theta_\mathfrak{b}^{-1}v^*, \Theta_\mathfrak{b}^{-1}w^*) , \qquad v^*, w^* \in V^* .$$

die nicht ausgeartete symmetrische Bilinearform $\mathfrak{b}_*$. Für $\alpha^1, \ldots, \alpha^r, \beta^1, \ldots, \beta^r \in V^*$ setzen wir

$$\mathfrak{b}_r(\alpha^1 \wedge \cdots \wedge \alpha^r, \beta^1 \wedge \cdots \wedge \beta^r) := \det\big[\mathfrak{b}_*(\alpha^j, \beta^k)\big] ,$$

also $\mathfrak{b}_1 = \mathfrak{b}_*$, und definieren

$$\mathfrak{b}_r : \textstyle\bigwedge^r V^* \times \bigwedge^r V^* \to \mathbb{R}$$

für $r \geq 1$ durch bilineare Fortsetzung mittels der Basisdarstellungen von Satz 2.3(i). Wie in (2.16)–(2.19) folgt (mit $\mathfrak{b}_0 := (\cdot\,|\,\cdot)_0$), daß es für $0 \leq r \leq m$ eine lineare Abbildung

$$\textstyle\bigwedge^r V^* \to \bigwedge^{m-r} V^* , \quad \alpha \mapsto *\alpha ,$$

den **Hodgeschen Sternoperator**, gibt, die durch

$$\alpha \wedge \beta = \mathfrak{b}_{m-r}(*\alpha, \beta)\varepsilon^1 \wedge \cdots \wedge \varepsilon^m , \qquad \beta \in \textstyle\bigwedge^{m-r} V^* , \tag{2.25}$$

charakterisiert ist.

2.19 Bemerkungen (a) Der Sternoperator ist ein Isomorphismus, der nur von der Bilinearform $\flat$ und der Orientierung, nicht aber von der $\flat$-ONB abhängt.

(b) Für $1 \leq r \leq m$ ist $\{\varepsilon^{(j)} \; ; \; (j) \in \mathbb{J}_r\}$ eine $\flat_r$-ONB, und für $\omega := \varepsilon^1 \wedge \cdots \wedge \varepsilon^m$, gilt $\flat_m(\omega, \omega) = \text{sign}(\flat)$.

Beweis Die erste Aussage folgt leicht aus der Definition von $\flat_r$. Wegen

$$\flat_m(\omega, \omega) = \det\big(\text{diag}\big[\flat_*(\varepsilon^1, \varepsilon^1), \ldots, \flat_*(\varepsilon^m, \varepsilon^m)\big]\big)$$
$$= \det\big(\text{diag}\big[\flat(e_1, e_1), \ldots, \flat(e_m, e_m)\big]\big)$$

ist auch die zweite Aussage richtig. ∎

(c) Es gelten $*1 = \text{sign}(\flat)\omega$ und $*\omega = 1$ sowie

$$*\varepsilon^{(j)} = s(j)\flat_{m-r}(\varepsilon^{(j^c)}, \varepsilon^{(j^c)})\varepsilon^{(j^c)} \;, \qquad (j) \in \mathbb{J}_r \;,$$

für $1 \leq r \leq m - 1$.

Beweis Aus $\omega = 1 \wedge \omega = \flat_m(*1, \omega)\omega$ folgt $\flat_m(*1, \omega) = 1$. Wegen $\dim(\bigwedge^m V^*) = 1$ gilt $*1 = a\omega$ mit $a \in \mathbb{R}$. Hieraus erhalten wir mit (b)

$$1 = \flat_m(*1, \omega) = a\flat_m(\omega, \omega) = a\,\text{sign}(\flat) \;,$$

also $a = \text{sign}(\flat)$. Dies beweist die erste Behauptung. Analog finden wir $*\omega = 1$.

Es seien $1 \leq r \leq m - 1$ und $(j) \in \mathbb{J}_r$. Dann gilt

$$\omega = s(j)\varepsilon^{(j)} \wedge \varepsilon^{(j^c)} = s(j)\flat_{m-r}(*\varepsilon^{(j)}, \varepsilon^{(j^c)})\omega \;,$$

folglich $\flat_{m-r}(*\varepsilon^{(j)}, \varepsilon^{(j^c)}) = s(j)$. Da $\{\varepsilon^{(k)} \; ; \; (k) \in \mathbb{J}_{m-r}\}$ eine $\flat_{m-r}$-ONB von $\bigwedge^{m-r} V^*$ ist, $*\varepsilon^{(j)} \in \bigwedge^{m-r} V^*$ und $\flat_{m-r}(*\varepsilon^{(j)}, \varepsilon^{(k)}) = 0$ für $(k) \neq (j^c)$ gilt, folgt $*\varepsilon^{(j)} = a\varepsilon^{(j^c)}$ mit $a \in \mathbb{R}$, somit

$$a\flat_{m-r}(\varepsilon^{(j^c)}, \varepsilon^{(j^c)}) = \flat_{m-r}(*\varepsilon^{(j)}, \varepsilon^{(j^c)}) = s(j) \;.$$

Dies impliziert $a = s(j)\flat_{m-r}(\varepsilon^{(j^c)}, \varepsilon^{(j^c)})$. Nun ist die letzte Behauptung klar. ∎

(d) Für $\alpha \in \bigwedge^r V^*$ mit $0 \leq r \leq m$ gilt $**\alpha = \text{sign}(\flat)\,(-1)^{r(m-r)}\alpha$.

Beweis Wie im Beweis von (c) erhalten wir aus

$$\flat_r(*\varepsilon^{(j^c)}, \varepsilon^{(j)})\omega = \varepsilon^{(j^c)} \wedge \varepsilon^{(j)} = (-1)^{r(m-r)}\varepsilon^{(j)} \wedge \varepsilon^{(j^c)} = s(j)(-1)^{r(m-r)}\omega \;,$$

daß $*\varepsilon^{(j^c)} = s(j)(-1)^{r(m-r)}\flat_r(\varepsilon^{(j)}, \varepsilon^{(j)})\varepsilon^{(j)}$ gilt. Somit finden wir mit (c)

$$*(*\varepsilon^{(j)}) = *\big(s(j)\flat_{m-r}(\varepsilon^{(j^c)}, \varepsilon^{(j^c)})\varepsilon^{(j^c)}\big)$$
$$= s(j)^2(-1)^{r(m-r)}\flat_r(\varepsilon^{(j)}, \varepsilon^{(j)})\flat_{m-r}(\varepsilon^{(j^c)}, \varepsilon^{(j^c)})\varepsilon^{(j)} \;,$$

was die Behauptung nach sich zieht. ∎

(e) Für $\alpha, \beta \in \bigwedge^r V^*$ gilt

$$\alpha \wedge *\beta = \beta \wedge *\alpha = \text{sign}(\flat)\,\flat_r(\alpha, \beta)\omega \;.$$

Beweis Dies ergibt sich durch eine offensichtliche Modifikation des Beweises von Beispiel 2.17(f). ∎

Wichtige Anwendungen dieser Resultate erhalten wir, wenn wir den **Minkow-skiraum** $\mathbb{R}_{1,3}^4 := \left(\mathbb{R}^4, (\cdot\,|\,\cdot)_{1,3}\right)$, d.h. die „Raumzeit" der Relativitätstheorie mit der **Minkowskimetrik**

$$(x\,|\,y)_{1,3} := x_0 y_0 - x_1 y_1 - x_2 y_2 - x_3 y_3 ,$$

betrachten.[8] Hierauf werden wir in den späteren Paragraphen eingehen.

Eine indefinite nicht ausgeartete symmetrische Bilinearform $\mathfrak{b}$ nennt man auch **indefinites inneres Produkt**, und dementsprechend heißt $(V, \mathfrak{b})$ **indefiniter Innenproduktraum**.

Tensoren

Der Vollständigkeit halber gehen wir noch kurz auf den Begriff allgemeiner Tensoren ein, denen wir in späteren Paragraphen verschiedentlich begegnen werden. Es seien $r, s \in \mathbb{N}$. Eine $(r + s)$-lineare Abbildung

$$\gamma : \underbrace{V^* \times \cdots \times V^*}_{r} \times \underbrace{V \times \cdots \times V}_{s} \to \mathbb{R}$$

heißt **Tensor auf V vom Typ** (r, s) oder (r, s)-**Tensor**. Genauer heißt γ **kontravariant von der Ordnung** r und **kovariant von der Ordnung** s (oder r-**kontravariant** und s-**kovariant**). Wir bezeichnen mit $T_s^r(V)$ den normierten[9] Vektorraum aller (r, s)-**Tensoren** auf V.

Für $\gamma_1 \in T_{s_1}^{r_1}(V)$ und $\gamma_2 \in T_{s_2}^{r_2}(V)$ wird das **Tensorprodukt** $\gamma_1 \otimes \gamma_2$ durch

$$\gamma_1 \otimes \gamma_2(\alpha^1, \ldots, \alpha^{r_1}, \beta^1, \ldots, \beta^{r_2}, v_1, \ldots, v_{s_1}, w_1, \ldots, w_{s_2})$$
$$:= \gamma_1(\alpha^1, \ldots, \alpha^{r_1}, v_1, \ldots, v_{s_1})\gamma_2(\beta^1, \ldots, \beta^{r_2}, w_1, \ldots, w_{s_2})$$

mit $\alpha^1, \ldots, \alpha^{r_1}, \beta^1, \ldots, \beta^{r_2} \in V^*$ und $v_1, \ldots, v_{s_1}, w_1, \ldots, w_{s_2} \in V$ definiert.

Im folgenden identifizieren wir wie üblich V^{**} mit V mittels des kanonischen Isomorphismus κ von Bemerkung 2.8.

2.20 Bemerkungen   (a) $T_0^1(V) = V$ und $T_1^0(V) = V^*$ sowie $T_2^0(V) = \mathcal{L}^2(V, \mathbb{R})$.

(b) Zu $\gamma \in T_1^1(V)$ existiert genau ein $C \in \mathcal{L}(V)$ mit

$$\gamma(v^*, v) = \langle v^*, Cv \rangle , \qquad v \in V , \quad v^* \in V^* . \tag{2.26}$$

Die Abbildung

$$T_1^1(V) \to \mathcal{L}(V) , \quad \gamma \mapsto C$$

ist ein isometrischer Isomorphismus.

---

[8]In der Relativitätstheorie entspricht die „0-te Koordinate" der Zeit.
[9]Vgl. Theorem VII.4.2.

Beweis Für $v \in V$ gehört $\gamma(\cdot, v)$ zu $V^{**} = V$. Da γ bilinear ist, folgt

$$C := \big(v \mapsto \gamma(\cdot, v) \big) \in \mathcal{L}(V)$$

mit $\langle v^*, Cv \rangle = \gamma(v^*, v)$ für $(v, v^*) \in V \times V^*$. Umgekehrt definiert jedes $C \in \mathcal{L}(V)$ vermöge (2.26) ein $\gamma \in T_1^1(V)$. Die letzte Behauptung ist nun klar. ∎

(c) Das Tensorprodukt ist bilinear und assoziativ.

(d) Mit $m := \dim(V)$ gilt $\dim\big(T_s^r(V)\big) = m^{r+s}$. Sind $(e_1, \ldots, e_m)$ eine Basis von V und $(\varepsilon^1, \ldots, \varepsilon^m)$ ihre Dualbasis, so ist

$$\big\{ e_{j_1} \otimes \cdots \otimes e_{j_r} \otimes \varepsilon^{k_1} \otimes \cdots \otimes \varepsilon^{k_s} \ ; \ j_i, k_i \in \{1, \ldots, m\} \big\}$$

eine Basis von $T_s^r(V)$.

Beweis Der einfache Nachweis bleibt dem Leser überlassen. ∎

(e) $\bigwedge^r V^*$ ist ein Untervektorraum von $T_r^0(V)$.

(f) Die Dualitätspaarung $\langle \cdot, \cdot \rangle : V^* \times V \to \mathbb{R}$ ist ein $(1,1)$-Tensor auf V. ∎

Aufgaben

1 Für $T \in \mathcal{L}^r(V, \mathbb{R})$ wird der **Alternator**, $\mathrm{Alt}(T)$, durch

$$\mathrm{Alt}(T)(v_1, \ldots, v_r) := \frac{1}{r!} \sum_{\sigma \in \mathsf{S}_r} \mathrm{sign}(\sigma) T(v_{\sigma(1)}, \ldots, v_{\sigma(r)})$$

für $v_1, \ldots, v_r \in V$ definiert. Man zeige:
(a) $\mathrm{Alt} \in \mathcal{L}\big(\mathcal{L}^r(V, \mathbb{R}), \bigwedge^r V^*\big)$.
(b) $\mathrm{Alt}^2 = \mathrm{Alt}$.

2 Für $S \in \mathcal{L}^s(V, \mathbb{R})$ und $T \in \mathcal{L}^t(V, \mathbb{R})$ wird $S \otimes T \in \mathcal{L}^{s+t}(V, \mathbb{R})$ durch

$$S \otimes T(v_1, \ldots, v_s, v_{s+1}, \ldots, v_{s+t}) := S(v_1, \ldots, v_s) T(v_{s+1}, \ldots, v_{s+t})$$

mit $v_1, \ldots, v_{s+t} \in V$ definiert. Man zeige: Für $\alpha \in \bigwedge^r V^*$ und $\beta \in \bigwedge^s V^*$ gilt

$$\alpha \wedge \beta = \frac{(r+s)!}{r! \, s!} \, \mathrm{Alt}(\alpha \otimes \beta) \ .$$

In den Aufgaben 3–8 seien $\big(V, (\cdot \mid \cdot), \mathcal{O}r\big)$ ein orientierter Innenproduktraum, ω sein Volumenelement und Θ der Rieszsche Isomorphismus.

3 Es sei $\dim(V) = 3$. Dann wird das **Vektor-** oder **Kreuzprodukt** $\times$ auf V durch

$$\times : V \times V \to V \ , \quad (v, w) \mapsto v \times w := \Theta^{-1} \omega(v, w, \cdot)$$

definiert.[10] Es ist zu zeigen:

---

[10]Vgl. die Bemerkungen VIII.2.14.

(a) $(v \times w \,|\, u) = \omega(v, w, u)$ für $u, v, w \in V$.

(b) Das Vektorprodukt ist bilinear und alternierend.

(c) Der Vektor $v \times w$ ist genau dann von Null verschieden, wenn v und w linear unabhängig sind.

(d) Sind v und w linear unabhängig, so ist $(v, w, v \times w)$ eine positive Basis von V.

(e) Der Vektor $v \times w$ steht senkrecht auf v und w.

(f) Für $v, w \in V \setminus \{0\}$ gilt

$$|v \times w| = \sqrt{|v|^2 \,|w|^2 - (v \,|\, w)^2} = |v| \,|w| \sin \varphi \,,$$

wobei $\varphi \in [0, \pi]$ der unorientierte Winkel zwischen den Vektoren v und w ist.

(g) Es sei (e_1, e_2, e_3) eine positive ONB von V. Dann gilt für $v = \sum_j \xi^j e_j$ und $w = \sum_j \eta^j e_j$

$$v \times w = (\xi^2 \eta^3 - \xi^3 \eta^2)e_1 + (\xi^3 \eta^1 - \xi^1 \eta^3)e_2 + (\xi^1 \eta^2 - \xi^2 \eta^1)e_3 \,.$$

(h) (Graßmannidentität) $v_1 \times (v_2 \times v_3) = (v_1 \,|\, v_3)v_2 - (v_1 \,|\, v_2)v_3$.

(i) Das Vektorprodukt ist nicht assoziativ.

(j) $(v_1 \times v_2) \times (v_3 \times v_4) = \omega(v_1, v_2, v_4)v_3 - \omega(v_1, v_2, v_3)v_4 \,.$

(k) (Jacobiidentität) $v_1 \times (v_2 \times v_3) + v_2 \times (v_3 \times v_1) + v_3 \times (v_1 \times v_2) = 0$.

(Hinweise: (f) Man beachte Satz 2.13 und (a).   (h) Das Vektorprodukt ist durch seine Werte auf der Basis (e_1, e_2, e_3) bestimmt.)

4   Für $0 \leq r \leq m$ gelten die folgenden Formeln:

(a) $(*\alpha \,|\, \beta)_{m-r} = (-1)^{r(m-r)}(\alpha \,|\, *\beta)_r$ für $\alpha \in \bigwedge^r V^*$ und $\beta \in \bigwedge^{m-r} V^*$.

(b) $(*\alpha) \wedge \beta = (*\beta) \wedge \alpha$ für $\alpha, \beta \in \bigwedge^r V^*$.

(c) $*(\Theta v \wedge *\Theta w) = (v \,|\, w)$ für $v, w \in V$.

5   Es seien $(b_1, \ldots, b_m)$ eine positive Basis von V und $(\beta^1, \ldots, \beta^m)$ ihre Dualbasis. Man beweise

(a) $\beta^j \wedge *\beta^k = g^{jk} \sqrt{G} \, \beta^1 \wedge \cdots \wedge \beta^m$ für $1 \leq j, k \leq m$.

(b) $*\beta^j = \sum_{k=1}^m (-1)^{k-1} g^{jk} \sqrt{G} \, \beta^1 \wedge \cdots \wedge \widehat{\beta^k} \wedge \cdots \wedge \beta^m$ für $1 \leq j \leq m$. Falls V dreidimensional ist, besteht die Beziehung

$$*(\beta^j \wedge \beta^k) = \frac{1}{\sqrt{G}} \operatorname{sign}(j, k, \ell) \sum_{i=1}^3 g_{\ell i} \beta^i = \frac{1}{G} \operatorname{sign}(j, k, \ell) \Theta b_\ell$$

für $(j, k, \ell) \in \mathsf{S}_3$.

6   Im Fall $\dim(V) = 3$ gilt $v \times w = \Theta^{-1}\big(*(\Theta v \wedge \Theta w)\big)$ für $v, w \in V$.

7   Es seien (b_1, b_2, b_3) eine positive Basis von V und $(\beta^1, \beta^2, \beta^3)$ ihre Dualbasis. Man zeige

$$b_j \times b_k = \sqrt{G} \operatorname{sign}(j, k, \ell) \sum_{i=1}^3 g^{\ell i} b_i = \sqrt{G} \operatorname{sign}(j, k, \ell) \Theta^{-1} \beta^\ell$$

für $(j, k, \ell) \in \mathsf{S}_3$.

8 Es sei $\big(W, (\cdot\,|\,\cdot)_W, \mathcal{O}r(W)\big)$ ein orientierter Innenproduktraum, und $A \in \mathcal{L}(V, W)$ sei eine orientierungserhaltende Isometrie (d.h., $A^*\omega_W = \omega_V$). Dann ist für $0 \le r \le m$ das Diagramm

$$
\begin{array}{ccc}
\bigwedge^r V^* & \xrightarrow{\quad * \quad} & \bigwedge^{m-r} V^* \\[2pt]
A^* \big\uparrow & & \big\uparrow A^* \\[2pt]
\bigwedge^r W^* & \xrightarrow{\quad * \quad} & \bigwedge^{m-r} W^*
\end{array}
$$

kommutativ.

9 Man finde und beweise die den Aussagen der Aufgaben 4 und 5 entsprechenden Behauptungen für indefinite Innenprodukträume.

10 Für $k \in \mathbb{N}$ bezeichne $\mathbb{K}_k[X]$ den Vektorraum aller Polynome vom Grad $\le k$ über $\mathbb{K}$. Man zeige, daß $\mathbb{K}[X] = \bigoplus_{k \ge 0} \mathbb{K}_k[X]$ bezüglich der üblichen Multiplikation von Polynomen, d.h., bezüglich des Faltungsproduktes (vgl. Paragraph I.8), eine graduiert kommutative Algebra über $\mathbb{K}$ ist.

11 Es sei $(\varepsilon^0, \varepsilon^1, \varepsilon^2, \varepsilon^3)$ die Dualbasis der Standardbasis des $\mathbb{R}^4$. Für $c, E_j, H_j \in \mathbb{R}$ setze man

$$
\begin{aligned}
\alpha &:= (E_1\varepsilon^1 + E_2\varepsilon^2 + E_3\varepsilon^3) \wedge c\varepsilon^0 + (H_1\varepsilon^2 \wedge \varepsilon^3 + H_2\varepsilon^3 \wedge \varepsilon^1 + H_3\varepsilon^1 \wedge \varepsilon^2)\,, \\
\beta &:= -(H_1\varepsilon^1 + H_2\varepsilon^2 + H_3\varepsilon^3) \wedge c\varepsilon^0 + (E_1\varepsilon^2 \wedge \varepsilon^3 + E_2\varepsilon^3 \wedge \varepsilon^1 + E_3\varepsilon^1 \wedge \varepsilon^2)
\end{aligned}
$$

und berechne $*\alpha$ und $*\beta$ bezüglich $(\cdot\,|\,\cdot)_{1,3}$.

3   Die lokale Theorie der Differentialformen

In Paragraph VIII.3 haben wir Differentialformen vom Grad 1, nämlich Pfaffsche Formen, kennengelernt und einen Kalkül entwickelt, der die Grundlage für die Theorie der Kurvenintegrale darstellt. Nun dehnen wir diese Begriffe auf höhere Dimensionen aus. In einem ersten Schritt, dem dieser Paragraph gewidmet ist, führen wir Differentialformen beliebigen Grades auf offenen Teilmengen euklidischer Räume ein und stellen den Kalkül der Differentialformen in dieser „lokalen" Situation bereit. Im nächsten Paragraphen betrachten wir dann die allgemeine Situation, nämlich Differentialformen auf Mannigfaltigkeiten.

Eine Differentialform vom Grad r auf einer offenen Teilmenge X von $\mathbb{R}^m$ ist nichts anderes als eine durch $x \in X$ parametrisierte Menge von alternierenden r-Formen auf den Tangentialräumen $T_x X$. Aus diesem Grund handelt es sich im ersten Teil dieses Paragraphen eigentlich nur um Umformulierungen der in Paragraph 2 bereitgestellten Resultate der Linearen Algebra. Dies ist auch daraus ersichtlich, daß keine Sätze formuliert sind, sondern die Definitionen nur mit Bemerkungen und Beispielen erläutert werden. Die Analysis kommt erst dann ins Spiel, wenn mit der äußeren Ableitung eine Operation für Differentialformen eingeführt wird, die von analytischen Konzeptionen Gebrauch macht und über die Lineare Algebra hinausführt.

Im ganzen Paragraphen sind

- X offen in $\mathbb{R}^m$ und $\mathbb{K} = \mathbb{R}$.

Definitionen und Basisdarstellungen

Für $x \in X$ ist der Kotangentialraum $T_x^* X = \{x\} \times (\mathbb{R}^m)^*$ der Dualraum des Tangentialraumes $T_x X = \{x\} \times \mathbb{R}^m$. Folglich sind die äußeren Produkte

$$\bigwedge^r T_x^* X = \{x\} \times \bigwedge^r (\mathbb{R}^m)^* , \qquad r \in \mathbb{N} , \tag{3.1}$$

sowie die Graßmannalgebra

$$\bigwedge T_x^* X = \{x\} \times \bigwedge (\mathbb{R}^m)^*$$

von $T_x^* X$ wohldefiniert. In Verallgemeinerung von Tangential- und Kotangentialbündel werden das **Bündel der alternierenden r-Formen** auf X durch

$$\bigwedge^r T^* X := \bigcup_{x \in X} \bigwedge^r T_x^* X = X \times \bigwedge^r (\mathbb{R}^m)^*$$

und das **Graßmannbündel** von X durch

$$\bigwedge T^* X := \bigcup_{x \in X} \bigwedge T_x^* X = X \times \bigwedge (\mathbb{R}^m)^*$$

definiert. Eine Abbildung

$$\boldsymbol{\alpha} : X \to \bigwedge^r T^* X \qquad \text{mit} \quad \boldsymbol{\alpha}(x) \in \bigwedge^r T_x^* X \ , \quad x \in X \ ,$$

d.h. ein **Schnitt**[1] des Graßmannbündels, heißt **Differentialform vom Grad** r (kurz: r-**Form**) **auf** X. Wegen (3.1) besitzt jede r-Form auf X eine eindeutige Darstellung

$$\boldsymbol{\alpha}(x) = \big(x, \alpha(x)\big) \ , \qquad x \in X \ ,$$

mit dem **Hauptteil**

$$\alpha : X \to \bigwedge^r (\mathbb{R}^m)^* \ .$$

Es sei $k \in \mathbb{N} \cup \{\infty\}$. Die r-Form $\boldsymbol{\alpha}$ gehört zur **Klasse** C^k (oder ist k-mal **stetig differenzierbar**[2] bzw. **glatt** im Fall $k = \infty$), wenn dies für ihren Hauptteil gilt, d.h., wenn

$$\alpha \in C^k\big(X, \bigwedge^r (\mathbb{R}^m)^*\big) \ . \tag{3.2}$$

Diese Definition ist sinnvoll, da $\bigwedge^r (\mathbb{R}^m)^*$ gemäß Bemerkung 2.2(a) ein (abgeschlossener) Untervektorraum von $\mathcal{L}^r(\mathbb{R}^m, \mathbb{R})$ ist.

Der Einfachheit halber und um uns auf die wesentlichen Aspekte der Theorie zu beschränken, betrachten wir fast ausschließlich glatte r-Formen und glatte Vektorfelder. Den C^k-Fall werden wir im Rahmen von Bemerkungen kurz behandeln und es dem Leser überlassen, die entsprechenden Aussagen zu verifizieren.

Die Menge aller glatten r-Formen auf X bezeichnen wir mit $\Omega^r(X)$. Außerdem setzen wir zur Abkürzung

$$\mathcal{E}(X) := C^\infty(X) \ , \quad \mathcal{V}(X) := \mathcal{V}^\infty(X) \ .$$

Sind $\boldsymbol{v}_1, \ldots, \boldsymbol{v}_r$ Vektorfelder auf X und $v_1, \ldots, v_r$ ihre Hauptteile, d.h. gilt $\boldsymbol{v}_j(x) = \big(x, v_j(x)\big)$ für $x \in X$ und $1 \le j \le r$, so wird

$$\boldsymbol{\alpha}(v_1, \ldots, v_r)(x) := \boldsymbol{\alpha}(x)\big(\boldsymbol{v}_1(x), \ldots, \boldsymbol{v}_r(x)\big) \ , \qquad x \in X \ , \tag{3.3}$$

gesetzt. Dann folgt aus (VIII.3.1), daß gilt

$$\boldsymbol{\alpha}(x)\big(\boldsymbol{v}_1(x), \ldots, \boldsymbol{v}_r(x)\big) = \alpha(x)\big(v_1(x), \ldots, v_r(x)\big) \ , \qquad x \in X \ ,$$

d.h.,

$$\boldsymbol{\alpha}(\boldsymbol{v}_1, \ldots, \boldsymbol{v}_r) = \alpha(v_1, \ldots, v_r) \ . \tag{3.4}$$

Dies zeigt, daß wir, ohne Mißverständnisse befürchten zu müssen, die r-Form $\boldsymbol{\alpha}$ [bzw. das Vektorfeld $\boldsymbol{v}$] mit dem Hauptteil α [bzw. v] identifizieren können. Deswegen werden wir von nun an Differentialformen und Vektorfelder mit normaler

---

[1]Wir verwenden hier die Sprache der Theorie der „Vektorbündel", auf die wir aber nicht näher eingehen (vgl. z.B. [Con93], [Dar94] oder [HR72]), obwohl sie zu einer Vereinheitlichung diverser Betrachtungen führen würde.

[2]Eine r-Form der Klasse C^0 heißt natürlich **stetig**.

Schrift (und nicht fett gedruckt) darstellen. Der Leser wird ohne Mühe in jedem Einzelfall entscheiden können, ob die Form [bzw. das Vektorfeld] oder ihr [bzw. sein] Hauptteil gemeint ist.

Die **Addition**

$$\Omega^r(X) \times \Omega^r(X) \to \Omega^r(X) , \quad (\alpha, \beta) \mapsto \alpha + \beta$$

und das **äußere Produkt**

$$\wedge : \Omega^r(X) \times \Omega^s(X) \to \Omega^{r+s}(X) , \quad (\alpha, \beta) \mapsto \alpha \wedge \beta$$

sind punktweise auszuführen:

$$(\alpha + \beta)(x) := \alpha(x) + \beta(x) , \quad (\alpha \wedge \beta)(x) := \alpha(x) \wedge \beta(x) , \quad x \in X .$$

Es ist offensichtlich, daß diese Abbildungen wohldefiniert sind.

3.1 Bemerkungen (a) $\Omega^0(X) = \mathcal{E}(X)$.

(b) $\Omega^1(X) = \Omega_{(\infty)}(X)$, d.h., die glatten 1-Formen auf X sind die Pfaffschen Formen der Klasse C^∞ auf X.

(c) $\Omega^r(X) = \{0\}$ für $r > m$.

(d) $\Omega^r(X)$ ist für $0 \leq r \leq m$ ein unendlichdimensionaler reeller Vektorraum und ein freier $\mathcal{E}(X)$-Modul der Dimension $\binom{m}{r}$ (bezüglich der punktweisen Multiplikation). Eine Modulbasis für $\Omega^r(X)$ wird durch

$$\left\{ dx^{(j)} := dx^{j_1} \wedge \cdots \wedge dx^{j_m} ; \ (j) \in \mathbb{J}_r \right\} \tag{3.5}$$

gegeben.

Beweis Da aus (a) und der kanonischen Identifikation von $\mathbb{R}$ mit dem Unterring[3] $\mathbb{R}1$ von $\mathcal{E}(X)$ die Beziehung $\alpha \wedge \beta = \alpha\beta$ für $\alpha \in \mathbb{R}$ und $\beta \in \Omega(X)$ folgt, ergibt sich die erste Aussage unmittelbar aus Bemerkung 2.2(a) und Beispiel I.12.3(e).

Gemäß den Bemerkungen VIII.3.3 ist $\left(dx^1(x), \ldots, dx^m(x) \right)$ die Dualbasis der kanonischen Basis $\left((e_1)_x, \ldots, (e_m)_x \right)$ von $T_x X$. Somit folgen die restlichen Behauptungen aus Satz 2.3. ∎

(e) Die r-Form α auf X gehört genau dann zur Klasse C^k, wenn für jedes r-Tupel $v_1, \ldots, v_r$ in $\mathcal{V}^k(X)$ gilt:

$$\alpha(v_1, \ldots, v_r) \in C^k(X) . \tag{3.6}$$

Dies ist genau dann der Fall, wenn die Koeffizienten $a_{(j)}$ der kanonischen Basisdarstellung[4]

$$\alpha = \sum_{(j) \in \mathbb{J}_r} a_{(j)} dx^{(j)} \tag{3.7}$$

---

[3] $1(x) = 1$ für $x \in X$.

[4] Aus Satz 2.3 folgt, wie im Beweis von (d), daß (3.5) eine Basis des $\mathbb{R}^X$-Moduls aller r-Formen auf X ist.

die Beziehung

$$a_{(j)} \in C^k(X) , \qquad (j) \in \mathbb{J}_r , \tag{3.8}$$

erfüllen.

Beweis Gehört α zur Klasse C^k, so folgt aus (3.2) und Korollar VII.4.7 leicht, daß (3.6) richtig ist. Da sich aus (2.4)

$$a_{(j)} = \alpha(e_{j_1}, \ldots, e_{j_r}) \tag{3.9}$$

ergibt, folgt (3.8) aus (3.6). Ist (3.8) erfüllt, lesen wir aus (3.7) und der Konstanz der Basisformen $dx^{(j)}$ ab, daß α zur Klasse C^k gehört. ∎

(f) Das äußere Produkt[5] ist bilinear, assoziativ und graduiert antikommutativ. Folglich ist

$$\Omega(X) := \bigoplus_{r \geq 0} \Omega^r(X)$$

eine (unendlichdimensionale) assoziative, graduiert antikommutative Algebra (bezüglich der Multiplikation $\wedge$). Außerdem ist $\Omega(X)$ ein freier $\mathcal{E}(X)$-Modul der Dimension 2^m (bezüglich der punktweisen Multiplikation), der **Modul der Differentialformen** auf X.

Beweis Dies sind einfache Folgerungen aus Theorem 2.7 und (d). ∎

(g) Jedes $\alpha \in \Omega^r(X)$ ist eine alternierende r-Form auf $\mathcal{V}(X)$.

Beweis Dies folgt unmittelbar aus der Definition (3.3). ∎

(h) (Regularität) Für $k \in \mathbb{N}$ sei $\Omega^r_{(k)}(X)$ die Menge der r-Formen der Klasse C^k auf X. Dann gelten die vorstehenden Aussagen sinngemäß für $\Omega^r_{(k)}(X)$, wenn überall $\mathcal{E}(X)$ durch $C^k(X)$ ersetzt wird. ∎

Im folgenden werden wir in der Regel nicht mehr angeben, daß die Koeffizienten $a_{(j)}$ der kanonischen Basisdarstellung (3.7) von $\alpha \in \Omega^r(X)$ zu $\mathcal{E}(X)$ gehören. Dies wird als selbstverständlich erachtet.

3.2 Beispiele **(a)** Wie bereits bekannt besitzt jede Pfaffsche Form $\alpha \in \Omega^1(X)$ die kanonische Basisdarstellung

$$\alpha = \sum_{j=1}^m a_j \, dx^j .$$

(b) Für $\alpha \in \Omega^{m-1}(X)$ gilt die Basisdarstellung

$$\alpha = \sum_{j=1}^m (-1)^{j-1} a_j \, dx^1 \wedge \cdots \wedge \widehat{dx^j} \wedge \cdots \wedge dx^m .$$

---

[5]Statt äußeres Produkt sagt man auch wieder **Dach-** oder **Keilprodukt**.

(c) Im Fall $m = 3$ hat $\alpha \in \Omega^2(X)$ die Basisdarstellung[6]

$$\alpha = a_1 \, dx^2 \wedge dx^3 + a_2 \, dx^3 \wedge dx^1 + a_3 \, dx^1 \wedge dx^2 \ .$$

Beweis Wegen $dx^3 \wedge dx^2 = -dx^2 \wedge dx^3$ folgt dies aus (b). ∎

(d) Jedes $\alpha \in \Omega^m(X)$ hat die Form $a \, dx^1 \wedge \cdots \wedge dx^m$ mit $a \in \mathcal{E}(X)$.

(e) Für $m = 3$ und

$$\alpha = a_1 \, dx^1 + a_2 \, dx^2 + a_3 \, dx^3 \ , \qquad \beta = b_1 \, dx^1 + b_2 \, dx^2 + b_3 \, dx^3$$

gilt

$$\alpha \wedge \beta = (a_2 b_3 - a_3 b_2) \, dx^2 \wedge dx^3 + (a_3 b_1 - a_1 b_3) \, dx^3 \wedge dx^1$$
$$+ (a_1 b_2 - a_2 b_1) \, dx^1 \wedge dx^2 \ .$$

Beweis Dies ergibt sich aus Bemerkung 3.1(f). ∎

Rücktransformationen

Es seien Y offen in $\mathbb{R}^n$ und $\varphi \in C^\infty(X, Y)$. In Verallgemeinerung der Rücktransformation Pfaffscher Formen definieren wir die **Rücktransformation** (oder den **pull back**) von Differentialformen mittels φ,

$$\varphi^* : \Omega(Y) \to \Omega(X) \ , \tag{3.10}$$

durch

$$(\varphi^* \beta)(x) := (T_x \varphi)^* \beta(\varphi(x)) \ , \qquad x \in X \ , \quad \beta \in \Omega(Y) \ . \tag{3.11}$$

Gehört β zu $\Omega^r(Y)$, so liegt $(T_x \varphi)^* \beta(\varphi(x))$ wegen $T_x \varphi \in \mathcal{L}(T_x X, T_{\varphi(x)} Y)$ und Bemerkung 2.9(a) sowie $\beta(\varphi(x)) \in \bigwedge^r T^*_{\varphi(x)} Y$ in $\bigwedge^r T^*_x X$. Aus $T_x \varphi = (\varphi(x), \partial\varphi(x))$ und

$$\partial\varphi \in C^\infty(X, \mathcal{L}(\mathbb{R}^m, \mathbb{R}^n)) \ ,$$

und da aufgrund von (3.4)

$$\varphi^* \beta(v_1, \ldots, v_r) = (\beta \circ \varphi)((\partial\varphi)v_1, \ldots, (\partial\varphi)v_r) \ , \qquad v_1, \ldots, v_r \in \mathcal{V}(X) \ ,$$

gilt, sehen wir mittels Bemerkung 3.1(e), daß $\varphi^* \beta$ zu $\Omega^r(X)$ gehört. Also ist (3.10) durch (3.11) wohldefiniert.

---

[6]Man beachte die zyklische Vertauschung der Indizes.

3.3 Bemerkungen **(a)** Die Abbildung (3.10) ist $\mathbb{R}$-linear und erfüllt

$$(\psi \circ \varphi)^* = \varphi^* \circ \psi^* \ , \quad (\mathrm{id}_X)^* = \mathrm{id}_{\Omega(X)} \ ,$$

d.h., die Rücktransformation operiert kontravariant. Außerdem ist sie mit dem äußeren Produkt verträglich:

$$\varphi^*(\alpha \wedge \beta) = \varphi^*\alpha \wedge \varphi^*\beta \ , \qquad \alpha, \beta \in \Omega(Y) \ .$$

Somit ist φ^* ein Algebrahomomorphismus von $\Omega(Y)$ nach $\Omega(X)$.

Beweis Dies folgt aus den Bemerkungen 2.9 und der in Bemerkung VII.10.2(b) angegebenen Kettenregel. ■

(b) (Regularität) Natürlich kann die Rücktransformation auch für $\varphi \in C^{k+1}(X, Y)$ definiert werden. Dann entsteht aus einer r-Form der Klasse C^{k+1} im allgemeinen aber nur eine r-Form der Klasse C^k, während aus einer r-Form der Klasse C^k wieder eine derselben Klasse entsteht, falls $1 \leq r \leq m$ gilt. Im Fall $r = 0$ dagegen bleibt die Regularität erhalten. ■

3.4 Beispiele Es bezeichne $(x^1, \dots, x^m)$ bzw. $(y^1, \dots, y^n)$ die euklidischen Koordinaten von X bzw. Y.

(a) $\varphi^* \, dy^j = d\varphi^j = \sum_{k=1}^{m} \partial_k \varphi^j \, dx^k \ , \qquad 1 \leq j \leq n \ .$

Beweis Vgl. Beispiel VIII.3.14(a). ■

(b) Für

$$\beta = \sum_{(j) \in \mathbb{J}_r} b_{(j)} \, dy^{(j)} \in \Omega^r(Y)$$

gilt

$$\varphi^*\beta = \sum_{(j) \in \mathbb{J}_r} (\varphi^* b_{(j)}) \, d\varphi^{(j)} \ .$$

Beweis Dies ist eine Konsequenz aus (a) und Bemerkung 3.3(a). ■

(c) Im Fall $m = n$ gilt

$$\varphi^*(dy^1 \wedge \cdots \wedge dy^m) = d\varphi^1 \wedge \cdots \wedge d\varphi^m = (\det \partial\varphi) \, dx^1 \wedge \cdots \wedge dx^m \ .$$

Beweis Die erste Gleichheit folgt aus (b). Wegen $\det T_x\varphi = \det \partial\varphi(x)$ für $x \in X$ erhalten wir nun die Behauptung aus Satz 2.10 und der Konstanz der Basisform $dx^1 \wedge \cdots \wedge dx^m$ auf X. ■

(d) Es seien $m = 2$ und $n = 3$, und (u, v) bzw. (x, y, z) bezeichne die euklidischen Koordinaten von X bzw. Y. Dann gilt[7]

$$\varphi^*(a\, dy \wedge dz + b\, dz \wedge dx + c\, dx \wedge dy)$$
$$= \left[a \circ \varphi \, \frac{\partial(\varphi^2, \varphi^3)}{\partial(u, v)} + b \circ \varphi \, \frac{\partial(\varphi^3, \varphi^1)}{\partial(u, v)} + c \circ \varphi \, \frac{\partial(\varphi^1, \varphi^2)}{\partial(u, v)} \right] du \wedge dv \ .$$

Beweis Wegen $d\varphi^j = \varphi_u^j \, du + \varphi_v^j \, dv$ für $1 \leq j \leq 3$ sowie

$$\frac{\partial(\varphi^2, \varphi^3)}{\partial(u, v)} = \det \begin{bmatrix} \varphi_u^2 & \varphi_v^2 \\ \varphi_u^3 & \varphi_v^3 \end{bmatrix} = \varphi_u^2 \varphi_v^3 - \varphi_u^3 \varphi_v^2$$

etc. folgt die Behauptung aus (b) und Beispiel 3.2(e). ∎

(e) (Ebene Polarkoordinaten) Es sei

$$f_2 \colon \mathbb{R}^2 \to \mathbb{R}^2 \ , \quad (r, \varphi) \mapsto (x, y) := (r \cos \varphi, r \sin \varphi)$$

die ebene Polarkoordinatenabbildung. Dann gilt

$$f_2^*(dx \wedge dy) = r \, dr \wedge d\varphi \ .$$

Beweis Dies folgt aus (c) und Beispiel X.8.7. ∎

(f) (Kugelkoordinaten) Für die Kugelkoordinatenabbildung

$$f_3 \colon \mathbb{R}^3 \to \mathbb{R}^3 \ , \quad (r, \varphi, \vartheta) \mapsto (x, y, z) := (r \cos \varphi \sin \vartheta, r \sin \varphi \sin \vartheta, r \cos \vartheta)$$

gilt

$$f_3^*(dx \wedge dy \wedge dz) = -r^2 \sin \vartheta \, dr \wedge d\varphi \wedge d\vartheta \ .$$

Beweis Lemma X.8.8 und (c). ∎

(g) (m-dimensionale Polarkoordinaten) Es sei

$$f_m \colon \mathbb{R}^m \to \mathbb{R}^m \ , \quad (r, \varphi, \vartheta_1, \ldots, \vartheta_{m-2}) \mapsto (x^1, \ldots, x^m)$$

die m-dimensionale Polarkoordinatenabbildung (X.8.17). Dann gilt

$$f_m^* \, dx^1 \wedge \cdots \wedge dx^m = (-1)^m r^{m-1} w_m(\vartheta) \, dr \wedge d\varphi \wedge d\vartheta_1 \wedge \cdots \wedge d\vartheta_{m-2}$$

mit $w_m(\vartheta) := \sin \vartheta_1 \sin^2 \vartheta_2 \cdots \sin^{m-2} \vartheta_{m-2}$.

Beweis Dies folgt aus Lemma X.8.8. ∎

---

[7]Vgl. Bemerkung VII.7.9.

(h) (Zylinderkoordinaten) Es sei

$$f : \mathbb{R}^3 \to \mathbb{R}^3 , \quad (r, \varphi, z) \mapsto (x, y, z) := (r \cos \varphi, r \sin \varphi, z)$$

die Zylinderkoordinatenabbildung. Dann gilt

$$f^*(dx \wedge dy \wedge dz) = r \, dr \wedge d\varphi \wedge dz .$$

Beweis Beispiel VII.9.11(c) und (c). ∎

(i) Ist φ eine konstante Abbildung, so gilt $\varphi^* \alpha = 0$ für $\alpha \in \Omega^r(Y)$ mit $r \geq 1$.

Beweis Wegen $d\varphi^j = 0$ für $1 \leq j \leq n$ ist die Behauptung eine Folgerung aus (b). ∎

(j) Es sei $m \leq n$, und $i : \mathbb{R}^m \hookrightarrow \mathbb{R}^n$ sei die natürliche Einbettung, welche $\mathbb{R}^m$ mit $\mathbb{R}^m \times \{0\} \subset \mathbb{R}^n$ identifiziert. Ferner sei Y offen in $\mathbb{R}^n$ mit

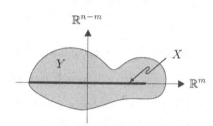

$$Y \cap \left(\mathbb{R}^m \times \{0\} \right) \supset i(X) .$$

Man beachte, daß X eine Untermannigfaltigkeit der Dimension m von Y ist.

Für $\alpha \in \Omega^r(Y)$ sei $\alpha \,|\, X$, die **Restriktion** von α auf X, definiert durch

$$(\alpha \,|\, X)(x) := \alpha(x, 0) \,|\, (T_x X)^r , \quad x \in X .$$

Mit anderen Worten: Hat α die Basisdarstellung

$$\alpha = \sum_{(j) \in \mathbb{J}^n_r} a_{(j)} \, dx^{(j)} ,$$

so folgt

$$(\alpha \,|\, X)(x) = \sum_{\substack{(j) \in \mathbb{J}^n_r \\ j_r \leq m}} a_{(j)}(x, 0) \, dx^{(j)} , \quad x \in X .$$

Dann gilt: $i^* \alpha = \alpha \,|\, X$.

Beweis Wegen der Linearität von i^* und derjenigen der Restriktionsabbildung

$$\Omega^r(Y) \to \Omega^r(X) , \quad \alpha \mapsto \alpha \,|\, X$$

genügt es, den Fall $\alpha = a \, dx^{(j)}$ für $(j) \in \mathbb{J}^n_r$ zu betrachten. Dann folgt aus (b)

$$i^* \alpha = (i^* a) \, di^{(j)} .$$

Aufgrund von $(i^* a)(x) = a(x, 0)$ und $i^k = \mathrm{pr}_k \, i = 0$ für $m + 1 \leq k \leq n$ (mit der kanonischen Koordinatenprojektion $\mathrm{pr}_k : \mathbb{R}^n \to \mathbb{R}$) gilt $di^{(j)} = 0$ für $j_r > m$. Für $j_r \leq m$ finden wir $di^{(j)} = dx^{(j)}$. Nun ist die Behauptung offensichtlich. ∎

(k) Wir bezeichnen mit $(q,p) \in \mathbb{R}^m \times \mathbb{R}^m = \mathbb{R}^{2m}$ den allgemeinen Punkt von $\mathbb{R}^{2m}$ und definieren die **symplektische (Standard-)Form** auf $\mathbb{R}^{2m}$ durch

$$\sigma := \sum_{j=1}^{m} dp^j \wedge dq^j \ .$$

Ferner bezeichnen wir mit $\mathrm{Sp}(2m)$ die Menge aller $S \in \mathcal{L}(\mathbb{R}^{2m})$ mit $S^*\sigma = \sigma$. Dann ist $\mathrm{Sp}(2m)$ eine Untergruppe von $\mathcal{L}\mathrm{aut}(\mathbb{R}^{2m})$, die **symplektische Gruppe**, und für $S \in \mathrm{Sp}(2m)$ gilt $\det(S) = 1$.

Beweis Wir definieren $\alpha \in \Omega^{2m}(\mathbb{R}^{2m})$ durch $\alpha := \sigma \wedge \cdots \wedge \sigma$ (m Faktoren). Dann gibt es ein $a \in \mathbb{R}^\times$ mit $\alpha = a\omega$, wobei ω das Volumenelement von $\mathbb{R}^{2m}$ bezeichnet. Es sei nun $S \in \mathrm{Sp}(2m)$. Dann folgt aus $S^*\sigma = \sigma$ und Bemerkung 3.3(a)

$$S^*\alpha = S^*\sigma \wedge \cdots \wedge S^*\sigma = \sigma \wedge \cdots \wedge \sigma = \alpha \ .$$

Wegen $S^*\alpha = S^*(a\omega) = aS^*\omega$ und (c) finden wir somit

$$\alpha = S^*\alpha = a\det(S)\omega = \det(S)\alpha \ ,$$

also $\det(S) = 1$. Der Nachweis, daß $\mathrm{Sp}(2m)$ eine Untergruppe von $\mathcal{L}\mathrm{aut}(\mathbb{R}^{2m})$ ist, bleibt dem Leser als Übung überlassen. ∎

Die äußere Ableitung

In Paragraph VIII.3 haben wir gesehen, daß das Differential df einer Funktion $f \in \mathcal{E}(X) = \Omega^0(X)$ eine glatte Pfaffsche Form, also ein Element von $\Omega^1(X)$, ist. Offensichtlich ist $d: \Omega^0(X) \to \Omega^1(X)$ linear. Außerdem wissen wir aus Satz VIII.3.12, daß d mit Rücktransformationen kommutiert. Das folgende Theorem zeigt, daß d zu einer $\mathbb{R}$-linearen Abbildung des Differentialformenmoduls $\Omega(X)$ in sich fortgesetzt werden kann, die ebenfalls mit Rücktransformationen kommutiert.

3.5 Theorem *Es gibt genau eine Abbildung*

$$d: \Omega(X) \to \Omega(X) \ ,$$

die **äußere Ableitung**,[8] *mit den Eigenschaften* (i)–(iv):

  (i) d *ist* $\mathbb{R}$-*linear und bildet* $\Omega^r(X)$ *nach* $\Omega^{r+1}(X)$ *ab.*

 (ii) d *genügt der* **Produktregel**

$$d(\alpha \wedge \beta) = d\alpha \wedge \beta + (-1)^r \alpha \wedge d\beta \ , \qquad \alpha \in \Omega^r(X) \ , \quad \beta \in \Omega(X) \ .$$

(iii) $d^2 := d \circ d = 0$.

(iv) *Für* $f \in \mathcal{E}(X)$ *stimmt* df *mit dem Differential von* f *überein.*

---

[8]Statt äußere Ableitung sagt man auch **Cartanableitung**.

Sind Y offen in $\mathbb{R}^n$ und $\varphi \in C^\infty(X,Y)$, so gilt

$$d \circ \varphi^* = \varphi^* \circ d \,, \tag{3.12}$$

d.h., die äußere Ableitung kommutiert mit Rücktransformationen.

Beweis   (a) (Eindeutigkeit) Für

$$\alpha = \sum_{(j) \in \mathbb{J}_r} a_{(j)} \, dx^{(j)} \in \Omega^r(X) \tag{3.13}$$

folgt aus (i)-(iv) leicht

$$d\alpha = \sum_{(j) \in \mathbb{J}_r} da_{(j)} \wedge dx^{(j)} \in \Omega^{r+1}(X) \,. \tag{3.14}$$

Dies impliziert, daß es höchstens eine Abbildung mit den Eigenschaften (i)–(iv) geben kann.

(b) (Existenz) Für $\alpha \in \Omega^r(X)$ mit (3.13) definieren wir $d\alpha$ durch (3.14). Dann genügt d offensichtlich den Forderungen (i) und (iv).

Um (ii) zu zeigen, reicht es aufgrund von (i), den Fall $\alpha = a \, dx^{(j)}$, $\beta = b \, dx^{(k)}$, mit $(j) \in \mathbb{J}_r$ und $(k) \in \mathbb{J}_s$ zu betrachten. Dann folgt aus (3.14), den Rechenregeln für das äußere Produkt und der gewöhnlichen Produktregel von Korollar VII.3.8

$$\begin{aligned}
d(\alpha \wedge \beta) &= d(ab \, dx^{(j)} \wedge dx^{(k)}) = d(ab) \wedge dx^{(j)} \wedge dx^{(k)} \\
&= da \wedge dx^{(j)} \wedge b \, dx^{(k)} + (-1)^r a \, dx^{(j)} \wedge db \wedge dx^{(k)} \\
&= d(a \, dx^{(j)}) \wedge b \, dx^{(k)} + (-1)^r a \, dx^{(j)} \wedge d(b \, dx^{(k)}) \\
&= d\alpha \wedge \beta + (-1)^r \alpha \wedge d\beta \,,
\end{aligned}$$

also die Behauptung.

Für den Nachweis von (iii) können wir uns wegen der Linearität von d wieder auf den Fall $\alpha = a \, dx^{(j)}$ mit $(j) \in \mathbb{J}_r$ beschränken. Dann folgt aus (3.14) und (ii)

$$d(d\alpha) = d(da \wedge dx^{(j)}) = d^2 a \wedge dx^{(j)} - da \wedge d(dx^{(j)}) \,.$$

Durch sukzessives Anwenden der Produktregel (ii) auf $d(dx^{(j)})$ sehen wir, daß die Behauptung folgt, wenn wir $d^2 a = 0$ für $a \in \Omega^0(X) = \mathcal{E}(X)$ zeigen.

Es sei also $a \in \mathcal{E}(X)$. Dann leiten wir mittels (i), (ii) und (iv) die Relation

$$\begin{aligned}
d(da) &= d\Big(\sum_{k=1}^{m} \partial_k a \, dx^k \Big) = \sum_{k=1}^{m} d(\partial_k a) \wedge dx^k \\
&= \sum_{j,k=1}^{m} \partial_j \partial_k a \, dx^j \wedge dx^k = \sum_{1 \le j < k \le m} (\partial_j \partial_k a - \partial_k \partial_j a) \, dx^j \wedge dx^k = 0
\end{aligned}$$

ab, wobei das letzte Gleichheitszeichen aus dem Satz von H.A. Schwarz (Korollar VII.5.5) folgt. Also ist (iii) erfüllt.

(c) Es seien $\varphi \in C^\infty(X, Y)$ und $(j) \in \mathbb{J}_r^n$ sowie $\beta = b\,dy^{(j)} \in \Omega^r(Y)$. Dann gilt gemäß Beispiel 3.4(b)

$$\varphi^* \beta = \varphi^* b\,d\varphi^{(j)} \in \Omega^r(X) \ . \tag{3.15}$$

Aus (3.14) und den Rechenregeln von Bemerkung 3.3(a) für die Rücktransformation erhalten wir

$$\varphi^*\,d\beta = \varphi^*(db \wedge dy^{(j)}) = \varphi^*\,db \wedge \varphi^*\,dy^{(j)} = \varphi^*\,db \wedge d\varphi^{(j)} \ .$$

Satz VIII.3.12 impliziert $\varphi^*\,db = d(\varphi^* b)$. Also finden wir aufgrund von (i) und (iii) und wegen (3.15)

$$\varphi^*\,d\beta = d(\varphi^* b) \wedge d\varphi^{(j)} = d(\varphi^* b) \wedge d\varphi^{(j)} + (-1)^1 \varphi^* b \wedge d(d\varphi^{(j)})$$
$$= d(\varphi^* b \wedge d\varphi^{(j)}) = d(\varphi^* \beta) \ .$$

Nun folgt (3.12) aus der Linearität von φ^* und d sowie aus Bemerkung 3.1(e). ∎

3.6 Bemerkungen   (a) Für $\alpha = \sum_{(j) \in \mathbb{J}_r} a_{(j)}\,dx^{(j)} \in \Omega^r(X)$ gilt

$$d\alpha = \sum_{(j) \in \mathbb{J}_r} da_{(j)} \wedge dx^{(j)} \ .$$

Beweis   Dies ist die Aussage (3.13), (3.14). ∎

(b) Für $\varphi \in C^\infty(X, Y)$ und $r \in \mathbb{N}$ ist das Diagramm

$$
\begin{array}{ccc}
\Omega^r(Y) & \xrightarrow{\ d\ } & \Omega^{r+1}(Y) \\
\varphi^* \downarrow & & \downarrow \varphi^* \\
\Omega^r(X) & \xrightarrow{\ d\ } & \Omega^{r+1}(X)
\end{array}
$$

kommutativ.

Beweis   Dies ist (3.12). ∎

(c) (Regularität)   Ist α eine r-Form der Klasse C^{k+1}, so ist $d\alpha$ offensichtlich eine $(r+1)$-Form der Klasse C^k. Allerdings ist zu beachten, daß für $\alpha = a\,dx^{(j)}$ mit $(j) \in \mathbb{J}_r^m$ gilt

$$d\alpha = da \wedge dx^{(j)} = \sum_i \partial_i a\,dx^i \wedge dx^{(j)} \ ,$$

wobei nur über die $i \in \{1, \ldots, m\}$ mit $i \neq j_k$ für $1 \leq k \leq r$ zu summieren ist, da für die übrigbleibenden $dx^i \wedge dx^{(j)} = 0$ gilt. Folglich gibt es r-Formen α der Klasse C^k, für die $d\alpha$ ebenfalls zur Klasse C^k gehört. ∎

3.7 Beispiele (a) Für $\alpha = \sum_{j=1}^{m} a_j \, dx^j \in \Omega^1(X)$ gilt

$$d\alpha = \sum_{1 \le j < k \le m} (\partial_j a_k - \partial_k a_j) \, dx^j \wedge dx^k .$$

(b) Für $\alpha = \sum_{j=1}^{m} (-1)^{j-1} a_j \, dx^1 \wedge \cdots \wedge \widehat{dx^j} \wedge \cdots \wedge dx^m \in \Omega^{m-1}(X)$ erhalten wir

$$d\alpha = \Big(\sum_{j=1}^{m} \partial_j a_j \Big) dx^1 \wedge \cdots \wedge dx^m .$$

(c) $d\alpha = 0$ für $\alpha \in \Omega^m(X)$. ∎

Das Lemma von Poincaré

Eine Differentialform $\alpha \in \Omega(X)$ heißt **geschlossen**, wenn $d\alpha = 0$ gilt. Sie heißt **exakt**, wenn es eine **Stammform** $\beta \in \Omega(X)$ gibt mit[9] $d\beta = \alpha$.

3.8 Bemerkungen und Beispiele (a) Wegen Beispiel 3.7(a) ist $\alpha = \sum_{j=1}^{m} a_j \, dx^j$ genau dann geschlossen, wenn $\partial_j a_k = \partial_k a_j$ für $1 \le j, k \le m$ gilt. Also stimmt die obige Definition der Geschlossenheit für Pfaffsche Formen mit der von Paragraph VIII.3 überein.

(b) Jede exakte Differentialform ist geschlossen.

Beweis Dies folgt aus $d^2 = 0$. ∎

(c) Jede m-Form auf X ist geschlossen.

Beweis Beispiel 3.7(c). ∎

(d) (Regularität) Die Definition der Geschlossenheit ist offensichtlich für Formen der Klasse C^1 sinnvoll, diejenige der Exaktheit für stetige Differentialformen. ∎

In Theorem VIII.3.8 haben wir gesehen, daß jede geschlossene Pfaffsche Form exakt ist, falls X sternförmig ist. Im folgenden werden wir zeigen, daß dieses „Lemma" von Poincaré auch im allgemeinen Fall richtig ist.

Es sei $I := [0, 1]$, und der „allgemeine" Punkt von I werde mit t bezeichnet. Für $\ell \in \{0, 1\}$ sind die Injektionen

$$i_\ell : X \to I \times X , \quad x \mapsto (\ell, x)$$

glatt. Offensichtlich identifiziert i_0 bzw. i_1 die Menge X mit dem „Boden" $\{0\} \times X$ bzw. dem „Deckel" $\{1\} \times X$ des Zylinders $I \times X$ über X. Also ist[10]

$$i_\ell^* : \Omega^r(I \times X) \to \Omega^r(X)$$

---

[9] Ist von exakten Formen die Rede, wird implizit vorausgesetzt, daß der Grad mindestens 1 sei.

[10] Da die partielle Ableitung ∂_t auf I definiert ist, ist klar, wie Differentialformen auf $I \times X$ zu erklären sind. Man beachte, daß $I \times X$ eine berandete Mannigfaltigkeit ist und vgl. Paragraph 4.

definiert. Für $\alpha \in \Omega(I \times X)$ ist $i_0^* \alpha$ bzw. $i_1^* \alpha$ die Restriktion von α auf X, die dadurch entsteht, daß das Argument (t, x) der Koeffizienten der kanonischen Basisdarstellung von α durch $(0, x)$ bzw. $(1, x)$ ersetzt und alle Terme, in denen dt vorkommt, weggelassen werden (vgl. Beispiel 3.4(j)).

Wir definieren eine lineare Abbildung

$$K : \Omega^{r+1}(I \times X) \to \Omega^r(X)$$

durch

$$K\alpha := \sum_{(j) \in \mathbb{J}_r} \int_0^1 a_{(j)}(t, \cdot) \, dt \, dx^{(j)} \tag{3.16}$$

für

$$\alpha = \sum_{(j) \in \mathbb{J}_r} a_{(j)} \, dt \wedge dx^{(j)} + \sum_{(k) \in \mathbb{J}_{r+1}} b_{(k)} \, dx^{(k)} \ . \tag{3.17}$$

3.9 Lemma *K ist wohldefiniert und erfüllt*

$$K \circ d + d \circ K = i_1^* - i_0^* \ . \tag{3.18}$$

Beweis Es ist eine einfache Konsequenz des Satzes über die Differenzierbarkeit von Parameterintegralen (Theorem X.3.18), daß $K\alpha$, definiert für α mit (3.17) durch (3.16), zu $\Omega^r(X)$ gehört. Offensichtlich ist die Abbildung K auch linear.

Um (3.18) zu zeigen, genügt es, die Fälle $\alpha = a \, dt \wedge dx^{(j)}$ und $\alpha = b \, dx^{(k)}$ mit $(j) \in \mathbb{J}_r$ und $(k) \in \mathbb{J}_{r+1}$ zu betrachten.

(i) Es sei $\alpha = a \, dt \wedge dx^{(j)}$. Dann gilt $i_0^* \alpha = i_1^* \alpha = 0$. Ferner erhalten wir

$$K \, d\alpha = K(da \wedge dt \wedge dx^{(j)}) = K \Big(\sum_{\ell=1}^m \partial_{x^\ell} a \, dx^\ell \wedge dt \wedge dx^{(j)} \Big)$$

$$= -\sum_{\ell=1}^m \int_0^1 \partial_{x^\ell} a(t, \cdot) \, dt \, dx^\ell \wedge dx^{(j)} \ ,$$

wobei wir $dt \wedge dt \wedge dx^{(j)} = 0$ berücksichtigt haben. Andererseits folgt aus Theorem X.3.18

$$d(K\alpha) = d \Big(\int_0^1 a(t, \cdot) \, dt \, dx^{(j)} \Big) = \sum_{\ell=1}^m \int_0^1 \partial_{x^\ell} a(t, \cdot) \, dt \, dx^\ell \wedge dx^{(j)} \ .$$

Also ist die Behauptung in diesem Fall richtig.

(ii) Es sei $\alpha = b \, dx^{(k)}$ mit $(k) \in \mathbb{J}_{r+1}$. Dann gilt $K\alpha = 0$, und somit $dK\alpha = 0$. Ferner finden wir

$$d\alpha = \partial_t b \, dt \wedge dx^{(k)} + \sum_{\ell=1}^m \partial_{x^\ell} b \, dx^\ell \wedge dx^{(k)}$$

sowie

$$Kd\alpha = \int_0^1 \partial_t b(\tau, \cdot)\, d\tau\, dx^{(k)} = \left(b(1, \cdot) - b(0, \cdot) \right) dx^{(k)} = i_1^* \alpha - i_0^* \alpha \ .$$

Also gilt die Behauptung auch in diesem Fall. ∎

Es seien M und N Mannigfaltigkeiten. Die Abbildungen $f_0, f_1 \in C^\infty(M, N)$ heißen **in N zueinander homotop**, wenn es eine Abbildung[11] $h \in C^\infty(I \times M, N)$, eine **Homotopie**, gibt mit $h(j, \cdot) = f_j$ für $j = 0, 1$. Die Abbildung $f \in C^\infty(M, N)$ ist **in N nullhomotop**, wenn sie in N homotop zu einer konstanten Abbildung ist. Schließlich heißt M in sich **zusammenziehbar**, wenn die Identität von M in M nullhomotop ist.

3.10 Bemerkungen (a) Durch die Aussage: „f_1 ist in N homotop zu f_2" wird eine Äquivalenzrelation in $C^\infty(M, N)$ definiert (allgemeiner: in $C^k(M, N)$).

(b) Der Begriff der (stetigen) Homotopie stellt offensichtlich eine Verallgemeinerung der Definition der Schleifenhomotopie dar (vgl. Paragraph VIII.4).

(c) Jede sternförmige offene Menge ist in sich zusammenziehbar.

Beweis Es sei X sternförmig bezüglich $x_0 \in X$. Dann ist

$$h : I \times X \to X \ , \quad (t, x) \mapsto x_0 + t(x - x_0)$$

offensichtlich eine Homotopie mit $h(0, \cdot) = x_0$ und $h(1, \cdot) = \mathrm{id}_X$. ∎

(d) (Regularität) Die obigen Definitionen sind für C^k-Mannigfaltigkeiten M und N sinnvoll, wenn alle auftretenden Funktionen zur Klasse C^k gehören für ein $k \in \mathbb{N}^\times$. Sie sind auch dann sinnvoll, wenn M und N topologische Räume und alle auftretenden Abbildungen stetig sind. ∎

Nach diesen Vorbereitungen können wir leicht das allgemeine Poincarésche Lemma beweisen.

3.11 Theorem (Lemma von Poincaré) *Ist X in sich zusammenziehbar, so ist jede geschlossene Differentialform auf X exakt.*

Beweis Es sei $\alpha \in \Omega^{r+1}(X)$ geschlossen. Da X in sich zusammenziehbar ist, gibt es ein $h \in C^\infty(I \times X, X)$ mit $h(1, \cdot) = \mathrm{id}_X$ und $h(0, \cdot) = p$ für ein geeignetes $p \in X$. Da α geschlossen ist, ist wegen $d \circ h^* = h^* \circ d$ auch $h^* \alpha \in \Omega^{r+1}(I \times X)$ geschlossen. Also folgt aus Lemma 3.9

$$d(Kh^*\alpha) = i_1^* h^* \alpha - i_0^* h^* \alpha = (h \circ i_1)^* \alpha = \alpha \ ,$$

wegen $h \circ i_1 = \mathrm{id}_X$ und da $i_0^* h^* \alpha = (h \circ i_0)^* \alpha$ gemäß Beispiel 3.4(i) die Nullform ist. ∎

---

[11]Man beachte, daß $I \times M$ eine berandete Mannigfaltigkeit ist.

Es sei darauf hingewiesen, daß der Beweis des Poincaréschen Lemmas eine explizite Konstruktionsvorschrift zum Auffinden einer Stammform zu einer gegebenen geschlossenen Differentialform liefert. Die Situation wird besonders einfach, wenn X sternförmig ist, wobei wir ohne Beschränkung der Allgemeinheit (nach Anwenden einer geeigneten Translation) annehmen können, daß X sternförmig bezüglich 0 sei.

3.12 Korollar   *Es seien X sternförmig bezüglich 0 und $r \in \mathbb{N}^{\times}$, und*

$$\alpha = \sum_{(j) \in \mathbb{J}_r} a_{(j)} \, dx^{(j)} \in \Omega^r(X)$$

sei geschlossen. Ferner sei

$$\beta := \sum_{(j) \in \mathbb{J}_r} \sum_{k=1}^{r} (-1)^{k-1} \int_0^1 t^{r-1} a_{(j)}(tx) \, dt \, x^{j_k} \, dx^{j_1} \wedge \cdots \wedge \widehat{dx^{j_k}} \wedge \cdots \wedge dx^{j_r} \ . \quad (3.19)$$

Dann gehört β zu $\Omega^{r-1}(X)$, und $d\beta = \alpha$.

Beweis   In diesem Fall wird durch $h(t,x) := tx$ für $(t,x) \in I \times X$ eine „Zusammenziehung von X auf 0" definiert. Aus $dh^j = x^j \, dt + t \, dx^j$ und Beispiel 3.4(b) folgt

$$h^*\alpha(t,x) = \sum_{(j) \in \mathbb{J}_r} a_{(j)}(tx) t^r \, dx^{(j)}$$

$$+ \sum_{(j) \in \mathbb{J}_r} \sum_{k=1}^{r} (-1)^{k-1} a_{(j)}(tx) t^{r-1} x^{j_k} \, dt \wedge dx^{j_1} \wedge \cdots \wedge \widehat{dx^{j_k}} \wedge \cdots \wedge dx^{j_r} \ ,$$

da alle Terme, in denen dt mindestens zweimal auftritt, verschwinden. Aus (3.16) und (3.17) folgt $\beta = Kh^*\alpha$, und die Behauptung ergibt sich nun aus dem Beweis des Poincaréschen Lemmas. ∎

3.13 Bemerkungen   (a) Im Fall $r = 1$, wenn also α eine Pfaffsche Form ist, stimmt die Formel für β mit (VIII.3.4) überein.

(b) Es seien $m = 3$ und

$$\alpha = a_1 \, dx^2 \wedge dx^3 + a_2 \, dx^3 \wedge dx^1 + a_3 \, dx^1 \wedge dx^2 \in \Omega^2(X) \ .$$

Dann ist die Aufgabe, ein $\beta = \sum_{j=1}^{3} b_j \, dx^j$ mit $d\beta = \alpha$ zu finden, äquivalent zu der Aufgabe, drei Funktionen $b_1, b_2, b_3 \in \mathcal{E}(X)$ zu finden, welche dem *System von partiellen Differentialgleichungen*

$$\begin{aligned}
\partial_1 b_2 - \partial_2 b_1 &= a_3 \ , \\
\partial_2 b_3 - \partial_3 b_2 &= a_1 \ , \\
\partial_3 b_1 - \partial_1 b_3 &= a_2
\end{aligned} \qquad (3.20)$$

in X genügen. Eine notwendige Bedingung für die Lösbarkeit von (3.20) bei gegebenem $a_j \in \mathcal{E}(X)$ ist die Bedingung

$$\partial_1 a_1 + \partial_2 a_2 + \partial_3 a_3 = 0 \ . \tag{3.21}$$

Ist X in sich zusammenziehbar (z.B. $X = \mathbb{R}^3$), so ist (3.21) auch hinreichend für die Lösbarkeit von (3.20).

Beweis Aufgrund von Beispiel 3.7(a) ist (3.20) äquivalent zu $d\beta = \alpha$. Beispiel 3.7(b) zeigt, daß (3.21) äquivalent zu $d\alpha = 0$ ist. Nun folgen die Behauptungen aus $d^2 = 0$ und dem Lemma von Poincaré. ∎

Aus Korollar 3.12 folgt insbesondere, daß im Falle eines sternförmigen Gebietes eine Lösung von (3.20) vermöge der Formel (3.19) durch Quadratur gefunden werden kann. Offensichtlich kann die Gleichung $d\beta = \alpha$ auch im allgemeinen Fall in ein äquivalentes Problem über die Lösbarkeit partieller Differentialgleichungen umformuliert werden.

Natürlich ist (3.20) nicht eindeutig lösbar, denn zu β kann eine geschlossene Form addiert werden, d.h. zu (b_1, b_2, b_3) eine Lösung des homogenen Systems, das aus (3.20) durch Nullsetzen der rechten Seiten entsteht.

Tensoren

Es seien $r, s \in \mathbb{N}$. Für $x \in X$ setzen wir

$$T_s^r(T_x X) := \{x\} \times T_s^r(\mathbb{R}^m) \tag{3.22}$$

und nennen $\gamma \in T_s^r(T_x X)$ r-kontravarianten und s-kovarianten **Tensor** oder **Tensor vom Typ** (r, s) auf $T_x X$. Das **Bündel der** (r, s)-**Tensoren** auf X wird durch

$$T_s^r(X) := \bigcup_{x \in X} T_s^r(T_x X) = X \times T_s^r(\mathbb{R}^m)$$

definiert. Eine Abbildung

$$\gamma : X \to T_s^r(X) \quad \text{mit} \quad \gamma(x) \in T_s^r(T_x X) \ ,$$

d.h. ein Schnitt des Tensorbündels $T_s^r(X)$, heißt (r, s)-**Tensor(feld)** oder Tensor vom **Typ** (r, s) auf X. Wegen (3.22) besitzt jeder (r, s)-Tensor γ auf X die eindeutige Darstellung

$$\gamma(x) = (x, \gamma(x)) \ , \quad x \in X \ ,$$

mit dem **Hauptteil**

$$\gamma : X \to T_s^r(\mathbb{R}^m) \ .$$

Es sei $k \in \mathbb{N} \cup \{\infty\}$. Der (r, s)-Tensor γ gehört zur **Klasse** C^k (oder ist k-mal **stetig differenzierbar** bzw. **glatt** im Fall $k = \infty$), wenn dies für seinen Hauptteil gilt, d.h., wenn[12]

$$\gamma \in C^k\big(X, \mathcal{L}^{r+s}(\mathbb{R}^m, \mathbb{R})\big) \ .$$

Die Menge der glatten (r, s)-Tensoren auf X bezeichnen wir mit

$$\mathcal{T}_s^r(X) \ .$$

Sind $\alpha_1, \ldots, \alpha_r$ Pfaffsche Formen und $v_1, \ldots, v_s$ Vektorfelder auf X und sind $\alpha_1, \ldots, \alpha_r$ bzw. $v_1, \ldots, v_s$ die entsprechenden Hauptteile, so wird für $x \in X$

$$\gamma(\alpha_1, \ldots, \alpha_r, v_1, \ldots, v_s)(x) := \gamma(x)\big(\alpha_1(x), \ldots, \alpha_r(x), v_1(x), \ldots, v_s(x)\big)$$

gesetzt (was offensichtlich mit (3.4) konsistent ist). Deswegen können wir auch hier, wie bei Vektorfeldern und Differentialformen, Tensoren mit ihren Hauptteilen identifizieren und von nun an normale Schrift (und nicht Fettdruck) verwenden.

Die **Addition**

$$\mathcal{T}_s^r(X) \times \mathcal{T}_s^r(X) \to \mathcal{T}_s^r(X) \ , \quad (\gamma, \delta) \mapsto \gamma + \delta \ ,$$

die **Multiplikation mit Funktionen**

$$\mathcal{E}(X) \times \mathcal{T}_s^r(X) \to \mathcal{T}_s^r(X) \ , \quad (f, \gamma) \mapsto f\gamma$$

und das **Tensorprodukt**

$$\mathcal{T}_{s_1}^{r_1}(X) \times \mathcal{T}_{s_2}^{r_2}(X) \to \mathcal{T}_{s_1+s_2}^{r_1+r_2}(X) \ , \quad (\gamma, \delta) \mapsto \gamma \otimes \delta \tag{3.23}$$

werden wieder punktweise definiert:

$$(\gamma + \delta)(x) := \gamma(x) + \delta(x) \ , \quad (f\gamma)(x) := f(x)\gamma(x) \ , \quad (\gamma \otimes \delta)(x) := \gamma(x) \otimes \delta(x) \ .$$

Bei den folgenden Bemerkungen handelt es sich um einfache Folgerungen aus den Bemerkungen 2.20 und der Kettenregel. Ausführliche Beweise werden dem Leser zur Übung überlassen.

3.14 Bemerkungen   (a) $\mathcal{T}_0^1(X) = \mathcal{V}(X)$ und $\mathcal{T}_1^0(X) = \Omega^1(X)$. Ferner gilt

$$\mathcal{T}_2^0(X) = C^\infty\big(X, \mathcal{L}^2(\mathbb{R}^m)\big)$$

mit der kanonischen Identifikation eines Tensors mit seinem Hauptteil.

(b) Das Tensorprodukt ist $\mathcal{E}(X)$-bilinear und assoziativ.

(c) $\mathcal{T}_s^r(X)$ ist ein unendlichdimensionaler $\mathbb{R}$-Vektorraum und ein $\mathcal{E}(X)$-Modul der Dimension m^{r+s}. Mit der kanonischen Basis $(\partial/\partial x^1, \ldots, \partial/\partial x^m)$ von $\mathbb{R}^m$ ist

$$\left\{ \frac{\partial}{\partial x^{j_1}} \otimes \cdots \otimes \frac{\partial}{\partial x^{j_r}} \otimes dx^{k_1} \otimes \cdots \otimes dx^{k_s} \ ; \ j_i, k_i \in \{1, \ldots, m\} \right\} \tag{3.24}$$

eine Modulbasis von $\mathcal{T}_s^r(X)$.

---

[12]Wie üblich identifizieren wir $T_x\mathbb{R}^m$ und $T_x^*\mathbb{R}^m$ mit $\mathbb{R}^m$.

(d) Der (r, s)-Tensor γ auf X gehört genau dann zu $\mathcal{T}_s^r(X)$, wenn für jedes r-Tupel $\alpha_1, \ldots, \alpha_r$ in $\Omega^1(X)$ und jedes s-Tupel $v_1, \ldots, v_s$ in $\mathcal{V}(X)$ gilt:

$$\gamma(\alpha_1, \ldots, \alpha_r, v_1, \ldots, v_s) \in \mathcal{E}(X) \ .$$

Dies ist genau dann der Fall, wenn die Koeffizienten von γ in der Darstellung bezüglich der Basis (3.24) zu $\mathcal{E}(X)$ gehören.

(e) (Regularität) Offensichtlich bleiben alle obigen Definitionen und Aussagen sinngemäß richtig für Tensoren der Klasse C^k. ∎

Aufgaben

1 Es seien $\alpha, \beta \in \Omega(\mathbb{R}^4)$ gegeben durch

$$\alpha := dx^1 + x^2 \, dx^2 \quad \text{und} \quad \beta := \sin(x^2) \, dx^1 \wedge dx^3 + \cos(x^3) \, dx^2 \wedge dx^4$$

sowie $h \in C^\infty(\mathbb{R}^4, \mathbb{R}^4)$ durch $h(x) := (x^1, x^2, x^3 x^4, x^4)$.
Man berechne:

(i) $\gamma := \alpha \wedge \beta$;

(ii) $h^* \gamma$;

(iii) $h^* \gamma(0)(e_1, e_2, e_3 + e_4)$ mit der Standardbasis (e_1, e_2, e_3, e_4) von $\mathbb{R}^4$;

(iv) $d\alpha$, $d\beta$, $d\gamma$, $d(h^* \gamma)$.

2 Es sei $f_3 : \mathbb{R}^3 \to \mathbb{R}^3$, $(r, \varphi, \vartheta) \mapsto (x, y, z)$ die Kugelkoordinatenabbildung. Man berechne:

(a) $f_3^* \, dx$, $f_3^* \, dy$, $f_3^* \, dz$;

(b) $f_3^*(dy \wedge dz)$;

(c) $f_3^* \, dx \wedge f_3^*(dy \wedge dz)$.

3 Ein einfaches thermodynamisches System (z.B. ein ideales Gas) wird durch sein Volumen V und seine Temperatur T gekennzeichnet ($V, T \in \mathbb{R}$). Der Zustand eines solchen Systems wird dann durch den Druck $p := p(V, T)$ und die innere Energie $E := E(V, T)$ beschrieben. Nach dem 2. Hauptsatz der Thermodynamik besitzt das System eine weitere Zustandsfunktion $S := S(V, T)$, die Entropie, deren Differential durch

$$dS := \frac{dE + p \, dV}{T} \ , \qquad T > 0 \ ,$$

gegeben wird.

Man zeige:

(a) Zwischen E und p besteht die Beziehung

$$\frac{\partial E}{\partial V} = T \frac{\partial p}{\partial T} - p \ .$$

(b) Die innere Energie eines idealen Gases, das der Zustandsgleichung $pV = RT$ mit der (universellen Gas-)Konstanten $R \in \mathbb{R}$ genügt, ist vom Volumen unabhängig: $E = E(T)$.

(c) Bei einem van der Waalschen Gas, das der Zustandsgleichung

$$\left(p + \frac{a}{V^2}\right)(V - b) = cT , \qquad a, b, c \in \mathbb{R}^{\times} , \tag{3.25}$$

genügt, ist die innere Energie volumenabhängig.

(Hinweise: (a) $d^2 = 0$.   (c) $(3.25) \Rightarrow T \, \partial p / \partial T = p + a/V^2$.)

Bemerkung In der physikalischen Literatur wird oft $\delta\alpha$ statt $d\alpha$ geschrieben, wenn die 1-Form α nicht exakt ist.

4   Eine r-Form $\alpha \in \Omega^r(X)$ heißt **zerlegbar**, wenn es $\alpha_1, \dots, \alpha_r \in \Omega^1(X)$ gibt mit

$$\alpha = \alpha_1 \wedge \alpha_2 \wedge \cdots \wedge \alpha_r .$$

Es seien $\alpha, \beta \in \Omega^r(X)$ zerlegbar. Man berechne $(\alpha + \beta) \wedge (\alpha + \beta)$.

5   Es sei $\alpha = \sum_{j \leq k} a_{jk} \, dx^j \wedge dx^k \in \Omega^2(X)$. Man zeige, daß α genau dann zerlegbar ist, wenn gilt

$$a_{ij}a_{k\ell} + a_{jk}a_{i\ell} + a_{ki}a_{j\ell} = 0 , \qquad 1 \leq i, j, k, \ell \leq n ,$$

mit $a_{jk} := -a_{kj}$ für $j \geq k$.

6   Es sei $\alpha = \sum_{i \leq j} a_{ij} \, dx^i \wedge dx^j \in \Omega^2(X)$. Man zeige

$$d\alpha = \sum_{i < j < k} \left(\frac{\partial a_{ij}}{\partial x^k} + \frac{\partial a_{jk}}{\partial x^i} + \frac{\partial a_{ki}}{\partial x^j}\right) dx^i \wedge dx^j \wedge dx^k .$$

7   Es sind die äußeren Ableitungen von

(a) $d\alpha \wedge \beta - \alpha \wedge d\beta$,

(b) $d\alpha \wedge \beta \wedge \gamma + \alpha \wedge d\beta \wedge \gamma + \alpha \wedge \beta \wedge d\gamma$, wenn α und β geraden Grad besitzen,

zu berechnen.

8   Für $\alpha := \sum_{j=1}^m (-1)^{j-1} x^j / |x|^m \, dx^1 \wedge \cdots \wedge \widehat{dx^j} \wedge \cdots \wedge dx^m \in \Omega^{m-1}(\mathbb{R}^m \setminus \{0\})$ berechne man $d\alpha$.

9   Es sei $\alpha := 2xz \, dy \wedge dz + dz \wedge dx - (z^2 + e^x) \, dx \wedge dy \in \Omega^2(\mathbb{R}^3)$. Man zeige, daß α exakt ist und bestimme eine Stammform.

10   Es sei $\omega \in \Omega^2(X)$ nicht ausgeartet. Man zeige, daß

$$\Theta_\omega : \mathcal{V}(X) \to \Omega^1(X) , \quad v \mapsto \omega(v, \cdot)$$

ein $\mathcal{E}(X)$-Modulisomorphismus ist.

11   Es ist zu beweisen:

(a) Die symplektische Form $\sigma \in \Omega^2(\mathbb{R}^{2m})$ ist nicht ausgeartet und geschlossen.

(b) Für das m-fache Produkt $\sigma^m := \sigma \wedge \cdots \wedge \sigma \in \Omega^{2m}(\mathbb{R}^{2m})$ gilt $\sigma^m \neq 0$.

(c) Gemäß Aufgabe 10 und (b) ist für jedes $f \in \mathcal{E}(\mathbb{R}^{2m})$ der **symplektische Gradient** sgrad $f := \Theta_\sigma^{-1} \, df \in \mathcal{V}(\mathbb{R}^{2m})$ erklärt.
Man berechne sgrad f in den Koordinaten $(q, p) \in \mathbb{R}^m \times \mathbb{R}^m$.

12 Ist σ die symplektische Form auf $\mathbb{R}^{2m}$, so heißt

$$\{\cdot,\cdot\}: \mathcal{E}(\mathbb{R}^{2m}) \times \mathcal{E}(\mathbb{R}^{2m}) \to \mathcal{E}(\mathbb{R}^{2m}) , \quad (f,g) \mapsto \sigma(\operatorname{sgrad} f, \operatorname{sgrad} g)$$

Poisson-Klammer.

Für $f,g,h \in \mathcal{E}(\mathbb{R}^{2m})$ und $c \in \mathbb{R}$ beweise man:

(i) In den lokalen Koordinaten $(q_1,\ldots,q_m,p_1,\ldots,p_m)$ gilt

$$\{f,g\} = \sum_{j=1}^{m} \left(\frac{\partial f}{\partial p_j} \frac{\partial g}{\partial q_j} - \frac{\partial f}{\partial q_j} \frac{\partial g}{\partial p_j} \right) ;$$

(ii) $\{f, cg+h\} = c\{f,g\} + \{f,h\}$;

(iii) $\{f,g\} = -\{g,f\}$;

(iv) $\{f,\{g,h\}\} + \{g,\{h,f\}\} + \{h,\{f,g\}\} = 0$ (Jacobiidentität);

(v) $\{f,gh\} = g\{f,h\} + h\{f,g\}$;

(vi) $\operatorname{sgrad}\{f,g\} = (\operatorname{sgrad} f \mid \operatorname{sgrad} g)_{\mathbb{R}^{2m}}$.

13 Für die symplektische Form σ auf $\mathbb{R}^{2m}$ gilt

$$df \wedge dg \wedge \sigma^{m-1} = \frac{1}{m} \{f,g\}\sigma^m .$$

4 Vektorfelder und Differentialformen

In diesem Paragraphen beschäftigen wir uns mit der globalen Theorie der Differentialformen, d.h. mit Differentialformen auf Mannigfaltigkeiten. Im ersten Teil handelt es sich im wesentlichen um einfache Übertragungen der lokalen Theorie, wobei lediglich dem Problem der Regularität einige Aufmerksamkeit gewidmet werden muß. Mit Hilfe des Satzes über die Zerlegung der Eins können wir dann auch den fundamentalen Begriff der äußeren Ableitung auf den Fall von Mannigfaltigkeiten ausdehnen und zeigen, daß die aus der lokalen Theorie bekannten Regeln wieder gelten.

Ein wesentlich neuer Gesichtspunkt kommt mit der Orientierbarkeit von Mannigfaltigkeiten ins Spiel. Wir stellen verschiedene Charakterisierungen dieses zentralen Begriffes vor und betrachten zahlreiche Beispiele. Als Vorbereitung auf die Integrationstheorie auf Mannigfaltigkeiten geben wir auch explizite Darstellungen des Volumenelementes für viele wichtige konkrete Mannigfaltigkeiten an.

Im ganzen Paragraphen sind

- M eine m-dimensionale und N eine n-dimensionale Mannigfaltigkeit;
- $r \in \mathbb{N}$.

Vektorfelder

Unter einem **Vektorfeld** v auf M verstehen wir eine Abbildung

$$v : M \to TM \qquad \text{mit} \quad v(p) \in T_p M \text{ für } p \in M \;,$$

d.h. einen Schnitt des Tangentialbündels. Ist v ein Vektorfeld auf M, so können wir es mit einem Diffeomorphismus von M nach N „verpflanzen". Dazu definieren wir für $\varphi \in \mathrm{Diff}^1(M, N)$ die **Vorwärtstransformation** (den **push forward**) $\varphi_* v$ von v mit φ durch

$$\varphi_* v(q) := (T_{\varphi^{-1}(q)}\varphi) v\big(\varphi^{-1}(q)\big) \;, \qquad q \in N \;.$$

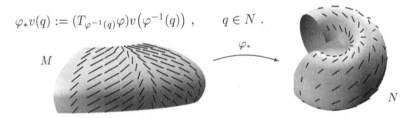

Also ist $\varphi_* v$ ein Vektorfeld auf N. Für Funktionen auf M wird die **Vorwärtstransformation** (der push forward) mittels einer Bijektion $\psi : M \to N$ durch

$$\psi_* : \mathbb{R}^M \to \mathbb{R}^N \;, \quad a \mapsto \psi_* a := a \circ \psi^{-1}$$

festgelegt.

4.1 Bemerkungen **(a)** Offensichtlich stimmt für Funktionen ψ_* mit der Rücktransformation mittels ψ^{-1} überein: $\psi_* = (\psi^{-1})^*$. Man beachte aber, daß, im Gegensatz zur Rücktransformation, die Vorwärtstransformation nur für Bijektionen definiert ist. Insbesondere muß $\dim(M) = \dim(N)$ gelten.[1]

(b) Es sei $\varphi \in \mathrm{Diff}^1(M, N)$. Dann gelten

$$\varphi_*(a + b) = \varphi_* a + \varphi_* b, \quad \varphi_*(v + w) = \varphi_* v + \varphi_* w$$

und

$$\varphi_*(av) = \varphi_* a \, \varphi_* v$$

für $a, b \in \mathbb{R}^M$ und Vektorfelder v und w auf M.

(c) Es seien $\varphi \in \mathrm{Diff}(M, N)$ und $\psi \in \mathrm{Diff}(N, L)$, wobei L eine weitere Mannigfaltigkeit bezeichnet. Dann gilt

$$(\psi \circ \varphi)_* = \psi_* \circ \varphi_*, \quad (\mathrm{id}_M)_* = \mathrm{id}_{\mathcal{F}(M)} \tag{4.1}$$

für $\mathcal{F}(M) := \mathcal{E}(M)$ oder $\mathcal{F}(M) := \mathcal{V}(M)$. Die Regel (4.1) bedeutet, daß die Vorwärtstransformation **kovariant** operiert.

Beweis Für die Vorwärtstransformation von Funktionen sind die Aussagen klar. Für Vektorfelder folgt (4.1) aus der Kettenregel von Bemerkung VII.10.9(b) und aus Bemerkung 1.14(c). ∎

Es sei $k \in \mathbb{N} \cup \{\infty\}$. Das Vektorfeld v auf M gehört zur Klasse C^k (d.h., es ist k-mal **stetig differenzierbar** bzw. **glatt** im Fall $k = \infty$), wenn es in jedem Punkt p von M eine Karte (φ, U) um p gibt mit[2] $\varphi_* v \in \mathcal{V}^k(\varphi(U))$. Die Menge aller Vektorfelder auf M der Klasse C^k bezeichnen wir mit $\mathcal{V}^k(M)$. Zur Vereinfachung der Schreibweise setzen wir

$$\mathcal{V}(M) := \mathcal{V}^\infty(M), \quad \mathcal{E}(M) := C^\infty(M).$$

4.2 Bemerkungen **(a)** Die Definition der C^k-Vektorfelder ist koordinatenunabhängig. Sind v ein C^k-Vektorfeld und (ψ, V) eine beliebige Karte von M, so gehört $\psi_* v$ zur Klasse C^k.

Beweis Es sei also (ψ, V) eine Karte von M. Dann ist zu zeigen, daß $\psi_* v$ zur Klasse C^k gehört. Zu $q \in V$ gibt es eine Karte (φ, U) von M um q mit $\varphi_* v \in \mathcal{V}^k(\varphi(U))$. Dann folgt $\psi_* v = (\psi \circ \varphi^{-1})_* \varphi_* v$ aus (4.1). Wegen

$$\psi \circ \varphi^{-1} \in \mathrm{Diff}\big(\varphi(U \cap V), \psi(U \cap V)\big)$$

und $\varphi_* v \in \mathcal{V}^k\big(\varphi(U)\big)$ finden wir somit $\psi_* v \in \mathcal{V}^k\big(\psi(U \cap V)\big)$. Da dies für jedes $q \in V$ gilt und die Differenzierbarkeit eine lokale Eigenschaft ist, erhalten wir $\psi_* v \in \mathcal{V}^k\big(\psi(V)\big)$. ∎

---

[1] Vgl. Aufgabe VII.10.9.

[2] Vgl. Paragraph VIII.3. Die dortigen Definitionen und Aussagen gelten unverändert auch für offene Teilmengen von $\bar{\mathbb{H}}^m$.

(b) Mit den punktweise definierten Verknüpfungen

$$\mathcal{V}(M) \times \mathcal{V}(M) \to \mathcal{V}(M) , \quad (v,w) \mapsto v + w$$

und

$$\mathcal{E}(M) \times \mathcal{V}(M) \to \mathcal{V}(M) , \quad (a,v) \mapsto av$$

ist $\mathcal{V}(M)$ ein $\mathcal{E}(M)$-Modul. Insbesondere sind $\mathcal{E}(M)$ und $\mathcal{V}(M)$ (unendlichdimensionale) $\mathbb{R}$-Vektorräume.

Für $\varphi \in \mathrm{Diff}(M,N)$ ist φ_* ein Modulisomorphismus von $\mathcal{E}(M)$ auf $\mathcal{E}(N)$ und von $\mathcal{V}(M)$ auf $\mathcal{V}(N)$.

Beweis Aus (4.1) folgen

$$\mathrm{id}_M = (\varphi^{-1} \circ \varphi)_* = (\varphi^{-1})_* \varphi_* \quad \text{und} \quad \mathrm{id}_N = (\varphi \circ \varphi^{-1})_* = \varphi_* (\varphi^{-1})_* .$$

Also ist φ_* bijektiv, und $\varphi_*^{-1} = (\varphi^{-1})_*$. Die restlichen Behauptungen sind einfache Konsequenzen aus Bemerkung 4.1(b) und den Eigenschaften von Vektorfeldern auf offenen Teilmengen von $\bar{\mathbb{H}}^m$ (vgl. Paragraph VIII.3). ∎

(c) Es seien X_0 und X_1 offen in $\mathbb{R}^m$ und $\varphi \in \mathrm{Diff}(X_0, X_1)$. Ferner bezeichne $\Theta_j : \mathcal{V}(X_j) \to \Omega^1(X_j)$ für $j = 0, 1$ den kanonischen Modul-Isomorphismus von Bemerkung VIII.3.3(g). Dann gilt

$$(\varphi^{-1})^* \circ \Theta_0 = \Theta_1 \circ \varphi_* ,$$

d.h., das Diagramm

$$
\begin{array}{ccc}
\mathcal{V}(X_0) & \xrightarrow{\;\varphi_*\;} & \mathcal{V}(X_1) \\
\Theta_0 \downarrow & & \downarrow \Theta_1 \\
\Omega^1(X_0) & \xrightarrow{\;(\varphi^{-1})^*\;} & \Omega^1(X_1)
\end{array}
$$

ist kommutativ.

(d) (Regularität) Es sei $k \in \mathbb{N}$. Für $\varphi \in \mathrm{Diff}^{k+1}(M,N)$ und $0 \leq \ell \leq k$ bildet φ_* den Raum $C^\ell(M)$ [bzw. $\mathcal{V}^\ell(M)$] in $C^\ell(N)$ [bzw. $\mathcal{V}^\ell(N)$] ab. Entsprechendes gilt aber nicht für $\ell = k + 1$.

Ist M eine C^{k+1}-Mannigfaltigkeit, so sind für $0 \leq \ell \leq k$ die $C^\ell(M)$-Moduln $C^\ell(M)$ und $\mathcal{V}^\ell(M)$ definiert, nicht[3] jedoch $C^{k+1}(M)$ und $\mathcal{V}^{k+1}(M)$.

Beweis Dies liegt daran, daß das Tangential eine Ableitung „verliert". ∎

---

[3] Abgesehen von trivialen Fällen.

Lokale Basisdarstellungen

Es sei (φ, U) eine Karte von M um p. Dann bezeichnet man mit

$$\partial_j|_p = \frac{\partial}{\partial x^j}\Big|_p \in T_p M , \qquad 1 \le j \le m ,$$

die durch die lokalen Koordinaten $\varphi = (x^1, \ldots, x^m)$ bestimmten Basisvektoren von $T_p M$. Mit anderen Worten: $\partial_j|_p$ ist der Tangentialvektor an den Koordinatenweg $t \mapsto \varphi^{-1}(\varphi(p) + t e_j)$ im Punkt[4] p, d.h.

$$\partial_j|_p := (T_p\varphi)^{-1}(\varphi(p), e_j) , \qquad 1 \le j \le m , \qquad (4.2)$$

mit der kanonischen Basis $(e_1, \ldots, e_m)$ von $\mathbb{R}^m$.

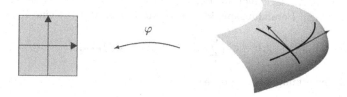

4.3 Bemerkungen (a) Es sei $i_M : M \hookrightarrow \mathbb{R}^{\bar{m}}$, und $g_\varphi := i_M \circ \varphi^{-1} : \varphi(U) \to \mathbb{R}^{\bar{m}}$ sei die zu φ gehörige Parametrisierung. Dann gilt

$$(T_p i_M)\partial_j|_p = \big(p, \partial_j g_\varphi(\varphi(p))\big) \in T_p\mathbb{R}^{\bar{m}} , \qquad 1 \le j \le m .$$

Dies bedeutet: Identifizieren wir $\partial_j|_p \in T_p M$ mit seinem Bild in $T_p\mathbb{R}^{\bar{m}}$ unter der kanonischen Injektion

$$T_p i_M : T_p M \to T_p \mathbb{R}^{\bar{m}} ,$$

so finden wir $\partial_j|_p = \big(p, \partial_j g_\varphi(\varphi(p))\big)$.

Beweis Aus Beispiel VII.10.9(b) und Bemerkung 1.14(c) erhalten wir

$$T_{\varphi(p)}g_\varphi = T_{\varphi(p)}(i_M \circ \varphi^{-1}) = T_p i_M \circ T_{\varphi(p)}(\varphi^{-1}) = T_p i_M \circ (T_p\varphi)^{-1} .$$

Somit folgt aus (4.2)

$$(T_p i_M)\partial_j|_p = (T_{\varphi(p)}g_\varphi)(\varphi(p), e_j) = (p, \partial g_\varphi(\varphi(p))e_j) = \big(p, \partial_j g_\varphi(\varphi(p))\big) ,$$

also die Behauptung. ∎

(b) Die Abbildungen

$$\partial_j = \frac{\partial}{\partial x^j} : U \to TU , \quad p \mapsto \partial_j|_p , \qquad 1 \le j \le m ,$$

sind glatte Vektorfelder auf U.

---

[4]Falls p zum Inneren von M gehört. Ist p ein Berandungspunkt, so muß für φ eine Untermannigfaltigkeitenkarte von $\mathbb{R}^{\bar{m}}$ um p für M gewählt werden.

Beweis Wegen

$$(\varphi_*\partial_j)(\varphi(p)) = (T_p\varphi)(T_p\varphi)^{-1}(\varphi(p), e_j) = (\varphi(p), e_j) , \qquad 1 \le j \le m ,$$

für $p \in U$ ist dies klar. ∎

(c) Für $p \in U$ ist $(\partial_1|_p, \dots, \partial_m|_p)$ eine Basis von T_pM, und $(\partial_1, \dots, \partial_m)$ ist eine Modulbasis von $\mathcal{V}(U)$. Das Vektorfeld v auf U gehört genau dann zu $\mathcal{V}(U)$, wenn die Koeffizienten v_j der Basisdarstellung

$$v = \sum_{j=1}^{m} v^j \partial_j$$

alle in $\mathcal{E}(U)$ liegen.

Beweis Die erste Aussage folgt aus Bemerkung VII.10.5 und der Definition des Tangentialraumes in einem Berandungspunkt. Die zweite Behauptung ist eine Konsequenz von

$$\varphi_* v = \varphi_*\Big(\sum_{j=1}^{m} v^j \partial_j\Big) = \sum_{j=1}^{m} (\varphi_* v^j)\varphi_*\partial_j ,$$

von (b) und Bemerkung VIII.3.3(c). ∎

(d) (Regularität) Es sei $k \in \mathbb{N}$, und M sei eine C^{k+1}-Mannigfaltigkeit. In diesem Fall ist $(\partial_1, \dots, \partial_m)$ eine $C^k(U)$-Modulbasis von $\mathcal{V}^k(U)$. Ein Vektorfeld v auf U gehört genau dann zu $\mathcal{V}^k(U)$, wenn seine Koeffizienten bezüglich dieser Basisdarstellung in $C^k(U)$ liegen. ∎

Differentialformen

In Verallgemeinerung des Kotangentialraumes T_p^*X und des Kotangentialbündels T^*X einer offenen Teilmenge X von $\mathbb{R}^m$ definieren wir den **Kotangentialraum** von M im Punkt p durch

$$T_p^*M := (T_pM)^* = \mathcal{L}(T_pM, \mathbb{R})$$

und das **Kotangentialbündel** von M durch

$$T^*M := \bigcup_{p \in M} T_p^*M .$$

Wir bezeichnen mit

$$\langle \cdot, \cdot \rangle_p : T_p^*M \times T_pM \to \mathbb{R} , \qquad p \in M ,$$

die Dualitätspaarung[5] und nennen

$$\langle \cdot, \cdot \rangle : T^*M \times TM \to \mathcal{E}(M) , \qquad (\alpha, v) \mapsto [p \mapsto \langle \alpha(p), v(p) \rangle_p]$$

ebenfalls **Dualitätspaarung**.

---

[5]Vgl. Paragraph VIII.3.

Da T_pM ein m-dimensionaler Vektorraum ist, gilt dies auch für T_p^*M. Also sind für $r \in \mathbb{N}$ und $p \in M$ das r-fache äußere Produkt $\bigwedge^r T_p^*M$ von T_p^*M und die Graßmannalgebra

$$\textstyle\bigwedge T_p^*M = \bigoplus_{r \geq 0} \bigwedge^r T_p^*M$$

von T_p^*M definiert. In Erweiterung der im letzten Paragraphen eingeführten Begriffe definieren wir das **Bündel der alternierenden r-Formen** auf M durch

$$\textstyle\bigwedge^r T^*M := \bigcup_{p \in M} \bigwedge^r T_p^*M$$

sowie das **Graßmannbündel** von M durch

$$\textstyle\bigwedge T^*M := \bigcup_{p \in M} \bigwedge T_p^*M \ .$$

Eine **Differentialform** auf M ist dann eine Abbildung

$$\alpha : M \to \textstyle\bigwedge T^*M \quad \text{mit} \quad \alpha(p) \in \textstyle\bigwedge T_p^*M \text{ für } p \in M \ ,$$

d.h. ein Schnitt des Graßmannbündels. Sie hat den **Grad** r (oder heißt r-**Form**), wenn $\alpha(M) \subset \bigwedge^r T^*M$ gilt. Statt 1-Form sagt man auch **Pfaffsche Form**.

Sind α und β Differentialformen auf M, so werden die **Summe** $\alpha + \beta$ und das **äußere Produkt**[6] $\alpha \wedge \beta$ punktweise erklärt:

$$(\alpha + \beta)(p) := \alpha(p) + \beta(p) \ , \quad \alpha \wedge \beta(p) := \alpha(p) \wedge \beta(p) \ , \quad p \in M \ .$$

Ist α eine r-Form auf M, so wird ihre Wirkung auf Vektorfelder ebenfalls punktweise definiert:

$$\alpha(v_1, \ldots, v_r)(p) := \alpha(p)\big(v_1(p), \ldots, v_r(p)\big) \ , \quad p \in M \ , \quad v_1, \ldots, v_r \in \mathcal{V}(M) \ .$$

Schließlich sei $\varphi \in C^1(M, N)$, und β sei eine Differentialform auf N. Dann wird auch die **Rücktransformation** (der **pull back**) von β mittels φ punktweise erklärt:

$$\varphi^*\beta(p) := (T_p\varphi)^*\beta\big(\varphi(p)\big) \ , \quad p \in M \ .$$

Offensichtlich ist $\varphi^*\beta$ eine Differentialform auf M, die mittels φ auf M **zurückgeholte** Form β. Ist φ ein C^1-Diffeomorphismus von M auf N, so ist

$$\varphi_*\alpha := (\varphi^{-1})^*\alpha$$

die **Vorwärtstransformation** (der **push forward**) der Differentialform α auf M.

Es sei $k \in \mathbb{N} \cup \{\infty\}$. Die Differentialform α auf M gehört zur **Klasse** C^k (oder ist k-mal **stetig differenzierbar**[7] bzw. **glatt** im Fall $k = \infty$), wenn es um jeden Punkt

---

[6] $\wedge$ heißt auch **Dach-** oder **Keilprodukt**.

[7] Natürlich heißt eine Differentialform der Klasse C^0 stetig.

von M eine Karte (φ, U) gibt, derart daß $\varphi_* \alpha$ eine Differentialform der Klasse C^k auf $\varphi(U)$ ist. Die Menge aller r-Formen der Klasse C^k auf M bezeichnen wir mit

$$\Omega^r_{(k)}(M) \ ,$$

und

$$\Omega^r(M) := \Omega^r_{(\infty)}(M)$$

ist die Menge aller glatten r-Formen auf M. Schließlich ist

$$\Omega(M) := \Omega_{(\infty)}(M)$$

die Menge aller glatten Differentialformen auf M.

Wie im Fall von Vektorfeldern werden wir uns in der Regel auf das Studium glatter Differentialformen beschränken. Wir überlassen es dem Leser nachzuprüfen, daß alles, was im folgenden über glatte Formen gesagt wird, sinngemäß auch für Formen der Klasse C^k gilt, wobei gegebenenfalls k geeigneten Restriktionen zu genügen hat.

4.4 Bemerkungen **(a)** Die Definition der Differenzierbarkeit von Differentialformen ist koordinatenunabhängig.

Ist α eine r-Form der Klasse C^k auf M und ist (ψ, V) eine Karte von M, so ist $\psi_* \alpha$ eine r-Form der Klasse C^k auf $\psi(V)$.

Beweis Zu $p \in M$ gibt es eine Karte (φ, U) um p mit $\varphi_* \alpha \in \Omega^r_{(k)}(\varphi(U))$. Aus Bemerkung 3.3(a) und der punktweisen Definition der Vorwärtstransformation folgt

$$\psi_* \alpha = (\psi \circ \varphi^{-1})_* \varphi_* \alpha \ .$$

Hieraus ergibt sich die Behauptung analog zum Beweis von Bemerkung 4.2(a). ∎

(b) $\Omega(M)$ und $\Omega^r(M)$ sind $\mathcal{E}(M)$-Moduln, also insbesondere $\mathbb{R}$-Vektorräume, und

$$\Omega(M) = \bigoplus_{r \geq 0} \Omega^r(M) \ .$$

Das äußere Produkt ist $\mathbb{R}$-bilinear, assoziativ und graduiert antikommutativ, d.h., es gelten folgende Rechenregeln:

(i) Die Abbildung

$$\Omega^r(M) \times \Omega^s(M) \to \Omega^{r+s}(M) \ , \quad (\alpha, \beta) \mapsto \alpha \wedge \beta$$

ist wohldefiniert und $\mathbb{R}$-bilinear;

(ii) $\alpha \wedge (\beta \wedge \gamma) = (\alpha \wedge \beta) \wedge \gamma$, $\alpha, \beta, \gamma \in \Omega(M)$;

(iii) $\alpha \wedge \beta = (-1)^{rs} \beta \wedge \alpha$, $\alpha \in \Omega^r(M)$, $\beta \in \Omega^s(M)$.

Beweis Dies folgt aus der Definition der Glattheit, aus der punktweisen Definition von $\wedge$ und aus Theorem 2.7. ∎

(c) Jedes $\alpha \in \Omega^r(M)$ ist eine alternierende r-Form auf $\mathcal{V}(M)$.

(d) $\Omega^0(M) = \mathcal{E}(M)$, und $\Omega^r(M) = \{0\}$ für $r > m$.

(e) Für $h \in C^\infty(M, N)$ ist $h^* : \Omega(N) \to \Omega(M)$ ein Algebrahomomorphismus, d.h.

$$h^*(\alpha + \beta) = h^*\alpha + h^*\beta , \quad h^*(\alpha \wedge \beta) = h^*\alpha \wedge h^*\beta$$

für $\alpha, \beta \in \Omega(N)$. Für $\alpha \in \Omega^r(N)$ gehört $h^*\alpha$ zu $\Omega^r(M)$. Ferner gelten:

$$(k \circ h)^* = h^* \circ k^* , \quad (\mathrm{id}_M)^* = \mathrm{id}_{\Omega(M)} .$$

Ist h ein Diffeomorphismus, so ist h^* bijektiv, und $(h^*)^{-1} = (h^{-1})^* = h_*$.

Beweis Die einfachen Verifikationen bleiben dem Leser überlassen. ∎

(f) Es seien M eine Untermannigfaltigkeit von N und $i : M \hookrightarrow N$ die natürliche Einbettung.[8] Dann ist für $\alpha \in \Omega^r(N)$

$$\alpha|M := i^*\alpha \in \Omega^r(M)$$

die **Einschränkung**[9] von α auf M. Da für $p \in M$ der Tangentialraum T_pM als Untervektorraum von T_pN aufgefaßt wird, gilt $(\alpha|M)(p) = \alpha(p)|(T_pM)^r$ für $p \in M$. ∎

Lokale Darstellungen

Es sei $f \in C^1(M) := C^1(M, \mathbb{R})$. Wie in Paragraph VII.10 definieren wir das **Differential** df von f durch

$$df(p) := \mathrm{pr} \circ T_p f , \quad p \in M ,$$

wobei

$$\mathrm{pr} := \mathrm{pr}_2 : T_{f(p)}\mathbb{R} = \{f(p)\} \times \mathbb{R} \to \mathbb{R}$$

die kanonische Projektion bezeichnet.

Es sei (φ, U) eine Karte um $p \in M$. Dann folgt aus den Definitionen von $df(p)$ und $\partial_j|_p$ sowie aus der Kettenregel der Bemerkungen VII.10.9(b) und 1.14(c)

$$
\begin{aligned}
\langle df(p), \partial_j|_p \rangle_p &= \langle df(p), (T_{\varphi(p)}\varphi^{-1})(\varphi(p), e_j) \rangle_p \\
&= \mathrm{pr} \circ T_p f \circ T_{\varphi(p)}\varphi^{-1}(\varphi(p), e_j) \\
&= \mathrm{pr} \circ T_{\varphi(p)}(f \circ \varphi^{-1})(\varphi(p), e_j) \\
&= \partial(f \circ \varphi^{-1})(\varphi(p))e_j \\
&= \partial_j(f \circ \varphi^{-1})(\varphi(p)) \\
&= \partial_j(\varphi_* f)(\varphi(p))
\end{aligned}
$$

---

[8]In dieser Situation nehmen wir stets an, N sei unberandet.
[9]Vgl. Beispiel 3.4(j).

für $1 \leq j \leq m$. Mit der Abkürzung

$$\partial_j f(p) := \frac{\partial f}{\partial x^j}(p) := \partial_j(f \circ \varphi^{-1})(\varphi(p)) = \partial_j(\varphi_* f)(\varphi(p)) \qquad (4.3)$$

für $1 \leq j \leq m$ und $p \in U$ gilt somit

$$\langle df(p), \partial_j|_p \rangle_p = \partial_j f(p) , \qquad 1 \leq j \leq m , \quad p \in U , \qquad (4.4)$$

also

$$\langle df, \partial_j \rangle = \partial_j f , \qquad 1 \leq j \leq m . \qquad (4.5)$$

Man beachte, daß die „übliche partielle Ableitung $\partial_j f$ auf M" (im Sinne von Bemerkung VII.2.7(a)) nicht erklärt ist, wenn M nicht „flach", d.h. keine offene Teilmenge von $\mathbb{R}^m$, ist. Da Ableitungen von Funktionen auf Mannigfaltigkeiten immer nur für lokale Darstellungen gebildet werden können, kann $\partial_j f$ in (4.5) gar nichts anderes bedeuten als die partielle Ableitung der mit φ auf den Parameterbereich $\varphi(U)$ „heruntergeholten" Funktion, also von $\varphi_* f$, so wie dies in (4.3) definiert ist. Somit sind Fehlinterpretationen praktisch ausgeschlossen. Die Notation $\partial f / \partial x^j$ hat den Vorteil, daß sie die „Namen der Koordinaten" $(x^1, \ldots, x^m) = \varphi$ angibt, in denen f lokal dargestellt ist.

In Paragraph VII.2, d.h. im Falle offener Teilmengen des $\mathbb{R}^m$, haben wir die partielle Ableitung $\partial_j f(p)$ als das Bild des j-ten Koordinateneinheitsvektors e_j unter der (totalen) Ableitung $\partial f(p)$ (d.h. der Linearisierung von f in p) definiert. Da $df(p)$ mit dem Hauptteil des Tangentials $T_p f$, also der „Linearisierung von f im Punkt p" übereinstimmt und da $\partial_j|_p$ der j-te Koordinatenbasisvektor von $T_p M$ ist, zeigt (4.4), daß $\partial_j f(p)$ der Hauptteil des Bildes dieses Koordinatenvektors unter dem Tangential von f ist. Somit ist (4.3) in der Tat die korrekte Erweiterung des Begriffes der partiellen Ableitung von Funktionen, die auf Mannigfaltigkeiten definiert sind.

Schließlich ist es klar, daß (4.3) mit der klassischen partiellen Ableitung übereinstimmt, wenn M offen in $\mathbb{R}^m$ ist und φ die triviale Karte id_M bezeichnet.

4.5 Bemerkungen Es sei (φ, U) eine Karte von M.

(a) Für $f \in \mathcal{E}(M) = \Omega^0(M)$ gehört df zu $\Omega^1(M)$. Die Abbildung

$$d : \Omega^0(M) \to \Omega^1(M) , \quad f \mapsto df$$

ist $\mathbb{R}$-linear.

(b) Es seien $(x^1, \ldots, x^m) = \varphi$ die von φ induzierten lokalen Koordinaten von U, also

$$x^j := \mathrm{pr}_j \circ \varphi \in \mathcal{E}(U) , \qquad 1 \leq j \leq m ,$$

mit den kanonischen Projektionen $\mathrm{pr}_j : \mathbb{R}^m \to \mathbb{R}$. Dann ist $\Omega^1(U)$ ein freier $\mathcal{E}(U)$-Modul der Dimension m, und $(dx^1, \ldots, dx^m)$ ist eine Modulbasis mit

$$\left\langle dx^j, \frac{\partial}{\partial x^k} \right\rangle = \delta_k^j , \qquad 1 \leq j, k \leq m , \qquad (4.6)$$

die **Dualbasis** der Basis $(\partial/\partial x^1, \ldots, \partial/\partial x^m)$ von $\mathcal{V}(U)$. Für die Basisdarstellungen

$$v = \sum_{j=1}^{m} v^j \frac{\partial}{\partial x^j} \in \mathcal{V}(U) \quad \text{bzw.} \quad \alpha = \sum_{j=1}^{m} a_j \, dx^j \in \Omega^1(U) \qquad (4.7)$$

bestehen die Beziehungen

$$v^j = \langle dx^j, v \rangle \in \mathcal{E}(U) \quad \text{bzw.} \quad a_j = \left\langle \alpha, \frac{\partial}{\partial x^j} \right\rangle \in \mathcal{E}(U) \qquad (4.8)$$

für $1 \leq j \leq m$. Insbesondere gilt für $f \in \mathcal{E}(U)$

$$df = \sum_{j=1}^{m} \frac{\partial f}{\partial x^j} \, dx^j \in \Omega^1(U) \ .$$

Beweis Aus (4.3) und (4.5) folgt

$$\langle dx^j, \partial_k \rangle = \partial_k x^j = \varphi^* \partial_k (\varphi_* x^j) = \varphi^* \partial_k \big[(\mathrm{pr}_j \circ \varphi) \circ \varphi^{-1} \big] = \varphi^* \partial_k \mathrm{pr}_j = \delta_k^j \ ,$$

also (4.6). Für v mit der in (4.7) angegebenen Darstellung ergibt sich hieraus

$$\langle dx^j(p), v(p) \rangle_p = \sum_{k=1}^{m} v^k(p) \left\langle dx^j(p), \frac{\partial}{\partial x^k}\Big|_p \right\rangle_p = \sum_{k=1}^{m} v^k(p) \delta_k^j = v^j(p) \qquad (4.9)$$

für $p \in U$ und $1 \leq j \leq m$, da $dx^j(p)$ eine Linearform auf $T_p M = T_p U$ ist. Also implizieren der erste Teil von (4.7) und Bemerkung 4.3(c) die erste Behauptung von (4.8).

Für die Vorwärtstransformation von dx^j mittels φ finden wir unter Verwendung der Bemerkungen VII.10.9(b) und 1.14(c) sowie von (4.2) und (4.6)

$$\begin{aligned}
\big\langle (\varphi_* dx^j)(\varphi(p)), (\varphi(p), e_k) \big\rangle_{\varphi(p)} &= \big\langle dx^j(p), (T_{\varphi(p)} \varphi^{-1})(\varphi(p), e_k) \big\rangle_p \\
&= \big\langle dx^j(p), (T_p \varphi)^{-1}(\varphi(p), e_k) \big\rangle_p \\
&= \left\langle dx^j(p), \frac{\partial}{\partial x^k}\Big|_p \right\rangle_p = \delta_k^j \ .
\end{aligned} \qquad (4.10)$$

Dies zeigt, daß $(\varphi_* dx^1, \ldots, \varphi_* dx^m)$ in jedem Punkt $\varphi(p) \in \varphi(U)$ die Dualbasis der kanonischen Basis von $T_{\varphi(p)} \varphi(U)$ ist. Insbesondere ist der Hauptteil von $\varphi_* dx^j$ konstant auf $\varphi(U)$.

Bemerkung 4.4(e) garantiert, daß φ_* ein Vektorraumisomorphismus von $\Omega^1(U)$ auf $\Omega^1(\varphi(U))$ ist. Hieraus, aus (4.10) und aus Satz 2.3 leiten wir ab, daß jedes $\alpha \in \Omega^1(U)$ eine Darstellung der in (4.7) angegebenen Form mit reellwertigen Funktionen a_j auf U besitzt. Wegen

$$\varphi_* \alpha = \sum_{j=1}^{m} (\varphi_* a_j) \, \varphi_* dx^j \qquad (4.11)$$

und der Konstanz der Hauptteile der 1-Formen $\varphi_* dx^j$ auf $\varphi(U)$ zeigt Bemerkung 3.1(e), daß α genau dann zu $\Omega^1(U)$ gehört, wenn $a_j \in \mathcal{E}(U)$ für $1 \leq j \leq m$ gilt. Schließlich folgt $a_j = \langle \alpha, \partial_j \rangle$ durch eine zu (4.9) analoge Berechnung. $\blacksquare$

(c) Für $r \in \mathbb{N}$ ist $\Omega^r(U)$ ein freier $\mathcal{E}(U)$-Modul der Dimension $\binom{m}{r}$, und

$$\left\{ dx^{(j)} = dx^{j_1} \wedge \cdots \wedge dx^{j_r} \; ; \; (j) = (j_1, \ldots, j_r) \in \mathbb{J}_r \right\} \tag{4.12}$$

ist eine Basis. Für die eindeutig bestimmte **Basisdarstellung in lokalen Koordinaten**

$$\alpha = \sum_{(j) \in \mathbb{J}_r} a_{(j)} \, dx^{(j)} \tag{4.13}$$

der r-Form α auf U gilt

$$a_{(j)} = \alpha \left(\frac{\partial}{\partial x^{j_1}}, \ldots, \frac{\partial}{\partial x^{j_r}} \right), \qquad (j) \in \mathbb{J}_r . \tag{4.14}$$

Ist $k \in \mathbb{N} \cup \{\infty\}$, so gehört α genau dann zur Klasse C^k auf U, wenn $a_{(j)} \in C^k(U)$ für $(j) \in \mathbb{J}_r$ gilt.

Beweis Aus (4.10) und den Rechenregeln für die Rücktransformation $(\varphi^{-1})^* = \varphi_*$ von Bemerkung 4.4(e) folgt

$$\varphi_* \, dx^{(j)} = \varepsilon^{(j)}, \qquad (j) \in \mathbb{J}_r , \tag{4.15}$$

wobei $(\varepsilon^1, \ldots, \varepsilon^m)$ die Dualbasis zur kanonischen Basis von $T_{\varphi(p)} \varphi(U)$ für $p \in U$ bezeichnet. Da φ_* ein Vektorraumisomorphismus von $\Omega^r(U)$ auf $\Omega^r \big(\varphi(U) \big)$ ist, leiten wir aus Satz 2.3 und (4.2) ab, daß jede r-Form α auf U eine eindeutige Darstellung der Form (4.13) besitzt, wobei die Koeffizientenfunktionen durch (4.14) gegeben sind. Wegen

$$\varphi_* \alpha = \sum_{(j) \in \mathbb{J}_r} (\varphi_* a_{(j)}) \varphi_* \, dx^{(j)}$$

und (4.15) ergibt sich aus der Definition der Differenzierbarkeit einer r-Form der Klasse C^k, daß α genau dann zur Klasse C^k gehört, wenn die $a_{(j)}$ in $C^k(U)$ liegen. ∎

(d) Es ist zu beachten, daß wir nur gezeigt haben, daß $\mathcal{V}(U)$ und $\Omega(U)$ freie Moduln sind, während wir keine derartige Aussage über $\mathcal{V}(M)$ und $\Omega(M)$ gemacht haben. In der Tat, entsprechende Aussagen sind im globalen Fall, d.h. für Mannigfaltigkeiten, welche nicht durch eine einzige Karte beschrieben werden können, i. allg. nicht richtig. So ist z.B. bekannt,[10] daß es auf der n-Sphäre genau dann n Vektorfelder gibt, die in jedem Punkt linear unabhängig sind (d.h., daß $\mathcal{V}(S^n)$ ein freier Modul der Dimension n ist), wenn gilt $n = 0, 1, 3$ oder 7.

(e) (Regularität) Ist $k \in \mathbb{N}$, so bleiben die Aussagen von (c) richtig, falls M eine C^{k+1}-Mannigfaltigkeit ist. ∎

Die zur Karte φ gehörigen lokalen Koordinaten $x^1, \ldots, x^m$ auf U sind glatte Funktionen auf U, nämlich die Abbildungen $\mathrm{pr}_j \circ \varphi \in \mathcal{E}(U)$ für $1 \leq j \leq m$. Andererseits verwenden wir $(x^1, \ldots, x^m)$ auch zur Bezeichnung des allgemeinen Punktes von $\varphi(U)$, d.h., die Koordinaten des $\mathbb{R}^m$ heißen ebenfalls $x^1, \ldots, x^m$. Diese doppelte Verwendung derselben Notation für zwei verschiedene Dinge ist gewollt und zu

---

[10]Durch Untersuchungen von Bott, Kervaire und Milnor.

beachten. Sie vereinfacht Rechnungen mit (lokalen) Koordinaten erheblich, wobei es aus dem Zusammenhang stets klar ist, welche Interpretation in einer gegebenen Situation die richtige ist. So hat zum Beispiel der Ausdruck

$$\alpha = \sum_{(j) \in \mathbb{J}_r} a_{(j)} \, dx^{(j)} \tag{4.16}$$

zwei Bedeutungen, falls keine zusätzlichen Spezifikationen vorgenommen werden, was in der Praxis üblich ist. Erstens können wir (4.16) als Basisdarstellung einer r-Form auf der offenen Teilmenge $X = \varphi(U)$ des $\bar{\mathbb{H}}^m$ auffassen, wie wir dies im letzten Paragraphen getan haben. Zweitens können wir (4.16) als die Basisdarstellung einer r-Form auf U bezüglich der lokalen Koordinaten der entsprechenden Karte interpretieren. Dies ist der Standpunkt, den wir hier eingenommen haben. Im ersten Fall sind die $a_{(j)}$ Funktionen auf X, und $dx^{(j)}$ sind die konstanten Basisformen des $\mathbb{R}^m$. Im zweiten Fall sind die $a_{(j)}$ Funktionen auf $U \subset M$, und $dx^{(j)}$ sind ortsabhängige r-Formen, die auf U „leben". *Wegen (4.15) müssen beim Übergang von der zweiten zur ersten Interpretation lediglich die Koeffizientenfunktionen $a_{(j)} = a_{(j)}(p)$ mittels φ auf das Parametergebiet „heruntergezogen", d.h. $a_{(j)}$ als $\varphi_* a_{(j)} = a_{(j)} \circ \varphi^{-1}$ interpretiert, werden: $a_{(j)} = a_{(j)}(x)$ für $x \in X$.*

4.6 Beispiele (a) Es sei $S_\pm^m$ die obere $(+)$ bzw. untere $(-)$ offene Hemisphäre der m-Sphäre S^m in $\mathbb{R}^{m+1}$, d.h.

$$S_\pm^m := \left\{ x \in \mathbb{R}^{m+1} \; ; \; |x| = 1, \; \pm x^{m+1} > 0 \right\} .$$

Ferner sei

$$\varphi_\pm : S_\pm^m \to \mathbb{B}^m , \quad x \mapsto x' := (x^1, \dots, x^m)$$

die Projektion auf $\mathbb{B}^m = \mathbb{B}^m \times \{0\}$ parallel zur x^{m+1}-Achse. Dann sind (φ_+, S_+^m) und (φ_-, S_-^m) Karten von S^m. Für

$$\alpha := \sum_{j=1}^{m+1} (-1)^{j-1} x^j \, dx^1 \wedge \dots \wedge \widehat{dx^j} \wedge \dots \wedge dx^{m+1} \in \Omega^m(\mathbb{R}^{m+1})$$

gilt bezüglich der von $\varphi_\pm$ induzierten lokalen Koordinaten

$$\alpha \,|\, S_\pm^m = \pm \frac{(-1)^m}{\sqrt{1 - |x'|^2}} \, dx^1 \wedge \dots \wedge dx^m .$$

Beweis Es sei $g_\pm(x') := \left(x', \pm\sqrt{1 - |x'|^2} \right)$ für $x' \in \mathbb{B}^m$. Dann ist $g_\pm$ glatt und die zu $\varphi_\pm$ gehörige Parametrisierung der Hemisphäre $S_\pm^m$ als Graph über $\mathbb{B}^m$, und $g_\pm = i \circ \varphi_\pm^{-1}$ mit

$i : S^m \hookrightarrow \mathbb{R}^{m+1}$. Folglich sind $(\varphi_\pm, S_\pm^m)$ Karten von S^m. Hierfür finden wir

$$
\begin{aligned}
(\varphi_\pm)_*(\alpha \,|\, S_\pm^m) &= (\varphi_\pm^{-1})^* \circ i^* \alpha = g_\pm^* \alpha \\
&= \sum_{j=1}^{m+1} (-1)^{j-1} g_\pm^j \, dg_\pm^1 \wedge \cdots \wedge \widehat{dg_\pm^j} \wedge \cdots \wedge dg_\pm^{m+1} \\
&= \sum_{j=1}^{m} (-1)^{j-1} x^j \, dx^1 \wedge \cdots \wedge \widehat{dx^j} \wedge \cdots \wedge dx^m \wedge \sum_{k=1}^{m} \frac{\mp x^k \, dx^k}{\sqrt{1 - |x'|^2}} \\
&\quad \pm (-1)^m \sqrt{1 - |x'|^2} \, dx^1 \wedge \cdots \wedge dx^m \\
&= \pm \frac{(-1)^m}{\sqrt{1 - |x'|^2}} \Big[-\sum_{j=1}^{m} (-1)^{m+j-1+m-j} (x^j)^2 + 1 - |x'|^2 \Big] dx^1 \wedge \cdots \wedge dx^m \ .
\end{aligned}
$$

Da sich der Ausdruck in der eckigen Klammer auf 1 reduziert, folgt die Behauptung. ∎

(b) Es sei $\omega_{S^1} := (x\,dy - y\,dx)\,|\,S^1$, und

$$
g_1 : (0, 2\pi) \to S^1 \setminus \{(1,0)\} \ , \quad t \mapsto (\cos t, \sin t)
$$

sei eine Parametrisierung von $S^1 \setminus \{(1,0)\}$. Dann gilt bezüglich der von der Karte (φ, U) mit $\varphi := g_1^{-1}$ und $U := S^1 \setminus \{(1,0)\}$ induzierten lokalen Koordinaten

$$
\omega_{S^1} \,|\, U = dt \ .
$$

Beweis Dies folgt aus $\varphi_* \omega_{S^1} = (g_1^1 \dot{g}_1^2 - g_1^2 \dot{g}_1^1)\, dt$. ∎

(c) Es sei $U := S^2 \setminus H_3$ die 2-Sphäre S^2, aus welcher der Halbkreis, der von der Halbebene $H_3 := \mathbb{R}^+ \times \{0\} \times \mathbb{R}$ ausgeschnitten wird, entfernt ist.[11] Ferner sei

$$
(0, 2\pi) \times (0, \pi) \to U \ , \quad (\varphi, \vartheta) \mapsto (\cos\varphi \sin\vartheta, \sin\varphi \sin\vartheta, \cos\vartheta)
$$

die Parametrisierung von U mittels sphärischer Koordinaten. Schließlich sei

$$
\alpha := x\,dy \wedge dz + y\,dz \wedge dx + z\,dx \wedge dy \in \Omega^2(\mathbb{R}^3) \ .
$$

Dann hat die Form $\omega_{S^2} := \alpha\,|\,S^2 \in \Omega^2(S^2)$ bezüglich der lokalen Koordinaten (φ, ϑ) die Darstellung

$$
\omega_{S^2} \,|\, U = -\sin\vartheta \, d\varphi \wedge d\vartheta \ .
$$

Beweis Mittels einer einfachen Rechnung[12] erhält man dies aus Beispiel 3.4(d). ∎

---

[11] Vgl. Beispiel VII.9.11(b).

[12] Man beachte, daß $\partial(x,y)/\partial(\varphi, \vartheta)$ die Determinante der Matrix ist, die aus (VII.9.3) durch Streichen der letzten Zeile entsteht, etc.

Koordinatentransformationen

Um konkrete Berechnungen möglichst effizient ausführen zu können, ist es wichtig, Koordinaten zu wählen, welche der speziellen Situation gut angepaßt sind. So wird man beispielsweise Polarkoordinaten verwenden, wenn man rotationssymmetrische Probleme beschreiben will, wie wir dies bereits in Paragraph X.8 im Rahmen der Integrationstheorie getan haben.

Da ein vorgegebenes Problem in den meisten Fällen bereits in einem Koordinatensystem beschrieben ist, muß man in der Lage sein, ohne allzugroße Mühe von einem in ein anderes Koordinatensystem zu wechseln. Die Grundlage hierzu bildet der folgende Transformationssatz für Vektorfelder und Pfaffsche Formen.

Es seien (φ, U) und (ψ, V) Karten von M mit $U \cap V \neq \emptyset$ und $\varphi = (x^1, \ldots, x^m)$ sowie $\psi = (y^1, \ldots, y^m)$. Auf $U \cap V$ können wir folglich sowohl y^j als Funktion der lokalen Koordinaten $x = (x^1, \ldots, x^m)$ als auch x^j als Funktion von $y = (y^1, \ldots, y^m)$ auffassen. Hierbei ist es üblich und nützlich, keine neuen Symbole einzuführen, sondern einfach $y = y(x)$ bzw. $x = x(y)$ zu schreiben. Offensichtlich ist die Abbildung $y(\cdot)$ ein Diffeomorphismus von $U \cap V$ auf sich, eine **Koordinatentransformation**, die wir auch mit $x \mapsto y$ bezeichnen. Die Umkehrabbildung wird durch $x(\cdot)$, d.h. durch die Koordinatentransformation $y \mapsto x$, gegeben. Wir können aber x bzw. y auch als den allgemeinen Punkt von $X := \varphi(U \cap V)$ bzw. $Y := \psi(U \cap V)$ in $\bar{\mathbb{H}}^m$ auffassen. Dann ist die Koordinatentransformation $x \mapsto y$ nichts anderes als der Kartenwechsel $\psi \circ \varphi^{-1} \in \mathrm{Diff}(X, Y)$. Aus dem Zusammenhang wird stets klar sein, welche der beiden Interpretationen zu wählen ist.

Bei den folgenden Formeln bleibt es dem Leser überlassen, aus dem Kontext zu entnehmen, ob mit x^j eine unabhängige Variable gemeint ist, oder aber die Funktion $x^j(\cdot)$. Diese Doppeldeutigkeit, die in der Praxis kaum problematisch ist, wird bewußt in Kauf genommen, da die so entstehenden Formeln intuitiv unmittelbar verständlich und leicht zu merken sind.

4.7 Satz *Für die Koordinatentransformation $x \mapsto y$ gilt*

$$\frac{\partial}{\partial y^j} = \sum_{k=1}^{m} \frac{\partial x^k}{\partial y^j} \frac{\partial}{\partial x^k} \ , \quad dy^j = \sum_{k=1}^{m} \frac{\partial y^j}{\partial x^k} dx^k$$

für $1 \leq j \leq m$.

Beweis Aus Bemerkung 4.5(c) folgt

$$\frac{\partial}{\partial y^j} = \sum_{k=1}^{m} v_j^k \frac{\partial}{\partial x^k} \ , \quad v_j^k = \left\langle dx^k, \frac{\partial}{\partial y^j} \right\rangle \ , \qquad 1 \leq j, k \leq m \ .$$

Mit $x = f(y)$ und (4.5) finden wir

$$\left\langle dx^k, \frac{\partial}{\partial y^j} \right\rangle = \frac{\partial x^k}{\partial y^j} \ , \qquad 1 \leq j, k \leq m \ , \tag{4.17}$$

was die erste Behauptung beweist.

Analog gilt

$$dy^j = \sum_{k=1}^{m} a_k \, dx^k \,, \quad a_k = \left\langle dy^j, \frac{\partial}{\partial x^k} \right\rangle = \frac{\partial y^j}{\partial x^k}$$

für $1 \le j, k \le m$. Dies zeigt die zweite Behauptung. $\blacksquare$

4.8 Korollar (a) *Die Jacobimatrix der Koordinatentransformation* $x \mapsto y$ *erfüllt*

$$\left[\frac{\partial y^j}{\partial x^k} \right] = \left[\frac{\partial x^j}{\partial y^k} \right]^{-1} .$$

(b) $$dy^1 \wedge \cdots \wedge dy^m = \frac{\partial(y^1, \dots, y^m)}{\partial(x^1, \dots, x^m)} \, dx^1 \wedge \cdots \wedge dx^m.$$

Beweis (a) Wegen

$$y(\cdot) = \psi \circ \varphi^{-1} \in \mathrm{Diff}(X, Y) \,, \quad y(\cdot)^{-1} = x(\cdot) = \varphi \circ \psi^{-1} \in \mathrm{Diff}(Y, X)$$

ist die Behauptung offensichtlich.

(b) ist eine Konsequenz aus Beispiel 3.4(c), den Betrachtungen im Anschluß an Bemerkung 4.5(e) und der Tatsache, daß

$$\frac{\partial(y^1, \dots, y^m)}{\partial(x^1, \dots, x^m)}$$

die Funktionaldeterminante der Koordinatentransformation $x \mapsto y$ ist (vgl. Bemerkung VII.7.9(a)). $\blacksquare$

4.9 Beispiele **(a)** (Ebene Polarkoordinaten) Bezüglich der Polarkoordinatentransformation

$$V_2 \to \mathbb{R}^2 \,, \quad (r, \varphi) \mapsto (x, y) := (r \cos \varphi, r \sin \varphi)$$

mit $V_2 := (0, \infty) \times (0, 2\pi)$ gelten

$$\frac{\partial}{\partial r} = \frac{\partial x}{\partial r} \frac{\partial}{\partial x} + \frac{\partial y}{\partial r} \frac{\partial}{\partial y} = \cos \varphi \frac{\partial}{\partial x} + \sin \varphi \frac{\partial}{\partial y}$$

und

$$\frac{\partial}{\partial \varphi} = \frac{\partial x}{\partial \varphi} \frac{\partial}{\partial x} + \frac{\partial y}{\partial \varphi} \frac{\partial}{\partial y} = -r \sin \varphi \frac{\partial}{\partial x} + r \cos \varphi \frac{\partial}{\partial y} \,.$$

(b) (Kugelkoordinaten) Es sei $V_3 := (0, \infty) \times (0, 2\pi) \times (0, \pi)$. Für die Kugelkoordinatentransformation

$$V_3 \to \mathbb{R}^3 \,, \quad (r, \varphi, \vartheta) \mapsto (x, y, z) = (r \cos \varphi \sin \vartheta, r \sin \varphi \sin \vartheta, r \cos \vartheta)$$

findet man

$$\frac{\partial}{\partial r} = \cos\varphi \sin\vartheta \frac{\partial}{\partial x} + \sin\varphi \sin\vartheta \frac{\partial}{\partial y} + \cos\vartheta \frac{\partial}{\partial z}$$

$$\frac{\partial}{\partial \varphi} = -r \sin\varphi \sin\vartheta \frac{\partial}{\partial x} + r \cos\varphi \sin\vartheta \frac{\partial}{\partial y}$$

$$\frac{\partial}{\partial \vartheta} = r \cos\varphi \cos\vartheta \frac{\partial}{\partial x} + r \sin\varphi \cos\vartheta \frac{\partial}{\partial y} - r \sin\vartheta \frac{\partial}{\partial z} \ .$$

(c) (Zylinderkoordinaten) Es seien $X := (0,\infty) \times (0,2\pi) \times \mathbb{R}$. Für die Zylinderkoordinatentransformation

$$X \to \mathbb{R}^3 \ , \quad (r,\varphi,\zeta) \mapsto (x,y,z) := (r\cos\varphi, r\sin\varphi, \zeta)$$

sind die Gleichungen

$$\frac{\partial}{\partial r} = \cos\varphi \frac{\partial}{\partial x} + \sin\varphi \frac{\partial}{\partial y} \ , \quad \frac{\partial}{\partial \varphi} = -r\sin\varphi \frac{\partial}{\partial x} + r\cos\varphi \frac{\partial}{\partial y} \ , \quad \frac{\partial}{\partial \zeta} = \frac{\partial}{\partial z}$$

erfüllt. ∎

Die äußere Ableitung

Das folgende Theorem zeigt, daß auf Mannigfaltigkeiten eine globale Verallgemeinerung der äußeren Ableitung existiert.

4.10 Theorem *Es gibt genau eine Abbildung*

$$d \colon \Omega(M) \to \Omega(M) \ ,$$

die **äußere** *(oder* **Cartansche**) **Ableitung** *mit folgenden Eigenschaften:*

(i) *d ist $\mathbb{R}$-linear und bildet $\Omega^r(M)$ nach $\Omega^{r+1}(M)$ ab.*

(ii) *d genügt der* **Produktregel**

$$d(\alpha \wedge \beta) = d\alpha \wedge \beta + (-1)^r \alpha \wedge d\beta \ , \quad \alpha \in \Omega^r(M) \ , \quad \beta \in \Omega(M) \ .$$

(iii) *$d^2 = d \circ d = 0$.*

(iv) *Für $f \in \mathcal{E}(M) = \Omega^0(M)$ stimmt df mit dem Differential von f überein. Außerdem gilt*

$$d \circ h^* = h^* \circ d \tag{4.18}$$

für $h \in C^\infty(M,N)$.

Beweis   (a) (Existenz) Es sei (φ, U) eine Karte von M. Gemäß Theorem 3.5 gibt es genau eine Abbildung $d \colon \Omega\big(\varphi(U)\big) \to \Omega\big(\varphi(U)\big)$ mit den Eigenschaften (i)–(iv). Wir definieren $d_U \colon \Omega(U) \to \Omega(U)$ durch die Kommutativität des Diagramms

$$
\begin{array}{ccc}
\Omega(U) & \xrightarrow{\;\;d_U\;\;} & \Omega(U) \\[4pt]
\varphi_* \downarrow & & \uparrow \varphi^* \\[4pt]
\Omega\big(\varphi(U)\big) & \xrightarrow{\;\;d\;\;} & \Omega\big(\varphi(U)\big)
\end{array}
\qquad (4.19)
$$

also durch $d_U := \varphi^* \circ d \circ \varphi_*$. Bemerkung 4.4(e) entnehmen wir, daß φ_* ein Algebraisomorphismus ist mit $(\varphi_*)^{-1} = (\varphi^{-1})_*$. Damit und mit (4.19) verifiziert der Leser leicht, daß d_U die Eigenschaften (i)–(iv) besitzt und eindeutig bestimmt ist.

Es sei (ψ, V) eine weitere Karte von M mit $U \cap V \neq \emptyset$. Dann folgt aus $\varphi = (\varphi \circ \psi^{-1}) \circ \psi$, den Rechenregeln für Rücktransformationen und (3.12), daß gilt

$$
\begin{aligned}
d_U &= \varphi^* \circ d \circ \varphi_* = \psi^* \circ (\varphi \circ \psi^{-1})^* \circ d \circ (\varphi \circ \psi^{-1})_* \circ \psi_* \\
&= \psi^* \circ d \circ \psi_* = d_V
\end{aligned}
\qquad (4.20)
$$

(natürlich auf $U \cap V$). Folglich ist d_U von den speziellen Koordinaten unabhängig.

Es sei $\big\{ (\varphi_\kappa, U_\kappa) \; ; \; \kappa \in \mathsf{K} \big\}$ ein Atlas für M, und $i_\kappa \colon U_\kappa \hookrightarrow M$ sei die natürliche Einbettung. Dann definieren wir $d \colon \Omega(M) \to \Omega(M)$ durch

$$
d\alpha(p) := d_{U_\kappa}\big[(i_\kappa)^*\alpha\big](p) \,, \qquad \alpha \in \Omega(M) \,,
$$

wobei $\kappa \in \mathsf{K}$ so gewählt ist, daß p in U_κ liegt. Wegen (4.20) ist diese Definition sinnvoll, und es ist klar, daß d die Eigenschaften (i)–(iv) besitzt.

(b) (Eindeutigkeit) Es seien $\alpha \in \Omega^r(M)$ und $p \in M$. Ferner sei (φ, U) eine Karte um p. Gemäß Bemerkung 4.5(c) besitzt $\alpha|U$ in lokalen Koordinaten die Darstellung

$$
\alpha|U = \sum_{(j) \in \mathbb{J}_r} a_{(j)} \, dx^{(j)}
$$

mit $a_{(j)} \in \mathcal{E}(U)$. Nun folgt aus (4.19) und den Bemerkungen 3.6(a) und 4.4(e)

$$
\begin{aligned}
d_U(\alpha|U) &= \varphi^* \, d\varphi_*(\alpha|U) = \varphi^* \sum_{(j) \in \mathbb{J}_r} d(\varphi_* a_{(j)}) \wedge \varphi_* \, dx^{(j)} \\
&= \sum_{(j) \in \mathbb{J}_r} d_U a_{(j)} \wedge dx^{(j)} = \sum_{(j) \in \mathbb{J}_r} da_{(j)} \wedge dx^{(j)} \,,
\end{aligned}
\qquad (4.21)
$$

da $d_U a_{(j)}$ mit dem Differential von $a_{(j)} \in \mathcal{E}(U)$ übereinstimmt.

Es sei V eine offene Umgebung von p mit $V \subset\subset U$. Dann gilt $\varphi(V) \subset\subset \varphi(U)$. Somit folgt aus Bemerkung 1.21(a) die Existenz von $\widetilde{\chi} \in \mathcal{D}\big(\varphi(U)\big)$ mit $\widetilde{\chi}|\varphi(V) = 1$.

Für

$$\chi := \begin{cases} \varphi^*\widetilde{\chi} & \text{auf } U , \\ 0 & \text{auf } M \setminus U \end{cases}$$

gelten $\chi \in \mathcal{E}(M)$ und $\chi \,|\, V = 1$. Hieraus ergibt sich, daß

$$b_{(j)} := \chi a_{(j)} , \quad (j) \in \mathbb{J}_r , \qquad \xi^j := \chi x^j , \quad 1 \leq j \leq m ,$$

zu $\mathcal{E}(M)$ gehören. Also sind die Differentiale $d\xi^j \in \Omega^1(M)$ definiert, was impliziert, daß

$$\beta := \sum_{(j)\in\mathbb{J}_r} b_{(j)} \, d\xi^{(j)}$$

ebenfalls definiert ist und zu $\Omega(M)$ gehört.

Es sei nun $\widetilde{d}$ eine Abbildung von $\Omega(M)$ in sich, welche (i)–(iv) erfüllt. Dann finden wir leicht

$$\widetilde{d}\beta = \sum_{(j)\in\mathbb{J}_r} db_{(j)} \wedge d\xi^{(j)} .$$

Für $a \in \mathcal{E}(U)$ erhalten wir aus der Produktregel

$$d(\chi a) = a \, d\chi + \chi \, da$$

(vgl. Korollar VII.3.8 und die Definition des Tangentials). Wegen $\chi \,|\, V = 1$ ergibt sich mit der natürlichen Einbettung $i : V \hookrightarrow M$

$$\big\langle i^* \, d(\chi a)(q), v(q)\big\rangle_q = \big\langle d(\chi a)(q), v(q)\big\rangle_q = \big\langle da(q), v(q)\big\rangle_q , \qquad q \in V ,$$

für $v \in \mathcal{V}(M)$, d.h. $d(\chi a)\,|\,V = da\,|\,V$. Dies und (4.21) implizieren $\beta\,|\,V = \alpha\,|\,V$ und

$$\widetilde{d}\beta\,|\,V = d_V(\alpha\,|\,V) . \tag{4.22}$$

Da d_V eindeutig ist und jedes $p \in M$ eine offene Koordinatenumgebung V besitzt, für welche (4.22) richtig ist, sehen wir, daß $\widetilde{d} = d$ gilt.

(c) Um (4.18) zu beweisen, können wir uns aufgrund der vorangehenden Betrachtungen auf die lokale Situation beschränken, d.h. annehmen, es gelte $M = U$. Dann folgt die Behauptung aus (4.19) und (3.12) von Theorem 3.5. ∎

4.11 Bemerkungen (a) Es sei

$$\alpha\,|\,U = \sum_{(j)\in\mathbb{J}_r} a_{(j)} \, dx^{(j)}$$

die Darstellung von $\alpha \in \Omega^r(M)$ in den lokalen Koordinaten der Karte (φ, U). Dann gilt

$$d(\alpha\,|\,U) = \sum_{(j)\in\mathbb{J}_r} da_{(j)} \wedge dx^{(j)} .$$

Beweis Dies folgt aus (4.21). ∎

(b) (Regularität) Für $k \in \mathbb{N}$ ist die Abbildung

$$d : \Omega^r_{(k+1)}(M) \to \Omega^{r+1}_{(k)}(M) , \qquad r \in \mathbb{N} ,$$

definiert und $\mathbb{R}$-linear. Dies bleibt richtig, wenn M eine C^{k+2}-Mannigfaltigkeit ist. ∎

Geschlossene und exakte Formen

Wie in der lokalen Theorie heißt $\alpha \in \Omega(M)$ **geschlossen**, wenn $d\alpha = 0$ gilt, und **exakt**, wenn es ein $\beta \in \Omega(M)$ gibt, eine **Stammform**, mit $d\beta = \alpha$.

4.12 Bemerkungen und Beispiele   **(a)** Wegen $d^2 = 0$ ist jede exakte Form geschlossen.

(b) Jede m-Form auf M ist geschlossen.

Beweis Dies ist wegen $\Omega^{m+1}(M) = \{0\}$ richtig. ∎

(c) (Lemma von Poincaré) Es sei $r \in \mathbb{N}^\times$, und $\alpha \in \Omega^r(M)$ sei geschlossen. Dann ist α **lokal exakt**, d.h., zu jedem $p \in M$ gibt es eine offene Umgebung U von p und ein $\beta \in \Omega^{r-1}(U)$ mit $d\beta = \alpha|U$.

Beweis Es sei (φ, U) eine Karte um p, derart daß $\varphi(U)$ sternförmig ist. Wegen $d\alpha = 0$ und $d\varphi_* \alpha = \varphi_* \, d\alpha$ ist $\varphi_* \alpha \in \Omega^r\big(\varphi(U)\big)$ geschlossen. Da $\varphi(U)$ zusammenziehbar ist, folgt aus dem Lemma von Poincaré (Theorem 3.11), daß ein $\beta_0 \in \Omega^{r-1}\big(\varphi(U)\big)$ mit $d\beta_0 = \varphi_* \alpha$ existiert. Für $\beta := \varphi^* \beta_0 \in \Omega^{r-1}(U)$ gilt dann $d\beta = \varphi^* \, d\beta_0 = \varphi^* \varphi_* \alpha = \alpha|U$, was die Behauptung beweist. ∎

Kontraktionen

Es seien $\alpha \in \Omega^{r+1}(M)$ und $v \in \mathcal{V}(M)$. Dann wird die **Kontraktion** $v \lrcorner \, \alpha$ **von** α **mit** v (oder die **Einhängung von** v **in** α) durch

$$v \lrcorner \, \alpha(v_1, \dots, v_r) := \alpha(v, v_1, \dots, v_r) , \qquad v_j \in \mathcal{V}(M) , \quad 1 \leq j \leq r ,$$

definiert. Statt $v \lrcorner \, \cdot$ schreibt man auch i_v und nennt $i_v \alpha$ **inneres Produkt von** v **mit** α. Man verifiziert leicht, daß $v \lrcorner \, \alpha$ zu $\Omega^r(M)$ gehört. Der Vollständigkeit halber und um Fallunterscheidungen zu vermeiden, setzen wir noch

$$v \lrcorner \, \alpha := 0 , \qquad \alpha \in \Omega^0(M) .$$

4.13 Bemerkungen und Beispiele   **(a)** Ist $\varphi : M \to N$ ein Diffeomorphismus, so gilt

$$v \lrcorner \, (\varphi^* \alpha) = \varphi^*(\varphi_* v \lrcorner \, \alpha)$$

für $\alpha \in \Omega(N)$ und $v \in \mathcal{V}(M)$. Insbesondere ist für jedes r das Diagramm

$$
\begin{array}{ccc}
\Omega^{r+1}(M) & \xleftarrow{\ \varphi^*\ } & \Omega^{r+1}(N) \\[2pt]
v \,\lrcorner\, \Big\downarrow & & \Big\downarrow\, \varphi_* v \,\lrcorner \\[2pt]
\Omega^{r}(M) & \xleftarrow{\ \varphi^*\ } & \Omega^{r}(N)
\end{array}
$$

kommutativ.

Beweis Ist α eine Nullform, so ist die Behauptung trivialerweise richtig. Also können wir annehmen, $\alpha \in \Omega^{r+1}(N)$. Dann finden wir für $p \in M$ und $v_1, \ldots, v_r \in T_p M$

$$
\begin{aligned}
v \,\lrcorner\, (\varphi^*\alpha)(p)(v_1, \ldots, v_r) &= (\varphi^*\alpha)(p)\big(v(p), v_1, \ldots, v_r\big) \\
&= \alpha\big(\varphi(p)\big)\big((T_p\varphi)v(p), (T_p\varphi)v_1, \ldots, (T_p\varphi)v_r\big) \\
&= \alpha\big(\varphi(p)\big)\big(\varphi_* v(\varphi(p)), (T_p\varphi)v_1, \ldots, (T_p\varphi)v_r\big) \\
&= (\varphi_* v \,\lrcorner\, \alpha)\big(\varphi(p)\big)\big((T_p\varphi)v_1, \ldots, (T_p\varphi)v_r\big) \\
&= \varphi^*(\varphi_* v \,\lrcorner\, \alpha)(p)(v_1, \ldots, v_r)\ ,
\end{aligned}
$$

was die Behauptung beweist. ∎

(b) Es seien X offen in $\bar{\mathbb{H}}^m$ und $\omega := dx^1 \wedge \cdots \wedge dx^m$. Für $v = \sum_{j=1}^m v^j \partial_j$ gilt

$$
v \,\lrcorner\, \omega = \sum_{j=1}^m (-1)^{j-1} v^j \, dx^1 \wedge \cdots \wedge \widehat{dx^j} \wedge \cdots \wedge dx^m\ .
$$

Beweis Wir setzen $v_1 := v$. Dann gilt für $v_2, \ldots, v_m \in \mathcal{V}(X)$

$$
(v_1 \,\lrcorner\, \omega)(v_2, \ldots, v_m) = \omega(v_1, \ldots, v_m) = \det\big[\langle dx^j, v_k\rangle\big]\ .
$$

Durch Entwickeln dieser Determinante nach der ersten Spalte finden wir für sie den Wert

$$
\sum_{j=1}^m (-1)^{j+1} \langle dx^j, v_1\rangle \det(A_j)\ ,
$$

wobei A_j die Matrix ist, welche aus $\big[\langle dx^j, v_k\rangle\big]$ durch Streichen der ersten Spalte und j-ten Zeile entsteht. Hieraus folgt

$$
\det(A_j) = dx^1 \wedge \cdots \wedge \widehat{dx^j} \wedge \cdots \wedge dx^m(v_2, \ldots, v_m)\ .
$$

Wegen

$$
\langle dx^j, v_1\rangle = \sum_{k=1}^m v^k \langle dx^j, \partial_k\rangle = v^j
$$

ergibt sich nun die Behauptung. ∎

(c) Es sei

$$\rho : \mathbb{R}^{m+1} \backslash \{0\} \to S^m , \quad x \mapsto x/|x|$$

die **radiale Retraktion**[13] auf die m-Sphäre in $\mathbb{R}^{m+1}$.
Ferner seien

$$\alpha := \sum_{j=1}^{m+1} (-1)^{j-1} x^j \, dx^1 \wedge \cdots \wedge \widehat{dx^j} \wedge \cdots \wedge dx^{m+1}$$

und

$$\omega_{S^m} := \alpha \, | \, S^m .$$

Dann gilt mit $r(x) := |x|$ für $x \in \mathbb{R}^{m+1}$:

$$\rho^* \omega_{S^m} = \frac{1}{r^{m+1}} \alpha = \sum_{j=1}^{m+1} (-1)^{j-1} \frac{x^j}{|x|^{m+1}} \, dx^1 \wedge \cdots \wedge \widehat{dx^j} \wedge \cdots \wedge dx^{m+1} ,$$

und $\rho^* \omega_{S^m}$ ist geschlossen.

Beweis Wegen $\rho \in C^\infty (\mathbb{R}^{m+1} \backslash \{0\}, \mathbb{R}^{m+1})$ mit $\text{im}(\rho) = S^m$ ist ρ eine glatte Abbildung von $\mathbb{R}^{m+1} \backslash \{0\}$ in S^m. Also ist $\rho^* \omega_{S^m} \in \Omega^m (\mathbb{R}^{m+1} \backslash \{0\})$ definiert, und wegen Bemerkung 4.12(b) und $d(\rho^* \omega_{S^m}) = \rho^* \, d\omega_{S^m} = 0$ ist diese Form geschlossen.

Um die Gleichung $\rho^* \omega_{S^m} = r^{-(m+1)} \alpha$ zu zeigen, haben wir nachzuweisen, daß für jedes $p \in \mathbb{R}^{m+1} \backslash \{0\}$ beide Seiten auf jedem m-Tupel eines Systems von Basisvektoren von $T_p \mathbb{R}^{m+1}$ übereinstimmen. Es sei also $p \in \mathbb{R}^{m+1} \backslash \{0\}$. Eine Basis von $T_p \mathbb{R}^{m+1}$ wird durch die Vektoren $\{(p)_p, (v_1)_p, \ldots, (v_m)_p\}$ gegeben, wobei $\{(v_1)_p, \ldots, (v_m)_p\}$ eine Basis von $T_p(r(p)S^m)$ ist. Enthält das m-Tupel $(w_1)_p, \ldots, (w_m)_p$ den Vektor $(p)_p$, so gilt mit $\omega := dx^1 \wedge \cdots \wedge dx^{m+1}$ wegen (b)

$$\alpha(p)\big((w_1)_p, \ldots, (w_m)_p\big) = \big((p)_p \lrcorner \, \omega\big)\big((w_1)_p, \ldots, (w_m)_p\big)$$
$$= \omega\big((p)_p, (w_1)_p, \ldots, (w_m)_p\big) = 0 ,$$

da zwei Einträge gleich sind. Also verschwindet auch $r^{-(m+1)}(p)\alpha(p)$ auf diesem m-Tupel. Weiter finden wir

$$\rho^* \omega_{S^m}(p)\big((w_1)_p, \ldots, (w_m)_p\big) = \omega_{S^m}\big(\rho(p)\big)\big((T_p\rho)(w_1)_p, \ldots, (T_p\rho)(w_m)_p\big)$$

mit

$$(T_p\rho)(w_j)_p = \big(\rho(p), \partial\rho(p)w_j\big) ,$$

wobei gemäß Satz VII.2.5

$$\partial\rho(p)w_j = \partial_t \rho(p + tw_j)\big|_{t=0} , \qquad 1 \le j \le m ,$$

gilt. Wegen $\rho(p + tp) = \rho(p)$ für $t \in (-1, 1)$ folgt insbesondere $(T_p\rho)(p)_p = 0$. Also verschwindet auch $\rho^* \omega_{S^m}(p)\big((w_1)_p, \ldots, (w_m)_p\big)$, wenn das m-Tupel $(w_1)_p, \ldots, (w_m)_p$ den Vektor $(p)_p$ enthält.

---

[13]Sind X ein topologischer Raum und A eine Teilmenge von X, so heißt eine stetige Abbildung $\rho : X \to A$ **Retraktion** von X auf A, wenn $\rho(a) = a$ für $a \in A$ gilt. Gibt es eine Retraktion von X auf A, so ist A ein **Retrakt** von X.

Es bleibt,

$$\rho^* \omega_{S^m}(p)\big((v_1)_p, \ldots, (v_m)_p\big) = \frac{1}{r(p)^{m+1}} \alpha(p)\big((v_1)_p, \ldots, (v_m)_p\big) \qquad (4.23)$$

zu zeigen. Zu $(v)_p \in T_p\big(r(p)S^m\big)$ gibt es aufgrund von Theorem VII.10.6 ein $\varepsilon > 0$ und ein $\gamma \in C^1\big((-\varepsilon, \varepsilon), r(p)S^m\big)$ mit $\gamma(0) = p$ und $\dot\gamma(0) = v$. Wegen $\rho \circ \gamma(t) = \gamma(t)/r(p)$ ergibt sich somit

$$\partial\rho(p)v = (\rho \circ \gamma)^{\cdot}(0) = v/r(p) \; .$$

Hieraus leiten wir

$$\rho^* \omega_{S^m}(p)\big((v_1)_p, \ldots, (v_m)_p\big) = r(p)^{-m} \alpha\big(\rho(p)\big)\big((v_1)_p, \ldots, (v_m)_p\big)$$

ab, was (4.23), und damit die Behauptung, impliziert. ∎

(d) (Regularität) Es seien $k \in \mathbb{N}$ und M eine C^{k+1}-Mannigfaltigkeit. Für $\alpha \in \Omega^{r+1}_{(k)}(M)$ und $v \in \mathcal{V}^k(M)$ gehört $v \lrcorner\, \alpha$ zu $\Omega^r_{(k)}(M)$. ∎

Orientierbarkeit

Gemäß Paragraph 2 kann T_pM durch die Wahl einer Volumenform $\alpha(p) \in \bigwedge^m T_p^* M$ orientiert werden. Dadurch erhält man eine m-Form α auf M mit $\alpha(p) \neq 0$ für $p \in M$. Umgekehrt induziert jede Abbildung $p \mapsto \alpha(p) \in \Lambda^m T_p^* M$ mit $\alpha(p) \neq 0$ für $p \in M$ auf jedem Tangentialraum T_pM eine Orientierung. Im allgemeinen wird α aber nicht stetig sein. Dies bedeutet anschaulich, daß die Orientierung der Tangentialräume nicht „kohärent" ist, d.h. beim Übergang von einem Punkt zu einem benachbarten „umklappen" kann. Um dies zu vermeiden, verlangen wir zusätzlich, daß α glatt sei (genauer: so regulär, wie die Regularität der Mannigfaltigkeit es zuläßt).

Die Mannigfaltigkeit M heißt **orientierbar**, wenn es ein $\alpha \in \Omega^m(M)$ gibt mit $\alpha(p) \neq 0$ für jedes $p \in M$, eine **Volumenform auf** M.

4.14 Bemerkungen **(a)** Ist M orientierbar, so ist $\Omega^m(M)$ ein eindimensionaler $\mathcal{E}(M)$-Modul.

Beweis Es seien α eine Volumenform auf M und $\beta \in \Omega^m(M)$. Wegen $\dim \bigwedge^m T_p^* M = 1$ für $p \in M$ gibt es ein $f : M \to \mathbb{R}$ mit $\beta = f\alpha$. Wir müssen zeigen, daß f glatt ist. In lokalen Koordinaten gelten

$$\alpha|U = a\, dx^1 \wedge \cdots \wedge dx^m \; , \quad \beta|U = b\, dx^1 \wedge \cdots \wedge dx^m$$

mit $a, b \in \mathcal{E}(U)$ und $a(p) \neq 0$ für $p \in U$. Hieraus lesen wir $\beta|U = f\alpha|U$ ab, wobei $f := b/a$ zu $\mathcal{E}(U)$ gehört. ∎

(b) (Regularität) Es seien $k \in \mathbb{N}$ und M eine C^{k+1}-Mannigfaltigkeit. Dann ist M genau dann orientierbar, wenn es ein $\alpha \in \Omega^m_{(k)}(M)$ gibt mit $\alpha(p) \neq 0$ für $p \in M$. Dies ist genau dann der Fall, wenn der $C^k(M)$-Modul $\Omega^m_{(k)}(M)$ die Dimension 1 hat. ∎

Der folgende Satz zeigt, daß man die Orientierbarkeit einer Mannigfaltigkeit auch mit Karten charakterisieren kann.

Sind X und Y offen in $\bar{\mathbb{H}}^m$, so heißt $\varphi \in \mathrm{Diff}(X, Y)$ **orientierungserhaltend** [bzw. **orientierungsumkehrend**], wenn $\det \partial\varphi(x) > 0$ [bzw. $\det \partial\varphi(x) < 0$] für jedes $x \in X$ gilt, d.h., wenn $\partial\varphi(x) \in \mathcal{L}(\mathbb{R}^m)$ für jedes $x \in X$ ein orientierungserhaltender [bzw. orientierungsumkehrender] Automorphismus ist. Ein Atlas von M heißt **orientiert**, wenn alle seine Kartenwechsel orientierungserhaltend sind.

4.15 Satz *Eine Mannigfaltigkeit der Dimension ≥ 2 ist genau dann orientierbar, wenn sie einen orientierten Atlas besitzt.*

Beweis (a) Es sei M orientierbar, und $\alpha \in \Omega^m(M)$ sei eine Volumenform. Ferner sei $\{ (\varphi_\kappa, U_\kappa) \; ; \; \kappa \in \mathsf{K} \}$ ein Atlas für M. Dann gilt $(\varphi_\kappa)_*\alpha = a_\kappa \, dx^1 \wedge \cdots \wedge dx^m$ auf $X_\kappa := \varphi_\kappa(U_\kappa) \subset \bar{\mathbb{H}}^m$ mit $a_\kappa(x) \neq 0$ für $x \in X_\kappa$. Durch Nachschalten des Koordinatenwechsels $x \mapsto (-x^1, x^2, \dots, x^m)$, falls nötig, können wir annehmen, daß $a_\kappa(x_\kappa)$ für ein $x_\kappa \in X_\kappa$ strikt positiv sei. Da wir voraussetzen können, daß U_κ, und damit auch X_κ, zusammenhängend sei, folgt aus dem Zwischenwertsatz (Theorem III.4.7), daß $a_\kappa(x) > 0$ für alle $x \in X_\kappa$ und jedes $\kappa \in \mathsf{K}$ gilt.

Es seien nun $(\varphi_\kappa, U_\kappa)$ und $(\varphi_\lambda, U_\lambda)$ lokale Karten mit $U_\kappa \cap U_\lambda \neq \emptyset$. Ferner gelten $\varphi_\kappa = (x^1, \dots, x^m)$ und $\varphi_\lambda = (y^1, \dots, y^m)$. Dann finden wir

$$
\begin{aligned}
(\varphi_\lambda \circ \varphi_\kappa^{-1})^* &\big(a_\lambda \, dy^1 \wedge \cdots \wedge dy^m \,\big|\, \varphi_\lambda(U_\kappa \cap U_\lambda) \big) \\
&= (\varphi_\kappa)_* \varphi_\lambda^* \big(a_\lambda \, dy^1 \wedge \cdots \wedge dy^m \,\big|\, \varphi_\lambda(U_\kappa \cap U_\lambda) \big) \\
&= (\varphi_\kappa)_*\alpha \,\big|\, (U_\kappa \cap U_\lambda) = a_\kappa \, dx^1 \wedge \cdots \wedge dx^m \ .
\end{aligned}
\tag{4.24}
$$

Gemäß Beispiel 3.4(c) gilt

$$
(\varphi_\lambda \circ \varphi_\kappa^{-1})^* \, dy^1 \wedge \cdots \wedge dy^m = \det \partial(\varphi_\lambda \circ \varphi_\kappa^{-1}) \, dx^1 \wedge \cdots \wedge dx^m \ .
$$

Durch Vergleich mit (4.24) sehen wir

$$
(\varphi_\lambda \circ \varphi_\kappa^{-1})^* a_\lambda(x) \det \partial(\varphi_\lambda \circ \varphi_\kappa^{-1})(x) = a_\kappa(x) > 0 \ , \qquad x \in \varphi_\kappa(U_\kappa \cap U_\lambda) \ .
$$

Da a_λ positiv ist, folgt, daß M einen orientierten Atlas besitzt.

(b) Es sei $\{ (\varphi_\kappa, U_\kappa) \; ; \; \kappa \in \mathsf{K} \}$ ein orientierter Atlas. Satz 1.20 garantiert die Existenz einer glatten Zerlegung der Eins $\{ \pi_\kappa \; ; \; \kappa \in \mathsf{K} \}$, welche der Überdeckung $\{ U_\kappa \; ; \; \kappa \in \mathsf{K} \}$ von M untergeordnet ist. Für $\kappa \in \mathsf{K}$ wird $\alpha_\kappa \in \Omega^m(U_\kappa)$ durch

$$
\alpha_\kappa := \begin{cases} \pi_\kappa \varphi_\kappa^* \, dx^1 \wedge \cdots \wedge dx^m & \text{in } U_\kappa \ , \\ 0 & \text{sonst} \ , \end{cases}
$$

festgelegt. Man verifiziert leicht, daß die Definition

$$
\alpha := \sum_{\kappa \in \mathsf{K}} \alpha_\kappa \in \Omega^m(M)
$$

sinnvoll ist. Wir müssen zeigen, daß $\alpha(p) \neq 0$ für $p \in M$ gilt.

Es sei $p \in M$, und $\kappa \in \mathsf{K}$ sei so gewählt, daß $\pi_\kappa(p) > 0$. Für $\lambda \in \mathsf{K}$ mit $\lambda \neq \kappa$ und $U_\kappa \cap U_\lambda \neq \emptyset$ folgt, wie in (a),

$$\alpha_\lambda = \pi_\lambda \varphi_\lambda^* \, dy^1 \wedge \cdots \wedge dy^m = \pi_\lambda \varphi_\kappa^* (\varphi_\lambda \circ \varphi_\kappa^{-1})^* \, dy^1 \wedge \cdots \wedge dy^m$$
$$= \pi_\lambda \big(\varphi_\kappa^* \det\big(\partial(\varphi_\lambda \circ \varphi_\kappa^{-1}) \big) \big) \varphi_\kappa^* \, dx^1 \wedge \cdots \wedge dx^m \ .$$

Hiermit erhalten wir

$$\alpha(p) = \Big(\pi_\kappa(p) + \sum_{\substack{\lambda \in \mathsf{K} \\ \lambda \neq \kappa}} \pi_\lambda(p) \det\big(\partial(\varphi_\lambda \circ \varphi_\kappa^{-1}) \big)\big(\varphi_\kappa(p) \big) \Big) \varphi_\kappa^* \, dx^1 \wedge \cdots \wedge dx^m(p) \ ,$$

wobei nur endlich viele Summanden von Null verschieden sind. Da $\pi_\lambda(p) \geq 0$ gilt und die Kartenwechsel orientierungserhaltend sind, sehen wir, daß $\alpha(p) \neq 0$. Also ist α eine Volumenform, und M ist orientierbar. ∎

Es sei M orientierbar. Dann heißen die beiden Volumenformen $\alpha, \beta \in \Omega^m(M)$ **äquivalent**, wenn es ein $f \in \mathcal{E}(M)$ gibt mit $f(p) > 0$ für $p \in M$ und $\alpha = f\beta$. Dies ist offensichtlich eine Äquivalenzrelation auf der Menge aller Volumenformen von M. Jede Äquivalenzklasse bezüglich dieser Relation heißt **Orientierung** von M. Ist $\mathcal{O}r := \mathcal{O}r(M)$ eine Orientierung von M, so heißt $(M, \mathcal{O}r)$ **orientierte Mannigfaltigkeit**. Wenn aus dem Zusammenhang klar ist, mit welcher Orientierung M versehen ist, schreiben wir wieder M für $(M, \mathcal{O}r)$.

Ist $\alpha \in \mathcal{O}r$, so ist $-\alpha$ eine Volumenform, die nicht zu $\mathcal{O}r$ gehört. Die zugehörige Äquivalenzklasse wird mit $-\mathcal{O}r$ bezeichnet und heißt zu $\mathcal{O}r$ **inverse Orientierung**. Es ist offensichtlich, daß $-\mathcal{O}r$ unabhängig ist von dem speziellen Repräsentanten.

4.16 Bemerkungen (a) Eine orientierbare Mannigfaltigkeit ist dann und nur dann zusammenhängend, wenn sie genau zwei Orientierungen besitzt.

Beweis Es sei M zusammenhängend, und α und β seien zwei Volumenformen. Gemäß Bemerkung 4.14(a) gibt es ein $f \in \mathcal{E}(M)$ mit $\alpha = f\beta$. Da α nirgends verschwindet, gilt $f(p) \neq 0$ für $p \in M$. Weil M zusammenhängend ist, impliziert der Zwischenwertsatz (vgl. Theorem III.4.7), daß entweder $f(p) > 0$ oder $f(p) < 0$ für jedes $p \in M$ gilt. Folglich ist α entweder zu β oder zu $-\beta$ äquivalent. Also besitzt M genau zwei Orientierungen.

Es sei M nicht zusammenhängend. Satz III.4.2 garantiert die Existenz eine nichtleeren offenen und abgeschlossenen echten Teilmenge X von M. Ist α eine Volumenform auf M, so setzen wir

$$\beta(p) := \begin{cases} \alpha(p) \ , & p \in X \ , \\ -\alpha(p) \ , & p \in M \backslash X \ . \end{cases}$$

Dann ist β offensichtlich eine Volumenform mit $\beta \notin \mathcal{O}r \cup (-\mathcal{O}r)$, wobei $\mathcal{O}r$ die Äquivalenzklasse von α ist. Folglich besitzt M mehr als zwei Orientierungen. ∎

(b) Es sei $M = (M, \mathcal{O}r)$ eine orientierte Mannigfaltigkeit. Die Karte (φ, U) von M heißt **positiv (orientiert)**, wenn $\varphi_*(\alpha \,|\, U)$ für $\alpha \in \mathcal{O}r$ äquivalent ist zu der m-Form

$dx^1 \wedge \cdots \wedge dx^m \,|\, \varphi(U)$. Andernfalls heißt sie **negativ** (**orientiert**). M besitzt einen Atlas, der nur aus positiven Karten besteht, einen **orientierten Atlas**.

Beweis Für $\beta \in \mathcal{O}r$ gilt $\alpha = f\beta$ mit $f \in \mathcal{E}(M)$ und $f(p) > 0$ für $p \in M$. Mit $i : U \hookrightarrow M$ folgt hieraus

$$\varphi_* \alpha \,|\, U = \varphi_* i^* \alpha = \varphi_* i^* (f\beta) = (\varphi_* i^* f)(\varphi_* i^* \beta) = g\varphi_*(\beta\,|\,U) \ ,$$

wobei $g := f \circ \varphi^{-1} \in \mathcal{E}\big(\varphi(U)\big)$ und $g(x) > 0$ für $x \in \varphi(U)$ gelten. Dies zeigt, daß die Definition repräsentantenunabhängig ist. Die Existenz eines Atlas mit lauter positiven Karten wurde in Teil (a) des Beweises von Satz 4.15 gezeigt. ∎

(c) Es sei M orientiert. Dann ist (φ, U) genau dann eine positive Karte, wenn $(\partial_1|_p, \ldots, \partial_m|_p)$ eine positive Basis von $T_p M$ für $p \in U$ ist.

Beweis Für $\alpha \in \Omega^m(M)$ gilt gemäß Bemerkung 4.5(c) die Basisdarstellung in lokalen Koordinaten

$$\alpha\,|\,U = a\, dx^1 \wedge \cdots \wedge dx^m$$

mit $a(p) = \alpha(p)(\partial_1|_p, \ldots, \partial_m|_p)$ für $p \in U$. Nun ist die Behauptung klar. ∎

4.17 Beispiele **(a)** Jede offene Teilmenge U einer orientierbaren Mannigfaltigkeit M ist orientierbar.[14]

Beweis Für $\alpha \in \mathcal{O}r(M)$ ist $\alpha\,|\,U$ eine Volumenform auf U. ∎

(b) Sind M und N orientierbar und ist eine dieser Mannigfaltigkeiten unberandet, so ist auch die Produktmannigfaltigkeit[15] $M \times N$ orientierbar.

Beweis Ist $\big\{ (\varphi_\kappa, U_\kappa) \,;\, \kappa \in \mathsf{K} \big\}$ bzw. $\big\{ (\psi_\lambda, V_\lambda) \,;\, \lambda \in \mathsf{L} \big\}$ ein orientierter Atlas von M bzw. N, so ist leicht zu sehen, daß $\big\{ \varphi_\kappa \times \psi_\lambda \,;\, (\kappa, \lambda) \in \mathsf{K} \times \mathsf{L} \big\}$ mit

$$\varphi_\kappa \times \psi_\lambda (p, q) := \big(\varphi_\kappa(p), \psi_\lambda(q)\big) \in \mathbb{R}^m \times \mathbb{R}^n \ , \qquad (p, q) \in U_\kappa \times V_\lambda \ ,$$

ein orientierter Atlas von $M \times N$ ist. Da wir ohne Beschränkung der Allgemeinheit annehmen können, daß M und N mindestens eindimensional sind, folgt die Behauptung aus Satz 4.15. ∎

(c) Jede Mannigfaltigkeit, die durch eine einzige Karte beschrieben werden kann, d.h. einen Atlas besitzt, der aus einer einzigen Karte besteht, ist orientierbar.

Beweis Dies ist trivial (vgl. den ersten Teil des Beweises von Satz 4.15). ∎

(d) (Graphen) Es seien X offen in $\mathbb{R}^m$ und $f \in C^\infty(X, \mathbb{R}^n)$. Dann ist $\operatorname{graph}(f)$ eine m-dimensionale orientierbare Untermannigfaltigkeit des $\mathbb{R}^{m+n}$.

Beweis Aus Satz VII.9.2 wissen wir, daß $\operatorname{graph}(f)$ eine m-dimensionale Untermannigfaltigkeit von $\mathbb{R}^{m+n}$ ist. Der Beweis jenes Satzes zeigt, daß

$$\varphi : \operatorname{graph}(f) \to X \ , \qquad \big(x, f(x)\big) \mapsto x$$

eine Karte ist, welche $\operatorname{graph}(f)$ beschreibt. Also folgt die Behauptung aus (c). ∎

---

[14]Wir vereinbaren, daß die leere Menge orientierbar sei.

[15]Vgl. Aufgabe VII.9.4 und Aufgabe 3. Warum wurde vorausgesetzt, daß eine der beiden Mannigfaltigkeiten unberandet sei?

(e) (Fasern regulärer Abbildungen) Es seien X offen in $\mathbb{R}^m$ und $\ell \in \{0, \dots, m-1\}$. Ferner sei q ein regulärer Wert von $f \in C^\infty(X, \mathbb{R}^{m-\ell})$. Dann ist die ℓ-dimensionale Untermannigfaltigkeit $f^{-1}(q)$ von X orientierbar.

Beweis Es seien $\omega := dx^1 \wedge \cdots \wedge dx^m \,|\, X$ und

$$\nabla f^k := \sum_{j=1}^m \partial_j f^k \frac{\partial}{\partial x^j} \in \mathcal{V}(X) \,, \qquad 1 \le k \le m-\ell \,.$$

Mit den Notationen von Bemerkung VII.10.11(a) gilt $\nabla f^k(p) = \nabla_p f^k$ für $p \in X$. Wir können annehmen, daß $L := f^{-1}(q)$ nicht leer sei. Dann gilt

$$\alpha := \nabla f^1 \,\lrcorner\, \Big(\nabla f^2 \,\lrcorner\, \big(\cdots \,\lrcorner\, (\nabla f^{m-\ell} \,\lrcorner\, \omega) \cdots \big) \Big) \Big|\, L \in \Omega^\ell(L) \,.$$

Satz VII.10.13 garantiert, daß $\nabla f^1(p), \dots, \nabla f^{m-\ell}(p)$ linear unabhängig sind. Also ist

$$\alpha(p) = \omega\big(\nabla f^{m-\ell}(p), \dots, \nabla f^1(p), \dots\big) \ne 0 \,, \qquad p \in L \,,$$

d.h., α ist eine Volumenform auf L. ∎

(f) Sind M und N diffeomorph, so ist M genau dann orientierbar, wenn N orientierbar ist.

Beweis Es seien $f \in \mathrm{Diff}(M, N)$ und (φ, U) eine Karte von M. Dann ist $\psi := \varphi \circ f^{-1}$ eine Karte von N mit $V := f(U) = \mathrm{dom}(\psi)$. Da M und N diffeomorph sind, gilt $m = n$. Es sei nun $\beta \in \Omega^m(N)$ eine Volumenform von N. Dann besitzt β bezüglich der lokalen Koordinaten $(y^1, \dots, y^m) = \psi$ die Darstellung $\beta\,|\,V = b\, dy^1 \wedge \cdots \wedge dy^m$ mit $b(q) \ne 0$ für $q \in V$. Hieraus folgt

$$f^*(\beta\,|\,V) = (f^* b) f^*(dy^1 \wedge \cdots \wedge dy^m) = b \circ f\, dx^1 \wedge \cdots \wedge dx^m$$

wegen $f^* y^j = \mathrm{pr}_j \circ \psi \circ f = \mathrm{pr}_j \circ \varphi = x^j$ mit $(x^1, \dots, x^m) = \varphi$. Wegen $b \circ f(p) \ne 0$ für $p \in U$ sehen wir, daß $f^* \beta$ eine Volumenform auf M ist. Nun ist die Behauptung offensichtlich. ∎

(g) Jede eindimensionale Mannigfaltigkeit ist orientierbar.

Beweis Wir können annehmen, daß die Mannigfaltigkeit M zusammenhängend ist, da es genügt zu zeigen, daß jede Zusammenhangskomponente orientierbar ist. Dann ist M gemäß Theorem 1.18 diffeomorph zu einem Intervall J oder zu S^1. Da J und S^1 orientierbar sind (wobei die Orientierbarkeit von S^1 z.B. aus (e) folgt), ergibt sich die Behauptung aus (f). ∎

(h) (Hyperflächen) Eine Hyperfläche M in $\mathbb{R}^{m+1}$ ist genau dann orientierbar, wenn es ein glattes **Einheitsnormalenfeld** auf M gibt, d.h. ein $\nu \in C^\infty(M, \mathbb{R}^{m+1})$ mit $|\nu(p)| = 1$ und $\boldsymbol{\nu}(p) = \big(p, \nu(p)\big) \in T_p^\perp M$ für $p \in M$.

Beweis Ist ν ein Einheitsnormalenfeld auf M, so ist $(\boldsymbol{\nu} \,\lrcorner\, dx^1 \wedge \cdots \wedge dx^{m+1})\,|\,M$ eine Volumenform auf M. Also ist M orientierbar.

Es sei M orientierbar. Ist (φ, U) eine positive Karte mit $\varphi = (x^1, \dots, x^m)$, so gibt es wegen $\dim(T_p^\perp M) = 1$ für jedes $p \in U$ genau ein $\boldsymbol{\nu}(p) = \big(p, \nu(p)\big) \in T_p^\perp M$ mit

$|\nu(p)| = 1$, derart daß $\left(\nu(p), \frac{\partial}{\partial x^1}\big|_p, \ldots, \frac{\partial}{\partial x^m}\big|_p\right)$ eine positive Basis von $T_p\mathbb{R}^{m+1}$ ist. Durch Verkleinern von U können wir annehmen, daß es offene Mengen $\widetilde{U}$ und $\widetilde{V}$ von $\mathbb{R}^{m+1}$ mit $U = \widetilde{U} \cap M$ sowie ein $\Phi \in \mathrm{Diff}(\widetilde{U}, \widetilde{V})$ gibt, derart daß für $f := \Phi^{m+1} \in \mathcal{E}(\widetilde{U})$ gilt: $U = f^{-1}(0)$. Wegen $\nabla f(p) \neq 0$ für $p \in \widetilde{U}$ ist f regulär. Somit folgt aus Satz VII.10.13, daß

$$\nu(p) = \varepsilon \nabla f(p)/|\nabla f(p)| , \qquad p \in U ,$$

mit $\varepsilon \in \{\pm 1\}$ gilt. Dies zeigt, daß ν glatt ist.

Es sei nun (ψ, V) eine zweite positive Karte mit $U \cap V \neq \emptyset$ und $\psi = (y^1, \ldots, y^m)$, und $\mu(q) = \left(q, \mu(q)\right) \in T_q^\perp M$ erfülle $\mu \in C^\infty(V, \mathbb{R}^{m+1})$ und $|\mu(q)| = 1$ für $q \in V$. Ferner sei $\left(\mu(q), \frac{\partial}{\partial y^1}\big|_q, \ldots, \frac{\partial}{\partial y^m}\big|_q\right)$ eine positive Basis von $T_q\mathbb{R}^{m+1}$ für $q \in V$. Da die beiden Basen $\left(\frac{\partial}{\partial x^1}\big|_p, \ldots, \frac{\partial}{\partial x^m}\big|_p\right)$ und $\left(\frac{\partial}{\partial y^1}\big|_p, \ldots, \frac{\partial}{\partial y^m}\big|_p\right)$ für $p \in U \cap V$ gleich orientiert sind, folgt $\mu(p) = \nu(p)$ für $p \in U \cap V$. Nun erhalten wir die Existenz eines Einheitsnormalenfeldes aus der Existenz eines orientierten Atlas für M. ∎

(i) (Möbiusbänder) Es seien $R > 0$ und

$$f : [-\pi, \pi] \times (-1, 1) \to \mathbb{R}^3$$

durch

$$f(\theta, t) := \left(\left(R + t\cos\frac{\theta}{2}\right)\cos\theta, \left(R + t\cos\frac{\theta}{2}\right)\sin\theta, t\sin\frac{\theta}{2}\right)$$

definiert. Dann ist das Bild M von f eine nichtorientierbare Fläche, ein **Möbiusband**. Anschaulich bewirkt die Abbildung f folgendes: Wegen

$$f(\pm\pi, t) = (-R, 0, \pm t)$$

verdreht sie das „Ende" $\{\pi\} \times (-1, 1)$ des Rechtecks $[-\pi, \pi] \times (-1, 1)$ gegenüber dem „Anfang" $\{-\pi\} \times (-1, 1)$ um 180 Grad und „klebt" dann die beiden Enden zusammen.

Stellt man f in der Form

$$f(\theta, t) = R(\cos\theta, \sin\theta, 0) + t g(\theta)$$

mit $g(\theta) := \left(\cos(\theta/2)\cos\theta, \sin(\theta/2)\sin\theta, \sin(\theta/2)\right)$ dar, so erhält man folgende Interpretation der Parametrisierung von f: Ein Punkt duchläuft mit der Winkelgeschwindigkeit 1 die Kreislinie in der (x, y)-Ebene mit Mittelpunkt 0 und Radius R (erster Summand). Ein Stab der Länge 2 ist mit seinem Mittelpunkt (der Längsachse) an ihn angeheftet und führt während dieser Bewegung eine Drehung um seinen Mittelpunkt mit der Winkelgeschwindigkeit 1/2 aus, so daß er nach einem Umlauf seine Richtung umgekehrt hat (zweiter Summand).

Beweis Der Nachweis, daß M eine glatte Fläche ist, bleibt dem Leser überlassen.

Für $-\pi \leq \theta \leq \pi$ gilt

$$v_1(\theta) := \partial_1 f(\theta, 0) = R(-\sin\theta, \cos\theta, 0) ,$$
$$v_2(\theta) := \partial_2 f(\theta, 0) = \left(\cos(\theta/2)\cos\theta, \cos(\theta/2)\sin\theta, \sin(\theta/2)\right) .$$

Hieraus folgt, daß für jedes $\theta \in [-\pi, \pi)$ die in $p(\theta) := f(\theta, 0)$ angehefteten Vektoren $v_1(\theta)$, $v_2(\theta)$ eine Basis von $T_{p(\theta)}M$ bilden. Also ist der in $p(\theta)$ angeheftete Vektor

$$n(\theta) := \big(-v_1(\theta) \times v_2(\theta)\big)/R = \big(-\cos\theta\sin(\theta/2), -\sin\theta\sin(\theta/2), \cos(\theta/2)\big)$$

ein Einheitsnormalenvektor für $-\pi \leq \theta < \pi$. Insbesondere ist $n(0) = e_3$.

Wir nehmen an, $\nu : M \to \mathbb{R}^3$ sei ein Einheitsnormalenfeld mit $\nu(p(0)) = e_3$. Dann folgt aus der Stetigkeit und der Eindimensionalität von $T_{p(\theta)}^{\perp}M$, daß die Vektoren $\nu(p(\theta))$ und $n(\theta)$ für $-\pi \leq \theta < \pi$ übereinstimmen. Hieraus erhalten wir für $\theta \to \pi$, wegen der Relation $p(-\pi) = p(\pi)$, daß

$$-e_1 = n(-\pi) = \nu(p(-\pi)) = \nu(p(\pi)) = n(\pi) = e_1$$

gilt, was unmöglich ist. Also gibt es kein glattes (sogar kein stetiges) Einheitsnormalenfeld auf M, was wegen (h) zeigt, daß M nicht orientierbar ist. ∎

(j) (Regularität) Die obigen Aussagen bleiben mit den offensichtlichen Modifikationen für C^1-Mannigfaltigkeiten richtig. ∎

Tensorfelder

Es seien $r, s \in \mathbb{N}$. Dann ist gemäß Paragraph 2 der Vektorraum $T_s^r(T_pM)$ der r-kontravarianten und s-kovarianten Tensoren auf T_pM wohldefiniert, also auch das **Bündel der (r, s)-Tensoren** auf M,

$$T_s^r(M) := \bigcup_{p \in M} T_s^r(T_pM) .$$

Unter einem (r, s)-**Tensor**, genauer: einem r-kontravarianten und s-kovarianten Tensor, auf M versteht man einen Schnitt dieses Bündels, d.h. eine Abbildung

$$\gamma : M \to T_s^r(M) \qquad \text{mit } \gamma(p) \in T_s^r(T_pM) , \quad p \in M .$$

Sind γ und δ (r, s)-Tensoren auf M und $f \in \mathbb{R}^M$, so werden die **Summe**, $\gamma + \delta$, das **Produkt mit Funktionen**, $f\gamma$, und das **Tensorprodukt**, $\gamma \otimes \delta$, wieder punktweise definiert:

$$(\gamma + \delta)(p) := \gamma(p) + \delta(p) , \quad (f\gamma)(p) := f(p)\gamma(p) , \quad \gamma \otimes \delta(p) := \gamma(p) \otimes \delta(p)$$

für $p \in M$. Ebenso wird die Wirkung von $\gamma \in T_s^r(M)$ auf ein r-Tupel $\alpha_1, \ldots, \alpha_r$ Pfaffscher Formen und ein s-Tupel $v_1, \ldots, v_s$ von Vektorfeldern punktweise erklärt:

$$\gamma(\alpha_1, \ldots, \alpha_r, v_1, \ldots, v_s)(p) := \gamma(p)\big(\alpha_1(p), \ldots, \alpha_r(p), v_1(p), \ldots, v_s(p)\big) , \qquad p \in M .$$

Schließlich sei $\varphi \in \mathrm{Diff}^1(M, N)$. Dann definieren wir die **Vorwärtstransformation** (den **push forward**) von $\gamma \in T_s^r(M)$ mit φ durch

$$(\varphi_*\gamma)(\alpha_1, \ldots, \alpha_r, v_1, \ldots, v_s) := (\gamma \circ \varphi^{-1})(\varphi^*\alpha_1, \ldots, \varphi^*\alpha_r, \varphi^*v_1, \ldots, \varphi^*v_s) ,$$

wobei $\alpha_1, \ldots, \alpha_r$ Pfaffsche Formen und $v_1, \ldots, v_s$ Vektorfelder auf N sind, und wir

$$\varphi^* v := (\varphi^{-1})_* v \tag{4.25}$$

für das Vektorfeld v auf N gesetzt haben. Natürlich ist dann $\varphi^* \gamma := (\varphi^{-1})_* \gamma$ die **Rücktransformation** (der **pull back**) von $\gamma \in T^r_s(N)$.

Es sei $k \in \mathbb{N} \cup \{\infty\}$. Dann gehört der (r, s)-Tensor γ zur Klasse C^k (oder: ist k-mal **stetig differenzierbar** bzw. **glatt** im Fall $k = \infty$), wenn es um jeden Punkt von M eine Karte (φ, U) gibt, derart daß $\varphi_* \gamma$ ein (r, s)-Tensor auf $\varphi(U)$ der Klasse C^k ist. Die Menge aller glatten (r, s)-Tensoren auf M bezeichnen wir mit

$$T^r_s(M) \ .$$

Bei den Beweisen der folgenden Bemerkungen handelt es sich um einfache Übertragungen der entsprechenden Resultate der Paragraphen 2 und 3 in Analogie zu den entsprechenden Beweisen für Differentialformen.[16] Sie bleiben deshalb dem Leser zur Übung überlassen.

4.18 Bemerkungen (a) Die Definition der Differenzierbarkeit ist koordinatenunabhängig.

(b) $T^r_s(M)$ ist ein $\mathcal{E}(M)$-Modul. Die Tensorproduktabbildung

$$\otimes : T^{r_1}_{s_1}(M) \times T^{r_2}_{s_2}(M) \to T^{r_1+r_2}_{s_1+s_2}(M) \ , \quad (\gamma, \delta) \mapsto \gamma \otimes \delta$$

ist $\mathcal{E}(M)$-bilinear und assoziativ.

(c) Der (r, s)-Tensor γ auf M ist genau dann glatt, wenn für alle $v_1, \ldots, v_s \in \mathcal{V}(M)$ und $\alpha_1, \ldots, \alpha_r \in \Omega^1(M)$ gilt:

$$\gamma(\alpha_1, \ldots, \alpha_r, v_1, \ldots, v_s) \in \mathcal{E}(M) \ .$$

(d) Es sei (φ, U) eine Karte von M. Dann ist

$$\left\{ \frac{\partial}{\partial x^{j_1}} \otimes \cdots \otimes \frac{\partial}{\partial x^{j_r}} \otimes dx^{k_1} \otimes \cdots \otimes dx^{k_s} \ ; \ j_i, k_i \in \{1, \ldots, m\} \right\} \tag{4.26}$$

eine Modulbasis von $T^r_s(M)$. Es gilt genau dann $\gamma \in T^r_s(U)$, wenn die Koeffizienten von γ in der Basisdarstellung (4.26) glatt sind.

(e) Es sei $\varphi \in \mathrm{Diff}(M, N)$. Dann bildet φ_* den Modul $T^r_s(M)$ auf $T^r_s(N)$ ab und operiert kovariant

$$(\psi \circ \varphi)_* = \psi_* \circ \varphi_* \ , \quad (\mathrm{id}_M)_* = \mathrm{id}_{T^r_s(M)} \ .$$

---

[16]Diese Repetition kann vermieden werden, falls man zuerst die (elementare) Theorie der Vektorbündel entwickelt.

Analog gilt $\varphi^*\big(\mathcal{T}_s^r(N)\big) = \mathcal{T}_s^r(M)$ und φ^* operiert kontravariant. Schließlich ist φ_*, und somit auch φ^*, mit der Tensorproduktabbildung verträglich:

$$\varphi_*(\gamma \otimes \delta) = \varphi_*\gamma \otimes \varphi_*\delta .$$

(f) Für $f \in C^\infty(M,N)$ und $\gamma \in \mathcal{T}_s^0(N)$ wird die **Rücktransformation** (der **pull back**), $f^*\gamma$, von γ mit f durch

$$f^*\gamma(v_1,\ldots,v_s) := (\gamma \circ f)\big((Tf)v_1,\ldots,(Tf)v_s\big) , \qquad v_1,\ldots,v_s \in \mathcal{V}(M) ,$$

festgelegt mit $\big((Tf)v\big)(p) := (T_pf)v(p)$ für $p \in M$. Dann ist die Abbildung

$$f^* : \mathcal{T}_s^0(N) \to \mathcal{T}_s^0(M) , \quad \gamma \mapsto f^*\gamma$$

wohldefiniert, $\mathbb{R}$-linear, operiert kontravariant und ist mit der Tensorproduktabbildung verträglich. Außerdem stimmt sie für $f \in \mathrm{Diff}(M,N)$ mit der bereits definierten Rücktransformation überein.

(g) $\mathcal{T}_0^1(M) = \mathcal{V}(M)$, $\mathcal{T}_1^0(M) = \Omega^1(M)$, und die Dualitätsabbildung $\langle \cdot, \cdot \rangle$ ist ein $(1,1)$-Tensor auf M.

(h) (Regularität) Es sei $k \in \mathbb{N}$. Dann gelten die obigen Aussagen sinngemäß, falls M eine C^{k+1}-Mannigfaltigkeit ist und C^∞ überall durch C^k ersetzt wird. ∎

Aufgaben

1 Es sei N eine Untermannigfaltigkeit der unberandeten Mannigfaltigkeit M. Dann gilt (mit der kanonischen Identifikation) $\mathcal{V}^k(N) \subset \mathcal{V}^k(M)$ für $k \in \mathbb{N} \cup \{\infty\}$.

2 Man zeige: Für $\alpha \in \Omega^r(M)$ und $\beta \in \Omega(M)$ sowie $v \in \mathcal{V}(M)$ gilt

$$v \lrcorner (\alpha \wedge \beta) = (v \lrcorner \alpha) \wedge \beta + (-1)^r \alpha \wedge (v \lrcorner \beta) .$$

3 Man verifiziere die Aussagen, die im Beweis von Beispiel 4.17(b) gemacht sind.

4 Für $\alpha \in \Omega^1(M)$ und $v \in \mathcal{V}(M)$ berechne man $d\langle \alpha, v \rangle$ in lokalen Koordinaten.

5 Riemannsche Metriken

Aus Paragraph VII.10 wissen wir bereits, daß das euklidische innere Produkt $(\cdot\,|\,\cdot)$ des Umgebungsraumes $\mathbb{R}^{\bar{m}}$ durch Restriktion auf jedem Tangentialraum T_pM einer Untermannigfaltigkeit M ebenfalls ein inneres Produkt induziert. Folglich können wir auf T_pM Längen und Winkel messen. So können wir z.B. feststellen, daß sich zwei Kurven Γ_1 und Γ_2 auf M im Punkt p orthogonal schneiden, indem wir nachweisen, daß die Tangentialräume $T_p\Gamma_1$ und $T_p\Gamma_2$ in T_pM senkrecht aufeinander stehen.

Die von $\mathbb{R}^{\bar{m}}$ auf M, genauer: auf dem Tangentialbündel von M, induzierte euklidische Struktur ist die Grundlage für die Integrationstheorie auf Mannigfaltigkeiten, die wir im nächsten Kapitel behandeln. In diesem Paragraphen studieren wir einige Konsequenzen, die sich aus der Existenz einer euklidischen Struktur auf M ergeben und untersuchen explizite Beispiele. Außerdem führen wir den Hodgeschen Sternoperator und die Koableitung ein, welche für ein tieferes Eindringen in die Theorie der Differentialformen — insbesondere auch im Rahmen der (Theoretischen) Physik — von Bedeutung sind.

Um dem Leser den Einstieg zu erleichtern, betrachten wir zuerst nur den Fall der von $(\cdot\,|\,\cdot)$ auf M induzierten euklidischen Struktur. Es zeigt sich aber, daß alle abstrakten Sätze in einem wesentlich allgemeineren Rahmen, nämlich dem der Riemannschen Geometrie, richtig bleiben. Da diese Tatsache von großer theoretischer und praktischer Bedeutung ist, führen wir sodann den Begriff der (pseudo-) Riemannschen Metrik ein, der den allgemeinen Rahmen für die nachfolgenden Betrachtungen bildet.

Für den gesamten Paragraphen gilt:

- M ist eine m-dimensionale und N eine n-dimensionale Untermannigfaltigkeit von $\mathbb{R}^{\bar{m}}$ bzw. $\mathbb{R}^{\bar{n}}$;

- Die Indizes i, j, k, l laufen immer von 1 bis m, falls nichts anderes angegeben ist, und $\sum_j$ bedeutet, daß von 1 bis m summiert wird.

Das Volumenelement

Es sei M orientiert. Dann induziert $\mathcal{O}r$ auf jedem Tangentialraum T_pM eine Orientierung. Außerdem ist T_pM ein Innenproduktraum mit dem von dem euklidischen Skalarprodukt des Umgebungsraumes $\mathbb{R}^{\bar{m}}$ induzierten inneren Produkt $(\cdot\,|\,\cdot)_p$. Folglich gibt es gemäß Bemerkung 2.12(b) ein eindeutig bestimmtes Volumenelement ω_p auf T_pM. Also wird durch

$$\omega_M(p) := \omega_p \,, \qquad p \in M \,,$$

eine m-Form auf M definiert, das **Volumenelement** von M.

5.1 Satz *Es sei M orientiert. Dann gehört ω_M zu $\mathcal{O}r(M)$. Ist (φ, U) eine positive Karte mit $\varphi = (x^1, \ldots, x^m)$, so gilt*

$$\omega_M \,|\, U = \sqrt{G}\, dx^1 \wedge \cdots \wedge dx^m \tag{5.1}$$

mit der **Gramschen Determinante** *$G := \det[g_{jk}] \in \mathcal{E}(U)$ und*

$$g_{jk}(p) := \left(\partial_j|_p \,\big|\, \partial_k|_p\right)_p \,, \qquad 1 \le j, k \le m \,, \quad p \in U \,.$$

Bezeichnet $g_\varphi := i \circ \varphi^{-1} \in C^\infty\big(\varphi(U), \mathbb{R}^{\bar{m}}\big)$, mit $i \colon M \hookrightarrow \mathbb{R}^{\bar{m}}$, die zu φ gehörige Parametrisierung, so gilt

$$\varphi_* g_{jk}(x) = \left(\partial_j g_\varphi(x) \,\big|\, \partial_k g_\varphi(x)\right) \,, \qquad 1 \le j, k \le m \,, \quad x \in \varphi(U) \,. \tag{5.2}$$

Beweis Da $(\partial_1|_p, \ldots, \partial_m|_p)$ eine positive Basis von $T_p M$ ist, folgt aus Satz 2.13

$$\omega_p = \sqrt{G(p)}\, dx^1 \wedge \cdots \wedge dx^m(p) \,, \qquad p \in U \,.$$

Also gilt (5.1). Wegen

$$\varphi_*(\omega_M \,|\, U) = \varphi_* \sqrt{G}\, dx^1 \wedge \cdots \wedge dx^m \,\big|\, \varphi(U)$$

mit $\varphi_* \sqrt{G} = \sqrt{G \circ \varphi^{-1}}$ folgt aus Bemerkung 4.3(a), daß (5.2) erfüllt ist. Weil das Skalarprodukt und die Determinantenfunktion glatt sind (vgl. Satz VII.4.6 und Aufgabe VII.4.2) und da $G(p) > 0$ für $p \in U$ gilt, erhalten wir aus der Kettenregel $\varphi_* \sqrt{G} \in \mathcal{E}\big(\varphi(U)\big)$. Also ist $\omega_M \,|\, U$ glatt, was $\omega_M \in \mathcal{O}r$ beweist. ∎

5.2 Bemerkung (Regularität) Die Aussagen dieses Satzes bleiben mit den offensichtlichen Modifikationen richtig, wenn M eine C^1-Mannigfaltigkeit ist. ∎

5.3 Beispiele (a) (Offene Mengen in $\bar{\mathbb{H}}^m$) Es sei X eine nichtleere offene Teilmenge von $\bar{\mathbb{H}}^m$. Dann wird X mit der **natürlichen Orientierung** versehen, bezüglich der jeder Tangentialraum $T_p X = T_p \mathbb{R}^m$ mit $p \in X$ natürlich orientiert ist, d.h. so, daß die kanonische Basis $\big((e_1)_p, \ldots, (e_m)_p\big)$ positiv ist. Dann ist das Volumenelement von X durch

$$\omega_X = dx^1 \wedge \cdots \wedge dx^m \,\big|\, X$$

gegeben. Die triviale Karte (id_X, X) ist positiv.

(b) (Fasern regulärer Abbildungen) Es sei X offen in $\mathbb{R}^m$, und q sei ein regulärer Wert von $f \in \mathcal{E}(X)$ mit $M := f^{-1}(q) \ne \emptyset$. Wir versehen die Hyperfläche M wie folgt mit der **von ∇f induzierten Orientierung** $\mathcal{O}r(M, \nabla f)$: Für jedes $p \in M$ ist $(v_1, \ldots, v_{m-1})$ genau dann eine positive Basis von $T_p M$, wenn

$$\big(\nabla f(p), v_1, \ldots, v_{m-1}\big)$$

eine positive Basis von $T_pX = T_p\mathbb{R}^m$ ist mit $\nabla f = \sum_k \partial_k f\, \partial/\partial x^k$. Mit dem Einheitsnormalenfeld

$$\nu := \nabla f/|\nabla f|$$

von M ist das Volumenelement von $\big(M, \mathcal{O}r(M, \nabla f)\big)$ durch $\omega_M := (\nu \lrcorner \omega_X)\,|\,M$ gegeben.

Im Fall $m = 3$ ist $\big(v_1(p), v_2(p)\big)$ genau dann eine positive Basis von T_pM, wenn die drei Vektoren $\big(v_1, v_2, \nu(p)\big)$ eine „rechtshändige Basis" von $T_p\mathbb{R}^3$ bilden.

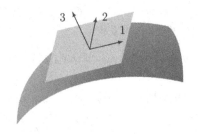

Hierbei ist (w_1, w_2, w_3) genau dann eine **rechtshändige Basis**, wenn diese drei Vektoren in dieser Reihenfolge die Richtung der (in natürlicher Weise) senkrecht zueinander ausgestreckten Daumen, Zeigefinger und Mittelfinger der rechten Hand angeben können (**Rechte-Hand-Regel**).

Beweis Da q ein regulärer Punkt ist, gilt $\nabla f(q) \neq 0$ für $q \in M$. Nach dem Satz vom regulären Wert ist M eine glatte Hyperfläche in X. Der Beweis von Beispiel 4.17(e) zeigt, daß ω_M eine glatte Volumenform ist. Nun ist alles klar. ∎

(c) (Sphären) Die m-Sphäre S^m in $\mathbb{R}^{m+1}$ wird für $m \in \mathbb{N}$ durch das äußere Einheitsnormalenfeld

$$\nu(x) := (x, x) \in T_x\mathbb{R}^{m+1}$$

kanonisch orientiert. Im Fall $m = 0$ besteht S^0 aus den beiden Punkten $\{\pm 1\} \subset \mathbb{R}$, und das äußere Einheitsnormalenfeld wird in 1 [bzw. -1] durch $(1, 1) \in T_1\mathbb{R}$ [bzw. $(-1, -1) \in T_{-1}\mathbb{R}$] gegeben.[1]

Im Fall $m = 1$ stimmt die kanonische Orientierung von S^1 mit der in Bemerkung VIII.5.8 angegebenen überein. Also „durchläuft man S^1 genau dann in positiver Richtung", wenn man dies im Gegenuhrzeigersinn tut. In diesem Fall stimmt ν mit dem negativen Normaleneinheitsvektor $-\mathbf{n}$ im Sinne des Frenetschen Zweibeins überein.

Das Volumenelement der kanonisch orientierten m-Sphäre ist die m-Form[2]

$$\omega_{S^m} = (\nu \lrcorner \omega_{\mathbb{R}^{m+1}})\big|\, S^m$$
$$= \sum_{j=1}^{m+1} (-1)^{j-1} x^j\, dx^1 \wedge \cdots \wedge \widehat{dx^j} \wedge \cdots \wedge dx^{m+1}\,\big|\, S^m\ .$$

---

[1] Vgl. Beispiel 1.17(a).

[2] Dies rechtfertigt die in den Beispielen 4.6 und 4.13(c) verwendeten Bezeichnungen.

Die Karte $(\varphi_\pm, S^m_\pm)$, welche die obere [bzw. untere] Hemisphäre $S^m_\pm$ dadurch beschreibt, daß $S^m_\pm$ parallel zur x^{m+1}-Achse auf $\mathbb{B}^m \times \{0\}$ projiziert wird, ist positiv orientiert, wenn m gerade [bzw. ungerade] ist, und negativ für ungerades [bzw. gerades] m.

Die zur sphärischen Koordinate gehörige Karte von S^1 ist positiv, die zu den sphärischen Koordinaten von S^2 gehörige Karte negativ.

Beweis Die Formel für ω_{S^m} ist ein Spezialfall von (b). Die Aussagen über die verschiedenen Karten von S^m folgen aus den Beispielen 4.6(a)–(b). ∎

(d) (Graphen) Es seien X offen in $\bar{\mathbb{H}}^m$ und $f \in C^\infty(X, \mathbb{R}^n)$. Dann ist die **natürliche Orientierung des Graphen** $M := \operatorname{graph}(f)$ diejenige, für welche die natürliche Karte (φ, M) mit

$$\varphi : M \to \mathbb{R}^m , \quad \big(x, f(x)\big) \mapsto x$$

positiv ist. Im Fall $n = 1$ gilt für das Volumenelement ω_M die lokale Darstellung

$$\omega_M \,|\, M = \sqrt{1 + |\nabla f|^2} \, dx^1 \wedge \cdots \wedge dx^m$$

mit $\nabla f = \sum_{j=1}^m \partial_j f \, \partial_j$.

Beweis Wegen $g_\varphi(x) = \big(x, f(x)\big)$ für $x \in X = \varphi(M)$ folgt aus Bemerkung 4.3(a)

$$\partial_j|_p = \big(p, (e_j, \partial_j f(x))\big) \in T_p\mathbb{R}^{m+1} , \quad p = \big(x, f(x)\big) \in M , \quad 1 \le j \le m ,$$

wobei T_pM kanonisch mit dem Untervektorraum $(T_p i_M)(T_pM)$ von $T_p\mathbb{R}^{m+1}$ identifiziert wird. Mit $d_j := \partial_j f$ erhalten wir somit $g_{jk} = \delta_{jk} + d_j d_k$.

Es sei $D_m := [\varphi_* g_{jk}]$. Dann folgt

$$G = \det D_m = \det \begin{bmatrix} 1 + d_1^2 & d_1 d_2 & \cdots & d_1 d_m \\ d_2 d_1 & 1 + d_2^2 & \cdots & d_2 d_m \\ \vdots & \vdots & \ddots & \vdots \\ d_m d_1 & d_m d_2 & \cdots & 1 + d_m^2 \end{bmatrix}$$

$$= \det \left[\begin{array}{ccc:c} & & & 0 \\ & D_{m-1} & & \vdots \\ & & & 0 \\ \hdashline d_m d_1 & \cdots & d_m d_{m-1} & 1 \end{array} \right] + d_m^2 \det \left[\begin{array}{ccc:c} & & & d_1 \\ & D_{m-1} & & \vdots \\ & & & d_{m-1} \\ \hdashline d_1 & \cdots & d_{m-1} & 1 \end{array} \right] .$$

Subtrahieren wir in der letzten Determinante das d_j-fache der letzten Spalte von der j-ten Spalte für $1 \le j \le m - 1$, so finden wir, daß sie den Wert 1 hat. Hieraus ergibt sich die Rekursionsformel

$$\det D_m = \det D_{m-1} + d_m^2 .$$

Wegen $\det D_1 = 1 + d_1^2$ erhalten wir somit

$$G = \det D_m = 1 + d_1^2 + \cdots + d_m^2 = 1 + |\nabla f|^2 ,$$

also die Behauptung. ∎

(e) (Kurven) Es seien J ein perfektes Intervall in $\mathbb{R}$ und $\gamma\colon J \to \mathbb{R}^m$ eine glatte Einbettung. Dann ist $M := \gamma(J)$ eine eingebettete Kurve in $\mathbb{R}^m$. Ferner sei M **durch γ orientiert**, d.h., $\big(\gamma(t), \dot\gamma(t)\big)$ sei eine positive Basis von $T_{\gamma(t)}M$ für $t \in J$. Schließlich sei $\varphi\colon M \to \mathbb{R}$ mit $\gamma = i_M \circ \varphi^{-1}$ die zu γ gehörige Karte von M. Dann gilt $\omega_M = |\dot\gamma|\, dt$.

Beweis Dies ist eine unmittelbare Konsequenz aus Satz 5.1. ∎

(f) (Parametrisierte Flächen) Es sei X offen in $\bar{\mathbb{H}}^2$, und $h\colon X \to \mathbb{R}^n$ sei eine glatte Einbettung. Dann ist $M := h(X)$ eine zweidimensionale Untermannigfaltigkeit in $\mathbb{R}^n$, eine **Fläche** in $\mathbb{R}^n$, welche durch eine einzige Karte beschrieben wird. Also ist M orientierbar. Unter der **durch die Parametrisierung h induzierten Orientierung** verstehen wir diejenige, für welche $\big(\partial_1 h(x), \partial_2 h(x)\big)$ für jedes $x \in X$ eine positive Basis von $T_{h(x)}M$ ist.

Es sei $\varphi\colon M \to \mathbb{R}^2$ mit $\varphi = (u,v)$ die zu h gehörige Karte, d.h. $h = i_M \circ \varphi^{-1}$. Mit den klassischen Notationen

$$\mathsf{E} := |\partial_1 h|^2\ ,\quad \mathsf{F} := (\partial_1 h\,|\,\partial_2 h)\ ,\quad \mathsf{G} := |\partial_2 h|^2$$

gilt

$$\omega_M = \sqrt{\mathsf{EG} - \mathsf{F}^2}\, du \wedge dv\ .$$

Beweis Dies folgt aus $\varphi_* G = \mathsf{EG} - \mathsf{F}^2$. ∎

(g) (Berandungen) Es sei M eine berandete orientierte Mannigfaltigkeit, und $\nu(p)$ sei der äußere (Einheits-)Normalenvektor von ∂M in $p \in \partial M$. Dann heißt die Basis $(v_1, \ldots, v_{m-1})$ von $T_p\partial M$ positiv, wenn $\big(\nu(p), v_1, \ldots, v_{m-1}\big)$ eine positive Basis von T_pM ist. Dadurch wird auf ∂M eine Orientierung festgelegt, die **von der äußeren Normale induzierte Orientierung**. Für das Volumenelement $\omega_{\partial M}$ von ∂M gilt

$$\omega_{\partial M} = (\nu \lrcorner\, \omega_M)\,|\,\partial M = i_{\partial M}^*(\nu \lrcorner\, \omega_M)$$

mit der kanonischen Einbettung $i_{\partial M}\colon \partial M \hookrightarrow M$.

Offensichtlich handelt es sich bei (c) um einen Spezialfall dieser Situation. Man beachte auch, daß die von der äußeren Normale induzierte Orientierung nicht mit der von ∇f induzierten Orientierung übereinstimmen muß, falls ∂M wie in (b) als Faser einer regulären Abbildung dargestellt werden kann.

Beweis Aus Theorem 1.15 und Bemerkung 1.16(a) wissen wir, daß ν lokal in der Form $\nu(p) = \nabla f(p)/|\nabla f(p)|$ geschrieben werden kann, wobei f eine glatte Funktion ist, für die $\nabla f(p) \neq 0$ gilt. Dies zeigt, daß das Einheitsnormalenvektorfeld glatt ist. Hieraus folgt leicht, daß $(\nu \lrcorner\, \omega_M)\,|\,\partial M$ zu $\Omega^{m-1}(\partial M)$ gehört. Ist $(v_1, \ldots, v_{m-1})$ eine ONB von $T_p\partial M$, so ist $(\nu(p), v_1, \ldots, v_{m-1})$ eine ONB von T_pM. Falls $\big(\nu(p), v_1, \ldots, v_{m-1}\big)$ eine positive ONB von T_pM ist, gilt

$$1 = \omega_M\big(\nu(p), v_1, \ldots, v_{m-1}\big) = (\nu \lrcorner\, \omega_M)(p)(v_1, \ldots, v_{m-1})\ .$$

Nun ist die Behauptung klar. ∎

(h) Es sei $m \geq 2$. Dann stimmt die von der äußeren Normale $\nu = -e_m$ induzierte Orientierung von $\partial\mathbb{H}^m = \mathbb{R}^{m-1}$ genau dann mit der natürlichen Orientierung von $\mathbb{R}^{m-1}$ überein, wenn m gerade ist.

Beweis Dies lesen wir aus

$$\det[\nu, e_1, \ldots, e_{m-1}] = (-1)^{m-1}\det[e_1, \ldots, e_{m-1}, -e_m] = (-1)^m$$

ab. ∎

Riemannsche Mannigfaltigkeiten

In Satz 5.1 haben wir wesentlich davon Gebrauch gemacht, daß jeder Tangentialraum T_pM in natürlicher Weise mit einem inneren Produkt, das differenzierbar mit $p \in M$ variiert, versehen ist. Derartige Situationen treten sehr häufig auf, wobei die Skalarprodukte auf TM oft in anderer Weise erzeugt werden. Deshalb ist es sinnvoll und nützlich, auf diesen Sachverhalt etwas genauer einzugehen.

Eine **Riemannsche Metrik** auf M ist ein Tensor $g \in T_2^0(M)$, so daß $g(p)$ für jedes $p \in M$ ein inneres Produkt auf T_pM darstellt. Dann heißt (M, g) **Riemannsche Mannigfaltigkeit**.

Es sei (M, g) eine Riemannsche Mannigfaltigkeit. Im folgenden schreiben wir oft $\big((x^1, \ldots, x^m), U\big)$ für die Karte (φ, U) von M mit $\varphi = (x^1, \ldots, x^m)$. Dann setzen wir

$$g_{jk} := g\Big(\frac{\partial}{\partial x^j}, \frac{\partial}{\partial x^k}\Big) \in \mathcal{E}(U) \tag{5.3}$$

und

$$[g^{jk}] := [g_{jk}]^{-1} \in C^\infty(U, \mathbb{R}^{m \times m}_{\mathrm{sym}}) \ , \quad G := \det[g_{jk}] \in \mathcal{E}(U) \ . \tag{5.4}$$

Man nennt g auch (**ersten**) **Fundamentaltensor**, $[g_{jk}]$ ist die Darstellungsmatrix von g in den lokalen Koordinaten $(x^1, \ldots, x^m)$, die (**erste**) **Fundamentalmatrix**,[3] und G heißt wieder **Gramsche Determinante**.

5.4 Bemerkungen **(a)** Ist g eine Riemannsche Metrik auf M, so ist die Abbildung

$$\mathcal{V}(M) \times \mathcal{V}(M) \to \mathcal{E}(M) \ , \quad (v, w) \mapsto g(v, w) \tag{5.5}$$

wohldefiniert, bilinear, symmetrisch und **positiv** in dem Sinne, daß gilt

$$g(v, v) \geq 0 \ , \quad g(v, v) = 0 \Longleftrightarrow v = 0 \ . \tag{5.6}$$

Beweis Die Aussage, daß die Abbildung (5.5) wohldefiniert ist, folgt unmittelbar aus Bemerkung 4.18(c). Die restlichen Behauptungen sind direkte Folgerungen aus den Eigenschaften von Skalarprodukten. ∎

---

[3]Vgl. Bemerkung VII.10.3(b).

(b) Es sei $((x^1, \ldots, x^m), U)$ eine Karte der Riemannschen Mannigfaltigkeit (M, g). Dann gilt

$$g \,|\, U = \sum\nolimits_{j,k} g_{jk} \, dx^j \otimes dx^k \; .$$

In diesem Zusammenhang schreibt man meistens $dx^j dx^k$ für $dx^j \otimes dx^k$.

Beweis Gemäß (4.8) besitzt $v \in \mathcal{V}(U)$ die Basisdarstellung

$$v = \sum\nolimits_j \langle dx^j, v \rangle \frac{\partial}{dx^j} \; .$$

Hieraus, aus der Bilinearität der Abbildung (5.5) und der Definition von $dx^j \otimes dx^k$ und g_{jk} erhalten wir die Behauptung. ∎

(c) Es sei $((x^1, \ldots, x^m), U)$ eine positive Karte der orientierten Riemannschen Mannigfaltigkeit (M, g). Dann gilt für das Volumenelement ω_M von M

$$\omega_M \,|\, U = \sqrt{G} \, dx^1 \wedge \cdots \wedge dx^m \; .$$

Beweis Dies folgt aus Satz 2.13. ∎

(d) Es sei g eine Riemannsche Metrik auf M, und $(x^1, \ldots, x^m)$ bzw. $(y^1, \ldots, y^m)$ seien lokale Koordinaten auf der offenen Menge U von M. Dann gilt

$$g \,|\, U = \sum\nolimits_{j,k} g_{jk} \, dx^j \otimes dx^k = \sum\nolimits_{r,s} \overline{g}_{rs} \, dy^r \otimes dy^s$$

mit

$$\overline{g}_{rs} = \sum\nolimits_{j,k} \frac{\partial x^j}{\partial y^r} \frac{\partial x^k}{\partial y^s} g_{jk} \; , \qquad 1 \le r, s \le m \; .$$

Beweis Wegen

$$dx^j = \sum\nolimits_r \frac{\partial x^j}{\partial y^r} \, dy^r \; , \qquad 1 \le r \le m \; ,$$

ist dies eine Konsequenz von (b). ∎

(e) Verlangt man von $g \in \mathcal{T}_2^0(M)$ nur, daß für jedes $p \in M$ die Bilinearform $g(p)$ auf $T_p M$ symmetrisch und nicht ausgeartet sei, so heißt g **indefinite Riemannsche Metrik**, und (M, g) ist eine **pseudo-Riemannsche Mannigfaltigkeit**. In diesem Fall verwenden wir die Notationen (5.3) und (5.4) ebenfalls. Dann bleiben (a), (b) und (d), mit Ausnahme von (5.6), richtig. Jede Riemannsche Mannigfaltigkeit ist auch pseudo-Riemannsch.

(f) Es sei (M, g) eine (pseudo-)Riemannsche Mannigfaltigkeit, und W sei offen in M. Gilt für $v_1, \ldots, v_m \in \mathcal{V}(W)$

$$g(v_j, v_k) = \pm \delta_{jk} \; , \qquad 1 \le j, k \le m \; ,$$

so heißt $(v_1, \ldots, v_m)$ **Orthonormalrahmen** auf W. Im Falle einer Riemannschen Mannigfaltikeit gilt natürlich $g(v_j, v_j) = 1$ für $1 \le j \le m$. Ein Orthonormalrahmen

$(v_1, \ldots, v_m)$ auf W ist somit ein m-Tupel von (glatten) Vektorfeldern auf W, die in jedem Punkt $p \in W$ eine ONB (bezüglich des (indefiniten) inneren Produktes $g(p)$ von T_pM) bilden. Im allgemeinen braucht es keine Orthonormalrahmen zu geben, da es gemäß Bemerkung 4.5(d) ja noch nicht einmal m Vektorfelder geben muß, die in jedem Punkt linear unanhängig sind.

Ist (φ, U) eine Karte von M, so gibt es einen Orthonormalrahmen auf U.

Beweis Die Basisvektorfelder $\partial_1, \ldots, \partial_m \in \mathcal{V}(U)$ sind in jedem Punkt linear unabhängig. Da g nicht ausgeartet ist, erzeugt man mittels des Gram-Schmidtschen Orthonormalisierungsverfahrens (z.B. [Art93, §§ 7.1 und 7.2]) hieraus einen Orthonormalrahmen. Die genauere Ausführung bleibt dem Leser überlassen. ∎

(g) Es sei (M, g) eine orientierte pseudo-Riemannsche Mannigfaltigkeit. Ist (φ, U) eine positive Karte von M mit $\varphi = (x^1, \ldots, x^m)$, so setzen wir

$$\omega_M \,|\, U := \sqrt{|G|}\, dx^1 \wedge \cdots \wedge dx^m \ .$$

Dadurch wird eine Volumenform, $\omega_M \in \Omega^m(M)$, auf M definiert, das **Volumenelement** von M. Für jeden positiven Orthonormalrahmen $(v_1, \ldots, v_m)$ auf U gilt

$$\omega_M(v_1, \ldots, v_m) = 1 \ .$$

Beweis Wir zeigen zuerst, daß $\omega_M \in \Omega^m(M)$ wohldefiniert ist. Dazu seien $(e_1, \ldots, e_m)$ ein fest gewählter positiver Orthonormalrahmen auf U und $(\varepsilon^1, \ldots, \varepsilon^m)$ der zugehörige Dualrahmen, d.h., es gelte $\varepsilon^j \in \Omega^1(U)$ und $\langle \varepsilon^j, e_k \rangle = \delta_k^j$ für $1 \le j, k \le m$. Dann folgt aus Bemerkung 2.18(d), daß

$$\varepsilon^1 \wedge \cdots \wedge \varepsilon^m = \sqrt{|G|}\, dx^1 \wedge \cdots \wedge dx^m$$

gilt. Da dies für jedes positive Koordinatensystem $(x^1, \ldots, x^m)$ auf U richtig ist, folgt, daß $\omega_M \,|\, U \in \Omega^m(U)$ wohldefiniert ist, unabhängig von der speziellen Wahl der lokalen Koordinaten. Es sei nun $\{ (\varphi_\alpha, U_\alpha) \; ; \; \alpha \in \mathsf{A} \}$ ein positiver Atlas von M, und $(v_{\alpha,1}, \ldots, v_{\alpha,m})$ sei ein positiver Orthonormalrahmen auf U_α mit Dualrahmen $(\varepsilon_\alpha^1, \ldots, \varepsilon_\alpha^m)$. Dann definieren wir ω_M auf M durch $\omega_M \,|\, U_\alpha := \varepsilon_\alpha^1 \wedge \cdots \wedge \varepsilon_\alpha^m$. Aus den vorstehenden Überlegungen folgt, daß ω_M wohldefiniert ist und zu $\Omega^m(M)$ gehört. Die letzte Behauptung ist nun klar. ∎

(h) (Regularität) Es seien $k \in \mathbb{N}$ und M eine C^{k+1}-Mannigfaltigkeit. Dann bleiben die obigen Definitionen und Aussagen richtig, wenn überall $\mathcal{V}(M)$ bzw. $\mathcal{E}(M)$ durch $\mathcal{V}^k(M)$ bzw. $C^k(M)$ ersetzt wird. ∎

Es sei $(N, \overline{g})$ eine Riemannsche Mannigfaltigkeit, und $f : M \to N$ sei eine Immersion. Dann ist $f^*\overline{g}$ eine Riemannsche Metrik auf M, die mit f von N auf M zurückgeholte Metrik. Ist M eine Untermannigfaltigkeit von N und ist $i : M \hookrightarrow N$ die natürliche Einbettung, so ist $i^*\overline{g}$ die **von** N (genauer: von $(N, \overline{g})$) **induzierte Riemannsche Metrik**.

Sind (M, g) und $(N, \overline{g})$ Riemannsche Mannigfaltigkeiten und ist $f : M \to N$ eine Immersion, so heißt f **isometrisch**, wenn $g = f^* \overline{g}$ gilt. Ist f ein isometrischer Diffeomorphismus, so sind die Mannigfaltigkeiten M und N **isometrisch isomorph**.

5.5 Beispiele   (a) Es sei (M, g) eine Riemannsche Mannigfaltigkeit, und (φ, U) sei eine Karte mit $\varphi = (x^1, \dots, x^m)$. Dann sind (U, g) und $(\varphi(U), \varphi_* g)$ isometrisch isomorph. Hierbei gilt

$$\varphi_* g = \sum_{j,k} g_{jk} \, dx^j \, dx^k \; .$$

Beweis   Dies folgt unmittelbar aus der Definition der Fundamentalmatrix. ∎

(b) Der $\mathbb{R}^{\overline{m}}$ ist eine Riemannsche Mannigfaltigkeit mit der euklidischen Metrik $g_{\overline{m}} := (\cdot \, | \, \cdot)$, der Standardmetrik. Also induziert $\mathbb{R}^{\overline{m}}$ auf M eine Riemannsche Metrik g, die wir ebenfalls **Standardmetrik** nennen. Sie ist offensichtlich unabhängig von $\mathbb{R}^{\overline{m}}$ in dem Sinne, daß $\mathbb{R}^n$ dieselbe Metrik auf M induziert, wenn M in $\mathbb{R}^n$ liegt. Insbesondere gilt $g(p) = (\cdot \, | \, \cdot)_p$ für $p \in M$ (mit der bis jetzt verwendeten Notation) für das von $(\cdot \, | \, \cdot)$ in $T_p M$ induzierte Skalarprodukt.

Ist (φ, U) eine Karte von M mit $\varphi = (x^1, \dots, x^m)$ und ist $h := i \circ \varphi^{-1}$ mit $i : M \hookrightarrow \mathbb{R}^{\overline{m}}$ die zugehörige Parametrisierung, so gilt

$$\varphi_* g = \sum_{j,k} (\partial_j h \, | \, \partial_k h) \, dx^j \, dx^k \; .$$

Mit anderen Worten: Die erste Fundamentalmatrix $[g_{jk}]$ ist bezüglich der lokalen Koordinaten $(x^1, \dots, x^m)$ durch

$$\big[(\partial_j h \, | \, \partial_k h) \big] \in C^\infty \big(\varphi(U), \mathbb{R}^{m \times m} \big)$$

gegeben. Dies ist konsistent mit Bemerkung 5.4(b) und zeigt auch, daß Satz 5.1 ein Spezialfall von Bemerkung 5.4(c) ist.

Beweis   Aus $g = i^* g_{\overline{m}}$ folgt $\varphi_* g = (\varphi^{-1})^* i^* g_{\overline{m}} = h^* g_{\overline{m}}$. Es seien $(y^1, \dots, y^{\overline{m}})$ die euklidischen Koordinaten von $\mathbb{R}^{\overline{m}}$. Dann gilt

$$g_{\overline{m}} = \sum_{j=1}^{\overline{m}} (dy^j)^2 \; , \quad h^* g_{\overline{m}} = \sum_{j=1}^{\overline{m}} h^* (dy^j \otimes dy^j) = \sum_{j=1}^{\overline{m}} dh^j \otimes dh^j \; ,$$

wie leicht aus der Definition der Rücktransformation des $(0, 2)$-Tensors $dy^j \otimes dy^j$ und aus Beispiel 3.4(a) folgt. Nun ist die Behauptung eine einfache Konsequenz aus der Bilinearität der Abbildung $(\alpha, \beta) \mapsto \alpha \otimes \beta$ für $\alpha, \beta \in \Omega^1 (\varphi(U))$ und aus $dh^j = \sum_k \partial_k h^j \, dx^k$. ∎

(c) (Graphen) Es seien X offen in $\overline{\mathbb{H}}^m$ und $f \in C^\infty (X, \mathbb{R}^n)$. Ferner bezeichne M den Graphen von f, und

$$\varphi : M \to \mathbb{R}^m \; , \quad (x, f(x)) \mapsto x$$

sei die natürliche Karte (φ, M). Dann gilt für die Standardmetrik g von M

$$g = \sum_j (dx^j)^2 + \sum_{j,k} (\partial_j f \, | \, \partial_k f) \, dx^j \, dx^k \; .$$

Insbesondere gilt im Fall einer Fläche ($m = 2$)

$$g = (1 + |\partial_1 f|^2)(dx)^2 + 2(\partial_1 f \,|\, \partial_2 f)\,dxdy + (1 + |\partial_2 f|^2)(dy)^2 \ .$$

Beweis Wegen $g_{jk} = \delta_{jk} + (\partial_j f \,|\, \partial_k f)$ für $1 \le j, k \le m$ folgt dies aus (b). ∎

(d) (Parametrisierte Flächen) Es seien X offen in $\bar{\mathbb{H}}^2$ und $h : X \to \mathbb{R}^n$ eine Einbettung. Dann ist die Standardmetrik der Fläche $M := h(X)$ durch

$$g = \mathsf{E}(du)^2 + 2\mathsf{F}\,dudv + \mathsf{G}(dv)^2$$

gegeben, wobei wir die Notationen von Beispiel 5.3(f) verwenden.

(e) (Ebene Polarkoordinaten) Es sei $V_2 := (0, \infty) \times (0, 2\pi)$. Dann ist die Polarkoordinatenabbildung

$$f_2 : V_2 \to \mathbb{R}^2 \ , \quad (r, \varphi) \mapsto (x, y) := (r \cos \varphi, r \sin \varphi)$$

eine Einbettung mit $M := f_2(V_2) = \mathbb{R}^2 \setminus (\mathbb{R}^+ \times \{0\})$, und

$$g_2 \,|\, M = (dx)^2 + (dy)^2 = (dr)^2 + r^2 (d\varphi)^2 \ .$$

Beweis Dies folgt leicht aus (d). ∎

(f) (Kreiskoordinaten) Bezüglich der Parametrisierung

$$h : (0, 2\pi) \to \mathbb{R}^2 \ , \quad t \mapsto (\cos t, \sin t)$$

von $S^1 \setminus \{(1, 0)\}$ gilt für die Standardmetrik der Kreislinie: $g_{S^1} = (dt)^2$.

Beweis Wegen $|\partial h| = 1$ folgt dies aus (b). ∎

(g) (m-dimensionale Polarkoordinaten) Es seien $m \ge 3$ und[4]

$$f_m : V_m \to \mathbb{R}^m \ , \quad (r, \varphi, \vartheta_1, \ldots, \vartheta_{m-2}) \mapsto (x^1, x^2, x^3, \ldots, x^m)$$

die (Restriktion auf V_m der) Polarkoordinatenabbildung (X.8.17). Dann ist f_m eine Parametrisierung von $\mathbb{R}^m \setminus H_{m-1}$, und

$$\sum_{j=1}^{m} (dx^j)^2 = (dr)^2 + r^2 \Big[a_{m,0}(d\varphi)^2 + \sum_{k=1}^{m-2} a_{m,k}(d\vartheta_k)^2 \Big]$$

mit

$$a_{m,k} := \prod_{i=k+1}^{m-2} \sin^2 \vartheta_i \ , \quad 0 \le k \le m - 3 \ , \qquad a_{m,m-2} := 1 \ .$$

----

[4]Wir verwenden die Notationen von (X.8.11)–(X.8.24).

Insbesondere gilt für die Kugelkoordinaten $(m = 3)$

$$(dx)^2 + (dy)^2 + (dz)^2 = (dr)^2 + r^2 \big[\sin^2 \vartheta (d\varphi)^2 + (d\vartheta)^2 \big] \ .$$

Beweis Mit $y = (r, z) \in \mathbb{R} \times \mathbb{R}^{m-1}$ lesen wir aus (X.8.14)

$$\partial_1 f_m(y) = h_{m-1}(z) \ , \quad \partial_j f_m(y) = r \partial_{j-1} h_{m-1}(z) \ , \qquad 2 \leq j \leq m \ , \tag{5.7}$$

ab. Also impliziert (X.8.13)

$$|\partial_1 f_m|^2 = 1 \ . \tag{5.8}$$

Differenzieren von $|h_{m-1}|^2 = 1$ ergibt $(h_{m-1} \,|\, \partial_k h_{m-1}) = 0$ für $1 \leq k \leq m - 1$. Also folgt aus (5.7)

$$\big(\partial_1 f_m(y) \,\big|\, \partial_k f_m(y) \big) = r \big(h_{m-1}(z) \,\big|\, \partial_{k-1} h_{m-1}(z) \big) = 0 \ , \qquad 2 \leq k \leq m \ . \tag{5.9}$$

Aus (5.7) erhalten wir auch

$$\big(\partial_j f_m(y) \,\big|\, \partial_k f_m(y) \big) = r^2 \big(\partial_{j-1} h_{m-1}(z) \,\big|\, \partial_{k-1} h_{m-1}(z) \big) \ , \qquad 2 \leq j, k \leq m \ . \tag{5.10}$$

Die Rekursionsformel (X.8.12) führt mit $z = (z', z_{m-1}) \in \mathbb{R}^{m-2} \times \mathbb{R}$ zu

$$\partial_j h_{m-1}(z) = \big(\partial_j h_{m-2}(z') \sin z_{m-1}, 0 \big) \ , \qquad 1 \leq j \leq m - 2 \ , \tag{5.11}$$

und

$$\partial_{m-1} h_{m-1}(z) = \big(h_{m-2}(z') \cos z_{m-1}, - \sin z_{m-1} \big) \ .$$

Hieraus und aus (X.8.13) folgt

$$|\partial_{m-1} h_{m-1}(z)|^2 = |h_{m-2}(z')|^2 \cos^2 z_{m-1} + \sin^2 z_{m-1} = 1$$

und, analog wie oben,

$$\big(\partial_j h_{m-1}(z) \,\big|\, \partial_{m-1} h_{m-1}(z) \big) = \sin z_{m-1} \cos z_{m-1} \big(h_{m-2}(z') \,\big|\, \partial_j h_{m-2}(z') \big) = 0$$

für $1 \leq j \leq m - 2$. Mit (5.7) beweist dies

$$|\partial_m f_m(z)|^2 = r^2 \ , \quad (\partial_j f_m \,|\, \partial_m f_m) = 0 \ , \qquad 2 \leq j \leq m - 1 \ . \tag{5.12}$$

Schließlich ergibt sich aus (5.11)

$$\big(\partial_j h_{m-1}(z) \,\big|\, \partial_k h_{m-1}(z) \big) = \sin^2 z_{m-1} \big(\partial_j h_{m-2}(z') \,\big|\, \partial_k h_{m-2}(z') \big) \ , \qquad 1 \leq j \leq m - 2 \ .$$

Somit erhalten wir aus (5.7) und (5.10) die Rekursionsformel

$$\big(\partial_j f_m(y) \,\big|\, \partial_k f_m(y) \big) = \sin^2 z_{m-1} \big(\partial_j f_{m-1}(y') \,\big|\, \partial_k f_{m-1}(y') \big) \tag{5.13}$$

für $2 \leq j, k \leq m - 1$ und $y = (y', y_m) \in \mathbb{R}^{m-1} \times \mathbb{R}$. Da (5.8) und (5.12) für alle $m \geq 3$ richtig sind, ergibt sich aus (5.13) induktiv

$$|\partial_j f_m|^2 = r^2 a_{m, j-2} \ , \qquad 2 \leq j \leq m - 1 \ , \tag{5.14}$$

und

$$(\partial_j f_m \,|\, \partial_k f_m) = 0 \ , \qquad 2 \leq j, k \leq m - 1 \ , \quad j \neq k \ . \tag{5.15}$$

Nun folgt die Behauptung aus (5.8), (5.9), (5.12), (5.14), (5.15) und (b). ∎

(h) (m-dimensionale sphärische Koordinaten) Es sei $m \geq 2$, und

$$h_m : W_m \to \mathbb{R}^{m+1} , \quad (\varphi, \vartheta_1, \ldots, \vartheta_{m-1}) \mapsto (y^1, y^2, \ldots, y^{m+1})$$

mit $W_m := (0, 2\pi) \times (0, \pi)^{m-1}$ und

$$
\begin{aligned}
y^1 &= \cos\varphi \sin\vartheta_1 \sin\vartheta_2 \cdots \sin\vartheta_{m-1} , \\
y^2 &= \sin\varphi \sin\vartheta_1 \sin\vartheta_2 \cdots \sin\vartheta_{m-1} , \\
y^3 &= \cos\vartheta_1 \sin\vartheta_2 \cdots \sin\vartheta_{m-1} , \\
&\vdots \\
y^m &= \cos\vartheta_{m-2} \sin\vartheta_{m-1} , \\
y^{m+1} &= \cos\vartheta_{m-1}
\end{aligned}
$$

sei die Abbildung der (m-**dimensionalen**) **sphärischen Koordinaten**.[5] Dann ist h_m eine Parametrisierung der offenen Teilmenge $U_m := S^m \setminus H_m$ der m-Sphäre. Für die Standardmetrik, g_{S^m}, von S^m gilt

$$g_{S^m} = a_{m+1,0}(d\varphi)^2 + \sum_{k=1}^{m-1} a_{m+1,k}(d\vartheta_k)^2 .$$

Insbesondere gilt für die 2-Sphäre (mit $\vartheta := \vartheta_1$)

$$g_{S^2} = \sin^2\vartheta (d\varphi)^2 + (d\vartheta)^2 .$$

Beweis Wegen $h_m = f_{m+1}(1, \cdot)$ ist die Behauptung eine einfache Konsequenz von (g). ∎

(i) (Minkowskimetrik) Wir bezeichnen die euklidischen Koordinaten von $\mathbb{R}^4$ mit (t, x, y, z) oder (x^0, x^1, x^2, x^3) und setzen $\mathbb{R}^4_{1,3} := (\mathbb{R}^4, (\cdot \mid \cdot)_{1,3})$ mit der Minkowskimetrik

$$(\cdot \mid \cdot)_{1,3} = (dt)^2 - (dx)^2 - (dy)^2 - (dz)^2 = (dx^0)^2 - \sum_{j=1}^{3}(dx^j)^2 .$$

Dann ist $\mathbb{R}^4_{1,3}$ eine pseudo-Riemannsche Mannigfaltigkeit, die „**Raumzeit**" oder der **Minkowskiraum** der Relativitätstheorie.

Für $v = (v^0, \ldots, v^3) \subset \mathbb{R}^4_{1,3}$ nennt man

$$|v|^2_{1,3} := (v \mid v)_{1,3} = (v^0)^2 - \sum_{j=1}^{3}(v^j)^2$$

Längenquadrat des Vektors v. Vektoren, deren Längenquadrat positiv bzw. negativ ist, heißen **zeitähnlich** bzw. **raumähnlich**, und die mit Längenquadrat 0 **isotrop**. Die isotropen Vektoren in $\mathbb{R}^4_{1,3}$ bilden einen (Doppel-)Kegel, den **Lichtkegel** $\mathcal{L}_{1,3}$.

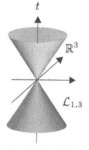

---

[5]Vgl. Beispiel VII.9.11(b).

(j) (Pseudokugelkoordinaten) Es seien $V_{1,3} := \mathbb{R} \times V_3$ und

$$f_{1,3} : V_{1,3} \to \mathbb{R}^4 , \quad (\rho, \chi, \varphi, \vartheta) \mapsto (x^0, x^1, x^2, x^3)$$

mit

$$x^0 = \rho \cosh \chi ,$$
$$x^1 = \rho \sinh \chi \cos \varphi \sin \vartheta ,$$
$$x^2 = \rho \sinh \chi \sin \varphi \sin \vartheta ,$$
$$x^3 = \rho \sinh \chi \cos \vartheta$$

die **Pseudokugelkoordinatenabbildung**. Dann ist $f_{1,3}$ ein glatter Diffeomorphismus von $V_{1,3} \setminus \{0\}$ auf das **Innere**

$$\mathring{\mathcal{L}}_{1,3} := \left\{ x \in \mathbb{R}^4 ; \ |x|^2_{1,3} > 0 \right\}$$

des Lichtkegels, und

$$(\cdot | \cdot)_{1,3} = (d\rho)^2 - \rho^2 \left[(d\chi)^2 + \sinh^2 \chi \sin^2 \vartheta (d\varphi)^2 + \sinh^2 \chi (d\vartheta)^2 \right] .$$

Beweis Dies folgt leicht aus den Eigenschaften von sinh und cosh (vgl. die Aufgaben III.6.5 und IV.2.5) sowie Bemerkung 5.4(d). ∎

(k) (Hyperbolische Räume) In Verallgemeinerung des Minkowskiraumes setzen wir für $n \in \mathbb{N}^\times$

$$(\cdot | \cdot)_{1,m} := (dx^0)^2 - \sum_{j=1}^{m} (dx^j)^2 .$$

Dann ist $\mathbb{R}^{m+1}_{1,m} := \left(\mathbb{R}^{m+1}, (\cdot | \cdot)_{1,m} \right)$ eine m-dimensionale pseudo-Riemannsche Mannigfaltigkeit.

Es sei

$$M^m := \left\{ (x^0, x) \in \mathbb{R} \times \mathbb{R}^m ; \ (x^0)^2 - |x|^2 = 1, \ x^0 > 0 \right\} ,$$

d.h., M^m sei die „obere" Zusammenhangskomponente des m-dimensionalen zweischaligen Hyperboloids

$$K_1 := \left\{ x \in \mathbb{R}^{m+1} ; \ (Ax | x) = 1 \right\} , \quad A := \mathrm{diag}(1, -1, \ldots, -1)$$

(vgl. Beispiel 1.17(b)). Ferner seien $i : M^m \hookrightarrow \mathbb{R}^{m+1}$ die kanonische Einbettung und

$$g_{H^m} := -i^*(\cdot | \cdot)_{1,m} .$$

Dann ist

$$H^m := (M^m, g_{H^m})$$

eine m-dimensionale Riemannsche Mannigfaltigkeit, der m-dimensionale **hyperbolische Raum**. Ist $N := (N, g)$ isometrisch isomorph zu H^m, so sagt man, N sei

ein **Modell** von H^m. Insbesondere ist $\mathbb{R}^m$, versehen mit der in „Polarkoordinaten"
$(r,\sigma) \in \mathbb{R}^+ \times S^{m-1}$ dargestellten Metrik

$$\frac{(dr)^2}{1+r^2} + r^2 g_{S^{m-1}} \,,$$

ein Modell von H^m.

Beweis Für $u : \mathbb{R}^m \to \mathbb{R}^{m+1}$, $x \mapsto \sqrt{1+|x|^2}$ gilt $M^m = \mathrm{graph}(u)$. Also ist

$$\varphi : M^m \to \mathbb{R}^m \,, \quad \big(h(x),x\big) \mapsto x$$

ein Diffeomorphismus der Hyperfläche M^m in $\mathbb{R}^{m+1}$ auf $\mathbb{R}^m$. Folglich müssen wir nur
zeigen, daß die von $-(\cdot|\cdot)_{1,m}$ auf M induzierte Bilinearform $g_{H^m}(0)$ positiv definit ist
und daß $\varphi_* g_{H^m}$ die angegebene Gestalt hat, da man hieraus abliest, daß $g_{H^m}(p)$ für jedes
$p \in M \setminus \big\{\varphi^{-1}(0)\big\}$ positiv definit ist.

Mit $h(x) := \big(u(x),x\big)$ für $x \in \mathbb{R}^m$ gelten $h = i \circ \varphi^{-1}$ und

$$\partial_j h = (\partial_j u, e_j) \,, \qquad 1 \le j \le m \,,$$

mit dem j-ten Standardbasisvektor e_j von $\mathbb{R}^m$. Wegen $\partial_j u(x) = x^j/u(x)$ folgt

$$(\varphi_* g_{H^m})_{jk}(x) = (\partial_j h \,|\, \partial_k h)_{1,m}(x) = (\delta_{jk} - x^j x^k)/u^2(x) \,, \qquad x \in \mathbb{R}^m \,,$$

also insbesondere $(\varphi_* g_{H^m})(0) = \sum_j (dx^j)^2$.

Wie in (g) sei

$$f_m : (0,\infty) \times W_{m-1} \to \mathbb{R}^m \,, \quad (r,\vartheta) \mapsto r h_{m-1}(\vartheta)$$

die m-dimensionale Polarkoordinatenabbildung. Dann ist $\psi := f_m^{-1} \circ \varphi$ eine lokale Karte
von M, und $a := i \circ \psi^{-1} = h \circ f_m = f_m^* h$ ist die zugehörige Parametrisierung. Hierfür
finden wir

$$a(r,\vartheta) = \big(\sqrt{1+r^2}, r h_{m-1}(\vartheta)\big) \,,$$

und folglich

$$\partial_r a(r,\vartheta) = \Big(\frac{r}{\sqrt{1+r^2}}, h_{m-1}(\vartheta)\Big) \,, \quad \partial_{\vartheta^j} a(r,\vartheta) = \big(0, r\partial_j h_{m-1}(r,\vartheta)\big)$$

für $(r,\vartheta) \in (0,\infty) \times W_{m-1}$. Wegen $|h_{m-1}| = 1$ ergibt sich somit

$$\psi_* g_{H^m} = -a^*(\cdot|\cdot)_{1,m}$$
$$= r^2 \sum_{j,k} (\partial_j h_{m-1} \,|\, \partial_k h_{m-1})\, dx^j\, dx^k + \Big(1 - \frac{r^2}{\sqrt{1+r^2}}\Big) (dr)^2 \,.$$

Hieraus folgt, wegen (h) und da der noch fehlende Teil von $M^m \setminus \big\{\varphi^{-1}(0)\big\}$ durch eine
Rotation von M^m um die x^0-Achse analog parametrisiert werden kann, die Behauptung. ∎

(l) (Das Poincarésche Modell) In Analogie
zur stereographischen Projektion der Sphäre
auf die Ebene betrachtet man die stereo-
graphische Projektion der **Pseudosphäre**

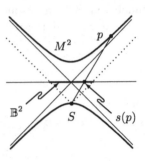

$$S_{1,3}^2 := \left\{ (t,x,y) \in \mathbb{R}^3 \ ; \ t^2 - x^2 - y^2 = 1 \right\} .$$

Als **Nullpunkt**, **Nord-** und **Südpol** von $S_{1,3}^2$
setzt man den Ursprung bzw. die Punkte
$N := (1,0,0)$ und $S := (-1,0,0)$ fest. Dann
wird der Wert $s(p)$ des Punktes $p \in M^2$ der
stereographischen Projektion $s \colon M^2 \to \mathbb{R}^2$ als Schnittpunkt der Verbindungsgera-
den von S und p mit der Ebene $\mathbb{R}^2 \times \{0\}$ in $\mathbb{R}^3$ definiert. Wenn $p \in M^2$ bzw. $s(p)$
die (euklidischen) Koordinaten (t,x,y) bzw. (u,v) besitzt, so entnimmt man der
obenstehenden Figur, daß gilt

$$\frac{x}{u} = \frac{t+1}{1} \ , \quad \frac{y}{v} = \frac{t+1}{1} \ .$$

Wegen $t^2 - x^2 - y^2 = 1$ folgt $t^2 - (u^2 + v^2)(t+1)^2 = 1$. Hieraus berechnet man

$$t = \frac{1 + u^2 + v^2}{1 - u^2 - v^2} \ , \quad x = \frac{2u}{1 - u^2 - v^2} \ , \quad y = \frac{2v}{1 - u^2 - v^2} \ .$$

Dies zeigt, daß

$$\pi \colon \mathbb{B}^2 \to M^2 \ , \quad (u,v) \mapsto \left(\frac{1 + u^2 + v^2}{1 - u^2 - v^2}, \frac{2u}{1 - u^2 - v^2}, \frac{2v}{1 - u^2 - v^2} \right)$$

eine Parametrisierung von M^2 über $\mathbb{B}^2$ ist. Hierfür gilt

$$\pi^* g_{H^2} = 4 \frac{(du)^2 + (dv)^2}{(1 - u^2 - v^2)^2} \ .$$

Also ist

$$\left(\mathbb{B}^2, 4 \frac{(dx)^2 + (dy)^2}{(1 - x^2 - y^2)^2} \right)$$

ein Modell der hyperbolischen Ebene, das **Poincarésche Modell**.

Beweis Der Nachweis, daß $\pi^* g_{H^2}$ die angegebene Form hat, bleibt dem Leser als Übung
überlassen. ∎

(m) (Das Lobachevskische Modell) Analog zu (h) und (j) können wir M^2 durch
die **Pseudokreiskoordinaten**

$$h_{1,2} \colon \mathbb{R}^+ \times [0, 2\pi) \to \mathbb{R}^3 \ , \quad (\chi, \varphi) \mapsto (t, x, y)$$

mit

$$t = \cosh \chi \ , \quad x = \sinh \chi \cos \varphi \ , \quad y = \sinh \chi \sin \varphi$$

parametrisieren. Hierfür gilt $h_{1,2}^* g_{H^3} = (d\chi)^2 + \sinh^2 \chi \, (d\varphi)^2$. Also ist

$$\left(\mathbb{R}^+ \times [0, 2\pi), (d\chi)^2 + \sinh^2 \chi \, (d\varphi)^2 \right)$$

ein Modell der hyperbolischen Ebene H^2, das **Lobachevskische Modell**.

Beweis Das Bestätigen der angegebenen Formeln wird wieder dem Leser als Übungsaufgabe überlassen. ∎

(n) (Allgemeine pseudo-Riemannsche Metriken) Es seien X offen in $\bar{\mathbb{H}}^m$ und $g_{jk} = g_{kj} \in \mathcal{E}(X)$ für $1 \le j, k \le m$ mit $\det[g_{jk}(x)] \ne 0$ für $x \in X$. Dann wird durch

$$g := \sum_{j,k} g_{jk} \, dx^j dx^k$$

eine pseudo-Riemannsche Metrik auf X definiert. Ist die Matrix $[g_{jk}(x)]$ für jedes $x \in X$ positiv definit, so ist g eine Riemannsche Metrik auf X.

Nun seien $\left\{ (\varphi_\alpha, U_\alpha) \; ; \; \alpha \in \mathsf{A} \right\}$ ein Atlas für M und

$$g_{\alpha, jk} = g_{\alpha, kj} \in \mathcal{E}(\varphi_\alpha(U_\alpha)) \,, \qquad 1 \le j, k \le m \,,$$

mit $\det[g_{\alpha, jk}(x)] \ne 0$ für $x \in \varphi_\alpha(U_\alpha)$ und $\alpha \in \mathsf{A}$. Dann gibt es genau eine pseudo-Riemannsche Metrik g auf M mit

$$g \,|\, U_\alpha = g_\alpha := \sum_{j,k} g_{\alpha, jk} \, dx^j dx^k \,,$$

wenn für $\alpha, \beta \in \mathsf{A}$ mit $U_\alpha \cap U_\beta \ne \emptyset$ und für den Kartenwechsel $h := \varphi_\beta^{-1} \circ \varphi_\alpha$ gilt

$$g_{\beta, rs} = \sum_{j,k} \frac{\partial h^j}{\partial x^r} \frac{\partial h^k}{\partial x^s} \, g_{\alpha, jk} \,.$$

Beweis Dies ist eine Konsequenz von Bemerkung 5.4(d). ∎

Eine Riemannsche Mannigfaltigkeit hat auf jedem Tangentialraum eine euklidische Struktur, die es erlaubt, Längen und Winkel zu messen. Somit ist beispielsweise, in natürlicher Verallgemeinerung von Paragraph VIII.1, die Länge eines (glatten) Weges $\gamma : I \to M$ in der Mannigfaltigkeit M durch

$$\int_I \sqrt{g(\dot{\gamma}(t), \dot{\gamma}(t))} \, dt$$

gegeben, wobei $\dot{\gamma}(t) \in T_{\gamma(t)} M$ der „Geschwindigkeitsvektor" im Punkt $\gamma(t)$ ist:

$$\dot{\gamma}(t) = (T_t \gamma)(t, 1) \,, \qquad t \in I \,.$$

Wir wollen hier nicht näher auf solche Fragestellungen, die im Rahmen der *Riemannschen Geometrie* ausführlich behandelt werden, eingehen (vgl. jedoch Aufgabe 5).

Der Sternoperator[6]

Es seien (M, g) eine orientierte Riemannsche Mannigfaltigkeit und ω_M das Volumenelement von M.

Für $0 \leq r \leq m$ definieren wir bilineare Abbildungen

$$(\cdot \,|\, \cdot)_{g,r} : \Omega^r(M) \times \Omega^r(M) \to \mathcal{E}(M) \tag{5.16}$$

durch

$$(\alpha \,|\, \beta)_{g,r}(p) := \bigl(\alpha(p) \,\big|\, \beta(p)\bigr)_{g(p),r} , \qquad p \in M , \quad \alpha, \beta \in \Omega^r(M) , \tag{5.17}$$

wobei wir mit $(\cdot \,|\, \cdot)_{g(p),r}$ die in (2.14) und (2.15) eingeführten Skalarprodukte auf $\bigwedge^r T_p^* M$ bezeichnen. Der **Hodgesche Sternoperator**

$$* : \Omega^r(M) \to \Omega^{m-r}(M) , \quad \alpha \mapsto *\alpha \tag{5.18}$$

wird ebenfalls punktweise definiert:

$$(*\alpha)(p) := *\alpha(p) , \qquad p \in M , \quad \alpha \in \Omega(M) .$$

5.6 Bemerkungen   **(a)** Die Abbildung (5.16) ist wohldefiniert, bilinear, symmetrisch und positiv.

Beweis   Es ist nur zu zeigen, daß $(\alpha \,|\, \beta)_{g,r}$ für $\alpha, \beta \in \Omega^r(M)$ zu $\mathcal{E}(M)$ gehört, da die anderen Aussagen aus den Eigenschaften von $(\cdot \,|\, \cdot)_{g(p),r}$ folgen. Es sei also (φ, U) eine positive Karte von M. Gemäß Bemerkung 5.4(f) können wir einen orientierten Orthonormalrahmen $(v_1, \ldots, v_m)$ auf U wählen. Es sei $(\eta^1, \ldots, \eta^m)$ der zugehörige Dualrahmen. Dann ergibt sich aus Bemerkung 3.1(e)

$$\alpha \,|\, U = \sum_{(j) \in \mathbb{J}_r} \alpha_{(j)} \eta^{j_1} \wedge \cdots \wedge \eta^{j_r} \tag{5.19}$$

mit

$$\alpha_{(j)} = \alpha(v_{j_1}, \ldots, v_{j_r}) \in \mathcal{E}(U) , \qquad (j) \in \mathbb{J}_r . \tag{5.20}$$

Nun folgt die Behauptung aus (2.14), (2.15) und Bemerkung 2.15(c). ∎

(b) Der Sternoperator ist ein wohldefinierter $\mathcal{E}(M)$-Modulisomorphismus mit

$$**\alpha = (-1)^{r(m-r)}\alpha , \qquad \alpha \in \Omega^r(M) . \tag{5.21}$$

Beweis   Da (5.21) aus Beispiel 2.17(e) und der punktweisen Definition (5.18) folgt und da (5.21) auch zeigt, daß der Sternoperator bijektiv ist, bleibt wieder nur zu zeigen, daß $*\alpha$ glatt ist. Dazu sei (φ, U) eine positive Karte von M. Wie im Beweis von (a)

---

[6]Die restlichen Ausführungen dieses Kapitels können bei einer ersten Lektüre ausgelassen werden.

sei $(v_1, \ldots, v_m)$ ein Orthonormalrahmen auf U, und $(\eta^1, \ldots, \eta^m)$ sei der Dualrahmen. Dann ergibt sich $*\alpha | U \in \mathcal{E}(U)$ aus (5.19), (5.20) und der expliziten Darstellung von $*\alpha$ in Beispiel 2.17(d). ∎

(c) Für $\alpha, \beta \in \Omega^r(M)$ gilt

$$\alpha \wedge *\beta = \beta \wedge *\alpha = (\alpha \,|\, \beta)_{g,r} \omega_M \ . \tag{5.22}$$

Beweis Dies folgt unmittelbar aus Beispiel 2.17(f) und der punktweisen Definition aller involvierten Operationen. ∎

(d) $*1 = \omega_M$ und $*\omega_M = 1$.

(e) (Regularität) Es ist klar, daß die obigen Aussagen sinngemäß richtig bleiben, wenn M eine C^{k+1}-Mannigfaltigkeit ist und wir $\Omega(M)$ durch $\Omega_{(k)}(M)$ ersetzen. ∎

Aufgrund der punktweisen Definition des Sternoperators lassen sich die anderen Formeln der Beispiele 2.17 auch auf den hier betrachteten Fall übertragen. In den folgenden Beispielen stellen wir einige Rechenregeln, die man so erhält, zusammen.

Es sei $((x^1, \ldots, x^m), U)$ eine Karte von M. Ist $(\partial_1, \ldots, \partial_m)$ ein Orthonormalrahmen auf U, so sagt man, $(x^1, \ldots, x^m)$ seien **orthonormale Koordinaten** auf U. Gilt lediglich $g(\partial_j, \partial_k) = 0$ für $j \neq k$, so sind die Koordinaten **orthogonal**.

5.7 Beispiele In den folgenden Beispielen sind $(x^1, \ldots, x^m)$ orthonormale Koordinaten auf $U \subset M$ und $\alpha \in \Omega(U)$.

(a) Euklidische Koordinaten sind Orthonormalkoordinaten. Polar-, sphärische und pseudo-Kugelkoordinaten sind orthogonal.

Beweis Dies folgt aus den Beispielen 5.5. ∎

(b) $* \sum_j a_j \, dx^j = \sum_{j=1}^m (-1)^{j-1} a_j \, dx^1 \wedge \cdots \wedge \widehat{dx^j} \wedge \cdots \wedge dx^m$.

(c) $* \sum_j (-1)^{j-1} a_j \, dx^1 \wedge \cdots \wedge \widehat{dx^j} \wedge \cdots \wedge dx^m = (-1)^{m-1} \sum_j a_j \, dx^j$.

(d) Für $m = 3$ gilt

$$*d\Big(\sum_j a_j \, dx^j\Big) = (\partial_2 a_3 - \partial_3 a_2) \, dx^1 + (\partial_3 a_1 - \partial_1 a_3) \, dx^2 + (\partial_1 a_2 - \partial_2 a_1) \, dx^3 \ .$$

Beweis Dies folgt aus Beispiel 3.7(a) (und den Bemerkungen zu (4.16)), da (2.20) die Beziehungen

$$*(dx^2 \wedge dx^3) = dx^1 \ , \quad *(dx^3 \wedge dx^1) = dx^2 \ , \quad *(dx^1 \wedge dx^2) = dx^3$$

impliziert. ∎

Natürlich kann man $*\sum_{(j)\in\mathbb{J}_r} a_{(j)}\, dx^{(j)}$ auch explizit ausrechnen, wenn keine orthonormalen Koordinaten verwendet werden. Der Einfachheit halber beschränken wir uns auf den Fall von 1-Formen.

5.8 Satz *Es sei $\big((x^1,\dots,x^m),U\big)$ eine positive Karte von M. Dann gilt*

$$*dx^j = \sum_k (-1)^{k-1} g^{jk} \sqrt{G}\, dx^1 \wedge \cdots \wedge \widehat{dx^k} \wedge \cdots \wedge dx^m \ .$$

Beweis Wegen $*dx^j \in \Omega^{m-1}(U)$ garantiert Beispiel 3.2(b) die Existenz von $a_{j\ell}$ in $\mathcal{E}(U)$ mit

$$*dx^j = \sum_\ell (-1)^{\ell-1} a_{j\ell}\, dx^1 \wedge \cdots \wedge \widehat{dx^\ell} \wedge \cdots \wedge dx^m \ .$$

Hieraus folgt

$$\begin{aligned}
dx^k \wedge *dx^j &= \sum_\ell (-1)^{\ell-1} a_{j\ell}\, dx^k \wedge dx^1 \wedge \cdots \wedge \widehat{dx^\ell} \wedge \cdots \wedge dx^m \\
&= a_{jk}\, dx^1 \wedge \cdots \wedge dx^m \ .
\end{aligned} \tag{5.23}$$

Aus Bemerkung 2.14(b) erhalten wir $(dx^j\,|\,dx^k)_{g,1} = g^{jk}$. Somit liefert Bemerkung 5.6(c)

$$dx^k \wedge *dx^j = g^{kj}\omega_M = g^{jk}\sqrt{G}\, dx^1 \wedge \cdots \wedge dx^m \ , \tag{5.24}$$

wobei die letzte Gleichheit aus Bemerkung 5.4(c) folgt. Nun ergibt sich die Behauptung aus (5.23) und (5.24). ∎

Die Koableitung

Es sei (M,g) eine orientierte Riemannsche Mannigfaltigkeit. Um Fallunterscheidungen zu vermeiden, setzen wir $\Omega^{-1}(M) := \{0\}$, so daß, wegen $\Omega^{m+1}(M) = \{0\}$, auch $*: \Omega^{m+1}(M) \to \Omega^{-1}(M)$ definiert ist. Mit Hilfe des (so erweiterten) Sternoperators und der äußeren Ableitung definiert man für $0 \le r \le m$ die **Koableitung**

$$\delta : \Omega^r(M) \to \Omega^{r-1}(M)$$

durch[7]

$$\delta\alpha := (-1)^{m(r+1)} *d*\alpha \ , \qquad \alpha \in \Omega^r(M) \ .$$

---

[7]Statt $(-1)^{m(r+1)}$ wird oft (insbesondere in der Differentialgeometrie) der Normierungsfaktor $(-1)^{m(r+1)+1}$ verwendet. Der Grund für unsere Wahl wird in Bemerkung 6.23(c) ersichtlich werden.

Mit anderen Worten: Das Diagramm

$$
\begin{array}{ccc}
\Omega^r(M) & \xrightarrow{\quad * \quad} & \Omega^{m-r}(M) \\
{\scriptstyle (-1)^{m(r+1)}\delta}\Big\downarrow & & \Big\downarrow {\scriptstyle d} \\
\Omega^{r-1}(M) & \xleftarrow{\quad * \quad} & \Omega^{m-r+1}(M)
\end{array}
$$

ist kommutativ.

In den folgenden Bemerkungen stellen wir einige Rechenregeln für die Koableitung zusammen.

5.9 Bemerkungen (a) $\delta^2 = 0$.

Beweis Wegen $**\alpha = (-1)^{r(m-r)}\alpha$ folgt $\delta\delta\alpha = \pm *d**d*\alpha = \pm *d^2*\alpha = 0$ aus $d^2 = 0$. ∎

(b) $*\delta d = d\delta*$ und $*d\delta = \delta d*$.

Beweis Für $\alpha \in \Omega^r(M)$ gehört $d\alpha$ zu $\Omega^{r+1}(M)$. Also folgt

$$
*\delta d\alpha = (-1)^{m(r+2)}**d*d\alpha = (-1)^{mr}**d*d\alpha .
$$

Wegen $d*d\alpha \in \Omega^{m-r}(M)$ finden wir somit $*\delta d\alpha = (-1)^{-r^2} d*d\alpha$. Analog ergibt sich

$$
d\delta*\alpha = (-1)^{m(m-r+1)}d*d**\alpha = (-1)^{m(m+1)-r^2}d*d\alpha .
$$

Da $m(m+1)$ gerade ist, beweist dies die erste Aussage. Die zweite wird auf ähnliche Weise gezeigt. ∎

(c) $d*\delta = \delta*d = 0$.

Beweis Der einfache Nachweis bleibt dem Leser überlassen. ∎

(d) $*\delta\alpha = (-1)^{r+1}d*\alpha$ und $\delta(*\alpha) = (-1)^r *d\alpha$ für $\alpha \in \Omega^r(M)$.

Beweis Die erste Aussage folgt aus

$$
*\delta\alpha = (-1)^{m(r+1)}**d*\alpha = (-1)^{mr+m}(-1)^{(m-r+1)(r-1)}d*\alpha = (-1)^{r+1}d*\alpha .
$$

Die zweite ergibt sich durch eine analoge Rechnung. ∎

(e) (Regularität) Aus der Definition von δ und den Bemerkungen 4.11(b) und 5.6(e) folgt unmittelbar, daß δ eine $\mathbb{R}$-lineare Abbildung von $\Omega^r_{(k)}$ nach $\Omega^{r-1}_{(k-1)}$ ist für $1 \le r \le m$ und $k \in \mathbb{N}^\times$. Dies bleibt für C^{k+1}-Mannigfaltigkeiten richtig. ∎

5.10 Beispiele Es sei $\big((x^1,\dots,x^m), U\big)$ eine positive Karte von M.

(a) Für $\alpha = \sum_j a_j\, dx^j \in \Omega^1(U)$ gilt

$$
\delta\alpha = \frac{1}{\sqrt{G}} \sum_{j,k} \frac{\partial}{\partial x^j}\big(g^{jk} a_k \sqrt{G}\big) \in \mathcal{E}(U) .
$$

Beweis   Aus Satz 5.8 folgt

$$*\alpha = \sum_j a_j \sum_k (-1)^{k-1} g^{jk} \sqrt{G}\, dx^1 \wedge \cdots \wedge \widehat{dx^k} \wedge \cdots \wedge dx^m \ .$$

Hieraus leiten wir (wegen $r = 1$)

$$\delta\alpha = *d*\alpha = *\sum_j \sum_k \sum_\ell (-1)^{k-1} \frac{\partial}{\partial x^\ell} \left(a_j g^{jk} \sqrt{G}\right) dx^\ell \wedge dx^1 \wedge \cdots \wedge \widehat{dx^k} \wedge \cdots \wedge dx^m$$

$$= *\sum_{j,k} \frac{\partial}{\partial x^j} \left(g^{jk} a_k \sqrt{G}\right) dx^1 \wedge \cdots \wedge dx^m$$

ab. Wegen

$$dx^1 \wedge \cdots \wedge dx^m = \frac{1}{\sqrt{G}}\, \omega_M \tag{5.25}$$

und Bemerkung 5.6(d) folgt die Behauptung. ∎

(b) Sind $(x^1, \dots, x^m)$ orthonormale Koordinaten, so folgt aus (a)

$$\delta\left(\sum_j a_j\, dx^j\right) = \sum_j \partial_j a_j \ .$$

(c) $\delta a = 0$ für $a \in \mathcal{E}(M)$.

(d) $\delta(a\, dx^1 \wedge \cdots \wedge dx^m)$

$$= \sum_{j,k} (-1)^{k-1} \frac{\partial}{\partial x^j} \left(\frac{a}{\sqrt{G}}\right) g^{jk} \sqrt{G}\, dx^1 \wedge \cdots \wedge \widehat{dx^k} \wedge \cdots \wedge dx^m \ .$$

Beweis   Mit (5.25) und Bemerkung 5.6(d) erhalten wir

$$*(a\, dx^1 \wedge \cdots \wedge dx^m) = a/\sqrt{G} \ .$$

Folglich gilt

$$*d*(a\, dx^1 \wedge \cdots \wedge dx^m) = *\sum_j \frac{\partial}{\partial x^j} \left(\frac{a}{\sqrt{G}}\right) dx^j \ .$$

Nun folgt die Behauptung aus Satz 5.8. ∎

(e) Mit orthonormalen Koordinaten gilt

$$\delta \sum_{(j)\in \mathbb{J}_r} a_{(j)}\, dx^{(j)} = \sum_{(j)\in \mathbb{J}_r} \sum_{k=1}^r (-1)^{k-1} \partial_{j_k} a_{(j)}\, dx^1 \wedge \cdots \wedge \widehat{dx^{j_k}} \wedge \cdots \wedge dx^{j_r} \ .$$

Beweis   Wegen der Linearität genügt es, $\alpha = a\, dx^{(j)}$ mit $(j) \in \mathbb{J}_r$ zu betrachten. Aus (2.20) und Theorem 4.10(ii) erhalten wir

$$d*\alpha = s(j)\, da \wedge dx^{(j^c)} = s(j) \sum_{k=1}^r \partial_{j_k} a\, dx^{j_k} \wedge dx^{(j^c)} \ .$$

Somit impliziert Beispiel 2.17(d)

$$*d*\alpha = s(j) \sum_{k=1}^{r} s\big(j_k, (j^c)\big) \partial_{j_k} a \, dx^{j_1} \wedge \cdots \wedge \widehat{dx^{j_k}} \wedge \cdots \wedge dx^{j_r}$$

mit $s\big(j_k, (j^c)\big) := \mathrm{sign}\big(j_k, (j^c), j_1, \ldots, \widehat{j_k}, \ldots, j_r\big)$. Da (j^c) aus $m - r$ Elementen besteht, folgt

$$s\big(j_k, (j^c)\big) = (-1)^{(m-r)(r-1)} \mathrm{sign}\big(j_k, j_1, \ldots, \widehat{j_k}, \ldots, j_r, (j^c)\big)$$
$$= (-1)^{(m-r)(r-1)+k-1} s(j) \, .$$

Beachten wir die (mod 2)-Kongruenzen

$$(m-r)(r-1) + k - 1 + m(r+1) \equiv k - r(r+1) - 1 \equiv k - 1 \, ,$$

so folgt die Behauptung aus der Definition von δ. ∎

5.11 Bemerkungen (a) Die Aussagen über den Sternoperator und die Koablei-tung gelten mit geeigneten Modifikationen auch für pseudo-Riemannsche Mannig-faltigkeiten.

Genauer sei (M, g) eine orientierte pseudo-Riemannsche Mannigfaltigkeit. Aus Bemerkung 2.18(a) folgt, da wir T_pM mit dem vom $\mathbb{R}^{\bar{m}}$ induzierten inneren Produkt versehen können, daß die Darstellungsmatrix g von $g(p)$ in jedem $p \in M$ bezüglich einer geeigneten Basis eine Diagonalmatrix ist mit den Einträgen ± 1 in der Hauptdiagonalen. Hierbei ist $(-1)^s = \mathrm{sign}\, g(p)$, wobei s die Anzahl der nega-tiven Elemente bezeichnet, eindeutig bestimmt durch $g(p)$. *Wir nehmen nun an,* $\mathrm{sign}(g) = \mathrm{sign}\, g(p)$ *sei konstant auf* M, d.h. unabhängig von p. Aus (dem Beweis von) Bemerkung 5.4(f) folgt, daß diese Annahme sicher dann erfüllt ist, wenn M durch eine einzige Karte beschrieben werden kann.

Unter dieser Voraussetzung kann der Sternoperator, ausgehend von (2.25), wieder punktweise definiert werden. Dann müssen (5.21) und (5.22) durch

$$**\alpha = \mathrm{sign}(g)(-1)^{r(m-r)} \alpha \, , \qquad \alpha \in \Omega^r(M) \, ,$$

und

$$\alpha \wedge *\beta = \beta \wedge *\alpha = \mathrm{sign}(g)(\alpha \,|\, \beta)_{g,r} \omega_M \, , \qquad \alpha, \beta \in \Omega^r(M) \, ,$$

ersetzt werden, wie aus Bemerkung 2.19(d) bzw. (e) folgt. Hierbei ist ω_M das in Bemerkung 5.4(g) definierte Volumenelement von M. Außerdem impliziert Bemer-kung 2.19(c)

$$*1 = \mathrm{sign}(g)\omega_M \, , \quad *\omega_M = 1 \, .$$

Die Koableitung wird in diesem Fall durch

$$\delta\alpha := \mathrm{sign}(g)(-1)^{m(r+1)} *d*\alpha \, , \qquad \alpha \in \Omega^r(M) \, , \tag{5.26}$$

definiert. Man verifiziert leicht, daß mit diesen Modifikationen die Aussagen der Bemerkung 5.6 unverändert gelten.

Beweis Die Behauptungen ergeben sich aus den Bemerkungen 2.19. ∎

(b) Es sei $\big((x^1,\dots,x^m),U\big)$ eine positive Karte von M. Dann gilt

$$\delta \sum_j a_j\, dx^j = \frac{1}{\sqrt{|G|}} \sum_{j,k} \frac{\partial}{\partial x^j}\big(g^{jk} a_k \sqrt{|G|}\big) \in \mathcal{E}(U)\ .$$

Beweis Dies folgt, analog zum Beweis von Beispiel 5.10(a), unter Verwendung von Bemerkung 5.4(g). ∎

5.12 Beispiele Wir betrachten den Minkowskiraum $\mathbb{R}^4_{1,3}$ mit der Metrik $(\cdot\,|\,\cdot)_{1,3}$, also mit $g := (dt)^2 - (dx)^2 - (dy)^2 - (dz)^2$.

(a) Geht (i,j,k) durch zyklische Vertauschung aus $(1,2,3)$ hervor, so gelten mit $(x^1,x^2,x^3) := (x,y,z)$

$$*(dx^i \wedge dt) = dx^j \wedge dx^k\ ,\qquad *(dx^i \wedge dx^j) = -dx^k \wedge dt\ .$$

Beweis Es sei (e_0,e_1,e_2,e_3) die kanonische Basis von $\mathbb{R}^4_{1,3}$. Dann gelten

$$g(e_0,e_0) = 1\ ,\quad g(e_j,e_j) = -1\ ,\qquad 1 \le j \le 3\ .$$

Hieraus folgt

$$(dt\,|\,dt)_{g,1} = 1\ ,\quad (dx^j\,|\,dx^j)_{g,1} = -1\ ,$$

also

$$(dt \wedge dx^j\,|\,dt \wedge dx^j)_{g,2} = -1\ ,\quad (dx^j \wedge dx^k\,|\,dx^j \wedge dx^k)_{g,2} = 1\ ,\qquad 1 \le j < k \le 3\ .$$

Nun erhalten wir die Behauptung aus Bemerkung 2.19(c). ∎

(b) Es seien $E_j, H_j \in \mathcal{E}(\mathbb{R}^4_{1,3})$ und

$$\begin{aligned}
\alpha := &\ (E_1 dx^1 + E_2 dx^2 + E_3 dx^3) \wedge dt \\
&+ H_1 dx^2 \wedge dx^3 + H_2 dx^3 \wedge dx^1 + H_3 dx^1 \wedge dx^2\ .
\end{aligned}$$

Dann gilt

$$\begin{aligned}
*\alpha = &\ -(H_1 dx^1 + H_2 dx^2 + H_3 dx^3) \wedge dt \\
&+ E_1 dx^2 \wedge dx^3 + E_2 dx^3 \wedge dx^1 + E_3 dx^1 \wedge dx^2\ .
\end{aligned}$$

Beweis Dies ist eine unmittelbare Folgerung aus (a) und der $\mathcal{E}(\mathbb{R}^4_{1,3})$-Linearität des Sternoperators. ∎

(c) Für α aus (b) gilt

$$\delta\alpha = \sum_{j=1}^{3} \frac{\partial E_j}{\partial t}\, dx^j - \sum_{k=1}^{3} \frac{\partial E_k}{\partial x^k}\, dt + \sum_{(i,j,k)} \left(\frac{\partial H_i}{\partial x^j} - \frac{\partial H_j}{\partial x^i}\right) dx^k\ ,$$

wobei in der letzten Summe über alle zyklischen Permutationen von $(1,2,3)$ summiert wird.

Beweis Aus (b) wissen wir, daß

$$*\alpha = -\sum_{i=1}^{3} H_i\, dx^i \wedge dt + \sum_{(i,j,k)} E_i\, dx^j \wedge dx^k \ .$$

Hieraus folgt

$$d*\alpha = -\sum_{i=1}^{3} \sum_{\substack{j=1 \\ j\neq i}}^{3} \frac{\partial H_i}{\partial x^j}\, dx^j \wedge dx^i \wedge dt$$

$$+ \sum_{(i,j,k)} \left(\frac{\partial E_i}{\partial t}\, dt \wedge dx^j \wedge dx^k + \frac{\partial E_i}{\partial x^i}\, dx^i \wedge dx^j \wedge dx^k \right) \ .$$

Aus Bemerkung 2.19(c) leiten wir

$$*(dt \wedge dx^i \wedge dx^j) = -dx^k \ , \quad *(dx^i \wedge dx^j \wedge dx^k) = dt$$

ab. Hiermit erhalten wir

$$*d*\alpha = -\sum_{(i,j,k)} \left(\frac{\partial H_i}{\partial x^j} - \frac{\partial H_j}{\partial x^i} \right) dx^k - \sum_{i=1}^{3} \frac{\partial E_i}{\partial t}\, dx^i + \sum_{k=1}^{3} \frac{\partial E_k}{\partial x^k}\, dt \ .$$

Nun folgt die Behauptung wegen $m = 4$ und $\operatorname{sign}(g) = -1$. ∎

Aufgaben

1 Es seien (M_j, g_j), $j = 1, 2$, pseudo-Riemannsche Mannigfaltigkeiten mit $\partial M_1 = \emptyset$, und es bezeichne $\pi_j : M_1 \times M_2 \to M_j$ die kanonische Projektion auf M_j. Folgende Aussagen sind zu beweisen:

(i) $(M_1 \times M_2, \pi_1^* g_1 + \pi_2^* g_2)$ ist eine Riemannsche Mannigfaltigkeit, das **Produkt** von M_1 und M_2.

(ii) Für (p_1, p_2) sind $M_1 \times \{p_2\}$ und $\{p_1\} \times M_2$ Untermannigfaltigkeiten von $M_1 \times M_2$.

(iii) $T_{(p_1,p_2)}(M_1 \times M_2) = T_{(p_1,p_2)}\bigl(M_1 \times \{p_2\}\bigr) \oplus T_{(p_1,p_2)}\bigl(\{p_1\} \times M_2\bigr)$.

(iv) $\omega_{M_1 \times M_2} = \pi_1^* \omega_{M_1} \wedge \pi_2^* \omega_{M_2}$.

2 Es sei M eine orientierte Hyperfläche in $\mathbb{R}^{m+1}$. Man nennt $\nu : M \to T\mathbb{R}^{m+1}$ **positives(s) Einheitsnormale(nfeld)**, wenn ν eine Einheitsnormale von M ist, so daß für jedes $p \in M$ und jede positive Basis $(v_1, \ldots, v_m)$ von $T_p M$ das $(m+1)$-Tupel $(\nu(p), v_1, \ldots, v_m)$ eine positive Basis von $T_p \mathbb{R}^{m+1}$ ist.

(a) Man zeige, daß ν wohldefiniert und eindeutig ist.

(b) Von den folgenden Flächen in $\mathbb{R}^3$ sind die positiven Einheitsnormalen zu bestimmen:

(i) $\operatorname{graph} f$, mit X offen in $\mathbb{R}^2$ und $f \in \mathcal{E}(X)$, (ii) $\mathbb{R} \times S^1$, (iii) S^2 , (iv) $\mathsf{T}_{a,r}^2$.

(Hinweis: (iv) Aufgabe VII.10.10 und Beispiel VII.9.11(f).)

3 Es sei M eine orientierte Hyperfläche in $\mathbb{R}^{m+1}$, versehen mit der Standardmetrik, und ν bezeichne die positive Einheitsnormale von M. Man zeige:

(i) ν definiert eine glatte Abbildung von M in S^m, die **Gaußabbildung**, die wieder mit ν bezeichnet wird.

(ii) Für $p \in M$ und $v \in T_pM$ gilt $\big((T_p\nu)v \,\big|\, \nu(p)\big)_{\mathbb{R}^{m+1}} = 0$. Also gehört $(T_p\nu)v$ zu T_pM.

(iii) Die Abbildung

$$L : M \to \bigcup_{p \in M} \mathcal{L}(T_pM) \in \mathcal{L}(T_pM) \,, \quad p \mapsto T_p\nu \,,$$

die **Weingartenabbildung** von M, ist wohldefiniert.

(iv) Für $p \in M$ und $v, w \in T_pM$ gilt

$$g(p)\big(L(p)v, w\big) = g(p)\big(v, L(p)w\big) \,,$$

d.h., $L(p)$ ist auf dem Innenproduktraum $\big(T_pM, g(p)\big)$ symmetrisch. Der durch

$$h(p)(v, w) := g(p)\big(L(p)v, w\big) \,, \quad p \in M \,, \quad v, w \in T_pM \,,$$

definierte Tensor $h \in \mathcal{T}_2^0(M)$ heißt **zweiter Fundamentaltensor** von M.

(v) Mit lokalen Koordinaten (U, φ), der natürlichen Einbettung $i : M \hookrightarrow \mathbb{R}^{m+1}$ und $f := i \circ \varphi^{-1}$ gilt für $h_{jk} := h(\partial/\partial x^j, \partial/\partial x^k)$

$$h_{jk} = (\partial_j\nu \,|\, \partial_k f) = -(\nu \,|\, \partial_j\partial_k f) \,.$$

4 Man berechne den zweiten Fundamentaltensor von $\mathbb{R}^2$, S^2, $\mathbb{R} \times S^1$ und $\mathsf{T}_{a,r}^2$ als Untermannigfaltigkeiten von $\mathbb{R}^3$.

5 Es seien I ein kompaktes Intervall in $\mathbb{R}$ und M eine Riemannsche Mannigfaltigkeit sowie $\gamma \in C^1(I, M)$. Ferner seien $i : M \hookrightarrow \mathbb{R}^{\bar{m}}$ die natürliche Einbettung und $\tilde{\gamma} := i \circ \gamma$. Dann ist die Länge $L(\tilde{\gamma})$ vom $\tilde{\gamma}$ im Sinne von Paragraph VIII.1 erklärt. Man zeige: Mit $\dot{\gamma}(t) := (T_t\gamma)(t, 1)$ für $t \in I$ gilt

$$L(\tilde{\gamma}) = \int_I \sqrt{g\big(\dot{\gamma}(t), \dot{\gamma}(t)\big)} \, dt \,.$$

Im Fall $L(\tilde{\gamma}) = L(I)$ sagt man, γ sei **nach der Bogenlänge parametrisiert**.

6 Es sei M eine orientierte Fläche in $\mathbb{R}^3$, und $\gamma \in C^2(I, M)$ sei nach der Bogenlänge parametrisiert. Ferner bezeichne ν das positive Einheitsnormalenbündel von M. Dann heißt

$$\kappa_g(\gamma) := \det[\dot{\gamma}, \ddot{\gamma}, \nu]$$

Krümmung von γ in M oder **geodätische Krümmung** von γ.

(a) Man verifiziere, daß im euklidischen Fall $M = \mathbb{R}^2$ die geodätische Krümmung mit der (üblichen) Krümmung von Paragraph VIII.2 übereinstimmt.

(b) Es seien $M = S^2$ und (x, y, z) die euklidischen Koordinaten in $\mathbb{R}^3$. Ferner sei γ_z für $z \in (-1, 1)$ eine Bogenlängenparametrisierung von $L_z := \sqrt{1 - |z|^2} \, S^1 \times \{z\}$ (vgl. Beispiel 1.5(a)). Dann gilt

$$\kappa_g(\gamma_z) = \frac{z}{\sqrt{1 - |z|^2}} \,.$$

Folglich ist die geodätische Krümmung des Kreises L_z konstant und verschwindet für den Äquator.

7 Man beweise die Gleichung $\rho^*\omega_{S^m} = r^{-(m+1)}\alpha$ von Beispiel 4.13(c) für $m = 2$ und 3 durch direktes Nachrechnen.

8 Man beweise die im Beweis von Beispiel 5.5(b) gemachten Aussagen.

9 Man zeige, daß durch

$$\{z \in \mathbb{C} \ ; \ \operatorname{Im} z > 0\} \to \mathbb{D} , \quad z \mapsto (1 + iz)/(1 - iz)$$

ein Diffeomorphismus der „oberen komplexen Halbebene" auf die Einheitskreisscheibe gegeben ist. Dann verwende man diese Abbildung, um zu zeigen, daß

$$\left(H^2, \frac{(dx)^2 + (dy)^2}{y^2}\right)$$

ein Modell der hyperbolischen Ebene ist, das **Kleinsche Modell**.

10 Es ist zu zeigen, daß die Lobachevskiebene von Beispiel 5.5(m) ein Modell von H^2 ist.

11 Für $\alpha \in \Omega^{r-1}(M)$ und $\beta \in \Omega^r(M)$ zeige man

$$d(\alpha \wedge *\beta) = d\alpha \wedge *\beta + \alpha \wedge *\delta\beta .$$

12 Es ist zu zeigen, daß die Koableitung nicht von der Orientierung der zugrunde liegenden Riemannschen Mannigfaltigkeit abhängt.

13 Es sei M orientiert, $(N, \bar{g})$ bezeichne eine weitere orientierte m-dimensionale Riemannsche Mannigfaltigkeit, und $f : M \to N$ sei ein isometrischer Diffeomorphismus. Man zeige, daß $f^*\omega_N = \pm\omega_M$ und daß genau dann $f^*\omega_N = \omega_M$ gilt, wenn f orientierungserhaltend ist.

14 Es seien M und N wie in Aufgabe 13, und $f : M \to N$ sei ein orientierungserhaltender isometrischer Diffeomorphismus. Dann ist für $0 \leq r \leq m$ das Diagramm

$$
\begin{array}{ccc}
\Omega^r(M) & \xrightarrow{\ *\ } & \Omega^{m-r}(M) \\[2pt]
f^* \uparrow & & \uparrow f^* \\[2pt]
\Omega^r(N) & \xrightarrow{\ *\ } & \Omega^{m-r}(N)
\end{array}
$$

kommutativ.

15 Es seien M und N wie in Aufgabe 13, und $f : M \to N$ sei ein isometrischer Diffeomorphismus.[8] Dann ist für $0 \leq r \leq m$ das Diagramm

$$
\begin{array}{ccc}
\Omega^r(M) & \xrightarrow{\ \delta\ } & \Omega^{r-1}(M) \\[2pt]
f^* \uparrow & & \uparrow f^* \\[2pt]
\Omega^r(N) & \xrightarrow{\ \delta\ } & \Omega^{r-1}(N)
\end{array}
$$

kommutativ.

---

[8]Man beachte Aufgabe 12.

6 Vektoranalysis

Vektorfelder und Pfaffsche Formen können mittels des Rieszschen Isomorphismus ineinander übergeführt werden. Während Vektorfelder unmittelbar der geometrischen Anschauung zugänglich sind, ist der Kalkül der Differentialformen von großem „rechnerischem" Wert. Hinter den wenigen relativ einfachen Regeln, welche äußere Produkte und äußere Ableitungen zu gehorchen haben, stehen nämlich komplizierte Transformationsvorschriften für den Übergang von einem lokalen Koordinatensystem zu einem anderen. In diesem Paragraphen wollen wir den Rieszschen Isomorphismus ausnutzen, um einige der Begriffe und Sätze, die wir für Differentialformen kennengelernt haben, in die Sprache der klassischen Vektoranalysis zu übersetzen. Dabei werden wir auf Begriffe wie „Divergenz" und „Rotation von Vektorfeldern" stoßen, welche in der Physik und der Theorie der partiellen Differentialgleichungen von fundamentaler Bedeutung sind.

Für den ganzen Paragraphen gilt:

- M ist eine m-dimensionale und N eine n-dimensionale Mannigfaltigkeit.

- Die Indizes i, j, k, ℓ laufen immer von 1 bis m, falls nichts anderes angegeben ist, und $\sum_j$ bedeutet, daß von 1 bis m zu summieren ist.

Der Rieszsche Isomorphismus

Es sei g eine pseudo-Riemannsche Metrik auf M. Dann definieren wir den **Rieszschen Isomorphismus**, Θ_g, durch

$$\Theta_g : \mathcal{V}(M) \to \Omega^1(M) , \qquad v \mapsto \Theta_g v \qquad (6.1)$$

und

$$(\Theta_g v)(p) := \Theta_{g(p)} v(p) , \qquad p \in M ,$$

wobei $\Theta_{g(p)} : T_p M \to T_p^* M$ der durch

$$\langle \Theta_{g(p)} u, w \rangle = g(p)(u, w) , \qquad u, w \in T_p M ,$$

definierte Rieszsche Isomorphismus aus (2.12) (bzw. aus Bemerkung 2.18(b)) ist. Sind keine Verwechslungen zu befürchten, so schreiben wir auch Θ statt Θ_g.

6.1 Bemerkungen (a) Die Abbildung (6.1) ist wohldefiniert.

Beweis Es ist zu zeigen, daß Θv für $v \in \mathcal{V}(M)$ zu $\Omega^1(M)$ gehört. In lokalen Koordinaten gilt

$$v|U = \sum_j v^j \frac{\partial}{\partial x^j}$$

mit $v^j \in \mathcal{E}(U)$. Hieraus und aus den Bemerkungen 2.14(a) und 2.18(b) folgt

$$\Theta v(p) = \Theta_{g(p)} \sum_j v^j(p) \frac{\partial}{\partial x^j}\Big|_p = \sum_j v^j(p) \Theta_{g(p)} \frac{\partial}{\partial x^j}\Big|_p$$

$$= \sum_j v^j(p) \sum_k g_{jk}(p) \, dx^k(p) = \sum_j a_j(p) \, dx^j(p)$$

mit

$$a_k := \sum_j g_{kj} v^j \in \mathcal{E}(U) \ .$$

Nun erhalten wir die Behauptung aus den Bemerkungen 4.5(c) und 5.4(e). ∎

(b) In lokalen Koordinaten gilt

$$\Theta\Big(\sum_j v^j \frac{\partial}{\partial x^j}\Big) = \sum_j a_j \, dx^j \qquad \text{mit} \quad a_j := \sum_k g_{jk} v^k \ . \tag{6.2}$$

Statt Θv wird oft $v^\flat$ oder $g^\flat v$ geschrieben, da Θ gemäß (6.2) ein „Absenken der Indizes" bewirkt (vgl. Bemerkung 2.14(d)).

Beweis Dies wurde im Beweis von (a) gezeigt. ∎

(c) Die Abbildung $\Theta \colon \mathcal{V}(M) \to \Omega^1(M)$ ist ein $\mathcal{E}(M)$-Modulisomorphismus.

Beweis Es sei $\alpha \in \Omega^1(M)$. Dann gilt $\alpha(p) \in T_p^* M$ für $p \in M$. Aus Paragraph 2 wissen wir, daß $\Theta_{g(p)}$ ein Vektorraumisomorphismus ist. Also ist $\Theta_{g(p)}^{-1} \alpha(p) \in T_p M$ wohldefiniert. Wir setzen

$$(\bar{\Theta}_g \alpha)(p) := \Theta_{g(p)}^{-1} \alpha(p) \ , \qquad p \in M \ , \quad \alpha \in \Omega^1(M) \ .$$

In lokalen Koordinaten gilt dann aufgrund der Bemerkungen 2.14(a) und 2.18(b)

$$\bar{\Theta}_g \alpha(p) = \Theta_{g(p)}^{-1} \sum_j a_j(p) \, dx^j(p) = \sum_j a_j(p) \Theta_{g(p)}^{-1} \, dx^j(p)$$

$$= \sum_j a_j(p) \sum_k g^{jk}(p) \frac{\partial}{\partial x^k}\Big|_p = \sum_j v^j(p) \frac{\partial}{\partial x^j}\Big|_p$$

mit

$$v^j := \sum_k g^{jk} a_k \in \mathcal{E}(U) \ .$$

Somit folgt aus Bemerkung 4.3(c), daß $\bar{\Theta}_g \alpha$ zu $\mathcal{V}(M)$ gehört. Aus den Definitionen von Θ_g und $\bar{\Theta}_g$ folgt unmittelbar $\Theta_g \bar{\Theta}_g = \mathrm{id}_{\Omega^1(M)}$ und $\bar{\Theta}_g \Theta_g = \mathrm{id}_{\mathcal{V}(M)}$. Also ist Θ_g bijektiv, und $\Theta_g^{-1} = \bar{\Theta}_g$.

Schließlich sehen wir, daß für $a \in \mathcal{E}(M)$ und $v \in \mathcal{V}(M)$ gilt

$$\Theta_g(av)(p) = \Theta_{g(p)} a(p) v(p) = a(p) \Theta_{g(p)} v(p) = (a \Theta_g v)(p) \ , \qquad p \in M \ .$$

Folglich ist Θ ein $\mathcal{E}(M)$-Modulisomorphismus. ∎

(d) In lokalen Koordinaten gilt

$$\Theta^{-1}\Big(\sum_j a_j \, dx^j\Big) = \sum_j v^j \frac{\partial}{\partial x^j} \qquad \text{mit} \quad v^j := \sum_k g^{jk} a_k \ . \tag{6.3}$$

Statt $\Theta^{-1} \alpha$ wird oft $\alpha^\sharp$ oder $g^\sharp \alpha$ geschrieben, da Θ^{-1} eine „Anhebung der Indizes" bewirkt.

Beweis Dies wurde im Beweis von (c) gezeigt. ∎

(e) (Orthogonale Koordinaten) Sind $(x^1, \ldots, x^m)$ orthogonale Koordinaten, mit anderen Worten: Gilt

$$g\Big(\frac{\partial}{\partial x^j}, \frac{\partial}{\partial x^k}\Big) = 0 \,, \qquad j \neq k \,,$$

so vereinfachen sich (6.2) und (6.3) zu

$$\Theta v = \sum_j g_{jj} v^j \, dx^j \quad \text{bzw.} \quad \Theta^{-1}\alpha = \sum_j g^{jj} a_j \frac{\partial}{\partial x^j}$$

für $v = \sum_j v^j \, \partial/\partial x^j$ bzw. $\alpha = \sum_j a_j \, dx^j$.

(f) Es seien $(N, \bar{g})$ eine pseudo-Riemannsche Mannigfaltigkeit und $\varphi \in \mathrm{Diff}(M, N)$ mit $\varphi_* g = \lambda \bar{g}$ für ein $\lambda \neq 0$. Dann ist das Diagramm

$$
\begin{array}{ccc}
\mathcal{V}(M) & \xleftarrow[\cong]{\varphi^*} & \mathcal{V}(N) \\[2pt]
{\scriptstyle \Theta_M}\Big\downarrow {\scriptstyle \cong} & & {\scriptstyle \cong}\Big\downarrow {\scriptstyle \lambda\Theta_N} \\[2pt]
\Omega^1(M) & \xleftarrow[\cong]{\varphi^*} & \Omega^1(N)
\end{array}
$$

kommutativ. Also gilt $\Theta_M \varphi^* = \lambda \varphi^* \Theta_N$.

Beweis Unter Verwendung der Definitionen und Rechenregeln für Vorwärts- und Rücktransformationen von Vektorfeldern und Formen (siehe insbesondere (4.25)) finden wir für $v, w \in \mathcal{V}(N)$

$$\lambda \bar{g}(v, w) = \varphi_* g(v, w) = g(\varphi^* v, \varphi^* w) = \langle \Theta_M \varphi^* v, \varphi^* w \rangle_M = \langle \varphi_* \Theta_M \varphi^* v, w \rangle_N$$
$$= \bar{g}(\Theta_N^{-1} \varphi_* \Theta_M \varphi^* v, w) \,.$$

Da $\bar{g}$ nicht ausgeartet und $\mathbb{R}$-linear ist, folgt

$$\lambda v = \Theta_N^{-1} \varphi_* \Theta_M \varphi^* v \,, \qquad v \in \mathcal{V}(M) \,,$$

und hieraus die Behauptung. ∎

(g) (Regularität) Es sei $k \in \mathbb{N}$, und M sei eine C^{k+1}-Mannigfaltigkeit. Dann bleiben die obigen Definitionen und Aussagen richtig, wenn glatte Vektorfelder, Differentialformen bzw. Funktionen durch C^k-Vektorfelder, C^k-Differentialformen bzw. C^k-Funktionen ersetzt werden. ∎

6.2 Beispiele **(a)** (Euklidische Koordinaten) Es sei M offen in $\mathbb{R}^m$. Wir bezeichnen mit $(x^1, \ldots, x^m)$ euklidische Koordinaten, d.h. $(\cdot | \cdot) = \sum_j (dx^j)^2$. Dann gilt

$$\Theta\Big(\sum_j v^j \frac{\partial}{\partial x^j}\Big) = \sum_j a_j \, dx^j \,, \qquad a_j := v^j \,.$$

In der Regel führt man natürlich keine neue Bezeichnung ein, sondern schreibt $\sum_j v^j \, dx^j$ für das Bild von $\sum_j v^j \, \partial/\partial x^j$ unter Θ. In diesem Fall bewirkt also Θ, daß die Komponenten v^j des Vektorfeldes $\sum_j v^j\, \partial/\partial x^j$ als Komponenten der Pfaff-schen Form $\sum_j v^j\, dx^j$ aufgefaßt werden.

Beweis Wegen $g_{jk} = \delta_{jk}$ folgt dies aus Bemerkung 6.1(b). ∎

(b) (Kugelkoordinaten) Es sei $V_3 := (0,\infty) \times (0,2\pi) \times (0,\pi)$, und

$$f : V_3 \to \mathbb{R}^3\,, \quad (r,\varphi,\vartheta) \mapsto (x,y,z)$$

sei die Kugelkoordinatentransformation von Beispiel VII.9.11(a). Dann gilt bezüglich der Standardmetrik

$$\Theta\Big(v^1 \frac{\partial}{\partial r} + v^2 \frac{\partial}{\partial \varphi} + v^3 \frac{\partial}{\partial \vartheta}\Big) = v^1\, dr + r^2 \sin^2(\vartheta) v^2\, d\varphi + r^2 v^3\, d\vartheta\,.$$

Beweis Dies folgt unmittelbar aus Bemerkung 6.1(b). ∎

(c) (Minkowskimetrik) Auf $\mathbb{R}^4_{1,3}$ gilt

$$\Theta_g\Big(\sum_{\mu=0}^{3} v^\mu \frac{\partial}{\partial x^\mu}\Big) = v^0\, dx^0 - \sum_{j=1}^{3} v^j\, dx^j$$

für $g := (\cdot\,|\,\cdot)_{1,3}$. ∎

Der Gradient

Für $f \in \mathcal{E}(M)$ gehört df zu $\Omega^1(M)$. Folglich ist

$$\operatorname{grad}_g f := \Theta_g^{-1}\, df \in \mathcal{V}(M)$$

ein wohldefiniertes Vektorfeld auf M, der **Gradient** von f auf der (pseudo-)Riemannschen Mannigfaltigkeit (M,g) (oder bezüglich g). Hierfür schreiben wir auch $\operatorname{grad}_M f$ oder $\operatorname{grad} f$, falls keine Mißverständnisse zu erwarten sind. Also ist $\operatorname{grad} f$ durch die Kommutativität des Diagramms

$$
\begin{array}{ccc}
& \mathcal{E}(M) = \Omega^0(M) & \\
{\scriptstyle \operatorname{grad}} \swarrow & & \searrow {\scriptstyle d} \\
\mathcal{V}(M) & \xrightarrow[\;\cong\;]{\;\Theta\;} & \Omega^1(M)
\end{array}
\tag{6.4}
$$

definiert.

6.3 Bemerkungen **(a)** Die Abbildung $\operatorname{grad} : \mathcal{E}(M) \to \mathcal{V}(M)$, $f \mapsto \operatorname{grad} f$ ist $\mathbb{R}$-linear.

(b) Für $f \in \mathcal{E}(M)$ wird das Vektorfeld $\operatorname{grad} f$ durch die Beziehung

$$g(\operatorname{grad} f, w) = \langle df, w \rangle\,, \quad w \in \mathcal{V}(M)\,,$$

charakterisiert.

(c) In lokalen Koordinaten gilt

$$\operatorname{grad} f = \sum_j \left(\sum_k g^{jk} \frac{\partial f}{\partial x^k} \right) \frac{\partial}{\partial x^j} \ . \tag{6.5}$$

Beweis Da wir aus (4.5) und (4.8) wissen, daß $df = \sum_j \partial f / \partial x^j \, dx^j$ gilt, folgt die Behauptung aus Bemerkung 6.1(d). ∎

(d) (Orthogonale Koordinaten) In orthogonalen Koordinaten vereinfacht sich (6.5) zu

$$\operatorname{grad} f = \sum_j g^{jj} \frac{\partial f}{\partial x^j} \frac{\partial}{\partial x^j} \ .$$

Da in diesem Fall g die Form

$$g = \sum_j g_{jj} \, (dx^j)^2 \ , \tag{6.6}$$

die Fundamentalmatrix also Diagonalform, hat, gilt $g^{jj} = 1/g_{jj}$. Somit kann man die Koeffizienten g^{jj} direkt aus der Darstellung (6.6) ablesen.

(e) Es seien $(N, \bar{g})$ eine pseudo-Riemannsche Mannigfaltigkeit und $\varphi \in \operatorname{Diff}(M, N)$ mit $\varphi_* g = \lambda \bar{g}$ für ein $\lambda \neq 0$. Dann ist das Diagramm

$$
\begin{array}{ccc}
\mathcal{E}(M) & \xrightarrow{\ \lambda \operatorname{grad}_M\ } & \mathcal{V}(M) \\[2mm]
\varphi^* \big\uparrow & & \big\uparrow \varphi^* \\[2mm]
\mathcal{E}(N) & \xrightarrow{\ \operatorname{grad}_N\ } & \mathcal{V}(N)
\end{array}
$$

kommutativ. Also gilt $\operatorname{grad}_M \circ \varphi^* = \lambda^{-1} \varphi^* \circ \operatorname{grad}_N$.

Beweis Da aus Bemerkung 6.1(f) die Relation $\lambda \Theta_M^{-1} \varphi^* = \varphi^* \Theta_N^{-1}$ folgt, finden wir für $f \in \mathcal{E}(N)$

$$\lambda \operatorname{grad}_M (\varphi^* f) = \lambda \Theta_M^{-1} d(\varphi^* f) = \lambda \Theta_M^{-1} \varphi^* df = \varphi^* \Theta_N^{-1} df = \varphi^* \operatorname{grad}_N f \ ,$$

wobei wir (4.19) verwendet haben. ∎

(f) (Regularität) Es sei $k \in \mathbb{N}$. Für $f \in C^{k+1}(M)$ gilt $\operatorname{grad} f \in \mathcal{V}^k(M)$. Hierbei genügt es anzunehmen, daß M eine C^{k+1}-Mannigfaltigkeit sei. ∎

6.4 Beispiele (a) (Euklidische Koordinaten) Es sei M offen in $\mathbb{R}^m$. Bezeichnen wir mit $(x^1, \ldots, x^m)$ euklidische Koordinaten, so gilt $g_{jk} = \delta_{jk}$, und folglich

$$\operatorname{grad} f = \sum_j \frac{\partial f}{\partial x^j} \frac{\partial}{\partial x^j} \ .$$

Diese Darstellung stimmt offensichtlich mit jener von Satz VII.2.16 überein. Im Fall einer beliebigen lokalen Riemannschen Metrik haben wir (6.4) bereits in Bemerkung VII.2.17(c) hergeleitet.

(b) (Kugelkoordinaten) Es sei $V_3 \to \mathbb{R}^3$, $(r, \varphi, \vartheta) \mapsto (x, y, z)$ die Kugelkoordinatenabbildung. Dann gilt bezüglich der Standardmetrik

$$\operatorname{grad} f = \frac{\partial f}{\partial r} \frac{\partial}{\partial r} + \frac{1}{r^2 \sin^2 \vartheta} \frac{\partial f}{\partial \varphi} \frac{\partial}{\partial \varphi} + \frac{1}{r^2} \frac{\partial f}{\partial \vartheta} \frac{\partial}{\partial \vartheta} .$$

Beweis Da die Kugelkoordinaten orthogonal sind, folgt dies aus Beispiel 5.5(g). ∎

(c) (Sphärische Koordinaten) Es sei $h_2 : W_2 \to \mathbb{R}^3$, $(\varphi, \vartheta) \mapsto (x, y, z)$ die Parametrisierung der offenen Teilmenge $U_2 := S^2 \setminus H_2$ der 2-Sphäre. Dann gilt für $f \in C^1(U_2, \mathbb{R})$

$$\operatorname{grad}_{S^2} f = \frac{1}{\sin^2 \vartheta} \frac{\partial f}{\partial \varphi} \frac{\partial}{\partial \varphi} + \frac{\partial f}{\partial \vartheta} \frac{\partial}{\partial \vartheta} .$$

Beweis Dies lesen wir aus der Darstellung von g_{S^2} in Beispiel 5.5(h) ab. ∎

(d) (Minkowskimetrik) Es seien X offen in $\mathbb{R}^4_{1,3}$ und $f \in C^1(X, \mathbb{R})$. Dann gilt bezüglich der Minkowskimetrik

$$\operatorname{grad} f = \frac{\partial f}{\partial t} \frac{\partial}{\partial t} - \frac{\partial f}{\partial x} \frac{\partial}{\partial x} - \frac{\partial f}{\partial y} \frac{\partial}{\partial y} - \frac{\partial f}{\partial z} \frac{\partial}{\partial z} ,$$

wie wir unmittelbar aus der Definition von $(\cdot | \cdot)_{1,3}$ ersehen. ∎

Die Divergenz

Es sei nun M orientiert, und ω_M bezeichne das Volumenelement von (M, g). Dann werden die Abbildungen

$$\cdot \omega_M : \mathcal{E}(M) \to \Omega^m(M) , \qquad a \mapsto a \omega_M \tag{6.7}$$

und

$$\lrcorner \, \omega_M : \mathcal{V}(M) \to \Omega^{m-1}(M) , \qquad v \mapsto v \lrcorner \, \omega_M \tag{6.8}$$

punktweise definiert.

6.5 Lemma *Die Abbildungen* (6.7) *und* (6.8) *sind wohldefinierte* $\mathcal{E}(M)$*-Modulisomorphismen. Ist* $\big((x^1, \ldots, x^m), U\big)$ *eine Karte von* M, *so gelten*

$$a \omega_M | U = \pm a \sqrt{|G|} \, dx^1 \wedge \cdots \wedge dx^m \tag{6.9}$$

und

$$\Big(\sum_j v^j \frac{\partial}{\partial x^j} \Big) \lrcorner \, \omega_M$$
$$= \sum_j (-1)^{j-1} v^j \sqrt{|G|} \, dx^1 \wedge \cdots \wedge \widehat{dx^j} \wedge \cdots \wedge dx^m , \tag{6.10}$$

wobei in (6.9) *das positive bzw. negative Vorzeichen steht, wenn die Karte positiv bzw. negativ orientiert ist.*

Beweis (i) Aus der punktweisen Definition von $\cdot\,\omega_M$ und aus den Bemerkungen 5.4(c) und (g) folgt unmittelbar, daß (6.9) gilt. Hieraus und aus Bemerkung 4.5(c) ergibt sich, daß $a\omega_M$ für $a \in \mathcal{E}(M)$ zu $\Omega^m(M)$ gehört. Also ist die Abbildung (6.7) wohldefiniert. Es ist klar, daß sie $\mathcal{E}(M)$-linear ist. Aufgrund von Bemerkung 4.14(a) gibt es zu jedem $\alpha \in \Omega^m(M)$ genau ein $a \in \mathcal{E}(M)$ mit $\alpha = a\omega_M$. Folglich ist (6.7) auch bijektiv.

(ii) Die Gültigkeit von (6.10) folgt aus Bemerkung 4.13(b), falls die Karte positiv ist. Andernfalls ersetzen wir[1] x^1 durch $-x^1$. Dann wird v^1 durch $-v^1$ substituiert. Dies zeigt, daß (6.10) unabhängig von der Kartenorientierung ist.

Wegen $\sqrt{|G|} \in \mathcal{E}(U)$ zeigen (6.10) und Bemerkung 4.5(c), daß $v \,\lrcorner\, \omega_M$ für $v \in \mathcal{V}(M)$ zu $\Omega^{m-1}(M)$ gehört. Somit ist die Abbildung (6.8) wohldefiniert und offensichtlich $\mathcal{E}(M)$-linear.

Es sei $\alpha \in \Omega^{m-1}(M)$. Dann folgt aus Beispiel 3.2(b) und Bemerkung 4.5(c), daß es eindeutig bestimmte $a_j \in \mathcal{E}(U)$ gibt mit

$$\alpha|U = \sum_j (-1)^{j-1} a_j\, dx^1 \wedge \cdots \wedge \widehat{dx^j} \wedge \cdots \wedge dx^m \ .$$

Dann gehört $v^j := a_j / \sqrt{|G|}$ zu $\mathcal{E}(U)$. Also gilt

$$v := \sum_j v^j \frac{\partial}{\partial x^j} \in \mathcal{V}(U) \ ,$$

und (6.10) zeigt $(v \,\lrcorner\, \omega_M)|U = \alpha|U$. Hieraus folgt, daß die Abbildung $\,\lrcorner\, \omega_M$ surjektiv ist. Da ihre Injektivität klar ist, sehen wir, daß sie ein Isomorphismus von $\mathcal{V}(M)$ auf $\Omega^{m-1}(M)$ ist. $\blacksquare$

6.6 Bemerkungen (a) Es seien $(N, \bar{g})$ eine orientierte pseudo-Riemannsche Mannigfaltigkeit und $\varphi \in C^\infty(M, N)$ mit $\varphi^* \omega_N = \mu\omega_M$ für ein $\mu \neq 0$. Dann ist das Diagramm

$$
\begin{array}{ccc}
\mathcal{E}(M) & \xrightarrow{\ \mu(\cdot\,\omega_M)\ } & \Omega^m(M) \\[4pt]
\varphi^* \big\uparrow & & \big\uparrow \varphi^* \\[4pt]
\mathcal{E}(N) & \xrightarrow{\ \cdot\,\omega_N\ } & \Omega^n(N)
\end{array}
$$

kommutativ, d.h., es gilt

$$\mu(\varphi^* a) \cdot \omega_M = \varphi^*(a \cdot \omega_N) \ , \qquad a \in \mathcal{E}(N) \ .$$

Beweis Dies folgt unmittelbar aus dem Verhalten von (äußeren) Produkten unter Rücktransformationen. $\blacksquare$

---

[1] Der Leser überlege sich, wie dieser Beweis im Fall einer eindimensionalen berandeten Mannigfaltigkeit gegebenenfalls zu modifizieren ist.

(b) Es sei $(N, \bar{g})$ eine orientierte pseudo-Riemannsche Mannigfaltigkeit, und die Abbildung $\varphi \in \mathrm{Diff}(M, N)$ erfülle $\varphi^* \omega_N = \mu \omega_M$ für ein $\mu \neq 0$. Dann ist

$$
\begin{array}{ccc}
\mathcal{V}(M) & \xrightarrow[\cong]{\mu(\lrcorner\, \omega_M)} & \Omega^{m-1}(M) \\[2mm]
\varphi^* \Big\uparrow & & \Big\uparrow \varphi^* \\[2mm]
\mathcal{V}(N) & \xrightarrow[\cong]{\lrcorner\, \omega_N} & \Omega^{m-1}(N)
\end{array}
$$

ein kommutatives Diagramm, d.h., $\mu\big((\varphi^* v) \lrcorner\, \omega_M\big) = \varphi^*(v \lrcorner\, \omega_N)$ für $v \in \mathcal{V}(N)$.

Beweis Aus Bemerkung 4.13(a) leiten wir

$$
\mu\big((\varphi^* v) \lrcorner\, \omega_M\big) = \varphi^* v \lrcorner\, (\mu \omega_M) = \varphi^* v \lrcorner\, \varphi^* \omega_N = \varphi^*(\varphi_* \varphi^* v \lrcorner\, \omega_N) = \varphi^*(v \lrcorner\, \omega_N)
$$

für $v \in \mathcal{V}(N)$ ab. ∎

(c) (Regularität) Es sei $k \in \mathbb{N}$. Dann gelten offensichtlich

$$
\bullet\, \omega_M : C^k(M) \to \Omega^m_{(k)}(M)
$$

und

$$
\lrcorner\, \omega_M : \mathcal{V}^k(M) \to \Omega^{m-1}_{(k)}(M) \ ,
$$

und diese Abbildungen sind $C^k(M)$-Modulisomorphismen. Dabei genügt es anzunehmen, daß M eine C^{k+1}-Mannigfaltigkeit sei. ∎

Mit Hilfe der Isomorphismen (6.7) und (6.8) definieren wir eine Abbildung

$$
\mathrm{div}_g : \mathcal{V}(M) \to \mathcal{E}(M) \ , \quad v \mapsto \mathrm{div}_g v \tag{6.11}
$$

durch die Forderung, daß das Diagramm

$$
\begin{array}{ccc}
\mathcal{V}(M) & \xrightarrow{\ \mathrm{div}_g\ } & \mathcal{E}(M) \\[2mm]
\lrcorner\, \omega_M \Big\downarrow \cong & & \cong \Big\downarrow \bullet\, \omega_M \\[2mm]
\Omega^{m-1}(M) & \xrightarrow{\ \ d\ \ } & \Omega^m(M)
\end{array}
\tag{6.12}
$$

kommutativ sei. Mit anderen Worten: Für $v \in \mathcal{V}(M)$ wird $\mathrm{div}_g v$, die **Divergenz** des Vektorfeldes v auf der orientierten pseudo-Riemannschen Mannigfaltigkeit (M, g) (oder: bezüglich g) durch die Relation

$$
(\mathrm{div}_g v) \omega_M = d(v \lrcorner\, \omega_M) \tag{6.13}
$$

definiert. Statt div_g schreiben wir auch div_M oder, wenn keine Mißverständnisse zu befürchten sind, einfach div.

6.7 Bemerkungen (a) Die Abbildung (6.11) ist $\mathbb{R}$-linear.

(b) Es sei $((x^1, \ldots, x^m), U)$ eine Karte von M. Für $v := \sum_j v^j \, \partial/\partial x^j \in \mathcal{V}(U)$ gilt

$$\operatorname{div} v = \frac{1}{\sqrt{|G|}} \sum_j \frac{\partial}{\partial x^j} \left(\sqrt{|G|} \, v^j \right) . \tag{6.14}$$

In orthogonalen Koordinaten gilt außerdem $\sqrt{|G|} = \sqrt{|g_{11} \cdot g_{22} \cdot \cdots \cdot g_{mm}|}$.

Beweis Es sei $\varepsilon := 1$ bzw. $\varepsilon := -1$, falls die Karte positiv bzw. negativ orientiert ist. Aus (6.9), (6.10) und (6.13) erhalten wir (auf U)

$$\operatorname{div}(v)\omega_M = d(v \lrcorner \omega_M) = \varepsilon d\Big(\sum_j (-1)^{j-1} v^j \sqrt{|G|} \, dx^1 \wedge \cdots \wedge \widehat{dx^j} \wedge \cdots \wedge dx^m \Big)$$

$$= \varepsilon \sum_{j,k} (-1)^{j-1} \frac{\partial \big(v^j \sqrt{|G|} \big)}{\partial x^k} \, dx^k \wedge dx^1 \wedge \cdots \wedge \widehat{dx^j} \wedge \cdots \wedge dx^m$$

$$= \varepsilon \Big(\sum_j \frac{\partial \big(v^j \sqrt{|G|} \big)}{\partial x^j} \Big) dx^1 \wedge \cdots \wedge dx^m$$

$$= \Big(\frac{1}{\sqrt{|G|}} \sum_j \frac{\partial \big(v^j \sqrt{|G|} \big)}{\partial x^j} \Big) \omega_M$$

für $v \in \mathcal{V}(M)$. $\blacksquare$

(c) Es sei $(N, \bar{g})$ eine orientierte pseudo-Riemannsche Mannigfaltigkeit, und die Abbildung $\varphi \in \operatorname{Diff}(M, N)$ erfülle $\varphi^* \omega_N = \mu \omega_M$ für ein $\mu \neq 0$. Dann ist

$$
\begin{array}{ccc}
\mathcal{V}(M) & \xrightarrow{\operatorname{div}_M} & \mathcal{E}(M) \\[4pt]
\varphi^* \uparrow & & \uparrow \varphi^* \\[4pt]
\mathcal{V}(N) & \xrightarrow{\operatorname{div}_N} & \mathcal{E}(N)
\end{array}
$$

ein kommutatives Diagramm, d.h., $\operatorname{div}_M \circ \varphi^* = \varphi^* \circ \operatorname{div}_N$.

Beweis Aus Bemerkung 6.6(b) und aus (6.13) erhalten wir, unter Berücksichtigung von $d \circ \varphi^* = \varphi^* \circ d$,

$$\mu \operatorname{div}_M(\varphi^* v)\omega_M = \mu d(\varphi^* v \lrcorner \omega_M) = d\varphi^*(v \lrcorner \omega_N) = \varphi^* d(v \lrcorner \omega_N)$$

$$= \varphi^* \big[(\operatorname{div}_N v)\omega_N \big] = \varphi^*(\operatorname{div}_N v)\varphi^* \omega_N = \mu \varphi^*(\operatorname{div}_N v)\omega_M$$

für $v \in \mathcal{V}(N)$. Nun folgt die Behauptung aus Lemma 6.5. $\blacksquare$

(d) (Regularität) Es sei $k \in \mathbb{N}$. Dann gehört $\operatorname{div} v$ für $v \in \mathcal{V}^{k+1}(M)$ zu $C^k(M)$, und die Abbildung

$$\operatorname{div} : \mathcal{V}^{k+1}(M) \to C^k(M) , \quad v \mapsto \operatorname{div} v$$

ist $\mathbb{R}$-linear. Dazu genügt es anzunehmen, M sei eine C^{k+2}-Mannigfaltigkeit.

Beweis Dies ist eine Konsequenz der Bemerkungen 4.11(b) und 6.6(c). $\blacksquare$

Die Divergenz eines Vektorfeldes besitzt wichtige geometrische und physikalische Interpretationen, auf die wir erst im nächsten Kapitel eingehen werden.

6.8 Beispiele **(a)** (Euklidische Koordinaten) Es sei U offen in $\mathbb{R}^m$. Bezeichnen wir mit $(x^1, \ldots, x^m)$ euklidische Koordinaten, so gilt

$$\operatorname{div} v = \sum_j \frac{\partial v^j}{\partial x^j}$$

für $v = \sum_j v^j \, \partial/\partial x^j$. Diese Formel bleibt richtig, wenn $\big((x^1, \ldots, x^m), U\big)$ beliebige orthonormale Koordinaten von (M, g) sind.

(b) (Ebene Polarkoordinaten) Es sei $V_2 := (0, \infty) \times (0, 2\pi)$, und

$$f_2 : V_2 \to \mathbb{R}^2 \,, \quad (r, \varphi) \mapsto (x, y) := (r \cos \varphi, r \sin \varphi)$$

sei die ebene Polarkoordinatenabbildung. Dann gilt bezüglich der Standardmetrik

$$\operatorname{div}\left(v^1 \frac{\partial}{\partial r} + v^2 \frac{\partial}{\partial \varphi}\right) = \frac{1}{r} \frac{\partial(rv^1)}{\partial r} + \frac{\partial v^2}{\partial \varphi} = \frac{v^1}{r} + \frac{\partial v^1}{\partial r} + \frac{\partial v^2}{\partial \varphi} \,.$$

Beweis Dies folgt aus $\sqrt{G} = r$, wie wir z.B. an der in Beispiel 5.5(e) angegebenen Darstellung von g_2 ablesen. ∎

(c) (Kugelkoordinaten) Es sei $V_3 := (0, \infty) \times (0, 2\pi) \times (0, \pi)$, und

$$f_3 : V_3 \to \mathbb{R}^3 \,, \quad (r, \varphi, \vartheta) \mapsto (x, y, z)$$

sei die Kugelkoordinatenabbildung von Beispiel 5.5(g). Bezüglich der Standardmetrik $g_3 := (dx)^2 + (dy)^2 + (dz)^2$ gilt

$$\operatorname{div}\left(v^1 \frac{\partial}{\partial r} + v^2 \frac{\partial}{\partial \varphi} + v^3 \frac{\partial}{\partial \vartheta}\right) = \frac{1}{r^2} \frac{\partial(r^2 v^1)}{\partial r} + \frac{\partial v^2}{\partial \varphi} + \frac{1}{\sin \vartheta} \frac{\partial(v^3 \sin \vartheta)}{\partial \vartheta}$$

$$= \frac{2}{r} v^1 + \frac{\partial v^1}{\partial r} + \frac{\partial v^2}{\partial \varphi} + \cot(\vartheta) v^3 + \frac{\partial v^3}{\partial \vartheta} \,.$$

Beweis Aus Beispiel 5.5(g) folgt $\sqrt{|G|} = r^2 \sin \vartheta$, was die Behauptung impliziert. ∎

(d) (Minkowskimetrik) Es seien $M := \mathbb{R}^4_{1,3}$ und $g := (dt)^2 - (dx)^2 - (dy)^2 - (dz)^2$. Dann gilt

$$\operatorname{div}\left(v^0 \frac{\partial}{\partial t} + v^1 \frac{\partial}{\partial x} + v^2 \frac{\partial}{\partial y} + v^3 \frac{\partial}{\partial z}\right) = \frac{\partial v^0}{\partial t} - \frac{\partial v^1}{\partial x} - \frac{\partial v^2}{\partial y} - \frac{\partial v^3}{\partial z}$$

für $v^j \in \mathcal{E}(\mathbb{R}^4_{1,3})$, $0 \le j \le 3$. ∎

Der Laplace-Beltrami Operator

Durch Hintereinanderschalten der beiden Differentialoperatoren erster Ordnung grad und div erhalten wir einen der wichtigsten Differentialoperatoren zweiter Ordnung, den **Laplace-Beltrami Operator** Δ_g.

Es sei (M, g) eine orientierte pseudo-Riemannsche Mannigfaltigkeit. Dann wird Δ_g durch

$$\Delta_g := \operatorname{div}_g \operatorname{grad}_g \ ,$$

also durch die Kommutativität des Diagramms

$$
\begin{array}{ccc}
\mathcal{E}(M) & \xrightarrow{\ \Delta_g\ } & \mathcal{E}(M) \\[2mm]
\ _{\operatorname{grad}_g}\searrow & & \nearrow_{\operatorname{div}_g} \\[2mm]
 & \mathcal{V}(M) &
\end{array}
$$

definiert. Statt Δ_g schreiben wir auch Δ_M oder einfach Δ, wenn keine Mißverständnisse zu befürchten sind.

6.9 Bemerkungen   (a) Die Abbildung $\Delta_M : \mathcal{E}(M) \to \mathcal{E}(M)$ ist $\mathbb{R}$-linear.

(b) Ist $\big((x^1, \dots, x^m), U\big)$ eine Karte von M, so gilt

$$\Delta_M f = \frac{1}{\sqrt{|G|}} \sum_{j,k} \frac{\partial}{\partial x^j} \Big(\sqrt{|G|}\, g^{jk}\, \frac{\partial f}{\partial x^k} \Big) , \qquad f \in \mathcal{E}(U) \ . \tag{6.15}$$

In orthogonalen Koordinaten vereinfacht sich (6.15) zu

$$\Delta_M f = \frac{1}{\sqrt{|G|}} \sum_{j} \frac{\partial}{\partial x^j} \Big(\sqrt{|G|}\, g^{jj}\, \frac{\partial f}{\partial x^j} \Big) , \qquad f \in \mathcal{E}(U) \ , \tag{6.16}$$

mit $\sqrt{|G|} = \sqrt{|g_{11} \cdot g_{22} \cdots \cdot g_{mm}|}$.

Beweis   Dies folgt aus den Bemerkungen 6.3(c) und (d) sowie 6.7(b). ∎

(c) Es sei $(N, \bar{g})$ eine orientierte pseudo-Riemannsche Mannigfaltigkeit. Ferner sei $\varphi \in \operatorname{Diff}(M, N)$, und es gebe $\lambda \neq 0$, $\mu \neq 0$ mit $\varphi_* g = \lambda \bar{g}$ und $\varphi^* \omega_N = \mu \omega_M$. Dann ist das Diagramm

$$
\begin{array}{ccc}
\mathcal{E}(M) & \xrightarrow{\ \lambda\Delta_M\ } & \mathcal{E}(M) \\[2mm]
\varphi^*\big\uparrow \cong & & \cong \big\uparrow \varphi^* \\[2mm]
\mathcal{E}(N) & \xrightarrow{\ \Delta_N\ } & \mathcal{E}(N)
\end{array}
$$

kommutativ: $\lambda\Delta_M \circ \varphi^* = \varphi^* \circ \Delta_N$.

Beweis   Dies ist eine Konsequenz der Bemerkungen 6.3(e) und 6.7(c). ∎

(d) (Regularität) Es sei $k \in \mathbb{N}$. Dann gilt offensichtlich

$$\Delta_M : C^{k+2}(M) \to C^k(M) \ ,$$

und diese Abbildung ist $\mathbb{R}$-linear. Hierfür genügt es anzunehmen, daß M eine C^{k+2}-Mannigfaltigkeit sei. ∎

6.10 Beispiele **(a)** (Euklidische Koordinaten) Es sei M offen in $\mathbb{R}^m$, und $((x^1,\dots,x^m), M)$ seien euklidische Koordinaten. Dann stimmt Δ_M mit dem (üblichen) m-**dimensionalen Laplaceoperator**

$$\Delta_m := \sum_j \partial_j^2$$

überein (vgl. Aufgabe VII.5.3).

(b) (Kreiskoordinaten) Bezüglich der Parametrisierung

$$h : (0, 2\pi) \to \mathbb{R}^2 , \quad \varphi \mapsto (\cos\varphi, \sin\varphi)$$

von $S^1 \setminus \{(1,0)\}$ (und der Standardmetrik) gilt $\Delta_{S^1} = \partial_\varphi^2$.

Beweis Bemerkung 6.9(b) und Beispiel 5.5(f). ∎

(c) (Ebene Polarkoordinaten) Für ebene Polarkoordinaten

$$(0, \infty) \times (0, 2\pi) \to \mathbb{R}^2 , \quad (r, \varphi) \mapsto (r\cos\varphi, r\sin\varphi)$$

gilt (bezüglich der Standardmetrik von $\mathbb{R}^2$)

$$\Delta_2 = \frac{1}{r}\partial_r(r\partial_r \cdot) + \frac{1}{r^2}\partial_\varphi^2 = \partial_r^2 + \frac{1}{r}\partial_r + \frac{1}{r^2}\partial_\varphi^2 = \frac{1}{r^2}\left[(r\partial_r)^2 + \Delta_{S^1}\right] .$$

Beweis Dies folgt aus Bemerkung 6.9(b), Beispiel 5.5(e) und (b). ∎

(d) (m-dimensionale sphärische Koordinaten) Der Laplace-Beltrami Operator der S^m hat für $m \geq 2$ (bezüglich der Standardmetrik) in den sphärischen Koordinaten von Beispiel 5.5(h) die Darstellung

$$\Delta_{S^m} = \frac{1}{\sin^2\vartheta_1 \cdot \dots \cdot \sin^2\vartheta_{m-1}} \frac{\partial^2}{\partial\varphi^2}$$

$$+ \sum_{k=1}^{m-1} \frac{1}{\sin^k\vartheta_k \sin^2\vartheta_{k+1} \cdot \dots \cdot \sin^2\vartheta_{m-1}} \frac{\partial}{\partial\vartheta_k}\left(\sin^k\vartheta_k \frac{\partial}{\partial\vartheta_k}\right) .$$

Insbesondere gilt

$$\Delta_{S^2} = \frac{1}{\sin^2\vartheta}\partial_\varphi^2 + \frac{1}{\sin\vartheta}\partial_\vartheta(\sin\vartheta\,\partial_\vartheta\cdot) = \frac{1}{\sin^2\vartheta}\partial_\varphi^2 + \partial_\vartheta^2 + \cot\vartheta\,\partial_\vartheta .$$

Beweis Aus den Beispielen 5.5(g) und (h) folgt

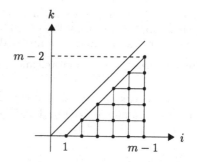

$$G = \prod_{k=0}^{m-1} a_{m+1,k} = \prod_{k=0}^{m-2}\prod_{i=k+1}^{m-1} \sin^2\vartheta_i .$$

Durch Vertauschen der Produktoperationen finden wir

$$G = \prod_{i=1}^{m-1} \sin^{2i}\vartheta_i = \left[w_{m+1}(\vartheta)\right]^2 \qquad (6.17)$$

mit der vor Satz X.8.9 eingeführten Abkürzung.

Aufgrund der Orthogonalität der sphärischen Koordinaten folgt aus den angegebenen Beispielen auch

$$g^{jj} = \frac{1}{a_{m+1,j-1}} = \frac{1}{\prod_{i=j}^{m-1} \sin^2 \vartheta_i} \ , \qquad 1 \le j \le m \ .$$

Hieraus leiten wir

$$\sqrt{G}\, g^{jj} = \Big(\prod_{\substack{i=1 \\ i \ne j-1}}^{m-1} \sin^i \vartheta_i \prod_{k=j}^{m-1} \frac{1}{\sin^2 \vartheta_k} \Big) \sin^{j-1} \vartheta_{j-1}$$

für $2 \le j \le m$ ab. Somit finden wir

$$\frac{1}{\sqrt{G}} \frac{\partial}{\partial \vartheta_{j-1}} \Big(\sqrt{G}\, g^{jj} \frac{\partial}{\partial \vartheta_{j-1}} \Big)$$

$$= \frac{1}{\sin^{j-1} \vartheta_{j-1} \prod_{i=j}^{m-1} \sin^2 \vartheta_i} \frac{\partial}{\partial \vartheta_{j-1}} \Big(\sin^{j-1} \vartheta_{j-1} \frac{\partial}{\partial \vartheta_{j-1}} \Big)$$

für $2 \le j \le m$. Nun ist die Behauptung klar. ∎

(e) (*m*-dimensionale Polarkoordinaten) In m-dimensionalen Polarkoordinaten mit $m \ge 2$ gilt für den m-dimensionalen Laplaceoperator

$$\Delta_m = \frac{1}{r^{m-1}} \partial_r (r^{m-1} \partial_r \cdot) + \frac{1}{r^2} \Delta_{S^{m-1}} = \partial_r^2 + \frac{m-1}{r} \partial_r + \frac{1}{r^2} \Delta_{S^{m-1}}$$

$$= \frac{1}{r^2} \big[(r\partial_r)^2 + (m-2)r\partial_r + \Delta_{S^{m-1}} \big] \ .$$

Beweis Aus den Beispielen 5.5(g) und (h) lesen wir $g_m = (dr)^2 + r^2 g_{S^{m-1}}$ ab. Hieraus ergeben sich $G = r^{2(m-1)} G_{S^{m-1}}$ sowie $g^{11} = 1$ und

$$g^{jj} = \frac{1}{r^2} g_{S^{m-1}}^{(j-1)(j-1)} \ , \qquad 2 \le j \le m \ .$$

Nun folgt die Behauptung wegen der Orthogonalität der Koordinaten aus (6.16). ∎

(f) (Minkowskimetrik) Der Laplace-Beltrami Operator des Minkowskiraums $\mathbb{R}^4_{1,3}$ hat in orthonormalen Koordinaten die Darstellung $\partial_t^2 - \Delta_3$ mit dem dreidimensionalen (euklidischen) Laplaceoperator. Mit anderen Worten: Der Laplace-Beltrami Operator des Minkowskiraums ist der Wellenoperator.[2]

Beweis Dies ist eine unmittelbare Konsequenz aus (6.16). ∎

Im nächsten Satz stellen wir einige der wichtigsten Rechenregeln der Vektoranalysis zusammen. Hier und im folgenden bezeichnen wir die pseudo-Riemannsche Metrik von M mit $(\cdot|\cdot)_M$.

---

[2]Siehe Aufgabe VII.5.10.

6.11 Satz Es seien $(M, (\cdot|\cdot)_M)$ eine orientierte pseudo-Riemannsche Mannigfaltigkeit, $f, g \in \mathcal{E}(M)$ und $v, w \in \mathcal{V}(M)$. Dann gilt:

  (i) $\operatorname{grad}(fg) = f \operatorname{grad} g + g \operatorname{grad} f$;

  (ii) $\operatorname{div}(fv) = f \operatorname{div} v + (\operatorname{grad} f \,|\, v)_M$;

  (iii) $\Delta(fg) = f\Delta g + 2(\operatorname{grad} f \,|\, \operatorname{grad} g)_M + g\Delta f$;

  (iv) $f\Delta g - g\Delta f = \operatorname{div}(f \operatorname{grad} g) - \operatorname{div}(g \operatorname{grad} f)$.

Beweis (i) Da Θ ein Modulisomorphismus ist, folgt aus (6.4), daß die Aussage äquivalent zu

$$d(fg) = f\, dg + g\, df \qquad (6.18)$$

ist. Weil es sich bei (6.18) um eine lokale Aussage handelt, genügt es, diese Formel in lokalen Koordinaten zu beweisen. In diesem Fall ist sie eine unmittelbare Konsequenz der Produktregel.

  (ii) Aus $(fv) \lrcorner \omega_M = f(v \lrcorner \omega_M) = f \wedge (v \lrcorner \omega_M)$ und der Produktregel von Theorem 4.10 folgt

$$d\big((fv) \lrcorner \omega_M\big) = d\big(f \wedge (v \lrcorner \omega_M)\big) = df \wedge (v \lrcorner \omega_M) + f\, d(v \lrcorner \omega_M) . \qquad (6.19)$$

Da es sich wieder um lokale Aussagen handelt, können wir lokale Darstellungen verwenden. Dann erhalten wir aus (6.9) und (6.10) für $v = \sum_j v^j\, \partial/\partial x^j$ und eine positive Karte

$$
\begin{aligned}
&df \wedge (v \lrcorner \omega_M) \\
&= \Big(\sum_j \frac{\partial f}{\partial x^j}\, dx^j\Big) \wedge \sum_k (-1)^{k-1} v^k \sqrt{|G|}\, dx^1 \wedge \cdots \wedge \widehat{dx^k} \wedge \cdots \wedge dx^m \qquad (6.20)\\
&= \Big(\sum_j \frac{\partial f}{\partial x^j}\, v^j\Big) \sqrt{|G|}\, dx^1 \wedge \cdots \wedge dx^m = \sum_j \frac{\partial f}{\partial x^j}\, v^j \omega_M .
\end{aligned}
$$

Aus Bemerkung 6.3(b) und (4.4) leiten wir

$$(\operatorname{grad} f \,|\, v)_M = \langle df, v\rangle = \sum_j \Big\langle df, \frac{\partial}{\partial x^j}\Big\rangle v^j = \sum_j \frac{\partial f}{\partial x^j}\, v^j \qquad (6.21)$$

ab. Also folgt aus (6.19)–(6.21) und der Definition (6.13)

$$\operatorname{div}(fv)\omega_M = d\big((fv) \lrcorner \omega_M\big) = (\operatorname{grad} f \,|\, v)_M \omega_M + f \operatorname{div} v\, \omega_M ,$$

was die Behauptung impliziert.

  (iii) erhalten wir unmittelbar aus $\Delta = \operatorname{div} \operatorname{grad}$ und (i) und (ii).

  (iv) Aus (ii) folgt

$$\operatorname{div}(f \operatorname{grad} g) = f\Delta g + (\operatorname{grad} f \,|\, \operatorname{grad} g)_M . \qquad (6.22)$$

Vertauschen von f und g und Subtraktion der so entstehenden Gleichung von (6.22) liefert die behauptete Beziehung. ∎

Die Rotation

Es sei nun (M, g) eine 3-dimensionale orientierte pseudo-Riemannsche Mannig-
faltigkeit. Dann wird die **Rotation**,[3] $\operatorname{rot} v$, des Vektorfeldes $v \in \mathcal{V}(M)$ durch die
Kommutativität des Diagramms

$$
\begin{array}{ccc}
\mathcal{V}(M) & \xrightarrow[\cong]{\Theta} & \Omega^1(M) \\[1mm]
\operatorname{rot}\Big\downarrow & & \Big\downarrow d \\[1mm]
\mathcal{V}(M) & \xrightarrow[\cong]{\ \lrcorner\,\omega_M} & \Omega^2(M)
\end{array}
\tag{6.23}
$$

erklärt, d.h. durch

$$
(\operatorname{rot} v) \lrcorner \omega_M = d(\Theta v) , \qquad v \in \mathcal{V}(M) .
\tag{6.24}
$$

Diese Definition ist offensichtlich nur im Fall $m = 3$ möglich.

6.12 Bemerkungen (a) Die Abbildung $\operatorname{rot} \colon \mathcal{V}(M) \to \mathcal{V}(M)$, $v \mapsto \operatorname{rot} v$ ist $\mathbb{R}$-linear.

(b) Es sei $\big((x^1, x^2, x^3), U\big)$ eine Karte von M. Dann gilt

$$
\operatorname{rot} v = \frac{1}{\sqrt{|G|}} \sum_{i=1}^{3} \sum_{(j,k,\ell) \in \mathsf{S}_3} \operatorname{sign}(j,k,\ell)\, \frac{\partial}{\partial x^j}\, (g_{ki} v^i)\, \frac{\partial}{\partial x^\ell}
$$

für $v = \sum_{j=1}^{3} v^j\, \partial/\partial x^j$. Im Falle orthogonaler Koordinaten vereinfacht sich diese
Darstellung zu

$$
\begin{aligned}
\operatorname{rot} v &= \frac{1}{\sqrt{|G|}} \sum_{(j,k,\ell) \in \mathsf{S}_3} \operatorname{sign}(j,k,\ell)\, \frac{\partial}{\partial x^j}\, (g_{kk} v^k)\, \frac{\partial}{\partial x^\ell} \\
&= \frac{1}{\sqrt{|G|}} \Big[\big(\partial_2(g_{33} v^3) - \partial_3(g_{22} v^2)\big) \frac{\partial}{\partial x^1} + \big(\partial_3(g_{11} v^1) - \partial_1(g_{33} v^3)\big) \frac{\partial}{\partial x^2} \\
&\qquad\qquad\qquad + \big(\partial_1(g_{22} v^2) - \partial_2(g_{11} v^1)\big) \frac{\partial}{\partial x^3} \Big]
\end{aligned}
$$

mit $\sqrt{|G|} = \sqrt{|g_{11} g_{22} g_{33}|}$. Insbesondere gilt in orthonormalen Koordinaten

$$
\operatorname{rot} v = (\partial_2 v^3 - \partial_3 v^2) \frac{\partial}{\partial x^1} + (\partial_3 v^1 - \partial_1 v^3) \frac{\partial}{\partial x^2} + (\partial_1 v^2 - \partial_2 v^1) \frac{\partial}{\partial x^3} .
$$

Beweis Bemerkung 6.1(b) und die Eigenschaften der äußeren Ableitung ergeben

$$
d(\Theta v) = d \sum_k \Big(\sum_i g_{ki} v^i\Big) dx^k = \sum_k \sum_{j \neq k} \frac{\partial}{\partial x^j} \Big(\sum_i g_{ki} v^i\Big) dx^j \wedge dx^k .
$$

---

[3]Englisch: curl.

Aus (6.10) lesen wir

$$\text{rot}\, v \,\lrcorner\, \omega_M = \sqrt{|G|} \left((\text{rot}\, v)^1 \, dx^2 \wedge dx^3 + (\text{rot}\, v)^2 \, dx^3 \wedge dx^1 + (\text{rot}\, v)^3 \, dx^1 \wedge dx^2 \right) \quad (6.25)$$

ab. Also folgt die Behauptung aus (6.24). ∎

(c) (Regularität) Es sei $k \in \mathbb{N}$. Dann gilt $\text{rot}\, v \in \mathcal{V}^k(M)$ für $v \in \mathcal{V}^{k+1}(M)$. Hierzu genügt es anzunehmen, daß M eine C^{k+2}-Mannigfaltigkeit sei. ∎

Im Fall $m = 3$ bestehen wichtige Beziehungen zwischen den Operatoren grad, div und rot, die im folgenden Diagramm übersichtlich zusammengefaßt sind.

6.13 Theorem *Es sei (M, g) eine dreidimensionale orientierte (pseudo-)Riemannsche Mannigfaltigkeit.*

(i) *Das Diagramm*

$$
\begin{array}{ccccccc}
\mathcal{E}(M) & \xrightarrow{\ \text{grad}\ } & \mathcal{V}(M) & \xrightarrow{\ \text{rot}\ } & \mathcal{V}(M) & \xrightarrow{\ \text{div}\ } & \mathcal{E}(M) \\[2pt]
\Big\| & & \cong \Big\downarrow \Theta_M & & \cong \Big\downarrow \lrcorner\, \omega_M & & \cong \Big\downarrow \cdot\, \omega_M \\[2pt]
\Omega^0(M) & \xrightarrow{\ d\ } & \Omega^1(M) & \xrightarrow{\ d\ } & \Omega^2(M) & \xrightarrow{\ d\ } & \Omega^3(M)
\end{array}
\qquad (6.26)
$$

ist kommutativ.

(ii) $\text{rot} \circ \text{grad} = 0$.

(iii) $\text{div} \circ \text{rot} = 0$.

Beweis (i) folgt unmittelbar aus der Kommutativität der Diagramme (6.4), (6.12) und (6.23).

(ii) und (iii) sind nun direkte Konsequenzen aus $d^2 = 0$. ∎

6.14 Korollar *Es sei X offen in $\mathbb{R}^3$ und in sich zusammenziehbar. Ferner sei v ein glattes Vektorfeld auf X.*

(i) *Gilt $\text{rot}\, v = 0$, so gibt es ein $f \in \mathcal{E}(X)$ mit $v = \text{grad}\, f$, ein **Potential** für v.*

(ii) *Gilt $\text{div}\, v = 0$, so existiert ein $w \in \mathcal{V}(X)$ mit $v = \text{rot}\, w$, ein **Vektorpotential** für v.*

Beweis (i) Aus (6.26) lesen wir ab, daß $\text{rot}\, v = 0$ äquivalent ist zu $d(\Theta_X v) = 0$. Folglich ist die 1-Form $\Theta_M v$ geschlossen, und das Lemma von Poincaré (Theorem 3.11) garantiert die Existenz eines $f \in \Omega^0(X) = \mathcal{E}(X)$ mit $\Theta_X v = df$. Hieraus folgt $v = \Theta_X^{-1} df = \text{grad}\, f$.

(ii) Analog zu (i) ergibt sich aus $\text{div}\, v = 0$, daß die 2-Form $v \lrcorner\, \omega_X$ geschlossen, also, wiederum aufgrund des Poincaréschen Lemmas, exakt ist. Folglich gibt es ein $\alpha \in \Omega^1(X)$ mit $d\alpha = v \lrcorner\, \omega_X$. Somit erfüllt $w := \Theta_X^{-1}\alpha \in \mathcal{V}(X)$ wegen der Kommutativität des mittleren Teils von Diagramm (6.26) die Gleichung $\text{rot}\, w = v$. ∎

6.15 Bemerkungen   Es sei X offen in $\mathbb{R}^3$.

(a) In euklidischen Koordinaten ist die Gleichung $\operatorname{rot} v = 0$ äquivalent zu den Integrabilitätsbedingungen

$$\partial_j v^k = \partial_k v^j \, , \qquad 1 \le j, k \le 3 \, ,$$

wie wir aus Bemerkung 6.12(b) ersehen. Folglich ist Korollar 6.14(i) ein Spezialfall von Bemerkung VIII.4.10(a).

(b) (Klassische Symbolik)   Im Fall euklidischer Koordinaten stimmt gemäß Beispiel 6.4(a) $\operatorname{grad} f$ mit ∇f von Satz VII.2.16 überein. In der physikalischen und ingenieurwissenschaftlichen Literatur, oft auch in mathematischen Texten, wird der formale **Nablavektor**

$$\nabla := \left(\frac{\partial}{\partial x}, \frac{\partial}{\partial y}, \frac{\partial}{\partial z} \right)$$

verwendet. Mit den Bezeichnungen $x \cdot y$ für das euklidische Skalarprodukt in $\mathbb{R}^3$ und $x \times y$ für das Vektorprodukt gelten dann die (formalen) Beziehungen

$$\operatorname{div} v = \nabla \cdot v \, , \quad \operatorname{rot} v = \nabla \times v \, , \quad \Delta v = (\nabla \cdot \nabla) v =: \nabla^2 v \, ,$$

wie man sofort aus den entsprechenden lokalen Darstellungen dieser Operatoren und aus Bemerkung VIII.2.14(d) abliest. Insbesondere gilt die *Merkregel*, daß die Komponenten des Vektors $\operatorname{rot} v$ durch Entwickeln der (formalen) Determinante

$$\begin{vmatrix} \vec{e}_1 & \vec{e}_2 & \vec{e}_3 \\ \partial/\partial x & \partial/\partial y & \partial/\partial z \\ v^1 & v^2 & v^3 \end{vmatrix}$$

nach der ersten Zeile erhalten werden können. Hier sind $\vec{e}_1$, $\vec{e}_2$, $\vec{e}_3$ die Standardbasisvektoren von $\mathbb{R}^3$, und $\partial/\partial x$, $\partial/\partial y$, $\partial/\partial z$ werden *nicht* als Tangentialvektoren, sondern als Differentialoperatoren interpretiert.

Da das Symbol ∇ im Rahmen der „Riemannschen Geometrie" eine andere Bedeutung besitzt, werden wir im restlichen Teil dieses Buches den Gebrauch des Nablavektors in der Regel vermeiden.

(c) (Physikalische Bedeutung der Rotation[4])   Wir betrachten einen starren Körper, der gleichförmig um eine feste Achse rotiert. Dann wählen wir eine Orthonormalbasis $(\vec{e}_1, \vec{e}_2, \vec{e}_3)$ und den Koordinatenursprung so, daß die Rotationsachse mit der $\vec{e}_3$-Achse übereinstimmt. Ferner sei ω die **Winkelgeschwindigkeit**, d.h., ω ist die Absolutgeschwindigkeit bei einer gleichförmigen Drehung eines Punktes P, der von der Rotationsachse den Abstand 1 besitzt. Mit dem Radiusvektor $\vec{r}$ des Punktes P, d.h. mit dem Ortsvektor $\vec{r}$ des Punktes P im Koordinatensystem $(O; \vec{e}_1, \vec{e}_2, \vec{e}_3)$

---

[4]Eine tiefergehende Interpretation der Rotation eines Vektorfeldes ist in Paragraph XII.3 gegeben.

(vgl. die Ausführungen nach den Bemerkungen I.12.6) und dem Winkel θ zwischen $\vec{e}_3$ und $\vec{r}$ (in der von $\vec{e}_3$ und $\vec{r}$ aufgespannten Ebene) gilt für den Abstand a von P zu der Rotationsachse: $a = |\vec{r}|\sin\theta$. Also ist der Betrag des Geschwindigkeitsvektors $\vec{v}$ des Punktes P durch

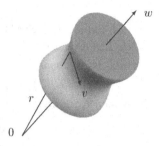

$$|\vec{v}| = \omega a = \omega\,|\vec{r}|\,\sin\theta$$

gegeben. Bezeichnen wir mit $\vec{w} := \omega\vec{e}_3$ den „Vektor der Winkelgeschwindigkeit", der so orientiert ist, daß es sich um eine „Rechtsdrehung" handelt, so folgt aus den Eigenschaften des Vektorproduktes

$$\vec{v} = \vec{w} \times \vec{r}\,, \tag{6.27}$$

da sich der Punkt P mit konstanter Absolutgeschwindigkeit ω auf einem Kreis um den Nullpunkt in einer Ebene senkrecht zur $\vec{e}_3$-Achse bewegt.[5]

Es seien (x, y, z) die Koordinaten von P bezüglich $(O; \vec{e}_1, \vec{e}_2, \vec{e}_3)$. Dann gilt

$$\vec{r} = x\,\frac{\partial}{\partial x} + y\,\frac{\partial}{\partial y} + z\,\frac{\partial}{\partial z}\,, \quad \vec{w} = \omega\,\frac{\partial}{\partial z}\,,$$

und somit

$$\vec{v} = \vec{w} \times \vec{r} = -\omega y\,\frac{\partial}{\partial x} + \omega x\,\frac{\partial}{\partial y}\,.$$

Für die Rotation des Vektorfeldes $\vec{v}$ finden wir rot $\vec{v} = 2\omega\,\partial/\partial z = 2\vec{w}$. Also gilt bei Drehungen eines starren Körpers um eine feste Achse: Die Rotation des Feldes der Geschwindigkeitsvektoren ist ein Vektorfeld, das parallel zur Drehachse verläuft und dessen Betrag gleich der doppelten Winkelgeschwindigkeit ist.

(d) (Regularität) Für die Aussagen von Theorem 6.13 und Korollar 6.14 genügen wesentlich schwächere Differenzierbarkeitsvoraussetzungen, die leicht aus den früheren Bemerkungen zur Regularität abgeleitet werden können. ∎

Die Lie-Ableitung

Es sei M nun wieder eine beliebige Mannigfaltigkeit. Für $f \in \mathcal{E}(M)$ und $v \in \mathcal{V}(M)$ setzen wir

$$L_v f := \langle df, v \rangle \in \mathcal{E}(M)$$

und nennen $L_v f$ **Lie-Ableitung** von f bezüglich v.

---

[5]Der formale Beweis von (6.27) bleibt dem Leser überlassen.

6.16 Satz

(i) *Die Abbildung* $L_v : \mathcal{E}(M) \to \mathcal{E}(M)$, *die* **Lie-Ableitung** *bezüglich* v, *hat folgende Eigenschaften:*

   (α) L_v *ist* $\mathbb{R}$-*linear;*

   (β) $L_v(fg) = L_v(f)g + fL_vg$ *für* $f, g \in \mathcal{E}(M)$.

(ii) *In lokalen Koordinaten gilt*

$$L_vf = \sum_j v^j \frac{\partial f}{\partial x^j}, \quad v = \sum_j v^j \frac{\partial}{\partial x^j}.$$

Beweis   (i) folgt unmittelbar aus den Eigenschaften von d (vgl. (6.18)).

   (ii) ist eine Konsequenz von (4.4). ∎

6.17 Bemerkungen   **(a)** Aus Satz 6.16(ii) ist ersichtlich, daß die Lie-Ableitung eine Verallgemeinerung der Richtungsableitung aus Paragraph VII.2 darstellt.

(b) Es sei A eine $\mathbb{R}$-Algebra. Eine Abbildung $D : A \to A$ heißt **Derivation** (von A), wenn D $\mathbb{R}$-linear ist und die „Produktregel"

$$D(ab) = (Da)b + a(Db), \quad a, b \in A,$$

erfüllt. Also ist die Lie-Ableitung bezüglich $v \in \mathcal{V}(M)$ eine Derivation der Algebra $\mathcal{E}(M)$.

(c) Besitzt A ein Einselement e und ist D eine Derivation von A, so gilt $De = 0$.

Beweis   Aus der Produktregel erhalten wir

$$De = D(ee) = (De)e + e(De) = De + De = 2De,$$

also die Behauptung. ∎

   Das folgende Theorem zeigt, daß jede Derivation von $\mathcal{E}(M)$ durch eine Lie-Ableitung gegeben ist.

6.18 Theorem   *Es sei* D *eine Derivation von* $\mathcal{E}(M)$. *Dann gibt es genau ein* $v \in \mathcal{V}(M)$ *mit* $D = L_v$.

Beweis   (i) Wir zeigen zuerst, daß D ein „lokaler Operator" ist. Es seien U eine offene und K eine kompakte Umgebung von $p \in M$ mit $K \subset\subset U$. Bemerkung 1.21(a) garantiert die Existenz von $\chi \in \mathcal{E}(M)$ mit $\chi \,|\, K = 1$ und supp$(\chi) \subset\subset U$.

   Es sei $f \in \mathcal{E}(M)$ mit $f \,|\, U = 0$. Dann gilt $f = f\chi + f(1 - \chi) = f(1 - \chi)$, und folglich

$$Df(p) = Df(p)(1 - \chi(p)) + f(p)D(1 - \chi)(p) = 0.$$

Da dies für jedes $p \in U$ richtig ist, folgt $D(f) \,|\, U = 0$. Ist $\chi_1 \in \mathcal{E}(M)$ eine weitere Funktion mit supp$(\chi_1) \subset\subset U$, die in einer Umgebung von p identisch gleich 1 ist, so verschwindet $f\chi - f\chi_1 \in \mathcal{E}(M)$ für $f \in \mathcal{E}(U)$ in einer Umgebung von p. Also folgt aus dem Obigen $D(f\chi) = D(f\chi_1)$ für $f \in \mathcal{E}(U)$. Folglich ist die „Restriktion von D auf U" durch

$$D_U f := D(f\chi) , \qquad f \in \mathcal{E}(U) ,$$

wohldefiniert, unabhängig von der speziellen Wahl von χ.

(ii) Es sei nun (φ, U) eine Karte mit $\varphi = (x^1, \ldots, x^m)$. Wir können annehmen, daß $X := \varphi(U)$ konvex ist. Für jedes feste $p \in U$ folgt aus dem Mittelwertsatz in Integralform (Theorem VII.3.10) mit $a := \varphi(p)$

$$(\varphi_* f)(x) = (\varphi_* f)(a) + \sum_j (x^j - a^j)\widetilde{f}_j(x) , \qquad x \in X ,$$

wobei wir

$$\widetilde{f}_j(x) := \int_0^1 \partial_j f\big(a + t(x - a)\big)\, dt , \qquad x \in X ,$$

gesetzt haben. Also gelten

$$f_j := \varphi^* \widetilde{f}_j \in \mathcal{E}(U) , \qquad f_j(p) = \frac{\partial f}{\partial x^j}(p) ,$$

und

$$f(q) = f(p) + \sum_j \big(\varphi^j(q) - \varphi^j(p)\big) f_j(q) , \qquad q \in U .$$

Hieraus, aus den Eigenschaften von D und aus Bemerkung 6.17(c) folgt

$$Df(p) = \sum_j D\varphi^j(p) \frac{\partial f}{\partial x^j}(p) , \qquad p \in U , \tag{6.28}$$

wobei wir D statt D_U geschrieben haben.

(iii) Es sei (ψ, V) eine zweite Karte um p mit $\psi = (y^1, \ldots, y^m)$. Dann gilt für den Kartenwechsel $k := \psi \circ \varphi^{-1}$, analog wie in (ii), da wir $U = V$ annehmen können,

$$k^j(x) = k^j(a) + \sum_\ell (x^\ell - a^\ell) k_\ell^j(x) , \qquad x \in X , \tag{6.29}$$

mit $k_\ell^j \in \mathcal{E}(X)$ und $k_\ell^j(a) = \partial_\ell k^j(a)$. Wegen $\varphi^* k = \psi$ erhalten wir durch Anwenden von φ^* auf (6.29)

$$\psi^j(q) = \psi^j(p) + \sum_\ell \big(\varphi^\ell(q) - \varphi^\ell(p)\big) h_\ell^j(q) , \qquad q \in U , \tag{6.30}$$

mit $h_\ell^j := \varphi^* k_\ell^j \in \mathcal{E}(U)$ und

$$h_\ell^j(p) = (\varphi^* \partial_\ell k^j)(p) = \frac{\partial y^j}{\partial x^\ell}(p) .$$

Hiermit ergibt sich aus (6.30)

$$D\psi^j(p) = \sum_k D\varphi^k(p)\,\frac{\partial y^j}{\partial x^k}(p)\ ,\qquad p\in U\ ,\quad 1\le j,k\le m\ . \tag{6.31}$$

Nun setzen wir

$$v_\varphi := \sum_j D\varphi^j\,\frac{\partial}{\partial x^j}\ ,\quad v_\psi := \sum_j D\psi^j\,\frac{\partial}{\partial y^j}\ . \tag{6.32}$$

Dann folgt aus (6.31) und Satz 4.7

$$v_\psi = \sum_j\sum_k D\varphi^k\,\frac{\partial y^j}{\partial x^k}\,\frac{\partial}{\partial y^j} = \sum_k D\varphi^k\,\frac{\partial}{\partial x^k} = v_\varphi\ .$$

Dies zeigt, daß durch (6.32) auf U ein Vektorfeld $v_U\in\mathcal{V}(U)$ definiert wird, unabhängig von den speziellen Koordinaten. Aus (6.28), (6.31) und Satz 6.16(ii) lesen wir $D_Uf = L_{v_U}f$ für $f\in\mathcal{E}(U)$ ab.

(iv) Es sei nun $\{(\varphi_\alpha,U_\alpha)\ ;\ \alpha\in\mathsf{A}\}$ ein Atlas für M. Dann folgt aus (iii), daß es zu jedem $\alpha\in\mathsf{A}$ ein $v_\alpha\in\mathcal{V}(U_\alpha)$ gibt mit $D_{U_\alpha}f = L_{v_\alpha}f$ für $f\in\mathcal{E}(U_\alpha)$. Außerdem zeigen die Überlegungen von (iii), daß es genau ein $v\in\mathcal{V}(M)$ gibt mit $v|U_\alpha = v_\alpha$ für $\alpha\in\mathsf{A}$. Nun erhalten wir $D = L_v$ aus (i) und Satz 6.16(ii).

(v) Es seien $v,w\in\mathcal{V}(M)$ mit $D = L_v$ und $D = L_w$. Dann gilt $L_vf = L_wf$ für jedes $f\in\mathcal{E}(M)$. In einer beliebigen lokalen Karte $\big((x^1,\dots,x^m),U\big)$ gilt somit

$$\sum_j(v^j - w^j)\,\frac{\partial f}{\partial x^j} = 0\ ,\qquad f\in\mathcal{E}(U)\ .$$

Wählen wir $f:=x^k$, so finden wir $\partial f/\partial x^j = \delta_j^k$, also $v^k - w^k = 0$. Da dies für $1\le k\le m$ richtig ist, folgt $v|U = w|U$, und somit $v = w$. Damit ist alles bewiesen. ∎

6.19 Lemma Für $v,w\in\mathcal{V}(M)$ ist $L_vL_w - L_wL_v$ eine Derivation von $\mathcal{E}(M)$.

Beweis Offensichtlich ist $L_vL_w - L_wL_v$ eine $\mathbb{R}$-lineare Abbildung von $\mathcal{E}(M)$ in sich. Für $f,g\in\mathcal{E}(M)$ gilt, da $\mathcal{E}(M)$ kommutativ ist,

$$L_vL_w(fg) = L_v\big(L_w(f)g + fL_wg\big)$$
$$= gL_vL_wf + L_vfL_wg + L_vgL_wf + fL_vL_wg\ .$$

Nun ist die Aussage offensichtlich. ∎

Es seien $v,w\in\mathcal{V}(M)$. Dann folgt aus Theorem 6.18 und Lemma 6.19, daß es genau ein glattes Vektorfeld, $[v,w]$, auf M gibt mit

$$L_{[v,w]} = L_vL_w - L_wL_v\ . \tag{6.33}$$

Man nennt $[v,w]$ **Lie-Klammer** oder **Kommutator** von v und w.

6.20 Satz

(i) *Die Abbildung* $\mathcal{V}(M) \times \mathcal{V}(M) \to \mathcal{V}(M)$, $(v,w) \mapsto [v,w]$ *besitzt folgende Eigenschaften:*

(α) (Bilinearität) $[\cdot,\cdot]$ *ist* $\mathbb{R}$-bilinear.

(β) (Schiefsymmetrie) *Für* $v,w \in \mathcal{V}(M)$ *gilt* $[v,w] = -[w,v]$.

(γ) (Jacobiidentität) *Für* $u,v,w \in \mathcal{V}(M)$ *besteht die Relation*

$$[u,[v,w]] + [v,[w,u]] + [w,[u,v]] = 0 .$$

(ii) *In lokalen Koordinaten gilt*

$$[v,w] = \sum_{j,k} \left(v^k \frac{\partial w^j}{\partial x^k} - w^k \frac{\partial v^j}{\partial x^k} \right) \frac{\partial}{\partial x^j} \tag{6.34}$$

für $v = \sum_j v^j \, \partial/\partial x^j$ *und* $w = \sum_j w^j \, \partial/\partial x^j$.

Beweis Die einfache Verifikation bleibt dem Leser zur Übung überlassen. ∎

6.21 Bemerkungen **(a)** Es sei M offen in $\mathbb{R}^m$, und $(x^1,\dots,x^m)$ seien euklidische Koordinaten auf M. Mit dem Nablavektor ∇ kann (6.34) symbolisch in der intuitiven Form

$$[v,w] = (v \cdot \nabla)w - (w \cdot \nabla)v$$

geschrieben werden.

(b) Es seien V ein Vektorraum und $[\cdot,\cdot] : V \times V \to V$ eine Abbildung mit den Eigenschaften (α)–(γ) von Satz 6.20(i). Dann heißt $\big(V,[\cdot,\cdot]\big)$ **Lie-Algebra**. Wegen (β) ist die „Multiplikation" $[\cdot,\cdot]$ i. allg. nicht kommutativ. Aus (β) und (γ) folgt

$$[a,[b,c]] - [[a,b],c] = [[c,a],b] , \qquad a,b,c \in V .$$

Somit ist die Multiplikation i. allg. auch nicht assoziativ. Folglich ist eine Liealgebra i. allg. eine nichtkommutative, nichtassoziative Algebra.[6] Also ist $\big(\mathcal{V}(M),[\cdot,\cdot]\big)$ eine Lie-Algebra.

(c) (Regularität) Es seien $k \in \mathbb{N}$ und $v,w \in \mathcal{V}^k(M)$. Ferner sei M eine Mannigfaltigkeit der Klasse C^{k+1}. Dann ist L_v keine Derivation auf $\mathcal{E}^{k+1}(M)$, da $L_v f$ für $f \in \mathcal{E}^{k+1}(M)$ im allgemeinen nur zu $\mathcal{E}^k(M)$ gehört. Folglich kann auch die Lie-Klammer nicht durch (6.33) definiert werden. In diesem Fall definiert man $[v,w]$ für $v,w \in \mathcal{V}^k(M)$ mittels lokaler Koordinaten durch[7] (6.34). Dann gilt $[v,w] \in \mathcal{V}^{k-1}(M)$. ∎

---

[6]Im trivialen „kommutativen" Fall, wo $[a,b] = 0$ für $a,b \in V$ gilt, ist sie natürlich kommutativ und assoziativ.

[7]Der Leser möge sich überlegen, daß $[v,w]$ auf diese Weise auf ganz M wohldefiniert ist.

Der Hodge-Laplace Operator

Im restlichen Teil dieses Paragraphen verwenden wir die Koableitung und den Sternoperator, um weitere wichtige Beziehungen der Vektoranalysis herzuleiten.

Es sei $\bigl(M, (\cdot\,|\,\cdot)_M\bigr)$ eine orientierte pseudo-Riemannsche Mannigfaltigkeit. Zuerst stellen wir die Divergenz mittels der Koableitung dar.

6.22 Satz *Das Diagramm*

$$
\begin{array}{ccc}
\mathcal{V}(M) & \xrightarrow{\ \ \Theta\ \ } & \Omega^1(M) \\[4pt]
& \text{div}\ \searrow \quad \swarrow\ \delta & \\[4pt]
& \mathcal{E}(M) = \Omega^0(M) &
\end{array}
$$

ist kommutativ: $\mathrm{div} = \delta \circ \Theta$.

Beweis Es reicht, diese Gleichheit lokal zu beweisen. Dazu seien $\bigl((x^1,\dots,x^m),U\bigr)$ lokale Koordinaten. Dann folgt für $v = \sum_j v^j\,\partial/\partial x^j \in \mathcal{V}(U)$ aus den Bemerkungen 6.1(b) und 5.11(b)

$$
\delta\Theta v = \delta \sum_j \Bigl(\sum_k g_{jk} v^k\Bigr) dx^j = \frac{1}{\sqrt{|G|}} \sum_j \frac{\partial}{\partial x^j}\bigl(\sqrt{|G|}\,v^j\bigr)\ .
$$

Also ergibt sich die Behauptung aus (6.14). ∎

Mit der äußeren Ableitung und der Koableitung definieren wir für $0 \le r \le m$ eine $\mathbb{R}$-lineare Abbildung auf $\Omega^r(M)$ durch

$$
\Delta_M := d\delta + \delta d : \Omega^r(M) \to \Omega^r(M)\ , \tag{6.35}
$$

den **Hodge-Laplace Operator**. Für $a \in \mathcal{E}(M)$ folgt aus (6.4) und Satz 6.22

$$
(d\delta + \delta d)a = \delta da = \delta\Theta(\Theta^{-1}da) = \mathrm{div}\,\mathrm{grad}\,a\ .
$$

Also stimmt der Hodge-Laplace Operator auf $\Omega^0(M) = \mathcal{E}(M)$ mit dem Laplace-Beltrami Operator überein, was die Bezeichnung rechtfertigt. Sind keine Mißverständnisse zu befürchten, so schreiben wir Δ für Δ_M. ∎

6.23 Bemerkungen (a) $*\Delta = \Delta*$.

Beweis Aus den Bemerkungen 5.9(b) und 5.11(a) folgt

$$
*\Delta = *d\delta + *\delta d = \delta d* + d\delta* = \Delta*\ .
$$

also die Behauptung. ∎

(b) $d\Delta = \Delta d = d\delta d$ und $\delta\Delta = \Delta\delta = \delta d\delta$.

Beweis Aus $d^2 = 0$ erhalten wir

$$d\Delta = dd\delta + d\delta d = d\delta d = d\delta d + \delta dd = \Delta d \ .$$

Die zweite Behauptung wird analog gezeigt. ∎

(c) Es seien M offen in $\mathbb{R}^m$ und $(x^1, \ldots, x^m)$ euklidische Koordinaten. Dann gilt

$$\Delta\Big(\sum\nolimits_{(j)\in\mathbb{J}_r} a_{(j)} \, dx^{(j)}\Big) = \sum\nolimits_{(j)\in\mathbb{J}_r} \Delta a_{(j)} \, dx^{(j)}$$

für $1 \le r \le m$.

Beweis Wegen der Linearität genügt es, die Aussage für $\alpha := a \, dx^{(j)}$ mit $(j) \in \mathbb{J}_r$ zu zeigen. Mit Beispiel 5.10(e) finden wir

$$d\delta\alpha = d\Big(\sum_{k=1}^{r}(-1)^{k-1}\partial_{j_k} a \, dx^{j_1} \wedge \cdots \wedge \widehat{dx^{j_k}} \wedge \cdots \wedge dx^{j_r}\Big)$$

$$= \sum_{k=1}^{r}(-1)^{k-1}\sum_{\ell=1}^{m} \partial_\ell\partial_{j_k} a \, dx^\ell \wedge dx^{j_1} \wedge \cdots \wedge \widehat{dx^{j_k}} \wedge \cdots \wedge dx^{j_r}$$

$$= \sum_{k=1}^{r}\partial_{j_k}^2 a \, dx^{(j)} + \sum_{k=1}^{r}(-1)^{k-1}\sum_{\substack{\ell=1 \\ \ell\notin\{j_1,\ldots,j_r\}}}^{m} \partial_\ell\partial_{j_k} a \, dx^\ell \wedge dx^{j_1} \wedge \cdots \wedge \widehat{dx^{j_k}} \wedge \cdots \wedge dx^{j_r} \ .$$

Analog erhalten wir

$$\delta d\alpha = \delta \sum_{\substack{\ell=1 \\ \ell\notin\{j_1,\ldots,j_r\}}}^{m} \partial_\ell a \, dx^\ell \wedge dx^{(j)} = \sum_{\substack{\ell=1 \\ \ell\notin\{j_1,\ldots,j_r\}}}^{m} \partial_\ell^2 a \, dx^{(j)}$$

$$- \sum_{\substack{\ell=1 \\ \ell\notin\{j_1,\ldots,j_r\}}}^{m}\sum_{k=1}^{r}(-1)^{k-1}\partial_{j_k}\partial_\ell a \, dx^\ell \wedge dx^{j_1} \wedge \cdots \wedge \widehat{dx^{j_k}} \wedge \cdots \wedge dx^{j_r} \ .$$

Somit ergibt sich[8]

$$\Delta_M\alpha = (d\delta + \delta d)\alpha = \Big(\sum\nolimits_k \partial_k^2 a\Big) dx^{(j)} = (\Delta a) \, dx^{(j)} \ ,$$

also die Behauptung. ∎

(d) (Regularität) Offensichtlich ist Δ_M eine $\mathbb{R}$-lineare Abbildung von $\Omega_{(k)}^r(M)$ nach $\Omega_{(k-2)}^r(M)$ für $0 \le r \le m$ und $k \in \mathbb{N}$ mit $k \ge 2$. Hierbei genügt es vorauszusetzen, daß M eine C^{k+2}-Mannigfaltigkeit sei. ∎

---

[8]Um die Richtigkeit dieser Formel zu gewährleisten, haben wir in der Definition von δ das Vorzeichen durch $(-1)^{m(r+1)}$ festgelegt. Mit der in der Geometrie üblichen Normierung ergäbe sich $(d\delta + \delta d)\alpha = -(\Delta a) \, dx^{(j)}$.

Schließlich definieren wir den **Laplaceoperator für Vektorfelder**, $\vec{\Delta}$, durch

$$\vec{\Delta} := \vec{\Delta}_M := \Theta_M^{-1} \circ \Delta_M \circ \Theta_M : \mathcal{V}(M) \to \mathcal{V}(M) \ ,$$

also durch die Kommutativität des Diagramms

$$
\begin{array}{ccc}
\mathcal{V}(M) & \xrightarrow{\ \ \vec{\Delta}\ \ } & \mathcal{V}(M) \\[2pt]
{\scriptstyle \Theta} \Big\downarrow & & \Big\downarrow {\scriptstyle \Theta} \\[2pt]
\Omega^1(M) & \xrightarrow{\ \ \Delta\ \ } & \Omega^1(M)
\end{array}
$$

6.24 Bemerkungen (a) Aus (6.4) und Satz 6.22 folgt $\vec{\Delta} = \operatorname{grad}\operatorname{div} + \Theta^{-1}\delta d\Theta$.

(b) Es sei M offen in $\mathbb{R}^m$, und $(x^1, \dots, x^m)$ seien euklidische Koordinaten auf M. Dann gilt

$$\vec{\Delta}\Big(\sum_j v^j\, \frac{\partial}{\partial x^j}\Big) = \sum_j \Delta v^j\, \frac{\partial}{\partial x^j} \ .$$

Identifiziert man wie üblich das Vektorfeld $v = \sum_j v^j\, \partial/\partial x^j$ mit $(v^1, \dots, v^m)$, so bedeutet $\vec{\Delta}v$, daß der Laplaceoperator komponentenweise angewendet wird:

$$\vec{\Delta}v = (\Delta v^1, \dots, \Delta v^m) \ .$$

In diesem Fall schreibt man meistens Δ statt $\vec{\Delta}$.

Beweis Dies folgt aus Beispiel 6.2(a) und Bemerkung 6.23(c). ∎

(c) (Regularität) Es sei $k \in \mathbb{N}$. Dann bildet $\vec{\Delta}$ den $\mathbb{R}$-Vektorraum $\mathcal{V}^{k+2}(M)$ linear in $\mathcal{V}^k(M)$ ab. Hierzu genügt es anzunehmen, daß M eine C^{k+2}-Mannigfaltigkeit sei. ∎

Das Vektorprodukt und die Rotation

In diesem letzten Abschnitt leiten wir die wichtigsten Rechenregeln für den Operator rot ab.

Es seien $(M, (\cdot|\cdot)_M)$ eine dreidimensionale orientierte Riemannsche[9] Mannigfaltigkeit und ω_M ihr Volumenelement.

Auf $\mathcal{V}(M)$ definieren wir das **Vektor-** oder **Kreuzprodukt**

$$\times : \mathcal{V}(M) \times \mathcal{V}(M) \to \mathcal{V}(M) \ , \quad (v, w) \mapsto v \times w \tag{6.36}$$

durch

$$v \times w := \Theta_M^{-1} \omega_M(v, w, \cdot) \ . \tag{6.37}$$

Offensichtlich ist diese Abbildung wohldefiniert.

---

[9]Der Einfachheit halber beschränken wir uns auf den für die Anwendungen wichtigsten Fall einer Riemannschen Metrik.

6.25 Bemerkungen (a) Es sei $\big(M, (\cdot\,|\,\cdot)_M\big) = \big(\mathbb{R}^3, (\cdot\,|\,\cdot)\big)$. Dann stimmt (6.37) für konstante Vektorfelder mit der Definition von Paragraph VIII.2 überein.

(b) Das Vektorprodukt ist bilinear, alternierend (schiefsymmetrisch) und erfüllt

$$(u\,|\,v \times w)_M = \omega_M(u, v, w)\,, \qquad u, v, w \in \mathcal{V}(M)\,. \tag{6.38}$$

Für $p \in M$ ist $(v \times w)(p)$ bezüglich des inneren Produktes $(\cdot\,|\,\cdot)_M(p)$ von T_pM orthogonal zu $v(p)$ und $w(p)$. Mit $|v|_M := \sqrt{(v\,|\,v)_M}$ gilt

$$|v \times w|_M = \sqrt{|v|_M^2\,|w|_M^2 - (v\,|\,w)_M^2} = |v|_M\,|w|_M \sin\varphi\,,$$

wobei $\varphi(p) \in [0, \pi]$ der unorientierte Winkel zwischen den Vektoren $v(p)$ und $w(p)$ für $p \in M$ und $v, w \in \mathcal{V}(M)$ ist.

Es bestehen die **Graßmannidentität**

$$v_1 \times (v_2 \times v_3) = (v_1\,|\,v_3)_M v_2 - (v_1\,|\,v_2)_M v_3$$

und die **Jacobiidentität**

$$v_1 \times (v_2 \times v_3) + v_2 \times (v_3 \times v_1) + v_3 \times (v_1 \times v_2) = 0$$

sowie die Relation

$$(v_1 \times v_2) \times (v_3 \times v_4) = \omega_M(v_1, v_2, v_4)v_3 - \omega_M(v_1, v_2, v_3)v_4$$

für $v_1, v_2, v_3, v_4 \in \mathcal{V}(M)$. Insbesondere ist $\big(\mathcal{V}(M), \times\big)$ eine Lie-Algebra.

Beweis Es handelt sich durchwegs um punktweise Aussagen, für die wir auf Aufgabe 2.3 verweisen. ∎

(c) Es seien $\big((x^1, x^2, x^3), U\big)$ positive Orthonormalkoordinaten[10] für M. Dann gilt für $v = \sum_j v^j \,\partial/\partial x^j$ und $w = \sum_j w^j \,\partial/\partial x^j$

$$v \times w = (v^2 w^3 - v^3 w^2)\,\frac{\partial}{\partial x^1} + (v^3 w^1 - v^1 w^3)\,\frac{\partial}{\partial x^2} + (v^1 w^2 - v^2 w^1)\,\frac{\partial}{\partial x^3}\,.$$

Beweis Aufgabe 2.3. ∎

(d) (Regularität) Es sei $k \in \mathbb{N}$. Dann bleiben die obigen Aussagen für C^k-Vektorfelder richtig, und es genügt anzunehmen, daß M eine C^{k+1}-Mannigfaltigkeit sei. ∎

Der folgende Satz zeigt, daß das Vektorprodukt eng mit dem äußeren Produkt von 1-Formen verknüpft ist.

---

[10]D.h., $(\partial/\partial x^1, \partial/\partial x^2, \partial/\partial x^3)$ ist ein positiver Orthonormalrahmen.

6.26 Satz   *Für $v, w \in \mathcal{V}(M)$ gilt $v \times w = \Theta^{-1}*(\Theta v \wedge \Theta w)$, d.h., das Diagramm*

$$
\begin{array}{ccc}
\mathcal{V}(M) \times \mathcal{V}(M) & \xrightarrow{\;\;\Theta \times \Theta\;\;} & \Omega^1(M) \times \Omega^1(M) \\
{\scriptstyle \times} \Big\downarrow & & \Big\downarrow {\scriptstyle \wedge} \\
\mathcal{V}(M) & \xleftarrow[\;\;\Theta^{-1}\;\;]{} \Omega^1(M) \xleftarrow[\;\;\;]{\;*\;} & \Omega^2(M)
\end{array}
$$

ist kommutativ.

Beweis   Es genügt, die Gleichheit lokal zu zeigen, wobei wir für $\big((x^1, x^2, x^3), U\big)$ positive Orthonormalkoordinaten wählen können. Sind (v^1, v^2, v^3) und (w^1, w^2, w^3) die Komponenten von $v, w \in \mathcal{V}(M)$, so folgt aus Bemerkung 6.1(e)

$$
\begin{aligned}
\Theta v \wedge \Theta w &= \sum_j v^j \, dx^j \wedge \sum_k w^k \, dx^k \\
&= (v^2 w^3 - v^3 w^2) \, dx^2 \wedge dx^3 + (v^3 w^1 - v^1 w^3) \, dx^3 \wedge dx^1 \\
&\qquad + (v^1 w^2 - v^2 w^1) \, dx^1 \wedge dx^2 \; .
\end{aligned}
$$

Aus dem Beweis von Beispiel 5.7(d) wissen wir, daß

$$
*(dx^2 \wedge dx^3) = dx^1 \; , \quad *(dx^3 \wedge dx^1) = dx^2 \; , \quad *(dx^1 \wedge dx^2) = dx^3 \qquad (6.39)
$$

gilt. Nun erhalten wir die Behauptung aus den Bemerkungen 6.1(e) und 6.25(c). ∎

Als nächstes leiten wir eine Darstellung für den Operator rot her.

6.27 Satz   *Das Diagramm*

$$
\begin{array}{ccc}
\mathcal{V}(M) & \xrightarrow{\;\;\Theta\;\;} \Omega^1(M) & \xrightarrow{\;\;d\;\;} \Omega^2(M) \\
{\scriptstyle \text{rot}} \searrow & & \swarrow {\scriptstyle *} \\
& \mathcal{V}(M) \xleftarrow[\;\;\Theta^{-1}\;\;]{} \Omega^1(M) &
\end{array}
$$

ist kommutativ, d.h. $\mathrm{rot} = \Theta^{-1}*d\Theta$.

Beweis   Es genügt wieder, die Gleichheit lokal bezüglich positiver Orthonormalkoordinaten $\big((x^1, x^2, x^3), U\big)$ zu beweisen. Dann finden wir für $v = \sum_{j=1}^3 v^j \, \partial/\partial x^j$ mit Bemerkung 6.1(e)

$$
\begin{aligned}
d(\Theta v) &= d\Big(\sum_j v^j \, dx^j \Big) = \sum_{j,k} \frac{\partial v^j}{\partial x^k} \, dx^k \wedge dx^j \\
&= \Big(\frac{\partial v^3}{\partial x^2} - \frac{\partial v^2}{\partial x^3} \Big) dx^2 \wedge dx^3 + \Big(\frac{\partial v^1}{\partial x^3} - \frac{\partial v^3}{\partial x^1} \Big) dx^3 \wedge dx^1 \\
&\qquad + \Big(\frac{\partial v^2}{\partial x^1} - \frac{\partial v^1}{\partial x^2} \Big) dx^1 \wedge dx^2 \; .
\end{aligned}
$$

Somit folgt die Behauptung aus (6.39) und den Bemerkungen 6.1(e) und 6.12(b). ∎

Nach diesen Vorbereitungen können wir einige wichtige Rechenregeln für drei-dimensionale Vektorfelder herleiten.

6.28 Satz *Für $f \in \mathcal{E}(M)$ und $v, w \in \mathcal{V}(M)$ gilt:*

(i) $\operatorname{div}(v \times w) = (\operatorname{rot} v \,|\, w)_M - (v \,|\, \operatorname{rot} w)_M$;

(ii) $\operatorname{rot}(fv) = f \operatorname{rot} v + \operatorname{grad} f \times v$;

(iii) $\operatorname{rot}(v \times w) = (\operatorname{div} w)v - (\operatorname{div} v)w - [v, w]$;

(iv) $\operatorname{rot}(\operatorname{rot} v) = \operatorname{grad} \operatorname{div} v - \vec{\Delta} v$.

Beweis (i) Aus Bemerkung 5.9(d) erhalten wir mit $m = 3$

$$*\delta\alpha = (-1)^{m(r+1)} * *d*\alpha = d*\alpha \,, \qquad \alpha \in \Omega^2(M) \,.$$

Nun leiten wir aus den Sätzen 6.22 und 6.26

$$\begin{aligned}
\operatorname{div}(v \times w) &= \delta\Theta\big(\Theta^{-1} * (\Theta v \wedge \Theta w)\big) = \delta * (\Theta v \wedge \Theta w) \\
&= *d(\Theta v \wedge \Theta w) = *(d\Theta v \wedge \Theta w - \Theta v \wedge d\Theta w)
\end{aligned}$$

ab. Aus Satz 6.27 folgt $\Theta \operatorname{rot} = *d\Theta$. Nun ergibt Bemerkung 2.19(d) $d\Theta = *\Theta \operatorname{rot}$ wegen $m = 3$ und $r = 2$. Folglich erhalten wir

$$\begin{aligned}
\operatorname{div}(v \times w) &= *\big((*\Theta \operatorname{rot} v) \wedge \Theta w - \Theta v \wedge *\Theta \operatorname{rot} w\big) \\
&= *(\Theta w \wedge *\Theta \operatorname{rot} v - \Theta v \wedge *\Theta \operatorname{rot} w) \,,
\end{aligned}$$

wobei wir $*\Theta \operatorname{rot} v \in \Omega^2(M)$ verwendet haben. Nun folgt aus (2.22) mit $r = 1$ sowie aus (2.13)

$$\operatorname{div}(v \times w) = *\big[(w \,|\, \operatorname{rot} v)_M - (v \,|\, \operatorname{rot} w)\big] \omega_M \,,$$

also, wegen $*\omega_M = 1$, die Behauptung.

(ii) Aus Satz 6.27 ergibt sich

$$\begin{aligned}
\operatorname{rot}(fv) &= \Theta^{-1} * d\Theta(fv) = \Theta^{-1} * d(f\Theta v) \\
&= \Theta^{-1} * (df \wedge \Theta v + f d\Theta v) \\
&= \Theta^{-1} * (\Theta \operatorname{grad} f \wedge \Theta v) + f \Theta^{-1} * d\Theta v \\
&= \operatorname{grad} f \times v + f \operatorname{rot} v \,.
\end{aligned}$$

Hierbei haben wir auch von Satz 6.26 und den Rechenregeln für d Gebrauch gemacht.

(iii) Es genügt, die Aussage lokal zu beweisen. Dazu können wir positive Orthonormalkoordinaten verwenden. Dann folgt die Behauptung aus den lokalen Darstellungen der Bemerkungen 6.12(b) und 6.25(c) und aus Satz 6.20 durch eine einfache Rechnung, die wir dem Leser überlassen.

(iv) Aus Satz 6.27 und der Definition von δ folgt

$$\text{rot}\,\text{rot}\,v = \Theta^{-1}*d\Theta\Theta^{-1}*d\Theta v = \Theta^{-1}*d*d\Theta v$$
$$= (-1)^{3(2+1)}\Theta^{-1}\delta d\Theta v = -\Theta^{-1}\delta d\Theta v \ .$$

Nun ergibt sich die Behauptung aus Bemerkung 6.24(a). ∎

Um den Kalkül einzuüben, haben wir die erste Rechenregel dieses Satzes mit Hilfe der Eigenschaften der Koableitung und des Sternoperators bewiesen. Natürlich hätten wir auch mit orthonormalen Koordinaten einer positiven Karte arbeiten können. Mit anderen Worten: Wir können annehmen, daß M offen in $\mathbb{R}^3$ und $(\cdot|\cdot)_M$ die Standardmetrik $(\cdot|\cdot)$ ist. Unter Verwendung des (formalen) Nablaoperators erhält man dann aus (6.38)

$$\nabla \cdot (v \times w) = \det[\nabla, v, w]$$
$$= \partial_1(v^2w^3 - v^3w^2) + \partial_2(v^3w^1 - v^1w^3) + \partial_3(v^1w^2 - v^2w^1)$$

durch Entwickeln der (formalen) Determinate nach der ersten Zeile. Unter Verwendung der Produktregel rechnet man leicht nach, daß die letzte Zeile mit dem Ausdruck $w \cdot \text{rot}\,v - v \cdot \text{rot}\,w$ übereinstimmt, was die Behauptung beweist.

Der formale Kalkül mit dem Nablaoperator ist jedoch mit äußerster Vorsicht anzuwenden. Berechnet man nämlich $\text{rot}(v \times w) = \nabla \times (v \times w)$ formal unter Verwendung der Graßmannidentität, so findet man die *falsche* Aussage

$$\nabla \times (v \times w) = (\nabla \cdot w)v - (\nabla \cdot v)w \ .$$

Wo liegt der Fehler?

Aufgaben

1 Man finde die Darstellung des Laplace-Beltrami Operators bezüglich

(i) der Zylinderkoordinaten $(0, 2\pi) \times \mathbb{R} \to \mathbb{R}^3$, $(\varphi, z) \mapsto (\cos\varphi, \sin\varphi, z)$;

(ii) der Parametrisierung

$$(0, 2\pi)^2 \to \mathbb{R}^3 \ , \quad (\alpha, \beta) \mapsto \big((2 + \cos\alpha)\cos\beta, (2 + \cos\alpha)\sin\beta, \sin\alpha\big)$$

des 2-Torus $\mathsf{T}^2_{2.1}$ von Beispiel VII.9.11(f);

(iii) der Parametrisierung $X \to \mathbb{R}^3$, $x \mapsto \big(x, f(x)\big)$ des Graphen von $f \in \mathcal{E}(X)$, falls X in $\mathbb{R}^2$ offen ist.

2 Es seien (M_j, g_j), $j = 1, 2$, Riemannsche Mannigfaltigkeiten mit $\partial M_1 = \emptyset$, und π_j bezeichne die kanonische Projektion $M_1 \times M_2 \to M_j$. Man zeige:

$$\Delta_{M_1 \times M_2} = \pi_1^* \Delta_{M_1} + \pi_2^* \Delta_{M_2} \ .$$

3 Es seien M und N Riemannsche Mannigfaltigkeiten, und $f : M \to N$ sei ein isometrischer Diffeomorphismus. Dann ist für $0 \leq r \leq m$ das Diagramm

$$
\begin{array}{ccc}
\Omega^r(M) & \xrightarrow{\ \Delta_M\ } & \Omega^r(M) \\[4pt]
f^* \Big\uparrow & & \Big\uparrow f^* \\[4pt]
\Omega^r(N) & \xrightarrow{\ \Delta_N\ } & \Omega^r(N)
\end{array}
$$

kommutativ.

4 Es sei (M, g) eine pseudo-Riemannsche Mannigfaltigkeit. Man zeige die Kommutativität des Diagramms

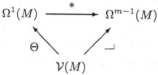

und leite hieraus die Beziehungen

(i) $\operatorname{div} = *d*\Theta$;

(ii) $\operatorname{rot} = \Theta^{-1}*d\Theta$ $(m = 3)$;

(iii) $\Delta_M = *d*d$

ab, wobei Δ_M der Laplace-Beltrami Operator von M ist.

5 Es sei Ω offen in $\mathbb{R}^3$. Für $E, H, j \in C^\infty(\mathbb{R} \times \Omega, \mathbb{R}^3)$, $\rho \in C^\infty(\mathbb{R} \times \Omega, \mathbb{R})$ und $c > 0$ setze man

$$
F := \Theta_e E \wedge (c\,dt) + *\big(\Theta_e H \wedge (c\,dt)\big) \,, \quad J := \Theta_e j - \rho\,dt \in \Omega(\mathbb{R}^4_{1,3}) \,,
$$

wobei E, H und j als zeitabhängige Vektorfelder und ρ als zeitabhängige Funktion auf Ω aufgefaßt werden und $\Theta_e : \mathcal{V}(\mathbb{R}^3) \to \Omega^1(\mathbb{R}^3)$ den (euklidischen) Rieszschen Isomorphismus bezeichnet. Ferner steht dt für den ersten Standardbasisvektor in $\Omega^1(\mathbb{R}^4_{1,3})$. Man zeige:

(a) Die Aussagen

(i) $dF = 0$;

(ii) $\partial H / \partial t + c \operatorname{rot} E = 0$ und $\operatorname{div} H = 0$

sind äquivalent. (Erste Gruppe der Maxwellschen Gleichungen)
D.h., die 2-Form F ist genau dann geschlossen, wenn die Vektorfelder E und H die erste Gruppe der Maxwellschen Gleichungen erfüllen.

(b) Die Aussagen

(i) $dF = 4\pi J$;

(ii) $\partial E / \partial t - c \operatorname{rot} H = 4\pi j$ und $\operatorname{div} E = 4\pi\rho$

sind äquivalent. (Zweite Gruppe der Maxwellschen Gleichungen)

(c) Die Aussagen

(i) $\Delta_{\mathbb{R}^4_{1,3}} F = 0$;

(ii) $\partial H/\partial t + c\,\mathrm{rot}\,E = 0$, $\partial E/\partial t - c\,\mathrm{rot}\,H = 0$, $\mathrm{div}\,E = 0$, $\mathrm{div}\,H = 0$

sind äquivalent. Folglich ist die 2-Form genau dann harmonisch, wenn die Vektorfelder E und H die homogenen Maxwellschen Gleichungen erfüllen.

(d) Gilt $dF = 0$, so erfüllen j und ρ bzw. J die **Kontinuitätsgleichung**

$$\partial\rho/\partial t + \mathrm{div}\,j = 0 \quad \text{bzw.} \quad \mathrm{grad}_{\mathbb{R}^4_{1,3}} J = 0 .$$

(e) Die Aussagen

(i) F ist exakt;

(ii) Es gibt $A \in C^\infty(\mathbb{R} \times \Omega, \mathbb{R})$, ein **Vektorpotential**, und $\Phi \in C^\infty(\mathbb{R} \times \Omega, \mathbb{R})$, ein **skalares Potential**, mit

$$\mathrm{rot}\,A = H , \quad -\partial A/\partial t - \mathrm{grad}\,\Phi = E$$

sind äquivalent.

6 Es sei X offen in $\mathbb{R}^3$ und in sich zusammenziehbar. Ferner seien $f, g \in \mathcal{E}(X)$. Man zeige:

(i) Es gibt ein $v \in \mathcal{V}(X)$ mit $\mathrm{grad}\,f \times \mathrm{grad}\,g = \mathrm{rot}\,v$.

(ii) Gilt $f(x) \neq 0$ für $x \in X$, so gibt es ein $h \in \mathcal{E}(X)$ mit $(\mathrm{grad}\,f)/f = \mathrm{grad}\,h$.

7 Man verifiziere, daß

$$\vec{\Delta}_M(f\,\mathrm{grad}\,f) = \mathrm{grad}\,\mathrm{div}(f\,\mathrm{grad}\,f) = \Delta_M f\,\mathrm{grad}\,f + \mathrm{grad}\,|\mathrm{grad}\,f|^2_M + f\,\mathrm{grad}\,\Delta_M f$$

für $f \in \mathcal{E}(M)$ mit $|v|^2_M := (v\,|\,v)_M$ für $v \in \mathcal{V}(M)$.

8 Man zeige, daß für $\alpha \in \Omega^1(M)$ und $v, w \in \mathcal{V}(M)$ gilt

$$d\alpha(v, w) = \mathcal{L}_v\langle\alpha, w\rangle - \mathcal{L}_w\langle\alpha, v\rangle - \langle\alpha, [v, w]\rangle .$$

9 Es seien M und N m-dimensionale Mannigfaltigkeiten sowie $\varphi \in \mathrm{Diff}(M, N)$. Dann gilt

$$\varphi_*[v, w] = [\varphi_* v, \varphi_* w] , \qquad v, w \in \mathcal{V}(M) .$$

10 Es seien $T^2 := S^1 \times S^2 \subset \mathbb{R}^4$ und $\alpha, \beta \in \Omega^1(T^2)$ mit

$$\alpha := -x^2\,dx^1 + x^1\,dx^2 , \qquad \beta := -x^4\,dx^3 + x^3\,dx^4 .$$

Dann gilt $\Delta\alpha = \Delta\beta = 0$.

11 Man zeige, daß für $H \in \mathcal{E}(\mathbb{R}^{2m})$ das Vektorfeld $\mathrm{sgrad}\,H \in \mathcal{V}(\mathbb{R}^{2m})$ divergenzfrei ist.

Kapitel XII

Integration auf Mannigfaltigkeiten

In den ersten beiden Kapiteln dieses Buches haben wir die Grundlagen der Maß- und Integrationstheorie entwickelt und im dritten Kapitel unsere Kenntnisse über Mannigfaltigkeiten vertieft sowie in die Theorie der Differentialformen eingeführt. Damit sind wir nun in der Lage, die Integrationstheorie auf Mannigfaltigkeiten auszudehnen, also über „gekrümmte Bereiche" zu integrieren.

Im ersten Paragraphen führen wir das Riemann-Lebesguesche Maß einer Mannigfaltigkeit ein. Seine Konstruktion beruht ganz wesentlich auf den Eigenschaften des Lebesgueschen Maßes, welches wir mittels lokaler Karten vom $\mathbb{R}^m$ auf die Mannigfaltigkeit „hochziehen". Dabei spielt der Transformationssatz die Hauptrolle, da er die Unabhängigkeit von den lokalen Koordinaten garantiert. Wir zeigen, daß das Riemann-Lebesguesche Volumenmaß ein vollständiges Radonmaß ist, womit uns dann die gesamte, im zweiten Kapitel entwickelte, Integrationstheorie zur Verfügung steht. Als erste Anwendungen der allgemeinen Theorie berechnen wir die Volumina einiger Mannigfaltigkeiten.

Im zweiten Kapitel verallgemeinern wir die Theorie der Kurvenintegrale, bei der es sich darum handelt, 1-Formen über Kurven, also 1-dimensionale Mannigfaltigkeiten, zu integrieren. Nun zeigen wir, wie m-Formen über m-dimensionale Mannigfaltigkeiten integriert werden können. Um einen effizienten Kalkül zu gewinnen, erweitern wir den Transformationssatz und den Satz von Fubini auf den Fall der Integrale von Differentialformen. Damit sind wir in der Lage, auch kompliziertere Integrationsprobleme zu behandeln, was wir durch eine Reihe von Beispielen belegen.

Wir besprechen auch physikalische und geometrische Interpretationen von Integralen von Differentialformen und stellen die Grundbegriffe der Flüsse von Vektorfeldern vor. Als eine Anwendung beweisen wir das Transporttheorem und zeigen Folgerungen auf.

Den Höhepunkt der Differential- und Integralrechnung auf Mannigfaltigkeiten stellt zweifelsohne der Stokessche Integralsatz dar, dem der letzte Paragraph gewidmet ist. Wir beweisen eine Version für Mannigfaltigkeiten mit Singularitäten, die den meisten in der Praxis auftretenden Bedürfnissen gerecht wird. Natürlich zeigen wir einige der klassischen Anwendungen des Stokesschen Theorems auf und geben auch einen ersten Einblick in seine topologischen Konsequenzen. Im Rahmen dieser Einführung müssen wir aber leider darauf verzichten, tiefer einzudringen. Es ist das Ziel dieses Werkes, dem Leser die Grundlagen für das weitere Vordringen in die faszinierende Welt der Mathematik zu geben. Im Rahmen weiterführender Vorlesungen und Literaturstudien wird er eine Vielzahl von Anwendungen und Verallgemeinerungen der hier dargestellten Theorie kennenlernen.

1 Volumenmaße

In Paragraph VIII.1 haben wir gesehen, wie wir die Länge einer Kurve berechnen können. Wir wissen auch, wie wir Flächen- und Rauminhalte unter Graphen bzw. von einfachen Körpern bestimmen können. Nun wenden wir uns dem Problem zu, Flächeninhalte und Volumina von gekrümmtem Flächen bzw. allgemeinen Mannigfaltigkeiten zu bestimmen.

In diesem Paragraphen führen wir das Riemann-Lebesguesche Volumenmaß einer pseudo-Riemannschen Mannigfaltigkeit ein und zeigen, daß es ein vollständiges regelmäßiges Radonmaß ist. Damit steht uns die gesamte, in Kapitel X entwickelte Integrationstheorie auch auf Mannigfaltigkeiten zur Verfügung. Mit Hilfe lokaler Darstellungen können wir Integrale auf Mannigfaltigkeiten in manchen Fällen explizit berechnen, was wir mit Beispielen illustrieren.

Im ganzen Paragraphen ist

- M eine m-dimensionale Mannigfaltigkeit mit $m \in \mathbb{N}^\times$.

Die Lebesguesche σ-Algebra von M

Da eine Mannigfaltigkeit lokal wie eine offene Teilmenge von $\bar{\mathbb{H}}^m$ „aussieht", ist es naheliegend, die Meßbarkeit mittels lokaler Karten von $\bar{\mathbb{H}}^m$ auf M „hinaufzuziehen".

Eine Teilmenge A von M heißt (**Lebesgue**) **meßbar**, wenn es um jedes $p \in A$ eine Karte (φ, U) gibt, so daß $\varphi(A \cap U)$ zu $\mathcal{L}(m)$ gehört, d.h. λ_m-meßbar ist. Wir setzen

$$\mathcal{L}_M := \{ A \subset M \ ; \ A \text{ ist meßbar} \} .$$

Die folgenden Bemerkungen zeigen, daß diese Definition sinnvoll ist.

1.1 Bemerkungen (a) Die Definition ist koordinatenunabhängig.

Beweis Es sei $A \subset M$, und zu jedem $p \in A$ gebe es eine Karte (φ_p, U_p) um p mit $\varphi_p(A \cap U_p) \in \mathcal{L}(m)$. Ferner seien (ψ, V) eine Karte von M und $q \in A \cap V$. Da die Menge $\varphi_p(U_q \cap V)$ offen ist in $\bar{\mathbb{H}}^m$, ist sie λ_m-meßbar. Also trifft dies auch auf

$$\varphi_q(A \cap V \cap U_q) = \varphi_q(A \cap U_q) \cap \varphi_q(V \cap U_q)$$

zu. Aufgrund von Korollar IX.5.13 folgt nun aus

$$\psi(A \cap V \cap U_q) = \psi \circ \varphi_q^{-1}\big(\varphi_q(A \cap V \cap U_q)\big) ,$$

daß $\psi(A \cap V \cap U_q)$ zu $\mathcal{L}(m)$ gehört. Weil dies für jedes $q \in A \cap V$ gilt und die Meßbarkeit gemäß Bemerkung IX.5.14(c) eine lokale Eigenschaft ist, folgt $\psi(A \cap V) \in \mathcal{L}(m)$, also die Behauptung. ∎

(b) Ist M offen in $\mathbb{R}^m$, so gilt $\mathcal{L}_M = \mathcal{L}(m) | M$. Also sind die hier eingeführte Notation und die von Paragraph X.5 konsistent.

Beweis Dies folgt unter Verwendung der trivialen Karte (id, M). ∎

1.2 Satz $\mathcal{L}_M$ *ist eine* σ-*Algebra über* M, *die* **Lebesguesche** σ-**Algebra von** M. *Sie enthält die Borelsche* σ-*Algebra* $\mathcal{B}(M)$.

Beweis Es sei (φ, U) eine Karte von M. Für $A \in \mathcal{L}_M$ gehört $\varphi(A \cap U)$ zu $\mathcal{L}(m)$. Da $\mathcal{L}(m)$ eine σ-Algebra ist, gilt folglich $\varphi(A^c \cap U) = \varphi(U) \backslash \varphi(A \cap U) \in \mathcal{L}(m)$. Weil dies für jede Karte richtig ist, folgt $A^c \in \mathcal{L}_M$.

Ist (A_j) eine Folge in $\mathcal{L}_M$, so finden wir analog

$$\varphi\Big(\Big(\bigcup_j A_j\Big) \cap U\Big) = \varphi\Big(\bigcup_j (A_j \cap U)\Big) = \bigcup_j \varphi(A_j \cap U) \in \mathcal{L}(m) \ ,$$

was $\bigcup_j A_j \in \mathcal{L}_M$ impliziert.

Schließlich ist offensichtlich, daß M zu $\mathcal{L}_M$ gehört. Damit ist gezeigt, daß $\mathcal{L}_M$ eine σ-Algebra ist.

Ist O offen in M, so ist $\varphi(O \cap U)$ offen in $\overline{\mathbb{H}}^m$ und gehört somit zu $\mathcal{L}(m)$. Folglich gehört O zu $\mathcal{L}_M$, was $\mathcal{L}_M \supset \mathcal{B}(M)$ zur Folge hat. ∎

Die Definition des Volumenmaßes

Es sei nun g eine pseudo-Riemannsche Metrik auf M, und (φ, U) sei eine Karte von M mit $\varphi = (x^1, \ldots, x^m)$. Dann ist die Gramsche Determinante $G = \det[g_{jk}]$, mit $g_{jk} = g(\partial/\partial x^j, \partial/\partial x^k)$, wohldefiniert, und $\sqrt{|G|} \in \mathcal{E}(U)$. Für $A \in \mathcal{L}_M$ mit $A \subset U$ setzen wir

$$\mathrm{vol}_{g,U}(A) := \int_{\varphi(A)} \varphi_* \sqrt{|G|} \, d\lambda_m = \int_{\varphi(A)} \varphi_* \sqrt{|G|} \, dx \ . \tag{1.1}$$

1.3 Lemma *Für* $A \in \mathcal{L}_M$ *ist* $\mathrm{vol}_{g,U}(A)$ *unabhängig von der Karte* (φ, U) *mit* $A \subset U$.

Beweis Es sei (ψ, V) eine weitere Karte mit $A \subset V$ und $\psi = (y^1, \ldots, y^m)$. Wir können $V = U$ voraussetzen. Nun fassen wir U als orientierte Mannigfaltigkeit auf mit dem positiven Atlas $\{(\varphi, U)\}$. Dann ist

$$\omega_U := \sqrt{|G|} \, dx^1 \wedge \cdots \wedge dx^m \in \Omega^m(U)$$

gemäß Bemerkung XI.5.4(g) das Volumenelement von U. Ferner gilt

$$\omega_U = \pm \sqrt{|G|} \, dy^1 \wedge \cdots \wedge dy^m \ ,$$

wobei das positive bzw. negative Vorzeichen zu wählen ist, falls ψ positiv bzw. negativ orientiert ist. Wegen $f := \psi \circ \varphi^{-1} \in \mathrm{Diff}\big(\varphi(U), \psi(U)\big)$ und $\varphi = f^{-1} \circ \psi$

folgt aus Beispiel XI.3.4(c)

$$\varphi_* \sqrt{|G|}\, dx^1 \wedge \cdots \wedge dx^m = \varphi_* \omega_U = (f^{-1})_* \psi_* \omega_U = f^* \psi_* \omega_U$$
$$= \pm f^* \big(\psi_* \sqrt{|G|}\, dy^1 \wedge \cdots \wedge dy^m\big)$$
$$= \pm f^* \big(\psi_* \sqrt{|G|}\big)\, \det(\partial f)\, dx^1 \wedge \cdots \wedge dx^m$$
$$= f^* \big(\psi_* \sqrt{|G|}\big)\, |\!\det(\partial f)|\, dx^1 \wedge \cdots \wedge dx^m \ ,$$

da f genau dann orientierungserhaltend bzw. -umkehrend ist, wenn ψ positiv bzw. negativ orientiert ist. Also gilt

$$\varphi_* \sqrt{|G|} = \big(\psi_* \sqrt{|G|}\big) \circ f\, |\!\det(\partial f)| \ .$$

Weil $\varphi(U \cap \partial M) = \varphi(U) \cap \partial \mathbb{H}^m$ eine λ_m-Nullmenge und $\varphi(U \setminus \partial M) = \varphi(U) \setminus \partial \mathbb{H}^m$ offen in $\mathbb{R}^m$ ist, und weil $f\big(\varphi(U)\big) = \psi(U)$ gilt, folgt aus dem Transformationssatz in der Version von Korollar X.8.5

$$\int_{\varphi(U)} \varphi_* \sqrt{|G|}\, dx = \int_{\psi(U)} \psi_* \sqrt{|G|}\, dy \ .$$

Dies beweist die Behauptung. ∎

Nach Bemerkung XI.1.21(b) und Satz IX.1.8 ist M ein Lindelöfscher Raum. Somit besitzt M einen abzählbaren Atlas $\mathfrak{A} := \big\{ (\varphi_j, U_j)\, ;\, j \in \mathbb{N} \big\}$. Für $A \in \mathcal{L}_M$ setzen wir

$$A_0 := A \cap U_0 \ , \quad A_{n+1} := (A \cap U_{n+1}) \setminus \bigcup_{k=0}^{n} A_k \ , \qquad n \in \mathbb{N} \ .$$

Dann ist (A_j) eine disjunkte Folge in $\mathcal{L}_M$ mit $A_j \subset U_j$, und $A = \bigcup_j A_j$. Folglich ist

$$\operatorname{vol}_g(A) := \sum_{j=0}^{\infty} \operatorname{vol}_{g,U_j}(A_j) \tag{1.2}$$

ein wohldefiniertes Element von $\bar{\mathbb{R}}^+$.

1.4 Lemma *Die Definition (1.2) ist unabhängig vom speziell gewählten Atlas.*

Beweis Es sei $\widetilde{\mathfrak{A}} := \big\{ (\widetilde{\varphi}_j, \widetilde{U}_j)\, ;\, j \in \mathbb{N} \big\}$ ein weiterer abzählbarer Atlas, und $\widetilde{A}_j$ sei in Analogie zu A_j unter Verwendung von $\widetilde{U}_j$ statt U_j definiert. Da $\operatorname{vol}_{g,U_j}$ und $\operatorname{vol}_{g,\widetilde{U}_k}$ Maße auf U_j bzw. $\widetilde{U}_k$, also σ-additiv sind, folgt aus $\bigcup_j A_j = \bigcup_k \widetilde{A}_k = A$

$$\operatorname{vol}_{g,U_j}(A_j) = \operatorname{vol}_{g,U_j}(A_j \cap A) = \operatorname{vol}_{g,U_j}\Big(A_j \cap \bigcup_k \widetilde{A}_k\Big)$$
$$= \operatorname{vol}_{g,U_j}\Big(\bigcup_k (A_j \cap \widetilde{A}_k)\Big) = \sum_k \operatorname{vol}_{g,U_j}(A_j \cap \widetilde{A}_k) \ .$$

Durch Vertauschen der Rollen von $\mathfrak{A}$ und $\widetilde{\mathfrak{A}}$ finden wir analog

$$\mathrm{vol}_{g,\widetilde{U}_k}(\widetilde{A}_k) = \sum_j \mathrm{vol}_{g,\widetilde{U}_k}(\widetilde{A}_k \cap A_j) \ .$$

Wegen $A_j \cap \widetilde{A}_k \subset U_j \cap \widetilde{U}_k$ ergibt Lemma 1.3

$$\mathrm{vol}_{g,U_j}(A_j \cap \widetilde{A}_k) = \mathrm{vol}_{g,\widetilde{U}_k}(\widetilde{A}_k \cap A_j) \ .$$

Somit erhalten wir aus Bemerkung X.3.6(b)

$$\sum_j \mathrm{vol}_{g,U_j}(A_j) = \sum_j \sum_k \mathrm{vol}_{g,U_j}(A_j \cap \widetilde{A}_k) = \sum_j \sum_k \mathrm{vol}_{g,\widetilde{U}_k}(\widetilde{A}_k \cap A_j)$$
$$= \sum_k \sum_j \mathrm{vol}_{g,\widetilde{U}_k}(\widetilde{A}_k \cap A_j) = \sum_k \mathrm{vol}_{g,\widetilde{U}_k}(\widetilde{A}_k) \ ,$$

was die Behauptung beweist. ∎

Natürlich soll $\mathrm{vol}_g(A)$ das „Volumen" von $A \subset M$ darstellen, wobei wir den Maßtensor g zugrunde legen. Wir wollen uns nun überlegen, wie dies zu verstehen ist.

Die Definition (1.2) zeigt, daß eine beliebige meßbare Teilmenge A von M in abzählbar viele paarweise disjunkte Teile A_j zerlegt wird und daß das „Volumen" von A gleich der „Summe" der Volumina dieser Teilstücke ist. Hierbei ist jedes A_j im Definitionsgebiet einer Karte eines Atlas enthalten. Folglich genügt es zu verstehen, wie $\mathrm{vol}_g(A)$ zu interpretieren ist, wenn A im Definitionsbereich U der Karte (φ, U) enthalten ist.

Dazu seien $\overline{x} \in \varphi(U)$ und $\overline{p} := \varphi^{-1}(\overline{x})$, und $\ell^1, \dots, \ell^m$ seien positive Zahlen, so daß der Quader

$$Q := \prod_{j=1}^m [\overline{x}^j, \overline{x}^j + \ell^j]$$

mit der „linken unteren Ecke" $\overline{x}$ und dem Volumen $\lambda_m(Q) = \ell^1 \cdot \dots \cdot \ell^m$ noch ganz in $\varphi(U)$ liegt. Wenn die Kantenlängen ℓ^j genügend klein sind, wird das von den Vektoren

$$\ell^1 \frac{\partial}{\partial x^1}\Big|_{\overline{p}}, \dots, \ell^m \frac{\partial}{\partial x^m}\Big|_{\overline{p}}$$

in $T_{\overline{p}}M$ aufgespannte Parallelepiped $\widehat{Q} := T_{\overline{x}}\varphi^{-1}(Q)$ das Bild $A := \varphi^{-1}(Q)$ von Q in M gut approximieren.

Wir können annehmen, daß (φ, U) eine positive Karte von U ist. Dann folgt aus Bemerkung XI.2.12(c) für das Volumen von $\widehat{Q}$

$$\omega(\overline{p})\Big(\ell^1 \frac{\partial}{\partial x^1}\Big|_{\overline{p}}, \dots, \ell^m \frac{\partial}{\partial x^m}\Big|_{\overline{p}}\Big) = \omega(\overline{p})\Big(\frac{\partial}{\partial x^1}\Big|_{\overline{p}}, \dots, \frac{\partial}{\partial x^m}\Big|_{\overline{p}}\Big)\ell^1 \cdot \dots \cdot \ell^m$$
$$= \sqrt{|G|}\,(\overline{p})\lambda_m(Q) = \varphi_* \sqrt{|G|}\,(\overline{x})\lambda_m(Q) \ .$$

Nun zerlegen wir Q in endlich viele achsenparallele Quader Q_j, die höchstens Seitenflächen gemeinsam haben.

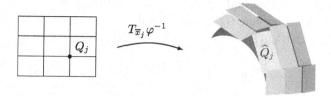

Wir bezeichnen mit $\overline{x}_j$ die linke untere Ecke von Q_j und setzen $\overline{p}_j := \varphi^{-1}(\overline{x}_j)$. Außerdem sei $\widehat{Q}_j$ das Bild von Q_j in $T_{\overline{p}_j}M$ unter der Tangentialabbildung $T_{\overline{x}_j}\varphi^{-1}$. Dann folgt aus den obigen Betrachtungen

$$\mathrm{vol}_g(A) = \int_Q \varphi_* \sqrt{|G|}\, dx \approx \sum_j \varphi_* \sqrt{|G|}\,(\overline{x}_j) \lambda_m(Q_j) \,.$$

Dies zeigt, daß $\mathrm{vol}_g\big(\varphi^{-1}(Q)\big)$ näherungsweise gleich der Summe der Volumina der Parallelflache, welche eine Approximation von $A \subset M$ darstellen, ist. Bei „unbegrenzter Verfeinerung" strebt einerseits diese Summe gegen das Integral, also gegen $\mathrm{vol}_g(A)$, andererseits approximieren die $\widehat{Q}_j$ die Menge A beliebig genau. Dies zeigt, daß $\mathrm{vol}_g(A)$ in der Tat mit dem unserer Anschauung entsprechenden Volumen von A übereinstimmt.

Im folgenden setzen wir $\lambda_{(M,g)} := \mathrm{vol}_g$. Hierfür schreiben wir auch λ_M oder λ_g, falls keine Unklarheiten zu befürchten sind. Außerdem ist

$$\mathrm{vol}(M) := \lambda_M(M)$$

das **Volumen von** M bzw., im Fall $m = 2$, die **(Ober-)Fläche von** M.

1.5 Satz λ_M *ist ein Radonmaß auf* M, *das* **Riemann-Lebesguesche Volumenmaß von** M.

Beweis (a) Es ist klar, daß λ_M die σ-Algebra $\mathcal{L}_M$ in $[0,\infty]$ abbildet und der leeren Menge den Wert 0 zuordnet.

Es sei $\big\{ (\varphi_j, U_j) \,;\, j \in \mathbb{N} \big\}$ ein abzählbarer Atlas, und (A_k) sei eine disjunkte Folge in $\mathcal{L}_M$. Dann ist $(A_k \cap U_j)_{k\in\mathbb{N}}$ eine disjunkte Folge in U_j. Also folgt aus Satz 1.2 mit $A := \bigcup_k A_k$ und $\lambda_{M,U_j} := \mathrm{vol}_{g,U_j}$

$$\lambda_{M,U_j}(A \cap U_j) = \sum_k \lambda_{M,U_j}(A_k \cap U_j) \,.$$

Wegen $\lambda_M(A_k) = \sum_j \lambda_{M,U_j}(A_k \cap U_j)$ finden wir

$$\lambda_M(A) = \sum_j \lambda_{M,U_j}(A \cap U_j) = \sum_j \sum_k \lambda_{M,U_j}(A_k \cap U_j)$$
$$= \sum_k \sum_j \lambda_{M,U_j}(A_k \cap U_j) = \sum_k \lambda_M(A_k) \,,$$

wobei wir wieder auf Bemerkung X.3.6(b) zurückgegriffen haben. Dies zeigt, daß λ_M eine σ-additive Funktion, also ein Maß, ist.

(b) Es sei $A \in \mathcal{L}_M$, und (φ, U) sei eine Karte mit $A \subset U$. Dann folgt aus Korollar IX.5.5, daß es eine G_δ-Menge $\widetilde{G}$ und eine F_σ-Menge $\widetilde{F}$ in $\varphi(U)$ gibt mit $\widetilde{F} \subset \varphi(A) \subset \widetilde{G}$ und $\lambda_m(\widetilde{F}) = \lambda_m(\varphi(A)) = \lambda_m(\widetilde{G})$. Hieraus folgt

$$\int_{\widetilde{F}} \varphi_* \sqrt{|G|}\, dx = \int_{\varphi(A)} \varphi_* \sqrt{|G|}\, dx = \int_{\widetilde{G}} \varphi_* \sqrt{|G|}\, dx \ .$$

Also finden wir eine wachsende Folge $(\widetilde{F}_j)$ kompakter Teilmengen $\widetilde{F}_j$ von $\widetilde{F}$ mit $\bigcup_j \widetilde{F}_j = \widetilde{F}$. Dann ist $F_j := \varphi^{-1}(\widetilde{F}_j)$ eine kompakte Teilmenge von A, und aus dem Satz über die monotone Konvergenz folgt

$$\lambda_M(F_j) = \int_{\widetilde{F}_j} \varphi_* \sqrt{|G|}\, dx \uparrow \int_{\widetilde{F}} \varphi_* \sqrt{|G|}\, dx = \int_{\varphi(A)} \varphi_* \sqrt{|G|}\, dx = \lambda_M(A) \ .$$

Folglich gilt

$$\lambda_M(A) = \sup\{ \lambda_M(K) \ ; \ K \subset A, \ K \text{ ist kompakt in } M \} \ . \tag{1.3}$$

Analog zeigt man

$$\lambda_M(A) = \inf\{ \lambda_M(O) \ ; \ O \supset A, \ O \text{ ist offen in } M \} \ . \tag{1.4}$$

(c) Es sei nun A eine beliebige Menge in $\mathcal{L}_M$. Dann zeigt der Beweis von Lemma 1.4, daß es eine disjunkte Folge (A_j) in $\mathcal{L}_M$ mit $A_j \subset U_j$ und $\bigcup_j A_j = A$ gibt. Gilt $\lambda_M(A_{j_0}) = \infty$ für ein $j_0 \in \mathbb{N}$, so folgt $\lambda_M(A) = \infty$. Außerdem zeigt dann (b), daß es zu jedem $\alpha > 0$ eine kompakte Menge K mit $K \subset A_{j_0} \subset A$ und $\lambda_M(K) > \alpha$ gibt. Hieraus folgt, daß (1.3) auch in diesem Fall richtig ist. Also gelte $\lambda_M(A_j) < \infty$ für $j \in \mathbb{N}$. Ferner seien $\alpha < \beta < \lambda_M(A)$. Dann gibt es ein N mit $\sum_{j=0}^N \lambda_M(A_j) > \beta > \alpha$. Gemäß (b) finden wir zu jedem j eine kompakte Teilmenge K_j von A_j mit $\lambda_M(K_j) > \lambda_M(A_j) - (\beta - \alpha)2^{-j-1}$. Dann ist $K := \bigcup_{j=0}^N K_j$ eine kompakte Teilmenge von A, und es gilt

$$\lambda_M(K) = \sum_{j=0}^N \lambda_M(K_j) > \sum_{j=0}^N \lambda_M(A_j) - (\beta - \alpha) \sum_{j=0}^N 2^{-j-1} > \beta - (\beta - \alpha) = \alpha \ .$$

Da dies für jedes $\alpha < \lambda_M(A)$ richtig ist, sehen wir, daß (1.3) auch in diesem Fall gilt.

Aus (b) folgt ebenfalls, daß es zu $\varepsilon > 0$ und $j \in \mathbb{N}$ eine offene Menge O_j mit $A \subset O_j \subset U_j$ und $\lambda_M(O_j) < \lambda_M(A_j) + \varepsilon 2^{-j-1}$ gibt. Dann ist $O := \bigcup_j O_j$ offen in M und erfüllt $O \supset A$ sowie

$$\lambda_M(O) \le \sum_j \lambda_M(O_j) < \sum_j \lambda_M(A_j) + \varepsilon = \lambda_M(A) + \varepsilon \ .$$

Dies zeigt, daß auch (1.4) gültig ist.

(d) Es sei $p \in M$, und (φ, U) sei eine Karte um p. Dann gibt es eine kompakte Umgebung K von p in M mit $K \subset U$. Da $\varphi(K)$ in $\bar{\mathbb{H}}^m$, also in $\mathbb{R}^m$, kompakt ist, folgt aus (1.1), der Stetigkeit von $\varphi_* \sqrt{|G|}$, Theorem X.5.1(i) und Korollar X.3.15(iii), daß $\varphi_* \sqrt{|G|}$ über $\varphi(K)$ integrierbar ist. Also ist $\lambda_M(K)$ endlich, was zeigt, daß λ_M lokal endlich ist. Somit ist es ein Radonmaß. ∎

Eigenschaften

Der nächste Satz charakterisiert die λ_M-Nullmengen.

1.6 Satz *Es sei $A \in \mathcal{L}_M$. Die folgenden Aussagen sind äquivalent:*

(i) $\lambda_M(A) = 0$;

(ii) $\lambda_m\big(\varphi(A \cap U)\big) = 0$ *für jede Karte (φ, U);*

(iii) $\lambda_m\big(\varphi(A \cap U)\big) = 0$ *für jede Karte eines abzählbaren Atlas von M.*

Beweis „(i)⇒(ii)" Wegen $A \cap U \in \mathcal{L}_M$ und $A \cap U \subset A$ folgt

$$0 = \lambda_M(A) \geq \lambda_M(A \cap U) = \int_{\varphi(A \cap U)} \varphi_* \sqrt{|G|} \, dx \ .$$

Da $\varphi_* \sqrt{|G|}$ stetig und punktweise strikt positiv ist, folgt $\lambda_m\big(\varphi(A \cap U)\big) = 0$ aus Bemerkung X.3.3(c).

„(ii)⇒(iii)" Dies ist klar.

„(iii)⇒(i)" Aus $\lambda_m\big(\varphi(A \cap U)\big) = 0$ und (1.1) folgt $\lambda_M(A \cap U) = 0$. Es sei $\big\{ (\varphi_j, U_j) \ ; \ j \in \mathbb{N} \big\}$ ein abzählbarer Atlas. Dann gilt $A = A \cap \bigcup_j U_j = \bigcup_j (A \cap U_j)$, und die Behauptung ergibt sich aus der σ-Subadditivität von λ_M. ∎

Dieser Satz zeigt, daß der Begriff der λ_M-Nullmenge unabhängig von der speziellen pseudo-Riemannschen Metrik ist. Deshalb nennen wir λ_M-Nullmengen einfach **Nullmengen** oder **Lebesguesche Nullmengen von** M.

Im folgenden Theorem stellen wir die wichtigsten Eigenschaften von Riemann-Lebesgueschen Maßen zusammen.

1.7 Theorem *Es sei (M, g) eine pseudo-Riemannsche Mannigfaltigkeit. Dann gelten die folgenden Aussagen:*

(i) *$(M, \mathcal{L}_M, \lambda_M)$ ist ein σ-kompakter vollständiger Maßraum.*

(ii) *λ_M ist ein regelmäßiges Radonmaß.*

(iii) *n-dimensionale Untermannigfaltigkeiten von M mit $n < m$ und ∂M sind Nullmengen in M.*

(iv) *Ist M eine m-dimensionale Untermannigfaltigkeit von $\mathbb{R}^m$, so gilt $\lambda_M = \lambda_m$.*

Beweis (i) Da M ein lokal kompakter metrischer und ein Lindelöfscher Raum ist, folgt die σ-Kompaktheit aus Bemerkung X.1.16(e). Nun folgt die Behauptung aus den Sätzen 1.5 und 1.6 sowie der Vollständigkeit des Lebesgueschen Maßes.

(ii) Es sei O offen in M und nicht leer. Ferner sei (φ, U) eine Karte mit $U \cap O \neq \emptyset$. Dann hat $\varphi(O \cap U)$ positives Lebesguesches Maß. Da $\varphi_* \sqrt{|G|}$ stetig und punktweise strikt positiv ist, folgt aus Bemerkung X.3.3(c)

$$\lambda_M(O) \geq \lambda_M(O \cap U) = \int_{\varphi(O \cap U)} \varphi_* \sqrt{|G|} \, dx > 0 \ .$$

Somit erhalten wir (ii) aus (i) und Satz 1.5.

(iii) Dies folgt aus Satz 1.6 und Beispiel IX.5.2.

(iv) Mit der trivialen Karte ergibt sich

$$\lambda_M(A) = \int_A dx = \lambda_m(A) \ , \qquad A \in \mathcal{L}_M \ ,$$

also die Behauptung. ∎

Integrierbarkeit

Es sei $E := (E, |\cdot|)$ ein Banachraum. Aufgrund von Theorem 1.7 steht uns die gesamte in den Paragraphen X.1–X.4 entwickelte Integrationstheorie zur Verfügung. Insbesondere sind die Räume $\mathcal{L}_p(M, \lambda_M, E)$ und $L_p(M, \lambda_M, E)$ für $p \in [1, \infty] \cup \{0\}$ definiert.

1.8 Satz *Für $f \colon M \to E$ sind die folgenden Aussagen äquivalent:*

(i) $f \in \mathcal{L}_0(M, \lambda_M, E)$;

(ii) $\varphi_* f \in \mathcal{L}_0\bigl(\varphi(U), E\bigr)$ *für jede Karte (φ, U) von M;*

(iii) $\varphi_* f \in \mathcal{L}_0\bigl(\varphi(U), E\bigr)$ *für jede Karte eines abzählbaren Atlas von M.*

Beweis „(i)⇒(ii)" Es sei f λ_M-meßbar. Nach Theorem X.1.4 ist dann f λ_M-fast separabelwertig und $\mathcal{L}_M$-meßbar. Aus Satz 1.6 und der Definition von $\mathcal{L}_M$ folgt nun leicht, daß $\varphi_* f \colon \varphi(U) \to E$ λ_m-fast separabelwertig und $\mathcal{L}_{\varphi(U)}$-meßbar ist. Folglich impliziert Theorem X.1.4, daß $\varphi_* f \in \mathcal{L}_0\bigl(\varphi(U), E\bigr)$ gilt.

„(ii)⇒(iii)" Dies ist trivial.

„(iii)⇒(i)" Es sei $\bigl\{ (\varphi_j, U_j) \ ; \ j \in \mathbb{N} \bigr\}$ ein abzählbarer Atlas von M, und es gelte $\varphi_{j*} f \in \mathcal{L}_0\bigl(\varphi_j(U_j), E\bigr)$ für $j \in \mathbb{N}$. Satz XI.1.20 garantiert die Existenz einer glatten Zerlegung der Eins $\{ \pi_j \ ; \ j \in \mathbb{N} \}$, welche der Überdeckung $\{ U_j \ ; \ j \in \mathbb{N} \}$ von M untergeordnet ist. Dann gehört $\varphi_{j*} \pi_j$ zu $C^\infty\bigl(\varphi_j(U_j)\bigr)$ für $j \in \mathbb{N}$. Somit folgt aus Bemerkung X.1.2(d)

$$\varphi_{j*}(\pi_j f) = (\varphi_{j*} \pi_j)(\varphi_{j*} f) \in \mathcal{L}_0\bigl(\varphi_j(U_j), E\bigr) \ , \qquad j \in \mathbb{N} \ .$$

Wie im ersten Teil des Beweises leiten wir hieraus $\pi_j f \in \mathcal{L}_0(M, \lambda_M, E)$ für $j \in \mathbb{N}$ ab. Wegen $f = \left(\sum_{j=1}^{\infty} \pi_j\right) f = \sum_{j=1}^{\infty} \pi_j f$ folgt nun die λ_M-Meßbarkeit von f aus Theorem X.1.14. ∎

Da λ_M ein regelmäßiges Radonmaß ist, ist die im Anschluß an Satz X.4.17 getroffene Vereinbarung gültig, was im nächsten Satz zu beachten ist.

1.9 Satz

(a) *Im Sinne von Untervektorräumen gilt:*

    (i) $C(M, E) \subset L_0(M, \lambda_M, E)$.

    (ii) $C_c(M, E)$ *ist dicht in* $L_p(M, \lambda_M, E)$ *für* $1 \leq p < \infty$.

(b) *Ist K eine kompakte Teilmenge von M, so gilt*

$$\left| \int_K f \, d\lambda_M \right| \leq \int_K |f| \, d\lambda_M \leq \|f\|_{C(K,E)} \, \lambda_M(K) \,, \qquad f \in C(M, E) \,,$$

Beweis Aufgrund von Theorem 1.7 folgt dies aus Theorem X.4.18(i) und Korollar X.3.15(iii). ∎

Wir zeigen nun, wie die Berechnung von $\int_M f \, d\lambda_M$ auf die Integration mittels lokaler Koordinaten zurückgeführt werden kann. Dazu betrachten wir zuerst den lokalen Fall.

1.10 Theorem Es seien (φ, U) eine Karte von M und $f \in \mathcal{L}_0(U, \lambda_M, E)$. Genau dann gehört f zu $\mathcal{L}_1(U, \lambda_M, E)$, wenn $(\varphi_* f) \varphi_* \sqrt{|G|}$ in $\mathcal{L}_1\big(\varphi(u), \lambda_m, E\big)$ liegt. In diesem Fall gilt

$$\int_U f \, d\lambda_M = \int_{\varphi(U)} (\varphi_* f) \varphi_* \sqrt{|G|} \, dx \,. \tag{1.5}$$

Beweis (i) Es sei $f = \chi_A$ für ein $A \in \mathcal{L}_M$ mit $A \subset U$. Dann gilt

$$\int_U f \, d\lambda_M = \int_A d\lambda_M = \int_{\varphi(A)} \varphi_* \sqrt{|G|} \, dx = \int_{\varphi(U)} (\varphi_* f) \varphi_* \sqrt{|G|} \, dx$$

wegen $\varphi_* f = \varphi_* \chi_A = \chi_{\varphi(A)}$. Nun folgt, daß (1.5) für einfache Funktionen richtig ist.

(ii) Es sei $f \in \mathcal{L}_1(U, \lambda_M, E)$. Dann gibt es eine $\mathcal{L}_1$-Cauchyfolge (f_j) einfacher Funktionen mit $f_j \to f$ λ_M-f.ü. und

$$\int_U f_j \, d\lambda_M \to \int_U f \, d\lambda_M \,. \tag{1.6}$$

Ferner ist $(\varphi_* f_j)$ eine Folge in $\mathcal{EF}(\varphi(U), E)$, und es gilt

$$(\varphi_* f_j) \varphi_* \sqrt{|G|} \to (\varphi_* f) \varphi_* \sqrt{|G|} \qquad \lambda_m\text{-f.ü. in } \varphi(U) \,.$$

Außerdem folgt aus der Gültigkeit von (1.5) für einfache Funktionen

$$\int_U |f_j - f_k| \, d\lambda_M = \int_{\varphi(U)} |\varphi_* f_j - \varphi_* f_k| \, \varphi_* \sqrt{|G|} \, dx = \int_{\varphi(U)} |h_j - h_k| \, dx$$

mit $h_j := \varphi_*\big(f_j \sqrt{|G|}\big)$. Also ist (h_j) eine $\mathcal{L}_1$-Cauchyfolge in $F := \mathcal{L}_1\big(\varphi(U), E\big)$. Wegen Theorem X.2.10(ii) finden wir ein $h \in F$ mit $h_j \to h$ in F. Dann folgt aus Theorem X.2.18(i), daß es eine Teilfolge $(h_{j_k})_{k \in \mathbb{N}}$ von (h_j) gibt mit $h_{j_k} \to h$ λ_m-f.ü. für $k \to \infty$. Da $f_j \to f$ λ_M-f.ü. impliziert, daß $h_j \to \varphi_*\big(f\sqrt{|G|}\big)$ λ_m-f.ü. gilt, finden wir, daß h λ_m-f.ü. mit $\varphi_*\big(f\sqrt{|G|}\big)$ übereinstimmt. Nun ergibt Theorem X.2.18(ii)

$$\int_U f_j \, d\lambda_M = \int_{\varphi(U)} h_j \, dx \to \int_{\varphi(U)} \varphi_*\big(f\sqrt{|G|}\big) \, dx \ .$$

Somit folgt die Behauptung aus (1.6). ∎

Wir behandeln nun den allgemeinen Fall. Dazu führen wir die auch im folgenden nützliche Sprechweise ein: Es seien $\big\{ (\varphi_j, U_j) \ ; \ j \in \mathbb{N} \big\}$ ein abzählbarer Atlas für M und $\{ \pi_j \ ; \ j \in \mathbb{N} \}$ eine glatte Zerlegung der Eins, welche der Überdeckung $\{ U_j \ ; \ j \in \mathbb{N} \}$ von M untergeordnet ist. Dann nennen wir $\big\{ (\varphi_j, U_j, \pi_j) \ ; \ j \in \mathbb{N} \big\}$ **Lokalisierungssystem** für M. Die Existenz solcher Systeme wird durch Satz XI.1.20 gesichert.

1.11 Satz *Es sei $\big\{ (\varphi_j, U_j, \pi_j) \ ; \ j \in \mathbb{N} \big\}$ ein Lokalisierungssystem für M. Genau dann gehört $f \in \mathcal{L}_0(M, \lambda_M, E)$ zu $\mathcal{L}_1(M, \lambda_M, E)$, wenn $\pi_j f$ für jedes $j \in \mathbb{N}$ in $\mathcal{L}_1(U_j, \lambda_M, E)$ liegt und*

$$\sum_{j=0}^{\infty} \int_{U_j} \pi_j \, |f| \, d\lambda_M < \infty \tag{1.7}$$

gilt. In diesem Fall besteht die Gleichung

$$\int_M f \, d\lambda_M = \sum_{j=0}^{\infty} \int_{U_j} \pi_j f \, d\lambda_M \ . \tag{1.8}$$

Beweis (i) Es sei $f \in \mathcal{L}_1(M, \lambda_M, E)$. Dann gelten $f = \big(\sum_{j=0}^{\infty} \pi_j\big) f = \sum_{j=0}^{\infty} \pi_j f$ mit punktweiser Konvergenz, sowie

$$|\pi_k f| \le \sum_{j=0}^{n} |\pi_j f| = \sum_{j=0}^{n} \pi_j \, |f| \le |f| \ , \qquad 0 \le k \le n < \infty \ .$$

Also folgt $\pi_k f \in \mathcal{L}_1(U_k, \lambda_M, E)$ wegen $\mathrm{supp}(\pi_k) \subset\subset U_k$. Die Theoreme X.3.9 und 1.10 sowie der Satz von Lebesgue implizieren nun (1.7) und (1.8).

(ii) Es gelte $\pi_j f \in \mathcal{L}_1(U_j, \lambda_M, E)$ für $j \in \mathbb{N}$ sowie (1.7). Mit $h_n := \sum_{j=0}^{n} \pi_j f$ für $n \in \mathbb{N}$ folgt

$$\int_M |h_j - h_k| \, d\lambda_M \leq \sum_{i=j+1}^{k} \int_{U_i} \pi_i |f| \, d\lambda_M \,, \qquad 0 \leq j < k < \infty \,.$$

Somit ist (h_j) eine $\mathcal{L}_1$-Cauchyfolge in $\mathcal{L}_1(M, \lambda_M, E)$. Da (h_j) punktweise gegen f konvergiert, folgt aus der Vollständigkeit von $\mathcal{L}_1(M, \lambda_M, E)$ und Theorem X.2.18, daß f bezüglich des Maßes λ_M integrierbar ist. ∎

1.12 Bemerkung (Regularität) Offensichtlich bleiben alle obigen Definitionen und Sätze richtig, wenn M eine C^1-Mannigfaltigkeit ist. ∎

Berechnung einiger Volumina

Satz 1.11 kommt natürlich hauptsächlich theoretische Bedeutung zu. In praktischen Fällen ist man oft in der angenehmen Situation, daß M bis auf eine Nullmenge durch eine einzige Karte beschrieben werden kann. In diesem Fall kann Theorem 1.10 verwendet werden. In den folgenden Beispielen betrachten wir solche Fälle im Spezialfall $f = 1$.

1.13 Beispiele Falls nichts anderes gesagt wird, verwenden wir die Standardmetrik auf M.

(a) (Kurven) Es sei $\gamma : J \to \mathbb{R}^m$ eine Einbettung des perfekten Intervalls $J \subset \mathbb{R}$. Dann ist $M := \gamma(J)$ eine eingebettete Kurve in $\mathbb{R}^m$, und $\mathrm{vol}(M) = L(M)$, wobei L die Bogenlänge bezeichnet. Allgemeiner gilt für $f \in \mathcal{L}_1(M, \lambda_M, E)$

$$\int_M f \, d\lambda_M = \int_J (f \circ \gamma) \, |\dot{\gamma}| \, dt \,.$$

In diesem Fall setzt man $ds := \sqrt{G} \, dt$ und nennt ds **Bogenlängenelement**, was durch Theorem VIII.1.7 motiviert ist.

Beweis Dies folgt aus Beispiel XI.5.3(e) und Theorem VIII.1.7. ∎

(b) (Graphen) Es seien X offen in $\mathbb{R}^m$ und $f \in C^\infty(X, \mathbb{R})$. Dann gilt[1]

$$\mathrm{vol}\big(\mathrm{graph}(f)\big) = \int_X \sqrt{1 + |\nabla f|^2} \, dx \,.$$

Beweis Beispiel XI.5.3(d). ∎

(c) (Sphären) Es seien $m \in \mathbb{N}^\times$ und $r > 0$. Dann gilt

$$r \, \mathrm{vol}(r S^m) = (m+1) \, \mathrm{vol}(r \mathbb{B}^{m+1}) \,,$$

insbesondere: $\mathrm{vol}(r S^1) = 2\pi r$, $\mathrm{vol}(r S^2) = 4\pi r^2$ und $\mathrm{vol}(r S^3) = 2\pi^2 r^3$.

---

[1] Vgl. Beispiel VIII.1.9(a).

Beweis Aus Bemerkung IX.5.26(b) wissen wir, daß

$$\operatorname{vol}(r\mathbb{B}^{m+1}) = r^{m+1}\operatorname{vol}(\mathbb{B}^{m+1})\tag{1.9}$$

gilt. Wegen Beispiel VIII.1.9(c) können wir somit $m \geq 2$ voraussetzen. Es seien

$$h_\pm : \mathbb{B}_r^m \to \mathbb{R}\ ,\quad x \mapsto \pm\sqrt{r^2 - |x|^2}$$

die Parametrisierung der oberen bzw. unteren offenen Halbsphäre $rS_\pm^m$. Hierfür finden wir $\nabla h_\pm(x) = -x/h_\pm(x)$, also $|\nabla h_\pm(x)|^2 = |x|^2/(r^2 - |x|^2)$ für $x \in r\mathbb{B}^m$. Somit folgt aus (b) und dem Transformationssatz

$$\operatorname{vol}(rS_\pm^m) = \int_{r\mathbb{B}^m}\sqrt{r^2/(r^2 - |x|^2)}\,dx = r^m\int_{\mathbb{B}^m}\sqrt{1/(1 - |y|^2)}\,dy = r^m\operatorname{vol}(S_\pm^m)\ .$$

Wegen $S^m = S_+^m \cup S_-^m \cup S^{m-1}$, wobei S^{m-1} mit der „Äquatorsphäre" $S^{m-1} \times \{0\}$ von S^m identifiziert wird, und wegen $\lambda_{S^m}(S^{m-1}) = 0$ folgt somit

$$\operatorname{vol}(rS^m) = r^m\operatorname{vol}(S^m)\ .\tag{1.10}$$

Aufgrund von (1.9) und (1.10) genügt es,

$$\operatorname{vol}(S^m) = (m + 1)\operatorname{vol}(\mathbb{B}^{m+1})$$

zu zeigen.

Wir verwenden die Parametrisierung $h_m : W_m \to \mathbb{R}^{m+1}$ von $S^m \setminus H_m$, die wir in Beispiel XI.5.5(h) betrachtet haben und bezeichnen mit ψ die zugehörige Karte. Dann lesen wir aus der dort angegebenen Formel für g_{S^m} ab (da die Fundamentalmatrix Diagonalgestalt hat), daß gilt

$$\psi_*G = \prod_{k=0}^{m-1}a_{m+1,k} = \prod_{k=0}^{m-1}\prod_{i=k+1}^{m-1}\sin^2\vartheta_i = w_{m+1}^2(\vartheta)$$

mit

$$w_{m+1}(\vartheta) := \sin\vartheta_1\sin^2\vartheta_2\cdot\ \cdots\ \cdot\sin^{m-1}\vartheta_{m-1}\ ,\qquad \vartheta = (\vartheta_1,\dots,\vartheta_{m-1}) \in [0,\pi]^{m-1}\ .$$

Wegen $W_m = (0,2\pi) \times (0,\pi)^{m-1}$, Beispiel X.8.10(c) und des Satzes von Fubini erhalten wir

$$\lambda_{S^m}(S^m \setminus H_m) = \int_{W_m}\psi_*\sqrt{G}\,d(\varphi,\vartheta) = 2\pi\int_{(0,\pi)^{m-1}}w_{m+1}(\vartheta)\,d\vartheta = (m+1)\omega_{m+1}$$

mit $\omega_{m+1} := \operatorname{vol}(\mathbb{B}^{m+1})$. Da $S^m \cap H_m$ eine Nullmenge von S^m ist, folgt die Behauptung. ∎

(d) (Schraubenfläche) Es seien $0 \leq \alpha < \beta < \infty$ und $a \geq 0$ sowie $T > 0$. Ferner sei

$$h : (\alpha,\beta) \times (0,T) \to \mathbb{R}^3$$

durch

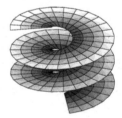

$$h(s,t) := (s\cos t, s\sin t, at)$$

bestimmt. Dann ist h eine Parametrisierung einer Schraubenfläche F, die dadurch entsteht, daß ein zur Zeit $t = 0$ auf der x-Achse liegender, das Intervall (α,β) ausfüllender „Stab" mit der Winkelgeschwindigkeit 1 um die z-Achse rotiert und sich gleichzeitig mit der

Geschwindigkeit a nach oben bewegt. Hierfür gilt

$$\operatorname{vol}(F) = \frac{T}{2}\left[s\sqrt{s^2 + a^2} + a^2 \log\left(s + \sqrt{s^2 + a^2}\right)\right]\Big|_\alpha^\beta .$$

Insbesondere erhalten wir für $\alpha = 0$, $\beta = 1$ und $T = 2\pi$, d.h. für eine Umdrehung eines Stabes der Länge 1 um einen seiner Endpunkte,

$$\operatorname{vol}(F) = \pi\left[\sqrt{1 + a^2} + a^2 \log\left(1 + \sqrt{1 + a^2}\right) - a^2 \log a\right]$$
$$= \pi\left[\sqrt{1 + a^2} + a^2 \log\left(\sqrt{1 + 1/a^2} + 1/a\right)\right] .$$

Für $a = 0$ erhält man die Einheitskreisscheibe mit Flächeninhalt π, während für $a > 0$ stets $\operatorname{vol}(F) > \pi$ gilt, was natürlich auch mit der Anschauung übereinstimmt.

Beweis Eine einfache Rechnung zeigt, daß $\varphi_* \sqrt{G} = \sqrt{s^2 + a^2}$ gilt, wobei φ die zu h gehörige Karte ist, d.h., $h = i \circ \varphi^{-1}$. Wegen

$$\left[s\sqrt{s^2 + a^2} + a^2 \log\left(s + \sqrt{s^2 + a^2}\right)\right]^{\cdot} = 2\sqrt{s^2 + a^2}$$

folgt die Behauptung aus dem Satz von Fubini. ∎

(e) Für das Volumen der Kreisscheibe $R\mathbb{B}^2$ in der hyperbolischen Ebene H^2 gilt

$$\operatorname{vol}_{g_{H^2}}(R\mathbb{B}^2) = 2\pi\left(\sqrt{1 + R^2} - 1\right) .$$

Für große R verhält sich dieser Ausdruck näherungsweise wie $2\pi R$, während im euklidischen Fall das Volumen wie R^2 wächst.

Beweis Aus Beispiel XI.5.5(k) wissen wir, daß bezüglich Polarkoordinaten gilt

$$g_{H^2} = \frac{(dr)^2}{1 + r^2} + r^2(d\varphi)^2 .$$

Hieraus lesen wir

$$\omega_{H^2} = \frac{r}{\sqrt{1 + r^2}}\, dr \wedge d\varphi$$

ab. Da eine einpunktige Teilmenge von H^2 eine Nullmenge ist, folgt

$$\operatorname{vol}_{g_{H^2}}(R\mathbb{B}^2) = \int_0^R \int_0^{2\pi} \frac{r}{\sqrt{1 + r^2}}\, dr\, d\varphi = 2\pi \int_0^R \frac{r\, dr}{\sqrt{1 + r^2}} ,$$

also die Behauptung. ∎

Aufgaben

1 Es seien N eine m-dimensionale Mannigfaltigkeit und $f \in \operatorname{Diff}^1(M, N)$. Man zeige: $A \in \mathcal{L}_M \Longleftrightarrow f(A) \in \mathcal{L}_N$.

2 Man bestimme ω_M für das Hyperboloid $H := \{ (x,y,z) \in \mathbb{R}^3 \; ; \; x^2 + y^2 - z^2 = 1 \}$ bezüglich der Standardmetrik und der Parametrisierung

$$(t,\varphi) \mapsto (\cosh t \cos \varphi, \cosh t \sin \varphi, \sinh t) \; .$$

Ferner berechne man das Volumen des Teils von H, für den gilt $0 < z < 1$.

3 Es sei $Z := S^1 \times (-1,1)$ ein gerader Kreiszylinder in $\mathbb{R}^3$. Man berechne $\int_Z |x|^2 \, d\lambda_Z$.

4 Es ist das Integral $\int_{S^2} x^2 y^2 z^2 \, d\lambda_{S^2}$ zu berechnen.

5 Der durch den Zylinder

$$Z_R := \{ (x,y,z) \in \mathbb{R}^3 \; ; \; x^2 + y^2 = Rx \}$$

aus dem Ball $R\mathbb{B}^3$ herausgeschnittene Teil heißt **Vivianischer Körper** V_R.
Man zeige:

(i) $\mathrm{vol}(V_R) = 2(\pi - 4/3)R^3/3$.

(ii) Der Inhalt des durch Z_R aus RS^2 herausgeschnittenen Teils D_R (obere und untere Deckfläche von V_R) ist gleich $4R^2(\pi/2 - 1)$.

6 Man zeige, daß gilt: $\mathrm{vol}(M \times N) = \mathrm{vol}(M)\,\mathrm{vol}(N)$, falls N eine n-dimensionale unberandete Mannigfaltigkeit ist.

7 Es seien $\gamma : [0,1] \to (0,\infty) \times \mathbb{R}$, $t \mapsto (\rho(t), \sigma(t))$ eine glatte Einbettung, $i : S^1 \hookrightarrow \mathbb{R}^2$ sowie

$$f : S^1 \times [0,1] \to \mathbb{R}^3 \; , \quad (q,t) \mapsto (\rho(t)i(q), \sigma(t)) \; .$$

Schließlich bezeichne $Z_\gamma^2 := f(S^1 \times [0,1])$ die von γ in $\mathbb{R}^3$ erzeugte Rotationsfläche. Man zeige:

$$\mathrm{vol}(Z_\gamma^2) = 2\pi \int_0^1 \rho(t) \, |\gamma'(t)| \, dt \; .$$

8 Es sei $E_{a,b}$ ein Rotationsellipsoid in $\mathbb{R}^3$ mit den Halbachsen $a \geq b > 0$. Außerdem sei $k := \sqrt{a^2 - b^2}/a$. Dann gilt[2]

$$\mathrm{vol}(E_{a,b}) = 4\pi ab \int_0^{\pi/2} \sqrt{1 - k^2 \sin t} \, dt \; .$$

9 Man zeige, daß für die Torusfläche $\mathsf{T}_{a,1}^2$ mit $a > 1$ gilt: $\mathrm{vol}(\mathsf{T}_{a,1}^2) = 4\pi^2 a$.

10 Es seien $\alpha \in (1/2, 1]$ und $r(x) := x^{-\alpha}$ für $x \geq 1$. Man zeige, daß das Volumen des Rotationskörpers

$$\{ (x,y,z) \in [1,\infty) \times \mathbb{R}^2 \; ; \; y^2 + z^2 \leq r^2(x) \}$$

endlich, seine Oberfläche aber unendlich groß ist.

---

[2]Vergleiche Bemerkung VIII.2.3(b).

11 Es seien $\mathbb{H}^2 := \left\{ (x,y) \in \mathbb{R}^2 \; ; \; y > 0 \right\}$ und $i : S^1 \hookrightarrow \mathbb{R}^2$. Außerdem sei M eine kompakte Untermannigfaltigkeit von $\mathbb{H}^2$ mit $\dim(M) = 2$. Dann ist

$$R_M := \left\{ (x,u) \in \mathbb{R} \times \mathbb{R}^2 \; ; \; (x,|u|) \in M \right\} \subset \mathbb{R}^3$$

der durch Drehung von M um die x-Achse entstandene Rotationskörper.

Man zeige:

(a) $R_M \to M \times S^1$, $(x,u) \mapsto \big((x,|u|), u/|u|\big)$ ist ein Diffeomorphismus, und

$$M \times S^1 \to R_M , \quad \big((x,y),\sigma\big) \mapsto \big(x, y\, i(\sigma)\big)$$

ist seine Umkehrabbildung („Zylinderkoordinaten").

(b) $\mathrm{vol}(R_M) = 2\pi \int_M y \, d\lambda_M$.

(c) Es gilt die **erste Guldinsche Regel**:

$$\mathrm{vol}(R_M) = 2\pi S_2(M)\, \mathrm{vol}(M) ,$$

wobei $S_2(M)$ die zweite Koordinate des Schwerpunktes $S(M)$ von M, also den Abstand des Schwerpunktes von der Drehachse, bezeichnet (vgl. Aufgabe X.6.4), d.h., *das Volumen des Rotationskörpers ist gleich dem Produkt aus dem Flächeninhalt eines Meridianschnittes und der Länge des Weges, den der Schwerpunkt bei einer vollen Umdrehung durchläuft.*

12 Es gelten die Bezeichnungen von Aufgabe 11, aber nun sei $\dim(M) = 1$. Man zeige:

(a) Die Aussagen (a) und (b) jener Aufgabe gelten ebenfalls.[3]

(b) Mit dem **Schwerpunkt**

$$S(M) := \frac{1}{\mathrm{vol}(M)} \int_M i \, d_{\mathbb{R}^3} \, d\lambda_M \in \mathbb{R}^3$$

gilt die **zweite Guldinsche Regel**:

$$\mathrm{vol}(R_M) = 2\pi S_2(M)\, \mathrm{vol}(M) ,$$

d.h., *der Inhalt der Rotationsfläche ist gleich dem Produkt aus der Länge eines Meridianschnittes und der Länge des Weges, den der Schwerpunkt dieses Schnittes bei einer vollen Umdrehung zurücklegt.*

13 Man bestimme den Schwerpunkt der Halbkreisscheibe $R\bar{\mathbb{B}}^2 \cap \mathbb{H}^2$. (Hinweis: Aufgabe 12.)

14 Es seien N eine pseudo-Riemannsche Mannigfaltigkeit und $\varphi \in \mathrm{Diff}(M,N)$. Ferner seien E ein Banachraum und $p \in [1,\infty]$. Für $f \in E^N$ sei $\mathcal{J}_\varphi f \in E^M$ durch

$$\mathcal{J}_\varphi f(s) := \varphi^* f(s) \det T_s \varphi , \qquad s \in M ,$$

erklärt. Man beweise die folgenden Aussagen:

(a) $\mathcal{J}_\varphi$ bildet $\mathcal{L}_p(N, d\lambda_N, E)$ linear und stetig in $\mathcal{L}_p(M, d\lambda_M, E)$ ab.

---

[3]Vgl. Aufgabe 7.

(b) Für $f \in \mathcal{L}_0(N, d\lambda_N, E)$ sind die Aussagen

(i) $f = 0$ λ_N-f.ü;

(ii) $\mathcal{J}_\varphi f = 0$ λ_M-f.ü;

äquivalent.

(c) Es sei $J_\varphi[f] := [\mathcal{J}_\varphi f]$ für $[f] \in L_p(N, d\lambda_N, E)$. Dann ist $J_\varphi[f]$ in $L_p(M, d\lambda_M, E)$ wohldefiniert, und J_φ bildet $L_p(N, d\lambda_N, E)$ isometrisch isomorph auf $L_p(M, d\lambda_M, E)$ ab.

15   Für $p \in [1, \infty]$ gebe man einen isometrischen Isomorphismus von $L_p\big((0, \infty) \times S^{n-1}\big)$ auf $L_p(\mathbb{R}^n)$ an.

16   Für $f \in \mathcal{L}_0(\mathbb{R}^n)$ und $s \in S^{n-1}$ sei die Funktion $T_0 f(s) : (0, \infty) \to \mathbb{R}$ durch

$$T_0 f(s)(r) := f(rs) r^{n-1} \ , \qquad r \in (0, \infty) \ ,$$

erklärt. Ferner sei $p \in [1, \infty)$. Man zeige:

(a) Für $f \in \mathcal{E}_c(\mathbb{R}^n)$ gehört $T_0 f$ zu $\mathcal{L}_0\big(S^{n-1}, L_p(0, \infty)\big)$.

(b) Es sei $f \in \mathcal{E}_c(\mathbb{R}^n)$. Dann gehört die Klasse $[T_0 f]$ von $T_0 f$ zu $L_p\big(S^{n-1}, L_p(0, \infty)\big)$.

(c) Es gibt eine eindeutig bestimmte Erweiterung

$$T \in \mathcal{L}\mathrm{is}\big(L_p(\mathbb{R}^n), L_p\big(S^{n-1}, L_p(0, \infty)\big)\big)$$

von $\mathcal{E}_c(\mathbb{R}^n) \to L_p\big(S^{n-1}, L_p(0, \infty)\big)$, $f \mapsto [T_0 f]$, und T ist eine Isometrie.
(Hinweis: Man studiere die Beweise von Lemma X.6.20 und Theorem X.6.22.)

2 Integration von Differentialformen

In Paragraph VIII.4 haben wir Kurvenintegrale eingeführt und auch gesehen, welch große Bedeutung ihnen zukommt. In einem Kurvenintegral wird eine 1-Form über eine orientierte Kurve, also über eine 1-dimensionale Mannigfaltigkeit, integriert. In diesem Paragraphen führen wir höherdimensionale Analoga, nämlich Integrale von m-Formen über orientierte m-dimensionale Mannigfaltigkeiten, ein.

Nachdem wir die Grundbegriffe kennengelernt haben, beweisen wir Verallgemeinerungen des Transformationssatzes sowie den Satz von Fubini für Differentialformen. Anhand von Beispielen zeigen wir, wie diese Rechenregeln und Sätze in konkreten Fällen angewendet werden können.

Schließlich diskutieren wir Flüsse auf Mannigfaltigkeiten und beweisen das wichtige Transporttheorem. Letzteres ist nicht nur in der Kontinuumsmechanik von großer Bedeutung, sondern liefert uns auch eine geometrische Interpretation der Divergenz eines Vektorfeldes.

In diesem Paragraphen sind

- M und N m- bzw. n-dimensionale orientierte Mannigfaltigkeiten mit $m, n \in \mathbb{N}^{\times}$.

Integrale von m-Formen

Es seien g eine pseudo-Riemannsche Metrik auf M, ω_M das Volumenelement und λ_M das zugehörige Riemann-Lebesguesche Volumenmaß. Ist ω eine m-Form auf M, so gibt es, wegen $\dim(\bigwedge^m T_p^* M) = 1$ für $p \in M$, genau ein $f \in \mathbb{R}^M$ mit $\omega = f\omega_M$. Dann heißt die m-Form ω auf (M, g) **integrierbar**, wenn f λ_M-integrierbar ist, d.h., wenn f zu $\mathcal{L}_1(M, \lambda_M)$ gehört. In diesem Fall setzt man

$$\int_M \omega := \int_M f \, d\lambda_M \tag{2.1}$$

und nennt $\int_M \omega$ **Integral der m-Form ω über M.**

2.1 Bemerkungen (a) (Lokale Darstellung) Es sei (φ, U) eine positive Karte von M mit $\varphi = (x^1, \ldots, x^m)$. Die m-Form $\omega := a \, dx^1 \wedge \cdots \wedge dx^m$ ist genau dann über U integrierbar, wenn $\varphi_* a$ zu $\mathcal{L}_1(\varphi(U))$ gehört. Ist dies der Fall, so gilt

$$\int_U \omega = \int_U a \, dx^1 \wedge \cdots \wedge dx^m = \int_{\varphi(U)} \varphi_* a \, dx = \int_{\varphi(U)} \varphi_* \omega \ . \tag{2.2}$$

Beweis Aus $\omega_U = \sqrt{|G|} \, dx^1 \wedge \cdots \wedge dx^m$ folgt $\omega = (a/\sqrt{|G|})\omega_U$. Also ist ω genau dann integrierbar, wenn $a/\sqrt{|G|}$ zu $\mathcal{L}_1(U, \lambda_M)$ gehört. Wegen Theorem 1.10 ist dies genau dann der Fall, wenn

$$\varphi_* a = \varphi_* \big(a/\sqrt{|G|} \big) \varphi_* \sqrt{|G|} \in \mathcal{L}_1 \big(\varphi(U) \big) \ .$$

Nun folgt die Behauptung aus (1.5) und (2.1). ∎

(b) (Reduktion auf lokale Darstellungen) Es seien ω eine m-Form auf M und $\big\{ (\varphi_j, U_j, \pi_j) \ ; \ j \in \mathbb{N} \big\}$ ein Lokalisierungssystem für M mit lauter positiven Karten, ein **positives Lokalisierungssystem**. Für $j \in \mathbb{N}$ seien $a_j \, dx_j^1 \wedge \cdots \wedge dx_j^m$ die lokale Darstellung von $\omega \,|\, U_j$ bezüglich der Karte (φ_j, U_j) und $\omega_j := \pi_j \omega \,|\, U_j$. Genau dann ist ω über M integrierbar, wenn gilt

$$\sum_{j=0}^{\infty} \int_{U_j} \pi_j \, |a_j| \, dx_j^1 \wedge \cdots \wedge dx_j^m = \sum_{j=0}^{\infty} \int_{\varphi_j(U_j)} \varphi_{j*} \big(\pi_j \, |a_j| \big) \, dx < \infty \ . \qquad (2.3)$$

Ist (2.3) erfüllt, so besteht die Gleichung

$$\int_M \omega = \sum_{j=0}^{\infty} \int_{U_j} \omega_j \ . \qquad (2.4)$$

Beweis Dies folgt aus (a) und (dem Beweis von) Satz 1.11. ∎

(c) Jede stetige m-Form auf M mit kompaktem Träger ist über M integrierbar.

Beweis Es sei ω eine stetige m-Form mit kompaktem Träger. Dann gibt es ein positives Lokalisierungssystem $\big\{ (\varphi_j, U_j, \pi_j) \ ; \ j \in \mathbb{N} \big\}$ und ein $k \in \mathbb{N}$ mit

$$\operatorname{supp}(\pi_j) \cap \operatorname{supp}(\omega) = \emptyset \ , \qquad j > k \ .$$

Folglich reduzieren sich die Reihen in (2.3) auf endliche Summen, und für $j \in \mathbb{N}$ gilt $\pi_j \, |a_j| \in C_c(U_j)$. Satz 1.9(b) impliziert die Integrierbarkeit dieser Funktionen. ∎

(d) Aus (a) und (b) sehen wir, daß das Integral einer m-Form auf M unabhängig ist von der speziellen pseudo-Riemannschen Metrik. Wir können also ohne Beschränkung der Allgemeinheit stets die Standardmetrik zugrunde legen. In der Tat benötigen wir überhaupt keine Metrik für die Integration von Differentialformen. Wir können nämlich $\int_M \omega$ durch die Formeln (2.2)–(2.4) *definieren*. Zu diesem Zweck wird nur das Lebesguesche Integral in $\mathbb{R}^m$ verwendet. Aus den obigen Betrachtungen, für die wir irgendeine Riemannsche Metrik, beispielsweise die Standardmetrik, zugrunde legen können, folgt, daß diese Definitionen sinnvoll, d.h. unabhängig von dem speziellen Lokalisierungssystem, sind. Somit ist insbesondere das Integral einer stetigen m-Form mit kompaktem Träger über eine beliebige[1] orientierte m-dimensionale Mannigfaltigkeit definiert.

---

[1]Diese Tatsache ist von Bedeutung, wenn man abstrakte Mannigfaltigkeiten betrachtet. Man zeigt, daß auf solchen Mannigfaltigkeiten stets Riemannsche Metriken existieren.

(e) (Linearität) Es sei $\Omega_c^m(M)$ die Menge aller glatten m-**Formen** auf M **mit kompaktem Träger**. Insbesondere ist $\mathcal{E}_c(M) := \Omega_c^0(M)$. Dann ist $\Omega_c^m(M)$ ein $\mathcal{E}(M)$-Untermodul von $\Omega^m(M)$, und

$$\int_M : \Omega_c^m(M) \to \mathbb{R} \ , \quad \omega \mapsto \int_M \omega$$

ist wohldefiniert und $\mathbb{R}$-linear.

Beweis Die erste Aussage ist offensichtlich. Wegen (c) ist die angegebene Abbildung wohldefiniert, und ihre Linearität folgt aus der Linearität des Integrals bezüglich λ_M. ∎

(f) (Orientierbarkeit) Das Integral von m-Formen ist **orientiert**, d.h., wird die Orientierung von M umgekehrt, so ändert sich das Vorzeichen:

$$\int_{(M,-\mathcal{O}r)} \omega = - \int_M \omega \ .$$

Beweis Dies folgt aus $\omega_{(M,-\mathcal{O}r)} = -\omega_M$. ∎

(g) Die m-Form ω auf M ist genau dann integrierbar, wenn $\chi_A \omega$ für jedes $A \in \mathcal{L}_M$ integrierbar ist. In diesem Fall setzen wir

$$\int_A \omega := \int_M \chi_A \omega \ , \qquad A \in \mathcal{L}_M \ .$$

Beweis Dies folgt leicht aus (a) und (b). ∎

(h) (Regularität) Es genügt anzunehmen, M sei eine C^1-Mannigfaltigkeit. ∎

Es sei (M, g) eine pseudo-Riemannsche Mannigfaltigkeit. Für $A \in \mathcal{L}_M$ gelte $\lambda_M(A) < \infty$. Dann ist $\chi_A \omega_M$ eine integrierbare m-Form auf M, und

$$\lambda_M(A) = \int_A \omega_M \ . \tag{2.5}$$

Ist $\lambda_M(A) = \infty$, so setzen wir $\int_A \omega_M := \infty$. Mit dieser Definition gilt (2.5) für jedes $A \in \mathcal{L}_M$.

Restriktionen auf Untermannigfaltigkeiten

Es sei M eine Untermannigfaltigkeit von N, oder M sei die Berandung ∂N von N, und $i : M \hookrightarrow N$ bezeichne die natürliche Einbettung. Ferner sei ω eine m-Form auf N, und $\omega | M = i^* \omega$ sei integrierbar über M. Dann setzt man

$$\int_M \omega := \int_M i^* \omega \ . \tag{2.6}$$

2.2 Bemerkungen Es seien (φ, U) mit $\varphi = (x^1, \ldots, x^m)$ eine positive Karte von M und $h := i \circ \varphi^{-1}$.

(a) Für die m-Form ω auf N gilt

$$\int_U \omega = \int_{\varphi(U)} h^*\omega \ ,$$

falls $\omega | U$ integrierbar ist.

Beweis Aus (2.6) und Bemerkung 2.1(a) folgt

$$\int_U \omega = \int_U i^*\omega = \int_{\varphi(U)} \varphi_* i^*\omega = \int_{\varphi(U)} (\varphi^{-1})^* i^*\omega = \int_{\varphi(U)} (i \circ \varphi^{-1})^*\omega = \int_{\varphi(U)} h^*\omega \ ,$$

also die Behauptung. ∎

(b) (Kurvenintegrale) Es sei $X := N$ offen in $\mathbb{R}^n$, und $\omega := \sum_{j=1}^n a_j \, dx^j \in \Omega^1(X)$. Ferner sei $m = 1$. Dann ist

$$\int_M \omega = \int_M a_1 \, dx^1 + \cdots + a_n \, dx^n$$

ein Kurvenintegral.

Beweis Dies folgt aus Paragraph VIII.4 (durch eine offensichtliche Erweiterung der dortigen Resultate auf nichtkompakte Kurven) und Theorem XI.1.18. ∎

(c) (Vektorielle Linienelemente) Es seien X offen in $\mathbb{R}^n$ und $m = 1$. In der physikalischen Literatur schreibt man $\omega := \sum_{j=1}^n a_j \, dx^j \in \Omega^1(X)$ oft als formales inneres Produkt $\vec{a} \cdot \vec{ds}$ des Vektorfeldes $\vec{a} := (a_1, \ldots, a_n)$ und des **vektoriellen Linienelementes**[2] $\vec{ds} := (dx^1, \ldots, dx^n)$. Dann gilt

$$\int_M \omega = \int_M \vec{a} \cdot \vec{ds} \ .$$

Es sei $J := \varphi(U)$. Dann ist J ein offenes Intervall in $\mathbb{R}$. Da M eindimensional und orientiert ist, gibt es für $p \in M$ genau einen **positiven Tangenteneinheitsvektor** $\mathsf{t}(p)$ von M in p, d.h. genau ein $\mathsf{t}(p) = \sum_j t^j e_j \in T_p M$ mit $|\mathsf{t}(p)| = 1$ und $\omega_M(p)(\mathsf{t}(p)) = 1$. Mit $t := \varphi(p) \in J$ gilt $(\varphi_* t^j)(t) = \dot{h}^j(t)/|\dot{h}(t)|$. Also folgt aus (a), Beispiel 1.13(a) und Theorem 1.10

$$\int_U \omega = \int_{\varphi(U)} h^*\omega = \int_J \sum_{j=1}^n (a_j \circ \varphi^{-1}) \dot{h}^j \, dt = \int_{\varphi(U)} \sum_{j=1}^n \varphi_* a_j \, \varphi_* t^j \, |\dot{h}| \, dt$$

$$= \int_{\varphi(U)} \varphi_* (\Theta^{-1}\omega | \mathsf{t}) \varphi_* \sqrt{G} \, dt = \int_U (\Theta^{-1}\omega | \mathsf{t}) \, ds \ .$$

---
[2]Vgl. Bemerkung VIII.4.10(b).

Folglich gilt

$$\int_M \vec{a} \cdot \vec{ds} = \int_M (\vec{a} \,|\, \mathfrak{t}) \, ds \;,$$

was auch durch $\vec{ds} = \mathfrak{t} \, ds$ ausgedrückt wird.

(d) (Flächen im Raum) Es sei $m = 2$, und N sei offen in $\mathbb{R}^3$. Ferner seien (x, y, z) die euklidischen Koordinaten von $\mathbb{R}^3$ und

$$\omega := a \, dy \wedge dz + b \, dz \wedge dx + c \, dx \wedge dy \;.$$

Bezeichnen wir die lokalen Koordinaten von U mit (u, v), so gilt

$$\begin{aligned}
\int_U \omega &= \int_U a \, dy \wedge dz + b \, dz \wedge dx + c \, dx \wedge dy \\
&= \int_{\varphi(U)} \left[h^* a \, \frac{\partial(y, z)}{\partial(u, v)} + h^* b \, \frac{\partial(z, x)}{\partial(u, v)} + h^* c \, \frac{\partial(x, y)}{\partial(u, v)} \right] d(u, v) \\
&= \int_{\varphi(U)} (h^* \vec{a}) \cdot (\vec{X}_u \times \vec{X}_v) \, d(u, v)
\end{aligned}$$

mit $\vec{a} := (a, b, c)$ und $\vec{X} := h$.

Beweis Dies ist eine Konsequenz aus Beispiel XI.3.4(d) und Bemerkung XI.6.25(c). ∎

(e) (Vektorielle Flächenelemente) Es gelten die Voraussetzungen und Bezeichnungen von (d). Wir definieren die **positive (Einheits-)Normale** $\nu := \nu_M$ von M durch die Forderung, daß $\big(\nu(p), v_1, v_2\big)$ für jedes $p \in M$ und jede positive ONB (v_1, v_2) von $T_p M$ eine positive ONB von $T_p \mathbb{R}^3$ sei. Sind (u, v) positive Koordinaten auf U, so gilt

$$\nu \,|\, U = \left(\frac{\partial}{\partial u} \times \frac{\partial}{\partial v} \right) \Big/ \left| \frac{\partial}{\partial u} \times \frac{\partial}{\partial v} \right| \;. \qquad (2.7)$$

Das Tripel $(dy \wedge dz, dz \wedge dx, dx \wedge dy)$ wird in der physikalischen Literatur oft **orientiertes vektorielles Flächenelement** genannt, mit $d\vec{F}$ bezeichnet und durch ein „infinitesimales Flächenstückchen" zusammen mit der Normalen ν, welche die Orientierung angibt, veranschaulicht.

Außerdem wird

$$\int_M \vec{a} \cdot d\vec{F} := \int_M a \, dy \wedge dz + b \, dz \wedge dx + c \, dx \wedge dy$$

gesetzt. Dann gilt mit dem **skalaren Flächenelement** $dF := \sqrt{G} \, dx \wedge dy \wedge dz$

$$\int_M \vec{a} \cdot d\vec{F} = \int_M \vec{a} \cdot \nu \, dF \;, \qquad (2.8)$$

was auch durch $d\vec{F} = \nu \, dF$ ausgedrückt wird.

Beweis Wie im Beweis von Beispiel XI.5.3(g) sieht man, daß ν wohldefiniert ist. Wir setzen $w_1 := \partial/\partial u$ und $w_2 := \partial/\partial v$. Dann ist $\big(w_1(p), w_2(p)\big)$ eine positive Basis von $T_p M \subset T_p \mathbb{R}^3$. Also ist $w_1(p) \times w_2(p) \neq 0$. Wir definieren $\widetilde{\nu}\,|\,U$ durch die rechte Seite von (2.7). Dann gehört $\widetilde{\nu}\,|\,U$ zu $C^\infty(U, \mathbb{R}^3)$. Bemerkung XI.6.25(b) impliziert

$$\omega_{\mathbb{R}^3}(\widetilde{\nu}, w_1, w_2) = \omega_{\mathbb{R}^3}(w_1, w_2, \widetilde{\nu}) = (\widetilde{\nu}\,|\,w_1 \times w_2) = |w_1 \times w_2| \ . \tag{2.9}$$

Folglich ist $\big(w_1(p), w_2(p), \widetilde{\nu}(p)\big)$ eine positive Basis von $T_p \mathbb{R}^3$, und $\widetilde{\nu}(p)$ ist orthogonal zu $w_1(p)$ und $w_2(p)$. Hieraus folgt, daß die positive Normale auf U durch (2.7) gegeben ist.

Bemerkung XI.6.25(b) und Beispiel XI.5.3(f) implizieren

$$|w_1 \times w_2| = \sqrt{|w_1|^2\,|w_2|^2 - (w_1\,|\,w_2)^2} = \sqrt{EG - F^2} \ .$$

Also gilt $w_1 \times w_2 = \nu\sqrt{EG - F^2}$ auf U, wie wir wiederum aus Beispiel XI.5.3(f) erhalten. Nun ergibt sich (2.8) aus (d) und der Definition von λ_M. ∎

(f) Es sei M eine Untermannigfaltigkeit von N, oder $M := \partial N$. Unter einem **Vektorfeld von N längs M** verstehen wir eine Abbildung

$$v : M \to TN \qquad \text{mit} \quad v(p) \in T_p N \ , \quad p \in M \ .$$

Man beachte, daß $v(p)$ kein Tangential-vektor an M sein muß, d.h., v ist i. allg. kein Vektorfeld auf M. Ist $k \in \mathbb{N} \cup \{\infty\}$, so sagt man, v sei ein C^k-Vektorfeld (ein **glattes** Vektorfeld im Fall $k = \infty$) von N längs M, wenn es zu jedem $p \in M$ ei-ne Untermannigfaltigkeitenkarte (φ, U) von N für M gibt mit $\varphi_* v \in C^k\big(\varphi(U \cap M), \mathbb{R}^n\big)$. Man verifiziert leicht, daß diese Definition kartenunabhängig ist.[3]

Es sei nun $(\cdot\,|\,\cdot)$ eine Riemannsche Metrik auf N, und M sei eine orientierte Hyperfläche in N, d.h. $m = n - 1$. Dann gibt es genau ein glattes Vektorfeld, $\nu := \nu_M$, von N längs M mit folgenden Eigenschaften:

(i) $\nu(p) \perp T_p M$, $p \in M$;

(ii) $|\nu(p)| = 1$, $p \in M$;

(iii) Für jede positive Basis $(v_1, \ldots, v_m)$ von $T_p M$ ist $\big(\nu(p), v_1, \ldots, v_m\big)$ eine positive Basis von $T_p N$.

Man nennt ν **positives Einheitsnormalenfeld** längs M oder, kurz, **positive Normale von M**.

Beweis Eine offensichtliche Modifikation des Beweises von Beispiel XI.5.3(g) ergibt die Behauptung. ∎

---

[3]Vgl. Bemerkung XI.4.2(a).

(g) Es seien $\big(N, (\cdot\,|\,\cdot)\big)$ eine Riemannsche Mannigfaltigkeit und M eine orientierte Hyperfläche in N, oder $M := \partial N$. Dann gilt für jedes Vektorfeld v von N längs M:

$$v \lrcorner\, \omega_N = (v\,|\,\nu)\omega_M \ .$$

Beweis Es sei $p \in M$, und $(v_1, \ldots, v_m)$ sei eine positive ONB von T_pM. Dann bilden die Vektoren $\big(\nu(p), v_1, \ldots, v_m\big)$ eine positive ONB von T_pN. Also besitzt $v(p) \in T_pN$ die Basisdarstellung

$$v(p) = \big(v(p)\,|\,\nu(p)\big)\nu(p) + \sum_{j=1}^{m}\big(v(p)\,|\,v_j\big)v_j \ .$$

Somit erhalten wir aus der Alternierungseigenschaft von ω_N

$$\begin{aligned}
v(p) \lrcorner\, \omega_N(p)(v_1, \ldots, v_m) &= \omega_N(p)\big(v(p), v_1, \ldots, v_m\big) \\
&= \big(v(p)\,|\,\nu(p)\big)\omega_N(p)\big(\nu(p), v_1, \ldots, v_m\big) \\
&= \big(v(p)\,|\,\nu(p)\big)\big(\nu(p) \lrcorner\, \omega_N(p)(v_1, \ldots, v_m)\big) \ .
\end{aligned}$$

Wegen

$$\nu(p) \lrcorner\, \omega_N(p)(v_1, \ldots, v_m) = \omega_N(p)\big(\nu(p), v_1, \ldots, v_m\big) = 1$$

und $\nu \lrcorner\, \omega_N \in \Omega^m(M)$ folgt $\nu \lrcorner\, \omega_N = \omega_M$, also die Behauptung. ∎

(h) Es seien $\big(N, (\cdot\,|\,\cdot)\big)$ eine Riemannsche Mannigfaltigkeit und M eine orientierte Hyperfläche in N, oder $M := \partial N$. Ferner sei v ein Vektorfeld von N längs M mit $(v\,|\,\nu) \in \mathcal{L}(M, d\lambda_M)$. Dann folgt aus (g)

$$\int_M v \lrcorner\, \omega_N = \int_M (v\,|\,\nu)\, d\lambda_M \ .$$

Dieses Integral heißt **Fluß des Vektorfeldes v durch M** (in Richtung der positiven Normale). Insbesondere ist, in der Situation von (e),

$$\int_M \vec{a} \cdot d\vec{F}$$

der Fluß des Vektorfeldes $\vec{a}$ durch M.

Zur Motivation dieser Begriffsbildungen versetzen wir uns in die Situation von (e) mit $N = X$ und nehmen an, X sei mit einer (fiktiven) strömenden Flüssigkeit (allgemeiner: einem kontinuierlich deformierbaren Medium) gefüllt. Wir betrachten ein (infinitesimales) Flüssigkeitsteilchen, das zum Zeitpunkt $t = 0$ „durch den Punkt x geht" und bezeichnen mit $\chi^t(x) := \chi(x, t)$ seine Position zur Zeit t. Also ist $t \mapsto \chi^t(x)$ die Bahnkurve (Trajektorie) des Teilchens, das sich zur Zeit $t = 0$ im Punkt x befindet.

Es sei nun $v(y, t)$ der Geschwindigkeitsvektor eines Teilchens, das zur Zeit t durch den Punkt y geht. Dann gilt

$$\frac{d\chi^t(x)}{dt} = v\big(\chi^t(x), t\big) \ ,$$

wobei wir unter $d\chi^t(x)/dt$ die Ableitung von $s \mapsto \chi^s(x)$ an der Stelle $s = t$ verstehen.

Wir nehmen an, die Flüssigkeit besitze zu jedem Zeitpunkt eine wohldefinierte (glatte) Massendichte (oder Ladungsdichte) $\rho(x,t) > 0$. Dies bedeutet, daß die Gesamtmasse (oder Ladung) der Flüssigkeit, die sich zum Zeitpunkt t im (meßbaren) Teilbereich A von X befindet, durch

$$\rho(A,t) := \int_A \rho(x,t)\, dx$$

gegeben ist.

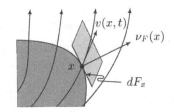

Wir betrachten nun ein im Punkt x angeheftetes vektorielles Flächenelement $d\vec{F}_x$. Dann füllt die Flüssigkeit, die im Zeitintervall $[t, t + \Delta t]$ durch $d\vec{F}_x$ „nach außen", also in Richtung der positiven Normale ν, strömt, näherungsweise einen schiefen Zylinder der Basisfläche dF_x und Höhe $\Delta t \big(v(x,t) \,|\, \nu_F(x) \big)$.

Folglich stellt

$$\Delta t \rho(x,t) \big(v(x,t) \,|\, \nu(x) \big)\, dF_x$$

näherungsweise die im Zeitintervall $[t, t + \Delta t]$ durch $d\vec{F}_x$ nach außen transportierte Flüssigkeitsmasse (oder -ladung) dar (vgl. Aufgabe X.6.1). Diese Überlegungen zeigen, daß der Fluß des Vektorfeldes $(\rho v)(\cdot, t)$ durch M, also

$$\int_M \big((\rho v)(\cdot, t) \,|\, \nu \big)\, d\lambda_M \;,$$

die Gesamtmasse (oder -ladung) angibt, die im Zeitpunkt t durch M nach außen strömt, bezogen auf eine Zeiteinheit.

(i) Es seien (N, g) eine pseudo-Riemannsche Mannigfaltigkeit und M eine Hyperfläche in N, oder $M := \partial N$. Ferner sei v ein Vektorfeld von N längs M. Dann nennt man

$$\int_M v \lrcorner \omega_N$$

wieder **Fluß von** v **durch** M, falls $v \lrcorner \omega_M$ über M integrierbar ist. Es gilt

$$\int_M v \lrcorner \omega_N = \int_M *\Theta v \;.$$

Beweis Dies folgt aus Aufgabe XI.6.4. ∎

Der Transformationssatz

Der Transformationssatz für das Lebesguesche Integral, der eines der wichtigsten Hilfsmittel sowohl für konkrete Berechnungen als auch für theoretische Zwecke ist, besitzt eine Globalisierung.

2.3 Theorem (Transformationssatz) *Es sei $f \in \mathrm{Diff}(M, N)$ orientierungserhaltend. Genau dann ist die n-Form ω auf N integrierbar, wenn dies für[4] $f^*\omega$ auf M der Fall ist. Dann gilt $\int_N \omega = \int_M f^*\omega$.*

Beweis (i) Es seien ω auf M integrierbar und (φ, U) eine positive Karte von M. Dann ist $(\psi, V) := (\varphi \circ f^{-1}, f(U))$ eine positive Karte von N, und f ist ein orientierungserhaltender Diffeomorphismus von U auf V. Ferner gelten $\psi(V) = \varphi(U)$ und $\psi_* = (\varphi \circ f^{-1})_* = \varphi_* f^*$. Für die integrierbare Differentialform $\omega \in \Omega^m(V)$ erhalten wir aus Bemerkung 2.1(a)

$$\int_V \omega = \int_{\psi(V)} \psi_*\omega = \int_{\varphi(U)} \varphi_*(f^*\omega) = \int_U f^*\omega \ .$$

Also ist die m-Form $f^*\omega$ auf U integrierbar.

(ii) Es sei $\big\{ (\varphi_j, U_j, \pi_j) \ ; \ j \in \mathbb{N} \big\}$ ein positives Lokalisierungssystem für M. Dann ist $\big\{ (\psi_j, V_j, \rho_j) \ ; \ j \in \mathbb{N} \big\}$ mit

$$(\psi_j, V_j, \rho_j) := \big(\varphi_j \circ f^{-1}, f(U_j), \pi_j \circ f^{-1}\big)$$

ein positives Lokalisierungssystem für N. Sind ω eine integrierbare m-Form auf N und $j \in \mathbb{N}$, so ist $\rho_j\omega \,|\, V_j$ eine integrierbare m-Form auf V_j. Aus (i) folgt

$$\int_{V_j} \rho_j\omega = \int_{U_j} f^*(\rho_j\omega) = \int_{U_j} (f^*\rho_j)f^*\omega = \int_{U_j} \pi_j f^*\omega \ , \qquad j \in \mathbb{N} \ .$$

Somit erhalten wir aus Bemerkung 2.1(b)

$$\int_N \omega = \sum_{j=0}^{\infty} \int_{V_j} \rho_j\omega = \sum_{j=0}^{\infty} \int_{U_j} \pi_j f^*\omega = \int_M f^*\omega \ .$$

Insbesondere ist $f^*\omega$ über M integrierbar.

(iii) Nun folgt die Behauptung durch Anwenden von (ii) auf f^{-1}. ∎

Der Satz von Fubini

Als nächstes beweisen wir eine globale Version des Satzes von Fubini für den Fall einer Produktmannigfaltigkeit. Genauer nehmen wir nun an, M oder N sei unberandet, und setzen $L := M \times N$ sowie $\ell := m + n$. Außerdem versehen wir L mit der Produktorientierung (vgl. Beispiel XI.4.17(b) und Aufgabe XI.4.3).

---

[4]Man beachte, daß aus $M \cong N$ auch $m = n$ folgt.

Für jedes $(p, q) \in M \times N$ sind $\{p\} \times N$ eine orientierte n-dimensionale und $M \times \{q\}$ eine orientierte m-dimensionale Untermannigfaltigkeit von L. Offensichtlich sind die natürlichen Diffeomorphismen

$$\{p\} \times N \to N \, , \quad (p, q) \mapsto q \, , \qquad M \times \{q\} \to M \, , \quad (p, q) \mapsto p \qquad (2.10)$$

orientierungserhaltend.

Wegen
$$T_{(p,q)}L = T_{(p,q)}\big(M \times \{q\}\big) \oplus T_{(p,q)}\big(\{p\} \times N\big)$$

(vgl. Aufgabe XI.5.1) induzieren die Diffeomorphismen (2.10) natürliche Vektorraumisomorphismen

$$T_{(p,q)}L \to T_p M \times T_q N \, , \qquad (p, q) \in M \times N \, .$$

Im folgenden identifizieren wir $\{p\} \times N$ mit N und $M \times \{q\}$ mit M vermöge (2.10) und folglich $T_{(p,q)}L$ mit $T_p M \times T_q N$, so daß wir

$$T_{(p,q)}L = T_p M \oplus T_q N \, , \qquad (p, q) \in M \times N \, , \qquad (2.11)$$

schreiben können, falls keine Mißverständnisse zu befürchten sind.

Es seien ω eine ℓ-Form auf L und $(p, q) \in M \times N$. Für $a_1, \dots, a_m \in T_p M$ gehört

$$(b_1, \dots, b_n) \mapsto \omega(p, q)(a_1, \dots, a_m, b_1, \dots, b_n)$$

zu $\bigwedge^n T_q^* N$. Also ist

$$\widehat{\omega}(p, \cdot)(a_1, \dots, a_m) := \omega(p, \cdot)(a_1, \dots, a_m, \cdot, \dots, \cdot)$$

eine n-Form auf N. Die Abbildung

$$\widehat{\omega}(p, \cdot) := \big((a_1, \dots, a_m) \mapsto \widehat{\omega}(p, \cdot)(a_1, \dots, a_m)\big)$$

ist m-linear und alternierend auf $(T_p M)^m$ und nimmt ihre Werte im Vektorraum der n-Formen auf N an. Also ist sie eine n-**formenwertige** m-**Form** auf M. Außerdem sagen wir, $\widehat{\omega}(p, \cdot)$ sei über N **integrierbar**, wenn die n-Form $\widehat{\omega}(p, \cdot)(a_1, \dots, a_m)$ für jedes m-Tupel $(a_1, \dots, a_m) \in (T_p M)^m$ über N integrierbar ist. Es ist klar, daß dann

$$\int_N \widehat{\omega}(p, \cdot) := \Big((a_1, \dots, a_m) \mapsto \int_N \widehat{\omega}(p, \cdot)(a_1, \dots, a_m)\Big)$$

zu $\bigwedge^m T_p^* M$ gehört.

Analog wird durch

$$\widehat{\omega}(\cdot, q)(b_1, \dots, b_n) := \omega(\cdot, q)(\cdot, \dots, \cdot, b_1, \dots, b_n) \, , \qquad b_1, \dots, b_n \in T_q N \, ,$$

eine m-formenwertige n-Form $\widehat{\omega}(\cdot, q)$ auf N definiert, und $\widehat{\omega}(\cdot, q)$ ist über M integrierbar, wenn die m-Form $\widehat{\omega}(\cdot, q)(b_1, \dots, b_n)$ für jedes n-Tupel $(b_1, \dots, b_n)$ von

Vektoren in T_qN über M integrierbar ist. In diesem Fall gehört

$$\int_M \widehat{\omega}(\cdot,q) := \left((b_1,\ldots,b_n) \mapsto \int_M \widehat{\omega}(\cdot,q)(b_1,\ldots,b_n) \right)$$

zu $\bigwedge^n T_q^* N$.

Nach diesen Vorbereitungen können wir für Differentialformen ein nützliches Analogon zum Satz von Fubini beweisen.

2.4 Theorem (Fubini) *Es sei ω eine integrierbare ℓ-Form auf L. Dann gelten die folgenden Aussagen:*

(i) *Für λ_M-f.a. $p \in M$ ist $\widehat{\omega}(p,\cdot)$ über N integrierbar, und für λ_N-f.a. $q \in N$ ist $\widehat{\omega}(\cdot,q)$ über M integrierbar.*

(ii) *Die λ_M-f.ü. definierte m-Form*

$$\int_N \omega := \left(p \mapsto \int_N \widehat{\omega}(p,\cdot) \right)$$

ist über M integrierbar und die λ_N-f.ü. definierte n-Form

$$\int_M \omega := \left(q \mapsto \int_M \widehat{\omega}(\cdot,q) \right)$$

ist über N integrierbar.

(iii) $$\int_L \omega = \int_M \left(\int_N \omega \right) = \int_N \left(\int_M \omega \right) .$$

Beweis (a) Es sei (φ,U) bzw. (ψ,V) eine positive Karte von M bzw. N mit $\varphi = (x^1,\ldots,x^m)$ bzw. $\psi = (y^1,\ldots,y^n)$. Dann ist $(\chi,W) := (\varphi \times \psi, U \times V)$ eine positive Produktkarte von L. Schließlich sei

$$\omega := a\, dx^1 \wedge \cdots \wedge dx^m \wedge dy^1 \wedge \cdots \wedge dy^n$$

über W integrierbar. Dann gehört $\chi_* a$ zu $\mathcal{L}_1\big(\varphi(U) \times \psi(V), \lambda_{m+n}\big)$. Also folgt aus Theorem X.6.9, daß

$$\chi_* a(x,\cdot) \in \mathcal{L}_1\big(\psi(V), \lambda_n\big) \qquad \lambda_m\text{-f.a. } x \in \varphi(U) , \tag{2.12}$$

daß

$$\int_{\psi(V)} \chi_* a(\cdot,y)\, dy \in \mathcal{L}_1\big(\varphi(U), \lambda_m\big) \tag{2.13}$$

(wobei diese Funktion nur λ_m-f.ü. definiert ist) und daß

$$\int_{\chi(W)} \chi_* a\, d\lambda_{m+n} = \int_{\varphi(U)} \left(\int_{\psi(V)} \chi_* a(x,y)\, dy \right) dx . \tag{2.14}$$

gilt.

Für $(p,q) \in U \times V$ und $v_1, \ldots, v_m \in T_p U$ folgt

$$\widehat{\omega}(p,\cdot)(v_1, \ldots, v_m) = a(p,\cdot)\, dx^1 \wedge \cdots \wedge dx^m \wedge dy^1 \wedge \cdots \wedge dy^n (v_1, \ldots, v_m, \cdot, \ldots, \cdot)$$
$$= \alpha(p) a(p,\cdot)\, dy^1 \wedge \cdots \wedge dy^n$$

mit

$$\alpha(p) := dx^1 \wedge \cdots \wedge dx^m (p)(v_1, \ldots, v_m) \,,$$

wie man wegen (2.11) z.B. aus (XI.2.3) abliest. Also erhalten wir

$$\psi_* \widehat{\omega}(p,\cdot)(v_1, \ldots, v_m) = \alpha(p) \psi_*\big(a(p,\cdot)\big)\, dy^1 \wedge \cdots \wedge dy^n \,.$$

Nun beachten wir die Relation

$$\psi_*\big(a(p,\cdot)\big)(y) = a\big(p, \psi^{-1}(y)\big) = a\big(\varphi^{-1}(x), \psi^{-1}(y)\big) = \chi_* a(x,y)$$

für $x = \varphi(p)$ und $y \in \psi(V)$. Hiermit und mittels Bemerkung 2.1(a) finden wir, wegen (2.12), daß für λ_M-f.a. $p \in U$

$$\int_V \widehat{\omega}(p,\cdot) = \int_{\psi(V)} a\big(p, \psi^{-1}(y)\big)\, dy\, dx^1 \wedge \cdots \wedge dx^m (p) \in \bigwedge^m T_p^* U$$

wohldefiniert ist. Weiter ergibt sich aus (2.13)

$$\varphi_* \int_V \widehat{\omega}(p,\cdot)(x) = \int_{\psi(V)} a\big(\varphi^{-1}(x), \psi^{-1}(y)\big)\, dy\, dx^1 \wedge \cdots \wedge dx^m$$
$$= \int_{\psi(V)} \chi_* a(x,y)\, dy\, dx^1 \wedge \cdots \wedge dx^m$$

für λ_M-f.a. $p \in U$ mit $x = \varphi(p)$. Somit implizieren (2.14) und Bemerkung 2.1(a)

$$\int_U \int_V \omega = \int_U \int_V \widehat{\omega}(p,\cdot) = \int_{\varphi(U)} \int_{\psi(V)} \chi_* a(x,y)\, dy\, dx$$
$$= \int_{\chi(W)} \chi_* a\, d\lambda_{m+n} = \int_W \omega \,.$$

Durch Vertauschen der Rollen von U und V erhalten wir die verbleibenden Aussagen in diesem Fall.

(b) Es sei $\big\{ (\varphi_j, U_j, \pi_j) \,;\, j \in \mathbb{N} \big\}$ bzw. $\big\{ (\psi_j, V_j, \rho_j) \,;\, j \in \mathbb{N} \big\}$ ein positives Lokalisierungssystem für M bzw. N. Dann ist

$$\big\{ (\varphi_j \times \psi_k, U_j \times V_k, \pi_j \otimes \rho_k) \,;\, (j,k) \in \mathbb{N}^2 \big\} \,,$$

mit $\pi_j \otimes \rho_k (p,q) := \pi_j(p) \rho_k(q)$ für $(p,q) \in M \times N$, ein positives Lokalisierungssystem für L. Aus (a) erhalten wir

$$\int_{U_j \times V_k} \pi_j \otimes \rho_k \omega = \int_{U_j} \pi_j \int_{V_k} \rho_k \omega \,, \qquad (j,k) \in \mathbb{N}^2 \,.$$

Nun folgt die Behauptung aus Bemerkung 2.1(b). ∎

2.5 Korollar   *Es sei $L := M \times N$, und $\pi_1 : L \to M$ sowie $\pi_2 : L \to N$ seien die kanonischen Projektionen. Ist α bzw. β eine integrierbare m- bzw. n-Form auf M bzw. N, so ist $\gamma := \pi_1^* \alpha \wedge \pi_2^* \beta$ über L integrierbar, und $\int_L \gamma = \int_M \alpha \int_N \beta$.*

2.6 Bemerkung   (Regularität) Es genügt, wenn M und N C^1-Mannigfaltigkeiten und f in Theorem 2.3 ein C^1-Diffeomorphismus sind. ∎

Berechnung einiger Integrale

Die Formel (2.5) und die Sätze dieses Paragraphen stellen die Grundlage für die Berechnung von Volumina dar. Wir illustrieren dies mit den folgenden Beispielen, in denen wir stets die Standardmetrik verwenden.

2.7 Beispiele   **(a)** Für $(A, B) \in \mathcal{L}_M \times \mathcal{L}_N$ gilt $\lambda_{M \times N}(A \times B) = \lambda_M(A)\lambda_N(B)$. Insbesondere folgt

$$\mathrm{vol}(M \times N) = \mathrm{vol}(M)\,\mathrm{vol}(N) \ .$$

Beweis   Wir betrachten die $(m + n)$-Form $\omega := \chi_{A \times B}\omega_L = \chi_A \omega_M \wedge \chi_B \omega_N$ auf der Produktmannigfaltigkeit $L := M \times N$ (vgl. Aufgabe XI.5.1). Damit folgt (unter Berücksichtigung der Konvention $0 \cdot \infty := \infty \cdot 0 := 0$) die Behauptung aus Korollar 2.5. ∎

(b) (Sphären) Für $m \geq 1$ und die kanonisch orientierte m-Sphäre S^m in $\mathbb{R}^{m+1}$ gilt

$$\int_{S^m} \sum_{j=1}^{m+1} (-1)^{j-1} x^j \, dx^1 \wedge \cdots \wedge \widehat{dx^j} \wedge \cdots \wedge dx^{m+1} = \mathrm{vol}(S^m) \ ,$$

insbesondere[5]

$$\int_{S^1} x \, dy - y \, dx = 2\pi \tag{2.15}$$

und

$$\int_{S^2} x \, dy \wedge dz + y \, dz \wedge dx + z \, dx \wedge dy = 4\pi \ .$$

Beweis   Dies folgt aus den Beispielen XI.5.3(c) und 1.13(c). ∎

(c) (Sternförmige Bereiche) Es sei $m \geq 1$, und f bezeichne den „**Polarkoordinatendiffeomorphismus**"

$$(0, \infty) \times S^m \to \mathbb{R}^{m+1} \backslash \{0\} \ , \quad (r, \sigma) \mapsto r\sigma := ri(\sigma)$$

---

[5]Das Kurvenintegral in (2.15) haben wir bereits in Beispiel VIII.4.2(a) berechnet. Nun *verstehen* wir diese Formel.

mit der kanonischen Einbettung $i : S^m \hookrightarrow \mathbb{R}^{m+1}$.
Dann gilt

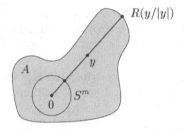

$$f^*(dy^1 \wedge \cdots \wedge dy^{m+1}) = r^m \, dr \wedge \omega_{S^m} \ . \quad (2.16)$$

Ferner seien $R \in \mathcal{L}_1(S^m, \mathbb{R}^+)$ und

$$A := \big\{ \, y \in \mathbb{R}^{m+1} \backslash \{0\} \ ; \ |y| \le R(y/|y|) \, \big\} \ .$$

Also ist A ein (bezüglich 0) sternförmiger Bereich, dessen „äußere Berandung"
über der m-Sphäre parametrisiert ist. Hierfür gilt

$$\lambda_{m+1}(A) = \frac{1}{m+1} \int_{S^m} R^{m+1} \, d\lambda_{S^m} \ . \quad (2.17)$$

Beweis Es seien (φ, U) eine positive Karte von S^m und $h := i \circ \varphi^{-1} : \varphi(U) \to \mathbb{R}^{m+1}$ die
zugehörige Parametrisierung. Dann hat f bezüglich der positiven Karte

$$(\psi, V) := (\mathrm{id} \times \varphi, (0, \infty) \times U)$$

von $M := (0, \infty) \times S^m$ und der trivialen Karte von $\mathbb{R}^{m+1} \backslash \{0\}$ die lokale Darstellung

$$f_\psi : (0, \infty) \times \varphi(U) \to \mathbb{R}^{m+1} \ , \quad (r, x) \mapsto rh(x) \ .$$

Folglich gilt

$$df_\psi^j(r, x) = h^j(x) \, dr + r \, dh^j(x) \ , \qquad 1 \le j \le m+1 \ .$$

Hieraus leiten wir durch Induktion leicht

$$f_\psi^*(dy^1 \wedge \cdots \wedge dy^{m+1}) = df_\psi^1 \wedge \cdots \wedge df_\psi^{m+1}$$

$$= r^m \sum_{j=1}^{m+1} (-1)^{j-1} h^j \, dr \wedge dh^1 \wedge \cdots \wedge \widehat{dh^j} \wedge \cdots \wedge dh^{m+1}$$

$$+ r^{m+1} dh^1 \wedge \cdots \wedge dh^{m+1}$$

her. Aus $|h|^2 = 1$ erhalten wir $\sum_{j=1}^{m+1} h^j \, dh^j = 0$, was zeigt, daß für jedes $x \in \varphi(U)$ die
Kovektoren $dh^1(x), \ldots, dh^{m+1}(x)$ linear abhängig sind. Also ist $dh^1 \wedge \cdots \wedge dh^{m+1} = 0$.
Aus Beispiel XI.5.3(c) folgt

$$f_\psi^*(dy^1 \wedge \cdots \wedge dy^{m+1}) = r^m \, dr \wedge \sum_{j=1}^{m+1} (-1)^{j-1} h^j \, dh^1 \wedge \cdots \wedge \widehat{dh^j} \wedge \cdots \wedge dh^{m+1}$$

$$= r^m \, dr \wedge h^* \omega_{S^m} = \psi_*(r^m \, dr \wedge \omega_{S^m}) \ .$$

Da dies für jede positive Karte von S^m richtig ist, gilt (2.16). Hieraus folgt auch, daß f
ein orientierungserhaltender Diffeomorphismus von M auf $N := \mathbb{R}^{m+1} \backslash \{0\}$ ist.

Wir setzen $\omega := \chi_A \omega_N = \chi_A \, dy^1 \wedge \cdots \wedge dy^{m+1}$. Dann erhalten wir aus dem Transformationssatz

$$\lambda_{m+1}(A) = \lambda_N(A) = \int_N \omega = \int_M f^* \omega = \int_M f^* \chi_A r^m \, dr \wedge \omega_{S^m}$$

$$= \int_{f^{-1}(A)} r^m \, dr \wedge \omega_{S^m} \ .$$

Wegen $f^{-1}(A) = \{ (r,\sigma) \in (0,\infty) \times S^m \; ; \; 0 < r \leq R(\sigma) \}$ folgt aus dem Satz von Fubini

$$\int_{f^{-1}(A)} r^m \, dr \wedge \omega_{S^m} = \int_{S^m} \Big(\int_0^{R(\sigma)} r^m \, dr \Big) \omega_{S^m}(\sigma) = \frac{1}{m+1} \int_{S^m} R^{m+1} \omega_{S^m}$$

$$= \frac{1}{m+1} \int_{S^m} R^{m+1} \, d\lambda_{S_m} \; .$$

Dies beweist die Behauptung. ∎

(d) (Kegel über Sphärenstücken)   Es seien
$m \geq 1$ und B eine meßbare Teilmenge von S^m.
Dann ist

$$K(rB) := \{ t\sigma \; ; \; 0 \leq t \leq 1, \; \sigma \in rB \}$$

ein Kegel, dessen Spitze im Ursprung liegt und
dessen Basis die Teilmenge rB der Sphäre rS^m
ist. Hierfür gilt[6]

$$(m+1) \operatorname{vol}\big(K(rB)\big) = r \operatorname{vol}(rB) \; .$$

Für $B := S^m$ finden wir die Formel $r \operatorname{vol}(rS^m) = (m+1) \operatorname{vol}(r\mathbb{B}^{m+1})$ von Beispiel 1.13(c) wieder.

Beweis   Dies folgt mit $R := r\chi_B$ wegen (1.10) aus (c). ∎

(e) (Integration mittels Polarkoordinaten)   Es sei $g \in \mathcal{L}_0(\mathbb{R}^n)$. Genau dann ist g
integrierbar, wenn

$$\big(r \mapsto g(r\sigma) r^{n-1} \big) \in \mathcal{L}_1\big((0,\infty)\big) \; , \qquad \text{f.a. } \sigma \in S^{n-1} \; ,$$

und

$$\Big(\sigma \mapsto \int_0^\infty g(r\sigma) r^{n-1} \, dr \Big) \in \mathcal{L}_1(S^{n-1}) \; .$$

Dann ist die Formel[7]

$$\int_{\mathbb{R}^n} g \, dx = \int_{S^{n-1}} \int_0^\infty g(r\sigma) r^{n-1} \, dr \, d\lambda_{S^{n-1}} \tag{2.18}$$

gültig. Ist g rotationssymmetrisch mit $g(x) = \overset{\bullet}{g}(|x|)$ für $x \in \mathbb{R}^n$, so ist g genau dann
integrierbar, wenn $\overset{\bullet}{g}(r) r^{n-1}$ über $(0,\infty)$ integrierbar ist. In diesem Fall reduziert
sich (2.18) auf

$$\int_{\mathbb{R}^n} g \, dx = \operatorname{vol}(S^{n-1}) \int_0^\infty \overset{\bullet}{g}(r) r^{n-1} \, dr \; ,$$

wie wir bereits aus Theorem X.8.11 wissen.

---

[6]Diese Formel ist das Analogon zur Aussage der Aufgabe X.6.1 für Kegel mit „ebener Grundfläche".

[7]Vgl. Satz X.8.9.

Beweis Wir betrachten die n-Form $\omega := g \, dy^1 \wedge \cdots \wedge dy^n$ auf $N := \mathbb{R}^n \setminus \{0\}$. Dann ist ω genau dann auf N integrierbar, wenn g zu $\mathcal{L}_1(\mathbb{R}^n)$ gehört. Mit dem Polarkoordinaten-diffeomorphismus von (c) erhalten wir aus (2.16)

$$f^*\omega = (f^*g) r^{n-1} \, dr \wedge \omega_{S^{n-1}} \ .$$

Nun folgt die Behauptung aus Theorem 2.3 und Korollar 2.5. ∎

Flüsse von Vektorfeldern

Unter einem (globalen) **Fluß** auf M versteht man eine glatte Abbildung

$$\chi : M \times \mathbb{R} \to M \ , \quad (p,t) \mapsto \chi^t(p) := \chi(p,t) \ ,$$

für die gilt

$$\chi^0 = \mathrm{id}_M \ , \quad \chi^{s+t} = \chi^s \circ \chi^t \ , \qquad s,t \in \mathbb{R} \ . \tag{2.19}$$

Aus (2.19) folgt

$$\chi^t \in \mathrm{Diff}(M,M) \ , \quad (\chi^t)^{-1} = \chi^{-t} \ , \qquad t \in \mathbb{R} \ .$$

Wegen $\chi(p,\cdot) \in C^\infty(\mathbb{R},M)$ für $p \in M$ ist $v(p) := T_0\chi(p,\cdot)(0,1) \in T_pM$ wohldefiniert, und v ist ein glattes Vektorfeld auf M. Aus (2.19) folgt ebenfalls

$$\frac{d\chi^t(p)}{dt} = v\big(\chi^t(p)\big) \ , \qquad p \in M \ , \quad t \in \mathbb{R} \ . \tag{2.20}$$

Dies bedeutet, daß die **Trajektorie** $\chi(p,\cdot)$ für jedes $p \in M$ eine globale Lösung des Anfangswertproblems (in $\mathbb{R}^{\bar{m}}$)

$$\dot{y} = v(y) \ , \quad y(0) = p \tag{2.21}$$

ist.

Im folgenden bezeichnen wir mit $\mathcal{V}_c^k(M)$ den $C^k(M)$-Untermodul von $\mathcal{V}^k(M)$ der C^k-**Vektorfelder mit kompaktem Träger**, und $\mathcal{V}_c(M) := \mathcal{V}_c^\infty(M)$.

Es sei nun, umgekehrt, $v \in \mathcal{V}_c(M)$, und M sei unberandet. Dann zeigt man in der Theorie der Gewöhnlichen Differentialgleichungen,[8] daß es genau einen Fluß χ auf M gibt, der (2.20) erfüllt, den **von v erzeugten Fluß**. Faßt man $\chi(p,\cdot)$ als Bahnkurve eines „Flüssigkeitsteilchens" auf, das sich zum Zeitpunkt $t = 0$ im Punkt p befindet, so ist $v(p)$ die Geschwindigkeit,[9] mit der das Teilchen durch den Punkt p geht. Bei dieser Interpretation ist χ^t sozusagen eine Momentaufnahme des gesamten Strömungsbildes zum Zeitpunkt t.

Wir wollen nun einen Zusammenhang zwischen der Divergenz eines Vektorfeldes und dem von ihm erzeugten Fluß ableiten. Dazu beweisen wir zuerst einen Satz über lineare nichtautonome Differentialgleichungen.

---

[8]Z.B. [Ama95], falls M offen in $\mathbb{R}^m$ ist. Der allgemeine Fall wird mittels lokaler Karten hierauf zurückgeführt (vgl. [Con93], [Lan95]).

[9]Man beachte, daß, im Gegensatz zu Bemerkung 2.2(h), wir hier „stationäre", d.h. zeitunabhängige, Vektorfelder betrachten.

2.8 Satz (Liouville) *Es sei $A \in C\big(\mathbb{R}, \mathcal{L}(\mathbb{R}^m)\big)$, und $X \in C^1\big(\mathbb{R}, \mathcal{L}(\mathbb{R}^m)\big)$ sei eine Lösung der homogenen linearen Differentialgleichung*

$$\dot{Y} = A(t)Y , \qquad t \in \mathbb{R} ,$$

in $\mathcal{L}(\mathbb{R}^m)$. Dann ist $W := \det(X)$ eine Lösung der skalaren Gleichung

$$\dot{y} = \mathrm{spur}\big(A(t)\big)y , \qquad t \in \mathbb{R} . \tag{2.22}$$

Also gilt

$$W(t) = W(t_0) e^{\int_{t_0}^{t} \mathrm{spur}(A(s))\, ds} , \qquad t, t_0 \in \mathbb{R} .$$

Beweis   Es sei $r \in \mathbb{R}$. Für $\eta \in \mathbb{R}^m$ betrachten wir das Anfangswertproblem

$$\dot{y} = A(t)y , \quad t \in \mathbb{R} , \qquad y(r) = \eta . \tag{2.23}_{r,\eta}$$

Aus dem Satz von Picard-Lindelöf (Theorem VII.8.14) folgt leicht, daß dieses Problem eine eindeutig bestimmte globale Lösung $u(\cdot, r, \eta) \in C^1(\mathbb{R}, \mathbb{R}^m)$ besitzt.[10] Dann ist

$$u\big(\cdot, s, u(s, r, \eta)\big) , \qquad r, s \in \mathbb{R} ,$$

die eindeutig bestimmte Lösung von $(2.23)_{s,u(s,r,\eta)}$. Mit anderen Worten: Wir folgen der Lösung $u(\cdot, r, \eta)$ von $(2.23)_{r,\eta}$ bis zum Zeitpunkt s. Dann „setzen wir neu an", d.h., wir lösen die Differentialgleichung $\dot{y} = A(t)y$ „von neuem", wobei wir nun den Wert $u(s, r, \eta)$ als Startwert im Zeitpunkt s nehmen. Wir können jedoch auch der Lösung $u(\cdot, r, \eta)$ bis zum Zeitpunkt t folgen. Dann impliziert die eindeutige Lösbarkeit von $(2.23)_{r,\eta}$ für jedes $(r, \eta) \in \mathbb{R} \times \mathbb{R}^m$, daß

$$u(t, r, \eta) = u\big(t, s, u(s, r, \eta)\big) , \qquad r, s, t \in \mathbb{R} , \quad \eta \in \mathbb{R}^m , \tag{2.24}$$

gilt.

Aus der Linearität der Differentialgleichung $\dot{y} = A(t)y$ und ihrer eindeutigen Lösbarkeit folgt leicht, daß $\eta \mapsto u(t, r, \eta)$ für jedes Paar $(t, r) \in \mathbb{R}^2$ eine lineare Funktion ist. Also gilt

$$u(t, r, \eta) = U(t, r)\eta , \qquad t, r \in \mathbb{R} , \quad \eta \in \mathbb{R}^m , \tag{2.25}$$

mit $U(t, r) \in \mathcal{L}(\mathbb{R}^m) = \mathbb{R}^{m \times m}$. Somit leiten wir aus (2.24)

$$U(t, r) = U(t, s)U(s, r) , \quad U(t, t) = 1_m , \qquad r, s, t \in \mathbb{R} , \tag{2.26}$$

---

[10]Siehe Aufgabe VII.8.13.

ab. Schließlich folgt aus (2.25) und da $u(\cdot, r, \eta)$ für jedes $\eta \in \mathbb{R}^m$ die Lösung von $(2.23)_{r,\eta}$ ist, daß gilt

$$\partial_1 U(t,r) = A(t)U(t,r) \ , \quad t \in \mathbb{R} \ , \qquad U(r,r) = 1_m \ . \tag{2.27}$$

Dies zeigt, daß $U(\cdot, r)$ die eindeutig bestimmte globale Lösung des Anfangswert-problems in $E := \mathcal{L}(\mathbb{R}^m)$

$$\dot{Y} = A(t)Y \ , \quad t \in \mathbb{R} \ , \qquad Y(r) = 1_m$$

ist.[11]

Es sei nun $B = [b_1, \ldots, b_m] \in \mathbb{R}^{m \times m}$. Dann ergeben diese Betrachtungen, daß

$$U(\cdot, r)B = \big[U(\cdot, r)b_1, \ldots, U(\cdot, r)b_m\big]$$

die eindeutig bestimmte globale Lösung von

$$\dot{Y} = A(t)Y \ , \quad t \in \mathbb{R} \ , \qquad Y(r) = B$$

in E ist. Ist X irgendeine Lösung von $\dot{Y} = A(t)Y$, so folgt hieraus, mit $B := X(r)$,

$$X(t) = U(t,r)X(r) \ , \qquad r, t \in \mathbb{R} \ . \tag{2.28}$$

Wir fixieren r und setzen $\alpha(t) := \det\big(U(t,r)\big)$. Aus Beispiel VII.4.8(a) folgt, wegen (2.27) und $U(t,r) = [u_1(t), \ldots, u_m(t)]$,

$$\dot{\alpha}(t) = \sum_{j=1}^m \det\big[u_1(t), \ldots, u_{j-1}(t), \dot{u}_j(t), u_{j+1}(t), \ldots, u_m(t)\big]$$
$$= \sum_{j=1}^m \det\big[u_1(t), \ldots, u_{j-1}(t), A(t)u_j(t), u_{j+1}(t), \ldots, u_m(t)\big] \ . \tag{2.29}$$

Für $t = r$ lesen wir aus $U(r,r) = 1_m$ die Relationen $u_j(r) = e_j$, $1 \le j \le m$, ab, wobei $(e_1, \ldots, e_m)$ die Standardbasis von $\mathbb{R}^m$ bezeichnet. Somit ergibt (2.29)

$$\dot{\alpha}(r) = \sum_{j=1}^m \det\big[e_1, \ldots, e_{j-1}, a_j(r), e_{j+1}, \ldots, e_m\big]$$
$$= \sum_{j=1}^m a_j^j(r) = \mathrm{spur}\big(A(r)\big) \tag{2.30}$$

mit $A(r) = [a_1(r), \ldots, a_m(r)]$. Schließlich folgt $\dot{X}(t) = \partial_1 U(t,r)X(r)$ aus (2.28), und somit

$$\dot{W}(t) = \dot{\alpha}(t)W(r) \ , \qquad t \in \mathbb{R} \ .$$

Hieraus und aus (2.30) erhalten wir

$$\dot{W}(r) = \mathrm{spur}\big(A(r)\big)W(r) \ , \qquad r \in \mathbb{R} \ ,$$

was zeigt, daß W der Gleichung (2.22) genügt. Der letzte Teil der Behauptung ist nun eine Konsequenz von Beispiel VII.8.11(e). ∎

---

[11]Vgl. wiederum Aufgabe VII.8.13.

2.9 Bemerkungen **(a)** Die im Beweis von Satz 2.8 abgeleiteten Aussagen über das Anfangswertproblem $(2.23)_{r,\eta}$ verallgemeinern die entsprechenden Resultate aus Paragraph VII.1 über die lineare Differentialgleichung $\dot{x} = Ax$ mit der konstanten Matrix $A \in \mathcal{L}(\mathbb{R}^n)$. Insbesondere gilt in diesem Fall

$$e^{(t-s)A} = U(t,s) , \qquad s, t \in \mathbb{R} .$$

Die Aussage von Theorem VII.1.11(ii), daß $t \mapsto e^{tA}$ ein Gruppenhomomorphismus ist, muß im nichtautonomen Fall, d.h. im Fall „zeitabhängiger Koeffizienten", durch (2.26) ersetzt werden.

(b) Ist X eine Lösungsmatrix der Differentialgleichung $\dot{Y} = A(t)Y$ in $\mathcal{L}(\mathbb{R}^m)$, so heißt $W := \det(X)$ **Wronskideterminante**. Aus der expliziten Darstellung von W in Satz 2.8 liest man ab, daß $W(t)$ genau dann für jedes $t \in \mathbb{R}$ von Null verschieden ist, wenn $W(t_0) \neq 0$ für ein $t_0 \in \mathbb{R}$ gilt. In diesem Fall bilden die Spalten $x_1, \ldots, x_m$ von X ein **Fundamentalsystem** der Differentialgleichung $\dot{y} = A(t)y$ in $\mathbb{R}^m$, denn man verifiziert leicht, daß sich jede Lösung dieser Gleichung als Linearkombination von $x_1, \ldots, x_m$ darstellen läßt. ∎

Nun können wir den angesprochenen Zusammenhang zwischen dem Fluß eines Vektorfeldes und seiner Divergenz herstellen.

2.10 Satz *Es sei M unberandet und pseudo-Riemannsch. Ferner sei $v \in \mathcal{V}_c(M)$, und χ sei der von v erzeugte Fluß auf M. Dann gilt*

$$\operatorname{div}(v)\omega_M = (\chi^t)_* \frac{d}{ds}\left[(\chi^s)^* \omega_M\right]\Big|_{s=t} , \qquad t \in \mathbb{R} ,$$

also insbesondere

$$\operatorname{div}(v)\omega_M = \frac{d}{dt}\left[(\chi^t)^* \omega_M\right]\Big|_{t=0} .$$

Beweis Da es sich um eine lokale Aussage handelt, genügt es, die Behauptungen in lokalen orthonormalen Koordinaten zu beweisen. Folglich können wir annehmen, M sei offen in $\mathbb{R}^m$ und $\omega := \omega_M = dx^1 \wedge \cdots \wedge dx^m$.

Aus (2.20) erhalten wir durch Differenzieren nach p mit der Kettenregel

$$[\partial \chi^t]^{\cdot} = \left((\chi^t)^* \partial v\right)\partial \chi^t , \qquad t \in \mathbb{R} ,$$

mit $\partial := \partial_p$. Somit ergibt der Satz von Liouville (angewendet für jedes feste $p \in M$)

$$[\det(\partial\chi^t)]^{\cdot} = \operatorname{spur}[(\chi^t)^* \partial v] \det(\partial\chi^t) , \qquad t \in \mathbb{R} . \tag{2.31}$$

Aus Beispiel XI.6.8(a) folgt

$$\operatorname{spur}[(\chi^t)^* \partial v] = (\chi^t)^* \sum_{j=1}^{m} \partial_j v^j = (\chi^t)^* \operatorname{div} v . \tag{2.32}$$

Gemäß Beispiel XI.3.4(c) wissen wir, daß

$$(\chi^t)^* \omega = \det(\partial \chi^t) \omega \,, \qquad t \in \mathbb{R} \,,$$

gilt. Hieraus folgt mit (2.31) und (2.32)

$$[(\chi^t)^* \omega]^{\cdot} = [\det(\partial \chi^t)]^{\cdot} \omega = ((\chi^t)^* \operatorname{div} v) \det(\partial \chi^t) \omega$$
$$= (\chi^t)^* \operatorname{div} v \, (\chi^t)^* \omega = (\chi^t)^* (\operatorname{div}(v)\omega)$$

für $t \in \mathbb{R}$. Dies beweist die Behauptungen. ∎

Das Transporttheorem

Satz 2.10 erlaubt eine geometrische Interpretation der Divergenz eines Vektorfeldes. Um dies zu erläutern, beweisen wir zuerst das wichtige Transporttheorem, das insbesondere in der Kontinuumsmechanik von großer Bedeutung ist.

2.11 Theorem (Transporttheorem) *Es sei M unberandet und pseudo-Riemannsch. Ferner sei $v \in \mathcal{V}_c(M)$, und χ sei der von v erzeugte Fluß auf M. Schließlich sei $f \in \mathcal{E}(M \times \mathbb{R})$. Dann gilt für jede relativ kompakte Menge $A \in \mathcal{L}_M$*

$$\frac{d}{dt} \int_{A^t} f(\cdot, t) \, d\lambda_M = \int_{A^t} [\partial_2 f(\cdot, t) + \operatorname{div}(f(\cdot, t)v)] \, d\lambda_M \,, \qquad t \in \mathbb{R} \,,$$

mit $A^t := \chi^t(A)$.

Beweis Aus $\chi^t \in \operatorname{Diff}(M, M)$ folgt $A^t \in \mathcal{L}_M$ für $A \in \mathcal{L}_M$ (vgl. Aufgabe 1.1), sowie $\overline{A^t} = (\overline{A})^t$. Also ist A^t relativ kompakt, und Satz 1.9(b) impliziert, daß $f(\cdot, t)$ über A^t integrierbar ist. Folglich ist die m-Form[12] $\omega_t := \chi_{A^t} f(\cdot, t) \omega_M$ über M integrierbar, und der Transformationssatz liefert

$$\int_{A^t} f(\cdot, t) \, d\lambda_M = \int_M \omega_t = \int_M (\chi^t)^* \omega_t = \int_A (\chi^t)^* (f(\cdot, t)\omega_M) \,.$$

Aus dem Satz über die Differentiation von Parameterintegralen (Theorem X.3.18) folgt somit

$$\frac{d}{dt} \int_{A^t} f(\cdot, t) \, d\lambda_M = \int_A \frac{d}{dt} (\chi^t)^* (f(\cdot, t)\omega_M) \,. \tag{2.33}$$

Wegen $(\chi^t)^* (f(\cdot, t)\omega_M) = f(\chi^t, t)(\chi^t)^* \omega_M$ ergibt sich aus Satz 2.10

$$\frac{d}{dt} (\chi^t)^* (f(\cdot, t)\omega_M) = \left(\frac{d}{dt} f(\chi^t, t) \right) (\chi^t)^* \omega_M + f(\chi^t, t) \frac{d}{dt} ((\chi^t)^* \omega_M)$$

$$= \left(\left\langle (\chi^t)^* df(\cdot, t), \frac{d}{dt} \chi^t \right\rangle + (\chi^t)^* \partial_2 f(\cdot, t) \right) (\chi^t)^* \omega_M$$

$$+ (\chi^t)^* f(\cdot, t)(\chi^t)^* (\operatorname{div}(v)\omega_M) \,.$$

---

[12] χ_{A^t} ist die charakteristische Funktion von A^t.

Unter Berücksichtigung von (2.20) finden wir nun

$$\frac{d}{dt} (\chi^t)^* (f(\cdot, t)\omega_M) = (\chi^t)^* [(\langle df(\cdot, t), v \rangle + \partial_2 f(\cdot, t) + f(\cdot, t) \operatorname{div} v)\omega_M]$$
$$= (\chi^t)^* [(\partial_2 f(\cdot, t) + (\operatorname{grad} f(\cdot, t) | v)_M + f(\cdot, t) \operatorname{div} v)\omega_M]$$
$$= (\chi^t)^* [(\partial_2 f(\cdot, t) + \operatorname{div}(f(\cdot, t)v))\omega_M] ,$$

wobei wir im letzten Schritt Satz XI.6.11(ii) verwendet haben. Nun folgt die Behauptung aus (2.33) und dem Transformationssatz. ∎

2.12 Korollar Für $t \in \mathbb{R}$ und jede relativ kompakte Menge $A \in \mathcal{L}_M$ sowie jedes $v \in \mathcal{V}_c(M)$ gilt

$$\frac{d}{dt} \operatorname{vol}_M(A^t) = \int_{A^t} \operatorname{div} v \, d\lambda_M , \qquad v \in \mathcal{V}_c(M) .$$

Das Vektorfeld $v \in \mathcal{V}(M)$ heißt **divergenzfrei**, wenn $\operatorname{div} v = 0$ gilt. Hat v einen kompakten Träger, so heißt der von v erzeugte Fluß χ **volumenerhaltend**, wenn gilt

$$\operatorname{vol}_M(A^t) = \operatorname{vol}_M(A) , \qquad t \in \mathbb{R} , \quad A \in \mathcal{L}_M .$$

Aus Korollar 2.12 lesen wir ab, daß für relativ kompakte meßbare Teilmengen A von M das vom Fluß in positiver Zeitrichtung transportierte Volumen A^t zu- bzw. abnimmt, wenn $\operatorname{div} v \geq 0$ bzw. $\operatorname{div} v \leq 0$ gilt.

2.13 Satz Es sei M unberandet und pseudo-Riemannsch. Ferner sei $v \in \mathcal{V}_c(M)$. Dann ist v genau dann divergenzfrei, wenn der von v erzeugte Fluß volumenerhaltend ist.

Beweis „⇒" Es sei $\operatorname{div} v = 0$. Dann folgt aus Korollar 2.12

$$\operatorname{vol}(A^t) = \operatorname{vol}(A) , \qquad t \in \mathbb{R} , \tag{2.34}$$

für jede kompakte Teilmenge A von M. Da M σ-kompakt und λ_M regulär sind, finden wir, daß (2.34) für jedes $A \in \mathcal{L}_M$ richtig ist.

„⇐" Es sei χ volumenerhaltend. Dann zeigt Korollar 2.12 insbesondere

$$\int_A \operatorname{div} v \, d\lambda_M = 0 , \qquad A \in \mathcal{L}_M , \quad \overline{A} \subset\subset M . \tag{2.35}$$

Da $\operatorname{div} v$ zu $C_c(M)$ gehört, impliziert (2.35)

$$\int_M f \operatorname{div} v \, d\lambda_M = 0 , \qquad f \in \mathcal{EF}(M, \lambda_M) . \tag{2.36}$$

Wegen $\operatorname{div} v \in \mathcal{L}_2(M, \lambda_M)$ und da $\mathcal{EF}(M, \lambda_M)$ gemäß Satz X.4.8 in $\mathcal{L}_2(M, \lambda_M)$ dicht ist, gibt es eine Folge (f_j) in $\mathcal{EF}(M, \lambda_M)$ mit $f_j \to \operatorname{div} v$ in $\mathcal{L}_2(M, \lambda_M)$.

Also folgt aus der Stetigkeit des Skalarproduktes in $\mathcal{L}_2(M, \lambda_M)$ (d.h. der Cauchy-Schwarzschen Ungleichung)

$$\int_M (\operatorname{div} v)^2 \, d\lambda_M = \lim_{j \to \infty} \int_M f_j \operatorname{div} v \, d\lambda_M = 0 .$$

Nun erhalten wir die Behauptung aus Bemerkung X.3.3(c). ∎

2.14 Beispiel (Kontinuitätsgleichung)   Es seien X offen und beschränkt in $\mathbb{R}^3$ und $v \in \mathcal{V}_c(X)$. Ferner sei χ der von v erzeugte Fluß. Wie in Bemerkung 2.2(h) interpretieren wir χ als strömende Flüssigkeit in X mit der (glatten) Massendichte ρ. In der Strömungsmechanik wird häufig vorausgesetzt, daß in X Masse weder produziert noch vernichtet wird und daher das **Gesetz der Massenerhaltung** erfüllt ist: Die Masse, welche zum Zeitpunkt $t = 0$ im Teilbereich A enthalten ist, bleibt während des Transportes durch die Strömung unverändert. Dies bedeutet: $\rho(A^t, t) = \rho(A, 0)$ für $t \in \mathbb{R}$, also

$$\frac{d}{dt} \int_{A^t} \rho(\cdot, t) \, dx = 0 , \qquad t \in \mathbb{R} , \quad A \in \mathcal{L}_X .$$

Das Transporttheorem zeigt, daß dies äquivalent ist zu

$$\int_{A^t} \big(\partial_t \rho + \operatorname{div}(\rho v) \big) \, dx = 0 , \qquad t \in \mathbb{R} , \quad A \in \mathcal{L}_X . \tag{2.37}$$

Also ist das Gesetz über die Massenerhaltung äquivalent zur **Kontinuitätsgleichung**

$$\partial_t \rho + \operatorname{div}(\rho v) = 0 \qquad \text{in } X . \tag{2.38}$$

(Hier und in analogen Formeln, in welchen „zeitabhängige" Vektorfelder auftreten, wirkt der Divergenzoperator immer nur auf die „Ortsvariablen".)

Im Spezialfall einer konstanten Dichte $\rho > 0$, d.h. einer **inkompressiblen** Flüssigkeit, ist das Gesetz über die Erhaltung der Masse somit äquivalent zu $\operatorname{div} v = 0$, d.h. zur Divergenzfreiheit des Geschwindigkeitsfeldes. Aus diesem Grund nennt man divergenzfreie Vektorfelder auch **inkompressibel**.

Beweis   Die Äquivalenz von (2.37) und (2.38) folgt wie im Beweis von Satz 2.13. ∎

2.15 Bemerkungen (a) Der Einfachheit halber haben wir uns auf den Fall globaler Flüsse beschränkt. Läßt man die Voraussetzung des kompakten Trägers der Vektorfelder fallen, so erzeugt $v \in \mathcal{V}(M)$ einen *lokalen* Fluß. Dann bleiben geeignete lokale Versionen der Sätze 2.10, 2.11 und 2.13 sowie von Korollar 2.12 richtig.

Beweis   Man vergleiche dazu z.B. Paragraph 10 und Theorem 11.8 in [Ama95]. ∎

(b) (Regularität)   Die Aussagen über die von Vektorfeldern erzeugten Flüsse und die damit zusammenhängenden Sätze bleiben richtig, wenn M eine C^2-Mannigfaltigkeit und v ein C^1-Vektorfeld sind. Natürlich gilt dann nur $\chi \in C^1(M \times \mathbb{R}, M)$. In diesem Fall muß man im Transporttheorem $f \in C^1(M \times \mathbb{R})$ voraussetzen. ∎

Aufgaben

1 Man beweise die folgende Form des **Satzes von Lebesgue für Differentialformen**: Es seien ω eine integrierbare m-Form auf M und $f, f_j \in \mathcal{L}_\infty(M, \lambda_M)$ mit $f_j \to f$ λ_M-f.ü. und $\sup_j \|f_j\|_\infty < \infty$. Ferner sei $\omega_j := f_j \omega$ für $j \in \mathbb{N}$. Dann gilt $\int_M \omega_j \to \int_M \omega$ für $j \to \infty$.

2 Es seien $a \in \mathbb{R}^3$ und $R > 0$ sowie $M := a + RS^2$. Man berechne $\int_M \omega$ für

$$\omega := x^2 \, dy \wedge dz + y^2 \, dz \wedge dx + z^2 \, dx \wedge dy \ .$$

3 Es sei $v \in \mathcal{V}_c(M)$, und χ bezeichne den von v auf M erzeugten Fluß. Die Funktion $f \in \mathcal{E}(M)$ heißt **erstes Integral** für v, falls gilt:

$$\frac{d}{dt} (\chi^t)^* f = 0 \qquad \text{auf } M \times \mathbb{R} \ .$$

Man zeige, daß die folgenden Aussagen äquivalent sind:

(i) f ist ein erstes Integral für v.

(ii) $(\chi^t)^* f = f$, $t \in \mathbb{R}$.

(iii) $L_v f = 0$.

4 Es sei $H \in \mathcal{E}_c(\mathbb{R}^{2n})$. Man zeige: Die Aussagen

(i) f ist ein erstes Integral für sgrad H;

(ii) $\{f, H\} = 0$;

sind äquivalent. Insbesondere ist H ein erstes Integral für sgrad H.

5 Es sei $v \in \mathcal{V}_c(M)$, und χ sei der von v auf M erzeugte Fluß. Für $\alpha \in \Omega(M)$ heißt

$$L_v(\alpha) := \frac{d}{dt} \left[(\chi^t)^* \alpha \right]\big|_{t=0}$$

Lie-Ableitung von α.

Folgende Aussagen sind zu beweisen:

(i) Für $\alpha \in \Omega^r(M)$ gehört $L_v(\alpha)$ zu $\Omega^r(M)$, und im Fall $r = 0$ stimmt die obige Definition mit der von Paragraph XI.6 überein.

(ii) $L_v \circ d = d \circ L_v$.

(iii) Für $\alpha, \beta \in \Omega(M)$ gilt die **Produktregel** $L_v(\alpha \wedge \beta) = L_v(\alpha) \wedge \beta + \alpha \wedge L_v(\beta)$.

(iv) $L_v(\alpha) = d(v \lrcorner \alpha) + v \lrcorner d\alpha$ für $\alpha \in \Omega(M)$.

(v) $L_v(\omega_M) = \text{div}(v)\omega_M$.

(vi) Mit $w \in \mathcal{V}_c(M)$ gilt $\Theta_M[v, w] = L_v(\Theta_M w)$.

6 Man beschreibe die von den folgenden Vektorfeldern erzeugten Flüsse:

(i) $x \, \partial/\partial x + y \, \partial/\partial y \in \mathcal{V}(\mathbb{R}^2)$;

(ii) $-y \, \partial/\partial x + x \, \partial/\partial y \in \mathcal{V}(\mathbb{R}^2)$;

(iii) $-y \, \partial/\partial x + x \, \partial/\partial y \in \mathcal{V}(\mathbb{R}^3)$;

(iv) $(x - y) \, \partial/\partial x + (x + y) \, \partial/\partial y \in \mathcal{V}(\mathbb{R}^2)$;

(v) $(x + y) \, \partial/\partial x + x^2 \, \partial/\partial y \in \mathcal{V}(\mathbb{R}^2)$;

(vi) $(x + y) \, \partial/\partial x + (x - y) \, \partial/\partial y + z \, \partial/\partial z \in \mathcal{V}(\mathbb{R}^3)$.

3 Der Satz von Stokes

In diesem Paragraphen kombinieren wir die Differential- mit der Integralrechnung auf Mannigfaltigkeiten und beweisen den allgemeinen Stokesschen Satz. Er stellt eine höherdimensionale Verallgemeinerung des Fundamentalsatzes der Differential- und Integralrechnung dar und besitzt in der Mathematik, wie auch in der Theoretischen Physik, zahlreiche Anwendungen. Insbesondere bildet er die Grundlage für theoretische Untersuchungen in der Topologie und Geometrie, für die wir auf weiterführende Vorlesungen und Literatur verweisen.

Wir zeigen, wie der Stokessche Satz für die Berechnung von Volumina verwendet werden kann und daß er physikalische Interpretationen der Operatoren div und rot erlaubt. Als eine topologische Anwendung beweisen wir den Brouwerschen Fixpunktsatz.

Zum Schluß dieses Paragraphen stellen wir eine Beziehung zwischen der äußeren Ableitung und der Koableitung her, deren Bedeutung allerdings erst in Vorlesungen über Globale Analysis klar werden wird.

Im ganzen Paragraphen sind

- $m \geq 2$;
- M eine m-dimensionale orientierte Mannigfaltigkeit.

Ist M berandet, so wird ∂M durch die äußere Normale (bezüglich der vom umgebenden Raum $\mathbb{R}^{\bar{m}}$ induzierten Metrik) orientiert.

Der Stokessche Satz für glatte Mannigfaltigkeiten

Wir bezeichnen mit $i : \partial M \hookrightarrow M$ die natürliche Einbettung und erinnern an die Definition

$$\int_{\partial M} \omega := \int_{\partial M} i^* \omega = \int_{\partial M} \omega | \partial M , \qquad \omega \in \Omega^{m-1}(M) ,$$

falls $\omega | \partial M$ integrierbar ist. Außerdem setzen wir $\int_{\emptyset} \omega := 0$.

3.1 Theorem (Stokes)   Für $\omega \in \Omega_c^{m-1}(M)$ gilt $\int_M d\omega = \int_{\partial M} \omega$.

Beweis   (i) Wir betrachten zuerst den Fall $M = \mathbb{R}^m$. Dann ist $\partial M = \emptyset$, und ω hat die Darstellung

$$\omega = \sum_{j=1}^{m} (-1)^{j-1} a_j \, dx^1 \wedge \cdots \wedge \widehat{dx^j} \wedge \cdots \wedge dx^m \tag{3.1}$$

mit $a_j \in \mathcal{D}(\mathbb{R}^m)$, wie wir aus Beispiel XI.3.2(b) wissen. Beispiel XI.3.7(b) impliziert

$$d\omega = \Big(\sum_{j=1}^{m} \partial_j a_j \Big) dx^1 \wedge \cdots \wedge dx^m . \tag{3.2}$$

Somit folgt aus Bemerkung 2.1(a)

$$\int_M d\omega = \int_{\mathbb{R}^m} \sum_{j=1}^m \partial_j a_j \, dx = \sum_{j=1}^m \int_{\mathbb{R}^m} \partial_j a_j \, dx = 0 \ ,$$

wobei das letzte Gleichheitszeichen wegen $\partial_j a_j = 1 \partial_j a_j$ durch partielle Integration gemäß Satz X.7.22 folgt. Also ist die Behauptung in diesem Fall aufgrund von $\int_{\partial M} \omega = \int_\emptyset \omega = 0$ richtig.

(ii) Es sei $M = \bar{\mathbb{H}}^m$. Dann gelten (3.1) und (3.2) ebenfalls, wobei nun die a_j zu $C_c^\infty(\bar{\mathbb{H}}^m)$ gehören. Aus dem Satz von Fubini und Satz X.7.22 erhalten wir mit $x' = (x^1, \ldots, x^{m-1})$

$$\int_{\bar{\mathbb{H}}^m} \partial_j a_j \, dx = \int_0^\infty \left(\int_{\mathbb{R}^{m-1}} \partial_j a_j \, dx' \right) dx^m = 0 \ , \qquad 1 \le j \le m-1 \ . \qquad (3.3)$$

Der Satz von Fubini und der Fundamentalsatz der Differential- und Integralrechnung implizieren

$$\int_{\bar{\mathbb{H}}^m} \partial_m a_m \, dx = \int_{\mathbb{R}^{m-1}} \left(\int_0^\infty \partial_m a_m \, dx^m \right) dx' = - \int_{\mathbb{R}^{m-1}} a_m(x', 0) \, dx' \ . \qquad (3.4)$$

Wegen $i(x') = (x', 0)$ folgt aus Beispiel XI.3.4(j)

$$i^* \omega = (-1)^{m-1} i^* a_m \, dx^1 \wedge \cdots \wedge dx^{m-1} \ . \qquad (3.5)$$

Wegen der Standardorientierung von $\partial \bar{\mathbb{H}}^m$ (vgl. Beispiel XI.5.3(h)) und wegen (3.2), (3.3) und (3.5) können wir (3.4) in der Form

$$\int_M d\omega = \int_{\bar{\mathbb{H}}^m} \partial_m a_m \, dx = - \int_{\mathbb{R}^{m-1}} i^* a_m \, dx'$$
$$= (-1)^{m-1} \int_{\partial \bar{\mathbb{H}}^m} (i^* a_m) \, dx^1 \wedge \cdots \wedge dx^{m-1} = \int_{\partial M} i^* \omega = \int_{\partial M} \omega$$

darstellen. Folglich ist die Behauptung auch in diesem Fall richtig.

(iii) Es gelte nun $\partial M = \emptyset$, und M werde durch eine einzige (positive) Karte (φ, M) beschrieben. Da ω einen kompakten Träger hat, gehört $\varphi_* \omega$ zu $\Omega_c^{m-1}(\mathbb{R}^m)$. Aus $\varphi_* = (\varphi^{-1})^*$ und Theorem XI.4.10 folgt $\varphi_* \circ d = d \circ \varphi_*$. Also erhalten wir aus (i)

$$\int_M d\omega = \int_{\varphi(M)} \varphi_* \, d\omega = \int_{\varphi(M)} d(\varphi_* \omega) = \int_{\mathbb{R}^m} d(\varphi_* \omega) = 0 = \int_\emptyset \omega = \int_{\partial M} \omega \ .$$

(iv) Es sei $\partial M \ne \emptyset$, und M werde durch eine einzige (positive) Karte (φ, M) beschrieben. Dann ist $\{(\varphi_\partial, \partial M)\}$ mit $\varphi_\partial := \varphi | \partial M$ ein positiver Atlas von ∂M.

Ferner hat $\varphi_*\omega$ einen kompakten Träger in $\bar{\mathbb{H}}^m$, und es gilt $i \circ \varphi_\partial^{-1} = \varphi^{-1} \circ i_{\partial\mathbb{H}^m}$, also

$$(\varphi_\partial)_* i^* = (i_{\partial\mathbb{H}^m})^* \varphi_* \ .$$

Somit folgt aus (ii), analog zum Beweisschritt (iii),

$$\int_M d\omega = \int_{\varphi(M)} \varphi_*\, d\omega = \int_{\varphi(M)} d(\varphi_*\omega) = \int_{\bar{\mathbb{H}}^m} d(\varphi_*\omega)$$

$$= \int_{\partial\mathbb{H}^m} i^*_{\partial\mathbb{H}^m} \varphi_*\omega = \int_{\partial\mathbb{H}^m} (\varphi_\partial)_* i^*\omega = \int_{\partial M} i^*\omega = \int_{\partial M} \omega \ .$$

Dies beweist, daß im vorliegenden Fall die Behauptung gültig ist.

(v) Schließlich sei $\{ (\varphi_j, U_j, \pi_j) \ ; \ j \in \mathbb{N} \}$ ein Lokalisierungssystem für M. Da $K := \mathrm{supp}(\omega)$ kompakt ist, können wir es so wählen, daß es ein $k \in \mathbb{N}$ gibt mit $\mathrm{supp}(\pi_j) \cap K = \emptyset$ für $j > k$. Mit $\omega_j := \pi_j\omega\,|\,U_j \in \Omega_c^{m-1}(U_j)$ folgt dann $\omega = \sum_{j=0}^k \omega_j$. Somit erhalten wir mit (iii) und (iv)

$$\int_M d\omega = \sum_{j=0}^k \int_M d\omega_j = \sum_{j=0}^k \int_{U_j} d\omega_j = \sum_{j=0}^k \int_{\partial U_j} \omega_j = \sum_{j=0}^k \int_{\partial M} \omega_j = \int_{\partial M} \omega \ .$$

Hierbei haben wir ausgenutzt, daß $\{ (\varphi_{j,\partial}, \partial U_j, i^*\pi_j) \ ; \ j \in \mathbb{N} \}$ ein Lokalisierungssystem für ∂M ist mit $\mathrm{supp}(i^*\pi_j) \cap K = \emptyset$ für $j > k$. ∎

Mannigfaltigkeiten mit Singularitäten

Für viele Anwendungen ist die Voraussetzung, daß M eine Mannigfaltigkeit sei, zu restriktiv. Man möchte den Stokesschen Satz auch auf „stückweise glatte Mannigfaltigkeiten", wie z.B. Polyeder, Zylinder oder Kegel, anwenden.

Diese Bereiche unterscheiden sich von denjenigen berandeten Mannigfaltigkeiten, die man dadurch erhält, daß man die „Singularitäten", d.h. die Kanten, Ecken, Spitzen etc., wegläßt, nur durch Teilmengen, die, relativ zur Berandung, „dünn" sind. Folglich ist zu erwarten, daß sie sich bei der Integration „nicht bemerkbar machen".

Wir führen nun eine Klasse von „Mannigfaltigkeiten mit dünner Singularitätenmenge", welche die obigen Beispiele enthält, ein und zeigen, daß der Stokessche Satz auch für diese Objekte gilt.

Es sei B eine abgeschlossene Teilmenge von M mit nichtleerem Inneren. Dann bezeichnen wir mit M_B die Menge aller $p \in B$, für die es eine offene Umgebung V_p von p in M gibt, so daß $B \cap V_p$ eine m-dimensionale Untermannigfaltigkeit von V_p ist. Dann ist M_B eine m-dimensionale Untermannigfaltigkeit von M, die **Träger-mannigfaltigkeit** von B. Die Menge $\mathsf{S}_B := B \backslash \mathsf{M}_B$ heißt **Singularitätenmenge** von B, und B ist eine m-dimensionale **Unter-mannigfaltigkeit** von M **mit Singularitäten**. Offensichtlich ist S_B abgeschlossen in M. Unter der **Berandung** von B verstehen wir diejenige von M_B, d.h., $\partial B := \partial \mathsf{M}_B$. Sie darf nicht mit dem topologischen Rand, $\mathrm{Rd}(B)$, von B

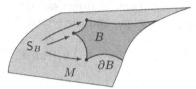

in M verwechselt werden. Schließlich versehen wir M_B mit der kanonisch von M induzierten Orientierung.

Es sei $\mathcal{H}^s$ das s-dimensionale Hausdorffmaß auf M (wobei M die von $\mathbb{R}^{\bar{m}}$ induzierte Metrik trägt). Dann sagen wir, die Singularitätenmenge S_B von B sei **dünn**, wenn sie eine $\mathcal{H}^{m-1}$-Nullmenge ist. In diesem Fall ist B eine **Mannigfaltigkeit mit dünner Singularitätenmenge**.

Fordern wir von der Menge M_B nur, daß sie für ein $k \in \mathbb{N}^\times$ eine Untermannigfaltigkeit der Klasse C^k sei, so heißt B natürlich C^k-Untermannigfaltigkeit von M mit Singularitäten. Hierfür reicht es, daß M eine C^k-Mannigfaltigkeit ist.

3.2 Beispiele (a) Jede m-dimensionale Untermannigfaltigkeit von M, die in M topologisch abgeschlossen ist, also insbesondere M selbst, hat eine dünne, nämlich leere, Singularitätenmenge.

(b) Gilt für die Hausdorffdimension $\dim_H(\mathsf{S}_B) < m - 1$, so ist S_B dünn.

Beweis Dies folgt aus der Definition von $\dim_H$ in Aufgabe IX.3.5. ∎

(c) Es seien (J_k) eine Folge von Intervallen in $\mathbb{R}^{m-2}$ und $f_k \in C^{1-}(J_k, M)$ mit $\bigcup_{k=0}^\infty f_k(J_k) = \mathsf{S}_B$. Dann ist S_B dünn.

Beweis Aus den Aufgaben IX.3.6(a) und (f) folgt $\dim_H\big(f_k(J_k)\big) \le m - 2$. Also ist $f_k(J_k)$ für jedes $k \in \mathbb{N}$ eine $\mathcal{H}^{m-1}$-Nullmenge, und die σ-Subadditivität des Hausdorffmaßes ergibt die Behauptung. ∎

(d) (Stückweise glatte Gebiete) Es sei Ω ein nichtleeres **Gebiet in** M, d.h. eine nichtleere offene und zusammenhängende Teilmenge von M. Folglich sind $\mathsf{S}_{\overline{\Omega}}$ und $\mathsf{M}_{\overline{\Omega}}$, also auch $\partial\overline{\Omega} = \partial \mathsf{M}_{\overline{\Omega}}$, definiert. Es sei $\mathbb{B}_\infty^{m-1} = (-1,1)^{m-1}$ der offene Einheitsball in $(\mathbb{R}^{m-1}, |\cdot|_\infty)$. Wir sagen, Ω sei ein **stückweise glattes Gebiet** in M, wenn es endlich viele Funktionen[1]

$$h_j \in C^1(\overline{\mathbb{B}}_\infty^{m-1}, M) \cap C^\infty(\mathbb{B}_\infty^{m-1}, M), \qquad 0 \le j \le n,$$

---

[1]Ist $\overline{\Omega}$ nur eine C^k-Untermannigfaltigkeit von M mit Singularitäten, so sagen wir, Ω sei ein **stückweise-C^k-Gebiet** in M.

gibt mit

(i) $h_j | \mathbb{B}_\infty^{m-1}$ ist für $0 \le j \le n$ eine Parametrisierung einer Teilmenge von $\partial\overline{\Omega}$;

(ii) $\partial\overline{\Omega} = \bigcup_{j=0}^n h_j(\mathbb{B}_\infty^{m-1})$;

(iii) $\mathrm{Rd}(\Omega) = \bigcup_{j=0}^n h_j(\overline{\mathbb{B}}_\infty^{m-1})$.

Dann ist $\overline{\Omega}$ eine m-dimensionale Untermannigfaltigkeit von M mit dünner Singularitätenmenge, und wir setzen $\partial\Omega := \partial\overline{\Omega}$. Genauer gilt:

$$\mathsf{S}_{\overline{\Omega}} = \bigcup_{j=0}^n h_j\big(\mathrm{Rd}(\mathbb{B}_\infty^{m-1})\big) , \quad \mathsf{M}_{\overline{\Omega}} = \Omega \cup \bigcup_{j=0}^n h_j(\mathbb{B}_\infty^{m-1}) ,$$

und $\overline{\Omega}$ hat einen kompakten Rand $\mathrm{Rd}(\Omega)$. Außerdem gilt genau dann $\partial\Omega = \mathrm{Rd}(\Omega)$, wenn die Singularitätenmenge von $\overline{\Omega}$ leer ist.

Beweis Aus dem Mittelwertsatz und $M \hookrightarrow \mathbb{R}^{\overline{m}}$ folgt $h_j \in C^{1-}(\overline{\mathbb{B}}_\infty^{m-1}, M)$ (vgl. Bemerkung VII.3.11(b)). Also ist auch $h_j | \mathrm{Rd}(\mathbb{B}_\infty^{m-1})$ lokal Lipschitz stetig, und die Behauptung folgt aus (c). ∎

(e) Jedes offene Polyeder in $\mathbb{R}^m$ mit nichtleerem Inneren ist ein stückweise glattes Gebiet in $\mathbb{R}^m$. Die Berandung besteht aus den „offenen" $(m-1)$-dimensionalen „Seitenflächen". Mit anderen Worten: Die Singularitätenmenge besteht aus allen Punkten, die in einer „Kantenfläche" der Dimension $\le m-2$ liegen. So wird z.B. die Singularitätenmenge eines Würfels im $\mathbb{R}^3$ aus den 12 Kanten und 8 Eckpunkten gebildet.

Beweis Dies folgt aus (d). ∎

(f) Es seien M und N m- bzw. n-dimensionale *topologisch abgeschlossene* Untermannigfaltigkeiten von $\mathbb{R}^m$ bzw. $\mathbb{R}^n$. Dann ist $B := M \times N$ eine Untermannigfaltigkeit von $\mathbb{R}^{m+n}$ mit dünner Singularitätenmenge. Genauer gelten

$$\mathsf{S}_B = \partial M \times \partial N , \quad \partial B = (\mathring{M} \times \partial N) \cup (\partial M \times \mathring{N}) , \quad \mathsf{M}_B = (\mathring{M} \times \mathring{N}) \cup \partial B .$$

Beweis Es ist leicht zu sehen, daß S_B, M_B und ∂B die angegebenen Mengen sind. Aus Aufgabe XI.1.8 wissen wir, daß $\dim_H(\partial M) \le m-1$ und $\dim_H(\partial N) \le n-1$. Also zeigt Aufgabe IX.3.8, daß $\dim_H(\partial M \times \partial N) \le m+n-2$ gilt. Folglich ist S_B dünn. ∎

(g) Es seien B eine m-dimensionale Untermannigfaltigkeit von S^m mit dünner Singularitätenmenge und $r > 0$. Dann ist der Kegel $K(rB)$ von Beispiel 2.7(d) eine $(m+1)$-dimensionale Untermannigfaltigkeit von $\mathbb{R}^{m+1}$ mit dünner Singularitätenmenge. Genauer gelten: (mit $K(\emptyset, r) := \emptyset$)

$$\mathsf{S}_{K(rB)} = \{0\} \cup K(\mathsf{S}_{rB}) \cup \partial(rB)$$

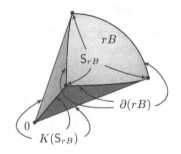

sowie

$$\partial K(rB) = \mathrm{int}(rB) \cup \{\, t\,i(\sigma) \;;\; 0 < t < 1,\ \sigma \in \partial(rB)\,\}$$

mit $i : rB \hookrightarrow \mathbb{R}^{m+1}$.

Beweis Die Verifikation der angegeben Darstellung der Singularitätenmenge und der Berandung von $K(rB)$ wird dem Leser zur Übung überlassen. Wegen $\dim_H(\partial B) \le m - 1$ und Aufgabe IX.1.4(b) ist $r\partial B = \partial(rB)$ eine $\mathcal{H}^m$-Nullmenge.

Als abgeschlossene Teilmenge der kompakten Menge S^m ist S_B kompakt in $\mathbb{R}^{m+1}$. Es seien $\varepsilon \in (0,1]$ und $\rho > 0$. Da S_B eine $\mathcal{H}^{m-1}$-Nullmenge ist, gibt es offene Mengen $O_0, \ldots, O_J$ in $\mathbb{R}^{m+1}$ mit $\mathrm{diam}\, O_j < \varepsilon$ und

$$\sum_{j=0}^{J} [\mathrm{diam}\, O_j]^{m-1} < \rho \,.$$

Es sei $K \in \mathbb{N}^\times$ mit $K\varepsilon < r \le (K+1)\varepsilon$. Dann überdecken die Intervalle

$$J_k := \big[k\varepsilon, (k+1)\varepsilon\big] \,, \qquad 0 \le k \le K \,,$$

das Intervall $[0,r]$ und erfüllen $\mathrm{diam}(J_k) = \varepsilon$. Folglich ist

$$\{\, Q_j \times J_k \;;\; 0 \le j \le J,\ 0 \le k \le K \,\}$$

eine Überdeckung von $\mathsf{S}_B \times [0,r]$ in $\mathbb{R}^{m+1} \times \mathbb{R}$ mit Teilmengen von $\mathbb{R}^{m+1}$, für die gilt

$$\mathrm{diam}(Q_j \times J_k) \le \sqrt{2}\,\varepsilon\,\mathrm{diam}(Q_j) \le \sqrt{2}\,\mathrm{diam}(Q_j) \le \sqrt{2}\,\varepsilon \,.$$

Hiermit erhalten wir

$$\sum_{j=0}^{J} \sum_{k=0}^{K} [\mathrm{diam}(Q_j \times J_k)]^m \le (K+1)2^{m/2} \sum_{j=0}^{J} [\mathrm{diam}\, Q_j]^m$$

$$\le (r+1)2^{m/2} \sum_{j=0}^{J} \varepsilon^{-1} [\mathrm{diam}\, Q_j]^m$$

$$\le (r+1)2^{m/2} \sum_{j=0}^{J} [\mathrm{diam}\, Q_j]^{m-1} < (r+1)2^{m/2}\rho \,.$$

Da dies für jedes $\varepsilon \in (0,1]$ und jedes $\rho > 0$ gilt, leiten wir aus Aufgabe IX.3.4(a) ab, daß $\mathsf{S}_B \times [0,r]$ eine $\mathcal{H}^m$-Nullmenge in $\mathbb{R}^{m+1} \times \mathbb{R}$ ist. Offensichtlich ist $K(\mathsf{S}_{rB})$ das Bild von $\mathsf{S}_B \times [0,r]$ unter der Lipschitz stetigen Abbildung

$$\mathbb{R}^{m+1} \times \mathbb{R} \to \mathbb{R}^{m+1} \,, \quad (x,t) \mapsto tx \,.$$

Somit impliziert Aufgabe IX.3.4(b), daß auch $K(\mathsf{S}_{rB})$ eine $\mathcal{H}^m$-Nullmenge ist. Nun folgt, daß $\mathsf{S}_{K(rB)}$ eine dünne Singularitätenmenge ist. ∎

(h) Es seien N eine m-dimensionale Mannigfaltigkeit und $f \in \mathrm{Diff}(M,N)$. Ist B eine Untermannigfaltigkeit von M mit dünner Singularitätenmenge, so ist $f(B)$ eine Untermannigfaltigkeit von N mit dünner Singularitätenmenge.

Beweis Dies folgt leicht aus Bemerkung XI.1.1(g) und Aufgabe IX.3.4(b). ∎

B $\xrightarrow{\;f\;}$ $f(B)$

Der Stokessche Satz mit Singularitäten

Wir verallgemeinern nun Theorem 3.1 auf den Fall von C^2-Mannigfaltigkeiten mit dünnen Singularitäten.[2] Dazu beweisen wir zuerst einen Hilfssatz. Hierbei bezeichnen wir mit $\mathbb{B}^m(A,r)$ die offene Umgebung von $A \subset \mathbb{R}^m$ mit Radius $r > 0$, d.h.

$$\mathbb{B}^m(A,r) := \bigcup_{x \in A} \mathbb{B}^m(x,r) = \left\{\, x \in \mathbb{R}^m \;;\; \mathrm{dist}(x,A) < r \,\right\},$$

falls $A \neq \emptyset$.

3.3 Lemma *Es sei K eine nichtleere kompakte $\mathcal{H}^{m-1}$-Nullmenge in $\mathbb{R}^m$. Dann gibt es zu jedem Paar $\varepsilon, r > 0$ offene Mengen U und V sowie ein $\chi \in \mathcal{E}(\mathbb{R}^m)$ mit*

$$K \subset\subset U \subset\subset V \subset\subset \mathbb{B}^m(K,r) \tag{3.6}$$

und

$$\chi\,|\,U = 0\,,\quad \chi\,|\,V^c = 1\,,\quad 0 \leq \chi \leq 1\,,\quad \int_{\mathbb{R}^m} |\nabla\chi|\,dx \leq \varepsilon\,. \tag{3.7}$$

Beweis Wir fixieren $\psi \in \mathcal{E}(\mathbb{R})$ mit $0 \leq \psi \leq 1$ sowie $\psi\,|\,[0,1] = 0$ und $\psi\,|\,[2,\infty) = 1$ und setzen $\kappa := 2^m \operatorname{vol}(\mathbb{B}^m)\,\|\psi'\|_\infty$.

Wegen $\mathcal{H}^{m-1}(K) = 0$ gilt $\mathcal{H}^{m-1}_\delta(K) = 0$ für jedes $\delta > 0$. Da K kompakt ist, gibt es folglich offene Mengen W_j, $0 \leq j \leq n$, mit $K \subset \bigcup_{j=0}^n W_j$, $K \cap W_j \neq \emptyset$ und $\rho_j := \operatorname{diam}(W_j) < r/3$ sowie

$$\sum_{j=0}^n \rho_j^{m-1} \leq \varepsilon/\kappa\,. \tag{3.8}$$

Wir wählen $x_j \in W_j \cap K$ und setzen $U_j := \mathbb{B}^m(x_j, \rho_j)$ sowie $V_j := \mathbb{B}^m(x_j, 2\rho_j)$ für $0 \leq j \leq n$. Dann sind $U := \bigcup_{j=0}^n U_j$ und $V := \bigcup_{j=0}^n V_j$ offen und erfüllen (3.6) wegen $U_j \supset W_j$ für $0 \leq j \leq n$.

---

[2]Unser Beweis folgt den in [Lan95] dargestellten Ideen. Für einen anderen Zugang verweisen wir auf [HR72] und [AMR83].

Nun setzen wir

$$\chi(x) := \prod_{j=0}^{n} \psi\Big(\frac{|x - x_j|}{\rho_j}\Big) \,, \qquad x \in \mathbb{R}^m \,.$$

Dann gehört χ zu $\mathcal{E}(\mathbb{R}^m)$ und erfüllt $\chi|U = 0$ sowie $\chi|V^c = 1$. Außerdem gilt

$$\nabla\chi(x) = \sum_{j=0}^{n} \psi'\Big(\frac{|x - x_j|}{\rho_j}\Big) \frac{x - x_j}{|x - x_j|} \frac{1}{\rho_j} \prod_{\substack{k=0 \\ k \neq j}}^{n} \psi\Big(\frac{|x - x_k|}{\rho_k}\Big)$$

für $x \in \mathbb{R}^m$, und somit

$$|\nabla\chi| \le \|\psi'\|_\infty \sum_{j=0}^{n} \rho_j^{-1} \chi_{[\rho_j \le |x - x_j| \le 2\rho_j]} \,.$$

Hieraus und aus der Translationsinvarianz des Lebesgueschen Maßes folgt

$$\int_{\mathbb{R}^m} |\nabla\chi|\, dx \le \|\psi'\|_\infty \sum_{j=0}^{n} \rho_j^{-1} \operatorname{vol}(2\rho_j \mathbb{B}^m)$$

$$= 2^m \operatorname{vol}(\mathbb{B}^m) \|\psi'\|_\infty \sum_{j=0}^{n} \rho_j^{m-1} = \kappa \sum_{j=0}^{n} \rho_j^{m-1} \,.$$

Wegen (3.8) ergibt dies die letzte Aussage von (3.7). ∎

Nach diesen Vorbereitungen können wir die angekündigte Verallgemeinerung des Stokesschen Satzes beweisen.

3.4 Theorem (Stokesscher Satz mit Singularitäten) *Es seien B eine m-dimensionale Untermannigfaltigkeit von M mit dünner Singularitätenmenge und $\omega \in \Omega_c^{m-1}(M)$. Ist $\omega|\partial B$ integrierbar, so gilt $\int_B d\omega = \int_{\partial B} \omega$.*

Beweis (i) Es seien M offen in $\bar{\mathbb{H}}^m$ und $K := \mathsf{S}_B \cap \operatorname{supp}(\omega)$. Da $\operatorname{supp}(\omega)$ kompakt und S_B abgeschlossen in M sind, ist K eine kompakte $\mathcal{H}^{m-1}$-Nullmenge in $\mathbb{R}^m$. Also folgt aus Lemma 3.3, daß es eine Konstante $\kappa > 0$ und zu jedem $\varepsilon > 0$ und $k \in \mathbb{N}^\times$ offene Mengen U_k und V_k gibt mit

$$K \subset\subset U_k \subset\subset V_k \subset\subset \mathbb{B}^m(K, 1/k) \,,$$

sowie ein $\chi_k \in \mathcal{E}(\mathbb{R}^m)$ mit

$$\chi_k|U_k = 0 \,, \quad \chi_k|V_k^c = 1 \,, \quad 0 \le \chi_k \le 1 \,, \quad \int_{\mathbb{R}^m} |\nabla\chi_k|\, dx \le \varepsilon \,.$$

Insbesondere gilt

$$\bigcap_{k=1}^{\infty} (\overline{V}_k \cap \partial B) = \emptyset \ . \tag{3.9}$$

Wir setzen $\omega_k := \chi_k \omega$. Dann gehört ω_k zu $\Omega_c^{m-1}(\mathsf{M}_B)$. Folglich erhalten wir aus Theorem 3.1, da $B \backslash \mathsf{M}_B = \mathsf{S}_B$ eine λ_m-Nullmenge ist,

$$\int_B d\omega_k = \int_{\mathsf{M}_B} d\omega_k = \int_{\partial \mathsf{M}_B} \omega_k = \int_{\partial B} \omega_k \ , \qquad k \in \mathbb{N}^{\times} \ . \tag{3.10}$$

Mit $\psi_k := 1 - \chi_k$ folgt

$$\int_{\partial B} \omega - \int_{\partial B} \omega_k = \int_{\partial B} (1 - \chi_k)\omega = \int_{\partial B} \psi_k \omega \ .$$

Da $\omega \,|\, \partial B$ integrierbar ist und $\mathrm{supp}(\psi_k) \subset \overline{V}_k$ gilt, implizieren (3.9) und der Satz von Lebesgue (vgl. Aufgabe 2.1), daß $\left(\int_{\partial B} \psi_k \omega \right)$ eine Nullfolge ist. Also gilt

$$\lim_{k \to \infty} \int_{\partial B} \omega_k = \int_{\partial B} \omega \ . \tag{3.11}$$

Weiter besteht wegen Theorem XI.4.10(ii) die Gleichung

$$\int_B d\omega_k = \int_B d\chi_k \wedge \omega + \int_B \chi_k \, d\omega \ . \tag{3.12}$$

Da $B \backslash \mathsf{M}_B$ eine λ_m-Nullmenge ist, gilt

$$\int_B \chi_k \, d\omega = \int_{\mathsf{M}_B} \chi_k \, d\omega \ , \qquad k \in \mathbb{N}^{\times} \ .$$

Weil $d\omega \in \Omega^m(M)$ einen kompakten Träger hat, ist $d\omega$ über M_B integrierbar. Ferner gilt $\chi_k(x) \to 1$ für $x \in \mathsf{M}_B$. Also folgt, wiederum aus dem Satz von Lebesgue,

$$\lim_{k \to \infty} \int_B \chi_k \, d\omega = \int_B d\omega \ . \tag{3.13}$$

Für ω gilt die Darstellung $\omega = \sum_{j=1}^{m} (-1)^{j-1} a_j \, dx^1 \wedge \cdots \wedge \widehat{dx^j} \wedge \cdots \wedge dx^m$ mit $a_j \in \mathcal{D}(M)$. Hieraus leiten wir $d\chi_k \wedge \omega = b_k \omega_{\mathbb{R}^n}$ mit

$$b_k := \sum_{j=1}^{m} a_j \partial_j \chi_k \ , \qquad k \in \mathbb{N}^{\times} \ ,$$

ab. Also erhalten wir

$$\left| \int_B d\chi_k \wedge \omega \right| = \left| \int_M b_k \, dx \right| \leq c \int_{\mathbb{R}^m} |\nabla \chi_k| \, dx \leq c\varepsilon \ , \qquad k \in \mathbb{N}^{\times} \ ,$$

wobei c eine von k unabhängige Konstante ist. Für $k \to \infty$ ergibt sich nun aus (3.10)–(3.13)

$$\left| \int_B d\omega - \int_{\partial B} \omega \right| \leq c\varepsilon \ .$$

Da dies für jedes $\varepsilon > 0$ gilt, ist die Behauptung in diesem Fall bewiesen.

(ii) Es sei nun M durch eine einzige Karte (φ, U) beschreibbar. Dann folgt die Behauptung aus (i) durch „Herunterziehen" auf $\varphi(U) \subset \bar{\mathbb{H}}^m$.

(iii) Schließlich sei M beliebig, und $\{ (\varphi_j, U_j, \pi_j) \ ; \ j \in \mathbb{N} \}$ sei ein Lokalisierungssystem für M. Dann sehen wir wie in Schritt (v) des Beweises von Theorem 3.1, daß es genügt, die Behauptung für $\omega_j := \pi_j \omega$ und $B_j := B \cap U_j$ für $j \in \mathbb{N}$ zu beweisen. In diesem Fall folgt ihre Gültigkeit aber aus (ii). Damit ist alles gezeigt. ∎

3.5 Korollar

(i) *Ist ω geschlossen, so gilt $\int_{\partial B} \omega = 0$.*

(ii) *$\int_M d\omega = 0$, falls M unberandet ist.*

Es sei nochmals ausdrücklich darauf hingewiesen, daß Theorem 3.4 den „regulären Fall" von Theorem 3.1 enthält, nämlich für $B = M$.

3.6 Bemerkungen (a) (Der eindimensionale Fall) Wir betrachten eine zusammenhängende eindimensionale kompakte orientierte Mannigfaltigkeit Γ. Nach Theorem XI.1.18 ist Γ entweder eine (in $\mathbb{R}^{\bar{m}}$) eingebettete 1-Sphäre oder diffeomorph zu $I := [0,1]$. Also ist Γ eine orientierte glatte Kurve, die entweder geschlossen ist oder aber einen Anfangspunkt A und einen Endpunkt E besitzt. Wegen $\Omega^0(\Gamma) = \mathcal{E}(\Gamma)$ und $m := \dim(\Gamma) = 1$ ist $\omega \in \Omega^0(\Gamma)$ eine Funktion auf Γ. Dann folgt aus Bemerkung 2.2(b) und Beispiel VIII.4.2(b) (wenn man berücksichtigt, daß in die Beweise nur die Werte von f und Γ eingehen)

$$\int_\Gamma d\omega = \omega(E) - \omega(A) \ , \tag{3.14}$$

wobei $E = A$ gesetzt ist, wenn Γ eine eingebettete 1-Sphäre ist. Vereinbart man, daß das Volumenmaß einer 0-dimensionalen Mannigfaltigkeit das 0-dimensionale Hausdorffmaß (das Zählmaß) sei und versieht man die Berandung $\partial \Gamma$, falls sie nicht leer ist, mit der Orientierung, die durch $+1$ in E und -1 in A gegeben ist, so kann man (3.14) in der Form $\int_\Gamma d\omega = \int_{\partial \Gamma} \omega$ schreiben. Im Spezialfall, daß Γ mit dem Intervall $[a, b]$ übereinstimmt, ist (3.14) nichts anderes als der Fundamentalsatz der Differential- und Integralrechnung. Dies zeigt, daß der Stokessche Satz eine höherdimensionale Verallgemeinerung von Theorem VI.4.13 ist, worauf der Beweis ja auch beruht.

(b) Korollar 3.5(i) impliziert eine höherdimensionale Verallgemeinerung „einer Hälfte" des Hauptsatzes über Kurvenintegrale, d.h. der Aussage (i)⇒(ii) von

Theorem VIII.4.4. Die „zweite Hälfte" ist im allgemeinen Fall ebenfalls richtig
(z.B. Theorem XIII.1.1 in [Lan95]).

(c) (Regularität) Eine Analyse des Beweises zeigt, daß der Stokessche Satz (mit Singularitäten) richtig bleibt, wenn wir nur voraussetzen, daß ω zu $\Omega^{m-1}_{(1)}(M_B)$ gehört und in M
einen kompakten Träger hat, und daß $\omega\,|\,\partial B$ sowie $\omega\,|\,M_B$ integrierbar sind. Außerdem
reicht es aus, wenn B eine C^2-Untermannigfaltigkeit von M mit dünnen Singularitäten
und M selbst nur eine C^2-Mannigfaltigkeit sind. ∎

Ebene Gebiete

Es sei Ω ein stückweise glattes Gebiet in $\mathbb{R}^2$.
Dann gibt es endlich viele geschlossene stück-
weise glatte Kurven $\Gamma_0, \Gamma_1, \ldots, \Gamma_n$, die paarweise disjunkt und doppelpunktfrei sind mit
$\mathrm{Rd}(\Omega) = \Gamma := \Gamma_0 + \cdots + \Gamma_n$. Hierbei ist jede Kurve Γ_j durch die äußere Normale von
$\partial\overline{\Omega} \cap \Gamma_j$ orientiert. Dies bedeutet, daß jedes Γ_j

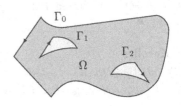

so orientiert ist, daß beim Durchlaufen von Γ_j der an Γ_j angrenzende Teil von Ω
„zur Linken" liegt. Wir nennen Γ kurz **orientierte Randkurve** von Ω.

3.7 Satz (Green-Riemann) *Es sei Ω ein beschränktes stückweise glattes Gebiet
in $\mathbb{R}^2$ mit der orientierten Randkurve Γ. Ferner seien X eine offene Umgebung
von $\overline{\Omega}$ in $\mathbb{R}^2$ und $a, b \in C^1(X)$. Dann gilt*[3]

$$\int_\Gamma a\,dx + b\,dy = \int_\Omega \left(\frac{\partial b}{\partial x} - \frac{\partial a}{\partial y}\right) d(x,y)$$

Beweis Es sei $\overline{\Omega} \subset\subset U \subset\subset X$, und χ sei eine Abschneidefunktion für U. Ferner sei
$\alpha := a\,dx + b\,dy$. Dann gehört α zu $\Omega^1_{(1)}(X)$, und $d\alpha = (\partial_1 b - \partial_2 a)\,dx \wedge dy$. Somit
liegt $\omega := \chi\alpha$ in $\Omega^1_{(1)}(X)$, hat einen kompakten Träger in X und stimmt auf U
mit α überein. Da das Kurvenintegral $\int_\Gamma \alpha$ existiert, ist α über $\partial\Omega$ integrierbar,
und es gilt

$$\int_\Gamma a\,dx + b\,dy = \int_{\partial\Omega} \alpha = \int_{\partial\Omega} \omega \;.$$

Wegen $\lambda_2\big(\mathrm{Rd}(\Omega)\big) = 0$ gilt

$$\int_{\overline{\Omega}} d\omega = \int_{\overline{\Omega}} d\alpha = \int_\Omega d\alpha = \int_\Omega (\partial_2 b - \partial_1 a)\,d(x,y) \;.$$

Nun folgt die Behauptung aus Theorem 3.4 und Bemerkung 3.6(c). ∎

---

[3]Vgl. die Aufgaben 6 und 7 in VIII.1 sowie Beispiel VIII.4.2(a).

3.8 Korollar *Unter den Voraussetzungen von Satz 3.7 gelten die* **Leibnizschen Flächenformeln**[4]

$$A(\Omega) := \lambda_2(\Omega) = \int_\Gamma x\,dy = -\int_\Gamma y\,dx = \frac{1}{2}\int_\Gamma x\,dy - y\,dx \ .$$

Beweis Man setze $(a,b) := (0,X)$, bzw. $(a,b) := (-Y,0)$, bzw. $(a,b) := (-Y,X)$. ∎

3.9 Beispiele **(a)** Es sei Ω ein beschränktes stückweise glattes Gebiet in $\mathbb{R}^2$ mit der orientierten Randkurve Γ. Mit Polarkoordinaten (r,φ) gilt

$$A(\Omega) = \frac{1}{2}\int_\Gamma r^2\,d\varphi \ .$$

Diese Formel hat eine einfache geometrische Interpretation: Aus Beispiel XI.4.6(b) wissen wir, daß $d\varphi$ das Volumenelement der Einheitskreislinie S^1 ist. Also können wir $r\,d\varphi$ als die Länge eines[5] „infinitesimalen" positiv orientierten Tangentenstückes von rS^1 inter-
pretieren. Dann ist $r^2\,d\varphi/2$ als Flächeninhalt des
Dreiecks, dessen Eckpunkte im Ursprung und an
den Spitzen der Ortsvektoren r und $r + r\,d\varphi$ liegen,
interpretierbar. Die Summe dieser „infinitesimalen"
orientierten Flächeninhalte, d.h. das Integral, stellt
dann die Gesamtfläche dar.

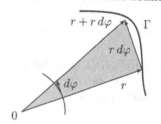

Beweis Mit der ebenen Polarkoordinatenabbildung f_2 (vgl. Paragraph X.8) verifiziert man $f_2^*(x\,dy - y\,dx) = r^2\,d\varphi$. Also ergibt sich die Behauptung aus Korollar 3.8. ∎

(b) (Leibnizsche Sektorformel) Es sei Ω ein stückweise glattes Gebiet in $\mathbb{R}^2$.
Für seine orientierte Randkurve Γ gelte
$\Gamma = \Sigma + \Gamma_0$, wobei Σ aus Geradenstücken
mit einem Endpunkt in 0 besteht. Dann gilt

$$A(\Omega) = \frac{1}{2}\int_{\Gamma_0} x\,dy - y\,dx \ .$$

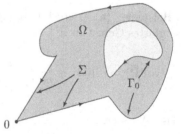

Beweis Aus (a) folgt unmittelbar, daß das Integral über Σ verschwindet. ∎

(c) (Cauchyscher Integralsatz) Wir identifizieren $\mathbb{C}$ mit $\mathbb{R}^2$ und betrachten ein stückweise glattes Gebiet Ω in $\mathbb{C}$ mit der orientierten Randkurve Γ. Es sei X eine offene Umgebung von $\overline{\Omega}$ in $\mathbb{C}$, und $f: X \to \mathbb{C}$ sei holomorph. Dann gilt der Cauchysche Integralsatz:[6] $\int_\Gamma f\,dz = 0$.

---

[4] $A(\cdot)$ steht für **Area**.
[5] Vgl. Bemerkung VI.5.2(c).
[6] Man vergleiche die Theoreme VIII.5.5 und VIII.6.20 und beachte, daß Γ nun mehrere Komponenten haben kann.

Beweis Wir zerlegen $z = x + iy$ und $f = u + iv$ in ihre Real- und Imaginärteile. Damit finden wir $f\,dz = \alpha + i\beta$ mit $\alpha := u\,dx - v\,dy$ und $\beta := u\,dy + v\,dx$, und aus den Cauchy-Riemannschen Differentialgleichungen folgt

$$d\alpha = -(u_y + v_x)\,dx \wedge dy = 0\ , \quad d\beta = (u_x - v_y)\,dx \wedge dy = 0$$

(vgl. Bemerkung VIII.5.4(c)). Nun erhalten wir die Behauptung aus Satz 3.7 (oder, unter Verwendung einer Abschneidefunktion, direkt aus Theorem 3.4). ∎

(d) Es sei[7] $B := \big\{ (x,y) \in \mathbb{R}^2 \ ;\ 0 \le x \le 1,\ 0 \le y \le f(x) \big\}$ mit

$$f(x) := \begin{cases} 1\ , & x = 0\ , \\ 1 + x\sin(\pi/x^2)\ , & x \ne 0\ . \end{cases}$$

Dann gilt $\mathsf{S}_B = \big\{(0,0),(0,1),(1,0),(1,1)\big\}$, und mit $\omega = (x\,dy - y\,dx)/2$ finden wir $\lambda_2(B) = \int_B dx \wedge dy = \int_B d\omega < \infty$. Längs der Kurve $\mathrm{graph}(f)$ gilt

$$2\omega = x\,dy - y\,dx = \big(xf'(x) - f(x)\big)\,dx = \Big(-1 - \frac{2\pi}{x}\,\cos\frac{\pi}{x^2}\Big)\,dx\ .$$

Also ist $\omega\,|\,\partial B$ nicht integrierbar, und die Leibnizsche Flächenformel gilt nicht. Dies zeigt, daß die Voraussetzung der Integrierbarkeit von $\omega\,|\,\partial B$ in Theorem 3.4 wesentlich ist. ∎

Höherdimensionale Probleme

In den folgenden Beispielen betrachten wir Verallgemeinerungen der obigen Resultate auf den höherdimensionalen Fall.

3.10 Beispiele **(a)** (Berechnung von Volumina) Es sei Ω ein beschränktes stückweise glattes Gebiet in $\mathbb{R}^m$. Dann gilt

$$\mathrm{vol}(\overline{\Omega}) = \mathrm{vol}(\Omega) = \frac{1}{m} \int_{\partial\Omega} \sum_{j=1}^m (-1)^{j-1} x^j\, dx^1 \wedge \cdots \wedge \widehat{dx^j} \wedge \cdots \wedge dx^m\ .$$

Beweis Wir setzen

$$\alpha := \sum_{j=1}^m (-1)^{j-1} x^j\, dx^1 \wedge \cdots \wedge \widehat{dx^j} \wedge \cdots \wedge dx^m \in \Omega^{m-1}(\mathbb{R}^m)$$

und $\omega := \varphi\alpha$ mit einer glatten Abschneidefunktion φ für eine kompakte Umgebung U von $\overline{\Omega}$. Dann gehört ω zu $\Omega_c^{m-1}(\mathbb{R}^m)$, stimmt auf U mit α überein und erfüllt

$$d\omega\,|\,\overline{\Omega} = m\omega_{\mathbb{R}^m}\,|\,\overline{\Omega}\ ,$$

---

[7]Vgl. Beispiel II.B.10 im 4. Band von [SW96].

wie aus Beispiel XI.3.7(b) folgt. Wegen $\mathcal{H}^{m-1}(\mathsf{S}_{\overline{\Omega}}) = 0$ und Theorem 1.7(iii) und (iv) ist $\mathrm{Rd}(\overline{\Omega}) = \mathsf{S}_{\overline{\Omega}} \cup \partial\Omega$ eine λ_m-Nullmenge. Also erhalten wir

$$m \operatorname{vol}(\Omega) = m \operatorname{vol}(\overline{\Omega}) = \int_{\overline{\Omega}} dx = \int_{\overline{\Omega}} d\omega = \int_{\partial\Omega} \omega = \int_{\partial\Omega} \alpha \ ,$$

wobei das vorletzte Gleichheitszeichen aus dem Satz von Stokes in der Form von Theorem 3.4 folgt. ∎

(b) (Sphären) Für $\Omega = \mathbb{B}^m$ erhalten wir wieder die bereits in Beispiel 1.13(c) hergeleitete Formel

$$\operatorname{vol}(S^{m-1}) = m \operatorname{vol}(\mathbb{B}^m) \ .$$

Beweis Dies folgt mit Beispiel XI.5.3(c) aus (a). ∎

(c) Es sei N eine nichtleere kompakte Hyperfläche in $\mathbb{R}^m \setminus \{0\}$, so daß jeder von 0 ausgehende Halbstrahl N in höchstens einem Punkt trifft. Ferner sei $K(N)$ der Kegel mit Basis N und Spitze 0. Dann gilt, in (partieller) Verallgemeinerung der Leibnizschen Sektorformel,

$$\operatorname{vol}\big(K(N)\big) = \frac{1}{m} \int_N \sum_{j=1}^m (-1)^{j-1} x^j \, dx^1 \wedge \cdots \wedge \widehat{dx^j} \wedge \cdots \wedge dx^m \ .$$

Beweis Man prüft nach, daß $B := K(N)$ eine m-dimensionale kompakte Untermannigfaltigkeit von $\mathbb{R}^m$ mit dünner Singularitätenmenge ist, für die gilt: $\partial B = \operatorname{int}(N) \cup S$ und $S := \{ t\,i(p) \ ; \ p \in N, \ 0 < t < 1 \}$ mit $i : N \hookrightarrow \mathbb{R}^m$. Aus Beispiel XI.4.13(b) folgt

$$\alpha := \sum_{j=1}^m (-1)^{j-1} x^j \, dx^1 \wedge \cdots \wedge \widehat{dx^j} \wedge \cdots \wedge dx^m = v \lrcorner \, \omega_{\mathbb{R}^m}$$

mit $v(x) := (x,x) \in T_x\mathbb{R}^m$. Somit zeigt Bemerkung 2.2(g), daß $\alpha = (v\,|\,\nu)\omega_{\partial B}$ gilt. Wegen $v(p) \in T_p S$ für $p \in S$ finden wir $\alpha\,|\,S = 0$. Folglich erhalten wir aus Theorem 3.4, wegen $d\alpha = m\omega_{\mathbb{R}^m}$,

$$m \operatorname{vol}(B) = \int_B d\alpha = \int_{\partial B} \alpha = \int_{\operatorname{int}(N)} \alpha = \int_N \alpha \ ,$$

also die Behauptung. ∎

Homotopieinvarianz und Anwendungen

Es seien $I := [0,1]$ und $r \in \mathbb{N}$, und M sei kompakt und unberandet. Wie in den Vorbetrachtungen zum Theorem von Fubini für Differentialformen bezeichnen wir für $\omega \in \Omega^{r+1}(I \times M)$ und $p \in M$ mit $\widehat{\omega}(\cdot,p)$ die von ω induzierte 1-formenwertige r-Form auf M, definiert durch

$$\widehat{\omega}(\cdot,p)(v_1, \ldots, v_r) := \omega(\cdot,p)(\cdot, v_1, \ldots, v_r) \ , \qquad v_1, \ldots, v_r \in T_p M \ .$$

Da die 1-Form $\widehat{\omega}(\cdot,p)(v_1,\dots,v_r)$ für jedes r-Tupel $(v_1,\dots,v_r) \in (T_pM)^r$ stetig und somit über I integrierbar ist, folgt, daß

$$\int_I \omega := \left(p \mapsto \int_I \widehat{\omega}(\cdot,p) \right)$$

für jedes $\omega \in \Omega^{r+1}(I \times M)$ ein wohldefiniertes Element von $\Omega^r(M)$ ist. Also ist die lineare Abbildung

$$K : \Omega^{r+1}(I \times M) \to \Omega^r(M) , \quad \omega \mapsto \int_I \omega \tag{3.15}$$

definiert. Wie in Paragraph XI.3 bezeichnen wir mit i_ℓ die Einbettungen

$$i_\ell : M \to I \times M , \quad p \mapsto (\ell,p)$$

für $\ell \in \{0,1\} = \partial I$. Dann besitzt Lemma XI.3.9 eine globale Verallgemeinerung:

3.11 Lemma $K \circ d + d \circ K = i_1^* - i_0^*$.

Beweis Da die Aussage bezüglich M lokal ist, genügt es, sie in lokalen Koordinaten zu verifizieren. Also impliziert Lemma XI.3.9 die Behauptung. ∎

Als eine Anwendung dieses Lemmas können wir nun eine höherdimensionale Verallgemeinerung des Satzes VIII.4.7 über die Homotopieinvarianz von Kurvenintegralen beweisen.

3.12 Theorem *Es seien M und N unberandete kompakte m-dimensionale orientierte Mannigfaltigkeiten. Sind $f_0, f_1 \in C^\infty(M,N)$ zueinander homotop, so gilt*

$$\int_M f_0^*\omega = \int_M f_1^*\omega , \quad \omega \in \Omega^m(N) .$$

Beweis Voraussetzungsgemäß gibt es ein $h \in C^\infty(I \times M, N)$ mit $h(j,\cdot) = f_j$ für $j = 0,1$. Mit der Abbildung (3.15) gilt für $g := K \circ h^*$, da d und h^* kommutieren,

$$d \circ g + g \circ d = d \circ K \circ h^* + K \circ h^* \circ d = d \circ K \circ h^* + K \circ d \circ h^*$$
$$= (d \circ K + K \circ d) \circ h^* = i_1^* h^* - i_0^* h^* = f_1^* - f_0^* .$$

Aus $d\omega = 0$ für $\omega \in \Omega^m(N)$ folgt somit

$$f_1^*\omega - f_0^*\omega = (d \circ g)\omega - g \circ d\omega = d(Kh^*\omega) .$$

Also erhalten wir

$$\int_M f_1^*\omega - \int_M f_0^*\omega = \int_M d(Kh^*\omega) = 0$$

aus Korollar 3.5(ii). ∎

Im folgenden zeigen wir einige topologische Anwendungen des Stokesschen Satzes auf.

3.13 Satz (vom Igel) *Jedes glatte Vektorfeld auf einer Sphäre gerader Dimension hat eine Nullstelle.*

Beweis Aus Beispiel VII.10.14(a) wissen wir, daß $T_p S^m$ für $p \in S^m$ das Orthogonalkomplement von $\mathbb{R}p$ in $\mathbb{R}^{m+1}$ ist. Also können wir $v \in \mathcal{V}(S^m)$ als glatte Abbildung $v : S^m \to \mathbb{R}^{m+1}$, mit $v(p) \perp p$ für $p \in S^m$, auffassen. Hat v keine Nullstelle, so können wir v durch $p \mapsto v(p)/|v(p)|$ ersetzen. Folglich können wir annehmen, daß $|v(p)| = 1$ für $p \in S^m$, und somit $v(S^m) \subset S^m$, gilt. Hieraus leiten wir wegen

$$|\cos(\pi t)p + \sin(\pi t)v(p)|^2 = \cos^2(\pi t)\,|p|^2 + \sin^2(\pi t)\,|v(p)|^2 = 1$$

ab, daß die Abbildung

$$h : I \times S^m \to S^m \ , \quad (t,p) \mapsto \cos(\pi t)p + \sin(\pi t)v(p)$$

wohldefiniert ist. Bemerkung XI.1.1(j) impliziert, daß h glatt ist mit $h(0,\cdot) = \mathrm{id}_{S^m}$ und $h(1,\cdot) = -\mathrm{id}_{S^m}$. Folglich ist $f_0 := \mathrm{id}_{S^m}$ homotop zur **Antipodenabbildung** $f_1 := -\mathrm{id}_{S^m}$. Nun ergibt Theorem 3.12

$$\int_{S^m} \omega = \int_{S^m} f_1^* \omega \ , \qquad \omega \in \Omega^m(S^m) \ . \tag{3.16}$$

Es sei m gerade. Dann ist $F := -\mathrm{id}_{\bar{\mathbb{B}}^{m+1}}$ ein orientierungsumkehrender Diffeomorphismus von $\bar{\mathbb{B}}^{m+1}$ auf sich. Hieraus und aus Bemerkung XI.1.1(j) ergibt sich, daß auch $f_1 = F \,|\, S^m$ ein orientierungsumkehrender Diffeomorphismus von S^m auf sich ist. Somit erhalten wir aus Bemerkung 2.1(f) und Theorem 2.3 die Gleichung $\int_{S^m} f_1^* \omega = -\int_{S^m} \omega$, was, zusammen mit (3.16), $\int_{S^m} \omega = 0$ für $\omega \in \Omega^m(S^m)$ nach sich zieht. Dies ist aber ein Widerspruch zu $\int_{S^m} \omega_{S^m} = \mathrm{vol}(S^m) \neq 0$. ∎

Ein glattes Vektorfeld auf S^2 interpretieren wir als Stachelpelz eines (mathematisch idealisierten) Igels. Dann besagt Satz 3.13, daß „ein glatt gekämmter Igel mindestens einen Glatzpunkt hat".

Aus Theorem 3.12 können wir auch den folgenden grundlegenden Fixpunktsatz von Brouwer ableiten.

3.14 Theorem (Brouwerscher Fixpunktsatz) *Jede stetige Selbstabbildung von $\bar{\mathbb{B}}^m$ besitzt mindestens einen Fixpunkt.*

Beweis[8] (i) Es sei $f \in C(\bar{\mathbb{B}}^m, \bar{\mathbb{B}}^m)$, und f habe keinen Fixpunkt. Wir betrachten die radiale Retraktion

$$\rho : \mathbb{R}^m \to \bar{\mathbb{B}}^m \ , \quad x \mapsto \begin{cases} x \ , & x \in \bar{\mathbb{B}}^m \ , \\ x/|x| \ , & x \in (\bar{\mathbb{B}}^m)^c \ . \end{cases}$$

---

[8]Für $m = 1$ folgt die Behauptung aus dem Zwischenwertsatz (siehe Aufgabe III.5.1).

Man verifiziert leicht, daß ρ gleichmäßig stetig ist. Folglich ist auch die Funktion $g := f \circ \rho \colon \mathbb{R}^m \to \bar{\mathbb{B}}^m$ gleichmäßig stetig, und $g \,|\, \bar{\mathbb{B}}^m = f$. Insbesondere hat g keinen Fixpunkt. Wegen $g(\mathbb{R}^m) \subset \bar{\mathbb{B}}^m$ gilt $|g(x) - x| \geq |x| - |g(x)| \geq 1$ für $|x| \geq 2$. Da $2\bar{\mathbb{B}}^m$ kompakt ist, gibt es ein $\delta \in (0, 1/2]$ mit $|g(x) - x| \geq 2\delta$ für $|x| \leq 2$. Also gilt $|g(x) - x| \geq 2\delta > 0$ für alle $x \in \mathbb{R}^m$.

Es sei $\{\, \varphi_\varepsilon \; ; \; \varepsilon > 0 \,\}$ ein glättender Kern. Wegen $g \in BUC(\mathbb{R}^m)$ zeigt Theorem X.7.11, daß es ein $\varepsilon_0 > 0$ gibt, so daß $h := \varphi_{\varepsilon_0} * g$ die Abschätzung

$$|h(x) - g(x)| \leq \|h - g\|_\infty < \delta , \qquad x \in \mathbb{R}^m ,$$

erfüllt. Folglich gilt

$$|h(x) - x| \geq |g(x) - x| - |h(x) - g(x)| \geq \delta , \qquad x \in \mathbb{R}^m .$$

Weiter finden wir

$$|h(x)| = \left| \int_{\mathbb{R}^m} \varphi_{\varepsilon_0}(x - y) g(y) \, dy \right| \leq \|g\|_\infty \int_{\mathbb{R}^m} \varphi_{\varepsilon_0}(x - y) \, dy$$

$$= \|g\|_\infty \int_{\mathbb{R}^m} \varphi_1 \, dx \leq 1$$

für $x \in \mathbb{R}^m$. Schließlich folgt aus Theorem X.7.8(iv), daß h glatt ist. Also ist $h \,|\, \bar{\mathbb{B}}^m$ eine glatte Selbstabbildung von $\bar{\mathbb{B}}^m$ ohne Fixpunkt. Im nächsten Schritt zeigen wir, daß dies nicht möglich ist.

(ii) Es sei $f \in C^\infty(\bar{\mathbb{B}}^m, \bar{\mathbb{B}}^m)$, und f habe keinen Fixpunkt. Dann ist für $x \in \bar{\mathbb{B}}^m$ der von $f(x)$ ausgehende Halbstrahl durch x wohldefiniert. Wir bezeichnen mit $g(x)$ seinen Schnittpunkt mit S^{m-1}. Dann gilt $g(x) = f(x) + t(x)\bigl(x - f(x)\bigr)$ für $x \in \bar{\mathbb{B}}^m$, wobei $t(x)$ die positive Lösung der quadratischen Gleichung

$$|x - f(x)|^2 \, t^2 + 2t\bigl(x - f(x) \,\big|\, f(x)\bigr) + |f(x)|^2 = 1$$

bezeichnet. Hieraus folgt, daß g zu $C^\infty(\bar{\mathbb{B}}^m, \bar{\mathbb{B}}^m)$ gehört und $g \,|\, S^{m-1} = \mathrm{id}_{S^{m-1}}$ erfüllt.

Nun betrachten wir die glatte Abbildung

$$h \colon I \times S^{m-1} \to S^{m-1} , \quad (t, x) \mapsto g(tx) .$$

Dann gelten $h_0 := h(0, \cdot) = g(0)$ und $h_1 := h(1, \cdot) = \mathrm{id}_{S^{m-1}}$. Mit anderen Worten: Die Identität auf S^{m-1} ist in S^{m-1} homotop zur konstanten Abbildung h_0, d.h., $\mathrm{id}_{S^{m-1}}$ ist in S^{m-1} nullhomotop. Wegen $h_0^* \omega = 0$ für $\omega \in \Omega^{m-1}(S^{m-1})$ erhalten wir aus Theorem 3.12 die falsche Aussage $\int_{S^{m-1}} \omega = \int_{S^{m-1}} h_0^* \omega = 0$ für $\omega \in \Omega^{m-1}(S^{m-1})$. Dies zeigt, daß jedes $f \in C^\infty(\bar{\mathbb{B}}^m, \bar{\mathbb{B}}^m)$ mindestens einen Fixpunkt besitzt. $\blacksquare$

Der Gaußsche Integralsatz

Falls nicht ausdrücklich etwas anderes gesagt wird, verwenden wir im weiteren die folgenden Annahmen und Konventionen:

- $(\cdot|\cdot) := (\cdot|\cdot)_M$ ist eine Riemannsche Metrik auf M;

- B ist eine m-dimensionale Untermannigfaltigkeit von M mit dünner Singularitätenmenge;

- $\nu := \nu_B$ ist die **äußere Normale von** ∂B;

- $\mu := \lambda_M$ und $\sigma := \lambda_{\partial B}$.

Der Stokessche Satz (mit Singularitäten) impliziert unmittelbar den Divergenzsatz. Da in dessen Formulierung überhaupt keine Differentialformen auftreten, ist er die vielleicht bekannteste Folgerung aus dem Stokesschen Theorem.

3.15 Theorem (Gaußscher Integralsatz, Divergenzsatz) *Für* $v \in \mathcal{V}_c(M)$ *mit* $(v|\nu) \in \mathcal{L}_1(\partial B, \sigma)$ *gilt*

$$\int_B \operatorname{div} v \, d\mu = \int_{\partial B} (v|\nu) \, d\sigma \ .$$

Beweis Aus Bemerkung 2.2(g) folgt $v \lrcorner \omega_M = (v|\nu)\omega_{\partial B}$. Also erhalten wir aus Theorem 3.4, wegen $d(v \lrcorner \omega_M) = \operatorname{div}(v)\omega_M$,

$$\int_B \operatorname{div} v \, d\mu = \int_B \operatorname{div}(v)\omega_M = \int_B d(v \lrcorner \omega_M)$$

$$= \int_{\partial B} v \lrcorner \omega_M = \int_{\partial B} (v|\nu)\omega_{\partial B} = \int_{\partial B} (v|\nu) \, d\sigma \ ,$$

somit die Behauptung. ∎

3.16 Bemerkungen (a) Für $v \in \mathcal{V}_c(M)$ ist die Voraussetzung $(v|\nu) \in \mathcal{L}_1(\partial B, \sigma)$ automatisch erfüllt, wenn entweder gilt

(i) $B = M$,

oder

(ii) Ω ist ein stückweise glattes Gebiet in M und $B = \overline{\Omega}$.

Beweis (i) ist klar, und (ii) bleibt dem Leser als Übungsaufgabe überlassen. ∎

(b) (Physikalische Interpretation der Divergenz) Es seien $v \in \mathcal{V}(M)$ und $p \in M$. Dann besteht die Beziehung

$$\operatorname{div} v(p) = \lim_{\Omega \to p} \frac{\int_{\partial \Omega} (v|\nu) \, d\sigma}{\operatorname{vol}(\Omega)} \ . \tag{3.17}$$

Genauer bedeutet dies: Zu jedem $\varepsilon > 0$ gibt es eine Umgebung U von p in M, so daß für jedes relativ kompakte stückweise glatte Gebiet Ω in M mit $p \in \Omega \subset U$ gilt

$$\left| \operatorname{div} v(p) - \frac{\int_{\partial\Omega}(v\,|\,\nu)\,d\sigma}{\operatorname{vol}(\Omega)} \right| < \varepsilon \ . \tag{3.18}$$

Aus Bemerkung 2.2(h) wissen wir, daß der Quotient

$$\frac{\int_{\partial\Omega}(v\,|\,\nu)\,d\sigma}{\operatorname{vol}(\Omega)} \tag{3.19}$$

der Fluß des Vektorfeldes v durch $\partial\Omega$ pro Volumen ist. Im Spezialfall $v := \rho w$, wobei ρ die Dichte und w die Geschwindigkeit einer in M strömenden Flüssigkeit sind, stellt (3.19) die pro Zeiteinheit und pro Einheitsvolumen durch $\partial\Omega$ nach außen strömende Masse dar. Also gibt (3.17) in diesem Fall an, wieviel Masse pro Zeiteinheit „im Punkt p" produziert bzw. vernichtet wird, je nachdem, ob $\operatorname{div} v(p)$ positiv oder negativ ist. Aus diesem Grund heißt $\operatorname{div} v(p)$ auch **Quellenstärke** oder **Ergiebigkeit** des Vektorfeldes v im Punkt p. Insbesondere nennt man v **quellenfrei** oder **divergenzfrei**, wenn $\operatorname{div} v = 0$ gilt.

Beweis Aufgrund der Stetigkeit von $\operatorname{div} v$ gibt es zu $\varepsilon > 0$ eine Umgebung U von p in M mit

$$|\operatorname{div} v(q) - \operatorname{div} v(p)| \leq \varepsilon \ , \qquad q \in U \ . \tag{3.20}$$

Es sei Ω ein relativ kompaktes stückweise glattes Gebiet in M mit $p \in \Omega \subset U$. Dann erhalten wir mit (3.20) die Abschätzung

$$\left| \int_\Omega \operatorname{div} v \, d\mu - \operatorname{div} v(p)\operatorname{vol}(\Omega) \right| \leq \int_\Omega |\operatorname{div} v - \operatorname{div} v(p)| \, d\mu \leq \varepsilon \operatorname{vol}(\Omega) \ .$$

Nun folgt (3.18) aus dem Gaußschen Satz. $\blacksquare$

(c) (Regularität) Der Gaußsche Satz bleibt richtig, wenn M eine C^2-Mannigfaltigkeit, B eine stückweise C^2-Untermannigfaltigkeit mit dünner Singularitätenmenge und v ein C^2-Vektorfeld von M längs B mit $\operatorname{div} v \in \mathcal{L}_1(\mathsf{M}_B, \mu)$ und $(v\,|\,\nu) \in \mathcal{L}_1(\partial B, \sigma)$ sind. $\blacksquare$

Die Greenschen Formeln

Es sei $f \in C^1(M)$. Wir bezeichnen mit $\partial_\nu f$ die Ableitung von f in Richtung der äußeren Normalen von B,

$$\partial_\nu f(p) := \big(\operatorname{grad} f(p)\,\big|\,\nu(p)\big) \ , \qquad p \in \partial B \ ,$$

die **Normalenableitung** von f.

3.17 Theorem *Es seien Ω ein stückweise glattes Gebiet in M mit $\overline{\Omega} = B$ und $f, g \in \mathcal{E}(M)$. Mit dem Laplace-Beltrami Operator $\Delta := \Delta_M$ von M gilt:*

(i) (1. Greensche Formel)

$$\int_\Omega f\Delta g\,d\mu + \int_\Omega (\operatorname{grad} f\,|\,\operatorname{grad} g)\,d\mu = \int_{\partial\Omega} f\partial_\nu g\,d\sigma\ ,$$

falls f oder g einen kompakten Träger hat;

(ii) (2. Greensche Formel)

$$\int_\Omega (f\Delta g - g\Delta f)\,d\mu = \int_{\partial\Omega} (f\partial_\nu g - g\partial_\nu f)\,d\sigma\ ,$$

wenn f und g kompakte Träger haben.

Beweis   (i) Mit $v := \operatorname{grad} g$ folgt die Behauptung wegen $\Delta = \operatorname{div}\operatorname{grad}$ sofort aus Satz XI.6.11(ii) und Theorem 3.15.

(ii) erhalten wir auf analoge Weise aus Satz XI.6.11(iv). ∎

3.18 Korollar

$$\int_\Omega \Delta u\,d\mu = \int_{\partial\Omega} \partial_\nu u\,d\sigma\ , \qquad u \in \mathcal{E}_c(M)\ .$$

Beweis   Man setze $f := 1$ und $g := u$. ∎

Als eine Anwendung leiten wir eine notwendige Bedingung für die Lösbarkeit des Neumannschen Randwertproblems her.

Es sei Ω ein beschränktes **Gebiet** in $\mathbb{R}^m$ mit **glattem Rand**, d.h., $\overline{\Omega}$ sei eine zusammenhängende kompakte m-dimensionale glatte Untermannigfaltigkeit von $\mathbb{R}^m$. Außerdem seien $f \in \mathcal{E}(\overline{\Omega})$ und $g \in \mathcal{E}(\Gamma)$ mit $\Gamma := \partial\Omega$. Unter dem **Neumannschen Randwertproblem** für den Laplaceoperator in Ω versteht man die Aufgabe, eine Funktion $u \in \mathcal{E}(\overline{\Omega})$ zu finden, welche die Gleichungen

$$-\Delta u = f \quad \text{in } \Omega\ , \qquad \partial_\nu u = g \quad \text{auf } \Gamma \tag{3.21}$$

erfüllt. Hierbei ist $\Delta := \Delta_m$ der m-dimensionale Laplaceoperator, d.h., wir verwenden die Standardmetrik.

3.19 Satz

(i) *Das Randwertproblem (3.21) ist höchstens dann lösbar, wenn die **Verträglichkeitsbedingung***

$$\int_\Omega f\,dx + \int_\Gamma g\,d\sigma = 0$$

erfüllt ist.

(ii) *Sind $u, v \in \mathcal{E}(\overline{\Omega})$ Lösungen von (3.21), so unterscheiden sie sich höchstens um eine Konstante.*

Beweis (i) ist eine Konsequenz aus Korollar 3.18.

(ii) Aus der Linearität von Δ und ∂_ν folgt, daß $w := u - v$ den homogenen Gleichungen

$$-\Delta w = 0 \quad \text{in } \Omega , \qquad \partial_\nu w = 0 \quad \text{auf } \Gamma$$

genügt. Somit folgt aus der ersten Greenschen Formal mit $f := g := w$

$$\int_\Omega |\operatorname{grad} w|^2 \, dx = 0 .$$

Hieraus lesen wir ab, daß $\operatorname{grad} w = 0$ gilt, was $w = \text{const}$ impliziert, wie wir aus Bemerkung VII.3.11(c) wissen. ∎

Offensichtlich ist jede konstante Funktion eine Lösung des **homogenen** Neumannproblems

$$-\Delta u = 0 \quad \text{in } \Omega , \qquad \partial_\nu u = 0 \quad \text{auf } \Gamma .$$

Hieraus folgt, daß die Neumannschen Randwertaufgabe (3.21) niemals eindeutig lösbar ist. Ist nämlich u eine Lösung von (3.21), so gilt dies auch für $u + c\mathbf{1}$ mit jedem $c \in \mathbb{R}$.

Neben dem Neumannproblem ist das **Dirichletsche Randwertproblem** von herausragender Bedeutung. Darunter versteht man die Aufgabe, ein $u \in \mathcal{E}(\overline{\Omega})$ mit

$$-\Delta u = f \quad \text{in } \Omega , \qquad u = g \quad \text{auf } \Gamma$$

zu bestimmen. Im Gegensatz zum Neumannproblem besitzt das Dirichletproblem höchstens eine Lösung, wie der nächste Satz impliziert.

3.20 Satz *Das homogene Dirichletproblem*

$$-\Delta u = 0 \quad \text{in } \Omega , \qquad u = 0 \quad \text{auf } \Gamma \tag{3.22}$$

besitzt nur die triviale Lösung $u = 0$.

Beweis Ist $u \in \mathcal{E}(\overline{\Omega})$ eine Lösung von (3.22), so folgt aus der ersten Greenschen Formel mit $f := g := u$, wie oben, $\int_\Omega |\operatorname{grad} u|^2 \, dx = 0$, also $u = \text{const}$. Wegen $u\,|\,\Gamma = 0$ erhalten wir $u = 0$. ∎

In der Theorie der Partiellen Differentialgleichungen wird bewiesen, daß sowohl das Dirichlet- wie auch das Neumannproblem lösbar sind, falls, im letzteren Fall, die Verträglichkeitsbedingung erfüllt ist.

Der klassische Stokessche Satz

Wie üblich versehen wir $\mathbb{R}^3$ mit der Standardmetrik. Als Spezialfall des allgemeinen Stokesschen Theorems beweisen wir nun seine klassische Version.

3.21 Theorem (Stokes) *Es sei X offen in $\mathbb{R}^3$, und M sei eine orientierte Fläche in X. Ferner sei $\mathfrak{t}$ die positive Einheitstangente von ∂B, d.h. von $\partial\mathsf{M}_B$. Dann gilt für $v \in \mathcal{V}_c(X)$ mit $(v\,|\,\mathfrak{t}) \in \mathcal{L}_1(\partial M, \lambda_{\partial M})$*

$$\int_B \mathrm{rot}\, v \cdot d\vec{F} = \int_{\partial B} v \cdot d\vec{s} \,,$$

also

$$\int_B (\mathrm{rot}\, v\,|\,\nu)\, dF = \int_{\partial B} (v\,|\,\mathfrak{t})\, ds \,.$$

Beweis Beispiel XI.4.13(b) impliziert

$$\mathrm{rot}\, v \;\lrcorner\; \omega_{\mathbb{R}^3} = (\mathrm{rot}\, v)^1\, dy \wedge dz + (\mathrm{rot}\, v)^2\, dz \wedge dx + (\mathrm{rot}\, v)^3\, dx \wedge dy \,.$$

Somit ergeben Bemerkung 2.2(e), Definition (XI.6.24) und Theorem 3.4

$$\int_B \mathrm{rot}\, v \cdot d\vec{F} = \int_B \mathrm{rot}\, v \;\lrcorner\; \omega_{\mathbb{R}^3} = \int_B d(\Theta v) = \int_{\partial B} \Theta v = \int_{\partial B} v \cdot d\vec{s} \,,$$

wobei die letzte Gleichheit aus Bemerkung 2.2(c) folgt. Der zweite Teil der Behauptung ist eine Konsequenz der Bemerkungen 2.2(c) und (e). ∎

3.22 Bemerkung (Physikalische Interpretation der Rotation) Das Integral

$$\int_\Gamma (v\,|\,\mathfrak{t})\, ds$$

heißt **Zirkulation** des Vektorfeldes v längs $\Gamma := \partial B$. In dem Strömungsmodell von Bemerkung 2.2(h) ist $\int_\Gamma (\rho v\,|\,\mathfrak{t})\, ds$ ein Maß für die Gesamtmasse, welche pro Zeiteinheit längs der Kurve Γ transportiert wird.

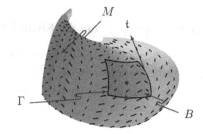

Für $p \in M$ gilt

$$\lim_{B \to p} \frac{\int_{\partial\Omega} (v\,|\,\mathfrak{t})\, ds}{\mathrm{vol}(B)} = (\mathrm{rot}\, v\,|\,\nu)(p) \,, \qquad (3.23)$$

wobei der Grenzwert wie folgt zu verstehen ist: Zu jedem $\varepsilon > 0$ gibt es eine Umgebung U von p in M mit

$$\left| \frac{\int_{\partial\Omega} (v\,|\,\mathfrak{t})\, ds}{\mathrm{vol}(B)} - (\mathrm{rot}\, v\,|\,\nu)(p) \right| < \varepsilon$$

für jedes stückweise glatte Gebiet B in M mit $p \in B \subset U$. Der Grenzwert auf der linken Seite von (3.23) heißt **Wirbeldichte** des Vektorfeldes v im Punkt p bezüglich der durch $\nu(p)$ bestimmten Achse durch p.

Wir wählen nun für M eine orientierte Ebene durch den Punkt p, so daß
$\nu(p)$ die positive Normale von M ist.
Ferner sei B_r eine Kreisscheibe in M
mit Mittelpunkt p und Radius $r > 0$,
und Γ_r sei der orientierte Rand von B_r.
Dann gilt

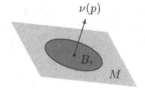

$$\lim_{r \to 0} \frac{1}{r^2 \pi} \int_{\Gamma_r} (v \,|\, \mathfrak{t}) \, ds = (\operatorname{rot} v \,|\, \nu)(p) \ . \tag{3.24}$$

Da $\int_{\Gamma_r} (\rho v \,|\, \mathfrak{t}) \, ds$ die Flüssigkeitsmenge ist, welche pro Zeiteinheit längs der ori-
entierten Kreislinie Γ_r transportiert wird, besagt (3.24), daß die Komponente
von $\operatorname{rot} v(p)$ bezüglich des Einheitsvektors $\nu(p)$ gleich der Wirbeldichte bezüglich der durch $\nu(p)$ bestimmten Achse ist. Für $\operatorname{rot} v(p) \neq 0$ folgt aus der Cauchy-
Schwarzschen Ungleichung

$$(\operatorname{rot} v \,|\, \nu)(p) \leq |\operatorname{rot} v(p)| = \left(\operatorname{rot} v \,\Big|\, \frac{\operatorname{rot} v}{|\operatorname{rot} v|} \right)(p) \ .$$

Folglich ist die Wirbeldichte im Punkt p bezüglich der Achse $p + \operatorname{rot} v(p)\mathbb{R}$ am
größten.[9] Aus diesem Grund heißt $\operatorname{rot} v$ auch **Wirbelvektor**.[10] Gilt $\operatorname{rot} v = 0$, so
heißt v **wirbelfrei**.

Beweis Aufgrund von Theorem 3.21 folgt (3.23) in Analogie zum Beweis von Bemerkung 3.16(b). ∎

Der Sternoperator und die Koableitung

Im restlichen Teil dieses Paragraphen sei g eine pseudo-Riemannsche Metrik auf M,
so daß $\operatorname{sign}(g)$ konstant ist. Wir setzen wieder $(\cdot \,|\, \cdot)_M := g$.

Das folgende Theorem ist die allgemeine Form des Divergenzsatzes im pseudo-
Riemannschen Fall.

3.23 Theorem (Divergenzsatz) *Für $v \in \mathcal{V}_c(M)$ gilt*

$$\int_M \operatorname{div} v \, d\lambda_M = \int_{\partial M} *\Theta v \ .$$

Beweis Wegen der Definition (XI.6.13) der Divergenz und Bemerkung 2.2(i) ist
dies eine unmittelbare Konsequenz aus dem Stokesschen Theorem 3.1. ∎

Es sei $r \in \mathbb{N}$ mit $r \leq m$. Für $\alpha, \beta \in \Omega_c^r(M)$ setzen wir

$$[\alpha \,|\, \beta]_M := \int_M \alpha \wedge *\beta \ .$$

---

[9] Vgl. Bemerkung XI.6.15(c).
[10] Englisch: vorticity vector.

3.24 Bemerkungen $[\cdot\,|\,\cdot]_M$ ist eine nichtausgeartete symmetrische Bilinearform auf $\Omega_c^r(M)$. Ist g eine Riemannsche Metrik, so ist $[\cdot\,|\,\cdot]_M$ ein Skalarprodukt auf M.

Beweis Aus Bemerkung XI.5.11(a) wissen wir, daß

$$\alpha \wedge *\beta = \beta \wedge *\alpha = \mathrm{sign}(g)(\alpha\,|\,\beta)_{g,r}\,\omega_M$$

gilt. Hieraus und aus der Tatsache, daß $(\cdot\,|\,\cdot)_{g(p),r}$ ein inneres Produkt auf $\bigwedge^r T_p^* M$ ist, ergibt sich die Behauptung. ∎

(b) Offenbar ist $[\alpha\,|\,\beta]_M$ definiert, wenn $\alpha \wedge *\beta$ eine integrierbare m-Form auf M ist. Dies ist insbesondere dann der Fall, wenn α und β zu $\Omega^r(M)$ gehören und der Durchschnitt ihrer Träger kompakt ist. ∎

Aus dem Stokesschen Theorem erhalten wir leicht die folgende *allgemeine Greensche Integralformel*.

3.25 Satz *Es seien* $1 \le r \le m$ *und* $\alpha \in \Omega_c^{r-1}(M)$ *sowie* $\beta \in \Omega_c^r(M)$. *Dann gilt*

$$[d\alpha\,|\,\beta]_M + [\alpha\,|\,\delta\beta]_M = [\alpha\,|\,\beta]_{\partial M}\ .$$

Beweis Aus der Produktregel für die äußere Ableitung folgt

$$d(\alpha \wedge *\beta) = d\alpha \wedge *\beta + (-1)^{r-1}\alpha \wedge d*\beta\ .$$

Bemerkung XI.5.9(d) zeigt $d*\beta = (-1)^{r+1}*\delta\beta$. Somit erhalten wir

$$d(\alpha \wedge *\beta) = d\alpha \wedge *\beta + \alpha \wedge *\delta\beta\ .$$

Nun impliziert das Stokessche Theorem 3.1

$$\int_M d\alpha \wedge *\beta + \int_M \alpha \wedge *\delta\beta = \int_{\partial M} \alpha \wedge *\beta\ ,$$

also die Behauptung. ∎

3.26 Korollar *Es sei* M *kompakt und unberandet. Dann gilt die* **Dualitätsformel**

$$[d\alpha\,|\,\beta]_M = -[\alpha\,|\,\delta\beta]_M\ , \qquad \alpha \in \Omega^{r-1}(M)\ , \quad \beta \in \Omega^r(M)\ .$$

Im Falle einer Riemannschen Mannigfaltigkeit besagt die Dualitätsformel, daß $-\delta$ der zu d bezüglich des inneren Produktes $[\cdot\,|\,\cdot]_M$ formal adjungierte Operator ist.[11]

---

[11]Mit der in der Geometrie üblichen Vorzeichenkonvention für die Koableitung wäre δ zu d formal adjungiert.

Die obigen Formeln bilden den Ausgangspunkt für topologische Untersuchungen von Mannigfaltigkeiten, für die wir auf Vorlesungen und Bücher über Differentialgeometrie und Globale Analysis verweisen.

Aufgaben

1 Es seien M kompakt und unberandet sowie $\omega \in \Omega^{m-1}(M)$. Man zeige, daß $d\omega$ eine Nullstelle hat.

2 Es bezeichne $\rho\colon \mathbb{R}^3 \setminus \{0\} \to S^2$ die radiale Retraktion, und $\sigma := \rho^* \omega_{S^2}$. Dann ist σ geschlossen, aber nicht exakt. (Hinweise: Beispiel XI.4.13(c); man betrachte $\int_{S^2} \sigma$.)

3 Es sei M unberandet und Riemannsch, und $f \in \mathcal{E}_c(M)$ erfülle $\Delta f \geq 0$. Man zeige, daß f konstant ist. (Hinweis: Man zeige zuerst, daß $\Delta f = 0$ gilt und betrachte dann $\Delta(f^2)$; Greensche Formeln.)

4 Es seien (e_1, e_2, e_3) die kanonische Basis und (x, y, z) die euklidischen Koordinaten von $\mathbb{R}^3$, sowie M eine kompakte dreidimensionale Untermannigfaltigkeit von $\mathbb{R}^3$ mit $\Gamma := \partial M$ und der äußeren Normalen ν. Man beweise den **Satz von Archimedes**:

$$\int_\Gamma z\nu \, d\lambda_\Gamma = \mathrm{vol}(M)e_3 \ .$$

PHYSIKALISCHE INTERPRETATION Wir fassen M als Körper auf, der in eine Flüssigkeit der Dichte $\rho = 1$, deren Oberfläche mit der (x, y)-Ebene übereinstimmt, eingetaucht ist. Wegen $z < 0$ ist dann $\rho z \, d\vec{F}$ die Kraft (= Druck $\rho |z|$ in Richtung der inneren Normalen mal (infinitesimaler) Flächeninhalt dF), welche durch die Flüssigkeit im Punkt $p \in \Gamma$ auf M ausgeübt wird. Dann besagt der Satz von Archimedes wegen

$$\int_\Gamma z\nu \, d\lambda_\Gamma = \int_\Gamma z \, d\vec{F} \ ,$$

daß die resultierende Kraft in Richtung der positiven z-Achse wirkt und betragsgleich der Masse des Körpers ist: *Der Auftrieb ist gleich dem Gewicht der verdrängten Flüssigkeit.* (Hinweise: $\int_\Gamma z\nu^1 \, d\lambda_\Gamma = \int_\Gamma z \, dy \wedge dz$ etc.; Stokes.)

5 Es seien die Voraussetzungen von Aufgabe XI.6.5 erfüllt. Mit Hilfe des Gaußschen Satzes finde man die Integralformen der Maxwellschen Gleichungen. Beispielsweise gilt

$$\int_{\partial M} E \cdot d\vec{F} = 4\pi \int_M \rho \, dx$$

für jedes relativ kompakte stückweise glatte Gebiet M in Ω mit äußerer Normale ν, d.h., *der Fluß des elektrischen Feldes durch eine geschlossene Fläche ist proportional zu der im Inneren enthaltenen Gesamtladung.*
Man zeige, daß die differentiellen Formen und die Integralformulierungen äquivalent sind.

6 Es seien Ω ein stückweise glattes beschränktes Gebiet in $\mathbb{R}^3$ und $p_1, \dots, p_k \in \Omega$. Man berechne

$$\sum_{j=1}^k \int_{\partial \Omega} \partial_\nu \left(1/|x - p_j|^3 \right) d\sigma(x) \ .$$

(Hinweis: Aufgabe X.3.6 und Korollar 3.18.)

7 Es sei M eine nichtleere kompakte Hyperfläche in $\mathbb{R}^{m+1} \backslash \{0\}$, derart daß jeder von 0 ausgehende Halbstrahl M in höchstens einem Punkt trifft. Ferner sei

$$K_\infty(M) := \{ t\,i(p) \; ; \; t \in \mathbb{R}^+, \; p \in M \}$$

mit $i : M \hookrightarrow \mathbb{R}^{m+1}$ der von M erzeugte (unendliche) Kegel mit Spitze im Ursprung. Schließlich sei $\rho : \mathbb{R}^{m+1} \backslash \{0\} \to S^m$ die radiale Retraktion. Man beweise:

$$\int_M \rho^* \omega_{S^m} = \mathrm{vol}_{S^m}\big(K_\infty(M) \cap S^m\big) \; .$$

Bemerkung $\mathrm{vol}_{S^m}\big(K_\infty(M) \cap S^m\big)$ ist der **Öffnungswinkel** des Kegels $K_\infty(M)$.
(Hinweise: Beispiele XI.4.13(c) und 3.10(c); Stokes.)

8 Man zeige, daß jede geschlossene Differentialform auf S^2 exakt ist.
(Hinweis: Man beachte Lemma 3.11 und studiere den Beweis von Theorem XI.3.11.)

9 Es sei B eine kompakte berandete m-dimensionale Untermannigfaltigkeit von M, und f sei eine glatte Abbildung von ∂B in eine Mannigfaltigkeit N. Man zeige:

(a) Gibt es ein glatte Abbildung $F : B \to N$ mit $F|\partial B = f$, so gilt $\int_{\partial B} f^* \omega = 0$ für jede geschlossene Form $\omega \in \Omega^{n-1}(N)$.

(b) Im Fall $M = \mathbb{R}^m$ und $N := \partial B$ gibt es kein glattes $F : B \to \partial B$ mit $F|B = \mathrm{id}_{\partial B}$, d.h., es gibt keine glatte Retraktion von B auf ∂B.

(Hinweise: (a) Mit $F = (F^1, \ldots, F^n)$ betrachte man die Form $F^1 \, dF^2 \wedge \cdots \wedge dF^n$; Stokes.)

10 Man beweise: Ist M unberandet, so ist die Einschränkung des Laplace-Beltrami Operators Δ_M auf $\mathcal{E}_c(M)$ symmetrisch in $L_2(M, d\lambda_M)$, d.h.

$$(\Delta f \,|\, g)_{L_2(M, d\lambda_M)} = (f \,|\, \Delta g)_{L_2(M, d\lambda_M)} \; , \qquad f, g \in \mathcal{E}_c(M) \; .$$

11 Es sei $M := H^2$ die hyperbolische Ebene, und $v \in \mathcal{V}_c(M)$. Man bestimme die explizite Form des Divergenzsatzes (Theorem 3.15) in den folgenden Fällen:

(a) Parametrisierung durch Polarkoordinaten (Beispiel XI.5.5(k));

(b) Poincarésches Modell;

(c) Lobachevskisches Modell;

(d) Kleinsches Modell.

12 Es seien M unberandet und Riemannsch sowie $\omega \in \Omega_c(M)$. Dann sind die Aussagen

  (i) $\Delta \omega = 0$;

  (ii) $d\omega = \delta\omega = 0$;

äquivalent.

13 Es sei M eine Riemannsche Mannigfaltigkeit. Man beweise, daß für $\alpha \in \Omega_c^{r-1}(M)$ und $\beta, \gamma \in \Omega_c^r(M)$ die folgenden Aussagen gelten:

  (i) $\int_M \big[(d\alpha \,|\, \beta)_r + (\alpha \,|\, \delta\beta)_{r-1}\big] = \int_{\partial M} \alpha \wedge *\beta$;

  (ii) $\int_M \big[(d\beta \,|\, d\gamma)_{r+1} + (\beta \,|\, \delta d\gamma)_r\big] = \int_{\partial M} \beta \wedge *d\gamma$.

(Hinweis: Man betrachte $d(\alpha \wedge *\beta)$.)

14 Es sei M kompakt und unberandet. Man zeige, daß der Hodge-Laplace Operator bezüglich des inneren Produktes $[\cdot\,|\,\cdot]_M$ symmetrisch ist, d.h.

$$[\Delta\omega_1\,|\,\omega_2]_M = [\omega_1\,|\,\Delta\omega_2]_M \;, \qquad \omega_1,\omega_2 \in \Omega^r(M) \;.$$

Literaturverzeichnis

[Ada75]   R.A. Adams. *Sobolev Spaces.* Academic Press, New York, 1975.

[Ama95]   H. Amann. *Gewöhnliche Differentialgleichungen.* W. de Gruyter, Berlin, 1983, 2. Aufl. 1995.

[AMR83]   R. Abraham, J.E. Marsden, T. Ratiu. *Manifolds, Tensor Analysis, and Applications.* Addison-Wesley, London, 1983.

[Arn84]   V.I. Arnold. *Catastrophe Theory.* Springer Verlag, Berlin, 1984.

[Art93]   M. Artin. *Algebra.* Birkhäuser, Basel, 1993.

[BG88]   M. Berger, B. Gostiaux. *Differential Geometry: Manifolds, Curves, and Surfaces.* Graduate Texts in Mathematics #115. Springer Verlag, New York, 1988.

[BS79]   J.M. Briggs, T. Schaffter. Measure and cardinality. *Amer. Math. Monthly,* **86** (1979), 852–855.

[Con93]   L. Conlon. *Differentiable Manifolds. A First Course.* Birkhäuser, Boston, 1993.

[Dar94]   R.W.R. Darling. *Differential Forms and Connections.* Cambridge Univ. Press, Cambridge, 1994.

[Dug66]   J. Dugundji. *Topology.* Allyn & Bacon, Boston, 1966.

[Els99]   J. Elstrodt. *Maß- und Integrationstheorie.* Springer Verlag, Berlin, 1999.

[Fal90]   K. Falconer. *Fractal Geometry. Mathematical Foundations and Applications.* Wiley, New York, 1990.

[Flo81]   K. Floret. *Maß- und Integrationstheorie.* Teubner, Stuttgart, 1981.

[Fol99]   G.B. Folland. *Real Analysis.* Wiley, New York, 1999.

[HR72]   H. Holmann, H. Rummler. *Alternierende Differentialformen.* Bibliographisches Institut, Mannheim, 1972.

[Koe83]   M. Koecher. *Lineare Algebra und analytische Geometrie.* Springer Verlag, Berlin, 1983.

[Lan95]   S. Lang. *Differential and Riemannian Manifolds.* Springer Verlag, New York, 1995.

[Mil65]   J.W. Milnor. *Topology from the Differentiable Viewpoint.* The Univ. Press of Virginia, Charlottesville, 1965.

[PS78]   T. Poston, I. Stewart. *Catastrophe Theory and its Applications.* Pitman, Boston, 1978.

[Rog70]   C.A. Rogers. *Hausdorff Measures.* Cambridge Univ. Press, Cambridge, 1970.

[RS72]   M. Reed, B. Simon. *Methods of Modern Mathematical Physics, I–IV.* Academic Press, New York, 1972–1979.

[Rud83]   W. Rudin. *Real and Complex Analysis.* Tata McGraw-Hill, New Delhi, 1983.

[Sch65]   L. Schwartz. *Méthodes Mathématiques pour les Sciences Physiques.* Hermann, Paris, 1965.

[Sch66]   L. Schwartz. *Théorie des Distributions.* Hermann, Paris, 1966.

[Sol70]   R.M. Solovay. A model of set theory in which every set of reals is Lebesgue measurable. *Ann. Math.,* **92** (1970), 1–56.

[SW96]   U. Storch, H. Wiebe. *Lehrbuch der Mathematik, 4 Bände.* Spektrum Akademischer Verlag, Heidelberg, 1996.

[Yos65]   K. Yosida. *Functional Analysis.* Springer Verlag, Berlin, 1965.

Index